BKI BAUKOSTEN 2012
Teil 2

Statistische Kostenkennwerte
für Bauelemente

BKI Baukosten Bauelemente 2012:
Statistische Kostenkennwerte Teil 2

BKI Baukosteninformationszentrum (Hrsg.)
Stuttgart: BKI, 2012

Mitarbeit:
Hannes Spielbauer (Geschäftsführer)
Klaus-Peter Ruland (Prokurist)
Michael Blank
Anna Brokop
Heike Elsäßer
Sabine Egenberger
Walter Lackmann
Brigitte von Lübtow
Arnold Nehm
Jeannette Wähner

Layout, Satz:
Hans-Peter Freund
Thomas Fütterer

Fachliche Begleitung:
Beirat Baukosteninformationszentrum
Hans-Ulrich Ruf (Vorsitzender)
Wolfgang Fehrs (stellv. Vorsitzender)
Peter Esch
Klaus Hecker
Oliver Heiss
Prof. Dr. Wolfdietrich Kalusche
Prof. Walter Weiss
Prof. Sebastian Zoeppritz

Anschrift:
Bahnhofstraße 1, 70372 Stuttgart
Kundenbetreuung: (0711) 954 854-0
Baukosten-Hotline: (0711) 954 854-41
Telefax: (0711) 954 854-54
info@bki.de
www.bki.de

Für etwaige Fehler, Irrtümer usw. kann der Herausgeber keine Verantwortung übernehmen.

Vorwort

Die Planung der Baukosten ist ein wesentlicher Bestandteil der Architektenleistung und nicht weniger wichtig als räumliche, gestalterische oder konstruktive Planungen. Besonders den Kostenermittlungen in den verschiedenen Planungsphasen kommt dabei eine besondere Bedeutung zu. Auf ihnen beruhen weitergehende Leistungen wie Kostenvergleiche, Kostenkontrolle und Kostensteuerung.

Kostenermittlungen sind meist nur so gut wie die angewendeten Daten und Methoden. Das Baukosteninformationszentrum BKI wurde 1996 von den Architektenkammern aller Bundesländer gegründet, um aktuelle Daten bereitzustellen und zielführende Methoden zu entwickeln und zu vermitteln.

Wertvolle Erfahrungswerte liegen in Form von abgerechneten Bauleistungen oder Kostenfeststellungen in den Architekturbüros vor. Oft fehlt die Zeit, diese qualifiziert zu dokumentieren, um sie für Folgeprojekte zu verwenden oder für andere Architekten nutzbar zu machen. Diese Dienstleistung erbringt BKI und unterstützt damit sowohl die Datenlieferanten als auch die Nutzer der BKI Datenbank.

Die Fachbuchreihe „BAUKOSTEN" erscheint jährlich und wird dabei kontinuierlich um die neu dokumentierten Objekte erweitert. Diese werden auf bebilderten Übersichtsseiten zu Beginn der Bücher dargestellt. Die Kosten, Kostenkennwerte und Positionen der neuen Objekte tragen in allen drei Bänden zur Aktualisierung bei. Zudem werden alle Baukosten auf den aktuellen Stand fortgeschrieben. Dabei wird auch die unterschiedliche regionale Baupreis-Entwicklung berücksichtigt. Mit den integrierten BKI Regionalfaktoren 2012 können die Bundesdurchschnittswerte an den jeweiligen Stadt- bzw. Landkreis angepasst werden.

Die Fachbuchreihe BAUKOSTEN 2012 besteht aus den drei Teilen:

Baukosten Gebäude 2012
    Statistische Kostenkennwerte (Teil 1)
Baukosten Bauelemente 2012
    Statistische Kostenkennwerte (Teil 2)
Baukosten Positionen 2012
    Statistische Kostenkennwerte (Teil 3)

Die Bände sind aufeinander abgestimmt und unterstützen die Anwender in allen Planungsphasen. Am Beginn des jeweiligen Fachbuchs erhalten die Nutzer eine ausführliche Erläuterung zur fachgerechten Anwendung. Weitergehende Praxistipps und wertvolle Hinweise zur sicheren Kostenplanung werden auch in den BKI-Workshops vermittelt.

Der Dank des BKI gilt allen Architektinnen und Architekten, die Daten und Unterlagen zur Verfügung stellen. Sie profitieren von der Dokumentationsarbeit des BKI und unterstützen nebenbei den eigenen Berufsstand. Die in Buchform veröffentlichten Architekten-Projekte bilden eine fundierte und anschauliche Dokumentation gebauter Architektur, die sich zur Kostenermittlung von Folgeobjekten und zu Akquisitionszwecken hervorragend eignet.

Zur Pflege der Baukostendatenbank sucht BKI weitere Objekte aus allen Bundesländern. Bewerbungsbögen zur Objekt-Veröffentlichung von Hochbauten und Freianlagen werden im Internet unter www.bki.de/projektveroeffentlichung zur Verfügung gestellt. BKI berät gerne über alle Möglichkeiten, realisierte Projekte zu veröffentlichen und über Vergütung und weitere Vorteile.

Besonderer Dank gilt abschließend auch dem BKI-Beirat, der mit seinem Expertenwissen aus der Architektenpraxis, den Architekten- und Ingenieurkammern, Normausschüssen und Universitäten zum Gelingen der BKI-Fachinformationen beiträgt.

Wir wünschen allen Anwendern der neuen Fachbuchreihe 2012 viel Erfolg in allen Phasen der Kostenplanung und vor allem eine große Übereinstimmung zwischen geplanten und realisierten Baukosten im Sinne zufriedener Bauherren. Anregungen und Kritik zur Verbesserung der BKI-Fachbücher sind uns jederzeit willkommen.

Hannes Spielbauer   *Klaus-Peter Ruland*
Geschäftsführer   *Prokurist*

Baukosteninformationszentrum
Deutscher Architektenkammern GmbH
Stuttgart, im Mai 2012

Sortiert
nach Kostengruppen

Kostenkennwerte für Ausführungsarten - Altbau - Abbrechen

Kostenkennwerte für Ausführungsarten - Altbau - Wiederherstellen

Kostenkennwerte für Ausführungsarten - Altbau - Herstellen

Neue BKI Dokumentationen 2011-2012

1300-0153 Freianlage Verwaltungsgebäude
Freianlagen zu Bürogebäuden
⌂ Joachim von Kortzfleisch Landschaftsarchitekt
Wedemark

1300-0155 Grünanlage und Stellplätze für Bürgerhaus
Freianlagen zu Veranstaltungsgebäuden
⌂ geskes.hack Landschaftsarchitekten
Berlin

1300-0156 Büro- und Sozialgebäude
Bürogebäude, mittlerer Standard
⌂ Fritz-Dieter Tollé Architekt BDB Architekten Stadt-
planer Ingenieure, Verden

1300-0163 Bürogebäude
Bürogebäude, mittlerer Standard
⌂ D'Inka Scheible Hoffmann Architekten BDA
Fellbach

1300-0165 Bürogebäude
Bürogebäude, mittlerer Standard
⌂ Dälken Ingenieurgesellschaft mbH & Co. KG
Georgsmarienhütte

1300-0166 Verwaltungsgebäude, TG, Passivhaus
Bürogebäude, einfacher Standard
⌂ Neuhaus & Bassfeld GmbH
Dinslaken

1300-0173 Bürogebäude
Bürogebäude, mittlerer Standard
⌂ Bayer Berresheim Architekten
   Aachen und A. Wahl, Frankfurt

1300-0174 Zugang und Stellplätze zu Bürogebäude
Freianlagen zu Bürogebäuden
⌂ Bayer Berresheim Architekten
   Aachen und A. Wahl, Frankfurt

1300-0175 Bürogebäude
Bürogebäude, mittlerer Standard
⌂ Büro für Architektur Andrè Richter
   bei b@ugilde-architekten, Diez

1300-0176 Bürogebäude
Bürogebäude, mittlerer Standard
⌂ Architekturbüro Martin Raffelt
   Pößneck

2200-0017 Hochschule
Instituts- und Laborgebäude
⌂ Freie Planungsgruppe 7
   Stuttgart

2200-0018 Biotechnologiezentrum
Instituts- und Laborgebäude
⌂ Architekten und Ingenieure Partnerschaft HTP,
   Husemann, Timmermann, Hidde, Braunschweig

11

3100-0009 Ärztehaus
Krankenhäuser
⌂ Ludes Generalplaner GmbH Stefan Ludes Architekten
Berlin

3100-0010 Tagesklinik Psychiatrie
Krankenhäuser
⌂ Architektengemeinschaft Schwieger & Ortmann
Göttingen/Mühlhausen

4100-0069 Freie Ev. Schule
Allgemeinbildende Schulen
⌂ Hartmaier + Partner Freie Architekten
Reutlingen

4100-0109 Hauptschule
Modernisierungen; Schulen und Kindergärten
⌂ Waiser + Werle Architekten ZT GmbH
A-Feldkirch

4100-0110 Volksschule
Modernisierungen; Schulen und Kindergärten
⌂ DI Gerhard Zweier
A-Wolfurt

4100-0111 Volksschule
Modernisierungen; Schulen und Kindergärten
⌂ Architektur Jürgen Hagspiel
A-Alberschwende

4100-0114 Volksschule
Modernisierungen; Schulen und Kindergärten
⌂ DI Walter Felder & DI Wise Geser
A-Egg

4100-0115 Hauptschule
Erweiterungen; Schulen und Kindergärten
⌂ DI Ralph Broger
A-Bezau

4100-0116 Mittelschule
Erweiterungen; Schulen und Kindergärten
⌂ Atelier Raggl Bauplanungs GmbH
A-Röns

4100-0117 Anbau Fluchttreppenhäuser, 2St
Erweiterungen; Schulen und Kindergärten
⌂ karl r. gold diplomingenieure architekten
Hochheim

4100-0119 Realschule (4 Klassen)
Allgemeinbildende Schulen
⌂ Zastrow + Zastrow Architekten und Stadtplaner
Kiel

4100-0121 Freianlage Schulzentrum
Freianlagen zu Schulen und Kindergärten
⌂ Kübertlandschaftsarchitektur Horst Kübert
München

4100-0124 Grundschule (dreizügig)
Allgemeinbildende Schulen
⌂ MHB Planungs- und Ingenieurgesellschaft mbH
Rostock

4100-0125 Schulhoferweiterung
Freianlagen zu Schulen und Kindergärten
⌂ ST-Freiraum Landschaftsarchitekten
Duisburg

4100-0126 Gebäude für betreute Grundschule
Allgemeinbildende Schulen
⌂ Architekturbüro Gunther Wördemann
Quickborn

4100-0127 Grund- und Mittelschule
Allgemeinbildende Schulen
⌂ Krieger-Bauplanungs gmbH
Chemnitz

4100-0128 Waldorfschule
Allgemeinbildende Schulen
⌂ Architekturbüro Prell und Partner
Hamburg

4200-0008 Berufliche Schule
Schulen und Kindergärten, sonstige
⌂ ELWERT&STOTTELE Architektur Projektmanagement
Ravensburg

4300-0018 Förderschule (4 Kl., 38 Schüler)
Förder- und Sonderschulen
⌂ trapez architektur Dirk Landwehr
Hamburg

4400-0130 Kindergarten Passivhaus
Kindergärten, unterkellert
⌂ Architekt DI Bernardo Bader
A-Dornbirn

4400-0131 Kindertageseinrichtung (3 Gruppen)
Kindergärten, unterkellert
⌂ evaplan Architektur + Stadtplanung
Karlsruhe

4400-0132 Kindergarten, Aufstockung
Erweiterungen; Schulen und Kindergärten
⌂ Werner Muxel Holzhandel und Entwurfsplanung
Altach

4400-0133 Freianlage Kindergarten
Freianlagen zu Schulen und Kindergärten
⌂ Thiede Landschaftsarchitekten
Kirchheim unter Teck

4400-0136 Spielplatz Kindertagesstätte
Spielplätze zu Schulen und Kindergärten
⌂ Dipl.-Ing. Gerhard Kohl Landschaftsarchitekt, BDLA
Göttingen

4400-0137 Kindertagesstätte (5 Gruppen, 101K)
Umbauten; Gebäude anderer Art
⌂ braunschweig. architekten
  Brandenburg

4400-0139 Spielflächen zu Kindertagesstätte
Spielplätze zu Schulen und Kindergärten
⌂ Jirka + Nadansky, Architekten
  Borgsdorf

4400-0141 Kindertagesstätte (2 Gruppen)
Kindergärten, nicht unterkellert, hoher Standard
⌂ Jörn Knop Architekt + Innenarchitekt
  Wunstorf

4400-0142 Kindertagesstätte (4 Gruppen)
Kindergärten, nicht unterkellert, hoher Standard
⌂ plankoepfe nuernberg, R. Wölfel - A. Volkmar,
  Architekten, Nürnberg

4400-0144 Kindertagesstätte, Passivhaus
Kindergärten, nicht unterkellert, hoher Standard
⌂ Despang Architekten
  Radebeul bei Dresden

4400-0145 Kindertagesstätte (5 Gruppen, 90 K)
Kindergärten, nicht unterkellert, mittlerer Standard
⌂ wittig brösdorf architekten
  Leipzig

4400-0161 Freianlage Kinder-und Jugendhaus
Freianlagen zu Schulen und Kindergärten
△ UKL Ulrich Krüger Landschaftsarchitekten
Dresden

4400-0162 Kinderkrippe
Kindergärten, nicht unterkellert, mittlerer Standard
△ Die Planschmiede 2 KS GmbH & Co. KG
Hankensbüttel

4400-0167 Freianlage Kindertagesstätte
Freianlagen zu Schulen und Kindergärten
△ Firmhofer + Günther, Architekten
München

4400-0168 Freianlage Kindertagesstätte
Freianlagen zu Schulen und Kindergärten
△ Planung Morgenstern
Greifswald

4400-0170 Kindertagesstätte (6 Gruppen)
Kindergärten, nicht unterkellert, mittlerer Standard
△ Hüdepohl - Ferner Architektur- u. Ingenieurges. mbH
Osnabrück

4400-0171 Kindertagesstätte (4 Gruppen)
Kindergärten, nicht unterkellert, mittlerer Standard
△ Angelis & Partner Architekten GbR
Oldenburg

4400-0172 Spielplatz zu Wohnbebauung
Spielplätze zu Schulen und Kindergärten
⌂ Planungsgruppe Grün der Zeit
Potsdam

4400-0173 Außenspielfläche Kindertagesstätte
Spielplätze zu Schulen und Kindergärten
⌂ Proske & Steinhausen Landschaftsarchitekten GmbH
Schwerin

4400-0175 Kindertagesstätte (1 Gruppe, 10 Ki)
Kindergärten, nicht unterkellert, mittlerer Standard
⌂ Susanne Hoffmann-Stein Architektin
Siegen

4400-0177 Freispielflächen Kindertagesstätte
Spielplätze zu Schulen und Kindergärten
⌂ Franzke.Landschaftsarchitekten
Dresden

4400-0182 Wasserspielfläche Kindertagesstätte
Spielplätze zu Schulen und Kindergärten
⌂ Joachim von KortzfleischLandschaftsarchitekt
Wedemark

5100-0048 Gymnastikraum Grundschule
Erweiterungen; sonstige Gebäude
⌂ modus.architekten Dipl.-Ing. Holger Kalla
Potsdam

5100-0074 Sporthalle (Einfeldhalle) Passivhaus
Sporthallen (Einfeldhallen)
⌂ BAUCONZEPT PLANUNGSGESELLSCHAFT MBH
Lichtenstein

5100-0076 Sporthalle (Zweifeldhalle)
Sporthallen (Dreifeldhallen)
⌂ Architekturbüro Prell und Partner
Hamburg

5200-0008 Erlebnis- und Sportbad
Schwimmhallen
⌂ BAUCONZEPT PLANUNGSGESELLSCHAFT MBH
Lichtenstein

5400-0006 Sportanlage VfL Wolfsburg
Sportplätze und -anlagen
⌂ nb+b Neumann-Berking und Bendorf, Planungsgesell.
Wolfsburg

6100-0506 Wohnhauserweiterung (5 WE)
Erweiterungen; Wohnbauten: Anbau
⌂ Hartmaier + Partner Freie Architekten
Münsingen

6100-0658 Mehrfamilienhaus (60 WE)
Modernisierungen; Wohnbauten nach 1945
⌂ Planungsbüro Hans-Peter Benl
Neuötting

6100-0704 Umbau Tabakfabrik (19 WE)
Umbauten; Mehrfamilienhäuser
⌂ Udo Richter Dipl.-Ing. Freier Architekt
Heilbronn

6100-0706 Mehrfamilienhaus (8 WE); TG
Mehrfamilienhäuser, mit 6 bis 19 WE, mittlerer Standard
⌂ Architektur Dipl.-Ing. Udo Richter, Freier Architekt
Heilbronn

6100-0707 Mehrfamilienhaus (6+6 WE); TG
Mehrfamilienhäuser, mit 6 bis 19 WE, mittlerer Standard
⌂ Architektur Dipl.-Ing. Udo Richter, Freier Architekt
Heilbronn

6100-0716 Hausgarten zu Einfamilienhaus
Freianlagen zu Einfamilienhäusern
⌂ Joachim von Kortzfleisch Landschaftsarchitekt
Wedemark

6100-0725 Mehrfamilienhaus (12 WE)
Modernisierungen; Wohnbauten nach 1945
⌂ TSSB architekten.ingenieure . Berlin
Berlin

6100-0733 Einfamilienhaus
Ein- und Zweifamilienhäuser, nicht unterkellert
⌂ Die Planschmiede 2 KS GmbH & Co. KG
Hankensbüttel

6100-0747 Einfamilienhaus, Einliegerwohnung
Ein- und Zweifamilienhäuser unterkellert, hoher Standard
△ von Helmolt
Falkensee

6100-0748 Einfamilienhaus
Ein- und Zweifamilienhäuser, nicht unterkellert
△ von Helmolt
Falkensee

6100-0751 Hausgarten zu Einfamilienhaus
Freianlagen zu Einfamilienhäusern, Sonderkonstruktionen
△ Landschaftsarchitektin Dipl.-Ing. Maria Mandt
Bornheim

6100-0768 Mehrfamilienhaus (3 WE), Passivhaus
Modernisierungen; Wohnbauten nach 1945
△ Martin Wamsler Freier Architekt BDA
Markdorf

6100-0779 Einfamilienhaus, Passivhaus
Ein- und Zweifamilienhäuser, Passivhausstandard
△ Schindler Architekten mit Dipl.-Ing. (FH) H. Reineking
Planegg

6100-0801 Hanggarten zu Einfamilienhaus
Freianlagen zu Einfamilienhäusern, Sonderkonstruktionen
△ Landschaftsarchitektin Dipl.-Ing. Maria Mandt
Bornheim

6100-0804 Hausgarten zu Einfamilienhaus
Freianlagen zu Einfamilienhäusern
⌂ Joachim von Kortzfleisch Landschaftsarchitekt
  Wedemark

6100-0805 Hausgarten zu Einfamilienhaus
Freianlagen zu Einfamilienhäusern
⌂ Joachim von Kortzfleisch Landschaftsarchitekt
  Wedemark

6100-0811 Einfamilienhaus Passivhaus
Ein- und Zweifamilienhäuser, Passivhausstandard, Holzbau
⌂ Raum für Architektur Dipl.-Ing. Kay Künzel
  Wachtberg

6100-0815 Mehrfamilienhaus (4WE)
Mehrfamilienhäuser, mit bis zu 6 WE, mittlerer Standard
⌂ Dipl.-Ing. Thomas Mühleisen
  Esslingen am Neckar

6100-0821 Hausgarten zu Einfamilienhaus
Freianlagen zu Einfamilienhäusern
⌂ Joachim von Kortzfleisch Landschaftsarchitekt
  Wedemark

6100-0824 Einfamilienhaus Passivhaus
Ein- und Zweifamilienhäuser, Passivhausstandard
⌂ seyfarth architekten bda
  Hannover

6100-0827 Einfamilienhaus, ELW, Passivhaus
Ein- und Zweifamilienhäuser, Passivhausstandard
⌂ Heidrun Hausch Dipl.-Ing. (FH) BAUKONTOR hrp
Karlsruhe

6100-0844 Einfamilienhaus
Modernisierungen; Ein- und Zweifamilienhäuser
⌂ Eichinger + Schöchlin Freie Architekten BDA
Waghäusel

6100-0845 Reiheneckhaus
Doppel- und Reihenendhäuser, hoher Standard
⌂ Lauer - Architekten
Saarbrücken

6100-0848 Anbau Badezimmer
Erweiterungen; Wohnbauten: Anbau
⌂ puschmann architektur Jonas Puschmann
Recklinghausen

6100-0853 Einfamilienhaus, Passivhaus
Ein- und Zweifamilienhäuser, Passivhausstandard, Holzbau
⌂ Architekturbüro Frau Farzaneh Nouri-Schellinger
Erlangen

6100-0854 Reihenendhaus (Büro), Passivhaus
Wohnhäuser, mit bis zu 15% Mischnutzung
⌂ Architekturbüro Frau Farzaneh Nouri-Schellinger
Erlangen

6100-0855 Doppelhaus, Drei-Liter-Haus, Büro
Wohnhäuser, mit bis zu 15% Mischnutzung
⌂ straub architektur
   Lindau am Bodensee

6100-0861 Drei Mehrfamilienhäuser (10 WE), KfW 60
Mehrfamilienhäuser, mit 6 bis 19 WE, mittlerer Standard
⌂ Architekturbüro Bühl
   Erkner

6100-0862 Einfamilienhaus Passivhaus
Ein- und Zweifamilienhäuser, Passivhausstandard
⌂ Jirka + Nadansky Architekten
   Borgsdorf

6100-0863 Freianlage Mehrfamilienhaus
Freianlagen zu Mehrfamilienhäusern
⌂ braunschweig architekten
   Brandenburg

6100-0865 Einfamilienhaus, KfW 60
Ein- und Zweifamilienhäuser, nicht unterkellert
⌂ seyfarth architekten bda
   Hannover

6100-0866 Einfamilienhaus Effizienzhaus 70
Ein- und Zweifamilienhäuser, nicht unterkellert
⌂ seyfarth architekten bda
   Hannover

6100-0867 Doppelhaushälfte mit Garage
Ein- und Zweifamilienhäuser, Holzbauweise, unterkellert
⌂ Architekturbüro Anna Orzessek
  Köln

6100-0868 Einfamilienhaus, KfW 60
Ein- und Zweifamilienhäuser, nicht unterkellert
⌂ seyfarth architekten bda
  Hannover

6100-0869 Einfamilienhaus
Ein- und Zweifamilienhäuser unterkellert
⌂ wening.architekten
  Potsdam

6100-0870 Einfamilienhaus, Plusenergiehaus
Ein- und Zweifamilienhäuser, Passivhausstandard, Holzbau
⌂ Jirka + Nadansky Architekten
  Borgsdorf

6100-0872 Einfamilienhaus mit Carport, KfW 60
Ein- und Zweifamilienhäuser, nicht unterkellert
⌂ maurer - ARCHITEKTUR
  Braunschweig

6100-0873 Einfamilienhaus, Effizienzhaus 70
Ein- und Zweifamilienhäuser, Holzbauweise, unterkellert
⌂ Jaks Architekten + Ingenieure
  Kirchheim bei München

6100-0874 Doppelhaushälfte, Garage
Ein- und Zweifamilienhäuser, Holzbauweise, unterkellert
⌂ Jaks Architekten + Ingenieure
Kirchheim bei München

6100-0875 Wohnhaus mit ELW, Büro
Wohnhäuser, mit bis zu 15% Mischnutzung
⌂ TATORT architektur
Attendorn

6100-0876 Einfamilienhaus
Ein- und Zweifamilienhäuser unterkellert
⌂ spaeth architekten Stuttgart
Stuttgart

6100-0877 Einfamilienhaus Passivhaus
Ein- und Zweifamilienhäuser, Passivhausstandard
⌂ bau grün ! energieeffiziente Gebäude Architekt
Daniel Finocchiaro, Mönchengladbach

6100-0878 Einfamilienhaus, Holzbau
Ein- und Zweifamilienhäuser, Holzbauweise, unterkellert
⌂ tobias patzak architekt
Elmshorn

6100-0880 Eingangsumgestaltung Mehrfamilienhaus
Freianlagen zu Mehrfamilienhäusern
⌂ braunschweig arhcitekten
Brandenburg

6100-0882 Solarsiedlung, drei Passivhäuser (39 WE)
Mehrfamilienhäuser, energiesparend, ökologisch
⌂ Architekturbüro Thiel
Münster

6100-0883 Einfamilienhaus, KfW 60
Ein- und Zweifamilienhäuser unterkellert, hoher Standard
⌂ Hatzius Sarramona Architekten
Hamburg

6100-0884 Mehrfamilienhaus (8 WE), KfW 40
Wohnhäuser, mit bis zu 15% Mischnutzung
⌂ Manderscheid Partnerschaft Freie Architekten
Stuttgart

6100-0885 Einfamilienhaus, Effizienzhaus 40
Ein- und Zweifamilienhäuser unterkellert, hoher Standard
⌂ fabi architekten bda
Regensburg

6100-0886 Doppelhaushälfte (2 WE), KfW 60
Ein- und Zweifamilienhäuser unterkellert
⌂ BERTRAM KILTZ ARCHITEKT
Kirchheim-Teck

6100-0887 Einfamilienhaus mit Garage
Ein- und Zweifamilienhäuser unterkellert
⌂ BERTRAM KILTZ ARCHITEKT
Kirchheim-Teck

6100-0888 Einfamilienhaus, KfW 60
Ein- und Zweifamilienhäuser, nicht unterkellert
⌂ Architekturbüro Rolf Keck
Heidenheim

6100-0890 Einfamilienhaus, Sonnenhaus
Ein- und Zweifamilienhäuser unterkellert
⌂ Architekt Werner Vogt und Ludwig Aicher Bau GmbH
Fridolfing

6100-0891 Mehrfamilienhaus (14 WE), TG
Mehrfamilienhäuser, mit 6 bis 19 WE, hoher Standard
⌂ Unterlandstättner Architekten
München

6100-0892 Reihenmittelhaus, Passivhaus
Reihenhäuser, hoher Standard
⌂ Architekturbüro Frau Farzaneh Nouri-Schellinger
Erlangen

6100-0893 Mehrfamilienhaus (7 WE), TG
Mehrfamilienhäuser, mit 6 bis 19 WE, mittlerer Standard
⌂ W67 architekten bda schulz und stoll
Stuttgart

6100-0894 Einfamilienhaus
Ein- und Zweifamilienhäuser unterkellert
⌂ Christian Kirchberger Architekt
Regensburg

6100-0895 Einfamilienhaus, Solaraktivhaus
Ein- und Zweifamilienhäuser, Passivhausstandard, Holzbau
⌂ fabi architekten bda
Regensburg

6100-0896 Einfamilienhaus Effizienzhaus 70
Ein- und Zweifamilienhäuser unterkellert, hoher Standard
⌂ TSSB architekten. ingenieure
Dresden

6100-0899 Einfamilienhaus mit ELW, Passivhaus
Ein- und Zweifamilienhäuser, Passivhausstandard, Holzbau
⌂ Architekturbüro Böhmer
Duisburg

6100-0907 Einfamilienhaus, Doppelgarage
Ein- und Zweifamilienhäuser, Holzbauweise, unterkellert
⌂ OEHMIGEN RAUSCHKE ARCHITEKTEN
Stuttgart

6100-0908 Mehrfamilienhaus (3+6 WE); TG
Mehrfamilienhäuser, mit 6 bis 19 WE, hoher Standard
⌂ Kantstein Architekten Busse + Rampendahl Psg.
Hamburg

6100-0909 Einfamilienhaus, Büro, KfW 55
Wohnhäuser, mit bis zu 15% Mischnutzung
⌂ Architekturbüro Daum-Klipstein
Bad König

6100-0910 Einfamilienhaus
Modernisierungen; Ein- und Zweifamilienhäuser
⌂ Udo J. Schmühl Architekt Dipl. Ing.
Hoffnungsthal

6100-0911 Einfamilienhaus
Ein- und Zweifamilienhäuser, Holzbauweise, unterkellert
⌂ brenner architekten
München

6100-0912 Mehrfamilienhaus (21 WE) KfW 60
Mehrfamilienhäuser, mit mehr als 20 WE
⌂ Manfred Huber Dipl.-Ing. Architekt
Pfarrkirchen

6100-0913 Einfamilienhaus mit Garage, KfW 55
Ein- und Zweifamilienhäuser unterkellert, hoher Standard
⌂ (dp) architektur-baubiologie dagmar pemsel
architektin, Nürnberg

6100-0916 Hausgarten zu Einfamilienhaus
Freianlagen zu Einfamilienhäusern
⌂ Architekturbüro von Seidlein Röhrl
München

6100-0917 Einfamilienhaus mit Garage, KfW 60
Ein- und Zweifamilienhäuser unterkellert, hoher Standard
⌂ plankoepfe nuernberg, R. Wölfel - A. Volkmar,
Architekten, Nürnberg

6100-0930 Einfamilienhaus
Ein- und Zweifamilienhäuser, nicht unterkellert
⌂ ARCHOFFICE.net Sebastian Knieknecht
freier Architekt, Lawitz

6100-0933 Einfamilienhaus
Ein- und Zweifamilienhäuser, nicht unterkellert
⌂ dasfeine.de Björn Burgemeister, Architekt
Berlin

6100-0934 Einfamilienhaus mit Garage
Ein- und Zweifamilienhäuser, nicht unterkellert
⌂ Die Planschmiede 2 KS GmbH & Co. KG
Hankensbüttel

6100-0935 Einfamilienhaus mit Garage
Ein- und Zweifamilienhäuser, nicht unterkellert
⌂ Behrens & Heinlein Architekten BDA
Potsdam

6100-0936 Mehrfamilienhaus mit Kita, Passivhaus
Wohnhäuser, mit bis zu 15% Mischnutzung
⌂ lindener baukontor
Hannover

6100-0938 Mehrfamilienhaus mit Tiefgarage
Mehrfamilienhäuser, mit 6 bis 19 WE, hoher Standard
⌂ Perler und Scheurer Architekten BDA
Braunschweig

6100-0940 Einfamilienhaus, Doppelgarage, KfW
Ein- und Zweifamilienhäuser, nicht unterkellert
⌂ JHP Jungherr Hundt Partnerschaft, Architekt und
  Ingenieur, Gießen

6100-0941 Zweifamilienhaus, Effizienzhaus 70
Ein- und Zweifamilienhäuser, nicht unterkellert
⌂ Architekturbüro Bartmann
  Heiden

6100-0942 Mehrfamilienhaus (45 WE), KfW 40
Mehrfamilienhäuser, energiesparend, ökologisch
⌂ STEFAN FORSTER ARCHITEKTEN
  Frankfurt am Main

6100-0943 Mehrfamilienhaus, KfW 40
Mehrfamilienhäuser, mit 6 bis 19 WE, hoher Standard
⌂ Jaeger / Leschhorn Spar- und Bauverein e.G.
  Velbert

6100-0944 Wohnhaus mit Atelier
Wohnhäuser, mit bis zu 15% Mischnutzung
⌂ Prof. Wolfgang Fischer Dipl.-Ing. Architekt BDA
  Würzburg

6100-0947 Doppelhaushälfte, Passivhaus
Ein- und Zweifamilienhäuser, Passivhausstandard, Holzbau
⌂ Architekturbüro Thyroff-Krause
  Kaltenkirchen

6100-0949 Wohn- und Geschäftshaus (20 WE)
Wohnhäuser mit mehr als 15% Mischnutzung
⌂ Architekturbüro Prell und Partner
Hamburg

6100-0950 Wintergarten
Erweiterungen; Wohnbauten: Anbau
⌂ Architekturbüro Prell und Partner
Hamburg

6100-0952 Mehrfamilienhaus (7 WE)
Mehrfamilienhäuser, mit 6 bis 19 WE, mittlerer Standard
⌂ behrendt + nieselt architekten
Berlin

6100-0953 Einfamilienhaus, KfW 40, Garage
Ein- und Zweifamilienhäuser unterkellert
⌂ architekturbüro arch +/- 4 Freier Architekt Niko Moll
Bissingen an der Teck

6100-0954 Wohnhaus, KfW 40, ELW
Erweiterungen; Wohnbauten: Anbau
⌂ architekturbüro arch +/- 4 Freier Architekt Niko Moll
Bissingen an der Teck

6100-0955 Einfamilienhaus, Garage
Ein- und Zweifamilienhäuser unterkellert,
⌂ B19 ARCHITEKTEN BDA
Barchfeld

33

6100-0956 Anbau an Zweifamilienhaus
Erweiterungen; Wohnbauten: Anbau
⌂ B19 ARCHITEKTEN BDA
Barchfeld

6100-0957 Einfamilienhaus, Effizienz 70, Carp
Ein- und Zweifamilienhäuser, nicht unterkellert
⌂ Heiderich Architekten
Lünen

6100-0958 Mehrfamilienhaus (14 WE)
Mehrfamilienhäuser, mit 6 bis 19 WE, hoher Standard
⌂ jäger jäger Planungsgesellschaft mbH
Schwerin

6100-0959 Mehrfamilienhaus, Büro, Tiefgarage
Wohnhäuser, mit bis zu 15% Mischnutzung
⌂ raumstation Architekten GmbH
Starnberg

6100-0960 Einfamilienhaus, KfW 40
Ein- und Zweifamilienhäuser unterkellert, hoher Standard
⌂ .rott .schirmer .partner
Burgwedel

6100-0961 Mutter-Kind-Haus (3 WE)
Wohnheime und Internate
⌂ Tectum Hille Kobelt Architekten BDA
Weimar

6100-0964 Wohnumfeldgestaltung Mehrfamilienhaus
Freianlagen zu Mehrfamilienhäusern
⌂ Planungsgruppe Grün der Zeit
  Potsdam

6100-0965 Wohnumfeldgestaltung Mehrfamilienhaus
Freianlagen zu Mehrfamilienhäusern
⌂ Planungsgruppe Grün der Zeit
  Potsdam

6100-0967 Mehrfamilienhaus (20WE) Passivhaus
Mehrfamilienhäuser, energiesparend, ökologisch
⌂ Werkgruppe Freiburg Architekten
  Freiburg

6200-0044 Wohnheim
Wohnheime und Internate
⌂ atelier05 Architektur und Innenarchitektur
  Jürgenshagen

6200-0045 Seniorengerechte Gartenanlage
Freianlagen zu Alten- und Pflegeheimen
⌂ Daniel Oppermann Dipl. Ing. LandschaftsArchitekt
  Berlin

6200-0050 Innenhof Schwesternwohnheim
Freianlagen zu Alten- und Pflegeheimen
⌂ Haindl+Kollegen GmbH, Planung u. Baumanagement
  München

6400-0060 Gemeindehaus, Kindergarten
Gemeindezentren, hoher Standard
⌂ Cukrowicz Nachbaur Architekten ZT GmbH
A-Bregenz

6400-0064 Freianlage Altentagesstätte
Freianlagen zu Alten- und Pflegeheimen
⌂ Planungsbüro Dipl. Ing. Andreas Schmolke
Meine-Bechtsbüttel

6400-0065 Begegnungszentrum, Wohnungen, TG
Gemeindezentren, hoher Standard
⌂ Architekten Bathe + Reber
Dortmund

6400-0066 Gemeindezentrum
Gemeindezentren, mittlerer Standard
⌂ D:4 Architektur Dipl.-Ing. Jörn Focken
Hamburg

6400-0068 Pfarrbüro
Erweiterungen; Gebäude anderer Art
⌂ NEUMEISTER & PARINGER ARCHITEKTEN
Landshut

6400-0070 Vorplatz Dorfgemeinschaftshaus
Freianlagen zu Alten- und Pflegeheimen
⌂ Architekturbüro Prowald-Dapprich
Hillesheim

6400-0072 Gemeindehaus
Gemeindezentren, mittlerer Standard
⌂ B19 ARCHITEKTEN BDA
Weimar

6400-0073 Bürgerhaus
Umbauten; sonstige Gebäude
⌂ B19 ARCHITEKTEN BDA
Barchfeld

6500-0023 Gartenterrasse, Bewirtung
Freianlagen zu Veranstaltungsgebäuden
⌂ Dietmar Herz Freier Landschaftsarchitekt BDLA
Baden-Baden

6500-0025 Mensa mit drei Klassenräumen
Gaststätten, Kantinen und Mensen
⌂ Architekturbüro Bernd Manz
Much

6500-0026 Mensa
Gaststätten, Kantinen und Mensen
⌂ Lenze + Partner Dipl.-Ing. Architekten BDA
Grevenbroich

6500-0027 Cafe Pavillon
Gaststätten, Kantinen und Mensen
⌂ Amunt architekten martenson und nagel theissen
Aachen

6500-0028 Mensa
Gaststätten, Kantinen und Mensen
⌂ Werkgemeinschaft Quasten + Berge
Grevenbroich

6500-0030 Mensa, Klassenräume, Bibliothek
Gaststätten, Kantinen und Mensen
⌂ Steinwender Architekten BDA
Heide

6500-0031 Cafe
Gaststätten, Kantinen und Mensen
⌂ Architekturbüro Martin Raffelt
Pößneck

7100-0025 Produktions- und Bürogebäude
Modernisierungen; Produktion, Gewerbe und Handel
⌂ Fritz-Dieter Tollè Architekt BDB Architekten
Stadtplaner Ingenieure, Verden

7100-0028 Bepflanzung um Produktionsgebäude
Freianlagen zu Produktion, Gewerbe und Handel, Lager
⌂ Joachim von Kortzfleisch Landschaftsarchitekt
Wedemark

7100-0039 Grünflächen Produktionsgebäude
Freianlagen zu Produktion, Gewerbe und Handel, Lager
⌂ Architekturbüro Walter Haller
Albstadt

7100-0040 Produktionshalle mit Verwaltungsbau
Industrielle Produktionsgebäude, über. Skelettbauweise
⌂ H+F Architekten GmbH
Amberg

7100-0041 Laborgebäude, Büros, Technikum
Instituts- und Laborgebäude
⌂ aip vügten + partner GmbH
Bremen

7200-0076 Verkaufs- und Ausstellungsgebäude
Verbrauchermärkte
⌂ Claudia Schwister - Schulte
Hürth

7200-0077 Verkaufshalle, Lager
Lagergebäude, mit bis zu 25% Mischnutzung
⌂ Architekten HBH
München

7200-0080 Büro, Cafe, Wohnungen, KfW 60
Geschäftshäuser mit Wohnungen
⌂ ARC architekturconzept GmbH Lauterbach Oheim
Schaper, Magdeburg

7300-0061 Büro- und Produktionsgebäude
Betriebs- und Werkstätten, mehrgeschossig
⌂ Udo Richter Dipl.-Ing. Freier Architekt
Heilbronn

7300-0064 Montagewerkstatt, Umnutzung
Umbauten; Produktion, Gewerbe und Handel
⌂ atelier05 Thomas Wittenburg
   Jürgenshagen

7300-0069 Kranhalle
Lagergebäude, ohne Mischnutzung
⌂ echtermeyer.fietz architekten
   Dortmund

7300-0070 Produktionshalle, Büro, Wohnen
Betriebs- und Werkstätten, mehrgeschossig
⌂ Jaks Architekten + Ingenieure
   Kirchheim bei München

7300-0071 Produktionshalle, Schreinerei
Betriebs- und Werkstätten, mehrgeschossig
⌂ TATORT architektur
   Attendorn

7300-0074 Grünflächen Produktionsgebäude
Freianlagen zu Produktion, Gewerbe und Handel, Lager
⌂ Hillebrand + Welp, Architekten BDA/BDB
   Greven

7600-0051 Feuerwehrhaus (7KFZ)
Feuerwehrhäuser
⌂ HEIN-TROY Architekten
   A-Bregenz

7600-0055 Feuerwehrhaus und Rettungswache
Feuerwehrhäuser
⌂ maurer - ARCHITEKTUR
   Braunschweig

7700-0054 Logistikzentrum
Lagergebäude, mit bis zu 25% Mischnutzung
⌂ Fritz-Dieter Tolle` Architekt BDB Architekten Stadt-
   planer Ingenieure, Verden

7700-0057 Grünflächen Lagergebäude
Freianlagen zu Produktion, Gewerbe und Handel, Lager
⌂ Joachim von Kortzfleisch Landschaftsarchitekt
   Wedemark

7700-0059 Rangierhof Lagerhalle Großbäckerei
Freianlagen zu Produktion, Gewerbe und Handel, Lager,
⌂ Heine . Reichold, Architekten und Ingenieure
   Lichtenstein

7700-0061 Neugestaltung Rangierhof Großbäckerei
Freianlagen zu Produktion, Gewerbe und Handel, Lager
⌂ Heine . Reichold, Architekten und Ingenieure
   Lichtenstein

7700-0063 Lagerhalle mit Werkstatt
Lagergebäude, ohne Mischnutzung
⌂ Bayer Berresheim Architekten
   Aachen und A. Wahl, Frankfurt

7700-0064 Produktionshalle mit Bürogebäude
Lagergebäude, ohne Mischnutzung
⌂ ipunktarchitektur Ilka Altenstädter, Architektin
Sömmerda

8700-0018 Verbindungsbrücke
Sonstige Freianlagen
⌂ Fritz-Dieter Tolle` Architekt BDB Architekten Stadt-
planer Ingenieure, Verden

8700-0019 Gestaltung Quartiersplatz
Stadtplätze und Straßenraum
⌂ Büro Freiraum Johann Berger
Freising

8700-0020 Innenstadtplatz
Stadtplätze und Straßenraum
⌂ Architekturbüro Martin Raffelt
Pößneck

8700-0021 Klostervorplatz
Stadtplätze und Straßenraum
⌂ ORTSBILD Architektur und Ingenieurbüro GmbH
Herzberg am Harz

8700-0022 Umgestaltung Marktplatz
Stadtplätze und Straßenraum
⌂ Büro Grün plan Landschaftsarchitekten BDLA
Hannover

8700-0023 Garten der Religionen Begegnungspark
Stadtplätze und Parks
⌂ Landschaftsarchitektin Dipl.-Ing. Maria Mandt
Bornheim

9100-0062 Wanderweg mit Bachquerung
Sonstige Freianlagen
⌂ Dietmar Herz Freier Landschaftsarchitekt BDLA
Baden-Baden

9100-0063 Wanderweg mit Aussichtspunkt
Sonstige Freianlagen
⌂ Dietmar Herz Freier Landschaftsarchitekt BDLA
Baden-Baden

9100-0067 Schlossgarten
Stadtplätze und Parks
⌂ Dipl. Ing. A. Brückner Büro für Landschaftsarchitektur
Zernitz

9100-0068 Gemeindehaus mit Wohnung
Gemeindezentren, hoher Standard
⌂ Zastrow + Zastrow Architekten und Stadtplaner
Kiel

9100-0069 Gemeindehaus mit Kita, Wohnung
Gemeindezentren, mittlerer Standard
⌂ Zastrow + Zastrow Architekten und Stadtplaner
Kiel

9100-0071 Besucherinformationszentrum
Gebäude für kulturelle und musische Zwecke
⌂ Landau + Kindelbacher Architekten - Innenarchitekten
GmbH, München

9100-0075 Außenanlage Freilichtbühne
Freianlagen zu Veranstaltungsgebäuden
⌂ subsolar
Berlin

9100-0076 Kirche, Gemeindehaus
Gebäude für kulturelle und musische Zwecke
⌂ Neuapostolische Kirche Berlin-Brandenburg
Berlin

9100-0078 Umgestaltung Kirchplatz
Freianlagen zu Veranstaltungsgebäuden
⌂ Lange Landschaftsarchitekten
Bad Belzig

9300-0006 Außenklimastall für Milchkühe
Sonstige Gebäude
⌂ Vermögen und Bau Baden-Württemberg
Ravensburg

9600-0001 Justizvollzugsanstalt
Sonstige Gebäude
⌂ F29 Architekten
Dresden

9700-0017 Friedhofserweiterung
Sonstige Freianlagen
⌂ Freier Garten- und Landschaftsarchitekt Bernd Uwe
Büttner, Ummendorf

9700-0018 Aussegnungshalle
Friedhofsgebäude
⌂ Nopto Architekt
Rheda-Wiedenbrück

Einführung

Dieses Fachbuch wendet sich an Architekten, Ingenieure, Sachverständige und sonstige Fachleute, die mit Kostenermittlungen von Hochbaumaßnahmen befasst sind.

Es enthält Kostenkennwerte für „Bauelemente", worunter die Kostengruppen der 3. Ebene DIN 276 verstanden werden, gekennzeichnet durch dreistellige Ordnungszahlen. Diese Kostenkennwerte werden für 74 Gebäudearten angegeben. Es enthält ferner Kostenkennwerte für Ausführungsarten von einzelnen Bauelementen. Diese Kostenkennwerte werden ohne Zuordnung zu bestimmten Gebäudearten angegeben. Damit bietet dieses Fachbuch aktuelle Orientierungswerte, die für differenzierte, über die Mindestanforderungen der DIN 276 hinausgehende Kostenberechnungen sowie für Kostenanschläge im Sinne der DIN 276 benötigt werden.

Alle Kennwerte sind objektorientiert ermittelt worden und basieren auf der Analyse realer, abgerechneter Vergleichsobjekte, die derzeit in der BKI-Baukostendatenbank verfügbar sind.

Dieses Fachbuch erscheint jährlich neu, so dass der Benutzer stets aktuelle Kostenkennwerte zur Hand hat. Das Baukosteninformationszentrum ist bemüht, durch kontinuierliche Datenerhebungen in allen Bundesländern die in dieser Ausgabe noch nicht aufgeführten Kostenkennwerte für einzelne Kostengruppen oder Gebäudearten in den Folgeausgaben zu berücksichtigen.

Mit dem Ausbau der Datenbank werden auch weitere Kennwerte für jetzt noch nicht enthaltene Ausführungsarten verfügbar sein. Der vorliegende Teil 2 baut auf Teil 1 „Statistische Kostenkennwerte für Gebäude" auf, der die für Kostenschätzungen und Kostenberechnungen benötigten Kostenkennwerte zu den Kostengruppen der 1. und 2. Ebene DIN 276 enthält.

Benutzerhinweise

1. Definitionen

Als **Bauelemente** werden in dieser Veröffentlichung diejenigen Kostengruppen der 3. Ebene DIN 276 bezeichnet, die zur Kostengruppe 300 „Bauwerk-Baukonstruktionen" bzw. Kostengruppe 400 „Bauwerk-Technische Anlagen" gehören und mit dreistelligen Ordnungszahlen gekennzeichnet sind.

Ausführungsarten (AA) sind bestimmte, nach Konstruktion, Material, Abmessungen und sonstigen Eigenschaften unterschiedliche Ausführungen von Bauelementen. Sie sind durch eine 7-stellige Ordnungszahl gekennzeichnet, bestehend aus
- Kostengruppe DIN 276 (KG): 3-stellig
- Ausführungsklasse nach BKI (AK): 2-stellig
- Ausführungsart nach BKI (AA): 2-stellige, BKI-Identnummer

Kostenkennwerte sind Werte, die das Verhältnis von Kosten bestimmter Kostengruppen nach DIN 276 : 2008-12 zu bestimmten Bezugseinheiten darstellen.

Die Kostenkennwerte für die Kostengruppen der 3. Ebene DIN 276 sind auf Einheiten bezogen, die in der DIN 277-3 : 2005-04 Teil 3 (Mengen und Bezugseinheiten) definiert sind.

Die Kostenkennwerte für Ausführungsarten sind auf nicht genormte, aber kostenplanerisch sinnvolle Einheiten bezogen, die in den betreffenden Tabellen jeweils angegeben sind.

2. Kostenstand und Mehrwertsteuer

Kostenstand aller Kennwerte ist das 1. Quartal 2012. Alle Kostenkennwerte enthalten die Mehrwertsteuer. Die Angabe aller Kostenkennwerte dieser Veröffentlichung erfolgt in Euro. Die vorliegenden Kostenkennwerte sind Orientierungswerte, Sie können nicht als Richtwerte im Sinne einer verpflichtenden Obergrenze angewendet werden.

3. Datengrundlage

Grundlage der Tabellen sind statistische Analysen abgerechneter Bauvorhaben. Die Daten wurden mit größtmöglicher Sorgfalt vom BKI bzw. seinen Dokumentationsstellen erhoben. Dies entbindet den Benutzer aber nicht davon, angesichts der vielfältigen Kosteneinflussfaktoren die genannten Orientierungswerte eigenverantwortlich zu prüfen und entsprechend dem jeweiligen Verwendungszweck anzupassen. Für die Richtigkeit der im Rahmen einer Kostenermittlung eingesetzten Werte können daher weder Herausgeber noch Verlag eine Haftung übernehmen.

4. Anwendungsbereiche

Die Kostenkennwerte sind als Orientierungswerte konzipiert; sie können bei Kostenberechnungen und Kostenanschlägen angewendet werden. Die formalen Mindestanforderungen hinsichtlich der Darstellung der Ergebnisse einer Kostenermittlung sind in DIN 276:2008-12 unter Ziffer 3 Grundsätze der Kostenplanung festgelegt. Die Anwendung des Bauelement-Verfahrens bei Kostenermittlungen setzt voraus, dass genügend Planungsinformationen vorhanden sind, um Qualitäten und Mengen von Bauelementen und Ausführungsarten ermitteln zu können.

a. Gebäudearten-bezogene Kostenkennwerte für die Kostengruppen der 3. Ebene DIN 276 dienen primär als Orientierungswerte für die Plausibilitätsprüfung von Kostenanschlägen, die mit Kostenkennwerten für einzelne Ausführungsarten differenziert aufgestellt worden sind. Darüber hinaus dienen diese Kostenkennwerte während der Entwurfs- bzw. Genehmigungsplanung als Orientierungswerte für differenzierte, über die formalen Mindestanforderungen der DIN 276 hinausgehende Kostenberechnungen. Kostenberechnungen, die bereits bis zur 3. Ebene DIN 276 untergliedert werden und insofern bereits die formalen Mindestanforderungen an einen Kostenanschlag erfüllen, erfordern einen erheblich höheren Mengenermittlungsaufwand. Andererseits steigen die Anforderungen der Bauherrn an die Genauigkeit gerade von Kostenberechnungen. Kostenberechnungen auf der 3. Ebene DIN 276 ermöglichen differenziertere Bauelementbeschreibungen und eine genauere Ermittlung der entwurfsspezifischen Elementmengen und

deren Kosten. Die in den Tabellen genannten Prozentsätze geben den durchschnittlichen Anteil der jeweiligen Kostengruppe an der Kostengruppe 300 „Bauwerk-Baukonstruktionen" (KG 300 = 100%) bzw. Kostengruppe 400 „Bauwerk-Technische Anlagen" (KG 400 = 100%) an.

Diese von Gebäudeart zu Gebäudeart oft unterschiedlichen Prozentanteile machen die kostenplanerisch relevanten Kostengruppen erkennbar, bei denen z.B. die Entwicklung von kostensparenden Alternativlösungen primär Erfolg verspricht unter dem Aspekt der Kostensteuerung bei vorgegebenem Gesamtbudget.

b. Ausführungsarten-bezogene Kostenkennwerte dienen als Orientierungswerte für differenzierte, über die formalen Mindestanforderungen der DIN 276 hinausgehende Ermittlungen zur Aufstellung von Kostenanschlägen im Sinne der DIN 276. Die Darstellung erfolgt getrennt für Neu- und Altbau.

Um die Kostenkennwerte besser beurteilen und die Ausführungsarten untereinander abgrenzen zu können, wird der jeweilige technische Standard nach den Kriterien „Konstruktion", „Material", „Abmessungen" und „Besondere Eigenschaften" näher beschrieben. Diese Beschreibung versucht, diejenigen Eigenschaften und Bauleistungen aufzuzeigen, die im Wesentlichen die Kosten der Ausführungsart eines Bauelementes bestimmen.

Über die Ausführungsarten von Bauelementen können Ansätze für die Vergabe von Bauleistungen und die Kostenkontrolle während der Bauausführung ermittelt werden. Die Ausführungsarten lassen sich den Leistungsbereichen des Standardleistungsbuches (StLB) zuordnen und damit in eine vergabeorientierte Gliederung überführen. Zu diesem Zweck sind die Kostenanteile der Leistungsbereiche in Prozent der jeweiligen Ausführungsart angegeben.

5. Geltungsbereiche

Die genannten Kostenkennwerte spiegeln in etwa das durchschnittliche Baukostenniveau in Deutschland wider. Die Geltungsbereiche der Tabellenwerte sind fließend. Die „von-/bis-Werte" markieren weder nach oben noch nach unten absolute Grenzwerte.

In den Tabellen „Gebäudearten-bezogene Kostenkennwerte für die Kostengruppen der 3. Ebene DIN 276" wurden der Vollständigkeit halber alle Kostengruppen aufgeführt, auch dann, wenn die statistische Basis häufig noch zu gering ist, um für Kostenermittlungszwecke Kostenkennwerte angeben zu können. Dies trifft besonders für Kostengruppen zu, die im Regelfall ganz entfallen oder von untergeordneter Bedeutung sind, bei einzelnen Baumaßnahmen aber durchaus auch kostenrelevant sein können, z.B. die Kostengruppen 313 Wasserhaltung, 393 Sicherungsmaßnahmen, 394 Abbruchmaßnahmen, 395 Instandsetzungen, 396 Materialentsorgung, 397 Zusätzliche Maßnahmen, 398 Provisorische Baukonstruktionen, sowie alle Kostengruppen mit dem Zusatz „..., sonstiges". Auch bei breiterer Datenbasis würden sich bei diesen Kostengruppen aufgrund der objektspezifischen Besonderheiten immer sehr große Streubereiche für die Kostenkennwerte ergeben. Liegen hierfür weder Erfahrungswerte aufgrund früherer Ausschreibungen im Büro vor, noch können diese durch Anfrage bei den ausführenden Firmen erfragt werden, so empfiehlt es sich, beim BKI die Kostendokumentationen einzelner Objekte zu beschaffen, bei denen die betreffenden Kostengruppen angefallen und qualitativ beschrieben sind.

Bei den zuvor genannten Kostengruppen können die Tabellenwerte dieses Buches jedoch einen Eindruck vermitteln, welche Größenordnung die Kostenkennwerte im Einzelfall bei einer Betrachtung über alle Gebäudearten hinweg annehmen können.

6. Kosteneinflüsse

In den Streubereichen (von-/bis-Werte) der Kostenkennwerte spiegelt sich die vielfältigen Kosteneinflüsse aus Nutzung, Markt, Gebäudegeometrie, Ausführungsstandard, Projektgröße etc. wider.

Die Orientierungswerte können daher nicht schematisch übernommen werden, sondern müssen entsprechend den spezifischen Planungsbedingungen überprüft und ggf. angepasst werden. Mögliche Einflüsse, die eine Anpassung der Orientierungswerte erforderlich machen, können sein:

– besondere Nutzungsanforderungen,
– Standortbedingungen (Erschließung, Immission, Topographie, Bodenbeschaffenheit),
– Bauwerksgeometrie (Grundrissform, Geschosszahlen, Geschosshöhen, Dachform, Dachaufbauten),
– Bauwerksqualität (gestalterische, funktionale und konstruktive Besonderheiten),
– Quantität (Bauelement- und Ausführungsartenmengen),
– Baumarkt (Zeit, regionaler Baumarkt, Vergabeart).

7. Urheberrechte

Alle Objektinformationen und die daraus abgeleiteten Auswertungen (Statistiken) sind urheberrechtlich geschützt. Die Urheberrechte liegen bei den jeweiligen Büros, Personen bzw. beim BKI. Es ist ausschließlich eine Anwendung der Daten im Rahmen der praktischen Kostenplanung im Hochbau zugelassen. Für eine anderweitige Nutzung oder weiterführende Auswertungen behält sich das BKI alle Rechte vor.

Erläuterungen zur Fachbuchreihe
BKI Baukosten

Erläuterungen zur Fachbuchreihe BKI Baukosten

Die Fachbuchreihe BKI Baukosten besteht aus drei Bänden:
- Baukosten Gebäude 2012, Statistische Kostenkennwerte (Teil 1)
- Baukosten Bauelemente 2012, Statistische Kostenkennwerte (Teil 2)
- Baukosten Positionen 2012, Statistische Kostenkennwerte (Teil 3)

Die drei Bände sind für verschiedene Stufen der Kostenermittlungen vorgesehen.
Die nachfolgende Schnellübersicht erläutert Inhalt und Verwendungszweck:

BKI FACHBUCHREIHE Baukosten 2012		
BKI Baukosten Gebäude	**BKI Baukosten Bauelemente**	**BKI Baukosten Positionen**
Inhalt: Kosten des Bauwerks, 1. und 2. Ebene nach DIN 276 von ca. 74 Gebäudearten für Neubau	Inhalt: 3. Ebene DIN 276 und Ausführungsarten nach BKI, geeignet für Neubau und Altbau	Inhalt: Positionen nach Leistungsbereichsgliederung für Rohbau, Ausbau, Gebäudetechnik und Freianlagen, geeignet für Neubau und Altbau
Geeignet[1] für Kostenrahmen, Kostenschätzung	Geeignet[1] für Kostenberechnung und Kostenanschlag	Geeignet[1] für Kostenanschlag und Kostenfeststellung
HOAI Phasen 1 und 2	HOAI Phasen 3 und 4	HOAI Phasen 5 bis 9

[1] BKI empfiehlt, bereits ab Vorlage erster Skizzen oder Vorentwürfe Kosten in der 2. Ebene nach DIN 276 zu ermitteln (Grobelementmethode). Auch für die weiteren Kostenermittlungen empfiehlt BKI eine Stufe genauer zu rechnen als die Mindestanforderungen der HOAI in Verbindung mit DIN 276 vorsehen.

Die Buchreihe BKI Baukosten enthält für die verschiedenen Stufen der Kostenermittlung unterschiedliche Tabellen und Grafiken. Ihre Anwendung soll nachfolgend kurz dargestellt werden.

Kostenrahmen

Für die Ermittlung der „ersten Zahl" werden auf der ersten Seite jeder Gebäudeart die Kosten des Bauwerks insgesamt angegeben. Je nach Informationsstand kann der Kostenkennwert (KKW) pro m³ BRI (Brutto-Rauminhalt), m² BGF (Brutto-Grundfläche) oder m² NF (Nutzfläche) verwendet werden.

Diese Kennwerte sind geeignet, um bereits ohne Vorentwurf erste Kostenaussagen auf der Grundlage von Bedarfsberechnungen treffen zu können.

Für einige Gebäudearten existieren zusätzlich Kostenkennwerte pro Nutzeinheit. In allen Büchern der Reihe BKI Baukosten werden die statistischen Kostenkennwerte mit Mittelwert (Fettdruck) und Streubereich (von- und bis-Wert) angegeben (Abb. 1; BKI Baukosten Gebäude).

In der unteren Grafik der ersten Seite zu einer Gebäudeart sind ausgewählte Kostenkennwerte maßgeblich an der Stichprobe beteiligter Objekte zur Erläuterung der Bandbreite der Kostenkennwerte abgebildet. In allen Büchern wird in der Fußzeile der Kostenstand und die Mehrwertsteuer angegeben. (Abb. 2; BKI Baukosten Gebäude)

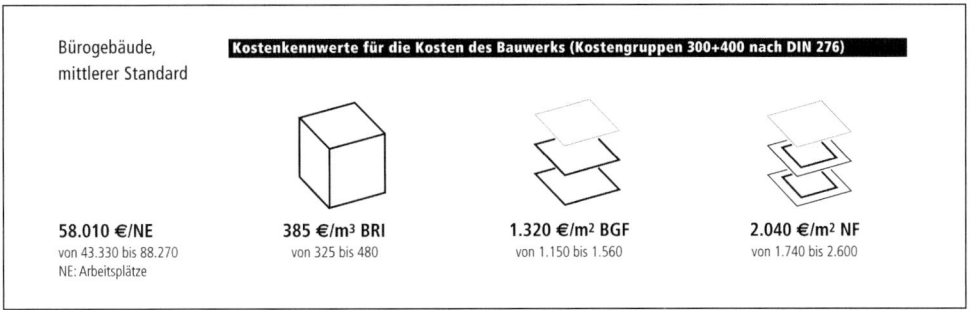

Abb. 1 aus BKI Baukosten Gebäude: Kostenkennwerte des Bauwerks

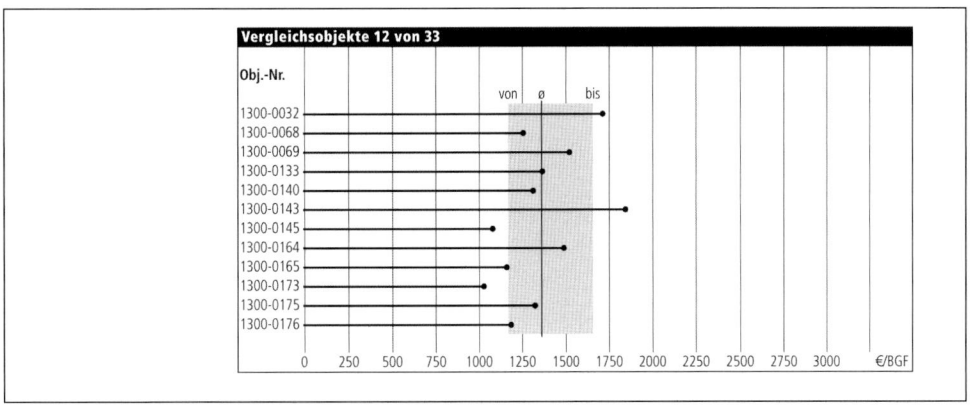

Abb. 2 aus BKI Baukosten Gebäude: Kostenkennwerte ausgewählter Objekte

Kostenschätzung

Die obere Tabelle der zweiten Seite zu einer Gebäudeart differenziert die Kosten des Bauwerks in die Kostengruppen der 1. Ebene. Es werden nicht nur die Kostenkennwerte für das Bauwerk – getrennt nach Baukonstruktionen und Technische Anlagen – sondern ebenfalls für „Herrichten und Erschließen" des Grundstücks, „Außenanlagen", „Ausstattung und Kunstwerke" und die „Baunebenkosten" genannt. Für Plausibilitätsprüfungen sind zusätzlich die Prozentanteile der einzelnen Kostengruppen ausgewiesen. (Abb. 3; BKI Baukosten Gebäude)

Um für die Kostenschätzung eine höhere Genauigkeit zu erzielen, empfiehlt BKI zur Kostenermittlung des Bauwerks auf die Kostenkennwerte der 2. Ebene zurückzugreifen. Dazu müssen die Mengen der Kostengruppen 310 Baugrube bis 360 Dächer und die BGF ermittelt werden. Eine Kostenermittlung auf der 2. Ebene ist somit bereits durch Ermittlung von lediglich sieben Mengen möglich. (Abb. 4; BKI Baukosten Gebäude)

In den Benutzerhinweisen am Anfang des Fachbuchs „BKI Baukosten Gebäude, Statistische Kostenkennwerte Teil 1" ist eine „Auswahl kostenrelevanter Baukonstruktionen und Technischer Anlagen" aufgelistet. Sie unterstützen bei der Standardeinordnung einzelner Projekte. Weiterhin gibt die Auflistung Hinweise, welche Ausführungen in den Kostengruppen der 2. Ebene kostenmindernd bzw. kostensteigernd wirken. Dem entsprechend sind Kostenkennwerte über oder unter dem Durchschnittswert auszuwählen. Eine rein systematische Verwendung des Mittelwerts reicht für eine qualifizierte Kostenermittlung nicht aus. (Abb. 5; BKI Baukosten Gebäude)

Kostenkennwerte für die Kostengruppen der 1. und 2.Ebene DIN 276

KG	Kostengruppen der 1. Ebene	Einheit	von	€/Einheit	bis	von	% an 300+400	bis
100	Grundstück	m² FBG						
200	Herrichten und Erschließen	m² FBG	4	21	47	0,4	1,9	3,4
300	Bauwerk - Baukonstruktionen	m² BGF	865	1.009	1.150	68,8	76,9	81,4
400	Bauwerk - Technische Anlagen	m² BGF	237	309	496	18,6	23,1	31,2
	Bauwerk (300+400)	m² BGF	1.154	1.318	1.565		100,0	
500	Außenanlagen	m² AUF	25	67	118	2,6	5,8	11,1
600	Ausstattung und Kunstwerke	m² BGF	9	38	66	0,7	3,1	5,5
700	Baunebenkosten	m² BGF	162	199	232	13,3	16,1	20,1

Abb. 3 aus BKI Baukosten Gebäude: Kostenkennwerte der 1. Ebene

KG	Kostengruppen der 2. Ebene	Einheit	von	€/Einheit	bis	von	% an 300	bis
310	Baugrube	m³ BGI	12	23	39	1,1	2,4	6,0
320	Gründung	m² GRF	184	252	318	6,5	9,1	13,9
330	Außenwände	m² AWF	348	462	562	25,4	32,4	38,5
340	Innenwände	m² IWF	210	253	337	11,9	19,0	22,3
350	Decken	m² DEF	236	294	436	10,8	18,1	22,4
360	Dächer	m² DAF	239	295	424	8,4	11,9	18,4
370	Baukonstruktive Einbauten	m² BGF	8	29	68	0,4	2,3	6,0
390	Sonstige Baukonstruktionen	m² BGF	23	49	74	2,2	4,8	7,4
							% an 400	
410	Abwasser, Wasser, Gas	m² BGF	29	53	96	8,4	17,0	25,3
420	Wärmeversorgungsanlagen	m² BGF	42	67	110	13,6	21,9	35,3
430	Lufttechnische Anlagen	m² BGF	22	48	96	1,5	10,3	23,6
440	Starkstromanlagen	m² BGF	76	106	160	24,5	33,1	39,4
450	Fernmeldeanlagen	m² BGF	11	34	93	2,6	9,4	18,2
460	Förderanlagen	m² BGF	8	23	55	0,5	3,3	16,3
470	Nutzungsspezifische Anlagen	m² BGF	3	17	50	0,2	2,5	10,1
480	Gebäudeautomation	m² BGF	–	264	–	–	1,9	
490	Sonstige Technische Anlagen	m² BGF	4	10	21	0,0	0,5	4,4

Abb. 4 aus BKI Baukosten Gebäude: Kostenkennwerte der 2. Ebene

310 Baugrube
- **kostenmindernd:**
  Nur Mutterboden abtragen, Wiederverwertung des Aushubs auf dem Grundstück, keine Deponiegebühr, kurze Transportwege, wiederverwertbares Aushubmaterial für Verfüllung
+ **kostensteigernd:**
  Wasserhaltung, Bodenaustausch, Grundwasserabsenkung, Baugrubenverbau, Spundwände, Baugrubensicherung mit Großbohrpfählen, Felsbohrungen, BK 5, 6 und 7

320 Gründung
- **kostenmindernd:**
  Kein Fußbodenaufbau auf der Gründungsfläche, keine Dämmmaßnahmen auf oder unter der Gründungsfläche
+ **kostensteigernd:**
  Teurer Fußbodenaufbau auf der Gründungsfläche, Bodenverbesserung, Bodenkanäle, Perimeterdämmung od. sonst teure Dämmmaßnahmen, versetzte Ebenen

Brandschutz, Schallschutz, Raumakustik und Optik, Edelstahlgeländer, raumhohe Verfliesung

350 Decke
- **kostenmindernd:**
  Einfache Bodenbeläge, wenige und einfache Treppen, geringe Spannweiten
+ **kostensteigernd:**
  Doppelboden, Natursteinböden, Metall- und Holzbekleidungen, Edelstahltreppen, hohe Anforderungen an Brandschutz, Schallschutz, Raumakustik und Optik, hohe Spannweiten

360 Dächer
- **kostenmindernd:**
  Einfache Geometrie, wenig Durchdringungen
+ **kostensteigernd:**
  Aufwändige Geometrie wie Mansarddach mit Gauben, Metalldeckung, Glasdächer oder Glasoberlichter, begeh-/befahrbare Flachdächer, Begrünung, Schutzelemente wie Edelstahl-Geländer

Abb. 5 aus BKI Baukosten Gebäude: Kostenrelevante Baukonstruktionen

Die Mengen der 2. Ebene können alternativ statistisch mit der Tabelle auf der vierten Seite jeder Gebäudeart näherungsweise ermittelt werden. Diese Tabelle ist unter www.bki.de/kostensimulationsmodell zusätzlich als Excel-Tabelle erhältlich. Die Anwendung dieser Tabelle ist in BKI Baukosten Gebäude, Kapitel „Erläuterungen ‚Kostensimulationsmodell'" beschrieben. (Abb. 6; BKI Baukosten Gebäude)

Die Werte, die über dieses statistische Verfahren ermittelt werden, sind für die weitere Verwendung auf Plausibilität zu prüfen und anzupassen.

In BKI Baukosten Gebäude befindet sich auf Seite 3 zu jeder Gebäudeart eine Aufschlüsselung nach Leistungsbereichen für eine überschlägige Aufteilung der Bauwerkskosten. (Abb. 7; BKI Baukosten Gebäude)

Für die Kostenaufstellung nach Leistungsbereichen existieren zwei unterschiedliche Ansätze:
1. Bereits nach Kostengruppen ermittelte Kosten können prozentual, mit Hilfe der Angaben in den Prozentspalten, in die voraussichtlich anfallenden Leistungsbereiche aufgeteilt werden
2. an Hand der Angaben €/m² BGF können die voraussichtlich anfallenden Leistungsbereichskosten für das Bauwerk einzeln, auf Grundlage der BGF, ermittelt werden.
Die Ergebnisse dieser „Budgetierung" können die positionsorientierte Aufstellung der Leistungsbereichskosten nicht ersetzen. Für Plausibilitätsprüfungen bzw. grobe Kostenaussagen z.B. für Finanzierungsanfragen sind sie jedoch gut geeignet.

als MS Excel-Tabelle erhältlich unter www.bki.de/kostensimulationsmodell

Kostensimulationsmodell									
KG	**Kostengruppen der 2.Ebene**	**Einheit**	\<colspan>Mengen mit PlanungsKennWerten			\<colspan>KostenKennWerte		Kosten
	Berechnungsmethode:		BGF X PKW/BGF = Simulation → gewählt X			KKW € → gewählt =		Kosten €
310	Baugrube	m³ BGI	0,95			23		
320	Gründung	m² GRF	0,37			300		
330	Außenwände	m² AWF	0,79			460		
340	Innenwände	m² IWF	0,78			252		
350	Decken	m² DEF	0,63			315		
360	Dächer	m² DAF	0,40			315		
370	Baukonstruktive Einbauten	m² BGF	1,00			26		
390	Sonstige Baukonstruktionen	m² BGF	1,00			50		
300	**Bauwerk - Baukonstruktionen**						Σ300:	
410	Abwasser, Wasser, Gas	m² BGF	1,00			53		
420	Wärmeversorgungsanlagen	m² BGF	1,00			72		
430	Lufttechnische Anlagen	m² BGF	1,00			42		
440	Starkstromanlagen	m² BGF	1,00			113		
450	Fernmeldeanlagen	m² BGF	1,00			40		
460	Förderanlagen	m² BGF	1,00			29		
470	Nutzungsspezifische Anlagen	m² BGF	1,00			21		
480	Gebäudeautomation	m² BGF	1,00			90		
490	Sonstige Technische Anlagen	m² BGF	1,00			10		
400	**Bauwerk - Technische Anlagen**						Σ400:	
	Summe 300+400						Σ300+400:	

(Hinweis in der Mengenspalte: BGF für alle Zeilen)

Abb. 6 aus BKI Baukosten Gebäude: Kostensimulationsmodell

Bürogebäude,
mittlerer Standard

	Kostenkennwerte für Leistungsbereiche nach StLB (Kosten des Bauwerks nach DIN 276)							
LB	**Leistungsbereiche**	von	**€/m² BGF**	bis		von	**% an 300+400**	bis
000	Sicherheits-, Baustelleneinrichtungen inkl. 001	20	41	67		1,6	3,1	5,1
002	Erdarbeiten	15	23	35		1,1	1,8	2,7
006	Verbau-, Ramm-, Einpressarbeiten inkl. 005	0	4	24		0,0	0,3	1,8
009	Abwasserkanalarbeiten inkl. 011	1	7	16		0,1	0,5	1,2
010	Dränarbeiten	0	2	6		0,0	0,1	0,5
012	Mauerarbeiten	15	46	101		1,1	3,5	7,7
013	Betonarbeiten	178	241	307		13,5	18,3	23,3
014	Natur-, Betonwerksteinarbeiten	1	9	32		0,0	0,6	2,4
016	Zimmer- und Holzbauarbeiten	4	31	157		0,3	2,3	11,9
017	Stahlbauarbeiten	2	22	114		0,2	1,7	8,6
018	Abdichtungsarbeiten, Bauwerkstrockenlegung	1	5	11		0,1	0,4	0,8
020	Dachdeckungsarbeiten	0	7	36		0,0	0,5	2,7
021	Dachabdichtungsarbeiten	9	24	44		0,7	1,9	3,3
022	Klempnerarbeiten	5	16	43		0,3	1,2	3,2
	Rohbau	424	478	593		32,1	36,3	45,0

Abb. 7 aus BKI Baukosten Gebäude: Kostenkennwerte für Leistungsbereiche

Kostenberechnung

In der DIN 276 wird für Kostenberechnungen festgelegt, dass die Kosten mindestens bis zur 2. Ebene der Kostengliederung ermittelt werden müssen. BKI empfiehlt die Genauigkeit der Kostenberechnung weiter zu verbessern, indem aus BKI Baukosten Bauelemente die Kostenkennwerte der 3. Ebene aus dem Register Neubau - Bauelemente verwendet werden. Es können somit gezielt einzelne Kostengruppen der 2. Ebene weiter differenziert werden.
(Abb. 8; BKI Baukosten Bauelemente)
Für die Kostengruppen 370, 390 und 410 bis 490 ist lediglich die BGF zu ermitteln, da hier sämtliche Kostenkennwerte auf die BGF bezogen sind. Da in der Regel nicht in allen Kostengruppen Kosten anfallen und viele Mengenermittlungen mehrfach verwendet werden können, ist die Mengenermittlung der 3. Ebene ebenfalls mit relativ wenigen Mengen (ca. 15 bis 25) möglich.
(Abb. 9; BKI Baukosten Bauelemente)

334 Außentüren und -fenster	Gebäudeart	von	€/Einheit	bis	KG an 300
	1. Bürogebäude				
	Bürogebäude, einfacher Standard	280,00	**420,00**	710,00	8,8%
	Bürogebäude, mittlerer Standard	370,00	**570,00**	900,00	7,1%
	Bürogebäude, hoher Standard	630,00	**880,00**	1.520,00	5,4%
Einheit: m² Außentüren- und -fensterfläche	**2. Gebäude für wissenschaftliche Lehre und Forschung**				
	Instituts- und Laborgebäude	540,00	**810,00**	1.300,00	5,7%
	3. Gebäude des Gesundheitswesens				
	Krankenhäuser	450,00	**500,00**	560,00	2,7%
	Pflegeheime	220,00	**280,00**	410,00	4,1%
	4. Schulen und Kindergärten				
	Allgemeinbildende Schulen	560,00	**590,00**	610,00	13,2%
	Berufliche Schulen	430,00	**660,00**	830,00	3,1%
	Sonderschulen	530,00	**660,00**	890,00	2,5%
	Weiterbildungseinrichtungen	580,00	**960,00**	1.940,00	1,7%

Abb. 8 aus BKI Baukosten Bauelemente: Kostenkennwerte der 3. Ebene

444 Niederspannungs-installations-anlagen	Gebäudeart	von	€/Einheit	bis	KG an 400
	1. Bürogebäude				
	Bürogebäude, einfacher Standard	19,00	**32,00**	42,00	11,2%
	Bürogebäude, mittlerer Standard	28,00	**55,00**	82,00	13,8%
	Bürogebäude, hoher Standard	60,00	**77,00**	130,00	14,9%
Einheit: m² Brutto-Grundfläche	**2. Gebäude für wissenschaftliche Lehre und Forschung**				
	Instituts- und Laborgebäude	24,00	**50,00**	88,00	2,7%
	3. Gebäude des Gesundheitswesens				
	Krankenhäuser	35,00	**53,00**	70,00	8,2%
	Pflegeheime	42,00	**43,00**	44,00	10,1%
	4. Schulen und Kindergärten				
	Allgemeinbildende Schulen	52,00	**76,00**	100,00	26,3%
	Berufliche Schulen	41,00	**53,00**	65,00	6,4%
	Sonderschulen	–	**69,00**	–	4,8%
	Weiterbildungseinrichtungen	48,00	**78,00**	190,00	17,3%

Abb. 9 aus BKI Baukosten Bauelemente: Kostenkennwerte der 3. Ebene für Kostengruppe 400

Kostenanschlag

Für die Vergabephase eines Projekts ist es hilfreich die Kostenverteilung nach Leistungsbereichen aufzustellen. Üblicherweise wird hierfür eine positionsweise Aufstellung der Bauleistungen verwendet, da diese ohnehin zur Vorbereitung der Vergabe benötigt wird.

Diese Vorgehensweise hat jedoch den Nachteil, dass sehr viele Mengenansätze gebildet werden müssen. Die Gefahr einzelne Positionen zu vergessen ist hierbei relativ hoch.

Um die Mindestanforderungen der DIN 276 zu erfüllen, ist eine Kostenermittlung auf 3. Ebene, wie sie im Abschnitt Kostenberechnung beschrieben ist, ausreichend.

BKI empfiehlt jedoch auch hier zumindest in kritischen Teilbereichen die Genauigkeit für Kostenanschläge, durch die Verfeinerung der Kostenangaben mit Hilfe der BKI Ausführungsarten, zu steigern. Die BKI Ausführungsarten stellen eine tiefer gehende Untergliederung der 3. Ebene nach DIN 276 dar. Diese nicht genormte Gliederungsebene wird von BKI gebildet. Ausführungsarten bestehen aus einer Zusammenstellung von Positionen. In BKI Baukosten Bauelemente, unter dem Register „Neubau, Ausführungsarten" sind detaillierte Angaben zu unterschiedlichen Ausführungen der Baukonstruktionen und der Technischen Anlagen und der Außenanlagen enthalten. (Abb. 10; BKI Baukosten Bauelemente)

In den Kosten der Ausführungsarten werden stets sämtliche Kostenanteile der beschriebenen Bauleistung aufgeführt. Das gilt ebenso für geringfügige Bauleistungen, wie z.B. das Verlegen von Randdämmstreifen bei Estricharbeiten. Kostenermittlung über Ausführungsarten helfen dadurch, trotz geringer Anzahl der Mengenansätze, die Vollständigkeit der Kostenermittlung zu verbessern.

Für die Kostenplanung im Altbau werden in BKI Baukosten Bauelemente, unter dem Register „Altbau, Ausführungsarten" detaillierte Kosten bereitgestellt. Die Angaben werden differenziert nach „Abbrechen, Wiederherstellen und Herstellen"

352 Deckenbeläge	KG.AK.AA		von	€/Einheit	bis	LB an AA
	352.85.00 Hartbeläge, Estrich, Dämmung					
	02 **Linoleumbelag auf Estrich, Wärme- und Trittschall-** **dämmung (6 Objekte)**		50,00	**67,00**	91,00	
	Einheit: m² Belegte Fläche					
	025 Estricharbeiten					27,0%
	036 Bodenbelagarbeiten					73,0%
	82 **Kunststoff Noppenbelag (4 Objekte)**		72,00	**75,00**	83,00	
	Einheit: m² Belegte Fläche					
	025 Estricharbeiten					29,0%
	036 Bodenbelagarbeiten					71,0%
	83 **Linoleumbelag auf schwimmendem Estrich** **(4 Objekte)**		19,00	**60,00**	75,00	
	Einheit: m² Belegte Fläche					
	025 Estricharbeiten					45,0%
	036 Bodenbelagarbeiten					55,0%

Abb. 10 aus BKI Baukosten Bauelemente: Kostenkennwerte für Ausführungsarten

Positionspreise

Zur Vorbereitung der Vergabe, Prüfen von Angeboten, Ermitteln fehlender Preise für Kosten-feststellungen etc. eignet sich der Band BKI Baukosten Positionen 2012, Statistische Kosten-kennwerte (Teil 3). In diesem Band werden Positionen aus der BKI Datenbank ausgewertet und tabellarisch mit Minimal-, Von-, Mittel-, Bis- sowie Maximalpreisen aufgelistet. (Abb. 11; BKI Baukosten Positionen)

Die Von-, Mittel-, Bis-Preise stellen dabei die übliche Bandbreite der Positionspreise dar. Minimal- und Maximalpreise bezeichnen die kleinsten und größten aufgetretenen Preise einer in der BKI-Datenbank dokumentierten Position. Sie stellen jedoch keine absolute Unter- oder Obergrenze dar. Die Positionen sind gegliedert nach den Leistungsbereichen des Standardleis-tungsbuchs. Es werden Positionen für Rohbau, Ausbau, Gebäudetechnik und Freianlagen dokumentiert. Aufgeführt sind jeweils Brutto- und Nettopreise.
Neben der statistischen Auswertung existiert eine Sammlung von Mustertexten und ausgewähl-ter Beispieltexte aus Ausschreibungen der BKI-Objekte. Eine Vielzahl der aufgeführten Muster-texte wurden von den entsprechenden Fachverbänden geprüft. (Abb. 12; BKI Baukosten Positionen)

LB 012 Mauerarbeiten	Mauerarbeiten							Preise €
	Nr.	Aufbau	Einheit	min min	von von	brutto ø netto ø	bis bis	max max
	1	Ausgleichschicht unter Mauerwerk	m	8	14	15	18	21
				7	12	13	15	18
	2	Sperrschicht unter Mauerwerk	m	1	4	5	7	14
				0,9	3	4	6	12
	3	Trennlage im / unter Mauerwerk; Breite 11,5 bis 30cm	m	0,8	2	2	4	8
				0,7	2	2	3	7
	4	Nichttragendes Mauerwerk, innen; Hlz 11,5cm	m²	13	43	51	57	80
				11	36	43	48	67
	5	Nichttragendes Mauerwerk, innen; KS 11,5cm	m²	33	46	52	65	99
				28	39	44	55	83
	6	Nichttragendes Sichtmauerwerk; innen; 11,5cm	m²	48	69	79	82	94

Abb. 11 aus BKI Baukosten Positionen: Positionspreise

LB 012 Mauerarbeiten	Nr.	Mustertext • Kurztext / Langtext		Menge, Einheit	EP brutto, € EP netto, €
	59	Rollladenkasten			

Rollladenkasten, Leichtbeton
Rollladenkasten, tragend aus Leichtbeton, abgestimmt auf vorbeschriebenes Mauerwerk, liefern und ein-bauen. Lichte Fensteröffnung: l=1135mm, zusätzlich 125mm Auflager pro Seite, Wandstärke: d=365mm, Rollladenkasten aus einem Stück, mit Montageöffnung für bauseitigen Hohlkammer-Rollladen. [m]

min	von	netto €	bis	max	Positionsnummer
30	49	60	66	87	012.000.041

• Rollladenkasten; Polystyrol-Hartschaum; b=28cm, h=30cm, d=24cm: schall- und wärmegedämmt: B1	21 m	72,13 60.61

Abb. 12 aus BKI Baukosten Positionen: Mustertexte und Kurztexte

Detaillierte Kostenangaben zu einzelnen Objekten

In BKI Baukosten Gebäude existiert zu jeder Gebäudeart eine Objektübersicht mit den ausgewerteten Objekten, die zu den Stichproben beigetragen haben. (Abb. 13; BKI Baukosten Gebäude)

Diese Übersicht erlaubt den Übergang von einer statistischen Auswertung für die Kostenkennwertmethode zu einer objektorientierten Darstellung für die Objektvergleichsmethode. Alle Objekte sind mit einer Objektnummer versehen, unter der eine Einzeldokumentation im BKI Webshop (webshop.bki.de) abgerufen werden kann. Weiterhin ist angegeben, in welchem Fachbuch der Reihe BKI OBJEKTDATEN das betreffende Objekt veröffentlicht wurde.

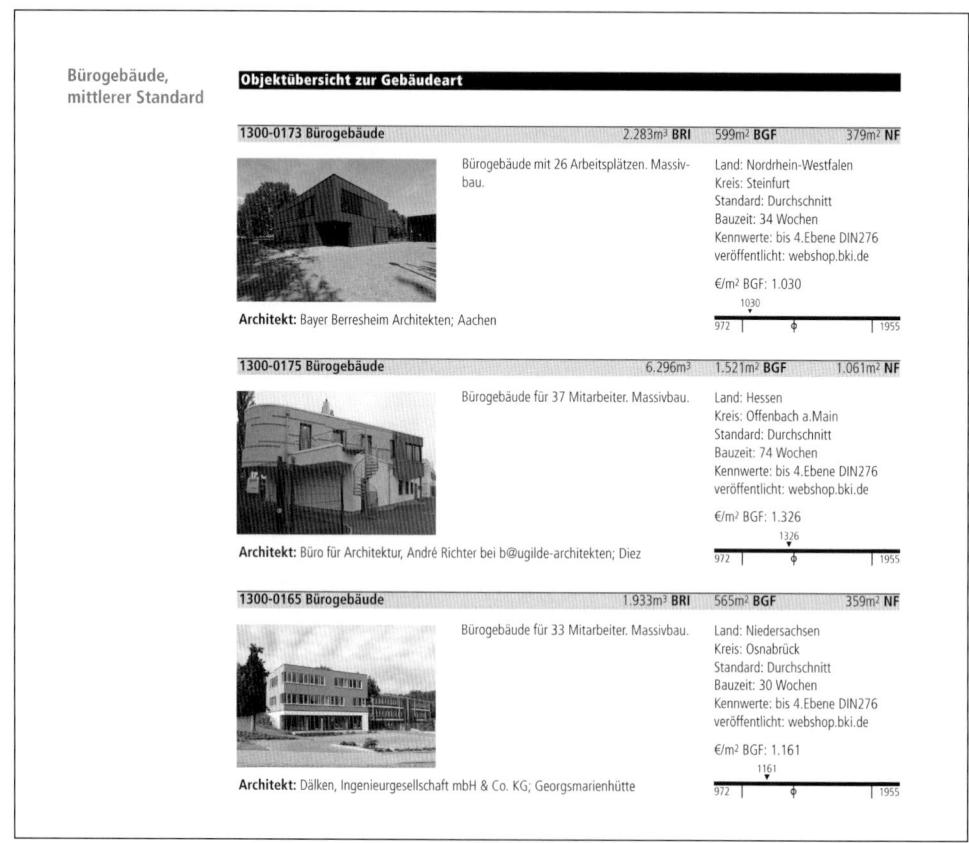

Abb. 13 aus BKI Baukosten Gebäude: Objektübersicht

Erläuterungen

| | | ① | | ② | | ③ | | ④ |

Bürogebäude, mittlerer Standard

Kostengruppen	von	€/Einheit	bis	KG an 300+400
310 Baugrube				
311 Baugrubenherstellung [m³]	12,00	**22,00**	39,00	1,1%
312 Baugrubenumschließung [m²]	80,00	**252,00**	424,00	0,0%
313 Wasserhaltung [m²]	3,20	**11,00**	44,00	0,0%
319 Baugrube, sonstiges [m³]	1,20	**3,00**	4,70	0,0%
320 Gründung				
321 Baugrundverbesserung [m²]	10,00	**26,00**	44,00	0,1%
322 Flachgründungen [m²]	42,00	**93,00**	233,00	1,8%
323 Tiefgründungen [m²]	156,00	**382,00**	622,00	0,6%
324 Unterböden und Bodenplatten [m²]	46,00	**76,00**	106,00	1,9%
325 Bodenbeläge [m²]	65,00	**101,00**	138,00	2,3%
326 Bauwerksabdichtungen [m²]	13,00	**26,00**	47,00	0,6%
327 Dränagen [m²]	4,20	**8,80**	16,00	0,1%
329 Gründung, sonstiges [m²]	–	**6,90**	–	0,0%
330 Außenwände				
331 Tragende Außenwände [m²]	110,00	**152,00**	235,00	4,6%
332 Nichttragende Außenwände [m²]	74,00	**151,00**	265,00	0,3%
333 Außenstützen [m]	143,00	**214,00**	412,00	0,5%
334 Außentüren und -fenster [m²]	368,00	**561,00**	945,00	6,3%
335 Außenwandbekleidungen außen [m²]	84,00	**149,00**	366,00	4,7%
336 Außenwandbekleidungen innen [m²]	15,00	**29,00**	53,00	1,0%
337 Elementierte Außenwände [m²]	449,00	**631,00**	824,00	5,0%
338 Sonnenschutz [m²]	107,00	**200,00**	370,00	1,4%
339 Außenwände, sonstiges [m²]	5,90	**23,00**	61,00	0,8%
340 Innenwände				
341 Tragende Innenwände [m²]	87,00	**130,00**	211,00	2,5%
342 Nichttragende Innenwände [m²]	65,00	**91,00**	150,00	2,2%
343 Innenstützen [m]	89,00	**134,00**	175,00	0,5%
344 Innentüren und -fenster [m²]	400,00	**606,00**	876,00	3,7%
345 Innenwandbekleidungen [m²]	19,00	**31,00**	50,00	2,6%
346 Elementierte Innenwände [m²]	219,00	**362,00**	783,00	1,8%
349 Innenwände, sonstiges [m²]	5,30	**13,00**	30,00	0,2%
350 Decken				
351 Deckenkonstruktionen [m²]	122,00	**171,00**	314,00	7,3%
352 Deckenbeläge [m²]	80,00	**99,00**	125,00	3,8%
353 Deckenbekleidungen [m²]	32,00	**49,00**	70,00	1,7%
359 Decken, sonstiges [m²]	9,40	**24,00**	99,00	0,7%
360 Dächer				
361 Dachkonstruktionen [m²]	84,00	**128,00**	200,00	3,5%
362 Dachfenster, Dachöffnungen [m²]	830,00	**1.589,00**	3.381,00	0,7%
363 Dachbeläge [m²]	85,00	**123,00**	168,00	3,7%
364 Dachbekleidungen [m²]	14,00	**35,00**	69,00	0,7%
369 Dächer, sonstiges [m²]	5,50	**14,00**	24,00	0,2%
370 Baukonstruktive Einbauten				
371 Allgemeine Einbauten [m² BGF]	11,00	**27,00**	75,00	0,9%
372 Besondere Einbauten [m² BGF]	2,60	**6,40**	21,00	0,1%
379 Baukonstruktive Einbauten, sonstiges [m² BGF]	1,90	**3,60**	6,30	0,0%

© **BKI** Baukosteninformationszentrum

Kostenstand: 1.Quartal 2012, Bundesdurchschnitt, inkl. MwSt.

Erläuterung nebenstehender Tabelle

Alle Kostenkennwerte enthalten die Mehrwertsteuer. Kostenstand: 1.Quartal 2012.
Kosten und Kostenkennwerte umgerechnet auf den Bundesdurchschnitt.

Bauelemente Neubau nach Gebäudearten für die Kostengruppen der 3.Ebene DIN 276

(1)

Bezeichnung der Gebäudeart

(2)

Ordnungszahl und Bezeichnung der Kostengruppe nach DIN 276 : 2008-12. In eckiger Klammer wird die Einheit der Menge nach DIN 277-3 : 2005-4 genannt. Die zugehörigen Mengenbenennung werden auf der hinteren Umschlagklappe abgebildet.

(3)

Kostenkennwerte für Bauelemente (3. Ebene DIN 276) inkl. MwSt. mit Kostenstand 1. Quartal 2011. Kosten und Kostenkennwerte umgerechnet auf den Bundesdurchschnitt. Angabe von Streubereich (Standardabweichung; „von-/bis"-Werte) und Mittelwert (Fettdruck).

(4)

Durchschnittlicher Anteil der Kosten der jeweiligen Kostengruppe an den Kosten für Baukonstruktionen (Kostengruppe 300) und Technische Anlagen (Kostengruppe 400). Angabe in Prozent.

Bei den Kostenkennwerten für Technische Anlagen sind nicht alle Kostengruppen einzeln aufgeführt. Die Kostenkennwerte der nicht genannten Kostengruppen werden unter „weitere Kosten für Technische Anlagen" in der untersten Zeile zusammengefasst.

① ② ③ ④

352
Deckenbeläge

Einheit: m²
Deckenbelagsfläche

Gebäudeart	von	€/Einheit	bis	KG an 300
1 Bürogebäude				
Bürogebäude, einfacher Standard	73,00	**85,00**	105,00	5,5%
Bürogebäude, mittlerer Standard	80,00	**99,00**	125,00	5,1%
Bürogebäude, hoher Standard	109,00	**158,00**	191,00	6,7%
2 Gebäude für wissenschaftliche Lehre und Forschung				
Instituts- und Laborgebäude	51,00	**91,00**	108,00	3,3%
3 Gebäude des Gesundheitswesens				
Krankenhäuser	92,00	**100,00**	119,00	3,8%
Pflegeheime	63,00	**72,00**	96,00	4,6%
4 Schulen und Kindergärten				
Allgemeinbildende Schulen	89,00	**91,00**	94,00	3,1%
Berufliche Schulen	104,00	**146,00**	224,00	3,7%
Förder- und Sonderschulen	69,00	**105,00**	144,00	2,9%
Weiterbildungseinrichtungen	87,00	**109,00**	143,00	4,0%
Kindergärten, nicht unterkellert, einfacher Standard	92,00	**98,00**	101,00	1,2%
Kindergärten, nicht unterkellert, mittlerer Standard	51,00	**81,00**	142,00	1,0%
Kindergärten, nicht unterkellert, hoher Standard	70,00	**100,00**	115,00	2,0%
Kindergärten, unterkellert	62,00	**86,00**	152,00	2,5%
5 Sportbauten				
Sport- und Mehrzweckhallen	–	**86,00**	–	0,9%
Sporthallen (Einfeldhallen)	–	**90,00**	–	0,4%
Sporthallen (Dreifeldhallen)	92,00	**113,00**	136,00	1,8%
Schwimmhallen	138,00	**155,00**	172,00	4,4%
6 Wohnbauten und Gemeinschaftsstätten				
Ein- und Zweifamilienhäuser unterkellert, einfacher Standard	105,00	**119,00**	136,00	8,1%
Ein- und Zweifamilienhäuser unterkellert, mittlerer Standard	73,00	**109,00**	138,00	6,6%
Ein- und Zweifamilienhäuser unterkellert, hoher Standard	96,00	**139,00**	186,00	5,9%
Ein- und Zweifamilienhäuser, nicht unterkellert, einfacher Standard	75,00	**109,00**	143,00	3,9%
Ein- und Zweifamilienhäuser, nicht unterkellert, mittlerer Standard	80,00	**108,00**	164,00	4,3%
Ein- und Zweifamilienhäuser, nicht unterkellert, hoher Standard	89,00	**128,00**	206,00	3,9%
Ein- und Zweifamilienhäuser, Passivhausstandard, Massivbau	78,00	**100,00**	117,00	4,5%
Ein- und Zweifamilienhäuser, Passivhausstandard, Holzbau	95,00	**112,00**	142,00	4,2%
Ein- und Zweifamilienhäuser, Holzbauweise, unterkellert	53,00	**71,00**	114,00	5,0%
Ein- und Zweifamilienhäuser, Holzbauweise, nicht unterkellert	54,00	**77,00**	98,00	3,8%
Doppel- und Reihenendhäuser, einfacher Standard	50,00	**62,00**	83,00	6,2%
Doppel- und Reihenendhäuser, mittlerer Standard	49,00	**71,00**	84,00	4,6%
Doppel- und Reihenendhäuser, hoher Standard	79,00	**107,00**	148,00	5,0%
Reihenhäuser, einfacher Standard	39,00	**45,00**	51,00	5,2%
Reihenhäuser, mittlerer Standard	45,00	**60,00**	66,00	4,8%
Reihenhäuser, hoher Standard	79,00	**105,00**	147,00	7,5%

Kostenstand: 1.Quartal 2012, Bundesdurchschnitt, **inkl. MwSt.**

Erläuterung nebenstehender Tabelle

Alle Kostenkennwerte enthalten die Mehrwertsteuer. Kostenstand: 1.Quartal 2012.
Kosten und Kostenkennwerte umgerechnet auf den Bundesdurchschnitt.

Bauelemente Neubau nach Kostengruppen der 3.Ebene DIN 276

Ordnungszahl und Bezeichnung der Kostengruppe nach DIN 276 : 2008-12. Einheit und Mengenbezeichnung der Bezugseinheit nach DIN 277-3 : 2005-04, auf die die Kostenkennwerte in der Spalte „€/Einheit" bezogen sind.

DIN 277-3 : 2005-04: Mengen und Bezugseinheiten

Bezeichnung der Gebäudearten, gegliedert nach der Bauwerksartensystematik der BKI-Baukostendatenbank.
Hinweis:
Teil 1 der Fachbuchreihe „BKI Baukosten 2012" mit dem Titel „Kostenkennwerte für Gebäude" enthält zu den hier aufgeführten Gebäudearten die Kostenkennwerte für die Kostengruppen der 1. und 2.Ebene DIN 276.

Kostenkennwerte für die jeweilige Gebäudeart und die jeweilige Kostengruppe (Bauelement) mit Angabe von Mittelwert (Spalte: €/Einheit) und Streubereich (Spalten: von-/bis-Werte unter Berücksichtigung der Standardabweichung).
Bei Gebäudearten mit noch schmaler Datenbasis wird nur der Mittelwert angegeben.
Insbesondere in diesen Fällen wird empfohlen, die Kosten projektbezogen über Ausführungsarten bzw. positionsweise zu ermitteln.

④

Durchschnittlicher Anteil der Kosten der jeweiligen Kostengruppe in Prozent der Kosten für Baukonstruktionen (Kostengruppe 300 nach DIN 276 = 100%) bzw. Technische Anlagen (Kostengruppe 400 nach DIN 276 = 100%).

352
Deckenbeläge

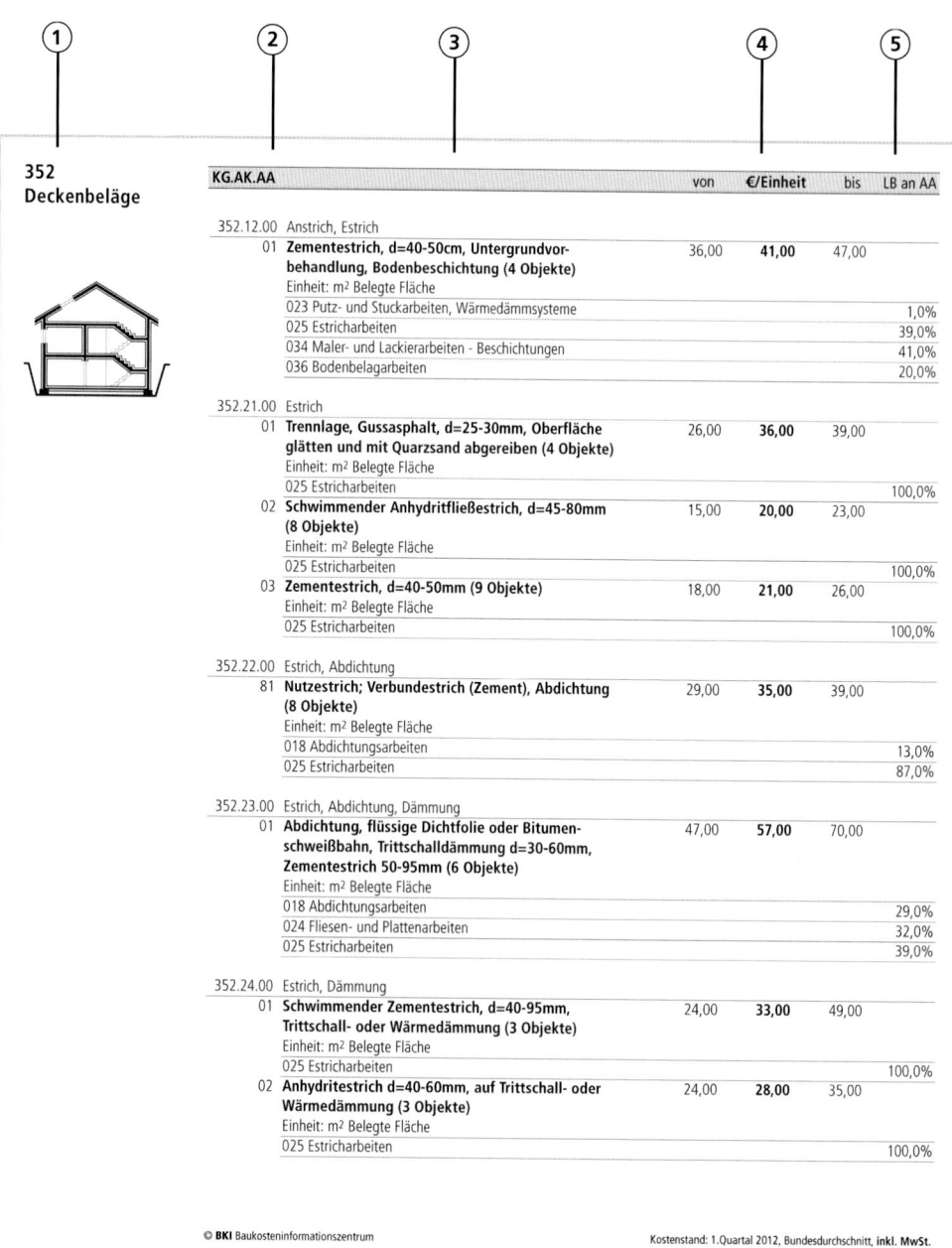

KG.AK.AA	von	€/Einheit	bis	LB an AA
352.12.00 Anstrich, Estrich				
01 **Zementestrich, d=40-50cm, Untergrundvorbehandlung, Bodenbeschichtung (4 Objekte)**	36,00	**41,00**	47,00	
Einheit: m² Belegte Fläche				
023 Putz- und Stuckarbeiten, Wärmedämmsysteme				1,0%
025 Estricharbeiten				39,0%
034 Maler- und Lackierarbeiten - Beschichtungen				41,0%
036 Bodenbelagarbeiten				20,0%
352.21.00 Estrich				
01 **Trennlage, Gussasphalt, d=25-30mm, Oberfläche glätten und mit Quarzsand abgereiben (4 Objekte)**	26,00	**36,00**	39,00	
Einheit: m² Belegte Fläche				
025 Estricharbeiten				100,0%
02 **Schwimmender Anhydritfließestrich, d=45-80mm (8 Objekte)**	15,00	**20,00**	23,00	
Einheit: m² Belegte Fläche				
025 Estricharbeiten				100,0%
03 **Zementestrich, d=40-50mm (9 Objekte)**	18,00	**21,00**	26,00	
Einheit: m² Belegte Fläche				
025 Estricharbeiten				100,0%
352.22.00 Estrich, Abdichtung				
81 **Nutzestrich; Verbundestrich (Zement), Abdichtung (8 Objekte)**	29,00	**35,00**	39,00	
Einheit: m² Belegte Fläche				
018 Abdichtungsarbeiten				13,0%
025 Estricharbeiten				87,0%
352.23.00 Estrich, Abdichtung, Dämmung				
01 **Abdichtung, flüssige Dichtfolie oder Bitumenschweißbahn, Trittschalldämmung d=30-60mm, Zementestrich 50-95mm (6 Objekte)**	47,00	**57,00**	70,00	
Einheit: m² Belegte Fläche				
018 Abdichtungsarbeiten				29,0%
024 Fliesen- und Plattenarbeiten				32,0%
025 Estricharbeiten				39,0%
352.24.00 Estrich, Dämmung				
01 **Schwimmender Zementestrich, d=40-95mm, Trittschall- oder Wärmedämmung (3 Objekte)**	24,00	**33,00**	49,00	
Einheit: m² Belegte Fläche				
025 Estricharbeiten				100,0%
02 **Anhydritestrich d=40-60mm, auf Trittschall- oder Wärmedämmung (3 Objekte)**	24,00	**28,00**	35,00	
Einheit: m² Belegte Fläche				
025 Estricharbeiten				100,0%

Erläuterung nebenstehender Tabelle

Alle Kostenkennwerte enthalten die Mehrwertsteuer. Kostenstand: 1.Quartal 2012.
Kosten und Kostenkennwerte umgerechnet auf den Bundesdurchschnitt.

Kostenkennwerte für Ausführungsarten

(1)

Ordnungszahl und Bezeichnung der Kostengruppe nach DIN 276 : 2008-12.

(2)

Ordnungszahl (7-stellig) für Ausführungsarten (AA), darin bedeutet

KG Kostengruppe 3.Ebene DIN 276 (Bauelement):   3-stellige Ordnungszahl
AK Ausführungsklasse von Bauelementen (nach BKI): 2-stellige Ordnungszahl
AA Ausführungsart von Bauelementen: 2-stellige BKI-Identnummer

(3)

Angaben zu Ausführungsklassen und Ausführungsarten in der Reihenfolge von oben nach unten

–   Bezeichnung der Ausführungsklasse
–   Beschreibung der Ausführungsart
–   Einheit und Mengenbezeichnung der Bezugseinheit, auf die die Kostenkennwerte in der Spalte
  „€/Einheit" bezogen sind (je nach Ausführungsart ggf. unterschiedliche Bezugseinheiten!).
–   Ordnungszahl und Bezeichnung der Leistungsbereiche (nach StLB), die im Regelfall bei der
  Ausführung der jeweiligen Ausführungsart beteiligt sind.

(4)

Kostenkennwerte für die jeweiligen Ausführungsarten mit Angabe von Mittelwert (Spalte: €/Einheit)
und Streubereich (Spalten: von-/bis-Werte unter Berücksichtigung der Standardabweichung).

(5)

Anteil der Leistungsbereiche in Prozent der Kosten für die jeweilige Ausführungsart (Kosten AA =
100%) als Orientierungswert für die Überführung in eine vergabeorientierte Kostengliederung. Je
nach Einzelfall und Vergabepraxis können ggf. auch andere Leistungsbereiche beteiligt sein und die
Prozentanteile von den Orientierungswerten entsprechend abweichen.

Als Beispiel für eine ausführungsorientierte Ergänzung der Kostengliederung werden im Folgenden die Leistungsbereiche des Standardleistungsbuches für das Bauwesen in einer Übersicht dargestellt.

000	Sicherheitseinrichtungen, Baustelleneinrichtungen	040	Wärmeversorgungsanlagen - Betriebseinrichtungen
001	Gerüstarbeiten	041	Wärmeversorgungsanlagen - Leitungen, Armaturen, Heizflächen
002	Erdarbeiten		
003	Landschaftsbauarbeiten	042	Gas- und Wasseranlagen - Leitungen, Armaturen
004	Landschaftsbauarbeiten -Pflanzen	043	Druckrohrleitungen für Gas, Wasser und Abwasser
005	Brunnenbauarbeiten und Aufschlussbohrungen	044	Abwasseranlagen - Leitungen, Abläufe, Armaturen
006	Spezialtiefbauarbeiten	045	Gas-, Wasser- und Entwässerungsanlagen - Ausstattung, Elemente, Fertigbäder
007	Untertagebauarbeiten		
008	Wasserhaltungsarbeiten	046	Gas-, Wasser- und Entwässerungsanlagen - Betriebseinrichtungen
009	Entwässerungskanalarbeiten		
010	Drän- und Versickerarbeiten	047	Dämm- und Brandschutzarbeiten an technischen Anlagen
011	Abscheider- und Kleinkläranlagen		
012	Mauerarbeiten	049	Feuerlöschanlagen, Feuerlöschgeräte
013	Betonarbeiten	050	Blitzschutz- / Erdungsanlagen, Überspannungsschutz
014	Natur-, Betonwerksteinarbeiten		
016	Zimmer- und Holzbauarbeiten	051	Kabelleitungstiefbauarbeiten
017	Stahlbauarbeiten	052	Mittelspannungsanlagen
018	Abdichtungsarbeiten	053	Niederspannungsanlagen - Kabel/Leitungen, Verlegesysteme, Installationsgeräte
020	Dachdeckungsarbeiten		
021	Dachabdichtungsarbeiten	054	Niederspannungsanlagen - Verteilersysteme und Einbaugeräte
022	Klempnerarbeiten		
023	Putz- und Stuckarbeiten, Wärmedämmsysteme	055	Ersatzstromversorgungsanlagen
024	Fliesen- und Plattenarbeiten	057	Gebäudesystemtechnik
025	Estricharbeiten	058	Leuchten und Lampen
026	Fenster, Außentüren	059	Sicherheitsbeleuchtungsanlagen
027	Tischlerarbeiten	060	Elektroakustische Anlagen, Sprechanlagen, Personenrufanlagen
028	Parkett-, Holzpflasterarbeiten		
029	Beschlagarbeiten	061	Kommunikationsnetze
030	Rollladenarbeiten	062	Kommunikationsanlagen
031	Metallbauarbeiten	063	Gefahrenmeldeanlagen
032	Verglasungsarbeiten	064	Zutrittskontroll-, Zeiterfassungssysteme
033	Baureinigungsarbeiten	069	Aufzüge
034	Maler- und Lackierarbeiten - Beschichtungen	070	Gebäudeautomation
035	Korrosionsschutzarbeiten an Stahlbauten	075	Raumlufttechnische Anlagen
036	Bodenbelagarbeiten	078	Kälteanlagen für raumlufttechnische Anlagen
037	Tapezierarbeiten	080	Straßen, Wege, Plätze
038	Vorgehängte hinterlüftete Fassaden	081	Betonerhaltungsarbeiten
039	Trockenbauarbeiten	082	Bekämpfender Holzschutz
		083	Sanierungsarbeiten an schadstoffhaltigen Bauteilen
		084	Abbruch- und Rückbauarbeiten
		085	Rohrvortriebsarbeiten
		087	Abfallentsorgung, Verwertung und Beseitigung
		090	Baulogistik
		091	Stundenlohnarbeiten
		096	Bauarbeiten an Bahnübergängen
		097	Bauarbeiten an Gleisen und Weichen
		098	Witterungsschutzmaßnahmen

Abkürzungsverzeichnis

Abkürzung	Bezeichnung
AA	Ausführungsarten (BKI) mit zweistelliger BKI-Identnummer
AK	Ausführungsklassen (BKI), Untergliederung der 3. Ebene DIN 276
AUF	Außenanlagenfläche
AWF	Außenwandfläche
BGF	Brutto-Grundfläche (Summe der a-, b-, c-Flächen nach DIN 277)
BGI	Baugrubeninhalt
bis	oberer Grenzwert des Streubereichs um einen Mittelwert
BK	Bodenklasse (nach VOB Teil C, DIN 18300)
BRI	Brutto-Rauminhalt (Summe der a-, b-, c-Flächen nach DIN 277)
DAF	Dachfläche
DEF	Deckenfläche
DIN 276	Kosten im Bauwesen - Teil 1 Hochbau (DIN 276-1:2008-12)
DIN 277	Grundflächen und Rauminhalte von Bauwerken im Hochbau (Februar 2005)
€/Einheit	Spaltenbezeichnung Mittelwerte zu den Kosten bezogen auf eine Einheit der Bezugsgröße
FBG	Fläche des Baugrundstücks
GRF	Gründungsfläche
inkl.	einschließlich
IWF	Innenwandfläche
KG	Kostengruppe
KG an 300	Kostenanteil der jeweiligen Kostengruppe in % an der Kostengruppe 300 Bauwerk-Baukonstruktionen
KG an 400	Kostenanteil der jeweiligen Kostengruppe in % an der Kostengruppe 400 Bauwerk-Technische Anlagen
KGF	Konstruktions-Grundfläche (Summe der a-, b-, c-Flächen nach DIN 277)
LB	Leistungsbereich
LB an AA	Kostenanteil des Leistungsbereichs in % an der Ausführungsart
NF	Nutzfläche (Summe der a-, b-, c-Flächen nach DIN 277)
NGF	Netto-Grundfläche (Summe der a-, b-, c-Flächen nach DIN 277)
StLB	Standardleistungsbuch
TF	Technische Funktionsfläche (Summe der a-, b-, c-Flächen nach DIN 277)
VF	Verkehrsfläche (Summe der a-, b-, c-Flächen nach DIN 277)
von	unterer Grenzwert des Streubereichs um einen Mittelwert
Ø	Mittelwert
AP	Arbeitsplätze
APP	Appartement
DHH	Doppelhaushälfte
ELW	Einliegerwohnung
ETW	Etagenwohnung
KFZ	Kraftfahrzeug
KITA	Kindertagesstätte
RH	Reihenhaus
STP	Stellplatz
TG	Tiefgarage
WE	Wohneinheit

Bauelemente
Neubau
nach Gebäudearten

**Kostenkennwerte für die Kostengruppen
der 3.Ebene DIN 276**

Bürogebäude,
einfacher Standard

Kostengruppen	von	€/Einheit	bis	KG an 300+400
310 Baugrube				
311 Baugrubenherstellung [m³]	10,00	**17,00**	25,00	1,7%
312 Baugrubenumschließung [m²]	–	**–**	–	–
313 Wasserhaltung [m²]	1,30	**16,00**	30,00	0,0%
319 Baugrube, sonstiges [m³]	–	**–**	–	–
320 Gründung				
321 Baugrundverbesserung [m²]	13,00	**30,00**	47,00	0,4%
322 Flachgründungen [m²]	67,00	**134,00**	270,00	2,5%
323 Tiefgründungen [m²]	–	**–**	–	–
324 Unterböden und Bodenplatten [m²]	34,00	**77,00**	164,00	2,3%
325 Bodenbeläge [m²]	38,00	**72,00**	100,00	3,0%
326 Bauwerksabdichtungen [m²]	14,00	**18,00**	29,00	0,6%
327 Dränagen [m²]	–	**5,80**	–	0,0%
329 Gründung, sonstiges [m²]	–	**7,00**	–	0,0%
330 Außenwände				
331 Tragende Außenwände [m²]	94,00	**119,00**	167,00	5,6%
332 Nichttragende Außenwände [m²]	55,00	**96,00**	179,00	0,1%
333 Außenstützen [m]	123,00	**205,00**	393,00	0,9%
334 Außentüren und -fenster [m²]	291,00	**446,00**	812,00	6,7%
335 Außenwandbekleidungen außen [m²]	57,00	**95,00**	185,00	4,3%
336 Außenwandbekleidungen innen [m²]	23,00	**35,00**	53,00	1,3%
337 Elementierte Außenwände [m²]	–	**709,00**	–	3,6%
338 Sonnenschutz [m²]	76,00	**143,00**	215,00	1,7%
339 Außenwände, sonstiges [m²]	5,50	**16,00**	54,00	0,6%
340 Innenwände				
341 Tragende Innenwände [m²]	73,00	**109,00**	129,00	2,5%
342 Nichttragende Innenwände [m²]	53,00	**72,00**	88,00	3,6%
343 Innenstützen [m]	98,00	**175,00**	442,00	0,4%
344 Innentüren und -fenster [m²]	253,00	**452,00**	628,00	3,8%
345 Innenwandbekleidungen [m²]	12,00	**25,00**	44,00	3,3%
346 Elementierte Innenwände [m²]	131,00	**280,00**	438,00	2,0%
349 Innenwände, sonstiges [m²]	3,70	**4,80**	5,80	0,1%
350 Decken				
351 Deckenkonstruktionen [m²]	78,00	**111,00**	144,00	6,7%
352 Deckenbeläge [m²]	73,00	**85,00**	105,00	4,4%
353 Deckenbekleidungen [m²]	16,00	**28,00**	39,00	1,6%
359 Decken, sonstiges [m²]	1,90	**9,60**	21,00	0,4%
360 Dächer				
361 Dachkonstruktionen [m²]	47,00	**77,00**	115,00	3,6%
362 Dachfenster, Dachöffnungen [m²]	482,00	**786,00**	1.126,00	1,5%
363 Dachbeläge [m²]	81,00	**111,00**	178,00	5,0%
364 Dachbekleidungen [m²]	16,00	**38,00**	68,00	1,8%
369 Dächer, sonstiges [m²]	2,70	**9,10**	17,00	0,1%
370 Baukonstruktive Einbauten				
371 Allgemeine Einbauten [m² BGF]	0,40	**2,20**	4,20	0,1%
372 Besondere Einbauten [m² BGF]	–	**3,10**	–	0,0%
379 Baukonstruktive Einbauten, sonstiges [m² BGF]	–	**–**	–	–

© **BKI** Baukosteninformationszentrum; Erläuterungen zu den Tabellen siehe Seite 60   Kostenstand: 1.Quartal 2012, Bundesdurchschnitt, **inkl. MwSt.**

Kostengruppen	von	€/Einheit	bis	KG an 300+400
390 Sonstige Maßnahmen für Baukonstruktionen				
391 Baustelleneinrichtung [m² BGF]	14,00	**19,00**	31,00	1,9%
392 Gerüste [m² BGF]	4,80	**6,80**	9,40	0,6%
393 Sicherungsmaßnahmen [m² BGF]	–	**0,20**	–	0,0%
394 Abbruchmaßnahmen [m² BGF]	8,10	**9,90**	12,00	0,2%
395 Instandsetzungen [m² BGF]	–	**5,00**	–	0,0%
396 Materialentsorgung [m² BGF]	–	**5,10**	–	0,0%
397 Zusätzliche Maßnahmen [m² BGF]	2,10	**3,60**	6,20	0,1%
398 Provisorische Baukonstruktionen [m² BGF]	–	**–**	–	–
399 Sonstige Maßnahmen für Baukonstruktionen, sonst. [m² BGF]	–	**–**	–	–
410 Abwasser-, Wasser-, Gasanlagen				
411 Abwasseranlagen [m² BGF]	7,60	**18,00**	40,00	1,8%
412 Wasseranlagen [m² BGF]	8,90	**14,00**	19,00	1,2%
420 Wärmeversorgungsanlagen				
421 Wärmeerzeugungsanlagen [m² BGF]	9,50	**15,00**	20,00	1,1%
422 Wärmeverteilnetze [m² BGF]	5,50	**11,00**	21,00	0,9%
423 Raumheizflächen [m² BGF]	13,00	**18,00**	27,00	1,4%
429 Wärmeversorgungsanlagen, sonstiges [m² BGF]	2,20	**4,00**	5,80	0,1%
430 Lufttechnische Anlagen				
431 Lüftungsanlagen [m² BGF]	1,30	**2,10**	4,30	0,1%
440 Starkstromanlagen				
443 Niederspannungsschaltanlagen [m² BGF]	–	**8,50**	–	0,1%
444 Niederspannungsinstallationsanlagen [m² BGF]	20,00	**34,00**	45,00	2,7%
445 Beleuchtungsanlagen [m² BGF]	8,30	**24,00**	32,00	1,9%
446 Blitzschutz- und Erdungsanlagen [m² BGF]	1,10	**2,20**	3,00	0,1%
450 Fernmelde- und informationstechnische Anlagen				
451 Telekommunikationsanlagen [m² BGF]	0,50	**2,00**	4,00	0,1%
452 Such- und Signalanlagen [m² BGF]	0,60	**1,20**	2,80	0,0%
455 Fernseh- und Antennenanlagen [m² BGF]	–	**3,70**	–	0,0%
456 Gefahrenmelde- und Alarmanlagen [m² BGF]	–	**0,10**	–	0,0%
457 Übertragungsnetze [m² BGF]	7,20	**16,00**	33,00	0,7%
460 Förderanlagen				
461 Aufzugsanlagen [m² BGF]	19,00	**27,00**	35,00	0,8%
470 Nutzungsspezifische Anlagen				
471 Küchentechnische Anlagen [m² BGF]	–	**9,30**	–	0,1%
473 Medienversorgungsanlagen [m² BGF]	–	**–**	–	–
475 Feuerlöschanlagen [m² BGF]	0,60	**1,80**	3,00	0,0%
480 Gebäudeautomation				
481 Automationssysteme [m² BGF]	–	**–**	–	–
Weitere Kosten für Technische Anlagen	7,20	**16,00**	35,00	0,7%

Bauelemente

Gebäudearten

Kostengruppen

Neubau

Abbrechen

Wiederherstellen

Herstellen

Bürogebäude, mittlerer Standard

Kostengruppen		von	€/Einheit	bis	KG an 300+400
310	**Baugrube**				
311	Baugrubenherstellung [m³]	12,00	**22,00**	39,00	1,1%
312	Baugrubenumschließung [m²]	80,00	**252,00**	424,00	0,0%
313	Wasserhaltung [m²]	3,20	**11,00**	44,00	0,0%
319	Baugrube, sonstiges [m³]	1,20	**3,00**	4,70	0,0%
320	**Gründung**				
321	Baugrundverbesserung [m²]	10,00	**26,00**	44,00	0,1%
322	Flachgründungen [m²]	42,00	**93,00**	233,00	1,8%
323	Tiefgründungen [m²]	156,00	**382,00**	622,00	0,6%
324	Unterböden und Bodenplatten [m²]	46,00	**76,00**	106,00	1,9%
325	Bodenbeläge [m²]	65,00	**101,00**	138,00	2,3%
326	Bauwerksabdichtungen [m²]	13,00	**26,00**	47,00	0,6%
327	Dränagen [m²]	4,20	**8,80**	16,00	0,1%
329	Gründung, sonstiges [m²]	–	**6,90**	–	0,0%
330	**Außenwände**				
331	Tragende Außenwände [m²]	110,00	**152,00**	235,00	4,6%
332	Nichttragende Außenwände [m²]	74,00	**151,00**	265,00	0,3%
333	Außenstützen [m]	143,00	**214,00**	412,00	0,5%
334	Außentüren und -fenster [m²]	368,00	**561,00**	945,00	6,3%
335	Außenwandbekleidungen außen [m²]	84,00	**149,00**	366,00	4,7%
336	Außenwandbekleidungen innen [m²]	15,00	**29,00**	53,00	1,0%
337	Elementierte Außenwände [m²]	449,00	**631,00**	824,00	5,0%
338	Sonnenschutz [m²]	107,00	**200,00**	370,00	1,4%
339	Außenwände, sonstiges [m²]	5,90	**23,00**	61,00	0,8%
340	**Innenwände**				
341	Tragende Innenwände [m²]	87,00	**130,00**	211,00	2,5%
342	Nichttragende Innenwände [m²]	65,00	**91,00**	150,00	2,2%
343	Innenstützen [m]	89,00	**134,00**	175,00	0,5%
344	Innentüren und -fenster [m²]	400,00	**606,00**	876,00	3,7%
345	Innenwandbekleidungen [m²]	19,00	**31,00**	50,00	2,6%
346	Elementierte Innenwände [m²]	219,00	**362,00**	783,00	1,8%
349	Innenwände, sonstiges [m²]	5,30	**13,00**	30,00	0,2%
350	**Decken**				
351	Deckenkonstruktionen [m²]	122,00	**171,00**	314,00	7,3%
352	Deckenbeläge [m²]	80,00	**99,00**	125,00	3,8%
353	Deckenbekleidungen [m²]	32,00	**49,00**	70,00	1,7%
359	Decken, sonstiges [m²]	9,40	**24,00**	99,00	0,7%
360	**Dächer**				
361	Dachkonstruktionen [m²]	84,00	**128,00**	200,00	3,5%
362	Dachfenster, Dachöffnungen [m²]	830,00	**1.589,00**	3.381,00	0,7%
363	Dachbeläge [m²]	85,00	**123,00**	168,00	3,7%
364	Dachbekleidungen [m²]	14,00	**35,00**	69,00	0,7%
369	Dächer, sonstiges [m²]	5,50	**14,00**	24,00	0,2%
370	**Baukonstruktive Einbauten**				
371	Allgemeine Einbauten [m² BGF]	11,00	**27,00**	75,00	0,9%
372	Besondere Einbauten [m² BGF]	2,60	**6,40**	21,00	0,1%
379	Baukonstruktive Einbauten, sonstiges [m² BGF]	1,90	**3,60**	6,30	0,0%

© **BKI** Baukosteninformationszentrum; Erläuterungen zu den Tabellen siehe Seite 60   Kostenstand: 1.Quartal 2012, Bundesdurchschnitt, **inkl. MwSt.**

Kostengruppen	von	€/Einheit	bis	KG an 300+400
390 Sonstige Maßnahmen für Baukonstruktionen				
391 Baustelleneinrichtung [m² BGF]	13,00	**29,00**	55,00	2,0%
392 Gerüste [m² BGF]	7,40	**14,00**	23,00	0,8%
393 Sicherungsmaßnahmen [m² BGF]	2,20	**12,00**	32,00	0,1%
394 Abbruchmaßnahmen [m² BGF]	3,40	**15,00**	44,00	0,1%
395 Instandsetzungen [m² BGF]	0,60	**1,50**	2,30	0,0%
396 Materialentsorgung [m² BGF]	–	**–**	–	–
397 Zusätzliche Maßnahmen [m² BGF]	2,90	**5,60**	12,00	0,3%
398 Provisorische Baukonstruktionen [m² BGF]	–	**1,50**	–	0,0%
399 Sonstige Maßnahmen für Baukonstruktionen, sonst. [m² BGF]	1,50	**2,10**	2,70	0,0%
410 Abwasser-, Wasser-, Gasanlagen				
411 Abwasseranlagen [m² BGF]	15,00	**25,00**	55,00	1,7%
412 Wasseranlagen [m² BGF]	16,00	**27,00**	52,00	1,9%
420 Wärmeversorgungsanlagen				
421 Wärmeerzeugungsanlagen [m² BGF]	7,60	**20,00**	47,00	1,3%
422 Wärmeverteilnetze [m² BGF]	12,00	**20,00**	41,00	1,4%
423 Raumheizflächen [m² BGF]	17,00	**29,00**	43,00	2,1%
429 Wärmeversorgungsanlagen, sonstiges [m² BGF]	1,70	**6,70**	15,00	0,2%
430 Lufttechnische Anlagen				
431 Lüftungsanlagen [m² BGF]	4,60	**29,00**	56,00	1,3%
440 Starkstromanlagen				
443 Niederspannungsschaltanlagen [m² BGF]	7,30	**19,00**	49,00	0,4%
444 Niederspannungsinstallationsanlagen [m² BGF]	35,00	**59,00**	95,00	4,2%
445 Beleuchtungsanlagen [m² BGF]	20,00	**35,00**	61,00	2,2%
446 Blitzschutz- und Erdungsanlagen [m² BGF]	2,00	**3,80**	7,00	0,2%
450 Fernmelde- und informationstechnische Anlagen				
451 Telekommunikationsanlagen [m² BGF]	3,30	**7,80**	19,00	0,5%
452 Such- und Signalanlagen [m² BGF]	1,50	**3,70**	8,20	0,1%
455 Fernseh- und Antennenanlagen [m² BGF]	1,10	**2,60**	4,80	0,0%
456 Gefahrenmelde- und Alarmanlagen [m² BGF]	8,90	**26,00**	70,00	0,9%
457 Übertragungsnetze [m² BGF]	7,10	**17,00**	36,00	0,9%
460 Förderanlagen				
461 Aufzugsanlagen [m² BGF]	15,00	**32,00**	61,00	0,6%
470 Nutzungsspezifische Anlagen				
471 Küchentechnische Anlagen [m² BGF]	24,00	**33,00**	47,00	0,2%
473 Medienversorgungsanlagen [m² BGF]	–	**1,20**	–	0,0%
475 Feuerlöschanlagen [m² BGF]	0,80	**2,40**	5,20	0,0%
480 Gebäudeautomation				
481 Automationssysteme [m² BGF]	24,00	**42,00**	96,00	0,3%
Weitere Kosten für Technische Anlagen	22,00	**59,00**	167,00	3,7%

Bürogebäude, hoher Standard

Kostengruppen	von	€/Einheit	bis	KG an 300+400
310 Baugrube				
311 Baugrubenherstellung [m³]	11,00	**20,00**	36,00	1,1%
312 Baugrubenumschließung [m²]	162,00	**304,00**	390,00	0,6%
313 Wasserhaltung [m²]	1,40	**32,00**	71,00	0,2%
319 Baugrube, sonstiges [m³]	–	**0,00**	–	0,0%
320 Gründung				
321 Baugrundverbesserung [m²]	6,20	**18,00**	45,00	0,1%
322 Flachgründungen [m²]	108,00	**168,00**	335,00	2,1%
323 Tiefgründungen [m²]	129,00	**232,00**	390,00	0,2%
324 Unterböden und Bodenplatten [m²]	56,00	**283,00**	1.860,00	0,7%
325 Bodenbeläge [m²]	71,00	**111,00**	170,00	1,6%
326 Bauwerksabdichtungen [m²]	12,00	**30,00**	63,00	0,4%
327 Dränagen [m²]	1,20	**9,00**	18,00	0,0%
329 Gründung, sonstiges [m²]	6,60	**40,00**	73,00	0,1%
330 Außenwände				
331 Tragende Außenwände [m²]	139,00	**186,00**	237,00	3,6%
332 Nichttragende Außenwände [m²]	84,00	**161,00**	514,00	0,1%
333 Außenstützen [m]	162,00	**357,00**	1.591,00	0,5%
334 Außentüren und -fenster [m²]	667,00	**934,00**	1.609,00	4,1%
335 Außenwandbekleidungen außen [m²]	114,00	**164,00**	274,00	3,7%
336 Außenwandbekleidungen innen [m²]	35,00	**61,00**	148,00	1,0%
337 Elementierte Außenwände [m²]	473,00	**775,00**	1.004,00	8,7%
338 Sonnenschutz [m²]	117,00	**252,00**	455,00	1,5%
339 Außenwände, sonstiges [m²]	7,70	**24,00**	65,00	0,9%
340 Innenwände				
341 Tragende Innenwände [m²]	94,00	**137,00**	176,00	2,0%
342 Nichttragende Innenwände [m²]	67,00	**90,00**	121,00	1,6%
343 Innenstützen [m]	104,00	**173,00**	204,00	0,4%
344 Innentüren und -fenster [m²]	673,00	**828,00**	970,00	4,0%
345 Innenwandbekleidungen [m²]	28,00	**42,00**	61,00	2,5%
346 Elementierte Innenwände [m²]	278,00	**516,00**	708,00	3,9%
349 Innenwände, sonstiges [m²]	3,20	**22,00**	50,00	0,4%
350 Decken				
351 Deckenkonstruktionen [m²]	129,00	**167,00**	281,00	5,9%
352 Deckenbeläge [m²]	109,00	**158,00**	191,00	5,0%
353 Deckenbekleidungen [m²]	28,00	**52,00**	95,00	1,7%
359 Decken, sonstiges [m²]	8,60	**23,00**	44,00	0,6%
360 Dächer				
361 Dachkonstruktionen [m²]	93,00	**171,00**	240,00	3,7%
362 Dachfenster, Dachöffnungen [m²]	1.160,00	**1.713,00**	3.488,00	0,7%
363 Dachbeläge [m²]	133,00	**194,00**	344,00	3,7%
364 Dachbekleidungen [m²]	40,00	**67,00**	129,00	0,8%
369 Dächer, sonstiges [m²]	6,10	**14,00**	47,00	0,2%
370 Baukonstruktive Einbauten				
371 Allgemeine Einbauten [m² BGF]	11,00	**32,00**	94,00	1,1%
372 Besondere Einbauten [m² BGF]	1,70	**4,80**	10,00	0,0%
379 Baukonstruktive Einbauten, sonstiges [m² BGF]	0,30	**0,90**	1,50	0,0%

© **BKI** Baukosteninformationszentrum; Erläuterungen zu den Tabellen siehe Seite 60   Kostenstand: 1.Quartal 2012, Bundesdurchschnitt, **inkl.** MwSt.

Kostengruppen	von	€/Einheit	bis	KG an 300+400
390 **Sonstige Maßnahmen für Baukonstruktionen**				
391 Baustelleneinrichtung [m² BGF]	28,00	**46,00**	93,00	2,2%
392 Gerüste [m² BGF]	8,30	**15,00**	27,00	0,6%
393 Sicherungsmaßnahmen [m² BGF]	–	**–**	–	–
394 Abbruchmaßnahmen [m² BGF]	1,60	**2,00**	2,40	0,0%
395 Instandsetzungen [m² BGF]	0,40	**0,50**	0,60	0,0%
396 Materialentsorgung [m² BGF]	–	**0,60**	–	0,0%
397 Zusätzliche Maßnahmen [m² BGF]	8,20	**18,00**	86,00	0,6%
398 Provisorische Baukonstruktionen [m² BGF]	–	**0,80**	–	0,0%
399 Sonstige Maßnahmen für Baukonstruktionen, sonst. [m² BGF]	0,60	**4,60**	12,00	0,0%
410 **Abwasser-, Wasser-, Gasanlagen**				
411 Abwasseranlagen [m² BGF]	15,00	**23,00**	35,00	1,1%
412 Wasseranlagen [m² BGF]	24,00	**35,00**	70,00	1,6%
420 **Wärmeversorgungsanlagen**				
421 Wärmeerzeugungsanlagen [m² BGF]	8,20	**20,00**	47,00	0,6%
422 Wärmeverteilnetze [m² BGF]	21,00	**32,00**	53,00	1,3%
423 Raumheizflächen [m² BGF]	16,00	**36,00**	57,00	1,4%
429 Wärmeversorgungsanlagen, sonstiges [m² BGF]	3,00	**5,80**	19,00	0,1%
430 **Lufttechnische Anlagen**				
431 Lüftungsanlagen [m² BGF]	2,90	**50,00**	107,00	1,7%
440 **Starkstromanlagen**				
443 Niederspannungsschaltanlagen [m² BGF]	3,00	**11,00**	14,00	0,2%
444 Niederspannungsinstallationsanlagen [m² BGF]	64,00	**82,00**	138,00	3,6%
445 Beleuchtungsanlagen [m² BGF]	40,00	**65,00**	89,00	2,8%
446 Blitzschutz- und Erdungsanlagen [m² BGF]	3,40	**5,80**	11,00	0,2%
450 **Fernmelde- und informationstechnische Anlagen**				
451 Telekommunikationsanlagen [m² BGF]	3,70	**14,00**	22,00	0,5%
452 Such- und Signalanlagen [m² BGF]	0,70	**2,30**	4,70	0,0%
455 Fernseh- und Antennenanlagen [m² BGF]	0,30	**4,00**	8,90	0,1%
456 Gefahrenmelde- und Alarmanlagen [m² BGF]	9,70	**25,00**	49,00	1,0%
457 Übertragungsnetze [m² BGF]	7,80	**30,00**	59,00	0,6%
460 **Förderanlagen**				
461 Aufzugsanlagen [m² BGF]	19,00	**33,00**	44,00	0,7%
470 **Nutzungsspezifische Anlagen**				
471 Küchentechnische Anlagen [m² BGF]	2,80	**25,00**	69,00	0,3%
473 Medienversorgungsanlagen [m² BGF]	–	**–**	–	–
475 Feuerlöschanlagen [m² BGF]	1,10	**1,80**	4,40	0,0%
480 **Gebäudeautomation**				
481 Automationssysteme [m² BGF]	35,00	**62,00**	78,00	0,6%
Weitere Kosten für Technische Anlagen	25,00	**83,00**	220,00	3,5%

Bauelemente

Gebäudearten

Kostengruppen

Neubau

Abbrechen

Wiederherstellen

Herstellen

Kostengruppen	von	€/Einheit	bis	KG an 300+400
310 Baugrube				
311 Baugrubenherstellung [m³]	13,00	**24,00**	39,00	0,6%
312 Baugrubenumschließung [m²]	–	**–**	–	–
313 Wasserhaltung [m²]	17,00	**24,00**	32,00	0,1%
319 Baugrube, sonstiges [m³]	–	**–**	–	–
320 Gründung				
321 Baugrundverbesserung [m²]	0,50	**22,00**	33,00	0,3%
322 Flachgründungen [m²]	62,00	**94,00**	218,00	1,5%
323 Tiefgründungen [m²]	–	**280,00**	–	1,1%
324 Unterböden und Bodenplatten [m²]	64,00	**94,00**	152,00	2,3%
325 Bodenbeläge [m²]	63,00	**91,00**	123,00	2,0%
326 Bauwerksabdichtungen [m²]	13,00	**23,00**	48,00	0,5%
327 Dränagen [m²]	7,20	**11,00**	18,00	0,1%
329 Gründung, sonstiges [m²]	–	**3,40**	–	0,0%
330 Außenwände				
331 Tragende Außenwände [m²]	48,00	**118,00**	157,00	3,5%
332 Nichttragende Außenwände [m²]	–	**–**	–	–
333 Außenstützen [m]	106,00	**152,00**	187,00	0,2%
334 Außentüren und -fenster [m²]	693,00	**957,00**	1.501,00	3,7%
335 Außenwandbekleidungen außen [m²]	115,00	**169,00**	257,00	5,8%
336 Außenwandbekleidungen innen [m²]	20,00	**29,00**	45,00	0,6%
337 Elementierte Außenwände [m²]	524,00	**877,00**	1.310,00	6,0%
338 Sonnenschutz [m²]	136,00	**241,00**	346,00	0,3%
339 Außenwände, sonstiges [m²]	8,90	**27,00**	57,00	0,9%
340 Innenwände				
341 Tragende Innenwände [m²]	103,00	**126,00**	151,00	1,2%
342 Nichttragende Innenwände [m²]	57,00	**92,00**	110,00	2,4%
343 Innenstützen [m]	164,00	**209,00**	392,00	0,6%
344 Innentüren und -fenster [m²]	528,00	**774,00**	927,00	3,8%
345 Innenwandbekleidungen [m²]	23,00	**34,00**	49,00	1,9%
346 Elementierte Innenwände [m²]	320,00	**539,00**	827,00	1,1%
349 Innenwände, sonstiges [m²]	–	**13,00**	–	0,1%
350 Decken				
351 Deckenkonstruktionen [m²]	158,00	**195,00**	244,00	5,2%
352 Deckenbeläge [m²]	51,00	**91,00**	108,00	2,2%
353 Deckenbekleidungen [m²]	48,00	**106,00**	376,00	0,8%
359 Decken, sonstiges [m²]	19,00	**39,00**	79,00	0,5%
360 Dächer				
361 Dachkonstruktionen [m²]	59,00	**79,00**	100,00	2,6%
362 Dachfenster, Dachöffnungen [m²]	779,00	**1.098,00**	1.584,00	1,1%
363 Dachbeläge [m²]	110,00	**131,00**	155,00	4,2%
364 Dachbekleidungen [m²]	34,00	**69,00**	123,00	1,9%
369 Dächer, sonstiges [m²]	5,50	**12,00**	26,00	0,1%
370 Baukonstruktive Einbauten				
371 Allgemeine Einbauten [m² BGF]	11,00	**17,00**	22,00	0,2%
372 Besondere Einbauten [m² BGF]	4,30	**6,60**	11,00	0,1%
379 Baukonstruktive Einbauten, sonstiges [m² BGF]	30,00	**120,00**	210,00	2,2%

© **BKI** Baukosteninformationszentrum; Erläuterungen zu den Tabellen siehe Seite 60   Kostenstand: 1.Quartal 2012, Bundesdurchschnitt, **inkl.** MwSt.

Kostengruppen	von	€/Einheit	bis	KG an 300+400
390 **Sonstige Maßnahmen für Baukonstruktionen**				
391 Baustelleneinrichtung [m² BGF]	18,00	**30,00**	40,00	1,5%
392 Gerüste [m² BGF]	9,60	**22,00**	45,00	0,5%
393 Sicherungsmaßnahmen [m² BGF]	–	**3,80**	–	0,0%
394 Abbruchmaßnahmen [m² BGF]	–	**–**	–	–
395 Instandsetzungen [m² BGF]	–	**–**	–	–
396 Materialentsorgung [m² BGF]	–	**–**	–	–
397 Zusätzliche Maßnahmen [m² BGF]	1,60	**5,60**	9,80	0,2%
398 Provisorische Baukonstruktionen [m² BGF]	–	**–**	–	–
399 Sonstige Maßnahmen für Baukonstruktionen, sonst. [m² BGF]	–	**–**	–	–
410 **Abwasser-, Wasser-, Gasanlagen**				
411 Abwasseranlagen [m² BGF]	19,00	**34,00**	49,00	1,7%
412 Wasseranlagen [m² BGF]	21,00	**42,00**	83,00	2,0%
420 **Wärmeversorgungsanlagen**				
421 Wärmeerzeugungsanlagen [m² BGF]	12,00	**71,00**	129,00	0,9%
422 Wärmeverteilnetze [m² BGF]	22,00	**63,00**	86,00	1,4%
423 Raumheizflächen [m² BGF]	13,00	**19,00**	29,00	0,4%
429 Wärmeversorgungsanlagen, sonstiges [m² BGF]	1,10	**12,00**	24,00	0,1%
430 **Lufttechnische Anlagen**				
431 Lüftungsanlagen [m² BGF]	183,00	**209,00**	235,00	4,0%
440 **Starkstromanlagen**				
443 Niederspannungsschaltanlagen [m² BGF]	21,00	**46,00**	90,00	1,1%
444 Niederspannungsinstallationsanlagen [m² BGF]	30,00	**52,00**	93,00	1,8%
445 Beleuchtungsanlagen [m² BGF]	28,00	**39,00**	50,00	1,4%
446 Blitzschutz- und Erdungsanlagen [m² BGF]	1,80	**4,50**	6,80	0,1%
450 **Fernmelde- und informationstechnische Anlagen**				
451 Telekommunikationsanlagen [m² BGF]	2,00	**2,10**	2,10	0,0%
452 Such- und Signalanlagen [m² BGF]	1,90	**4,90**	8,00	0,0%
455 Fernseh- und Antennenanlagen [m² BGF]	–	**–**	–	–
456 Gefahrenmelde- und Alarmanlagen [m² BGF]	4,00	**15,00**	35,00	0,3%
457 Übertragungsnetze [m² BGF]	12,00	**16,00**	24,00	0,3%
460 **Förderanlagen**				
461 Aufzugsanlagen [m² BGF]	–	**–**	–	–
470 **Nutzungsspezifische Anlagen**				
471 Küchentechnische Anlagen [m² BGF]	–	**–**	–	–
473 Medienversorgungsanlagen [m² BGF]	34,00	**62,00**	102,00	1,4%
475 Feuerlöschanlagen [m² BGF]	–	**2,10**	–	0,0%
480 **Gebäudeautomation**				
481 Automationssysteme [m² BGF]	–	**102,00**	–	0,8%
Weitere Kosten für Technische Anlagen	16,00	**250,00**	681,00	8,5%

Baulemente · Gebäudearten · Kostengruppen · Neubau · Abbrechen · Wiederherstellen · Herstellen

Krankenhäuser

Kostengruppen		von	€/Einheit	bis	KG an 300+400
310	**Baugrube**				
311	Baugrubenherstellung [m³]	16,00	**22,00**	38,00	1,1%
312	Baugrubenumschließung [m²]	–	**225,00**	–	0,3%
313	Wasserhaltung [m²]	3,00	**20,00**	53,00	0,2%
319	Baugrube, sonstiges [m³]	0,10	**0,50**	0,80	0,0%
320	**Gründung**				
321	Baugrundverbesserung [m²]	2,90	**4,60**	5,60	0,1%
322	Flachgründungen [m²]	43,00	**118,00**	217,00	1,8%
323	Tiefgründungen [m²]	263,00	**309,00**	355,00	1,8%
324	Unterböden und Bodenplatten [m²]	68,00	**119,00**	169,00	1,9%
325	Bodenbeläge [m²]	75,00	**90,00**	122,00	2,3%
326	Bauwerksabdichtungen [m²]	14,00	**21,00**	29,00	0,4%
327	Dränagen [m²]	1,80	**3,80**	5,90	0,1%
329	Gründung, sonstiges [m²]	0,60	**5,00**	9,30	0,1%
330	**Außenwände**				
331	Tragende Außenwände [m²]	121,00	**144,00**	164,00	2,6%
332	Nichttragende Außenwände [m²]	139,00	**146,00**	153,00	0,3%
333	Außenstützen [m]	56,00	**187,00**	274,00	0,1%
334	Außentüren und -fenster [m²]	468,00	**510,00**	594,00	1,8%
335	Außenwandbekleidungen außen [m²]	59,00	**89,00**	170,00	2,3%
336	Außenwandbekleidungen innen [m²]	17,00	**24,00**	26,00	0,4%
337	Elementierte Außenwände [m²]	575,00	**636,00**	816,00	5,8%
338	Sonnenschutz [m²]	107,00	**260,00**	567,00	0,3%
339	Außenwände, sonstiges [m²]	3,30	**7,10**	10,00	0,2%
340	**Innenwände**				
341	Tragende Innenwände [m²]	103,00	**258,00**	722,00	2,7%
342	Nichttragende Innenwände [m²]	59,00	**80,00**	101,00	2,3%
343	Innenstützen [m]	87,00	**128,00**	178,00	0,3%
344	Innentüren und -fenster [m²]	629,00	**750,00**	903,00	3,3%
345	Innenwandbekleidungen [m²]	25,00	**50,00**	114,00	2,7%
346	Elementierte Innenwände [m²]	131,00	**338,00**	907,00	2,0%
349	Innenwände, sonstiges [m²]	3,70	**12,00**	32,00	0,5%
350	**Decken**				
351	Deckenkonstruktionen [m²]	142,00	**178,00**	217,00	4,6%
352	Deckenbeläge [m²]	92,00	**100,00**	119,00	2,3%
353	Deckenbekleidungen [m²]	20,00	**49,00**	75,00	1,2%
359	Decken, sonstiges [m²]	10,00	**23,00**	36,00	0,3%
360	**Dächer**				
361	Dachkonstruktionen [m²]	54,00	**109,00**	159,00	3,7%
362	Dachfenster, Dachöffnungen [m²]	893,00	**1.536,00**	2.796,00	0,8%
363	Dachbeläge [m²]	84,00	**149,00**	178,00	3,9%
364	Dachbekleidungen [m²]	38,00	**65,00**	89,00	1,2%
369	Dächer, sonstiges [m²]	1,30	**16,00**	26,00	0,4%
370	**Baukonstruktive Einbauten**				
371	Allgemeine Einbauten [m² BGF]	13,00	**49,00**	121,00	2,1%
372	Besondere Einbauten [m² BGF]	9,70	**32,00**	66,00	1,2%
379	Baukonstruktive Einbauten, sonstiges [m² BGF]	2,80	**4,00**	5,10	0,0%

© **BKI** Baukosteninformationszentrum; Erläuterungen zu den Tabellen siehe Seite 60   Kostenstand: 1.Quartal 2012, Bundesdurchschnitt, inkl. MwSt.

390 Sonstige Maßnahmen für Baukonstruktionen

		von	€/Einheit	bis	KG an 300+400
391	Baustelleneinrichtung [m² BGF]	16,00	**29,00**	63,00	1,3%
392	Gerüste [m² BGF]	5,20	**8,30**	16,00	0,4%
393	Sicherungsmaßnahmen [m² BGF]	–	**–**	–	–
394	Abbruchmaßnahmen [m² BGF]	0,50	**1,20**	1,80	0,0%
395	Instandsetzungen [m² BGF]	–	**–**	–	–
396	Materialentsorgung [m² BGF]	3,10	**3,70**	4,30	0,0%
397	Zusätzliche Maßnahmen [m² BGF]	4,80	**11,00**	14,00	0,4%
398	Provisorische Baukonstruktionen [m² BGF]	–	**0,30**	–	0,0%
399	Sonstige Maßnahmen für Baukonstruktionen, sonst. [m² BGF]	–	**7,50**	–	0,0%

410 Abwasser-, Wasser-, Gasanlagen

		von	€/Einheit	bis	KG an 300+400
411	Abwasseranlagen [m² BGF]	15,00	**23,00**	30,00	1,3%
412	Wasseranlagen [m² BGF]	48,00	**84,00**	175,00	3,9%

420 Wärmeversorgungsanlagen

		von	€/Einheit	bis	KG an 300+400
421	Wärmeerzeugungsanlagen [m² BGF]	15,00	**23,00**	44,00	1,2%
422	Wärmeverteilnetze [m² BGF]	12,00	**20,00**	46,00	0,9%
423	Raumheizflächen [m² BGF]	13,00	**23,00**	45,00	1,2%
429	Wärmeversorgungsanlagen, sonstiges [m² BGF]	2,80	**54,00**	106,00	1,0%

430 Lufttechnische Anlagen

		von	€/Einheit	bis	KG an 300+400
431	Lüftungsanlagen [m² BGF]	12,00	**38,00**	80,00	1,4%

440 Starkstromanlagen

		von	€/Einheit	bis	KG an 300+400
443	Niederspannungsschaltanlagen [m² BGF]	10,00	**32,00**	76,00	0,9%
444	Niederspannungsinstallationsanlagen [m² BGF]	53,00	**76,00**	125,00	4,1%
445	Beleuchtungsanlagen [m² BGF]	49,00	**64,00**	83,00	3,3%
446	Blitzschutz- und Erdungsanlagen [m² BGF]	2,70	**6,00**	9,90	0,3%

450 Fernmelde- und informationstechnische Anlagen

		von	€/Einheit	bis	KG an 300+400
451	Telekommunikationsanlagen [m² BGF]	4,00	**15,00**	44,00	0,7%
452	Such- und Signalanlagen [m² BGF]	4,10	**16,00**	49,00	0,6%
455	Fernseh- und Antennenanlagen [m² BGF]	1,00	**1,60**	2,80	0,0%
456	Gefahrenmelde- und Alarmanlagen [m² BGF]	2,50	**15,00**	27,00	0,9%
457	Übertragungsnetze [m² BGF]	4,80	**16,00**	26,00	0,8%

460 Förderanlagen

		von	€/Einheit	bis	KG an 300+400
461	Aufzugsanlagen [m² BGF]	29,00	**35,00**	46,00	1,3%

470 Nutzungsspezifische Anlagen

		von	€/Einheit	bis	KG an 300+400
471	Küchentechnische Anlagen [m² BGF]	5,20	**25,00**	65,00	0,7%
473	Medienversorgungsanlagen [m² BGF]	9,80	**22,00**	28,00	0,8%
475	Feuerlöschanlagen [m² BGF]	–	**2,80**	–	0,0%

480 Gebäudeautomation

		von	€/Einheit	bis	KG an 300+400
481	Automationssysteme [m² BGF]	8,70	**25,00**	50,00	1,0%
	Weitere Kosten für Technische Anlagen	42,00	**199,00**	584,00	8,6%

Bauelemente · Gebäudearten · Kostengruppen · Neubau · Abbrechen · Wiederherstellen · Herstellen

Pflegeheime

| --- | --- | --- | --- | --- |
310 Baugrube				
311 Baugrubenherstellung [m³]	11,00	**21,00**	28,00	1,8%
312 Baugrubenumschließung [m²]	–	**–**	–	–
313 Wasserhaltung [m²]	–	**8,50**	–	0,0%
319 Baugrube, sonstiges [m³]	–	**4,80**	–	0,1%
320 Gründung				
321 Baugrundverbesserung [m²]	9,50	**14,00**	22,00	0,4%
322 Flachgründungen [m²]	49,00	**85,00**	180,00	2,4%
323 Tiefgründungen [m²]	–	**–**	–	–
324 Unterböden und Bodenplatten [m²]	45,00	**58,00**	70,00	2,4%
325 Bodenbeläge [m²]	70,00	**77,00**	93,00	2,7%
326 Bauwerksabdichtungen [m²]	16,00	**21,00**	31,00	0,6%
327 Dränagen [m²]	15,00	**19,00**	21,00	0,7%
329 Gründung, sonstiges [m²]	–	**–**	–	–
330 Außenwände				
331 Tragende Außenwände [m²]	84,00	**147,00**	178,00	2,8%
332 Nichttragende Außenwände [m²]	131,00	**157,00**	206,00	0,4%
333 Außenstützen [m]	100,00	**149,00**	224,00	0,2%
334 Außentüren und -fenster [m²]	231,00	**300,00**	394,00	2,9%
335 Außenwandbekleidungen außen [m²]	68,00	**94,00**	103,00	3,8%
336 Außenwandbekleidungen innen [m²]	11,00	**18,00**	25,00	0,5%
337 Elementierte Außenwände [m²]	180,00	**424,00**	668,00	2,7%
338 Sonnenschutz [m²]	–	**158,00**	–	0,2%
339 Außenwände, sonstiges [m²]	10,00	**23,00**	31,00	0,8%
340 Innenwände				
341 Tragende Innenwände [m²]	78,00	**106,00**	130,00	4,5%
342 Nichttragende Innenwände [m²]	69,00	**87,00**	139,00	3,2%
343 Innenstützen [m]	65,00	**105,00**	145,00	0,0%
344 Innentüren und -fenster [m²]	383,00	**469,00**	540,00	4,6%
345 Innenwandbekleidungen [m²]	15,00	**23,00**	31,00	3,2%
346 Elementierte Innenwände [m²]	106,00	**369,00**	669,00	0,6%
349 Innenwände, sonstiges [m²]	4,40	**8,30**	20,00	0,7%
350 Decken				
351 Deckenkonstruktionen [m²]	94,00	**126,00**	158,00	5,1%
352 Deckenbeläge [m²]	63,00	**72,00**	96,00	3,0%
353 Deckenbekleidungen [m²]	17,00	**50,00**	82,00	1,5%
359 Decken, sonstiges [m²]	0,40	**5,00**	7,50	0,2%
360 Dächer				
361 Dachkonstruktionen [m²]	60,00	**68,00**	87,00	3,3%
362 Dachfenster, Dachöffnungen [m²]	367,00	**541,00**	1.015,00	0,2%
363 Dachbeläge [m²]	95,00	**127,00**	220,00	4,6%
364 Dachbekleidungen [m²]	17,00	**49,00**	63,00	1,9%
369 Dächer, sonstiges [m²]	3,40	**3,80**	4,20	0,0%
370 Baukonstruktive Einbauten				
371 Allgemeine Einbauten [m² BGF]	7,50	**11,00**	16,00	0,6%
372 Besondere Einbauten [m² BGF]	–	**–**	–	–
379 Baukonstruktive Einbauten, sonstiges [m² BGF]	–	**–**	–	–

© **BKI** Baukosteninformationszentrum; Erläuterungen zu den Tabellen siehe Seite 60   Kostenstand: 1.Quartal 2012, Bundesdurchschnitt, **inkl. MwSt.**

Kostengruppen	von	€/Einheit	bis	KG an 300+400
390 Sonstige Maßnahmen für Baukonstruktionen				
391 Baustelleneinrichtung [m² BGF]	13,00	**38,00**	56,00	3,3%
392 Gerüste [m² BGF]	7,70	**9,20**	11,00	0,4%
393 Sicherungsmaßnahmen [m² BGF]	–	**–**	–	–
394 Abbruchmaßnahmen [m² BGF]	–	**–**	–	–
395 Instandsetzungen [m² BGF]	–	**–**	–	–
396 Materialentsorgung [m² BGF]	–	**–**	–	–
397 Zusätzliche Maßnahmen [m² BGF]	2,10	**3,00**	3,60	0,1%
398 Provisorische Baukonstruktionen [m² BGF]	–	**0,10**	–	0,0%
399 Sonstige Maßnahmen für Baukonstruktionen, sonst. [m² BGF]	–	**–**	–	–
410 Abwasser-, Wasser-, Gasanlagen				
411 Abwasseranlagen [m² BGF]	23,00	**26,00**	35,00	2,2%
412 Wasseranlagen [m² BGF]	49,00	**65,00**	80,00	5,5%
420 Wärmeversorgungsanlagen				
421 Wärmeerzeugungsanlagen [m² BGF]	7,00	**10,00**	12,00	0,6%
422 Wärmeverteilnetze [m² BGF]	20,00	**23,00**	30,00	1,4%
423 Raumheizflächen [m² BGF]	11,00	**19,00**	24,00	1,1%
429 Wärmeversorgungsanlagen, sonstiges [m² BGF]	–	**2,00**	–	0,0%
430 Lufttechnische Anlagen				
431 Lüftungsanlagen [m² BGF]	6,70	**33,00**	87,00	2,0%
440 Starkstromanlagen				
443 Niederspannungsschaltanlagen [m² BGF]	1,20	**1,20**	1,20	0,0%
444 Niederspannungsinstallationsanlagen [m² BGF]	45,00	**52,00**	64,00	3,2%
445 Beleuchtungsanlagen [m² BGF]	22,00	**26,00**	34,00	1,5%
446 Blitzschutz- und Erdungsanlagen [m² BGF]	1,50	**3,70**	4,90	0,2%
450 Fernmelde- und informationstechnische Anlagen				
451 Telekommunikationsanlagen [m² BGF]	8,00	**16,00**	19,00	0,9%
452 Such- und Signalanlagen [m² BGF]	0,40	**7,20**	14,00	0,2%
455 Fernseh- und Antennenanlagen [m² BGF]	1,40	**1,70**	2,20	0,1%
456 Gefahrenmelde- und Alarmanlagen [m² BGF]	14,00	**21,00**	33,00	1,2%
457 Übertragungsnetze [m² BGF]	–	**3,20**	–	0,0%
460 Förderanlagen				
461 Aufzugsanlagen [m² BGF]	21,00	**27,00**	33,00	1,1%
470 Nutzungsspezifische Anlagen				
471 Küchentechnische Anlagen [m² BGF]	4,90	**49,00**	94,00	1,9%
473 Medienversorgungsanlagen [m² BGF]	–	**–**	–	–
475 Feuerlöschanlagen [m² BGF]	–	**–**	–	–
480 Gebäudeautomation				
481 Automationssysteme [m² BGF]	–	**4,20**	–	0,0%
Weitere Kosten für Technische Anlagen	4,40	**23,00**	76,00	1,8%

Bauelemente

Gebäudearten

Kostengruppen

Neubau

Abbrechen

Wiederherstellen

Herstellen

Kostengruppen	von	€/Einheit	bis	KG an 300+400
310 Baugrube				
311 Baugrubenherstellung [m³]	15,00	**25,00**	33,00	1,1%
312 Baugrubenumschließung [m²]	–	**–**	–	–
313 Wasserhaltung [m²]	–	**–**	–	–
319 Baugrube, sonstiges [m³]	–	**0,10**	–	0,0%
320 Gründung				
321 Baugrundverbesserung [m²]	5,00	**9,70**	14,00	0,2%
322 Flachgründungen [m²]	51,00	**91,00**	107,00	3,8%
323 Tiefgründungen [m²]	–	**–**	–	–
324 Unterböden und Bodenplatten [m²]	41,00	**60,00**	112,00	2,9%
325 Bodenbeläge [m²]	95,00	**106,00**	110,00	4,2%
326 Bauwerksabdichtungen [m²]	3,20	**12,00**	15,00	0,4%
327 Dränagen [m²]	–	**2,70**	–	0,0%
329 Gründung, sonstiges [m²]	–	**–**	–	–
330 Außenwände				
331 Tragende Außenwände [m²]	158,00	**175,00**	224,00	6,7%
332 Nichttragende Außenwände [m²]	–	**126,00**	–	0,2%
333 Außenstützen [m]	123,00	**169,00**	293,00	0,9%
334 Außentüren und -fenster [m²]	390,00	**473,00**	648,00	4,7%
335 Außenwandbekleidungen außen [m²]	95,00	**133,00**	152,00	3,1%
336 Außenwandbekleidungen innen [m²]	20,00	**24,00**	37,00	0,7%
337 Elementierte Außenwände [m²]	387,00	**442,00**	502,00	6,2%
338 Sonnenschutz [m²]	77,00	**198,00**	240,00	0,8%
339 Außenwände, sonstiges [m²]	14,00	**14,00**	15,00	0,4%
340 Innenwände				
341 Tragende Innenwände [m²]	91,00	**123,00**	140,00	3,0%
342 Nichttragende Innenwände [m²]	58,00	**103,00**	131,00	0,9%
343 Innenstützen [m]	95,00	**115,00**	156,00	0,6%
344 Innentüren und -fenster [m²]	399,00	**774,00**	1.025,00	2,2%
345 Innenwandbekleidungen [m²]	29,00	**40,00**	45,00	2,2%
346 Elementierte Innenwände [m²]	766,00	**826,00**	934,00	2,0%
349 Innenwände, sonstiges [m²]	1,40	**15,00**	28,00	0,3%
350 Decken				
351 Deckenkonstruktionen [m²]	137,00	**150,00**	156,00	4,5%
352 Deckenbeläge [m²]	89,00	**91,00**	94,00	2,4%
353 Deckenbekleidungen [m²]	68,00	**77,00**	94,00	2,1%
359 Decken, sonstiges [m²]	16,00	**20,00**	24,00	0,3%
360 Dächer				
361 Dachkonstruktionen [m²]	81,00	**131,00**	184,00	6,6%
362 Dachfenster, Dachöffnungen [m²]	834,00	**1.333,00**	1.615,00	0,2%
363 Dachbeläge [m²]	119,00	**138,00**	160,00	7,0%
364 Dachbekleidungen [m²]	48,00	**60,00**	75,00	2,5%
369 Dächer, sonstiges [m²]	1,70	**2,00**	2,40	0,0%
370 Baukonstruktive Einbauten				
371 Allgemeine Einbauten [m² BGF]	2,20	**17,00**	45,00	0,8%
372 Besondere Einbauten [m² BGF]	4,20	**30,00**	56,00	1,0%
379 Baukonstruktive Einbauten, sonstiges [m² BGF]	–	**–**	–	–

Kostengruppen	von	€/Einheit	bis	KG an 300+400
390 Sonstige Maßnahmen für Baukonstruktionen				
391 Baustelleneinrichtung [m² BGF]	25,00	**34,00**	42,00	2,5%
392 Gerüste [m² BGF]	9,00	**12,00**	20,00	0,8%
393 Sicherungsmaßnahmen [m² BGF]	–	**–**	–	–
394 Abbruchmaßnahmen [m² BGF]	–	**–**	–	–
395 Instandsetzungen [m² BGF]	–	**–**	–	–
396 Materialentsorgung [m² BGF]	–	**1,90**	–	0,0%
397 Zusätzliche Maßnahmen [m² BGF]	3,70	**6,10**	7,30	0,3%
398 Provisorische Baukonstruktionen [m² BGF]	–	**–**	–	–
399 Sonstige Maßnahmen für Baukonstruktionen, sonst. [m² BGF]	–	**–**	–	–
410 Abwasser-, Wasser-, Gasanlagen				
411 Abwasseranlagen [m² BGF]	1,10	**20,00**	26,00	1,5%
412 Wasseranlagen [m² BGF]	20,00	**24,00**	29,00	1,8%
420 Wärmeversorgungsanlagen				
421 Wärmeerzeugungsanlagen [m² BGF]	5,90	**27,00**	38,00	1,5%
422 Wärmeverteilnetze [m² BGF]	21,00	**34,00**	50,00	2,5%
423 Raumheizflächen [m² BGF]	7,00	**20,00**	42,00	1,2%
429 Wärmeversorgungsanlagen, sonstiges [m² BGF]	–	**1,00**	–	0,0%
430 Lufttechnische Anlagen				
431 Lüftungsanlagen [m² BGF]	6,50	**25,00**	43,00	1,8%
440 Starkstromanlagen				
443 Niederspannungsschaltanlagen [m² BGF]	–	**–**	–	–
444 Niederspannungsinstallationsanlagen [m² BGF]	38,00	**58,00**	106,00	4,3%
445 Beleuchtungsanlagen [m² BGF]	42,00	**43,00**	44,00	1,6%
446 Blitzschutz- und Erdungsanlagen [m² BGF]	2,40	**3,20**	5,40	0,2%
450 Fernmelde- und informationstechnische Anlagen				
451 Telekommunikationsanlagen [m² BGF]	–	**–**	–	–
452 Such- und Signalanlagen [m² BGF]	–	**–**	–	–
455 Fernseh- und Antennenanlagen [m² BGF]	–	**–**	–	–
456 Gefahrenmelde- und Alarmanlagen [m² BGF]	0,20	**5,20**	10,00	0,2%
457 Übertragungsnetze [m² BGF]	0,60	**10,00**	20,00	0,4%
460 Förderanlagen				
461 Aufzugsanlagen [m² BGF]	4,80	**12,00**	16,00	0,7%
470 Nutzungsspezifische Anlagen				
471 Küchentechnische Anlagen [m² BGF]	–	**13,00**	–	0,2%
473 Medienversorgungsanlagen [m² BGF]	–	**–**	–	–
475 Feuerlöschanlagen [m² BGF]	0,80	**1,20**	1,50	0,0%
480 Gebäudeautomation				
481 Automationssysteme [m² BGF]	–	**–**	–	–
Weitere Kosten für Technische Anlagen	0,60	**18,00**	26,00	0,9%

Bauelemente

Gebäudearten

Kostengruppen

Neubau

Abbrechen

Wiederherstellen

Herstellen

Berufliche Schulen

Kostengruppen	von	€/Einheit	bis	KG an 300+400
310 Baugrube				
311 Baugrubenherstellung [m³]	13,00	**19,00**	28,00	1,9%
312 Baugrubenumschließung [m²]	–	**305,00**	–	0,0%
313 Wasserhaltung [m²]	–	**13,00**	–	0,1%
319 Baugrube, sonstiges [m³]	–	**–**	–	–
320 Gründung				
321 Baugrundverbesserung [m²]	–	**19,00**	–	0,2%
322 Flachgründungen [m²]	46,00	**103,00**	328,00	2,1%
323 Tiefgründungen [m²]	–	**164,00**	–	0,0%
324 Unterböden und Bodenplatten [m²]	37,00	**46,00**	78,00	2,2%
325 Bodenbeläge [m²]	39,00	**61,00**	91,00	3,4%
326 Bauwerksabdichtungen [m²]	14,00	**24,00**	60,00	1,3%
327 Dränagen [m²]	–	**–**	–	–
329 Gründung, sonstiges [m²]	–	**–**	–	–
330 Außenwände				
331 Tragende Außenwände [m²]	119,00	**249,00**	435,00	2,7%
332 Nichttragende Außenwände [m²]	49,00	**114,00**	155,00	0,4%
333 Außenstützen [m]	109,00	**173,00**	344,00	0,4%
334 Außentüren und -fenster [m²]	682,00	**891,00**	1.273,00	3,3%
335 Außenwandbekleidungen außen [m²]	65,00	**119,00**	153,00	2,0%
336 Außenwandbekleidungen innen [m²]	12,00	**71,00**	190,00	0,2%
337 Elementierte Außenwände [m²]	246,00	**428,00**	491,00	5,9%
338 Sonnenschutz [m²]	125,00	**178,00**	236,00	0,7%
339 Außenwände, sonstiges [m²]	7,90	**28,00**	86,00	0,7%
340 Innenwände				
341 Tragende Innenwände [m²]	104,00	**138,00**	165,00	2,3%
342 Nichttragende Innenwände [m²]	75,00	**122,00**	208,00	1,7%
343 Innenstützen [m]	88,00	**143,00**	178,00	0,7%
344 Innentüren und -fenster [m²]	555,00	**664,00**	872,00	2,7%
345 Innenwandbekleidungen [m²]	20,00	**44,00**	65,00	1,8%
346 Elementierte Innenwände [m²]	258,00	**393,00**	589,00	2,7%
349 Innenwände, sonstiges [m²]	3,80	**5,40**	8,60	0,1%
350 Decken				
351 Deckenkonstruktionen [m²]	94,00	**195,00**	248,00	3,5%
352 Deckenbeläge [m²]	104,00	**146,00**	224,00	2,6%
353 Deckenbekleidungen [m²]	60,00	**88,00**	142,00	1,5%
359 Decken, sonstiges [m²]	18,00	**133,00**	248,00	0,2%
360 Dächer				
361 Dachkonstruktionen [m²]	103,00	**139,00**	189,00	7,4%
362 Dachfenster, Dachöffnungen [m²]	543,00	**2.722,00**	11.186,00	2,6%
363 Dachbeläge [m²]	98,00	**158,00**	242,00	7,7%
364 Dachbekleidungen [m²]	37,00	**86,00**	131,00	1,5%
369 Dächer, sonstiges [m²]	3,50	**16,00**	28,00	0,7%
370 Baukonstruktive Einbauten				
371 Allgemeine Einbauten [m² BGF]	3,70	**14,00**	34,00	0,5%
372 Besondere Einbauten [m² BGF]	0,70	**1,80**	3,80	0,0%
379 Baukonstruktive Einbauten, sonstiges [m² BGF]	–	**–**	–	–

© **BKI** Baukosteninformationszentrum; Erläuterungen zu den Tabellen siehe Seite 60   Kostenstand: 1.Quartal 2012, Bundesdurchschnitt, inkl. MwSt.

Kostengruppen	von	€/Einheit	bis	KG an 300+400
390 Sonstige Maßnahmen für Baukonstruktionen				
391 Baustelleneinrichtung [m² BGF]	15,00	**34,00**	85,00	2,2%
392 Gerüste [m² BGF]	5,40	**8,00**	9,50	0,6%
393 Sicherungsmaßnahmen [m² BGF]	–	**–**	–	–
394 Abbruchmaßnahmen [m² BGF]	0,20	**3,40**	6,70	0,0%
395 Instandsetzungen [m² BGF]	–	**–**	–	–
396 Materialentsorgung [m² BGF]	–	**1,10**	–	0,0%
397 Zusätzliche Maßnahmen [m² BGF]	0,00	**4,20**	6,40	0,2%
398 Provisorische Baukonstruktionen [m² BGF]	–	**–**	–	–
399 Sonstige Maßnahmen für Baukonstruktionen, sonst. [m² BGF]	–	**–**	–	–
410 Abwasser-, Wasser-, Gasanlagen				
411 Abwasseranlagen [m² BGF]	15,00	**19,00**	24,00	1,4%
412 Wasseranlagen [m² BGF]	24,00	**31,00**	40,00	2,4%
420 Wärmeversorgungsanlagen				
421 Wärmeerzeugungsanlagen [m² BGF]	7,30	**16,00**	27,00	0,9%
422 Wärmeverteilnetze [m² BGF]	18,00	**23,00**	34,00	1,4%
423 Raumheizflächen [m² BGF]	18,00	**24,00**	31,00	1,5%
429 Wärmeversorgungsanlagen, sonstiges [m² BGF]	1,10	**1,70**	2,90	0,0%
430 Lufttechnische Anlagen				
431 Lüftungsanlagen [m² BGF]	30,00	**46,00**	66,00	2,7%
440 Starkstromanlagen				
443 Niederspannungsschaltanlagen [m² BGF]	1,50	**6,50**	12,00	0,1%
444 Niederspannungsinstallationsanlagen [m² BGF]	30,00	**51,00**	69,00	3,0%
445 Beleuchtungsanlagen [m² BGF]	20,00	**38,00**	44,00	2,2%
446 Blitzschutz- und Erdungsanlagen [m² BGF]	0,70	**2,00**	3,30	0,1%
450 Fernmelde- und informationstechnische Anlagen				
451 Telekommunikationsanlagen [m² BGF]	0,70	**4,10**	6,30	0,1%
452 Such- und Signalanlagen [m² BGF]	0,20	**0,60**	1,50	0,0%
455 Fernseh- und Antennenanlagen [m² BGF]	0,20	**1,00**	1,80	0,0%
456 Gefahrenmelde- und Alarmanlagen [m² BGF]	0,60	**8,60**	13,00	0,3%
457 Übertragungsnetze [m² BGF]	2,30	**6,20**	13,00	0,2%
460 Förderanlagen				
461 Aufzugsanlagen [m² BGF]	6,00	**9,40**	16,00	0,4%
470 Nutzungsspezifische Anlagen				
471 Küchentechnische Anlagen [m² BGF]	16,00	**24,00**	32,00	0,8%
473 Medienversorgungsanlagen [m² BGF]	–	**1,60**	–	0,0%
475 Feuerlöschanlagen [m² BGF]	0,90	**2,60**	4,30	0,0%
480 Gebäudeautomation				
481 Automationssysteme [m² BGF]	20,00	**47,00**	73,00	1,3%
Weitere Kosten für Technische Anlagen	12,00	**36,00**	74,00	2,7%

Bauelemente   Gebäudearten

Kostengruppen

Neubau

Abbrechen

Wiederherstellen

Herstellen

Kostengruppen		von	€/Einheit	bis	KG an 300+400
310	**Baugrube**				
311	Baugrubenherstellung [m³]	20,00	**27,00**	50,00	0,9%
312	Baugrubenumschließung [m²]	–	**107,00**	–	0,0%
313	Wasserhaltung [m²]	–	**0,80**	–	0,0%
319	Baugrube, sonstiges [m³]	–	**–**	–	–
320	**Gründung**				
321	Baugrundverbesserung [m²]	7,10	**28,00**	49,00	0,6%
322	Flachgründungen [m²]	18,00	**66,00**	84,00	1,7%
323	Tiefgründungen [m²]	–	**192,00**	–	0,9%
324	Unterböden und Bodenplatten [m²]	64,00	**85,00**	99,00	1,9%
325	Bodenbeläge [m²]	82,00	**106,00**	130,00	2,2%
326	Bauwerksabdichtungen [m²]	18,00	**32,00**	74,00	0,9%
327	Dränagen [m²]	–	**12,00**	–	0,0%
329	Gründung, sonstiges [m²]	–	**4,30**	–	0,0%
330	**Außenwände**				
331	Tragende Außenwände [m²]	112,00	**157,00**	172,00	4,0%
332	Nichttragende Außenwände [m²]	73,00	**122,00**	171,00	0,1%
333	Außenstützen [m]	96,00	**117,00**	138,00	0,1%
334	Außentüren und -fenster [m²]	594,00	**814,00**	1.031,00	2,7%
335	Außenwandbekleidungen außen [m²]	97,00	**171,00**	203,00	5,8%
336	Außenwandbekleidungen innen [m²]	35,00	**53,00**	96,00	0,8%
337	Elementierte Außenwände [m²]	543,00	**615,00**	732,00	7,8%
338	Sonnenschutz [m²]	121,00	**145,00**	173,00	0,7%
339	Außenwände, sonstiges [m²]	6,20	**13,00**	27,00	0,3%
340	**Innenwände**				
341	Tragende Innenwände [m²]	88,00	**160,00**	185,00	5,3%
342	Nichttragende Innenwände [m²]	90,00	**94,00**	104,00	1,5%
343	Innenstützen [m]	134,00	**177,00**	292,00	0,3%
344	Innentüren und -fenster [m²]	683,00	**729,00**	868,00	3,8%
345	Innenwandbekleidungen [m²]	38,00	**60,00**	114,00	2,6%
346	Elementierte Innenwände [m²]	322,00	**464,00**	610,00	0,4%
349	Innenwände, sonstiges [m²]	3,10	**4,50**	7,20	0,2%
350	**Decken**				
351	Deckenkonstruktionen [m²]	103,00	**144,00**	173,00	4,6%
352	Deckenbeläge [m²]	69,00	**105,00**	144,00	2,3%
353	Deckenbekleidungen [m²]	96,00	**156,00**	316,00	2,1%
359	Decken, sonstiges [m²]	11,00	**21,00**	27,00	0,6%
360	**Dächer**				
361	Dachkonstruktionen [m²]	78,00	**110,00**	143,00	3,8%
362	Dachfenster, Dachöffnungen [m²]	814,00	**1.081,00**	1.218,00	0,6%
363	Dachbeläge [m²]	112,00	**123,00**	151,00	4,4%
364	Dachbekleidungen [m²]	79,00	**102,00**	128,00	2,9%
369	Dächer, sonstiges [m²]	3,30	**6,20**	9,00	0,2%
370	**Baukonstruktive Einbauten**				
371	Allgemeine Einbauten [m² BGF]	14,00	**34,00**	91,00	2,0%
372	Besondere Einbauten [m² BGF]	6,80	**33,00**	60,00	1,0%
379	Baukonstruktive Einbauten, sonstiges [m² BGF]	–	**–**	–	–

© **BKI** Baukosteninformationszentrum; Erläuterungen zu den Tabellen siehe Seite 60   Kostenstand: 1.Quartal 2012, Bundesdurchschnitt, inkl. MwSt.

Kostengruppen	von	€/Einheit	bis	KG an 300+400
390 **Sonstige Maßnahmen für Baukonstruktionen**				
391 Baustelleneinrichtung [m² BGF]	21,00	**33,00**	39,00	2,0%
392 Gerüste [m² BGF]	13,00	**24,00**	39,00	1,4%
393 Sicherungsmaßnahmen [m² BGF]	1,10	**1,80**	2,50	0,0%
394 Abbruchmaßnahmen [m² BGF]	2,20	**9,70**	15,00	0,4%
395 Instandsetzungen [m² BGF]	–	**24,00**	–	0,3%
396 Materialentsorgung [m² BGF]	0,10	**0,90**	1,40	0,0%
397 Zusätzliche Maßnahmen [m² BGF]	2,30	**7,10**	12,00	0,4%
398 Provisorische Baukonstruktionen [m² BGF]	0,40	**0,90**	1,50	0,0%
399 Sonstige Maßnahmen für Baukonstruktionen, sonst. [m² BGF]	–	**2,60**	–	0,0%
410 **Abwasser-, Wasser-, Gasanlagen**				
411 Abwasseranlagen [m² BGF]	13,00	**17,00**	21,00	1,0%
412 Wasseranlagen [m² BGF]	24,00	**42,00**	60,00	2,5%
420 **Wärmeversorgungsanlagen**				
421 Wärmeerzeugungsanlagen [m² BGF]	9,80	**19,00**	26,00	1,1%
422 Wärmeverteilnetze [m² BGF]	13,00	**26,00**	36,00	1,5%
423 Raumheizflächen [m² BGF]	18,00	**32,00**	47,00	1,9%
429 Wärmeversorgungsanlagen, sonstiges [m² BGF]	3,80	**4,80**	5,70	0,1%
430 **Lufttechnische Anlagen**				
431 Lüftungsanlagen [m² BGF]	10,00	**24,00**	61,00	1,4%
440 **Starkstromanlagen**				
443 Niederspannungsschaltanlagen [m² BGF]	–	**11,00**	–	0,1%
444 Niederspannungsinstallationsanlagen [m² BGF]	58,00	**87,00**	171,00	5,3%
445 Beleuchtungsanlagen [m² BGF]	18,00	**37,00**	56,00	2,2%
446 Blitzschutz- und Erdungsanlagen [m² BGF]	2,10	**3,80**	8,60	0,2%
450 **Fernmelde- und informationstechnische Anlagen**				
451 Telekommunikationsanlagen [m² BGF]	1,50	**5,00**	15,00	0,3%
452 Such- und Signalanlagen [m² BGF]	0,60	**1,00**	1,30	0,0%
455 Fernseh- und Antennenanlagen [m² BGF]	0,40	**0,80**	1,00	0,0%
456 Gefahrenmelde- und Alarmanlagen [m² BGF]	2,40	**7,80**	12,00	0,4%
457 Übertragungsnetze [m² BGF]	3,80	**8,00**	10,00	0,3%
460 **Förderanlagen**				
461 Aufzugsanlagen [m² BGF]	28,00	**32,00**	34,00	1,4%
470 **Nutzungsspezifische Anlagen**				
471 Küchentechnische Anlagen [m² BGF]	–	**4,70**	–	0,0%
473 Medienversorgungsanlagen [m² BGF]	–	**–**	–	–
475 Feuerlöschanlagen [m² BGF]	0,60	**1,10**	1,60	0,0%
480 **Gebäudeautomation**				
481 Automationssysteme [m² BGF]	5,20	**16,00**	23,00	0,7%
Weitere Kosten für Technische Anlagen	21,00	**49,00**	83,00	3,1%

Kostengruppen	von	€/Einheit	bis	KG an 300+400
310 Baugrube				
311 Baugrubenherstellung [m³]	12,00	**18,00**	34,00	1,6%
312 Baugrubenumschließung [m²]	–	**237,00**	–	0,0%
313 Wasserhaltung [m²]	–	**53,00**	–	0,2%
319 Baugrube, sonstiges [m³]	–	**–**	–	–
320 Gründung				
321 Baugrundverbesserung [m²]	–	**–**	–	–
322 Flachgründungen [m²]	62,00	**135,00**	274,00	2,6%
323 Tiefgründungen [m²]	–	**263,00**	–	0,2%
324 Unterböden und Bodenplatten [m²]	56,00	**81,00**	126,00	1,2%
325 Bodenbeläge [m²]	63,00	**95,00**	116,00	2,2%
326 Bauwerksabdichtungen [m²]	24,00	**47,00**	115,00	1,1%
327 Dränagen [m²]	10,00	**20,00**	36,00	0,3%
329 Gründung, sonstiges [m²]	–	**15,00**	–	0,1%
330 Außenwände				
331 Tragende Außenwände [m²]	147,00	**187,00**	255,00	3,8%
332 Nichttragende Außenwände [m²]	88,00	**292,00**	496,00	0,1%
333 Außenstützen [m]	107,00	**133,00**	154,00	0,5%
334 Außentüren und -fenster [m²]	611,00	**1.010,00**	2.050,00	1,2%
335 Außenwandbekleidungen außen [m²]	79,00	**182,00**	266,00	3,3%
336 Außenwandbekleidungen innen [m²]	15,00	**32,00**	61,00	0,4%
337 Elementierte Außenwände [m²]	535,00	**604,00**	707,00	13,6%
338 Sonnenschutz [m²]	96,00	**131,00**	188,00	1,1%
339 Außenwände, sonstiges [m²]	3,50	**12,00**	24,00	0,5%
340 Innenwände				
341 Tragende Innenwände [m²]	158,00	**218,00**	418,00	2,7%
342 Nichttragende Innenwände [m²]	77,00	**127,00**	313,00	2,1%
343 Innenstützen [m]	132,00	**191,00**	281,00	0,5%
344 Innentüren und -fenster [m²]	630,00	**853,00**	1.552,00	3,2%
345 Innenwandbekleidungen [m²]	20,00	**30,00**	63,00	1,3%
346 Elementierte Innenwände [m²]	427,00	**582,00**	783,00	2,4%
349 Innenwände, sonstiges [m²]	5,50	**6,30**	7,10	0,1%
350 Decken				
351 Deckenkonstruktionen [m²]	148,00	**194,00**	265,00	6,3%
352 Deckenbeläge [m²]	87,00	**109,00**	143,00	2,9%
353 Deckenbekleidungen [m²]	25,00	**37,00**	46,00	0,9%
359 Decken, sonstiges [m²]	16,00	**44,00**	127,00	0,9%
360 Dächer				
361 Dachkonstruktionen [m²]	82,00	**128,00**	212,00	4,2%
362 Dachfenster, Dachöffnungen [m²]	473,00	**931,00**	1.412,00	0,7%
363 Dachbeläge [m²]	97,00	**131,00**	148,00	3,8%
364 Dachbekleidungen [m²]	25,00	**66,00**	146,00	0,8%
369 Dächer, sonstiges [m²]	2,10	**7,80**	15,00	0,2%
370 Baukonstruktive Einbauten				
371 Allgemeine Einbauten [m² BGF]	20,00	**30,00**	35,00	1,5%
372 Besondere Einbauten [m² BGF]	0,40	**1,10**	1,90	0,0%
379 Baukonstruktive Einbauten, sonstiges [m² BGF]	–	**–**	–	–

© **BKI** Baukosteninformationszentrum; Erläuterungen zu den Tabellen siehe Seite 60   Kostenstand: 1.Quartal 2012, Bundesdurchschnitt, inkl. MwSt.

Kostengruppen	von	€/Einheit	bis	KG an 300+400
390 Sonstige Maßnahmen für Baukonstruktionen				
391 Baustelleneinrichtung [m² BGF]	16,00	**35,00**	45,00	2,2%
392 Gerüste [m² BGF]	5,90	**17,00**	35,00	0,9%
393 Sicherungsmaßnahmen [m² BGF]	–	**–**	–	–
394 Abbruchmaßnahmen [m² BGF]	–	**0,20**	–	0,0%
395 Instandsetzungen [m² BGF]	–	**1,10**	–	0,0%
396 Materialentsorgung [m² BGF]	–	**–**	–	–
397 Zusätzliche Maßnahmen [m² BGF]	1,10	**3,70**	6,20	0,2%
398 Provisorische Baukonstruktionen [m² BGF]	–	**0,50**	–	0,0%
399 Sonstige Maßnahmen für Baukonstruktionen, sonst. [m² BGF]	–	**–**	–	–
410 Abwasser-, Wasser-, Gasanlagen				
411 Abwasseranlagen [m² BGF]	14,00	**23,00**	48,00	1,1%
412 Wasseranlagen [m² BGF]	19,00	**23,00**	27,00	1,2%
420 Wärmeversorgungsanlagen				
421 Wärmeerzeugungsanlagen [m² BGF]	8,40	**14,00**	24,00	0,7%
422 Wärmeverteilnetze [m² BGF]	11,00	**23,00**	37,00	1,1%
423 Raumheizflächen [m² BGF]	10,00	**19,00**	28,00	1,0%
429 Wärmeversorgungsanlagen, sonstiges [m² BGF]	0,50	**2,10**	3,80	0,1%
430 Lufttechnische Anlagen				
431 Lüftungsanlagen [m² BGF]	42,00	**58,00**	66,00	2,2%
440 Starkstromanlagen				
443 Niederspannungsschaltanlagen [m² BGF]	1,50	**8,80**	16,00	0,1%
444 Niederspannungsinstallationsanlagen [m² BGF]	50,00	**83,00**	199,00	4,6%
445 Beleuchtungsanlagen [m² BGF]	24,00	**51,00**	95,00	2,8%
446 Blitzschutz- und Erdungsanlagen [m² BGF]	0,60	**2,50**	4,00	0,1%
450 Fernmelde- und informationstechnische Anlagen				
451 Telekommunikationsanlagen [m² BGF]	1,10	**6,00**	12,00	0,3%
452 Such- und Signalanlagen [m² BGF]	0,10	**1,10**	1,60	0,0%
455 Fernseh- und Antennenanlagen [m² BGF]	0,80	**1,20**	1,60	0,0%
456 Gefahrenmelde- und Alarmanlagen [m² BGF]	0,10	**6,60**	13,00	0,1%
457 Übertragungsnetze [m² BGF]	3,50	**7,70**	12,00	0,2%
460 Förderanlagen				
461 Aufzugsanlagen [m² BGF]	16,00	**29,00**	46,00	1,6%
470 Nutzungsspezifische Anlagen				
471 Küchentechnische Anlagen [m² BGF]	3,40	**50,00**	102,00	2,2%
473 Medienversorgungsanlagen [m² BGF]	–	**0,30**	–	0,0%
475 Feuerlöschanlagen [m² BGF]	0,60	**0,80**	1,00	0,0%
480 Gebäudeautomation				
481 Automationssysteme [m² BGF]	15,00	**37,00**	80,00	1,2%
Weitere Kosten für Technische Anlagen	38,00	**72,00**	107,00	3,8%

Kindergärten, nicht unterkellert, einfacher Standard

Kostengruppen	von	€/Einheit	bis	KG an 300+400
310 Baugrube				
311 Baugrubenherstellung [m³]	11,00	**26,00**	51,00	2,1%
312 Baugrubenumschließung [m²]	–	**–**	–	–
313 Wasserhaltung [m²]	–	**1,40**	–	0,0%
319 Baugrube, sonstiges [m³]	–	**1,70**	–	0,0%
320 Gründung				
321 Baugrundverbesserung [m²]	6,90	**24,00**	41,00	0,7%
322 Flachgründungen [m²]	38,00	**62,00**	96,00	4,6%
323 Tiefgründungen [m²]	–	**–**	–	–
324 Unterböden und Bodenplatten [m²]	37,00	**50,00**	62,00	2,7%
325 Bodenbeläge [m²]	71,00	**85,00**	94,00	5,7%
326 Bauwerksabdichtungen [m²]	6,00	**8,50**	10,00	0,4%
327 Dränagen [m²]	–	**1,80**	–	0,0%
329 Gründung, sonstiges [m²]	–	**–**	–	–
330 Außenwände				
331 Tragende Außenwände [m²]	75,00	**92,00**	152,00	4,7%
332 Nichttragende Außenwände [m²]	–	**142,00**	–	0,1%
333 Außenstützen [m]	71,00	**89,00**	125,00	0,1%
334 Außentüren und -fenster [m²]	472,00	**571,00**	637,00	6,9%
335 Außenwandbekleidungen außen [m²]	115,00	**143,00**	176,00	8,4%
336 Außenwandbekleidungen innen [m²]	32,00	**43,00**	57,00	2,1%
337 Elementierte Außenwände [m²]	–	**987,00**	–	1,4%
338 Sonnenschutz [m²]	135,00	**194,00**	262,00	0,9%
339 Außenwände, sonstiges [m²]	–	**–**	–	–
340 Innenwände				
341 Tragende Innenwände [m²]	108,00	**123,00**	154,00	4,5%
342 Nichttragende Innenwände [m²]	51,00	**63,00**	84,00	1,7%
343 Innenstützen [m]	71,00	**127,00**	208,00	0,2%
344 Innentüren und -fenster [m²]	253,00	**309,00**	398,00	2,0%
345 Innenwandbekleidungen [m²]	29,00	**42,00**	52,00	4,5%
346 Elementierte Innenwände [m²]	328,00	**401,00**	648,00	2,2%
349 Innenwände, sonstiges [m²]	–	**–**	–	–
350 Decken				
351 Deckenkonstruktionen [m²]	29,00	**206,00**	280,00	3,2%
352 Deckenbeläge [m²]	92,00	**98,00**	101,00	0,9%
353 Deckenbekleidungen [m²]	65,00	**79,00**	94,00	1,5%
359 Decken, sonstiges [m²]	27,00	**73,00**	118,00	0,9%
360 Dächer				
361 Dachkonstruktionen [m²]	50,00	**62,00**	81,00	5,1%
362 Dachfenster, Dachöffnungen [m²]	479,00	**591,00**	752,00	0,4%
363 Dachbeläge [m²]	71,00	**85,00**	93,00	7,1%
364 Dachbekleidungen [m²]	61,00	**75,00**	93,00	3,2%
369 Dächer, sonstiges [m²]	0,20	**0,80**	1,40	0,0%
370 Baukonstruktive Einbauten				
371 Allgemeine Einbauten [m² BGF]	8,70	**19,00**	27,00	1,6%
372 Besondere Einbauten [m² BGF]	–	**0,60**	–	0,0%
379 Baukonstruktive Einbauten, sonstiges [m² BGF]	–	**6,80**	–	0,1%

© **BKI** Baukosteninformationszentrum; Erläuterungen zu den Tabellen siehe Seite 60   Kostenstand: 1.Quartal 2012, Bundesdurchschnitt, **inkl. MwSt.**

Kostengruppen		von	€/Einheit	bis	KG an 300+400
390	**Sonstige Maßnahmen für Baukonstruktionen**				
391	Baustelleneinrichtung [m² BGF]	2,30	**8,50**	19,00	0,7%
392	Gerüste [m² BGF]	1,00	**3,40**	4,60	0,1%
393	Sicherungsmaßnahmen [m² BGF]	–	**–**	–	–
394	Abbruchmaßnahmen [m² BGF]	–	**–**	–	–
395	Instandsetzungen [m² BGF]	–	**–**	–	–
396	Materialentsorgung [m² BGF]	–	**–**	–	–
397	Zusätzliche Maßnahmen [m² BGF]	–	**–**	–	–
398	Provisorische Baukonstruktionen [m² BGF]	–	**–**	–	–
399	Sonstige Maßnahmen für Baukonstruktionen, sonst. [m² BGF]	–	**1,40**	–	0,0%
410	**Abwasser-, Wasser-, Gasanlagen**				
411	Abwasseranlagen [m² BGF]	15,00	**19,00**	26,00	1,7%
412	Wasseranlagen [m² BGF]	26,00	**33,00**	37,00	2,9%
420	**Wärmeversorgungsanlagen**				
421	Wärmeerzeugungsanlagen [m² BGF]	9,40	**11,00**	14,00	0,9%
422	Wärmeverteilnetze [m² BGF]	13,00	**17,00**	22,00	1,4%
423	Raumheizflächen [m² BGF]	21,00	**31,00**	60,00	2,7%
429	Wärmeversorgungsanlagen, sonstiges [m² BGF]	3,50	**3,90**	4,30	0,1%
430	**Lufttechnische Anlagen**				
431	Lüftungsanlagen [m² BGF]	2,90	**5,30**	7,00	0,3%
440	**Starkstromanlagen**				
443	Niederspannungsschaltanlagen [m² BGF]	3,00	**4,00**	4,70	0,2%
444	Niederspannungsinstallationsanlagen [m² BGF]	15,00	**20,00**	28,00	1,7%
445	Beleuchtungsanlagen [m² BGF]	14,00	**27,00**	38,00	2,3%
446	Blitzschutz- und Erdungsanlagen [m² BGF]	4,50	**7,20**	9,50	0,6%
450	**Fernmelde- und informationstechnische Anlagen**				
451	Telekommunikationsanlagen [m² BGF]	0,70	**0,80**	0,80	0,0%
452	Such- und Signalanlagen [m² BGF]	0,50	**1,20**	1,80	0,0%
455	Fernseh- und Antennenanlagen [m² BGF]	0,40	**0,50**	0,60	0,0%
456	Gefahrenmelde- und Alarmanlagen [m² BGF]	3,60	**5,00**	6,40	0,1%
457	Übertragungsnetze [m² BGF]	–	**–**	–	–
460	**Förderanlagen**				
461	Aufzugsanlagen [m² BGF]	–	**9,90**	–	0,1%
470	**Nutzungsspezifische Anlagen**				
471	Küchentechnische Anlagen [m² BGF]	21,00	**30,00**	39,00	2,0%
473	Medienversorgungsanlagen [m² BGF]	–	**–**	–	–
475	Feuerlöschanlagen [m² BGF]	0,20	**0,80**	1,00	0,0%
480	**Gebäudeautomation**				
481	Automationssysteme [m² BGF]	–	**–**	–	–
	Weitere Kosten für Technische Anlagen	0,40	**1,10**	1,80	0,0%

Bauelemente

Gebäudearten

Kostengruppen

Neubau

Abbrechen

Wiederherstellen

Herstellen

Kindergärten, nicht unterkellert, mittlerer Standard

Kostengruppen	von	€/Einheit	bis	KG an 300+400
310 Baugrube				
311 Baugrubenherstellung [m³]	6,80	**12,00**	19,00	0,3%
312 Baugrubenumschließung [m²]	–	**–**	–	–
313 Wasserhaltung [m²]	–	**–**	–	–
319 Baugrube, sonstiges [m³]	–	**–**	–	–
320 Gründung				
321 Baugrundverbesserung [m²]	18,00	**27,00**	49,00	0,4%
322 Flachgründungen [m²]	25,00	**54,00**	101,00	2,7%
323 Tiefgründungen [m²]	–	**–**	–	–
324 Unterböden und Bodenplatten [m²]	40,00	**60,00**	80,00	3,0%
325 Bodenbeläge [m²]	84,00	**110,00**	134,00	5,8%
326 Bauwerksabdichtungen [m²]	11,00	**18,00**	33,00	0,9%
327 Dränagen [m²]	4,60	**5,60**	6,70	0,1%
329 Gründung, sonstiges [m²]	–	**9,00**	–	0,0%
330 Außenwände				
331 Tragende Außenwände [m²]	109,00	**141,00**	196,00	4,3%
332 Nichttragende Außenwände [m²]	152,00	**174,00**	196,00	0,1%
333 Außenstützen [m]	104,00	**346,00**	1.281,00	0,2%
334 Außentüren und -fenster [m²]	375,00	**566,00**	826,00	4,7%
335 Außenwandbekleidungen außen [m²]	88,00	**107,00**	139,00	4,8%
336 Außenwandbekleidungen innen [m²]	29,00	**42,00**	67,00	1,3%
337 Elementierte Außenwände [m²]	224,00	**480,00**	600,00	6,6%
338 Sonnenschutz [m²]	168,00	**318,00**	436,00	1,6%
339 Außenwände, sonstiges [m²]	5,30	**12,00**	20,00	0,2%
340 Innenwände				
341 Tragende Innenwände [m²]	79,00	**100,00**	124,00	3,4%
342 Nichttragende Innenwände [m²]	63,00	**84,00**	120,00	1,7%
343 Innenstützen [m]	19,00	**30,00**	49,00	0,0%
344 Innentüren und -fenster [m²]	287,00	**473,00**	579,00	3,9%
345 Innenwandbekleidungen [m²]	32,00	**52,00**	106,00	3,9%
346 Elementierte Innenwände [m²]	232,00	**344,00**	550,00	2,0%
349 Innenwände, sonstiges [m²]	0,60	**4,10**	7,50	0,0%
350 Decken				
351 Deckenkonstruktionen [m²]	153,00	**239,00**	410,00	2,6%
352 Deckenbeläge [m²]	51,00	**81,00**	142,00	0,8%
353 Deckenbekleidungen [m²]	28,00	**51,00**	66,00	0,5%
359 Decken, sonstiges [m²]	16,00	**39,00**	66,00	0,4%
360 Dächer				
361 Dachkonstruktionen [m²]	66,00	**99,00**	137,00	7,0%
362 Dachfenster, Dachöffnungen [m²]	541,00	**1.214,00**	1.803,00	1,0%
363 Dachbeläge [m²]	83,00	**114,00**	159,00	7,7%
364 Dachbekleidungen [m²]	44,00	**75,00**	121,00	3,4%
369 Dächer, sonstiges [m²]	4,40	**8,40**	14,00	0,2%
370 Baukonstruktive Einbauten				
371 Allgemeine Einbauten [m² BGF]	12,00	**28,00**	55,00	1,8%
372 Besondere Einbauten [m² BGF]	4,50	**22,00**	58,00	0,5%
379 Baukonstruktive Einbauten, sonstiges [m² BGF]	–	**–**	–	–

Kostengruppen	von	€/Einheit	bis	KG an 300+400
390 Sonstige Maßnahmen für Baukonstruktionen				
391 Baustelleneinrichtung [m² BGF]	6,00	**17,00**	28,00	1,2%
392 Gerüste [m² BGF]	5,60	**12,00**	19,00	0,8%
393 Sicherungsmaßnahmen [m² BGF]	–	**–**	–	–
394 Abbruchmaßnahmen [m² BGF]	0,70	**1,20**	1,70	0,0%
395 Instandsetzungen [m² BGF]	–	**–**	–	–
396 Materialentsorgung [m² BGF]	–	**–**	–	–
397 Zusätzliche Maßnahmen [m² BGF]	1,70	**3,20**	5,30	0,1%
398 Provisorische Baukonstruktionen [m² BGF]	–	**–**	–	–
399 Sonstige Maßnahmen für Baukonstruktionen, sonst. [m² BGF]	–	**–**	–	–
410 Abwasser-, Wasser-, Gasanlagen				
411 Abwasseranlagen [m² BGF]	11,00	**17,00**	27,00	1,2%
412 Wasseranlagen [m² BGF]	31,00	**46,00**	65,00	3,4%
420 Wärmeversorgungsanlagen				
421 Wärmeerzeugungsanlagen [m² BGF]	11,00	**21,00**	35,00	1,2%
422 Wärmeverteilnetze [m² BGF]	11,00	**20,00**	29,00	1,2%
423 Raumheizflächen [m² BGF]	13,00	**28,00**	49,00	1,6%
429 Wärmeversorgungsanlagen, sonstiges [m² BGF]	2,10	**4,70**	7,50	0,1%
430 Lufttechnische Anlagen				
431 Lüftungsanlagen [m² BGF]	5,10	**30,00**	71,00	1,6%
440 Starkstromanlagen				
443 Niederspannungsschaltanlagen [m² BGF]	6,80	**7,40**	8,00	0,1%
444 Niederspannungsinstallationsanlagen [m² BGF]	17,00	**34,00**	68,00	2,5%
445 Beleuchtungsanlagen [m² BGF]	18,00	**34,00**	49,00	2,3%
446 Blitzschutz- und Erdungsanlagen [m² BGF]	2,70	**4,70**	7,20	0,3%
450 Fernmelde- und informationstechnische Anlagen				
451 Telekommunikationsanlagen [m² BGF]	0,60	**1,30**	2,80	0,0%
452 Such- und Signalanlagen [m² BGF]	0,60	**1,10**	1,50	0,0%
455 Fernseh- und Antennenanlagen [m² BGF]	0,50	**1,10**	2,30	0,0%
456 Gefahrenmelde- und Alarmanlagen [m² BGF]	1,60	**7,10**	11,00	0,2%
457 Übertragungsnetze [m² BGF]	–	**–**	–	–
460 Förderanlagen				
461 Aufzugsanlagen [m² BGF]	–	**–**	–	–
470 Nutzungsspezifische Anlagen				
471 Küchentechnische Anlagen [m² BGF]	24,00	**37,00**	50,00	0,5%
473 Medienversorgungsanlagen [m² BGF]	–	**–**	–	–
475 Feuerlöschanlagen [m² BGF]	0,60	**1,10**	2,40	0,0%
480 Gebäudeautomation				
481 Automationssysteme [m² BGF]	–	**–**	–	–
Weitere Kosten für Technische Anlagen	1,70	**4,90**	7,00	0,1%

Bauelemente

Gebäudearten

Kostengruppen

Neubau

Abbrechen

Wiederherstellen

Herstellen

Kindergärten, nicht unterkellert, hoher Standard

Kostengruppen	von	€/Einheit	bis	KG an 300+400
310 Baugrube				
311 Baugrubenherstellung [m³]	7,70	**16,00**	34,00	0,7%
312 Baugrubenumschließung [m²]	–	**–**	–	–
313 Wasserhaltung [m²]	7,60	**8,50**	9,40	0,0%
319 Baugrube, sonstiges [m³]	–	**–**	–	–
320 Gründung				
321 Baugrundverbesserung [m²]	55,00	**59,00**	63,00	0,8%
322 Flachgründungen [m²]	18,00	**52,00**	216,00	1,9%
323 Tiefgründungen [m²]	–	**–**	–	–
324 Unterböden und Bodenplatten [m²]	45,00	**73,00**	93,00	2,8%
325 Bodenbeläge [m²]	116,00	**140,00**	162,00	5,1%
326 Bauwerksabdichtungen [m²]	9,70	**19,00**	26,00	0,8%
327 Dränagen [m²]	–	**20,00**	–	0,1%
329 Gründung, sonstiges [m²]	–	**7,80**	–	0,0%
330 Außenwände				
331 Tragende Außenwände [m²]	145,00	**177,00**	211,00	4,0%
332 Nichttragende Außenwände [m²]	–	**213,00**	–	0,0%
333 Außenstützen [m]	187,00	**285,00**	471,00	0,3%
334 Außentüren und -fenster [m²]	522,00	**646,00**	770,00	7,6%
335 Außenwandbekleidungen außen [m²]	68,00	**106,00**	162,00	3,7%
336 Außenwandbekleidungen innen [m²]	39,00	**53,00**	73,00	1,4%
337 Elementierte Außenwände [m²]	228,00	**435,00**	740,00	3,4%
338 Sonnenschutz [m²]	152,00	**296,00**	354,00	0,5%
339 Außenwände, sonstiges [m²]	17,00	**42,00**	90,00	1,3%
340 Innenwände				
341 Tragende Innenwände [m²]	87,00	**130,00**	188,00	3,7%
342 Nichttragende Innenwände [m²]	64,00	**105,00**	147,00	1,3%
343 Innenstützen [m]	99,00	**124,00**	191,00	0,1%
344 Innentüren und -fenster [m²]	426,00	**514,00**	592,00	2,8%
345 Innenwandbekleidungen [m²]	28,00	**42,00**	61,00	3,2%
346 Elementierte Innenwände [m²]	218,00	**382,00**	636,00	1,1%
349 Innenwände, sonstiges [m²]	9,40	**21,00**	40,00	0,6%
350 Decken				
351 Deckenkonstruktionen [m²]	223,00	**285,00**	343,00	5,0%
352 Deckenbeläge [m²]	70,00	**100,00**	115,00	1,7%
353 Deckenbekleidungen [m²]	13,00	**56,00**	89,00	0,7%
359 Decken, sonstiges [m²]	36,00	**118,00**	201,00	0,4%
360 Dächer				
361 Dachkonstruktionen [m²]	98,00	**133,00**	206,00	6,3%
362 Dachfenster, Dachöffnungen [m²]	836,00	**1.116,00**	1.761,00	1,1%
363 Dachbeläge [m²]	114,00	**154,00**	254,00	7,0%
364 Dachbekleidungen [m²]	55,00	**93,00**	122,00	3,9%
369 Dächer, sonstiges [m²]	2,90	**9,00**	27,00	0,2%
370 Baukonstruktive Einbauten				
371 Allgemeine Einbauten [m² BGF]	29,00	**86,00**	121,00	4,5%
372 Besondere Einbauten [m² BGF]	–	**0,20**	–	0,0%
379 Baukonstruktive Einbauten, sonstiges [m² BGF]	–	**–**	–	–

© **BKI** Baukosteninformationszentrum; Erläuterungen zu den Tabellen siehe Seite 60   Kostenstand: 1.Quartal 2012, Bundesdurchschnitt, **inkl.** MwSt.

Kostengruppen	von	€/Einheit	bis	KG an 300+400
390 **Sonstige Maßnahmen für Baukonstruktionen**				
391 Baustelleneinrichtung [m² BGF]	24,00	**40,00**	79,00	2,4%
392 Gerüste [m² BGF]	6,10	**10,00**	14,00	0,4%
393 Sicherungsmaßnahmen [m² BGF]	–	**–**	–	–
394 Abbruchmaßnahmen [m² BGF]	–	**3,10**	–	0,0%
395 Instandsetzungen [m² BGF]	–	**1,10**	–	0,0%
396 Materialentsorgung [m² BGF]	–	**–**	–	–
397 Zusätzliche Maßnahmen [m² BGF]	4,10	**12,00**	26,00	0,4%
398 Provisorische Baukonstruktionen [m² BGF]	–	**–**	–	–
399 Sonstige Maßnahmen für Baukonstruktionen, sonst. [m² BGF]	–	**–**	–	–
410 **Abwasser-, Wasser-, Gasanlagen**				
411 Abwasseranlagen [m² BGF]	20,00	**32,00**	58,00	1,9%
412 Wasseranlagen [m² BGF]	34,00	**43,00**	50,00	2,8%
420 **Wärmeversorgungsanlagen**				
421 Wärmeerzeugungsanlagen [m² BGF]	11,00	**14,00**	17,00	0,9%
422 Wärmeverteilnetze [m² BGF]	9,80	**21,00**	30,00	1,3%
423 Raumheizflächen [m² BGF]	17,00	**31,00**	41,00	2,0%
429 Wärmeversorgungsanlagen, sonstiges [m² BGF]	6,60	**9,10**	10,00	0,2%
430 **Lufttechnische Anlagen**				
431 Lüftungsanlagen [m² BGF]	4,10	**43,00**	102,00	1,8%
440 **Starkstromanlagen**				
443 Niederspannungsschaltanlagen [m² BGF]	6,30	**7,70**	9,10	0,2%
444 Niederspannungsinstallationsanlagen [m² BGF]	22,00	**27,00**	40,00	1,7%
445 Beleuchtungsanlagen [m² BGF]	28,00	**38,00**	45,00	2,4%
446 Blitzschutz- und Erdungsanlagen [m² BGF]	2,00	**2,80**	3,90	0,1%
450 **Fernmelde- und informationstechnische Anlagen**				
451 Telekommunikationsanlagen [m² BGF]	0,60	**2,30**	3,40	0,1%
452 Such- und Signalanlagen [m² BGF]	0,80	**2,90**	11,00	0,1%
455 Fernseh- und Antennenanlagen [m² BGF]	0,70	**1,50**	3,00	0,0%
456 Gefahrenmelde- und Alarmanlagen [m² BGF]	–	**8,10**	–	0,0%
457 Übertragungsnetze [m² BGF]	–	**–**	–	–
460 **Förderanlagen**				
461 Aufzugsanlagen [m² BGF]	11,00	**13,00**	15,00	0,2%
470 **Nutzungsspezifische Anlagen**				
471 Küchentechnische Anlagen [m² BGF]	–	**24,00**	–	0,2%
473 Medienversorgungsanlagen [m² BGF]	–	**–**	–	–
475 Feuerlöschanlagen [m² BGF]	0,20	**0,60**	1,40	0,0%
480 **Gebäudeautomation**				
481 Automationssysteme [m² BGF]	–	**–**	–	–
Weitere Kosten für Technische Anlagen	2,90	**17,00**	73,00	0,6%

Bauelemente
Gebäudearten
Kostengruppen
Neubau
Abbrechen
Wiederherstellen
Herstellen

Kindergärten, unterkellert

Kostengruppen	von	€/Einheit	bis	KG an 300+400
310 Baugrube				
311 Baugrubenherstellung [m³]	16,00	**26,00**	33,00	2,6%
312 Baugrubenumschließung [m²]	–	**–**	–	–
313 Wasserhaltung [m²]	–	**3,50**	–	0,0%
319 Baugrube, sonstiges [m³]	–	**–**	–	–
320 Gründung				
321 Baugrundverbesserung [m²]	–	**15,00**	–	0,2%
322 Flachgründungen [m²]	38,00	**65,00**	90,00	3,1%
323 Tiefgründungen [m²]	–	**–**	–	–
324 Unterböden und Bodenplatten [m²]	49,00	**60,00**	69,00	2,9%
325 Bodenbeläge [m²]	77,00	**99,00**	107,00	4,3%
326 Bauwerksabdichtungen [m²]	9,20	**25,00**	45,00	1,0%
327 Dränagen [m²]	1,10	**6,00**	11,00	0,1%
329 Gründung, sonstiges [m²]	–	**0,70**	–	0,0%
330 Außenwände				
331 Tragende Außenwände [m²]	127,00	**141,00**	171,00	5,7%
332 Nichttragende Außenwände [m²]	118,00	**129,00**	140,00	0,5%
333 Außenstützen [m]	81,00	**108,00**	152,00	0,4%
334 Außentüren und -fenster [m²]	408,00	**706,00**	1.032,00	4,0%
335 Außenwandbekleidungen außen [m²]	65,00	**90,00**	154,00	4,0%
336 Außenwandbekleidungen innen [m²]	32,00	**35,00**	39,00	1,3%
337 Elementierte Außenwände [m²]	361,00	**493,00**	703,00	4,6%
338 Sonnenschutz [m²]	80,00	**179,00**	277,00	0,5%
339 Außenwände, sonstiges [m²]	5,00	**10,00**	21,00	0,5%
340 Innenwände				
341 Tragende Innenwände [m²]	105,00	**138,00**	158,00	4,1%
342 Nichttragende Innenwände [m²]	67,00	**88,00**	114,00	2,0%
343 Innenstützen [m]	92,00	**157,00**	200,00	0,6%
344 Innentüren und -fenster [m²]	309,00	**392,00**	614,00	2,5%
345 Innenwandbekleidungen [m²]	16,00	**26,00**	36,00	2,8%
346 Elementierte Innenwände [m²]	228,00	**280,00**	345,00	1,0%
349 Innenwände, sonstiges [m²]	1,00	**6,10**	11,00	0,1%
350 Decken				
351 Deckenkonstruktionen [m²]	148,00	**187,00**	258,00	4,1%
352 Deckenbeläge [m²]	62,00	**86,00**	152,00	2,1%
353 Deckenbekleidungen [m²]	30,00	**36,00**	41,00	0,7%
359 Decken, sonstiges [m²]	13,00	**37,00**	59,00	0,8%
360 Dächer				
361 Dachkonstruktionen [m²]	65,00	**97,00**	131,00	6,7%
362 Dachfenster, Dachöffnungen [m²]	615,00	**1.122,00**	1.778,00	1,9%
363 Dachbeläge [m²]	80,00	**91,00**	117,00	5,7%
364 Dachbekleidungen [m²]	45,00	**73,00**	89,00	2,8%
369 Dächer, sonstiges [m²]	0,40	**1,40**	1,90	0,0%
370 Baukonstruktive Einbauten				
371 Allgemeine Einbauten [m² BGF]	27,00	**52,00**	68,00	3,1%
372 Besondere Einbauten [m² BGF]	5,90	**6,40**	7,00	0,2%
379 Baukonstruktive Einbauten, sonstiges [m² BGF]	–	**–**	–	–

© **BKI** Baukosteninformationszentrum; Erläuterungen zu den Tabellen siehe Seite 60   Kostenstand: 1.Quartal 2012, Bundesdurchschnitt, inkl. MwSt.

		von	€/Einheit	bis	KG an 300+400
390	**Sonstige Maßnahmen für Baukonstruktionen**				
391	Baustelleneinrichtung [m² BGF]	20,00	**38,00**	58,00	3,0%
392	Gerüste [m² BGF]	9,50	**11,00**	13,00	0,8%
393	Sicherungsmaßnahmen [m² BGF]	–	**–**	–	–
394	Abbruchmaßnahmen [m² BGF]	–	**–**	–	–
395	Instandsetzungen [m² BGF]	–	**–**	–	–
396	Materialentsorgung [m² BGF]	–	**–**	–	–
397	Zusätzliche Maßnahmen [m² BGF]	2,90	**4,80**	10,00	0,3%
398	Provisorische Baukonstruktionen [m² BGF]	–	**–**	–	–
399	Sonstige Maßnahmen für Baukonstruktionen, sonst. [m² BGF]	–	**–**	–	–
410	**Abwasser-, Wasser-, Gasanlagen**				
411	Abwasseranlagen [m² BGF]	15,00	**28,00**	33,00	2,2%
412	Wasseranlagen [m² BGF]	30,00	**41,00**	53,00	3,2%
420	**Wärmeversorgungsanlagen**				
421	Wärmeerzeugungsanlagen [m² BGF]	12,00	**14,00**	16,00	1,1%
422	Wärmeverteilnetze [m² BGF]	12,00	**15,00**	18,00	1,2%
423	Raumheizflächen [m² BGF]	33,00	**42,00**	59,00	3,2%
429	Wärmeversorgungsanlagen, sonstiges [m² BGF]	1,30	**2,90**	3,60	0,2%
430	**Lufttechnische Anlagen**				
431	Lüftungsanlagen [m² BGF]	1,40	**3,40**	5,90	0,2%
440	**Starkstromanlagen**				
443	Niederspannungsschaltanlagen [m² BGF]	–	**4,60**	–	0,0%
444	Niederspannungsinstallationsanlagen [m² BGF]	22,00	**26,00**	31,00	2,0%
445	Beleuchtungsanlagen [m² BGF]	24,00	**37,00**	51,00	2,8%
446	Blitzschutz- und Erdungsanlagen [m² BGF]	0,90	**2,10**	3,00	0,1%
450	**Fernmelde- und informationstechnische Anlagen**				
451	Telekommunikationsanlagen [m² BGF]	0,30	**1,20**	2,80	0,0%
452	Such- und Signalanlagen [m² BGF]	0,30	**2,10**	4,00	0,0%
455	Fernseh- und Antennenanlagen [m² BGF]	0,10	**0,30**	0,40	0,0%
456	Gefahrenmelde- und Alarmanlagen [m² BGF]	3,30	**5,10**	7,00	0,1%
457	Übertragungsnetze [m² BGF]	–	**14,00**	–	0,2%
460	**Förderanlagen**				
461	Aufzugsanlagen [m² BGF]	–	**–**	–	–
470	**Nutzungsspezifische Anlagen**				
471	Küchentechnische Anlagen [m² BGF]	–	**–**	–	–
473	Medienversorgungsanlagen [m² BGF]	–	**–**	–	–
475	Feuerlöschanlagen [m² BGF]	0,50	**0,60**	0,90	0,0%
480	**Gebäudeautomation**				
481	Automationssysteme [m² BGF]	–	**3,40**	–	0,0%
	Weitere Kosten für Technische Anlagen	0,30	**9,60**	28,00	0,5%

Sport- und Mehrzweckhallen

Kostengruppen		von	€/Einheit	bis	KG an 300+400
310	**Baugrube**				
311	Baugrubenherstellung [m³]	5,80	**12,00**	19,00	0,7%
312	Baugrubenumschließung [m²]	–	**–**	–	–
313	Wasserhaltung [m²]	–	**–**	–	–
319	Baugrube, sonstiges [m³]	–	**–**	–	–
320	**Gründung**				
321	Baugrundverbesserung [m²]	–	**21,00**	–	0,6%
322	Flachgründungen [m²]	30,00	**51,00**	73,00	2,8%
323	Tiefgründungen [m²]	–	**–**	–	–
324	Unterböden und Bodenplatten [m²]	81,00	**84,00**	87,00	4,4%
325	Bodenbeläge [m²]	95,00	**104,00**	112,00	4,9%
326	Bauwerksabdichtungen [m²]	6,60	**10,00**	14,00	0,5%
327	Dränagen [m²]	–	**7,20**	–	0,1%
329	Gründung, sonstiges [m²]	–	**–**	–	–
330	**Außenwände**				
331	Tragende Außenwände [m²]	130,00	**135,00**	141,00	4,9%
332	Nichttragende Außenwände [m²]	–	**638,00**	–	0,1%
333	Außenstützen [m]	–	**–**	–	–
334	Außentüren und -fenster [m²]	327,00	**489,00**	652,00	3,0%
335	Außenwandbekleidungen außen [m²]	51,00	**57,00**	63,00	2,0%
336	Außenwandbekleidungen innen [m²]	5,90	**34,00**	62,00	1,0%
337	Elementierte Außenwände [m²]	515,00	**561,00**	608,00	15,6%
338	Sonnenschutz [m²]	–	**134,00**	–	0,4%
339	Außenwände, sonstiges [m²]	–	**–**	–	–
340	**Innenwände**				
341	Tragende Innenwände [m²]	73,00	**192,00**	312,00	0,8%
342	Nichttragende Innenwände [m²]	48,00	**75,00**	102,00	0,8%
343	Innenstützen [m]	–	**412,00**	–	0,1%
344	Innentüren und -fenster [m²]	106,00	**335,00**	564,00	1,7%
345	Innenwandbekleidungen [m²]	7,20	**54,00**	101,00	1,7%
346	Elementierte Innenwände [m²]	–	**89,00**	–	0,1%
349	Innenwände, sonstiges [m²]	–	**21,00**	–	0,2%
350	**Decken**				
351	Deckenkonstruktionen [m²]	–	**190,00**	–	1,6%
352	Deckenbeläge [m²]	–	**86,00**	–	0,7%
353	Deckenbekleidungen [m²]	–	**56,00**	–	0,4%
359	Decken, sonstiges [m²]	–	**26,00**	–	0,2%
360	**Dächer**				
361	Dachkonstruktionen [m²]	150,00	**172,00**	193,00	11,1%
362	Dachfenster, Dachöffnungen [m²]	395,00	**451,00**	507,00	4,1%
363	Dachbeläge [m²]	97,00	**221,00**	344,00	12,9%
364	Dachbekleidungen [m²]	4,70	**33,00**	62,00	2,3%
369	Dächer, sonstiges [m²]	–	**–**	–	–
370	**Baukonstruktive Einbauten**				
371	Allgemeine Einbauten [m² BGF]	–	**19,00**	–	0,5%
372	Besondere Einbauten [m² BGF]	–	**–**	–	–
379	Baukonstruktive Einbauten, sonstiges [m² BGF]	–	**–**	–	–

© **BKI** Baukosteninformationszentrum; Erläuterungen zu den Tabellen siehe Seite 60   Kostenstand: 1.Quartal 2012, Bundesdurchschnitt, **inkl. MwSt.**

Kostengruppen	von	€/Einheit	bis	KG an 300+400
390 Sonstige Maßnahmen für Baukonstruktionen				
391 Baustelleneinrichtung [m² BGF]	1,00	**7,50**	14,00	0,4%
392 Gerüste [m² BGF]	–	**24,00**	–	0,7%
393 Sicherungsmaßnahmen [m² BGF]	–	**–**	–	–
394 Abbruchmaßnahmen [m² BGF]	–	**–**	–	–
395 Instandsetzungen [m² BGF]	–	**11,00**	–	0,3%
396 Materialentsorgung [m² BGF]	–	**–**	–	–
397 Zusätzliche Maßnahmen [m² BGF]	2,70	**3,80**	4,80	0,2%
398 Provisorische Baukonstruktionen [m² BGF]	–	**–**	–	–
399 Sonstige Maßnahmen für Baukonstruktionen, sonst. [m² BGF]	–	**–**	–	–
410 Abwasser-, Wasser-, Gasanlagen				
411 Abwasseranlagen [m² BGF]	34,00	**40,00**	47,00	2,4%
412 Wasseranlagen [m² BGF]	33,00	**45,00**	57,00	2,7%
420 Wärmeversorgungsanlagen				
421 Wärmeerzeugungsanlagen [m² BGF]	6,20	**21,00**	35,00	1,2%
422 Wärmeverteilnetze [m² BGF]	4,20	**17,00**	29,00	1,0%
423 Raumheizflächen [m² BGF]	6,40	**22,00**	38,00	1,4%
429 Wärmeversorgungsanlagen, sonstiges [m² BGF]	–	**9,20**	–	0,2%
430 Lufttechnische Anlagen				
431 Lüftungsanlagen [m² BGF]	8,50	**39,00**	70,00	2,4%
440 Starkstromanlagen				
443 Niederspannungsschaltanlagen [m² BGF]	–	**8,20**	–	0,2%
444 Niederspannungsinstallationsanlagen [m² BGF]	24,00	**27,00**	29,00	1,6%
445 Beleuchtungsanlagen [m² BGF]	6,80	**37,00**	66,00	2,2%
446 Blitzschutz- und Erdungsanlagen [m² BGF]	2,80	**3,30**	3,90	0,2%
450 Fernmelde- und informationstechnische Anlagen				
451 Telekommunikationsanlagen [m² BGF]	–	**0,50**	–	0,0%
452 Such- und Signalanlagen [m² BGF]	–	**–**	–	–
455 Fernseh- und Antennenanlagen [m² BGF]	–	**0,60**	–	0,0%
456 Gefahrenmelde- und Alarmanlagen [m² BGF]	–	**–**	–	–
457 Übertragungsnetze [m² BGF]	–	**–**	–	–
460 Förderanlagen				
461 Aufzugsanlagen [m² BGF]	–	**–**	–	–
470 Nutzungsspezifische Anlagen				
471 Küchentechnische Anlagen [m² BGF]	–	**0,80**	–	0,0%
473 Medienversorgungsanlagen [m² BGF]	–	**–**	–	–
475 Feuerlöschanlagen [m² BGF]	–	**0,30**	–	0,0%
480 Gebäudeautomation				
481 Automationssysteme [m² BGF]	–	**–**	–	–
Weitere Kosten für Technische Anlagen	–	**20,00**	–	0,6%

Baulemente · Gebäudearten · Kostengruppen · Neubau · Abbrechen · Wiederherstellen · Herstellen

Sporthallen (Einfeldhallen)

Kostengruppen	von	€/Einheit	bis	KG an 300+400
310 Baugrube				
311 Baugrubenherstellung [m³]	4,60	**13,00**	22,00	1,6%
312 Baugrubenumschließung [m²]	–	–	–	–
313 Wasserhaltung [m²]	–	–	–	–
319 Baugrube, sonstiges [m³]	–	–	–	–
320 Gründung				
321 Baugrundverbesserung [m²]	–	**6,20**	–	0,2%
322 Flachgründungen [m²]	36,00	**56,00**	76,00	2,2%
323 Tiefgründungen [m²]	–	–	–	–
324 Unterböden und Bodenplatten [m²]	44,00	**46,00**	48,00	2,8%
325 Bodenbeläge [m²]	123,00	**126,00**	129,00	6,9%
326 Bauwerksabdichtungen [m²]	11,00	**15,00**	19,00	0,8%
327 Dränagen [m²]	–	**5,60**	–	0,1%
329 Gründung, sonstiges [m²]	–	–	–	–
330 Außenwände				
331 Tragende Außenwände [m²]	88,00	**159,00**	231,00	6,3%
332 Nichttragende Außenwände [m²]	–	–	–	–
333 Außenstützen [m]	–	**220,00**	–	0,7%
334 Außentüren und -fenster [m²]	519,00	**772,00**	1.024,00	4,9%
335 Außenwandbekleidungen außen [m²]	86,00	**112,00**	138,00	6,4%
336 Außenwandbekleidungen innen [m²]	53,00	**63,00**	73,00	2,7%
337 Elementierte Außenwände [m²]	–	–	–	–
338 Sonnenschutz [m²]	–	–	–	–
339 Außenwände, sonstiges [m²]	–	**34,00**	–	0,7%
340 Innenwände				
341 Tragende Innenwände [m²]	47,00	**72,00**	96,00	1,6%
342 Nichttragende Innenwände [m²]	48,00	**54,00**	60,00	1,3%
343 Innenstützen [m]	–	**84,00**	–	0,1%
344 Innentüren und -fenster [m²]	462,00	**554,00**	646,00	2,9%
345 Innenwandbekleidungen [m²]	39,00	**54,00**	70,00	4,0%
346 Elementierte Innenwände [m²]	–	**264,00**	–	0,3%
349 Innenwände, sonstiges [m²]	1,40	**9,00**	16,00	0,3%
350 Decken				
351 Deckenkonstruktionen [m²]	58,00	**156,00**	253,00	1,2%
352 Deckenbeläge [m²]	–	**90,00**	–	0,3%
353 Deckenbekleidungen [m²]	34,00	**43,00**	53,00	0,2%
359 Decken, sonstiges [m²]	–	**20,00**	–	0,0%
360 Dächer				
361 Dachkonstruktionen [m²]	138,00	**174,00**	211,00	13,4%
362 Dachfenster, Dachöffnungen [m²]	245,00	**292,00**	339,00	1,1%
363 Dachbeläge [m²]	67,00	**114,00**	160,00	8,3%
364 Dachbekleidungen [m²]	44,00	**54,00**	63,00	4,2%
369 Dächer, sonstiges [m²]	–	**5,60**	–	0,1%
370 Baukonstruktive Einbauten				
371 Allgemeine Einbauten [m² BGF]	–	–	–	–
372 Besondere Einbauten [m² BGF]	–	**31,00**	–	0,9%
379 Baukonstruktive Einbauten, sonstiges [m² BGF]	–	–	–	–

© **BKI** Baukosteninformationszentrum; Erläuterungen zu den Tabellen siehe Seite 60   Kostenstand: 1.Quartal 2012, Bundesdurchschnitt, inkl. MwSt.

Kostengruppen		von	€/Einheit	bis	KG an 300+400
390	**Sonstige Maßnahmen für Baukonstruktionen**				
391	Baustelleneinrichtung [m² BGF]	19,00	**19,00**	20,00	1,3%
392	Gerüste [m² BGF]	17,00	**30,00**	44,00	2,0%
393	Sicherungsmaßnahmen [m² BGF]	–	**–**	–	–
394	Abbruchmaßnahmen [m² BGF]	–	**–**	–	–
395	Instandsetzungen [m² BGF]	–	**0,30**	–	0,0%
396	Materialentsorgung [m² BGF]	–	**–**	–	–
397	Zusätzliche Maßnahmen [m² BGF]	–	**0,20**	–	0,0%
398	Provisorische Baukonstruktionen [m² BGF]	–	**–**	–	–
399	Sonstige Maßnahmen für Baukonstruktionen, sonst. [m² BGF]	–	**–**	–	–
410	**Abwasser-, Wasser-, Gasanlagen**				
411	Abwasseranlagen [m² BGF]	16,00	**21,00**	27,00	1,4%
412	Wasseranlagen [m² BGF]	41,00	**44,00**	46,00	3,1%
420	**Wärmeversorgungsanlagen**				
421	Wärmeerzeugungsanlagen [m² BGF]	5,60	**9,60**	13,00	0,7%
422	Wärmeverteilnetze [m² BGF]	22,00	**32,00**	42,00	2,1%
423	Raumheizflächen [m² BGF]	8,40	**26,00**	44,00	1,6%
429	Wärmeversorgungsanlagen, sonstiges [m² BGF]	–	**0,70**	–	0,0%
430	**Lufttechnische Anlagen**				
431	Lüftungsanlagen [m² BGF]	8,80	**22,00**	36,00	1,7%
440	**Starkstromanlagen**				
443	Niederspannungsschaltanlagen [m² BGF]	–	**–**	–	–
444	Niederspannungsinstallationsanlagen [m² BGF]	18,00	**20,00**	21,00	1,4%
445	Beleuchtungsanlagen [m² BGF]	29,00	**68,00**	107,00	5,1%
446	Blitzschutz- und Erdungsanlagen [m² BGF]	3,90	**7,40**	11,00	0,5%
450	**Fernmelde- und informationstechnische Anlagen**				
451	Telekommunikationsanlagen [m² BGF]	–	**0,10**	–	0,0%
452	Such- und Signalanlagen [m² BGF]	–	**–**	–	–
455	Fernseh- und Antennenanlagen [m² BGF]	–	**–**	–	–
456	Gefahrenmelde- und Alarmanlagen [m² BGF]	3,80	**5,70**	7,60	0,3%
457	Übertragungsnetze [m² BGF]	–	**0,50**	–	0,0%
460	**Förderanlagen**				
461	Aufzugsanlagen [m² BGF]	–	**–**	–	–
470	**Nutzungsspezifische Anlagen**				
471	Küchentechnische Anlagen [m² BGF]	–	**–**	–	–
473	Medienversorgungsanlagen [m² BGF]	–	**–**	–	–
475	Feuerlöschanlagen [m² BGF]	–	**–**	–	–
480	**Gebäudeautomation**				
481	Automationssysteme [m² BGF]	–	**–**	–	–
	Weitere Kosten für Technische Anlagen	0,50	**5,10**	9,80	0,3%

Baulemente · Gebäudearten · Kostengruppen · Neubau · Abbrechen · Wiederherstellen · Herstellen

Sporthallen (Dreifeldhallen)

Kostengruppen	von	€/Einheit	bis	KG an 300+400
310 Baugrube				
311 Baugrubenherstellung [m³]	4,70	**15,00**	19,00	2,2%
312 Baugrubenumschließung [m²]	–	**647,00**	–	0,0%
313 Wasserhaltung [m²]	–	**1,80**	–	0,0%
319 Baugrube, sonstiges [m³]	0,70	**1,20**	1,70	0,0%
320 Gründung				
321 Baugrundverbesserung [m²]	4,50	**27,00**	50,00	0,5%
322 Flachgründungen [m²]	19,00	**31,00**	48,00	1,5%
323 Tiefgründungen [m²]	–	**378,00**	–	0,6%
324 Unterböden und Bodenplatten [m²]	36,00	**51,00**	75,00	2,5%
325 Bodenbeläge [m²]	79,00	**99,00**	126,00	4,5%
326 Bauwerksabdichtungen [m²]	6,70	**18,00**	30,00	0,7%
327 Dränagen [m²]	8,70	**15,00**	32,00	0,6%
329 Gründung, sonstiges [m²]	0,20	**2,30**	4,40	0,0%
330 Außenwände				
331 Tragende Außenwände [m²]	93,00	**140,00**	187,00	2,9%
332 Nichttragende Außenwände [m²]	–	**169,00**	–	0,0%
333 Außenstützen [m]	98,00	**172,00**	230,00	0,3%
334 Außentüren und -fenster [m²]	757,00	**989,00**	1.440,00	0,8%
335 Außenwandbekleidungen außen [m²]	52,00	**72,00**	102,00	1,6%
336 Außenwandbekleidungen innen [m²]	71,00	**82,00**	95,00	1,4%
337 Elementierte Außenwände [m²]	437,00	**526,00**	580,00	8,1%
338 Sonnenschutz [m²]	104,00	**162,00**	196,00	0,4%
339 Außenwände, sonstiges [m²]	5,00	**12,00**	15,00	0,4%
340 Innenwände				
341 Tragende Innenwände [m²]	98,00	**121,00**	138,00	2,2%
342 Nichttragende Innenwände [m²]	61,00	**68,00**	92,00	0,7%
343 Innenstützen [m]	115,00	**190,00**	433,00	0,2%
344 Innentüren und -fenster [m²]	405,00	**504,00**	599,00	1,8%
345 Innenwandbekleidungen [m²]	54,00	**62,00**	75,00	2,8%
346 Elementierte Innenwände [m²]	224,00	**520,00**	981,00	2,1%
349 Innenwände, sonstiges [m²]	2,20	**7,40**	17,00	0,2%
350 Decken				
351 Deckenkonstruktionen [m²]	130,00	**152,00**	230,00	2,3%
352 Deckenbeläge [m²]	92,00	**113,00**	136,00	1,4%
353 Deckenbekleidungen [m²]	31,00	**41,00**	48,00	0,4%
359 Decken, sonstiges [m²]	40,00	**61,00**	81,00	0,6%
360 Dächer				
361 Dachkonstruktionen [m²]	119,00	**134,00**	155,00	7,8%
362 Dachfenster, Dachöffnungen [m²]	423,00	**555,00**	771,00	4,9%
363 Dachbeläge [m²]	87,00	**125,00**	146,00	6,9%
364 Dachbekleidungen [m²]	44,00	**99,00**	176,00	2,5%
369 Dächer, sonstiges [m²]	3,90	**20,00**	29,00	0,7%
370 Baukonstruktive Einbauten				
371 Allgemeine Einbauten [m² BGF]	12,00	**16,00**	26,00	0,8%
372 Besondere Einbauten [m² BGF]	41,00	**61,00**	73,00	2,3%
379 Baukonstruktive Einbauten, sonstiges [m² BGF]	–	**47,00**	–	0,6%

© **BKI** Baukosteninformationszentrum; Erläuterungen zu den Tabellen siehe Seite 60   Kostenstand: 1.Quartal 2012, Bundesdurchschnitt, **inkl. MwSt.**

Kostengruppen	von	€/Einheit	bis	KG an 300+400
390 Sonstige Maßnahmen für Baukonstruktionen				
391 Baustelleneinrichtung [m² BGF]	23,00	**39,00**	60,00	2,5%
392 Gerüste [m² BGF]	7,30	**16,00**	31,00	0,6%
393 Sicherungsmaßnahmen [m² BGF]	–	**–**	–	–
394 Abbruchmaßnahmen [m² BGF]	–	**–**	–	–
395 Instandsetzungen [m² BGF]	–	**–**	–	–
396 Materialentsorgung [m² BGF]	–	**3,10**	–	0,0%
397 Zusätzliche Maßnahmen [m² BGF]	4,70	**19,00**	74,00	1,1%
398 Provisorische Baukonstruktionen [m² BGF]	–	**–**	–	–
399 Sonstige Maßnahmen für Baukonstruktionen, sonst. [m² BGF]	–	**–**	–	–
410 Abwasser-, Wasser-, Gasanlagen				
411 Abwasseranlagen [m² BGF]	24,00	**31,00**	38,00	1,6%
412 Wasseranlagen [m² BGF]	40,00	**45,00**	50,00	2,4%
420 Wärmeversorgungsanlagen				
421 Wärmeerzeugungsanlagen [m² BGF]	25,00	**36,00**	47,00	0,9%
422 Wärmeverteilnetze [m² BGF]	20,00	**22,00**	24,00	0,5%
423 Raumheizflächen [m² BGF]	32,00	**33,00**	33,00	0,8%
429 Wärmeversorgungsanlagen, sonstiges [m² BGF]	5,00	**6,70**	8,40	0,1%
430 Lufttechnische Anlagen				
431 Lüftungsanlagen [m² BGF]	16,00	**33,00**	51,00	0,8%
440 Starkstromanlagen				
443 Niederspannungsschaltanlagen [m² BGF]	–	**7,60**	–	0,1%
444 Niederspannungsinstallationsanlagen [m² BGF]	28,00	**29,00**	31,00	1,1%
445 Beleuchtungsanlagen [m² BGF]	31,00	**33,00**	36,00	1,3%
446 Blitzschutz- und Erdungsanlagen [m² BGF]	2,00	**2,70**	3,80	0,1%
450 Fernmelde- und informationstechnische Anlagen				
451 Telekommunikationsanlagen [m² BGF]	0,20	**3,50**	6,70	0,1%
452 Such- und Signalanlagen [m² BGF]	–	**0,00**	–	0,0%
455 Fernseh- und Antennenanlagen [m² BGF]	–	**0,30**	–	0,0%
456 Gefahrenmelde- und Alarmanlagen [m² BGF]	1,50	**3,30**	5,10	0,0%
457 Übertragungsnetze [m² BGF]	–	**–**	–	–
460 Förderanlagen				
461 Aufzugsanlagen [m² BGF]	–	**7,50**	–	0,1%
470 Nutzungsspezifische Anlagen				
471 Küchentechnische Anlagen [m² BGF]	–	**18,00**	–	0,2%
473 Medienversorgungsanlagen [m² BGF]	–	**–**	–	–
475 Feuerlöschanlagen [m² BGF]	0,30	**0,60**	0,90	0,0%
480 Gebäudeautomation				
481 Automationssysteme [m² BGF]	–	**14,00**	–	0,1%
Weitere Kosten für Technische Anlagen	4,10	**33,00**	52,00	1,3%

Bauelemente

Gebäudearten

Kostengruppen

Neubau

Abbrechen

Wiederherstellen

Herstellen

Schwimmhallen

Kostengruppen	von	€/Einheit	bis	KG an 300+400
310 Baugrube				
311 Baugrubenherstellung [m³]	21,00	**21,00**	22,00	1,3%
312 Baugrubenumschließung [m²]	–	**–**	–	–
313 Wasserhaltung [m²]	–	**48,00**	–	0,5%
319 Baugrube, sonstiges [m³]	–	**–**	–	–
320 Gründung				
321 Baugrundverbesserung [m²]	–	**–**	–	–
322 Flachgründungen [m²]	24,00	**25,00**	25,00	0,5%
323 Tiefgründungen [m²]	–	**189,00**	–	1,3%
324 Unterböden und Bodenplatten [m²]	173,00	**238,00**	303,00	4,2%
325 Bodenbeläge [m²]	68,00	**81,00**	95,00	1,8%
326 Bauwerksabdichtungen [m²]	–	**–**	–	–
327 Dränagen [m²]	–	**–**	–	–
329 Gründung, sonstiges [m²]	–	**–**	–	–
330 Außenwände				
331 Tragende Außenwände [m²]	187,00	**214,00**	241,00	4,6%
332 Nichttragende Außenwände [m²]	–	**–**	–	–
333 Außenstützen [m]	–	**101,00**	–	0,2%
334 Außentüren und -fenster [m²]	474,00	**487,00**	501,00	3,1%
335 Außenwandbekleidungen außen [m²]	34,00	**60,00**	86,00	1,3%
336 Außenwandbekleidungen innen [m²]	37,00	**58,00**	78,00	0,8%
337 Elementierte Außenwände [m²]	–	**–**	–	–
338 Sonnenschutz [m²]	–	**–**	–	–
339 Außenwände, sonstiges [m²]	0,80	**4,00**	7,20	0,1%
340 Innenwände				
341 Tragende Innenwände [m²]	156,00	**176,00**	197,00	2,7%
342 Nichttragende Innenwände [m²]	104,00	**105,00**	105,00	0,8%
343 Innenstützen [m]	143,00	**145,00**	146,00	0,3%
344 Innentüren und -fenster [m²]	690,00	**862,00**	1.033,00	2,1%
345 Innenwandbekleidungen [m²]	67,00	**69,00**	71,00	3,1%
346 Elementierte Innenwände [m²]	215,00	**279,00**	343,00	0,4%
349 Innenwände, sonstiges [m²]	–	**4,50**	–	0,0%
350 Decken				
351 Deckenkonstruktionen [m²]	132,00	**185,00**	238,00	3,5%
352 Deckenbeläge [m²]	138,00	**155,00**	172,00	2,6%
353 Deckenbekleidungen [m²]	5,10	**21,00**	36,00	0,3%
359 Decken, sonstiges [m²]	–	**35,00**	–	0,4%
360 Dächer				
361 Dachkonstruktionen [m²]	116,00	**124,00**	132,00	3,9%
362 Dachfenster, Dachöffnungen [m²]	550,00	**930,00**	1.311,00	0,5%
363 Dachbeläge [m²]	103,00	**130,00**	158,00	3,9%
364 Dachbekleidungen [m²]	84,00	**86,00**	89,00	2,6%
369 Dächer, sonstiges [m²]	–	**13,00**	–	0,2%
370 Baukonstruktive Einbauten				
371 Allgemeine Einbauten [m² BGF]	–	**–**	–	–
372 Besondere Einbauten [m² BGF]	–	**–**	–	–
379 Baukonstruktive Einbauten, sonstiges [m² BGF]	–	**–**	–	–

© **BKI** Baukosteninformationszentrum; Erläuterungen zu den Tabellen siehe Seite 60   Kostenstand: 1.Quartal 2012, Bundesdurchschnitt, **inkl.** MwSt.

390 Sonstige Maßnahmen für Baukonstruktionen

Nr	Bezeichnung	von	€/Einheit	bis	%
391	Baustelleneinrichtung [m² BGF]	17,00	**25,00**	33,00	1,0%
392	Gerüste [m² BGF]	–	–	–	–
393	Sicherungsmaßnahmen [m² BGF]	–	–	–	–
394	Abbruchmaßnahmen [m² BGF]	–	–	–	–
395	Instandsetzungen [m² BGF]	–	–	–	–
396	Materialentsorgung [m² BGF]	–	–	–	–
397	Zusätzliche Maßnahmen [m² BGF]	–	–	–	–
398	Provisorische Baukonstruktionen [m² BGF]	–	–	–	–
399	Sonstige Maßnahmen für Baukonstruktionen, sonst. [m² BGF]	–	–	–	–

410 Abwasser-, Wasser-, Gasanlagen

Nr	Bezeichnung	von	€/Einheit	bis	%
411	Abwasseranlagen [m² BGF]	30,00	**67,00**	104,00	2,6%
412	Wasseranlagen [m² BGF]	61,00	**81,00**	101,00	3,5%

420 Wärmeversorgungsanlagen

Nr	Bezeichnung	von	€/Einheit	bis	%
421	Wärmeerzeugungsanlagen [m² BGF]	–	–	–	–
422	Wärmeverteilnetze [m² BGF]	–	–	–	–
423	Raumheizflächen [m² BGF]	–	–	–	–
429	Wärmeversorgungsanlagen, sonstiges [m² BGF]	–	–	–	–

430 Lufttechnische Anlagen

| 431 | Lüftungsanlagen [m² BGF] | – | – | – | – |

440 Starkstromanlagen

Nr	Bezeichnung	von	€/Einheit	bis	%
443	Niederspannungsschaltanlagen [m² BGF]	–	–	–	–
444	Niederspannungsinstallationsanlagen [m² BGF]	–	–	–	–
445	Beleuchtungsanlagen [m² BGF]	–	**24,00**	–	0,7%
446	Blitzschutz- und Erdungsanlagen [m² BGF]	–	–	–	–

450 Fernmelde- und informationstechnische Anlagen

Nr	Bezeichnung	von	€/Einheit	bis	%
451	Telekommunikationsanlagen [m² BGF]	–	–	–	–
452	Such- und Signalanlagen [m² BGF]	–	–	–	–
455	Fernseh- und Antennenanlagen [m² BGF]	–	–	–	–
456	Gefahrenmelde- und Alarmanlagen [m² BGF]	–	–	–	–
457	Übertragungsnetze [m² BGF]	–	–	–	–

460 Förderanlagen

| 461 | Aufzugsanlagen [m² BGF] | – | – | – | – |

470 Nutzungsspezifische Anlagen

Nr	Bezeichnung	von	€/Einheit	bis	%
471	Küchentechnische Anlagen [m² BGF]	–	**33,00**	–	1,0%
473	Medienversorgungsanlagen [m² BGF]	–	–	–	–
475	Feuerlöschanlagen [m² BGF]	1,30	**3,60**	5,90	0,1%

480 Gebäudeautomation

| 481 | Automationssysteme [m² BGF] | – | – | – | – |

| | Weitere Kosten für Technische Anlagen | 121,00 | **436,00** | 750,00 | 16,2% |

Ein- und Zwei-familienhäuser, unterkellert, einfacher Standard

Kostengruppen	von	€/Einheit	bis	KG an 300+400
310 Baugrube				
311 Baugrubenherstellung [m³]	15,00	**21,00**	29,00	2,9%
312 Baugrubenumschließung [m²]	–	**–**	–	–
313 Wasserhaltung [m²]	0,40	**3,10**	5,70	0,0%
319 Baugrube, sonstiges [m³]	–	**–**	–	–
320 Gründung				
321 Baugrundverbesserung [m²]	–	**2,20**	–	0,0%
322 Flachgründungen [m²]	9,60	**29,00**	54,00	1,2%
323 Tiefgründungen [m²]	–	**–**	–	–
324 Unterböden und Bodenplatten [m²]	57,00	**65,00**	85,00	2,2%
325 Bodenbeläge [m²]	30,00	**65,00**	89,00	2,2%
326 Bauwerksabdichtungen [m²]	13,00	**18,00**	29,00	0,7%
327 Dränagen [m²]	8,70	**53,00**	97,00	0,9%
329 Gründung, sonstiges [m²]	–	**–**	–	–
330 Außenwände				
331 Tragende Außenwände [m²]	103,00	**122,00**	138,00	12,0%
332 Nichttragende Außenwände [m²]	51,00	**87,00**	159,00	0,1%
333 Außenstützen [m]	–	**69,00**	–	0,1%
334 Außentüren und -fenster [m²]	383,00	**451,00**	506,00	7,0%
335 Außenwandbekleidungen außen [m²]	40,00	**58,00**	124,00	5,7%
336 Außenwandbekleidungen innen [m²]	17,00	**22,00**	24,00	2,0%
337 Elementierte Außenwände [m²]		**168,00**		0,0%
338 Sonnenschutz [m²]	64,00	**230,00**	286,00	1,7%
339 Außenwände, sonstiges [m²]	2,30	**5,00**	8,90	0,5%
340 Innenwände				
341 Tragende Innenwände [m²]	63,00	**85,00**	105,00	2,1%
342 Nichttragende Innenwände [m²]	49,00	**62,00**	78,00	2,7%
343 Innenstützen [m]	–	**29,00**	–	0,0%
344 Innentüren und -fenster [m²]	176,00	**215,00**	238,00	2,5%
345 Innenwandbekleidungen [m²]	29,00	**33,00**	38,00	4,9%
346 Elementierte Innenwände [m²]	–	**–**	–	–
349 Innenwände, sonstiges [m²]	–	**6,50**	–	0,1%
350 Decken				
351 Deckenkonstruktionen [m²]	97,00	**115,00**	131,00	8,3%
352 Deckenbeläge [m²]	105,00	**119,00**	136,00	6,9%
353 Deckenbekleidungen [m²]	10,00	**20,00**	37,00	1,0%
359 Decken, sonstiges [m²]	4,30	**15,00**	27,00	0,8%
360 Dächer				
361 Dachkonstruktionen [m²]	32,00	**51,00**	62,00	3,4%
362 Dachfenster, Dachöffnungen [m²]	504,00	**703,00**	1.017,00	0,8%
363 Dachbeläge [m²]	59,00	**91,00**	117,00	6,3%
364 Dachbekleidungen [m²]	23,00	**61,00**	87,00	3,1%
369 Dächer, sonstiges [m²]	3,40	**5,90**	8,30	0,1%
370 Baukonstruktive Einbauten				
371 Allgemeine Einbauten [m² BGF]	–	**16,00**	–	0,3%
372 Besondere Einbauten [m² BGF]	–	**5,60**	–	0,1%
379 Baukonstruktive Einbauten, sonstiges [m² BGF]	–	**–**	–	–

© **BKI** Baukosteninformationszentrum; Erläuterungen zu den Tabellen siehe Seite 60   Kostenstand: 1.Quartal 2012, Bundesdurchschnitt, inkl. MwSt.

Kostengruppen		von	€/Einheit	bis	KG an 300+400
390	**Sonstige Maßnahmen für Baukonstruktionen**				
391	Baustelleneinrichtung [m² BGF]	3,90	**7,90**	15,00	0,5%
392	Gerüste [m² BGF]	3,50	**5,60**	8,30	0,7%
393	Sicherungsmaßnahmen [m² BGF]	–	**–**	–	–
394	Abbruchmaßnahmen [m² BGF]	–	**–**	–	–
395	Instandsetzungen [m² BGF]	–	**–**	–	–
396	Materialentsorgung [m² BGF]	–	**–**	–	–
397	Zusätzliche Maßnahmen [m² BGF]	–	**–**	–	–
398	Provisorische Baukonstruktionen [m² BGF]	–	**–**	–	–
399	Sonstige Maßnahmen für Baukonstruktionen, sonst. [m² BGF]	–	**1,50**		0,0%
410	**Abwasser-, Wasser-, Gasanlagen**				
411	Abwasseranlagen [m² BGF]	7,70	**12,00**	19,00	1,5%
412	Wasseranlagen [m² BGF]	23,00	**27,00**	29,00	3,4%
420	**Wärmeversorgungsanlagen**				
421	Wärmeerzeugungsanlagen [m² BGF]	15,00	**20,00**	23,00	2,5%
422	Wärmeverteilnetze [m² BGF]	5,20	**8,10**	10,00	1,0%
423	Raumheizflächen [m² BGF]	9,80	**13,00**	15,00	1,6%
429	Wärmeversorgungsanlagen, sonstiges [m² BGF]	6,20	**8,90**	11,00	0,9%
430	**Lufttechnische Anlagen**				
431	Lüftungsanlagen [m² BGF]	–	**0,30**	–	0,0%
440	**Starkstromanlagen**				
443	Niederspannungsschaltanlagen [m² BGF]	–	**3,20**	–	0,0%
444	Niederspannungsinstallationsanlagen [m² BGF]	16,00	**19,00**	25,00	2,4%
445	Beleuchtungsanlagen [m² BGF]	0,30	**1,10**	2,40	0,0%
446	Blitzschutz- und Erdungsanlagen [m² BGF]	0,70	**1,30**	2,00	0,1%
450	**Fernmelde- und informationstechnische Anlagen**				
451	Telekommunikationsanlagen [m² BGF]	0,60	**0,90**	1,70	0,0%
452	Such- und Signalanlagen [m² BGF]	0,70	**1,20**	1,60	0,1%
455	Fernseh- und Antennenanlagen [m² BGF]	0,50	**1,80**	4,00	0,2%
456	Gefahrenmelde- und Alarmanlagen [m² BGF]	–	**1,00**	–	0,0%
457	Übertragungsnetze [m² BGF]	–	**–**	–	–
460	**Förderanlagen**				
461	Aufzugsanlagen [m² BGF]	–	**–**	–	–
470	**Nutzungsspezifische Anlagen**				
471	Küchentechnische Anlagen [m² BGF]	–	**–**	–	–
473	Medienversorgungsanlagen [m² BGF]	–	**–**	–	–
475	Feuerlöschanlagen [m² BGF]	–	**–**	–	–
480	**Gebäudeautomation**				
481	Automationssysteme [m² BGF]	–	**–**	–	–
	Weitere Kosten für Technische Anlagen	–	**0,90**	–	0,0%

Bauelemente   Gebäudearten   Kostengruppen   Neubau   Abbrechen   Wiederherstellen   Herstellen

**Ein- und Zwei-
familienhäuser,
unterkellert,
mittlerer Standard**

Kostengruppen		von	€/Einheit	bis	KG an 300+400
310	**Baugrube**				
311	Baugrubenherstellung [m³]	15,00	**23,00**	34,00	2,6%
312	Baugrubenumschließung [m²]	–	**–**	–	–
313	Wasserhaltung [m²]	–	**76,00**	–	0,1%
319	Baugrube, sonstiges [m³]	–	**–**	–	–
320	**Gründung**				
321	Baugrundverbesserung [m²]	6,60	**15,00**	23,00	0,0%
322	Flachgründungen [m²]	23,00	**57,00**	111,00	1,9%
323	Tiefgründungen [m²]	–	**–**	–	–
324	Unterböden und Bodenplatten [m²]	52,00	**65,00**	83,00	1,9%
325	Bodenbeläge [m²]	33,00	**79,00**	114,00	2,1%
326	Bauwerksabdichtungen [m²]	12,00	**22,00**	50,00	0,8%
327	Dränagen [m²]	5,60	**18,00**	40,00	0,4%
329	Gründung, sonstiges [m²]	–	**–**	–	–
330	**Außenwände**				
331	Tragende Außenwände [m²]	82,00	**108,00**	135,00	9,0%
332	Nichttragende Außenwände [m²]	73,00	**135,00**	197,00	0,0%
333	Außenstützen [m]	121,00	**212,00**	356,00	0,1%
334	Außentüren und -fenster [m²]	374,00	**441,00**	611,00	7,7%
335	Außenwandbekleidungen außen [m²]	54,00	**91,00**	130,00	8,0%
336	Außenwandbekleidungen innen [m²]	24,00	**31,00**	49,00	2,2%
337	Elementierte Außenwände [m²]	–	**185,00**	–	0,6%
338	Sonnenschutz [m²]	135,00	**215,00**	403,00	1,3%
339	Außenwände, sonstiges [m²]	5,10	**17,00**	44,00	1,3%
340	**Innenwände**				
341	Tragende Innenwände [m²]	65,00	**79,00**	117,00	2,5%
342	Nichttragende Innenwände [m²]	51,00	**59,00**	76,00	1,9%
343	Innenstützen [m]	53,00	**80,00**	106,00	0,0%
344	Innentüren und -fenster [m²]	246,00	**305,00**	398,00	2,5%
345	Innenwandbekleidungen [m²]	28,00	**34,00**	45,00	3,3%
346	Elementierte Innenwände [m²]	–	**–**	–	–
349	Innenwände, sonstiges [m²]	–	**9,90**	–	0,0%
350	**Decken**				
351	Deckenkonstruktionen [m²]	117,00	**150,00**	218,00	8,4%
352	Deckenbeläge [m²]	73,00	**109,00**	138,00	5,4%
353	Deckenbekleidungen [m²]	11,00	**25,00**	86,00	0,7%
359	Decken, sonstiges [m²]	1,50	**9,70**	16,00	0,4%
360	**Dächer**				
361	Dachkonstruktionen [m²]	42,00	**66,00**	99,00	3,2%
362	Dachfenster, Dachöffnungen [m²]	653,00	**1.025,00**	1.694,00	0,7%
363	Dachbeläge [m²]	87,00	**118,00**	236,00	5,4%
364	Dachbekleidungen [m²]	22,00	**48,00**	83,00	1,7%
369	Dächer, sonstiges [m²]	2,50	**14,00**	31,00	0,2%
370	**Baukonstruktive Einbauten**				
371	Allgemeine Einbauten [m² BGF]	–	**5,60**	–	0,0%
372	Besondere Einbauten [m² BGF]	–	**5,10**	–	0,0%
379	Baukonstruktive Einbauten, sonstiges [m² BGF]	–	**–**	–	–

© **BKI** Baukosteninformationszentrum; Erläuterungen zu den Tabellen siehe Seite 60   Kostenstand: 1.Quartal 2012, Bundesdurchschnitt, **inkl. MwSt.**

Kostengruppen	von	€/Einheit	bis	KG an 300+400
390 Sonstige Maßnahmen für Baukonstruktionen				
391 Baustelleneinrichtung [m² BGF]	5,30	**14,00**	32,00	1,2%
392 Gerüste [m² BGF]	6,50	**11,00**	14,00	1,0%
393 Sicherungsmaßnahmen [m² BGF]	–	**–**	–	–
394 Abbruchmaßnahmen [m² BGF]	–	**–**	–	–
395 Instandsetzungen [m² BGF]	–	**–**	–	–
396 Materialentsorgung [m² BGF]	–	**–**	–	–
397 Zusätzliche Maßnahmen [m² BGF]	0,40	**9,00**	15,00	0,1%
398 Provisorische Baukonstruktionen [m² BGF]	–	**–**	–	–
399 Sonstige Maßnahmen für Baukonstruktionen, sonst. [m² BGF]	–	**–**	–	–
410 Abwasser-, Wasser-, Gasanlagen				
411 Abwasseranlagen [m² BGF]	10,00	**19,00**	32,00	1,9%
412 Wasseranlagen [m² BGF]	32,00	**42,00**	69,00	4,1%
420 Wärmeversorgungsanlagen				
421 Wärmeerzeugungsanlagen [m² BGF]	23,00	**47,00**	85,00	4,4%
422 Wärmeverteilnetze [m² BGF]	5,40	**11,00**	17,00	1,0%
423 Raumheizflächen [m² BGF]	18,00	**24,00**	32,00	2,3%
429 Wärmeversorgungsanlagen, sonstiges [m² BGF]	6,90	**10,00**	21,00	0,7%
430 Lufttechnische Anlagen				
431 Lüftungsanlagen [m² BGF]	2,30	**12,00**	29,00	0,5%
440 Starkstromanlagen				
443 Niederspannungsschaltanlagen [m² BGF]	–	**–**	–	–
444 Niederspannungsinstallationsanlagen [m² BGF]	18,00	**26,00**	39,00	2,4%
445 Beleuchtungsanlagen [m² BGF]	1,00	**2,40**	8,20	0,1%
446 Blitzschutz- und Erdungsanlagen [m² BGF]	0,90	**1,50**	2,60	0,1%
450 Fernmelde- und informationstechnische Anlagen				
451 Telekommunikationsanlagen [m² BGF]	0,70	**1,20**	2,20	0,0%
452 Such- und Signalanlagen [m² BGF]	1,40	**2,70**	4,70	0,2%
455 Fernseh- und Antennenanlagen [m² BGF]	2,00	**2,90**	4,20	0,2%
456 Gefahrenmelde- und Alarmanlagen [m² BGF]	–	**4,00**	–	0,0%
457 Übertragungsnetze [m² BGF]	–	**1,80**	–	0,0%
460 Förderanlagen				
461 Aufzugsanlagen [m² BGF]	–	**–**	–	–
470 Nutzungsspezifische Anlagen				
471 Küchentechnische Anlagen [m² BGF]	–	**–**	–	–
473 Medienversorgungsanlagen [m² BGF]	–	**–**	–	–
475 Feuerlöschanlagen [m² BGF]	–	**–**	–	–
480 Gebäudeautomation				
481 Automationssysteme [m² BGF]	–	**–**	–	–
Weitere Kosten für Technische Anlagen	1,70	**19,00**	72,00	0,4%

Bauelemente

Gebäudearten

Kostengruppen

Neubau

Abbrechen

Wiederherstellen

Herstellen

**Ein- und Zwei-
familienhäuser,
unterkellert,
hoher Standard**

Kostengruppen	von	€/Einheit	bis	KG an 300+400
310 Baugrube				
311 Baugrubenherstellung [m³]	6,50	**17,00**	21,00	2,1%
312 Baugrubenumschließung [m²]	–	**–**	–	–
313 Wasserhaltung [m²]	–	**–**	–	–
319 Baugrube, sonstiges [m³]	1,20	**1,20**	1,20	0,0%
320 Gründung				
321 Baugrundverbesserung [m²]	–	**9,60**	–	0,0%
322 Flachgründungen [m²]	37,00	**66,00**	144,00	1,8%
323 Tiefgründungen [m²]	–	**–**	–	–
324 Unterböden und Bodenplatten [m²]	59,00	**71,00**	88,00	2,2%
325 Bodenbeläge [m²]	47,00	**105,00**	161,00	2,0%
326 Bauwerksabdichtungen [m²]	13,00	**22,00**	35,00	0,6%
327 Dränagen [m²]	7,80	**13,00**	20,00	0,2%
329 Gründung, sonstiges [m²]	–	**–**	–	–
330 Außenwände				
331 Tragende Außenwände [m²]	101,00	**121,00**	151,00	7,9%
332 Nichttragende Außenwände [m²]	78,00	**116,00**	193,00	0,2%
333 Außenstützen [m]	67,00	**94,00**	147,00	0,4%
334 Außentüren und -fenster [m²]	508,00	**600,00**	683,00	9,7%
335 Außenwandbekleidungen außen [m²]	87,00	**110,00**	133,00	7,8%
336 Außenwandbekleidungen innen [m²]	25,00	**38,00**	57,00	2,0%
337 Elementierte Außenwände [m²]	507,00	**629,00**	754,00	2,3%
338 Sonnenschutz [m²]	173,00	**327,00**	560,00	2,9%
339 Außenwände, sonstiges [m²]	9,50	**27,00**	61,00	2,3%
340 Innenwände				
341 Tragende Innenwände [m²]	66,00	**75,00**	105,00	1,8%
342 Nichttragende Innenwände [m²]	55,00	**72,00**	100,00	1,6%
343 Innenstützen [m]	91,00	**113,00**	125,00	0,1%
344 Innentüren und -fenster [m²]	297,00	**462,00**	680,00	2,8%
345 Innenwandbekleidungen [m²]	32,00	**41,00**	47,00	3,1%
346 Elementierte Innenwände [m²]	–	**808,00**	–	0,0%
349 Innenwände, sonstiges [m²]	–	**44,00**	–	0,2%
350 Decken				
351 Deckenkonstruktionen [m²]	109,00	**140,00**	173,00	6,0%
352 Deckenbeläge [m²]	96,00	**139,00**	186,00	4,8%
353 Deckenbekleidungen [m²]	23,00	**46,00**	67,00	1,3%
359 Decken, sonstiges [m²]	18,00	**39,00**	98,00	0,7%
360 Dächer				
361 Dachkonstruktionen [m²]	45,00	**79,00**	146,00	2,5%
362 Dachfenster, Dachöffnungen [m²]	650,00	**884,00**	1.236,00	0,9%
363 Dachbeläge [m²]	91,00	**133,00**	161,00	4,7%
364 Dachbekleidungen [m²]	39,00	**77,00**	113,00	2,0%
369 Dächer, sonstiges [m²]	5,00	**9,40**	16,00	0,2%
370 Baukonstruktive Einbauten				
371 Allgemeine Einbauten [m² BGF]	3,30	**7,90**	13,00	0,1%
372 Besondere Einbauten [m² BGF]	8,20	**13,00**	23,00	0,4%
379 Baukonstruktive Einbauten, sonstiges [m² BGF]	4,20	**4,90**	5,60	0,0%

© **BKI** Baukosteninformationszentrum; Erläuterungen zu den Tabellen siehe Seite 60   Kostenstand: 1.Quartal 2012, Bundesdurchschnitt, **inkl. MwSt.**

Kostengruppen	von	€/Einheit	bis	KG an 300+400
390 Sonstige Maßnahmen für Baukonstruktionen				
391 Baustelleneinrichtung [m² BGF]	9,50	**15,00**	25,00	1,0%
392 Gerüste [m² BGF]	4,90	**8,80**	13,00	0,6%
393 Sicherungsmaßnahmen [m² BGF]	–	**1,80**	–	0,0%
394 Abbruchmaßnahmen [m² BGF]	–	**–**	–	–
395 Instandsetzungen [m² BGF]	–	**15,00**	–	0,1%
396 Materialentsorgung [m² BGF]	–	**–**	–	–
397 Zusätzliche Maßnahmen [m² BGF]	0,40	**5,10**	9,80	0,0%
398 Provisorische Baukonstruktionen [m² BGF]	–	**0,60**	–	0,0%
399 Sonstige Maßnahmen für Baukonstruktionen, sonst. [m² BGF]	–	**–**	–	–
410 Abwasser-, Wasser-, Gasanlagen				
411 Abwasseranlagen [m² BGF]	18,00	**34,00**	54,00	2,3%
412 Wasseranlagen [m² BGF]	28,00	**49,00**	81,00	3,4%
420 Wärmeversorgungsanlagen				
421 Wärmeerzeugungsanlagen [m² BGF]	32,00	**58,00**	74,00	4,1%
422 Wärmeverteilnetze [m² BGF]	6,60	**13,00**	16,00	0,7%
423 Raumheizflächen [m² BGF]	22,00	**30,00**	35,00	2,2%
429 Wärmeversorgungsanlagen, sonstiges [m² BGF]	4,60	**12,00**	33,00	0,7%
430 Lufttechnische Anlagen				
431 Lüftungsanlagen [m² BGF]	0,50	**16,00**	31,00	0,3%
440 Starkstromanlagen				
443 Niederspannungsschaltanlagen [m² BGF]	–	**–**	–	–
444 Niederspannungsinstallationsanlagen [m² BGF]	23,00	**39,00**	89,00	2,6%
445 Beleuchtungsanlagen [m² BGF]	3,20	**10,00**	41,00	0,4%
446 Blitzschutz- und Erdungsanlagen [m² BGF]	1,40	**2,70**	4,10	0,2%
450 Fernmelde- und informationstechnische Anlagen				
451 Telekommunikationsanlagen [m² BGF]	0,90	**2,00**	2,60	0,1%
452 Such- und Signalanlagen [m² BGF]	2,00	**4,10**	10,00	0,2%
455 Fernseh- und Antennenanlagen [m² BGF]	3,10	**3,80**	6,20	0,2%
456 Gefahrenmelde- und Alarmanlagen [m² BGF]	1,30	**3,80**	7,70	0,0%
457 Übertragungsnetze [m² BGF]	2,60	**3,90**	6,80	0,2%
460 Förderanlagen				
461 Aufzugsanlagen [m² BGF]	–	**–**	–	–
470 Nutzungsspezifische Anlagen				
471 Küchentechnische Anlagen [m² BGF]	–	**–**	–	–
473 Medienversorgungsanlagen [m² BGF]	–	**–**	–	–
475 Feuerlöschanlagen [m² BGF]	–	**–**	–	–
480 Gebäudeautomation				
481 Automationssysteme [m² BGF]	–	**30,00**	–	0,2%
Weitere Kosten für Technische Anlagen	1,60	**3,00**	5,60	0,1%

Kostenstand: 1.Quartal 2012, Bundesdurchschnitt, inkl. MwSt.

Ein- und Zwei-familienhäuser, nicht unterkellert, einfacher Standard

Kostengruppen	von	€/Einheit	bis	KG an 300+400
310 Baugrube				
311 Baugrubenherstellung [m³]	19,00	**28,00**	44,00	1,6%
312 Baugrubenumschließung [m²]	–	**–**	–	–
313 Wasserhaltung [m²]	–	**–**	–	–
319 Baugrube, sonstiges [m³]	–	**–**	–	–
320 Gründung				
321 Baugrundverbesserung [m²]	–	**55,00**	–	0,9%
322 Flachgründungen [m²]	23,00	**52,00**	69,00	2,9%
323 Tiefgründungen [m²]	–	**–**	–	–
324 Unterböden und Bodenplatten [m²]	55,00	**61,00**	67,00	2,9%
325 Bodenbeläge [m²]	106,00	**114,00**	125,00	5,6%
326 Bauwerksabdichtungen [m²]	6,90	**13,00**	16,00	0,7%
327 Dränagen [m²]	–	**–**	–	–
329 Gründung, sonstiges [m²]	–	**–**	–	–
330 Außenwände				
331 Tragende Außenwände [m²]	99,00	**108,00**	114,00	10,7%
332 Nichttragende Außenwände [m²]	–	**–**	–	–
333 Außenstützen [m]	–	**56,00**	–	0,0%
334 Außentüren und -fenster [m²]	300,00	**396,00**	446,00	6,4%
335 Außenwandbekleidungen außen [m²]	53,00	**67,00**	94,00	6,9%
336 Außenwandbekleidungen innen [m²]	16,00	**26,00**	33,00	1,9%
337 Elementierte Außenwände [m²]	–	**–**	–	–
338 Sonnenschutz [m²]	162,00	**267,00**	371,00	1,5%
339 Außenwände, sonstiges [m²]	1,90	**2,50**	2,80	0,2%
340 Innenwände				
341 Tragende Innenwände [m²]	50,00	**118,00**	154,00	3,0%
342 Nichttragende Innenwände [m²]	67,00	**71,00**	76,00	3,0%
343 Innenstützen [m]	–	**–**	–	–
344 Innentüren und -fenster [m²]	217,00	**253,00**	273,00	2,6%
345 Innenwandbekleidungen [m²]	27,00	**34,00**	37,00	3,2%
346 Elementierte Innenwände [m²]	–	**–**	–	–
349 Innenwände, sonstiges [m²]	–	**–**	–	–
350 Decken				
351 Deckenkonstruktionen [m²]	86,00	**104,00**	122,00	5,0%
352 Deckenbeläge [m²]	75,00	**109,00**	143,00	3,3%
353 Deckenbekleidungen [m²]	3,80	**18,00**	31,00	0,8%
359 Decken, sonstiges [m²]	5,60	**29,00**	52,00	1,3%
360 Dächer				
361 Dachkonstruktionen [m²]	37,00	**49,00**	58,00	3,9%
362 Dachfenster, Dachöffnungen [m²]	598,00	**778,00**	1.126,00	2,4%
363 Dachbeläge [m²]	64,00	**89,00**	137,00	5,7%
364 Dachbekleidungen [m²]	35,00	**43,00**	57,00	2,4%
369 Dächer, sonstiges [m²]	–	**4,10**	–	0,0%
370 Baukonstruktive Einbauten				
371 Allgemeine Einbauten [m² BGF]	–	**12,00**		0,6%
372 Besondere Einbauten [m² BGF]	–	**–**	–	–
379 Baukonstruktive Einbauten, sonstiges [m² BGF]	–	**–**	–	–

© **BKI** Baukosteninformationszentrum; Erläuterungen zu den Tabellen siehe Seite 60   Kostenstand: 1.Quartal 2012, Bundesdurchschnitt, **inkl. MwSt.**

Kostengruppen	von	€/Einheit	bis	KG an 300+400
390 Sonstige Maßnahmen für Baukonstruktionen				
391 Baustelleneinrichtung [m² BGF]	8,00	**14,00**	24,00	1,9%
392 Gerüste [m² BGF]	4,60	**9,20**	11,00	1,2%
393 Sicherungsmaßnahmen [m² BGF]	–	**–**	–	–
394 Abbruchmaßnahmen [m² BGF]	–	**–**	–	–
395 Instandsetzungen [m² BGF]	–	**–**	–	–
396 Materialentsorgung [m² BGF]	–	**–**	–	–
397 Zusätzliche Maßnahmen [m² BGF]	–	**–**	–	–
398 Provisorische Baukonstruktionen [m² BGF]	–	**–**	–	–
399 Sonstige Maßnahmen für Baukonstruktionen, sonst. [m² BGF]	–	**–**	–	–
410 Abwasser-, Wasser-, Gasanlagen				
411 Abwasseranlagen [m² BGF]	6,40	**8,80**	12,00	1,1%
412 Wasseranlagen [m² BGF]	24,00	**24,00**	24,00	3,3%
420 Wärmeversorgungsanlagen				
421 Wärmeerzeugungsanlagen [m² BGF]	15,00	**26,00**	49,00	3,9%
422 Wärmeverteilnetze [m² BGF]	13,00	**18,00**	23,00	1,4%
423 Raumheizflächen [m² BGF]	10,00	**13,00**	14,00	1,8%
429 Wärmeversorgungsanlagen, sonstiges [m² BGF]	12,00	**16,00**	19,00	1,2%
430 Lufttechnische Anlagen				
431 Lüftungsanlagen [m² BGF]	–	**1,10**	–	0,0%
440 Starkstromanlagen				
443 Niederspannungsschaltanlagen [m² BGF]	–	**–**	–	–
444 Niederspannungsinstallationsanlagen [m² BGF]	17,00	**19,00**	24,00	2,6%
445 Beleuchtungsanlagen [m² BGF]	–	**–**	–	–
446 Blitzschutz- und Erdungsanlagen [m² BGF]	0,50	**0,80**	0,90	0,1%
450 Fernmelde- und informationstechnische Anlagen				
451 Telekommunikationsanlagen [m² BGF]	0,20	**0,80**	1,40	0,0%
452 Such- und Signalanlagen [m² BGF]	–	**0,80**	–	0,0%
455 Fernseh- und Antennenanlagen [m² BGF]	0,30	**1,00**	1,60	0,1%
456 Gefahrenmelde- und Alarmanlagen [m² BGF]	–	**–**	–	–
457 Übertragungsnetze [m² BGF]	–	**–**	–	–
460 Förderanlagen				
461 Aufzugsanlagen [m² BGF]	–	**–**	–	–
470 Nutzungsspezifische Anlagen				
471 Küchentechnische Anlagen [m² BGF]	–	**–**	–	–
473 Medienversorgungsanlagen [m² BGF]	–	**–**	–	–
475 Feuerlöschanlagen [m² BGF]	–	**–**	–	–
480 Gebäudeautomation				
481 Automationssysteme [m² BGF]	–	**–**	–	–
Weitere Kosten für Technische Anlagen	1,80	**2,20**	2,60	0,2%

Bauelemente

Gebäudearten

Kostengruppen

Neubau

Abbrechen

Wiederherstellen

Herstellen

Ein- und Zwei-familienhäuser, nicht unterkellert, mittlerer Standard

Kostengruppen		von	€/Einheit	bis	KG an 300+400
310	**Baugrube**				
311	Baugrubenherstellung [m³]	15,00	**27,00**	64,00	0,4%
312	Baugrubenumschließung [m²]	–	**–**	–	–
313	Wasserhaltung [m²]	–	**–**	–	–
319	Baugrube, sonstiges [m³]	–	**–**	–	–
320	**Gründung**				
321	Baugrundverbesserung [m²]	13,00	**31,00**	58,00	0,5%
322	Flachgründungen [m²]	45,00	**72,00**	124,00	3,4%
323	Tiefgründungen [m²]	–	**–**	–	–
324	Unterböden und Bodenplatten [m²]	55,00	**68,00**	79,00	2,2%
325	Bodenbeläge [m²]	69,00	**107,00**	148,00	4,5%
326	Bauwerksabdichtungen [m²]	8,30	**18,00**	29,00	0,9%
327	Dränagen [m²]	3,60	**10,00**	14,00	0,1%
329	Gründung, sonstiges [m²]	–	**–**	–	–
330	**Außenwände**				
331	Tragende Außenwände [m²]	83,00	**110,00**	137,00	9,0%
332	Nichttragende Außenwände [m²]	64,00	**83,00**	102,00	0,2%
333	Außenstützen [m]	66,00	**112,00**	142,00	0,3%
334	Außentüren und -fenster [m²]	357,00	**468,00**	589,00	8,9%
335	Außenwandbekleidungen außen [m²]	66,00	**96,00**	181,00	7,8%
336	Außenwandbekleidungen innen [m²]	24,00	**33,00**	42,00	2,4%
337	Elementierte Außenwände [m²]	120,00	**306,00**	493,00	0,3%
338	Sonnenschutz [m²]	77,00	**222,00**	449,00	1,1%
339	Außenwände, sonstiges [m²]	6,00	**9,80**	14,00	0,6%
340	**Innenwände**				
341	Tragende Innenwände [m²]	60,00	**72,00**	83,00	1,9%
342	Nichttragende Innenwände [m²]	55,00	**63,00**	77,00	1,9%
343	Innenstützen [m]	39,00	**67,00**	109,00	0,0%
344	Innentüren und -fenster [m²]	209,00	**323,00**	488,00	1,9%
345	Innenwandbekleidungen [m²]	24,00	**36,00**	48,00	3,7%
346	Elementierte Innenwände [m²]	–	**–**	–	–
349	Innenwände, sonstiges [m²]	4,70	**7,70**	11,00	0,1%
350	**Decken**				
351	Deckenkonstruktionen [m²]	110,00	**138,00**	164,00	5,3%
352	Deckenbeläge [m²]	80,00	**108,00**	164,00	3,5%
353	Deckenbekleidungen [m²]	11,00	**19,00**	32,00	0,5%
359	Decken, sonstiges [m²]	8,40	**13,00**	19,00	0,2%
360	**Dächer**				
361	Dachkonstruktionen [m²]	47,00	**66,00**	84,00	4,8%
362	Dachfenster, Dachöffnungen [m²]	403,00	**814,00**	1.020,00	1,0%
363	Dachbeläge [m²]	77,00	**107,00**	137,00	7,8%
364	Dachbekleidungen [m²]	20,00	**46,00**	64,00	2,8%
369	Dächer, sonstiges [m²]	1,00	**2,40**	5,20	0,0%
370	**Baukonstruktive Einbauten**				
371	Allgemeine Einbauten [m² BGF]	–	**48,00**	–	0,4%
372	Besondere Einbauten [m² BGF]	–	**–**	–	–
379	Baukonstruktive Einbauten, sonstiges [m² BGF]	–	**–**	–	–

© **BKI** Baukosteninformationszentrum; Erläuterungen zu den Tabellen siehe Seite 60   Kostenstand: 1.Quartal 2012, Bundesdurchschnitt, **inkl.** MwSt.

Kostengruppen		von	€/Einheit	bis	KG an 300+400
390	**Sonstige Maßnahmen für Baukonstruktionen**				
391	Baustelleneinrichtung [m² BGF]	9,40	**21,00**	40,00	1,9%
392	Gerüste [m² BGF]	8,10	**12,00**	17,00	1,0%
393	Sicherungsmaßnahmen [m² BGF]	–	**–**	–	–
394	Abbruchmaßnahmen [m² BGF]	–	**0,90**	–	0,0%
395	Instandsetzungen [m² BGF]	–	**–**	–	–
396	Materialentsorgung [m² BGF]	–	**–**	–	–
397	Zusätzliche Maßnahmen [m² BGF]	–	**–**	–	–
398	Provisorische Baukonstruktionen [m² BGF]	–	**–**	–	–
399	Sonstige Maßnahmen für Baukonstruktionen, sonst. [m² BGF]	–	**–**	–	–
410	**Abwasser-, Wasser-, Gasanlagen**				
411	Abwasseranlagen [m² BGF]	15,00	**22,00**	26,00	2,0%
412	Wasseranlagen [m² BGF]	30,00	**42,00**	65,00	3,8%
420	**Wärmeversorgungsanlagen**				
421	Wärmeerzeugungsanlagen [m² BGF]	23,00	**39,00**	78,00	3,3%
422	Wärmeverteilnetze [m² BGF]	5,20	**9,70**	20,00	0,6%
423	Raumheizflächen [m² BGF]	21,00	**33,00**	50,00	2,7%
429	Wärmeversorgungsanlagen, sonstiges [m² BGF]	1,50	**6,40**	16,00	0,3%
430	**Lufttechnische Anlagen**				
431	Lüftungsanlagen [m² BGF]	–	**6,30**	–	0,0%
440	**Starkstromanlagen**				
443	Niederspannungsschaltanlagen [m² BGF]	–	**–**	–	–
444	Niederspannungsinstallationsanlagen [m² BGF]	20,00	**29,00**	49,00	2,4%
445	Beleuchtungsanlagen [m² BGF]	2,20	**3,80**	7,70	0,1%
446	Blitzschutz- und Erdungsanlagen [m² BGF]	1,20	**1,60**	2,00	0,1%
450	**Fernmelde- und informationstechnische Anlagen**				
451	Telekommunikationsanlagen [m² BGF]	0,30	**0,90**	2,30	0,0%
452	Such- und Signalanlagen [m² BGF]	0,80	**2,50**	4,80	0,1%
455	Fernseh- und Antennenanlagen [m² BGF]	1,80	**3,70**	5,20	0,2%
456	Gefahrenmelde- und Alarmanlagen [m² BGF]	–	**15,00**	–	0,1%
457	Übertragungsnetze [m² BGF]	–	**2,30**	–	0,0%
460	**Förderanlagen**				
461	Aufzugsanlagen [m² BGF]	–	**–**	–	–
470	**Nutzungsspezifische Anlagen**				
471	Küchentechnische Anlagen [m² BGF]	–	**–**	–	–
473	Medienversorgungsanlagen [m² BGF]	–	**–**	–	–
475	Feuerlöschanlagen [m² BGF]	–	**–**	–	–
480	**Gebäudeautomation**				
481	Automationssysteme [m² BGF]	–	**–**	–	–
	Weitere Kosten für Technische Anlagen	2,20	**2,90**	5,00	0,1%

Bauelemente
Gebäudearten
Kostengruppen
Neubau
Abbrechen
Wiederherstellen
Herstellen

Ein- und Zwei-familienhäuser, nicht unterkellert, hoher Standard

Kostengruppen		von	€/Einheit	bis	KG an 300+400
310	**Baugrube**				
311	Baugrubenherstellung [m³]	9,20	**19,00**	37,00	1,0%
312	Baugrubenumschließung [m²]	–	**–**	–	–
313	Wasserhaltung [m²]	–	**–**	–	–
319	Baugrube, sonstiges [m³]	–	**0,20**	–	0,0%
320	**Gründung**				
321	Baugrundverbesserung [m²]	21,00	**31,00**	45,00	0,6%
322	Flachgründungen [m²]	22,00	**47,00**	78,00	1,8%
323	Tiefgründungen [m²]	–	**–**	–	–
324	Unterböden und Bodenplatten [m²]	56,00	**96,00**	157,00	2,9%
325	Bodenbeläge [m²]	101,00	**137,00**	182,00	4,4%
326	Bauwerksabdichtungen [m²]	17,00	**32,00**	57,00	0,9%
327	Dränagen [m²]	7,60	**20,00**	44,00	0,3%
329	Gründung, sonstiges [m²]	–	**3,40**	–	0,0%
330	**Außenwände**				
331	Tragende Außenwände [m²]	74,00	**91,00**	107,00	6,3%
332	Nichttragende Außenwände [m²]	–	**–**	–	–
333	Außenstützen [m]	–	**192,00**	–	0,1%
334	Außentüren und -fenster [m²]	421,00	**482,00**	522,00	9,1%
335	Außenwandbekleidungen außen [m²]	85,00	**105,00**	142,00	8,0%
336	Außenwandbekleidungen innen [m²]	21,00	**28,00**	39,00	1,8%
337	Elementierte Außenwände [m²]	–	**541,00**	–	0,9%
338	Sonnenschutz [m²]	217,00	**352,00**	443,00	1,4%
339	Außenwände, sonstiges [m²]	2,60	**8,20**	12,00	0,6%
340	**Innenwände**				
341	Tragende Innenwände [m²]	57,00	**78,00**	89,00	1,0%
342	Nichttragende Innenwände [m²]	49,00	**78,00**	94,00	2,9%
343	Innenstützen [m]	76,00	**104,00**	201,00	0,2%
344	Innentüren und -fenster [m²]	322,00	**460,00**	738,00	4,3%
345	Innenwandbekleidungen [m²]	17,00	**25,00**	30,00	2,3%
346	Elementierte Innenwände [m²]	–	**–**	–	–
349	Innenwände, sonstiges [m²]	–	**–**	–	–
350	**Decken**				
351	Deckenkonstruktionen [m²]	133,00	**173,00**	214,00	5,6%
352	Deckenbeläge [m²]	89,00	**128,00**	206,00	3,1%
353	Deckenbekleidungen [m²]	22,00	**27,00**	35,00	0,7%
359	Decken, sonstiges [m²]	10,00	**23,00**	30,00	0,7%
360	**Dächer**				
361	Dachkonstruktionen [m²]	57,00	**88,00**	115,00	4,5%
362	Dachfenster, Dachöffnungen [m²]	419,00	**682,00**	927,00	0,5%
363	Dachbeläge [m²]	111,00	**149,00**	221,00	7,6%
364	Dachbekleidungen [m²]	53,00	**64,00**	90,00	2,9%
369	Dächer, sonstiges [m²]	13,00	**49,00**	86,00	0,6%
370	**Baukonstruktive Einbauten**				
371	Allgemeine Einbauten [m² BGF]	–	**29,00**	–	0,2%
372	Besondere Einbauten [m² BGF]	–	**2,10**	–	0,0%
379	Baukonstruktive Einbauten, sonstiges [m² BGF]	–	**–**	–	–

© **BKI** Baukosteninformationszentrum; Erläuterungen zu den Tabellen siehe Seite 60

Kostenstand: 1.Quartal 2012, Bundesdurchschnitt, **inkl.** MwSt.

Kostengruppen	von	€/Einheit	bis	KG an 300+400
390 Sonstige Maßnahmen für Baukonstruktionen				
391 Baustelleneinrichtung [m² BGF]	9,60	**17,00**	46,00	0,9%
392 Gerüste [m² BGF]	9,30	**12,00**	15,00	0,8%
393 Sicherungsmaßnahmen [m² BGF]	–	**–**	–	–
394 Abbruchmaßnahmen [m² BGF]	–	**–**	–	–
395 Instandsetzungen [m² BGF]	–	**–**	–	–
396 Materialentsorgung [m² BGF]	–	**–**	–	–
397 Zusätzliche Maßnahmen [m² BGF]	–	**4,80**	–	0,0%
398 Provisorische Baukonstruktionen [m² BGF]	–	**–**	–	–
399 Sonstige Maßnahmen für Baukonstruktionen, sonst. [m² BGF]	–	**–**	–	–
410 Abwasser-, Wasser-, Gasanlagen				
411 Abwasseranlagen [m² BGF]	18,00	**25,00**	53,00	1,7%
412 Wasseranlagen [m² BGF]	42,00	**62,00**	89,00	4,3%
420 Wärmeversorgungsanlagen				
421 Wärmeerzeugungsanlagen [m² BGF]	33,00	**65,00**	96,00	4,6%
422 Wärmeverteilnetze [m² BGF]	4,70	**12,00**	17,00	0,7%
423 Raumheizflächen [m² BGF]	36,00	**44,00**	51,00	3,1%
429 Wärmeversorgungsanlagen, sonstiges [m² BGF]	13,00	**17,00**	21,00	0,8%
430 Lufttechnische Anlagen				
431 Lüftungsanlagen [m² BGF]	–	**–**	–	–
440 Starkstromanlagen				
443 Niederspannungsschaltanlagen [m² BGF]	–	**–**	–	–
444 Niederspannungsinstallationsanlagen [m² BGF]	32,00	**42,00**	60,00	2,9%
445 Beleuchtungsanlagen [m² BGF]	3,20	**4,50**	5,10	0,1%
446 Blitzschutz- und Erdungsanlagen [m² BGF]	1,30	**4,30**	9,60	0,2%
450 Fernmelde- und informationstechnische Anlagen				
451 Telekommunikationsanlagen [m² BGF]	1,00	**3,40**	7,70	0,1%
452 Such- und Signalanlagen [m² BGF]	1,30	**3,50**	6,40	0,1%
455 Fernseh- und Antennenanlagen [m² BGF]	1,70	**3,80**	6,70	0,2%
456 Gefahrenmelde- und Alarmanlagen [m² BGF]	–	**–**	–	–
457 Übertragungsnetze [m² BGF]	–	**2,80**	–	0,0%
460 Förderanlagen				
461 Aufzugsanlagen [m² BGF]	–	**–**	–	–
470 Nutzungsspezifische Anlagen				
471 Küchentechnische Anlagen [m² BGF]	–	**–**	–	–
473 Medienversorgungsanlagen [m² BGF]	–	**–**	–	–
475 Feuerlöschanlagen [m² BGF]	–	**–**	–	–
480 Gebäudeautomation				
481 Automationssysteme [m² BGF]	–	**–**	–	–
Weitere Kosten für Technische Anlagen	2,80	**11,00**	20,00	0,2%

Bauelemente

Gebäudearten

Kostengruppen

Neubau

Abbrechen

Wiederherstellen

Herstellen

Ein- und Zweifamilienhäuser Passivhausstandard Massivbau

Kostengruppen	von	€/Einheit	bis	KG an 300+400
310 Baugrube				
311 Baugrubenherstellung [m³]	13,00	**20,00**	30,00	2,0%
312 Baugrubenumschließung [m²]	–	**157,00**	–	0,6%
313 Wasserhaltung [m²]	–	**86,00**	–	0,1%
319 Baugrube, sonstiges [m³]	–	**–**	–	–
320 Gründung				
321 Baugrundverbesserung [m²]	10,00	**31,00**	42,00	0,2%
322 Flachgründungen [m²]	52,00	**86,00**	121,00	1,5%
323 Tiefgründungen [m²]	–	**–**	–	–
324 Unterböden und Bodenplatten [m²]	57,00	**86,00**	111,00	1,4%
325 Bodenbeläge [m²]	49,00	**110,00**	172,00	2,7%
326 Bauwerksabdichtungen [m²]	42,00	**71,00**	125,00	2,3%
327 Dränagen [m²]	3,80	**7,80**	17,00	0,1%
329 Gründung, sonstiges [m²]	–	**–**	–	–
330 Außenwände				
331 Tragende Außenwände [m²]	79,00	**93,00**	109,00	7,5%
332 Nichttragende Außenwände [m²]	–	**139,00**	–	0,1%
333 Außenstützen [m]	86,00	**189,00**	548,00	0,0%
334 Außentüren und -fenster [m²]	487,00	**660,00**	973,00	9,6%
335 Außenwandbekleidungen außen [m²]	89,00	**121,00**	165,00	10,4%
336 Außenwandbekleidungen innen [m²]	28,00	**37,00**	46,00	2,3%
337 Elementierte Außenwände [m²]	222,00	**650,00**	1.079,00	2,3%
338 Sonnenschutz [m²]	147,00	**259,00**	358,00	2,1%
339 Außenwände, sonstiges [m²]	2,90	**7,90**	15,00	0,5%
340 Innenwände				
341 Tragende Innenwände [m²]	18,00	**61,00**	73,00	1,5%
342 Nichttragende Innenwände [m²]	54,00	**62,00**	77,00	1,9%
343 Innenstützen [m]	62,00	**111,00**	167,00	0,1%
344 Innentüren und -fenster [m²]	210,00	**273,00**	366,00	1,6%
345 Innenwandbekleidungen [m²]	21,00	**34,00**	55,00	2,7%
346 Elementierte Innenwände [m²]	479,00	**528,00**	626,00	0,3%
349 Innenwände, sonstiges [m²]	4,30	**7,50**	11,00	0,0%
350 Decken				
351 Deckenkonstruktionen [m²]	111,00	**138,00**	177,00	6,2%
352 Deckenbeläge [m²]	78,00	**100,00**	117,00	3,5%
353 Deckenbekleidungen [m²]	14,00	**20,00**	40,00	0,6%
359 Decken, sonstiges [m²]	6,20	**11,00**	24,00	0,1%
360 Dächer				
361 Dachkonstruktionen [m²]	59,00	**92,00**	130,00	3,7%
362 Dachfenster, Dachöffnungen [m²]	1.165,00	**1.278,00**	1.391,00	0,1%
363 Dachbeläge [m²]	101,00	**130,00**	180,00	5,0%
364 Dachbekleidungen [m²]	38,00	**71,00**	120,00	1,9%
369 Dächer, sonstiges [m²]	–	**2,60**	–	0,0%
370 Baukonstruktive Einbauten				
371 Allgemeine Einbauten [m² BGF]	–	**9,70**	–	0,0%
372 Besondere Einbauten [m² BGF]	–	**–**	–	–
379 Baukonstruktive Einbauten, sonstiges [m² BGF]	–	**–**	–	–

© BKI Baukosteninformationszentrum; Erläuterungen zu den Tabellen siehe Seite 60   Kostenstand: 1.Quartal 2012, Bundesdurchschnitt, inkl. MwSt.

Kostengruppen	von	€/Einheit	bis	KG an 300+400
390 Sonstige Maßnahmen für Baukonstruktionen				
391 Baustelleneinrichtung [m^2 BGF]	10,00	**19,00**	35,00	1,5%
392 Gerüste [m^2 BGF]	9,00	**14,00**	24,00	1,1%
393 Sicherungsmaßnahmen [m^2 BGF]	–	**–**	–	–
394 Abbruchmaßnahmen [m^2 BGF]	–	**–**	–	–
395 Instandsetzungen [m^2 BGF]	–	**–**	–	–
396 Materialentsorgung [m^2 BGF]	–	**–**	–	–
397 Zusätzliche Maßnahmen [m^2 BGF]	1,50	**3,00**	5,10	0,1%
398 Provisorische Baukonstruktionen [m^2 BGF]	–	**–**	–	–
399 Sonstige Maßnahmen für Baukonstruktionen, sonst. [m^2 BGF]	–	**–**	–	–
410 Abwasser-, Wasser-, Gasanlagen				
411 Abwasseranlagen [m^2 BGF]	14,00	**24,00**	36,00	1,8%
412 Wasseranlagen [m^2 BGF]	31,00	**47,00**	68,00	3,7%
420 Wärmeversorgungsanlagen				
421 Wärmeerzeugungsanlagen [m^2 BGF]	21,00	**47,00**	66,00	3,9%
422 Wärmeverteilnetze [m^2 BGF]	3,30	**7,00**	10,00	0,4%
423 Raumheizflächen [m^2 BGF]	7,90	**16,00**	23,00	1,2%
429 Wärmeversorgungsanlagen, sonstiges [m^2 BGF]	–	**7,60**	–	0,0%
430 Lufttechnische Anlagen				
431 Lüftungsanlagen [m^2 BGF]	41,00	**65,00**	104,00	4,1%
440 Starkstromanlagen				
443 Niederspannungsschaltanlagen [m^2 BGF]	–	**–**	–	–
444 Niederspannungsinstallationsanlagen [m^2 BGF]	21,00	**27,00**	33,00	2,2%
445 Beleuchtungsanlagen [m^2 BGF]	–	**6,30**	–	0,0%
446 Blitzschutz- und Erdungsanlagen [m^2 BGF]	1,60	**2,60**	6,80	0,2%
450 Fernmelde- und informationstechnische Anlagen				
451 Telekommunikationsanlagen [m^2 BGF]	0,60	**1,10**	2,30	0,0%
452 Such- und Signalanlagen [m^2 BGF]	1,20	**2,50**	4,40	0,2%
455 Fernseh- und Antennenanlagen [m^2 BGF]	1,30	**2,50**	4,20	0,1%
456 Gefahrenmelde- und Alarmanlagen [m^2 BGF]	0,50	**4,30**	8,10	0,0%
457 Übertragungsnetze [m^2 BGF]	1,20	**2,90**	4,10	0,1%
460 Förderanlagen				
461 Aufzugsanlagen [m^2 BGF]	–	**–**	–	–
470 Nutzungsspezifische Anlagen				
471 Küchentechnische Anlagen [m^2 BGF]	–	**–**	–	–
473 Medienversorgungsanlagen [m^2 BGF]	–	**–**	–	–
475 Feuerlöschanlagen [m^2 BGF]	–	**–**	–	–
480 Gebäudeautomation				
481 Automationssysteme [m^2 BGF]	5,60	**19,00**	32,00	0,2%
Weitere Kosten für Technische Anlagen	4,50	**31,00**	123,00	1,5%

Kostenstand: 1.Quartal 2012, Bundesdurchschnitt, **inkl.** MwSt.

Ein- und Zweifamilienhäuser Passivhausstandard Holzbau

Kostengruppen	von	€/Einheit	bis	KG an 300+400
310 Baugrube				
311 Baugrubenherstellung [m³]	16,00	**21,00**	28,00	1,1%
312 Baugrubenumschließung [m²]	–	**–**	–	–
313 Wasserhaltung [m²]	6,60	**10,00**	13,00	0,0%
319 Baugrube, sonstiges [m³]	–	**–**	–	–
320 Gründung				
321 Baugrundverbesserung [m²]	14,00	**27,00**	45,00	0,3%
322 Flachgründungen [m²]	21,00	**51,00**	108,00	1,2%
323 Tiefgründungen [m²]	–	**–**	–	–
324 Unterböden und Bodenplatten [m²]	59,00	**83,00**	134,00	2,5%
325 Bodenbeläge [m²]	59,00	**112,00**	171,00	3,2%
326 Bauwerksabdichtungen [m²]	12,00	**40,00**	90,00	1,2%
327 Dränagen [m²]	6,70	**11,00**	16,00	0,1%
329 Gründung, sonstiges [m²]	–	**9,30**	–	0,0%
330 Außenwände				
331 Tragende Außenwände [m²]	132,00	**164,00**	209,00	11,4%
332 Nichttragende Außenwände [m²]	–	**–**	–	–
333 Außenstützen [m]	104,00	**123,00**	154,00	0,0%
334 Außentüren und -fenster [m²]	552,00	**631,00**	914,00	10,2%
335 Außenwandbekleidungen außen [m²]	70,00	**98,00**	131,00	7,0%
336 Außenwandbekleidungen innen [m²]	16,00	**37,00**	51,00	1,9%
337 Elementierte Außenwände [m²]	169,00	**590,00**	1.010,00	1,3%
338 Sonnenschutz [m²]	130,00	**201,00**	328,00	2,3%
339 Außenwände, sonstiges [m²]	9,10	**31,00**	84,00	1,4%
340 Innenwände				
341 Tragende Innenwände [m²]	73,00	**103,00**	125,00	2,2%
342 Nichttragende Innenwände [m²]	56,00	**81,00**	111,00	2,0%
343 Innenstützen [m]	60,00	**99,00**	144,00	0,1%
344 Innentüren und -fenster [m²]	210,00	**302,00**	395,00	1,6%
345 Innenwandbekleidungen [m²]	20,00	**31,00**	48,00	2,1%
346 Elementierte Innenwände [m²]	–	**603,00**	–	0,0%
349 Innenwände, sonstiges [m²]	–	**–**	–	–
350 Decken				
351 Deckenkonstruktionen [m²]	128,00	**160,00**	210,00	5,5%
352 Deckenbeläge [m²]	95,00	**112,00**	142,00	3,2%
353 Deckenbekleidungen [m²]	14,00	**38,00**	61,00	0,9%
359 Decken, sonstiges [m²]	4,90	**10,00**	18,00	0,1%
360 Dächer				
361 Dachkonstruktionen [m²]	101,00	**129,00**	159,00	4,7%
362 Dachfenster, Dachöffnungen [m²]	991,00	**1.661,00**	3.002,00	0,2%
363 Dachbeläge [m²]	84,00	**110,00**	145,00	4,2%
364 Dachbekleidungen [m²]	34,00	**51,00**	96,00	1,3%
369 Dächer, sonstiges [m²]	4,40	**8,40**	24,00	0,1%
370 Baukonstruktive Einbauten				
371 Allgemeine Einbauten [m² BGF]	8,70	**27,00**	62,00	0,7%
372 Besondere Einbauten [m² BGF]	–	**–**	–	–
379 Baukonstruktive Einbauten, sonstiges [m² BGF]	–	**–**	–	–

Kostenstand: 1.Quartal 2012, Bundesdurchschnitt, **inkl. MwSt.**

Kostengruppen	von	€/Einheit	bis	KG an 300+400
390 Sonstige Maßnahmen für Baukonstruktionen				
391 Baustelleneinrichtung [m² BGF]	13,00	**17,00**	24,00	1,3%
392 Gerüste [m² BGF]	7,90	**11,00**	18,00	0,6%
393 Sicherungsmaßnahmen [m² BGF]	–	**–**	–	–
394 Abbruchmaßnahmen [m² BGF]	–	**32,00**	–	0,1%
395 Instandsetzungen [m² BGF]	–	**–**	–	–
396 Materialentsorgung [m² BGF]	–	**–**	–	–
397 Zusätzliche Maßnahmen [m² BGF]	1,00	**1,80**	2,40	0,0%
398 Provisorische Baukonstruktionen [m² BGF]	–	**–**	–	–
399 Sonstige Maßnahmen für Baukonstruktionen, sonst. [m² BGF]				
410 Abwasser-, Wasser-, Gasanlagen				
411 Abwasseranlagen [m² BGF]	18,00	**30,00**	60,00	2,1%
412 Wasseranlagen [m² BGF]	38,00	**59,00**	88,00	4,1%
420 Wärmeversorgungsanlagen				
421 Wärmeerzeugungsanlagen [m² BGF]	32,00	**61,00**	84,00	2,8%
422 Wärmeverteilnetze [m² BGF]	4,20	**6,90**	10,00	0,3%
423 Raumheizflächen [m² BGF]	10,00	**17,00**	28,00	0,8%
429 Wärmeversorgungsanlagen, sonstiges [m² BGF]	8,50	**12,00**	16,00	0,3%
430 Lufttechnische Anlagen				
431 Lüftungsanlagen [m² BGF]	44,00	**67,00**	106,00	4,5%
440 Starkstromanlagen				
443 Niederspannungsschaltanlagen [m² BGF]	–	**–**	–	–
444 Niederspannungsinstallationsanlagen [m² BGF]	31,00	**42,00**	58,00	2,9%
445 Beleuchtungsanlagen [m² BGF]	1,60	**4,80**	9,90	0,1%
446 Blitzschutz- und Erdungsanlagen [m² BGF]	1,20	**2,20**	4,50	0,1%
450 Fernmelde- und informationstechnische Anlagen				
451 Telekommunikationsanlagen [m² BGF]	0,90	**2,10**	5,30	0,1%
452 Such- und Signalanlagen [m² BGF]	1,90	**3,10**	5,60	0,1%
455 Fernseh- und Antennenanlagen [m² BGF]	2,00	**3,70**	6,20	0,1%
456 Gefahrenmelde- und Alarmanlagen [m² BGF]	0,70	**7,40**	34,00	0,1%
457 Übertragungsnetze [m² BGF]	2,00	**3,70**	6,00	0,0%
460 Förderanlagen				
461 Aufzugsanlagen [m² BGF]	–	**–**	–	–
470 Nutzungsspezifische Anlagen				
471 Küchentechnische Anlagen [m² BGF]	–	**–**	–	–
473 Medienversorgungsanlagen [m² BGF]	–	**–**	–	–
475 Feuerlöschanlagen [m² BGF]	–	**–**	–	–
480 Gebäudeautomation				
481 Automationssysteme [m² BGF]	–	**–**	–	–
Weitere Kosten für Technische Anlagen	5,50	**30,00**	95,00	1,5%

Ein- und Zweifamilienhäuser, Holzbauweise, unterkellert

Kostengruppen	von	€/Einheit	bis	KG an 300+400
310 Baugrube				
311 Baugrubenherstellung [m³]	11,00	**15,00**	18,00	1,7%
312 Baugrubenumschließung [m²]	–	**–**	–	–
313 Wasserhaltung [m²]	–	**–**	–	–
319 Baugrube, sonstiges [m³]	–	**–**	–	–
320 Gründung				
321 Baugrundverbesserung [m²]	–	**8,30**	–	0,0%
322 Flachgründungen [m²]	48,00	**84,00**	115,00	1,8%
323 Tiefgründungen [m²]	–	**–**	–	–
324 Unterböden und Bodenplatten [m²]	77,00	**101,00**	124,00	1,3%
325 Bodenbeläge [m²]	36,00	**65,00**	111,00	0,8%
326 Bauwerksabdichtungen [m²]	9,70	**22,00**	49,00	0,7%
327 Dränagen [m²]	15,00	**24,00**	42,00	0,3%
329 Gründung, sonstiges [m²]	–	**–**	–	–
330 Außenwände				
331 Tragende Außenwände [m²]	69,00	**135,00**	197,00	10,8%
332 Nichttragende Außenwände [m²]	–	**131,00**	–	0,0%
333 Außenstützen [m]	56,00	**86,00**	110,00	0,6%
334 Außentüren und -fenster [m²]	381,00	**410,00**	533,00	7,0%
335 Außenwandbekleidungen außen [m²]	75,00	**90,00**	100,00	6,0%
336 Außenwandbekleidungen innen [m²]	26,00	**44,00**	71,00	2,4%
337 Elementierte Außenwände [m²]	–	**–**	–	–
338 Sonnenschutz [m²]	117,00	**185,00**	359,00	2,1%
339 Außenwände, sonstiges [m²]	4,10	**16,00**	25,00	1,4%
340 Innenwände				
341 Tragende Innenwände [m²]	50,00	**69,00**	82,00	7,0%
342 Nichttragende Innenwände [m²]	56,00	**71,00**	86,00	0,5%
343 Innenstützen [m]	–	**–**	–	–
344 Innentüren und -fenster [m²]	208,00	**341,00**	683,00	2,1%
345 Innenwandbekleidungen [m²]	23,00	**32,00**	42,00	4,5%
346 Elementierte Innenwände [m²]	–	**–**	–	–
349 Innenwände, sonstiges [m²]	–	**–**	–	–
350 Decken				
351 Deckenkonstruktionen [m²]	103,00	**128,00**	148,00	8,4%
352 Deckenbeläge [m²]	53,00	**71,00**	114,00	3,9%
353 Deckenbekleidungen [m²]	19,00	**29,00**	50,00	0,7%
359 Decken, sonstiges [m²]	7,70	**9,70**	12,00	0,1%
360 Dächer				
361 Dachkonstruktionen [m²]	51,00	**88,00**	140,00	4,1%
362 Dachfenster, Dachöffnungen [m²]	649,00	**797,00**	1.234,00	0,7%
363 Dachbeläge [m²]	51,00	**99,00**	124,00	4,6%
364 Dachbekleidungen [m²]	24,00	**57,00**	82,00	2,2%
369 Dächer, sonstiges [m²]	1,00	**1,10**	1,20	0,0%
370 Baukonstruktive Einbauten				
371 Allgemeine Einbauten [m² BGF]	–	**42,00**	–	0,5%
372 Besondere Einbauten [m² BGF]	1,00	**2,00**	3,00	0,0%
379 Baukonstruktive Einbauten, sonstiges [m² BGF]	–	**–**	–	–

Kostenstand: 1.Quartal 2012, Bundesdurchschnitt, **inkl.** MwSt.

Kostengruppen	von	€/Einheit	bis	KG an 300+400
390 Sonstige Maßnahmen für Baukonstruktionen				
391 Baustelleneinrichtung [m² BGF]	10,00	**11,00**	13,00	1,1%
392 Gerüste [m² BGF]	3,60	**7,90**	10,00	0,7%
393 Sicherungsmaßnahmen [m² BGF]	–	**–**	–	–
394 Abbruchmaßnahmen [m² BGF]	–	**–**	–	–
395 Instandsetzungen [m² BGF]	–	**–**	–	–
396 Materialentsorgung [m² BGF]	–	**–**	–	–
397 Zusätzliche Maßnahmen [m² BGF]	–	**1,20**	–	0,0%
398 Provisorische Baukonstruktionen [m² BGF]	–	**–**	–	–
399 Sonstige Maßnahmen für Baukonstruktionen, sonst. [m² BGF]	–	**–**	–	–
410 Abwasser-, Wasser-, Gasanlagen				
411 Abwasseranlagen [m² BGF]	11,00	**20,00**	32,00	1,7%
412 Wasseranlagen [m² BGF]	27,00	**46,00**	67,00	4,1%
420 Wärmeversorgungsanlagen				
421 Wärmeerzeugungsanlagen [m² BGF]	21,00	**30,00**	40,00	1,6%
422 Wärmeverteilnetze [m² BGF]	4,50	**11,00**	15,00	0,5%
423 Raumheizflächen [m² BGF]	15,00	**23,00**	42,00	1,2%
429 Wärmeversorgungsanlagen, sonstiges [m² BGF]	11,00	**19,00**	28,00	0,4%
430 Lufttechnische Anlagen				
431 Lüftungsanlagen [m² BGF]	–	**4,70**	–	0,0%
440 Starkstromanlagen				
443 Niederspannungsschaltanlagen [m² BGF]	–	**–**	–	–
444 Niederspannungsinstallationsanlagen [m² BGF]	28,00	**32,00**	36,00	3,2%
445 Beleuchtungsanlagen [m² BGF]	0,90	**1,10**	1,20	0,0%
446 Blitzschutz- und Erdungsanlagen [m² BGF]	1,50	**2,20**	3,10	0,2%
450 Fernmelde- und informationstechnische Anlagen				
451 Telekommunikationsanlagen [m² BGF]	1,00	**1,40**	2,30	0,0%
452 Such- und Signalanlagen [m² BGF]	0,80	**1,80**	2,60	0,1%
455 Fernseh- und Antennenanlagen [m² BGF]	0,70	**2,20**	4,50	0,1%
456 Gefahrenmelde- und Alarmanlagen [m² BGF]	–	**0,50**	–	0,0%
457 Übertragungsnetze [m² BGF]	0,20	**0,60**	1,60	0,0%
460 Förderanlagen				
461 Aufzugsanlagen [m² BGF]	–	**–**	–	–
470 Nutzungsspezifische Anlagen				
471 Küchentechnische Anlagen [m² BGF]	–	**–**	–	–
473 Medienversorgungsanlagen [m² BGF]	–	**–**	–	–
475 Feuerlöschanlagen [m² BGF]	–	**–**	–	–
480 Gebäudeautomation				
481 Automationssysteme [m² BGF]	–	**–**	–	–
Weitere Kosten für Technische Anlagen	0,60	**8,90**	33,00	0,4%

Ein- und Zwei-
familienhäuser,
Holzbauweise,
unterkellert

Baulemente
Gebäudearten
Kostengruppen
Neubau
Abbrechen
Wiederherstellen
Herstellen

© **BKI** Baukosteninformationszentrum; Erläuterungen zu den Tabellen siehe Seite 60

Kostenstand: 1.Quartal 2012, Bundesdurchschnitt, **inkl. MwSt.**

Ein- und Zwei-familienhäuser, Holzbauweise, nicht unterkellert

Kostengruppen		von	€/Einheit	bis	KG an 300+400
310	**Baugrube**				
311	Baugrubenherstellung [m³]	12,00	**20,00**	34,00	0,8%
312	Baugrubenumschließung [m²]	–	**–**	–	–
313	Wasserhaltung [m²]	–	**–**	–	–
319	Baugrube, sonstiges [m³]	–	**–**	–	–
320	**Gründung**				
321	Baugrundverbesserung [m²]	14,00	**35,00**	56,00	0,1%
322	Flachgründungen [m²]	37,00	**71,00**	279,00	2,2%
323	Tiefgründungen [m²]	–	**–**	–	–
324	Unterböden und Bodenplatten [m²]	53,00	**68,00**	85,00	2,4%
325	Bodenbeläge [m²]	87,00	**109,00**	132,00	4,3%
326	Bauwerksabdichtungen [m²]	9,50	**15,00**	24,00	0,6%
327	Dränagen [m²]	4,70	**22,00**	39,00	0,1%
329	Gründung, sonstiges [m²]	–	**–**	–	–
330	**Außenwände**				
331	Tragende Außenwände [m²]	92,00	**132,00**	202,00	4,7%
332	Nichttragende Außenwände [m²]	–	**–**	–	–
333	Außenstützen [m]	25,00	**80,00**	115,00	0,0%
334	Außentüren und -fenster [m²]	399,00	**448,00**	546,00	7,9%
335	Außenwandbekleidungen außen [m²]	49,00	**72,00**	104,00	6,1%
336	Außenwandbekleidungen innen [m²]	26,00	**35,00**	52,00	2,7%
337	Elementierte Außenwände [m²]	134,00	**229,00**	602,00	8,6%
338	Sonnenschutz [m²]	205,00	**276,00**	307,00	0,6%
339	Außenwände, sonstiges [m²]	6,40	**15,00**	26,00	1,2%
340	**Innenwände**				
341	Tragende Innenwände [m²]	59,00	**74,00**	88,00	1,7%
342	Nichttragende Innenwände [m²]	55,00	**78,00**	101,00	3,1%
343	Innenstützen [m]	27,00	**57,00**	89,00	0,0%
344	Innentüren und -fenster [m²]	203,00	**233,00**	292,00	1,8%
345	Innenwandbekleidungen [m²]	18,00	**25,00**	34,00	2,7%
346	Elementierte Innenwände [m²]	45,00	**45,00**	46,00	0,3%
349	Innenwände, sonstiges [m²]	–	**7,20**	–	0,0%
350	**Decken**				
351	Deckenkonstruktionen [m²]	125,00	**176,00**	249,00	7,8%
352	Deckenbeläge [m²]	54,00	**77,00**	98,00	3,1%
353	Deckenbekleidungen [m²]	22,00	**35,00**	51,00	0,6%
359	Decken, sonstiges [m²]	3,30	**12,00**	33,00	0,2%
360	**Dächer**				
361	Dachkonstruktionen [m²]	58,00	**88,00**	125,00	6,1%
362	Dachfenster, Dachöffnungen [m²]	748,00	**834,00**	1.004,00	0,4%
363	Dachbeläge [m²]	57,00	**84,00**	128,00	5,5%
364	Dachbekleidungen [m²]	28,00	**36,00**	50,00	1,9%
369	Dächer, sonstiges [m²]	3,40	**9,60**	28,00	0,2%
370	**Baukonstruktive Einbauten**				
371	Allgemeine Einbauten [m² BGF]	0,60	**5,10**	9,70	0,0%
372	Besondere Einbauten [m² BGF]	–	**4,90**	–	0,0%
379	Baukonstruktive Einbauten, sonstiges [m² BGF]	–	**–**	–	–

© **BKI** Baukosteninformationszentrum; Erläuterungen zu den Tabellen siehe Seite 60   Kostenstand: 1.Quartal 2012, Bundesdurchschnitt, inkl. MwSt.

Kostengruppen		von	€/Einheit	bis	KG an 300+400
390	**Sonstige Maßnahmen für Baukonstruktionen**				
391	Baustelleneinrichtung [m² BGF]	4,90	**8,00**	16,00	0,8%
392	Gerüste [m² BGF]	7,90	**9,10**	11,00	0,7%
393	Sicherungsmaßnahmen [m² BGF]	–	**–**	–	–
394	Abbruchmaßnahmen [m² BGF]	–	**–**	–	–
395	Instandsetzungen [m² BGF]	–	**–**	–	–
396	Materialentsorgung [m² BGF]	–	**2,90**	–	0,0%
397	Zusätzliche Maßnahmen [m² BGF]	0,70	**1,20**	1,70	0,0%
398	Provisorische Baukonstruktionen [m² BGF]	–	**–**	–	–
399	Sonstige Maßnahmen für Baukonstruktionen, sonst. [m² BGF]	7,10	**8,50**	9,80	0,1%
410	**Abwasser-, Wasser-, Gasanlagen**				
411	Abwasseranlagen [m² BGF]	17,00	**25,00**	43,00	2,5%
412	Wasseranlagen [m² BGF]	24,00	**37,00**	47,00	3,7%
420	**Wärmeversorgungsanlagen**				
421	Wärmeerzeugungsanlagen [m² BGF]	25,00	**39,00**	66,00	3,5%
422	Wärmeverteilnetze [m² BGF]	7,30	**14,00**	21,00	1,3%
423	Raumheizflächen [m² BGF]	14,00	**24,00**	45,00	2,1%
429	Wärmeversorgungsanlagen, sonstiges [m² BGF]	5,60	**8,10**	11,00	0,3%
430	**Lufttechnische Anlagen**				
431	Lüftungsanlagen [m² BGF]	1,60	**13,00**	23,00	0,6%
440	**Starkstromanlagen**				
443	Niederspannungsschaltanlagen [m² BGF]	–	**4,10**	–	0,0%
444	Niederspannungsinstallationsanlagen [m² BGF]	17,00	**26,00**	31,00	2,3%
445	Beleuchtungsanlagen [m² BGF]	1,50	**5,20**	14,00	0,2%
446	Blitzschutz- und Erdungsanlagen [m² BGF]	1,10	**1,80**	2,90	0,1%
450	**Fernmelde- und informationstechnische Anlagen**				
451	Telekommunikationsanlagen [m² BGF]	1,40	**2,40**	7,20	0,1%
452	Such- und Signalanlagen [m² BGF]	0,40	**1,10**	2,10	0,0%
455	Fernseh- und Antennenanlagen [m² BGF]	1,60	**2,70**	3,90	0,2%
456	Gefahrenmelde- und Alarmanlagen [m² BGF]	–	**–**	–	–
457	Übertragungsnetze [m² BGF]	1,20	**2,50**	3,70	0,0%
460	**Förderanlagen**				
461	Aufzugsanlagen [m² BGF]	–	**19,00**	–	0,1%
470	**Nutzungsspezifische Anlagen**				
471	Küchentechnische Anlagen [m² BGF]	–	**–**	–	–
473	Medienversorgungsanlagen [m² BGF]	–	**–**	–	–
475	Feuerlöschanlagen [m² BGF]	–	**0,30**	–	0,0%
480	**Gebäudeautomation**				
481	Automationssysteme [m² BGF]	–	**12,00**	–	0,0%
	Weitere Kosten für Technische Anlagen	2,50	**6,80**	16,00	0,3%

Bauelemente · Gebäudearten · Kostengruppen · Neubau · Abbrechen · Wiederherstellen · Herstellen

Doppel- und Reihen- endhäuser, einfacher Standard

Kostengruppen		von	€/Einheit	bis	KG an 300+400
310	**Baugrube**				
311	Baugrubenherstellung [m³]	8,80	**29,00**	50,00	1,8%
312	Baugrubenumschließung [m²]	–	**–**	–	–
313	Wasserhaltung [m²]	–	**–**	–	–
319	Baugrube, sonstiges [m³]	–	**–**	–	–
320	**Gründung**				
321	Baugrundverbesserung [m²]	–	**–**	–	–
322	Flachgründungen [m²]	35,00	**65,00**	80,00	2,9%
323	Tiefgründungen [m²]	–	**–**	–	–
324	Unterböden und Bodenplatten [m²]	32,00	**40,00**	47,00	1,1%
325	Bodenbeläge [m²]	26,00	**34,00**	42,00	0,8%
326	Bauwerksabdichtungen [m²]	5,20	**7,10**	9,00	0,2%
327	Dränagen [m²]	–	**9,00**	–	0,1%
329	Gründung, sonstiges [m²]	–	**–**	–	–
330	**Außenwände**				
331	Tragende Außenwände [m²]	69,00	**81,00**	87,00	9,8%
332	Nichttragende Außenwände [m²]	92,00	**97,00**	102,00	0,1%
333	Außenstützen [m]	–	**96,00**	–	0,4%
334	Außentüren und -fenster [m²]	250,00	**374,00**	620,00	8,4%
335	Außenwandbekleidungen außen [m²]	56,00	**63,00**	74,00	7,2%
336	Außenwandbekleidungen innen [m²]	6,40	**14,00**	25,00	1,2%
337	Elementierte Außenwände [m²]	–	**–**	–	–
338	Sonnenschutz [m²]	62,00	**66,00**	70,00	0,9%
339	Außenwände, sonstiges [m²]	1,80	**6,70**	12,00	0,6%
340	**Innenwände**				
341	Tragende Innenwände [m²]	57,00	**80,00**	95,00	6,0%
342	Nichttragende Innenwände [m²]	50,00	**58,00**	62,00	3,1%
343	Innenstützen [m]	–	**102,00**	–	0,1%
344	Innentüren und -fenster [m²]	140,00	**213,00**	358,00	2,4%
345	Innenwandbekleidungen [m²]	12,00	**17,00**	25,00	3,6%
346	Elementierte Innenwände [m²]	–	**174,00**	–	0,2%
349	Innenwände, sonstiges [m²]	–	**–**	–	–
350	**Decken**				
351	Deckenkonstruktionen [m²]	116,00	**132,00**	161,00	14,0%
352	Deckenbeläge [m²]	50,00	**62,00**	83,00	5,3%
353	Deckenbekleidungen [m²]	5,90	**13,00**	24,00	1,0%
359	Decken, sonstiges [m²]	6,70	**11,00**	19,00	1,2%
360	**Dächer**				
361	Dachkonstruktionen [m²]	42,00	**59,00**	92,00	3,2%
362	Dachfenster, Dachöffnungen [m²]	434,00	**601,00**	768,00	0,6%
363	Dachbeläge [m²]	81,00	**91,00**	109,00	5,0%
364	Dachbekleidungen [m²]	26,00	**70,00**	114,00	1,0%
369	Dächer, sonstiges [m²]	1,60	**8,80**	16,00	0,3%
370	**Baukonstruktive Einbauten**				
371	Allgemeine Einbauten [m² BGF]	–	**–**	–	–
372	Besondere Einbauten [m² BGF]	–	**–**	–	–
379	Baukonstruktive Einbauten, sonstiges [m² BGF]	–	**–**	–	–

© **BKI** Baukosteninformationszentrum; Erläuterungen zu den Tabellen siehe Seite 60   Kostenstand: 1.Quartal 2012, Bundesdurchschnitt, inkl. MwSt.

Kostengruppen	von	€/Einheit	bis	KG an 300+400
390 **Sonstige Maßnahmen für Baukonstruktionen**				
391 Baustelleneinrichtung [m² BGF]	1,70	**4,20**	6,70	0,3%
392 Gerüste [m² BGF]	4,00	**5,60**	9,00	0,8%
393 Sicherungsmaßnahmen [m² BGF]	–	**–**	–	–
394 Abbruchmaßnahmen [m² BGF]	–	**–**	–	–
395 Instandsetzungen [m² BGF]	–	**–**	–	–
396 Materialentsorgung [m² BGF]	–	**–**	–	–
397 Zusätzliche Maßnahmen [m² BGF]	–	**2,50**	–	0,1%
398 Provisorische Baukonstruktionen [m² BGF]	–	**–**	–	–
399 Sonstige Maßnahmen für Baukonstruktionen, sonst. [m² BGF]	–	**13,00**	–	0,5%
410 **Abwasser-, Wasser-, Gasanlagen**				
411 Abwasseranlagen [m² BGF]	5,50	**13,00**	17,00	1,8%
412 Wasseranlagen [m² BGF]	21,00	**27,00**	41,00	4,0%
420 **Wärmeversorgungsanlagen**				
421 Wärmeerzeugungsanlagen [m² BGF]	16,00	**19,00**	24,00	2,7%
422 Wärmeverteilnetze [m² BGF]	0,70	**7,50**	11,00	1,0%
423 Raumheizflächen [m² BGF]	10,00	**13,00**	15,00	1,9%
429 Wärmeversorgungsanlagen, sonstiges [m² BGF]	–	**2,30**	–	0,1%
430 **Lufttechnische Anlagen**				
431 Lüftungsanlagen [m² BGF]	–	**–**	–	–
440 **Starkstromanlagen**				
443 Niederspannungsschaltanlagen [m² BGF]	–	**–**	–	–
444 Niederspannungsinstallationsanlagen [m² BGF]	10,00	**15,00**	25,00	2,2%
445 Beleuchtungsanlagen [m² BGF]	–	**0,90**	–	0,0%
446 Blitzschutz- und Erdungsanlagen [m² BGF]	0,40	**0,90**	1,30	0,0%
450 **Fernmelde- und informationstechnische Anlagen**				
451 Telekommunikationsanlagen [m² BGF]	–	**–**	–	–
452 Such- und Signalanlagen [m² BGF]	0,20	**0,70**	1,20	0,0%
455 Fernseh- und Antennenanlagen [m² BGF]	0,20	**0,20**	0,20	0,0%
456 Gefahrenmelde- und Alarmanlagen [m² BGF]	–	**–**	–	–
457 Übertragungsnetze [m² BGF]	–	**–**	–	–
460 **Förderanlagen**				
461 Aufzugsanlagen [m² BGF]	–	**–**	–	–
470 **Nutzungsspezifische Anlagen**				
471 Küchentechnische Anlagen [m² BGF]	–	**–**	–	–
473 Medienversorgungsanlagen [m² BGF]	–	**–**	–	–
475 Feuerlöschanlagen [m² BGF]	–	**–**	–	–
480 **Gebäudeautomation**				
481 Automationssysteme [m² BGF]	–	**–**	–	–
Weitere Kosten für Technische Anlagen	0,60	**2,90**	5,20	0,3%

Bauelemente
Gebäudearten

Kostengruppen

Neubau

Abbrechen

Wiederherstellen

Herstellen

Kostengruppen	von	€/Einheit	bis	KG an 300+400
310 Baugrube				
311 Baugrubenherstellung [m³]	20,00	**20,00**	20,00	2,4%
312 Baugrubenumschließung [m²]	–	**–**	–	–
313 Wasserhaltung [m²]	–	**–**	–	–
319 Baugrube, sonstiges [m³]	–	**–**	–	–
320 Gründung				
321 Baugrundverbesserung [m²]	–	**–**	–	–
322 Flachgründungen [m²]	37,00	**40,00**	42,00	1,1%
323 Tiefgründungen [m²]	–	**–**	–	–
324 Unterböden und Bodenplatten [m²]	47,00	**55,00**	59,00	2,3%
325 Bodenbeläge [m²]	17,00	**35,00**	69,00	1,4%
326 Bauwerksabdichtungen [m²]	7,90	**21,00**	45,00	1,0%
327 Dränagen [m²]	–	**14,00**	–	0,2%
329 Gründung, sonstiges [m²]	–	**28,00**	–	0,5%
330 Außenwände				
331 Tragende Außenwände [m²]	98,00	**99,00**	100,00	7,2%
332 Nichttragende Außenwände [m²]	–	**–**	–	–
333 Außenstützen [m]		**–**		
334 Außentüren und -fenster [m²]	232,00	**505,00**	675,00	7,6%
335 Außenwandbekleidungen außen [m²]	43,00	**64,00**	103,00	5,6%
336 Außenwandbekleidungen innen [m²]	23,00	**28,00**	30,00	2,5%
337 Elementierte Außenwände [m²]	–	**55,00**	–	1,7%
338 Sonnenschutz [m²]	84,00	**120,00**	191,00	1,8%
339 Außenwände, sonstiges [m²]	18,00	**27,00**	36,00	2,3%
340 Innenwände				
341 Tragende Innenwände [m²]	63,00	**82,00**	116,00	2,1%
342 Nichttragende Innenwände [m²]	51,00	**59,00**	64,00	2,5%
343 Innenstützen [m]	–	**170,00**	–	0,0%
344 Innentüren und -fenster [m²]	217,00	**244,00**	296,00	2,2%
345 Innenwandbekleidungen [m²]	23,00	**37,00**	46,00	3,3%
346 Elementierte Innenwände [m²]	–	**47,00**	–	0,5%
349 Innenwände, sonstiges [m²]	–	**–**	–	–
350 Decken				
351 Deckenkonstruktionen [m²]	120,00	**152,00**	210,00	9,2%
352 Deckenbeläge [m²]	49,00	**71,00**	84,00	3,6%
353 Deckenbekleidungen [m²]	17,00	**25,00**	29,00	1,4%
359 Decken, sonstiges [m²]	4,60	**6,30**	9,10	0,3%
360 Dächer				
361 Dachkonstruktionen [m²]	32,00	**46,00**	72,00	2,9%
362 Dachfenster, Dachöffnungen [m²]	184,00	**679,00**	957,00	0,7%
363 Dachbeläge [m²]	89,00	**94,00**	97,00	5,7%
364 Dachbekleidungen [m²]	32,00	**51,00**	63,00	2,5%
369 Dächer, sonstiges [m²]	–	**4,20**	–	0,0%
370 Baukonstruktive Einbauten				
371 Allgemeine Einbauten [m² BGF]	–	**0,30**	–	0,0%
372 Besondere Einbauten [m² BGF]	–	**–**	–	–
379 Baukonstruktive Einbauten, sonstiges [m² BGF]	–	**–**	–	–

© **BKI** Baukosteninformationszentrum; Erläuterungen zu den Tabellen siehe Seite 60   Kostenstand: 1.Quartal 2012, Bundesdurchschnitt, **inkl. MwSt.**

Kostengruppen	von	€/Einheit	bis	KG an 300+400
390 Sonstige Maßnahmen für Baukonstruktionen				
391 Baustelleneinrichtung [m² BGF]	4,30	**8,70**	17,00	0,8%
392 Gerüste [m² BGF]	9,00	**12,00**	13,00	1,2%
393 Sicherungsmaßnahmen [m² BGF]	–	**–**	–	–
394 Abbruchmaßnahmen [m² BGF]	–	**–**	–	–
395 Instandsetzungen [m² BGF]	–	**–**	–	–
396 Materialentsorgung [m² BGF]	–	**–**	–	–
397 Zusätzliche Maßnahmen [m² BGF]	3,70	**3,90**	4,10	0,3%
398 Provisorische Baukonstruktionen [m² BGF]	–	**–**	–	–
399 Sonstige Maßnahmen für Baukonstruktionen, sonst. [m² BGF]	–	**–**	–	–
410 Abwasser-, Wasser-, Gasanlagen				
411 Abwasseranlagen [m² BGF]	14,00	**21,00**	31,00	2,4%
412 Wasseranlagen [m² BGF]	15,00	**35,00**	45,00	3,9%
420 Wärmeversorgungsanlagen				
421 Wärmeerzeugungsanlagen [m² BGF]	29,00	**34,00**	44,00	3,7%
422 Wärmeverteilnetze [m² BGF]	7,20	**26,00**	45,00	1,8%
423 Raumheizflächen [m² BGF]	33,00	**35,00**	36,00	3,8%
429 Wärmeversorgungsanlagen, sonstiges [m² BGF]	4,50	**10,00**	21,00	1,1%
430 Lufttechnische Anlagen				
431 Lüftungsanlagen [m² BGF]	0,80	**15,00**	29,00	1,0%
440 Starkstromanlagen				
443 Niederspannungsschaltanlagen [m² BGF]	–	**–**	–	–
444 Niederspannungsinstallationsanlagen [m² BGF]	24,00	**26,00**	29,00	2,8%
445 Beleuchtungsanlagen [m² BGF]	–	**2,40**	–	0,0%
446 Blitzschutz- und Erdungsanlagen [m² BGF]	0,50	**1,70**	2,50	0,1%
450 Fernmelde- und informationstechnische Anlagen				
451 Telekommunikationsanlagen [m² BGF]	0,70	**1,20**	1,50	0,1%
452 Such- und Signalanlagen [m² BGF]	3,40	**3,70**	4,10	0,4%
455 Fernseh- und Antennenanlagen [m² BGF]	2,10	**3,90**	5,60	0,2%
456 Gefahrenmelde- und Alarmanlagen [m² BGF]	–	**–**	–	–
457 Übertragungsnetze [m² BGF]	–	**–**	–	–
460 Förderanlagen				
461 Aufzugsanlagen [m² BGF]	–	**–**	–	–
470 Nutzungsspezifische Anlagen				
471 Küchentechnische Anlagen [m² BGF]	–	**–**	–	–
473 Medienversorgungsanlagen [m² BGF]	–	**–**	–	–
475 Feuerlöschanlagen [m² BGF]	–	**–**	–	–
480 Gebäudeautomation				
481 Automationssysteme [m² BGF]	–	**–**	–	–
Weitere Kosten für Technische Anlagen	–	**–**	–	–

Bauelemente · Gebäudearten · Kostengruppen · Neubau · Abbrechen · Wiederherstellen · Herstellen

Doppel- und Reihenendhäuser, hoher Standard

Kostengruppen	von	€/Einheit	bis	KG an 300+400
310 Baugrube				
311 Baugrubenherstellung [m³]	15,00	**20,00**	25,00	1,6%
312 Baugrubenumschließung [m²]	–	**3,60**	–	0,0%
313 Wasserhaltung [m²]	–	**–**	–	–
319 Baugrube, sonstiges [m³]	–	**–**	–	–
320 Gründung				
321 Baugrundverbesserung [m²]	–	**–**	–	–
322 Flachgründungen [m²]	44,00	**77,00**	112,00	1,5%
323 Tiefgründungen [m²]	–	**–**	–	–
324 Unterböden und Bodenplatten [m²]	39,00	**65,00**	88,00	2,4%
325 Bodenbeläge [m²]	57,00	**99,00**	129,00	2,5%
326 Bauwerksabdichtungen [m²]	9,60	**16,00**	24,00	0,4%
327 Dränagen [m²]	–	**7,90**	–	0,0%
329 Gründung, sonstiges [m²]	–	**–**	–	–
330 Außenwände				
331 Tragende Außenwände [m²]	101,00	**117,00**	148,00	9,5%
332 Nichttragende Außenwände [m²]	–	**74,00**	–	0,0%
333 Außenstützen [m]	80,00	**126,00**	212,00	0,4%
334 Außentüren und -fenster [m²]	393,00	**436,00**	512,00	6,7%
335 Außenwandbekleidungen außen [m²]	64,00	**99,00**	128,00	9,1%
336 Außenwandbekleidungen innen [m²]	28,00	**41,00**	57,00	2,2%
337 Elementierte Außenwände [m²]	140,00	**183,00**	226,00	0,7%
338 Sonnenschutz [m²]	126,00	**140,00**	167,00	1,0%
339 Außenwände, sonstiges [m²]	3,70	**17,00**	30,00	1,3%
340 Innenwände				
341 Tragende Innenwände [m²]	68,00	**86,00**	107,00	4,2%
342 Nichttragende Innenwände [m²]	52,00	**82,00**	124,00	2,1%
343 Innenstützen [m]	29,00	**60,00**	112,00	0,0%
344 Innentüren und -fenster [m²]	156,00	**271,00**	351,00	1,8%
345 Innenwandbekleidungen [m²]	30,00	**43,00**	59,00	4,5%
346 Elementierte Innenwände [m²]	–	**–**	–	–
349 Innenwände, sonstiges [m²]	–	**6,10**	–	0,1%
350 Decken				
351 Deckenkonstruktionen [m²]	127,00	**166,00**	238,00	7,3%
352 Deckenbeläge [m²]	79,00	**107,00**	148,00	4,0%
353 Deckenbekleidungen [m²]	19,00	**19,00**	19,00	0,2%
359 Decken, sonstiges [m²]	11,00	**22,00**	48,00	0,8%
360 Dächer				
361 Dachkonstruktionen [m²]	72,00	**110,00**	134,00	4,6%
362 Dachfenster, Dachöffnungen [m²]	695,00	**1.227,00**	1.572,00	0,7%
363 Dachbeläge [m²]	107,00	**130,00**	197,00	6,3%
364 Dachbekleidungen [m²]	18,00	**34,00**	48,00	0,9%
369 Dächer, sonstiges [m²]	–	**1,00**	–	0,0%
370 Baukonstruktive Einbauten				
371 Allgemeine Einbauten [m² BGF]	–	**21,00**	–	0,3%
372 Besondere Einbauten [m² BGF]	–	**–**	–	–
379 Baukonstruktive Einbauten, sonstiges [m² BGF]	–	**–**	–	–

Kostenstand: 1.Quartal 2012, Bundesdurchschnitt, **inkl. MwSt.**

Kostengruppen	von	€/Einheit	bis	KG an 300+400
390 Sonstige Maßnahmen für Baukonstruktionen				
391 Baustelleneinrichtung [m² BGF]	5,20	**20,00**	31,00	1,7%
392 Gerüste [m² BGF]	4,30	**7,60**	12,00	0,5%
393 Sicherungsmaßnahmen [m² BGF]	–	–	–	–
394 Abbruchmaßnahmen [m² BGF]	–	**3,60**	–	0,0%
395 Instandsetzungen [m² BGF]	–	–	–	–
396 Materialentsorgung [m² BGF]	–	–	–	–
397 Zusätzliche Maßnahmen [m² BGF]	1,40	**3,20**	4,90	0,1%
398 Provisorische Baukonstruktionen [m² BGF]	–	–	–	–
399 Sonstige Maßnahmen für Baukonstruktionen, sonst. [m² BGF]	–	–	–	–
410 Abwasser-, Wasser-, Gasanlagen				
411 Abwasseranlagen [m² BGF]	17,00	**20,00**	25,00	1,7%
412 Wasseranlagen [m² BGF]	37,00	**47,00**	84,00	3,9%
420 Wärmeversorgungsanlagen				
421 Wärmeerzeugungsanlagen [m² BGF]	33,00	**45,00**	57,00	1,7%
422 Wärmeverteilnetze [m² BGF]	12,00	**12,00**	12,00	0,4%
423 Raumheizflächen [m² BGF]	14,00	**16,00**	18,00	0,6%
429 Wärmeversorgungsanlagen, sonstiges [m² BGF]	6,30	**12,00**	19,00	0,4%
430 Lufttechnische Anlagen				
431 Lüftungsanlagen [m² BGF]	11,00	**15,00**	21,00	0,8%
440 Starkstromanlagen				
443 Niederspannungsschaltanlagen [m² BGF]	–	–	–	–
444 Niederspannungsinstallationsanlagen [m² BGF]	19,00	**38,00**	63,00	2,4%
445 Beleuchtungsanlagen [m² BGF]	6,20	**8,00**	9,80	0,2%
446 Blitzschutz- und Erdungsanlagen [m² BGF]	1,90	**3,10**	5,00	0,1%
450 Fernmelde- und informationstechnische Anlagen				
451 Telekommunikationsanlagen [m² BGF]	0,60	**1,00**	1,20	0,0%
452 Such- und Signalanlagen [m² BGF]	1,10	**1,80**	2,10	0,1%
455 Fernseh- und Antennenanlagen [m² BGF]	0,50	**2,40**	6,00	0,1%
456 Gefahrenmelde- und Alarmanlagen [m² BGF]	–	–	–	–
457 Übertragungsnetze [m² BGF]	–	–	–	–
460 Förderanlagen				
461 Aufzugsanlagen [m² BGF]	–	–	–	–
470 Nutzungsspezifische Anlagen				
471 Küchentechnische Anlagen [m² BGF]	–	–	–	–
473 Medienversorgungsanlagen [m² BGF]	–	–	–	–
475 Feuerlöschanlagen [m² BGF]	–	–	–	–
480 Gebäudeautomation				
481 Automationssysteme [m² BGF]	–	–	–	–
Weitere Kosten für Technische Anlagen	–	**0,90**	–	0,0%

**Reihenhäuser,
einfacher Standard**

Kostengruppen		von	€/Einheit	bis	KG an 300+400
310	**Baugrube**				
311	Baugrubenherstellung [m³]	–	**8,30**	–	0,6%
312	Baugrubenumschließung [m²]	–	**–**	–	–
313	Wasserhaltung [m²]	–	**–**	–	–
319	Baugrube, sonstiges [m³]	–	**–**	–	–
320	**Gründung**				
321	Baugrundverbesserung [m²]	–	**–**	–	–
322	Flachgründungen [m²]	40,00	**49,00**	58,00	2,2%
323	Tiefgründungen [m²]	–	**–**	–	–
324	Unterböden und Bodenplatten [m²]	–	**47,00**	–	1,2%
325	Bodenbeläge [m²]	29,00	**39,00**	49,00	1,5%
326	Bauwerksabdichtungen [m²]	–	**10,00**	–	0,1%
327	Dränagen [m²]	–	**–**	–	–
329	Gründung, sonstiges [m²]	–	**–**	–	–
330	**Außenwände**				
331	Tragende Außenwände [m²]	90,00	**92,00**	94,00	8,8%
332	Nichttragende Außenwände [m²]	–	**102,00**	–	0,2%
333	Außenstützen [m]	–	**39,00**	–	0,1%
334	Außentüren und -fenster [m²]	234,00	**249,00**	263,00	6,5%
335	Außenwandbekleidungen außen [m²]	64,00	**65,00**	65,00	4,9%
336	Außenwandbekleidungen innen [m²]	3,40	**9,60**	16,00	0,7%
337	Elementierte Außenwände [m²]	–	**–**	–	–
338	Sonnenschutz [m²]	66,00	**73,00**	80,00	1,4%
339	Außenwände, sonstiges [m²]	–	**14,00**	–	0,8%
340	**Innenwände**				
341	Tragende Innenwände [m²]	60,00	**73,00**	85,00	9,3%
342	Nichttragende Innenwände [m²]	49,00	**56,00**	64,00	4,4%
343	Innenstützen [m]	–	**116,00**	–	0,3%
344	Innentüren und -fenster [m²]	141,00	**144,00**	147,00	2,0%
345	Innenwandbekleidungen [m²]	12,00	**13,00**	15,00	3,9%
346	Elementierte Innenwände [m²]	–	**–**	–	–
349	Innenwände, sonstiges [m²]	–	**–**	–	–
350	**Decken**				
351	Deckenkonstruktionen [m²]	112,00	**115,00**	117,00	13,7%
352	Deckenbeläge [m²]	39,00	**45,00**	51,00	4,2%
353	Deckenbekleidungen [m²]	3,40	**6,20**	8,90	0,6%
359	Decken, sonstiges [m²]	5,80	**14,00**	22,00	1,6%
360	**Dächer**				
361	Dachkonstruktionen [m²]	30,00	**61,00**	92,00	3,4%
362	Dachfenster, Dachöffnungen [m²]	–	**442,00**	–	0,8%
363	Dachbeläge [m²]	80,00	**89,00**	98,00	5,5%
364	Dachbekleidungen [m²]	–	**17,00**	–	0,5%
369	Dächer, sonstiges [m²]	–	**2,90**	–	0,0%
370	**Baukonstruktive Einbauten**				
371	Allgemeine Einbauten [m² BGF]	–	**–**	–	–
372	Besondere Einbauten [m² BGF]	–	**–**	–	–
379	Baukonstruktive Einbauten, sonstiges [m² BGF]	–	**–**	–	–

© **BKI** Baukosteninformationszentrum; Erläuterungen zu den Tabellen siehe Seite 60   Kostenstand: 1.Quartal 2012, Bundesdurchschnitt, **inkl.** MwSt.

Kostengruppen	von	€/Einheit	bis	KG an 300+400
390 **Sonstige Maßnahmen für Baukonstruktionen**				
391 Baustelleneinrichtung [m² BGF]	–	**1,70**	–	0,1%
392 Gerüste [m² BGF]	4,10	**6,20**	8,20	0,9%
393 Sicherungsmaßnahmen [m² BGF]	–	–	–	–
394 Abbruchmaßnahmen [m² BGF]	–	–	–	–
395 Instandsetzungen [m² BGF]	–	–	–	–
396 Materialentsorgung [m² BGF]	–	–	–	–
397 Zusätzliche Maßnahmen [m² BGF]	–	**2,40**	–	0,1%
398 Provisorische Baukonstruktionen [m² BGF]	–	–	–	–
399 Sonstige Maßnahmen für Baukonstruktionen, sonst. [m² BGF]	–	–	–	–
410 **Abwasser-, Wasser-, Gasanlagen**				
411 Abwasseranlagen [m² BGF]	6,00	**12,00**	18,00	1,9%
412 Wasseranlagen [m² BGF]	27,00	**33,00**	38,00	5,1%
420 **Wärmeversorgungsanlagen**				
421 Wärmeerzeugungsanlagen [m² BGF]	22,00	**23,00**	24,00	3,6%
422 Wärmeverteilnetze [m² BGF]	1,00	**5,40**	9,90	0,8%
423 Raumheizflächen [m² BGF]	13,00	**15,00**	16,00	2,3%
429 Wärmeversorgungsanlagen, sonstiges [m² BGF]	–	**2,30**	–	0,1%
430 **Lufttechnische Anlagen**				
431 Lüftungsanlagen [m² BGF]	0,80	**2,30**	3,80	0,3%
440 **Starkstromanlagen**				
443 Niederspannungsschaltanlagen [m² BGF]	–	–	–	–
444 Niederspannungsinstallationsanlagen [m² BGF]	13,00	**20,00**	27,00	3,1%
445 Beleuchtungsanlagen [m² BGF]	–	–	–	–
446 Blitzschutz- und Erdungsanlagen [m² BGF]	–	**0,40**	–	0,0%
450 **Fernmelde- und informationstechnische Anlagen**				
451 Telekommunikationsanlagen [m² BGF]	–	–	–	–
452 Such- und Signalanlagen [m² BGF]	–	**1,60**	–	0,1%
455 Fernseh- und Antennenanlagen [m² BGF]	–	**0,30**	–	0,0%
456 Gefahrenmelde- und Alarmanlagen [m² BGF]	–	–	–	–
457 Übertragungsnetze [m² BGF]	–	–	–	–
460 **Förderanlagen**				
461 Aufzugsanlagen [m² BGF]	–	–	–	–
470 **Nutzungsspezifische Anlagen**				
471 Küchentechnische Anlagen [m² BGF]	–	–	–	–
473 Medienversorgungsanlagen [m² BGF]	–	–	–	–
475 Feuerlöschanlagen [m² BGF]	–	–	–	–
480 **Gebäudeautomation**				
481 Automationssysteme [m² BGF]	–	–	–	–
Weitere Kosten für Technische Anlagen	0,60	**3,80**	7,00	0,5%

**Reihenhäuser,
mittlerer Standard**

Kostengruppen		von	€/Einheit	bis	KG an 300+400
310	**Baugrube**				
311	Baugrubenherstellung [m³]	15,00	**26,00**	48,00	1,8%
312	Baugrubenumschließung [m²]	–	**–**	–	–
313	Wasserhaltung [m²]	–	**–**	–	–
319	Baugrube, sonstiges [m³]	–	**–**	–	–
320	**Gründung**				
321	Baugrundverbesserung [m²]	–	**21,00**	–	0,2%
322	Flachgründungen [m²]	42,00	**55,00**	80,00	1,0%
323	Tiefgründungen [m²]	–	**163,00**	–	0,0%
324	Unterböden und Bodenplatten [m²]	44,00	**75,00**	99,00	3,2%
325	Bodenbeläge [m²]	35,00	**53,00**	76,00	1,9%
326	Bauwerksabdichtungen [m²]	5,90	**16,00**	22,00	0,5%
327	Dränagen [m²]	–	**14,00**	–	0,1%
329	Gründung, sonstiges [m²]	–	**–**	–	–
330	**Außenwände**				
331	Tragende Außenwände [m²]	87,00	**112,00**	136,00	8,2%
332	Nichttragende Außenwände [m²]	–	**64,00**	–	0,1%
333	Außenstützen [m]	–	**51,00**	–	0,0%
334	Außentüren und -fenster [m²]	339,00	**478,00**	629,00	7,6%
335	Außenwandbekleidungen außen [m²]	39,00	**54,00**	68,00	4,7%
336	Außenwandbekleidungen innen [m²]	8,90	**27,00**	33,00	1,9%
337	Elementierte Außenwände [m²]	122,00	**251,00**	380,00	2,9%
338	Sonnenschutz [m²]	83,00	**103,00**	112,00	1,1%
339	Außenwände, sonstiges [m²]	8,00	**17,00**	31,00	1,5%
340	**Innenwände**				
341	Tragende Innenwände [m²]	63,00	**81,00**	99,00	6,5%
342	Nichttragende Innenwände [m²]	60,00	**69,00**	79,00	2,4%
343	Innenstützen [m]	15,00	**130,00**	190,00	0,1%
344	Innentüren und -fenster [m²]	174,00	**251,00**	311,00	3,4%
345	Innenwandbekleidungen [m²]	20,00	**28,00**	34,00	4,3%
346	Elementierte Innenwände [m²]	–	**–**	–	–
349	Innenwände, sonstiges [m²]	0,10	**7,40**	15,00	0,4%
350	**Decken**				
351	Deckenkonstruktionen [m²]	102,00	**114,00**	143,00	8,7%
352	Deckenbeläge [m²]	45,00	**60,00**	66,00	3,9%
353	Deckenbekleidungen [m²]	8,60	**20,00**	52,00	0,9%
359	Decken, sonstiges [m²]	5,20	**11,00**	23,00	0,9%
360	**Dächer**				
361	Dachkonstruktionen [m²]	53,00	**79,00**	111,00	3,7%
362	Dachfenster, Dachöffnungen [m²]	–	**1.143,00**	–	0,1%
363	Dachbeläge [m²]	71,00	**98,00**	127,00	5,1%
364	Dachbekleidungen [m²]	7,00	**18,00**	49,00	0,8%
369	Dächer, sonstiges [m²]	–	**2,50**	–	0,0%
370	**Baukonstruktive Einbauten**				
371	Allgemeine Einbauten [m² BGF]	–	**–**	–	–
372	Besondere Einbauten [m² BGF]	–	**–**	–	–
379	Baukonstruktive Einbauten, sonstiges [m² BGF]	–	**–**	–	–

© **BKI** Baukosteninformationszentrum; Erläuterungen zu den Tabellen siehe Seite 60   Kostenstand: 1.Quartal 2012, Bundesdurchschnitt, **inkl. MwSt.**

Kostengruppen	von	€/Einheit	bis	KG an 300+400
390 Sonstige Maßnahmen für Baukonstruktionen				
391 Baustelleneinrichtung [m² BGF]	6,50	**8,20**	12,00	1,0%
392 Gerüste [m² BGF]	3,40	**5,30**	6,50	0,5%
393 Sicherungsmaßnahmen [m² BGF]	–	–	–	–
394 Abbruchmaßnahmen [m² BGF]	–	–	–	–
395 Instandsetzungen [m² BGF]	–	–	–	–
396 Materialentsorgung [m² BGF]	–	–	–	–
397 Zusätzliche Maßnahmen [m² BGF]	–	**5,70**	–	0,1%
398 Provisorische Baukonstruktionen [m² BGF]	–	–	–	–
399 Sonstige Maßnahmen für Baukonstruktionen, sonst. [m² BGF]	–	–	–	–
410 Abwasser-, Wasser-, Gasanlagen				
411 Abwasseranlagen [m² BGF]	12,00	**17,00**	21,00	2,1%
412 Wasseranlagen [m² BGF]	28,00	**39,00**	71,00	4,7%
420 Wärmeversorgungsanlagen				
421 Wärmeerzeugungsanlagen [m² BGF]	8,70	**21,00**	26,00	1,9%
422 Wärmeverteilnetze [m² BGF]	4,30	**12,00**	27,00	1,0%
423 Raumheizflächen [m² BGF]	14,00	**17,00**	24,00	1,6%
429 Wärmeversorgungsanlagen, sonstiges [m² BGF]	6,60	**15,00**	28,00	1,3%
430 Lufttechnische Anlagen				
431 Lüftungsanlagen [m² BGF]	3,70	**25,00**	45,00	1,5%
440 Starkstromanlagen				
443 Niederspannungsschaltanlagen [m² BGF]	–	–	–	–
444 Niederspannungsinstallationsanlagen [m² BGF]	22,00	**27,00**	32,00	3,4%
445 Beleuchtungsanlagen [m² BGF]	0,40	**2,10**	3,90	0,1%
446 Blitzschutz- und Erdungsanlagen [m² BGF]	1,60	**2,00**	3,00	0,2%
450 Fernmelde- und informationstechnische Anlagen				
451 Telekommunikationsanlagen [m² BGF]	1,00	**1,10**	1,30	0,1%
452 Such- und Signalanlagen [m² BGF]	0,90	**1,70**	2,50	0,2%
455 Fernseh- und Antennenanlagen [m² BGF]	1,20	**3,30**	6,90	0,3%
456 Gefahrenmelde- und Alarmanlagen [m² BGF]	–	–	–	–
457 Übertragungsnetze [m² BGF]	–	**0,20**	–	0,0%
460 Förderanlagen				
461 Aufzugsanlagen [m² BGF]	–	–	–	–
470 Nutzungsspezifische Anlagen				
471 Küchentechnische Anlagen [m² BGF]	–	–	–	–
473 Medienversorgungsanlagen [m² BGF]	–	–	–	–
475 Feuerlöschanlagen [m² BGF]	–	–	–	–
480 Gebäudeautomation				
481 Automationssysteme [m² BGF]	–	–	–	–
Weitere Kosten für Technische Anlagen	0,20	**0,40**	0,60	0,0%

Reihenhäuser, hoher Standard

Kostengruppen		von	€/Einheit	bis	KG an 300+400
310	**Baugrube**				
311	Baugrubenherstellung [m³]	4,20	**12,00**	16,00	0,8%
312	Baugrubenumschließung [m²]	–	**–**	–	–
313	Wasserhaltung [m²]	–	**–**	–	–
319	Baugrube, sonstiges [m³]	–	**–**	–	–
320	**Gründung**				
321	Baugrundverbesserung [m²]	3,10	**6,90**	11,00	0,1%
322	Flachgründungen [m²]	89,00	**198,00**	411,00	2,1%
323	Tiefgründungen [m²]	–	**126,00**	–	1,5%
324	Unterböden und Bodenplatten [m²]	38,00	**48,00**	64,00	1,5%
325	Bodenbeläge [m²]	–	**176,00**	–	1,5%
326	Bauwerksabdichtungen [m²]	6,00	**15,00**	32,00	0,4%
327	Dränagen [m²]	–	**4,60**	–	0,0%
329	Gründung, sonstiges [m²]	–	**–**	–	–
330	**Außenwände**				
331	Tragende Außenwände [m²]	131,00	**165,00**	182,00	6,9%
332	Nichttragende Außenwände [m²]	–	**259,00**	–	0,6%
333	Außenstützen [m]	–	**–**	–	–
334	Außentüren und -fenster [m²]	382,00	**456,00**	575,00	5,4%
335	Außenwandbekleidungen außen [m²]	88,00	**105,00**	135,00	5,0%
336	Außenwandbekleidungen innen [m²]	8,40	**26,00**	61,00	0,5%
337	Elementierte Außenwände [m²]	–	**258,00**	–	1,5%
338	Sonnenschutz [m²]	106,00	**118,00**	129,00	0,6%
339	Außenwände, sonstiges [m²]	57,00	**81,00**	105,00	3,8%
340	**Innenwände**				
341	Tragende Innenwände [m²]	85,00	**108,00**	123,00	5,7%
342	Nichttragende Innenwände [m²]	77,00	**92,00**	121,00	3,3%
343	Innenstützen [m]	–	**35,00**	–	0,0%
344	Innentüren und -fenster [m²]	262,00	**298,00**	363,00	1,9%
345	Innenwandbekleidungen [m²]	9,80	**24,00**	31,00	3,4%
346	Elementierte Innenwände [m²]	–	**137,00**	–	0,2%
349	Innenwände, sonstiges [m²]	–	**–**	–	–
350	**Decken**				
351	Deckenkonstruktionen [m²]	45,00	**134,00**	179,00	8,7%
352	Deckenbeläge [m²]	79,00	**105,00**	147,00	5,8%
353	Deckenbekleidungen [m²]	15,00	**25,00**	44,00	1,4%
359	Decken, sonstiges [m²]	–	**4,10**	–	0,0%
360	**Dächer**				
361	Dachkonstruktionen [m²]	54,00	**98,00**	188,00	3,3%
362	Dachfenster, Dachöffnungen [m²]	121,00	**510,00**	898,00	0,6%
363	Dachbeläge [m²]	100,00	**117,00**	150,00	4,5%
364	Dachbekleidungen [m²]	6,10	**42,00**	67,00	1,5%
369	Dächer, sonstiges [m²]	1,20	**2,80**	5,50	0,1%
370	**Baukonstruktive Einbauten**				
371	Allgemeine Einbauten [m² BGF]	–	**1,80**	–	0,0%
372	Besondere Einbauten [m² BGF]	–	**0,10**	–	0,0%
379	Baukonstruktive Einbauten, sonstiges [m² BGF]	–	**–**	–	–

Kostenstand: 1.Quartal 2012, Bundesdurchschnitt, inkl. MwSt.

Kostengruppen	von	€/Einheit	bis	KG an 300+400
390 Sonstige Maßnahmen für Baukonstruktionen				
391 Baustelleneinrichtung [m² BGF]	11,00	**25,00**	50,00	2,5%
392 Gerüste [m² BGF]	8,60	**12,00**	15,00	0,8%
393 Sicherungsmaßnahmen [m² BGF]	–	**–**	–	–
394 Abbruchmaßnahmen [m² BGF]	–	**–**	–	–
395 Instandsetzungen [m² BGF]	–	**–**	–	–
396 Materialentsorgung [m² BGF]	–	**–**	–	–
397 Zusätzliche Maßnahmen [m² BGF]	3,70	**5,10**	6,40	0,3%
398 Provisorische Baukonstruktionen [m² BGF]	–	**–**	–	–
399 Sonstige Maßnahmen für Baukonstruktionen, sonst. [m² BGF]	–	**–**	–	–
410 Abwasser-, Wasser-, Gasanlagen				
411 Abwasseranlagen [m² BGF]	18,00	**24,00**	34,00	2,3%
412 Wasseranlagen [m² BGF]	29,00	**45,00**	57,00	4,5%
420 Wärmeversorgungsanlagen				
421 Wärmeerzeugungsanlagen [m² BGF]	30,00	**51,00**	65,00	5,1%
422 Wärmeverteilnetze [m² BGF]	8,80	**11,00**	16,00	1,1%
423 Raumheizflächen [m² BGF]	15,00	**17,00**	19,00	1,7%
429 Wärmeversorgungsanlagen, sonstiges [m² BGF]	–	**–**	–	–
430 Lufttechnische Anlagen				
431 Lüftungsanlagen [m² BGF]	12,00	**29,00**	38,00	2,8%
440 Starkstromanlagen				
443 Niederspannungsschaltanlagen [m² BGF]	–	**–**	–	–
444 Niederspannungsinstallationsanlagen [m² BGF]	20,00	**33,00**	40,00	3,3%
445 Beleuchtungsanlagen [m² BGF]	–	**3,30**	–	0,1%
446 Blitzschutz- und Erdungsanlagen [m² BGF]	0,60	**0,70**	0,70	0,0%
450 Fernmelde- und informationstechnische Anlagen				
451 Telekommunikationsanlagen [m² BGF]	–	**0,80**	–	0,0%
452 Such- und Signalanlagen [m² BGF]	–	**2,20**	–	0,0%
455 Fernseh- und Antennenanlagen [m² BGF]	2,90	**7,90**	13,00	0,5%
456 Gefahrenmelde- und Alarmanlagen [m² BGF]	–	**–**	–	–
457 Übertragungsnetze [m² BGF]	–	**2,20**	–	0,0%
460 Förderanlagen				
461 Aufzugsanlagen [m² BGF]	–	**–**	–	–
470 Nutzungsspezifische Anlagen				
471 Küchentechnische Anlagen [m² BGF]	–	**1,10**	–	0,0%
473 Medienversorgungsanlagen [m² BGF]	–	**–**	–	–
475 Feuerlöschanlagen [m² BGF]	–	**–**	–	–
480 Gebäudeautomation				
481 Automationssysteme [m² BGF]	–	**–**	–	–
Weitere Kosten für Technische Anlagen	–	**2,20**	–	0,0%

**Mehrfamilienhäuser,
mit bis zu 6 WE,
einfacher Standard**

Kostengruppen	von	€/Einheit	bis	KG an 300+400
310 Baugrube				
311 Baugrubenherstellung [m³]	5,60	**9,00**	15,00	1,0%
312 Baugrubenumschließung [m²]	–	**–**	–	–
313 Wasserhaltung [m²]	–	**–**	–	–
319 Baugrube, sonstiges [m³]	–	**–**	–	–
320 Gründung				
321 Baugrundverbesserung [m²]	–	**–**	–	–
322 Flachgründungen [m²]	64,00	**124,00**	241,00	3,2%
323 Tiefgründungen [m²]	–	**–**	–	–
324 Unterböden und Bodenplatten [m²]	–	**21,00**	–	0,3%
325 Bodenbeläge [m²]	28,00	**31,00**	36,00	0,9%
326 Bauwerksabdichtungen [m²]	4,90	**8,00**	9,70	0,3%
327 Dränagen [m²]	6,80	**8,40**	9,90	0,2%
329 Gründung, sonstiges [m²]	–	**1,70**	–	0,0%
330 Außenwände				
331 Tragende Außenwände [m²]	70,00	**83,00**	109,00	6,8%
332 Nichttragende Außenwände [m²]	–	**–**	–	–
333 Außenstützen [m]	–	**116,00**	–	0,0%
334 Außentüren und -fenster [m²]	249,00	**277,00**	331,00	5,3%
335 Außenwandbekleidungen außen [m²]	45,00	**60,00**	67,00	5,0%
336 Außenwandbekleidungen innen [m²]	8,70	**23,00**	32,00	1,6%
337 Elementierte Außenwände [m²]	–	**–**	–	–
338 Sonnenschutz [m²]	–	**–**	–	–
339 Außenwände, sonstiges [m²]	1,50	**17,00**	47,00	1,8%
340 Innenwände				
341 Tragende Innenwände [m²]	67,00	**74,00**	86,00	3,7%
342 Nichttragende Innenwände [m²]	54,00	**60,00**	71,00	3,9%
343 Innenstützen [m]	66,00	**196,00**	325,00	0,1%
344 Innentüren und -fenster [m²]	175,00	**251,00**	401,00	3,8%
345 Innenwandbekleidungen [m²]	16,00	**30,00**	59,00	5,9%
346 Elementierte Innenwände [m²]	–	**–**	–	–
349 Innenwände, sonstiges [m²]	1,10	**2,00**	3,60	0,2%
350 Decken				
351 Deckenkonstruktionen [m²]	118,00	**134,00**	165,00	15,0%
352 Deckenbeläge [m²]	39,00	**62,00**	108,00	5,0%
353 Deckenbekleidungen [m²]	8,40	**12,00**	18,00	0,9%
359 Decken, sonstiges [m²]	5,90	**11,00**	16,00	0,6%
360 Dächer				
361 Dachkonstruktionen [m²]	42,00	**61,00**	98,00	4,1%
362 Dachfenster, Dachöffnungen [m²]	517,00	**668,00**	956,00	1,2%
363 Dachbeläge [m²]	63,00	**75,00**	99,00	5,2%
364 Dachbekleidungen [m²]	29,00	**51,00**	72,00	1,5%
369 Dächer, sonstiges [m²]	2,50	**4,50**	7,60	0,3%
370 Baukonstruktive Einbauten				
371 Allgemeine Einbauten [m² BGF]	1,50	**3,30**	5,10	0,4%
372 Besondere Einbauten [m² BGF]	–	**–**	–	–
379 Baukonstruktive Einbauten, sonstiges [m² BGF]	–	**–**	–	–

© BKI Baukosteninformationszentrum; Erläuterungen zu den Tabellen siehe Seite 60   Kostenstand: 1.Quartal 2012, Bundesdurchschnitt, **inkl. MwSt.**

Kostengruppen	von	€/Einheit	bis	KG an 300+400
390 Sonstige Maßnahmen für Baukonstruktionen				
391 Baustelleneinrichtung [m² BGF]	7,20	**12,00**	21,00	2,0%
392 Gerüste [m² BGF]	2,20	**3,90**	5,70	0,4%
393 Sicherungsmaßnahmen [m² BGF]	–	**–**	–	–
394 Abbruchmaßnahmen [m² BGF]	–	**0,30**	–	0,0%
395 Instandsetzungen [m² BGF]	–	**–**	–	–
396 Materialentsorgung [m² BGF]	–	**–**	–	–
397 Zusätzliche Maßnahmen [m² BGF]	0,60	**3,20**	5,80	0,3%
398 Provisorische Baukonstruktionen [m² BGF]	–	**–**	–	–
399 Sonstige Maßnahmen für Baukonstruktionen, sonst. [m² BGF]	–	**1,10**	–	0,0%
410 Abwasser-, Wasser-, Gasanlagen				
411 Abwasseranlagen [m² BGF]	15,00	**18,00**	23,00	2,9%
412 Wasseranlagen [m² BGF]	23,00	**27,00**	33,00	4,4%
420 Wärmeversorgungsanlagen				
421 Wärmeerzeugungsanlagen [m² BGF]	4,90	**6,50**	8,00	0,7%
422 Wärmeverteilnetze [m² BGF]	9,40	**16,00**	23,00	1,6%
423 Raumheizflächen [m² BGF]	9,70	**12,00**	15,00	1,3%
429 Wärmeversorgungsanlagen, sonstiges [m² BGF]	2,00	**3,70**	5,50	0,4%
430 Lufttechnische Anlagen				
431 Lüftungsanlagen [m² BGF]	–	**1,10**	–	0,0%
440 Starkstromanlagen				
443 Niederspannungsschaltanlagen [m² BGF]	1,60	**3,50**	5,50	0,3%
444 Niederspannungsinstallationsanlagen [m² BGF]	15,00	**16,00**	18,00	1,7%
445 Beleuchtungsanlagen [m² BGF]	–	**1,90**	–	0,1%
446 Blitzschutz- und Erdungsanlagen [m² BGF]	0,20	**0,50**	0,70	0,0%
450 Fernmelde- und informationstechnische Anlagen				
451 Telekommunikationsanlagen [m² BGF]	–	**–**	–	–
452 Such- und Signalanlagen [m² BGF]	–	**1,40**	–	0,0%
455 Fernseh- und Antennenanlagen [m² BGF]	–	**0,50**	–	0,0%
456 Gefahrenmelde- und Alarmanlagen [m² BGF]	–	**–**	–	–
457 Übertragungsnetze [m² BGF]	–	**–**	–	–
460 Förderanlagen				
461 Aufzugsanlagen [m² BGF]	–	**–**	–	–
470 Nutzungsspezifische Anlagen				
471 Küchentechnische Anlagen [m² BGF]	–	**–**	–	–
473 Medienversorgungsanlagen [m² BGF]	–	**–**	–	–
475 Feuerlöschanlagen [m² BGF]	–	**0,20**	–	0,0%
480 Gebäudeautomation				
481 Automationssysteme [m² BGF]	–	**–**	–	–
Weitere Kosten für Technische Anlagen	–	**0,20**	–	0,0%

Mehrfamilienhäuser, mit bis zu 6 WE, einfacher Standard

Bauelemente · Gebäudearten

Kostengruppen

Neubau

Abbrechen

Wiederherstellen

Herstellen

Mehrfamilienhäuser, mit bis zu 6 WE, mittlerer Standard

Kostengruppen		von	€/Einheit	bis	KG an 300+400
310	**Baugrube**				
311	Baugrubenherstellung [m³]	17,00	**22,00**	27,00	2,7%
312	Baugrubenumschließung [m²]	–	**–**	–	–
313	Wasserhaltung [m²]	–	**3,60**	–	0,0%
319	Baugrube, sonstiges [m³]	–	**0,50**	–	0,0%
320	**Gründung**				
321	Baugrundverbesserung [m²]	6,50	**16,00**	26,00	0,2%
322	Flachgründungen [m²]	47,00	**72,00**	130,00	1,8%
323	Tiefgründungen [m²]	–	**–**	–	–
324	Unterböden und Bodenplatten [m²]	43,00	**54,00**	80,00	1,4%
325	Bodenbeläge [m²]	34,00	**49,00**	83,00	1,2%
326	Bauwerksabdichtungen [m²]	14,00	**23,00**	57,00	0,6%
327	Dränagen [m²]	8,00	**15,00**	21,00	0,3%
329	Gründung, sonstiges [m²]	–	**–**	–	–
330	**Außenwände**				
331	Tragende Außenwände [m²]	79,00	**106,00**	142,00	7,6%
332	Nichttragende Außenwände [m²]	–	**52,00**	–	0,0%
333	Außenstützen [m]	69,00	**127,00**	175,00	0,1%
334	Außentüren und -fenster [m²]	279,00	**383,00**	464,00	6,4%
335	Außenwandbekleidungen außen [m²]	49,00	**77,00**	108,00	5,9%
336	Außenwandbekleidungen innen [m²]	21,00	**25,00**	30,00	1,6%
337	Elementierte Außenwände [m²]	163,00	**452,00**	599,00	1,2%
338	Sonnenschutz [m²]	110,00	**150,00**	218,00	0,8%
339	Außenwände, sonstiges [m²]	8,40	**23,00**	61,00	1,7%
340	**Innenwände**				
341	Tragende Innenwände [m²]	58,00	**76,00**	119,00	2,9%
342	Nichttragende Innenwände [m²]	53,00	**64,00**	88,00	3,5%
343	Innenstützen [m]	93,00	**152,00**	291,00	0,2%
344	Innentüren und -fenster [m²]	188,00	**277,00**	328,00	2,9%
345	Innenwandbekleidungen [m²]	17,00	**28,00**	34,00	4,2%
346	Elementierte Innenwände [m²]	70,00	**109,00**	147,00	0,0%
349	Innenwände, sonstiges [m²]	2,20	**3,40**	4,60	0,0%
350	**Decken**				
351	Deckenkonstruktionen [m²]	107,00	**132,00**	182,00	10,3%
352	Deckenbeläge [m²]	73,00	**103,00**	141,00	6,3%
353	Deckenbekleidungen [m²]	9,20	**17,00**	26,00	0,9%
359	Decken, sonstiges [m²]	7,60	**25,00**	41,00	1,8%
360	**Dächer**				
361	Dachkonstruktionen [m²]	60,00	**76,00**	96,00	3,3%
362	Dachfenster, Dachöffnungen [m²]	425,00	**617,00**	964,00	0,9%
363	Dachbeläge [m²]	66,00	**102,00**	149,00	4,3%
364	Dachbekleidungen [m²]	50,00	**63,00**	78,00	2,2%
369	Dächer, sonstiges [m²]	3,00	**9,30**	20,00	0,3%
370	**Baukonstruktive Einbauten**				
371	Allgemeine Einbauten [m² BGF]	1,00	**1,90**	2,70	0,0%
372	Besondere Einbauten [m² BGF]	–	**–**	–	–
379	Baukonstruktive Einbauten, sonstiges [m² BGF]	–	**–**	–	–

© **BKI** Baukosteninformationszentrum; Erläuterungen zu den Tabellen siehe Seite 60   Kostenstand: 1.Quartal 2012, Bundesdurchschnitt, **inkl.** MwSt.

Kostengruppen	von	€/Einheit	bis	KG an 300+400
390 Sonstige Maßnahmen für Baukonstruktionen				
391 Baustelleneinrichtung [m² BGF]	6,70	**13,00**	25,00	1,4%
392 Gerüste [m² BGF]	4,90	**6,10**	9,60	0,6%
393 Sicherungsmaßnahmen [m² BGF]	–	**–**	–	–
394 Abbruchmaßnahmen [m² BGF]	–	**–**	–	–
395 Instandsetzungen [m² BGF]	–	**–**	–	–
396 Materialentsorgung [m² BGF]	–	**–**	–	–
397 Zusätzliche Maßnahmen [m² BGF]	1,50	**2,70**	4,90	0,1%
398 Provisorische Baukonstruktionen [m² BGF]	–	**–**	–	–
399 Sonstige Maßnahmen für Baukonstruktionen, sonst. [m² BGF]	1,00	**2,00**	2,90	0,0%
410 Abwasser-, Wasser-, Gasanlagen				
411 Abwasseranlagen [m² BGF]	14,00	**20,00**	29,00	2,3%
412 Wasseranlagen [m² BGF]	32,00	**43,00**	59,00	4,8%
420 Wärmeversorgungsanlagen				
421 Wärmeerzeugungsanlagen [m² BGF]	13,00	**20,00**	30,00	2,0%
422 Wärmeverteilnetze [m² BGF]	7,60	**14,00**	19,00	1,3%
423 Raumheizflächen [m² BGF]	14,00	**23,00**	34,00	2,3%
429 Wärmeversorgungsanlagen, sonstiges [m² BGF]	3,10	**6,00**	13,00	0,6%
430 Lufttechnische Anlagen				
431 Lüftungsanlagen [m² BGF]	2,90	**9,20**	40,00	0,6%
440 Starkstromanlagen				
443 Niederspannungsschaltanlagen [m² BGF]	–	**3,00**	–	0,0%
444 Niederspannungsinstallationsanlagen [m² BGF]	18,00	**24,00**	29,00	2,5%
445 Beleuchtungsanlagen [m² BGF]	1,00	**1,70**	3,10	0,1%
446 Blitzschutz- und Erdungsanlagen [m² BGF]	0,90	**1,40**	2,20	0,1%
450 Fernmelde- und informationstechnische Anlagen				
451 Telekommunikationsanlagen [m² BGF]	0,30	**0,60**	0,90	0,0%
452 Such- und Signalanlagen [m² BGF]	1,90	**2,70**	4,50	0,2%
455 Fernseh- und Antennenanlagen [m² BGF]	1,50	**2,30**	3,60	0,2%
456 Gefahrenmelde- und Alarmanlagen [m² BGF]	–	**0,50**	–	0,0%
457 Übertragungsnetze [m² BGF]	–	**0,70**	–	0,0%
460 Förderanlagen				
461 Aufzugsanlagen [m² BGF]	–	**–**	–	–
470 Nutzungsspezifische Anlagen				
471 Küchentechnische Anlagen [m² BGF]	–	**–**	–	–
473 Medienversorgungsanlagen [m² BGF]	–	**–**	–	–
475 Feuerlöschanlagen [m² BGF]	–	**0,10**	–	0,0%
480 Gebäudeautomation				
481 Automationssysteme [m² BGF]	–	**–**	–	–
Weitere Kosten für Technische Anlagen	1,30	**8,40**	22,00	0,2%

Bauelemente · Gebäudearten · Kostengruppen · Neubau · Abbrechen · Wiederherstellen · Herstellen

Mehrfamilienhäuser, mit bis zu 6 WE, hoher Standard

Kostengruppen	von	€/Einheit	bis	KG an 300+400
310 Baugrube				
311 Baugrubenherstellung [m³]	15,00	**33,00**	52,00	1,7%
312 Baugrubenumschließung [m²]	–	**226,00**	–	0,7%
313 Wasserhaltung [m²]	–	**–**	–	–
319 Baugrube, sonstiges [m³]	–	**0,90**	–	0,0%
320 Gründung				
321 Baugrundverbesserung [m²]	–	**–**	–	–
322 Flachgründungen [m²]	51,00	**76,00**	89,00	1,2%
323 Tiefgründungen [m²]	–	**412,00**	–	1,6%
324 Unterböden und Bodenplatten [m²]	51,00	**63,00**	98,00	1,9%
325 Bodenbeläge [m²]	53,00	**92,00**	135,00	1,5%
326 Bauwerksabdichtungen [m²]	12,00	**23,00**	36,00	0,5%
327 Dränagen [m²]	13,00	**16,00**	19,00	0,1%
329 Gründung, sonstiges [m²]	–	**–**	–	–
330 Außenwände				
331 Tragende Außenwände [m²]	88,00	**103,00**	117,00	6,3%
332 Nichttragende Außenwände [m²]	81,00	**195,00**	310,00	0,1%
333 Außenstützen [m]	156,00	**168,00**	185,00	0,3%
334 Außentüren und -fenster [m²]	345,00	**442,00**	525,00	6,3%
335 Außenwandbekleidungen außen [m²]	84,00	**119,00**	217,00	7,9%
336 Außenwandbekleidungen innen [m²]	25,00	**29,00**	32,00	1,4%
337 Elementierte Außenwände [m²]	208,00	**402,00**	780,00	1,8%
338 Sonnenschutz [m²]	104,00	**126,00**	139,00	1,0%
339 Außenwände, sonstiges [m²]	22,00	**29,00**	42,00	1,9%
340 Innenwände				
341 Tragende Innenwände [m²]	71,00	**90,00**	108,00	3,0%
342 Nichttragende Innenwände [m²]	44,00	**64,00**	86,00	2,2%
343 Innenstützen [m]	72,00	**134,00**	195,00	0,0%
344 Innentüren und -fenster [m²]	347,00	**655,00**	1.027,00	4,5%
345 Innenwandbekleidungen [m²]	22,00	**28,00**	34,00	3,3%
346 Elementierte Innenwände [m²]	–	**55,00**	–	0,0%
349 Innenwände, sonstiges [m²]	–	**–**	–	–
350 Decken				
351 Deckenkonstruktionen [m²]	123,00	**153,00**	241,00	9,2%
352 Deckenbeläge [m²]	97,00	**138,00**	153,00	7,5%
353 Deckenbekleidungen [m²]	5,10	**16,00**	20,00	0,7%
359 Decken, sonstiges [m²]	22,00	**36,00**	63,00	1,3%
360 Dächer				
361 Dachkonstruktionen [m²]	70,00	**101,00**	161,00	3,1%
362 Dachfenster, Dachöffnungen [m²]	887,00	**945,00**	1.004,00	0,4%
363 Dachbeläge [m²]	118,00	**149,00**	240,00	4,9%
364 Dachbekleidungen [m²]	22,00	**48,00**	59,00	1,3%
369 Dächer, sonstiges [m²]	1,00	**2,30**	4,30	0,0%
370 Baukonstruktive Einbauten				
371 Allgemeine Einbauten [m² BGF]	–	**3,60**	–	0,0%
372 Besondere Einbauten [m² BGF]	–	**4,00**	–	0,0%
379 Baukonstruktive Einbauten, sonstiges [m² BGF]	–	**–**	–	–

© **BKI** Baukosteninformationszentrum; Erläuterungen zu den Tabellen siehe Seite 60   Kostenstand: 1.Quartal 2012, Bundesdurchschnitt, **inkl. MwSt.**

Kostengruppen		von	€/Einheit	bis	KG an 300+400
390	**Sonstige Maßnahmen für Baukonstruktionen**				
391	Baustelleneinrichtung [m² BGF]	12,00	**17,00**	21,00	1,5%
392	Gerüste [m² BGF]	6,70	**13,00**	18,00	1,1%
393	Sicherungsmaßnahmen [m² BGF]	–	**4,20**	–	0,0%
394	Abbruchmaßnahmen [m² BGF]	–	**–**	–	–
395	Instandsetzungen [m² BGF]	–	**–**	–	–
396	Materialentsorgung [m² BGF]	–	**–**	–	–
397	Zusätzliche Maßnahmen [m² BGF]	0,10	**3,00**	4,40	0,1%
398	Provisorische Baukonstruktionen [m² BGF]	–	**1,90**	–	0,0%
399	Sonstige Maßnahmen für Baukonstruktionen, sonst. [m² BGF]	–	**–**	–	–
410	**Abwasser-, Wasser-, Gasanlagen**				
411	Abwasseranlagen [m² BGF]	19,00	**25,00**	31,00	2,2%
412	Wasseranlagen [m² BGF]	41,00	**46,00**	63,00	4,1%
420	**Wärmeversorgungsanlagen**				
421	Wärmeerzeugungsanlagen [m² BGF]	16,00	**19,00**	27,00	1,6%
422	Wärmeverteilnetze [m² BGF]	8,20	**17,00**	29,00	1,4%
423	Raumheizflächen [m² BGF]	19,00	**23,00**	29,00	2,0%
429	Wärmeversorgungsanlagen, sonstiges [m² BGF]	1,40	**2,70**	4,20	0,2%
430	**Lufttechnische Anlagen**				
431	Lüftungsanlagen [m² BGF]	1,00	**1,90**	3,60	0,1%
440	**Starkstromanlagen**				
443	Niederspannungsschaltanlagen [m² BGF]	–	**–**	–	–
444	Niederspannungsinstallationsanlagen [m² BGF]	28,00	**34,00**	41,00	3,2%
445	Beleuchtungsanlagen [m² BGF]	0,30	**8,50**	13,00	0,6%
446	Blitzschutz- und Erdungsanlagen [m² BGF]	0,70	**0,90**	1,20	0,0%
450	**Fernmelde- und informationstechnische Anlagen**				
451	Telekommunikationsanlagen [m² BGF]	1,40	**1,60**	1,70	0,1%
452	Such- und Signalanlagen [m² BGF]	1,20	**4,00**	7,00	0,3%
455	Fernseh- und Antennenanlagen [m² BGF]	1,40	**2,00**	2,40	0,1%
456	Gefahrenmelde- und Alarmanlagen [m² BGF]	–	**–**	–	–
457	Übertragungsnetze [m² BGF]	0,20	**2,20**	4,20	0,0%
460	**Förderanlagen**				
461	Aufzugsanlagen [m² BGF]	–	**31,00**	–	0,8%
470	**Nutzungsspezifische Anlagen**				
471	Küchentechnische Anlagen [m² BGF]	–	**–**	–	–
473	Medienversorgungsanlagen [m² BGF]	–	**–**	–	–
475	Feuerlöschanlagen [m² BGF]	–	**–**	–	–
480	**Gebäudeautomation**				
481	Automationssysteme [m² BGF]	–	**–**	–	–
	Weitere Kosten für Technische Anlagen	1,50	**2,80**	4,20	0,1%

Bauelemente

Gebäudearten

Kostengruppen

Neubau

Abbrechen

Wiederherstellen

Herstellen

Mehrfamilienhäuser, mit 6 bis 19 WE, einfacher Standard

Kostengruppen	von	€/Einheit	bis	KG an 300+400
310 Baugrube				
311 Baugrubenherstellung [m³]	25,00	**32,00**	36,00	2,7%
312 Baugrubenumschließung [m²]	–	**–**	–	–
313 Wasserhaltung [m²]	–	**–**	–	–
319 Baugrube, sonstiges [m³]	–	**–**	–	–
320 Gründung				
321 Baugrundverbesserung [m²]	–	**–**	–	–
322 Flachgründungen [m²]	36,00	**42,00**	53,00	1,5%
323 Tiefgründungen [m²]	–	**–**	–	–
324 Unterböden und Bodenplatten [m²]	60,00	**76,00**	105,00	2,9%
325 Bodenbeläge [m²]	19,00	**27,00**	32,00	0,4%
326 Bauwerksabdichtungen [m²]	6,10	**17,00**	38,00	0,7%
327 Dränagen [m²]	2,00	**5,60**	13,00	0,2%
329 Gründung, sonstiges [m²]	–	**–**	–	–
330 Außenwände				
331 Tragende Außenwände [m²]	94,00	**110,00**	119,00	7,1%
332 Nichttragende Außenwände [m²]	–	**–**	–	–
333 Außenstützen [m]				
334 Außentüren und -fenster [m²]	297,00	**447,00**	676,00	5,8%
335 Außenwandbekleidungen außen [m²]	65,00	**91,00**	143,00	4,9%
336 Außenwandbekleidungen innen [m²]	15,00	**24,00**	28,00	1,3%
337 Elementierte Außenwände [m²]	–	**–**	–	–
338 Sonnenschutz [m²]	114,00	**162,00**	244,00	1,6%
339 Außenwände, sonstiges [m²]	3,30	**14,00**	34,00	0,7%
340 Innenwände				
341 Tragende Innenwände [m²]	61,00	**79,00**	88,00	3,2%
342 Nichttragende Innenwände [m²]	54,00	**62,00**	65,00	3,2%
343 Innenstützen [m]	69,00	**160,00**	207,00	0,6%
344 Innentüren und -fenster [m²]	267,00	**287,00**	298,00	3,2%
345 Innenwandbekleidungen [m²]	16,00	**28,00**	36,00	4,5%
346 Elementierte Innenwände [m²]	–	**47,00**	–	0,1%
349 Innenwände, sonstiges [m²]	–	**–**	–	–
350 Decken				
351 Deckenkonstruktionen [m²]	134,00	**145,00**	165,00	13,0%
352 Deckenbeläge [m²]	50,00	**87,00**	105,00	6,8%
353 Deckenbekleidungen [m²]	16,00	**32,00**	63,00	2,6%
359 Decken, sonstiges [m²]	6,60	**16,00**	30,00	1,3%
360 Dächer				
361 Dachkonstruktionen [m²]	33,00	**68,00**	90,00	2,8%
362 Dachfenster, Dachöffnungen [m²]	519,00	**723,00**	825,00	0,8%
363 Dachbeläge [m²]	72,00	**93,00**	104,00	4,1%
364 Dachbekleidungen [m²]	50,00	**70,00**	82,00	2,7%
369 Dächer, sonstiges [m²]	1,10	**3,50**	7,50	0,2%
370 Baukonstruktive Einbauten				
371 Allgemeine Einbauten [m² BGF]	–	**–**	–	–
372 Besondere Einbauten [m² BGF]	–	**–**	–	–
379 Baukonstruktive Einbauten, sonstiges [m² BGF]	–	**–**	–	–

© **BKI** Baukosteninformationszentrum; Erläuterungen zu den Tabellen siehe Seite 60   Kostenstand: 1.Quartal 2012, Bundesdurchschnitt, **inkl. MwSt.**

Kostengruppen	von	€/Einheit	bis	KG an 300+400
390 Sonstige Maßnahmen für Baukonstruktionen				
391 Baustelleneinrichtung [m² BGF]	0,80	**6,70**	10,00	0,9%
392 Gerüste [m² BGF]	3,20	**3,60**	3,90	0,3%
393 Sicherungsmaßnahmen [m² BGF]	–	**0,90**	–	0,0%
394 Abbruchmaßnahmen [m² BGF]	–	**–**	–	–
395 Instandsetzungen [m² BGF]	–	**–**	–	–
396 Materialentsorgung [m² BGF]	–	**2,30**	–	0,1%
397 Zusätzliche Maßnahmen [m² BGF]	–	**0,70**	–	0,0%
398 Provisorische Baukonstruktionen [m² BGF]	–	**–**	–	–
399 Sonstige Maßnahmen für Baukonstruktionen, sonst. [m² BGF]	–	**6,60**	–	0,3%
410 Abwasser-, Wasser-, Gasanlagen				
411 Abwasseranlagen [m² BGF]	12,00	**19,00**	23,00	2,5%
412 Wasseranlagen [m² BGF]	32,00	**38,00**	50,00	5,1%
420 Wärmeversorgungsanlagen				
421 Wärmeerzeugungsanlagen [m² BGF]	4,90	**15,00**	21,00	2,0%
422 Wärmeverteilnetze [m² BGF]	10,00	**12,00**	13,00	1,6%
423 Raumheizflächen [m² BGF]	13,00	**14,00**	16,00	1,9%
429 Wärmeversorgungsanlagen, sonstiges [m² BGF]	1,60	**9,50**	17,00	0,8%
430 Lufttechnische Anlagen				
431 Lüftungsanlagen [m² BGF]	2,90	**3,10**	3,30	0,3%
440 Starkstromanlagen				
443 Niederspannungsschaltanlagen [m² BGF]	–	**–**	–	–
444 Niederspannungsinstallationsanlagen [m² BGF]	19,00	**21,00**	22,00	2,8%
445 Beleuchtungsanlagen [m² BGF]	0,50	**2,50**	3,80	0,3%
446 Blitzschutz- und Erdungsanlagen [m² BGF]	0,30	**0,70**	0,90	0,0%
450 Fernmelde- und informationstechnische Anlagen				
451 Telekommunikationsanlagen [m² BGF]	0,50	**0,70**	0,90	0,0%
452 Such- und Signalanlagen [m² BGF]	1,30	**1,50**	2,00	0,2%
455 Fernseh- und Antennenanlagen [m² BGF]	0,70	**1,10**	1,30	0,1%
456 Gefahrenmelde- und Alarmanlagen [m² BGF]	–	**–**	–	–
457 Übertragungsnetze [m² BGF]	–	**–**	–	–
460 Förderanlagen				
461 Aufzugsanlagen [m² BGF]	–	**–**	–	–
470 Nutzungsspezifische Anlagen				
471 Küchentechnische Anlagen [m² BGF]	–	**–**	–	–
473 Medienversorgungsanlagen [m² BGF]	–	**–**	–	–
475 Feuerlöschanlagen [m² BGF]	–	**–**	–	–
480 Gebäudeautomation				
481 Automationssysteme [m² BGF]	–	**–**	–	–
Weitere Kosten für Technische Anlagen	–	**–**	–	–

Bauelemente

Gebäudearten

Kostengruppen

Neubau

Abbrechen

Wiederherstellen

Herstellen

**Mehrfamilienhäuser,
mit 6 bis 19 WE,
mittlerer Standard**

Kostengruppen	von	€/Einheit	bis	KG an 300+400
310 Baugrube				
311 Baugrubenherstellung [m³]	13,00	**16,00**	24,00	2,2%
312 Baugrubenumschließung [m²]	165,00	**209,00**	252,00	1,3%
313 Wasserhaltung [m²]	–	**1,00**	–	0,0%
319 Baugrube, sonstiges [m³]	–	**–**	–	–
320 Gründung				
321 Baugrundverbesserung [m²]	–	**–**	–	–
322 Flachgründungen [m²]	21,00	**58,00**	106,00	1,4%
323 Tiefgründungen [m²]	–	**–**	–	–
324 Unterböden und Bodenplatten [m²]	84,00	**125,00**	177,00	3,6%
325 Bodenbeläge [m²]	17,00	**30,00**	38,00	0,3%
326 Bauwerksabdichtungen [m²]	14,00	**19,00**	26,00	0,5%
327 Dränagen [m²]	3,70	**12,00**	40,00	0,1%
329 Gründung, sonstiges [m²]	–	**–**	–	–
330 Außenwände				
331 Tragende Außenwände [m²]	121,00	**136,00**	154,00	8,7%
332 Nichttragende Außenwände [m²]	61,00	**67,00**	74,00	0,2%
333 Außenstützen [m]	94,00	**146,00**	251,00	0,0%
334 Außentüren und -fenster [m²]	230,00	**326,00**	423,00	5,4%
335 Außenwandbekleidungen außen [m²]	61,00	**80,00**	102,00	5,3%
336 Außenwandbekleidungen innen [m²]	15,00	**24,00**	28,00	1,1%
337 Elementierte Außenwände [m²]	342,00	**411,00**	481,00	1,1%
338 Sonnenschutz [m²]	74,00	**167,00**	509,00	1,9%
339 Außenwände, sonstiges [m²]	4,80	**14,00**	25,00	1,1%
340 Innenwände				
341 Tragende Innenwände [m²]	76,00	**91,00**	105,00	4,7%
342 Nichttragende Innenwände [m²]	46,00	**55,00**	70,00	2,7%
343 Innenstützen [m]	91,00	**127,00**	254,00	0,4%
344 Innentüren und -fenster [m²]	205,00	**298,00**	409,00	3,3%
345 Innenwandbekleidungen [m²]	19,00	**25,00**	38,00	3,6%
346 Elementierte Innenwände [m²]	22,00	**32,00**	43,00	0,1%
349 Innenwände, sonstiges [m²]	–	**15,00**	–	0,2%
350 Decken				
351 Deckenkonstruktionen [m²]	114,00	**134,00**	157,00	12,5%
352 Deckenbeläge [m²]	75,00	**94,00**	113,00	6,6%
353 Deckenbekleidungen [m²]	16,00	**22,00**	30,00	1,6%
359 Decken, sonstiges [m²]	17,00	**19,00**	28,00	1,5%
360 Dächer				
361 Dachkonstruktionen [m²]	61,00	**78,00**	111,00	3,7%
362 Dachfenster, Dachöffnungen [m²]	389,00	**630,00**	1.163,00	0,7%
363 Dachbeläge [m²]	67,00	**89,00**	128,00	3,8%
364 Dachbekleidungen [m²]	45,00	**74,00**	131,00	2,5%
369 Dächer, sonstiges [m²]	2,60	**4,60**	6,50	0,1%
370 Baukonstruktive Einbauten				
371 Allgemeine Einbauten [m² BGF]	–	**1,00**	–	0,0%
372 Besondere Einbauten [m² BGF]	–	**–**	–	–
379 Baukonstruktive Einbauten, sonstiges [m² BGF]	–	**–**	–	–

© **BKI** Baukosteninformationszentrum; Erläuterungen zu den Tabellen siehe Seite 60   Kostenstand: 1.Quartal 2012, Bundesdurchschnitt, inkl. MwSt.

Mehrfamilienhäuser, mit 6 bis 19 WE, mittlerer Standard

Kostengruppen	von	€/Einheit	bis	KG an 300+400
390 Sonstige Maßnahmen für Baukonstruktionen				
391 Baustelleneinrichtung [m² BGF]	2,70	**6,20**	9,50	0,8%
392 Gerüste [m² BGF]	1,10	**3,50**	5,90	0,2%
393 Sicherungsmaßnahmen [m² BGF]	–	**0,70**	–	0,0%
394 Abbruchmaßnahmen [m² BGF]	–	**1,80**	–	0,0%
395 Instandsetzungen [m² BGF]	–	**–**	–	–
396 Materialentsorgung [m² BGF]	–	**–**	–	–
397 Zusätzliche Maßnahmen [m² BGF]	–	**0,30**	–	0,0%
398 Provisorische Baukonstruktionen [m² BGF]	–	**–**	–	–
399 Sonstige Maßnahmen für Baukonstruktionen, sonst. [m² BGF]	–	**–**	–	–
410 Abwasser-, Wasser-, Gasanlagen				
411 Abwasseranlagen [m² BGF]	13,00	**20,00**	25,00	2,5%
412 Wasseranlagen [m² BGF]	24,00	**32,00**	44,00	4,0%
420 Wärmeversorgungsanlagen				
421 Wärmeerzeugungsanlagen [m² BGF]	5,40	**7,00**	9,00	0,7%
422 Wärmeverteilnetze [m² BGF]	4,10	**10,00**	19,00	1,0%
423 Raumheizflächen [m² BGF]	15,00	**17,00**	20,00	1,8%
429 Wärmeversorgungsanlagen, sonstiges [m² BGF]	4,90	**8,50**	18,00	0,6%
430 Lufttechnische Anlagen				
431 Lüftungsanlagen [m² BGF]	1,00	**2,90**	4,10	0,2%
440 Starkstromanlagen				
443 Niederspannungsschaltanlagen [m² BGF]	0,90	**2,10**	3,30	0,0%
444 Niederspannungsinstallationsanlagen [m² BGF]	14,00	**20,00**	27,00	2,6%
445 Beleuchtungsanlagen [m² BGF]	0,60	**1,80**	5,10	0,2%
446 Blitzschutz- und Erdungsanlagen [m² BGF]	0,80	**1,10**	2,30	0,1%
450 Fernmelde- und informationstechnische Anlagen				
451 Telekommunikationsanlagen [m² BGF]	0,60	**0,80**	0,90	0,0%
452 Such- und Signalanlagen [m² BGF]	1,60	**2,40**	4,70	0,1%
455 Fernseh- und Antennenanlagen [m² BGF]	0,90	**1,70**	2,10	0,1%
456 Gefahrenmelde- und Alarmanlagen [m² BGF]	–	**0,30**	–	0,0%
457 Übertragungsnetze [m² BGF]	–	**–**	–	–
460 Förderanlagen				
461 Aufzugsanlagen [m² BGF]	–	**–**	–	–
470 Nutzungsspezifische Anlagen				
471 Küchentechnische Anlagen [m² BGF]	–	**–**	–	–
473 Medienversorgungsanlagen [m² BGF]	–	**–**	–	–
475 Feuerlöschanlagen [m² BGF]	–	**0,10**	–	0,0%
480 Gebäudeautomation				
481 Automationssysteme [m² BGF]	–	**–**	–	–
Weitere Kosten für Technische Anlagen	–	**–**	–	–

Bauelemente | Gebäudearten | Kostengruppen | Neubau | Abbrechen | Wiederherstellen | Herstellen

Mehrfamilienhäuser, mit 6 bis 19 WE, hoher Standard

Kostengruppen	von	€/Einheit	bis	KG an 300+400
310 Baugrube				
311 Baugrubenherstellung [m³]	22,00	**30,00**	39,00	2,6%
312 Baugrubenumschließung [m²]	131,00	**159,00**	188,00	0,3%
313 Wasserhaltung [m²]	2,50	**7,10**	12,00	0,0%
319 Baugrube, sonstiges [m³]	–	**–**	–	–
320 Gründung				
321 Baugrundverbesserung [m²]	2,80	**6,80**	8,90	0,1%
322 Flachgründungen [m²]	30,00	**57,00**	78,00	1,3%
323 Tiefgründungen [m²]	38,00	**97,00**	155,00	0,4%
324 Unterböden und Bodenplatten [m²]	43,00	**69,00**	86,00	2,4%
325 Bodenbeläge [m²]	26,00	**37,00**	53,00	0,4%
326 Bauwerksabdichtungen [m²]	9,80	**16,00**	26,00	0,5%
327 Dränagen [m²]	3,90	**8,10**	20,00	0,2%
329 Gründung, sonstiges [m²]	–	**–**	–	–
330 Außenwände				
331 Tragende Außenwände [m²]	91,00	**110,00**	147,00	7,6%
332 Nichttragende Außenwände [m²]	–	**132,00**	–	0,2%
333 Außenstützen [m]	–	**312,00**	–	0,0%
334 Außentüren und -fenster [m²]	235,00	**319,00**	396,00	5,1%
335 Außenwandbekleidungen außen [m²]	66,00	**116,00**	310,00	8,0%
336 Außenwandbekleidungen innen [m²]	17,00	**23,00**	31,00	1,1%
337 Elementierte Außenwände [m²]	792,00	**796,00**	800,00	1,1%
338 Sonnenschutz [m²]	79,00	**147,00**	215,00	0,9%
339 Außenwände, sonstiges [m²]	5,20	**6,70**	11,00	0,5%
340 Innenwände				
341 Tragende Innenwände [m²]	62,00	**103,00**	137,00	3,5%
342 Nichttragende Innenwände [m²]	47,00	**55,00**	67,00	3,1%
343 Innenstützen [m]	95,00	**162,00**	199,00	0,6%
344 Innentüren und -fenster [m²]	263,00	**341,00**	391,00	3,1%
345 Innenwandbekleidungen [m²]	21,00	**28,00**	43,00	3,9%
346 Elementierte Innenwände [m²]	–	**90,00**	–	0,0%
349 Innenwände, sonstiges [m²]	–	**1,20**	–	0,0%
350 Decken				
351 Deckenkonstruktionen [m²]	108,00	**124,00**	146,00	9,6%
352 Deckenbeläge [m²]	77,00	**88,00**	104,00	5,3%
353 Deckenbekleidungen [m²]	17,00	**20,00**	24,00	1,1%
359 Decken, sonstiges [m²]	13,00	**20,00**	29,00	1,6%
360 Dächer				
361 Dachkonstruktionen [m²]	92,00	**109,00**	135,00	3,8%
362 Dachfenster, Dachöffnungen [m²]	248,00	**730,00**	1.227,00	0,5%
363 Dachbeläge [m²]	113,00	**145,00**	166,00	4,5%
364 Dachbekleidungen [m²]	15,00	**28,00**	48,00	0,7%
369 Dächer, sonstiges [m²]	5,40	**18,00**	36,00	0,7%
370 Baukonstruktive Einbauten				
371 Allgemeine Einbauten [m² BGF]	3,70	**10,00**	23,00	0,6%
372 Besondere Einbauten [m² BGF]	–	**0,10**	–	0,0%
379 Baukonstruktive Einbauten, sonstiges [m² BGF]	–	**–**	–	–

© **BKI** Baukosteninformationszentrum; Erläuterungen zu den Tabellen siehe Seite 60   Kostenstand: 1.Quartal 2012, Bundesdurchschnitt, inkl. MwSt.

Kostengruppen	von	€/Einheit	bis	KG an 300+400
390 Sonstige Maßnahmen für Baukonstruktionen				
391 Baustelleneinrichtung [m² BGF]	12,00	**20,00**	48,00	2,2%
392 Gerüste [m² BGF]	4,50	**7,80**	13,00	0,8%
393 Sicherungsmaßnahmen [m² BGF]	3,60	**11,00**	18,00	0,4%
394 Abbruchmaßnahmen [m² BGF]	–	**2,80**	–	0,0%
395 Instandsetzungen [m² BGF]	–	**–**	–	–
396 Materialentsorgung [m² BGF]	–	**1,30**	–	0,0%
397 Zusätzliche Maßnahmen [m² BGF]	0,80	**2,40**	3,90	0,2%
398 Provisorische Baukonstruktionen [m² BGF]	–	**–**	–	–
399 Sonstige Maßnahmen für Baukonstruktionen, sonst. [m² BGF]	–	**–**	–	–
410 Abwasser-, Wasser-, Gasanlagen				
411 Abwasseranlagen [m² BGF]	16,00	**20,00**	26,00	2,2%
412 Wasseranlagen [m² BGF]	27,00	**35,00**	41,00	3,9%
420 Wärmeversorgungsanlagen				
421 Wärmeerzeugungsanlagen [m² BGF]	7,50	**11,00**	20,00	1,1%
422 Wärmeverteilnetze [m² BGF]	7,70	**13,00**	14,00	1,4%
423 Raumheizflächen [m² BGF]	9,90	**17,00**	30,00	1,9%
429 Wärmeversorgungsanlagen, sonstiges [m² BGF]	–	**3,20**	–	0,0%
430 Lufttechnische Anlagen				
431 Lüftungsanlagen [m² BGF]	4,30	**8,50**	16,00	0,9%
440 Starkstromanlagen				
443 Niederspannungsschaltanlagen [m² BGF]	–	**–**	–	–
444 Niederspannungsinstallationsanlagen [m² BGF]	17,00	**24,00**	29,00	2,7%
445 Beleuchtungsanlagen [m² BGF]	1,30	**2,40**	5,60	0,2%
446 Blitzschutz- und Erdungsanlagen [m² BGF]	0,60	**1,00**	1,20	0,1%
450 Fernmelde- und informationstechnische Anlagen				
451 Telekommunikationsanlagen [m² BGF]	0,60	**1,60**	2,00	0,1%
452 Such- und Signalanlagen [m² BGF]	1,70	**3,00**	4,20	0,2%
455 Fernseh- und Antennenanlagen [m² BGF]	1,60	**2,20**	2,90	0,2%
456 Gefahrenmelde- und Alarmanlagen [m² BGF]	0,60	**1,60**	2,60	0,0%
457 Übertragungsnetze [m² BGF]	–	**1,40**	–	0,0%
460 Förderanlagen				
461 Aufzugsanlagen [m² BGF]	24,00	**28,00**	31,00	3,1%
470 Nutzungsspezifische Anlagen				
471 Küchentechnische Anlagen [m² BGF]	–	**–**	–	–
473 Medienversorgungsanlagen [m² BGF]	–	**–**	–	–
475 Feuerlöschanlagen [m² BGF]	–	**0,30**	–	0,0%
480 Gebäudeautomation				
481 Automationssysteme [m² BGF]	–	**–**	–	–
Weitere Kosten für Technische Anlagen	5,00	**6,00**	7,60	0,4%

Bauelemente

Gebäudearten

Kostengruppen

Neubau

Abbrechen

Wiederherstellen

Herstellen

Mehrfamilienhäuser, mit mehr als 20 WE

Kostengruppen		von	€/Einheit	bis	KG an 300+400
310	**Baugrube**				
311	Baugrubenherstellung [m³]	13,00	**16,00**	23,00	1,6%
312	Baugrubenumschließung [m²]	–	**156,00**	–	0,4%
313	Wasserhaltung [m²]	1,90	**3,10**	4,30	0,0%
319	Baugrube, sonstiges [m³]	–	**–**	–	–
320	**Gründung**				
321	Baugrundverbesserung [m²]	–	**40,00**	–	0,3%
322	Flachgründungen [m²]	31,00	**44,00**	69,00	0,9%
323	Tiefgründungen [m²]	–	**153,00**	–	0,3%
324	Unterböden und Bodenplatten [m²]	44,00	**64,00**	102,00	1,5%
325	Bodenbeläge [m²]	29,00	**37,00**	53,00	0,7%
326	Bauwerksabdichtungen [m²]	12,00	**25,00**	46,00	0,6%
327	Dränagen [m²]	–	**13,00**	–	0,1%
329	Gründung, sonstiges [m²]	–	**–**	–	–
330	**Außenwände**				
331	Tragende Außenwände [m²]	65,00	**73,00**	84,00	5,1%
332	Nichttragende Außenwände [m²]	105,00	**126,00**	147,00	0,2%
333	Außenstützen [m]	–	**180,00**	–	0,0%
334	Außentüren und -fenster [m²]	226,00	**319,00**	480,00	4,9%
335	Außenwandbekleidungen außen [m²]	67,00	**85,00**	95,00	6,4%
336	Außenwandbekleidungen innen [m²]	13,00	**18,00**	27,00	1,1%
337	Elementierte Außenwände [m²]	–	**660,00**	–	2,4%
338	Sonnenschutz [m²]	267,00	**351,00**	517,00	1,2%
339	Außenwände, sonstiges [m²]	1,90	**22,00**	61,00	1,7%
340	**Innenwände**				
341	Tragende Innenwände [m²]	58,00	**76,00**	87,00	3,6%
342	Nichttragende Innenwände [m²]	49,00	**56,00**	67,00	3,4%
343	Innenstützen [m]	100,00	**105,00**	110,00	0,0%
344	Innentüren und -fenster [m²]	272,00	**314,00**	396,00	4,0%
345	Innenwandbekleidungen [m²]	8,90	**17,00**	21,00	2,6%
346	Elementierte Innenwände [m²]	–	**44,00**	–	0,1%
349	Innenwände, sonstiges [m²]	–	**–**	–	–
350	**Decken**				
351	Deckenkonstruktionen [m²]	86,00	**109,00**	120,00	10,3%
352	Deckenbeläge [m²]	65,00	**87,00**	120,00	6,6%
353	Deckenbekleidungen [m²]	7,50	**12,00**	20,00	1,1%
359	Decken, sonstiges [m²]	22,00	**31,00**	48,00	2,7%
360	**Dächer**				
361	Dachkonstruktionen [m²]	94,00	**138,00**	182,00	2,2%
362	Dachfenster, Dachöffnungen [m²]	–	**2.051,00**	–	0,0%
363	Dachbeläge [m²]	111,00	**144,00**	177,00	2,7%
364	Dachbekleidungen [m²]	15,00	**20,00**	26,00	0,2%
369	Dächer, sonstiges [m²]	1,70	**17,00**	32,00	0,2%
370	**Baukonstruktive Einbauten**				
371	Allgemeine Einbauten [m² BGF]	–	**1,40**	–	0,0%
372	Besondere Einbauten [m² BGF]	–	**–**	–	–
379	Baukonstruktive Einbauten, sonstiges [m² BGF]	–	**–**	–	–

© **BKI** Baukosteninformationszentrum; Erläuterungen zu den Tabellen siehe Seite 60   Kostenstand: 1.Quartal 2012, Bundesdurchschnitt, **inkl. MwSt.**

Kostengruppen		von	€/Einheit	bis	KG an 300+400
390	**Sonstige Maßnahmen für Baukonstruktionen**				
391	Baustelleneinrichtung [m² BGF]	7,40	**13,00**	22,00	1,6%
392	Gerüste [m² BGF]	6,70	**9,10**	13,00	1,1%
393	Sicherungsmaßnahmen [m² BGF]	–	**–**	–	–
394	Abbruchmaßnahmen [m² BGF]	–	**–**	–	–
395	Instandsetzungen [m² BGF]	–	**–**	–	–
396	Materialentsorgung [m² BGF]	–	**–**	–	–
397	Zusätzliche Maßnahmen [m² BGF]	2,20	**5,20**	11,00	0,6%
398	Provisorische Baukonstruktionen [m² BGF]	–	**–**	–	–
399	Sonstige Maßnahmen für Baukonstruktionen, sonst. [m² BGF]	–	**–**	–	–
410	**Abwasser-, Wasser-, Gasanlagen**				
411	Abwasseranlagen [m² BGF]	13,00	**16,00**	22,00	1,9%
412	Wasseranlagen [m² BGF]	24,00	**35,00**	51,00	4,2%
420	**Wärmeversorgungsanlagen**				
421	Wärmeerzeugungsanlagen [m² BGF]	4,10	**4,30**	4,40	0,5%
422	Wärmeverteilnetze [m² BGF]	6,30	**7,60**	10,00	0,9%
423	Raumheizflächen [m² BGF]	8,20	**20,00**	26,00	2,4%
429	Wärmeversorgungsanlagen, sonstiges [m² BGF]	0,30	**1,00**	1,40	0,1%
430	**Lufttechnische Anlagen**				
431	Lüftungsanlagen [m² BGF]	8,00	**22,00**	49,00	2,6%
440	**Starkstromanlagen**				
443	Niederspannungsschaltanlagen [m² BGF]	–	**–**	–	–
444	Niederspannungsinstallationsanlagen [m² BGF]	24,00	**25,00**	25,00	3,0%
445	Beleuchtungsanlagen [m² BGF]	3,80	**6,80**	12,00	0,8%
446	Blitzschutz- und Erdungsanlagen [m² BGF]	1,10	**2,10**	4,00	0,2%
450	**Fernmelde- und informationstechnische Anlagen**				
451	Telekommunikationsanlagen [m² BGF]	0,90	**1,40**	1,70	0,1%
452	Such- und Signalanlagen [m² BGF]	1,50	**5,10**	12,00	0,6%
455	Fernseh- und Antennenanlagen [m² BGF]	1,10	**1,70**	2,90	0,2%
456	Gefahrenmelde- und Alarmanlagen [m² BGF]	0,60	**3,40**	6,20	0,2%
457	Übertragungsnetze [m² BGF]	–	**–**	–	–
460	**Förderanlagen**				
461	Aufzugsanlagen [m² BGF]	17,00	**33,00**	48,00	2,8%
470	**Nutzungsspezifische Anlagen**				
471	Küchentechnische Anlagen [m² BGF]	–	**–**	–	–
473	Medienversorgungsanlagen [m² BGF]	–	**–**	–	–
475	Feuerlöschanlagen [m² BGF]	–	**1,80**	–	0,0%
480	**Gebäudeautomation**				
481	Automationssysteme [m² BGF]	–	**–**	–	–
	Weitere Kosten für Technische Anlagen	2,60	**15,00**	39,00	1,9%

Bauelemente   Gebäudearten   Kostengruppen   Neubau   Abbrechen   Wiederherstellen   Herstellen

Mehrfamilienhäuser, energiesparend, ökologisch

Kostengruppen		von	€/Einheit	bis	KG an 300+400
310	**Baugrube**				
311	Baugrubenherstellung [m³]	17,00	**22,00**	34,00	2,0%
312	Baugrubenumschließung [m²]	–	**145,00**	–	0,0%
313	Wasserhaltung [m²]	6,30	**15,00**	24,00	0,1%
319	Baugrube, sonstiges [m³]	–	**–**	–	–
320	**Gründung**				
321	Baugrundverbesserung [m²]	7,80	**23,00**	52,00	0,3%
322	Flachgründungen [m²]	38,00	**59,00**	87,00	1,6%
323	Tiefgründungen [m²]	–	**–**	–	–
324	Unterböden und Bodenplatten [m²]	44,00	**91,00**	119,00	2,4%
325	Bodenbeläge [m²]	35,00	**59,00**	85,00	1,2%
326	Bauwerksabdichtungen [m²]	10,00	**14,00**	21,00	0,5%
327	Dränagen [m²]	6,10	**13,00**	23,00	0,3%
329	Gründung, sonstiges [m²]	–	**–**	–	–
330	**Außenwände**				
331	Tragende Außenwände [m²]	84,00	**108,00**	137,00	6,8%
332	Nichttragende Außenwände [m²]	70,00	**218,00**	366,00	0,7%
333	Außenstützen [m]	119,00	**136,00**	153,00	0,2%
334	Außentüren und -fenster [m²]	398,00	**489,00**	604,00	8,3%
335	Außenwandbekleidungen außen [m²]	58,00	**94,00**	153,00	6,1%
336	Außenwandbekleidungen innen [m²]	24,00	**29,00**	37,00	1,4%
337	Elementierte Außenwände [m²]	229,00	**378,00**	528,00	0,3%
338	Sonnenschutz [m²]	117,00	**200,00**	512,00	1,5%
339	Außenwände, sonstiges [m²]	7,10	**26,00**	78,00	1,7%
340	**Innenwände**				
341	Tragende Innenwände [m²]	58,00	**79,00**	97,00	2,9%
342	Nichttragende Innenwände [m²]	49,00	**62,00**	83,00	2,8%
343	Innenstützen [m]	93,00	**130,00**	178,00	0,2%
344	Innentüren und -fenster [m²]	195,00	**295,00**	376,00	2,8%
345	Innenwandbekleidungen [m²]	20,00	**26,00**	34,00	3,5%
346	Elementierte Innenwände [m²]	26,00	**219,00**	412,00	0,6%
349	Innenwände, sonstiges [m²]	5,00	**5,10**	5,10	0,1%
350	**Decken**				
351	Deckenkonstruktionen [m²]	133,00	**150,00**	179,00	11,1%
352	Deckenbeläge [m²]	76,00	**94,00**	176,00	5,2%
353	Deckenbekleidungen [m²]	14,00	**23,00**	38,00	1,0%
359	Decken, sonstiges [m²]	3,10	**15,00**	45,00	1,0%
360	**Dächer**				
361	Dachkonstruktionen [m²]	85,00	**126,00**	238,00	4,1%
362	Dachfenster, Dachöffnungen [m²]	650,00	**780,00**	910,00	0,0%
363	Dachbeläge [m²]	90,00	**144,00**	168,00	4,2%
364	Dachbekleidungen [m²]	14,00	**32,00**	58,00	0,6%
369	Dächer, sonstiges [m²]	4,40	**24,00**	58,00	0,6%
370	**Baukonstruktive Einbauten**				
371	Allgemeine Einbauten [m² BGF]	0,20	**0,70**	1,30	0,0%
372	Besondere Einbauten [m² BGF]	–	**0,80**	–	0,0%
379	Baukonstruktive Einbauten, sonstiges [m² BGF]	–	**1,90**	–	0,0%

© **BKI** Baukosteninformationszentrum; Erläuterungen zu den Tabellen siehe Seite 60   Kostenstand: 1.Quartal 2012, Bundesdurchschnitt, **inkl. MwSt.**

Kostengruppen	von	€/Einheit	bis	KG an 300+400
390	**Sonstige Maßnahmen für Baukonstruktionen**			
391	Baustelleneinrichtung [m² BGF]	9,80	**20,00**	28,00	2,2%
392	Gerüste [m² BGF]	7,60	**12,00**	17,00	1,1%
393	Sicherungsmaßnahmen [m² BGF]	0,60	**7,00**	13,00	0,2%
394	Abbruchmaßnahmen [m² BGF]	0,30	**3,00**	5,80	0,0%
395	Instandsetzungen [m² BGF]	–	–	–	–
396	Materialentsorgung [m² BGF]	–	–	–	–
397	Zusätzliche Maßnahmen [m² BGF]	0,90	**2,20**	5,70	0,2%
398	Provisorische Baukonstruktionen [m² BGF]	–	–	–	–
399	Sonstige Maßnahmen für Baukonstruktionen, sonst. [m² BGF]	–	**1,10**	–	0,0%
410	**Abwasser-, Wasser-, Gasanlagen**				
411	Abwasseranlagen [m² BGF]	15,00	**19,00**	28,00	1,8%
412	Wasseranlagen [m² BGF]	28,00	**33,00**	38,00	3,1%
420	**Wärmeversorgungsanlagen**				
421	Wärmeerzeugungsanlagen [m² BGF]	6,90	**14,00**	24,00	1,0%
422	Wärmeverteilnetze [m² BGF]	6,60	**9,90**	17,00	0,6%
423	Raumheizflächen [m² BGF]	8,80	**13,00**	19,00	0,9%
429	Wärmeversorgungsanlagen, sonstiges [m² BGF]	0,50	**1,20**	2,30	0,0%
430	**Lufttechnische Anlagen**				
431	Lüftungsanlagen [m² BGF]	6,40	**33,00**	56,00	2,5%
440	**Starkstromanlagen**				
443	Niederspannungsschaltanlagen [m² BGF]	–	–	–	–
444	Niederspannungsinstallationsanlagen [m² BGF]	24,00	**30,00**	33,00	2,3%
445	Beleuchtungsanlagen [m² BGF]	2,00	**3,60**	6,30	0,1%
446	Blitzschutz- und Erdungsanlagen [m² BGF]	1,50	**1,90**	3,40	0,1%
450	**Fernmelde- und informationstechnische Anlagen**				
451	Telekommunikationsanlagen [m² BGF]	0,70	**1,10**	1,70	0,0%
452	Such- und Signalanlagen [m² BGF]	1,50	**2,10**	3,20	0,1%
455	Fernseh- und Antennenanlagen [m² BGF]	0,40	**2,60**	4,80	0,2%
456	Gefahrenmelde- und Alarmanlagen [m² BGF]	–	**1,60**	–	0,0%
457	Übertragungsnetze [m² BGF]	2,10	**2,20**	2,40	0,0%
460	**Förderanlagen**				
461	Aufzugsanlagen [m² BGF]	–	**29,00**	–	0,4%
470	**Nutzungsspezifische Anlagen**				
471	Küchentechnische Anlagen [m² BGF]	–	–	–	–
473	Medienversorgungsanlagen [m² BGF]	–	–	–	–
475	Feuerlöschanlagen [m² BGF]	–	–	–	–
480	**Gebäudeautomation**				
481	Automationssysteme [m² BGF]	–	–	–	–
	Weitere Kosten für Technische Anlagen	0,70	**1,50**	2,20	0,0%

Bauelemente

Gebäudearten

Kostengruppen

Neubau

Abbrechen

Wiederherstellen

Herstellen

Wohnhäuser, mit bis zu 15% Mischnutzung, einfacher Standard

Kostengruppen	von	€/Einheit	bis	KG an 300+400
310 Baugrube				
311 Baugrubenherstellung [m³]	23,00	**31,00**	37,00	2,8%
312 Baugrubenumschließung [m²]	274,00	**277,00**	280,00	0,8%
313 Wasserhaltung [m²]	6,90	**17,00**	26,00	0,1%
319 Baugrube, sonstiges [m³]	–	**–**	–	–
320 Gründung				
321 Baugrundverbesserung [m²]	–	**19,00**	–	0,0%
322 Flachgründungen [m²]	6,10	**76,00**	102,00	1,2%
323 Tiefgründungen [m²]	–	**177,00**	–	0,1%
324 Unterböden und Bodenplatten [m²]	56,00	**95,00**	164,00	2,1%
325 Bodenbeläge [m²]	29,00	**60,00**	102,00	1,0%
326 Bauwerksabdichtungen [m²]	6,70	**15,00**	19,00	0,1%
327 Dränagen [m²]	2,30	**6,20**	8,20	0,0%
329 Gründung, sonstiges [m²]	–	**–**	–	–
330 Außenwände				
331 Tragende Außenwände [m²]	85,00	**113,00**	148,00	4,5%
332 Nichttragende Außenwände [m²]	207,00	**261,00**	315,00	0,1%
333 Außenstützen [m]	–	**408,00**	–	0,2%
334 Außentüren und -fenster [m²]	343,00	**418,00**	542,00	6,8%
335 Außenwandbekleidungen außen [m²]	72,00	**108,00**	137,00	5,2%
336 Außenwandbekleidungen innen [m²]	24,00	**54,00**	112,00	2,1%
337 Elementierte Außenwände [m²]	208,00	**307,00**	504,00	3,2%
338 Sonnenschutz [m²]	79,00	**99,00**	158,00	1,0%
339 Außenwände, sonstiges [m²]	2,90	**34,00**	82,00	1,5%
340 Innenwände				
341 Tragende Innenwände [m²]	39,00	**84,00**	114,00	4,9%
342 Nichttragende Innenwände [m²]	51,00	**60,00**	88,00	3,0%
343 Innenstützen [m]	119,00	**149,00**	196,00	0,2%
344 Innentüren und -fenster [m²]	199,00	**229,00**	268,00	2,1%
345 Innenwandbekleidungen [m²]	8,90	**28,00**	33,00	4,5%
346 Elementierte Innenwände [m²]	30,00	**83,00**	135,00	0,0%
349 Innenwände, sonstiges [m²]	0,10	**0,90**	1,80	0,0%
350 Decken				
351 Deckenkonstruktionen [m²]	111,00	**134,00**	168,00	12,9%
352 Deckenbeläge [m²]	54,00	**657,00**	3.071,00	4,0%
353 Deckenbekleidungen [m²]	14,00	**20,00**	30,00	1,5%
359 Decken, sonstiges [m²]	9,70	**18,00**	31,00	1,8%
360 Dächer				
361 Dachkonstruktionen [m²]	78,00	**119,00**	142,00	3,0%
362 Dachfenster, Dachöffnungen [m²]	465,00	**816,00**	1.144,00	0,2%
363 Dachbeläge [m²]	97,00	**139,00**	160,00	3,7%
364 Dachbekleidungen [m²]	23,00	**55,00**	178,00	0,6%
369 Dächer, sonstiges [m²]	2,10	**28,00**	53,00	0,3%
370 Baukonstruktive Einbauten				
371 Allgemeine Einbauten [m² BGF]	0,90	**7,30**	20,00	0,5%
372 Besondere Einbauten [m² BGF]	–	**–**	–	–
379 Baukonstruktive Einbauten, sonstiges [m² BGF]	–	**0,40**	–	0,0%

© **BKI** Baukosteninformationszentrum; Erläuterungen zu den Tabellen siehe Seite 60   Kostenstand: 1.Quartal 2012, Bundesdurchschnitt, **inkl. MwSt.**

Kostengruppen	von	€/Einheit	bis	KG an 300+400
390 Sonstige Maßnahmen für Baukonstruktionen				
391 Baustelleneinrichtung [m² BGF]	7,30	**16,00**	46,00	1,9%
392 Gerüste [m² BGF]	2,50	**5,70**	9,80	0,7%
393 Sicherungsmaßnahmen [m² BGF]	–	**–**	–	–
394 Abbruchmaßnahmen [m² BGF]	–	**0,20**	–	0,0%
395 Instandsetzungen [m² BGF]	–	**0,10**	–	0,0%
396 Materialentsorgung [m² BGF]	–	**–**	–	–
397 Zusätzliche Maßnahmen [m² BGF]	0,60	**1,60**	4,40	0,1%
398 Provisorische Baukonstruktionen [m² BGF]	–	**–**	–	–
399 Sonstige Maßnahmen für Baukonstruktionen, sonst. [m² BGF]	–	**2,70**	–	0,0%
410 Abwasser-, Wasser-, Gasanlagen				
411 Abwasseranlagen [m² BGF]	18,00	**22,00**	26,00	2,8%
412 Wasseranlagen [m² BGF]	24,00	**33,00**	40,00	4,2%
420 Wärmeversorgungsanlagen				
421 Wärmeerzeugungsanlagen [m² BGF]	7,50	**19,00**	53,00	1,9%
422 Wärmeverteilnetze [m² BGF]	6,10	**9,90**	12,00	0,7%
423 Raumheizflächen [m² BGF]	12,00	**14,00**	22,00	1,4%
429 Wärmeversorgungsanlagen, sonstiges [m² BGF]	0,80	**2,40**	3,40	0,2%
430 Lufttechnische Anlagen				
431 Lüftungsanlagen [m² BGF]	0,50	**2,30**	6,10	0,3%
440 Starkstromanlagen				
443 Niederspannungsschaltanlagen [m² BGF]	–	**5,30**	–	0,1%
444 Niederspannungsinstallationsanlagen [m² BGF]	18,00	**25,00**	29,00	3,2%
445 Beleuchtungsanlagen [m² BGF]	1,30	**3,30**	6,30	0,4%
446 Blitzschutz- und Erdungsanlagen [m² BGF]	0,50	**1,20**	1,60	0,1%
450 Fernmelde- und informationstechnische Anlagen				
451 Telekommunikationsanlagen [m² BGF]	0,70	**0,80**	0,80	0,0%
452 Such- und Signalanlagen [m² BGF]	0,50	**2,90**	4,50	0,2%
455 Fernseh- und Antennenanlagen [m² BGF]	1,10	**1,70**	2,50	0,2%
456 Gefahrenmelde- und Alarmanlagen [m² BGF]	–	**0,10**	–	0,0%
457 Übertragungsnetze [m² BGF]	2,60	**3,10**	3,50	0,1%
460 Förderanlagen				
461 Aufzugsanlagen [m² BGF]	13,00	**19,00**	23,00	1,4%
470 Nutzungsspezifische Anlagen				
471 Küchentechnische Anlagen [m² BGF]	–	**–**	–	–
473 Medienversorgungsanlagen [m² BGF]	–	**–**	–	–
475 Feuerlöschanlagen [m² BGF]	0,10	**0,20**	0,20	0,0%
480 Gebäudeautomation				
481 Automationssysteme [m² BGF]	–	**–**	–	–
Weitere Kosten für Technische Anlagen	1,30	**3,20**	5,30	0,3%

**Wohnhäuser,
mit bis zu
15% Mischnutzung,
mittlerer Standard**

Kostengruppen		von	€/Einheit	bis	KG an 300+400
310	**Baugrube**				
311	Baugrubenherstellung [m³]	7,70	**16,00**	21,00	0,8%
312	Baugrubenumschließung [m²]	–	**–**	–	–
313	Wasserhaltung [m²]	–	**–**	–	–
319	Baugrube, sonstiges [m³]	–	**–**	–	–
320	**Gründung**				
321	Baugrundverbesserung [m²]	–	**–**	–	–
322	Flachgründungen [m²]	34,00	**59,00**	98,00	2,5%
323	Tiefgründungen [m²]	–	**–**	–	–
324	Unterböden und Bodenplatten [m²]	35,00	**63,00**	81,00	3,2%
325	Bodenbeläge [m²]	96,00	**105,00**	119,00	4,5%
326	Bauwerksabdichtungen [m²]	1,50	**18,00**	27,00	0,7%
327	Dränagen [m²]	–	**11,00**	–	0,0%
329	Gründung, sonstiges [m²]	–	**–**	–	–
330	**Außenwände**				
331	Tragende Außenwände [m²]	90,00	**107,00**	137,00	10,8%
332	Nichttragende Außenwände [m²]	–	**89,00**	–	0,1%
333	Außenstützen [m]	–	**89,00**	–	0,1%
334	Außentüren und -fenster [m²]	372,00	**400,00**	452,00	7,7%
335	Außenwandbekleidungen außen [m²]	79,00	**109,00**	140,00	5,9%
336	Außenwandbekleidungen innen [m²]	11,00	**31,00**	42,00	1,9%
337	Elementierte Außenwände [m²]	–	**–**	–	–
338	Sonnenschutz [m²]	121,00	**144,00**	189,00	2,2%
339	Außenwände, sonstiges [m²]	14,00	**24,00**	31,00	2,2%
340	**Innenwände**				
341	Tragende Innenwände [m²]	–	**85,00**	–	1,4%
342	Nichttragende Innenwände [m²]	65,00	**75,00**	91,00	3,8%
343	Innenstützen [m]	113,00	**117,00**	121,00	0,2%
344	Innentüren und -fenster [m²]	257,00	**375,00**	571,00	3,6%
345	Innenwandbekleidungen [m²]	12,00	**29,00**	40,00	3,7%
346	Elementierte Innenwände [m²]	–	**–**	–	–
349	Innenwände, sonstiges [m²]	–	**–**	–	–
350	**Decken**				
351	Deckenkonstruktionen [m²]	63,00	**89,00**	130,00	5,5%
352	Deckenbeläge [m²]	18,00	**75,00**	104,00	3,7%
353	Deckenbekleidungen [m²]	12,00	**22,00**	37,00	1,5%
359	Decken, sonstiges [m²]	2,00	**2,50**	2,90	0,1%
360	**Dächer**				
361	Dachkonstruktionen [m²]	21,00	**71,00**	121,00	1,7%
362	Dachfenster, Dachöffnungen [m²]	–	**3.387,00**	–	0,1%
363	Dachbeläge [m²]	59,00	**153,00**	246,00	4,0%
364	Dachbekleidungen [m²]	–	**39,00**	–	0,1%
369	Dächer, sonstiges [m²]	–	**13,00**	–	0,1%
370	**Baukonstruktive Einbauten**				
371	Allgemeine Einbauten [m² BGF]	8,20	**13,00**	18,00	0,9%
372	Besondere Einbauten [m² BGF]	–	**–**	–	–
379	Baukonstruktive Einbauten, sonstiges [m² BGF]	–	**–**	–	–

© **BKI** Baukosteninformationszentrum; Erläuterungen zu den Tabellen siehe Seite 60   Kostenstand: 1.Quartal 2012, Bundesdurchschnitt, **inkl. MwSt.**

390 Sonstige Maßnahmen für Baukonstruktionen

Nr.	Bezeichnung	von	€/Einheit	bis	KG an 300+400
391	Baustelleneinrichtung [m² BGF]	12,00	**14,00**	16,00	1,0%
392	Gerüste [m² BGF]	–	**6,40**	–	0,2%
393	Sicherungsmaßnahmen [m² BGF]	–	**–**	–	–
394	Abbruchmaßnahmen [m² BGF]	–	**–**	–	–
395	Instandsetzungen [m² BGF]	–	**–**	–	–
396	Materialentsorgung [m² BGF]	–	**–**	–	–
397	Zusätzliche Maßnahmen [m² BGF]	–	**6,80**	–	0,2%
398	Provisorische Baukonstruktionen [m² BGF]	–	**–**	–	–
399	Sonstige Maßnahmen für Baukonstruktionen, sonst. [m² BGF]	–	**–**	–	–

410 Abwasser-, Wasser-, Gasanlagen

Nr.	Bezeichnung	von	€/Einheit	bis	KG an 300+400
411	Abwasseranlagen [m² BGF]	17,00	**23,00**	34,00	2,4%
412	Wasseranlagen [m² BGF]	30,00	**38,00**	53,00	4,0%

420 Wärmeversorgungsanlagen

Nr.	Bezeichnung	von	€/Einheit	bis	KG an 300+400
421	Wärmeerzeugungsanlagen [m² BGF]	22,00	**33,00**	49,00	3,3%
422	Wärmeverteilnetze [m² BGF]	6,80	**11,00**	19,00	1,1%
423	Raumheizflächen [m² BGF]	9,50	**18,00**	22,00	1,8%
429	Wärmeversorgungsanlagen, sonstiges [m² BGF]	–	**2,30**	–	0,0%

430 Lufttechnische Anlagen

Nr.	Bezeichnung	von	€/Einheit	bis	KG an 300+400
431	Lüftungsanlagen [m² BGF]	12,00	**16,00**	20,00	1,1%

440 Starkstromanlagen

Nr.	Bezeichnung	von	€/Einheit	bis	KG an 300+400
443	Niederspannungsschaltanlagen [m² BGF]	–	**–**	–	–
444	Niederspannungsinstallationsanlagen [m² BGF]	26,00	**28,00**	30,00	2,9%
445	Beleuchtungsanlagen [m² BGF]	0,50	**2,30**	5,70	0,2%
446	Blitzschutz- und Erdungsanlagen [m² BGF]	1,70	**2,00**	2,60	0,2%

450 Fernmelde- und informationstechnische Anlagen

Nr.	Bezeichnung	von	€/Einheit	bis	KG an 300+400
451	Telekommunikationsanlagen [m² BGF]	0,90	**1,50**	2,50	0,1%
452	Such- und Signalanlagen [m² BGF]	0,80	**1,40**	2,00	0,1%
455	Fernseh- und Antennenanlagen [m² BGF]	1,80	**4,90**	10,00	0,5%
456	Gefahrenmelde- und Alarmanlagen [m² BGF]	–	**1,10**	–	0,0%
457	Übertragungsnetze [m² BGF]	–	**1,80**	–	0,0%

460 Förderanlagen

Nr.	Bezeichnung	von	€/Einheit	bis	KG an 300+400
461	Aufzugsanlagen [m² BGF]	–	**24,00**	–	0,8%

470 Nutzungsspezifische Anlagen

Nr.	Bezeichnung	von	€/Einheit	bis	KG an 300+400
471	Küchentechnische Anlagen [m² BGF]	–	**–**	–	–
473	Medienversorgungsanlagen [m² BGF]	–	**–**	–	–
475	Feuerlöschanlagen [m² BGF]	–	**–**	–	–

480 Gebäudeautomation

Nr.	Bezeichnung	von	€/Einheit	bis	KG an 300+400
481	Automationssysteme [m² BGF]	–	**–**	–	–
	Weitere Kosten für Technische Anlagen	–	**29,00**	–	1,0%

Wohnhäuser, mit bis zu 15% Mischnutzung, hoher Standard

Kostengruppen	von	€/Einheit	bis	KG an 300+400
310 Baugrube				
311 Baugrubenherstellung [m³]	21,00	**23,00**	25,00	1,3%
312 Baugrubenumschließung [m²]	–	**483,00**	–	2,1%
313 Wasserhaltung [m²]	–	**39,00**	–	0,1%
319 Baugrube, sonstiges [m³]	–	**–**	–	–
320 Gründung				
321 Baugrundverbesserung [m²]	–	**42,00**	–	0,2%
322 Flachgründungen [m²]	–	**26,00**	–	0,2%
323 Tiefgründungen [m²]	–	**375,00**	–	1,7%
324 Unterböden und Bodenplatten [m²]	40,00	**92,00**	144,00	1,2%
325 Bodenbeläge [m²]	33,00	**48,00**	64,00	0,7%
326 Bauwerksabdichtungen [m²]	10,00	**14,00**	18,00	0,1%
327 Dränagen [m²]	11,00	**28,00**	45,00	0,3%
329 Gründung, sonstiges [m²]	–	**–**	–	–
330 Außenwände				
331 Tragende Außenwände [m²]	125,00	**166,00**	207,00	6,9%
332 Nichttragende Außenwände [m²]	–	**544,00**	–	0,1%
333 Außenstützen [m]	–	**193,00**	–	0,2%
334 Außentüren und -fenster [m²]	595,00	**617,00**	640,00	8,3%
335 Außenwandbekleidungen außen [m²]	45,00	**121,00**	196,00	4,2%
336 Außenwandbekleidungen innen [m²]	34,00	**35,00**	36,00	1,4%
337 Elementierte Außenwände [m²]	–	**–**	–	–
338 Sonnenschutz [m²]	112,00	**170,00**	228,00	1,4%
339 Außenwände, sonstiges [m²]	7,00	**12,00**	17,00	0,6%
340 Innenwände				
341 Tragende Innenwände [m²]	77,00	**94,00**	111,00	2,9%
342 Nichttragende Innenwände [m²]	71,00	**81,00**	91,00	4,4%
343 Innenstützen [m]	89,00	**122,00**	156,00	0,2%
344 Innentüren und -fenster [m²]	290,00	**354,00**	419,00	2,6%
345 Innenwandbekleidungen [m²]	35,00	**36,00**	36,00	4,2%
346 Elementierte Innenwände [m²]	–	**–**	–	–
349 Innenwände, sonstiges [m²]	1,00	**1,20**	1,40	0,1%
350 Decken				
351 Deckenkonstruktionen [m²]	109,00	**130,00**	152,00	7,9%
352 Deckenbeläge [m²]	107,00	**118,00**	128,00	6,5%
353 Deckenbekleidungen [m²]	33,00	**40,00**	46,00	2,2%
359 Decken, sonstiges [m²]	20,00	**22,00**	24,00	1,2%
360 Dächer				
361 Dachkonstruktionen [m²]	84,00	**110,00**	136,00	2,1%
362 Dachfenster, Dachöffnungen [m²]	1.143,00	**1.385,00**	1.626,00	0,7%
363 Dachbeläge [m²]	173,00	**225,00**	277,00	4,4%
364 Dachbekleidungen [m²]	45,00	**51,00**	57,00	1,0%
369 Dächer, sonstiges [m²]	21,00	**125,00**	228,00	1,3%
370 Baukonstruktive Einbauten				
371 Allgemeine Einbauten [m² BGF]	–	**2,00**	–	0,0%
372 Besondere Einbauten [m² BGF]	–	**–**	–	–
379 Baukonstruktive Einbauten, sonstiges [m² BGF]	–	**–**	–	–

© **BKI** Baukosteninformationszentrum; Erläuterungen zu den Tabellen siehe Seite 60   Kostenstand: 1.Quartal 2012, Bundesdurchschnitt, **inkl. MwSt.**

Kostengruppen	von	€/Einheit	bis	KG an 300+400
390 Sonstige Maßnahmen für Baukonstruktionen				
391 Baustelleneinrichtung [m² BGF]	12,00	**33,00**	55,00	2,4%
392 Gerüste [m² BGF]	3,00	**10,00**	17,00	0,7%
393 Sicherungsmaßnahmen [m² BGF]	–	**–**	–	–
394 Abbruchmaßnahmen [m² BGF]	–	**0,40**	–	0,0%
395 Instandsetzungen [m² BGF]	–	**0,40**	–	0,0%
396 Materialentsorgung [m² BGF]	–	**–**	–	–
397 Zusätzliche Maßnahmen [m² BGF]	6,30	**6,70**	7,10	0,5%
398 Provisorische Baukonstruktionen [m² BGF]	–	**–**	–	–
399 Sonstige Maßnahmen für Baukonstruktionen, sonst. [m² BGF]	–	**7,70**	–	0,3%
410 Abwasser-, Wasser-, Gasanlagen				
411 Abwasseranlagen [m² BGF]	–	**17,00**	–	0,6%
412 Wasseranlagen [m² BGF]	–	**44,00**	–	1,6%
420 Wärmeversorgungsanlagen				
421 Wärmeerzeugungsanlagen [m² BGF]	–	**2,50**	–	0,0%
422 Wärmeverteilnetze [m² BGF]	–	**25,00**	–	0,9%
423 Raumheizflächen [m² BGF]	–	**19,00**	–	0,6%
429 Wärmeversorgungsanlagen, sonstiges [m² BGF]	–	**2,60**	–	0,1%
430 Lufttechnische Anlagen				
431 Lüftungsanlagen [m² BGF]	–	**15,00**	–	0,5%
440 Starkstromanlagen				
443 Niederspannungsschaltanlagen [m² BGF]	–	**1,70**	–	0,0%
444 Niederspannungsinstallationsanlagen [m² BGF]	–	**32,00**	–	1,1%
445 Beleuchtungsanlagen [m² BGF]	–	**6,50**	–	0,2%
446 Blitzschutz- und Erdungsanlagen [m² BGF]	–	**1,30**	–	0,0%
450 Fernmelde- und informationstechnische Anlagen				
451 Telekommunikationsanlagen [m² BGF]	–	**0,10**	–	0,0%
452 Such- und Signalanlagen [m² BGF]	–	**1,50**	–	0,0%
455 Fernseh- und Antennenanlagen [m² BGF]	–	**1,10**	–	0,0%
456 Gefahrenmelde- und Alarmanlagen [m² BGF]	–	**–**	–	–
457 Übertragungsnetze [m² BGF]	–	**–**	–	–
460 Förderanlagen				
461 Aufzugsanlagen [m² BGF]	–	**22,00**	–	0,8%
470 Nutzungsspezifische Anlagen				
471 Küchentechnische Anlagen [m² BGF]	–	**–**	–	–
473 Medienversorgungsanlagen [m² BGF]	–	**–**	–	–
475 Feuerlöschanlagen [m² BGF]	–	**–**	–	–
480 Gebäudeautomation				
481 Automationssysteme [m² BGF]	–	**–**	–	–
Weitere Kosten für Technische Anlagen	–	**–**	–	–

Bauelemente

Gebäudearten

Kostengruppen

Neubau

Abbrechen

Wiederherstellen

Herstellen

Wohnhäuser mit mehr als 15% Mischnutzung

Kostengruppen		von	€/Einheit	bis	KG an 300+400
310	**Baugrube**				
311	Baugrubenherstellung [m³]	10,00	**24,00**	37,00	1,7%
312	Baugrubenumschließung [m²]	159,00	**206,00**	252,00	0,8%
313	Wasserhaltung [m²]	–	**–**	–	–
319	Baugrube, sonstiges [m³]	–	**–**	–	–
320	**Gründung**				
321	Baugrundverbesserung [m²]	–	**4,70**	–	0,0%
322	Flachgründungen [m²]	62,00	**88,00**	114,00	1,3%
323	Tiefgründungen [m²]	–	**–**	–	–
324	Unterböden und Bodenplatten [m²]	45,00	**68,00**	77,00	1,2%
325	Bodenbeläge [m²]	15,00	**42,00**	110,00	1,0%
326	Bauwerksabdichtungen [m²]	11,00	**33,00**	41,00	0,5%
327	Dränagen [m²]	9,10	**12,00**	14,00	0,0%
329	Gründung, sonstiges [m²]	–	**–**	–	–
330	**Außenwände**				
331	Tragende Außenwände [m²]	107,00	**133,00**	156,00	4,8%
332	Nichttragende Außenwände [m²]	117,00	**146,00**	201,00	0,5%
333	Außenstützen [m]	129,00	**140,00**	150,00	0,3%
334	Außentüren und -fenster [m²]	328,00	**421,00**	589,00	7,3%
335	Außenwandbekleidungen außen [m²]	86,00	**125,00**	173,00	5,5%
336	Außenwandbekleidungen innen [m²]	22,00	**30,00**	42,00	0,9%
337	Elementierte Außenwände [m²]	476,00	**612,00**	677,00	5,0%
338	Sonnenschutz [m²]	–	**81,00**	–	0,0%
339	Außenwände, sonstiges [m²]	7,50	**33,00**	87,00	1,5%
340	**Innenwände**				
341	Tragende Innenwände [m²]	85,00	**132,00**	223,00	3,2%
342	Nichttragende Innenwände [m²]	36,00	**54,00**	61,00	2,9%
343	Innenstützen [m]	106,00	**138,00**	214,00	0,5%
344	Innentüren und -fenster [m²]	246,00	**333,00**	379,00	2,6%
345	Innenwandbekleidungen [m²]	20,00	**30,00**	40,00	4,2%
346	Elementierte Innenwände [m²]	65,00	**197,00**	264,00	1,4%
349	Innenwände, sonstiges [m²]	2,70	**7,60**	15,00	0,3%
350	**Decken**				
351	Deckenkonstruktionen [m²]	104,00	**152,00**	201,00	9,6%
352	Deckenbeläge [m²]	50,00	**90,00**	155,00	5,2%
353	Deckenbekleidungen [m²]	8,30	**24,00**	39,00	1,1%
359	Decken, sonstiges [m²]	5,30	**9,30**	12,00	0,5%
360	**Dächer**				
361	Dachkonstruktionen [m²]	103,00	**133,00**	184,00	2,9%
362	Dachfenster, Dachöffnungen [m²]	715,00	**937,00**	1.330,00	1,4%
363	Dachbeläge [m²]	84,00	**133,00**	186,00	2,7%
364	Dachbekleidungen [m²]	32,00	**46,00**	68,00	0,7%
369	Dächer, sonstiges [m²]	3,10	**10,00**	30,00	0,1%
370	**Baukonstruktive Einbauten**				
371	Allgemeine Einbauten [m² BGF]	2,00	**5,80**	10,00	0,3%
372	Besondere Einbauten [m² BGF]	–	**16,00**	–	0,2%
379	Baukonstruktive Einbauten, sonstiges [m² BGF]	–	**–**	–	–

© **BKI** Baukosteninformationszentrum; Erläuterungen zu den Tabellen siehe Seite 60   Kostenstand: 1.Quartal 2012, Bundesdurchschnitt, **inkl. MwSt.**

Kostengruppen	von	€/Einheit	bis	KG an 300+400
390 Sonstige Maßnahmen für Baukonstruktionen				
391 Baustelleneinrichtung [m² BGF]	12,00	**21,00**	30,00	1,9%
392 Gerüste [m² BGF]	7,00	**13,00**	18,00	1,0%
393 Sicherungsmaßnahmen [m² BGF]	–	**6,80**	–	0,1%
394 Abbruchmaßnahmen [m² BGF]	1,10	**3,70**	6,30	0,1%
395 Instandsetzungen [m² BGF]	–	**0,30**	–	0,0%
396 Materialentsorgung [m² BGF]	–	**–**	–	–
397 Zusätzliche Maßnahmen [m² BGF]	0,80	**3,30**	5,20	0,2%
398 Provisorische Baukonstruktionen [m² BGF]	–	**–**	–	–
399 Sonstige Maßnahmen für Baukonstruktionen, sonst. [m² BGF]	–	**–**	–	–
410 Abwasser-, Wasser-, Gasanlagen				
411 Abwasseranlagen [m² BGF]	15,00	**23,00**	34,00	1,7%
412 Wasseranlagen [m² BGF]	31,00	**44,00**	62,00	3,3%
420 Wärmeversorgungsanlagen				
421 Wärmeerzeugungsanlagen [m² BGF]	9,50	**17,00**	21,00	0,8%
422 Wärmeverteilnetze [m² BGF]	12,00	**17,00**	19,00	0,8%
423 Raumheizflächen [m² BGF]	19,00	**24,00**	28,00	1,2%
429 Wärmeversorgungsanlagen, sonstiges [m² BGF]	0,80	**3,80**	6,80	0,1%
430 Lufttechnische Anlagen				
431 Lüftungsanlagen [m² BGF]	1,30	**2,20**	3,20	0,0%
440 Starkstromanlagen				
443 Niederspannungsschaltanlagen [m² BGF]	–	**6,50**	–	0,1%
444 Niederspannungsinstallationsanlagen [m² BGF]	28,00	**48,00**	96,00	2,7%
445 Beleuchtungsanlagen [m² BGF]	1,30	**2,60**	5,80	0,1%
446 Blitzschutz- und Erdungsanlagen [m² BGF]	0,80	**1,60**	2,60	0,1%
450 Fernmelde- und informationstechnische Anlagen				
451 Telekommunikationsanlagen [m² BGF]	0,50	**1,20**	2,10	0,0%
452 Such- und Signalanlagen [m² BGF]	1,50	**2,90**	7,00	0,1%
455 Fernseh- und Antennenanlagen [m² BGF]	1,60	**2,00**	2,60	0,1%
456 Gefahrenmelde- und Alarmanlagen [m² BGF]	–	**9,90**	–	0,1%
457 Übertragungsnetze [m² BGF]	–	**–**	–	–
460 Förderanlagen				
461 Aufzugsanlagen [m² BGF]	–	**34,00**	–	0,5%
470 Nutzungsspezifische Anlagen				
471 Küchentechnische Anlagen [m² BGF]	–	**51,00**	–	0,7%
473 Medienversorgungsanlagen [m² BGF]	–	**–**	–	–
475 Feuerlöschanlagen [m² BGF]	–	**–**	–	–
480 Gebäudeautomation				
481 Automationssysteme [m² BGF]	–	**–**	–	–
Weitere Kosten für Technische Anlagen	6,00	**33,00**	111,00	1,9%

Personal- und Altenwohnungen

Kostengruppen		von	€/Einheit	bis	KG an 300+400
310	**Baugrube**				
311	Baugrubenherstellung [m³]	31,00	**45,00**	85,00	4,0%
312	Baugrubenumschließung [m²]	–	**74,00**	–	0,3%
313	Wasserhaltung [m²]	–	**9,10**	–	0,0%
319	Baugrube, sonstiges [m³]	–	**–**	–	–
320	**Gründung**				
321	Baugrundverbesserung [m²]	39,00	**49,00**	59,00	0,6%
322	Flachgründungen [m²]	60,00	**68,00**	75,00	1,7%
323	Tiefgründungen [m²]	–	**–**	–	–
324	Unterböden und Bodenplatten [m²]	71,00	**75,00**	78,00	0,8%
325	Bodenbeläge [m²]	44,00	**64,00**	85,00	1,1%
326	Bauwerksabdichtungen [m²]	15,00	**20,00**	25,00	0,2%
327	Dränagen [m²]	12,00	**15,00**	17,00	0,1%
329	Gründung, sonstiges [m²]	–	**–**	–	–
330	**Außenwände**				
331	Tragende Außenwände [m²]	122,00	**137,00**	155,00	7,1%
332	Nichttragende Außenwände [m²]	–	**70,00**	–	0,0%
333	Außenstützen [m]	120,00	**128,00**	136,00	0,0%
334	Außentüren und -fenster [m²]	283,00	**334,00**	383,00	4,1%
335	Außenwandbekleidungen außen [m²]	67,00	**93,00**	119,00	4,8%
336	Außenwandbekleidungen innen [m²]	31,00	**34,00**	36,00	1,5%
337	Elementierte Außenwände [m²]	462,00	**588,00**	715,00	1,7%
338	Sonnenschutz [m²]	125,00	**217,00**	385,00	0,8%
339	Außenwände, sonstiges [m²]	4,20	**13,00**	22,00	0,7%
340	**Innenwände**				
341	Tragende Innenwände [m²]	70,00	**80,00**	91,00	3,7%
342	Nichttragende Innenwände [m²]	51,00	**65,00**	76,00	3,0%
343	Innenstützen [m]	111,00	**266,00**	572,00	0,2%
344	Innentüren und -fenster [m²]	280,00	**336,00**	385,00	4,0%
345	Innenwandbekleidungen [m²]	26,00	**36,00**	62,00	5,3%
346	Elementierte Innenwände [m²]	–	**99,00**	–	0,0%
349	Innenwände, sonstiges [m²]	2,50	**4,50**	7,90	0,2%
350	**Decken**				
351	Deckenkonstruktionen [m²]	79,00	**130,00**	169,00	11,2%
352	Deckenbeläge [m²]	60,00	**74,00**	90,00	5,6%
353	Deckenbekleidungen [m²]	21,00	**36,00**	78,00	1,4%
359	Decken, sonstiges [m²]	6,80	**22,00**	36,00	2,1%
360	**Dächer**				
361	Dachkonstruktionen [m²]	56,00	**81,00**	112,00	2,3%
362	Dachfenster, Dachöffnungen [m²]	818,00	**1.005,00**	1.323,00	0,1%
363	Dachbeläge [m²]	98,00	**139,00**	180,00	3,7%
364	Dachbekleidungen [m²]	28,00	**50,00**	72,00	0,8%
369	Dächer, sonstiges [m²]	4,60	**7,70**	14,00	0,1%
370	**Baukonstruktive Einbauten**				
371	Allgemeine Einbauten [m² BGF]	5,50	**23,00**	33,00	1,8%
372	Besondere Einbauten [m² BGF]	–	**–**	–	–
379	Baukonstruktive Einbauten, sonstiges [m² BGF]	–	**0,10**	–	0,0%

© **BKI** Baukosteninformationszentrum; Erläuterungen zu den Tabellen siehe Seite 60   Kostenstand: 1.Quartal 2012, Bundesdurchschnitt, **inkl. MwSt.**

Kostengruppen	von	€/Einheit	bis	KG an 300+400
390 Sonstige Maßnahmen für Baukonstruktionen				
391 Baustelleneinrichtung [m² BGF]	8,80	**14,00**	20,00	1,6%
392 Gerüste [m² BGF]	4,10	**8,50**	13,00	0,9%
393 Sicherungsmaßnahmen [m² BGF]	1,50	**16,00**	30,00	0,9%
394 Abbruchmaßnahmen [m² BGF]	–	**0,80**	–	0,0%
395 Instandsetzungen [m² BGF]	–	**–**	–	–
396 Materialentsorgung [m² BGF]	–	**–**	–	–
397 Zusätzliche Maßnahmen [m² BGF]	1,20	**2,90**	6,30	0,2%
398 Provisorische Baukonstruktionen [m² BGF]	–	**–**	–	–
399 Sonstige Maßnahmen für Baukonstruktionen, sonst. [m² BGF]	–	**0,90**	–	0,0%
410 Abwasser-, Wasser-, Gasanlagen				
411 Abwasseranlagen [m² BGF]	11,00	**24,00**	39,00	2,9%
412 Wasseranlagen [m² BGF]	11,00	**35,00**	44,00	3,7%
420 Wärmeversorgungsanlagen				
421 Wärmeerzeugungsanlagen [m² BGF]	7,40	**16,00**	31,00	1,1%
422 Wärmeverteilnetze [m² BGF]	12,00	**20,00**	40,00	2,1%
423 Raumheizflächen [m² BGF]	9,00	**15,00**	22,00	1,7%
429 Wärmeversorgungsanlagen, sonstiges [m² BGF]	1,50	**2,70**	3,80	0,1%
430 Lufttechnische Anlagen				
431 Lüftungsanlagen [m² BGF]	7,10	**8,00**	9,40	0,7%
440 Starkstromanlagen				
443 Niederspannungsschaltanlagen [m² BGF]	0,60	**2,30**	3,90	0,1%
444 Niederspannungsinstallationsanlagen [m² BGF]	20,00	**27,00**	48,00	3,1%
445 Beleuchtungsanlagen [m² BGF]	4,00	**4,60**	5,20	0,5%
446 Blitzschutz- und Erdungsanlagen [m² BGF]	0,80	**1,80**	2,80	0,2%
450 Fernmelde- und informationstechnische Anlagen				
451 Telekommunikationsanlagen [m² BGF]	1,70	**2,30**	2,90	0,1%
452 Such- und Signalanlagen [m² BGF]	2,80	**3,70**	5,50	0,2%
455 Fernseh- und Antennenanlagen [m² BGF]	0,50	**1,30**	2,10	0,0%
456 Gefahrenmelde- und Alarmanlagen [m² BGF]	–	**0,90**	–	0,0%
457 Übertragungsnetze [m² BGF]	–	**–**	–	–
460 Förderanlagen				
461 Aufzugsanlagen [m² BGF]	14,00	**24,00**	47,00	2,5%
470 Nutzungsspezifische Anlagen				
471 Küchentechnische Anlagen [m² BGF]	–	**8,90**	–	0,2%
473 Medienversorgungsanlagen [m² BGF]	–	**–**	–	–
475 Feuerlöschanlagen [m² BGF]	–	**0,80**	–	0,0%
480 Gebäudeautomation				
481 Automationssysteme [m² BGF]	–	**–**	–	–
Weitere Kosten für Technische Anlagen	0,40	**1,00**	1,70	0,0%

Bauelemente

Gebäudearten

Kostengruppen

Neubau

Abbrechen

Wiederherstellen

Herstellen

Alten- und Pflegeheime

Kostengruppen	von	€/Einheit	bis	KG an 300+400
310 Baugrube				
311 Baugrubenherstellung [m³]	8,10	**14,00**	19,00	1,5%
312 Baugrubenumschließung [m²]	–	**253,00**	–	0,8%
313 Wasserhaltung [m²]	1,20	**2,30**	3,40	0,0%
319 Baugrube, sonstiges [m³]	–	**–**	–	–
320 Gründung				
321 Baugrundverbesserung [m²]	0,30	**41,00**	81,00	0,4%
322 Flachgründungen [m²]	72,00	**90,00**	122,00	2,9%
323 Tiefgründungen [m²]	–	**218,00**	–	0,1%
324 Unterböden und Bodenplatten [m²]	86,00	**111,00**	160,00	1,4%
325 Bodenbeläge [m²]	23,00	**51,00**	120,00	2,3%
326 Bauwerksabdichtungen [m²]	18,00	**20,00**	24,00	0,7%
327 Dränagen [m²]	2,70	**3,50**	4,40	0,1%
329 Gründung, sonstiges [m²]	–	**–**	–	–
330 Außenwände				
331 Tragende Außenwände [m²]	110,00	**117,00**	124,00	5,8%
332 Nichttragende Außenwände [m²]	–	**355,00**	–	0,0%
333 Außenstützen [m]	–	**93,00**	–	0,0%
334 Außentüren und -fenster [m²]	292,00	**375,00**	512,00	4,6%
335 Außenwandbekleidungen außen [m²]	58,00	**83,00**	93,00	4,1%
336 Außenwandbekleidungen innen [m²]	24,00	**32,00**	41,00	1,1%
337 Elementierte Außenwände [m²]	481,00	**525,00**	568,00	2,3%
338 Sonnenschutz [m²]	95,00	**130,00**	230,00	0,9%
339 Außenwände, sonstiges [m²]	4,60	**12,00**	34,00	0,6%
340 Innenwände				
341 Tragende Innenwände [m²]	75,00	**87,00**	98,00	5,0%
342 Nichttragende Innenwände [m²]	61,00	**71,00**	81,00	4,4%
343 Innenstützen [m]	111,00	**166,00**	234,00	0,5%
344 Innentüren und -fenster [m²]	323,00	**344,00**	403,00	3,5%
345 Innenwandbekleidungen [m²]	29,00	**31,00**	34,00	4,9%
346 Elementierte Innenwände [m²]	171,00	**320,00**	600,00	0,4%
349 Innenwände, sonstiges [m²]	0,80	**1,80**	2,30	0,1%
350 Decken				
351 Deckenkonstruktionen [m²]	60,00	**100,00**	122,00	7,0%
352 Deckenbeläge [m²]	69,00	**76,00**	87,00	5,2%
353 Deckenbekleidungen [m²]	13,00	**14,00**	16,00	0,7%
359 Decken, sonstiges [m²]	16,00	**23,00**	26,00	1,6%
360 Dächer				
361 Dachkonstruktionen [m²]	47,00	**69,00**	91,00	2,4%
362 Dachfenster, Dachöffnungen [m²]	867,00	**1.217,00**	1.526,00	0,2%
363 Dachbeläge [m²]	56,00	**112,00**	131,00	4,0%
364 Dachbekleidungen [m²]	31,00	**52,00**	81,00	2,4%
369 Dächer, sonstiges [m²]	–	**2,80**	–	0,0%
370 Baukonstruktive Einbauten				
371 Allgemeine Einbauten [m² BGF]	2,60	**17,00**	45,00	1,4%
372 Besondere Einbauten [m² BGF]	–	**0,70**	–	0,0%
379 Baukonstruktive Einbauten, sonstiges [m² BGF]	–	**–**	–	–

Kostenstand: 1.Quartal 2012, Bundesdurchschnitt, **inkl. MwSt.**

Kostengruppen	von	€/Einheit	bis	KG an 300+400
390 Sonstige Maßnahmen für Baukonstruktionen				
391 Baustelleneinrichtung [m² BGF]	8,40	**15,00**	21,00	1,6%
392 Gerüste [m² BGF]	4,40	**7,00**	10,00	0,7%
393 Sicherungsmaßnahmen [m² BGF]	–	**2,20**	–	0,0%
394 Abbruchmaßnahmen [m² BGF]	–	**1,50**	–	0,0%
395 Instandsetzungen [m² BGF]	–	**–**	–	–
396 Materialentsorgung [m² BGF]	–	**–**	–	–
397 Zusätzliche Maßnahmen [m² BGF]	1,80	**3,30**	6,20	0,3%
398 Provisorische Baukonstruktionen [m² BGF]	–	**–**	–	–
399 Sonstige Maßnahmen für Baukonstruktionen, sonst. [m² BGF]	–	**0,90**	–	0,0%
410 Abwasser-, Wasser-, Gasanlagen				
411 Abwasseranlagen [m² BGF]	20,00	**30,00**	41,00	3,3%
412 Wasseranlagen [m² BGF]	25,00	**41,00**	83,00	4,0%
420 Wärmeversorgungsanlagen				
421 Wärmeerzeugungsanlagen [m² BGF]	6,00	**13,00**	20,00	1,3%
422 Wärmeverteilnetze [m² BGF]	7,80	**12,00**	16,00	1,3%
423 Raumheizflächen [m² BGF]	13,00	**15,00**	17,00	1,6%
429 Wärmeversorgungsanlagen, sonstiges [m² BGF]	0,60	**1,60**	2,10	0,1%
430 Lufttechnische Anlagen				
431 Lüftungsanlagen [m² BGF]	9,00	**23,00**	63,00	2,0%
440 Starkstromanlagen				
443 Niederspannungsschaltanlagen [m² BGF]	–	**–**	–	–
444 Niederspannungsinstallationsanlagen [m² BGF]	22,00	**36,00**	63,00	2,5%
445 Beleuchtungsanlagen [m² BGF]	5,00	**16,00**	39,00	1,0%
446 Blitzschutz- und Erdungsanlagen [m² BGF]	1,40	**2,80**	4,80	0,2%
450 Fernmelde- und informationstechnische Anlagen				
451 Telekommunikationsanlagen [m² BGF]	0,60	**3,20**	4,50	0,2%
452 Such- und Signalanlagen [m² BGF]	4,00	**14,00**	23,00	0,5%
455 Fernseh- und Antennenanlagen [m² BGF]	1,50	**3,40**	4,60	0,2%
456 Gefahrenmelde- und Alarmanlagen [m² BGF]	0,20	**7,80**	13,00	0,5%
457 Übertragungsnetze [m² BGF]	–	**1,10**	–	0,0%
460 Förderanlagen				
461 Aufzugsanlagen [m² BGF]	15,00	**17,00**	20,00	1,5%
470 Nutzungsspezifische Anlagen				
471 Küchentechnische Anlagen [m² BGF]	2,80	**11,00**	19,00	0,4%
473 Medienversorgungsanlagen [m² BGF]	–	**–**	–	–
475 Feuerlöschanlagen [m² BGF]	–	**0,10**	–	0,0%
480 Gebäudeautomation				
481 Automationssysteme [m² BGF]	–	**–**	–	–
Weitere Kosten für Technische Anlagen	1,10	**3,10**	4,40	0,2%

Bauelemente

Gebäudearten

Kostengruppen

Neubau

Abbrechen

Wiederherstellen

Herstellen

Wohnheime und Internate

Kostengruppen	von	€/Einheit	bis	KG an 300+400
310 Baugrube				
311 Baugrubenherstellung [m³]	9,80	**15,00**	19,00	2,3%
312 Baugrubenumschließung [m²]	–	**184,00**	–	0,1%
313 Wasserhaltung [m²]	–	**2,10**	–	0,0%
319 Baugrube, sonstiges [m³]	–	**–**	–	–
320 Gründung				
321 Baugrundverbesserung [m²]	–	**–**	–	–
322 Flachgründungen [m²]	33,00	**40,00**	47,00	1,2%
323 Tiefgründungen [m²]	–	**185,00**	–	1,6%
324 Unterböden und Bodenplatten [m²]	65,00	**72,00**	80,00	2,4%
325 Bodenbeläge [m²]	29,00	**79,00**	130,00	2,6%
326 Bauwerksabdichtungen [m²]	9,10	**10,00**	12,00	0,3%
327 Dränagen [m²]	–	**7,10**	–	0,0%
329 Gründung, sonstiges [m²]	–	**–**	–	–
330 Außenwände				
331 Tragende Außenwände [m²]	89,00	**91,00**	93,00	5,1%
332 Nichttragende Außenwände [m²]	–	**216,00**	–	0,6%
333 Außenstützen [m]	–	**131,00**	–	0,0%
334 Außentüren und -fenster [m²]	487,00	**580,00**	673,00	4,5%
335 Außenwandbekleidungen außen [m²]	74,00	**81,00**	89,00	5,0%
336 Außenwandbekleidungen innen [m²]	16,00	**19,00**	22,00	0,9%
337 Elementierte Außenwände [m²]	–	**709,00**	–	8,4%
338 Sonnenschutz [m²]	–	**–**	–	–
339 Außenwände, sonstiges [m²]	–	**25,00**	–	0,9%
340 Innenwände				
341 Tragende Innenwände [m²]	78,00	**82,00**	86,00	4,0%
342 Nichttragende Innenwände [m²]	59,00	**69,00**	79,00	1,7%
343 Innenstützen [m]	–	**88,00**	–	0,2%
344 Innentüren und -fenster [m²]	614,00	**679,00**	743,00	5,0%
345 Innenwandbekleidungen [m²]	29,00	**31,00**	33,00	4,5%
346 Elementierte Innenwände [m²]	–	**278,00**	–	0,4%
349 Innenwände, sonstiges [m²]	–	**3,30**	–	0,1%
350 Decken				
351 Deckenkonstruktionen [m²]	89,00	**109,00**	129,00	6,4%
352 Deckenbeläge [m²]	124,00	**134,00**	145,00	5,3%
353 Deckenbekleidungen [m²]	34,00	**42,00**	50,00	2,2%
359 Decken, sonstiges [m²]	2,40	**18,00**	33,00	1,0%
360 Dächer				
361 Dachkonstruktionen [m²]	62,00	**69,00**	76,00	3,2%
362 Dachfenster, Dachöffnungen [m²]	1.018,00	**1.084,00**	1.150,00	0,3%
363 Dachbeläge [m²]	64,00	**131,00**	198,00	4,7%
364 Dachbekleidungen [m²]	15,00	**29,00**	44,00	2,0%
369 Dächer, sonstiges [m²]	–	**74,00**	–	0,9%
370 Baukonstruktive Einbauten				
371 Allgemeine Einbauten [m² BGF]	–	**60,00**	–	2,3%
372 Besondere Einbauten [m² BGF]	–	**–**	–	–
379 Baukonstruktive Einbauten, sonstiges [m² BGF]	–	**–**	–	–

© **BKI** Baukosteninformationszentrum; Erläuterungen zu den Tabellen siehe Seite 60   Kostenstand: 1.Quartal 2012, Bundesdurchschnitt, **inkl. MwSt.**

Kostengruppen	von	€/Einheit	bis	KG an 300+400
390 Sonstige Maßnahmen für Baukonstruktionen				
391 Baustelleneinrichtung [m² BGF]	4,00	**14,00**	25,00	1,0%
392 Gerüste [m² BGF]	8,00	**9,20**	10,00	0,6%
393 Sicherungsmaßnahmen [m² BGF]	–	**–**	–	–
394 Abbruchmaßnahmen [m² BGF]	–	**–**	–	–
395 Instandsetzungen [m² BGF]	–	**–**	–	–
396 Materialentsorgung [m² BGF]	–	**3,60**	–	0,1%
397 Zusätzliche Maßnahmen [m² BGF]	–	**7,90**	–	0,3%
398 Provisorische Baukonstruktionen [m² BGF]	–	**–**	–	–
399 Sonstige Maßnahmen für Baukonstruktionen, sonst. [m² BGF]	–	**–**	–	–
410 Abwasser-, Wasser-, Gasanlagen				
411 Abwasseranlagen [m² BGF]	22,00	**30,00**	38,00	2,2%
412 Wasseranlagen [m² BGF]	33,00	**46,00**	60,00	3,4%
420 Wärmeversorgungsanlagen				
421 Wärmeerzeugungsanlagen [m² BGF]	22,00	**23,00**	23,00	1,7%
422 Wärmeverteilnetze [m² BGF]	16,00	**17,00**	18,00	1,2%
423 Raumheizflächen [m² BGF]	11,00	**19,00**	26,00	1,4%
429 Wärmeversorgungsanlagen, sonstiges [m² BGF]	–	**3,20**	–	0,1%
430 Lufttechnische Anlagen				
431 Lüftungsanlagen [m² BGF]	–	**4,60**	–	0,1%
440 Starkstromanlagen				
443 Niederspannungsschaltanlagen [m² BGF]	–	**6,70**	–	0,2%
444 Niederspannungsinstallationsanlagen [m² BGF]	30,00	**46,00**	63,00	3,5%
445 Beleuchtungsanlagen [m² BGF]	2,40	**3,70**	5,10	0,2%
446 Blitzschutz- und Erdungsanlagen [m² BGF]	1,10	**1,30**	1,40	0,0%
450 Fernmelde- und informationstechnische Anlagen				
451 Telekommunikationsanlagen [m² BGF]	–	**0,30**	–	0,0%
452 Such- und Signalanlagen [m² BGF]	0,70	**1,30**	1,90	0,1%
455 Fernseh- und Antennenanlagen [m² BGF]	–	**–**	–	–
456 Gefahrenmelde- und Alarmanlagen [m² BGF]	–	**4,70**	–	0,1%
457 Übertragungsnetze [m² BGF]	–	**–**	–	–
460 Förderanlagen				
461 Aufzugsanlagen [m² BGF]	–	**21,00**	–	0,8%
470 Nutzungsspezifische Anlagen				
471 Küchentechnische Anlagen [m² BGF]	–	**–**	–	–
473 Medienversorgungsanlagen [m² BGF]	–	**–**	–	–
475 Feuerlöschanlagen [m² BGF]	–	**0,30**	–	0,0%
480 Gebäudeautomation				
481 Automationssysteme [m² BGF]	–	**–**	–	–
Weitere Kosten für Technische Anlagen	–	**7,70**	–	0,2%

Gaststätten, Kantinen und Mensen

Kostengruppen		von	€/Einheit	bis	KG an 300+400
310	**Baugrube**				
311	Baugrubenherstellung [m³]	8,10	**25,00**	36,00	1,5%
312	Baugrubenumschließung [m²]	–	**–**	–	–
313	Wasserhaltung [m²]	–	**–**	–	–
319	Baugrube, sonstiges [m³]	–	**–**	–	–
320	**Gründung**				
321	Baugrundverbesserung [m²]	–	**3,50**	–	0,0%
322	Flachgründungen [m²]	38,00	**68,00**	96,00	2,7%
323	Tiefgründungen [m²]	–	**–**	–	–
324	Unterböden und Bodenplatten [m²]	58,00	**74,00**	90,00	2,4%
325	Bodenbeläge [m²]	84,00	**115,00**	149,00	2,8%
326	Bauwerksabdichtungen [m²]	21,00	**34,00**	56,00	0,8%
327	Dränagen [m²]	2,20	**5,90**	15,00	0,1%
329	Gründung, sonstiges [m²]	–	**2,80**	–	0,0%
330	**Außenwände**				
331	Tragende Außenwände [m²]	96,00	**124,00**	144,00	3,0%
332	Nichttragende Außenwände [m²]	–	**164,00**		0,0%
333	Außenstützen [m]	245,00	**393,00**	537,00	1,3%
334	Außentüren und -fenster [m²]	512,00	**685,00**	904,00	1,4%
335	Außenwandbekleidungen außen [m²]	57,00	**100,00**	162,00	2,4%
336	Außenwandbekleidungen innen [m²]	38,00	**58,00**	83,00	1,0%
337	Elementierte Außenwände [m²]	434,00	**664,00**	902,00	6,0%
338	Sonnenschutz [m²]	130,00	**170,00**	237,00	0,1%
339	Außenwände, sonstiges [m²]	3,90	**7,60**	11,00	0,2%
340	**Innenwände**				
341	Tragende Innenwände [m²]	81,00	**103,00**	169,00	1,8%
342	Nichttragende Innenwände [m²]	80,00	**91,00**	118,00	1,7%
343	Innenstützen [m]	199,00	**294,00**	470,00	0,2%
344	Innentüren und -fenster [m²]	491,00	**667,00**	1.123,00	1,6%
345	Innenwandbekleidungen [m²]	46,00	**60,00**	74,00	3,1%
346	Elementierte Innenwände [m²]	245,00	**406,00**	819,00	1,4%
349	Innenwände, sonstiges [m²]	2,50	**6,80**	11,00	0,2%
350	**Decken**				
351	Deckenkonstruktionen [m²]	121,00	**144,00**	184,00	3,2%
352	Deckenbeläge [m²]	99,00	**127,00**	155,00	2,0%
353	Deckenbekleidungen [m²]	24,00	**41,00**	53,00	0,8%
359	Decken, sonstiges [m²]	0,80	**19,00**	36,00	0,3%
360	**Dächer**				
361	Dachkonstruktionen [m²]	113,00	**164,00**	220,00	7,2%
362	Dachfenster, Dachöffnungen [m²]	331,00	**810,00**	1.186,00	1,4%
363	Dachbeläge [m²]	117,00	**128,00**	140,00	6,1%
364	Dachbekleidungen [m²]	82,00	**124,00**	170,00	1,9%
369	Dächer, sonstiges [m²]	1,10	**22,00**	43,00	0,2%
370	**Baukonstruktive Einbauten**				
371	Allgemeine Einbauten [m² BGF]	0,90	**76,00**	180,00	5,1%
372	Besondere Einbauten [m² BGF]	0,80	**24,00**	46,00	0,6%
379	Baukonstruktive Einbauten, sonstiges [m² BGF]	–	**3,90**	–	0,0%

© **BKI** Baukosteninformationszentrum; Erläuterungen zu den Tabellen siehe Seite 60   Kostenstand: 1.Quartal 2012, Bundesdurchschnitt, **inkl. MwSt.**

Kostengruppen	von	€/Einheit	bis	KG an 300+400
390 Sonstige Maßnahmen für Baukonstruktionen				
391 Baustelleneinrichtung [m² BGF]	5,40	**24,00**	33,00	0,9%
392 Gerüste [m² BGF]	4,50	**9,00**	13,00	0,2%
393 Sicherungsmaßnahmen [m² BGF]	–	**–**	–	–
394 Abbruchmaßnahmen [m² BGF]	–	**–**	–	–
395 Instandsetzungen [m² BGF]	–	**0,00**	–	0,0%
396 Materialentsorgung [m² BGF]	2,30	**4,40**	6,50	0,1%
397 Zusätzliche Maßnahmen [m² BGF]	6,30	**9,50**	16,00	0,4%
398 Provisorische Baukonstruktionen [m² BGF]	–	**–**	–	–
399 Sonstige Maßnahmen für Baukonstruktionen, sonst. [m² BGF]	–	**25,00**	–	0,3%
410 Abwasser-, Wasser-, Gasanlagen				
411 Abwasseranlagen [m² BGF]	26,00	**38,00**	54,00	2,2%
412 Wasseranlagen [m² BGF]	29,00	**53,00**	82,00	3,1%
420 Wärmeversorgungsanlagen				
421 Wärmeerzeugungsanlagen [m² BGF]	19,00	**28,00**	51,00	1,6%
422 Wärmeverteilnetze [m² BGF]	9,10	**19,00**	39,00	1,1%
423 Raumheizflächen [m² BGF]	6,70	**14,00**	18,00	0,9%
429 Wärmeversorgungsanlagen, sonstiges [m² BGF]	1,40	**3,50**	5,60	0,2%
430 Lufttechnische Anlagen				
431 Lüftungsanlagen [m² BGF]	19,00	**72,00**	167,00	2,7%
440 Starkstromanlagen				
443 Niederspannungsschaltanlagen [m² BGF]	5,20	**15,00**	25,00	0,4%
444 Niederspannungsinstallationsanlagen [m² BGF]	24,00	**39,00**	57,00	2,3%
445 Beleuchtungsanlagen [m² BGF]	24,00	**36,00**	50,00	2,1%
446 Blitzschutz- und Erdungsanlagen [m² BGF]	0,90	**3,00**	5,50	0,1%
450 Fernmelde- und informationstechnische Anlagen				
451 Telekommunikationsanlagen [m² BGF]	1,30	**3,60**	5,20	0,1%
452 Such- und Signalanlagen [m² BGF]	–	**3,30**	–	0,0%
455 Fernseh- und Antennenanlagen [m² BGF]	0,90	**2,20**	3,00	0,1%
456 Gefahrenmelde- und Alarmanlagen [m² BGF]	11,00	**16,00**	23,00	0,8%
457 Übertragungsnetze [m² BGF]	–	**–**	–	–
460 Förderanlagen				
461 Aufzugsanlagen [m² BGF]	–	**39,00**	–	0,4%
470 Nutzungsspezifische Anlagen				
471 Küchentechnische Anlagen [m² BGF]	54,00	**96,00**	121,00	4,6%
473 Medienversorgungsanlagen [m² BGF]	–	**–**	–	–
475 Feuerlöschanlagen [m² BGF]	0,60	**0,60**	0,70	0,0%
480 Gebäudeautomation				
481 Automationssysteme [m² BGF]	–	**2,60**	–	0,0%
Weitere Kosten für Technische Anlagen	1,70	**36,00**	76,00	1,9%

Kostengruppen		von	€/Einheit	bis	KG an 300+400
310	**Baugrube**				
311	Baugrubenherstellung [m³]	12,00	**13,00**	15,00	1,6%
312	Baugrubenumschließung [m²]	–	**483,00**	–	3,0%
313	Wasserhaltung [m²]	–	**–**	–	–
319	Baugrube, sonstiges [m³]	–	**–**	–	–
320	**Gründung**				
321	Baugrundverbesserung [m²]	–	**6,00**	–	0,0%
322	Flachgründungen [m²]	74,00	**175,00**	376,00	2,6%
323	Tiefgründungen [m²]	–	**–**	–	–
324	Unterböden und Bodenplatten [m²]	37,00	**50,00**	63,00	0,8%
325	Bodenbeläge [m²]	64,00	**68,00**	73,00	1,0%
326	Bauwerksabdichtungen [m²]	11,00	**15,00**	17,00	0,3%
327	Dränagen [m²]	–	**3,70**	–	0,0%
329	Gründung, sonstiges [m²]	–	**–**	–	–
330	**Außenwände**				
331	Tragende Außenwände [m²]	98,00	**130,00**	178,00	5,5%
332	Nichttragende Außenwände [m²]	–	**–**	–	–
333	Außenstützen [m]	101,00	**119,00**	148,00	0,1%
334	Außentüren und -fenster [m²]	242,00	**743,00**	1.054,00	4,3%
335	Außenwandbekleidungen außen [m²]	108,00	**125,00**	134,00	4,9%
336	Außenwandbekleidungen innen [m²]	35,00	**36,00**	36,00	1,6%
337	Elementierte Außenwände [m²]	625,00	**712,00**	846,00	7,0%
338	Sonnenschutz [m²]	98,00	**136,00**	175,00	0,8%
339	Außenwände, sonstiges [m²]	3,30	**21,00**	30,00	1,2%
340	**Innenwände**				
341	Tragende Innenwände [m²]	86,00	**134,00**	227,00	2,7%
342	Nichttragende Innenwände [m²]	53,00	**74,00**	87,00	2,6%
343	Innenstützen [m]	113,00	**174,00**	295,00	0,9%
344	Innentüren und -fenster [m²]	418,00	**446,00**	487,00	2,9%
345	Innenwandbekleidungen [m²]	19,00	**22,00**	29,00	2,1%
346	Elementierte Innenwände [m²]	–	**440,00**	–	0,1%
349	Innenwände, sonstiges [m²]	–	**22,00**	–	0,2%
350	**Decken**				
351	Deckenkonstruktionen [m²]	152,00	**170,00**	181,00	11,8%
352	Deckenbeläge [m²]	70,00	**94,00**	132,00	5,2%
353	Deckenbekleidungen [m²]	38,00	**43,00**	54,00	2,3%
359	Decken, sonstiges [m²]	11,00	**17,00**	21,00	1,1%
360	**Dächer**				
361	Dachkonstruktionen [m²]	57,00	**95,00**	115,00	2,5%
362	Dachfenster, Dachöffnungen [m²]	426,00	**685,00**	944,00	0,5%
363	Dachbeläge [m²]	68,00	**111,00**	141,00	2,7%
364	Dachbekleidungen [m²]	22,00	**35,00**	48,00	1,0%
369	Dächer, sonstiges [m²]	7,50	**18,00**	28,00	0,4%
370	**Baukonstruktive Einbauten**				
371	Allgemeine Einbauten [m² BGF]	–	**3,80**	–	0,1%
372	Besondere Einbauten [m² BGF]	–	**0,30**	–	0,0%
379	Baukonstruktive Einbauten, sonstiges [m² BGF]	–	**–**	–	–

Kostengruppen		von	€/Einheit	bis	KG an 300+400
390	**Sonstige Maßnahmen für Baukonstruktionen**				
391	Baustelleneinrichtung [m² BGF]	11,00	**18,00**	30,00	1,6%
392	Gerüste [m² BGF]	7,30	**7,60**	7,80	0,7%
393	Sicherungsmaßnahmen [m² BGF]	–	**–**	–	–
394	Abbruchmaßnahmen [m² BGF]	–	**–**	–	–
395	Instandsetzungen [m² BGF]	–	**–**	–	–
396	Materialentsorgung [m² BGF]	–	**–**	–	–
397	Zusätzliche Maßnahmen [m² BGF]	–	**0,80**	–	0,0%
398	Provisorische Baukonstruktionen [m² BGF]	–	**–**	–	–
399	Sonstige Maßnahmen für Baukonstruktionen, sonst. [m² BGF]	–	**–**	–	–
410	**Abwasser-, Wasser-, Gasanlagen**				
411	Abwasseranlagen [m² BGF]	13,00	**15,00**	19,00	1,4%
412	Wasseranlagen [m² BGF]	8,40	**19,00**	25,00	1,8%
420	**Wärmeversorgungsanlagen**				
421	Wärmeerzeugungsanlagen [m² BGF]	13,00	**19,00**	30,00	1,8%
422	Wärmeverteilnetze [m² BGF]	10,00	**12,00**	13,00	1,1%
423	Raumheizflächen [m² BGF]	3,00	**11,00**	15,00	1,0%
429	Wärmeversorgungsanlagen, sonstiges [m² BGF]	–	**0,90**	–	0,0%
430	**Lufttechnische Anlagen**				
431	Lüftungsanlagen [m² BGF]	1,90	**6,50**	15,00	0,5%
440	**Starkstromanlagen**				
443	Niederspannungsschaltanlagen [m² BGF]	–	**1,10**	–	0,0%
444	Niederspannungsinstallationsanlagen [m² BGF]	20,00	**47,00**	65,00	4,4%
445	Beleuchtungsanlagen [m² BGF]	12,00	**20,00**	30,00	1,9%
446	Blitzschutz- und Erdungsanlagen [m² BGF]	0,50	**1,20**	1,60	0,1%
450	**Fernmelde- und informationstechnische Anlagen**				
451	Telekommunikationsanlagen [m² BGF]	1,50	**2,10**	2,60	0,1%
452	Such- und Signalanlagen [m² BGF]	0,20	**3,30**	6,50	0,2%
455	Fernseh- und Antennenanlagen [m² BGF]	0,10	**0,50**	0,90	0,0%
456	Gefahrenmelde- und Alarmanlagen [m² BGF]	–	**6,80**	–	0,2%
457	Übertragungsnetze [m² BGF]	–	**7,80**	–	0,2%
460	**Förderanlagen**				
461	Aufzugsanlagen [m² BGF]	21,00	**23,00**	24,00	1,4%
470	**Nutzungsspezifische Anlagen**				
471	Küchentechnische Anlagen [m² BGF]	–	**–**	–	–
473	Medienversorgungsanlagen [m² BGF]	–	**–**	–	–
475	Feuerlöschanlagen [m² BGF]	0,60	**18,00**	36,00	1,0%
480	**Gebäudeautomation**				
481	Automationssysteme [m² BGF]	–	**–**	–	–
	Weitere Kosten für Technische Anlagen	20,00	**79,00**	137,00	4,7%

Bauelemente

Gebäudearten

Kostengruppen

Neubau

Abbrechen

Wiederherstellen

Herstellen

Geschäftshäuser ohne Wohnungen

Kostengruppen	von	€/Einheit	bis	KG an 300+400
310 Baugrube				
311 Baugrubenherstellung [m³]	22,00	**29,00**	37,00	3,1%
312 Baugrubenumschließung [m²]	–	**–**	–	–
313 Wasserhaltung [m²]	–	**–**	–	–
319 Baugrube, sonstiges [m³]	–	**–**	–	–
320 Gründung				
321 Baugrundverbesserung [m²]	–	**–**	–	–
322 Flachgründungen [m²]	32,00	**83,00**	133,00	2,0%
323 Tiefgründungen [m²]	–	**–**	–	–
324 Unterböden und Bodenplatten [m²]	35,00	**38,00**	40,00	0,9%
325 Bodenbeläge [m²]	58,00	**59,00**	61,00	1,3%
326 Bauwerksabdichtungen [m²]	9,80	**11,00**	12,00	0,2%
327 Dränagen [m²]	–	**14,00**	–	0,1%
329 Gründung, sonstiges [m²]	–	**–**	–	–
330 Außenwände				
331 Tragende Außenwände [m²]	108,00	**112,00**	116,00	9,2%
332 Nichttragende Außenwände [m²]	–	**–**	–	–
333 Außenstützen [m]	–	**268,00**	–	0,2%
334 Außentüren und -fenster [m²]	488,00	**605,00**	722,00	9,5%
335 Außenwandbekleidungen außen [m²]	57,00	**69,00**	80,00	5,8%
336 Außenwandbekleidungen innen [m²]	22,00	**23,00**	24,00	1,5%
337 Elementierte Außenwände [m²]	–	**–**	–	–
338 Sonnenschutz [m²]	–	**443,00**	–	1,2%
339 Außenwände, sonstiges [m²]	1,20	**4,20**	7,20	0,3%
340 Innenwände				
341 Tragende Innenwände [m²]	75,00	**109,00**	143,00	1,5%
342 Nichttragende Innenwände [m²]	60,00	**62,00**	64,00	2,6%
343 Innenstützen [m]	155,00	**176,00**	198,00	0,5%
344 Innentüren und -fenster [m²]	443,00	**448,00**	452,00	3,3%
345 Innenwandbekleidungen [m²]	33,00	**35,00**	36,00	3,4%
346 Elementierte Innenwände [m²]	49,00	**325,00**	601,00	2,7%
349 Innenwände, sonstiges [m²]	–	**21,00**	–	0,8%
350 Decken				
351 Deckenkonstruktionen [m²]	107,00	**117,00**	126,00	8,3%
352 Deckenbeläge [m²]	118,00	**124,00**	129,00	7,5%
353 Deckenbekleidungen [m²]	20,00	**25,00**	30,00	1,5%
359 Decken, sonstiges [m²]	–	**35,00**	–	1,2%
360 Dächer				
361 Dachkonstruktionen [m²]	66,00	**71,00**	77,00	2,8%
362 Dachfenster, Dachöffnungen [m²]	–	**811,00**	–	0,0%
363 Dachbeläge [m²]	143,00	**150,00**	158,00	4,7%
364 Dachbekleidungen [m²]	35,00	**47,00**	60,00	1,0%
369 Dächer, sonstiges [m²]	3,50	**5,70**	7,80	0,1%
370 Baukonstruktive Einbauten				
371 Allgemeine Einbauten [m² BGF]	–	**1,30**	–	0,0%
372 Besondere Einbauten [m² BGF]	–	**1,00**	–	0,0%
379 Baukonstruktive Einbauten, sonstiges [m² BGF]	–	**–**	–	–

© **BKI** Baukosteninformationszentrum; Erläuterungen zu den Tabellen siehe Seite 60   Kostenstand: 1.Quartal 2012, Bundesdurchschnitt, inkl. MwSt.

		von	€/Einheit	bis	KG an 300+400
390	**Sonstige Maßnahmen für Baukonstruktionen**				
391	Baustelleneinrichtung [m² BGF]	4,20	**5,00**	5,70	0,4%
392	Gerüste [m² BGF]	9,20	**9,20**	9,30	0,9%
393	Sicherungsmaßnahmen [m² BGF]	–	**–**	–	–
394	Abbruchmaßnahmen [m² BGF]	–	**–**	–	–
395	Instandsetzungen [m² BGF]	–	**–**	–	–
396	Materialentsorgung [m² BGF]	–	**–**	–	–
397	Zusätzliche Maßnahmen [m² BGF]	2,20	**3,60**	4,90	0,3%
398	Provisorische Baukonstruktionen [m² BGF]	–	**–**	–	–
399	Sonstige Maßnahmen für Baukonstruktionen, sonst. [m² BGF]	–	**–**	–	–
410	**Abwasser-, Wasser-, Gasanlagen**				
411	Abwasseranlagen [m² BGF]	17,00	**23,00**	30,00	2,2%
412	Wasseranlagen [m² BGF]	31,00	**33,00**	35,00	3,2%
420	**Wärmeversorgungsanlagen**				
421	Wärmeerzeugungsanlagen [m² BGF]	7,20	**10,00**	13,00	0,9%
422	Wärmeverteilnetze [m² BGF]	17,00	**24,00**	31,00	2,4%
423	Raumheizflächen [m² BGF]	18,00	**22,00**	25,00	2,1%
429	Wärmeversorgungsanlagen, sonstiges [m² BGF]	2,60	**6,50**	10,00	0,6%
430	**Lufttechnische Anlagen**				
431	Lüftungsanlagen [m² BGF]	2,00	**2,60**	3,10	0,2%
440	**Starkstromanlagen**				
443	Niederspannungsschaltanlagen [m² BGF]	–	**–**	–	–
444	Niederspannungsinstallationsanlagen [m² BGF]	29,00	**36,00**	42,00	3,5%
445	Beleuchtungsanlagen [m² BGF]	2,90	**2,90**	3,00	0,2%
446	Blitzschutz- und Erdungsanlagen [m² BGF]	1,30	**2,30**	3,20	0,2%
450	**Fernmelde- und informationstechnische Anlagen**				
451	Telekommunikationsanlagen [m² BGF]	0,80	**1,20**	1,60	0,1%
452	Such- und Signalanlagen [m² BGF]	1,50	**1,50**	1,50	0,1%
455	Fernseh- und Antennenanlagen [m² BGF]	–	**1,30**	–	0,0%
456	Gefahrenmelde- und Alarmanlagen [m² BGF]	–	**8,60**	–	0,4%
457	Übertragungsnetze [m² BGF]	–	**–**	–	–
460	**Förderanlagen**				
461	Aufzugsanlagen [m² BGF]	–	**56,00**	–	2,7%
470	**Nutzungsspezifische Anlagen**				
471	Küchentechnische Anlagen [m² BGF]	–	**–**	–	–
473	Medienversorgungsanlagen [m² BGF]	–	**–**	–	–
475	Feuerlöschanlagen [m² BGF]	–	**–**	–	–
480	**Gebäudeautomation**				
481	Automationssysteme [m² BGF]	–	**–**	–	–
	Weitere Kosten für Technische Anlagen	–	**0,30**	–	0,0%

Bauelemente

Gebäudearten

Kostengruppen

Neubau

Abbrechen

Wiederherstellen

Herstellen

Kostengruppen		von	€/Einheit	bis	KG an 300+400
310	**Baugrube**				
311	Baugrubenherstellung [m³]	–	28,00	–	2,4%
312	Baugrubenumschließung [m²]	–	–	–	–
313	Wasserhaltung [m²]	–	70,00	–	1,5%
319	Baugrube, sonstiges [m³]	–	–	–	–
320	**Gründung**				
321	Baugrundverbesserung [m²]	–	–	–	–
322	Flachgründungen [m²]	–	–	–	–
323	Tiefgründungen [m²]	–	–	–	–
324	Unterböden und Bodenplatten [m²]	–	198,00	–	4,2%
325	Bodenbeläge [m²]	–	70,00	–	0,8%
326	Bauwerksabdichtungen [m²]	–	63,00	–	1,3%
327	Dränagen [m²]	–	–	–	–
329	Gründung, sonstiges [m²]	–	–	–	–
330	**Außenwände**				
331	Tragende Außenwände [m²]	–	235,00	–	5,6%
332	Nichttragende Außenwände [m²]	–	–	–	–
333	Außenstützen [m]	–	–	–	–
334	Außentüren und -fenster [m²]	–	1.143,00	–	4,8%
335	Außenwandbekleidungen außen [m²]	–	405,00	–	12,3%
336	Außenwandbekleidungen innen [m²]	–	55,00	–	0,8%
337	Elementierte Außenwände [m²]	–	1.002,00	–	1,1%
338	Sonnenschutz [m²]	–	155,00	–	0,5%
339	Außenwände, sonstiges [m²]	–	21,00	–	0,6%
340	**Innenwände**				
341	Tragende Innenwände [m²]	–	247,00	–	2,7%
342	Nichttragende Innenwände [m²]	–	120,00	–	1,1%
343	Innenstützen [m]	–	431,00	–	0,4%
344	Innentüren und -fenster [m²]	–	725,00	–	1,0%
345	Innenwandbekleidungen [m²]	–	41,00	–	1,6%
346	Elementierte Innenwände [m²]	–	278,00	–	0,1%
349	Innenwände, sonstiges [m²]	–	2,10	–	0,0%
350	**Decken**				
351	Deckenkonstruktionen [m²]	–	197,00	–	7,4%
352	Deckenbeläge [m²]	–	150,00	–	4,9%
353	Deckenbekleidungen [m²]	–	95,00	–	3,2%
359	Decken, sonstiges [m²]	–	14,00	–	0,5%
360	**Dächer**				
361	Dachkonstruktionen [m²]	–	145,00	–	2,4%
362	Dachfenster, Dachöffnungen [m²]	–	1.095,00	–	1,0%
363	Dachbeläge [m²]	–	249,00	–	4,4%
364	Dachbekleidungen [m²]	–	75,00	–	0,3%
369	Dächer, sonstiges [m²]	–	6,50	–	0,1%
370	**Baukonstruktive Einbauten**				
371	Allgemeine Einbauten [m² BGF]	–	–	–	–
372	Besondere Einbauten [m² BGF]	–	96,00	–	4,6%
379	Baukonstruktive Einbauten, sonstiges [m² BGF]	–	–	–	–

© **BKI** Baukosteninformationszentrum; Erläuterungen zu den Tabellen siehe Seite 60   Kostenstand: 1.Quartal 2012, Bundesdurchschnitt, inkl. MwSt.

Bank- und Sparkassengebäude

Kostengruppen	von	€/Einheit	bis	KG an 300+400
390 Sonstige Maßnahmen für Baukonstruktionen				
391 Baustelleneinrichtung [m² BGF]	–	–	–	–
392 Gerüste [m² BGF]	–	16,00	–	0,7%
393 Sicherungsmaßnahmen [m² BGF]	–	–	–	–
394 Abbruchmaßnahmen [m² BGF]	–	–	–	–
395 Instandsetzungen [m² BGF]	–	–	–	–
396 Materialentsorgung [m² BGF]	–	–	–	–
397 Zusätzliche Maßnahmen [m² BGF]	–	2,40	–	0,1%
398 Provisorische Baukonstruktionen [m² BGF]	–	–	–	–
399 Sonstige Maßnahmen für Baukonstruktionen, sonst. [m² BGF]	–	–	–	–
410 Abwasser-, Wasser-, Gasanlagen				
411 Abwasseranlagen [m² BGF]	–	34,00	–	1,6%
412 Wasseranlagen [m² BGF]	–	34,00	–	1,6%
420 Wärmeversorgungsanlagen				
421 Wärmeerzeugungsanlagen [m² BGF]	–	11,00	–	0,5%
422 Wärmeverteilnetze [m² BGF]	–	33,00	–	1,6%
423 Raumheizflächen [m² BGF]	–	80,00	–	3,8%
429 Wärmeversorgungsanlagen, sonstiges [m² BGF]	–	28,00	–	1,3%
430 Lufttechnische Anlagen				
431 Lüftungsanlagen [m² BGF]	–	66,00	–	3,1%
440 Starkstromanlagen				
443 Niederspannungsschaltanlagen [m² BGF]	–	–	–	–
444 Niederspannungsinstallationsanlagen [m² BGF]	–	64,00	–	3,0%
445 Beleuchtungsanlagen [m² BGF]	–	99,00	–	4,7%
446 Blitzschutz- und Erdungsanlagen [m² BGF]	–	4,50	–	0,2%
450 Fernmelde- und informationstechnische Anlagen				
451 Telekommunikationsanlagen [m² BGF]	–	5,90	–	0,2%
452 Such- und Signalanlagen [m² BGF]	–	0,60	–	0,0%
455 Fernseh- und Antennenanlagen [m² BGF]	–	1,10	–	0,0%
456 Gefahrenmelde- und Alarmanlagen [m² BGF]	–	7,70	–	0,3%
457 Übertragungsnetze [m² BGF]	–	24,00	–	1,1%
460 Förderanlagen				
461 Aufzugsanlagen [m² BGF]	–	28,00	–	1,3%
470 Nutzungsspezifische Anlagen				
471 Küchentechnische Anlagen [m² BGF]	–	–	–	–
473 Medienversorgungsanlagen [m² BGF]	–	–	–	–
475 Feuerlöschanlagen [m² BGF]	–	2,00	–	0,1%
480 Gebäudeautomation				
481 Automationssysteme [m² BGF]	–	–	–	–
Weitere Kosten für Technische Anlagen	–	50,00	–	2,4%

Bauelemente

Gebäudearten

Kostengruppen

Neubau

Abbrechen

Wiederherstellen

Herstellen

Kostengruppen		von	€/Einheit	bis	KG an 300+400
310	**Baugrube**				
311	Baugrubenherstellung [m³]	6,40	**18,00**	30,00	0,5%
312	Baugrubenumschließung [m²]	–	**–**	–	–
313	Wasserhaltung [m²]	–	**–**	–	–
319	Baugrube, sonstiges [m³]	–	**–**	–	–
320	**Gründung**				
321	Baugrundverbesserung [m²]	–	**28,00**	–	0,9%
322	Flachgründungen [m²]	22,00	**41,00**	60,00	3,3%
323	Tiefgründungen [m²]	–	**–**	–	–
324	Unterböden und Bodenplatten [m²]	51,00	**56,00**	61,00	4,8%
325	Bodenbeläge [m²]	82,00	**124,00**	166,00	7,0%
326	Bauwerksabdichtungen [m²]	15,00	**26,00**	36,00	2,0%
327	Dränagen [m²]	–	**0,90**	–	0,0%
329	Gründung, sonstiges [m²]	–	**–**	–	–
330	**Außenwände**				
331	Tragende Außenwände [m²]	111,00	**136,00**	161,00	6,7%
332	Nichttragende Außenwände [m²]	–	**–**	–	–
333	Außenstützen [m]	–	**–**	–	–
334	Außentüren und -fenster [m²]	835,00	**961,00**	1.087,00	5,3%
335	Außenwandbekleidungen außen [m²]	84,00	**139,00**	194,00	6,8%
336	Außenwandbekleidungen innen [m²]	16,00	**32,00**	48,00	0,5%
337	Elementierte Außenwände [m²]	–	**–**	–	–
338	Sonnenschutz [m²]	–	**66,00**	–	0,0%
339	Außenwände, sonstiges [m²]	4,50	**7,30**	10,00	0,3%
340	**Innenwände**				
341	Tragende Innenwände [m²]	72,00	**83,00**	94,00	2,0%
342	Nichttragende Innenwände [m²]	56,00	**60,00**	63,00	1,1%
343	Innenstützen [m]	80,00	**123,00**	166,00	0,2%
344	Innentüren und -fenster [m²]	516,00	**541,00**	566,00	2,9%
345	Innenwandbekleidungen [m²]	23,00	**33,00**	43,00	2,7%
346	Elementierte Innenwände [m²]	200,00	**284,00**	367,00	0,8%
349	Innenwände, sonstiges [m²]	7,90	**10,00**	13,00	0,5%
350	**Decken**				
351	Deckenkonstruktionen [m²]	–	**–**	–	–
352	Deckenbeläge [m²]	–	**–**	–	–
353	Deckenbekleidungen [m²]	–	**–**	–	–
359	Decken, sonstiges [m²]	–	**–**	–	–
360	**Dächer**				
361	Dachkonstruktionen [m²]	72,00	**72,00**	73,00	8,6%
362	Dachfenster, Dachöffnungen [m²]	–	**–**	–	–
363	Dachbeläge [m²]	56,00	**65,00**	73,00	7,6%
364	Dachbekleidungen [m²]	27,00	**28,00**	30,00	2,5%
369	Dächer, sonstiges [m²]	2,00	**4,40**	6,70	0,4%
370	**Baukonstruktive Einbauten**				
371	Allgemeine Einbauten [m² BGF]	–	**0,80**	–	0,0%
372	Besondere Einbauten [m² BGF]	–	**9,40**	–	0,5%
379	Baukonstruktive Einbauten, sonstiges [m² BGF]	–	**–**	–	–

© **BKI** Baukosteninformationszentrum; Erläuterungen zu den Tabellen siehe Seite 60   Kostenstand: 1.Quartal 2012, Bundesdurchschnitt, **inkl. MwSt.**

Kostengruppen	von	€/Einheit	bis	KG an 300+400
390 Sonstige Maßnahmen für Baukonstruktionen				
391 Baustelleneinrichtung [m² BGF]	3,90	**5,80**	7,80	0,6%
392 Gerüste [m² BGF]	6,00	**9,90**	14,00	1,0%
393 Sicherungsmaßnahmen [m² BGF]	–	**–**	–	–
394 Abbruchmaßnahmen [m² BGF]	–	**–**	–	–
395 Instandsetzungen [m² BGF]	–	**–**	–	–
396 Materialentsorgung [m² BGF]	–	**–**	–	–
397 Zusätzliche Maßnahmen [m² BGF]	–	**0,60**	–	0,0%
398 Provisorische Baukonstruktionen [m² BGF]	–	**–**	–	–
399 Sonstige Maßnahmen für Baukonstruktionen, sonst. [m² BGF]	–	**–**	–	–
410 Abwasser-, Wasser-, Gasanlagen				
411 Abwasseranlagen [m² BGF]	16,00	**19,00**	22,00	1,9%
412 Wasseranlagen [m² BGF]	19,00	**28,00**	38,00	2,8%
420 Wärmeversorgungsanlagen				
421 Wärmeerzeugungsanlagen [m² BGF]	–	**17,00**	–	0,8%
422 Wärmeverteilnetze [m² BGF]	–	**63,00**	–	2,9%
423 Raumheizflächen [m² BGF]	–	**20,00**	–	0,9%
429 Wärmeversorgungsanlagen, sonstiges [m² BGF]	–	**3,80**	–	0,1%
430 Lufttechnische Anlagen				
431 Lüftungsanlagen [m² BGF]	–	**59,00**	–	2,8%
440 Starkstromanlagen				
443 Niederspannungsschaltanlagen [m² BGF]	–	**2,80**	–	0,1%
444 Niederspannungsinstallationsanlagen [m² BGF]	65,00	**67,00**	68,00	6,8%
445 Beleuchtungsanlagen [m² BGF]	6,40	**14,00**	21,00	1,3%
446 Blitzschutz- und Erdungsanlagen [m² BGF]	2,30	**3,50**	4,60	0,3%
450 Fernmelde- und informationstechnische Anlagen				
451 Telekommunikationsanlagen [m² BGF]	–	**0,50**	–	0,0%
452 Such- und Signalanlagen [m² BGF]	–	**1,30**	–	0,0%
455 Fernseh- und Antennenanlagen [m² BGF]	–	**–**	–	–
456 Gefahrenmelde- und Alarmanlagen [m² BGF]	–	**4,90**	–	0,2%
457 Übertragungsnetze [m² BGF]	–	**0,30**	–	0,0%
460 Förderanlagen				
461 Aufzugsanlagen [m² BGF]	–	**–**	–	–
470 Nutzungsspezifische Anlagen				
471 Küchentechnische Anlagen [m² BGF]	–	**–**	–	–
473 Medienversorgungsanlagen [m² BGF]	–	**–**	–	–
475 Feuerlöschanlagen [m² BGF]	–	**–**	–	–
480 Gebäudeautomation				
481 Automationssysteme [m² BGF]	–	**–**	–	–
Weitere Kosten für Technische Anlagen	–	**38,00**	–	1,8%

Bauelemente · Gebäudearten · Kostengruppen · Neubau · Abbrechen · Wiederherstellen · Herstellen

  Kostenstand: 1.Quartal 2012, Bundesdurchschnitt, inkl. MwSt.

Kostengruppen		von	€/Einheit	bis	KG an 300+400
310	**Baugrube**				
311	Baugrubenherstellung [m³]	–	14,00	–	9,6%
312	Baugrubenumschließung [m²]	–	706,00	–	34,2%
313	Wasserhaltung [m²]	–	–	–	–
319	Baugrube, sonstiges [m³]	–	–	–	–
320	**Gründung**				
321	Baugrundverbesserung [m²]	–	–	–	–
322	Flachgründungen [m²]	–	98,00	–	4,5%
323	Tiefgründungen [m²]	–	–	–	–
324	Unterböden und Bodenplatten [m²]	–	80,00	–	3,7%
325	Bodenbeläge [m²]	–	30,00	–	1,4%
326	Bauwerksabdichtungen [m²]	–	28,00	–	1,3%
327	Dränagen [m²]	–	8,20	–	0,3%
329	Gründung, sonstiges [m²]	–	–	–	–
330	**Außenwände**				
331	Tragende Außenwände [m²]	–	154,00	–	0,7%
332	Nichttragende Außenwände [m²]	–	92,00	–	4,9%
333	Außenstützen [m]	–	–	–	–
334	Außentüren und -fenster [m²]	–	423,00	–	2,2%
335	Außenwandbekleidungen außen [m²]	–	89,00	–	0,5%
336	Außenwandbekleidungen innen [m²]	–	50,00	–	0,1%
337	Elementierte Außenwände [m²]	–	381,00	–	4,4%
338	Sonnenschutz [m²]	–	–	–	–
339	Außenwände, sonstiges [m²]	–	–	–	–
340	**Innenwände**				
341	Tragende Innenwände [m²]	–	155,00	–	2,0%
342	Nichttragende Innenwände [m²]	–	60,00	–	0,9%
343	Innenstützen [m]	–	267,00	–	1,1%
344	Innentüren und -fenster [m²]	–	396,00	–	0,8%
345	Innenwandbekleidungen [m²]	–	14,00	–	0,8%
346	Elementierte Innenwände [m²]	–	119,00	–	0,2%
349	Innenwände, sonstiges [m²]	–	–	–	–
350	**Decken**				
351	Deckenkonstruktionen [m²]	–	76,00	–	2,1%
352	Deckenbeläge [m²]	–	50,00	–	1,4%
353	Deckenbekleidungen [m²]	–	78,00	–	0,1%
359	Decken, sonstiges [m²]	–	35,00	–	1,0%
360	**Dächer**				
361	Dachkonstruktionen [m²]	–	128,00	–	6,6%
362	Dachfenster, Dachöffnungen [m²]	–	1.511,00	–	0,9%
363	Dachbeläge [m²]	–	106,00	–	5,4%
364	Dachbekleidungen [m²]	–	–	–	–
369	Dächer, sonstiges [m²]	–	–	–	–
370	**Baukonstruktive Einbauten**				
371	Allgemeine Einbauten [m² BGF]	–	–	–	–
372	Besondere Einbauten [m² BGF]	–	–	–	–
379	Baukonstruktive Einbauten, sonstiges [m² BGF]	–	–	–	–

© **BKI** Baukosteninformationszentrum; Erläuterungen zu den Tabellen siehe Seite 60   Kostenstand: 1.Quartal 2012, Bundesdurchschnitt, **inkl.** MwSt.

Kostengruppen	von	€/Einheit	bis	KG an 300+400
390 **Sonstige Maßnahmen für Baukonstruktionen**				
391 Baustelleneinrichtung [m² BGF]	–	**15,00**	–	1,2%
392 Gerüste [m² BGF]	–	**12,00**	–	0,9%
393 Sicherungsmaßnahmen [m² BGF]	–	**–**	–	–
394 Abbruchmaßnahmen [m² BGF]	–	**–**	–	–
395 Instandsetzungen [m² BGF]	–	**–**	–	–
396 Materialentsorgung [m² BGF]	–	**–**	–	–
397 Zusätzliche Maßnahmen [m² BGF]	–	**–**	–	–
398 Provisorische Baukonstruktionen [m² BGF]	–	**–**	–	–
399 Sonstige Maßnahmen für Baukonstruktionen, sonst. [m² BGF]	–	**–**	–	–
410 **Abwasser-, Wasser-, Gasanlagen**				
411 Abwasseranlagen [m² BGF]	–	**7,30**	–	0,5%
412 Wasseranlagen [m² BGF]	–	**7,80**	–	0,6%
420 **Wärmeversorgungsanlagen**				
421 Wärmeerzeugungsanlagen [m² BGF]	–	**6,80**	–	0,5%
422 Wärmeverteilnetze [m² BGF]	–	**6,80**	–	0,5%
423 Raumheizflächen [m² BGF]	–	**7,50**	–	0,5%
429 Wärmeversorgungsanlagen, sonstiges [m² BGF]	–	**1,20**	–	0,0%
430 **Lufttechnische Anlagen**				
431 Lüftungsanlagen [m² BGF]	–	**0,50**	–	0,0%
440 **Starkstromanlagen**				
443 Niederspannungsschaltanlagen [m² BGF]	–	**–**	–	–
444 Niederspannungsinstallationsanlagen [m² BGF]	–	**18,00**	–	1,4%
445 Beleuchtungsanlagen [m² BGF]	–	**14,00**	–	1,1%
446 Blitzschutz- und Erdungsanlagen [m² BGF]	–	**0,80**	–	0,0%
450 **Fernmelde- und informationstechnische Anlagen**				
451 Telekommunikationsanlagen [m² BGF]	–	**–**	–	–
452 Such- und Signalanlagen [m² BGF]	–	**–**	–	–
455 Fernseh- und Antennenanlagen [m² BGF]	–	**–**	–	–
456 Gefahrenmelde- und Alarmanlagen [m² BGF]	–	**–**	–	–
457 Übertragungsnetze [m² BGF]	–	**–**	–	–
460 **Förderanlagen**				
461 Aufzugsanlagen [m² BGF]	–	**–**	–	–
470 **Nutzungsspezifische Anlagen**				
471 Küchentechnische Anlagen [m² BGF]	–	**–**	–	–
473 Medienversorgungsanlagen [m² BGF]	–	**–**	–	–
475 Feuerlöschanlagen [m² BGF]	–	**–**	–	–
480 **Gebäudeautomation**				
481 Automationssysteme [m² BGF]	–	**–**	–	–
Weitere Kosten für Technische Anlagen	–	**0,80**	–	0,0%

Bauelemente · Gebäudearten · Kostengruppen · Neubau · Abbrechen · Wiederherstellen · Herstellen

Industrielle Produktionsgebäude, Massivbauweise

Kostengruppen	von	€/Einheit	bis	KG an 300+400
310 Baugrube				
311 Baugrubenherstellung [m³]	11,00	**20,00**	34,00	2,0%
312 Baugrubenumschließung [m²]	–	**–**	–	–
313 Wasserhaltung [m²]	3,50	**4,20**	4,80	0,1%
319 Baugrube, sonstiges [m³]	–	**–**	–	–
320 Gründung				
321 Baugrundverbesserung [m²]	16,00	**45,00**	101,00	2,1%
322 Flachgründungen [m²]	46,00	**62,00**	81,00	4,2%
323 Tiefgründungen [m²]	–	**45,00**	–	0,5%
324 Unterböden und Bodenplatten [m²]	64,00	**79,00**	90,00	5,5%
325 Bodenbeläge [m²]	16,00	**54,00**	81,00	3,1%
326 Bauwerksabdichtungen [m²]	4,70	**13,00**	19,00	0,9%
327 Dränagen [m²]	3,10	**8,50**	12,00	0,4%
329 Gründung, sonstiges [m²]	–	**0,20**	–	0,0%
330 Außenwände				
331 Tragende Außenwände [m²]	108,00	**204,00**	552,00	5,1%
332 Nichttragende Außenwände [m²]	75,00	**105,00**	169,00	1,6%
333 Außenstützen [m]	147,00	**255,00**	363,00	0,6%
334 Außentüren und -fenster [m²]	344,00	**469,00**	664,00	3,6%
335 Außenwandbekleidungen außen [m²]	45,00	**78,00**	120,00	4,4%
336 Außenwandbekleidungen innen [m²]	14,00	**23,00**	55,00	0,8%
337 Elementierte Außenwände [m²]	214,00	**459,00**	605,00	3,8%
338 Sonnenschutz [m²]	129,00	**224,00**	408,00	0,5%
339 Außenwände, sonstiges [m²]	6,80	**12,00**	20,00	0,3%
340 Innenwände				
341 Tragende Innenwände [m²]	74,00	**99,00**	190,00	2,5%
342 Nichttragende Innenwände [m²]	29,00	**59,00**	89,00	1,2%
343 Innenstützen [m]	108,00	**179,00**	276,00	1,1%
344 Innentüren und -fenster [m²]	361,00	**496,00**	686,00	1,7%
345 Innenwandbekleidungen [m²]	11,00	**34,00**	52,00	2,3%
346 Elementierte Innenwände [m²]	428,00	**621,00**	815,00	1,2%
349 Innenwände, sonstiges [m²]	1,40	**2,50**	3,60	0,0%
350 Decken				
351 Deckenkonstruktionen [m²]	134,00	**224,00**	356,00	5,5%
352 Deckenbeläge [m²]	79,00	**102,00**	186,00	2,2%
353 Deckenbekleidungen [m²]	9,80	**25,00**	47,00	0,4%
359 Decken, sonstiges [m²]	20,00	**44,00**	62,00	1,0%
360 Dächer				
361 Dachkonstruktionen [m²]	44,00	**87,00**	101,00	6,2%
362 Dachfenster, Dachöffnungen [m²]	90,00	**252,00**	477,00	1,1%
363 Dachbeläge [m²]	50,00	**86,00**	107,00	5,8%
364 Dachbekleidungen [m²]	21,00	**37,00**	60,00	0,3%
369 Dächer, sonstiges [m²]	0,50	**3,20**	4,50	0,2%
370 Baukonstruktive Einbauten				
371 Allgemeine Einbauten [m² BGF]	1,80	**15,00**	29,00	0,5%
372 Besondere Einbauten [m² BGF]	–	**–**	–	–
379 Baukonstruktive Einbauten, sonstiges [m² BGF]	–	**–**	–	–

Kostenstand: 1.Quartal 2012, Bundesdurchschnitt, **inkl. MwSt.**

Kostengruppen	von	€/Einheit	bis	KG an 300+400
390 Sonstige Maßnahmen für Baukonstruktionen				
391 Baustelleneinrichtung [m² BGF]	14,00	**19,00**	27,00	1,8%
392 Gerüste [m² BGF]	5,90	**8,50**	17,00	0,7%
393 Sicherungsmaßnahmen [m² BGF]	–	**–**	–	–
394 Abbruchmaßnahmen [m² BGF]	–	**27,00**	–	0,3%
395 Instandsetzungen [m² BGF]	–	**–**	–	–
396 Materialentsorgung [m² BGF]	–	**0,60**	–	0,0%
397 Zusätzliche Maßnahmen [m² BGF]	0,70	**2,00**	3,30	0,1%
398 Provisorische Baukonstruktionen [m² BGF]	–	**–**	–	–
399 Sonstige Maßnahmen für Baukonstruktionen, sonst. [m² BGF]	–	**–**	–	–
410 Abwasser-, Wasser-, Gasanlagen				
411 Abwasseranlagen [m² BGF]	12,00	**16,00**	23,00	1,5%
412 Wasseranlagen [m² BGF]	14,00	**21,00**	29,00	2,0%
420 Wärmeversorgungsanlagen				
421 Wärmeerzeugungsanlagen [m² BGF]	6,40	**17,00**	25,00	1,6%
422 Wärmeverteilnetze [m² BGF]	11,00	**14,00**	19,00	1,4%
423 Raumheizflächen [m² BGF]	6,40	**14,00**	29,00	1,4%
429 Wärmeversorgungsanlagen, sonstiges [m² BGF]	0,30	**2,40**	4,50	0,1%
430 Lufttechnische Anlagen				
431 Lüftungsanlagen [m² BGF]	11,00	**16,00**	26,00	1,0%
440 Starkstromanlagen				
443 Niederspannungsschaltanlagen [m² BGF]	3,70	**12,00**	30,00	0,7%
444 Niederspannungsinstallationsanlagen [m² BGF]	33,00	**52,00**	79,00	5,0%
445 Beleuchtungsanlagen [m² BGF]	18,00	**21,00**	28,00	2,1%
446 Blitzschutz- und Erdungsanlagen [m² BGF]	2,50	**4,50**	7,30	0,4%
450 Fernmelde- und informationstechnische Anlagen				
451 Telekommunikationsanlagen [m² BGF]	1,00	**1,90**	2,80	0,0%
452 Such- und Signalanlagen [m² BGF]	0,20	**1,90**	3,60	0,0%
455 Fernseh- und Antennenanlagen [m² BGF]	–	**–**	–	–
456 Gefahrenmelde- und Alarmanlagen [m² BGF]	7,50	**11,00**	15,00	0,4%
457 Übertragungsnetze [m² BGF]	0,70	**1,80**	2,80	0,0%
460 Förderanlagen				
461 Aufzugsanlagen [m² BGF]	7,10	**15,00**	23,00	0,6%
470 Nutzungsspezifische Anlagen				
471 Küchentechnische Anlagen [m² BGF]	–	**–**	–	–
473 Medienversorgungsanlagen [m² BGF]	11,00	**23,00**	45,00	1,3%
475 Feuerlöschanlagen [m² BGF]	0,60	**33,00**	65,00	0,9%
480 Gebäudeautomation				
481 Automationssysteme [m² BGF]	–	**0,40**	–	0,0%
Weitere Kosten für Technische Anlagen	5,90	**19,00**	57,00	1,3%

Bauelemente
Gebäudearten
Kostengruppen
Neubau
Abbrechen
Wiederherstellen
Herstellen

Industrielle Produktionsgebäude, überwiegend Skelettbauweise

Kostengruppen		von	€/Einheit	bis	KG an 300+400
310	**Baugrube**				
311	Baugrubenherstellung [m³]	18,00	**28,00**	37,00	2,5%
312	Baugrubenumschließung [m²]	–	**–**	–	–
313	Wasserhaltung [m²]	–	**2,10**	–	0,0%
319	Baugrube, sonstiges [m³]	–	**–**	–	–
320	**Gründung**				
321	Baugrundverbesserung [m²]	3,70	**11,00**	19,00	0,4%
322	Flachgründungen [m²]	55,00	**84,00**	166,00	7,6%
323	Tiefgründungen [m²]	–	**–**	–	–
324	Unterböden und Bodenplatten [m²]	58,00	**64,00**	77,00	6,6%
325	Bodenbeläge [m²]	47,00	**86,00**	125,00	2,9%
326	Bauwerksabdichtungen [m²]	12,00	**19,00**	22,00	1,3%
327	Dränagen [m²]	1,50	**3,80**	7,60	0,3%
329	Gründung, sonstiges [m²]	–	**–**	–	–
330	**Außenwände**				
331	Tragende Außenwände [m²]	92,00	**144,00**	194,00	2,8%
332	Nichttragende Außenwände [m²]	88,00	**122,00**	190,00	3,4%
333	Außenstützen [m]	218,00	**242,00**	268,00	2,3%
334	Außentüren und -fenster [m²]	360,00	**421,00**	477,00	3,7%
335	Außenwandbekleidungen außen [m²]	19,00	**43,00**	81,00	1,5%
336	Außenwandbekleidungen innen [m²]	16,00	**30,00**	72,00	0,2%
337	Elementierte Außenwände [m²]	–	**–**	–	–
338	Sonnenschutz [m²]	144,00	**214,00**	253,00	0,0%
339	Außenwände, sonstiges [m²]	1,60	**12,00**	23,00	0,3%
340	**Innenwände**				
341	Tragende Innenwände [m²]	92,00	**133,00**	172,00	4,3%
342	Nichttragende Innenwände [m²]	62,00	**74,00**	103,00	0,6%
343	Innenstützen [m]	128,00	**241,00**	372,00	1,2%
344	Innentüren und -fenster [m²]	322,00	**494,00**	559,00	1,1%
345	Innenwandbekleidungen [m²]	21,00	**27,00**	33,00	0,7%
346	Elementierte Innenwände [m²]	194,00	**317,00**	667,00	1,1%
349	Innenwände, sonstiges [m²]	0,40	**4,90**	7,70	0,1%
350	**Decken**				
351	Deckenkonstruktionen [m²]	157,00	**210,00**	228,00	2,3%
352	Deckenbeläge [m²]	83,00	**98,00**	107,00	0,6%
353	Deckenbekleidungen [m²]	32,00	**55,00**	82,00	0,3%
359	Decken, sonstiges [m²]	9,30	**21,00**	26,00	0,2%
360	**Dächer**				
361	Dachkonstruktionen [m²]	77,00	**118,00**	159,00	10,8%
362	Dachfenster, Dachöffnungen [m²]	461,00	**651,00**	867,00	2,7%
363	Dachbeläge [m²]	51,00	**71,00**	90,00	6,9%
364	Dachbekleidungen [m²]	62,00	**79,00**	98,00	0,1%
369	Dächer, sonstiges [m²]	1,30	**2,70**	5,30	0,2%
370	**Baukonstruktive Einbauten**				
371	Allgemeine Einbauten [m² BGF]	–	**0,20**	–	0,0%
372	Besondere Einbauten [m² BGF]	–	**0,10**	–	0,0%
379	Baukonstruktive Einbauten, sonstiges [m² BGF]	–	**–**	–	–

© **BKI** Baukosteninformationszentrum; Erläuterungen zu den Tabellen siehe Seite 60   Kostenstand: 1.Quartal 2012, Bundesdurchschnitt, **inkl. MwSt.**

Kostengruppen	von	€/Einheit	bis	KG an 300+400
390	**Sonstige Maßnahmen für Baukonstruktionen**			
391	Baustelleneinrichtung [m² BGF]	2,50	**5,60**	14,00	0,5%
392	Gerüste [m² BGF]	4,50	**4,50**	4,50	0,4%
393	Sicherungsmaßnahmen [m² BGF]	–	**–**	–	–
394	Abbruchmaßnahmen [m² BGF]	–	**–**	–	–
395	Instandsetzungen [m² BGF]	–	**–**	–	–
396	Materialentsorgung [m² BGF]	–	**–**	–	–
397	Zusätzliche Maßnahmen [m² BGF]	0,20	**0,20**	0,30	0,0%
398	Provisorische Baukonstruktionen [m² BGF]	–	**–**	–	–
399	Sonstige Maßnahmen für Baukonstruktionen, sonst. [m² BGF]	–	**–**	–	–
410	**Abwasser-, Wasser-, Gasanlagen**			
411	Abwasseranlagen [m² BGF]	12,00	**16,00**	20,00	1,8%
412	Wasseranlagen [m² BGF]	9,10	**14,00**	22,00	1,6%
420	**Wärmeversorgungsanlagen**			
421	Wärmeerzeugungsanlagen [m² BGF]	2,70	**4,80**	9,00	0,4%
422	Wärmeverteilnetze [m² BGF]	6,20	**7,00**	8,30	0,6%
423	Raumheizflächen [m² BGF]	8,00	**8,70**	10,00	0,7%
429	Wärmeversorgungsanlagen, sonstiges [m² BGF]	0,20	**1,30**	3,60	0,1%
430	**Lufttechnische Anlagen**			
431	Lüftungsanlagen [m² BGF]	11,00	**16,00**	22,00	0,7%
440	**Starkstromanlagen**			
443	Niederspannungsschaltanlagen [m² BGF]	7,90	**13,00**	18,00	0,6%
444	Niederspannungsinstallationsanlagen [m² BGF]	17,00	**27,00**	32,00	2,2%
445	Beleuchtungsanlagen [m² BGF]	4,70	**12,00**	21,00	1,2%
446	Blitzschutz- und Erdungsanlagen [m² BGF]	3,60	**4,10**	4,90	0,3%
450	**Fernmelde- und informationstechnische Anlagen**			
451	Telekommunikationsanlagen [m² BGF]	0,10	**1,60**	2,50	0,1%
452	Such- und Signalanlagen [m² BGF]	–	**0,10**	–	0,0%
455	Fernseh- und Antennenanlagen [m² BGF]	–	**–**	–	–
456	Gefahrenmelde- und Alarmanlagen [m² BGF]	1,10	**7,20**	11,00	0,6%
457	Übertragungsnetze [m² BGF]	1,30	**4,40**	7,40	0,2%
460	**Förderanlagen**			
461	Aufzugsanlagen [m² BGF]	–	**–**	–	–
470	**Nutzungsspezifische Anlagen**			
471	Küchentechnische Anlagen [m² BGF]	–	**0,30**	–	0,0%
473	Medienversorgungsanlagen [m² BGF]	–	**6,40**	–	0,1%
475	Feuerlöschanlagen [m² BGF]	1,70	**8,20**	21,00	0,6%
480	**Gebäudeautomation**			
481	Automationssysteme [m² BGF]	–	**7,50**	–	0,1%
	Weitere Kosten für Technische Anlagen	68,00	**134,00**	296,00	13,7%

Betriebs- und Werkstätten, eingeschossig

Kostengruppen	von	€/Einheit	bis	KG an 300+400
310 Baugrube				
311 Baugrubenherstellung [m³]	13,00	**26,00**	49,00	1,4%
312 Baugrubenumschließung [m²]	–	**–**	–	–
313 Wasserhaltung [m²]	–	**–**	–	–
319 Baugrube, sonstiges [m³]	–	**0,90**	–	0,0%
320 Gründung				
321 Baugrundverbesserung [m²]	25,00	**50,00**	63,00	1,5%
322 Flachgründungen [m²]	44,00	**77,00**	113,00	4,7%
323 Tiefgründungen [m²]	–	**–**	–	–
324 Unterböden und Bodenplatten [m²]	52,00	**96,00**	311,00	5,0%
325 Bodenbeläge [m²]	42,00	**81,00**	252,00	3,7%
326 Bauwerksabdichtungen [m²]	15,00	**25,00**	40,00	1,9%
327 Dränagen [m²]	0,40	**0,70**	1,00	0,0%
329 Gründung, sonstiges [m²]	4,30	**37,00**	70,00	0,2%
330 Außenwände				
331 Tragende Außenwände [m²]	137,00	**144,00**	154,00	1,6%
332 Nichttragende Außenwände [m²]	130,00	**144,00**	182,00	4,7%
333 Außenstützen [m]	167,00	**206,00**	259,00	2,0%
334 Außentüren und -fenster [m²]	402,00	**592,00**	799,00	4,8%
335 Außenwandbekleidungen außen [m²]	51,00	**80,00**	152,00	2,4%
336 Außenwandbekleidungen innen [m²]	14,00	**36,00**	55,00	0,2%
337 Elementierte Außenwände [m²]	534,00	**673,00**	932,00	1,5%
338 Sonnenschutz [m²]	122,00	**208,00**	253,00	0,7%
339 Außenwände, sonstiges [m²]	1,30	**4,50**	13,00	0,1%
340 Innenwände				
341 Tragende Innenwände [m²]	92,00	**115,00**	140,00	1,2%
342 Nichttragende Innenwände [m²]	58,00	**84,00**	111,00	1,6%
343 Innenstützen [m]	176,00	**211,00**	228,00	0,2%
344 Innentüren und -fenster [m²]	142,00	**339,00**	519,00	1,2%
345 Innenwandbekleidungen [m²]	16,00	**29,00**	42,00	1,1%
346 Elementierte Innenwände [m²]	163,00	**189,00**	214,00	0,5%
349 Innenwände, sonstiges [m²]	12,00	**15,00**	18,00	0,2%
350 Decken				
351 Deckenkonstruktionen [m²]	71,00	**115,00**	131,00	1,2%
352 Deckenbeläge [m²]	69,00	**76,00**	84,00	0,5%
353 Deckenbekleidungen [m²]	11,00	**19,00**	24,00	0,1%
359 Decken, sonstiges [m²]	–	**37,00**	–	0,0%
360 Dächer				
361 Dachkonstruktionen [m²]	65,00	**118,00**	174,00	9,6%
362 Dachfenster, Dachöffnungen [m²]	282,00	**531,00**	1.009,00	2,1%
363 Dachbeläge [m²]	43,00	**80,00**	111,00	6,5%
364 Dachbekleidungen [m²]	13,00	**32,00**	64,00	0,6%
369 Dächer, sonstiges [m²]	0,30	**2,30**	4,30	0,1%
370 Baukonstruktive Einbauten				
371 Allgemeine Einbauten [m² BGF]	11,00	**29,00**	61,00	1,0%
372 Besondere Einbauten [m² BGF]	–	**18,00**	–	0,2%
379 Baukonstruktive Einbauten, sonstiges [m² BGF]	–	**–**	–	–

Kostenstand: 1.Quartal 2012, Bundesdurchschnitt, **inkl. MwSt.**

Kostengruppen	von	€/Einheit	bis	KG an 300+400
390 Sonstige Maßnahmen für Baukonstruktionen				
391 Baustelleneinrichtung [m² BGF]	5,60	**15,00**	35,00	1,2%
392 Gerüste [m² BGF]	1,80	**5,40**	8,30	0,3%
393 Sicherungsmaßnahmen [m² BGF]	–	**–**	–	–
394 Abbruchmaßnahmen [m² BGF]	–	**–**	–	–
395 Instandsetzungen [m² BGF]	–	**–**	–	–
396 Materialentsorgung [m² BGF]	–	**5,00**	–	0,0%
397 Zusätzliche Maßnahmen [m² BGF]	0,50	**1,30**	2,10	0,0%
398 Provisorische Baukonstruktionen [m² BGF]	–	**–**	–	–
399 Sonstige Maßnahmen für Baukonstruktionen, sonst. [m² BGF]	–	**34,00**	–	0,3%
410 Abwasser-, Wasser-, Gasanlagen				
411 Abwasseranlagen [m² BGF]	14,00	**28,00**	86,00	2,2%
412 Wasseranlagen [m² BGF]	14,00	**25,00**	39,00	2,3%
420 Wärmeversorgungsanlagen				
421 Wärmeerzeugungsanlagen [m² BGF]	6,30	**11,00**	16,00	0,7%
422 Wärmeverteilnetze [m² BGF]	6,30	**15,00**	38,00	0,8%
423 Raumheizflächen [m² BGF]	8,90	**20,00**	31,00	1,3%
429 Wärmeversorgungsanlagen, sonstiges [m² BGF]	0,40	**2,80**	4,10	0,1%
430 Lufttechnische Anlagen				
431 Lüftungsanlagen [m² BGF]	1,80	**54,00**	107,00	1,4%
440 Starkstromanlagen				
443 Niederspannungsschaltanlagen [m² BGF]	–	**19,00**	–	0,2%
444 Niederspannungsinstallationsanlagen [m² BGF]	30,00	**60,00**	72,00	3,8%
445 Beleuchtungsanlagen [m² BGF]	7,60	**17,00**	27,00	1,1%
446 Blitzschutz- und Erdungsanlagen [m² BGF]	0,70	**1,70**	2,00	0,1%
450 Fernmelde- und informationstechnische Anlagen				
451 Telekommunikationsanlagen [m² BGF]	4,10	**7,00**	9,90	0,2%
452 Such- und Signalanlagen [m² BGF]	–	**1,40**	–	0,0%
455 Fernseh- und Antennenanlagen [m² BGF]	–	**–**	–	–
456 Gefahrenmelde- und Alarmanlagen [m² BGF]	–	**24,00**	–	0,3%
457 Übertragungsnetze [m² BGF]	1,60	**5,90**	10,00	0,1%
460 Förderanlagen				
461 Aufzugsanlagen [m² BGF]	–	**7,80**	–	0,1%
470 Nutzungsspezifische Anlagen				
471 Küchentechnische Anlagen [m² BGF]	–	**–**	–	–
473 Medienversorgungsanlagen [m² BGF]	3,00	**7,50**	12,00	0,4%
475 Feuerlöschanlagen [m² BGF]	–	**5,00**	–	0,0%
480 Gebäudeautomation				
481 Automationssysteme [m² BGF]	–	**55,00**	–	0,7%
Weitere Kosten für Technische Anlagen	70,00	**193,00**	438,00	12,7%

**Betriebs- und
Werkstätten,
mehrgeschossig,
geringer
Hallenanteil**

Kostengruppen	von	€/Einheit	bis	KG an 300+400
310 Baugrube				
311 Baugrubenherstellung [m³]	14,00	**20,00**	26,00	3,1%
312 Baugrubenumschließung [m²]	–	**–**	–	–
313 Wasserhaltung [m²]	–	**–**	–	–
319 Baugrube, sonstiges [m³]	–	**–**	–	–
320 Gründung				
321 Baugrundverbesserung [m²]	–	**–**	–	–
322 Flachgründungen [m²]	60,00	**91,00**	122,00	3,3%
323 Tiefgründungen [m²]	–	**–**	–	–
324 Unterböden und Bodenplatten [m²]	42,00	**52,00**	60,00	2,2%
325 Bodenbeläge [m²]	49,00	**73,00**	94,00	3,4%
326 Bauwerksabdichtungen [m²]	14,00	**25,00**	58,00	1,6%
327 Dränagen [m²]	0,50	**7,70**	11,00	0,2%
329 Gründung, sonstiges [m²]	–	**–**	–	–
330 Außenwände				
331 Tragende Außenwände [m²]	118,00	**154,00**	195,00	5,4%
332 Nichttragende Außenwände [m²]	126,00	**178,00**	230,00	0,7%
333 Außenstützen [m]	133,00	**158,00**	209,00	0,4%
334 Außentüren und -fenster [m²]	308,00	**418,00**	553,00	5,4%
335 Außenwandbekleidungen außen [m²]	74,00	**94,00**	121,00	4,6%
336 Außenwandbekleidungen innen [m²]	15,00	**27,00**	40,00	1,0%
337 Elementierte Außenwände [m²]	350,00	**358,00**	367,00	2,8%
338 Sonnenschutz [m²]	169,00	**235,00**	299,00	1,5%
339 Außenwände, sonstiges [m²]	2,10	**11,00**	29,00	0,4%
340 Innenwände				
341 Tragende Innenwände [m²]	85,00	**161,00**	238,00	1,7%
342 Nichttragende Innenwände [m²]	90,00	**101,00**	124,00	2,0%
343 Innenstützen [m]	91,00	**139,00**	278,00	0,4%
344 Innentüren und -fenster [m²]	329,00	**488,00**	945,00	1,8%
345 Innenwandbekleidungen [m²]	36,00	**49,00**	80,00	1,9%
346 Elementierte Innenwände [m²]	163,00	**196,00**	230,00	2,3%
349 Innenwände, sonstiges [m²]	–	**9,00**	–	0,1%
350 Decken				
351 Deckenkonstruktionen [m²]	100,00	**125,00**	157,00	5,6%
352 Deckenbeläge [m²]	47,00	**72,00**	83,00	2,4%
353 Deckenbekleidungen [m²]	11,00	**22,00**	32,00	0,8%
359 Decken, sonstiges [m²]	1,40	**5,90**	11,00	0,2%
360 Dächer				
361 Dachkonstruktionen [m²]	57,00	**156,00**	278,00	6,4%
362 Dachfenster, Dachöffnungen [m²]	790,00	**1.047,00**	1.303,00	1,1%
363 Dachbeläge [m²]	88,00	**120,00**	131,00	6,0%
364 Dachbekleidungen [m²]	19,00	**52,00**	90,00	1,2%
369 Dächer, sonstiges [m²]	–	**7,70**	–	0,0%
370 Baukonstruktive Einbauten				
371 Allgemeine Einbauten [m² BGF]	15,00	**60,00**	104,00	2,3%
372 Besondere Einbauten [m² BGF]	–	**–**	–	–
379 Baukonstruktive Einbauten, sonstiges [m² BGF]	–	**4,00**	–	0,0%

© **BKI** Baukosteninformationszentrum; Erläuterungen zu den Tabellen siehe Seite 60   Kostenstand: 1.Quartal 2012, Bundesdurchschnitt, **inkl. MwSt.**

Kostengruppen	von	€/Einheit	bis	KG an 300+400
390 **Sonstige Maßnahmen für Baukonstruktionen**				
391 Baustelleneinrichtung [m² BGF]	16,00	**30,00**	48,00	2,9%
392 Gerüste [m² BGF]	3,20	**3,50**	4,20	0,3%
393 Sicherungsmaßnahmen [m² BGF]	–	**–**	–	–
394 Abbruchmaßnahmen [m² BGF]	–	**–**	–	–
395 Instandsetzungen [m² BGF]	–	**–**	–	–
396 Materialentsorgung [m² BGF]	–	**–**	–	–
397 Zusätzliche Maßnahmen [m² BGF]	–	**0,20**	–	0,0%
398 Provisorische Baukonstruktionen [m² BGF]	–	**–**	–	–
399 Sonstige Maßnahmen für Baukonstruktionen, sonst. [m² BGF]	–	**–**	–	–
410 **Abwasser-, Wasser-, Gasanlagen**				
411 Abwasseranlagen [m² BGF]	3,20	**17,00**	22,00	1,8%
412 Wasseranlagen [m² BGF]	17,00	**21,00**	26,00	2,1%
420 **Wärmeversorgungsanlagen**				
421 Wärmeerzeugungsanlagen [m² BGF]	8,30	**31,00**	58,00	2,6%
422 Wärmeverteilnetze [m² BGF]	13,00	**24,00**	41,00	1,6%
423 Raumheizflächen [m² BGF]	13,00	**16,00**	22,00	1,3%
429 Wärmeversorgungsanlagen, sonstiges [m² BGF]	3,10	**5,70**	11,00	0,4%
430 **Lufttechnische Anlagen**				
431 Lüftungsanlagen [m² BGF]	4,20	**10,00**	26,00	1,0%
440 **Starkstromanlagen**				
443 Niederspannungsschaltanlagen [m² BGF]	2,20	**8,90**	16,00	0,3%
444 Niederspannungsinstallationsanlagen [m² BGF]	25,00	**27,00**	29,00	2,6%
445 Beleuchtungsanlagen [m² BGF]	11,00	**27,00**	41,00	2,3%
446 Blitzschutz- und Erdungsanlagen [m² BGF]	1,40	**4,70**	8,70	0,4%
450 **Fernmelde- und informationstechnische Anlagen**				
451 Telekommunikationsanlagen [m² BGF]	0,50	**4,40**	12,00	0,2%
452 Such- und Signalanlagen [m² BGF]	1,10	**3,10**	5,10	0,1%
455 Fernseh- und Antennenanlagen [m² BGF]	0,60	**0,60**	0,60	0,0%
456 Gefahrenmelde- und Alarmanlagen [m² BGF]	–	**5,70**	–	0,1%
457 Übertragungsnetze [m² BGF]	–	**–**	–	–
460 **Förderanlagen**				
461 Aufzugsanlagen [m² BGF]	7,50	**12,00**	17,00	0,4%
470 **Nutzungsspezifische Anlagen**				
471 Küchentechnische Anlagen [m² BGF]	–	**0,50**	–	0,0%
473 Medienversorgungsanlagen [m² BGF]	2,40	**6,90**	11,00	0,2%
475 Feuerlöschanlagen [m² BGF]	0,80	**1,00**	1,00	0,0%
480 **Gebäudeautomation**				
481 Automationssysteme [m² BGF]	–	**–**	–	–
Weitere Kosten für Technische Anlagen	25,00	**78,00**	184,00	4,8%

Betriebs- und Werkstätten, mehrgeschossig, geringer Hallenanteil

Bauelemente

Gebäudearten

Kostengruppen

Neubau

Abbrechen

Wiederherstellen

Herstellen

Betriebs- und Werkstätten, mehrgeschossig, hoher Hallenanteil

Kostengruppen	von	€/Einheit	bis	KG an 300+400
310 Baugrube				
311 Baugrubenherstellung [m³]	11,00	**19,00**	32,00	1,7%
312 Baugrubenumschließung [m²]	–	**–**	–	–
313 Wasserhaltung [m²]	0,50	**0,50**	0,50	0,0%
319 Baugrube, sonstiges [m³]	–	**–**	–	–
320 Gründung				
321 Baugrundverbesserung [m²]	4,50	**15,00**	28,00	1,2%
322 Flachgründungen [m²]	35,00	**51,00**	75,00	3,7%
323 Tiefgründungen [m²]	–	**42,00**	–	0,3%
324 Unterböden und Bodenplatten [m²]	44,00	**64,00**	98,00	4,7%
325 Bodenbeläge [m²]	49,00	**63,00**	85,00	2,6%
326 Bauwerksabdichtungen [m²]	4,70	**9,90**	19,00	0,8%
327 Dränagen [m²]	0,40	**2,10**	3,70	0,0%
329 Gründung, sonstiges [m²]	–	**–**	–	–
330 Außenwände				
331 Tragende Außenwände [m²]	85,00	**133,00**	176,00	6,4%
332 Nichttragende Außenwände [m²]	64,00	**141,00**	217,00	0,5%
333 Außenstützen [m]	75,00	**96,00**	118,00	0,1%
334 Außentüren und -fenster [m²]	224,00	**408,00**	647,00	5,8%
335 Außenwandbekleidungen außen [m²]	48,00	**75,00**	98,00	4,2%
336 Außenwandbekleidungen innen [m²]	18,00	**33,00**	49,00	1,3%
337 Elementierte Außenwände [m²]	291,00	**333,00**	387,00	2,5%
338 Sonnenschutz [m²]	99,00	**158,00**	218,00	0,7%
339 Außenwände, sonstiges [m²]	1,90	**10,00**	23,00	0,6%
340 Innenwände				
341 Tragende Innenwände [m²]	73,00	**101,00**	130,00	2,1%
342 Nichttragende Innenwände [m²]	71,00	**93,00**	121,00	1,1%
343 Innenstützen [m]	101,00	**129,00**	178,00	0,4%
344 Innentüren und -fenster [m²]	219,00	**378,00**	532,00	0,9%
345 Innenwandbekleidungen [m²]	21,00	**31,00**	41,00	2,2%
346 Elementierte Innenwände [m²]	124,00	**186,00**	349,00	0,0%
349 Innenwände, sonstiges [m²]	1,30	**4,90**	6,90	0,0%
350 Decken				
351 Deckenkonstruktionen [m²]	93,00	**131,00**	194,00	3,3%
352 Deckenbeläge [m²]	61,00	**75,00**	100,00	1,8%
353 Deckenbekleidungen [m²]	16,00	**37,00**	64,00	0,6%
359 Decken, sonstiges [m²]	16,00	**43,00**	94,00	0,2%
360 Dächer				
361 Dachkonstruktionen [m²]	61,00	**81,00**	134,00	8,6%
362 Dachfenster, Dachöffnungen [m²]	190,00	**528,00**	1.401,00	1,9%
363 Dachbeläge [m²]	55,00	**74,00**	91,00	7,3%
364 Dachbekleidungen [m²]	29,00	**55,00**	78,00	1,0%
369 Dächer, sonstiges [m²]	2,40	**5,90**	16,00	0,2%
370 Baukonstruktive Einbauten				
371 Allgemeine Einbauten [m² BGF]	5,30	**8,80**	12,00	0,2%
372 Besondere Einbauten [m² BGF]	1,20	**8,80**	16,00	0,2%
379 Baukonstruktive Einbauten, sonstiges [m² BGF]	–	**–**	–	–

© **BKI** Baukosteninformationszentrum; Erläuterungen zu den Tabellen siehe Seite 60

Kostenstand: 1.Quartal 2012, Bundesdurchschnitt, inkl. MwSt.

Kostengruppen	von	€/Einheit	bis	KG an 300+400
390 Sonstige Maßnahmen für Baukonstruktionen				
391 Baustelleneinrichtung [m² BGF]	4,50	**16,00**	49,00	2,0%
392 Gerüste [m² BGF]	3,70	**7,30**	10,00	0,8%
393 Sicherungsmaßnahmen [m² BGF]	–	**–**	–	–
394 Abbruchmaßnahmen [m² BGF]	0,50	**1,70**	2,90	0,0%
395 Instandsetzungen [m² BGF]	–	**–**	–	–
396 Materialentsorgung [m² BGF]	–	**–**	–	–
397 Zusätzliche Maßnahmen [m² BGF]	1,10	**1,60**	2,80	0,1%
398 Provisorische Baukonstruktionen [m² BGF]	–	**–**	–	–
399 Sonstige Maßnahmen für Baukonstruktionen, sonst. [m² BGF]	–	**5,30**	–	0,0%
410 Abwasser-, Wasser-, Gasanlagen				
411 Abwasseranlagen [m² BGF]	6,70	**15,00**	30,00	1,8%
412 Wasseranlagen [m² BGF]	12,00	**17,00**	25,00	2,1%
420 Wärmeversorgungsanlagen				
421 Wärmeerzeugungsanlagen [m² BGF]	5,90	**22,00**	50,00	2,5%
422 Wärmeverteilnetze [m² BGF]	5,70	**18,00**	38,00	1,8%
423 Raumheizflächen [m² BGF]	12,00	**17,00**	27,00	2,1%
429 Wärmeversorgungsanlagen, sonstiges [m² BGF]	1,50	**3,30**	7,90	0,2%
430 Lufttechnische Anlagen				
431 Lüftungsanlagen [m² BGF]	2,90	**13,00**	46,00	0,9%
440 Starkstromanlagen				
443 Niederspannungsschaltanlagen [m² BGF]	–	**16,00**	–	0,2%
444 Niederspannungsinstallationsanlagen [m² BGF]	18,00	**33,00**	47,00	3,7%
445 Beleuchtungsanlagen [m² BGF]	6,30	**16,00**	34,00	1,4%
446 Blitzschutz- und Erdungsanlagen [m² BGF]	0,90	**1,60**	2,60	0,1%
450 Fernmelde- und informationstechnische Anlagen				
451 Telekommunikationsanlagen [m² BGF]	2,40	**3,50**	5,70	0,1%
452 Such- und Signalanlagen [m² BGF]	0,40	**1,70**	3,10	0,0%
455 Fernseh- und Antennenanlagen [m² BGF]	1,00	**2,60**	4,20	0,0%
456 Gefahrenmelde- und Alarmanlagen [m² BGF]	0,70	**5,70**	16,00	0,2%
457 Übertragungsnetze [m² BGF]	0,90	**3,30**	7,60	0,2%
460 Förderanlagen				
461 Aufzugsanlagen [m² BGF]	–	**3,10**	–	0,0%
470 Nutzungsspezifische Anlagen				
471 Küchentechnische Anlagen [m² BGF]	–	**2,40**	–	0,0%
473 Medienversorgungsanlagen [m² BGF]	13,00	**15,00**	18,00	0,4%
475 Feuerlöschanlagen [m² BGF]	0,70	**3,10**	10,00	0,1%
480 Gebäudeautomation				
481 Automationssysteme [m² BGF]	–	**15,00**	–	0,2%
Weitere Kosten für Technische Anlagen	14,00	**62,00**	171,00	6,1%

Lagergebäude, ohne Mischnutzung

Kostengruppen		von	€/Einheit	bis	KG an 300+400
310	**Baugrube**				
311	Baugrubenherstellung [m³]	6,90	**16,00**	35,00	1,5%
312	Baugrubenumschließung [m²]	–	**–**	–	–
313	Wasserhaltung [m²]	–	**–**	–	–
319	Baugrube, sonstiges [m³]	–	**–**	–	–
320	**Gründung**				
321	Baugrundverbesserung [m²]	–	**11,00**	–	0,2%
322	Flachgründungen [m²]	34,00	**120,00**	178,00	9,9%
323	Tiefgründungen [m²]	–	**–**	–	–
324	Unterböden und Bodenplatten [m²]	47,00	**68,00**	139,00	8,8%
325	Bodenbeläge [m²]	9,20	**37,00**	65,00	2,8%
326	Bauwerksabdichtungen [m²]	5,50	**13,00**	22,00	2,3%
327	Dränagen [m²]	–	**–**	–	–
329	Gründung, sonstiges [m²]	–	**9,40**	–	0,2%
330	**Außenwände**				
331	Tragende Außenwände [m²]	41,00	**85,00**	123,00	5,8%
332	Nichttragende Außenwände [m²]	60,00	**82,00**	104,00	1,6%
333	Außenstützen [m]	127,00	**175,00**	238,00	5,3%
334	Außentüren und -fenster [m²]	231,00	**324,00**	506,00	6,8%
335	Außenwandbekleidungen außen [m²]	56,00	**99,00**	295,00	7,7%
336	Außenwandbekleidungen innen [m²]	10,00	**25,00**	40,00	0,1%
337	Elementierte Außenwände [m²]	–	**87,00**	–	1,1%
338	Sonnenschutz [m²]	–	**–**	–	–
339	Außenwände, sonstiges [m²]	4,60	**11,00**	20,00	0,6%
340	**Innenwände**				
341	Tragende Innenwände [m²]	52,00	**77,00**	126,00	0,5%
342	Nichttragende Innenwände [m²]	62,00	**78,00**	110,00	0,5%
343	Innenstützen [m]	55,00	**133,00**	173,00	0,3%
344	Innentüren und -fenster [m²]	631,00	**697,00**	823,00	1,1%
345	Innenwandbekleidungen [m²]	14,00	**32,00**	64,00	0,4%
346	Elementierte Innenwände [m²]	114,00	**134,00**	154,00	0,0%
349	Innenwände, sonstiges [m²]	3,10	**18,00**	33,00	0,1%
350	**Decken**				
351	Deckenkonstruktionen [m²]	88,00	**122,00**	176,00	1,3%
352	Deckenbeläge [m²]	13,00	**46,00**	79,00	0,3%
353	Deckenbekleidungen [m²]	7,50	**46,00**	66,00	0,3%
359	Decken, sonstiges [m²]	–	**15,00**	–	0,1%
360	**Dächer**				
361	Dachkonstruktionen [m²]	29,00	**61,00**	103,00	13,4%
362	Dachfenster, Dachöffnungen [m²]	282,00	**319,00**	392,00	1,5%
363	Dachbeläge [m²]	26,00	**54,00**	79,00	11,3%
364	Dachbekleidungen [m²]	22,00	**37,00**	51,00	0,4%
369	Dächer, sonstiges [m²]	–	**9,10**	–	0,3%
370	**Baukonstruktive Einbauten**				
371	Allgemeine Einbauten [m² BGF]	0,40	**0,40**	0,40	0,0%
372	Besondere Einbauten [m² BGF]	–	**1,50**	–	0,0%
379	Baukonstruktive Einbauten, sonstiges [m² BGF]	–	**–**	–	–

© **BKI** Baukosteninformationszentrum; Erläuterungen zu den Tabellen siehe Seite 60   Kostenstand: 1.Quartal 2012, Bundesdurchschnitt, **inkl.** MwSt.

Kostengruppen	von	€/Einheit	bis	KG an 300+400
390 Sonstige Maßnahmen für Baukonstruktionen				
391 Baustelleneinrichtung [m² BGF]	3,70	**6,70**	15,00	0,8%
392 Gerüste [m² BGF]	6,40	**7,20**	8,60	0,7%
393 Sicherungsmaßnahmen [m² BGF]	–	**–**	–	–
394 Abbruchmaßnahmen [m² BGF]	–	**–**	–	–
395 Instandsetzungen [m² BGF]	–	**–**	–	–
396 Materialentsorgung [m² BGF]	–	**–**	–	–
397 Zusätzliche Maßnahmen [m² BGF]	–	**0,80**	–	0,0%
398 Provisorische Baukonstruktionen [m² BGF]	–	**–**	–	–
399 Sonstige Maßnahmen für Baukonstruktionen, sonst. [m² BGF]	–	**4,90**	–	0,1%
410 Abwasser-, Wasser-, Gasanlagen				
411 Abwasseranlagen [m² BGF]	4,70	**12,00**	23,00	2,2%
412 Wasseranlagen [m² BGF]	4,00	**4,20**	4,50	0,2%
420 Wärmeversorgungsanlagen				
421 Wärmeerzeugungsanlagen [m² BGF]	5,20	**6,70**	7,60	0,6%
422 Wärmeverteilnetze [m² BGF]	9,30	**10,00**	12,00	0,9%
423 Raumheizflächen [m² BGF]	6,30	**8,20**	11,00	0,7%
429 Wärmeversorgungsanlagen, sonstiges [m² BGF]	0,80	**1,80**	2,30	0,1%
430 Lufttechnische Anlagen				
431 Lüftungsanlagen [m² BGF]	0,30	**1,20**	2,20	0,0%
440 Starkstromanlagen				
443 Niederspannungsschaltanlagen [m² BGF]	–	**4,10**	–	0,1%
444 Niederspannungsinstallationsanlagen [m² BGF]	10,00	**16,00**	19,00	2,6%
445 Beleuchtungsanlagen [m² BGF]	3,20	**6,90**	13,00	0,9%
446 Blitzschutz- und Erdungsanlagen [m² BGF]	0,40	**1,40**	1,70	0,1%
450 Fernmelde- und informationstechnische Anlagen				
451 Telekommunikationsanlagen [m² BGF]	–	**1,10**	–	0,0%
452 Such- und Signalanlagen [m² BGF]	–	**1,60**	–	0,0%
455 Fernseh- und Antennenanlagen [m² BGF]	–	**–**	–	–
456 Gefahrenmelde- und Alarmanlagen [m² BGF]	–	**–**	–	–
457 Übertragungsnetze [m² BGF]	–	**2,80**	–	0,0%
460 Förderanlagen				
461 Aufzugsanlagen [m² BGF]	–	**–**	–	–
470 Nutzungsspezifische Anlagen				
471 Küchentechnische Anlagen [m² BGF]	–	**–**	–	–
473 Medienversorgungsanlagen [m² BGF]	–	**–**	–	–
475 Feuerlöschanlagen [m² BGF]	–	**–**	–	–
480 Gebäudeautomation				
481 Automationssysteme [m² BGF]	–	**–**	–	–
Weitere Kosten für Technische Anlagen	2,80	**4,60**	6,40	0,2%

Bauelemente

Gebäudearten

Kostengruppen

Neubau

Abbrechen

Wiederherstellen

Herstellen

Lagergebäude, mit bis zu 25% Mischnutzung

Kostengruppen	von	€/Einheit	bis	KG an 300+400
310 Baugrube				
311 Baugrubenherstellung [m³]	6,40	**13,00**	25,00	0,7%
312 Baugrubenumschließung [m²]	–	**–**	–	–
313 Wasserhaltung [m²]	–	**–**	–	–
319 Baugrube, sonstiges [m³]	–	**–**	–	–
320 Gründung				
321 Baugrundverbesserung [m²]	4,70	**7,70**	12,00	0,9%
322 Flachgründungen [m²]	24,00	**31,00**	45,00	3,7%
323 Tiefgründungen [m²]	–	**–**	–	–
324 Unterböden und Bodenplatten [m²]	58,00	**66,00**	83,00	7,8%
325 Bodenbeläge [m²]	86,00	**97,00**	117,00	1,2%
326 Bauwerksabdichtungen [m²]	8,60	**25,00**	34,00	3,3%
327 Dränagen [m²]	–	**–**	–	–
329 Gründung, sonstiges [m²]	–	**–**	–	–
330 Außenwände				
331 Tragende Außenwände [m²]	118,00	**163,00**	255,00	6,0%
332 Nichttragende Außenwände [m²]	–	**213,00**	–	0,0%
333 Außenstützen [m]		**345,00**		0,4%
334 Außentüren und -fenster [m²]	461,00	**648,00**	968,00	5,9%
335 Außenwandbekleidungen außen [m²]	61,00	**96,00**	131,00	3,7%
336 Außenwandbekleidungen innen [m²]	8,00	**19,00**	29,00	0,6%
337 Elementierte Außenwände [m²]	138,00	**299,00**	586,00	7,1%
338 Sonnenschutz [m²]	–	**851,00**	–	0,4%
339 Außenwände, sonstiges [m²]	6,20	**18,00**	29,00	0,9%
340 Innenwände				
341 Tragende Innenwände [m²]	75,00	**106,00**	123,00	2,4%
342 Nichttragende Innenwände [m²]	76,00	**109,00**	127,00	1,6%
343 Innenstützen [m]	280,00	**320,00**	359,00	2,5%
344 Innentüren und -fenster [m²]	528,00	**601,00**	732,00	1,7%
345 Innenwandbekleidungen [m²]	8,90	**19,00**	39,00	1,0%
346 Elementierte Innenwände [m²]	–	**423,00**	–	0,1%
349 Innenwände, sonstiges [m²]	–	**–**	–	–
350 Decken				
351 Deckenkonstruktionen [m²]	95,00	**136,00**	207,00	1,9%
352 Deckenbeläge [m²]	–	**109,00**	–	0,4%
353 Deckenbekleidungen [m²]	33,00	**61,00**	75,00	0,5%
359 Decken, sonstiges [m²]	31,00	**34,00**	36,00	0,3%
360 Dächer				
361 Dachkonstruktionen [m²]	32,00	**72,00**	94,00	9,9%
362 Dachfenster, Dachöffnungen [m²]	157,00	**324,00**	658,00	1,8%
363 Dachbeläge [m²]	74,00	**95,00**	105,00	10,6%
364 Dachbekleidungen [m²]	–	**23,00**	–	0,2%
369 Dächer, sonstiges [m²]	0,40	**4,30**	6,80	0,4%
370 Baukonstruktive Einbauten				
371 Allgemeine Einbauten [m² BGF]	–	**17,00**	–	0,5%
372 Besondere Einbauten [m² BGF]	–	**4,90**	–	0,1%
379 Baukonstruktive Einbauten, sonstiges [m² BGF]	–	**–**	–	–

© **BKI** Baukosteninformationszentrum; Erläuterungen zu den Tabellen siehe Seite 60   Kostenstand: 1.Quartal 2012, Bundesdurchschnitt, **inkl. MwSt.**

Lagergebäude,
mit bis zu 25%
Mischnutzung

390 Sonstige Maßnahmen für Baukonstruktionen

391	Baustelleneinrichtung [m² BGF]	5,60	**6,40**	8,00	0,8%
392	Gerüste [m² BGF]	3,80	**11,00**	24,00	1,4%
393	Sicherungsmaßnahmen [m² BGF]	–	**–**	–	–
394	Abbruchmaßnahmen [m² BGF]	–	**0,30**	–	0,0%
395	Instandsetzungen [m² BGF]	–	**–**	–	–
396	Materialentsorgung [m² BGF]	–	**–**	–	–
397	Zusätzliche Maßnahmen [m² BGF]	–	**0,30**	–	0,0%
398	Provisorische Baukonstruktionen [m² BGF]	–	**–**	–	–
399	Sonstige Maßnahmen für Baukonstruktionen, sonst. [m² BGF]	–	**–**	–	–

410 Abwasser-, Wasser-, Gasanlagen

411	Abwasseranlagen [m² BGF]	4,60	**9,00**	17,00	1,0%
412	Wasseranlagen [m² BGF]	7,30	**13,00**	24,00	1,4%

420 Wärmeversorgungsanlagen

421	Wärmeerzeugungsanlagen [m² BGF]	3,00	**5,10**	7,20	0,3%
422	Wärmeverteilnetze [m² BGF]	6,00	**12,00**	19,00	0,8%
423	Raumheizflächen [m² BGF]	15,00	**21,00**	27,00	1,3%
429	Wärmeversorgungsanlagen, sonstiges [m² BGF]	0,70	**0,80**	0,90	0,0%

430 Lufttechnische Anlagen

431	Lüftungsanlagen [m² BGF]	6,40	**14,00**	21,00	0,8%

440 Starkstromanlagen

443	Niederspannungsschaltanlagen [m² BGF]	–	**13,00**	–	0,3%
444	Niederspannungsinstallationsanlagen [m² BGF]	15,00	**34,00**	46,00	3,8%
445	Beleuchtungsanlagen [m² BGF]	6,90	**18,00**	36,00	1,8%
446	Blitzschutz- und Erdungsanlagen [m² BGF]	1,20	**3,40**	4,50	0,3%

450 Fernmelde- und informationstechnische Anlagen

451	Telekommunikationsanlagen [m² BGF]	–	**0,30**	–	0,0%
452	Such- und Signalanlagen [m² BGF]	1,00	**1,80**	2,60	0,1%
455	Fernseh- und Antennenanlagen [m² BGF]	–	**0,50**	–	0,0%
456	Gefahrenmelde- und Alarmanlagen [m² BGF]	1,90	**10,00**	19,00	0,6%
457	Übertragungsnetze [m² BGF]	9,40	**9,80**	10,00	0,6%

460 Förderanlagen

461	Aufzugsanlagen [m² BGF]	–	**–**	–	–

470 Nutzungsspezifische Anlagen

471	Küchentechnische Anlagen [m² BGF]	–	**–**	–	–
473	Medienversorgungsanlagen [m² BGF]	–	**–**	–	–
475	Feuerlöschanlagen [m² BGF]	–	**7,20**	–	0,2%

480 Gebäudeautomation

481	Automationssysteme [m² BGF]	–	**25,00**	–	0,7%
	Weitere Kosten für Technische Anlagen	11,00	**34,00**	58,00	2,1%

Bauelemente

Gebäudearten

Kostengruppen

Neubau

Abbrechen

Wiederherstellen

Herstellen

Lagergebäude, mit mehr als 25% Mischnutzung

Kostengruppen		von	€/Einheit	bis	KG an 300+400
310	**Baugrube**				
311	Baugrubenherstellung [m³]	5,80	**18,00**	30,00	0,2%
312	Baugrubenumschließung [m²]	–	**–**	–	–
313	Wasserhaltung [m²]	–	**–**	–	–
319	Baugrube, sonstiges [m³]	–	**–**	–	–
320	**Gründung**				
321	Baugrundverbesserung [m²]	9,00	**13,00**	17,00	1,1%
322	Flachgründungen [m²]	41,00	**47,00**	53,00	3,9%
323	Tiefgründungen [m²]	–	**–**	–	–
324	Unterböden und Bodenplatten [m²]	53,00	**59,00**	66,00	5,0%
325	Bodenbeläge [m²]	23,00	**40,00**	57,00	2,3%
326	Bauwerksabdichtungen [m²]	4,60	**6,40**	8,30	0,5%
327	Dränagen [m²]	–	**–**	–	–
329	Gründung, sonstiges [m²]	–	**–**	–	–
330	**Außenwände**				
331	Tragende Außenwände [m²]	85,00	**130,00**	176,00	3,9%
332	Nichttragende Außenwände [m²]	–	**–**	–	–
333	Außenstützen [m]	166,00	**308,00**	449,00	2,3%
334	Außentüren und -fenster [m²]	328,00	**504,00**	680,00	6,4%
335	Außenwandbekleidungen außen [m²]	–	**52,00**	–	1,9%
336	Außenwandbekleidungen innen [m²]	–	**30,00**	–	0,7%
337	Elementierte Außenwände [m²]	–	**172,00**	–	3,6%
338	Sonnenschutz [m²]	–	**278,00**	–	0,4%
339	Außenwände, sonstiges [m²]	–	**–**	–	–
340	**Innenwände**				
341	Tragende Innenwände [m²]	69,00	**78,00**	87,00	2,5%
342	Nichttragende Innenwände [m²]	86,00	**104,00**	123,00	0,9%
343	Innenstützen [m]	170,00	**376,00**	582,00	1,0%
344	Innentüren und -fenster [m²]	313,00	**487,00**	661,00	2,9%
345	Innenwandbekleidungen [m²]	37,00	**66,00**	95,00	2,1%
346	Elementierte Innenwände [m²]	168,00	**242,00**	315,00	0,1%
349	Innenwände, sonstiges [m²]	–	**8,90**	–	0,1%
350	**Decken**				
351	Deckenkonstruktionen [m²]	186,00	**199,00**	212,00	5,4%
352	Deckenbeläge [m²]	91,00	**95,00**	99,00	1,3%
353	Deckenbekleidungen [m²]	–	**50,00**	–	0,6%
359	Decken, sonstiges [m²]	–	**17,00**	–	0,2%
360	**Dächer**				
361	Dachkonstruktionen [m²]	35,00	**143,00**	252,00	14,5%
362	Dachfenster, Dachöffnungen [m²]	888,00	**1.135,00**	1.383,00	6,0%
363	Dachbeläge [m²]	83,00	**86,00**	89,00	8,3%
364	Dachbekleidungen [m²]	–	**126,00**	–	0,0%
369	Dächer, sonstiges [m²]	–	**–**	–	–
370	**Baukonstruktive Einbauten**				
371	Allgemeine Einbauten [m² BGF]	–	**5,40**	–	0,3%
372	Besondere Einbauten [m² BGF]	–	**82,00**	–	4,9%
379	Baukonstruktive Einbauten, sonstiges [m² BGF]	–	**–**	–	–

© **BKI** Baukosteninformationszentrum; Erläuterungen zu den Tabellen siehe Seite 60   Kostenstand: 1.Quartal 2012, Bundesdurchschnitt, **inkl. MwSt.**

Kostengruppen	von	€/Einheit	bis	KG an 300+400
390 Sonstige Maßnahmen für Baukonstruktionen				
391 Baustelleneinrichtung [m² BGF]	11,00	**21,00**	32,00	2,5%
392 Gerüste [m² BGF]	–	**6,80**	–	0,3%
393 Sicherungsmaßnahmen [m² BGF]	–	**–**	–	–
394 Abbruchmaßnahmen [m² BGF]	–	**–**	–	–
395 Instandsetzungen [m² BGF]	–	**–**	–	–
396 Materialentsorgung [m² BGF]	–	**–**	–	–
397 Zusätzliche Maßnahmen [m² BGF]	–	**1,30**	–	0,0%
398 Provisorische Baukonstruktionen [m² BGF]	–	**–**	–	–
399 Sonstige Maßnahmen für Baukonstruktionen, sonst. [m² BGF]	–	**1,00**	–	0,0%
410 Abwasser-, Wasser-, Gasanlagen				
411 Abwasseranlagen [m² BGF]	4,30	**11,00**	18,00	1,2%
412 Wasseranlagen [m² BGF]	11,00	**20,00**	30,00	2,3%
420 Wärmeversorgungsanlagen				
421 Wärmeerzeugungsanlagen [m² BGF]	8,20	**9,90**	12,00	1,1%
422 Wärmeverteilnetze [m² BGF]	7,40	**7,60**	7,80	0,8%
423 Raumheizflächen [m² BGF]	3,50	**11,00**	18,00	1,2%
429 Wärmeversorgungsanlagen, sonstiges [m² BGF]	–	**0,70**	–	0,0%
430 Lufttechnische Anlagen				
431 Lüftungsanlagen [m² BGF]	–	**1,50**	–	0,0%
440 Starkstromanlagen				
443 Niederspannungsschaltanlagen [m² BGF]	–	**5,30**	–	0,3%
444 Niederspannungsinstallationsanlagen [m² BGF]	21,00	**23,00**	24,00	2,5%
445 Beleuchtungsanlagen [m² BGF]	7,90	**17,00**	27,00	1,9%
446 Blitzschutz- und Erdungsanlagen [m² BGF]	0,90	**1,70**	2,40	0,1%
450 Fernmelde- und informationstechnische Anlagen				
451 Telekommunikationsanlagen [m² BGF]	–	**0,30**	–	0,0%
452 Such- und Signalanlagen [m² BGF]	–	**–**	–	–
455 Fernseh- und Antennenanlagen [m² BGF]	–	**–**	–	–
456 Gefahrenmelde- und Alarmanlagen [m² BGF]	–	**7,60**	–	0,4%
457 Übertragungsnetze [m² BGF]	–	**–**	–	–
460 Förderanlagen				
461 Aufzugsanlagen [m² BGF]	–	**–**	–	–
470 Nutzungsspezifische Anlagen				
471 Küchentechnische Anlagen [m² BGF]	–	**–**	–	–
473 Medienversorgungsanlagen [m² BGF]	–	**–**	–	–
475 Feuerlöschanlagen [m² BGF]	–	**1,00**	–	0,0%
480 Gebäudeautomation				
481 Automationssysteme [m² BGF]	–	**–**	–	–
Weitere Kosten für Technische Anlagen	–	**–**	–	–

Bauelemente | Gebäudearten | Kostengruppen | Neubau | Abbrechen | Wiederherstellen | Herstellen

Hochgaragen

Kostengruppen		von	€/Einheit	bis	KG an 300+400
310	**Baugrube**				
311	Baugrubenherstellung [m³]	6,20	**22,00**	64,00	0,5%
312	Baugrubenumschließung [m²]	–	**–**	–	–
313	Wasserhaltung [m²]	–	**–**	–	–
319	Baugrube, sonstiges [m³]	–	**515,00**	–	5,4%
320	**Gründung**				
321	Baugrundverbesserung [m²]	–	**14,00**	–	0,4%
322	Flachgründungen [m²]	25,00	**47,00**	69,00	3,7%
323	Tiefgründungen [m²]	–	**–**	–	–
324	Unterböden und Bodenplatten [m²]	29,00	**39,00**	44,00	6,0%
325	Bodenbeläge [m²]	9,80	**21,00**	47,00	1,0%
326	Bauwerksabdichtungen [m²]	3,90	**11,00**	17,00	1,6%
327	Dränagen [m²]	–	**51,00**	–	1,5%
329	Gründung, sonstiges [m²]	–	**–**	–	–
330	**Außenwände**				
331	Tragende Außenwände [m²]	87,00	**128,00**	169,00	7,5%
332	Nichttragende Außenwände [m²]	–	**77,00**	–	2,8%
333	Außenstützen [m]	152,00	**180,00**	225,00	2,3%
334	Außentüren und -fenster [m²]	264,00	**460,00**	1.233,00	10,2%
335	Außenwandbekleidungen außen [m²]	21,00	**50,00**	65,00	3,0%
336	Außenwandbekleidungen innen [m²]	12,00	**31,00**	53,00	1,3%
337	Elementierte Außenwände [m²]	–	**116,00**	–	1,8%
338	Sonnenschutz [m²]	–	**–**	–	–
339	Außenwände, sonstiges [m²]	–	**29,00**	–	0,2%
340	**Innenwände**				
341	Tragende Innenwände [m²]	73,00	**120,00**	181,00	2,1%
342	Nichttragende Innenwände [m²]	99,00	**153,00**	207,00	0,0%
343	Innenstützen [m]	–	**224,00**	–	0,1%
344	Innentüren und -fenster [m²]	–	**684,00**	–	0,1%
345	Innenwandbekleidungen [m²]	11,00	**25,00**	37,00	0,8%
346	Elementierte Innenwände [m²]	126,00	**179,00**	231,00	0,3%
349	Innenwände, sonstiges [m²]	15,00	**54,00**	92,00	0,3%
350	**Decken**				
351	Deckenkonstruktionen [m²]	145,00	**183,00**	252,00	4,0%
352	Deckenbeläge [m²]	27,00	**39,00**	51,00	1,0%
353	Deckenbekleidungen [m²]	8,30	**36,00**	64,00	0,1%
359	Decken, sonstiges [m²]	–	**10,00**	–	0,2%
360	**Dächer**				
361	Dachkonstruktionen [m²]	67,00	**75,00**	86,00	11,0%
362	Dachfenster, Dachöffnungen [m²]	–	**–**	–	–
363	Dachbeläge [m²]	61,00	**138,00**	200,00	15,5%
364	Dachbekleidungen [m²]	–	**30,00**	–	0,0%
369	Dächer, sonstiges [m²]	–	**65,00**	–	2,0%
370	**Baukonstruktive Einbauten**				
371	Allgemeine Einbauten [m² BGF]	–	**–**	–	–
372	Besondere Einbauten [m² BGF]	–	**–**	–	–
379	Baukonstruktive Einbauten, sonstiges [m² BGF]	–	**–**	–	–

Kostenstand: 1.Quartal 2012, Bundesdurchschnitt, **inkl. MwSt.**

Kostengruppen	von	€/Einheit	bis	KG an 300+400
390 Sonstige Maßnahmen für Baukonstruktionen				
391 Baustelleneinrichtung [m² BGF]	2,80	**42,00**	61,00	3,2%
392 Gerüste [m² BGF]	3,90	**13,00**	22,00	0,7%
393 Sicherungsmaßnahmen [m² BGF]	–	**–**	–	–
394 Abbruchmaßnahmen [m² BGF]	–	**–**	–	–
395 Instandsetzungen [m² BGF]	–	**–**	–	–
396 Materialentsorgung [m² BGF]	–	**–**	–	–
397 Zusätzliche Maßnahmen [m² BGF]	0,50	**16,00**	31,00	0,8%
398 Provisorische Baukonstruktionen [m² BGF]	–	**–**	–	–
399 Sonstige Maßnahmen für Baukonstruktionen, sonst. [m² BGF]	–	**–**	–	–
410 Abwasser-, Wasser-, Gasanlagen				
411 Abwasseranlagen [m² BGF]	3,50	**9,70**	14,00	1,8%
412 Wasseranlagen [m² BGF]	1,70	**1,90**	2,10	0,1%
420 Wärmeversorgungsanlagen				
421 Wärmeerzeugungsanlagen [m² BGF]	–	**–**	–	–
422 Wärmeverteilnetze [m² BGF]	–	**–**	–	–
423 Raumheizflächen [m² BGF]	–	**0,10**	–	0,0%
429 Wärmeversorgungsanlagen, sonstiges [m² BGF]	–	**–**	–	–
430 Lufttechnische Anlagen				
431 Lüftungsanlagen [m² BGF]	–	**–**	–	–
440 Starkstromanlagen				
443 Niederspannungsschaltanlagen [m² BGF]	–	**2,90**	–	0,0%
444 Niederspannungsinstallationsanlagen [m² BGF]	2,60	**7,50**	10,00	0,7%
445 Beleuchtungsanlagen [m² BGF]	2,40	**4,80**	11,00	0,5%
446 Blitzschutz- und Erdungsanlagen [m² BGF]	1,00	**2,30**	5,10	0,3%
450 Fernmelde- und informationstechnische Anlagen				
451 Telekommunikationsanlagen [m² BGF]	–	**0,20**	–	0,0%
452 Such- und Signalanlagen [m² BGF]	–	**–**	–	–
455 Fernseh- und Antennenanlagen [m² BGF]	–	**–**	–	–
456 Gefahrenmelde- und Alarmanlagen [m² BGF]	–	**–**	–	–
457 Übertragungsnetze [m² BGF]	–	**–**	–	–
460 Förderanlagen				
461 Aufzugsanlagen [m² BGF]	–	**–**	–	–
470 Nutzungsspezifische Anlagen				
471 Küchentechnische Anlagen [m² BGF]	–	**–**	–	–
473 Medienversorgungsanlagen [m² BGF]	–	**–**	–	–
475 Feuerlöschanlagen [m² BGF]	–	**16,00**	–	0,4%
480 Gebäudeautomation				
481 Automationssysteme [m² BGF]	–	**–**	–	–
Weitere Kosten für Technische Anlagen	15,00	**25,00**	35,00	1,8%

Bauelemente

Gebäudearten

Kostengruppen

Neubau

Abbrechen

Wiederherstellen

Herstellen

Tiefgaragen

Kostengruppen	von	€/Einheit	bis	KG an 300+400
310 Baugrube				
311 Baugrubenherstellung [m³]	8,80	**14,00**	23,00	8,3%
312 Baugrubenumschließung [m²]	–	**–**	–	–
313 Wasserhaltung [m²]	–	**–**	–	–
319 Baugrube, sonstiges [m³]	–	**–**	–	–
320 Gründung				
321 Baugrundverbesserung [m²]	–	**–**	–	–
322 Flachgründungen [m²]	28,00	**53,00**	88,00	7,5%
323 Tiefgründungen [m²]	–	**–**	–	–
324 Unterböden und Bodenplatten [m²]	71,00	**135,00**	354,00	9,5%
325 Bodenbeläge [m²]	18,00	**29,00**	43,00	2,7%
326 Bauwerksabdichtungen [m²]	15,00	**16,00**	17,00	0,9%
327 Dränagen [m²]	0,50	**3,90**	7,40	0,2%
329 Gründung, sonstiges [m²]	–	**57,00**	–	1,4%
330 Außenwände				
331 Tragende Außenwände [m²]	135,00	**149,00**	167,00	10,9%
332 Nichttragende Außenwände [m²]	–	**139,00**	–	0,1%
333 Außenstützen [m]	125,00	**195,00**	265,00	0,0%
334 Außentüren und -fenster [m²]	692,00	**817,00**	1.177,00	1,0%
335 Außenwandbekleidungen außen [m²]	13,00	**23,00**	29,00	1,3%
336 Außenwandbekleidungen innen [m²]	3,90	**8,40**	11,00	0,2%
337 Elementierte Außenwände [m²]	–	**–**	–	–
338 Sonnenschutz [m²]	–	**–**	–	–
339 Außenwände, sonstiges [m²]	4,70	**9,40**	24,00	1,0%
340 Innenwände				
341 Tragende Innenwände [m²]	128,00	**180,00**	278,00	1,0%
342 Nichttragende Innenwände [m²]	78,00	**94,00**	111,00	0,3%
343 Innenstützen [m]	132,00	**212,00**	273,00	1,5%
344 Innentüren und -fenster [m²]	210,00	**531,00**	713,00	0,7%
345 Innenwandbekleidungen [m²]	5,80	**8,90**	12,00	0,0%
346 Elementierte Innenwände [m²]	–	**–**	–	–
349 Innenwände, sonstiges [m²]	–	**3,40**	–	0,0%
350 Decken				
351 Deckenkonstruktionen [m²]	–	**124,00**	–	0,0%
352 Deckenbeläge [m²]	–	**559,00**	–	0,0%
353 Deckenbekleidungen [m²]	–	**4,70**	–	0,0%
359 Decken, sonstiges [m²]	–	**–**	–	–
360 Dächer				
361 Dachkonstruktionen [m²]	151,00	**174,00**	250,00	26,2%
362 Dachfenster, Dachöffnungen [m²]	–	**–**	–	–
363 Dachbeläge [m²]	46,00	**68,00**	91,00	8,4%
364 Dachbekleidungen [m²]	2,40	**2,60**	2,70	0,1%
369 Dächer, sonstiges [m²]	2,90	**4,20**	5,50	0,2%
370 Baukonstruktive Einbauten				
371 Allgemeine Einbauten [m² BGF]	–	**–**	–	–
372 Besondere Einbauten [m² BGF]	–	**–**	–	–
379 Baukonstruktive Einbauten, sonstiges [m² BGF]	–	**–**	–	–

Kostengruppen	von	€/Einheit	bis	KG an 300+400
390 Sonstige Maßnahmen für Baukonstruktionen				
391 Baustelleneinrichtung [m² BGF]	15,00	**37,00**	61,00	4,8%
392 Gerüste [m² BGF]	–	**–**	–	–
393 Sicherungsmaßnahmen [m² BGF]	–	**–**	–	–
394 Abbruchmaßnahmen [m² BGF]	–	**–**	–	–
395 Instandsetzungen [m² BGF]	–	**–**	–	–
396 Materialentsorgung [m² BGF]	–	**–**	–	–
397 Zusätzliche Maßnahmen [m² BGF]	–	**–**	–	–
398 Provisorische Baukonstruktionen [m² BGF]	–	**–**	–	–
399 Sonstige Maßnahmen für Baukonstruktionen, sonst. [m² BGF]	–	**–**	–	–
410 Abwasser-, Wasser-, Gasanlagen				
411 Abwasseranlagen [m² BGF]	12,00	**24,00**	40,00	3,3%
412 Wasseranlagen [m² BGF]	1,60	**5,50**	12,00	0,4%
420 Wärmeversorgungsanlagen				
421 Wärmeerzeugungsanlagen [m² BGF]	–	**–**	–	–
422 Wärmeverteilnetze [m² BGF]	–	**–**	–	–
423 Raumheizflächen [m² BGF]	–	**–**	–	–
429 Wärmeversorgungsanlagen, sonstiges [m² BGF]	–	**–**	–	–
430 Lufttechnische Anlagen				
431 Lüftungsanlagen [m² BGF]	–	**–**	–	–
440 Starkstromanlagen				
443 Niederspannungsschaltanlagen [m² BGF]	–	**–**	–	–
444 Niederspannungsinstallationsanlagen [m² BGF]	–	**7,10**	–	0,2%
445 Beleuchtungsanlagen [m² BGF]	0,60	**5,40**	10,00	0,2%
446 Blitzschutz- und Erdungsanlagen [m² BGF]	–	**1,30**	–	0,0%
450 Fernmelde- und informationstechnische Anlagen				
451 Telekommunikationsanlagen [m² BGF]	–	**–**	–	–
452 Such- und Signalanlagen [m² BGF]	–	**–**	–	–
455 Fernseh- und Antennenanlagen [m² BGF]	–	**–**	–	–
456 Gefahrenmelde- und Alarmanlagen [m² BGF]	–	**–**	–	–
457 Übertragungsnetze [m² BGF]	–	**–**	–	–
460 Förderanlagen				
461 Aufzugsanlagen [m² BGF]	–	**–**	–	–
470 Nutzungsspezifische Anlagen				
471 Küchentechnische Anlagen [m² BGF]	–	**–**	–	–
473 Medienversorgungsanlagen [m² BGF]	–	**–**	–	–
475 Feuerlöschanlagen [m² BGF]	–	**–**	–	–
480 Gebäudeautomation				
481 Automationssysteme [m² BGF]	–	**–**	–	–
Weitere Kosten für Technische Anlagen	–	**27,00**	–	0,7%

Bauelemente · **Gebäudearten** · Kostengruppen · Neubau · Abbrechen · Wiederherstellen · Herstellen

Kostengruppen		von	€/Einheit	bis	KG an 300+400
310	**Baugrube**				
311	Baugrubenherstellung [m³]	2,60	**8,20**	12,00	1,4%
312	Baugrubenumschließung [m²]	–	**–**	–	–
313	Wasserhaltung [m²]	–	**0,20**	–	0,0%
319	Baugrube, sonstiges [m³]	–	**–**	–	–
320	**Gründung**				
321	Baugrundverbesserung [m²]	5,70	**90,00**	141,00	2,6%
322	Flachgründungen [m²]	52,00	**55,00**	63,00	2,7%
323	Tiefgründungen [m²]	39,00	**117,00**	196,00	0,6%
324	Unterböden und Bodenplatten [m²]	39,00	**53,00**	89,00	3,1%
325	Bodenbeläge [m²]	44,00	**75,00**	116,00	3,8%
326	Bauwerksabdichtungen [m²]	9,20	**12,00**	21,00	0,7%
327	Dränagen [m²]	2,80	**5,50**	8,20	0,1%
329	Gründung, sonstiges [m²]	–	**–**	–	–
330	**Außenwände**				
331	Tragende Außenwände [m²]	93,00	**133,00**	165,00	7,6%
332	Nichttragende Außenwände [m²]	107,00	**240,00**	497,00	0,4%
333	Außenstützen [m]	132,00	**231,00**	508,00	0,5%
334	Außentüren und -fenster [m²]	473,00	**756,00**	1.021,00	12,8%
335	Außenwandbekleidungen außen [m²]	42,00	**88,00**	118,00	6,2%
336	Außenwandbekleidungen innen [m²]	14,00	**25,00**	40,00	1,1%
337	Elementierte Außenwände [m²]	778,00	**812,00**	846,00	0,5%
338	Sonnenschutz [m²]	–	**145,00**	–	0,1%
339	Außenwände, sonstiges [m²]	1,10	**3,30**	4,60	0,1%
340	**Innenwände**				
341	Tragende Innenwände [m²]	75,00	**94,00**	119,00	2,1%
342	Nichttragende Innenwände [m²]	58,00	**66,00**	78,00	0,9%
343	Innenstützen [m]	76,00	**127,00**	224,00	0,3%
344	Innentüren und -fenster [m²]	333,00	**472,00**	681,00	2,7%
345	Innenwandbekleidungen [m²]	4,60	**28,00**	36,00	2,1%
346	Elementierte Innenwände [m²]	188,00	**303,00**	615,00	0,5%
349	Innenwände, sonstiges [m²]	1,90	**7,90**	24,00	0,1%
350	**Decken**				
351	Deckenkonstruktionen [m²]	88,00	**118,00**	166,00	5,0%
352	Deckenbeläge [m²]	34,00	**75,00**	89,00	2,2%
353	Deckenbekleidungen [m²]	14,00	**35,00**	63,00	0,4%
359	Decken, sonstiges [m²]	8,50	**14,00**	20,00	0,4%
360	**Dächer**				
361	Dachkonstruktionen [m²]	43,00	**61,00**	78,00	4,1%
362	Dachfenster, Dachöffnungen [m²]	696,00	**943,00**	1.103,00	1,9%
363	Dachbeläge [m²]	79,00	**94,00**	117,00	6,8%
364	Dachbekleidungen [m²]	14,00	**40,00**	63,00	1,1%
369	Dächer, sonstiges [m²]	1,30	**12,00**	22,00	0,2%
370	**Baukonstruktive Einbauten**				
371	Allgemeine Einbauten [m² BGF]	0,80	**20,00**	38,00	0,8%
372	Besondere Einbauten [m² BGF]	–	**2,20**	–	0,0%
379	Baukonstruktive Einbauten, sonstiges [m² BGF]	–	**–**	–	–

390 Sonstige Maßnahmen für Baukonstruktionen

		von	€/Einheit	bis	KG an 300+400
391	Baustelleneinrichtung [m² BGF]	7,20	**12,00**	19,00	1,2%
392	Gerüste [m² BGF]	2,40	**11,00**	20,00	0,8%
393	Sicherungsmaßnahmen [m² BGF]	–	**–**	–	–
394	Abbruchmaßnahmen [m² BGF]	–	**–**	–	–
395	Instandsetzungen [m² BGF]	–	**–**	–	–
396	Materialentsorgung [m² BGF]	–	**–**	–	–
397	Zusätzliche Maßnahmen [m² BGF]	2,30	**2,40**	2,60	0,1%
398	Provisorische Baukonstruktionen [m² BGF]	–	**–**	–	–
399	Sonstige Maßnahmen für Baukonstruktionen, sonst. [m² BGF]	–	**–**	–	–

410 Abwasser-, Wasser-, Gasanlagen

		von	€/Einheit	bis	KG an 300+400
411	Abwasseranlagen [m² BGF]	11,00	**17,00**	26,00	1,7%
412	Wasseranlagen [m² BGF]	8,00	**21,00**	29,00	2,1%

420 Wärmeversorgungsanlagen

		von	€/Einheit	bis	KG an 300+400
421	Wärmeerzeugungsanlagen [m² BGF]	7,80	**12,00**	17,00	1,2%
422	Wärmeverteilnetze [m² BGF]	10,00	**13,00**	17,00	1,3%
423	Raumheizflächen [m² BGF]	13,00	**13,00**	15,00	1,0%
429	Wärmeversorgungsanlagen, sonstiges [m² BGF]	1,30	**2,80**	3,60	0,1%

430 Lufttechnische Anlagen

		von	€/Einheit	bis	KG an 300+400
431	Lüftungsanlagen [m² BGF]	1,70	**14,00**	38,00	0,8%

440 Starkstromanlagen

		von	€/Einheit	bis	KG an 300+400
443	Niederspannungsschaltanlagen [m² BGF]	7,60	**8,80**	10,00	0,3%
444	Niederspannungsinstallationsanlagen [m² BGF]	23,00	**29,00**	39,00	3,0%
445	Beleuchtungsanlagen [m² BGF]	9,90	**20,00**	27,00	2,0%
446	Blitzschutz- und Erdungsanlagen [m² BGF]	2,00	**2,80**	4,00	0,2%

450 Fernmelde- und informationstechnische Anlagen

		von	€/Einheit	bis	KG an 300+400
451	Telekommunikationsanlagen [m² BGF]	2,00	**2,30**	2,80	0,1%
452	Such- und Signalanlagen [m² BGF]	1,30	**3,70**	9,50	0,3%
455	Fernseh- und Antennenanlagen [m² BGF]	4,90	**4,90**	5,00	0,2%
456	Gefahrenmelde- und Alarmanlagen [m² BGF]	–	**1,00**	–	0,0%
457	Übertragungsnetze [m² BGF]	0,50	**1,70**	3,00	0,0%

460 Förderanlagen

		von	€/Einheit	bis	KG an 300+400
461	Aufzugsanlagen [m² BGF]	–	**12,00**	–	0,3%

470 Nutzungsspezifische Anlagen

		von	€/Einheit	bis	KG an 300+400
471	Küchentechnische Anlagen [m² BGF]	–	**–**	–	–
473	Medienversorgungsanlagen [m² BGF]	–	**3,30**	–	0,0%
475	Feuerlöschanlagen [m² BGF]	1,50	**4,80**	8,20	0,2%

480 Gebäudeautomation

		von	€/Einheit	bis	KG an 300+400
481	Automationssysteme [m² BGF]	–	**–**	–	–
	Weitere Kosten für Technische Anlagen	0,80	**41,00**	88,00	3,2%

Kostengruppen		von	€/Einheit	bis	KG an 300+400
310	**Baugrube**				
311	Baugrubenherstellung [m³]	8,90	**15,00**	25,00	0,8%
312	Baugrubenumschließung [m²]	–	**–**	–	–
313	Wasserhaltung [m²]	15,00	**26,00**	36,00	0,3%
319	Baugrube, sonstiges [m³]	–	**–**	–	–
320	**Gründung**				
321	Baugrundverbesserung [m²]	12,00	**57,00**	191,00	1,7%
322	Flachgründungen [m²]	59,00	**104,00**	313,00	2,2%
323	Tiefgründungen [m²]	–	**–**	–	–
324	Unterböden und Bodenplatten [m²]	59,00	**73,00**	102,00	4,6%
325	Bodenbeläge [m²]	57,00	**78,00**	112,00	2,7%
326	Bauwerksabdichtungen [m²]	7,20	**22,00**	37,00	1,1%
327	Dränagen [m²]	1,10	**1,60**	2,60	0,0%
329	Gründung, sonstiges [m²]	4,20	**4,90**	5,50	0,0%
330	**Außenwände**				
331	Tragende Außenwände [m²]	105,00	**138,00**	157,00	5,0%
332	Nichttragende Außenwände [m²]	92,00	**134,00**	249,00	2,0%
333	Außenstützen [m]	153,00	**248,00**	336,00	0,6%
334	Außentüren und -fenster [m²]	410,00	**655,00**	1.126,00	8,1%
335	Außenwandbekleidungen außen [m²]	86,00	**136,00**	253,00	6,3%
336	Außenwandbekleidungen innen [m²]	25,00	**41,00**	61,00	1,7%
337	Elementierte Außenwände [m²]	597,00	**666,00**	783,00	1,1%
338	Sonnenschutz [m²]	179,00	**202,00**	276,00	0,7%
339	Außenwände, sonstiges [m²]	3,50	**4,00**	5,50	0,1%
340	**Innenwände**				
341	Tragende Innenwände [m²]	69,00	**91,00**	121,00	2,6%
342	Nichttragende Innenwände [m²]	62,00	**81,00**	159,00	1,8%
343	Innenstützen [m]	71,00	**128,00**	199,00	0,5%
344	Innentüren und -fenster [m²]	364,00	**434,00**	561,00	2,4%
345	Innenwandbekleidungen [m²]	30,00	**38,00**	62,00	3,5%
346	Elementierte Innenwände [m²]	159,00	**302,00**	486,00	0,7%
349	Innenwände, sonstiges [m²]	8,60	**8,60**	8,70	0,2%
350	**Decken**				
351	Deckenkonstruktionen [m²]	82,00	**125,00**	160,00	5,3%
352	Deckenbeläge [m²]	59,00	**68,00**	77,00	2,0%
353	Deckenbekleidungen [m²]	8,20	**28,00**	53,00	0,8%
359	Decken, sonstiges [m²]	3,00	**10,00**	31,00	0,4%
360	**Dächer**				
361	Dachkonstruktionen [m²]	63,00	**84,00**	125,00	4,9%
362	Dachfenster, Dachöffnungen [m²]	721,00	**2.400,00**	7.369,00	0,4%
363	Dachbeläge [m²]	56,00	**95,00**	178,00	4,8%
364	Dachbekleidungen [m²]	32,00	**43,00**	58,00	1,1%
369	Dächer, sonstiges [m²]	3,00	**9,00**	15,00	0,3%
370	**Baukonstruktive Einbauten**				
371	Allgemeine Einbauten [m² BGF]	1,10	**16,00**	27,00	1,0%
372	Besondere Einbauten [m² BGF]	–	**60,00**	–	0,7%
379	Baukonstruktive Einbauten, sonstiges [m² BGF]	–	**–**	–	–

© **BKI** Baukosteninformationszentrum; Erläuterungen zu den Tabellen siehe Seite 60   Kostenstand: 1.Quartal 2012, Bundesdurchschnitt, **inkl. MwSt.**

Kostengruppen	von	€/Einheit	bis	KG an 300+400
390 Sonstige Maßnahmen für Baukonstruktionen				
391 Baustelleneinrichtung [m² BGF]	8,90	**21,00**	61,00	1,2%
392 Gerüste [m² BGF]	3,30	**6,30**	10,00	0,5%
393 Sicherungsmaßnahmen [m² BGF]	–	**–**	–	–
394 Abbruchmaßnahmen [m² BGF]	–	**–**	–	–
395 Instandsetzungen [m² BGF]	–	**–**	–	–
396 Materialentsorgung [m² BGF]	–	**–**	–	–
397 Zusätzliche Maßnahmen [m² BGF]	0,80	**1,80**	2,50	0,1%
398 Provisorische Baukonstruktionen [m² BGF]	–	**–**	–	–
399 Sonstige Maßnahmen für Baukonstruktionen, sonst. [m² BGF]	–	**1,80**	–	0,0%
410 Abwasser-, Wasser-, Gasanlagen				
411 Abwasseranlagen [m² BGF]	16,00	**28,00**	64,00	1,9%
412 Wasseranlagen [m² BGF]	8,80	**23,00**	33,00	1,8%
420 Wärmeversorgungsanlagen				
421 Wärmeerzeugungsanlagen [m² BGF]	9,00	**17,00**	22,00	1,4%
422 Wärmeverteilnetze [m² BGF]	9,70	**12,00**	14,00	1,0%
423 Raumheizflächen [m² BGF]	12,00	**20,00**	32,00	1,5%
429 Wärmeversorgungsanlagen, sonstiges [m² BGF]	3,70	**4,40**	5,10	0,1%
430 Lufttechnische Anlagen				
431 Lüftungsanlagen [m² BGF]	8,10	**12,00**	20,00	0,5%
440 Starkstromanlagen				
443 Niederspannungsschaltanlagen [m² BGF]	4,40	**8,40**	12,00	0,1%
444 Niederspannungsinstallationsanlagen [m² BGF]	22,00	**31,00**	37,00	2,6%
445 Beleuchtungsanlagen [m² BGF]	15,00	**22,00**	47,00	1,6%
446 Blitzschutz- und Erdungsanlagen [m² BGF]	1,30	**5,30**	21,00	0,2%
450 Fernmelde- und informationstechnische Anlagen				
451 Telekommunikationsanlagen [m² BGF]	0,70	**1,20**	2,50	0,0%
452 Such- und Signalanlagen [m² BGF]	0,50	**0,90**	1,30	0,0%
455 Fernseh- und Antennenanlagen [m² BGF]	1,90	**7,40**	21,00	0,5%
456 Gefahrenmelde- und Alarmanlagen [m² BGF]	15,00	**134,00**	371,00	3,9%
457 Übertragungsnetze [m² BGF]	0,90	**1,80**	2,70	0,0%
460 Förderanlagen				
461 Aufzugsanlagen [m² BGF]	–	**–**	–	–
470 Nutzungsspezifische Anlagen				
471 Küchentechnische Anlagen [m² BGF]	–	**20,00**	–	0,1%
473 Medienversorgungsanlagen [m² BGF]	–	**–**	–	–
475 Feuerlöschanlagen [m² BGF]	0,40	**2,10**	5,50	0,1%
480 Gebäudeautomation				
481 Automationssysteme [m² BGF]	–	**–**	–	–
Weitere Kosten für Technische Anlagen	1,40	**11,00**	21,00	1,1%

Gebäude für kulturelle und musische Zwecke

Kostengruppen		von	€/Einheit	bis	KG an 300+400
310	**Baugrube**				
311	Baugrubenherstellung [m³]	9,00	**22,00**	35,00	2,9%
312	Baugrubenumschließung [m2]	–	**28,00**	–	0,0%
313	Wasserhaltung [m2]	–	**2,90**	–	0,0%
319	Baugrube, sonstiges [m³]	–	**–**	–	–
320	**Gründung**				
321	Baugrundverbesserung [m2]	–	**5,90**	–	0,0%
322	Flachgründungen [m2]	38,00	**51,00**	75,00	1,0%
323	Tiefgründungen [m2]	–	**43,00**	–	0,4%
324	Unterböden und Bodenplatten [m2]	57,00	**80,00**	106,00	2,5%
325	Bodenbeläge [m2]	89,00	**144,00**	194,00	3,7%
326	Bauwerksabdichtungen [m2]	16,00	**25,00**	46,00	0,9%
327	Dränagen [m2]	0,50	**0,50**	0,50	0,0%
329	Gründung, sonstiges [m2]	0,70	**11,00**	32,00	0,2%
330	**Außenwände**				
331	Tragende Außenwände [m2]	126,00	**158,00**	188,00	5,0%
332	Nichttragende Außenwände [m2]	244,00	**294,00**	345,00	0,4%
333	Außenstützen [m]	117,00	**278,00**	593,00	0,8%
334	Außentüren und -fenster [m2]	615,00	**1.009,00**	1.430,00	3,1%
335	Außenwandbekleidungen außen [m2]	114,00	**227,00**	339,00	5,5%
336	Außenwandbekleidungen innen [m2]	27,00	**48,00**	64,00	1,3%
337	Elementierte Außenwände [m2]	572,00	**792,00**	1.000,00	5,3%
338	Sonnenschutz [m2]	71,00	**198,00**	282,00	0,9%
339	Außenwände, sonstiges [m2]	9,20	**17,00**	25,00	0,7%
340	**Innenwände**				
341	Tragende Innenwände [m2]	113,00	**156,00**	268,00	1,8%
342	Nichttragende Innenwände [m2]	71,00	**95,00**	117,00	1,1%
343	Innenstützen [m]	70,00	**165,00**	272,00	0,5%
344	Innentüren und -fenster [m2]	528,00	**862,00**	1.213,00	3,1%
345	Innenwandbekleidungen [m2]	42,00	**53,00**	58,00	1,8%
346	Elementierte Innenwände [m2]	266,00	**459,00**	799,00	1,4%
349	Innenwände, sonstiges [m2]	4,40	**17,00**	30,00	0,2%
350	**Decken**				
351	Deckenkonstruktionen [m2]	70,00	**140,00**	168,00	3,4%
352	Deckenbeläge [m2]	51,00	**130,00**	197,00	2,7%
353	Deckenbekleidungen [m2]	23,00	**26,00**	29,00	0,4%
359	Decken, sonstiges [m2]	2,10	**6,10**	9,90	0,1%
360	**Dächer**				
361	Dachkonstruktionen [m2]	126,00	**151,00**	174,00	5,2%
362	Dachfenster, Dachöffnungen [m2]	2.510,00	**2.747,00**	2.984,00	1,5%
363	Dachbeläge [m2]	111,00	**186,00**	266,00	5,5%
364	Dachbekleidungen [m2]	35,00	**84,00**	218,00	2,7%
369	Dächer, sonstiges [m2]	4,00	**15,00**	44,00	0,4%
370	**Baukonstruktive Einbauten**				
371	Allgemeine Einbauten [m2 BGF]	27,00	**37,00**	56,00	1,4%
372	Besondere Einbauten [m2 BGF]	1,50	**69,00**	137,00	1,5%
379	Baukonstruktive Einbauten, sonstiges [m2 BGF]	–	**33,00**	–	0,4%

Kostenstand: 1.Quartal 2012, Bundesdurchschnitt, **inkl. MwSt.**

Kostengruppen	von	€/Einheit	bis	KG an 300+400
390 Sonstige Maßnahmen für Baukonstruktionen				
391 Baustelleneinrichtung [m² BGF]	34,00	**37,00**	40,00	1,9%
392 Gerüste [m² BGF]	2,40	**11,00**	17,00	0,5%
393 Sicherungsmaßnahmen [m² BGF]	–	**–**	–	–
394 Abbruchmaßnahmen [m² BGF]	–	**–**	–	–
395 Instandsetzungen [m² BGF]	–	**2,30**	–	0,0%
396 Materialentsorgung [m² BGF]	–	**6,90**	–	0,0%
397 Zusätzliche Maßnahmen [m² BGF]	1,10	**3,40**	6,90	0,1%
398 Provisorische Baukonstruktionen [m² BGF]	–	**–**	–	–
399 Sonstige Maßnahmen für Baukonstruktionen, sonst. [m² BGF]	–	**–**	–	–
410 Abwasser-, Wasser-, Gasanlagen				
411 Abwasseranlagen [m² BGF]	14,00	**23,00**	32,00	1,1%
412 Wasseranlagen [m² BGF]	16,00	**28,00**	32,00	1,3%
420 Wärmeversorgungsanlagen				
421 Wärmeerzeugungsanlagen [m² BGF]	24,00	**38,00**	63,00	1,4%
422 Wärmeverteilnetze [m² BGF]	13,00	**17,00**	24,00	0,6%
423 Raumheizflächen [m² BGF]	19,00	**25,00**	35,00	1,0%
429 Wärmeversorgungsanlagen, sonstiges [m² BGF]	3,70	**5,00**	6,20	0,1%
430 Lufttechnische Anlagen				
431 Lüftungsanlagen [m² BGF]	5,30	**53,00**	148,00	2,0%
440 Starkstromanlagen				
443 Niederspannungsschaltanlagen [m² BGF]	–	**12,00**	–	0,1%
444 Niederspannungsinstallationsanlagen [m² BGF]	53,00	**62,00**	78,00	2,4%
445 Beleuchtungsanlagen [m² BGF]	18,00	**42,00**	78,00	1,4%
446 Blitzschutz- und Erdungsanlagen [m² BGF]	3,20	**4,00**	5,00	0,1%
450 Fernmelde- und informationstechnische Anlagen				
451 Telekommunikationsanlagen [m² BGF]	0,80	**9,10**	17,00	0,2%
452 Such- und Signalanlagen [m² BGF]	–	**–**	–	–
455 Fernseh- und Antennenanlagen [m² BGF]	–	**0,90**	–	0,0%
456 Gefahrenmelde- und Alarmanlagen [m² BGF]	15,00	**24,00**	29,00	0,8%
457 Übertragungsnetze [m² BGF]	4,00	**9,80**	16,00	0,2%
460 Förderanlagen				
461 Aufzugsanlagen [m² BGF]	14,00	**24,00**	35,00	0,6%
470 Nutzungsspezifische Anlagen				
471 Küchentechnische Anlagen [m² BGF]	34,00	**37,00**	40,00	0,8%
473 Medienversorgungsanlagen [m² BGF]	–	**–**	–	–
475 Feuerlöschanlagen [m² BGF]	1,10	**3,00**	5,80	0,1%
480 Gebäudeautomation				
481 Automationssysteme [m² BGF]	12,00	**30,00**	47,00	0,6%
Weitere Kosten für Technische Anlagen	7,70	**94,00**	353,00	4,2%

Bauelemente

Gebäudearten

Kostengruppen

Neubau

Abbrechen

Wiederherstellen

Herstellen

Kostengruppen		von	€/Einheit	bis	KG an 300+400
310	**Baugrube**				
311	Baugrubenherstellung [m³]	–	23,00	–	0,8%
312	Baugrubenumschließung [m²]	–	–	–	–
313	Wasserhaltung [m²]	–	–	–	–
319	Baugrube, sonstiges [m³]	–	–	–	–
320	**Gründung**				
321	Baugrundverbesserung [m²]	–	–	–	–
322	Flachgründungen [m²]	–	112,00	–	1,3%
323	Tiefgründungen [m²]	–	–	–	–
324	Unterböden und Bodenplatten [m²]	–	69,00	–	0,8%
325	Bodenbeläge [m²]	–	119,00	–	1,1%
326	Bauwerksabdichtungen [m²]	–	64,00	–	0,7%
327	Dränagen [m²]	–	8,90	–	0,1%
329	Gründung, sonstiges [m²]	–	1,40	–	0,0%
330	**Außenwände**				
331	Tragende Außenwände [m²]	–	241,00	–	2,3%
332	Nichttragende Außenwände [m²]	–	191,00	–	0,4%
333	Außenstützen [m]	–	121,00	–	0,2%
334	Außentüren und -fenster [m²]	–	479,00	–	0,1%
335	Außenwandbekleidungen außen [m²]	–	163,00	–	2,4%
336	Außenwandbekleidungen innen [m²]	–	13,00	–	0,1%
337	Elementierte Außenwände [m²]	–	1.371,00	–	10,5%
338	Sonnenschutz [m²]	–	202,00	–	0,6%
339	Außenwände, sonstiges [m²]	–	7,20	–	0,1%
340	**Innenwände**				
341	Tragende Innenwände [m²]	–	259,00	–	4,9%
342	Nichttragende Innenwände [m²]	–	146,00	–	0,9%
343	Innenstützen [m]	–	191,00	–	0,3%
344	Innentüren und -fenster [m²]	–	1.465,00	–	3,7%
345	Innenwandbekleidungen [m²]	–	45,00	–	1,9%
346	Elementierte Innenwände [m²]	–	566,00	–	0,9%
349	Innenwände, sonstiges [m²]	–	30,00	–	0,9%
350	**Decken**				
351	Deckenkonstruktionen [m²]	–	301,00	–	6,0%
352	Deckenbeläge [m²]	–	151,00	–	2,3%
353	Deckenbekleidungen [m²]	–	119,00	–	1,8%
359	Decken, sonstiges [m²]	–	–	–	–
360	**Dächer**				
361	Dachkonstruktionen [m²]	–	358,00	–	4,2%
362	Dachfenster, Dachöffnungen [m²]	–	1.477,00	–	0,7%
363	Dachbeläge [m²]	–	150,00	–	1,7%
364	Dachbekleidungen [m²]	–	150,00	–	1,6%
369	Dächer, sonstiges [m²]	–	11,00	–	0,1%
370	**Baukonstruktive Einbauten**				
371	Allgemeine Einbauten [m² BGF]	–	46,00	–	1,5%
372	Besondere Einbauten [m² BGF]	–	52,00	–	1,6%
379	Baukonstruktive Einbauten, sonstiges [m² BGF]	–	5,90	–	0,1%

Kostenstand: 1.Quartal 2012, Bundesdurchschnitt, **inkl. MwSt.**

Kostengruppen	von	€/Einheit	bis	KG an 300+400
390 Sonstige Maßnahmen für Baukonstruktionen				
391 Baustelleneinrichtung [m² BGF]	–	34,00	–	1,0%
392 Gerüste [m² BGF]	–	39,00	–	1,2%
393 Sicherungsmaßnahmen [m² BGF]	–	–	–	–
394 Abbruchmaßnahmen [m² BGF]	–	–	–	–
395 Instandsetzungen [m² BGF]	–	–	–	–
396 Materialentsorgung [m² BGF]	–	–	–	–
397 Zusätzliche Maßnahmen [m² BGF]	–	4,00	–	0,1%
398 Provisorische Baukonstruktionen [m² BGF]	–	–	–	–
399 Sonstige Maßnahmen für Baukonstruktionen, sonst. [m² BGF]	–	–	–	–
410 Abwasser-, Wasser-, Gasanlagen				
411 Abwasseranlagen [m² BGF]	–	35,00	–	1,1%
412 Wasseranlagen [m² BGF]	–	65,00	–	2,0%
420 Wärmeversorgungsanlagen				
421 Wärmeerzeugungsanlagen [m² BGF]	–	4,30	–	0,1%
422 Wärmeverteilnetze [m² BGF]	–	46,00	–	1,5%
423 Raumheizflächen [m² BGF]	–	54,00	–	1,7%
429 Wärmeversorgungsanlagen, sonstiges [m² BGF]	–	–	–	–
430 Lufttechnische Anlagen				
431 Lüftungsanlagen [m² BGF]	–	213,00	–	6,8%
440 Starkstromanlagen				
443 Niederspannungsschaltanlagen [m² BGF]	–	–	–	–
444 Niederspannungsinstallationsanlagen [m² BGF]	–	95,00	–	3,0%
445 Beleuchtungsanlagen [m² BGF]	–	52,00	–	1,6%
446 Blitzschutz- und Erdungsanlagen [m² BGF]	–	1,30	–	0,0%
450 Fernmelde- und informationstechnische Anlagen				
451 Telekommunikationsanlagen [m² BGF]	–	17,00	–	0,5%
452 Such- und Signalanlagen [m² BGF]	–	–	–	–
455 Fernseh- und Antennenanlagen [m² BGF]	–	–	–	–
456 Gefahrenmelde- und Alarmanlagen [m² BGF]	–	11,00	–	0,3%
457 Übertragungsnetze [m² BGF]	–	–	–	–
460 Förderanlagen				
461 Aufzugsanlagen [m² BGF]	–	32,00	–	1,0%
470 Nutzungsspezifische Anlagen				
471 Küchentechnische Anlagen [m² BGF]	–	–	–	–
473 Medienversorgungsanlagen [m² BGF]	–	–	–	–
475 Feuerlöschanlagen [m² BGF]	–	26,00	–	0,8%
480 Gebäudeautomation				
481 Automationssysteme [m² BGF]	–	–	–	–
Weitere Kosten für Technische Anlagen	–	565,00	–	18,1%

Gemeindezentren, einfacher Standard

Kostengruppen	von	€/Einheit	bis	KG an 300+400
310 Baugrube				
311 Baugrubenherstellung [m³]	10,00	**22,00**	35,00	2,2%
312 Baugrubenumschließung [m²]	–	**–**	–	–
313 Wasserhaltung [m²]	–	**–**	–	–
319 Baugrube, sonstiges [m³]	–	**–**	–	–
320 Gründung				
321 Baugrundverbesserung [m²]	–	**10,00**	–	0,1%
322 Flachgründungen [m²]	42,00	**61,00**	81,00	3,1%
323 Tiefgründungen [m²]	–	**–**	–	–
324 Unterböden und Bodenplatten [m²]	51,00	**62,00**	85,00	2,1%
325 Bodenbeläge [m²]	72,00	**80,00**	99,00	3,4%
326 Bauwerksabdichtungen [m²]	13,00	**23,00**	34,00	0,6%
327 Dränagen [m²]	–	**3,80**	–	0,0%
329 Gründung, sonstiges [m²]	–	**–**	–	–
330 Außenwände				
331 Tragende Außenwände [m²]	104,00	**117,00**	152,00	6,4%
332 Nichttragende Außenwände [m²]	81,00	**195,00**	308,00	0,1%
333 Außenstützen [m]	71,00	**182,00**	281,00	0,4%
334 Außentüren und -fenster [m²]	386,00	**412,00**	445,00	5,8%
335 Außenwandbekleidungen außen [m²]	35,00	**77,00**	123,00	5,3%
336 Außenwandbekleidungen innen [m²]	28,00	**37,00**	44,00	1,9%
337 Elementierte Außenwände [m²]	–	**301,00**	–	0,7%
338 Sonnenschutz [m²]	–	**–**	–	–
339 Außenwände, sonstiges [m²]	28,00	**35,00**	47,00	1,6%
340 Innenwände				
341 Tragende Innenwände [m²]	61,00	**79,00**	128,00	2,5%
342 Nichttragende Innenwände [m²]	47,00	**52,00**	57,00	0,8%
343 Innenstützen [m]	140,00	**288,00**	550,00	0,1%
344 Innentüren und -fenster [m²]	365,00	**439,00**	632,00	3,1%
345 Innenwandbekleidungen [m²]	29,00	**38,00**	48,00	3,5%
346 Elementierte Innenwände [m²]	195,00	**662,00**	907,00	1,3%
349 Innenwände, sonstiges [m²]	6,10	**7,40**	9,50	0,3%
350 Decken				
351 Deckenkonstruktionen [m²]	123,00	**180,00**	228,00	8,3%
352 Deckenbeläge [m²]	42,00	**80,00**	100,00	3,4%
353 Deckenbekleidungen [m²]	11,00	**29,00**	46,00	1,5%
359 Decken, sonstiges [m²]	1,00	**37,00**	73,00	0,4%
360 Dächer				
361 Dachkonstruktionen [m²]	56,00	**158,00**	192,00	10,4%
362 Dachfenster, Dachöffnungen [m²]	495,00	**1.079,00**	2.584,00	1,3%
363 Dachbeläge [m²]	72,00	**93,00**	114,00	6,6%
364 Dachbekleidungen [m²]	54,00	**62,00**	83,00	3,3%
369 Dächer, sonstiges [m²]	1,20	**1,50**	1,80	0,0%
370 Baukonstruktive Einbauten				
371 Allgemeine Einbauten [m² BGF]	–	**12,00**	–	0,2%
372 Besondere Einbauten [m² BGF]	–	**65,00**	–	2,0%
379 Baukonstruktive Einbauten, sonstiges [m² BGF]	–	**–**	–	–

© BKI Baukosteninformationszentrum; Erläuterungen zu den Tabellen siehe Seite 60   Kostenstand: 1.Quartal 2012, Bundesdurchschnitt, inkl. MwSt.

Kostengruppen	von	€/Einheit	bis	KG an 300+400
390 Sonstige Maßnahmen für Baukonstruktionen				
391 Baustelleneinrichtung [m² BGF]	8,10	**17,00**	32,00	1,2%
392 Gerüste [m² BGF]	–	**1,20**	–	0,0%
393 Sicherungsmaßnahmen [m² BGF]	4,50	**4,60**	4,70	0,2%
394 Abbruchmaßnahmen [m² BGF]	–	–	–	–
395 Instandsetzungen [m² BGF]	–	–	–	–
396 Materialentsorgung [m² BGF]	–	–	–	–
397 Zusätzliche Maßnahmen [m² BGF]	–	–	–	–
398 Provisorische Baukonstruktionen [m² BGF]	–	–	–	–
399 Sonstige Maßnahmen für Baukonstruktionen, sonst. [m² BGF]	–	–	–	–
410 Abwasser-, Wasser-, Gasanlagen				
411 Abwasseranlagen [m² BGF]	11,00	**16,00**	29,00	1,6%
412 Wasseranlagen [m² BGF]	15,00	**19,00**	26,00	1,8%
420 Wärmeversorgungsanlagen				
421 Wärmeerzeugungsanlagen [m² BGF]	–	**17,00**	–	0,3%
422 Wärmeverteilnetze [m² BGF]	–	**14,00**	–	0,3%
423 Raumheizflächen [m² BGF]	–	**14,00**	–	0,3%
429 Wärmeversorgungsanlagen, sonstiges [m² BGF]	–	–	–	–
430 Lufttechnische Anlagen				
431 Lüftungsanlagen [m² BGF]	–	–	–	–
440 Starkstromanlagen				
443 Niederspannungsschaltanlagen [m² BGF]	–	–	–	–
444 Niederspannungsinstallationsanlagen [m² BGF]	–	**16,00**	–	0,3%
445 Beleuchtungsanlagen [m² BGF]	–	**10,00**	–	0,2%
446 Blitzschutz- und Erdungsanlagen [m² BGF]	–	**4,70**	–	0,1%
450 Fernmelde- und informationstechnische Anlagen				
451 Telekommunikationsanlagen [m² BGF]	–	–	–	–
452 Such- und Signalanlagen [m² BGF]	–	–	–	–
455 Fernseh- und Antennenanlagen [m² BGF]	–	–	–	–
456 Gefahrenmelde- und Alarmanlagen [m² BGF]	–	–	–	–
457 Übertragungsnetze [m² BGF]	–	–	–	–
460 Förderanlagen				
461 Aufzugsanlagen [m² BGF]	–	–	–	–
470 Nutzungsspezifische Anlagen				
471 Küchentechnische Anlagen [m² BGF]	–	–	–	–
473 Medienversorgungsanlagen [m² BGF]	–	–	–	–
475 Feuerlöschanlagen [m² BGF]	–	**1,00**	–	0,0%
480 Gebäudeautomation				
481 Automationssysteme [m² BGF]	–	–	–	–
Weitere Kosten für Technische Anlagen	–	–	–	–

Bauelemente · Gebäudearten · Kostengruppen · Neubau · Abbrechen · Wiederherstellen · Herstellen

Gemeindezentren, mittlerer Standard

Kostengruppen	von	€/Einheit	bis	KG an 300+400
310 Baugrube				
311 Baugrubenherstellung [m³]	9,50	**17,00**	40,00	0,9%
312 Baugrubenumschließung [m²]	–	**–**	–	–
313 Wasserhaltung [m²]	–	**–**	–	–
319 Baugrube, sonstiges [m³]	–	**1,00**	–	0,0%
320 Gründung				
321 Baugrundverbesserung [m²]	17,00	**22,00**	31,00	0,4%
322 Flachgründungen [m²]	19,00	**59,00**	99,00	2,6%
323 Tiefgründungen [m²]	–	**44,00**	–	0,3%
324 Unterböden und Bodenplatten [m²]	39,00	**57,00**	79,00	2,3%
325 Bodenbeläge [m²]	98,00	**116,00**	156,00	5,1%
326 Bauwerksabdichtungen [m²]	7,40	**17,00**	22,00	0,7%
327 Dränagen [m²]	5,20	**6,40**	8,70	0,1%
329 Gründung, sonstiges [m²]	–	**–**	–	–
330 Außenwände				
331 Tragende Außenwände [m²]	132,00	**160,00**	297,00	7,1%
332 Nichttragende Außenwände [m²]	143,00	**190,00**	238,00	0,1%
333 Außenstützen [m]	110,00	**154,00**	232,00	0,4%
334 Außentüren und -fenster [m²]	441,00	**610,00**	875,00	6,1%
335 Außenwandbekleidungen außen [m²]	84,00	**133,00**	230,00	5,7%
336 Außenwandbekleidungen innen [m²]	38,00	**50,00**	84,00	1,2%
337 Elementierte Außenwände [m²]	609,00	**734,00**	1.095,00	3,5%
338 Sonnenschutz [m²]	170,00	**197,00**	224,00	0,4%
339 Außenwände, sonstiges [m²]	6,70	**17,00**	36,00	0,7%
340 Innenwände				
341 Tragende Innenwände [m²]	74,00	**103,00**	142,00	1,8%
342 Nichttragende Innenwände [m²]	63,00	**88,00**	153,00	1,7%
343 Innenstützen [m]	123,00	**180,00**	276,00	0,3%
344 Innentüren und -fenster [m²]	406,00	**545,00**	755,00	2,5%
345 Innenwandbekleidungen [m²]	43,00	**59,00**	100,00	3,6%
346 Elementierte Innenwände [m²]	367,00	**506,00**	782,00	2,8%
349 Innenwände, sonstiges [m²]	2,50	**4,20**	7,40	0,0%
350 Decken				
351 Deckenkonstruktionen [m²]	130,00	**180,00**	260,00	2,5%
352 Deckenbeläge [m²]	75,00	**110,00**	129,00	1,4%
353 Deckenbekleidungen [m²]	22,00	**48,00**	73,00	0,4%
359 Decken, sonstiges [m²]	18,00	**43,00**	137,00	0,3%
360 Dächer				
361 Dachkonstruktionen [m²]	68,00	**108,00**	212,00	6,0%
362 Dachfenster, Dachöffnungen [m²]	982,00	**1.718,00**	3.906,00	0,9%
363 Dachbeläge [m²]	67,00	**105,00**	146,00	6,0%
364 Dachbekleidungen [m²]	38,00	**67,00**	86,00	3,6%
369 Dächer, sonstiges [m²]	2,10	**3,60**	5,70	0,0%
370 Baukonstruktive Einbauten				
371 Allgemeine Einbauten [m² BGF]	12,00	**45,00**	109,00	2,6%
372 Besondere Einbauten [m² BGF]	3,70	**19,00**	40,00	0,6%
379 Baukonstruktive Einbauten, sonstiges [m² BGF]	–	**44,00**	–	0,4%

© **BKI** Baukosteninformationszentrum; Erläuterungen zu den Tabellen siehe Seite 60 — Kostenstand: 1.Quartal 2012, Bundesdurchschnitt, inkl. MwSt.

Kostengruppen	von	€/Einheit	bis	KG an 300+400
390 Sonstige Maßnahmen für Baukonstruktionen				
391 Baustelleneinrichtung [m² BGF]	15,00	**20,00**	29,00	1,3%
392 Gerüste [m² BGF]	6,70	**16,00**	26,00	0,8%
393 Sicherungsmaßnahmen [m² BGF]	–	**–**	–	–
394 Abbruchmaßnahmen [m² BGF]	–	**–**	–	–
395 Instandsetzungen [m² BGF]	–	**–**	–	–
396 Materialentsorgung [m² BGF]	–	**–**	–	–
397 Zusätzliche Maßnahmen [m² BGF]	2,20	**3,70**	7,60	0,1%
398 Provisorische Baukonstruktionen [m² BGF]	–	**0,10**	–	0,0%
399 Sonstige Maßnahmen für Baukonstruktionen, sonst. [m² BGF]	–	**13,00**	–	0,1%
410 Abwasser-, Wasser-, Gasanlagen				
411 Abwasseranlagen [m² BGF]	19,00	**27,00**	40,00	1,7%
412 Wasseranlagen [m² BGF]	24,00	**33,00**	55,00	2,1%
420 Wärmeversorgungsanlagen				
421 Wärmeerzeugungsanlagen [m² BGF]	15,00	**26,00**	50,00	1,3%
422 Wärmeverteilnetze [m² BGF]	10,00	**17,00**	26,00	0,9%
423 Raumheizflächen [m² BGF]	14,00	**26,00**	41,00	1,4%
429 Wärmeversorgungsanlagen, sonstiges [m² BGF]	2,60	**5,60**	11,00	0,1%
430 Lufttechnische Anlagen				
431 Lüftungsanlagen [m² BGF]	7,80	**50,00**	113,00	2,4%
440 Starkstromanlagen				
443 Niederspannungsschaltanlagen [m² BGF]	5,10	**11,00**	17,00	0,1%
444 Niederspannungsinstallationsanlagen [m² BGF]	23,00	**42,00**	58,00	2,2%
445 Beleuchtungsanlagen [m² BGF]	30,00	**47,00**	80,00	2,5%
446 Blitzschutz- und Erdungsanlagen [m² BGF]	2,00	**4,40**	7,80	0,2%
450 Fernmelde- und informationstechnische Anlagen				
451 Telekommunikationsanlagen [m² BGF]	0,50	**2,00**	6,10	0,0%
452 Such- und Signalanlagen [m² BGF]	0,40	**0,70**	1,00	0,0%
455 Fernseh- und Antennenanlagen [m² BGF]	0,40	**1,40**	2,20	0,0%
456 Gefahrenmelde- und Alarmanlagen [m² BGF]	1,50	**3,30**	5,10	0,0%
457 Übertragungsnetze [m² BGF]	0,30	**1,10**	1,80	0,0%
460 Förderanlagen				
461 Aufzugsanlagen [m² BGF]	–	**–**	–	–
470 Nutzungsspezifische Anlagen				
471 Küchentechnische Anlagen [m² BGF]	25,00	**49,00**	111,00	1,7%
473 Medienversorgungsanlagen [m² BGF]	–	**–**	–	–
475 Feuerlöschanlagen [m² BGF]	0,40	**0,80**	1,10	0,0%
480 Gebäudeautomation				
481 Automationssysteme [m² BGF]	–	**15,00**	–	0,1%
Weitere Kosten für Technische Anlagen	0,90	**3,50**	6,30	0,1%

Bauelemente

Gebäudearten

Kostengruppen

Neubau

Abbrechen

Wiederherstellen

Herstellen

Gemeindezentren, hoher Standard

Kostengruppen	von	€/Einheit	bis	KG an 300+400
310 Baugrube				
311 Baugrubenherstellung [m³]	6,10	**29,00**	52,00	3,1%
312 Baugrubenumschließung [m²]	–	**313,00**	–	0,7%
313 Wasserhaltung [m²]	–	**–**	–	–
319 Baugrube, sonstiges [m³]	–	**–**	–	–
320 Gründung				
321 Baugrundverbesserung [m²]	–	**5,00**	–	0,1%
322 Flachgründungen [m²]	24,00	**38,00**	52,00	1,4%
323 Tiefgründungen [m²]	–	**–**	–	–
324 Unterböden und Bodenplatten [m²]	74,00	**84,00**	95,00	2,7%
325 Bodenbeläge [m²]	76,00	**116,00**	157,00	3,7%
326 Bauwerksabdichtungen [m²]	10,00	**12,00**	13,00	0,4%
327 Dränagen [m²]	–	**–**	–	–
329 Gründung, sonstiges [m²]	–	**–**	–	–
330 Außenwände				
331 Tragende Außenwände [m²]	165,00	**205,00**	245,00	6,4%
332 Nichttragende Außenwände [m²]	–	**–**	–	–
333 Außenstützen [m]	124,00	**283,00**	442,00	0,1%
334 Außentüren und -fenster [m²]	564,00	**603,00**	641,00	5,7%
335 Außenwandbekleidungen außen [m²]	62,00	**83,00**	103,00	2,8%
336 Außenwandbekleidungen innen [m²]	49,00	**57,00**	66,00	2,1%
337 Elementierte Außenwände [m²]	–	**–**	–	–
338 Sonnenschutz [m²]	–	**–**	–	–
339 Außenwände, sonstiges [m²]	4,10	**14,00**	25,00	0,7%
340 Innenwände				
341 Tragende Innenwände [m²]	76,00	**120,00**	164,00	2,1%
342 Nichttragende Innenwände [m²]	108,00	**198,00**	288,00	2,4%
343 Innenstützen [m]	174,00	**182,00**	190,00	1,5%
344 Innentüren und -fenster [m²]	950,00	**1.011,00**	1.073,00	4,8%
345 Innenwandbekleidungen [m²]	28,00	**37,00**	46,00	2,0%
346 Elementierte Innenwände [m²]	155,00	**217,00**	279,00	0,2%
349 Innenwände, sonstiges [m²]	–	**29,00**	–	0,6%
350 Decken				
351 Deckenkonstruktionen [m²]	159,00	**225,00**	290,00	4,2%
352 Deckenbeläge [m²]	127,00	**151,00**	175,00	2,2%
353 Deckenbekleidungen [m²]	12,00	**34,00**	56,00	0,4%
359 Decken, sonstiges [m²]	–	**42,00**	–	0,6%
360 Dächer				
361 Dachkonstruktionen [m²]	125,00	**173,00**	221,00	7,0%
362 Dachfenster, Dachöffnungen [m²]	1.409,00	**2.048,00**	2.687,00	1,8%
363 Dachbeläge [m²]	96,00	**132,00**	168,00	5,4%
364 Dachbekleidungen [m²]	36,00	**81,00**	126,00	3,8%
369 Dächer, sonstiges [m²]	–	**14,00**	–	0,2%
370 Baukonstruktive Einbauten				
371 Allgemeine Einbauten [m² BGF]	13,00	**39,00**	64,00	2,2%
372 Besondere Einbauten [m² BGF]	3,70	**12,00**	20,00	0,7%
379 Baukonstruktive Einbauten, sonstiges [m² BGF]	–	**–**	–	–

© **BKI** Baukosteninformationszentrum; Erläuterungen zu den Tabellen siehe Seite 60

Kostenstand: 1.Quartal 2012, Bundesdurchschnitt, **inkl. MwSt.**

Gemeindezentren, hoher Standard

390 Sonstige Maßnahmen für Baukonstruktionen

Nr.	Bezeichnung	von	€/Einheit	bis	KG an 300+400
391	Baustelleneinrichtung [m² BGF]	3,30	**16,00**	30,00	0,9%
392	Gerüste [m² BGF]	8,70	**8,80**	8,90	0,5%
393	Sicherungsmaßnahmen [m² BGF]	–	**6,60**	–	0,2%
394	Abbruchmaßnahmen [m² BGF]	–	–	–	–
395	Instandsetzungen [m² BGF]	–	–	–	–
396	Materialentsorgung [m² BGF]	–	–	–	–
397	Zusätzliche Maßnahmen [m² BGF]	1,60	**4,40**	7,20	0,2%
398	Provisorische Baukonstruktionen [m² BGF]	–	–	–	–
399	Sonstige Maßnahmen für Baukonstruktionen, sonst. [m² BGF]	–	–	–	–

410 Abwasser-, Wasser-, Gasanlagen

Nr.	Bezeichnung	von	€/Einheit	bis	KG an 300+400
411	Abwasseranlagen [m² BGF]	18,00	**32,00**	45,00	1,8%
412	Wasseranlagen [m² BGF]	32,00	**50,00**	68,00	2,9%

420 Wärmeversorgungsanlagen

Nr.	Bezeichnung	von	€/Einheit	bis	KG an 300+400
421	Wärmeerzeugungsanlagen [m² BGF]	32,00	**33,00**	35,00	1,9%
422	Wärmeverteilnetze [m² BGF]	19,00	**19,00**	20,00	1,1%
423	Raumheizflächen [m² BGF]	26,00	**29,00**	32,00	1,7%
429	Wärmeversorgungsanlagen, sonstiges [m² BGF]	3,20	**13,00**	24,00	0,7%

430 Lufttechnische Anlagen

Nr.	Bezeichnung	von	€/Einheit	bis	KG an 300+400
431	Lüftungsanlagen [m² BGF]	17,00	**56,00**	95,00	3,3%

440 Starkstromanlagen

Nr.	Bezeichnung	von	€/Einheit	bis	KG an 300+400
443	Niederspannungsschaltanlagen [m² BGF]	–	–	–	–
444	Niederspannungsinstallationsanlagen [m² BGF]	45,00	**67,00**	89,00	3,9%
445	Beleuchtungsanlagen [m² BGF]	30,00	**62,00**	95,00	3,7%
446	Blitzschutz- und Erdungsanlagen [m² BGF]	1,10	**3,20**	5,40	0,1%

450 Fernmelde- und informationstechnische Anlagen

Nr.	Bezeichnung	von	€/Einheit	bis	KG an 300+400
451	Telekommunikationsanlagen [m² BGF]	–	**4,50**	–	0,1%
452	Such- und Signalanlagen [m² BGF]	–	–	–	–
455	Fernseh- und Antennenanlagen [m² BGF]	–	**1,00**	–	0,0%
456	Gefahrenmelde- und Alarmanlagen [m² BGF]	–	–	–	–
457	Übertragungsnetze [m² BGF]	–	–	–	–

460 Förderanlagen

Nr.	Bezeichnung	von	€/Einheit	bis	KG an 300+400
461	Aufzugsanlagen [m² BGF]	–	**84,00**	–	2,5%

470 Nutzungsspezifische Anlagen

Nr.	Bezeichnung	von	€/Einheit	bis	KG an 300+400
471	Küchentechnische Anlagen [m² BGF]	–	–	–	–
473	Medienversorgungsanlagen [m² BGF]	–	–	–	–
475	Feuerlöschanlagen [m² BGF]	–	–	–	–

480 Gebäudeautomation

Nr.	Bezeichnung	von	€/Einheit	bis	KG an 300+400
481	Automationssysteme [m² BGF]	–	–	–	–
	Weitere Kosten für Technische Anlagen	–	**16,00**	–	0,4%

Sakralbauten

310 Baugrube

		von	€/Einheit	bis	KG an 300+400
311	Baugrubenherstellung [m³]	–	**20,00**	–	1,6%
312	Baugrubenumschließung [m²]	–	**–**	–	–
313	Wasserhaltung [m²]	–	**–**	–	–
319	Baugrube, sonstiges [m³]	–	**–**	–	–

320 Gründung

		von	€/Einheit	bis	KG an 300+400
321	Baugrundverbesserung [m²]	–	**–**	–	–
322	Flachgründungen [m²]	–	**128,00**	–	2,4%
323	Tiefgründungen [m²]	–	**–**	–	–
324	Unterböden und Bodenplatten [m²]	–	**99,00**	–	1,7%
325	Bodenbeläge [m²]	–	**105,00**	–	1,8%
326	Bauwerksabdichtungen [m²]	–	**11,00**	–	0,2%
327	Dränagen [m²]	–	**2,30**	–	0,0%
329	Gründung, sonstiges [m²]	–	**–**	–	–

330 Außenwände

		von	€/Einheit	bis	KG an 300+400
331	Tragende Außenwände [m²]	–	**217,00**	–	3,9%
332	Nichttragende Außenwände [m²]	–	**159,00**	–	3,6%
333	Außenstützen [m]	–	**268,00**	–	2,6%
334	Außentüren und -fenster [m²]	–	**804,00**	–	13,0%
335	Außenwandbekleidungen außen [m²]	–	**95,00**	–	4,8%
336	Außenwandbekleidungen innen [m²]	–	**58,00**	–	1,7%
337	Elementierte Außenwände [m²]	–	**674,00**	–	0,9%
338	Sonnenschutz [m²]	–	**476,00**	–	0,1%
339	Außenwände, sonstiges [m²]	–	**4,90**	–	0,3%

340 Innenwände

		von	€/Einheit	bis	KG an 300+400
341	Tragende Innenwände [m²]	–	**94,00**	–	0,1%
342	Nichttragende Innenwände [m²]	–	**102,00**	–	1,4%
343	Innenstützen [m]	–	**389,00**	–	0,3%
344	Innentüren und -fenster [m²]	–	**528,00**	–	2,5%
345	Innenwandbekleidungen [m²]	–	**49,00**	–	1,5%
346	Elementierte Innenwände [m²]	–	**674,00**	–	0,9%
349	Innenwände, sonstiges [m²]	–	**9,90**	–	0,2%

350 Decken

		von	€/Einheit	bis	KG an 300+400
351	Deckenkonstruktionen [m²]	–	**327,00**	–	5,9%
352	Deckenbeläge [m²]	–	**74,00**	–	1,3%
353	Deckenbekleidungen [m²]	–	**99,00**	–	1,6%
359	Decken, sonstiges [m²]	–	**107,00**	–	1,9%

360 Dächer

		von	€/Einheit	bis	KG an 300+400
361	Dachkonstruktionen [m²]	–	**170,00**	–	5,8%
362	Dachfenster, Dachöffnungen [m²]	–	**1.630,00**	–	3,9%
363	Dachbeläge [m²]	–	**114,00**	–	3,6%
364	Dachbekleidungen [m²]	–	**165,00**	–	5,3%
369	Dächer, sonstiges [m²]	–	**18,00**	–	0,6%

370 Baukonstruktive Einbauten

		von	€/Einheit	bis	KG an 300+400
371	Allgemeine Einbauten [m² BGF]	–	**59,00**	–	2,3%
372	Besondere Einbauten [m² BGF]	–	**146,00**	–	5,9%
379	Baukonstruktive Einbauten, sonstiges [m² BGF]	–	**–**	–	–

© **BKI** Baukosteninformationszentrum; Erläuterungen zu den Tabellen siehe Seite 60   Kostenstand: 1.Quartal 2012, Bundesdurchschnitt, **inkl.** MwSt.

390 Sonstige Maßnahmen für Baukonstruktionen

		von	€/Einheit	bis	KG an 300+400
391	Baustelleneinrichtung [m² BGF]	–	33,00	–	1,3%
392	Gerüste [m² BGF]	–	31,00	–	1,2%
393	Sicherungsmaßnahmen [m² BGF]	–	–	–	–
394	Abbruchmaßnahmen [m² BGF]	–	–	–	–
395	Instandsetzungen [m² BGF]	–	–	–	–
396	Materialentsorgung [m² BGF]	–	–	–	–
397	Zusätzliche Maßnahmen [m² BGF]	–	18,00	–	0,7%
398	Provisorische Baukonstruktionen [m² BGF]	–	–	–	–
399	Sonstige Maßnahmen für Baukonstruktionen, sonst. [m² BGF]	–	–	–	–

410 Abwasser-, Wasser-, Gasanlagen

411	Abwasseranlagen [m² BGF]	–	24,00	–	0,9%
412	Wasseranlagen [m² BGF]	–	28,00	–	1,1%

420 Wärmeversorgungsanlagen

421	Wärmeerzeugungsanlagen [m² BGF]	–	22,00	–	0,9%
422	Wärmeverteilnetze [m² BGF]	–	30,00	–	1,2%
423	Raumheizflächen [m² BGF]	–	40,00	–	1,6%
429	Wärmeversorgungsanlagen, sonstiges [m² BGF]	–	22,00	–	0,9%

430 Lufttechnische Anlagen

431	Lüftungsanlagen [m² BGF]	–	–	–	–

440 Starkstromanlagen

443	Niederspannungsschaltanlagen [m² BGF]	–	–	–	–
444	Niederspannungsinstallationsanlagen [m² BGF]	–	31,00	–	1,2%
445	Beleuchtungsanlagen [m² BGF]	–	76,00	–	3,0%
446	Blitzschutz- und Erdungsanlagen [m² BGF]	–	12,00	–	0,4%

450 Fernmelde- und informationstechnische Anlagen

451	Telekommunikationsanlagen [m² BGF]	–	1,70	–	0,0%
452	Such- und Signalanlagen [m² BGF]	–	–	–	–
455	Fernseh- und Antennenanlagen [m² BGF]	–	–	–	–
456	Gefahrenmelde- und Alarmanlagen [m² BGF]	–	–	–	–
457	Übertragungsnetze [m² BGF]	–	–	–	–

460 Förderanlagen

461	Aufzugsanlagen [m² BGF]	–	–	–	–

470 Nutzungsspezifische Anlagen

471	Küchentechnische Anlagen [m² BGF]	–	–	–	–
473	Medienversorgungsanlagen [m² BGF]	–	–	–	–
475	Feuerlöschanlagen [m² BGF]	–	0,60	–	0,0%

480 Gebäudeautomation

481	Automationssysteme [m² BGF]	–	–	–	–
	Weitere Kosten für Technische Anlagen	–	3,80	–	0,1%

Bauelemente · Gebäudearten · Kostengruppen · Neubau · Abbrechen · Wiederherstellen · Herstellen

Friedhofsgebäude

Kostengruppen	von	€/Einheit	bis	KG an 300+400
310 Baugrube				
311 Baugrubenherstellung [m³]	22,00	**31,00**	40,00	1,1%
312 Baugrubenumschließung [m²]	–	**–**	–	–
313 Wasserhaltung [m²]	–	**–**	–	–
319 Baugrube, sonstiges [m³]	–	**–**	–	–
320 Gründung				
321 Baugrundverbesserung [m²]	–	**–**	–	–
322 Flachgründungen [m²]	58,00	**63,00**	68,00	2,3%
323 Tiefgründungen [m²]	–	**–**	–	–
324 Unterböden und Bodenplatten [m²]	66,00	**70,00**	75,00	2,2%
325 Bodenbeläge [m²]	70,00	**121,00**	172,00	4,5%
326 Bauwerksabdichtungen [m²]	9,40	**15,00**	20,00	0,4%
327 Dränagen [m²]	10,00	**11,00**	12,00	0,4%
329 Gründung, sonstiges [m²]	–	**–**	–	–
330 Außenwände				
331 Tragende Außenwände [m²]	104,00	**183,00**	262,00	8,5%
332 Nichttragende Außenwände [m²]	–	**45,00**	–	0,3%
333 Außenstützen [m]	166,00	**233,00**	299,00	1,7%
334 Außentüren und -fenster [m²]	609,00	**640,00**	672,00	10,0%
335 Außenwandbekleidungen außen [m²]	55,00	**67,00**	79,00	4,7%
336 Außenwandbekleidungen innen [m²]	38,00	**60,00**	81,00	3,3%
337 Elementierte Außenwände [m²]	–	**552,00**	–	1,1%
338 Sonnenschutz [m²]	–	**–**	–	–
339 Außenwände, sonstiges [m²]	–	**2,10**	–	0,1%
340 Innenwände				
341 Tragende Innenwände [m²]	75,00	**144,00**	213,00	2,5%
342 Nichttragende Innenwände [m²]	41,00	**103,00**	165,00	0,9%
343 Innenstützen [m]	–	**287,00**	–	0,3%
344 Innentüren und -fenster [m²]	649,00	**789,00**	929,00	5,5%
345 Innenwandbekleidungen [m²]	15,00	**42,00**	69,00	1,9%
346 Elementierte Innenwände [m²]	–	**392,00**	–	0,7%
349 Innenwände, sonstiges [m²]	–	**10,00**	–	0,2%
350 Decken				
351 Deckenkonstruktionen [m²]	–	**88,00**	–	0,9%
352 Deckenbeläge [m²]	–	**202,00**	–	1,8%
353 Deckenbekleidungen [m²]	–	**4,00**	–	0,0%
359 Decken, sonstiges [m²]	–	**–**	–	–
360 Dächer				
361 Dachkonstruktionen [m²]	74,00	**102,00**	130,00	7,0%
362 Dachfenster, Dachöffnungen [m²]	–	**549,00**	–	1,6%
363 Dachbeläge [m²]	158,00	**164,00**	171,00	10,9%
364 Dachbekleidungen [m²]	34,00	**72,00**	111,00	4,1%
369 Dächer, sonstiges [m²]	4,20	**5,00**	5,80	0,3%
370 Baukonstruktive Einbauten				
371 Allgemeine Einbauten [m² BGF]	–	**13,00**	–	0,4%
372 Besondere Einbauten [m² BGF]	–	**–**	–	–
379 Baukonstruktive Einbauten, sonstiges [m² BGF]	–	**–**	–	–

© **BKI** Baukosteninformationszentrum; Erläuterungen zu den Tabellen siehe Seite 60   Kostenstand: 1.Quartal 2012, Bundesdurchschnitt, inkl. MwSt.

Kostengruppen	von	€/Einheit	bis	KG an 300+400
390	**Sonstige Maßnahmen für Baukonstruktionen**			
391 Baustelleneinrichtung [m² BGF]	42,00	**50,00**	58,00	2,9%
392 Gerüste [m² BGF]	–	**22,00**	–	0,7%
393 Sicherungsmaßnahmen [m² BGF]	–	–	–	–
394 Abbruchmaßnahmen [m² BGF]	–	–	–	–
395 Instandsetzungen [m² BGF]	–	–	–	–
396 Materialentsorgung [m² BGF]	–	–	–	–
397 Zusätzliche Maßnahmen [m² BGF]	–	–	–	–
398 Provisorische Baukonstruktionen [m² BGF]	–	–	–	–
399 Sonstige Maßnahmen für Baukonstruktionen, sonst. [m² BGF]	–	–	–	–
410	**Abwasser-, Wasser-, Gasanlagen**			
411 Abwasseranlagen [m² BGF]	20,00	**33,00**	46,00	1,9%
412 Wasseranlagen [m² BGF]	28,00	**31,00**	34,00	1,8%
420	**Wärmeversorgungsanlagen**			
421 Wärmeerzeugungsanlagen [m² BGF]	–	–	–	–
422 Wärmeverteilnetze [m² BGF]	–	–	–	–
423 Raumheizflächen [m² BGF]	–	–	–	–
429 Wärmeversorgungsanlagen, sonstiges [m² BGF]	–	–	–	–
430	**Lufttechnische Anlagen**			
431 Lüftungsanlagen [m² BGF]	–	**4,30**	–	0,1%
440	**Starkstromanlagen**			
443 Niederspannungsschaltanlagen [m² BGF]	–	–	–	–
444 Niederspannungsinstallationsanlagen [m² BGF]	–	**55,00**	–	1,7%
445 Beleuchtungsanlagen [m² BGF]	–	**8,30**	–	0,2%
446 Blitzschutz- und Erdungsanlagen [m² BGF]	–	**7,80**	–	0,2%
450	**Fernmelde- und informationstechnische Anlagen**			
451 Telekommunikationsanlagen [m² BGF]	–	–	–	–
452 Such- und Signalanlagen [m² BGF]	–	–	–	–
455 Fernseh- und Antennenanlagen [m² BGF]	–	–	–	–
456 Gefahrenmelde- und Alarmanlagen [m² BGF]	–	–	–	–
457 Übertragungsnetze [m² BGF]	–	–	–	–
460	**Förderanlagen**			
461 Aufzugsanlagen [m² BGF]	–	–	–	–
470	**Nutzungsspezifische Anlagen**			
471 Küchentechnische Anlagen [m² BGF]	–	–	–	–
473 Medienversorgungsanlagen [m² BGF]	–	–	–	–
475 Feuerlöschanlagen [m² BGF]	–	–	–	–
480	**Gebäudeautomation**			
481 Automationssysteme [m² BGF]	–	–	–	–
Weitere Kosten für Technische Anlagen	–	**150,00**	–	4,8%

Baulemente
Gebäudearten
Kostengruppen
Neubau
Abbrechen
Wiederherstellen
Herstellen

Bauelemente
Neubau
nach Kostengruppen

**Kostenkennwerte für die Kostengruppen
der 3.Ebene DIN 276**

311
Baugruben-
herstellung

Einheit: m³
Baugrubenrauminhalt

Gebäudeart	von	€/Einheit	bis	KG an 300
1 Bürogebäude				
Bürogebäude, einfacher Standard	10,00	**17,00**	25,00	2,2%
Bürogebäude, mittlerer Standard	12,00	**22,00**	39,00	1,5%
Bürogebäude, hoher Standard	11,00	**20,00**	36,00	1,5%
2 Gebäude für wissenschaftliche Lehre und Forschung				
Instituts- und Laborgebäude	13,00	**24,00**	39,00	0,9%
3 Gebäude des Gesundheitswesens				
Krankenhäuser	16,00	**22,00**	38,00	1,6%
Pflegeheime	11,00	**21,00**	28,00	2,7%
4 Schulen und Kindergärten				
Allgemeinbildende Schulen	15,00	**25,00**	33,00	1,4%
Berufliche Schulen	13,00	**19,00**	28,00	2,6%
Förder- und Sonderschulen	20,00	**27,00**	50,00	1,2%
Weiterbildungseinrichtungen	12,00	**18,00**	34,00	2,3%
Kindergärten, nicht unterkellert, einfacher Standard	11,00	**26,00**	51,00	2,6%
Kindergärten, nicht unterkellert, mittlerer Standard	6,80	**12,00**	19,00	0,4%
Kindergärten, nicht unterkellert, hoher Standard	7,70	**16,00**	34,00	0,8%
Kindergärten, unterkellert	16,00	**26,00**	33,00	3,1%
5 Sportbauten				
Sport- und Mehrzweckhallen	5,80	**12,00**	19,00	0,8%
Sporthallen (Einfeldhallen)	4,60	**13,00**	22,00	1,9%
Sporthallen (Dreifeldhallen)	4,70	**15,00**	19,00	2,8%
Schwimmhallen	21,00	**21,00**	22,00	2,6%
6 Wohnbauten und Gemeinschaftsstätten				
Ein- und Zweifamilienhäuser unterkellert, einfacher Standard	15,00	**21,00**	29,00	3,4%
Ein- und Zweifamilienhäuser unterkellert, mittlerer Standard	15,00	**23,00**	34,00	3,2%
Ein- und Zweifamilienhäuser unterkellert, hoher Standard	6,50	**17,00**	21,00	2,6%
Ein- und Zweifamilienhäuser, nicht unterkellert, einfacher Standard	19,00	**28,00**	44,00	1,9%
Ein- und Zweifamilienhäuser, nicht unterkellert, mittlerer Standard	15,00	**27,00**	64,00	0,4%
Ein- und Zweifamilienhäuser, nicht unterkellert, hoher Standard	9,20	**19,00**	37,00	1,3%
Ein- und Zweifamilienhäuser, Passivhausstandard, Massivbau	13,00	**20,00**	30,00	2,5%
Ein- und Zweifamilienhäuser, Passivhausstandard, Holzbau	16,00	**21,00**	28,00	1,4%
Ein- und Zweifamilienhäuser, Holzbauweise, unterkellert	11,00	**15,00**	18,00	2,1%
Ein- und Zweifamilienhäuser, Holzbauweise, nicht unterkellert	12,00	**20,00**	34,00	1,0%
Doppel- und Reihenendhäuser, einfacher Standard	8,80	**29,00**	50,00	2,0%
Doppel- und Reihenendhäuser, mittlerer Standard	20,00	**20,00**	20,00	3,1%
Doppel- und Reihenendhäuser, hoher Standard	15,00	**20,00**	25,00	2,0%
Reihenhäuser, einfacher Standard	–	**8,30**	–	0,8%
Reihenhäuser, mittlerer Standard	15,00	**26,00**	48,00	2,2%
Reihenhäuser, hoher Standard	4,20	**12,00**	16,00	1,0%

Kostenstand: 1.Quartal 2012, Bundesdurchschnitt, **inkl. MwSt.**

Gebäudeart	von	€/Einheit	bis	KG an 300
Mehrfamilienhäuser, mit bis zu 6 WE, einfacher Standard	5,60	**9,00**	15,00	1,2%
Mehrfamilienhäuser, mit bis zu 6 WE, mittlerer Standard	17,00	**22,00**	27,00	3,4%
Mehrfamilienhäuser, mit bis zu 6 WE, hoher Standard	15,00	**33,00**	52,00	2,1%
Mehrfamilienhäuser, mit 6 bis 19 WE, einfacher Standard	25,00	**32,00**	36,00	3,3%
Mehrfamilienhäuser, mit 6 bis 19 WE, mittlerer Standard	13,00	**16,00**	24,00	2,6%
Mehrfamilienhäuser, mit 6 bis 19 WE, hoher Standard	22,00	**30,00**	39,00	3,3%
Mehrfamilienhäuser, mit mehr als 20 WE	13,00	**16,00**	23,00	2,0%
Mehrfamilienhäuser, energiesparend, ökologisch	17,00	**22,00**	34,00	2,5%
Wohnhäuser, mit bis zu 15% Mischnutzung, einfacher Standard	23,00	**31,00**	37,00	3,4%
Wohnhäuser, mit bis zu 15% Mischnutzung, mittlerer Standard	7,70	**16,00**	21,00	1,0%
Wohnhäuser, mit bis zu 15% Mischnutzung, hoher Standard	21,00	**23,00**	25,00	1,7%
Wohnhäuser mit mehr als 15% Mischnutzung	10,00	**24,00**	37,00	2,2%
Personal- und Altenwohnungen	31,00	**45,00**	85,00	5,0%
Alten- und Pflegeheime	8,10	**14,00**	19,00	2,0%
Wohnheime und Internate	9,80	**15,00**	19,00	2,8%
Gaststätten, Kantinen und Mensen	8,10	**25,00**	36,00	2,2%

7 Produktion, Gewerbe und Handel, Lager, Garagen, Bereitschaftsdienste

	von	€/Einheit	bis	KG an 300
Geschäftshäuser mit Wohnungen	12,00	**13,00**	15,00	2,0%
Geschäftshäuser ohne Wohnungen	22,00	**29,00**	37,00	3,9%
Bank- und Sparkassengebäude	–	**28,00**	–	3,2%
Verbrauchermärkte	6,40	**18,00**	30,00	0,7%
Autohäuser	–	**14,00**	–	10,2%
Industrielle Produktionsgebäude, Massivbauweise	11,00	**20,00**	34,00	2,6%
Industrielle Produktionsgebäude, überwiegend Skelettbauweise	18,00	**28,00**	37,00	3,4%
Betriebs- und Werkstätten, eingeschossig	13,00	**26,00**	49,00	2,4%
Betriebs- und Werkstätten, mehrgeschossig, geringer Hallenanteil	14,00	**20,00**	26,00	3,9%
Betriebs- und Werkstätten, mehrgeschossig, hoher Hallenanteil	11,00	**19,00**	32,00	2,1%
Lagergebäude, ohne Mischnutzung	6,90	**16,00**	35,00	1,6%
Lagergebäude, mit bis zu 25% Mischnutzung	6,40	**13,00**	25,00	0,9%
Lagergebäude, mit mehr als 25% Mischnutzung	5,80	**18,00**	30,00	0,2%
Hochgaragen	6,20	**22,00**	64,00	0,6%
Tiefgaragen	8,80	**14,00**	23,00	9,2%
Feuerwehrhäuser	2,60	**8,20**	12,00	1,8%
Öffentliche Bereitschaftsdienste	8,90	**15,00**	25,00	1,1%

12 Gebäude anderer Art

	von	€/Einheit	bis	KG an 300
Gebäude für kulturelle und musische Zwecke	9,00	**22,00**	35,00	4,0%
Theater	–	**23,00**	–	1,4%
Gemeindezentren, einfacher Standard	10,00	**22,00**	35,00	2,5%
Gemeindezentren, mittlerer Standard	9,50	**17,00**	40,00	1,2%
Gemeindezentren, hoher Standard	6,10	**29,00**	52,00	4,1%
Sakralbauten	–	**20,00**	–	1,8%
Friedhofsgebäude	22,00	**31,00**	40,00	1,3%

Einheit: m³
Baugrubenrauminhalt

Gebäudearten

Kostengruppen

Bauelemente

Neubau

Abbrechen

Wiederherstellen

Herstellen

312
Baugruben-
umschließung

Einheit: m²
Verbaute Fläche

Gebäudeart	von	€/Einheit	bis	KG an 300
1 Bürogebäude				
Bürogebäude, einfacher Standard	–	–	–	–
Bürogebäude, mittlerer Standard	80,00	**252,00**	424,00	0,0%
Bürogebäude, hoher Standard	162,00	**304,00**	390,00	0,8%
2 Gebäude für wissenschaftliche Lehre und Forschung				
Instituts- und Laborgebäude	–	–	–	–
3 Gebäude des Gesundheitswesens				
Krankenhäuser	–	**225,00**	–	0,5%
Pflegeheime	–	–	–	–
4 Schulen und Kindergärten				
Allgemeinbildende Schulen	–	–	–	–
Berufliche Schulen	–	**305,00**	–	0,1%
Förder- und Sonderschulen	–	**107,00**	–	0,0%
Weiterbildungseinrichtungen	–	**237,00**	–	0,0%
Kindergärten, nicht unterkellert, einfacher Standard	–	–	–	–
Kindergärten, nicht unterkellert, mittlerer Standard	–	–	–	–
Kindergärten, nicht unterkellert, hoher Standard	–	–	–	–
Kindergärten, unterkellert	–	–	–	–
5 Sportbauten				
Sport- und Mehrzweckhallen	–	–	–	–
Sporthallen (Einfeldhallen)	–	–	–	–
Sporthallen (Dreifeldhallen)	–	**647,00**	–	0,0%
Schwimmhallen	–	–	–	–
6 Wohnbauten und Gemeinschaftsstätten				
Ein- und Zweifamilienhäuser unterkellert, einfacher Standard	–	–	–	–
Ein- und Zweifamilienhäuser unterkellert, mittlerer Standard	–	–	–	–
Ein- und Zweifamilienhäuser unterkellert, hoher Standard	–	–	–	–
Ein- und Zweifamilienhäuser, nicht unterkellert, einfacher Standard	–	–	–	–
Ein- und Zweifamilienhäuser, nicht unterkellert, mittlerer Standard	–	–	–	–
Ein- und Zweifamilienhäuser, nicht unterkellert, hoher Standard	–	–	–	–
Ein- und Zweifamilienhäuser, Passivhausstandard, Massivbau	–	**157,00**	–	0,7%
Ein- und Zweifamilienhäuser, Passivhausstandard, Holzbau	–	–	–	–
Ein- und Zweifamilienhäuser, Holzbauweise, unterkellert	–	–	–	–
Ein- und Zweifamilienhäuser, Holzbauweise, nicht unterkellert	–	–	–	–
Doppel- und Reihenendhäuser, einfacher Standard	–	–	–	–
Doppel- und Reihenendhäuser, mittlerer Standard	–	–	–	–
Doppel- und Reihenendhäuser, hoher Standard	–	**3,60**	–	0,0%
Reihenhäuser, einfacher Standard	–	–	–	–
Reihenhäuser, mittlerer Standard	–	–	–	–
Reihenhäuser, hoher Standard	–	–	–	–

© **BKI** Baukosteninformationszentrum; Erläuterungen zu den Tabellen siehe Seite 62   Kostenstand: 1.Quartal 2012, Bundesdurchschnitt, **inkl. MwSt.**

Gebäudeart	von	€/Einheit	bis	KG an 300
Mehrfamilienhäuser, mit bis zu 6 WE, einfacher Standard	–	–	–	–
Mehrfamilienhäuser, mit bis zu 6 WE, mittlerer Standard	–	–	–	–
Mehrfamilienhäuser, mit bis zu 6 WE, hoher Standard	–	**226,00**	–	0,8%
Mehrfamilienhäuser, mit 6 bis 19 WE, einfacher Standard	–	–	–	–
Mehrfamilienhäuser, mit 6 bis 19 WE, mittlerer Standard	165,00	**209,00**	252,00	1,5%
Mehrfamilienhäuser, mit 6 bis 19 WE, hoher Standard	131,00	**159,00**	188,00	0,4%
Mehrfamilienhäuser, mit mehr als 20 WE	–	**156,00**	–	0,6%
Mehrfamilienhäuser, energiesparend, ökologisch	–	**145,00**	–	0,0%
Wohnhäuser, mit bis zu 15% Mischnutzung, einfacher Standard	274,00	**277,00**	280,00	1,0%
Wohnhäuser, mit bis zu 15% Mischnutzung, mittlerer Standard	–	–	–	–
Wohnhäuser, mit bis zu 15% Mischnutzung, hoher Standard	–	**483,00**	–	2,4%
Wohnhäuser mit mehr als 15% Mischnutzung	159,00	**206,00**	252,00	1,0%
Personal- und Altenwohnungen	–	**74,00**	–	0,3%
Alten- und Pflegeheime	–	**253,00**	–	1,0%
Wohnheime und Internate	–	**184,00**	–	0,2%
Gaststätten, Kantinen und Mensen	–	–	–	–

7 Produktion, Gewerbe und Handel, Lager, Garagen, Bereitschaftsdienste

	von	€/Einheit	bis	KG an 300
Geschäftshäuser mit Wohnungen	–	**483,00**	–	4,0%
Geschäftshäuser ohne Wohnungen	–	–	–	–
Bank- und Sparkassengebäude	–	–	–	–
Verbrauchermärkte	–	–	–	–
Autohäuser	–	**706,00**	–	36,2%
Industrielle Produktionsgebäude, Massivbauweise	–	–	–	–
Industrielle Produktionsgebäude, überwiegend Skelettbauweise	–	–	–	–
Betriebs- und Werkstätten, eingeschossig	–	–	–	–
Betriebs- und Werkstätten, mehrgeschossig, geringer Hallenanteil	–	–	–	–
Betriebs- und Werkstätten, mehrgeschossig, hoher Hallenanteil	–	–	–	–
Lagergebäude, ohne Mischnutzung	–	–	–	–
Lagergebäude, mit bis zu 25% Mischnutzung	–	–	–	–
Lagergebäude, mit mehr als 25% Mischnutzung	–	–	–	–
Hochgaragen	–	–	–	–
Tiefgaragen	–	–	–	–
Feuerwehrhäuser	–	–	–	–
Öffentliche Bereitschaftsdienste	–	–	–	–

12 Gebäude anderer Art

	von	€/Einheit	bis	KG an 300
Gebäude für kulturelle und musische Zwecke	–	**28,00**	–	0,0%
Theater	–	–	–	–
Gemeindezentren, einfacher Standard	–	–	–	–
Gemeindezentren, mittlerer Standard	–	–	–	–
Gemeindezentren, hoher Standard	–	**313,00**	–	1,0%
Sakralbauten	–	–	–	–
Friedhofsgebäude	–	–	–	–

Gebäudearten

Bauelemente | Kostengruppen | Neubau | Abbrechen | Wiederherstellen | Herstellen

313
Wasserhaltung

Einheit: m²
Gründungsfläche

Gebäudeart	von	€/Einheit	bis	KG an 300
1 Bürogebäude				
Bürogebäude, einfacher Standard	1,30	**16,00**	30,00	0,1%
Bürogebäude, mittlerer Standard	3,20	**11,00**	44,00	0,0%
Bürogebäude, hoher Standard	1,40	**32,00**	71,00	0,2%
2 Gebäude für wissenschaftliche Lehre und Forschung				
Instituts- und Laborgebäude	17,00	**24,00**	32,00	0,2%
3 Gebäude des Gesundheitswesens				
Krankenhäuser	3,00	**20,00**	53,00	0,3%
Pflegeheime	–	**8,50**	–	0,0%
4 Schulen und Kindergärten				
Allgemeinbildende Schulen	–	**–**	–	–
Berufliche Schulen	–	**13,00**	–	0,2%
Förder- und Sonderschulen	–	**0,80**	–	0,0%
Weiterbildungseinrichtungen	–	**53,00**	–	0,3%
Kindergärten, nicht unterkellert, einfacher Standard	–	**1,40**	–	0,0%
Kindergärten, nicht unterkellert, mittlerer Standard	–	**–**	–	–
Kindergärten, nicht unterkellert, hoher Standard	7,60	**8,50**	9,40	0,0%
Kindergärten, unterkellert	–	**3,50**	–	0,0%
5 Sportbauten				
Sport- und Mehrzweckhallen	–	**–**	–	–
Sporthallen (Einfeldhallen)	–	**–**	–	–
Sporthallen (Dreifeldhallen)	–	**1,80**	–	0,0%
Schwimmhallen	–	**48,00**	–	1,1%
6 Wohnbauten und Gemeinschaftsstätten				
Ein- und Zweifamilienhäuser unterkellert, einfacher Standard	0,40	**3,10**	5,70	0,0%
Ein- und Zweifamilienhäuser unterkellert, mittlerer Standard	–	**76,00**	–	0,2%
Ein- und Zweifamilienhäuser unterkellert, hoher Standard	–	**–**	–	–
Ein- und Zweifamilienhäuser, nicht unterkellert, einfacher Standard	–	**–**	–	–
Ein- und Zweifamilienhäuser, nicht unterkellert, mittlerer Standard	–	**–**	–	–
Ein- und Zweifamilienhäuser, nicht unterkellert, hoher Standard	–	**–**	–	–
Ein- und Zweifamilienhäuser, Passivhausstandard, Massivbau	–	**86,00**	–	0,2%
Ein- und Zweifamilienhäuser, Passivhausstandard, Holzbau	6,60	**10,00**	13,00	0,0%
Ein- und Zweifamilienhäuser, Holzbauweise, unterkellert	–	**–**	–	–
Ein- und Zweifamilienhäuser, Holzbauweise, nicht unterkellert	–	**–**	–	–
Doppel- und Reihenendhäuser, einfacher Standard	–	**–**	–	–
Doppel- und Reihenendhäuser, mittlerer Standard	–	**–**	–	–
Doppel- und Reihenendhäuser, hoher Standard	–	**–**	–	–
Reihenhäuser, einfacher Standard	–	**–**	–	–
Reihenhäuser, mittlerer Standard	–	**–**	–	–
Reihenhäuser, hoher Standard	–	**–**	–	–

© BKI Baukosteninformationszentrum; Erläuterungen zu den Tabellen siehe Seite 62   Kostenstand: 1.Quartal 2012, Bundesdurchschnitt, inkl. MwSt.

Gebäudeart	von	€/Einheit	bis	KG an 300
Mehrfamilienhäuser, mit bis zu 6 WE, einfacher Standard	–	–	–	–
Mehrfamilienhäuser, mit bis zu 6 WE, mittlerer Standard	–	3,60	–	0,0%
Mehrfamilienhäuser, mit bis zu 6 WE, hoher Standard	–	–	–	–
Mehrfamilienhäuser, mit 6 bis 19 WE, einfacher Standard	–	–	–	–
Mehrfamilienhäuser, mit 6 bis 19 WE, mittlerer Standard	–	1,00	–	0,0%
Mehrfamilienhäuser, mit 6 bis 19 WE, hoher Standard	2,50	7,10	12,00	0,1%
Mehrfamilienhäuser, mit mehr als 20 WE	1,90	3,10	4,30	0,0%
Mehrfamilienhäuser, energiesparend, ökologisch	6,30	15,00	24,00	0,1%
Wohnhäuser, mit bis zu 15% Mischnutzung, einfacher Standard	6,90	17,00	26,00	0,1%
Wohnhäuser, mit bis zu 15% Mischnutzung, mittlerer Standard	–	–	–	–
Wohnhäuser, mit bis zu 15% Mischnutzung, hoher Standard	–	39,00	–	0,2%
Wohnhäuser mit mehr als 15% Mischnutzung	–	–	–	–
Personal- und Altenwohnungen	–	9,10	–	0,0%
Alten- und Pflegeheime	1,20	2,30	3,40	0,0%
Wohnheime und Internate	–	2,10	–	0,0%
Gaststätten, Kantinen und Mensen	–	–	–	–

7 Produktion, Gewerbe und Handel, Lager, Garagen, Bereitschaftsdienste

	von	€/Einheit	bis	KG an 300
Geschäftshäuser mit Wohnungen	–	–	–	–
Geschäftshäuser ohne Wohnungen	–	–	–	–
Bank- und Sparkassengebäude	–	70,00	–	2,0%
Verbrauchermärkte	–	–	–	–
Autohäuser	–	–	–	–
Industrielle Produktionsgebäude, Massivbauweise	3,50	4,20	4,80	0,2%
Industrielle Produktionsgebäude, überwiegend Skelettbauweise	–	2,10	–	0,0%
Betriebs- und Werkstätten, eingeschossig	–	–	–	–
Betriebs- und Werkstätten, mehrgeschossig, geringer Hallenanteil	–	–	–	–
Betriebs- und Werkstätten, mehrgeschossig, hoher Hallenanteil	0,50	0,50	0,50	0,0%
Lagergebäude, ohne Mischnutzung	–	–	–	–
Lagergebäude, mit bis zu 25% Mischnutzung	–	–	–	–
Lagergebäude, mit mehr als 25% Mischnutzung	–	–	–	–
Hochgaragen	–	–	–	–
Tiefgaragen	–	–	–	–
Feuerwehrhäuser	–	0,20	–	0,0%
Öffentliche Bereitschaftsdienste	15,00	26,00	36,00	0,4%

12 Gebäude anderer Art

	von	€/Einheit	bis	KG an 300
Gebäude für kulturelle und musische Zwecke	–	2,90	–	0,0%
Theater	–	–	–	–
Gemeindezentren, einfacher Standard	–	–	–	–
Gemeindezentren, mittlerer Standard	–	–	–	–
Gemeindezentren, hoher Standard	–	–	–	–
Sakralbauten	–	–	–	–
Friedhofsgebäude	–	–	–	–

Einheit: m²
Gründungsfläche

319
Baugrube,
sonstiges

Einheit: m³
Baugrubenrauminhalt

Gebäudeart	von	€/Einheit	bis	KG an 300
1 Bürogebäude				
Bürogebäude, einfacher Standard	–	–	–	–
Bürogebäude, mittlerer Standard	1,20	**3,00**	4,70	0,0%
Bürogebäude, hoher Standard	–	**0,00**	–	0,0%
2 Gebäude für wissenschaftliche Lehre und Forschung				
Instituts- und Laborgebäude	–	–	–	–
3 Gebäude des Gesundheitswesens				
Krankenhäuser	0,10	**0,50**	0,80	0,0%
Pflegeheime	–	**4,80**	–	0,2%
4 Schulen und Kindergärten				
Allgemeinbildende Schulen	–	**0,10**	–	0,0%
Berufliche Schulen	–	–	–	–
Förder- und Sonderschulen	–	–	–	–
Weiterbildungseinrichtungen	–	–	–	–
Kindergärten, nicht unterkellert, einfacher Standard	–	**1,70**	–	0,0%
Kindergärten, nicht unterkellert, mittlerer Standard	–	–	–	–
Kindergärten, nicht unterkellert, hoher Standard	–	–	–	–
Kindergärten, unterkellert	–	–	–	–
5 Sportbauten				
Sport- und Mehrzweckhallen	–	–	–	–
Sporthallen (Einfeldhallen)	–	–	–	–
Sporthallen (Dreifeldhallen)	0,70	**1,20**	1,70	0,0%
Schwimmhallen	–	–	–	–
6 Wohnbauten und Gemeinschaftsstätten				
Ein- und Zweifamilienhäuser unterkellert, einfacher Standard	–	–	–	–
Ein- und Zweifamilienhäuser unterkellert, mittlerer Standard	–	–	–	–
Ein- und Zweifamilienhäuser unterkellert, hoher Standard	1,20	**1,20**	1,20	0,0%
Ein- und Zweifamilienhäuser, nicht unterkellert, einfacher Standard	–	–	–	–
Ein- und Zweifamilienhäuser, nicht unterkellert, mittlerer Standard	–	–	–	–
Ein- und Zweifamilienhäuser, nicht unterkellert, hoher Standard	–	**0,20**	–	0,0%
Ein- und Zweifamilienhäuser, Passivhausstandard, Massivbau	–	–	–	–
Ein- und Zweifamilienhäuser, Passivhausstandard, Holzbau	–	–	–	–
Ein- und Zweifamilienhäuser, Holzbauweise, unterkellert	–	–	–	–
Ein- und Zweifamilienhäuser, Holzbauweise, nicht unterkellert	–	–	–	–
Doppel- und Reihenendhäuser, einfacher Standard	–	–	–	–
Doppel- und Reihenendhäuser, mittlerer Standard	–	–	–	–
Doppel- und Reihenendhäuser, hoher Standard	–	–	–	–
Reihenhäuser, einfacher Standard	–	–	–	–
Reihenhäuser, mittlerer Standard	–	–	–	–
Reihenhäuser, hoher Standard	–	–	–	–

© **BKI** Baukosteninformationszentrum; Erläuterungen zu den Tabellen siehe Seite 62

Kostenstand: 1.Quartal 2012, Bundesdurchschnitt, **inkl. MwSt.**

Gebäudeart	von	€/Einheit	bis	KG an 300
Mehrfamilienhäuser, mit bis zu 6 WE, einfacher Standard	–	–	–	–
Mehrfamilienhäuser, mit bis zu 6 WE, mittlerer Standard	–	0,50	–	0,0%
Mehrfamilienhäuser, mit bis zu 6 WE, hoher Standard	–	0,90	–	0,0%
Mehrfamilienhäuser, mit 6 bis 19 WE, einfacher Standard	–	–	–	–
Mehrfamilienhäuser, mit 6 bis 19 WE, mittlerer Standard	–	–	–	–
Mehrfamilienhäuser, mit 6 bis 19 WE, hoher Standard	–	–	–	–
Mehrfamilienhäuser, mit mehr als 20 WE	–	–	–	–
Mehrfamilienhäuser, energiesparend, ökologisch	–	–	–	–
Wohnhäuser, mit bis zu 15% Mischnutzung, einfacher Standard	–	–	–	–
Wohnhäuser, mit bis zu 15% Mischnutzung, mittlerer Standard	–	–	–	–
Wohnhäuser, mit bis zu 15% Mischnutzung, hoher Standard	–	–	–	–
Wohnhäuser mit mehr als 15% Mischnutzung	–	–	–	–
Personal- und Altenwohnungen	–	–	–	–
Alten- und Pflegeheime	–	–	–	–
Wohnheime und Internate	–	–	–	–
Gaststätten, Kantinen und Mensen	–	–	–	–

7 Produktion, Gewerbe und Handel, Lager, Garagen, Bereitschaftsdienste

Gebäudeart	von	€/Einheit	bis	KG an 300
Geschäftshäuser mit Wohnungen	–	–	–	–
Geschäftshäuser ohne Wohnungen	–	–	–	–
Bank- und Sparkassengebäude	–	–	–	–
Verbrauchermärkte	–	–	–	–
Autohäuser	–	–	–	–
Industrielle Produktionsgebäude, Massivbauweise	–	–	–	–
Industrielle Produktionsgebäude, überwiegend Skelettbauweise	–	–	–	–
Betriebs- und Werkstätten, eingeschossig	–	0,90	–	0,0%
Betriebs- und Werkstätten, mehrgeschossig, geringer Hallenanteil	–	–	–	–
Betriebs- und Werkstätten, mehrgeschossig, hoher Hallenanteil	–	–	–	–
Lagergebäude, ohne Mischnutzung	–	–	–	–
Lagergebäude, mit bis zu 25% Mischnutzung	–	–	–	–
Lagergebäude, mit mehr als 25% Mischnutzung	–	–	–	–
Hochgaragen	–	–	–	–
Tiefgaragen	–	–	–	–
Feuerwehrhäuser	–	–	–	–
Öffentliche Bereitschaftsdienste	–	–	–	–

12 Gebäude anderer Art

Gebäudeart	von	€/Einheit	bis	KG an 300
Gebäude für kulturelle und musische Zwecke	–	–	–	–
Theater	–	–	–	–
Gemeindezentren, einfacher Standard	–	–	–	–
Gemeindezentren, mittlerer Standard	–	1,00	–	0,0%
Gemeindezentren, hoher Standard	–	–	–	–
Sakralbauten	–	–	–	–
Friedhofsgebäude	–	–	–	–

Einheit: m³
Baugrubenrauminhalt

Gebäudearten

Kostengruppen

Bauelemente

Neubau

Abbrechen

Wiederherstellen

Herstellen

Einheit: m²
Gründungsfläche

Gebäudeart	von	€/Einheit	bis	KG an 300
1 Bürogebäude				
Bürogebäude, einfacher Standard	13,00	**30,00**	47,00	0,5%
Bürogebäude, mittlerer Standard	10,00	**26,00**	44,00	0,2%
Bürogebäude, hoher Standard	6,20	**18,00**	45,00	0,1%
2 Gebäude für wissenschaftliche Lehre und Forschung				
Instituts- und Laborgebäude	0,50	**22,00**	33,00	0,5%
3 Gebäude des Gesundheitswesens				
Krankenhäuser	2,90	**4,60**	5,60	0,1%
Pflegeheime	9,50	**14,00**	22,00	0,6%
4 Schulen und Kindergärten				
Allgemeinbildende Schulen	5,00	**9,70**	14,00	0,3%
Berufliche Schulen	–	**19,00**	–	0,3%
Förder- und Sonderschulen	7,10	**28,00**	49,00	0,8%
Weiterbildungseinrichtungen	–	**–**	–	–
Kindergärten, nicht unterkellert, einfacher Standard	6,90	**24,00**	41,00	0,9%
Kindergärten, nicht unterkellert, mittlerer Standard	18,00	**27,00**	49,00	0,5%
Kindergärten, nicht unterkellert, hoher Standard	55,00	**59,00**	63,00	1,0%
Kindergärten, unterkellert	–	**15,00**	–	0,2%
5 Sportbauten				
Sport- und Mehrzweckhallen	–	**21,00**	–	0,6%
Sporthallen (Einfeldhallen)	–	**6,20**	–	0,3%
Sporthallen (Dreifeldhallen)	4,50	**27,00**	50,00	0,7%
Schwimmhallen	–	**–**	–	–
6 Wohnbauten und Gemeinschaftsstätten				
Ein- und Zweifamilienhäuser unterkellert, einfacher Standard	–	**2,20**	–	0,0%
Ein- und Zweifamilienhäuser unterkellert, mittlerer Standard	6,60	**15,00**	23,00	0,0%
Ein- und Zweifamilienhäuser unterkellert, hoher Standard	–	**9,60**	–	0,0%
Ein- und Zweifamilienhäuser, nicht unterkellert, einfacher Standard	–	**55,00**	–	1,1%
Ein- und Zweifamilienhäuser, nicht unterkellert, mittlerer Standard	13,00	**31,00**	58,00	0,6%
Ein- und Zweifamilienhäuser, nicht unterkellert, hoher Standard	21,00	**31,00**	45,00	0,7%
Ein- und Zweifamilienhäuser, Passivhausstandard, Massivbau	10,00	**31,00**	42,00	0,3%
Ein- und Zweifamilienhäuser, Passivhausstandard, Holzbau	14,00	**27,00**	45,00	0,3%
Ein- und Zweifamilienhäuser, Holzbauweise, unterkellert	–	**8,30**	–	0,0%
Ein- und Zweifamilienhäuser, Holzbauweise, nicht unterkellert	14,00	**35,00**	56,00	0,2%
Doppel- und Reihenendhäuser, einfacher Standard	–	**–**	–	–
Doppel- und Reihenendhäuser, mittlerer Standard	–	**–**	–	–
Doppel- und Reihenendhäuser, hoher Standard	–	**–**	–	–
Reihenhäuser, einfacher Standard	–	**–**	–	–
Reihenhäuser, mittlerer Standard	–	**21,00**	–	0,2%
Reihenhäuser, hoher Standard	3,10	**6,90**	11,00	0,1%

© **BKI** Baukosteninformationszentrum; Erläuterungen zu den Tabellen siehe Seite 62   Kostenstand: 1.Quartal 2012, Bundesdurchschnitt, **inkl. MwSt.**

Gebäudeart	von	€/Einheit	bis	KG an 300
Mehrfamilienhäuser, mit bis zu 6 WE, einfacher Standard	–	–	–	–
Mehrfamilienhäuser, mit bis zu 6 WE, mittlerer Standard	6,50	**16,00**	26,00	0,2%
Mehrfamilienhäuser, mit bis zu 6 WE, hoher Standard	–	–	–	–
Mehrfamilienhäuser, mit 6 bis 19 WE, einfacher Standard	–	–	–	–
Mehrfamilienhäuser, mit 6 bis 19 WE, mittlerer Standard	–	–	–	–
Mehrfamilienhäuser, mit 6 bis 19 WE, hoher Standard	2,80	**6,80**	8,90	0,1%
Mehrfamilienhäuser, mit mehr als 20 WE	–	**40,00**	–	0,4%
Mehrfamilienhäuser, energiesparend, ökologisch	7,80	**23,00**	52,00	0,4%
Wohnhäuser, mit bis zu 15% Mischnutzung, einfacher Standard	–	**19,00**	–	0,1%
Wohnhäuser, mit bis zu 15% Mischnutzung, mittlerer Standard	–	–	–	–
Wohnhäuser, mit bis zu 15% Mischnutzung, hoher Standard	–	**42,00**	–	0,2%
Wohnhäuser mit mehr als 15% Mischnutzung	–	**4,70**	–	0,0%
Personal- und Altenwohnungen	39,00	**49,00**	59,00	0,8%
Alten- und Pflegeheime	0,30	**41,00**	81,00	0,6%
Wohnheime und Internate	–	–	–	–
Gaststätten, Kantinen und Mensen	–	**3,50**	–	0,0%

7 Produktion, Gewerbe und Handel, Lager, Garagen, Bereitschaftsdienste

Gebäudeart	von	€/Einheit	bis	KG an 300
Geschäftshäuser mit Wohnungen	–	**6,00**	–	0,0%
Geschäftshäuser ohne Wohnungen	–	–	–	–
Bank- und Sparkassengebäude	–	–	–	–
Verbrauchermärkte	–	**28,00**	–	1,5%
Autohäuser	–	–	–	–
Industrielle Produktionsgebäude, Massivbauweise	16,00	**45,00**	101,00	2,8%
Industrielle Produktionsgebäude, überwiegend Skelettbauweise	3,70	**11,00**	19,00	0,7%
Betriebs- und Werkstätten, eingeschossig	25,00	**50,00**	63,00	2,1%
Betriebs- und Werkstätten, mehrgeschossig, geringer Hallenanteil	–	–	–	–
Betriebs- und Werkstätten, mehrgeschossig, hoher Hallenanteil	4,50	**15,00**	28,00	1,6%
Lagergebäude, ohne Mischnutzung	–	**11,00**	–	0,3%
Lagergebäude, mit bis zu 25% Mischnutzung	4,70	**7,70**	12,00	1,1%
Lagergebäude, mit mehr als 25% Mischnutzung	9,00	**13,00**	17,00	1,3%
Hochgaragen	–	**14,00**	–	0,4%
Tiefgaragen	–	–	–	–
Feuerwehrhäuser	5,70	**90,00**	141,00	3,3%
Öffentliche Bereitschaftsdienste	2,30	**12,00**	19,00	0,6%

12 Gebäude anderer Art

Gebäudeart	von	€/Einheit	bis	KG an 300
Gebäude für kulturelle und musische Zwecke	–	**5,90**	–	0,0%
Theater	–	–	–	–
Gemeindezentren, einfacher Standard	–	**10,00**	–	0,1%
Gemeindezentren, mittlerer Standard	17,00	**22,00**	31,00	0,6%
Gemeindezentren, hoher Standard	–	**5,00**	–	0,1%
Sakralbauten	–	–	–	–
Friedhofsgebäude	–	–	–	–

Gebäudearten

Bauelemente
Kostengruppen

Neubau

Abbrechen

Wiederherstellen

Herstellen

Einheit: m²
Flachgründungsfläche

Gebäudeart	von	€/Einheit	bis	KG an 300
1 Bürogebäude				
Bürogebäude, einfacher Standard	67,00	**134,00**	270,00	3,0%
Bürogebäude, mittlerer Standard	42,00	**93,00**	233,00	2,4%
Bürogebäude, hoher Standard	108,00	**168,00**	335,00	2,8%
2 Gebäude für wissenschaftliche Lehre und Forschung				
Instituts- und Laborgebäude	62,00	**94,00**	218,00	2,5%
3 Gebäude des Gesundheitswesens				
Krankenhäuser	43,00	**118,00**	217,00	2,8%
Pflegeheime	49,00	**85,00**	180,00	3,7%
4 Schulen und Kindergärten				
Allgemeinbildende Schulen	51,00	**91,00**	107,00	4,7%
Berufliche Schulen	46,00	**103,00**	328,00	2,9%
Förder- und Sonderschulen	18,00	**66,00**	84,00	2,2%
Weiterbildungseinrichtungen	62,00	**135,00**	274,00	3,6%
Kindergärten, nicht unterkellert, einfacher Standard	38,00	**62,00**	96,00	5,6%
Kindergärten, nicht unterkellert, mittlerer Standard	25,00	**54,00**	101,00	3,3%
Kindergärten, nicht unterkellert, hoher Standard	18,00	**52,00**	216,00	2,3%
Kindergärten, unterkellert	38,00	**65,00**	90,00	3,7%
5 Sportbauten				
Sport- und Mehrzweckhallen	30,00	**51,00**	73,00	3,2%
Sporthallen (Einfeldhallen)	36,00	**56,00**	76,00	2,6%
Sporthallen (Dreifeldhallen)	19,00	**31,00**	48,00	2,0%
Schwimmhallen	24,00	**25,00**	25,00	0,9%
6 Wohnbauten und Gemeinschaftsstätten				
Ein- und Zweifamilienhäuser unterkellert, einfacher Standard	9,60	**29,00**	54,00	1,4%
Ein- und Zweifamilienhäuser unterkellert, mittlerer Standard	23,00	**57,00**	111,00	2,3%
Ein- und Zweifamilienhäuser unterkellert, hoher Standard	37,00	**66,00**	144,00	2,2%
Ein- und Zweifamilienhäuser, nicht unterkellert, einfacher Standard	23,00	**52,00**	69,00	3,4%
Ein- und Zweifamilienhäuser, nicht unterkellert, mittlerer Standard	45,00	**72,00**	124,00	4,1%
Ein- und Zweifamilienhäuser, nicht unterkellert, hoher Standard	22,00	**47,00**	78,00	2,3%
Ein- und Zweifamilienhäuser, Passivhausstandard, Massivbau	52,00	**86,00**	121,00	2,0%
Ein- und Zweifamilienhäuser, Passivhausstandard, Holzbau	21,00	**51,00**	108,00	1,6%
Ein- und Zweifamilienhäuser, Holzbauweise, unterkellert	48,00	**84,00**	115,00	2,2%
Ein- und Zweifamilienhäuser, Holzbauweise, nicht unterkellert	37,00	**71,00**	279,00	2,7%
Doppel- und Reihenendhäuser, einfacher Standard	35,00	**65,00**	80,00	3,4%
Doppel- und Reihenendhäuser, mittlerer Standard	37,00	**40,00**	42,00	1,4%
Doppel- und Reihenendhäuser, hoher Standard	44,00	**77,00**	112,00	1,9%
Reihenhäuser, einfacher Standard	40,00	**49,00**	58,00	2,7%
Reihenhäuser, mittlerer Standard	42,00	**55,00**	80,00	1,3%
Reihenhäuser, hoher Standard	89,00	**198,00**	411,00	2,7%

Kostenstand: 1.Quartal 2012, Bundesdurchschnitt, **inkl. MwSt.**

Gebäudeart	von	€/Einheit	bis	KG an 300
Mehrfamilienhäuser, mit bis zu 6 WE, einfacher Standard	64,00	**124,00**	241,00	4,0%
Mehrfamilienhäuser, mit bis zu 6 WE, mittlerer Standard	47,00	**72,00**	130,00	2,2%
Mehrfamilienhäuser, mit bis zu 6 WE, hoher Standard	51,00	**76,00**	89,00	1,4%
Mehrfamilienhäuser, mit 6 bis 19 WE, einfacher Standard	36,00	**42,00**	53,00	1,9%
Mehrfamilienhäuser, mit 6 bis 19 WE, mittlerer Standard	21,00	**58,00**	106,00	1,7%
Mehrfamilienhäuser, mit 6 bis 19 WE, hoher Standard	30,00	**57,00**	78,00	1,6%
Mehrfamilienhäuser, mit mehr als 20 WE	31,00	**44,00**	69,00	1,1%
Mehrfamilienhäuser, energiesparend, ökologisch	38,00	**59,00**	87,00	1,9%
Wohnhäuser, mit bis zu 15% Mischnutzung, einfacher Standard	6,10	**76,00**	102,00	1,5%
Wohnhäuser, mit bis zu 15% Mischnutzung, mittlerer Standard	34,00	**59,00**	98,00	3,1%
Wohnhäuser, mit bis zu 15% Mischnutzung, hoher Standard	–	**26,00**	–	0,4%
Wohnhäuser mit mehr als 15% Mischnutzung	62,00	**88,00**	114,00	1,6%
Personal- und Altenwohnungen	60,00	**68,00**	75,00	2,1%
Alten- und Pflegeheime	72,00	**90,00**	122,00	3,8%
Wohnheime und Internate	33,00	**40,00**	47,00	1,4%
Gaststätten, Kantinen und Mensen	38,00	**68,00**	96,00	4,1%

7 Produktion, Gewerbe und Handel, Lager, Garagen, Bereitschaftsdienste

Gebäudeart	von	€/Einheit	bis	KG an 300
Geschäftshäuser mit Wohnungen	74,00	**175,00**	376,00	3,4%
Geschäftshäuser ohne Wohnungen	32,00	**83,00**	133,00	2,6%
Bank- und Sparkassengebäude	–	**–**	–	–
Verbrauchermärkte	22,00	**41,00**	60,00	4,8%
Autohäuser	–	**98,00**	–	4,8%
Industrielle Produktionsgebäude, Massivbauweise	46,00	**62,00**	81,00	5,5%
Industrielle Produktionsgebäude, überwiegend Skelettbauweise	55,00	**84,00**	166,00	10,5%
Betriebs- und Werkstätten, eingeschossig	44,00	**77,00**	113,00	6,9%
Betriebs- und Werkstätten, mehrgeschossig, geringer Hallenanteil	60,00	**91,00**	122,00	4,2%
Betriebs- und Werkstätten, mehrgeschossig, hoher Hallenanteil	35,00	**51,00**	75,00	5,0%
Lagergebäude, ohne Mischnutzung	34,00	**120,00**	178,00	10,8%
Lagergebäude, mit bis zu 25% Mischnutzung	24,00	**31,00**	45,00	4,3%
Lagergebäude, mit mehr als 25% Mischnutzung	41,00	**47,00**	53,00	4,5%
Hochgaragen	25,00	**47,00**	69,00	4,0%
Tiefgaragen	28,00	**53,00**	88,00	8,4%
Feuerwehrhäuser	52,00	**55,00**	63,00	3,2%
Öffentliche Bereitschaftsdienste	59,00	**104,00**	313,00	3,0%

12 Gebäude anderer Art

Gebäudeart	von	€/Einheit	bis	KG an 300
Gebäude für kulturelle und musische Zwecke	38,00	**51,00**	75,00	1,5%
Theater	–	**112,00**	–	2,2%
Gemeindezentren, einfacher Standard	42,00	**61,00**	81,00	3,5%
Gemeindezentren, mittlerer Standard	19,00	**59,00**	99,00	3,3%
Gemeindezentren, hoher Standard	24,00	**38,00**	52,00	1,9%
Sakralbauten	–	**128,00**	–	2,8%
Friedhofsgebäude	58,00	**63,00**	68,00	2,8%

Einheit: m²
Flachgründungsfläche

Gebäudearten

Kostengruppen

Bauelemente

Neubau

Abbrechen

Wiederherstellen

Herstellen

Einheit: m²
Tiefgründungsfläche

Gebäuderart	von	€/Einheit	bis	KG an 300
1 Bürogebäude				
Bürogebäude, einfacher Standard	–	–	–	–
Bürogebäude, mittlerer Standard	156,00	**382,00**	622,00	0,7%
Bürogebäude, hoher Standard	129,00	**232,00**	390,00	0,2%
2 Gebäude für wissenschaftliche Lehre und Forschung				
Instituts- und Laborgebäude	–	**280,00**	–	1,4%
3 Gebäude des Gesundheitswesens				
Krankenhäuser	263,00	**309,00**	355,00	3,2%
Pflegeheime	–	**–**	–	–
4 Schulen und Kindergärten				
Allgemeinbildende Schulen	–	**–**	–	–
Berufliche Schulen	–	**164,00**	–	0,0%
Förder- und Sonderschulen	–	**192,00**	–	1,1%
Weiterbildungseinrichtungen	–	**263,00**	–	0,3%
Kindergärten, nicht unterkellert, einfacher Standard	–	**–**	–	–
Kindergärten, nicht unterkellert, mittlerer Standard	–	**–**	–	–
Kindergärten, nicht unterkellert, hoher Standard	–	**–**	–	–
Kindergärten, unterkellert	–	**–**	–	–
5 Sportbauten				
Sport- und Mehrzweckhallen	–	**–**	–	–
Sporthallen (Einfeldhallen)	–	**–**	–	–
Sporthallen (Dreifeldhallen)	–	**378,00**	–	0,7%
Schwimmhallen	–	**189,00**	–	1,9%
6 Wohnbauten und Gemeinschaftsstätten				
Ein- und Zweifamilienhäuser unterkellert, einfacher Standard	–	**–**	–	–
Ein- und Zweifamilienhäuser unterkellert, mittlerer Standard	–	**–**	–	–
Ein- und Zweifamilienhäuser unterkellert, hoher Standard	–	**–**	–	–
Ein- und Zweifamilienhäuser, nicht unterkellert, einfacher Standard	–	**–**	–	–
Ein- und Zweifamilienhäuser, nicht unterkellert, mittlerer Standard	–	**–**	–	–
Ein- und Zweifamilienhäuser, nicht unterkellert, hoher Standard	–	**–**	–	–
Ein- und Zweifamilienhäuser, Passivhausstandard, Massivbau	–	**–**	–	–
Ein- und Zweifamilienhäuser, Passivhausstandard, Holzbau	–	**–**	–	–
Ein- und Zweifamilienhäuser, Holzbauweise, unterkellert	–	**–**	–	–
Ein- und Zweifamilienhäuser, Holzbauweise, nicht unterkellert	–	**–**	–	–
Doppel- und Reihenendhäuser, einfacher Standard	–	**–**	–	–
Doppel- und Reihenendhäuser, mittlerer Standard	–	**–**	–	–
Doppel- und Reihenendhäuser, hoher Standard	–	**–**	–	–
Reihenhäuser, einfacher Standard	–	**–**	–	–
Reihenhäuser, mittlerer Standard	–	**163,00**	–	0,0%
Reihenhäuser, hoher Standard	–	**126,00**	–	2,0%

Gebäudeart	von	€/Einheit	bis	KG an 300
Mehrfamilienhäuser, mit bis zu 6 WE, einfacher Standard	–	–	–	–
Mehrfamilienhäuser, mit bis zu 6 WE, mittlerer Standard	–	–	–	–
Mehrfamilienhäuser, mit bis zu 6 WE, hoher Standard	–	412,00	–	1,8%
Mehrfamilienhäuser, mit 6 bis 19 WE, einfacher Standard	–	–	–	–
Mehrfamilienhäuser, mit 6 bis 19 WE, mittlerer Standard	–	–	–	–
Mehrfamilienhäuser, mit 6 bis 19 WE, hoher Standard	38,00	97,00	155,00	0,5%
Mehrfamilienhäuser, mit mehr als 20 WE	–	153,00	–	0,4%
Mehrfamilienhäuser, energiesparend, ökologisch	–	–	–	–
Wohnhäuser, mit bis zu 15% Mischnutzung, einfacher Standard	–	177,00	–	0,1%
Wohnhäuser, mit bis zu 15% Mischnutzung, mittlerer Standard	–	–	–	–
Wohnhäuser, mit bis zu 15% Mischnutzung, hoher Standard	–	375,00	–	2,0%
Wohnhäuser mit mehr als 15% Mischnutzung	–	–	–	–
Personal- und Altenwohnungen	–	–	–	–
Alten- und Pflegeheime	–	218,00	–	0,1%
Wohnheime und Internate	–	185,00	–	1,9%
Gaststätten, Kantinen und Mensen	–	–	–	–

7 Produktion, Gewerbe und Handel, Lager, Garagen, Bereitschaftsdienste

	von	€/Einheit	bis	KG an 300
Geschäftshäuser mit Wohnungen	–	–	–	–
Geschäftshäuser ohne Wohnungen	–	–	–	–
Bank- und Sparkassengebäude	–	–	–	–
Verbrauchermärkte	–	–	–	–
Autohäuser	–	–	–	–
Industrielle Produktionsgebäude, Massivbauweise	–	45,00	–	0,6%
Industrielle Produktionsgebäude, überwiegend Skelettbauweise	–	–	–	–
Betriebs- und Werkstätten, eingeschossig	–	–	–	–
Betriebs- und Werkstätten, mehrgeschossig, geringer Hallenanteil	–	–	–	–
Betriebs- und Werkstätten, mehrgeschossig, hoher Hallenanteil	–	42,00	–	0,4%
Lagergebäude, ohne Mischnutzung	–	–	–	–
Lagergebäude, mit bis zu 25% Mischnutzung	–	–	–	–
Lagergebäude, mit mehr als 25% Mischnutzung	–	–	–	–
Hochgaragen	–	–	–	–
Tiefgaragen	–	–	–	–
Feuerwehrhäuser	39,00	117,00	196,00	0,8%
Öffentliche Bereitschaftsdienste	–	–	–	–

12 Gebäude anderer Art

	von	€/Einheit	bis	KG an 300
Gebäude für kulturelle und musische Zwecke	–	43,00	–	0,6%
Theater	–	–	–	–
Gemeindezentren, einfacher Standard	–	–	–	–
Gemeindezentren, mittlerer Standard	–	44,00	–	0,4%
Gemeindezentren, hoher Standard	–	–	–	–
Sakralbauten	–	–	–	–
Friedhofsgebäude	–	–	–	–

Einheit: m²
Tiefgründungsfläche

Gebäudearten

Kostengruppen

Bauelemente

Neubau

Abbrechen

Wiederherstellen

Herstellen

Einheit: m²
Bodenplattenfläche

Gebäuderart	von	€/Einheit	bis	KG an 300
1 Bürogebäude				
Bürogebäude, einfacher Standard	34,00	**77,00**	164,00	2,8%
Bürogebäude, mittlerer Standard	46,00	**76,00**	106,00	2,5%
Bürogebäude, hoher Standard	32,00	**57,00**	84,00	0,9%
2 Gebäude für wissenschaftliche Lehre und Forschung				
Instituts- und Laborgebäude	64,00	**94,00**	152,00	3,5%
3 Gebäude des Gesundheitswesens				
Krankenhäuser	68,00	**119,00**	169,00	3,0%
Pflegeheime	45,00	**58,00**	70,00	3,4%
4 Schulen und Kindergärten				
Allgemeinbildende Schulen	41,00	**60,00**	112,00	3,5%
Berufliche Schulen	37,00	**46,00**	78,00	3,0%
Förder- und Sonderschulen	64,00	**85,00**	99,00	2,6%
Weiterbildungseinrichtungen	56,00	**81,00**	126,00	1,7%
Kindergärten, nicht unterkellert, einfacher Standard	37,00	**50,00**	62,00	3,3%
Kindergärten, nicht unterkellert, mittlerer Standard	40,00	**60,00**	80,00	3,8%
Kindergärten, nicht unterkellert, hoher Standard	45,00	**73,00**	93,00	3,4%
Kindergärten, unterkellert	49,00	**60,00**	69,00	3,5%
5 Sportbauten				
Sport- und Mehrzweckhallen	81,00	**84,00**	87,00	5,3%
Sporthallen (Einfeldhallen)	44,00	**46,00**	48,00	3,5%
Sporthallen (Dreifeldhallen)	36,00	**51,00**	75,00	3,3%
Schwimmhallen	173,00	**238,00**	303,00	7,3%
6 Wohnbauten und Gemeinschaftsstätten				
Ein- und Zweifamilienhäuser unterkellert, einfacher Standard	57,00	**65,00**	85,00	2,6%
Ein- und Zweifamilienhäuser unterkellert, mittlerer Standard	52,00	**65,00**	83,00	2,4%
Ein- und Zweifamilienhäuser unterkellert, hoher Standard	59,00	**71,00**	88,00	2,7%
Ein- und Zweifamilienhäuser, nicht unterkellert, einfacher Standard	55,00	**61,00**	67,00	3,5%
Ein- und Zweifamilienhäuser, nicht unterkellert, mittlerer Standard	55,00	**68,00**	79,00	2,7%
Ein- und Zweifamilienhäuser, nicht unterkellert, hoher Standard	56,00	**96,00**	157,00	3,6%
Ein- und Zweifamilienhäuser, Passivhausstandard, Massivbau	57,00	**86,00**	111,00	1,8%
Ein- und Zweifamilienhäuser, Passivhausstandard, Holzbau	59,00	**83,00**	134,00	3,3%
Ein- und Zweifamilienhäuser, Holzbauweise, unterkellert	77,00	**101,00**	124,00	1,7%
Ein- und Zweifamilienhäuser, Holzbauweise, nicht unterkellert	53,00	**68,00**	85,00	3,0%
Doppel- und Reihenendhäuser, einfacher Standard	32,00	**40,00**	47,00	1,3%
Doppel- und Reihenendhäuser, mittlerer Standard	47,00	**55,00**	59,00	2,9%
Doppel- und Reihenendhäuser, hoher Standard	39,00	**65,00**	88,00	3,0%
Reihenhäuser, einfacher Standard	–	**47,00**	–	1,5%
Reihenhäuser, mittlerer Standard	44,00	**75,00**	99,00	4,0%
Reihenhäuser, hoher Standard	38,00	**48,00**	64,00	1,9%

Gebäudeart	von	€/Einheit	bis	KG an 300
Mehrfamilienhäuser, mit bis zu 6 WE, einfacher Standard	–	**21,00**	–	0,3%
Mehrfamilienhäuser, mit bis zu 6 WE, mittlerer Standard	43,00	**54,00**	80,00	1,7%
Mehrfamilienhäuser, mit bis zu 6 WE, hoher Standard	51,00	**63,00**	98,00	2,4%
Mehrfamilienhäuser, mit 6 bis 19 WE, einfacher Standard	60,00	**76,00**	105,00	3,5%
Mehrfamilienhäuser, mit 6 bis 19 WE, mittlerer Standard	84,00	**125,00**	177,00	4,2%
Mehrfamilienhäuser, mit 6 bis 19 WE, hoher Standard	43,00	**69,00**	86,00	3,0%
Mehrfamilienhäuser, mit mehr als 20 WE	44,00	**64,00**	102,00	2,0%
Mehrfamilienhäuser, energiesparend, ökologisch	44,00	**91,00**	119,00	2,9%
Wohnhäuser, mit bis zu 15% Mischnutzung, einfacher Standard	56,00	**95,00**	164,00	2,6%
Wohnhäuser, mit bis zu 15% Mischnutzung, mittlerer Standard	35,00	**63,00**	81,00	4,0%
Wohnhäuser, mit bis zu 15% Mischnutzung, hoher Standard	40,00	**92,00**	144,00	1,5%
Wohnhäuser mit mehr als 15% Mischnutzung	45,00	**68,00**	77,00	1,6%
Personal- und Altenwohnungen	71,00	**75,00**	78,00	1,0%
Alten- und Pflegeheime	86,00	**111,00**	160,00	1,7%
Wohnheime und Internate	65,00	**72,00**	80,00	2,9%
Gaststätten, Kantinen und Mensen	58,00	**74,00**	90,00	3,5%

7 Produktion, Gewerbe und Handel, Lager, Garagen, Bereitschaftsdienste

	von	€/Einheit	bis	KG an 300
Geschäftshäuser mit Wohnungen	37,00	**50,00**	63,00	1,0%
Geschäftshäuser ohne Wohnungen	35,00	**38,00**	40,00	1,1%
Bank- und Sparkassengebäude	–	**198,00**	–	5,8%
Verbrauchermärkte	51,00	**56,00**	61,00	6,8%
Autohäuser	–	**80,00**	–	3,9%
Industrielle Produktionsgebäude, Massivbauweise	64,00	**79,00**	90,00	7,2%
Industrielle Produktionsgebäude, überwiegend Skelettbauweise	58,00	**64,00**	77,00	9,0%
Betriebs- und Werkstätten, eingeschossig	52,00	**96,00**	311,00	7,5%
Betriebs- und Werkstätten, mehrgeschossig, geringer Hallenanteil	42,00	**52,00**	60,00	2,8%
Betriebs- und Werkstätten, mehrgeschossig, hoher Hallenanteil	44,00	**64,00**	98,00	6,3%
Lagergebäude, ohne Mischnutzung	47,00	**68,00**	139,00	9,8%
Lagergebäude, mit bis zu 25% Mischnutzung	58,00	**66,00**	83,00	9,3%
Lagergebäude, mit mehr als 25% Mischnutzung	53,00	**59,00**	66,00	5,7%
Hochgaragen	29,00	**39,00**	44,00	6,3%
Tiefgaragen	71,00	**135,00**	354,00	10,8%
Feuerwehrhäuser	39,00	**53,00**	89,00	3,9%
Öffentliche Bereitschaftsdienste	59,00	**73,00**	102,00	6,0%

12 Gebäude anderer Art

	von	€/Einheit	bis	KG an 300
Gebäude für kulturelle und musische Zwecke	57,00	**80,00**	106,00	3,3%
Theater	–	**69,00**	–	1,4%
Gemeindezentren, einfacher Standard	51,00	**62,00**	85,00	2,5%
Gemeindezentren, mittlerer Standard	39,00	**57,00**	79,00	2,9%
Gemeindezentren, hoher Standard	74,00	**84,00**	95,00	3,7%
Sakralbauten	–	**99,00**	–	1,9%
Friedhofsgebäude	66,00	**70,00**	75,00	2,6%

Einheit: m^2
Bodenplattenfläche

Gebäudearten

Bauelemente

Kostengruppen

Neubau

Abbrechen

Wiederherstellen

Herstellen

Einheit: m²
Bodenbelagsfläche

Gebäuderart	von	€/Einheit	bis	KG an 300
1 Bürogebäude				
Bürogebäude, einfacher Standard	38,00	**72,00**	100,00	3,7%
Bürogebäude, mittlerer Standard	65,00	**101,00**	138,00	3,1%
Bürogebäude, hoher Standard	71,00	**111,00**	170,00	2,1%
2 Gebäude für wissenschaftliche Lehre und Forschung				
Instituts- und Laborgebäude	63,00	**91,00**	123,00	3,1%
3 Gebäude des Gesundheitswesens				
Krankenhäuser	75,00	**90,00**	122,00	3,4%
Pflegeheime	70,00	**77,00**	93,00	3,8%
4 Schulen und Kindergärten				
Allgemeinbildende Schulen	95,00	**106,00**	110,00	5,1%
Berufliche Schulen	39,00	**61,00**	91,00	4,6%
Förder- und Sonderschulen	82,00	**106,00**	130,00	2,9%
Weiterbildungseinrichtungen	63,00	**95,00**	116,00	3,0%
Kindergärten, nicht unterkellert, einfacher Standard	71,00	**85,00**	94,00	6,9%
Kindergärten, nicht unterkellert, mittlerer Standard	84,00	**110,00**	134,00	7,2%
Kindergärten, nicht unterkellert, hoher Standard	116,00	**140,00**	162,00	6,2%
Kindergärten, unterkellert	77,00	**99,00**	107,00	5,2%
5 Sportbauten				
Sport- und Mehrzweckhallen	95,00	**104,00**	112,00	6,0%
Sporthallen (Einfeldhallen)	123,00	**126,00**	129,00	8,6%
Sporthallen (Dreifeldhallen)	79,00	**99,00**	126,00	5,8%
Schwimmhallen	68,00	**81,00**	95,00	3,3%
6 Wohnbauten und Gemeinschaftsstätten				
Ein- und Zweifamilienhäuser unterkellert, einfacher Standard	30,00	**65,00**	89,00	2,7%
Ein- und Zweifamilienhäuser unterkellert, mittlerer Standard	33,00	**79,00**	114,00	2,6%
Ein- und Zweifamilienhäuser unterkellert, hoher Standard	47,00	**105,00**	161,00	2,5%
Ein- und Zweifamilienhäuser, nicht unterkellert, einfacher Standard	106,00	**114,00**	125,00	6,8%
Ein- und Zweifamilienhäuser, nicht unterkellert, mittlerer Standard	69,00	**107,00**	148,00	5,5%
Ein- und Zweifamilienhäuser, nicht unterkellert, hoher Standard	101,00	**137,00**	182,00	5,4%
Ein- und Zweifamilienhäuser, Passivhausstandard, Massivbau	49,00	**110,00**	172,00	3,3%
Ein- und Zweifamilienhäuser, Passivhausstandard, Holzbau	59,00	**112,00**	171,00	4,2%
Ein- und Zweifamilienhäuser, Holzbauweise, unterkellert	36,00	**65,00**	111,00	0,9%
Ein- und Zweifamilienhäuser, Holzbauweise, nicht unterkellert	87,00	**109,00**	132,00	5,4%
Doppel- und Reihenendhäuser, einfacher Standard	26,00	**34,00**	42,00	0,9%
Doppel- und Reihenendhäuser, mittlerer Standard	17,00	**35,00**	69,00	1,8%
Doppel- und Reihenendhäuser, hoher Standard	57,00	**99,00**	129,00	3,1%
Reihenhäuser, einfacher Standard	29,00	**39,00**	49,00	1,9%
Reihenhäuser, mittlerer Standard	35,00	**53,00**	76,00	2,3%
Reihenhäuser, hoher Standard	–	**176,00**	–	1,9%

Gebäuderart	von	€/Einheit	bis	KG an 300
Mehrfamilienhäuser, mit bis zu 6 WE, einfacher Standard	28,00	**31,00**	36,00	1,1%
Mehrfamilienhäuser, mit bis zu 6 WE, mittlerer Standard	34,00	**49,00**	83,00	1,5%
Mehrfamilienhäuser, mit bis zu 6 WE, hoher Standard	53,00	**92,00**	135,00	1,8%
Mehrfamilienhäuser, mit 6 bis 19 WE, einfacher Standard	19,00	**27,00**	32,00	0,5%
Mehrfamilienhäuser, mit 6 bis 19 WE, mittlerer Standard	17,00	**30,00**	38,00	0,4%
Mehrfamilienhäuser, mit 6 bis 19 WE, hoher Standard	26,00	**37,00**	53,00	0,5%
Mehrfamilienhäuser, mit mehr als 20 WE	29,00	**37,00**	53,00	0,9%
Mehrfamilienhäuser, energiesparend, ökologisch	35,00	**59,00**	85,00	1,4%
Wohnhäuser, mit bis zu 15% Mischnutzung, einfacher Standard	29,00	**60,00**	102,00	1,2%
Wohnhäuser, mit bis zu 15% Mischnutzung, mittlerer Standard	96,00	**105,00**	119,00	5,5%
Wohnhäuser, mit bis zu 15% Mischnutzung, hoher Standard	33,00	**48,00**	64,00	1,0%
Wohnhäuser mit mehr als 15% Mischnutzung	15,00	**42,00**	110,00	1,5%
Personal- und Altenwohnungen	44,00	**64,00**	85,00	1,3%
Alten- und Pflegeheime	23,00	**51,00**	120,00	3,2%
Wohnheime und Internate	29,00	**79,00**	130,00	3,1%
Gaststätten, Kantinen und Mensen	84,00	**115,00**	149,00	4,2%

7 Produktion, Gewerbe und Handel, Lager, Garagen, Bereitschaftsdienste

	von	€/Einheit	bis	KG an 300
Geschäftshäuser mit Wohnungen	64,00	**68,00**	73,00	1,3%
Geschäftshäuser ohne Wohnungen	58,00	**59,00**	61,00	1,6%
Bank- und Sparkassengebäude	–	**70,00**	–	1,1%
Verbrauchermärkte	82,00	**124,00**	166,00	9,9%
Autohäuser	–	**30,00**	–	1,4%
Industrielle Produktionsgebäude, Massivbauweise	16,00	**54,00**	81,00	4,1%
Industrielle Produktionsgebäude, überwiegend Skelettbauweise	47,00	**86,00**	125,00	4,5%
Betriebs- und Werkstätten, eingeschossig	42,00	**81,00**	252,00	5,5%
Betriebs- und Werkstätten, mehrgeschossig, geringer Hallenanteil	49,00	**73,00**	94,00	4,5%
Betriebs- und Werkstätten, mehrgeschossig, hoher Hallenanteil	49,00	**63,00**	85,00	3,4%
Lagergebäude, ohne Mischnutzung	9,20	**37,00**	65,00	3,1%
Lagergebäude, mit bis zu 25% Mischnutzung	86,00	**97,00**	117,00	1,5%
Lagergebäude, mit mehr als 25% Mischnutzung	23,00	**40,00**	57,00	2,7%
Hochgaragen	9,80	**21,00**	47,00	1,1%
Tiefgaragen	18,00	**29,00**	43,00	3,0%
Feuerwehrhäuser	44,00	**75,00**	116,00	4,7%
Öffentliche Bereitschaftsdienste	57,00	**78,00**	112,00	3,6%

12 Gebäude anderer Art

	von	€/Einheit	bis	KG an 300
Gebäude für kulturelle und musische Zwecke	89,00	**144,00**	194,00	5,1%
Theater	–	**119,00**	–	1,9%
Gemeindezentren, einfacher Standard	72,00	**80,00**	99,00	3,9%
Gemeindezentren, mittlerer Standard	98,00	**116,00**	156,00	6,5%
Gemeindezentren, hoher Standard	76,00	**116,00**	157,00	4,9%
Sakralbauten	–	**105,00**	–	2,0%
Friedhofsgebäude	70,00	**121,00**	172,00	5,2%

Einheit: m²
Bodenbelagsfläche

Bauelemente

Gebäudearten
Kostengruppen
Neubau
Abbrechen
Wiederherstellen
Herstellen

Einheit: m²
Gründungsfläche

Gebäuderart	von	€/Einheit	bis	KG an 300
1 Bürogebäude				
Bürogebäude, einfacher Standard	14,00	**18,00**	29,00	0,8%
Bürogebäude, mittlerer Standard	13,00	**26,00**	47,00	0,8%
Bürogebäude, hoher Standard	12,00	**30,00**	63,00	0,5%
2 Gebäude für wissenschaftliche Lehre und Forschung				
Instituts- und Laborgebäude	13,00	**23,00**	48,00	0,9%
3 Gebäude des Gesundheitswesens				
Krankenhäuser	14,00	**21,00**	29,00	0,7%
Pflegeheime	16,00	**21,00**	31,00	0,9%
4 Schulen und Kindergärten				
Allgemeinbildende Schulen	3,20	**12,00**	15,00	0,5%
Berufliche Schulen	14,00	**24,00**	60,00	1,8%
Förder- und Sonderschulen	18,00	**32,00**	74,00	1,2%
Weiterbildungseinrichtungen	24,00	**47,00**	115,00	1,6%
Kindergärten, nicht unterkellert, einfacher Standard	6,00	**8,50**	10,00	0,4%
Kindergärten, nicht unterkellert, mittlerer Standard	11,00	**18,00**	33,00	1,1%
Kindergärten, nicht unterkellert, hoher Standard	9,70	**19,00**	26,00	0,9%
Kindergärten, unterkellert	9,20	**25,00**	45,00	1,3%
5 Sportbauten				
Sport- und Mehrzweckhallen	6,60	**10,00**	14,00	0,6%
Sporthallen (Einfeldhallen)	11,00	**15,00**	19,00	1,0%
Sporthallen (Dreifeldhallen)	6,70	**18,00**	30,00	0,9%
Schwimmhallen	–	**–**	–	–
6 Wohnbauten und Gemeinschaftsstätten				
Ein- und Zweifamilienhäuser unterkellert, einfacher Standard	13,00	**18,00**	29,00	0,8%
Ein- und Zweifamilienhäuser unterkellert, mittlerer Standard	12,00	**22,00**	50,00	1,0%
Ein- und Zweifamilienhäuser unterkellert, hoher Standard	13,00	**22,00**	35,00	0,8%
Ein- und Zweifamilienhäuser, nicht unterkellert, einfacher Standard	6,90	**13,00**	16,00	0,8%
Ein- und Zweifamilienhäuser, nicht unterkellert, mittlerer Standard	8,30	**18,00**	29,00	1,1%
Ein- und Zweifamilienhäuser, nicht unterkellert, hoher Standard	17,00	**32,00**	57,00	1,1%
Ein- und Zweifamilienhäuser, Passivhausstandard, Massivbau	42,00	**71,00**	125,00	2,9%
Ein- und Zweifamilienhäuser, Passivhausstandard, Holzbau	12,00	**40,00**	90,00	1,6%
Ein- und Zweifamilienhäuser, Holzbauweise, unterkellert	9,70	**22,00**	49,00	0,9%
Ein- und Zweifamilienhäuser, Holzbauweise, nicht unterkellert	9,50	**15,00**	24,00	0,8%
Doppel- und Reihenendhäuser, einfacher Standard	5,20	**7,10**	9,00	0,2%
Doppel- und Reihenendhäuser, mittlerer Standard	7,90	**21,00**	45,00	1,3%
Doppel- und Reihenendhäuser, hoher Standard	9,60	**16,00**	24,00	0,5%
Reihenhäuser, einfacher Standard	–	**10,00**	–	0,2%
Reihenhäuser, mittlerer Standard	5,90	**16,00**	22,00	0,6%
Reihenhäuser, hoher Standard	6,00	**15,00**	32,00	0,6%

© **BKI** Baukosteninformationszentrum; Erläuterungen zu den Tabellen siehe Seite 62   Kostenstand: 1.Quartal 2012, Bundesdurchschnitt, **inkl. MwSt.**

Gebäudeart	von	€/Einheit	bis	KG an 300
Mehrfamilienhäuser, mit bis zu 6 WE, einfacher Standard	4,90	**8,00**	9,70	0,4%
Mehrfamilienhäuser, mit bis zu 6 WE, mittlerer Standard	14,00	**23,00**	57,00	0,8%
Mehrfamilienhäuser, mit bis zu 6 WE, hoher Standard	12,00	**23,00**	36,00	0,7%
Mehrfamilienhäuser, mit 6 bis 19 WE, einfacher Standard	6,10	**17,00**	38,00	0,8%
Mehrfamilienhäuser, mit 6 bis 19 WE, mittlerer Standard	14,00	**19,00**	26,00	0,6%
Mehrfamilienhäuser, mit 6 bis 19 WE, hoher Standard	9,80	**16,00**	26,00	0,7%
Mehrfamilienhäuser, mit mehr als 20 WE	12,00	**25,00**	46,00	0,8%
Mehrfamilienhäuser, energiesparend, ökologisch	10,00	**14,00**	21,00	0,6%
Wohnhäuser, mit bis zu 15% Mischnutzung, einfacher Standard	6,70	**15,00**	19,00	0,2%
Wohnhäuser, mit bis zu 15% Mischnutzung, mittlerer Standard	1,50	**18,00**	27,00	0,9%
Wohnhäuser, mit bis zu 15% Mischnutzung, hoher Standard	10,00	**14,00**	18,00	0,2%
Wohnhäuser mit mehr als 15% Mischnutzung	11,00	**33,00**	41,00	0,7%
Personal- und Altenwohnungen	15,00	**20,00**	25,00	0,2%
Alten- und Pflegeheime	18,00	**20,00**	24,00	0,9%
Wohnheime und Internate	9,10	**10,00**	12,00	0,4%
Gaststätten, Kantinen und Mensen	21,00	**34,00**	56,00	1,2%

7 Produktion, Gewerbe und Handel, Lager, Garagen, Bereitschaftsdienste

Gebäudeart	von	€/Einheit	bis	KG an 300
Geschäftshäuser mit Wohnungen	11,00	**15,00**	17,00	0,4%
Geschäftshäuser ohne Wohnungen	9,80	**11,00**	12,00	0,3%
Bank- und Sparkassengebäude	–	**63,00**	–	1,8%
Verbrauchermärkte	15,00	**26,00**	36,00	3,0%
Autohäuser	–	**28,00**	–	1,4%
Industrielle Produktionsgebäude, Massivbauweise	4,70	**13,00**	19,00	1,1%
Industrielle Produktionsgebäude, überwiegend Skelettbauweise	12,00	**19,00**	22,00	1,8%
Betriebs- und Werkstätten, eingeschossig	15,00	**25,00**	40,00	2,7%
Betriebs- und Werkstätten, mehrgeschossig, geringer Hallenanteil	14,00	**25,00**	58,00	2,1%
Betriebs- und Werkstätten, mehrgeschossig, hoher Hallenanteil	4,70	**9,90**	19,00	1,2%
Lagergebäude, ohne Mischnutzung	5,50	**13,00**	22,00	2,5%
Lagergebäude, mit bis zu 25% Mischnutzung	8,60	**25,00**	34,00	3,8%
Lagergebäude, mit mehr als 25% Mischnutzung	4,60	**6,40**	8,30	0,6%
Hochgaragen	3,90	**11,00**	17,00	1,7%
Tiefgaragen	15,00	**16,00**	17,00	1,0%
Feuerwehrhäuser	9,20	**12,00**	21,00	0,9%
Öffentliche Bereitschaftsdienste	7,20	**22,00**	37,00	1,5%

12 Gebäude anderer Art

Gebäudeart	von	€/Einheit	bis	KG an 300
Gebäude für kulturelle und musische Zwecke	16,00	**25,00**	46,00	1,2%
Theater	–	**64,00**	–	1,3%
Gemeindezentren, einfacher Standard	13,00	**23,00**	34,00	0,7%
Gemeindezentren, mittlerer Standard	7,40	**17,00**	22,00	0,9%
Gemeindezentren, hoher Standard	10,00	**12,00**	13,00	0,5%
Sakralbauten	–	**11,00**	–	0,2%
Friedhofsgebäude	9,40	**15,00**	20,00	0,5%

Gebäudearten

Bauelemente

Kostengruppen

Neubau

Abbrechen

Wiederherstellen

Herstellen

Einheit: m²
Gründungsfläche

Gebäuderart	von	€/Einheit	bis	KG an 300
1 Bürogebäude				
Bürogebäude, einfacher Standard	–	**5,80**	–	0,0%
Bürogebäude, mittlerer Standard	4,20	**8,80**	16,00	0,1%
Bürogebäude, hoher Standard	1,20	**9,00**	18,00	0,0%
2 Gebäude für wissenschaftliche Lehre und Forschung				
Instituts- und Laborgebäude	7,20	**11,00**	18,00	0,2%
3 Gebäude des Gesundheitswesens				
Krankenhäuser	1,80	**3,80**	5,90	0,1%
Pflegeheime	15,00	**19,00**	21,00	1,0%
4 Schulen und Kindergärten				
Allgemeinbildende Schulen	–	**2,70**	–	0,0%
Berufliche Schulen	–	**–**	–	–
Förder- und Sonderschulen	–	**12,00**	–	0,0%
Weiterbildungseinrichtungen	10,00	**20,00**	36,00	0,4%
Kindergärten, nicht unterkellert, einfacher Standard	–	**1,80**	–	0,0%
Kindergärten, nicht unterkellert, mittlerer Standard	4,60	**5,60**	6,70	0,1%
Kindergärten, nicht unterkellert, hoher Standard	–	**20,00**	–	0,1%
Kindergärten, unterkellert	1,10	**6,00**	11,00	0,1%
5 Sportbauten				
Sport- und Mehrzweckhallen	–	**7,20**	–	0,2%
Sporthallen (Einfeldhallen)	–	**5,60**	–	0,1%
Sporthallen (Dreifeldhallen)	8,70	**15,00**	32,00	0,8%
Schwimmhallen	–	**–**	–	–
6 Wohnbauten und Gemeinschaftsstätten				
Ein- und Zweifamilienhäuser unterkellert, einfacher Standard	8,70	**53,00**	97,00	1,0%
Ein- und Zweifamilienhäuser unterkellert, mittlerer Standard	5,60	**18,00**	40,00	0,5%
Ein- und Zweifamilienhäuser unterkellert, hoher Standard	7,80	**13,00**	20,00	0,3%
Ein- und Zweifamilienhäuser, nicht unterkellert, einfacher Standard	–	**–**	–	–
Ein- und Zweifamilienhäuser, nicht unterkellert, mittlerer Standard	3,60	**10,00**	14,00	0,1%
Ein- und Zweifamilienhäuser, nicht unterkellert, hoher Standard	7,60	**20,00**	44,00	0,4%
Ein- und Zweifamilienhäuser, Passivhausstandard, Massivbau	3,80	**7,80**	17,00	0,1%
Ein- und Zweifamilienhäuser, Passivhausstandard, Holzbau	6,70	**11,00**	16,00	0,2%
Ein- und Zweifamilienhäuser, Holzbauweise, unterkellert	15,00	**24,00**	42,00	0,4%
Ein- und Zweifamilienhäuser, Holzbauweise, nicht unterkellert	4,70	**22,00**	39,00	0,1%
Doppel- und Reihenendhäuser, einfacher Standard	–	**9,00**	–	0,1%
Doppel- und Reihenendhäuser, mittlerer Standard	–	**14,00**	–	0,2%
Doppel- und Reihenendhäuser, hoher Standard	–	**7,90**	–	0,0%
Reihenhäuser, einfacher Standard	–	**–**	–	–
Reihenhäuser, mittlerer Standard	–	**14,00**	–	0,1%
Reihenhäuser, hoher Standard	–	**4,60**	–	0,0%

Kostenstand: 1.Quartal 2012, Bundesdurchschnitt, **inkl. MwSt.**

Gebäudeart	von	€/Einheit	bis	KG an 300
Mehrfamilienhäuser, mit bis zu 6 WE, einfacher Standard	6,80	**8,40**	9,90	0,2%
Mehrfamilienhäuser, mit bis zu 6 WE, mittlerer Standard	8,00	**15,00**	21,00	0,4%
Mehrfamilienhäuser, mit bis zu 6 WE, hoher Standard	13,00	**16,00**	19,00	0,1%
Mehrfamilienhäuser, mit 6 bis 19 WE, einfacher Standard	2,00	**5,60**	13,00	0,2%
Mehrfamilienhäuser, mit 6 bis 19 WE, mittlerer Standard	3,70	**12,00**	40,00	0,2%
Mehrfamilienhäuser, mit 6 bis 19 WE, hoher Standard	3,90	**8,10**	20,00	0,2%
Mehrfamilienhäuser, mit mehr als 20 WE	–	**13,00**	–	0,1%
Mehrfamilienhäuser, energiesparend, ökologisch	6,10	**13,00**	23,00	0,4%
Wohnhäuser, mit bis zu 15% Mischnutzung, einfacher Standard	2,30	**6,20**	8,20	0,0%
Wohnhäuser, mit bis zu 15% Mischnutzung, mittlerer Standard	–	**11,00**	–	0,1%
Wohnhäuser, mit bis zu 15% Mischnutzung, hoher Standard	11,00	**28,00**	45,00	0,4%
Wohnhäuser mit mehr als 15% Mischnutzung	9,10	**12,00**	14,00	0,0%
Personal- und Altenwohnungen	12,00	**15,00**	17,00	0,2%
Alten- und Pflegeheime	2,70	**3,50**	4,40	0,1%
Wohnheime und Internate	–	**7,10**	–	0,1%
Gaststätten, Kantinen und Mensen	2,20	**5,90**	15,00	0,2%

7 Produktion, Gewerbe und Handel, Lager, Garagen, Bereitschaftsdienste

	von	€/Einheit	bis	KG an 300
Geschäftshäuser mit Wohnungen	–	**3,70**	–	0,0%
Geschäftshäuser ohne Wohnungen	–	**14,00**	–	0,2%
Bank- und Sparkassengebäude	–	**–**	–	–
Verbrauchermärkte	–	**0,90**	–	0,0%
Autohäuser	–	**8,20**	–	0,4%
Industrielle Produktionsgebäude, Massivbauweise	3,10	**8,50**	12,00	0,5%
Industrielle Produktionsgebäude, überwiegend Skelettbauweise	1,50	**3,80**	7,60	0,4%
Betriebs- und Werkstätten, eingeschossig	0,40	**0,70**	1,00	0,0%
Betriebs- und Werkstätten, mehrgeschossig, geringer Hallenanteil	0,50	**7,70**	11,00	0,3%
Betriebs- und Werkstätten, mehrgeschossig, hoher Hallenanteil	0,40	**2,10**	3,70	0,1%
Lagergebäude, ohne Mischnutzung	–	**–**	–	–
Lagergebäude, mit bis zu 25% Mischnutzung	–	**–**	–	–
Lagergebäude, mit mehr als 25% Mischnutzung	–	**–**	–	–
Hochgaragen	–	**51,00**	–	1,8%
Tiefgaragen	0,50	**3,90**	7,40	0,2%
Feuerwehrhäuser	2,80	**5,50**	8,20	0,1%
Öffentliche Bereitschaftsdienste	1,10	**1,60**	2,60	0,0%

12 Gebäude anderer Art

	von	€/Einheit	bis	KG an 300
Gebäude für kulturelle und musische Zwecke	0,50	**0,50**	0,50	0,0%
Theater	–	**8,90**	–	0,1%
Gemeindezentren, einfacher Standard	–	**3,80**	–	0,0%
Gemeindezentren, mittlerer Standard	5,20	**6,40**	8,70	0,1%
Gemeindezentren, hoher Standard	–	**–**	–	–
Sakralbauten	–	**2,30**	–	0,0%
Friedhofsgebäude	10,00	**11,00**	12,00	0,4%

Gebäudearten

Bauelemente | Kostengruppen | Neubau | Abbrechen | Wiederherstellen | Herstellen

Einheit: m²
Gründungsfläche

Gebäuderart	von	€/Einheit	bis	KG an 300
1 Bürogebäude				
Bürogebäude, einfacher Standard	–	**7,00**	–	0,0%
Bürogebäude, mittlerer Standard	–	**6,90**	–	0,0%
Bürogebäude, hoher Standard	6,60	**40,00**	73,00	0,2%
2 Gebäude für wissenschaftliche Lehre und Forschung				
Instituts- und Laborgebäude	–	**3,40**	–	0,0%
3 Gebäude des Gesundheitswesens				
Krankenhäuser	0,60	**5,00**	9,30	0,1%
Pflegeheime	–	**–**	–	–
4 Schulen und Kindergärten				
Allgemeinbildende Schulen	–	**–**	–	–
Berufliche Schulen	–	**–**	–	–
Förder- und Sonderschulen	–	**4,30**	–	0,0%
Weiterbildungseinrichtungen	–	**15,00**	–	0,1%
Kindergärten, nicht unterkellert, einfacher Standard	–	**–**	–	–
Kindergärten, nicht unterkellert, mittlerer Standard	–	**9,00**	–	0,0%
Kindergärten, nicht unterkellert, hoher Standard	–	**7,80**	–	0,0%
Kindergärten, unterkellert	–	**0,70**	–	0,0%
5 Sportbauten				
Sport- und Mehrzweckhallen	–	**–**	–	–
Sporthallen (Einfeldhallen)	–	**–**	–	–
Sporthallen (Dreifeldhallen)	0,20	**2,30**	4,40	0,0%
Schwimmhallen	–	**–**	–	–
6 Wohnbauten und Gemeinschaftsstätten				
Ein- und Zweifamilienhäuser unterkellert, einfacher Standard	–	**–**	–	–
Ein- und Zweifamilienhäuser unterkellert, mittlerer Standard	–	**–**	–	–
Ein- und Zweifamilienhäuser unterkellert, hoher Standard	–	**–**	–	–
Ein- und Zweifamilienhäuser, nicht unterkellert, einfacher Standard	–	**–**	–	–
Ein- und Zweifamilienhäuser, nicht unterkellert, mittlerer Standard	–	**–**	–	–
Ein- und Zweifamilienhäuser, nicht unterkellert, hoher Standard	–	**3,40**	–	0,0%
Ein- und Zweifamilienhäuser, Passivhausstandard, Massivbau	–	**–**	–	–
Ein- und Zweifamilienhäuser, Passivhausstandard, Holzbau	–	**9,30**	–	0,0%
Ein- und Zweifamilienhäuser, Holzbauweise, unterkellert	–	**–**	–	–
Ein- und Zweifamilienhäuser, Holzbauweise, nicht unterkellert	–	**–**	–	–
Doppel- und Reihenendhäuser, einfacher Standard	–	**–**	–	–
Doppel- und Reihenendhäuser, mittlerer Standard	–	**28,00**	–	0,6%
Doppel- und Reihenendhäuser, hoher Standard	–	**–**	–	–
Reihenhäuser, einfacher Standard	–	**–**	–	–
Reihenhäuser, mittlerer Standard	–	**–**	–	–
Reihenhäuser, hoher Standard	–	**–**	–	–

Gebäudeart	von	€/Einheit	bis	KG an 300
Mehrfamilienhäuser, mit bis zu 6 WE, einfacher Standard	–	**1,70**	–	0,0%
Mehrfamilienhäuser, mit bis zu 6 WE, mittlerer Standard	–	–	–	–
Mehrfamilienhäuser, mit bis zu 6 WE, hoher Standard	–	–	–	–
Mehrfamilienhäuser, mit 6 bis 19 WE, einfacher Standard	–	–	–	–
Mehrfamilienhäuser, mit 6 bis 19 WE, mittlerer Standard	–	–	–	–
Mehrfamilienhäuser, mit 6 bis 19 WE, hoher Standard	–	–	–	–
Mehrfamilienhäuser, mit mehr als 20 WE	–	–	–	–
Mehrfamilienhäuser, energiesparend, ökologisch	–	–	–	–
Wohnhäuser, mit bis zu 15% Mischnutzung, einfacher Standard	–	–	–	–
Wohnhäuser, mit bis zu 15% Mischnutzung, mittlerer Standard	–	–	–	–
Wohnhäuser, mit bis zu 15% Mischnutzung, hoher Standard	–	–	–	–
Wohnhäuser mit mehr als 15% Mischnutzung	–	–	–	–
Personal- und Altenwohnungen	–	–	–	–
Alten- und Pflegeheime	–	–	–	–
Wohnheime und Internate	–	–	–	–
Gaststätten, Kantinen und Mensen	–	**2,80**	–	0,0%

7 Produktion, Gewerbe und Handel, Lager, Garagen, Bereitschaftsdienste

Gebäudeart	von	€/Einheit	bis	KG an 300
Geschäftshäuser mit Wohnungen	–	–	–	–
Geschäftshäuser ohne Wohnungen	–	–	–	–
Bank- und Sparkassengebäude	–	–	–	–
Verbrauchermärkte	–	–	–	–
Autohäuser	–	–	–	–
Industrielle Produktionsgebäude, Massivbauweise	–	**0,20**	–	0,0%
Industrielle Produktionsgebäude, überwiegend Skelettbauweise	–	–	–	–
Betriebs- und Werkstätten, eingeschossig	4,30	**37,00**	70,00	0,5%
Betriebs- und Werkstätten, mehrgeschossig, geringer Hallenanteil	–	–	–	–
Betriebs- und Werkstätten, mehrgeschossig, hoher Hallenanteil	–	–	–	–
Lagergebäude, ohne Mischnutzung	–	**9,40**	–	0,2%
Lagergebäude, mit bis zu 25% Mischnutzung	–	–	–	–
Lagergebäude, mit mehr als 25% Mischnutzung	–	–	–	–
Hochgaragen	–	–	–	–
Tiefgaragen	–	**57,00**	–	1,5%
Feuerwehrhäuser	–	–	–	–
Öffentliche Bereitschaftsdienste	4,20	**4,90**	5,50	0,1%

12 Gebäude anderer Art

Gebäudeart	von	€/Einheit	bis	KG an 300
Gebäude für kulturelle und musische Zwecke	0,70	**11,00**	32,00	0,3%
Theater	–	**1,40**	–	0,0%
Gemeindezentren, einfacher Standard	–	–	–	–
Gemeindezentren, mittlerer Standard	–	–	–	–
Gemeindezentren, hoher Standard	–	–	–	–
Sakralbauten	–	–	–	–
Friedhofsgebäude	–	–	–	–

Gebäudeart	von	€/Einheit	bis	KG an 300
1 Bürogebäude				
Bürogebäude, einfacher Standard	94,00	**119,00**	167,00	6,9%
Bürogebäude, mittlerer Standard	110,00	**152,00**	235,00	6,2%
Bürogebäude, hoher Standard	139,00	**186,00**	237,00	4,7%
2 Gebäude für wissenschaftliche Lehre und Forschung				
Instituts- und Laborgebäude	48,00	**118,00**	157,00	5,4%
3 Gebäude des Gesundheitswesens				
Krankenhäuser	121,00	**144,00**	164,00	4,3%
Pflegeheime	84,00	**147,00**	178,00	4,3%
4 Schulen und Kindergärten				
Allgemeinbildende Schulen	158,00	**175,00**	224,00	7,9%
Berufliche Schulen	119,00	**249,00**	435,00	3,8%
Förder- und Sonderschulen	112,00	**157,00**	172,00	5,3%
Weiterbildungseinrichtungen	147,00	**187,00**	255,00	5,3%
Kindergärten, nicht unterkellert, einfacher Standard	75,00	**92,00**	152,00	5,7%
Kindergärten, nicht unterkellert, mittlerer Standard	109,00	**141,00**	196,00	5,4%
Kindergärten, nicht unterkellert, hoher Standard	145,00	**177,00**	211,00	4,9%
Kindergärten, unterkellert	127,00	**141,00**	171,00	6,9%
5 Sportbauten				
Sport- und Mehrzweckhallen	130,00	**135,00**	141,00	5,9%
Sporthallen (Einfeldhallen)	88,00	**159,00**	231,00	7,7%
Sporthallen (Dreifeldhallen)	93,00	**140,00**	187,00	3,8%
Schwimmhallen	187,00	**214,00**	241,00	8,7%
6 Wohnbauten und Gemeinschaftsstätten				
Ein- und Zweifamilienhäuser unterkellert, einfacher Standard	103,00	**122,00**	138,00	14,0%
Ein- und Zweifamilienhäuser unterkellert, mittlerer Standard	82,00	**108,00**	135,00	11,2%
Ein- und Zweifamilienhäuser unterkellert, hoher Standard	101,00	**121,00**	151,00	9,8%
Ein- und Zweifamilienhäuser, nicht unterkellert, einfacher Standard	99,00	**108,00**	114,00	12,8%
Ein- und Zweifamilienhäuser, nicht unterkellert, mittlerer Standard	83,00	**110,00**	137,00	10,9%
Ein- und Zweifamilienhäuser, nicht unterkellert, hoher Standard	74,00	**91,00**	107,00	7,9%
Ein- und Zweifamilienhäuser, Passivhausstandard, Massivbau	79,00	**93,00**	109,00	9,5%
Ein- und Zweifamilienhäuser, Passivhausstandard, Holzbau	132,00	**164,00**	209,00	14,6%
Ein- und Zweifamilienhäuser, Holzbauweise, unterkellert	69,00	**135,00**	197,00	13,5%
Ein- und Zweifamilienhäuser, Holzbauweise, nicht unterkellert	92,00	**132,00**	202,00	5,9%
Doppel- und Reihenendhäuser, einfacher Standard	69,00	**81,00**	87,00	11,6%
Doppel- und Reihenendhäuser, mittlerer Standard	98,00	**99,00**	100,00	9,2%
Doppel- und Reihenendhäuser, hoher Standard	101,00	**117,00**	148,00	11,7%
Reihenhäuser, einfacher Standard	90,00	**92,00**	94,00	10,7%
Reihenhäuser, mittlerer Standard	87,00	**112,00**	136,00	10,1%
Reihenhäuser, hoher Standard	131,00	**165,00**	182,00	8,9%

Gebäudeart	von	€/Einheit	bis	KG an 300
Mehrfamilienhäuser, mit bis zu 6 WE, einfacher Standard	70,00	**83,00**	109,00	8,3%
Mehrfamilienhäuser, mit bis zu 6 WE, mittlerer Standard	79,00	**106,00**	142,00	9,4%
Mehrfamilienhäuser, mit bis zu 6 WE, hoher Standard	88,00	**103,00**	117,00	7,7%
Mehrfamilienhäuser, mit 6 bis 19 WE, einfacher Standard	94,00	**110,00**	119,00	8,7%
Mehrfamilienhäuser, mit 6 bis 19 WE, mittlerer Standard	121,00	**136,00**	154,00	10,2%
Mehrfamilienhäuser, mit 6 bis 19 WE, hoher Standard	91,00	**110,00**	147,00	9,4%
Mehrfamilienhäuser, mit mehr als 20 WE	65,00	**73,00**	84,00	6,7%
Mehrfamilienhäuser, energiesparend, ökologisch	84,00	**108,00**	137,00	8,2%
Wohnhäuser, mit bis zu 15% Mischnutzung, einfacher Standard	85,00	**113,00**	148,00	5,5%
Wohnhäuser, mit bis zu 15% Mischnutzung, mittlerer Standard	90,00	**107,00**	137,00	13,6%
Wohnhäuser, mit bis zu 15% Mischnutzung, hoher Standard	125,00	**166,00**	207,00	8,7%
Wohnhäuser mit mehr als 15% Mischnutzung	107,00	**133,00**	156,00	6,3%
Personal- und Altenwohnungen	122,00	**137,00**	155,00	8,9%
Alten- und Pflegeheime	110,00	**117,00**	124,00	7,4%
Wohnheime und Internate	89,00	**91,00**	93,00	6,0%
Gaststätten, Kantinen und Mensen	96,00	**124,00**	144,00	4,3%

7 Produktion, Gewerbe und Handel, Lager, Garagen, Bereitschaftsdienste

Gebäudeart	von	€/Einheit	bis	KG an 300
Geschäftshäuser mit Wohnungen	98,00	**130,00**	178,00	7,1%
Geschäftshäuser ohne Wohnungen	108,00	**112,00**	116,00	11,5%
Bank- und Sparkassengebäude	–	**235,00**	–	7,6%
Verbrauchermärkte	111,00	**136,00**	161,00	9,8%
Autohäuser	–	**154,00**	–	0,8%
Industrielle Produktionsgebäude, Massivbauweise	92,00	**117,00**	185,00	4,7%
Industrielle Produktionsgebäude, überwiegend Skelettbauweise	92,00	**144,00**	194,00	3,7%
Betriebs- und Werkstätten, eingeschossig	137,00	**144,00**	154,00	2,5%
Betriebs- und Werkstätten, mehrgeschossig, geringer Hallenanteil	118,00	**154,00**	195,00	6,9%
Betriebs- und Werkstätten, mehrgeschossig, hoher Hallenanteil	85,00	**133,00**	176,00	8,7%
Lagergebäude, ohne Mischnutzung	41,00	**85,00**	123,00	6,2%
Lagergebäude, mit bis zu 25% Mischnutzung	118,00	**163,00**	255,00	7,6%
Lagergebäude, mit mehr als 25% Mischnutzung	85,00	**130,00**	176,00	4,5%
Hochgaragen	87,00	**128,00**	169,00	7,9%
Tiefgaragen	135,00	**149,00**	167,00	12,0%
Feuerwehrhäuser	93,00	**133,00**	165,00	9,3%
Öffentliche Bereitschaftsdienste	105,00	**138,00**	157,00	6,5%

12 Gebäude anderer Art

Gebäudeart	von	€/Einheit	bis	KG an 300
Gebäude für kulturelle und musische Zwecke	126,00	**158,00**	188,00	6,5%
Theater	–	**241,00**	–	3,8%
Gemeindezentren, einfacher Standard	104,00	**117,00**	152,00	7,3%
Gemeindezentren, mittlerer Standard	132,00	**160,00**	297,00	8,7%
Gemeindezentren, hoher Standard	165,00	**205,00**	245,00	8,5%
Sakralbauten	–	**217,00**	–	4,4%
Friedhofsgebäude	104,00	**183,00**	262,00	10,0%

Bauelemente · Gebäudearten · Kostengruppen · Neubau · Abbrechen · Wiederherstellen · Herstellen

332
Nichttragende Außenwände

Einheit: m²
Außenwandfläche
nichttragend

Gebäuderart	von	€/Einheit	bis	KG an 300
1 Bürogebäude				
Bürogebäude, einfacher Standard	55,00	**96,00**	179,00	0,1%
Bürogebäude, mittlerer Standard	74,00	**151,00**	265,00	0,4%
Bürogebäude, hoher Standard	84,00	**161,00**	514,00	0,1%
2 Gebäude für wissenschaftliche Lehre und Forschung				
Instituts- und Laborgebäude	–	–	–	–
3 Gebäude des Gesundheitswesens				
Krankenhäuser	139,00	**146,00**	153,00	0,4%
Pflegeheime	131,00	**157,00**	206,00	0,6%
4 Schulen und Kindergärten				
Allgemeinbildende Schulen	–	**126,00**	–	0,2%
Berufliche Schulen	49,00	**114,00**	155,00	0,6%
Förder- und Sonderschulen	73,00	**122,00**	171,00	0,1%
Weiterbildungseinrichtungen	88,00	**292,00**	496,00	0,2%
Kindergärten, nicht unterkellert, einfacher Standard	–	**142,00**	–	0,2%
Kindergärten, nicht unterkellert, mittlerer Standard	152,00	**174,00**	196,00	0,1%
Kindergärten, nicht unterkellert, hoher Standard	–	**213,00**	–	0,0%
Kindergärten, unterkellert	118,00	**129,00**	140,00	0,6%
5 Sportbauten				
Sport- und Mehrzweckhallen	–	**638,00**	–	0,1%
Sporthallen (Einfeldhallen)	–	–	–	–
Sporthallen (Dreifeldhallen)	–	**169,00**	–	0,1%
Schwimmhallen	–	–	–	–
6 Wohnbauten und Gemeinschaftsstätten				
Ein- und Zweifamilienhäuser unterkellert, einfacher Standard	51,00	**87,00**	159,00	0,1%
Ein- und Zweifamilienhäuser unterkellert, mittlerer Standard	73,00	**135,00**	197,00	0,0%
Ein- und Zweifamilienhäuser unterkellert, hoher Standard	78,00	**116,00**	193,00	0,2%
Ein- und Zweifamilienhäuser, nicht unterkellert, einfacher Standard	–	–	–	–
Ein- und Zweifamilienhäuser, nicht unterkellert, mittlerer Standard	64,00	**83,00**	102,00	0,3%
Ein- und Zweifamilienhäuser, nicht unterkellert, hoher Standard	–	–	–	–
Ein- und Zweifamilienhäuser, Passivhausstandard, Massivbau	–	**139,00**	–	0,1%
Ein- und Zweifamilienhäuser, Passivhausstandard, Holzbau	–	–	–	–
Ein- und Zweifamilienhäuser, Holzbauweise, unterkellert	–	**131,00**	–	0,0%
Ein- und Zweifamilienhäuser, Holzbauweise, nicht unterkellert	–	–	–	–
Doppel- und Reihenendhäuser, einfacher Standard	92,00	**97,00**	102,00	0,2%
Doppel- und Reihenendhäuser, mittlerer Standard	–	–	–	–
Doppel- und Reihenendhäuser, hoher Standard	–	**74,00**	–	0,1%
Reihenhäuser, einfacher Standard	–	**102,00**	–	0,2%
Reihenhäuser, mittlerer Standard	–	**64,00**	–	0,2%
Reihenhäuser, hoher Standard	–	–	–	–

Kostenstand: 1.Quartal 2012, Bundesdurchschnitt, **inkl. MwSt.**

Gebäudeart	von	€/Einheit	bis	KG an 300
Mehrfamilienhäuser, mit bis zu 6 WE, einfacher Standard	–	–	–	–
Mehrfamilienhäuser, mit bis zu 6 WE, mittlerer Standard	–	**52,00**	–	0,0%
Mehrfamilienhäuser, mit bis zu 6 WE, hoher Standard	81,00	**195,00**	310,00	0,1%
Mehrfamilienhäuser, mit 6 bis 19 WE, einfacher Standard	–	–	–	–
Mehrfamilienhäuser, mit 6 bis 19 WE, mittlerer Standard	61,00	**67,00**	74,00	0,2%
Mehrfamilienhäuser, mit 6 bis 19 WE, hoher Standard	–	**132,00**	–	0,3%
Mehrfamilienhäuser, mit mehr als 20 WE	105,00	**126,00**	147,00	0,2%
Mehrfamilienhäuser, energiesparend, ökologisch	67,00	**158,00**	326,00	0,2%
Wohnhäuser, mit bis zu 15% Mischnutzung, einfacher Standard	207,00	**261,00**	315,00	0,1%
Wohnhäuser, mit bis zu 15% Mischnutzung, mittlerer Standard	–	**89,00**	–	0,1%
Wohnhäuser, mit bis zu 15% Mischnutzung, hoher Standard	–	–	–	–
Wohnhäuser mit mehr als 15% Mischnutzung	117,00	**146,00**	201,00	0,7%
Personal- und Altenwohnungen	–	**70,00**	–	0,0%
Alten- und Pflegeheime	–	**355,00**	–	0,0%
Wohnheime und Internate	–	**216,00**	–	0,7%
Gaststätten, Kantinen und Mensen	–	**164,00**	–	0,0%

7 Produktion, Gewerbe und Handel, Lager, Garagen, Bereitschaftsdienste

Gebäudeart	von	€/Einheit	bis	KG an 300
Geschäftshäuser mit Wohnungen	–	–	–	–
Geschäftshäuser ohne Wohnungen	–	–	–	–
Bank- und Sparkassengebäude	–	–	–	–
Verbrauchermärkte	–	–	–	–
Autohäuser	–	**92,00**	–	5,2%
Industrielle Produktionsgebäude, Massivbauweise	75,00	**105,00**	169,00	2,1%
Industrielle Produktionsgebäude, überwiegend Skelettbauweise	88,00	**122,00**	190,00	4,5%
Betriebs- und Werkstätten, eingeschossig	130,00	**144,00**	182,00	6,5%
Betriebs- und Werkstätten, mehrgeschossig, geringer Hallenanteil	126,00	**178,00**	230,00	0,9%
Betriebs- und Werkstätten, mehrgeschossig, hoher Hallenanteil	64,00	**141,00**	217,00	0,7%
Lagergebäude, ohne Mischnutzung	60,00	**82,00**	104,00	1,9%
Lagergebäude, mit bis zu 25% Mischnutzung	–	**213,00**	–	0,0%
Lagergebäude, mit mehr als 25% Mischnutzung	–	–	–	–
Hochgaragen	–	**77,00**	–	3,0%
Tiefgaragen	–	**139,00**	–	0,2%
Feuerwehrhäuser	107,00	**240,00**	497,00	0,5%
Öffentliche Bereitschaftsdienste	92,00	**134,00**	249,00	3,1%

12 Gebäude anderer Art

Gebäudeart	von	€/Einheit	bis	KG an 300
Gebäude für kulturelle und musische Zwecke	244,00	**294,00**	345,00	0,4%
Theater	–	**191,00**	–	0,7%
Gemeindezentren, einfacher Standard	81,00	**195,00**	308,00	0,1%
Gemeindezentren, mittlerer Standard	143,00	**190,00**	238,00	0,1%
Gemeindezentren, hoher Standard	–	–	–	–
Sakralbauten	–	**159,00**	–	4,0%
Friedhofsgebäude	–	**45,00**	–	0,3%

Einheit: m²
Außenwandfläche
nichttragend

Gebäudearten

Bauelemente
Kostengruppen

Neubau

Abbrechen

Wiederherstellen

Herstellen

Einheit: m
Außenstützenlänge

Gebäuderart	von	€/Einheit	bis	KG an 300
1 Bürogebäude				
Bürogebäude, einfacher Standard	123,00	**205,00**	393,00	1,1%
Bürogebäude, mittlerer Standard	143,00	**214,00**	412,00	0,7%
Bürogebäude, hoher Standard	162,00	**357,00**	1.591,00	0,6%
2 Gebäude für wissenschaftliche Lehre und Forschung				
Instituts- und Laborgebäude	106,00	**152,00**	187,00	0,3%
3 Gebäude des Gesundheitswesens				
Krankenhäuser	56,00	**187,00**	274,00	0,3%
Pflegeheime	100,00	**149,00**	224,00	0,3%
4 Schulen und Kindergärten				
Allgemeinbildende Schulen	123,00	**169,00**	293,00	1,1%
Berufliche Schulen	109,00	**173,00**	344,00	0,6%
Förder- und Sonderschulen	96,00	**117,00**	138,00	0,2%
Weiterbildungseinrichtungen	107,00	**133,00**	154,00	0,8%
Kindergärten, nicht unterkellert, einfacher Standard	71,00	**89,00**	125,00	0,2%
Kindergärten, nicht unterkellert, mittlerer Standard	104,00	**346,00**	1.281,00	0,2%
Kindergärten, nicht unterkellert, hoher Standard	187,00	**285,00**	471,00	0,3%
Kindergärten, unterkellert	81,00	**108,00**	152,00	0,5%
5 Sportbauten				
Sport- und Mehrzweckhallen	–	**–**	–	–
Sporthallen (Einfeldhallen)	–	**220,00**	–	0,8%
Sporthallen (Dreifeldhallen)	98,00	**172,00**	230,00	0,4%
Schwimmhallen	–	**101,00**	–	0,3%
6 Wohnbauten und Gemeinschaftsstätten				
Ein- und Zweifamilienhäuser unterkellert, einfacher Standard	–	**69,00**	–	0,1%
Ein- und Zweifamilienhäuser unterkellert, mittlerer Standard	121,00	**212,00**	356,00	0,1%
Ein- und Zweifamilienhäuser unterkellert, hoher Standard	67,00	**94,00**	147,00	0,4%
Ein- und Zweifamilienhäuser, nicht unterkellert, einfacher Standard	–	**56,00**	–	0,0%
Ein- und Zweifamilienhäuser, nicht unterkellert, mittlerer Standard	66,00	**112,00**	142,00	0,3%
Ein- und Zweifamilienhäuser, nicht unterkellert, hoher Standard	–	**192,00**	–	0,1%
Ein- und Zweifamilienhäuser, Passivhausstandard, Massivbau	86,00	**189,00**	548,00	0,0%
Ein- und Zweifamilienhäuser, Passivhausstandard, Holzbau	104,00	**123,00**	154,00	0,0%
Ein- und Zweifamilienhäuser, Holzbauweise, unterkellert	56,00	**86,00**	110,00	0,8%
Ein- und Zweifamilienhäuser, Holzbauweise, nicht unterkellert	25,00	**80,00**	115,00	0,0%
Doppel- und Reihenendhäuser, einfacher Standard	–	**96,00**	–	0,5%
Doppel- und Reihenendhäuser, mittlerer Standard	–	**–**	–	–
Doppel- und Reihenendhäuser, hoher Standard	80,00	**126,00**	212,00	0,4%
Reihenhäuser, einfacher Standard	–	**39,00**	–	0,1%
Reihenhäuser, mittlerer Standard	–	**–**	–	–
Reihenhäuser, hoher Standard	–	**–**	–	–

© **BKI** Baukosteninformationszentrum; Erläuterungen zu den Tabellen siehe Seite 62   Kostenstand: 1.Quartal 2012, Bundesdurchschnitt, **inkl. MwSt.**

Gebäudeart	von	€/Einheit	bis	KG an 300
Mehrfamilienhäuser, mit bis zu 6 WE, einfacher Standard	–	**116,00**	–	0,0%
Mehrfamilienhäuser, mit bis zu 6 WE, mittlerer Standard	69,00	**127,00**	175,00	0,1%
Mehrfamilienhäuser, mit bis zu 6 WE, hoher Standard	156,00	**168,00**	185,00	0,4%
Mehrfamilienhäuser, mit 6 bis 19 WE, einfacher Standard	–	**–**	–	–
Mehrfamilienhäuser, mit 6 bis 19 WE, mittlerer Standard	94,00	**146,00**	251,00	0,1%
Mehrfamilienhäuser, mit 6 bis 19 WE, hoher Standard	–	**312,00**	–	0,0%
Mehrfamilienhäuser, mit mehr als 20 WE	–	**180,00**	–	0,0%
Mehrfamilienhäuser, energiesparend, ökologisch	119,00	**136,00**	153,00	0,2%
Wohnhäuser, mit bis zu 15% Mischnutzung, einfacher Standard	–	**408,00**	–	0,3%
Wohnhäuser, mit bis zu 15% Mischnutzung, mittlerer Standard	–	**89,00**	–	0,1%
Wohnhäuser, mit bis zu 15% Mischnutzung, hoher Standard	–	**193,00**	–	0,2%
Wohnhäuser mit mehr als 15% Mischnutzung	129,00	**140,00**	150,00	0,4%
Personal- und Altenwohnungen	120,00	**128,00**	136,00	0,1%
Alten- und Pflegeheime	–	**93,00**	–	0,0%
Wohnheime und Internate	–	**131,00**	–	0,0%
Gaststätten, Kantinen und Mensen	245,00	**393,00**	537,00	2,0%

7 Produktion, Gewerbe und Handel, Lager, Garagen, Bereitschaftsdienste

Gebäudeart	von	€/Einheit	bis	KG an 300
Geschäftshäuser mit Wohnungen	101,00	**119,00**	148,00	0,1%
Geschäftshäuser ohne Wohnungen	–	**268,00**	–	0,3%
Bank- und Sparkassengebäude	–	**–**	–	–
Verbrauchermärkte	–	**–**	–	–
Autohäuser	–	**–**	–	–
Industrielle Produktionsgebäude, Massivbauweise	147,00	**255,00**	363,00	0,8%
Industrielle Produktionsgebäude, überwiegend Skelettbauweise	218,00	**242,00**	268,00	3,4%
Betriebs- und Werkstätten, eingeschossig	167,00	**206,00**	259,00	2,8%
Betriebs- und Werkstätten, mehrgeschossig, geringer Hallenanteil	133,00	**158,00**	209,00	0,6%
Betriebs- und Werkstätten, mehrgeschossig, hoher Hallenanteil	75,00	**96,00**	118,00	0,2%
Lagergebäude, ohne Mischnutzung	127,00	**175,00**	238,00	6,1%
Lagergebäude, mit bis zu 25% Mischnutzung	–	**345,00**	–	0,5%
Lagergebäude, mit mehr als 25% Mischnutzung	166,00	**308,00**	449,00	2,6%
Hochgaragen	152,00	**180,00**	225,00	2,5%
Tiefgaragen	125,00	**195,00**	265,00	0,0%
Feuerwehrhäuser	132,00	**231,00**	508,00	0,6%
Öffentliche Bereitschaftsdienste	153,00	**248,00**	336,00	0,9%

12 Gebäude anderer Art

Gebäudeart	von	€/Einheit	bis	KG an 300
Gebäude für kulturelle und musische Zwecke	117,00	**278,00**	593,00	1,0%
Theater	–	**121,00**	–	0,4%
Gemeindezentren, einfacher Standard	71,00	**182,00**	281,00	0,4%
Gemeindezentren, mittlerer Standard	110,00	**154,00**	232,00	0,6%
Gemeindezentren, hoher Standard	124,00	**283,00**	442,00	0,1%
Sakralbauten	–	**268,00**	–	2,9%
Friedhofsgebäude	166,00	**233,00**	299,00	2,0%

Einheit: m²
Außentüren- und
-fensterfläche

Gebäudeart	von	€/Einheit	bis	KG an 300
1 Bürogebäude				
Bürogebäude, einfacher Standard	291,00	**446,00**	812,00	8,3%
Bürogebäude, mittlerer Standard	368,00	**561,00**	945,00	8,3%
Bürogebäude, hoher Standard	667,00	**934,00**	1.609,00	5,4%
2 Gebäude für wissenschaftliche Lehre und Forschung				
Instituts- und Laborgebäude	693,00	**957,00**	1.501,00	5,5%
3 Gebäude des Gesundheitswesens				
Krankenhäuser	468,00	**510,00**	594,00	2,9%
Pflegeheime	231,00	**300,00**	394,00	4,4%
4 Schulen und Kindergärten				
Allgemeinbildende Schulen	390,00	**473,00**	648,00	5,9%
Berufliche Schulen	682,00	**891,00**	1.273,00	4,4%
Förder- und Sonderschulen	594,00	**814,00**	1.031,00	3,7%
Weiterbildungseinrichtungen	611,00	**1.010,00**	2.050,00	1,7%
Kindergärten, nicht unterkellert, einfacher Standard	472,00	**571,00**	637,00	8,4%
Kindergärten, nicht unterkellert, mittlerer Standard	375,00	**566,00**	826,00	5,8%
Kindergärten, nicht unterkellert, hoher Standard	522,00	**646,00**	770,00	9,1%
Kindergärten, unterkellert	408,00	**706,00**	1.032,00	4,8%
5 Sportbauten				
Sport- und Mehrzweckhallen	327,00	**489,00**	652,00	3,9%
Sporthallen (Einfeldhallen)	519,00	**772,00**	1.024,00	5,9%
Sporthallen (Dreifeldhallen)	757,00	**989,00**	1.440,00	1,0%
Schwimmhallen	474,00	**487,00**	501,00	5,4%
6 Wohnbauten und Gemeinschaftsstätten				
Ein- und Zweifamilienhäuser unterkellert, einfacher Standard	383,00	**451,00**	506,00	8,2%
Ein- und Zweifamilienhäuser unterkellert, mittlerer Standard	374,00	**441,00**	611,00	9,5%
Ein- und Zweifamilienhäuser unterkellert, hoher Standard	508,00	**600,00**	683,00	11,9%
Ein- und Zweifamilienhäuser, nicht unterkellert, einfacher Standard	300,00	**396,00**	446,00	7,7%
Ein- und Zweifamilienhäuser, nicht unterkellert, mittlerer Standard	357,00	**468,00**	589,00	10,9%
Ein- und Zweifamilienhäuser, nicht unterkellert, hoher Standard	421,00	**482,00**	522,00	11,3%
Ein- und Zweifamilienhäuser, Passivhausstandard, Massivbau	487,00	**660,00**	973,00	12,0%
Ein- und Zweifamilienhäuser, Passivhausstandard, Holzbau	552,00	**631,00**	914,00	13,1%
Ein- und Zweifamilienhäuser, Holzbauweise, unterkellert	381,00	**410,00**	533,00	8,8%
Ein- und Zweifamilienhäuser, Holzbauweise, nicht unterkellert	399,00	**448,00**	546,00	9,7%
Doppel- und Reihenendhäuser, einfacher Standard	250,00	**374,00**	620,00	9,8%
Doppel- und Reihenendhäuser, mittlerer Standard	232,00	**505,00**	675,00	9,7%
Doppel- und Reihenendhäuser, hoher Standard	393,00	**436,00**	512,00	8,2%
Reihenhäuser, einfacher Standard	234,00	**249,00**	263,00	8,0%
Reihenhäuser, mittlerer Standard	339,00	**478,00**	629,00	9,3%
Reihenhäuser, hoher Standard	382,00	**456,00**	575,00	6,9%

Gebäudeart	von	€/Einheit	bis	KG an 300
Mehrfamilienhäuser, mit bis zu 6 WE, einfacher Standard	249,00	**277,00**	331,00	6,4%
Mehrfamilienhäuser, mit bis zu 6 WE, mittlerer Standard	279,00	**383,00**	464,00	7,9%
Mehrfamilienhäuser, mit bis zu 6 WE, hoher Standard	345,00	**442,00**	525,00	7,6%
Mehrfamilienhäuser, mit 6 bis 19 WE, einfacher Standard	297,00	**447,00**	676,00	7,1%
Mehrfamilienhäuser, mit 6 bis 19 WE, mittlerer Standard	230,00	**326,00**	423,00	6,4%
Mehrfamilienhäuser, mit 6 bis 19 WE, hoher Standard	235,00	**319,00**	396,00	6,3%
Mehrfamilienhäuser, mit mehr als 20 WE	226,00	**319,00**	480,00	6,3%
Mehrfamilienhäuser, energiesparend, ökologisch	398,00	**489,00**	604,00	10,2%
Wohnhäuser, mit bis zu 15% Mischnutzung, einfacher Standard	343,00	**418,00**	542,00	8,5%
Wohnhäuser, mit bis zu 15% Mischnutzung, mittlerer Standard	372,00	**400,00**	452,00	9,7%
Wohnhäuser, mit bis zu 15% Mischnutzung, hoher Standard	595,00	**617,00**	640,00	10,5%
Wohnhäuser mit mehr als 15% Mischnutzung	328,00	**421,00**	589,00	9,3%
Personal- und Altenwohnungen	283,00	**334,00**	383,00	5,1%
Alten- und Pflegeheime	292,00	**375,00**	512,00	5,8%
Wohnheime und Internate	487,00	**580,00**	673,00	5,3%
Gaststätten, Kantinen und Mensen	512,00	**685,00**	904,00	2,1%

7 Produktion, Gewerbe und Handel, Lager, Garagen, Bereitschaftsdienste

	von	€/Einheit	bis	KG an 300
Geschäftshäuser mit Wohnungen	242,00	**743,00**	1.054,00	5,3%
Geschäftshäuser ohne Wohnungen	488,00	**605,00**	722,00	11,8%
Bank- und Sparkassengebäude	–	**1.143,00**	–	6,6%
Verbrauchermärkte	835,00	**961,00**	1.087,00	7,4%
Autohäuser	–	**423,00**	–	2,3%
Industrielle Produktionsgebäude, Massivbauweise	344,00	**469,00**	664,00	4,7%
Industrielle Produktionsgebäude, überwiegend Skelettbauweise	360,00	**421,00**	477,00	5,3%
Betriebs- und Werkstätten, eingeschossig	402,00	**592,00**	799,00	6,8%
Betriebs- und Werkstätten, mehrgeschossig, geringer Hallenanteil	308,00	**418,00**	553,00	7,1%
Betriebs- und Werkstätten, mehrgeschossig, hoher Hallenanteil	224,00	**408,00**	647,00	7,9%
Lagergebäude, ohne Mischnutzung	231,00	**324,00**	506,00	7,7%
Lagergebäude, mit bis zu 25% Mischnutzung	461,00	**648,00**	968,00	7,0%
Lagergebäude, mit mehr als 25% Mischnutzung	328,00	**504,00**	680,00	7,3%
Hochgaragen	264,00	**460,00**	1.233,00	10,9%
Tiefgaragen	692,00	**817,00**	1.177,00	1,2%
Feuerwehrhäuser	473,00	**756,00**	1.021,00	16,4%
Öffentliche Bereitschaftsdienste	410,00	**655,00**	1.126,00	10,6%

12 Gebäude anderer Art

	von	€/Einheit	bis	KG an 300
Gebäude für kulturelle und musische Zwecke	615,00	**1.009,00**	1.430,00	4,1%
Theater	–	**479,00**	–	0,2%
Gemeindezentren, einfacher Standard	386,00	**412,00**	445,00	6,7%
Gemeindezentren, mittlerer Standard	441,00	**610,00**	875,00	7,6%
Gemeindezentren, hoher Standard	564,00	**603,00**	641,00	7,6%
Sakralbauten	–	**804,00**	–	14,7%
Friedhofsgebäude	609,00	**640,00**	672,00	11,9%

Einheit: m²
Außentüren- und
-fensterfläche

Bauelemente | Gebäudearten | Kostengruppen | Neubau | Abbrechen | Wiederherstellen | Herstellen

Einheit: m²
Außenbekleidungsfläche
Außenwand

Gebäuderart	von	€/Einheit	bis	KG an 300
1 Bürogebäude				
Bürogebäude, einfacher Standard	57,00	**95,00**	185,00	5,3%
Bürogebäude, mittlerer Standard	84,00	**149,00**	366,00	6,3%
Bürogebäude, hoher Standard	114,00	**164,00**	274,00	4,9%
2 Gebäude für wissenschaftliche Lehre und Forschung				
Instituts- und Laborgebäude	115,00	**169,00**	257,00	9,3%
3 Gebäude des Gesundheitswesens				
Krankenhäuser	59,00	**89,00**	170,00	3,6%
Pflegeheime	68,00	**94,00**	103,00	5,5%
4 Schulen und Kindergärten				
Allgemeinbildende Schulen	95,00	**133,00**	152,00	4,0%
Berufliche Schulen	65,00	**119,00**	153,00	2,7%
Förder- und Sonderschulen	97,00	**171,00**	203,00	7,5%
Weiterbildungseinrichtungen	79,00	**182,00**	266,00	4,5%
Kindergärten, nicht unterkellert, einfacher Standard	115,00	**143,00**	176,00	10,3%
Kindergärten, nicht unterkellert, mittlerer Standard	88,00	**107,00**	139,00	5,9%
Kindergärten, nicht unterkellert, hoher Standard	68,00	**106,00**	162,00	4,5%
Kindergärten, unterkellert	65,00	**90,00**	154,00	4,8%
5 Sportbauten				
Sport- und Mehrzweckhallen	51,00	**57,00**	63,00	2,4%
Sporthallen (Einfeldhallen)	86,00	**112,00**	138,00	8,1%
Sporthallen (Dreifeldhallen)	52,00	**72,00**	102,00	2,1%
Schwimmhallen	34,00	**60,00**	86,00	2,2%
6 Wohnbauten und Gemeinschaftsstätten				
Ein- und Zweifamilienhäuser unterkellert, einfacher Standard	40,00	**58,00**	124,00	6,6%
Ein- und Zweifamilienhäuser unterkellert, mittlerer Standard	54,00	**91,00**	130,00	9,8%
Ein- und Zweifamilienhäuser unterkellert, hoher Standard	87,00	**110,00**	133,00	9,6%
Ein- und Zweifamilienhäuser, nicht unterkellert, einfacher Standard	53,00	**67,00**	94,00	8,2%
Ein- und Zweifamilienhäuser, nicht unterkellert, mittlerer Standard	66,00	**96,00**	181,00	9,5%
Ein- und Zweifamilienhäuser, nicht unterkellert, hoher Standard	85,00	**105,00**	142,00	10,1%
Ein- und Zweifamilienhäuser, Passivhausstandard, Massivbau	89,00	**121,00**	165,00	13,1%
Ein- und Zweifamilienhäuser, Passivhausstandard, Holzbau	70,00	**98,00**	131,00	8,9%
Ein- und Zweifamilienhäuser, Holzbauweise, unterkellert	75,00	**90,00**	100,00	7,5%
Ein- und Zweifamilienhäuser, Holzbauweise, nicht unterkellert	49,00	**72,00**	104,00	7,5%
Doppel- und Reihenendhäuser, einfacher Standard	56,00	**63,00**	74,00	8,5%
Doppel- und Reihenendhäuser, mittlerer Standard	43,00	**64,00**	103,00	7,2%
Doppel- und Reihenendhäuser, hoher Standard	64,00	**99,00**	128,00	11,3%
Reihenhäuser, einfacher Standard	64,00	**65,00**	65,00	5,9%
Reihenhäuser, mittlerer Standard	39,00	**54,00**	68,00	5,8%
Reihenhäuser, hoher Standard	88,00	**105,00**	135,00	6,5%

Kostenstand: 1.Quartal 2012, Bundesdurchschnitt, **inkl. MwSt.**

335
**Außenwand-
bekleidungen
außen**

Einheit: m²
Außenbekleidungsfläche
Außenwand

Gebäudeart	von	€/Einheit	bis	KG an 300
Mehrfamilienhäuser, mit bis zu 6 WE, einfacher Standard	45,00	**60,00**	67,00	6,1%
Mehrfamilienhäuser, mit bis zu 6 WE, mittlerer Standard	49,00	**77,00**	108,00	7,3%
Mehrfamilienhäuser, mit bis zu 6 WE, hoher Standard	84,00	**119,00**	217,00	9,5%
Mehrfamilienhäuser, mit 6 bis 19 WE, einfacher Standard	65,00	**91,00**	143,00	6,0%
Mehrfamilienhäuser, mit 6 bis 19 WE, mittlerer Standard	61,00	**80,00**	102,00	6,2%
Mehrfamilienhäuser, mit 6 bis 19 WE, hoher Standard	66,00	**116,00**	310,00	9,7%
Mehrfamilienhäuser, mit mehr als 20 WE	67,00	**85,00**	95,00	8,3%
Mehrfamilienhäuser, energiesparend, ökologisch	58,00	**94,00**	153,00	7,6%
Wohnhäuser, mit bis zu 15% Mischnutzung, einfacher Standard	72,00	**108,00**	137,00	6,3%
Wohnhäuser, mit bis zu 15% Mischnutzung, mittlerer Standard	79,00	**109,00**	140,00	7,1%
Wohnhäuser, mit bis zu 15% Mischnutzung, hoher Standard	45,00	**121,00**	196,00	5,1%
Wohnhäuser mit mehr als 15% Mischnutzung	86,00	**125,00**	173,00	7,1%
Personal- und Altenwohnungen	67,00	**93,00**	119,00	6,0%
Alten- und Pflegeheime	58,00	**83,00**	93,00	5,3%
Wohnheime und Internate	74,00	**81,00**	89,00	6,0%
Gaststätten, Kantinen und Mensen	57,00	**100,00**	162,00	3,5%

7 Produktion, Gewerbe und Handel, Lager, Garagen, Bereitschaftsdienste

Gebäudeart	von	€/Einheit	bis	KG an 300
Geschäftshäuser mit Wohnungen	108,00	**125,00**	134,00	6,2%
Geschäftshäuser ohne Wohnungen	57,00	**69,00**	80,00	7,3%
Bank- und Sparkassengebäude	–	**405,00**	–	16,7%
Verbrauchermärkte	84,00	**139,00**	194,00	9,3%
Autohäuser	–	**89,00**	–	0,5%
Industrielle Produktionsgebäude, Massivbauweise	45,00	**78,00**	120,00	5,7%
Industrielle Produktionsgebäude, überwiegend Skelettbauweise	19,00	**43,00**	81,00	2,1%
Betriebs- und Werkstätten, eingeschossig	51,00	**80,00**	152,00	3,5%
Betriebs- und Werkstätten, mehrgeschossig, geringer Hallenanteil	74,00	**94,00**	121,00	6,2%
Betriebs- und Werkstätten, mehrgeschossig, hoher Hallenanteil	48,00	**75,00**	98,00	5,9%
Lagergebäude, ohne Mischnutzung	56,00	**99,00**	295,00	8,6%
Lagergebäude, mit bis zu 25% Mischnutzung	61,00	**96,00**	131,00	4,9%
Lagergebäude, mit mehr als 25% Mischnutzung	–	**52,00**	–	2,2%
Hochgaragen	21,00	**50,00**	65,00	3,1%
Tiefgaragen	13,00	**23,00**	29,00	1,4%
Feuerwehrhäuser	42,00	**88,00**	118,00	7,6%
Öffentliche Bereitschaftsdienste	86,00	**136,00**	253,00	8,1%

12 Gebäude anderer Art

Gebäudeart	von	€/Einheit	bis	KG an 300
Gebäude für kulturelle und musische Zwecke	114,00	**227,00**	339,00	7,4%
Theater	–	**163,00**	–	4,0%
Gemeindezentren, einfacher Standard	35,00	**77,00**	123,00	5,9%
Gemeindezentren, mittlerer Standard	84,00	**133,00**	230,00	7,1%
Gemeindezentren, hoher Standard	62,00	**83,00**	103,00	3,7%
Sakralbauten	–	**95,00**	–	5,4%
Friedhofsgebäude	55,00	**67,00**	79,00	5,7%

Gebäudearten

Kostengruppen

Bauelemente

Neubau

Abbrechen

Wiederherstellen

Herstellen

Einheit: m²
Innenbekleidungsfläche
Außenwand

Gebäudeart	von	€/Einheit	bis	KG an 300
1 Bürogebäude				
Bürogebäude, einfacher Standard	23,00	**35,00**	53,00	1,7%
Bürogebäude, mittlerer Standard	15,00	**29,00**	53,00	1,3%
Bürogebäude, hoher Standard	35,00	**61,00**	148,00	1,3%
2 Gebäude für wissenschaftliche Lehre und Forschung				
Instituts- und Laborgebäude	20,00	**29,00**	45,00	0,9%
3 Gebäude des Gesundheitswesens				
Krankenhäuser	17,00	**24,00**	26,00	0,7%
Pflegeheime	11,00	**18,00**	25,00	0,7%
4 Schulen und Kindergärten				
Allgemeinbildende Schulen	20,00	**24,00**	37,00	0,9%
Berufliche Schulen	12,00	**71,00**	190,00	0,3%
Förder- und Sonderschulen	35,00	**53,00**	96,00	1,1%
Weiterbildungseinrichtungen	15,00	**32,00**	61,00	0,5%
Kindergärten, nicht unterkellert, einfacher Standard	32,00	**43,00**	57,00	2,6%
Kindergärten, nicht unterkellert, mittlerer Standard	29,00	**42,00**	67,00	1,6%
Kindergärten, nicht unterkellert, hoher Standard	39,00	**53,00**	73,00	1,7%
Kindergärten, unterkellert	32,00	**35,00**	39,00	1,5%
5 Sportbauten				
Sport- und Mehrzweckhallen	5,90	**34,00**	62,00	1,3%
Sporthallen (Einfeldhallen)	53,00	**63,00**	73,00	3,4%
Sporthallen (Dreifeldhallen)	71,00	**82,00**	95,00	1,9%
Schwimmhallen	37,00	**58,00**	78,00	1,6%
6 Wohnbauten und Gemeinschaftsstätten				
Ein- und Zweifamilienhäuser unterkellert, einfacher Standard	17,00	**22,00**	24,00	2,3%
Ein- und Zweifamilienhäuser unterkellert, mittlerer Standard	24,00	**31,00**	49,00	2,7%
Ein- und Zweifamilienhäuser unterkellert, hoher Standard	25,00	**38,00**	57,00	2,5%
Ein- und Zweifamilienhäuser, nicht unterkellert, einfacher Standard	16,00	**26,00**	33,00	2,2%
Ein- und Zweifamilienhäuser, nicht unterkellert, mittlerer Standard	24,00	**33,00**	42,00	2,9%
Ein- und Zweifamilienhäuser, nicht unterkellert, hoher Standard	21,00	**28,00**	39,00	2,2%
Ein- und Zweifamilienhäuser, Passivhausstandard, Massivbau	28,00	**37,00**	46,00	2,9%
Ein- und Zweifamilienhäuser, Passivhausstandard, Holzbau	16,00	**37,00**	51,00	2,4%
Ein- und Zweifamilienhäuser, Holzbauweise, unterkellert	26,00	**44,00**	71,00	3,1%
Ein- und Zweifamilienhäuser, Holzbauweise, nicht unterkellert	26,00	**35,00**	52,00	3,3%
Doppel- und Reihenendhäuser, einfacher Standard	6,40	**14,00**	25,00	1,4%
Doppel- und Reihenendhäuser, mittlerer Standard	23,00	**28,00**	30,00	3,2%
Doppel- und Reihenendhäuser, hoher Standard	28,00	**41,00**	57,00	2,7%
Reihenhäuser, einfacher Standard	3,40	**9,60**	16,00	0,8%
Reihenhäuser, mittlerer Standard	8,90	**27,00**	33,00	2,3%
Reihenhäuser, hoher Standard	8,40	**26,00**	61,00	0,7%

© **BKI** Baukosteninformationszentrum; Erläuterungen zu den Tabellen siehe Seite 62   Kostenstand: 1.Quartal 2012, Bundesdurchschnitt, **inkl. MwSt.**

336
Außenwand-
bekleidungen
innen

Einheit: m²
Innenbekleidungsfläche
Außenwand

Gebäudeart	von	€/Einheit	bis	KG an 300
Mehrfamilienhäuser, mit bis zu 6 WE, einfacher Standard	8,70	23,00	32,00	2,0%
Mehrfamilienhäuser, mit bis zu 6 WE, mittlerer Standard	21,00	25,00	30,00	2,0%
Mehrfamilienhäuser, mit bis zu 6 WE, hoher Standard	25,00	29,00	32,00	1,7%
Mehrfamilienhäuser, mit 6 bis 19 WE, einfacher Standard	15,00	24,00	28,00	1,6%
Mehrfamilienhäuser, mit 6 bis 19 WE, mittlerer Standard	15,00	24,00	28,00	1,3%
Mehrfamilienhäuser, mit 6 bis 19 WE, hoher Standard	17,00	23,00	31,00	1,4%
Mehrfamilienhäuser, mit mehr als 20 WE	13,00	18,00	27,00	1,4%
Mehrfamilienhäuser, energiesparend, ökologisch	24,00	29,00	37,00	1,8%
Wohnhäuser, mit bis zu 15% Mischnutzung, einfacher Standard	24,00	54,00	112,00	2,6%
Wohnhäuser, mit bis zu 15% Mischnutzung, mittlerer Standard	11,00	31,00	42,00	2,3%
Wohnhäuser, mit bis zu 15% Mischnutzung, hoher Standard	34,00	35,00	36,00	1,8%
Wohnhäuser mit mehr als 15% Mischnutzung	22,00	30,00	42,00	1,3%
Personal- und Altenwohnungen	31,00	34,00	36,00	1,9%
Alten- und Pflegeheime	24,00	32,00	41,00	1,4%
Wohnheime und Internate	16,00	19,00	22,00	1,0%
Gaststätten, Kantinen und Mensen	38,00	58,00	83,00	1,5%

7 Produktion, Gewerbe und Handel, Lager, Garagen, Bereitschaftsdienste

Geschäftshäuser mit Wohnungen	35,00	36,00	36,00	2,0%
Geschäftshäuser ohne Wohnungen	22,00	23,00	24,00	1,9%
Bank- und Sparkassengebäude	–	55,00	–	1,1%
Verbrauchermärkte	16,00	32,00	48,00	0,8%
Autohäuser	–	50,00	–	0,2%
Industrielle Produktionsgebäude, Massivbauweise	14,00	23,00	55,00	1,0%
Industrielle Produktionsgebäude, überwiegend Skelettbauweise	16,00	30,00	72,00	0,3%
Betriebs- und Werkstätten, eingeschossig	14,00	36,00	55,00	0,3%
Betriebs- und Werkstätten, mehrgeschossig, geringer Hallenanteil	15,00	27,00	40,00	1,3%
Betriebs- und Werkstätten, mehrgeschossig, hoher Hallenanteil	18,00	33,00	49,00	1,6%
Lagergebäude, ohne Mischnutzung	10,00	25,00	40,00	0,2%
Lagergebäude, mit bis zu 25% Mischnutzung	8,00	19,00	29,00	0,7%
Lagergebäude, mit mehr als 25% Mischnutzung	–	30,00	–	0,8%
Hochgaragen	12,00	31,00	53,00	1,3%
Tiefgaragen	3,90	8,40	11,00	0,2%
Feuerwehrhäuser	14,00	25,00	40,00	1,3%
Öffentliche Bereitschaftsdienste	25,00	41,00	61,00	2,2%

12 Gebäude anderer Art

Gebäude für kulturelle und musische Zwecke	27,00	48,00	64,00	1,6%
Theater	–	13,00	–	0,2%
Gemeindezentren, einfacher Standard	28,00	37,00	44,00	2,2%
Gemeindezentren, mittlerer Standard	38,00	50,00	84,00	1,5%
Gemeindezentren, hoher Standard	49,00	57,00	66,00	2,8%
Sakralbauten	–	58,00	–	2,0%
Friedhofsgebäude	38,00	60,00	81,00	3,9%

Bauelemente
Gebäudearten
Kostengruppen
Neubau
Abbrechen
Wiederherstellen
Herstellen

Einheit: m²
Elementierte
Außenwandfläche

Gebäuderart	von	€/Einheit	bis	KG an 300
1 Bürogebäude				
Bürogebäude, einfacher Standard	–	**709,00**	–	4,4%
Bürogebäude, mittlerer Standard	449,00	**631,00**	824,00	6,5%
Bürogebäude, hoher Standard	473,00	**775,00**	1.004,00	11,8%
2 Gebäude für wissenschaftliche Lehre und Forschung				
Instituts- und Laborgebäude	524,00	**877,00**	1.310,00	9,9%
3 Gebäude des Gesundheitswesens				
Krankenhäuser	575,00	**636,00**	816,00	8,8%
Pflegeheime	180,00	**424,00**	668,00	3,6%
4 Schulen und Kindergärten				
Allgemeinbildende Schulen	387,00	**442,00**	502,00	7,9%
Berufliche Schulen	246,00	**428,00**	491,00	8,2%
Förder- und Sonderschulen	543,00	**615,00**	732,00	10,2%
Weiterbildungseinrichtungen	535,00	**604,00**	707,00	18,4%
Kindergärten, nicht unterkellert, einfacher Standard		**987,00**	–	1,8%
Kindergärten, nicht unterkellert, mittlerer Standard	224,00	**480,00**	600,00	7,9%
Kindergärten, nicht unterkellert, hoher Standard	228,00	**435,00**	740,00	4,2%
Kindergärten, unterkellert	361,00	**493,00**	703,00	5,7%
5 Sportbauten				
Sport- und Mehrzweckhallen	515,00	**561,00**	608,00	18,0%
Sporthallen (Einfeldhallen)	–	**–**	–	–
Sporthallen (Dreifeldhallen)	437,00	**526,00**	580,00	10,5%
Schwimmhallen	–	**–**	–	–
6 Wohnbauten und Gemeinschaftsstätten				
Ein- und Zweifamilienhäuser unterkellert, einfacher Standard	–	**168,00**	–	0,0%
Ein- und Zweifamilienhäuser unterkellert, mittlerer Standard	–	**185,00**	–	0,7%
Ein- und Zweifamilienhäuser unterkellert, hoher Standard	507,00	**629,00**	754,00	2,8%
Ein- und Zweifamilienhäuser, nicht unterkellert, einfacher Standard	–	**–**	–	–
Ein- und Zweifamilienhäuser, nicht unterkellert, mittlerer Standard	120,00	**306,00**	493,00	0,4%
Ein- und Zweifamilienhäuser, nicht unterkellert, hoher Standard	–	**541,00**	–	1,1%
Ein- und Zweifamilienhäuser, Passivhausstandard, Massivbau	222,00	**650,00**	1.079,00	2,8%
Ein- und Zweifamilienhäuser, Passivhausstandard, Holzbau	169,00	**590,00**	1.010,00	1,7%
Ein- und Zweifamilienhäuser, Holzbauweise, unterkellert	–	**–**	–	–
Ein- und Zweifamilienhäuser, Holzbauweise, nicht unterkellert	134,00	**229,00**	602,00	10,5%
Doppel- und Reihenendhäuser, einfacher Standard	–	**–**	–	–
Doppel- und Reihenendhäuser, mittlerer Standard	–	**55,00**	–	2,3%
Doppel- und Reihenendhäuser, hoher Standard	140,00	**183,00**	226,00	0,9%
Reihenhäuser, einfacher Standard	–	**–**	–	–
Reihenhäuser, mittlerer Standard	122,00	**251,00**	380,00	3,6%
Reihenhäuser, hoher Standard	–	**258,00**	–	1,9%

Kostenstand: 1.Quartal 2012, Bundesdurchschnitt, **inkl. MwSt.**

Gebäudeart	von	€/Einheit	bis	KG an 300
Mehrfamilienhäuser, mit bis zu 6 WE, einfacher Standard	–	–	–	–
Mehrfamilienhäuser, mit bis zu 6 WE, mittlerer Standard	163,00	**452,00**	599,00	1,5%
Mehrfamilienhäuser, mit bis zu 6 WE, hoher Standard	208,00	**402,00**	780,00	2,2%
Mehrfamilienhäuser, mit 6 bis 19 WE, einfacher Standard	–	–	–	–
Mehrfamilienhäuser, mit 6 bis 19 WE, mittlerer Standard	342,00	**411,00**	481,00	1,3%
Mehrfamilienhäuser, mit 6 bis 19 WE, hoher Standard	792,00	**796,00**	800,00	1,4%
Mehrfamilienhäuser, mit mehr als 20 WE	–	**660,00**	–	3,2%
Mehrfamilienhäuser, energiesparend, ökologisch	229,00	**378,00**	528,00	0,4%
Wohnhäuser, mit bis zu 15% Mischnutzung, einfacher Standard	208,00	**307,00**	504,00	4,1%
Wohnhäuser, mit bis zu 15% Mischnutzung, mittlerer Standard	–	–	–	–
Wohnhäuser, mit bis zu 15% Mischnutzung, hoher Standard	–	–	–	–
Wohnhäuser mit mehr als 15% Mischnutzung	476,00	**612,00**	677,00	6,4%
Personal- und Altenwohnungen	462,00	**588,00**	715,00	2,2%
Alten- und Pflegeheime	481,00	**525,00**	568,00	3,1%
Wohnheime und Internate	–	**709,00**	–	10,1%
Gaststätten, Kantinen und Mensen	434,00	**664,00**	902,00	8,8%

7 Produktion, Gewerbe und Handel, Lager, Garagen, Bereitschaftsdienste

	von	€/Einheit	bis	KG an 300
Geschäftshäuser mit Wohnungen	625,00	**712,00**	846,00	9,2%
Geschäftshäuser ohne Wohnungen	–	–	–	–
Bank- und Sparkassengebäude	–	**1.002,00**	–	1,5%
Verbrauchermärkte	–	–	–	–
Autohäuser	–	**381,00**	–	4,7%
Industrielle Produktionsgebäude, Massivbauweise	214,00	**459,00**	605,00	4,7%
Industrielle Produktionsgebäude, überwiegend Skelettbauweise	–	–	–	–
Betriebs- und Werkstätten, eingeschossig	534,00	**673,00**	932,00	2,4%
Betriebs- und Werkstätten, mehrgeschossig, geringer Hallenanteil	350,00	**358,00**	367,00	3,5%
Betriebs- und Werkstätten, mehrgeschossig, hoher Hallenanteil	291,00	**333,00**	387,00	3,4%
Lagergebäude, ohne Mischnutzung	–	**87,00**	–	1,3%
Lagergebäude, mit bis zu 25% Mischnutzung	138,00	**299,00**	586,00	8,2%
Lagergebäude, mit mehr als 25% Mischnutzung	–	**172,00**	–	4,2%
Hochgaragen	–	**116,00**	–	2,1%
Tiefgaragen	–	–	–	–
Feuerwehrhäuser	778,00	**812,00**	846,00	0,7%
Öffentliche Bereitschaftsdienste	597,00	**666,00**	783,00	1,5%

12 Gebäude anderer Art

	von	€/Einheit	bis	KG an 300
Gebäude für kulturelle und musische Zwecke	572,00	**792,00**	1.000,00	7,4%
Theater	–	**1.371,00**	–	17,5%
Gemeindezentren, einfacher Standard	–	**301,00**	–	0,7%
Gemeindezentren, mittlerer Standard	609,00	**734,00**	1.095,00	4,6%
Gemeindezentren, hoher Standard	–	–	–	–
Sakralbauten	–	**674,00**	–	1,0%
Friedhofsgebäude	–	**552,00**	–	1,3%

Gebäudearten

Bauelemente Kostengruppen

Neubau

Abbrechen

Wiederherstellen

Herstellen

Einheit: m²
Sonnengeschützte Fläche

Gebäudeart	von	€/Einheit	bis	KG an 300
1 Bürogebäude				
Bürogebäude, einfacher Standard	76,00	**143,00**	215,00	2,1%
Bürogebäude, mittlerer Standard	100,00	**178,00**	289,00	1,8%
Bürogebäude, hoher Standard	117,00	**252,00**	455,00	2,1%
2 Gebäude für wissenschaftliche Lehre und Forschung				
Instituts- und Laborgebäude	136,00	**241,00**	346,00	0,5%
3 Gebäude des Gesundheitswesens				
Krankenhäuser	107,00	**260,00**	567,00	0,5%
Pflegeheime	–	**158,00**	–	0,4%
4 Schulen und Kindergärten				
Allgemeinbildende Schulen	77,00	**198,00**	240,00	1,0%
Berufliche Schulen	125,00	**178,00**	236,00	1,0%
Förder- und Sonderschulen	121,00	**145,00**	173,00	0,9%
Weiterbildungseinrichtungen	96,00	**131,00**	188,00	1,5%
Kindergärten, nicht unterkellert, einfacher Standard	135,00	**194,00**	262,00	1,1%
Kindergärten, nicht unterkellert, mittlerer Standard	168,00	**318,00**	436,00	1,9%
Kindergärten, nicht unterkellert, hoher Standard	152,00	**296,00**	354,00	0,6%
Kindergärten, unterkellert	80,00	**179,00**	277,00	0,6%
5 Sportbauten				
Sport- und Mehrzweckhallen	–	**134,00**	–	0,5%
Sporthallen (Einfeldhallen)	–	**–**	–	–
Sporthallen (Dreifeldhallen)	104,00	**162,00**	196,00	0,5%
Schwimmhallen	–	**–**	–	–
6 Wohnbauten und Gemeinschaftsstätten				
Ein- und Zweifamilienhäuser unterkellert, einfacher Standard	64,00	**230,00**	286,00	2,0%
Ein- und Zweifamilienhäuser unterkellert, mittlerer Standard	135,00	**215,00**	403,00	1,6%
Ein- und Zweifamilienhäuser unterkellert, hoher Standard	173,00	**327,00**	560,00	3,6%
Ein- und Zweifamilienhäuser, nicht unterkellert, einfacher Standard	162,00	**267,00**	371,00	1,8%
Ein- und Zweifamilienhäuser, nicht unterkellert, mittlerer Standard	77,00	**222,00**	449,00	1,3%
Ein- und Zweifamilienhäuser, nicht unterkellert, hoher Standard	217,00	**352,00**	443,00	1,8%
Ein- und Zweifamilienhäuser, Passivhausstandard, Massivbau	147,00	**259,00**	358,00	2,8%
Ein- und Zweifamilienhäuser, Passivhausstandard, Holzbau	130,00	**201,00**	328,00	3,0%
Ein- und Zweifamilienhäuser, Holzbauweise, unterkellert	117,00	**185,00**	359,00	2,7%
Ein- und Zweifamilienhäuser, Holzbauweise, nicht unterkellert	205,00	**276,00**	307,00	0,7%
Doppel- und Reihenendhäuser, einfacher Standard	62,00	**66,00**	70,00	1,1%
Doppel- und Reihenendhäuser, mittlerer Standard	84,00	**120,00**	191,00	2,3%
Doppel- und Reihenendhäuser, hoher Standard	126,00	**140,00**	167,00	1,2%
Reihenhäuser, einfacher Standard	66,00	**73,00**	80,00	1,8%
Reihenhäuser, mittlerer Standard	83,00	**103,00**	112,00	1,3%
Reihenhäuser, hoher Standard	106,00	**118,00**	129,00	0,7%

© **BKI** Baukosteninformationszentrum; Erläuterungen zu den Tabellen siehe Seite 62   Kostenstand: 1.Quartal 2012, Bundesdurchschnitt, **inkl. MwSt.**

Gebäudeart	von	€/Einheit	bis	KG an 300
Mehrfamilienhäuser, mit bis zu 6 WE, einfacher Standard	–	–	–	–
Mehrfamilienhäuser, mit bis zu 6 WE, mittlerer Standard	110,00	**150,00**	218,00	1,0%
Mehrfamilienhäuser, mit bis zu 6 WE, hoher Standard	104,00	**126,00**	139,00	1,2%
Mehrfamilienhäuser, mit 6 bis 19 WE, einfacher Standard	114,00	**162,00**	244,00	1,9%
Mehrfamilienhäuser, mit 6 bis 19 WE, mittlerer Standard	74,00	**167,00**	509,00	2,2%
Mehrfamilienhäuser, mit 6 bis 19 WE, hoher Standard	79,00	**147,00**	215,00	1,1%
Mehrfamilienhäuser, mit mehr als 20 WE	267,00	**351,00**	517,00	1,7%
Mehrfamilienhäuser, energiesparend, ökologisch	117,00	**200,00**	512,00	1,8%
Wohnhäuser, mit bis zu 15% Mischnutzung, einfacher Standard	79,00	**99,00**	158,00	1,2%
Wohnhäuser, mit bis zu 15% Mischnutzung, mittlerer Standard	121,00	**144,00**	189,00	2,8%
Wohnhäuser, mit bis zu 15% Mischnutzung, hoher Standard	112,00	**170,00**	228,00	1,8%
Wohnhäuser mit mehr als 15% Mischnutzung	–	**81,00**	–	0,0%
Personal- und Altenwohnungen	125,00	**217,00**	385,00	1,0%
Alten- und Pflegeheime	95,00	**130,00**	230,00	1,1%
Wohnheime und Internate	–	–	–	–
Gaststätten, Kantinen und Mensen	130,00	**170,00**	237,00	0,1%

7 Produktion, Gewerbe und Handel, Lager, Garagen, Bereitschaftsdienste

	von	€/Einheit	bis	KG an 300
Geschäftshäuser mit Wohnungen	98,00	**136,00**	175,00	1,0%
Geschäftshäuser ohne Wohnungen	–	**443,00**	–	1,4%
Bank- und Sparkassengebäude	–	**155,00**	–	0,7%
Verbrauchermärkte	–	**66,00**	–	0,0%
Autohäuser	–	–	–	–
Industrielle Produktionsgebäude, Massivbauweise	129,00	**224,00**	408,00	0,7%
Industrielle Produktionsgebäude, überwiegend Skelettbauweise	144,00	**214,00**	253,00	0,1%
Betriebs- und Werkstätten, eingeschossig	122,00	**208,00**	253,00	0,9%
Betriebs- und Werkstätten, mehrgeschossig, geringer Hallenanteil	169,00	**235,00**	299,00	2,0%
Betriebs- und Werkstätten, mehrgeschossig, hoher Hallenanteil	99,00	**158,00**	218,00	0,9%
Lagergebäude, ohne Mischnutzung	–	–	–	–
Lagergebäude, mit bis zu 25% Mischnutzung	–	**851,00**	–	0,6%
Lagergebäude, mit mehr als 25% Mischnutzung	–	**278,00**	–	0,5%
Hochgaragen	–	–	–	–
Tiefgaragen	–	–	–	–
Feuerwehrhäuser	–	**145,00**	–	0,1%
Öffentliche Bereitschaftsdienste	179,00	**202,00**	276,00	1,0%

12 Gebäude anderer Art

	von	€/Einheit	bis	KG an 300
Gebäude für kulturelle und musische Zwecke	71,00	**198,00**	282,00	1,3%
Theater	–	**202,00**	–	1,0%
Gemeindezentren, einfacher Standard	–	–	–	–
Gemeindezentren, mittlerer Standard	170,00	**197,00**	224,00	0,5%
Gemeindezentren, hoher Standard	–	–	–	–
Sakralbauten	–	**476,00**	–	0,2%
Friedhofsgebäude	–	–	–	–

Einheit: m²
Sonnengeschützte Fläche

Gebäudearten
Kostengruppen
Bauelemente
Neubau
Abbrechen
Wiederherstellen
Herstellen

339
Außenwände, sonstiges

Einheit: m²
Außenwandfläche

Gebäuderart	von	€/Einheit	bis	KG an 300
1 Bürogebäude				
Bürogebäude, einfacher Standard	5,50	**16,00**	54,00	0,7%
Bürogebäude, mittlerer Standard	5,90	**23,00**	61,00	1,0%
Bürogebäude, hoher Standard	7,70	**24,00**	65,00	1,2%
2 Gebäude für wissenschaftliche Lehre und Forschung				
Instituts- und Laborgebäude	8,90	**27,00**	57,00	1,3%
3 Gebäude des Gesundheitswesens				
Krankenhäuser	3,30	**7,10**	10,00	0,3%
Pflegeheime	10,00	**23,00**	31,00	1,2%
4 Schulen und Kindergärten				
Allgemeinbildende Schulen	14,00	**14,00**	15,00	0,5%
Berufliche Schulen	7,90	**28,00**	86,00	0,9%
Förder- und Sonderschulen	6,20	**13,00**	27,00	0,4%
Weiterbildungseinrichtungen	3,50	**12,00**	24,00	0,7%
Kindergärten, nicht unterkellert, einfacher Standard	–	**–**	–	–
Kindergärten, nicht unterkellert, mittlerer Standard	5,30	**12,00**	20,00	0,2%
Kindergärten, nicht unterkellert, hoher Standard	17,00	**42,00**	90,00	1,6%
Kindergärten, unterkellert	5,00	**10,00**	21,00	0,6%
5 Sportbauten				
Sport- und Mehrzweckhallen	–	**–**	–	–
Sporthallen (Einfeldhallen)	–	**34,00**	–	0,9%
Sporthallen (Dreifeldhallen)	5,00	**12,00**	15,00	0,5%
Schwimmhallen	0,80	**4,00**	7,20	0,1%
6 Wohnbauten und Gemeinschaftsstätten				
Ein- und Zweifamilienhäuser unterkellert, einfacher Standard	2,30	**5,00**	8,90	0,6%
Ein- und Zweifamilienhäuser unterkellert, mittlerer Standard	5,10	**17,00**	44,00	1,6%
Ein- und Zweifamilienhäuser unterkellert, hoher Standard	9,50	**27,00**	61,00	2,9%
Ein- und Zweifamilienhäuser, nicht unterkellert, einfacher Standard	1,90	**2,50**	2,80	0,3%
Ein- und Zweifamilienhäuser, nicht unterkellert, mittlerer Standard	6,00	**9,80**	14,00	0,7%
Ein- und Zweifamilienhäuser, nicht unterkellert, hoher Standard	2,60	**8,20**	12,00	0,8%
Ein- und Zweifamilienhäuser, Passivhausstandard, Massivbau	2,90	**7,90**	15,00	0,6%
Ein- und Zweifamilienhäuser, Passivhausstandard, Holzbau	9,10	**31,00**	84,00	1,9%
Ein- und Zweifamilienhäuser, Holzbauweise, unterkellert	4,10	**16,00**	25,00	1,9%
Ein- und Zweifamilienhäuser, Holzbauweise, nicht unterkellert	6,40	**15,00**	26,00	1,4%
Doppel- und Reihenendhäuser, einfacher Standard	1,80	**6,70**	12,00	0,7%
Doppel- und Reihenendhäuser, mittlerer Standard	18,00	**27,00**	36,00	3,1%
Doppel- und Reihenendhäuser, hoher Standard	3,70	**17,00**	30,00	1,6%
Reihenhäuser, einfacher Standard	–	**14,00**	–	1,0%
Reihenhäuser, mittlerer Standard	8,00	**17,00**	31,00	1,8%
Reihenhäuser, hoher Standard	57,00	**81,00**	105,00	4,8%

Kostenstand: 1.Quartal 2012, Bundesdurchschnitt, **inkl. MwSt.**

Gebäudeart	von	€/Einheit	bis	KG an 300
Mehrfamilienhäuser, mit bis zu 6 WE, einfacher Standard	1,50	17,00	47,00	2,2%
Mehrfamilienhäuser, mit bis zu 6 WE, mittlerer Standard	8,40	23,00	61,00	2,1%
Mehrfamilienhäuser, mit bis zu 6 WE, hoher Standard	22,00	29,00	42,00	2,3%
Mehrfamilienhäuser, mit 6 bis 19 WE, einfacher Standard	3,30	14,00	34,00	0,9%
Mehrfamilienhäuser, mit 6 bis 19 WE, mittlerer Standard	4,80	14,00	25,00	1,3%
Mehrfamilienhäuser, mit 6 bis 19 WE, hoher Standard	5,20	6,70	11,00	0,6%
Mehrfamilienhäuser, mit mehr als 20 WE	1,90	22,00	61,00	2,3%
Mehrfamilienhäuser, energiesparend, ökologisch	7,10	26,00	78,00	2,0%
Wohnhäuser, mit bis zu 15% Mischnutzung, einfacher Standard	2,90	34,00	82,00	2,0%
Wohnhäuser, mit bis zu 15% Mischnutzung, mittlerer Standard	14,00	24,00	31,00	2,8%
Wohnhäuser, mit bis zu 15% Mischnutzung, hoher Standard	7,00	12,00	17,00	0,8%
Wohnhäuser mit mehr als 15% Mischnutzung	7,50	33,00	87,00	2,0%
Personal- und Altenwohnungen	4,20	13,00	22,00	0,9%
Alten- und Pflegeheime	4,60	12,00	34,00	0,8%
Wohnheime und Internate	–	25,00	–	1,1%
Gaststätten, Kantinen und Mensen	3,90	7,60	11,00	0,4%

7 Produktion, Gewerbe und Handel, Lager, Garagen, Bereitschaftsdienste

Geschäftshäuser mit Wohnungen	3,30	21,00	30,00	1,5%
Geschäftshäuser ohne Wohnungen	1,20	4,20	7,20	0,4%
Bank- und Sparkassengebäude	–	21,00	–	0,8%
Verbrauchermärkte	4,50	7,30	10,00	0,5%
Autohäuser	–	–	–	–
Industrielle Produktionsgebäude, Massivbauweise	6,80	12,00	20,00	0,5%
Industrielle Produktionsgebäude, überwiegend Skelettbauweise	1,60	12,00	23,00	0,4%
Betriebs- und Werkstätten, eingeschossig	1,30	4,50	13,00	0,1%
Betriebs- und Werkstätten, mehrgeschossig, geringer Hallenanteil	2,10	11,00	29,00	0,5%
Betriebs- und Werkstätten, mehrgeschossig, hoher Hallenanteil	1,90	10,00	23,00	0,8%
Lagergebäude, ohne Mischnutzung	4,60	11,00	20,00	0,7%
Lagergebäude, mit bis zu 25% Mischnutzung	6,20	18,00	29,00	1,2%
Lagergebäude, mit mehr als 25% Mischnutzung	–	–	–	–
Hochgaragen	–	29,00	–	0,3%
Tiefgaragen	4,70	9,40	24,00	1,0%
Feuerwehrhäuser	1,10	3,30	4,60	0,1%
Öffentliche Bereitschaftsdienste	3,50	4,00	5,50	0,1%

12 Gebäude anderer Art

Gebäude für kulturelle und musische Zwecke	9,20	17,00	25,00	0,9%
Theater	–	7,20	–	0,2%
Gemeindezentren, einfacher Standard	28,00	35,00	47,00	1,8%
Gemeindezentren, mittlerer Standard	6,70	17,00	36,00	0,8%
Gemeindezentren, hoher Standard	4,10	14,00	25,00	0,9%
Sakralbauten	–	4,90	–	0,3%
Friedhofsgebäude	–	2,10	–	0,1%

Einheit: m²
Tragende Innenwandfläche

Gebäudeart	von	€/Einheit	bis	KG an 300
1 Bürogebäude				
Bürogebäude, einfacher Standard	73,00	**109,00**	129,00	3,1%
Bürogebäude, mittlerer Standard	87,00	**130,00**	211,00	3,5%
Bürogebäude, hoher Standard	94,00	**137,00**	176,00	2,6%
2 Gebäude für wissenschaftliche Lehre und Forschung				
Instituts- und Laborgebäude	103,00	**126,00**	151,00	1,9%
3 Gebäude des Gesundheitswesens				
Krankenhäuser	103,00	**258,00**	722,00	4,5%
Pflegeheime	78,00	**106,00**	130,00	6,6%
4 Schulen und Kindergärten				
Allgemeinbildende Schulen	91,00	**123,00**	140,00	3,8%
Berufliche Schulen	104,00	**138,00**	165,00	3,1%
Förder- und Sonderschulen	88,00	**160,00**	185,00	6,8%
Weiterbildungseinrichtungen	158,00	**218,00**	418,00	3,7%
Kindergärten, nicht unterkellert, einfacher Standard	108,00	**123,00**	154,00	5,5%
Kindergärten, nicht unterkellert, mittlerer Standard	79,00	**100,00**	124,00	4,3%
Kindergärten, nicht unterkellert, hoher Standard	87,00	**130,00**	188,00	4,5%
Kindergärten, unterkellert	105,00	**138,00**	158,00	5,0%
5 Sportbauten				
Sport- und Mehrzweckhallen	73,00	**192,00**	312,00	0,9%
Sporthallen (Einfeldhallen)	47,00	**72,00**	96,00	2,0%
Sporthallen (Dreifeldhallen)	98,00	**121,00**	138,00	2,9%
Schwimmhallen	156,00	**176,00**	197,00	5,0%
6 Wohnbauten und Gemeinschaftsstätten				
Ein- und Zweifamilienhäuser unterkellert, einfacher Standard	63,00	**85,00**	105,00	2,5%
Ein- und Zweifamilienhäuser unterkellert, mittlerer Standard	65,00	**79,00**	117,00	3,1%
Ein- und Zweifamilienhäuser unterkellert, hoher Standard	66,00	**75,00**	105,00	2,2%
Ein- und Zweifamilienhäuser, nicht unterkellert, einfacher Standard	50,00	**118,00**	154,00	3,6%
Ein- und Zweifamilienhäuser, nicht unterkellert, mittlerer Standard	60,00	**72,00**	83,00	2,3%
Ein- und Zweifamilienhäuser, nicht unterkellert, hoher Standard	57,00	**78,00**	89,00	1,3%
Ein- und Zweifamilienhäuser, Passivhausstandard, Massivbau	18,00	**61,00**	73,00	2,0%
Ein- und Zweifamilienhäuser, Passivhausstandard, Holzbau	73,00	**103,00**	125,00	2,8%
Ein- und Zweifamilienhäuser, Holzbauweise, unterkellert	50,00	**69,00**	82,00	8,8%
Ein- und Zweifamilienhäuser, Holzbauweise, nicht unterkellert	59,00	**74,00**	88,00	2,2%
Doppel- und Reihenendhäuser, einfacher Standard	57,00	**80,00**	95,00	7,0%
Doppel- und Reihenendhäuser, mittlerer Standard	63,00	**82,00**	116,00	2,7%
Doppel- und Reihenendhäuser, hoher Standard	68,00	**86,00**	107,00	5,3%
Reihenhäuser, einfacher Standard	60,00	**73,00**	85,00	11,5%
Reihenhäuser, mittlerer Standard	63,00	**81,00**	99,00	8,1%
Reihenhäuser, hoher Standard	85,00	**108,00**	123,00	7,3%

© **BKI** Baukosteninformationszentrum; Erläuterungen zu den Tabellen siehe Seite 62   Kostenstand: 1.Quartal 2012, Bundesdurchschnitt, **inkl. MwSt.**

Gebäudeart	von	€/Einheit	bis	KG an 300
Mehrfamilienhäuser, mit bis zu 6 WE, einfacher Standard	67,00	**74,00**	86,00	4,4%
Mehrfamilienhäuser, mit bis zu 6 WE, mittlerer Standard	58,00	**76,00**	119,00	3,6%
Mehrfamilienhäuser, mit bis zu 6 WE, hoher Standard	71,00	**90,00**	108,00	3,6%
Mehrfamilienhäuser, mit 6 bis 19 WE, einfacher Standard	61,00	**79,00**	88,00	3,9%
Mehrfamilienhäuser, mit 6 bis 19 WE, mittlerer Standard	76,00	**91,00**	105,00	5,5%
Mehrfamilienhäuser, mit 6 bis 19 WE, hoher Standard	62,00	**103,00**	137,00	4,4%
Mehrfamilienhäuser, mit mehr als 20 WE	58,00	**76,00**	87,00	4,7%
Mehrfamilienhäuser, energiesparend, ökologisch	58,00	**79,00**	97,00	3,6%
Wohnhäuser, mit bis zu 15% Mischnutzung, einfacher Standard	39,00	**84,00**	114,00	6,1%
Wohnhäuser, mit bis zu 15% Mischnutzung, mittlerer Standard	–	**85,00**	–	1,8%
Wohnhäuser, mit bis zu 15% Mischnutzung, hoher Standard	77,00	**94,00**	111,00	3,5%
Wohnhäuser mit mehr als 15% Mischnutzung	85,00	**132,00**	223,00	4,1%
Personal- und Altenwohnungen	70,00	**80,00**	91,00	4,6%
Alten- und Pflegeheime	75,00	**87,00**	98,00	6,4%
Wohnheime und Internate	78,00	**82,00**	86,00	4,7%
Gaststätten, Kantinen und Mensen	81,00	**103,00**	169,00	2,6%

7 Produktion, Gewerbe und Handel, Lager, Garagen, Bereitschaftsdienste

Gebäudeart	von	€/Einheit	bis	KG an 300
Geschäftshäuser mit Wohnungen	86,00	**134,00**	227,00	3,6%
Geschäftshäuser ohne Wohnungen	75,00	**109,00**	143,00	1,8%
Bank- und Sparkassengebäude	–	**247,00**	–	3,7%
Verbrauchermärkte	72,00	**83,00**	94,00	3,0%
Autohäuser	–	**155,00**	–	2,1%
Industrielle Produktionsgebäude, Massivbauweise	74,00	**99,00**	190,00	3,2%
Industrielle Produktionsgebäude, überwiegend Skelettbauweise	92,00	**133,00**	172,00	6,4%
Betriebs- und Werkstätten, eingeschossig	92,00	**115,00**	140,00	1,8%
Betriebs- und Werkstätten, mehrgeschossig, geringer Hallenanteil	85,00	**161,00**	238,00	2,2%
Betriebs- und Werkstätten, mehrgeschossig, hoher Hallenanteil	73,00	**101,00**	130,00	2,8%
Lagergebäude, ohne Mischnutzung	52,00	**77,00**	126,00	0,6%
Lagergebäude, mit bis zu 25% Mischnutzung	75,00	**106,00**	123,00	3,2%
Lagergebäude, mit mehr als 25% Mischnutzung	69,00	**78,00**	87,00	2,8%
Hochgaragen	73,00	**120,00**	181,00	2,3%
Tiefgaragen	128,00	**180,00**	278,00	1,1%
Feuerwehrhäuser	75,00	**94,00**	119,00	2,6%
Öffentliche Bereitschaftsdienste	69,00	**91,00**	121,00	3,3%

12 Gebäude anderer Art

Gebäudeart	von	€/Einheit	bis	KG an 300
Gebäude für kulturelle und musische Zwecke	113,00	**156,00**	268,00	2,4%
Theater	–	**259,00**	–	8,1%
Gemeindezentren, einfacher Standard	61,00	**79,00**	128,00	2,9%
Gemeindezentren, mittlerer Standard	74,00	**103,00**	142,00	2,3%
Gemeindezentren, hoher Standard	76,00	**120,00**	164,00	2,8%
Sakralbauten	–	**94,00**	–	0,1%
Friedhofsgebäude	75,00	**144,00**	213,00	2,9%

Einheit: m²
Tragende Innenwandfläche

Gebäudearten

Kostengruppen

Bauelemente

Neubau

Abbrechen

Wiederherstellen

Herstellen

Einheit: m²
Nichttragende
Innenwandfläche

Gebäuderart	von	€/Einheit	bis	KG an 300
1 Bürogebäude				
Bürogebäude, einfacher Standard	53,00	**72,00**	88,00	4,5%
Bürogebäude, mittlerer Standard	65,00	**91,00**	150,00	3,0%
Bürogebäude, hoher Standard	67,00	**90,00**	121,00	2,1%
2 Gebäude für wissenschaftliche Lehre und Forschung				
Instituts- und Laborgebäude	57,00	**92,00**	110,00	3,5%
3 Gebäude des Gesundheitswesens				
Krankenhäuser	59,00	**80,00**	101,00	4,2%
Pflegeheime	69,00	**87,00**	139,00	4,7%
4 Schulen und Kindergärten				
Allgemeinbildende Schulen	58,00	**103,00**	131,00	1,1%
Berufliche Schulen	75,00	**122,00**	208,00	2,3%
Förder- und Sonderschulen	90,00	**94,00**	104,00	2,0%
Weiterbildungseinrichtungen	77,00	**127,00**	313,00	2,8%
Kindergärten, nicht unterkellert, einfacher Standard	51,00	**63,00**	84,00	2,1%
Kindergärten, nicht unterkellert, mittlerer Standard	63,00	**84,00**	120,00	2,1%
Kindergärten, nicht unterkellert, hoher Standard	64,00	**105,00**	147,00	1,6%
Kindergärten, unterkellert	67,00	**88,00**	114,00	2,4%
5 Sportbauten				
Sport- und Mehrzweckhallen	48,00	**75,00**	102,00	1,0%
Sporthallen (Einfeldhallen)	48,00	**54,00**	60,00	1,6%
Sporthallen (Dreifeldhallen)	61,00	**68,00**	92,00	0,9%
Schwimmhallen	104,00	**105,00**	105,00	1,5%
6 Wohnbauten und Gemeinschaftsstätten				
Ein- und Zweifamilienhäuser unterkellert, einfacher Standard	49,00	**62,00**	78,00	3,1%
Ein- und Zweifamilienhäuser unterkellert, mittlerer Standard	51,00	**59,00**	76,00	2,3%
Ein- und Zweifamilienhäuser unterkellert, hoher Standard	55,00	**72,00**	100,00	1,9%
Ein- und Zweifamilienhäuser, nicht unterkellert, einfacher Standard	67,00	**71,00**	76,00	3,6%
Ein- und Zweifamilienhäuser, nicht unterkellert, mittlerer Standard	55,00	**63,00**	77,00	2,3%
Ein- und Zweifamilienhäuser, nicht unterkellert, hoher Standard	49,00	**78,00**	94,00	3,6%
Ein- und Zweifamilienhäuser, Passivhausstandard, Massivbau	54,00	**62,00**	77,00	2,4%
Ein- und Zweifamilienhäuser, Passivhausstandard, Holzbau	56,00	**81,00**	111,00	2,6%
Ein- und Zweifamilienhäuser, Holzbauweise, unterkellert	56,00	**71,00**	86,00	0,7%
Ein- und Zweifamilienhäuser, Holzbauweise, nicht unterkellert	55,00	**78,00**	101,00	3,8%
Doppel- und Reihenendhäuser, einfacher Standard	50,00	**58,00**	62,00	3,6%
Doppel- und Reihenendhäuser, mittlerer Standard	51,00	**59,00**	64,00	3,3%
Doppel- und Reihenendhäuser, hoher Standard	52,00	**82,00**	124,00	2,6%
Reihenhäuser, einfacher Standard	49,00	**56,00**	64,00	5,4%
Reihenhäuser, mittlerer Standard	60,00	**69,00**	79,00	2,9%
Reihenhäuser, hoher Standard	77,00	**92,00**	121,00	4,2%

© BKI Baukosteninformationszentrum; Erläuterungen zu den Tabellen siehe Seite 62   Kostenstand: 1.Quartal 2012, Bundesdurchschnitt, **inkl. MwSt.**

Gebäudeart	von	€/Einheit	bis	KG an 300
Mehrfamilienhäuser, mit bis zu 6 WE, einfacher Standard	54,00	**60,00**	71,00	4,7%
Mehrfamilienhäuser, mit bis zu 6 WE, mittlerer Standard	53,00	**64,00**	88,00	4,4%
Mehrfamilienhäuser, mit bis zu 6 WE, hoher Standard	44,00	**64,00**	86,00	2,7%
Mehrfamilienhäuser, mit 6 bis 19 WE, einfacher Standard	54,00	**62,00**	65,00	4,0%
Mehrfamilienhäuser, mit 6 bis 19 WE, mittlerer Standard	46,00	**55,00**	70,00	3,2%
Mehrfamilienhäuser, mit 6 bis 19 WE, hoher Standard	47,00	**55,00**	67,00	3,9%
Mehrfamilienhäuser, mit mehr als 20 WE	49,00	**56,00**	67,00	4,4%
Mehrfamilienhäuser, energiesparend, ökologisch	49,00	**62,00**	83,00	3,5%
Wohnhäuser, mit bis zu 15% Mischnutzung, einfacher Standard	51,00	**60,00**	88,00	3,7%
Wohnhäuser, mit bis zu 15% Mischnutzung, mittlerer Standard	65,00	**75,00**	91,00	4,8%
Wohnhäuser, mit bis zu 15% Mischnutzung, hoher Standard	71,00	**81,00**	91,00	5,8%
Wohnhäuser mit mehr als 15% Mischnutzung	36,00	**54,00**	61,00	3,7%
Personal- und Altenwohnungen	51,00	**65,00**	76,00	3,7%
Alten- und Pflegeheime	61,00	**71,00**	81,00	5,8%
Wohnheime und Internate	59,00	**69,00**	79,00	2,0%
Gaststätten, Kantinen und Mensen	80,00	**91,00**	118,00	2,5%

7 Produktion, Gewerbe und Handel, Lager, Garagen, Bereitschaftsdienste

Gebäudeart	von	€/Einheit	bis	KG an 300
Geschäftshäuser mit Wohnungen	53,00	**74,00**	87,00	3,4%
Geschäftshäuser ohne Wohnungen	60,00	**62,00**	64,00	3,2%
Bank- und Sparkassengebäude	–	**120,00**	–	1,5%
Verbrauchermärkte	56,00	**60,00**	63,00	1,4%
Autohäuser	–	**60,00**	–	1,0%
Industrielle Produktionsgebäude, Massivbauweise	29,00	**59,00**	89,00	1,6%
Industrielle Produktionsgebäude, überwiegend Skelettbauweise	62,00	**74,00**	103,00	0,9%
Betriebs- und Werkstätten, eingeschossig	58,00	**84,00**	111,00	2,4%
Betriebs- und Werkstätten, mehrgeschossig, geringer Hallenanteil	90,00	**101,00**	124,00	2,6%
Betriebs- und Werkstätten, mehrgeschossig, hoher Hallenanteil	71,00	**93,00**	121,00	1,6%
Lagergebäude, ohne Mischnutzung	62,00	**78,00**	110,00	0,6%
Lagergebäude, mit bis zu 25% Mischnutzung	76,00	**109,00**	127,00	2,0%
Lagergebäude, mit mehr als 25% Mischnutzung	86,00	**104,00**	123,00	1,0%
Hochgaragen	99,00	**153,00**	207,00	0,1%
Tiefgaragen	78,00	**94,00**	111,00	0,3%
Feuerwehrhäuser	58,00	**66,00**	78,00	1,2%
Öffentliche Bereitschaftsdienste	62,00	**81,00**	159,00	2,4%

12 Gebäude anderer Art

Gebäudeart	von	€/Einheit	bis	KG an 300
Gebäude für kulturelle und musische Zwecke	71,00	**95,00**	117,00	1,6%
Theater	–	**146,00**	–	1,5%
Gemeindezentren, einfacher Standard	47,00	**52,00**	57,00	1,0%
Gemeindezentren, mittlerer Standard	63,00	**88,00**	153,00	2,1%
Gemeindezentren, hoher Standard	108,00	**198,00**	288,00	3,2%
Sakralbauten	–	**102,00**	–	1,6%
Friedhofsgebäude	41,00	**103,00**	165,00	1,0%

Einheit: m²
Nichttragende
Innenwandfläche

Gebäudearten

Bauelemente

Kostengruppen

Neubau

Abbrechen

Wiederherstellen

Herstellen

Einheit: m
Innenstützenlänge

Gebäuderart	von	€/Einheit	bis	KG an 300
1 Bürogebäude				
Bürogebäude, einfacher Standard	98,00	**175,00**	442,00	0,5%
Bürogebäude, mittlerer Standard	89,00	**134,00**	175,00	0,6%
Bürogebäude, hoher Standard	104,00	**173,00**	204,00	0,6%
2 Gebäude für wissenschaftliche Lehre und Forschung				
Instituts- und Laborgebäude	164,00	**209,00**	392,00	0,9%
3 Gebäude des Gesundheitswesens				
Krankenhäuser	87,00	**128,00**	178,00	0,5%
Pflegeheime	65,00	**105,00**	145,00	0,0%
4 Schulen und Kindergärten				
Allgemeinbildende Schulen	95,00	**115,00**	156,00	0,8%
Berufliche Schulen	88,00	**143,00**	178,00	1,0%
Förder- und Sonderschulen	134,00	**177,00**	292,00	0,4%
Weiterbildungseinrichtungen	132,00	**191,00**	281,00	0,7%
Kindergärten, nicht unterkellert, einfacher Standard	71,00	**127,00**	208,00	0,2%
Kindergärten, nicht unterkellert, mittlerer Standard	19,00	**30,00**	49,00	0,0%
Kindergärten, nicht unterkellert, hoher Standard	99,00	**124,00**	191,00	0,1%
Kindergärten, unterkellert	92,00	**157,00**	200,00	0,7%
5 Sportbauten				
Sport- und Mehrzweckhallen	–	**412,00**	–	0,1%
Sporthallen (Einfeldhallen)	–	**84,00**	–	0,1%
Sporthallen (Dreifeldhallen)	115,00	**190,00**	433,00	0,3%
Schwimmhallen	143,00	**145,00**	146,00	0,5%
6 Wohnbauten und Gemeinschaftsstätten				
Ein- und Zweifamilienhäuser unterkellert, einfacher Standard	–	**29,00**	–	0,0%
Ein- und Zweifamilienhäuser unterkellert, mittlerer Standard	53,00	**80,00**	106,00	0,0%
Ein- und Zweifamilienhäuser unterkellert, hoher Standard	91,00	**113,00**	125,00	0,1%
Ein- und Zweifamilienhäuser, nicht unterkellert, einfacher Standard	–	**–**	–	–
Ein- und Zweifamilienhäuser, nicht unterkellert, mittlerer Standard	39,00	**67,00**	109,00	0,0%
Ein- und Zweifamilienhäuser, nicht unterkellert, hoher Standard	76,00	**104,00**	201,00	0,2%
Ein- und Zweifamilienhäuser, Passivhausstandard, Massivbau	62,00	**111,00**	167,00	0,1%
Ein- und Zweifamilienhäuser, Passivhausstandard, Holzbau	60,00	**99,00**	144,00	0,1%
Ein- und Zweifamilienhäuser, Holzbauweise, unterkellert	–	**–**	–	–
Ein- und Zweifamilienhäuser, Holzbauweise, nicht unterkellert	27,00	**57,00**	89,00	0,0%
Doppel- und Reihenendhäuser, einfacher Standard	–	**102,00**	–	0,1%
Doppel- und Reihenendhäuser, mittlerer Standard	–	**170,00**	–	0,0%
Doppel- und Reihenendhäuser, hoher Standard	29,00	**60,00**	112,00	0,0%
Reihenhäuser, einfacher Standard	–	**116,00**	–	0,4%
Reihenhäuser, mittlerer Standard	172,00	**188,00**	203,00	0,1%
Reihenhäuser, hoher Standard	–	**35,00**	–	0,0%

Kostenstand: 1.Quartal 2012, Bundesdurchschnitt, **inkl. MwSt.**

Gebäudeart	von	€/Einheit	bis	KG an 300
Mehrfamilienhäuser, mit bis zu 6 WE, einfacher Standard	66,00	**196,00**	325,00	0,2%
Mehrfamilienhäuser, mit bis zu 6 WE, mittlerer Standard	93,00	**152,00**	291,00	0,3%
Mehrfamilienhäuser, mit bis zu 6 WE, hoher Standard	72,00	**134,00**	195,00	0,0%
Mehrfamilienhäuser, mit 6 bis 19 WE, einfacher Standard	69,00	**160,00**	207,00	0,8%
Mehrfamilienhäuser, mit 6 bis 19 WE, mittlerer Standard	91,00	**127,00**	254,00	0,4%
Mehrfamilienhäuser, mit 6 bis 19 WE, hoher Standard	95,00	**162,00**	199,00	0,8%
Mehrfamilienhäuser, mit mehr als 20 WE	100,00	**105,00**	110,00	0,0%
Mehrfamilienhäuser, energiesparend, ökologisch	93,00	**130,00**	178,00	0,2%
Wohnhäuser, mit bis zu 15% Mischnutzung, einfacher Standard	119,00	**149,00**	196,00	0,2%
Wohnhäuser, mit bis zu 15% Mischnutzung, mittlerer Standard	113,00	**117,00**	121,00	0,2%
Wohnhäuser, mit bis zu 15% Mischnutzung, hoher Standard	89,00	**122,00**	156,00	0,3%
Wohnhäuser mit mehr als 15% Mischnutzung	106,00	**138,00**	214,00	0,7%
Personal- und Altenwohnungen	111,00	**266,00**	572,00	0,3%
Alten- und Pflegeheime	111,00	**166,00**	234,00	0,6%
Wohnheime und Internate	–	**88,00**	–	0,3%
Gaststätten, Kantinen und Mensen	199,00	**294,00**	470,00	0,3%

7 Produktion, Gewerbe und Handel, Lager, Garagen, Bereitschaftsdienste

Gebäudeart	von	€/Einheit	bis	KG an 300
Geschäftshäuser mit Wohnungen	113,00	**174,00**	295,00	1,2%
Geschäftshäuser ohne Wohnungen	155,00	**176,00**	198,00	0,6%
Bank- und Sparkassengebäude	–	**431,00**	–	0,6%
Verbrauchermärkte	80,00	**123,00**	166,00	0,3%
Autohäuser	–	**267,00**	–	1,1%
Industrielle Produktionsgebäude, Massivbauweise	108,00	**179,00**	276,00	1,4%
Industrielle Produktionsgebäude, überwiegend Skelettbauweise	128,00	**241,00**	372,00	1,5%
Betriebs- und Werkstätten, eingeschossig	176,00	**211,00**	228,00	0,3%
Betriebs- und Werkstätten, mehrgeschossig, geringer Hallenanteil	91,00	**139,00**	278,00	0,5%
Betriebs- und Werkstätten, mehrgeschossig, hoher Hallenanteil	101,00	**129,00**	178,00	0,5%
Lagergebäude, ohne Mischnutzung	55,00	**133,00**	173,00	0,4%
Lagergebäude, mit bis zu 25% Mischnutzung	280,00	**320,00**	359,00	3,1%
Lagergebäude, mit mehr als 25% Mischnutzung	170,00	**376,00**	582,00	1,1%
Hochgaragen	–	**224,00**	–	0,1%
Tiefgaragen	132,00	**212,00**	273,00	1,7%
Feuerwehrhäuser	76,00	**127,00**	224,00	0,5%
Öffentliche Bereitschaftsdienste	100,00	**150,00**	199,00	0,6%

12 Gebäude anderer Art

Gebäudeart	von	€/Einheit	bis	KG an 300
Gebäude für kulturelle und musische Zwecke	70,00	**165,00**	272,00	0,7%
Theater	–	**191,00**	–	0,5%
Gemeindezentren, einfacher Standard	140,00	**288,00**	550,00	0,1%
Gemeindezentren, mittlerer Standard	123,00	**180,00**	276,00	0,3%
Gemeindezentren, hoher Standard	174,00	**182,00**	190,00	2,0%
Sakralbauten	–	**389,00**	–	0,3%
Friedhofsgebäude	–	**287,00**	–	0,4%

Bauelemente

Gebäudearten

Kostengruppen

Neubau

Abbrechen

Wiederherstellen

Herstellen

Einheit: m²
Innentüren- und
-fensterfläche

Gebäuderart	von	€/Einheit	bis	KG an 300
1 Bürogebäude				
Bürogebäude, einfacher Standard	253,00	**452,00**	628,00	4,7%
Bürogebäude, mittlerer Standard	400,00	**606,00**	876,00	5,0%
Bürogebäude, hoher Standard	673,00	**828,00**	970,00	5,3%
2 Gebäude für wissenschaftliche Lehre und Forschung				
Instituts- und Laborgebäude	528,00	**774,00**	927,00	5,6%
3 Gebäude des Gesundheitswesens				
Krankenhäuser	629,00	**750,00**	903,00	5,4%
Pflegeheime	383,00	**469,00**	540,00	6,8%
4 Schulen und Kindergärten				
Allgemeinbildende Schulen	399,00	**774,00**	1.025,00	2,9%
Berufliche Schulen	555,00	**664,00**	872,00	3,7%
Förder- und Sonderschulen	683,00	**729,00**	868,00	5,0%
Weiterbildungseinrichtungen	630,00	**853,00**	1.552,00	4,3%
Kindergärten, nicht unterkellert, einfacher Standard	253,00	**309,00**	398,00	2,4%
Kindergärten, nicht unterkellert, mittlerer Standard	287,00	**473,00**	579,00	4,8%
Kindergärten, nicht unterkellert, hoher Standard	426,00	**514,00**	592,00	3,4%
Kindergärten, unterkellert	309,00	**392,00**	614,00	3,0%
5 Sportbauten				
Sport- und Mehrzweckhallen	106,00	**335,00**	564,00	2,3%
Sporthallen (Einfeldhallen)	462,00	**554,00**	646,00	3,6%
Sporthallen (Dreifeldhallen)	405,00	**504,00**	599,00	2,4%
Schwimmhallen	690,00	**862,00**	1.033,00	3,7%
6 Wohnbauten und Gemeinschaftsstätten				
Ein- und Zweifamilienhäuser unterkellert, einfacher Standard	176,00	**215,00**	238,00	2,9%
Ein- und Zweifamilienhäuser unterkellert, mittlerer Standard	246,00	**305,00**	398,00	3,2%
Ein- und Zweifamilienhäuser unterkellert, hoher Standard	297,00	**462,00**	680,00	3,5%
Ein- und Zweifamilienhäuser, nicht unterkellert, einfacher Standard	217,00	**253,00**	273,00	3,1%
Ein- und Zweifamilienhäuser, nicht unterkellert, mittlerer Standard	209,00	**323,00**	488,00	2,3%
Ein- und Zweifamilienhäuser, nicht unterkellert, hoher Standard	322,00	**460,00**	738,00	5,3%
Ein- und Zweifamilienhäuser, Passivhausstandard, Massivbau	210,00	**273,00**	366,00	2,0%
Ein- und Zweifamilienhäuser, Passivhausstandard, Holzbau	210,00	**302,00**	395,00	2,1%
Ein- und Zweifamilienhäuser, Holzbauweise, unterkellert	208,00	**341,00**	683,00	2,6%
Ein- und Zweifamilienhäuser, Holzbauweise, nicht unterkellert	203,00	**233,00**	292,00	2,2%
Doppel- und Reihenendhäuser, einfacher Standard	140,00	**213,00**	358,00	2,8%
Doppel- und Reihenendhäuser, mittlerer Standard	217,00	**244,00**	296,00	2,9%
Doppel- und Reihenendhäuser, hoher Standard	156,00	**271,00**	351,00	2,2%
Reihenhäuser, einfacher Standard	141,00	**144,00**	147,00	2,5%
Reihenhäuser, mittlerer Standard	174,00	**251,00**	311,00	4,2%
Reihenhäuser, hoher Standard	262,00	**298,00**	363,00	2,5%

© **BKI** Baukosteninformationszentrum; Erläuterungen zu den Tabellen siehe Seite 62   Kostenstand: 1.Quartal 2012, Bundesdurchschnitt, **inkl. MwSt.**

344
**Innentüren
und -fenster**

Einheit: m²
Innentüren- und
-fensterfläche

Gebäudeart	von	€/Einheit	bis	KG an 300
Mehrfamilienhäuser, mit bis zu 6 WE, einfacher Standard	175,00	**251,00**	401,00	4,7%
Mehrfamilienhäuser, mit bis zu 6 WE, mittlerer Standard	188,00	**277,00**	328,00	3,6%
Mehrfamilienhäuser, mit bis zu 6 WE, hoher Standard	347,00	**655,00**	1.027,00	5,5%
Mehrfamilienhäuser, mit 6 bis 19 WE, einfacher Standard	267,00	**287,00**	298,00	3,9%
Mehrfamilienhäuser, mit 6 bis 19 WE, mittlerer Standard	205,00	**298,00**	409,00	3,9%
Mehrfamilienhäuser, mit 6 bis 19 WE, hoher Standard	263,00	**341,00**	391,00	3,9%
Mehrfamilienhäuser, mit mehr als 20 WE	272,00	**314,00**	396,00	5,3%
Mehrfamilienhäuser, energiesparend, ökologisch	195,00	**295,00**	376,00	3,4%
Wohnhäuser, mit bis zu 15% Mischnutzung, einfacher Standard	199,00	**229,00**	268,00	2,6%
Wohnhäuser, mit bis zu 15% Mischnutzung, mittlerer Standard	257,00	**375,00**	571,00	4,6%
Wohnhäuser, mit bis zu 15% Mischnutzung, hoher Standard	290,00	**354,00**	419,00	3,5%
Wohnhäuser mit mehr als 15% Mischnutzung	246,00	**333,00**	379,00	3,4%
Personal- und Altenwohnungen	280,00	**336,00**	385,00	5,0%
Alten- und Pflegeheime	323,00	**344,00**	403,00	4,7%
Wohnheime und Internate	614,00	**679,00**	743,00	6,0%
Gaststätten, Kantinen und Mensen	491,00	**667,00**	1.123,00	2,3%

7 Produktion, Gewerbe und Handel, Lager, Garagen, Bereitschaftsdienste

Geschäftshäuser mit Wohnungen	418,00	**446,00**	487,00	3,6%
Geschäftshäuser ohne Wohnungen	443,00	**448,00**	452,00	4,1%
Bank- und Sparkassengebäude	–	**725,00**	–	1,3%
Verbrauchermärkte	516,00	**541,00**	566,00	4,1%
Autohäuser	–	**396,00**	–	0,9%
Industrielle Produktionsgebäude, Massivbauweise	361,00	**496,00**	686,00	2,3%
Industrielle Produktionsgebäude, überwiegend Skelettbauweise	322,00	**494,00**	559,00	1,5%
Betriebs- und Werkstätten, eingeschossig	142,00	**339,00**	519,00	1,7%
Betriebs- und Werkstätten, mehrgeschossig, geringer Hallenanteil	329,00	**488,00**	945,00	2,4%
Betriebs- und Werkstätten, mehrgeschossig, hoher Hallenanteil	219,00	**378,00**	532,00	1,4%
Lagergebäude, ohne Mischnutzung	631,00	**697,00**	823,00	1,3%
Lagergebäude, mit bis zu 25% Mischnutzung	528,00	**601,00**	732,00	2,2%
Lagergebäude, mit mehr als 25% Mischnutzung	313,00	**487,00**	661,00	3,3%
Hochgaragen	–	**684,00**	–	0,1%
Tiefgaragen	210,00	**531,00**	713,00	0,9%
Feuerwehrhäuser	333,00	**472,00**	681,00	3,6%
Öffentliche Bereitschaftsdienste	364,00	**434,00**	561,00	3,2%

12 Gebäude anderer Art

Gebäude für kulturelle und musische Zwecke	528,00	**862,00**	1.213,00	4,1%
Theater	–	**1.465,00**	–	6,1%
Gemeindezentren, einfacher Standard	365,00	**439,00**	632,00	3,6%
Gemeindezentren, mittlerer Standard	406,00	**545,00**	755,00	3,3%
Gemeindezentren, hoher Standard	950,00	**1.011,00**	1.073,00	6,4%
Sakralbauten	–	**528,00**	–	2,8%
Friedhofsgebäude	649,00	**789,00**	929,00	6,5%

Gebäudearten

Kostengruppen

Bauelemente

Neubau

Abbrechen

Wiederherstellen

Herstellen

Einheit: m²
Innenwand-Bekleidungs-
fläche

Gebäudeart	von	€/Einheit	bis	KG an 300
1 Bürogebäude				
Bürogebäude, einfacher Standard	12,00	**25,00**	44,00	4,1%
Bürogebäude, mittlerer Standard	19,00	**31,00**	50,00	3,5%
Bürogebäude, hoher Standard	28,00	**42,00**	61,00	3,3%
2 Gebäude für wissenschaftliche Lehre und Forschung				
Instituts- und Laborgebäude	23,00	**34,00**	49,00	2,9%
3 Gebäude des Gesundheitswesens				
Krankenhäuser	25,00	**50,00**	114,00	4,4%
Pflegeheime	15,00	**23,00**	31,00	4,9%
4 Schulen und Kindergärten				
Allgemeinbildende Schulen	29,00	**40,00**	45,00	2,8%
Berufliche Schulen	20,00	**44,00**	65,00	2,4%
Förder- und Sonderschulen	38,00	**60,00**	114,00	3,4%
Weiterbildungseinrichtungen	20,00	**30,00**	63,00	1,7%
Kindergärten, nicht unterkellert, einfacher Standard	29,00	**42,00**	52,00	5,4%
Kindergärten, nicht unterkellert, mittlerer Standard	32,00	**52,00**	106,00	4,8%
Kindergärten, nicht unterkellert, hoher Standard	28,00	**42,00**	61,00	3,8%
Kindergärten, unterkellert	16,00	**26,00**	36,00	3,4%
5 Sportbauten				
Sport- und Mehrzweckhallen	7,20	**54,00**	101,00	2,2%
Sporthallen (Einfeldhallen)	39,00	**54,00**	70,00	5,0%
Sporthallen (Dreifeldhallen)	54,00	**62,00**	75,00	3,7%
Schwimmhallen	67,00	**69,00**	71,00	5,8%
6 Wohnbauten und Gemeinschaftsstätten				
Ein- und Zweifamilienhäuser unterkellert, einfacher Standard	29,00	**33,00**	38,00	5,8%
Ein- und Zweifamilienhäuser unterkellert, mittlerer Standard	28,00	**34,00**	45,00	4,1%
Ein- und Zweifamilienhäuser unterkellert, hoher Standard	32,00	**41,00**	47,00	3,8%
Ein- und Zweifamilienhäuser, nicht unterkellert, einfacher Standard	27,00	**34,00**	37,00	3,9%
Ein- und Zweifamilienhäuser, nicht unterkellert, mittlerer Standard	24,00	**36,00**	48,00	4,4%
Ein- und Zweifamilienhäuser, nicht unterkellert, hoher Standard	17,00	**25,00**	30,00	2,8%
Ein- und Zweifamilienhäuser, Passivhausstandard, Massivbau	21,00	**34,00**	55,00	3,5%
Ein- und Zweifamilienhäuser, Passivhausstandard, Holzbau	20,00	**31,00**	48,00	2,7%
Ein- und Zweifamilienhäuser, Holzbauweise, unterkellert	23,00	**32,00**	42,00	5,8%
Ein- und Zweifamilienhäuser, Holzbauweise, nicht unterkellert	18,00	**25,00**	34,00	3,4%
Doppel- und Reihenendhäuser, einfacher Standard	12,00	**17,00**	25,00	4,2%
Doppel- und Reihenendhäuser, mittlerer Standard	23,00	**37,00**	46,00	4,2%
Doppel- und Reihenendhäuser, hoher Standard	30,00	**43,00**	59,00	5,5%
Reihenhäuser, einfacher Standard	12,00	**13,00**	15,00	4,7%
Reihenhäuser, mittlerer Standard	20,00	**28,00**	34,00	5,4%
Reihenhäuser, hoher Standard	9,80	**24,00**	31,00	4,4%

Kostenstand: 1.Quartal 2012, Bundesdurchschnitt, inkl. MwSt.

Gebäudeart	von	€/Einheit	bis	KG an 300
Mehrfamilienhäuser, mit bis zu 6 WE, einfacher Standard	16,00	**30,00**	59,00	7,2%
Mehrfamilienhäuser, mit bis zu 6 WE, mittlerer Standard	17,00	**28,00**	34,00	5,2%
Mehrfamilienhäuser, mit bis zu 6 WE, hoher Standard	22,00	**28,00**	34,00	4,0%
Mehrfamilienhäuser, mit 6 bis 19 WE, einfacher Standard	16,00	**28,00**	36,00	5,5%
Mehrfamilienhäuser, mit 6 bis 19 WE, mittlerer Standard	19,00	**25,00**	38,00	4,2%
Mehrfamilienhäuser, mit 6 bis 19 WE, hoher Standard	21,00	**28,00**	43,00	4,8%
Mehrfamilienhäuser, mit mehr als 20 WE	8,90	**17,00**	21,00	3,4%
Mehrfamilienhäuser, energiesparend, ökologisch	20,00	**26,00**	34,00	4,3%
Wohnhäuser, mit bis zu 15% Mischnutzung, einfacher Standard	8,90	**28,00**	33,00	5,6%
Wohnhäuser, mit bis zu 15% Mischnutzung, mittlerer Standard	12,00	**29,00**	40,00	4,6%
Wohnhäuser, mit bis zu 15% Mischnutzung, hoher Standard	35,00	**36,00**	36,00	5,5%
Wohnhäuser mit mehr als 15% Mischnutzung	20,00	**30,00**	40,00	5,7%
Personal- und Altenwohnungen	26,00	**36,00**	62,00	6,6%
Alten- und Pflegeheime	29,00	**31,00**	34,00	6,4%
Wohnheime und Internate	29,00	**31,00**	33,00	5,3%
Gaststätten, Kantinen und Mensen	46,00	**60,00**	74,00	4,5%

7 Produktion, Gewerbe und Handel, Lager, Garagen, Bereitschaftsdienste

Gebäudeart	von	€/Einheit	bis	KG an 300
Geschäftshäuser mit Wohnungen	19,00	**22,00**	29,00	2,7%
Geschäftshäuser ohne Wohnungen	33,00	**35,00**	36,00	4,2%
Bank- und Sparkassengebäude	–	**41,00**	–	2,1%
Verbrauchermärkte	23,00	**33,00**	43,00	3,7%
Autohäuser	–	**14,00**	–	0,8%
Industrielle Produktionsgebäude, Massivbauweise	11,00	**34,00**	52,00	2,9%
Industrielle Produktionsgebäude, überwiegend Skelettbauweise	21,00	**27,00**	33,00	1,0%
Betriebs- und Werkstätten, eingeschossig	16,00	**29,00**	42,00	1,6%
Betriebs- und Werkstätten, mehrgeschossig, geringer Hallenanteil	36,00	**49,00**	80,00	2,5%
Betriebs- und Werkstätten, mehrgeschossig, hoher Hallenanteil	21,00	**31,00**	41,00	2,9%
Lagergebäude, ohne Mischnutzung	14,00	**32,00**	64,00	0,5%
Lagergebäude, mit bis zu 25% Mischnutzung	8,90	**19,00**	39,00	1,3%
Lagergebäude, mit mehr als 25% Mischnutzung	37,00	**66,00**	95,00	2,4%
Hochgaragen	11,00	**25,00**	37,00	0,9%
Tiefgaragen	5,80	**8,90**	12,00	0,1%
Feuerwehrhäuser	4,60	**28,00**	36,00	2,7%
Öffentliche Bereitschaftsdienste	30,00	**38,00**	62,00	4,6%

12 Gebäude anderer Art

Gebäudeart	von	€/Einheit	bis	KG an 300
Gebäude für kulturelle und musische Zwecke	42,00	**53,00**	58,00	2,5%
Theater	–	**45,00**	–	3,1%
Gemeindezentren, einfacher Standard	29,00	**38,00**	48,00	4,0%
Gemeindezentren, mittlerer Standard	43,00	**59,00**	100,00	4,5%
Gemeindezentren, hoher Standard	28,00	**37,00**	46,00	2,7%
Sakralbauten	–	**49,00**	–	1,7%
Friedhofsgebäude	15,00	**42,00**	69,00	2,3%

Einheit: m²
Innenwand-Bekleidungs-
fläche

Bauelemente

Gebäudearten

Kostengruppen

Neubau

Abbrechen

Wiederherstellen

Herstellen

Gebäudeart	von	€/Einheit	bis	KG an 300
1 Bürogebäude				
Bürogebäude, einfacher Standard	131,00	**280,00**	438,00	2,4%
Bürogebäude, mittlerer Standard	219,00	**362,00**	783,00	2,4%
Bürogebäude, hoher Standard	278,00	**516,00**	708,00	5,3%
2 Gebäude für wissenschaftliche Lehre und Forschung				
Instituts- und Laborgebäude	320,00	**539,00**	827,00	1,8%
3 Gebäude des Gesundheitswesens				
Krankenhäuser	106,00	**382,00**	907,00	1,0%
Pflegeheime	106,00	**369,00**	669,00	0,9%
4 Schulen und Kindergärten				
Allgemeinbildende Schulen	766,00	**826,00**	934,00	2,6%
Berufliche Schulen	258,00	**393,00**	589,00	3,7%
Förder- und Sonderschulen	322,00	**464,00**	610,00	0,5%
Weiterbildungseinrichtungen	427,00	**582,00**	783,00	3,4%
Kindergärten, nicht unterkellert, einfacher Standard	328,00	**401,00**	648,00	2,7%
Kindergärten, nicht unterkellert, mittlerer Standard	232,00	**344,00**	550,00	2,4%
Kindergärten, nicht unterkellert, hoher Standard	218,00	**382,00**	636,00	1,3%
Kindergärten, unterkellert	228,00	**280,00**	345,00	1,2%
5 Sportbauten				
Sport- und Mehrzweckhallen	–	**89,00**	–	0,1%
Sporthallen (Einfeldhallen)	–	**264,00**	–	0,4%
Sporthallen (Dreifeldhallen)	224,00	**520,00**	981,00	2,9%
Schwimmhallen	215,00	**279,00**	343,00	0,7%
6 Wohnbauten und Gemeinschaftsstätten				
Ein- und Zweifamilienhäuser unterkellert, einfacher Standard	–	**–**	–	–
Ein- und Zweifamilienhäuser unterkellert, mittlerer Standard	–	**–**	–	–
Ein- und Zweifamilienhäuser unterkellert, hoher Standard	–	**808,00**	–	0,0%
Ein- und Zweifamilienhäuser, nicht unterkellert, einfacher Standard	–	**–**	–	–
Ein- und Zweifamilienhäuser, nicht unterkellert, mittlerer Standard	–	**–**	–	–
Ein- und Zweifamilienhäuser, nicht unterkellert, hoher Standard	–	**–**	–	–
Ein- und Zweifamilienhäuser, Passivhausstandard, Massivbau	479,00	**528,00**	626,00	0,4%
Ein- und Zweifamilienhäuser, Passivhausstandard, Holzbau	–	**603,00**	–	0,1%
Ein- und Zweifamilienhäuser, Holzbauweise, unterkellert	–	**–**	–	–
Ein- und Zweifamilienhäuser, Holzbauweise, nicht unterkellert	45,00	**45,00**	46,00	0,4%
Doppel- und Reihenendhäuser, einfacher Standard	–	**174,00**	–	0,2%
Doppel- und Reihenendhäuser, mittlerer Standard	–	**47,00**	–	0,7%
Doppel- und Reihenendhäuser, hoher Standard	–	**–**	–	–
Reihenhäuser, einfacher Standard	–	**–**	–	–
Reihenhäuser, mittlerer Standard	–	**–**	–	–
Reihenhäuser, hoher Standard	–	**137,00**	–	0,3%

© **BKI** Baukosteninformationszentrum; Erläuterungen zu den Tabellen siehe Seite 62   Kostenstand: 1.Quartal 2012, Bundesdurchschnitt, **inkl. MwSt.**

Gebäudeart	von	€/Einheit	bis	KG an 300
Mehrfamilienhäuser, mit bis zu 6 WE, einfacher Standard	–	**–**	–	–
Mehrfamilienhäuser, mit bis zu 6 WE, mittlerer Standard	70,00	**109,00**	147,00	0,0%
Mehrfamilienhäuser, mit bis zu 6 WE, hoher Standard	–	**55,00**	–	0,0%
Mehrfamilienhäuser, mit 6 bis 19 WE, einfacher Standard	–	**47,00**	–	0,1%
Mehrfamilienhäuser, mit 6 bis 19 WE, mittlerer Standard	22,00	**32,00**	43,00	0,2%
Mehrfamilienhäuser, mit 6 bis 19 WE, hoher Standard	–	**90,00**	–	0,1%
Mehrfamilienhäuser, mit mehr als 20 WE	–	**44,00**	–	0,2%
Mehrfamilienhäuser, energiesparend, ökologisch	26,00	**219,00**	412,00	0,7%
Wohnhäuser, mit bis zu 15% Mischnutzung, einfacher Standard	30,00	**83,00**	135,00	0,1%
Wohnhäuser, mit bis zu 15% Mischnutzung, mittlerer Standard	–	**–**	–	–
Wohnhäuser, mit bis zu 15% Mischnutzung, hoher Standard	–	**–**	–	–
Wohnhäuser mit mehr als 15% Mischnutzung	65,00	**197,00**	264,00	1,8%
Personal- und Altenwohnungen	–	**99,00**	–	0,0%
Alten- und Pflegeheime	171,00	**320,00**	600,00	0,6%
Wohnheime und Internate	–	**278,00**	–	0,5%
Gaststätten, Kantinen und Mensen	245,00	**406,00**	819,00	2,0%

7 Produktion, Gewerbe und Handel, Lager, Garagen, Bereitschaftsdienste

Gebäudeart	von	€/Einheit	bis	KG an 300
Geschäftshäuser mit Wohnungen	–	**440,00**	–	0,2%
Geschäftshäuser ohne Wohnungen	49,00	**325,00**	601,00	3,3%
Bank- und Sparkassengebäude	–	**278,00**	–	0,1%
Verbrauchermärkte	200,00	**284,00**	367,00	1,1%
Autohäuser	–	**119,00**	–	0,2%
Industrielle Produktionsgebäude, Massivbauweise	428,00	**621,00**	815,00	1,5%
Industrielle Produktionsgebäude, überwiegend Skelettbauweise	194,00	**317,00**	667,00	1,4%
Betriebs- und Werkstätten, eingeschossig	163,00	**189,00**	214,00	0,8%
Betriebs- und Werkstätten, mehrgeschossig, geringer Hallenanteil	163,00	**196,00**	230,00	3,0%
Betriebs- und Werkstätten, mehrgeschossig, hoher Hallenanteil	124,00	**186,00**	349,00	0,1%
Lagergebäude, ohne Mischnutzung	114,00	**134,00**	154,00	0,0%
Lagergebäude, mit bis zu 25% Mischnutzung	–	**423,00**	–	0,1%
Lagergebäude, mit mehr als 25% Mischnutzung	168,00	**242,00**	315,00	0,1%
Hochgaragen	126,00	**179,00**	231,00	0,3%
Tiefgaragen	–	**–**	–	–
Feuerwehrhäuser	188,00	**303,00**	615,00	0,7%
Öffentliche Bereitschaftsdienste	159,00	**302,00**	486,00	0,9%

12 Gebäude anderer Art

Gebäudeart	von	€/Einheit	bis	KG an 300
Gebäude für kulturelle und musische Zwecke	266,00	**459,00**	799,00	2,0%
Theater	–	**566,00**	–	1,5%
Gemeindezentren, einfacher Standard	195,00	**662,00**	907,00	1,5%
Gemeindezentren, mittlerer Standard	367,00	**506,00**	782,00	3,5%
Gemeindezentren, hoher Standard	155,00	**217,00**	279,00	0,3%
Sakralbauten	–	**674,00**	–	1,0%
Friedhofsgebäude	–	**392,00**	–	0,9%

Einheit: m²
Elementierte
Innenwandfläche

Gebäudearten

Kostengruppen

Bauelemente

Neubau

Abbrechen

Wiederherstellen

Herstellen

Gebäudeart	von	€/Einheit	bis	KG an 300
1 Bürogebäude				
Bürogebäude, einfacher Standard	3,70	**4,80**	5,80	0,1%
Bürogebäude, mittlerer Standard	5,30	**13,00**	30,00	0,3%
Bürogebäude, hoher Standard	3,20	**22,00**	50,00	0,5%
2 Gebäude für wissenschaftliche Lehre und Forschung				
Instituts- und Laborgebäude	–	**13,00**	–	0,1%
3 Gebäude des Gesundheitswesens				
Krankenhäuser	3,70	**12,00**	32,00	1,0%
Pflegeheime	4,40	**8,30**	20,00	1,0%
4 Schulen und Kindergärten				
Allgemeinbildende Schulen	1,40	**15,00**	28,00	0,4%
Berufliche Schulen	3,80	**5,40**	8,60	0,2%
Förder- und Sonderschulen	3,10	**4,50**	7,20	0,2%
Weiterbildungseinrichtungen	5,50	**6,30**	7,10	0,1%
Kindergärten, nicht unterkellert, einfacher Standard	–	**–**	–	–
Kindergärten, nicht unterkellert, mittlerer Standard	0,60	**4,10**	7,50	0,0%
Kindergärten, nicht unterkellert, hoher Standard	6,30	**14,00**	21,00	0,5%
Kindergärten, unterkellert	1,00	**6,10**	11,00	0,1%
5 Sportbauten				
Sport- und Mehrzweckhallen	–	**21,00**	–	0,3%
Sporthallen (Einfeldhallen)	1,40	**9,00**	16,00	0,3%
Sporthallen (Dreifeldhallen)	2,20	**7,40**	17,00	0,3%
Schwimmhallen	–	**4,50**	–	0,0%
6 Wohnbauten und Gemeinschaftsstätten				
Ein- und Zweifamilienhäuser unterkellert, einfacher Standard	–	**6,50**	–	0,1%
Ein- und Zweifamilienhäuser unterkellert, mittlerer Standard	–	**9,90**	–	0,0%
Ein- und Zweifamilienhäuser unterkellert, hoher Standard	–	**44,00**	–	0,2%
Ein- und Zweifamilienhäuser, nicht unterkellert, einfacher Standard	–	**–**	–	–
Ein- und Zweifamilienhäuser, nicht unterkellert, mittlerer Standard	4,70	**7,70**	11,00	0,1%
Ein- und Zweifamilienhäuser, nicht unterkellert, hoher Standard	–	**–**	–	–
Ein- und Zweifamilienhäuser, Passivhausstandard, Massivbau	4,30	**7,50**	11,00	0,1%
Ein- und Zweifamilienhäuser, Passivhausstandard, Holzbau	–	**–**	–	–
Ein- und Zweifamilienhäuser, Holzbauweise, unterkellert	–	**–**	–	–
Ein- und Zweifamilienhäuser, Holzbauweise, nicht unterkellert	–	**7,20**	–	0,0%
Doppel- und Reihenendhäuser, einfacher Standard	–	**–**	–	–
Doppel- und Reihenendhäuser, mittlerer Standard	–	**–**	–	–
Doppel- und Reihenendhäuser, hoher Standard	–	**6,10**	–	0,1%
Reihenhäuser, einfacher Standard	–	**–**	–	–
Reihenhäuser, mittlerer Standard	0,10	**7,40**	15,00	0,6%
Reihenhäuser, hoher Standard	–	**–**	–	–

Gebäudeart	von	€/Einheit	bis	KG an 300
Mehrfamilienhäuser, mit bis zu 6 WE, einfacher Standard	1,10	**2,00**	3,60	0,3%
Mehrfamilienhäuser, mit bis zu 6 WE, mittlerer Standard	2,20	**3,40**	4,60	0,0%
Mehrfamilienhäuser, mit bis zu 6 WE, hoher Standard	–	**–**	–	–
Mehrfamilienhäuser, mit 6 bis 19 WE, einfacher Standard	–	**–**	–	–
Mehrfamilienhäuser, mit 6 bis 19 WE, mittlerer Standard	–	**15,00**	–	0,3%
Mehrfamilienhäuser, mit 6 bis 19 WE, hoher Standard	–	**1,20**	–	0,0%
Mehrfamilienhäuser, mit mehr als 20 WE	–	**–**	–	–
Mehrfamilienhäuser, energiesparend, ökologisch	5,00	**5,10**	5,10	0,1%
Wohnhäuser, mit bis zu 15% Mischnutzung, einfacher Standard	0,10	**0,90**	1,80	0,0%
Wohnhäuser, mit bis zu 15% Mischnutzung, mittlerer Standard	–	**–**	–	–
Wohnhäuser, mit bis zu 15% Mischnutzung, hoher Standard	1,00	**1,20**	1,40	0,1%
Wohnhäuser mit mehr als 15% Mischnutzung	2,70	**7,60**	15,00	0,4%
Personal- und Altenwohnungen	2,50	**4,50**	7,90	0,3%
Alten- und Pflegeheime	0,80	**1,80**	2,30	0,1%
Wohnheime und Internate	–	**3,30**	–	0,1%
Gaststätten, Kantinen und Mensen	2,50	**6,80**	11,00	0,4%

7 Produktion, Gewerbe und Handel, Lager, Garagen, Bereitschaftsdienste

Gebäudeart	von	€/Einheit	bis	KG an 300
Geschäftshäuser mit Wohnungen	–	**22,00**	–	0,3%
Geschäftshäuser ohne Wohnungen	–	**21,00**	–	1,0%
Bank- und Sparkassengebäude	–	**2,10**	–	0,0%
Verbrauchermärkte	7,90	**10,00**	13,00	0,7%
Autohäuser	–	**–**	–	–
Industrielle Produktionsgebäude, Massivbauweise	1,40	**2,50**	3,60	0,0%
Industrielle Produktionsgebäude, überwiegend Skelettbauweise	0,40	**4,90**	7,70	0,2%
Betriebs- und Werkstätten, eingeschossig	12,00	**15,00**	18,00	0,3%
Betriebs- und Werkstätten, mehrgeschossig, geringer Hallenanteil	–	**9,00**	–	0,1%
Betriebs- und Werkstätten, mehrgeschossig, hoher Hallenanteil	1,30	**4,90**	6,90	0,0%
Lagergebäude, ohne Mischnutzung	3,10	**18,00**	33,00	0,1%
Lagergebäude, mit bis zu 25% Mischnutzung	–	**–**	–	–
Lagergebäude, mit mehr als 25% Mischnutzung	–	**8,90**	–	0,1%
Hochgaragen	15,00	**54,00**	92,00	0,3%
Tiefgaragen	–	**3,40**	–	0,0%
Feuerwehrhäuser	1,90	**7,90**	24,00	0,2%
Öffentliche Bereitschaftsdienste	8,60	**8,60**	8,70	0,2%

12 Gebäude anderer Art

Gebäudeart	von	€/Einheit	bis	KG an 300
Gebäude für kulturelle und musische Zwecke	4,40	**17,00**	30,00	0,2%
Theater	–	**30,00**	–	1,4%
Gemeindezentren, einfacher Standard	6,10	**7,40**	9,50	0,3%
Gemeindezentren, mittlerer Standard	2,50	**4,20**	7,40	0,1%
Gemeindezentren, hoher Standard	–	**29,00**	–	0,8%
Sakralbauten	–	**9,90**	–	0,2%
Friedhofsgebäude	–	**10,00**	–	0,2%

Gebäudearten

Bauelemente | Kostengruppen

Neubau

Abbrechen

Wiederherstellen

Herstellen

Einheit: m²
Deckenkonstruktionsfläche

Gebäuderart	von	€/Einheit	bis	KG an 300
1 Bürogebäude				
Bürogebäude, einfacher Standard	78,00	**111,00**	144,00	8,3%
Bürogebäude, mittlerer Standard	122,00	**171,00**	314,00	9,7%
Bürogebäude, hoher Standard	129,00	**167,00**	281,00	7,8%
2 Gebäude für wissenschaftliche Lehre und Forschung				
Instituts- und Laborgebäude	158,00	**195,00**	244,00	7,5%
3 Gebäude des Gesundheitswesens				
Krankenhäuser	142,00	**178,00**	217,00	7,8%
Pflegeheime	94,00	**126,00**	158,00	7,7%
4 Schulen und Kindergärten				
Allgemeinbildende Schulen	137,00	**150,00**	156,00	5,9%
Berufliche Schulen	94,00	**195,00**	248,00	4,9%
Förder- und Sonderschulen	103,00	**144,00**	173,00	6,0%
Weiterbildungseinrichtungen	148,00	**194,00**	265,00	8,6%
Kindergärten, nicht unterkellert, einfacher Standard	29,00	**206,00**	280,00	3,9%
Kindergärten, nicht unterkellert, mittlerer Standard	153,00	**239,00**	410,00	3,2%
Kindergärten, nicht unterkellert, hoher Standard	223,00	**285,00**	343,00	6,0%
Kindergärten, unterkellert	148,00	**187,00**	258,00	4,9%
5 Sportbauten				
Sport- und Mehrzweckhallen	–	**190,00**	–	2,1%
Sporthallen (Einfeldhallen)	58,00	**156,00**	253,00	1,4%
Sporthallen (Dreifeldhallen)	130,00	**152,00**	230,00	3,0%
Schwimmhallen	132,00	**185,00**	238,00	5,6%
6 Wohnbauten und Gemeinschaftsstätten				
Ein- und Zweifamilienhäuser unterkellert, einfacher Standard	97,00	**115,00**	131,00	9,7%
Ein- und Zweifamilienhäuser unterkellert, mittlerer Standard	117,00	**150,00**	218,00	10,5%
Ein- und Zweifamilienhäuser unterkellert, hoher Standard	109,00	**140,00**	173,00	7,4%
Ein- und Zweifamilienhäuser, nicht unterkellert, einfacher Standard	86,00	**104,00**	122,00	5,9%
Ein- und Zweifamilienhäuser, nicht unterkellert, mittlerer Standard	110,00	**138,00**	164,00	6,5%
Ein- und Zweifamilienhäuser, nicht unterkellert, hoher Standard	133,00	**173,00**	214,00	7,0%
Ein- und Zweifamilienhäuser, Passivhausstandard, Massivbau	111,00	**138,00**	177,00	7,9%
Ein- und Zweifamilienhäuser, Passivhausstandard, Holzbau	128,00	**160,00**	210,00	7,1%
Ein- und Zweifamilienhäuser, Holzbauweise, unterkellert	103,00	**128,00**	148,00	10,7%
Ein- und Zweifamilienhäuser, Holzbauweise, nicht unterkellert	125,00	**176,00**	249,00	9,6%
Doppel- und Reihenendhäuser, einfacher Standard	116,00	**132,00**	161,00	16,3%
Doppel- und Reihenendhäuser, mittlerer Standard	120,00	**152,00**	210,00	11,8%
Doppel- und Reihenendhäuser, hoher Standard	127,00	**166,00**	238,00	9,0%
Reihenhäuser, einfacher Standard	112,00	**115,00**	117,00	16,8%
Reihenhäuser, mittlerer Standard	102,00	**114,00**	143,00	10,7%
Reihenhäuser, hoher Standard	45,00	**134,00**	179,00	11,2%

© **BKI** Baukosteninformationszentrum; Erläuterungen zu den Tabellen siehe Seite 62   Kostenstand: 1.Quartal 2012, Bundesdurchschnitt, **inkl. MwSt.**

Gebäudeart	von	€/Einheit	bis	KG an 300
Mehrfamilienhäuser, mit bis zu 6 WE, einfacher Standard	118,00	**134,00**	165,00	18,1%
Mehrfamilienhäuser, mit bis zu 6 WE, mittlerer Standard	107,00	**132,00**	182,00	12,7%
Mehrfamilienhäuser, mit bis zu 6 WE, hoher Standard	123,00	**153,00**	241,00	11,2%
Mehrfamilienhäuser, mit 6 bis 19 WE, einfacher Standard	134,00	**145,00**	165,00	16,0%
Mehrfamilienhäuser, mit 6 bis 19 WE, mittlerer Standard	114,00	**134,00**	157,00	14,8%
Mehrfamilienhäuser, mit 6 bis 19 WE, hoher Standard	108,00	**124,00**	146,00	12,0%
Mehrfamilienhäuser, mit mehr als 20 WE	86,00	**109,00**	120,00	13,4%
Mehrfamilienhäuser, energiesparend, ökologisch	133,00	**150,00**	179,00	13,7%
Wohnhäuser, mit bis zu 15% Mischnutzung, einfacher Standard	111,00	**134,00**	168,00	16,1%
Wohnhäuser, mit bis zu 15% Mischnutzung, mittlerer Standard	63,00	**89,00**	130,00	7,0%
Wohnhäuser, mit bis zu 15% Mischnutzung, hoher Standard	109,00	**130,00**	152,00	10,0%
Wohnhäuser mit mehr als 15% Mischnutzung	104,00	**152,00**	201,00	12,2%
Personal- und Altenwohnungen	79,00	**130,00**	169,00	14,0%
Alten- und Pflegeheime	60,00	**100,00**	122,00	8,6%
Wohnheime und Internate	89,00	**109,00**	129,00	7,6%
Gaststätten, Kantinen und Mensen	121,00	**144,00**	184,00	4,7%

Einheit: m²
Deckenkonstruktionsfläche

7 Produktion, Gewerbe und Handel, Lager, Garagen, Bereitschaftsdienste

Gebäudeart	von	€/Einheit	bis	KG an 300
Geschäftshäuser mit Wohnungen	152,00	**170,00**	181,00	15,3%
Geschäftshäuser ohne Wohnungen	107,00	**117,00**	126,00	10,3%
Bank- und Sparkassengebäude	–	**197,00**	–	10,1%
Verbrauchermärkte	–	**–**	–	–
Autohäuser	–	**76,00**	–	2,3%
Industrielle Produktionsgebäude, Massivbauweise	134,00	**224,00**	356,00	7,2%
Industrielle Produktionsgebäude, überwiegend Skelettbauweise	157,00	**210,00**	228,00	3,6%
Betriebs- und Werkstätten, eingeschossig	71,00	**115,00**	131,00	1,9%
Betriebs- und Werkstätten, mehrgeschossig, geringer Hallenanteil	100,00	**125,00**	157,00	7,3%
Betriebs- und Werkstätten, mehrgeschossig, hoher Hallenanteil	93,00	**131,00**	194,00	4,4%
Lagergebäude, ohne Mischnutzung	88,00	**122,00**	176,00	1,5%
Lagergebäude, mit bis zu 25% Mischnutzung	95,00	**136,00**	207,00	2,4%
Lagergebäude, mit mehr als 25% Mischnutzung	186,00	**199,00**	212,00	6,1%
Hochgaragen	145,00	**183,00**	252,00	4,5%
Tiefgaragen	–	**124,00**	–	0,0%
Feuerwehrhäuser	88,00	**118,00**	166,00	6,3%
Öffentliche Bereitschaftsdienste	82,00	**125,00**	160,00	6,8%

12 Gebäude anderer Art

Gebäudeart	von	€/Einheit	bis	KG an 300
Gebäude für kulturelle und musische Zwecke	70,00	**140,00**	168,00	4,5%
Theater	–	**301,00**	–	9,9%
Gemeindezentren, einfacher Standard	123,00	**180,00**	228,00	9,7%
Gemeindezentren, mittlerer Standard	130,00	**180,00**	260,00	3,3%
Gemeindezentren, hoher Standard	159,00	**225,00**	290,00	5,6%
Sakralbauten	–	**327,00**	–	6,7%
Friedhofsgebäude	–	**88,00**	–	1,2%

Gebäudearten

Kostengruppen

Bauelemente

Neubau

Abbrechen

Wiederherstellen

Herstellen

Einheit: m²
Deckenbelagsfläche

Gebäudeart	von	€/Einheit	bis	KG an 300
1 Bürogebäude				
Bürogebäude, einfacher Standard	73,00	**85,00**	105,00	5,5%
Bürogebäude, mittlerer Standard	80,00	**99,00**	125,00	5,1%
Bürogebäude, hoher Standard	109,00	**158,00**	191,00	6,7%
2 Gebäude für wissenschaftliche Lehre und Forschung				
Instituts- und Laborgebäude	51,00	**91,00**	108,00	3,3%
3 Gebäude des Gesundheitswesens				
Krankenhäuser	92,00	**100,00**	119,00	3,8%
Pflegeheime	63,00	**72,00**	96,00	4,6%
4 Schulen und Kindergärten				
Allgemeinbildende Schulen	89,00	**91,00**	94,00	3,1%
Berufliche Schulen	104,00	**146,00**	224,00	3,7%
Förder- und Sonderschulen	69,00	**105,00**	144,00	2,9%
Weiterbildungseinrichtungen	87,00	**109,00**	143,00	4,0%
Kindergärten, nicht unterkellert, einfacher Standard	92,00	**98,00**	101,00	1,2%
Kindergärten, nicht unterkellert, mittlerer Standard	51,00	**81,00**	142,00	1,0%
Kindergärten, nicht unterkellert, hoher Standard	70,00	**100,00**	115,00	2,0%
Kindergärten, unterkellert	62,00	**86,00**	152,00	2,5%
5 Sportbauten				
Sport- und Mehrzweckhallen	–	**86,00**	–	0,9%
Sporthallen (Einfeldhallen)	–	**90,00**	–	0,4%
Sporthallen (Dreifeldhallen)	92,00	**113,00**	136,00	1,8%
Schwimmhallen	138,00	**155,00**	172,00	4,4%
6 Wohnbauten und Gemeinschaftsstätten				
Ein- und Zweifamilienhäuser unterkellert, einfacher Standard	105,00	**119,00**	136,00	8,1%
Ein- und Zweifamilienhäuser unterkellert, mittlerer Standard	73,00	**109,00**	138,00	6,6%
Ein- und Zweifamilienhäuser unterkellert, hoher Standard	96,00	**139,00**	186,00	5,9%
Ein- und Zweifamilienhäuser, nicht unterkellert, einfacher Standard	75,00	**109,00**	143,00	3,9%
Ein- und Zweifamilienhäuser, nicht unterkellert, mittlerer Standard	80,00	**108,00**	164,00	4,3%
Ein- und Zweifamilienhäuser, nicht unterkellert, hoher Standard	89,00	**128,00**	206,00	3,9%
Ein- und Zweifamilienhäuser, Passivhausstandard, Massivbau	78,00	**100,00**	117,00	4,5%
Ein- und Zweifamilienhäuser, Passivhausstandard, Holzbau	95,00	**112,00**	142,00	4,2%
Ein- und Zweifamilienhäuser, Holzbauweise, unterkellert	53,00	**71,00**	114,00	5,0%
Ein- und Zweifamilienhäuser, Holzbauweise, nicht unterkellert	54,00	**77,00**	98,00	3,8%
Doppel- und Reihenendhäuser, einfacher Standard	50,00	**62,00**	83,00	6,2%
Doppel- und Reihenendhäuser, mittlerer Standard	49,00	**71,00**	84,00	4,6%
Doppel- und Reihenendhäuser, hoher Standard	79,00	**107,00**	148,00	5,0%
Reihenhäuser, einfacher Standard	39,00	**45,00**	51,00	5,2%
Reihenhäuser, mittlerer Standard	45,00	**60,00**	66,00	4,8%
Reihenhäuser, hoher Standard	79,00	**105,00**	147,00	7,5%

Gebäudeart	von	€/Einheit	bis	KG an 300
Mehrfamilienhäuser, mit bis zu 6 WE, einfacher Standard	39,00	**62,00**	108,00	6,1%
Mehrfamilienhäuser, mit bis zu 6 WE, mittlerer Standard	73,00	**103,00**	141,00	7,8%
Mehrfamilienhäuser, mit bis zu 6 WE, hoher Standard	97,00	**138,00**	153,00	9,2%
Mehrfamilienhäuser, mit 6 bis 19 WE, einfacher Standard	50,00	**87,00**	105,00	8,3%
Mehrfamilienhäuser, mit 6 bis 19 WE, mittlerer Standard	75,00	**94,00**	113,00	7,7%
Mehrfamilienhäuser, mit 6 bis 19 WE, hoher Standard	77,00	**88,00**	104,00	6,5%
Mehrfamilienhäuser, mit mehr als 20 WE	65,00	**87,00**	120,00	8,6%
Mehrfamilienhäuser, energiesparend, ökologisch	76,00	**94,00**	176,00	6,4%
Wohnhäuser, mit bis zu 15% Mischnutzung, einfacher Standard	38,00	**54,00**	95,00	3,8%
Wohnhäuser, mit bis zu 15% Mischnutzung, mittlerer Standard	18,00	**75,00**	104,00	4,7%
Wohnhäuser, mit bis zu 15% Mischnutzung, hoher Standard	107,00	**118,00**	128,00	8,5%
Wohnhäuser mit mehr als 15% Mischnutzung	50,00	**90,00**	155,00	6,7%
Personal- und Altenwohnungen	60,00	**74,00**	90,00	7,0%
Alten- und Pflegeheime	69,00	**76,00**	87,00	6,6%
Wohnheime und Internate	124,00	**134,00**	145,00	6,4%
Gaststätten, Kantinen und Mensen	99,00	**127,00**	155,00	2,8%

7 Produktion, Gewerbe und Handel, Lager, Garagen, Bereitschaftsdienste

	von	€/Einheit	bis	KG an 300
Geschäftshäuser mit Wohnungen	70,00	**94,00**	132,00	6,7%
Geschäftshäuser ohne Wohnungen	118,00	**124,00**	129,00	9,3%
Bank- und Sparkassengebäude	–	**150,00**	–	6,7%
Verbrauchermärkte	–	**–**	–	–
Autohäuser	–	**50,00**	–	1,4%
Industrielle Produktionsgebäude, Massivbauweise	79,00	**102,00**	186,00	2,8%
Industrielle Produktionsgebäude, überwiegend Skelettbauweise	83,00	**98,00**	107,00	0,9%
Betriebs- und Werkstätten, eingeschossig	69,00	**76,00**	84,00	0,8%
Betriebs- und Werkstätten, mehrgeschossig, geringer Hallenanteil	47,00	**72,00**	83,00	3,2%
Betriebs- und Werkstätten, mehrgeschossig, hoher Hallenanteil	61,00	**75,00**	100,00	2,4%
Lagergebäude, ohne Mischnutzung	13,00	**46,00**	79,00	0,4%
Lagergebäude, mit bis zu 25% Mischnutzung	–	**109,00**	–	0,6%
Lagergebäude, mit mehr als 25% Mischnutzung	91,00	**95,00**	99,00	1,5%
Hochgaragen	27,00	**39,00**	51,00	1,1%
Tiefgaragen	–	**559,00**	–	0,0%
Feuerwehrhäuser	34,00	**75,00**	89,00	2,8%
Öffentliche Bereitschaftsdienste	59,00	**68,00**	77,00	2,6%

12 Gebäude anderer Art

	von	€/Einheit	bis	KG an 300
Gebäude für kulturelle und musische Zwecke	51,00	**130,00**	197,00	3,7%
Theater	–	**151,00**	–	3,9%
Gemeindezentren, einfacher Standard	42,00	**80,00**	100,00	3,9%
Gemeindezentren, mittlerer Standard	75,00	**110,00**	129,00	1,8%
Gemeindezentren, hoher Standard	127,00	**151,00**	175,00	2,9%
Sakralbauten	–	**74,00**	–	1,5%
Friedhofsgebäude	–	**202,00**	–	2,2%

Einheit: m²
Deckenbelagsfläche

Gebäudearten
Kostengruppen
Bauelemente
Neubau
Abbrechen
Wiederherstellen
Herstellen

Einheit: m²
Deckenbekleidungsfläche

Gebäuderart	von	€/Einheit	bis	KG an 300
1 Bürogebäude				
Bürogebäude, einfacher Standard	16,00	**28,00**	39,00	2,0%
Bürogebäude, mittlerer Standard	32,00	**49,00**	70,00	2,4%
Bürogebäude, hoher Standard	28,00	**52,00**	95,00	2,4%
2 Gebäude für wissenschaftliche Lehre und Forschung				
Instituts- und Laborgebäude	48,00	**106,00**	376,00	1,3%
3 Gebäude des Gesundheitswesens				
Krankenhäuser	39,00	**63,00**	75,00	2,2%
Pflegeheime	17,00	**50,00**	82,00	2,5%
4 Schulen und Kindergärten				
Allgemeinbildende Schulen	68,00	**77,00**	94,00	2,7%
Berufliche Schulen	60,00	**88,00**	142,00	2,1%
Förder- und Sonderschulen	96,00	**156,00**	316,00	2,7%
Weiterbildungseinrichtungen	25,00	**37,00**	46,00	1,2%
Kindergärten, nicht unterkellert, einfacher Standard	65,00	**79,00**	94,00	1,8%
Kindergärten, nicht unterkellert, mittlerer Standard	28,00	**51,00**	66,00	0,6%
Kindergärten, nicht unterkellert, hoher Standard	13,00	**56,00**	89,00	0,8%
Kindergärten, unterkellert	30,00	**36,00**	41,00	0,8%
5 Sportbauten				
Sport- und Mehrzweckhallen	–	**56,00**	–	0,6%
Sporthallen (Einfeldhallen)	34,00	**43,00**	53,00	0,3%
Sporthallen (Dreifeldhallen)	31,00	**41,00**	48,00	0,5%
Schwimmhallen	5,10	**21,00**	36,00	0,5%
6 Wohnbauten und Gemeinschaftsstätten				
Ein- und Zweifamilienhäuser unterkellert, einfacher Standard	10,00	**20,00**	37,00	1,2%
Ein- und Zweifamilienhäuser unterkellert, mittlerer Standard	11,00	**25,00**	86,00	0,9%
Ein- und Zweifamilienhäuser unterkellert, hoher Standard	23,00	**46,00**	67,00	1,6%
Ein- und Zweifamilienhäuser, nicht unterkellert, einfacher Standard	3,80	**18,00**	31,00	0,9%
Ein- und Zweifamilienhäuser, nicht unterkellert, mittlerer Standard	11,00	**19,00**	32,00	0,6%
Ein- und Zweifamilienhäuser, nicht unterkellert, hoher Standard	22,00	**27,00**	35,00	0,9%
Ein- und Zweifamilienhäuser, Passivhausstandard, Massivbau	14,00	**20,00**	40,00	0,8%
Ein- und Zweifamilienhäuser, Passivhausstandard, Holzbau	14,00	**38,00**	61,00	1,2%
Ein- und Zweifamilienhäuser, Holzbauweise, unterkellert	19,00	**29,00**	50,00	0,9%
Ein- und Zweifamilienhäuser, Holzbauweise, nicht unterkellert	22,00	**35,00**	51,00	0,8%
Doppel- und Reihenendhäuser, einfacher Standard	5,90	**13,00**	24,00	1,2%
Doppel- und Reihenendhäuser, mittlerer Standard	17,00	**25,00**	29,00	1,8%
Doppel- und Reihenendhäuser, hoher Standard	19,00	**19,00**	19,00	0,3%
Reihenhäuser, einfacher Standard	3,40	**6,20**	8,90	0,8%
Reihenhäuser, mittlerer Standard	8,60	**20,00**	52,00	1,2%
Reihenhäuser, hoher Standard	15,00	**25,00**	44,00	1,8%

© **BKI** Baukosteninformationszentrum; Erläuterungen zu den Tabellen siehe Seite 62   Kostenstand: 1.Quartal 2012, Bundesdurchschnitt, **inkl. MwSt.**

Gebäudeart	von	€/Einheit	bis	KG an 300
Mehrfamilienhäuser, mit bis zu 6 WE, einfacher Standard	8,40	12,00	18,00	1,1%
Mehrfamilienhäuser, mit bis zu 6 WE, mittlerer Standard	9,20	17,00	26,00	1,1%
Mehrfamilienhäuser, mit bis zu 6 WE, hoher Standard	5,10	16,00	20,00	0,9%
Mehrfamilienhäuser, mit 6 bis 19 WE, einfacher Standard	16,00	32,00	63,00	3,2%
Mehrfamilienhäuser, mit 6 bis 19 WE, mittlerer Standard	16,00	22,00	30,00	1,9%
Mehrfamilienhäuser, mit 6 bis 19 WE, hoher Standard	17,00	20,00	24,00	1,4%
Mehrfamilienhäuser, mit mehr als 20 WE	7,50	12,00	20,00	1,4%
Mehrfamilienhäuser, energiesparend, ökologisch	14,00	23,00	38,00	1,3%
Wohnhäuser, mit bis zu 15% Mischnutzung, einfacher Standard	14,00	20,00	30,00	1,8%
Wohnhäuser, mit bis zu 15% Mischnutzung, mittlerer Standard	12,00	22,00	37,00	1,8%
Wohnhäuser, mit bis zu 15% Mischnutzung, hoher Standard	33,00	40,00	46,00	2,9%
Wohnhäuser mit mehr als 15% Mischnutzung	8,30	24,00	39,00	1,4%
Personal- und Altenwohnungen	21,00	36,00	78,00	1,7%
Alten- und Pflegeheime	13,00	14,00	16,00	0,9%
Wohnheime und Internate	34,00	42,00	50,00	2,7%
Gaststätten, Kantinen und Mensen	24,00	41,00	53,00	1,1%

Einheit: m²
Deckenbekleidungsfläche

7 Produktion, Gewerbe und Handel, Lager, Garagen, Bereitschaftsdienste

	von	€/Einheit	bis	KG an 300
Geschäftshäuser mit Wohnungen	38,00	43,00	54,00	2,9%
Geschäftshäuser ohne Wohnungen	20,00	25,00	30,00	1,9%
Bank- und Sparkassengebäude	–	95,00	–	4,4%
Verbrauchermärkte	–	–	–	–
Autohäuser	–	78,00	–	0,1%
Industrielle Produktionsgebäude, Massivbauweise	9,80	25,00	47,00	0,5%
Industrielle Produktionsgebäude, überwiegend Skelettbauweise	32,00	55,00	82,00	0,5%
Betriebs- und Werkstätten, eingeschossig	11,00	19,00	24,00	0,2%
Betriebs- und Werkstätten, mehrgeschossig, geringer Hallenanteil	11,00	22,00	32,00	1,1%
Betriebs- und Werkstätten, mehrgeschossig, hoher Hallenanteil	16,00	37,00	64,00	0,8%
Lagergebäude, ohne Mischnutzung	7,50	46,00	66,00	0,3%
Lagergebäude, mit bis zu 25% Mischnutzung	33,00	61,00	75,00	0,7%
Lagergebäude, mit mehr als 25% Mischnutzung	–	50,00	–	0,6%
Hochgaragen	8,30	36,00	64,00	0,2%
Tiefgaragen	–	4,70	–	0,0%
Feuerwehrhäuser	14,00	35,00	63,00	0,6%
Öffentliche Bereitschaftsdienste	8,20	28,00	53,00	1,0%

12 Gebäude anderer Art

	von	€/Einheit	bis	KG an 300
Gebäude für kulturelle und musische Zwecke	23,00	26,00	29,00	0,5%
Theater	–	119,00	–	2,9%
Gemeindezentren, einfacher Standard	11,00	29,00	46,00	1,7%
Gemeindezentren, mittlerer Standard	22,00	48,00	73,00	0,5%
Gemeindezentren, hoher Standard	12,00	34,00	56,00	0,6%
Sakralbauten	–	99,00	–	1,8%
Friedhofsgebäude	–	4,00	–	0,0%

Einheit: m²
Deckenfläche

Gebäuderart	von	€/Einheit	bis	KG an 300
1 Bürogebäude				
Bürogebäude, einfacher Standard	1,90	**9,60**	21,00	0,5%
Bürogebäude, mittlerer Standard	9,40	**24,00**	99,00	1,0%
Bürogebäude, hoher Standard	8,60	**23,00**	44,00	0,8%
2 Gebäude für wissenschaftliche Lehre und Forschung				
Instituts- und Laborgebäude	19,00	**39,00**	79,00	0,9%
3 Gebäude des Gesundheitswesens				
Krankenhäuser	10,00	**23,00**	36,00	0,5%
Pflegeheime	0,40	**5,00**	7,50	0,3%
4 Schulen und Kindergärten				
Allgemeinbildende Schulen	16,00	**20,00**	24,00	0,5%
Berufliche Schulen	18,00	**133,00**	248,00	0,3%
Förder- und Sonderschulen	11,00	**21,00**	27,00	0,8%
Weiterbildungseinrichtungen	16,00	**44,00**	127,00	1,3%
Kindergärten, nicht unterkellert, einfacher Standard	27,00	**73,00**	118,00	1,1%
Kindergärten, nicht unterkellert, mittlerer Standard	16,00	**39,00**	66,00	0,5%
Kindergärten, nicht unterkellert, hoher Standard	36,00	**118,00**	201,00	0,4%
Kindergärten, unterkellert	13,00	**37,00**	59,00	1,0%
5 Sportbauten				
Sport- und Mehrzweckhallen	–	**26,00**	–	0,3%
Sporthallen (Einfeldhallen)	–	**20,00**	–	0,1%
Sporthallen (Dreifeldhallen)	40,00	**61,00**	81,00	0,7%
Schwimmhallen	–	**35,00**	–	0,5%
6 Wohnbauten und Gemeinschaftsstätten				
Ein- und Zweifamilienhäuser unterkellert, einfacher Standard	4,30	**15,00**	27,00	0,9%
Ein- und Zweifamilienhäuser unterkellert, mittlerer Standard	1,50	**9,70**	16,00	0,5%
Ein- und Zweifamilienhäuser unterkellert, hoher Standard	18,00	**39,00**	98,00	0,9%
Ein- und Zweifamilienhäuser, nicht unterkellert, einfacher Standard	5,60	**29,00**	52,00	1,5%
Ein- und Zweifamilienhäuser, nicht unterkellert, mittlerer Standard	8,40	**13,00**	19,00	0,3%
Ein- und Zweifamilienhäuser, nicht unterkellert, hoher Standard	10,00	**23,00**	30,00	0,9%
Ein- und Zweifamilienhäuser, Passivhausstandard, Massivbau	6,20	**11,00**	24,00	0,2%
Ein- und Zweifamilienhäuser, Passivhausstandard, Holzbau	4,90	**10,00**	18,00	0,2%
Ein- und Zweifamilienhäuser, Holzbauweise, unterkellert	7,70	**9,70**	12,00	0,1%
Ein- und Zweifamilienhäuser, Holzbauweise, nicht unterkellert	3,30	**12,00**	33,00	0,2%
Doppel- und Reihenendhäuser, einfacher Standard	6,70	**11,00**	19,00	1,4%
Doppel- und Reihenendhäuser, mittlerer Standard	4,60	**6,30**	9,10	0,4%
Doppel- und Reihenendhäuser, hoher Standard	11,00	**22,00**	48,00	1,0%
Reihenhäuser, einfacher Standard	5,80	**14,00**	22,00	1,9%
Reihenhäuser, mittlerer Standard	5,20	**11,00**	23,00	1,1%
Reihenhäuser, hoher Standard	–	**4,10**	–	0,1%

© **BKI** Baukosteninformationszentrum; Erläuterungen zu den Tabellen siehe Seite 62   Kostenstand: 1.Quartal 2012, Bundesdurchschnitt, **inkl.** MwSt.

Gebäudeart	von	€/Einheit	bis	KG an 300
Mehrfamilienhäuser, mit bis zu 6 WE, einfacher Standard	5,90	**11,00**	16,00	0,8%
Mehrfamilienhäuser, mit bis zu 6 WE, mittlerer Standard	7,60	**25,00**	41,00	2,2%
Mehrfamilienhäuser, mit bis zu 6 WE, hoher Standard	22,00	**36,00**	63,00	1,6%
Mehrfamilienhäuser, mit 6 bis 19 WE, einfacher Standard	6,60	**16,00**	30,00	1,6%
Mehrfamilienhäuser, mit 6 bis 19 WE, mittlerer Standard	17,00	**19,00**	28,00	1,7%
Mehrfamilienhäuser, mit 6 bis 19 WE, hoher Standard	13,00	**20,00**	29,00	2,0%
Mehrfamilienhäuser, mit mehr als 20 WE	22,00	**31,00**	48,00	3,6%
Mehrfamilienhäuser, energiesparend, ökologisch	3,10	**15,00**	45,00	1,3%
Wohnhäuser, mit bis zu 15% Mischnutzung, einfacher Standard	9,70	**18,00**	31,00	2,2%
Wohnhäuser, mit bis zu 15% Mischnutzung, mittlerer Standard	2,00	**2,50**	2,90	0,1%
Wohnhäuser, mit bis zu 15% Mischnutzung, hoher Standard	20,00	**22,00**	24,00	1,6%
Wohnhäuser mit mehr als 15% Mischnutzung	5,30	**9,30**	12,00	0,7%
Personal- und Altenwohnungen	6,80	**22,00**	36,00	2,6%
Alten- und Pflegeheime	16,00	**23,00**	26,00	2,0%
Wohnheime und Internate	2,40	**18,00**	33,00	1,2%
Gaststätten, Kantinen und Mensen	0,80	**19,00**	36,00	0,4%

7 Produktion, Gewerbe und Handel, Lager, Garagen, Bereitschaftsdienste

Gebäudeart	von	€/Einheit	bis	KG an 300
Geschäftshäuser mit Wohnungen	11,00	**17,00**	21,00	1,5%
Geschäftshäuser ohne Wohnungen	–	**35,00**	–	1,5%
Bank- und Sparkassengebäude	–	**14,00**	–	0,7%
Verbrauchermärkte	–	**–**	–	–
Autohäuser	–	**35,00**	–	1,0%
Industrielle Produktionsgebäude, Massivbauweise	20,00	**44,00**	62,00	1,3%
Industrielle Produktionsgebäude, überwiegend Skelettbauweise	9,30	**21,00**	26,00	0,3%
Betriebs- und Werkstätten, eingeschossig		**37,00**	–	0,0%
Betriebs- und Werkstätten, mehrgeschossig, geringer Hallenanteil	1,40	**5,90**	11,00	0,2%
Betriebs- und Werkstätten, mehrgeschossig, hoher Hallenanteil	16,00	**43,00**	94,00	0,3%
Lagergebäude, ohne Mischnutzung	–	**15,00**		0,1%
Lagergebäude, mit bis zu 25% Mischnutzung	31,00	**34,00**	36,00	0,4%
Lagergebäude, mit mehr als 25% Mischnutzung	–	**17,00**	–	0,2%
Hochgaragen	–	**10,00**	–	0,2%
Tiefgaragen	–	**–**	–	–
Feuerwehrhäuser	8,50	**14,00**	20,00	0,5%
Öffentliche Bereitschaftsdienste	3,00	**10,00**	31,00	0,5%

12 Gebäude anderer Art

Gebäudeart	von	€/Einheit	bis	KG an 300
Gebäude für kulturelle und musische Zwecke	2,10	**6,10**	9,90	0,1%
Theater	–	**–**	–	–
Gemeindezentren, einfacher Standard	1,00	**37,00**	73,00	0,4%
Gemeindezentren, mittlerer Standard	18,00	**43,00**	137,00	0,4%
Gemeindezentren, hoher Standard	–	**42,00**	–	0,8%
Sakralbauten	–	**–**	–	–
Friedhofsgebäude	–	**–**	–	–

Bauelemente — Gebäudearten · Kostengruppen · Neubau · Abbrechen · Wiederherstellen · Herstellen

361
Dachkonstruktionen

Einheit: m²
Dachkonstruktionsfläche

Gebäuderart	von	€/Einheit	bis	KG an 300
1 Bürogebäude				
Bürogebäude, einfacher Standard	47,00	**77,00**	115,00	4,3%
Bürogebäude, mittlerer Standard	84,00	**128,00**	200,00	4,6%
Bürogebäude, hoher Standard	93,00	**171,00**	240,00	4,9%
2 Gebäude für wissenschaftliche Lehre und Forschung				
Instituts- und Laborgebäude	59,00	**79,00**	100,00	4,1%
3 Gebäude des Gesundheitswesens				
Krankenhäuser	54,00	**109,00**	159,00	5,1%
Pflegeheime	60,00	**68,00**	87,00	4,6%
4 Schulen und Kindergärten				
Allgemeinbildende Schulen	81,00	**131,00**	184,00	8,0%
Berufliche Schulen	103,00	**139,00**	189,00	9,9%
Förder- und Sonderschulen	78,00	**110,00**	143,00	5,0%
Weiterbildungseinrichtungen	82,00	**128,00**	212,00	5,7%
Kindergärten, nicht unterkellert, einfacher Standard	50,00	**62,00**	81,00	6,2%
Kindergärten, nicht unterkellert, mittlerer Standard	66,00	**99,00**	137,00	8,5%
Kindergärten, nicht unterkellert, hoher Standard	98,00	**133,00**	206,00	7,7%
Kindergärten, unterkellert	65,00	**97,00**	131,00	8,2%
5 Sportbauten				
Sport- und Mehrzweckhallen	150,00	**172,00**	193,00	13,3%
Sporthallen (Einfeldhallen)	138,00	**174,00**	211,00	16,5%
Sporthallen (Dreifeldhallen)	119,00	**134,00**	155,00	10,1%
Schwimmhallen	116,00	**124,00**	132,00	6,7%
6 Wohnbauten und Gemeinschaftsstätten				
Ein- und Zweifamilienhäuser unterkellert, einfacher Standard	32,00	**51,00**	62,00	4,0%
Ein- und Zweifamilienhäuser unterkellert, mittlerer Standard	42,00	**66,00**	99,00	3,9%
Ein- und Zweifamilienhäuser unterkellert, hoher Standard	45,00	**79,00**	146,00	3,1%
Ein- und Zweifamilienhäuser, nicht unterkellert, einfacher Standard	37,00	**49,00**	58,00	4,7%
Ein- und Zweifamilienhäuser, nicht unterkellert, mittlerer Standard	47,00	**66,00**	84,00	5,9%
Ein- und Zweifamilienhäuser, nicht unterkellert, hoher Standard	57,00	**88,00**	115,00	5,6%
Ein- und Zweifamilienhäuser, Passivhausstandard, Massivbau	59,00	**92,00**	130,00	4,6%
Ein- und Zweifamilienhäuser, Passivhausstandard, Holzbau	101,00	**129,00**	159,00	6,1%
Ein- und Zweifamilienhäuser, Holzbauweise, unterkellert	51,00	**88,00**	140,00	5,2%
Ein- und Zweifamilienhäuser, Holzbauweise, nicht unterkellert	58,00	**88,00**	125,00	7,5%
Doppel- und Reihenendhäuser, einfacher Standard	42,00	**59,00**	92,00	3,7%
Doppel- und Reihenendhäuser, mittlerer Standard	32,00	**46,00**	72,00	3,6%
Doppel- und Reihenendhäuser, hoher Standard	72,00	**110,00**	134,00	5,8%
Reihenhäuser, einfacher Standard	30,00	**61,00**	92,00	4,3%
Reihenhäuser, mittlerer Standard	53,00	**79,00**	111,00	4,6%
Reihenhäuser, hoher Standard	54,00	**98,00**	188,00	4,2%

Gebäuderart	von	€/Einheit	bis	KG an 300
Mehrfamilienhäuser, mit bis zu 6 WE, einfacher Standard	42,00	**61,00**	98,00	5,0%
Mehrfamilienhäuser, mit bis zu 6 WE, mittlerer Standard	60,00	**76,00**	96,00	4,0%
Mehrfamilienhäuser, mit bis zu 6 WE, hoher Standard	70,00	**101,00**	161,00	3,8%
Mehrfamilienhäuser, mit 6 bis 19 WE, einfacher Standard	33,00	**68,00**	90,00	3,4%
Mehrfamilienhäuser, mit 6 bis 19 WE, mittlerer Standard	61,00	**78,00**	111,00	4,4%
Mehrfamilienhäuser, mit 6 bis 19 WE, hoher Standard	92,00	**109,00**	135,00	4,8%
Mehrfamilienhäuser, mit mehr als 20 WE	94,00	**138,00**	182,00	2,8%
Mehrfamilienhäuser, energiesparend, ökologisch	85,00	**126,00**	238,00	5,1%
Wohnhäuser, mit bis zu 15% Mischnutzung, einfacher Standard	78,00	**119,00**	142,00	3,7%
Wohnhäuser, mit bis zu 15% Mischnutzung, mittlerer Standard	21,00	**71,00**	121,00	2,2%
Wohnhäuser, mit bis zu 15% Mischnutzung, hoher Standard	84,00	**110,00**	136,00	2,8%
Wohnhäuser mit mehr als 15% Mischnutzung	103,00	**133,00**	184,00	3,9%
Personal- und Altenwohnungen	56,00	**81,00**	112,00	2,8%
Alten- und Pflegeheime	47,00	**69,00**	91,00	3,2%
Wohnheime und Internate	62,00	**69,00**	76,00	3,8%
Gaststätten, Kantinen und Mensen	113,00	**164,00**	220,00	10,7%

Einheit: m²
Dachkonstruktionsfläche

7 Produktion, Gewerbe und Handel, Lager, Garagen, Bereitschaftsdienste

	von	€/Einheit	bis	KG an 300
Geschäftshäuser mit Wohnungen	57,00	**95,00**	115,00	3,3%
Geschäftshäuser ohne Wohnungen	66,00	**71,00**	77,00	3,5%
Bank- und Sparkassengebäude	–	**145,00**	–	3,3%
Verbrauchermärkte	72,00	**72,00**	73,00	12,1%
Autohäuser	–	**128,00**	–	7,0%
Industrielle Produktionsgebäude, Massivbauweise	44,00	**87,00**	101,00	8,0%
Industrielle Produktionsgebäude, überwiegend Skelettbauweise	77,00	**118,00**	159,00	14,8%
Betriebs- und Werkstätten, eingeschossig	65,00	**118,00**	174,00	14,2%
Betriebs- und Werkstätten, mehrgeschossig, geringer Hallenanteil	57,00	**156,00**	278,00	8,4%
Betriebs- und Werkstätten, mehrgeschossig, hoher Hallenanteil	61,00	**81,00**	134,00	12,0%
Lagergebäude, ohne Mischnutzung	29,00	**61,00**	103,00	14,8%
Lagergebäude, mit bis zu 25% Mischnutzung	32,00	**72,00**	94,00	11,5%
Lagergebäude, mit mehr als 25% Mischnutzung	35,00	**143,00**	252,00	16,5%
Hochgaragen	67,00	**75,00**	86,00	11,9%
Tiefgaragen	151,00	**174,00**	250,00	29,4%
Feuerwehrhäuser	43,00	**61,00**	78,00	5,2%
Öffentliche Bereitschaftsdienste	63,00	**84,00**	125,00	6,6%

12 Gebäude anderer Art

	von	€/Einheit	bis	KG an 300
Gebäude für kulturelle und musische Zwecke	126,00	**151,00**	174,00	6,9%
Theater	–	**358,00**	–	6,9%
Gemeindezentren, einfacher Standard	56,00	**158,00**	192,00	11,8%
Gemeindezentren, mittlerer Standard	68,00	**108,00**	212,00	7,7%
Gemeindezentren, hoher Standard	125,00	**173,00**	221,00	9,4%
Sakralbauten	–	**170,00**	–	6,5%
Friedhofsgebäude	74,00	**102,00**	130,00	8,3%

Gebäudearten

Kostengruppen

Bauelemente

Neubau

Abbrechen

Wiederherstellen

Herstellen

Einheit: m²
Dachfenster-/
Dachöffnungsfläche

Gebäuderart	von	€/Einheit	bis	KG an 300
1 Bürogebäude				
Bürogebäude, einfacher Standard	482,00	**786,00**	1.126,00	1,8%
Bürogebäude, mittlerer Standard	830,00	**1.589,00**	3.381,00	0,9%
Bürogebäude, hoher Standard	1.160,00	**1.713,00**	3.488,00	0,9%
2 Gebäude für wissenschaftliche Lehre und Forschung				
Instituts- und Laborgebäude	779,00	**1.098,00**	1.584,00	1,6%
3 Gebäude des Gesundheitswesens				
Krankenhäuser	893,00	**1.536,00**	2.796,00	1,3%
Pflegeheime	367,00	**541,00**	1.015,00	0,2%
4 Schulen und Kindergärten				
Allgemeinbildende Schulen	834,00	**1.333,00**	1.615,00	0,3%
Berufliche Schulen	543,00	**2.722,00**	11.186,00	3,6%
Förder- und Sonderschulen	814,00	**1.081,00**	1.218,00	0,8%
Weiterbildungseinrichtungen	473,00	**931,00**	1.412,00	1,0%
Kindergärten, nicht unterkellert, einfacher Standard	479,00	**591,00**	752,00	0,5%
Kindergärten, nicht unterkellert, mittlerer Standard	541,00	**1.214,00**	1.803,00	1,3%
Kindergärten, nicht unterkellert, hoher Standard	836,00	**1.116,00**	1.761,00	1,4%
Kindergärten, unterkellert	615,00	**1.122,00**	1.778,00	2,4%
5 Sportbauten				
Sport- und Mehrzweckhallen	395,00	**451,00**	507,00	4,6%
Sporthallen (Einfeldhallen)	245,00	**292,00**	339,00	1,4%
Sporthallen (Dreifeldhallen)	423,00	**555,00**	771,00	6,3%
Schwimmhallen	550,00	**930,00**	1.311,00	1,1%
6 Wohnbauten und Gemeinschaftsstätten				
Ein- und Zweifamilienhäuser unterkellert, einfacher Standard	504,00	**703,00**	1.017,00	1,0%
Ein- und Zweifamilienhäuser unterkellert, mittlerer Standard	653,00	**1.025,00**	1.694,00	0,8%
Ein- und Zweifamilienhäuser unterkellert, hoher Standard	650,00	**884,00**	1.236,00	1,2%
Ein- und Zweifamilienhäuser, nicht unterkellert, einfacher Standard	598,00	**778,00**	1.126,00	2,9%
Ein- und Zweifamilienhäuser, nicht unterkellert, mittlerer Standard	403,00	**814,00**	1.020,00	1,1%
Ein- und Zweifamilienhäuser, nicht unterkellert, hoher Standard	419,00	**682,00**	927,00	0,6%
Ein- und Zweifamilienhäuser, Passivhausstandard, Massivbau	1.165,00	**1.278,00**	1.391,00	0,1%
Ein- und Zweifamilienhäuser, Passivhausstandard, Holzbau	991,00	**1.661,00**	3.002,00	0,2%
Ein- und Zweifamilienhäuser, Holzbauweise, unterkellert	649,00	**797,00**	1.234,00	0,9%
Ein- und Zweifamilienhäuser, Holzbauweise, nicht unterkellert	748,00	**834,00**	1.004,00	0,5%
Doppel- und Reihenendhäuser, einfacher Standard	434,00	**601,00**	768,00	0,7%
Doppel- und Reihenendhäuser, mittlerer Standard	184,00	**679,00**	957,00	0,9%
Doppel- und Reihenendhäuser, hoher Standard	695,00	**1.227,00**	1.572,00	0,8%
Reihenhäuser, einfacher Standard	–	**442,00**	–	1,0%
Reihenhäuser, mittlerer Standard	–	**1.143,00**	–	0,2%
Reihenhäuser, hoher Standard	121,00	**510,00**	898,00	0,8%

Kostenstand: 1.Quartal 2012, Bundesdurchschnitt, **inkl. MwSt.**

Gebäudeart	von	€/Einheit	bis	KG an 300
Mehrfamilienhäuser, mit bis zu 6 WE, einfacher Standard	517,00	**668,00**	956,00	1,5%
Mehrfamilienhäuser, mit bis zu 6 WE, mittlerer Standard	425,00	**617,00**	964,00	1,1%
Mehrfamilienhäuser, mit bis zu 6 WE, hoher Standard	887,00	**945,00**	1.004,00	0,6%
Mehrfamilienhäuser, mit 6 bis 19 WE, einfacher Standard	519,00	**723,00**	825,00	1,0%
Mehrfamilienhäuser, mit 6 bis 19 WE, mittlerer Standard	389,00	**630,00**	1.163,00	0,9%
Mehrfamilienhäuser, mit 6 bis 19 WE, hoher Standard	248,00	**730,00**	1.227,00	0,6%
Mehrfamilienhäuser, mit mehr als 20 WE	–	**2.051,00**	–	0,0%
Mehrfamilienhäuser, energiesparend, ökologisch	650,00	**780,00**	910,00	0,0%
Wohnhäuser, mit bis zu 15% Mischnutzung, einfacher Standard	465,00	**816,00**	1.144,00	0,3%
Wohnhäuser, mit bis zu 15% Mischnutzung, mittlerer Standard	–	**3.387,00**	–	0,2%
Wohnhäuser, mit bis zu 15% Mischnutzung, hoher Standard	1.143,00	**1.385,00**	1.626,00	0,9%
Wohnhäuser mit mehr als 15% Mischnutzung	715,00	**937,00**	1.330,00	1,8%
Personal- und Altenwohnungen	818,00	**1.005,00**	1.323,00	0,1%
Alten- und Pflegeheime	867,00	**1.217,00**	1.526,00	0,2%
Wohnheime und Internate	1.018,00	**1.084,00**	1.150,00	0,4%
Gaststätten, Kantinen und Mensen	331,00	**810,00**	1.186,00	2,0%

7 Produktion, Gewerbe und Handel, Lager, Garagen, Bereitschaftsdienste

Gebäudeart	von	€/Einheit	bis	KG an 300
Geschäftshäuser mit Wohnungen	426,00	**685,00**	944,00	0,6%
Geschäftshäuser ohne Wohnungen	–	**811,00**	–	0,0%
Bank- und Sparkassengebäude	–	**1.095,00**	–	1,3%
Verbrauchermärkte	–	**–**	–	–
Autohäuser	–	**1.511,00**	–	0,9%
Industrielle Produktionsgebäude, Massivbauweise	90,00	**252,00**	477,00	1,4%
Industrielle Produktionsgebäude, überwiegend Skelettbauweise	461,00	**651,00**	867,00	3,5%
Betriebs- und Werkstätten, eingeschossig	282,00	**531,00**	1.009,00	3,1%
Betriebs- und Werkstätten, mehrgeschossig, geringer Hallenanteil	790,00	**1.047,00**	1.303,00	1,4%
Betriebs- und Werkstätten, mehrgeschossig, hoher Hallenanteil	190,00	**528,00**	1.401,00	2,5%
Lagergebäude, ohne Mischnutzung	282,00	**319,00**	392,00	1,7%
Lagergebäude, mit bis zu 25% Mischnutzung	157,00	**324,00**	658,00	2,2%
Lagergebäude, mit mehr als 25% Mischnutzung	888,00	**1.135,00**	1.383,00	6,9%
Hochgaragen	–	**–**	–	–
Tiefgaragen	–	**–**	–	–
Feuerwehrhäuser	696,00	**943,00**	1.103,00	2,4%
Öffentliche Bereitschaftsdienste	721,00	**2.400,00**	7.369,00	0,6%

12 Gebäude anderer Art

Gebäudeart	von	€/Einheit	bis	KG an 300
Gebäude für kulturelle und musische Zwecke	2.510,00	**2.747,00**	2.984,00	2,3%
Theater	–	**1.477,00**	–	1,2%
Gemeindezentren, einfacher Standard	495,00	**1.079,00**	2.584,00	1,5%
Gemeindezentren, mittlerer Standard	982,00	**1.718,00**	3.906,00	1,2%
Gemeindezentren, hoher Standard	1.409,00	**2.048,00**	2.687,00	2,3%
Sakralbauten	–	**1.630,00**	–	4,4%
Friedhofsgebäude	–	**549,00**	–	1,9%

Bauelemente

Gebäudearten
Kostengruppen
Neubau
Abbrechen
Wiederherstellen
Herstellen

363
Dachbeläge

Einheit: m²
Dachbelagsfläche

Gebäudeart	von	€/Einheit	bis	KG an 300
1 Bürogebäude				
Bürogebäude, einfacher Standard	81,00	**111,00**	178,00	6,0%
Bürogebäude, mittlerer Standard	85,00	**123,00**	168,00	4,8%
Bürogebäude, hoher Standard	133,00	**194,00**	344,00	4,8%
2 Gebäude für wissenschaftliche Lehre und Forschung				
Instituts- und Laborgebäude	110,00	**131,00**	155,00	6,4%
3 Gebäude des Gesundheitswesens				
Krankenhäuser	84,00	**149,00**	178,00	5,9%
Pflegeheime	95,00	**127,00**	220,00	6,4%
4 Schulen und Kindergärten				
Allgemeinbildende Schulen	119,00	**138,00**	160,00	8,6%
Berufliche Schulen	98,00	**158,00**	242,00	10,4%
Förder- und Sonderschulen	112,00	**123,00**	151,00	5,8%
Weiterbildungseinrichtungen	97,00	**131,00**	148,00	5,2%
Kindergärten, nicht unterkellert, einfacher Standard	71,00	**85,00**	93,00	8,6%
Kindergärten, nicht unterkellert, mittlerer Standard	83,00	**114,00**	159,00	9,5%
Kindergärten, nicht unterkellert, hoher Standard	114,00	**154,00**	254,00	8,5%
Kindergärten, unterkellert	80,00	**91,00**	117,00	7,0%
5 Sportbauten				
Sport- und Mehrzweckhallen	97,00	**221,00**	344,00	14,8%
Sporthallen (Einfeldhallen)	67,00	**114,00**	160,00	10,2%
Sporthallen (Dreifeldhallen)	87,00	**125,00**	146,00	8,8%
Schwimmhallen	103,00	**130,00**	158,00	7,0%
6 Wohnbauten und Gemeinschaftsstätten				
Ein- und Zweifamilienhäuser unterkellert, einfacher Standard	59,00	**91,00**	117,00	7,4%
Ein- und Zweifamilienhäuser unterkellert, mittlerer Standard	87,00	**118,00**	236,00	6,6%
Ein- und Zweifamilienhäuser unterkellert, hoher Standard	91,00	**133,00**	161,00	5,8%
Ein- und Zweifamilienhäuser, nicht unterkellert, einfacher Standard	64,00	**89,00**	137,00	6,8%
Ein- und Zweifamilienhäuser, nicht unterkellert, mittlerer Standard	77,00	**107,00**	137,00	9,4%
Ein- und Zweifamilienhäuser, nicht unterkellert, hoher Standard	111,00	**149,00**	221,00	9,5%
Ein- und Zweifamilienhäuser, Passivhausstandard, Massivbau	101,00	**130,00**	180,00	6,2%
Ein- und Zweifamilienhäuser, Passivhausstandard, Holzbau	84,00	**110,00**	145,00	5,4%
Ein- und Zweifamilienhäuser, Holzbauweise, unterkellert	51,00	**99,00**	124,00	5,7%
Ein- und Zweifamilienhäuser, Holzbauweise, nicht unterkellert	57,00	**84,00**	128,00	6,8%
Doppel- und Reihenendhäuser, einfacher Standard	81,00	**91,00**	109,00	5,8%
Doppel- und Reihenendhäuser, mittlerer Standard	89,00	**94,00**	97,00	7,3%
Doppel- und Reihenendhäuser, hoher Standard	107,00	**130,00**	197,00	7,8%
Reihenhäuser, einfacher Standard	80,00	**89,00**	98,00	6,7%
Reihenhäuser, mittlerer Standard	71,00	**98,00**	127,00	6,3%
Reihenhäuser, hoher Standard	100,00	**117,00**	150,00	5,8%

© **BKI** Baukosteninformationszentrum; Erläuterungen zu den Tabellen siehe Seite 62   Kostenstand: 1.Quartal 2012, Bundesdurchschnitt, **inkl. MwSt.**

Gebäudeart	von	€/Einheit	bis	KG an 300
Mehrfamilienhäuser, mit bis zu 6 WE, einfacher Standard	63,00	**75,00**	99,00	6,3%
Mehrfamilienhäuser, mit bis zu 6 WE, mittlerer Standard	66,00	**102,00**	149,00	5,3%
Mehrfamilienhäuser, mit bis zu 6 WE, hoher Standard	118,00	**149,00**	240,00	6,0%
Mehrfamilienhäuser, mit 6 bis 19 WE, einfacher Standard	72,00	**93,00**	104,00	5,0%
Mehrfamilienhäuser, mit 6 bis 19 WE, mittlerer Standard	67,00	**89,00**	128,00	4,5%
Mehrfamilienhäuser, mit 6 bis 19 WE, hoher Standard	113,00	**145,00**	166,00	5,6%
Mehrfamilienhäuser, mit mehr als 20 WE	111,00	**144,00**	177,00	3,5%
Mehrfamilienhäuser, energiesparend, ökologisch	90,00	**144,00**	168,00	5,2%
Wohnhäuser, mit bis zu 15% Mischnutzung, einfacher Standard	97,00	**139,00**	160,00	4,5%
Wohnhäuser, mit bis zu 15% Mischnutzung, mittlerer Standard	59,00	**153,00**	246,00	5,0%
Wohnhäuser, mit bis zu 15% Mischnutzung, hoher Standard	173,00	**225,00**	277,00	6,0%
Wohnhäuser mit mehr als 15% Mischnutzung	84,00	**133,00**	186,00	3,5%
Personal- und Altenwohnungen	98,00	**139,00**	180,00	4,7%
Alten- und Pflegeheime	56,00	**112,00**	131,00	5,3%
Wohnheime und Internate	64,00	**131,00**	198,00	5,6%
Gaststätten, Kantinen und Mensen	117,00	**128,00**	140,00	9,0%

7   Produktion, Gewerbe und Handel, Lager, Garagen, Bereitschaftsdienste

	von	€/Einheit	bis	KG an 300
Geschäftshäuser mit Wohnungen	68,00	**111,00**	141,00	3,5%
Geschäftshäuser ohne Wohnungen	143,00	**150,00**	158,00	5,8%
Bank- und Sparkassengebäude	–	**249,00**	–	6,0%
Verbrauchermärkte	56,00	**65,00**	73,00	10,8%
Autohäuser	–	**106,00**	–	5,8%
Industrielle Produktionsgebäude, Massivbauweise	50,00	**86,00**	107,00	7,4%
Industrielle Produktionsgebäude, überwiegend Skelettbauweise	51,00	**71,00**	90,00	9,3%
Betriebs- und Werkstätten, eingeschossig	43,00	**80,00**	111,00	9,3%
Betriebs- und Werkstätten, mehrgeschossig, geringer Hallenanteil	88,00	**120,00**	131,00	7,7%
Betriebs- und Werkstätten, mehrgeschossig, hoher Hallenanteil	55,00	**74,00**	91,00	10,3%
Lagergebäude, ohne Mischnutzung	26,00	**54,00**	79,00	12,7%
Lagergebäude, mit bis zu 25% Mischnutzung	74,00	**95,00**	105,00	12,8%
Lagergebäude, mit mehr als 25% Mischnutzung	83,00	**86,00**	89,00	9,5%
Hochgaragen	61,00	**138,00**	200,00	16,3%
Tiefgaragen	46,00	**68,00**	91,00	9,4%
Feuerwehrhäuser	79,00	**94,00**	117,00	8,4%
Öffentliche Bereitschaftsdienste	56,00	**95,00**	178,00	6,5%

12 Gebäude anderer Art

	von	€/Einheit	bis	KG an 300
Gebäude für kulturelle und musische Zwecke	111,00	**186,00**	266,00	7,6%
Theater	–	**150,00**	–	2,9%
Gemeindezentren, einfacher Standard	72,00	**93,00**	114,00	7,5%
Gemeindezentren, mittlerer Standard	67,00	**105,00**	146,00	7,6%
Gemeindezentren, hoher Standard	96,00	**132,00**	168,00	7,1%
Sakralbauten	–	**114,00**	–	4,0%
Friedhofsgebäude	158,00	**164,00**	171,00	12,9%

Einheit: m²
Dachbelagsfläche

Gebäudearten
Kostengruppen
Bauelemente
Neubau
Abbrechen
Wiederherstellen
Herstellen

Einheit: m²
Dachbekleidungsfläche

Gebäudeart	von	€/Einheit	bis	KG an 300
1 Bürogebäude				
Bürogebäude, einfacher Standard	23,00	**44,00**	69,00	2,1%
Bürogebäude, mittlerer Standard	14,00	**35,00**	69,00	1,0%
Bürogebäude, hoher Standard	40,00	**67,00**	129,00	1,1%
2 Gebäude für wissenschaftliche Lehre und Forschung				
Instituts- und Laborgebäude	34,00	**69,00**	123,00	2,6%
3 Gebäude des Gesundheitswesens				
Krankenhäuser	38,00	**65,00**	89,00	1,9%
Pflegeheime	17,00	**49,00**	63,00	2,7%
4 Schulen und Kindergärten				
Allgemeinbildende Schulen	48,00	**60,00**	75,00	3,1%
Berufliche Schulen	37,00	**86,00**	131,00	2,1%
Förder- und Sonderschulen	79,00	**102,00**	128,00	3,7%
Weiterbildungseinrichtungen	25,00	**66,00**	146,00	1,1%
Kindergärten, nicht unterkellert, einfacher Standard	61,00	**75,00**	93,00	3,9%
Kindergärten, nicht unterkellert, mittlerer Standard	44,00	**75,00**	121,00	4,2%
Kindergärten, nicht unterkellert, hoher Standard	55,00	**93,00**	122,00	4,8%
Kindergärten, unterkellert	45,00	**73,00**	89,00	3,3%
5 Sportbauten				
Sport- und Mehrzweckhallen	4,70	**33,00**	62,00	3,1%
Sporthallen (Einfeldhallen)	44,00	**54,00**	63,00	5,2%
Sporthallen (Dreifeldhallen)	44,00	**99,00**	176,00	3,3%
Schwimmhallen	84,00	**86,00**	89,00	4,5%
6 Wohnbauten und Gemeinschaftsstätten				
Ein- und Zweifamilienhäuser unterkellert, einfacher Standard	23,00	**61,00**	87,00	3,6%
Ein- und Zweifamilienhäuser unterkellert, mittlerer Standard	22,00	**48,00**	83,00	2,1%
Ein- und Zweifamilienhäuser unterkellert, hoher Standard	39,00	**77,00**	113,00	2,5%
Ein- und Zweifamilienhäuser, nicht unterkellert, einfacher Standard	35,00	**43,00**	57,00	2,9%
Ein- und Zweifamilienhäuser, nicht unterkellert, mittlerer Standard	20,00	**46,00**	64,00	3,3%
Ein- und Zweifamilienhäuser, nicht unterkellert, hoher Standard	53,00	**64,00**	90,00	3,6%
Ein- und Zweifamilienhäuser, Passivhausstandard, Massivbau	38,00	**71,00**	120,00	2,4%
Ein- und Zweifamilienhäuser, Passivhausstandard, Holzbau	34,00	**51,00**	96,00	1,6%
Ein- und Zweifamilienhäuser, Holzbauweise, unterkellert	24,00	**57,00**	82,00	2,7%
Ein- und Zweifamilienhäuser, Holzbauweise, nicht unterkellert	28,00	**36,00**	50,00	2,4%
Doppel- und Reihenendhäuser, einfacher Standard	26,00	**70,00**	114,00	1,2%
Doppel- und Reihenendhäuser, mittlerer Standard	32,00	**51,00**	63,00	3,2%
Doppel- und Reihenendhäuser, hoher Standard	18,00	**34,00**	48,00	1,1%
Reihenhäuser, einfacher Standard	–	**17,00**	–	0,5%
Reihenhäuser, mittlerer Standard	7,00	**18,00**	49,00	1,0%
Reihenhäuser, hoher Standard	6,10	**42,00**	67,00	2,0%

Gebäudeart	von	€/Einheit	bis	KG an 300
Mehrfamilienhäuser, mit bis zu 6 WE, einfacher Standard	29,00	**51,00**	72,00	1,8%
Mehrfamilienhäuser, mit bis zu 6 WE, mittlerer Standard	50,00	**63,00**	78,00	2,7%
Mehrfamilienhäuser, mit bis zu 6 WE, hoher Standard	22,00	**48,00**	59,00	1,6%
Mehrfamilienhäuser, mit 6 bis 19 WE, einfacher Standard	50,00	**70,00**	82,00	3,3%
Mehrfamilienhäuser, mit 6 bis 19 WE, mittlerer Standard	45,00	**74,00**	131,00	2,9%
Mehrfamilienhäuser, mit 6 bis 19 WE, hoher Standard	15,00	**28,00**	48,00	0,9%
Mehrfamilienhäuser, mit mehr als 20 WE	15,00	**20,00**	26,00	0,3%
Mehrfamilienhäuser, energiesparend, ökologisch	14,00	**32,00**	58,00	0,7%
Wohnhäuser, mit bis zu 15% Mischnutzung, einfacher Standard	23,00	**55,00**	178,00	0,8%
Wohnhäuser, mit bis zu 15% Mischnutzung, mittlerer Standard	–	**39,00**	–	0,2%
Wohnhäuser, mit bis zu 15% Mischnutzung, hoher Standard	45,00	**51,00**	57,00	1,4%
Wohnhäuser mit mehr als 15% Mischnutzung	32,00	**46,00**	68,00	0,9%
Personal- und Altenwohnungen	28,00	**50,00**	72,00	1,0%
Alten- und Pflegeheime	31,00	**52,00**	81,00	3,4%
Wohnheime und Internate	15,00	**29,00**	44,00	2,3%
Gaststätten, Kantinen und Mensen	82,00	**124,00**	170,00	2,9%

7 Produktion, Gewerbe und Handel, Lager, Garagen, Bereitschaftsdienste

Geschäftshäuser mit Wohnungen	22,00	**35,00**	48,00	1,2%
Geschäftshäuser ohne Wohnungen	35,00	**47,00**	60,00	1,2%
Bank- und Sparkassengebäude	–	**75,00**	–	0,4%
Verbrauchermärkte	27,00	**28,00**	30,00	3,5%
Autohäuser	–	**–**	–	–
Industrielle Produktionsgebäude, Massivbauweise	21,00	**37,00**	60,00	0,4%
Industrielle Produktionsgebäude, überwiegend Skelettbauweise	62,00	**79,00**	98,00	0,2%
Betriebs- und Werkstätten, eingeschossig	13,00	**32,00**	64,00	0,8%
Betriebs- und Werkstätten, mehrgeschossig, geringer Hallenanteil	19,00	**52,00**	90,00	1,5%
Betriebs- und Werkstätten, mehrgeschossig, hoher Hallenanteil	29,00	**55,00**	78,00	1,2%
Lagergebäude, ohne Mischnutzung	22,00	**37,00**	51,00	0,4%
Lagergebäude, mit bis zu 25% Mischnutzung	–	**23,00**	–	0,4%
Lagergebäude, mit mehr als 25% Mischnutzung	–	**126,00**	–	0,0%
Hochgaragen	–	**30,00**	–	0,0%
Tiefgaragen	2,40	**2,60**	2,70	0,1%
Feuerwehrhäuser	14,00	**40,00**	63,00	1,3%
Öffentliche Bereitschaftsdienste	32,00	**43,00**	58,00	1,5%

12 Gebäude anderer Art

Gebäude für kulturelle und musische Zwecke	35,00	**84,00**	218,00	3,7%
Theater	–	**150,00**	–	2,6%
Gemeindezentren, einfacher Standard	54,00	**62,00**	83,00	3,8%
Gemeindezentren, mittlerer Standard	38,00	**67,00**	86,00	4,5%
Gemeindezentren, hoher Standard	36,00	**81,00**	126,00	5,1%
Sakralbauten	–	**165,00**	–	6,0%
Friedhofsgebäude	34,00	**72,00**	111,00	4,8%

Einheit: m²
Dachbekleidungsfläche

Gebäudearten

Kostengruppen

Bauelemente

Neubau

Abbrechen

Wiederherstellen

Herstellen

**369
Dächer,
sontiges**

Einheit: m²
Dachfläche

Gebäudeart	von	€/Einheit	bis	KG an 300
1 Bürogebäude				
Bürogebäude, einfacher Standard	2,70	**9,10**	17,00	0,2%
Bürogebäude, mittlerer Standard	5,50	**14,00**	24,00	0,2%
Bürogebäude, hoher Standard	6,10	**14,00**	47,00	0,3%
2 Gebäude für wissenschaftliche Lehre und Forschung				
Instituts- und Laborgebäude	5,50	**12,00**	26,00	0,2%
3 Gebäude des Gesundheitswesens				
Krankenhäuser	1,30	**16,00**	26,00	0,6%
Pflegeheime	3,40	**3,80**	4,20	0,1%
4 Schulen und Kindergärten				
Allgemeinbildende Schulen	1,70	**2,00**	2,40	0,0%
Berufliche Schulen	3,50	**16,00**	28,00	0,9%
Förder- und Sonderschulen	3,30	**6,20**	9,00	0,3%
Weiterbildungseinrichtungen	2,10	**7,80**	15,00	0,3%
Kindergärten, nicht unterkellert, einfacher Standard	0,20	**0,80**	1,40	0,0%
Kindergärten, nicht unterkellert, mittlerer Standard	4,40	**8,40**	14,00	0,2%
Kindergärten, nicht unterkellert, hoher Standard	2,90	**9,00**	27,00	0,2%
Kindergärten, unterkellert	0,40	**1,40**	1,90	0,0%
5 Sportbauten				
Sport- und Mehrzweckhallen	–	**–**	–	–
Sporthallen (Einfeldhallen)	–	**5,60**	–	0,2%
Sporthallen (Dreifeldhallen)	3,90	**20,00**	29,00	0,9%
Schwimmhallen	–	**13,00**	–	0,3%
6 Wohnbauten und Gemeinschaftsstätten				
Ein- und Zweifamilienhäuser unterkellert, einfacher Standard	3,40	**5,90**	8,30	0,1%
Ein- und Zweifamilienhäuser unterkellert, mittlerer Standard	2,50	**14,00**	31,00	0,3%
Ein- und Zweifamilienhäuser unterkellert, hoher Standard	5,00	**9,40**	16,00	0,2%
Ein- und Zweifamilienhäuser, nicht unterkellert, einfacher Standard	–	**4,10**	–	0,0%
Ein- und Zweifamilienhäuser, nicht unterkellert, mittlerer Standard	1,00	**2,40**	5,20	0,0%
Ein- und Zweifamilienhäuser, nicht unterkellert, hoher Standard	13,00	**49,00**	86,00	0,7%
Ein- und Zweifamilienhäuser, Passivhausstandard, Massivbau	–	**2,60**	–	0,0%
Ein- und Zweifamilienhäuser, Passivhausstandard, Holzbau	4,40	**8,40**	24,00	0,1%
Ein- und Zweifamilienhäuser, Holzbauweise, unterkellert	1,00	**1,10**	1,20	0,0%
Ein- und Zweifamilienhäuser, Holzbauweise, nicht unterkellert	3,40	**9,60**	28,00	0,3%
Doppel- und Reihenendhäuser, einfacher Standard	1,60	**8,80**	16,00	0,4%
Doppel- und Reihenendhäuser, mittlerer Standard	–	**4,20**	–	0,1%
Doppel- und Reihenendhäuser, hoher Standard	–	**1,00**	–	0,0%
Reihenhäuser, einfacher Standard	–	**2,90**	–	0,0%
Reihenhäuser, mittlerer Standard	–	**2,50**	–	0,0%
Reihenhäuser, hoher Standard	1,20	**2,80**	5,50	0,1%

© **BKI** Baukosteninformationszentrum; Erläuterungen zu den Tabellen siehe Seite 62   Kostenstand: 1.Quartal 2012, Bundesdurchschnitt, **inkl. MwSt.**

Gebäudeart	von	€/Einheit	bis	KG an 300
Mehrfamilienhäuser, mit bis zu 6 WE, einfacher Standard	2,50	**4,50**	7,60	0,3%
Mehrfamilienhäuser, mit bis zu 6 WE, mittlerer Standard	3,00	**9,30**	20,00	0,4%
Mehrfamilienhäuser, mit bis zu 6 WE, hoher Standard	1,00	**2,30**	4,30	0,0%
Mehrfamilienhäuser, mit 6 bis 19 WE, einfacher Standard	1,10	**3,50**	7,50	0,2%
Mehrfamilienhäuser, mit 6 bis 19 WE, mittlerer Standard	2,60	**4,60**	6,50	0,2%
Mehrfamilienhäuser, mit 6 bis 19 WE, hoher Standard	5,40	**18,00**	36,00	0,9%
Mehrfamilienhäuser, mit mehr als 20 WE	1,70	**17,00**	32,00	0,2%
Mehrfamilienhäuser, energiesparend, ökologisch	4,40	**24,00**	58,00	0,8%
Wohnhäuser, mit bis zu 15% Mischnutzung, einfacher Standard	2,10	**28,00**	53,00	0,4%
Wohnhäuser, mit bis zu 15% Mischnutzung, mittlerer Standard	–	**13,00**	–	0,1%
Wohnhäuser, mit bis zu 15% Mischnutzung, hoher Standard	21,00	**125,00**	228,00	1,6%
Wohnhäuser mit mehr als 15% Mischnutzung	3,10	**10,00**	30,00	0,1%
Personal- und Altenwohnungen	4,60	**7,70**	14,00	0,2%
Alten- und Pflegeheime	–	**2,80**	–	0,0%
Wohnheime und Internate	–	**74,00**	–	1,1%
Gaststätten, Kantinen und Mensen	1,10	**22,00**	43,00	0,3%

7 Produktion, Gewerbe und Handel, Lager, Garagen, Bereitschaftsdienste

	von	€/Einheit	bis	KG an 300
Geschäftshäuser mit Wohnungen	7,50	**18,00**	28,00	0,6%
Geschäftshäuser ohne Wohnungen	3,50	**5,70**	7,80	0,2%
Bank- und Sparkassengebäude	–	**6,50**	–	0,1%
Verbrauchermärkte	2,00	**4,40**	6,70	0,7%
Autohäuser	–	**–**	–	–
Industrielle Produktionsgebäude, Massivbauweise	0,50	**3,20**	4,50	0,2%
Industrielle Produktionsgebäude, überwiegend Skelettbauweise	1,30	**2,70**	5,30	0,3%
Betriebs- und Werkstätten, eingeschossig	0,30	**2,30**	4,30	0,1%
Betriebs- und Werkstätten, mehrgeschossig, geringer Hallenanteil	–	**7,70**	–	0,1%
Betriebs- und Werkstätten, mehrgeschossig, hoher Hallenanteil	2,40	**5,90**	16,00	0,4%
Lagergebäude, ohne Mischnutzung	–	**9,10**	–	0,4%
Lagergebäude, mit bis zu 25% Mischnutzung	0,40	**4,30**	6,80	0,5%
Lagergebäude, mit mehr als 25% Mischnutzung	–	**–**	–	–
Hochgaragen	–	**65,00**	–	2,0%
Tiefgaragen	2,90	**4,20**	5,50	0,2%
Feuerwehrhäuser	1,30	**12,00**	22,00	0,3%
Öffentliche Bereitschaftsdienste	3,00	**9,00**	15,00	0,3%

12 Gebäude anderer Art

	von	€/Einheit	bis	KG an 300
Gebäude für kulturelle und musische Zwecke	4,00	**15,00**	44,00	0,6%
Theater	–	**11,00**	–	0,2%
Gemeindezentren, einfacher Standard	1,20	**1,50**	1,80	0,0%
Gemeindezentren, mittlerer Standard	2,10	**3,60**	5,70	0,0%
Gemeindezentren, hoher Standard	–	**14,00**	–	0,3%
Sakralbauten	–	**18,00**	–	0,7%
Friedhofsgebäude	4,20	**5,00**	5,80	0,3%

371
Allgemeine
Einbauten

Einheit: m²
Brutto-Grundfläche

Gebäuderart	von	€/Einheit	bis	KG an 300
1 Bürogebäude				
Bürogebäude, einfacher Standard	0,40	**2,20**	4,20	0,2%
Bürogebäude, mittlerer Standard	11,00	**27,00**	75,00	1,2%
Bürogebäude, hoher Standard	11,00	**32,00**	94,00	1,5%
2 Gebäude für wissenschaftliche Lehre und Forschung				
Instituts- und Laborgebäude	11,00	**17,00**	22,00	0,4%
3 Gebäude des Gesundheitswesens				
Krankenhäuser	13,00	**49,00**	121,00	2,8%
Pflegeheime	7,50	**11,00**	16,00	0,9%
4 Schulen und Kindergärten				
Allgemeinbildende Schulen	2,20	**17,00**	45,00	1,1%
Berufliche Schulen	3,70	**14,00**	34,00	0,8%
Förder- und Sonderschulen	14,00	**34,00**	91,00	2,8%
Weiterbildungseinrichtungen	20,00	**30,00**	35,00	2,0%
Kindergärten, nicht unterkellert, einfacher Standard	8,70	**19,00**	27,00	2,0%
Kindergärten, nicht unterkellert, mittlerer Standard	12,00	**28,00**	55,00	2,2%
Kindergärten, nicht unterkellert, hoher Standard	29,00	**86,00**	121,00	5,4%
Kindergärten, unterkellert	27,00	**52,00**	68,00	3,7%
5 Sportbauten				
Sport- und Mehrzweckhallen	–	**19,00**	–	0,7%
Sporthallen (Einfeldhallen)	–	**–**	–	–
Sporthallen (Dreifeldhallen)	12,00	**16,00**	26,00	1,0%
Schwimmhallen	–	**–**	–	–
6 Wohnbauten und Gemeinschaftsstätten				
Ein- und Zweifamilienhäuser unterkellert, einfacher Standard	–	**–**	–	–
Ein- und Zweifamilienhäuser unterkellert, mittlerer Standard	–	**5,60**	–	0,0%
Ein- und Zweifamilienhäuser unterkellert, hoher Standard	3,30	**7,90**	13,00	0,2%
Ein- und Zweifamilienhäuser, nicht unterkellert, einfacher Standard	–	**12,00**	–	0,8%
Ein- und Zweifamilienhäuser, nicht unterkellert, mittlerer Standard	–	**48,00**	–	0,5%
Ein- und Zweifamilienhäuser, nicht unterkellert, hoher Standard	–	**29,00**	–	0,3%
Ein- und Zweifamilienhäuser, Passivhausstandard, Massivbau	–	**9,70**	–	0,1%
Ein- und Zweifamilienhäuser, Passivhausstandard, Holzbau	8,70	**27,00**	62,00	0,9%
Ein- und Zweifamilienhäuser, Holzbauweise, unterkellert	–	**42,00**	–	0,6%
Ein- und Zweifamilienhäuser, Holzbauweise, nicht unterkellert	0,60	**5,10**	9,70	0,1%
Doppel- und Reihenendhäuser, einfacher Standard	–	**–**	–	–
Doppel- und Reihenendhäuser, mittlerer Standard	–	**0,30**	–	0,0%
Doppel- und Reihenendhäuser, hoher Standard	–	**21,00**	–	0,3%
Reihenhäuser, einfacher Standard	–	**–**	–	–
Reihenhäuser, mittlerer Standard	–	**–**	–	–
Reihenhäuser, hoher Standard	–	**–**	–	–

© **BKI** Baukosteninformationszentrum; Erläuterungen zu den Tabellen siehe Seite 62   Kostenstand: 1.Quartal 2012, Bundesdurchschnitt, inkl. MwSt.

Gebäudeart	von	€/Einheit	bis	KG an 300
Mehrfamilienhäuser, mit bis zu 6 WE, einfacher Standard	1,50	**3,30**	5,10	0,4%
Mehrfamilienhäuser, mit bis zu 6 WE, mittlerer Standard	1,00	**1,90**	2,70	0,0%
Mehrfamilienhäuser, mit bis zu 6 WE, hoher Standard	–	**3,60**	–	0,0%
Mehrfamilienhäuser, mit 6 bis 19 WE, einfacher Standard	–	**–**	–	–
Mehrfamilienhäuser, mit 6 bis 19 WE, mittlerer Standard	–	**1,00**	–	0,0%
Mehrfamilienhäuser, mit 6 bis 19 WE, hoher Standard	3,70	**10,00**	23,00	0,8%
Mehrfamilienhäuser, mit mehr als 20 WE	–	**1,40**	–	0,0%
Mehrfamilienhäuser, energiesparend, ökologisch	0,20	**0,70**	1,30	0,0%
Wohnhäuser, mit bis zu 15% Mischnutzung, einfacher Standard	0,90	**7,30**	20,00	0,6%
Wohnhäuser, mit bis zu 15% Mischnutzung, mittlerer Standard	8,20	**13,00**	18,00	1,2%
Wohnhäuser, mit bis zu 15% Mischnutzung, hoher Standard	–	**–**	–	–
Wohnhäuser mit mehr als 15% Mischnutzung	2,60	**7,20**	10,00	0,4%
Personal- und Altenwohnungen	5,50	**23,00**	33,00	2,2%
Alten- und Pflegeheime	2,60	**17,00**	45,00	1,8%
Wohnheime und Internate	–	**60,00**	–	2,8%
Gaststätten, Kantinen und Mensen	0,90	**76,00**	180,00	7,5%

7 Produktion, Gewerbe und Handel, Lager, Garagen, Bereitschaftsdienste

	von	€/Einheit	bis	KG an 300
Geschäftshäuser mit Wohnungen	–	**3,80**	–	0,1%
Geschäftshäuser ohne Wohnungen	–	**1,30**	–	0,0%
Bank- und Sparkassengebäude	–	**–**	–	–
Verbrauchermärkte	–	**0,80**	–	0,0%
Autohäuser	–	**–**	–	–
Industrielle Produktionsgebäude, Massivbauweise	1,80	**15,00**	29,00	0,6%
Industrielle Produktionsgebäude, überwiegend Skelettbauweise	–	**0,20**	–	0,0%
Betriebs- und Werkstätten, eingeschossig	11,00	**29,00**	61,00	1,8%
Betriebs- und Werkstätten, mehrgeschossig, geringer Hallenanteil	15,00	**60,00**	104,00	3,3%
Betriebs- und Werkstätten, mehrgeschossig, hoher Hallenanteil	5,30	**8,80**	12,00	0,3%
Lagergebäude, ohne Mischnutzung	0,40	**0,40**	0,40	0,0%
Lagergebäude, mit bis zu 25% Mischnutzung	–	**17,00**	–	0,7%
Lagergebäude, mit mehr als 25% Mischnutzung	–	**5,40**	–	0,3%
Hochgaragen	–	**–**	–	–
Tiefgaragen	–	**–**	–	–
Feuerwehrhäuser	0,80	**20,00**	38,00	1,1%
Öffentliche Bereitschaftsdienste	1,10	**16,00**	27,00	1,4%

12 Gebäude anderer Art

	von	€/Einheit	bis	KG an 300
Gebäude für kulturelle und musische Zwecke	27,00	**37,00**	56,00	1,9%
Theater	–	**46,00**	–	2,4%
Gemeindezentren, einfacher Standard	–	**12,00**	–	0,2%
Gemeindezentren, mittlerer Standard	12,00	**45,00**	109,00	3,2%
Gemeindezentren, hoher Standard	13,00	**39,00**	64,00	3,0%
Sakralbauten	–	**59,00**	–	2,7%
Friedhofsgebäude	–	**13,00**	–	0,5%

Einheit: m²
Brutto-Grundfläche

Gebäudearten
Kostengruppen
Bauelemente
Neubau
Abbrechen
Wiederherstellen
Herstellen

Einheit: m²
Brutto-Grundfläche

Gebäudeart	von	€/Einheit	bis	KG an 300
1 Bürogebäude				
Bürogebäude, einfacher Standard	–	**3,10**	–	0,0%
Bürogebäude, mittlerer Standard	2,50	**7,30**	21,00	0,1%
Bürogebäude, hoher Standard	–	**0,70**	–	0,0%
2 Gebäude für wissenschaftliche Lehre und Forschung				
Instituts- und Laborgebäude	4,00	**7,60**	11,00	0,2%
3 Gebäude des Gesundheitswesens				
Krankenhäuser	0,30	**16,00**	31,00	0,5%
Pflegeheime	–	**–**	–	–
4 Schulen und Kindergärten				
Allgemeinbildende Schulen	4,20	**30,00**	56,00	1,4%
Berufliche Schulen	0,70	**1,80**	3,80	0,1%
Förder- und Sonderschulen	6,80	**33,00**	60,00	1,3%
Weiterbildungseinrichtungen	0,40	**1,10**	1,90	0,0%
Kindergärten, nicht unterkellert, einfacher Standard	–	**0,60**	–	0,0%
Kindergärten, nicht unterkellert, mittlerer Standard	4,50	**22,00**	58,00	0,6%
Kindergärten, nicht unterkellert, hoher Standard	–	**0,20**	–	0,0%
Kindergärten, unterkellert	5,90	**6,40**	7,00	0,3%
5 Sportbauten				
Sport- und Mehrzweckhallen	–	**–**	–	–
Sporthallen (Einfeldhallen)	–	**31,00**	–	1,1%
Sporthallen (Dreifeldhallen)	41,00	**61,00**	73,00	2,9%
Schwimmhallen	–	**–**	–	–
6 Wohnbauten und Gemeinschaftsstätten				
Ein- und Zweifamilienhäuser unterkellert, einfacher Standard	–	**–**	–	–
Ein- und Zweifamilienhäuser unterkellert, mittlerer Standard	–	**5,10**	–	0,0%
Ein- und Zweifamilienhäuser unterkellert, hoher Standard	8,20	**13,00**	23,00	0,5%
Ein- und Zweifamilienhäuser, nicht unterkellert, einfacher Standard	–	**–**	–	–
Ein- und Zweifamilienhäuser, nicht unterkellert, mittlerer Standard	–	**–**	–	–
Ein- und Zweifamilienhäuser, nicht unterkellert, hoher Standard	–	**2,10**	–	0,0%
Ein- und Zweifamilienhäuser, Passivhausstandard, Massivbau	–	**–**	–	–
Ein- und Zweifamilienhäuser, Passivhausstandard, Holzbau	–	**–**	–	–
Ein- und Zweifamilienhäuser, Holzbauweise, unterkellert	1,00	**2,00**	3,00	0,0%
Ein- und Zweifamilienhäuser, Holzbauweise, nicht unterkellert	–	**4,90**	–	0,0%
Doppel- und Reihenendhäuser, einfacher Standard	–	**–**	–	–
Doppel- und Reihenendhäuser, mittlerer Standard	–	**–**	–	–
Doppel- und Reihenendhäuser, hoher Standard	–	**–**	–	–
Reihenhäuser, einfacher Standard	–	**–**	–	–
Reihenhäuser, mittlerer Standard	–	**–**	–	–
Reihenhäuser, hoher Standard	–	**–**	–	–

Gebäudeart	von	€/Einheit	bis	KG an 300
Mehrfamilienhäuser, mit bis zu 6 WE, einfacher Standard	–	–	–	–
Mehrfamilienhäuser, mit bis zu 6 WE, mittlerer Standard	–	–	–	–
Mehrfamilienhäuser, mit bis zu 6 WE, hoher Standard	–	4,00	–	0,0%
Mehrfamilienhäuser, mit 6 bis 19 WE, einfacher Standard	–	–	–	–
Mehrfamilienhäuser, mit 6 bis 19 WE, mittlerer Standard	–	–	–	–
Mehrfamilienhäuser, mit 6 bis 19 WE, hoher Standard	–	–	–	–
Mehrfamilienhäuser, mit mehr als 20 WE	–	–	–	–
Mehrfamilienhäuser, energiesparend, ökologisch	–	0,80	–	0,0%
Wohnhäuser, mit bis zu 15% Mischnutzung, einfacher Standard	–	–	–	–
Wohnhäuser, mit bis zu 15% Mischnutzung, mittlerer Standard	–	–	–	–
Wohnhäuser, mit bis zu 15% Mischnutzung, hoher Standard	–	–	–	–
Wohnhäuser mit mehr als 15% Mischnutzung	–	16,00	–	0,3%
Personal- und Altenwohnungen	–	–	–	–
Alten- und Pflegeheime	–	0,70	–	0,0%
Wohnheime und Internate	–	–	–	–
Gaststätten, Kantinen und Mensen	0,80	24,00	46,00	1,0%

7 Produktion, Gewerbe und Handel, Lager, Garagen, Bereitschaftsdienste

	von	€/Einheit	bis	KG an 300
Geschäftshäuser mit Wohnungen	–	0,30	–	0,0%
Geschäftshäuser ohne Wohnungen	–	1,00	–	0,0%
Bank- und Sparkassengebäude	–	96,00	–	6,2%
Verbrauchermärkte	–	9,40	–	0,6%
Autohäuser	–	–	–	–
Industrielle Produktionsgebäude, Massivbauweise	–	–	–	–
Industrielle Produktionsgebäude, überwiegend Skelettbauweise	–	0,10	–	0,0%
Betriebs- und Werkstätten, eingeschossig	–	18,00	–	0,3%
Betriebs- und Werkstätten, mehrgeschossig, geringer Hallenanteil	–	–	–	–
Betriebs- und Werkstätten, mehrgeschossig, hoher Hallenanteil	1,20	8,80	16,00	0,3%
Lagergebäude, ohne Mischnutzung	–	1,50	–	0,0%
Lagergebäude, mit bis zu 25% Mischnutzung	–	4,90	–	0,2%
Lagergebäude, mit mehr als 25% Mischnutzung	–	–	–	–
Hochgaragen	–	–	–	–
Tiefgaragen	–	–	–	–
Feuerwehrhäuser	–	2,20	–	0,0%
Öffentliche Bereitschaftsdienste	–	60,00	–	1,0%

12 Gebäude anderer Art

	von	€/Einheit	bis	KG an 300
Gebäude für kulturelle und musische Zwecke	–	137,00	–	2,0%
Theater	–	52,00	–	2,7%
Gemeindezentren, einfacher Standard	–	65,00	–	2,3%
Gemeindezentren, mittlerer Standard	3,70	19,00	40,00	0,8%
Gemeindezentren, hoher Standard	–	20,00	–	0,7%
Sakralbauten	–	146,00	–	6,7%
Friedhofgebäude	–	–	–	–

**Besondere
Einbauten**

Einheit: m²
Brutto-Grundfläche

Gebäudearten

Bauelemente

Kostengruppen

Neubau

Abbrechen

Wiederherstellen

Herstellen

© **BKI** Baukosteninformationszentrum; Erläuterungen zu den Tabellen siehe Seite 62   Kostenstand: 1.Quartal 2012, Bundesdurchschnitt, **inkl. MwSt.**   297

Einheit: m²
Brutto-Grundfläche

Gebäudeart	von	€/Einheit	bis	KG an 300
1 Bürogebäude				
Bürogebäude, einfacher Standard	–	–	–	–
Bürogebäude, mittlerer Standard	1,90	**3,60**	6,30	0,0%
Bürogebäude, hoher Standard	0,30	**0,90**	1,50	0,0%
2 Gebäude für wissenschaftliche Lehre und Forschung				
Instituts- und Laborgebäude	30,00	**120,00**	210,00	2,9%
3 Gebäude des Gesundheitswesens				
Krankenhäuser	2,80	**4,00**	5,10	0,1%
Pflegeheime	–	–	–	–
4 Schulen und Kindergärten				
Allgemeinbildende Schulen	–	–	–	–
Berufliche Schulen	–	–	–	–
Förder- und Sonderschulen	–	–	–	–
Weiterbildungseinrichtungen	–	–	–	–
Kindergärten, nicht unterkellert, einfacher Standard	–	**6,80**	–	0,1%
Kindergärten, nicht unterkellert, mittlerer Standard	–	–	–	–
Kindergärten, nicht unterkellert, hoher Standard	–	–	–	–
Kindergärten, unterkellert	–	–	–	–
5 Sportbauten				
Sport- und Mehrzweckhallen	–	–	–	–
Sporthallen (Einfeldhallen)	–	–	–	–
Sporthallen (Dreifeldhallen)	–	**47,00**	–	0,9%
Schwimmhallen	–	–	–	–
6 Wohnbauten und Gemeinschaftsstätten				
Ein- und Zweifamilienhäuser unterkellert, einfacher Standard	–	–	–	–
Ein- und Zweifamilienhäuser unterkellert, mittlerer Standard	–	–	–	–
Ein- und Zweifamilienhäuser unterkellert, hoher Standard	4,20	**4,90**	5,60	0,1%
Ein- und Zweifamilienhäuser, nicht unterkellert, einfacher Standard	–	–	–	–
Ein- und Zweifamilienhäuser, nicht unterkellert, mittlerer Standard	–	–	–	–
Ein- und Zweifamilienhäuser, nicht unterkellert, hoher Standard	–	–	–	–
Ein- und Zweifamilienhäuser, Passivhausstandard, Massivbau	–	–	–	–
Ein- und Zweifamilienhäuser, Passivhausstandard, Holzbau	–	–	–	–
Ein- und Zweifamilienhäuser, Holzbauweise, unterkellert	–	–	–	–
Ein- und Zweifamilienhäuser, Holzbauweise, nicht unterkellert	–	–	–	–
Doppel- und Reihenendhäuser, einfacher Standard	–	–	–	–
Doppel- und Reihenendhäuser, mittlerer Standard	–	–	–	–
Doppel- und Reihenendhäuser, hoher Standard	–	–	–	–
Reihenhäuser, einfacher Standard	–	–	–	–
Reihenhäuser, mittlerer Standard	–	–	–	–
Reihenhäuser, hoher Standard	–	–	–	–

© **BKI** Baukosteninformationszentrum; Erläuterungen zu den Tabellen siehe Seite 62   Kostenstand: 1.Quartal 2012, Bundesdurchschnitt, **inkl. MwSt.**

Gebäudeart	von	€/Einheit	bis	KG an 300
Mehrfamilienhäuser, mit bis zu 6 WE, einfacher Standard	–	–	–	–
Mehrfamilienhäuser, mit bis zu 6 WE, mittlerer Standard	–	–	–	–
Mehrfamilienhäuser, mit bis zu 6 WE, hoher Standard	–	–	–	–
Mehrfamilienhäuser, mit 6 bis 19 WE, einfacher Standard	–	–	–	–
Mehrfamilienhäuser, mit 6 bis 19 WE, mittlerer Standard	–	–	–	–
Mehrfamilienhäuser, mit 6 bis 19 WE, hoher Standard	–	–	–	–
Mehrfamilienhäuser, mit mehr als 20 WE	–	–	–	–
Mehrfamilienhäuser, energiesparend, ökologisch	–	1,90	–	0,0%
Wohnhäuser, mit bis zu 15% Mischnutzung, einfacher Standard	–	0,40	–	0,0%
Wohnhäuser, mit bis zu 15% Mischnutzung, mittlerer Standard	–	–	–	–
Wohnhäuser, mit bis zu 15% Mischnutzung, hoher Standard	–	–	–	–
Wohnhäuser mit mehr als 15% Mischnutzung	–	–	–	–
Personal- und Altenwohnungen	–	0,10	–	0,0%
Alten- und Pflegeheime	–	–	–	–
Wohnheime und Internate	–	–	–	–
Gaststätten, Kantinen und Mensen	–	3,90	–	0,0%

7 Produktion, Gewerbe und Handel, Lager, Garagen, Bereitschaftsdienste

Gebäudeart	von	€/Einheit	bis	KG an 300
Geschäftshäuser mit Wohnungen	–	–	–	–
Geschäftshäuser ohne Wohnungen	–	–	–	–
Bank- und Sparkassengebäude	–	–	–	–
Verbrauchermärkte	–	–	–	–
Autohäuser	–	–	–	–
Industrielle Produktionsgebäude, Massivbauweise	–	–	–	–
Industrielle Produktionsgebäude, überwiegend Skelettbauweise	–	–	–	–
Betriebs- und Werkstätten, eingeschossig	–	–	–	–
Betriebs- und Werkstätten, mehrgeschossig, geringer Hallenanteil	–	4,00	–	0,1%
Betriebs- und Werkstätten, mehrgeschossig, hoher Hallenanteil	–	–	–	–
Lagergebäude, ohne Mischnutzung	–	–	–	–
Lagergebäude, mit bis zu 25% Mischnutzung	–	–	–	–
Lagergebäude, mit mehr als 25% Mischnutzung	–	–	–	–
Hochgaragen	–	–	–	–
Tiefgaragen	–	–	–	–
Feuerwehrhäuser	–	–	–	–
Öffentliche Bereitschaftsdienste	–	–	–	–

12 Gebäude anderer Art

Gebäudeart	von	€/Einheit	bis	KG an 300
Gebäude für kulturelle und musische Zwecke	–	33,00	–	0,5%
Theater	–	5,90	–	0,3%
Gemeindezentren, einfacher Standard	–	–	–	–
Gemeindezentren, mittlerer Standard	–	44,00	–	0,5%
Gemeindezentren, hoher Standard	–	–	–	–
Sakralbauten	–	–	–	–
Friedhofsgebäude	–	–	–	–

Gebäudearten

Kostengruppen

Bauelemente

Neubau

Abbrechen

Wiederherstellen

Herstellen

Einheit: m²
Brutto-Grundfläche

Gebäuderart	von	€/Einheit	bis	KG an 300
1 Bürogebäude				
Bürogebäude, einfacher Standard	14,00	**19,00**	31,00	2,4%
Bürogebäude, mittlerer Standard	13,00	**29,00**	55,00	2,8%
Bürogebäude, hoher Standard	28,00	**46,00**	93,00	3,0%
2 Gebäude für wissenschaftliche Lehre und Forschung				
Instituts- und Laborgebäude	18,00	**30,00**	40,00	2,3%
3 Gebäude des Gesundheitswesens				
Krankenhäuser	16,00	**29,00**	63,00	2,3%
Pflegeheime	13,00	**38,00**	56,00	4,5%
4 Schulen und Kindergärten				
Allgemeinbildende Schulen	25,00	**34,00**	42,00	3,1%
Berufliche Schulen	15,00	**34,00**	85,00	3,1%
Förder- und Sonderschulen	21,00	**33,00**	39,00	2,6%
Weiterbildungseinrichtungen	16,00	**35,00**	45,00	3,0%
Kindergärten, nicht unterkellert, einfacher Standard	2,30	**8,50**	19,00	0,8%
Kindergärten, nicht unterkellert, mittlerer Standard	6,00	**17,00**	28,00	1,6%
Kindergärten, nicht unterkellert, hoher Standard	24,00	**40,00**	79,00	2,8%
Kindergärten, unterkellert	20,00	**38,00**	58,00	3,6%
5 Sportbauten				
Sport- und Mehrzweckhallen	1,00	**7,50**	14,00	0,6%
Sporthallen (Einfeldhallen)	19,00	**19,00**	20,00	1,6%
Sporthallen (Dreifeldhallen)	23,00	**39,00**	60,00	3,2%
Schwimmhallen	17,00	**25,00**	33,00	1,8%
6 Wohnbauten und Gemeinschaftsstätten				
Ein- und Zweifamilienhäuser unterkellert, einfacher Standard	3,90	**7,90**	15,00	0,6%
Ein- und Zweifamilienhäuser unterkellert, mittlerer Standard	5,30	**14,00**	32,00	1,5%
Ein- und Zweifamilienhäuser unterkellert, hoher Standard	9,50	**15,00**	25,00	1,2%
Ein- und Zweifamilienhäuser, nicht unterkellert, einfacher Standard	8,00	**14,00**	24,00	2,2%
Ein- und Zweifamilienhäuser, nicht unterkellert, mittlerer Standard	9,40	**21,00**	40,00	2,3%
Ein- und Zweifamilienhäuser, nicht unterkellert, hoher Standard	9,60	**17,00**	46,00	1,1%
Ein- und Zweifamilienhäuser, Passivhausstandard, Massivbau	10,00	**19,00**	35,00	2,0%
Ein- und Zweifamilienhäuser, Passivhausstandard, Holzbau	13,00	**17,00**	24,00	1,6%
Ein- und Zweifamilienhäuser, Holzbauweise, unterkellert	10,00	**11,00**	13,00	1,4%
Ein- und Zweifamilienhäuser, Holzbauweise, nicht unterkellert	4,90	**8,00**	16,00	1,0%
Doppel- und Reihenendhäuser, einfacher Standard	1,70	**4,20**	6,70	0,4%
Doppel- und Reihenendhäuser, mittlerer Standard	4,30	**8,70**	17,00	1,1%
Doppel- und Reihenendhäuser, hoher Standard	5,20	**20,00**	31,00	2,2%
Reihenhäuser, einfacher Standard	–	**1,70**	–	0,1%
Reihenhäuser, mittlerer Standard	6,50	**8,20**	12,00	1,2%
Reihenhäuser, hoher Standard	11,00	**25,00**	50,00	3,3%

Gebäudeart	von	€/Einheit	bis	KG an 300
Mehrfamilienhäuser, mit bis zu 6 WE, einfacher Standard	7,20	**12,00**	21,00	2,4%
Mehrfamilienhäuser, mit bis zu 6 WE, mittlerer Standard	6,70	**13,00**	25,00	1,7%
Mehrfamilienhäuser, mit bis zu 6 WE, hoher Standard	12,00	**17,00**	21,00	1,8%
Mehrfamilienhäuser, mit 6 bis 19 WE, einfacher Standard	0,80	**6,70**	10,00	1,1%
Mehrfamilienhäuser, mit 6 bis 19 WE, mittlerer Standard	2,70	**6,20**	9,50	0,9%
Mehrfamilienhäuser, mit 6 bis 19 WE, hoher Standard	12,00	**20,00**	48,00	2,7%
Mehrfamilienhäuser, mit mehr als 20 WE	7,40	**13,00**	22,00	2,1%
Mehrfamilienhäuser, energiesparend, ökologisch	9,80	**20,00**	28,00	2,7%
Wohnhäuser, mit bis zu 15% Mischnutzung, einfacher Standard	7,30	**16,00**	46,00	2,5%
Wohnhäuser, mit bis zu 15% Mischnutzung, mittlerer Standard	12,00	**14,00**	16,00	1,2%
Wohnhäuser, mit bis zu 15% Mischnutzung, hoher Standard	12,00	**33,00**	55,00	3,0%
Wohnhäuser mit mehr als 15% Mischnutzung	12,00	**21,00**	30,00	2,4%
Personal- und Altenwohnungen	8,80	**14,00**	20,00	2,0%
Alten- und Pflegeheime	8,40	**15,00**	21,00	2,1%
Wohnheime und Internate	4,00	**14,00**	25,00	1,2%
Gaststätten, Kantinen und Mensen	5,40	**24,00**	33,00	1,4%

7 Produktion, Gewerbe und Handel, Lager, Garagen, Bereitschaftsdienste

	von	€/Einheit	bis	KG an 300
Geschäftshäuser mit Wohnungen	11,00	**18,00**	30,00	2,1%
Geschäftshäuser ohne Wohnungen	4,20	**5,00**	5,70	0,6%
Bank- und Sparkassengebäude	–	**–**	–	–
Verbrauchermärkte	3,90	**5,80**	7,80	0,8%
Autohäuser	–	**15,00**	–	1,2%
Industrielle Produktionsgebäude, Massivbauweise	14,00	**19,00**	27,00	2,3%
Industrielle Produktionsgebäude, überwiegend Skelettbauweise	2,50	**5,60**	14,00	0,8%
Betriebs- und Werkstätten, eingeschossig	5,60	**15,00**	35,00	1,9%
Betriebs- und Werkstätten, mehrgeschossig, geringer Hallenanteil	16,00	**30,00**	48,00	3,7%
Betriebs- und Werkstätten, mehrgeschossig, hoher Hallenanteil	4,50	**16,00**	49,00	2,7%
Lagergebäude, ohne Mischnutzung	3,70	**6,70**	15,00	0,9%
Lagergebäude, mit bis zu 25% Mischnutzung	5,60	**6,40**	8,00	1,0%
Lagergebäude, mit mehr als 25% Mischnutzung	11,00	**21,00**	32,00	2,8%
Hochgaragen	2,80	**42,00**	61,00	3,4%
Tiefgaragen	15,00	**37,00**	61,00	5,4%
Feuerwehrhäuser	7,20	**12,00**	19,00	1,6%
Öffentliche Bereitschaftsdienste	8,90	**21,00**	61,00	1,7%

12 Gebäude anderer Art

	von	€/Einheit	bis	KG an 300
Gebäude für kulturelle und musische Zwecke	34,00	**37,00**	40,00	2,6%
Theater	–	**34,00**	–	1,8%
Gemeindezentren, einfacher Standard	8,10	**17,00**	32,00	1,5%
Gemeindezentren, mittlerer Standard	15,00	**20,00**	29,00	1,7%
Gemeindezentren, hoher Standard	3,30	**16,00**	30,00	1,3%
Sakralbauten	–	**33,00**	–	1,5%
Friedhofsgebäude	42,00	**50,00**	58,00	3,5%

Einheit: m²
Brutto-Grundfläche

Gebäudearten

Kostengruppen

Bauelemente

Neubau

Abbrechen

Wiederherstellen

Herstellen

Einheit: m²
Brutto-Grundfläche

Gebäudeart	von	€/Einheit	bis	KG an 300
1 Bürogebäude				
Bürogebäude, einfacher Standard	4,80	**6,80**	9,40	0,8%
Bürogebäude, mittlerer Standard	7,40	**14,00**	23,00	1,1%
Bürogebäude, hoher Standard	8,30	**15,00**	27,00	0,8%
2 Gebäude für wissenschaftliche Lehre und Forschung				
Instituts- und Laborgebäude	9,60	**22,00**	45,00	0,9%
3 Gebäude des Gesundheitswesens				
Krankenhäuser	5,20	**8,30**	16,00	0,7%
Pflegeheime	7,70	**9,20**	11,00	0,6%
4 Schulen und Kindergärten				
Allgemeinbildende Schulen	9,00	**12,00**	20,00	1,0%
Berufliche Schulen	5,40	**8,00**	9,50	0,8%
Förder- und Sonderschulen	13,00	**24,00**	39,00	1,8%
Weiterbildungseinrichtungen	5,90	**17,00**	35,00	1,2%
Kindergärten, nicht unterkellert, einfacher Standard	1,00	**3,40**	4,60	0,2%
Kindergärten, nicht unterkellert, mittlerer Standard	5,60	**12,00**	19,00	1,0%
Kindergärten, nicht unterkellert, hoher Standard	6,10	**10,00**	14,00	0,5%
Kindergärten, unterkellert	9,50	**11,00**	13,00	1,0%
5 Sportbauten				
Sport- und Mehrzweckhallen	–	**24,00**	–	1,0%
Sporthallen (Einfeldhallen)	17,00	**30,00**	44,00	2,4%
Sporthallen (Dreifeldhallen)	7,30	**16,00**	31,00	0,7%
Schwimmhallen	–	**–**	–	–
6 Wohnbauten und Gemeinschaftsstätten				
Ein- und Zweifamilienhäuser unterkellert, einfacher Standard	3,50	**5,60**	8,30	0,8%
Ein- und Zweifamilienhäuser unterkellert, mittlerer Standard	6,50	**11,00**	14,00	1,2%
Ein- und Zweifamilienhäuser unterkellert, hoher Standard	4,90	**8,80**	13,00	0,8%
Ein- und Zweifamilienhäuser, nicht unterkellert, einfacher Standard	4,60	**9,20**	11,00	1,4%
Ein- und Zweifamilienhäuser, nicht unterkellert, mittlerer Standard	8,10	**12,00**	17,00	1,3%
Ein- und Zweifamilienhäuser, nicht unterkellert, hoher Standard	9,30	**12,00**	15,00	1,0%
Ein- und Zweifamilienhäuser, Passivhausstandard, Massivbau	9,00	**14,00**	24,00	1,4%
Ein- und Zweifamilienhäuser, Passivhausstandard, Holzbau	7,90	**11,00**	18,00	0,8%
Ein- und Zweifamilienhäuser, Holzbauweise, unterkellert	3,60	**7,90**	10,00	0,9%
Ein- und Zweifamilienhäuser, Holzbauweise, nicht unterkellert	7,90	**9,10**	11,00	0,9%
Doppel- und Reihenendhäuser, einfacher Standard	4,00	**5,60**	9,00	0,9%
Doppel- und Reihenendhäuser, mittlerer Standard	9,00	**12,00**	13,00	1,6%
Doppel- und Reihenendhäuser, hoher Standard	4,30	**7,60**	12,00	0,6%
Reihenhäuser, einfacher Standard	4,10	**6,20**	8,20	1,1%
Reihenhäuser, mittlerer Standard	3,40	**5,30**	6,50	0,6%
Reihenhäuser, hoher Standard	8,60	**12,00**	15,00	1,0%

© **BKI** Baukosteninformationszentrum; Erläuterungen zu den Tabellen siehe Seite 62   Kostenstand: 1.Quartal 2012, Bundesdurchschnitt, **inkl. MwSt.**

Gebäudeart	von	€/Einheit	bis	KG an 300
Mehrfamilienhäuser, mit bis zu 6 WE, einfacher Standard	2,20	**3,90**	5,70	0,5%
Mehrfamilienhäuser, mit bis zu 6 WE, mittlerer Standard	4,90	**6,10**	9,60	0,7%
Mehrfamilienhäuser, mit bis zu 6 WE, hoher Standard	6,70	**13,00**	18,00	1,4%
Mehrfamilienhäuser, mit 6 bis 19 WE, einfacher Standard	3,20	**3,60**	3,90	0,4%
Mehrfamilienhäuser, mit 6 bis 19 WE, mittlerer Standard	1,10	**3,50**	5,90	0,3%
Mehrfamilienhäuser, mit 6 bis 19 WE, hoher Standard	4,50	**7,80**	13,00	1,0%
Mehrfamilienhäuser, mit mehr als 20 WE	6,70	**9,10**	13,00	1,4%
Mehrfamilienhäuser, energiesparend, ökologisch	7,60	**12,00**	17,00	1,4%
Wohnhäuser, mit bis zu 15% Mischnutzung, einfacher Standard	2,50	**5,70**	9,80	0,9%
Wohnhäuser, mit bis zu 15% Mischnutzung, mittlerer Standard	–	**6,40**	–	0,3%
Wohnhäuser, mit bis zu 15% Mischnutzung, hoher Standard	3,00	**10,00**	17,00	0,9%
Wohnhäuser mit mehr als 15% Mischnutzung	7,00	**13,00**	18,00	1,2%
Personal- und Altenwohnungen	4,10	**8,50**	13,00	1,1%
Alten- und Pflegeheime	4,40	**7,00**	10,00	0,9%
Wohnheime und Internate	8,00	**9,20**	10,00	0,8%
Gaststätten, Kantinen und Mensen	4,50	**9,00**	13,00	0,3%

7 Produktion, Gewerbe und Handel, Lager, Garagen, Bereitschaftsdienste

Gebäudeart	von	€/Einheit	bis	KG an 300
Geschäftshäuser mit Wohnungen	7,30	**7,60**	7,80	0,9%
Geschäftshäuser ohne Wohnungen	9,20	**9,20**	9,30	1,1%
Bank- und Sparkassengebäude	–	**16,00**	–	1,0%
Verbrauchermärkte	6,00	**9,90**	14,00	1,4%
Autohäuser	–	**12,00**	–	0,9%
Industrielle Produktionsgebäude, Massivbauweise	5,90	**8,50**	17,00	1,0%
Industrielle Produktionsgebäude, überwiegend Skelettbauweise	4,50	**4,50**	4,50	0,5%
Betriebs- und Werkstätten, eingeschossig	1,80	**5,40**	8,30	0,5%
Betriebs- und Werkstätten, mehrgeschossig, geringer Hallenanteil	3,20	**3,50**	4,20	0,4%
Betriebs- und Werkstätten, mehrgeschossig, hoher Hallenanteil	3,70	**7,30**	10,00	1,2%
Lagergebäude, ohne Mischnutzung	6,40	**7,20**	8,60	0,8%
Lagergebäude, mit bis zu 25% Mischnutzung	3,80	**11,00**	24,00	1,6%
Lagergebäude, mit mehr als 25% Mischnutzung	–	**6,80**	–	0,4%
Hochgaragen	3,90	**13,00**	22,00	0,7%
Tiefgaragen	–	**–**	–	–
Feuerwehrhäuser	2,40	**11,00**	20,00	0,9%
Öffentliche Bereitschaftsdienste	3,30	**6,30**	10,00	0,7%

12 Gebäude anderer Art

Gebäudeart	von	€/Einheit	bis	KG an 300
Gebäude für kulturelle und musische Zwecke	2,40	**11,00**	17,00	0,6%
Theater	–	**39,00**	–	2,1%
Gemeindezentren, einfacher Standard	–	**1,20**	–	0,0%
Gemeindezentren, mittlerer Standard	6,70	**16,00**	26,00	1,0%
Gemeindezentren, hoher Standard	8,70	**8,80**	8,90	0,7%
Sakralbauten	–	**31,00**	–	1,4%
Friedhofsgebäude	–	**22,00**	–	0,8%

Gebäudearten

Bauelemente Kostengruppen

Neubau

Abbrechen

Wiederherstellen

Herstellen

Einheit: m²
Brutto-Grundfläche

Gebäuderart	von	€/Einheit	bis	KG an 300
1 Bürogebäude				
Bürogebäude, einfacher Standard	–	**0,20**	–	0,0%
Bürogebäude, mittlerer Standard	2,20	**12,00**	32,00	0,1%
Bürogebäude, hoher Standard	–	**–**	–	–
2 Gebäude für wissenschaftliche Lehre und Forschung				
Instituts- und Laborgebäude	–	**3,80**	–	0,0%
3 Gebäude des Gesundheitswesens				
Krankenhäuser	–	**–**	–	–
Pflegeheime	–	**–**	–	–
4 Schulen und Kindergärten				
Allgemeinbildende Schulen	–	**–**	–	–
Berufliche Schulen	–	**–**	–	–
Förder- und Sonderschulen	1,10	**1,80**	2,50	0,0%
Weiterbildungseinrichtungen	–	**–**	–	–
Kindergärten, nicht unterkellert, einfacher Standard	–	**–**	–	–
Kindergärten, nicht unterkellert, mittlerer Standard	–	**–**	–	–
Kindergärten, nicht unterkellert, hoher Standard	–	**–**	–	–
Kindergärten, unterkellert	–	**–**	–	–
5 Sportbauten				
Sport- und Mehrzweckhallen	–	**–**	–	–
Sporthallen (Einfeldhallen)	–	**–**	–	–
Sporthallen (Dreifeldhallen)	–	**–**	–	–
Schwimmhallen	–	**–**	–	–
6 Wohnbauten und Gemeinschaftsstätten				
Ein- und Zweifamilienhäuser unterkellert, einfacher Standard	–	**–**	–	–
Ein- und Zweifamilienhäuser unterkellert, mittlerer Standard	–	**–**	–	–
Ein- und Zweifamilienhäuser unterkellert, hoher Standard	–	**1,80**	–	0,0%
Ein- und Zweifamilienhäuser, nicht unterkellert, einfacher Standard	–	**–**	–	–
Ein- und Zweifamilienhäuser, nicht unterkellert, mittlerer Standard	–	**–**	–	–
Ein- und Zweifamilienhäuser, nicht unterkellert, hoher Standard	–	**–**	–	–
Ein- und Zweifamilienhäuser, Passivhausstandard, Massivbau	–	**–**	–	–
Ein- und Zweifamilienhäuser, Passivhausstandard, Holzbau	–	**–**	–	–
Ein- und Zweifamilienhäuser, Holzbauweise, unterkellert	–	**–**	–	–
Ein- und Zweifamilienhäuser, Holzbauweise, nicht unterkellert	–	**–**	–	–
Doppel- und Reihenendhäuser, einfacher Standard	–	**–**	–	–
Doppel- und Reihenendhäuser, mittlerer Standard	–	**–**	–	–
Doppel- und Reihenendhäuser, hoher Standard	–	**–**	–	–
Reihenhäuser, einfacher Standard	–	**–**	–	–
Reihenhäuser, mittlerer Standard	–	**–**	–	–
Reihenhäuser, hoher Standard	–	**–**	–	–

Gebäudeart	von	€/Einheit	bis	KG an 300
Mehrfamilienhäuser, mit bis zu 6 WE, einfacher Standard	–	–	–	–
Mehrfamilienhäuser, mit bis zu 6 WE, mittlerer Standard	–	–	–	–
Mehrfamilienhäuser, mit bis zu 6 WE, hoher Standard	–	**4,20**	–	0,1%
Mehrfamilienhäuser, mit 6 bis 19 WE, einfacher Standard	–	**0,90**	–	0,0%
Mehrfamilienhäuser, mit 6 bis 19 WE, mittlerer Standard	–	**0,70**	–	0,0%
Mehrfamilienhäuser, mit 6 bis 19 WE, hoher Standard	3,60	**11,00**	18,00	0,5%
Mehrfamilienhäuser, mit mehr als 20 WE	–	–	–	–
Mehrfamilienhäuser, energiesparend, ökologisch	0,60	**7,00**	13,00	0,2%
Wohnhäuser, mit bis zu 15% Mischnutzung, einfacher Standard	–	–	–	–
Wohnhäuser, mit bis zu 15% Mischnutzung, mittlerer Standard	–	–	–	–
Wohnhäuser, mit bis zu 15% Mischnutzung, hoher Standard	–	–	–	–
Wohnhäuser mit mehr als 15% Mischnutzung	–	**6,80**	–	0,1%
Personal- und Altenwohnungen	1,50	**16,00**	30,00	1,1%
Alten- und Pflegeheime	–	**2,20**	–	0,1%
Wohnheime und Internate	–	–	–	–
Gaststätten, Kantinen und Mensen	–	–	–	–

7 Produktion, Gewerbe und Handel, Lager, Garagen, Bereitschaftsdienste

Gebäudeart	von	€/Einheit	bis	KG an 300
Geschäftshäuser mit Wohnungen	–	–	–	–
Geschäftshäuser ohne Wohnungen	–	–	–	–
Bank- und Sparkassengebäude	–	–	–	–
Verbrauchermärkte	–	–	–	–
Autohäuser	–	–	–	–
Industrielle Produktionsgebäude, Massivbauweise	–	–	–	–
Industrielle Produktionsgebäude, überwiegend Skelettbauweise	–	–	–	–
Betriebs- und Werkstätten, eingeschossig	–	–	–	–
Betriebs- und Werkstätten, mehrgeschossig, geringer Hallenanteil	–	–	–	–
Betriebs- und Werkstätten, mehrgeschossig, hoher Hallenanteil	–	–	–	–
Lagergebäude, ohne Mischnutzung	–	–	–	–
Lagergebäude, mit bis zu 25% Mischnutzung	–	–	–	–
Lagergebäude, mit mehr als 25% Mischnutzung	–	–	–	–
Hochgaragen	–	–	–	–
Tiefgaragen	–	–	–	–
Feuerwehrhäuser	–	–	–	–
Öffentliche Bereitschaftsdienste	–	–	–	–

12 Gebäude anderer Art

Gebäudeart	von	€/Einheit	bis	KG an 300
Gebäude für kulturelle und musische Zwecke	–	–	–	–
Theater	–	–	–	–
Gemeindezentren, einfacher Standard	4,50	**4,60**	4,70	0,2%
Gemeindezentren, mittlerer Standard	–	–	–	–
Gemeindezentren, hoher Standard	–	**6,60**	–	0,2%
Sakralbauten	–	–	–	–
Friedhofsgebäude	–	–	–	–

Gebäudearten

Bauelemente Kostengruppen

Neubau

Abbrechen

Wiederherstellen

Herstellen

Einheit: m²
Brutto-Grundfläche

Gebäudeart	von	€/Einheit	bis	KG an 300
1 Bürogebäude				
Bürogebäude, einfacher Standard	8,10	**9,90**	12,00	0,3%
Bürogebäude, mittlerer Standard	3,40	**15,00**	44,00	0,1%
Bürogebäude, hoher Standard	1,60	**2,00**	2,40	0,0%
2 Gebäude für wissenschaftliche Lehre und Forschung				
Instituts- und Laborgebäude	–	–	–	–
3 Gebäude des Gesundheitswesens				
Krankenhäuser	0,50	**1,20**	1,80	0,0%
Pflegeheime	–	–	–	–
4 Schulen und Kindergärten				
Allgemeinbildende Schulen	–	–	–	–
Berufliche Schulen	0,20	**3,40**	6,70	0,1%
Förder- und Sonderschulen	2,20	**9,70**	15,00	0,5%
Weiterbildungseinrichtungen	–	**0,20**	–	0,0%
Kindergärten, nicht unterkellert, einfacher Standard	–	–	–	–
Kindergärten, nicht unterkellert, mittlerer Standard	0,70	**1,20**	1,70	0,0%
Kindergärten, nicht unterkellert, hoher Standard	–	**3,10**	–	0,0%
Kindergärten, unterkellert	–	–	–	–
5 Sportbauten				
Sport- und Mehrzweckhallen	–	–	–	–
Sporthallen (Einfeldhallen)	–	–	–	–
Sporthallen (Dreifeldhallen)	–	–	–	–
Schwimmhallen	–	–	–	–
6 Wohnbauten und Gemeinschaftsstätten				
Ein- und Zweifamilienhäuser unterkellert, einfacher Standard	–	–	–	–
Ein- und Zweifamilienhäuser unterkellert, mittlerer Standard	–	–	–	–
Ein- und Zweifamilienhäuser unterkellert, hoher Standard	–	–	–	–
Ein- und Zweifamilienhäuser, nicht unterkellert, einfacher Standard	–	–	–	–
Ein- und Zweifamilienhäuser, nicht unterkellert, mittlerer Standard	–	**0,90**	–	0,0%
Ein- und Zweifamilienhäuser, nicht unterkellert, hoher Standard	–	–	–	–
Ein- und Zweifamilienhäuser, Passivhausstandard, Massivbau	–	–	–	–
Ein- und Zweifamilienhäuser, Passivhausstandard, Holzbau	–	**32,00**	–	0,2%
Ein- und Zweifamilienhäuser, Holzbauweise, unterkellert	–	–	–	–
Ein- und Zweifamilienhäuser, Holzbauweise, nicht unterkellert	–	–	–	–
Doppel- und Reihenendhäuser, einfacher Standard	–	–	–	–
Doppel- und Reihenendhäuser, mittlerer Standard	–	–	–	–
Doppel- und Reihenendhäuser, hoher Standard	–	**3,60**	–	0,0%
Reihenhäuser, einfacher Standard	–	–	–	–
Reihenhäuser, mittlerer Standard	–	–	–	–
Reihenhäuser, hoher Standard	–	–	–	–

Gebäudeart	von	€/Einheit	bis	KG an 300
Mehrfamilienhäuser, mit bis zu 6 WE, einfacher Standard	–	**0,30**	–	0,0%
Mehrfamilienhäuser, mit bis zu 6 WE, mittlerer Standard	–	–	–	–
Mehrfamilienhäuser, mit bis zu 6 WE, hoher Standard	–	–	–	–
Mehrfamilienhäuser, mit 6 bis 19 WE, einfacher Standard	–	–	–	–
Mehrfamilienhäuser, mit 6 bis 19 WE, mittlerer Standard	–	**1,80**	–	0,0%
Mehrfamilienhäuser, mit 6 bis 19 WE, hoher Standard	–	**2,80**	–	0,0%
Mehrfamilienhäuser, mit mehr als 20 WE	–	–	–	–
Mehrfamilienhäuser, energiesparend, ökologisch	0,30	**3,00**	5,80	0,0%
Wohnhäuser, mit bis zu 15% Mischnutzung, einfacher Standard	–	**0,20**	–	0,0%
Wohnhäuser, mit bis zu 15% Mischnutzung, mittlerer Standard	–	–	–	–
Wohnhäuser, mit bis zu 15% Mischnutzung, hoher Standard	–	**0,40**	–	0,0%
Wohnhäuser mit mehr als 15% Mischnutzung	1,10	**3,70**	6,30	0,1%
Personal- und Altenwohnungen	–	**0,80**	–	0,0%
Alten- und Pflegeheime	–	**1,50**	–	0,0%
Wohnheime und Internate	–	–	–	–
Gaststätten, Kantinen und Mensen	–	–	–	–

7 Produktion, Gewerbe und Handel, Lager, Garagen, Bereitschaftsdienste

	von	€/Einheit	bis	KG an 300
Geschäftshäuser mit Wohnungen	–	–	–	–
Geschäftshäuser ohne Wohnungen	–	–	–	–
Bank- und Sparkassengebäude	–	–	–	–
Verbrauchermärkte	–	–	–	–
Autohäuser	–	–	–	–
Industrielle Produktionsgebäude, Massivbauweise	–	**27,00**	–	0,5%
Industrielle Produktionsgebäude, überwiegend Skelettbauweise	–	–	–	–
Betriebs- und Werkstätten, eingeschossig	–	–	–	–
Betriebs- und Werkstätten, mehrgeschossig, geringer Hallenanteil	–	–	–	–
Betriebs- und Werkstätten, mehrgeschossig, hoher Hallenanteil	0,50	**1,70**	2,90	0,0%
Lagergebäude, ohne Mischnutzung	–	–	–	–
Lagergebäude, mit bis zu 25% Mischnutzung	–	**0,30**	–	0,0%
Lagergebäude, mit mehr als 25% Mischnutzung	–	–	–	–
Hochgaragen	–	–	–	–
Tiefgaragen	–	–	–	–
Feuerwehrhäuser	–	–	–	–
Öffentliche Bereitschaftsdienste	–	–	–	–

12 Gebäude anderer Art

	von	€/Einheit	bis	KG an 300
Gebäude für kulturelle und musische Zwecke	–	–	–	–
Theater	–	–	–	–
Gemeindezentren, einfacher Standard	–	–	–	–
Gemeindezentren, mittlerer Standard	–	–	–	–
Gemeindezentren, hoher Standard	–	–	–	–
Sakralbauten	–	–	–	–
Friedhofsgebäude	–	–	–	–

Einheit: m²
Brutto-Grundfläche

Gebäudearten

Bauelemente

Kostengruppen

Neubau

Abbrechen

Wiederherstellen

Herstellen

Einheit: m²
Brutto-Grundfläche

Gebäuderart	von	€/Einheit	bis	KG an 300
1 Bürogebäude				
Bürogebäude, einfacher Standard	–	**5,00**	–	0,0%
Bürogebäude, mittlerer Standard	0,60	**1,50**	2,30	0,0%
Bürogebäude, hoher Standard	0,40	**0,50**	0,60	0,0%
2 Gebäude für wissenschaftliche Lehre und Forschung				
Instituts- und Laborgebäude	–	–	–	–
3 Gebäude des Gesundheitswesens				
Krankenhäuser	–	–	–	–
Pflegeheime	–	–	–	–
4 Schulen und Kindergärten				
Allgemeinbildende Schulen	–	–	–	–
Berufliche Schulen	–	–	–	–
Förder- und Sonderschulen	–	**24,00**	–	0,4%
Weiterbildungseinrichtungen	–	**1,10**	–	0,0%
Kindergärten, nicht unterkellert, einfacher Standard	–	–	–	–
Kindergärten, nicht unterkellert, mittlerer Standard	–	–	–	–
Kindergärten, nicht unterkellert, hoher Standard	–	**1,10**	–	0,0%
Kindergärten, unterkellert	–	–	–	–
5 Sportbauten				
Sport- und Mehrzweckhallen	–	**11,00**	–	0,4%
Sporthallen (Einfeldhallen)	–	**0,30**	–	0,0%
Sporthallen (Dreifeldhallen)	–	–	–	–
Schwimmhallen	–	–	–	–
6 Wohnbauten und Gemeinschaftsstätten				
Ein- und Zweifamilienhäuser unterkellert, einfacher Standard	–	–	–	–
Ein- und Zweifamilienhäuser unterkellert, mittlerer Standard	–	–	–	–
Ein- und Zweifamilienhäuser unterkellert, hoher Standard	–	**15,00**	–	0,1%
Ein- und Zweifamilienhäuser, nicht unterkellert, einfacher Standard	–	–	–	–
Ein- und Zweifamilienhäuser, nicht unterkellert, mittlerer Standard	–	–	–	–
Ein- und Zweifamilienhäuser, nicht unterkellert, hoher Standard	–	–	–	–
Ein- und Zweifamilienhäuser, Passivhausstandard, Massivbau	–	–	–	–
Ein- und Zweifamilienhäuser, Passivhausstandard, Holzbau	–	–	–	–
Ein- und Zweifamilienhäuser, Holzbauweise, unterkellert	–	–	–	–
Ein- und Zweifamilienhäuser, Holzbauweise, nicht unterkellert	–	–	–	–
Doppel- und Reihenendhäuser, einfacher Standard	–	–	–	–
Doppel- und Reihenendhäuser, mittlerer Standard	–	–	–	–
Doppel- und Reihenendhäuser, hoher Standard	–	–	–	–
Reihenhäuser, einfacher Standard	–	–	–	–
Reihenhäuser, mittlerer Standard	–	–	–	–
Reihenhäuser, hoher Standard	–	–	–	–

© **BKI** Baukosteninformationszentrum; Erläuterungen zu den Tabellen siehe Seite 62   Kostenstand: 1.Quartal 2012, Bundesdurchschnitt, **inkl. MwSt.**

Gebäuderart	von	€/Einheit	bis	KG an 300
Mehrfamilienhäuser, mit bis zu 6 WE, einfacher Standard	–	–	–	–
Mehrfamilienhäuser, mit bis zu 6 WE, mittlerer Standard	–	–	–	–
Mehrfamilienhäuser, mit bis zu 6 WE, hoher Standard	–	–	–	–
Mehrfamilienhäuser, mit 6 bis 19 WE, einfacher Standard	–	–	–	–
Mehrfamilienhäuser, mit 6 bis 19 WE, mittlerer Standard	–	–	–	–
Mehrfamilienhäuser, mit 6 bis 19 WE, hoher Standard	–	–	–	–
Mehrfamilienhäuser, mit mehr als 20 WE	–	–	–	–
Mehrfamilienhäuser, energiesparend, ökologisch	–	–	–	–
Wohnhäuser, mit bis zu 15% Mischnutzung, einfacher Standard	–	0,10	–	0,0%
Wohnhäuser, mit bis zu 15% Mischnutzung, mittlerer Standard	–	–	–	–
Wohnhäuser, mit bis zu 15% Mischnutzung, hoher Standard	–	–	–	–
Wohnhäuser mit mehr als 15% Mischnutzung	–	–	–	–
Personal- und Altenwohnungen	–	–	–	–
Alten- und Pflegeheime	–	–	–	–
Wohnheime und Internate	–	–	–	–
Gaststätten, Kantinen und Mensen	–	–	–	–

Einheit: m²
Brutto-Grundfläche

7 Produktion, Gewerbe und Handel, Lager, Garagen, Bereitschaftsdienste

Gebäuderart	von	€/Einheit	bis	KG an 300
Geschäftshäuser mit Wohnungen	–	–	–	–
Geschäftshäuser ohne Wohnungen	–	–	–	–
Bank- und Sparkassengebäude	–	–	–	–
Verbrauchermärkte	–	–	–	–
Autohäuser	–	–	–	–
Industrielle Produktionsgebäude, Massivbauweise	–	–	–	–
Industrielle Produktionsgebäude, überwiegend Skelettbauweise	–	–	–	–
Betriebs- und Werkstätten, eingeschossig	–	–	–	–
Betriebs- und Werkstätten, mehrgeschossig, geringer Hallenanteil	–	–	–	–
Betriebs- und Werkstätten, mehrgeschossig, hoher Hallenanteil	–	–	–	–
Lagergebäude, ohne Mischnutzung	–	–	–	–
Lagergebäude, mit bis zu 25% Mischnutzung	–	–	–	–
Lagergebäude, mit mehr als 25% Mischnutzung	–	–	–	–
Hochgaragen	–	–	–	–
Tiefgaragen	–	–	–	–
Feuerwehrhäuser	–	–	–	–
Öffentliche Bereitschaftsdienste	–	–	–	–

12 Gebäude anderer Art

Gebäuderart	von	€/Einheit	bis	KG an 300
Gebäude für kulturelle und musische Zwecke	–	2,30	–	0,0%
Theater	–	–	–	–
Gemeindezentren, einfacher Standard	–	–	–	–
Gemeindezentren, mittlerer Standard	–	–	–	–
Gemeindezentren, hoher Standard	–	–	–	–
Sakralbauten	–	–	–	–
Friedhofsgebäude	–	–	–	–

Gebäudearten

Bauelemente

Kostengruppen

Neubau

Abbrechen

Wiederherstellen

Herstellen

Einheit: m²
Brutto-Grundfläche

Gebäuderart	von	€/Einheit	bis	KG an 300
1 Bürogebäude				
Bürogebäude, einfacher Standard	–	**5,10**	–	0,1%
Bürogebäude, mittlerer Standard	–	**–**	–	–
Bürogebäude, hoher Standard	–	**0,60**	–	0,0%
2 Gebäude für wissenschaftliche Lehre und Forschung				
Instituts- und Laborgebäude	–	**–**	–	–
3 Gebäude des Gesundheitswesens				
Krankenhäuser	3,10	**3,70**	4,30	0,1%
Pflegeheime	–	**–**	–	–
4 Schulen und Kindergärten				
Allgemeinbildende Schulen	–	**1,90**	–	0,0%
Berufliche Schulen	–	**1,10**	–	0,0%
Förder- und Sonderschulen	0,10	**0,90**	1,40	0,0%
Weiterbildungseinrichtungen	–	**–**	–	–
Kindergärten, nicht unterkellert, einfacher Standard	–	**–**	–	–
Kindergärten, nicht unterkellert, mittlerer Standard	–	**–**	–	–
Kindergärten, nicht unterkellert, hoher Standard	–	**–**	–	–
Kindergärten, unterkellert	–	**–**	–	–
5 Sportbauten				
Sport- und Mehrzweckhallen	–	**–**	–	–
Sporthallen (Einfeldhallen)	–	**–**	–	–
Sporthallen (Dreifeldhallen)	–	**3,10**	–	0,0%
Schwimmhallen	–	**–**	–	–
6 Wohnbauten und Gemeinschaftsstätten				
Ein- und Zweifamilienhäuser unterkellert, einfacher Standard	–	**–**	–	–
Ein- und Zweifamilienhäuser unterkellert, mittlerer Standard	–	**–**	–	–
Ein- und Zweifamilienhäuser unterkellert, hoher Standard	–	**–**	–	–
Ein- und Zweifamilienhäuser, nicht unterkellert, einfacher Standard	–	**–**	–	–
Ein- und Zweifamilienhäuser, nicht unterkellert, mittlerer Standard	–	**–**	–	–
Ein- und Zweifamilienhäuser, nicht unterkellert, hoher Standard	–	**–**	–	–
Ein- und Zweifamilienhäuser, Passivhausstandard, Massivbau	–	**–**	–	–
Ein- und Zweifamilienhäuser, Passivhausstandard, Holzbau	–	**–**	–	–
Ein- und Zweifamilienhäuser, Holzbauweise, unterkellert	–	**–**	–	–
Ein- und Zweifamilienhäuser, Holzbauweise, nicht unterkellert	–	**2,90**	–	0,0%
Doppel- und Reihenendhäuser, einfacher Standard	–	**–**	–	–
Doppel- und Reihenendhäuser, mittlerer Standard	–	**–**	–	–
Doppel- und Reihenendhäuser, hoher Standard	–	**–**	–	–
Reihenhäuser, einfacher Standard	–	**–**	–	–
Reihenhäuser, mittlerer Standard	–	**–**	–	–
Reihenhäuser, hoher Standard	–	**–**	–	–

Gebäudeart	von	€/Einheit	bis	KG an 300
Mehrfamilienhäuser, mit bis zu 6 WE, einfacher Standard	–	–	–	–
Mehrfamilienhäuser, mit bis zu 6 WE, mittlerer Standard	–	–	–	–
Mehrfamilienhäuser, mit bis zu 6 WE, hoher Standard	–	–	–	–
Mehrfamilienhäuser, mit 6 bis 19 WE, einfacher Standard	–	**2,30**	–	0,1%
Mehrfamilienhäuser, mit 6 bis 19 WE, mittlerer Standard	–	–	–	–
Mehrfamilienhäuser, mit 6 bis 19 WE, hoher Standard	–	**1,30**	–	0,0%
Mehrfamilienhäuser, mit mehr als 20 WE	–	–	–	–
Mehrfamilienhäuser, energiesparend, ökologisch	–	–	–	–
Wohnhäuser, mit bis zu 15% Mischnutzung, einfacher Standard	–	–	–	–
Wohnhäuser, mit bis zu 15% Mischnutzung, mittlerer Standard	–	–	–	–
Wohnhäuser, mit bis zu 15% Mischnutzung, hoher Standard	–	–	–	–
Wohnhäuser mit mehr als 15% Mischnutzung	–	–	–	–
Personal- und Altenwohnungen	–	–	–	–
Alten- und Pflegeheime	–	–	–	–
Wohnheime und Internate	–	**3,60**	–	0,1%
Gaststätten, Kantinen und Mensen	2,30	**4,40**	6,50	0,1%

7 Produktion, Gewerbe und Handel, Lager, Garagen, Bereitschaftsdienste

Gebäudeart	von	€/Einheit	bis	KG an 300
Geschäftshäuser mit Wohnungen	–	–	–	–
Geschäftshäuser ohne Wohnungen	–	–	–	–
Bank- und Sparkassengebäude	–	–	–	–
Verbrauchermärkte	–	–	–	–
Autohäuser	–	–	–	–
Industrielle Produktionsgebäude, Massivbauweise	–	**0,60**	–	0,0%
Industrielle Produktionsgebäude, überwiegend Skelettbauweise	–	–	–	–
Betriebs- und Werkstätten, eingeschossig	–	**5,00**	–	0,1%
Betriebs- und Werkstätten, mehrgeschossig, geringer Hallenanteil	–	–	–	–
Betriebs- und Werkstätten, mehrgeschossig, hoher Hallenanteil	–	–	–	–
Lagergebäude, ohne Mischnutzung	–	–	–	–
Lagergebäude, mit bis zu 25% Mischnutzung	–	–	–	–
Lagergebäude, mit mehr als 25% Mischnutzung	–	–	–	–
Hochgaragen	–	–	–	–
Tiefgaragen	–	–	–	–
Feuerwehrhäuser	–	–	–	–
Öffentliche Bereitschaftsdienste	–	–	–	–

12 Gebäude anderer Art

Gebäudeart	von	€/Einheit	bis	KG an 300
Gebäude für kulturelle und musische Zwecke	–	**6,90**	–	0,1%
Theater	–	–	–	–
Gemeindezentren, einfacher Standard	–	–	–	–
Gemeindezentren, mittlerer Standard	–	–	–	–
Gemeindezentren, hoher Standard	–	–	–	–
Sakralbauten	–	–	–	–
Friedhofsgebäude	–	–	–	–

Einheit: m²
Brutto-Grundfläche

Gebäudearten
Bauelemente
Kostengruppen
Neubau
Abbrechen
Wiederherstellen
Herstellen

Einheit: m²
Brutto-Grundfläche

Gebäuderart	von	€/Einheit	bis	KG an 300
1 Bürogebäude				
Bürogebäude, einfacher Standard	2,10	**3,60**	6,20	0,2%
Bürogebäude, mittlerer Standard	2,90	**5,60**	12,00	0,4%
Bürogebäude, hoher Standard	8,20	**18,00**	86,00	0,8%
2 Gebäude für wissenschaftliche Lehre und Forschung				
Instituts- und Laborgebäude	1,60	**5,60**	9,80	0,3%
3 Gebäude des Gesundheitswesens				
Krankenhäuser	4,80	**11,00**	14,00	0,7%
Pflegeheime	2,10	**3,00**	3,60	0,2%
4 Schulen und Kindergärten				
Allgemeinbildende Schulen	3,70	**6,10**	7,30	0,4%
Berufliche Schulen	0,00	**4,20**	6,40	0,3%
Förder- und Sonderschulen	2,30	**7,10**	12,00	0,5%
Weiterbildungseinrichtungen	1,10	**3,70**	6,20	0,2%
Kindergärten, nicht unterkellert, einfacher Standard	–	**–**	–	–
Kindergärten, nicht unterkellert, mittlerer Standard	1,70	**3,20**	5,30	0,2%
Kindergärten, nicht unterkellert, hoher Standard	4,10	**12,00**	26,00	0,5%
Kindergärten, unterkellert	2,90	**4,80**	10,00	0,4%
5 Sportbauten				
Sport- und Mehrzweckhallen	2,70	**3,80**	4,80	0,2%
Sporthallen (Einfeldhallen)	–	**0,20**	–	0,0%
Sporthallen (Dreifeldhallen)	4,70	**19,00**	74,00	1,4%
Schwimmhallen	–	**–**	–	–
6 Wohnbauten und Gemeinschaftsstätten				
Ein- und Zweifamilienhäuser unterkellert, einfacher Standard	–	**–**	–	–
Ein- und Zweifamilienhäuser unterkellert, mittlerer Standard	0,40	**9,00**	15,00	0,1%
Ein- und Zweifamilienhäuser unterkellert, hoher Standard	0,40	**5,10**	9,80	0,0%
Ein- und Zweifamilienhäuser, nicht unterkellert, einfacher Standard	–	**–**	–	–
Ein- und Zweifamilienhäuser, nicht unterkellert, mittlerer Standard	–	**–**	–	–
Ein- und Zweifamilienhäuser, nicht unterkellert, hoher Standard	–	**4,80**	–	0,0%
Ein- und Zweifamilienhäuser, Passivhausstandard, Massivbau	1,50	**3,00**	5,10	0,1%
Ein- und Zweifamilienhäuser, Passivhausstandard, Holzbau	1,00	**1,80**	2,40	0,1%
Ein- und Zweifamilienhäuser, Holzbauweise, unterkellert	–	**1,20**	–	0,0%
Ein- und Zweifamilienhäuser, Holzbauweise, nicht unterkellert	0,70	**1,20**	1,70	0,0%
Doppel- und Reihenendhäuser, einfacher Standard	–	**2,50**	–	0,1%
Doppel- und Reihenendhäuser, mittlerer Standard	3,70	**3,90**	4,10	0,3%
Doppel- und Reihenendhäuser, hoher Standard	1,40	**3,20**	4,90	0,1%
Reihenhäuser, einfacher Standard	–	**2,40**	–	0,2%
Reihenhäuser, mittlerer Standard	–	**5,70**	–	0,2%
Reihenhäuser, hoher Standard	3,70	**5,10**	6,40	0,4%

© **BKI** Baukosteninformationszentrum; Erläuterungen zu den Tabellen siehe Seite 62   Kostenstand: 1.Quartal 2012, Bundesdurchschnitt, **inkl. MwSt.**

Gebäudeart	von	€/Einheit	bis	KG an 300
Mehrfamilienhäuser, mit bis zu 6 WE, einfacher Standard	0,60	**3,20**	5,80	0,4%
Mehrfamilienhäuser, mit bis zu 6 WE, mittlerer Standard	1,50	**2,70**	4,90	0,1%
Mehrfamilienhäuser, mit bis zu 6 WE, hoher Standard	0,10	**3,00**	4,40	0,2%
Mehrfamilienhäuser, mit 6 bis 19 WE, einfacher Standard	–	**0,70**	–	0,0%
Mehrfamilienhäuser, mit 6 bis 19 WE, mittlerer Standard	–	**0,30**	–	0,0%
Mehrfamilienhäuser, mit 6 bis 19 WE, hoher Standard	0,80	**2,40**	3,90	0,2%
Mehrfamilienhäuser, mit mehr als 20 WE	2,20	**5,20**	11,00	0,8%
Mehrfamilienhäuser, energiesparend, ökologisch	0,90	**2,20**	5,70	0,2%
Wohnhäuser, mit bis zu 15% Mischnutzung, einfacher Standard	0,60	**1,60**	4,40	0,2%
Wohnhäuser, mit bis zu 15% Mischnutzung, mittlerer Standard	–	**6,80**	–	0,3%
Wohnhäuser, mit bis zu 15% Mischnutzung, hoher Standard	6,30	**6,70**	7,10	0,6%
Wohnhäuser mit mehr als 15% Mischnutzung	0,80	**3,30**	5,20	0,3%
Personal- und Altenwohnungen	1,20	**2,90**	6,30	0,3%
Alten- und Pflegeheime	1,80	**3,30**	6,20	0,3%
Wohnheime und Internate	–	**7,90**	–	0,3%
Gaststätten, Kantinen und Mensen	6,30	**9,50**	16,00	0,6%

7 Produktion, Gewerbe und Handel, Lager, Garagen, Bereitschaftsdienste

	von	€/Einheit	bis	KG an 300
Geschäftshäuser mit Wohnungen	–	**0,80**	–	0,0%
Geschäftshäuser ohne Wohnungen	2,20	**3,60**	4,90	0,4%
Bank- und Sparkassengebäude	–	**2,40**	–	0,1%
Verbrauchermärkte	–	**0,60**	–	0,0%
Autohäuser	–	**–**	–	–
Industrielle Produktionsgebäude, Massivbauweise	0,70	**2,00**	3,30	0,2%
Industrielle Produktionsgebäude, überwiegend Skelettbauweise	0,20	**0,20**	0,30	0,0%
Betriebs- und Werkstätten, eingeschossig	0,50	**1,30**	2,10	0,1%
Betriebs- und Werkstätten, mehrgeschossig, geringer Hallenanteil	–	**0,20**	–	0,0%
Betriebs- und Werkstätten, mehrgeschossig, hoher Hallenanteil	1,10	**1,60**	2,80	0,1%
Lagergebäude, ohne Mischnutzung	–	**0,80**	–	0,0%
Lagergebäude, mit bis zu 25% Mischnutzung	–	**0,30**	–	0,0%
Lagergebäude, mit mehr als 25% Mischnutzung	–	**1,30**	–	0,0%
Hochgaragen	0,50	**16,00**	31,00	0,9%
Tiefgaragen	–	**–**	–	–
Feuerwehrhäuser	2,30	**2,40**	2,60	0,1%
Öffentliche Bereitschaftsdienste	0,80	**1,80**	2,50	0,1%

12 Gebäude anderer Art

	von	€/Einheit	bis	KG an 300
Gebäude für kulturelle und musische Zwecke	1,10	**3,40**	6,90	0,1%
Theater	–	**4,00**	–	0,2%
Gemeindezentren, einfacher Standard	–	**–**	–	–
Gemeindezentren, mittlerer Standard	2,20	**3,70**	7,60	0,1%
Gemeindezentren, hoher Standard	1,60	**4,40**	7,20	0,3%
Sakralbauten	–	**18,00**	–	0,8%
Friedhofsgebäude	–	**–**	–	–

Einheit: m²
Brutto-Grundfläche

Gebäudearten
Kostengruppen
Bauelemente
Neubau
Abbrechen
Wiederherstellen
Herstellen

Einheit: m²
Brutto-Grundfläche

Gebäuderart	von	€/Einheit	bis	KG an 300
1 Bürogebäude				
Bürogebäude, einfacher Standard	–	–	–	–
Bürogebäude, mittlerer Standard	–	**1,50**	–	0,0%
Bürogebäude, hoher Standard	–	**0,80**	–	0,0%
2 Gebäude für wissenschaftliche Lehre und Forschung				
Instituts- und Laborgebäude	–	–	–	–
3 Gebäude des Gesundheitswesens				
Krankenhäuser	–	**0,30**	–	0,0%
Pflegeheime	–	**0,10**	–	0,0%
4 Schulen und Kindergärten				
Allgemeinbildende Schulen	–	–	–	–
Berufliche Schulen	–	–	–	–
Förder- und Sonderschulen	0,40	**0,90**	1,50	0,0%
Weiterbildungseinrichtungen	–	**0,50**	–	0,0%
Kindergärten, nicht unterkellert, einfacher Standard	–	–	–	–
Kindergärten, nicht unterkellert, mittlerer Standard	–	–	–	–
Kindergärten, nicht unterkellert, hoher Standard	–	–	–	–
Kindergärten, unterkellert	–	–	–	–
5 Sportbauten				
Sport- und Mehrzweckhallen	–	–	–	–
Sporthallen (Einfeldhallen)	–	–	–	–
Sporthallen (Dreifeldhallen)	–	–	–	–
Schwimmhallen	–	–	–	–
6 Wohnbauten und Gemeinschaftsstätten				
Ein- und Zweifamilienhäuser unterkellert, einfacher Standard	–	–	–	–
Ein- und Zweifamilienhäuser unterkellert, mittlerer Standard	–	–	–	–
Ein- und Zweifamilienhäuser unterkellert, hoher Standard	–	**0,60**	–	0,0%
Ein- und Zweifamilienhäuser, nicht unterkellert, einfacher Standard	–	–	–	–
Ein- und Zweifamilienhäuser, nicht unterkellert, mittlerer Standard	–	–	–	–
Ein- und Zweifamilienhäuser, nicht unterkellert, hoher Standard	–	–	–	–
Ein- und Zweifamilienhäuser, Passivhausstandard, Massivbau	–	–	–	–
Ein- und Zweifamilienhäuser, Passivhausstandard, Holzbau	–	–	–	–
Ein- und Zweifamilienhäuser, Holzbauweise, unterkellert	–	–	–	–
Ein- und Zweifamilienhäuser, Holzbauweise, nicht unterkellert	–	–	–	–
Doppel- und Reihenendhäuser, einfacher Standard	–	–	–	–
Doppel- und Reihenendhäuser, mittlerer Standard	–	–	–	–
Doppel- und Reihenendhäuser, hoher Standard	–	–	–	–
Reihenhäuser, einfacher Standard	–	–	–	–
Reihenhäuser, mittlerer Standard	–	–	–	–
Reihenhäuser, hoher Standard	–	–	–	–

Gebäudeart	von	€/Einheit	bis	KG an 300
Mehrfamilienhäuser, mit bis zu 6 WE, einfacher Standard	–	–	–	–
Mehrfamilienhäuser, mit bis zu 6 WE, mittlerer Standard	–	–	–	–
Mehrfamilienhäuser, mit bis zu 6 WE, hoher Standard	–	**1,90**	–	0,0%
Mehrfamilienhäuser, mit 6 bis 19 WE, einfacher Standard	–	–	–	–
Mehrfamilienhäuser, mit 6 bis 19 WE, mittlerer Standard	–	–	–	–
Mehrfamilienhäuser, mit 6 bis 19 WE, hoher Standard	–	–	–	–
Mehrfamilienhäuser, mit mehr als 20 WE	–	–	–	–
Mehrfamilienhäuser, energiesparend, ökologisch	–	–	–	–
Wohnhäuser, mit bis zu 15% Mischnutzung, einfacher Standard	–	–	–	–
Wohnhäuser, mit bis zu 15% Mischnutzung, mittlerer Standard	–	–	–	–
Wohnhäuser, mit bis zu 15% Mischnutzung, hoher Standard	–	–	–	–
Wohnhäuser mit mehr als 15% Mischnutzung	–	–	–	–
Personal- und Altenwohnungen	–	–	–	–
Alten- und Pflegeheime	–	–	–	–
Wohnheime und Internate	–	–	–	–
Gaststätten, Kantinen und Mensen	–	–	–	–

7 Produktion, Gewerbe und Handel, Lager, Garagen, Bereitschaftsdienste

	von	€/Einheit	bis	KG an 300
Geschäftshäuser mit Wohnungen	–	–	–	–
Geschäftshäuser ohne Wohnungen	–	–	–	–
Bank- und Sparkassengebäude	–	–	–	–
Verbrauchermärkte	–	–	–	–
Autohäuser	–	–	–	–
Industrielle Produktionsgebäude, Massivbauweise	–	–	–	–
Industrielle Produktionsgebäude, überwiegend Skelettbauweise	–	–	–	–
Betriebs- und Werkstätten, eingeschossig	–	–	–	–
Betriebs- und Werkstätten, mehrgeschossig, geringer Hallenanteil	–	–	–	–
Betriebs- und Werkstätten, mehrgeschossig, hoher Hallenanteil	–	–	–	–
Lagergebäude, ohne Mischnutzung	–	–	–	–
Lagergebäude, mit bis zu 25% Mischnutzung	–	–	–	–
Lagergebäude, mit mehr als 25% Mischnutzung	–	–	–	–
Hochgaragen	–	–	–	–
Tiefgaragen	–	–	–	–
Feuerwehrhäuser	–	–	–	–
Öffentliche Bereitschaftsdienste	–	–	–	–

12 Gebäude anderer Art

	von	€/Einheit	bis	KG an 300
Gebäude für kulturelle und musische Zwecke	–	–	–	–
Theater	–	–	–	–
Gemeindezentren, einfacher Standard	–	–	–	–
Gemeindezentren, mittlerer Standard	–	**0,10**	–	0,0%
Gemeindezentren, hoher Standard	–	–	–	–
Sakralbauten	–	–	–	–
Friedhofsgebäude	–	–	–	–

Einheit: m²
Brutto-Grundfläche

Gebäudearten

Bauelemente

Kostengruppen

Neubau

Abbrechen

Wiederherstellen

Herstellen

399
Sonstige
Maßnahmen für
Baukonstruktionen,
sonstiges

Einheit: m²
Brutto-Grundfläche

Gebäuderart	von	€/Einheit	bis	KG an 300
1 Bürogebäude				
Bürogebäude, einfacher Standard	–	–	–	–
Bürogebäude, mittlerer Standard	1,50	**2,10**	2,70	0,0%
Bürogebäude, hoher Standard	0,60	**4,60**	12,00	0,0%
2 Gebäude für wissenschaftliche Lehre und Forschung				
Instituts- und Laborgebäude	–	–	–	–
3 Gebäude des Gesundheitswesens				
Krankenhäuser	–	**7,50**	–	0,1%
Pflegeheime	–	–	–	–
4 Schulen und Kindergärten				
Allgemeinbildende Schulen	–	–	–	–
Berufliche Schulen	–	–	–	–
Förder- und Sonderschulen	–	**2,60**	–	0,0%
Weiterbildungseinrichtungen	–	–	–	–
Kindergärten, nicht unterkellert, einfacher Standard	–	**1,40**	–	0,0%
Kindergärten, nicht unterkellert, mittlerer Standard	–	–	–	–
Kindergärten, nicht unterkellert, hoher Standard	–	–	–	–
Kindergärten, unterkellert	–	–	–	–
5 Sportbauten				
Sport- und Mehrzweckhallen	–	–	–	–
Sporthallen (Einfeldhallen)	–	–	–	–
Sporthallen (Dreifeldhallen)	–	–	–	–
Schwimmhallen	–	–	–	–
6 Wohnbauten und Gemeinschaftsstätten				
Ein- und Zweifamilienhäuser unterkellert, einfacher Standard	–	**1,50**	–	0,0%
Ein- und Zweifamilienhäuser unterkellert, mittlerer Standard	–	–	–	–
Ein- und Zweifamilienhäuser unterkellert, hoher Standard	–	–	–	–
Ein- und Zweifamilienhäuser, nicht unterkellert, einfacher Standard	–	–	–	–
Ein- und Zweifamilienhäuser, nicht unterkellert, mittlerer Standard	–	–	–	–
Ein- und Zweifamilienhäuser, nicht unterkellert, hoher Standard	–	–	–	–
Ein- und Zweifamilienhäuser, Passivhausstandard, Massivbau	–	–	–	–
Ein- und Zweifamilienhäuser, Passivhausstandard, Holzbau	–	–	–	–
Ein- und Zweifamilienhäuser, Holzbauweise, unterkellert	–	–	–	–
Ein- und Zweifamilienhäuser, Holzbauweise, nicht unterkellert	7,10	**8,50**	9,80	0,1%
Doppel- und Reihenendhäuser, einfacher Standard	–	**13,00**	–	0,6%
Doppel- und Reihenendhäuser, mittlerer Standard	–	–	–	–
Doppel- und Reihenendhäuser, hoher Standard	–	–	–	–
Reihenhäuser, einfacher Standard	–	–	–	–
Reihenhäuser, mittlerer Standard	–	–	–	–
Reihenhäuser, hoher Standard	–	–	–	–

Kostenstand: 1.Quartal 2012, Bundesdurchschnitt, **inkl. MwSt.**

399
Sonstige
Maßnahmen für
Baukonstruktionen,
sonstiges

Einheit: m²
Brutto-Grundfläche

Gebäudeart	von	€/Einheit	bis	KG an 300
Mehrfamilienhäuser, mit bis zu 6 WE, einfacher Standard	–	**1,10**	–	0,0%
Mehrfamilienhäuser, mit bis zu 6 WE, mittlerer Standard	1,00	**2,00**	2,90	0,0%
Mehrfamilienhäuser, mit bis zu 6 WE, hoher Standard	–	**–**	–	–
Mehrfamilienhäuser, mit 6 bis 19 WE, einfacher Standard	–	**6,60**	–	0,4%
Mehrfamilienhäuser, mit 6 bis 19 WE, mittlerer Standard	–	**–**	–	–
Mehrfamilienhäuser, mit 6 bis 19 WE, hoher Standard	–	**–**	–	–
Mehrfamilienhäuser, mit mehr als 20 WE	–	**–**	–	–
Mehrfamilienhäuser, energiesparend, ökologisch	–	**1,10**	–	0,0%
Wohnhäuser, mit bis zu 15% Mischnutzung, einfacher Standard	–	**2,70**	–	0,0%
Wohnhäuser, mit bis zu 15% Mischnutzung, mittlerer Standard	–	**–**	–	–
Wohnhäuser, mit bis zu 15% Mischnutzung, hoher Standard	–	**7,70**	–	0,4%
Wohnhäuser mit mehr als 15% Mischnutzung	–	**–**	–	–
Personal- und Altenwohnungen	–	**0,90**	–	0,0%
Alten- und Pflegeheime	–	**0,90**	–	0,0%
Wohnheime und Internate	–	**–**	–	–
Gaststätten, Kantinen und Mensen	–	**25,00**	–	0,4%

7 Produktion, Gewerbe und Handel, Lager, Garagen, Bereitschaftsdienste

Gebäudeart	von	€/Einheit	bis	KG an 300
Geschäftshäuser mit Wohnungen	–	**–**	–	–
Geschäftshäuser ohne Wohnungen	–	**–**	–	–
Bank- und Sparkassengebäude	–	**–**	–	–
Verbrauchermärkte	–	**–**	–	–
Autohäuser	–	**–**	–	–
Industrielle Produktionsgebäude, Massivbauweise	–	**–**	–	–
Industrielle Produktionsgebäude, überwiegend Skelettbauweise	–	**–**	–	–
Betriebs- und Werkstätten, eingeschossig	–	**34,00**	–	0,7%
Betriebs- und Werkstätten, mehrgeschossig, geringer Hallenanteil	–	**–**	–	–
Betriebs- und Werkstätten, mehrgeschossig, hoher Hallenanteil	–	**5,30**	–	0,0%
Lagergebäude, ohne Mischnutzung	–	**4,90**	–	0,1%
Lagergebäude, mit bis zu 25% Mischnutzung	–	**–**	–	–
Lagergebäude, mit mehr als 25% Mischnutzung	–	**1,00**	–	0,0%
Hochgaragen	–	**–**	–	–
Tiefgaragen	–	**–**	–	–
Feuerwehrhäuser	–	**–**	–	–
Öffentliche Bereitschaftsdienste	–	**1,80**	–	0,0%

12 Gebäude anderer Art

Gebäudeart	von	€/Einheit	bis	KG an 300
Gebäude für kulturelle und musische Zwecke	–	**–**	–	–
Theater	–	**–**	–	–
Gemeindezentren, einfacher Standard	–	**–**	–	–
Gemeindezentren, mittlerer Standard	–	**13,00**	–	0,1%
Gemeindezentren, hoher Standard	–	**–**	–	–
Sakralbauten	–	**–**	–	–
Friedhofsgebäude	–	**–**	–	–

Gebäudearten
Kostengruppen
Bauelemente
Neubau
Abbrechen
Wiederherstellen
Herstellen

411
Abwasseranlagen

Einheit: m²
Brutto-Grundfläche

Gebäudeart	von	€/Einheit	bis	KG an 400
1 Bürogebäude				
Bürogebäude, einfacher Standard	7,60	**18,00**	40,00	8,7%
Bürogebäude, mittlerer Standard	15,00	**25,00**	55,00	7,6%
Bürogebäude, hoher Standard	15,00	**23,00**	35,00	4,8%
2 Gebäude für wissenschaftliche Lehre und Forschung				
Instituts- und Laborgebäude	19,00	**34,00**	49,00	5,2%
3 Gebäude des Gesundheitswesens				
Krankenhäuser	15,00	**23,00**	30,00	4,2%
Pflegeheime	23,00	**26,00**	35,00	7,3%
4 Schulen und Kindergärten				
Allgemeinbildende Schulen	1,10	**20,00**	26,00	6,9%
Berufliche Schulen	15,00	**19,00**	24,00	5,6%
Förder- und Sonderschulen	13,00	**17,00**	21,00	4,3%
Weiterbildungseinrichtungen	14,00	**23,00**	48,00	4,3%
Kindergärten, nicht unterkellert, einfacher Standard	15,00	**19,00**	26,00	9,8%
Kindergärten, nicht unterkellert, mittlerer Standard	11,00	**17,00**	27,00	6,9%
Kindergärten, nicht unterkellert, hoher Standard	20,00	**32,00**	58,00	11,1%
Kindergärten, unterkellert	15,00	**28,00**	33,00	13,3%
5 Sportbauten				
Sport- und Mehrzweckhallen	34,00	**40,00**	47,00	20,4%
Sporthallen (Einfeldhallen)	16,00	**21,00**	27,00	8,2%
Sporthallen (Dreifeldhallen)	24,00	**31,00**	38,00	7,8%
Schwimmhallen	30,00	**67,00**	104,00	6,3%
6 Wohnbauten und Gemeinschaftsstätten				
Ein- und Zweifamilienhäuser unterkellert, einfacher Standard	7,70	**12,00**	19,00	10,4%
Ein- und Zweifamilienhäuser unterkellert, mittlerer Standard	10,00	**19,00**	32,00	10,2%
Ein- und Zweifamilienhäuser unterkellert, hoher Standard	18,00	**34,00**	54,00	12,4%
Ein- und Zweifamilienhäuser, nicht unterkellert, einfacher Standard	6,40	**8,80**	12,00	7,4%
Ein- und Zweifamilienhäuser, nicht unterkellert, mittlerer Standard	15,00	**22,00**	26,00	11,9%
Ein- und Zweifamilienhäuser, nicht unterkellert, hoher Standard	18,00	**25,00**	53,00	8,9%
Ein- und Zweifamilienhäuser, Passivhausstandard, Massivbau	14,00	**24,00**	36,00	8,9%
Ein- und Zweifamilienhäuser, Passivhausstandard, Holzbau	18,00	**30,00**	60,00	9,3%
Ein- und Zweifamilienhäuser, Holzbauweise, unterkellert	11,00	**20,00**	32,00	8,4%
Ein- und Zweifamilienhäuser, Holzbauweise, nicht unterkellert	17,00	**25,00**	43,00	13,4%
Doppel- und Reihenendhäuser, einfacher Standard	5,50	**13,00**	17,00	12,9%
Doppel- und Reihenendhäuser, mittlerer Standard	14,00	**21,00**	31,00	10,9%
Doppel- und Reihenendhäuser, hoher Standard	17,00	**20,00**	25,00	9,4%
Reihenhäuser, einfacher Standard	6,00	**12,00**	18,00	9,8%
Reihenhäuser, mittlerer Standard	12,00	**17,00**	21,00	11,1%
Reihenhäuser, hoher Standard	18,00	**24,00**	34,00	10,9%

Kostenstand: 1.Quartal 2012, Bundesdurchschnitt, **inkl. MwSt.**

Gebäudeart	von	€/Einheit	bis	KG an 400
Mehrfamilienhäuser, mit bis zu 6 WE, einfacher Standard	15,00	**18,00**	23,00	17,1%
Mehrfamilienhäuser, mit bis zu 6 WE, mittlerer Standard	14,00	**20,00**	29,00	12,2%
Mehrfamilienhäuser, mit bis zu 6 WE, hoher Standard	19,00	**25,00**	31,00	13,2%
Mehrfamilienhäuser, mit 6 bis 19 WE, einfacher Standard	12,00	**19,00**	23,00	13,9%
Mehrfamilienhäuser, mit 6 bis 19 WE, mittlerer Standard	13,00	**20,00**	25,00	16,5%
Mehrfamilienhäuser, mit 6 bis 19 WE, hoher Standard	16,00	**20,00**	26,00	11,6%
Mehrfamilienhäuser, mit mehr als 20 WE	13,00	**16,00**	22,00	8,4%
Mehrfamilienhäuser, energiesparend, ökologisch	15,00	**19,00**	28,00	10,0%
Wohnhäuser, mit bis zu 15% Mischnutzung, einfacher Standard	18,00	**22,00**	26,00	14,7%
Wohnhäuser, mit bis zu 15% Mischnutzung, mittlerer Standard	17,00	**23,00**	34,00	11,9%
Wohnhäuser, mit bis zu 15% Mischnutzung, hoher Standard	–	**17,00**	–	4,3%
Wohnhäuser mit mehr als 15% Mischnutzung	15,00	**23,00**	34,00	8,6%
Personal- und Altenwohnungen	11,00	**24,00**	39,00	14,8%
Alten- und Pflegeheime	20,00	**30,00**	41,00	15,0%
Wohnheime und Internate	22,00	**30,00**	38,00	14,2%
Gaststätten, Kantinen und Mensen	26,00	**38,00**	54,00	7,1%

7 Produktion, Gewerbe und Handel, Lager, Garagen, Bereitschaftsdienste

	von	€/Einheit	bis	KG an 400
Geschäftshäuser mit Wohnungen	13,00	**15,00**	19,00	6,8%
Geschäftshäuser ohne Wohnungen	17,00	**23,00**	30,00	11,4%
Bank- und Sparkassengebäude	–	**34,00**	–	6,1%
Verbrauchermärkte	16,00	**19,00**	22,00	6,6%
Autohäuser	–	**7,30**	–	10,2%
Industrielle Produktionsgebäude, Massivbauweise	12,00	**16,00**	23,00	6,8%
Industrielle Produktionsgebäude, überwiegend Skelettbauweise	12,00	**16,00**	20,00	7,4%
Betriebs- und Werkstätten, eingeschossig	14,00	**28,00**	86,00	6,8%
Betriebs- und Werkstätten, mehrgeschossig, geringer Hallenanteil	3,20	**17,00**	22,00	9,0%
Betriebs- und Werkstätten, mehrgeschossig, hoher Hallenanteil	6,70	**15,00**	30,00	7,9%
Lagergebäude, ohne Mischnutzung	4,70	**12,00**	23,00	22,2%
Lagergebäude, mit bis zu 25% Mischnutzung	4,60	**9,00**	17,00	6,1%
Lagergebäude, mit mehr als 25% Mischnutzung	4,30	**11,00**	18,00	9,7%
Hochgaragen	3,50	**9,70**	14,00	34,0%
Tiefgaragen	12,00	**24,00**	40,00	34,6%
Feuerwehrhäuser	11,00	**17,00**	26,00	8,5%
Öffentliche Bereitschaftsdienste	16,00	**28,00**	64,00	8,4%

12 Gebäude anderer Art

	von	€/Einheit	bis	KG an 400
Gebäude für kulturelle und musische Zwecke	14,00	**23,00**	32,00	4,7%
Theater	–	**35,00**	–	2,8%
Gemeindezentren, einfacher Standard	11,00	**16,00**	29,00	12,0%
Gemeindezentren, mittlerer Standard	19,00	**27,00**	40,00	8,8%
Gemeindezentren, hoher Standard	18,00	**32,00**	45,00	7,6%
Sakralbauten	–	**24,00**	–	8,0%
Friedhofsgebäude	20,00	**33,00**	46,00	13,4%

Einheit: m²
Brutto-Grundfläche

Gebäudearten

Kostengruppen

Bauelemente

Neubau

Abbrechen

Wiederherstellen

Herstellen

412
Wasseranlagen

Einheit: m²
Brutto-Grundfläche

Gebäudeart	von	€/Einheit	bis	KG an 400
1 Bürogebäude				
Bürogebäude, einfacher Standard	8,90	**14,00**	19,00	7,4%
Bürogebäude, mittlerer Standard	16,00	**27,00**	52,00	8,1%
Bürogebäude, hoher Standard	24,00	**35,00**	70,00	7,1%
2 Gebäude für wissenschaftliche Lehre und Forschung				
Instituts- und Laborgebäude	21,00	**42,00**	83,00	6,0%
3 Gebäude des Gesundheitswesens				
Krankenhäuser	48,00	**84,00**	175,00	10,6%
Pflegeheime	49,00	**65,00**	80,00	19,4%
4 Schulen und Kindergärten				
Allgemeinbildende Schulen	20,00	**24,00**	29,00	9,5%
Berufliche Schulen	24,00	**31,00**	40,00	9,5%
Förder- und Sonderschulen	24,00	**42,00**	60,00	10,4%
Weiterbildungseinrichtungen	19,00	**23,00**	27,00	4,6%
Kindergärten, nicht unterkellert, einfacher Standard	26,00	**33,00**	37,00	16,3%
Kindergärten, nicht unterkellert, mittlerer Standard	31,00	**46,00**	65,00	18,8%
Kindergärten, nicht unterkellert, hoher Standard	34,00	**43,00**	50,00	16,2%
Kindergärten, unterkellert	30,00	**41,00**	53,00	18,4%
5 Sportbauten				
Sport- und Mehrzweckhallen	33,00	**45,00**	57,00	18,6%
Sporthallen (Einfeldhallen)	41,00	**44,00**	46,00	16,6%
Sporthallen (Dreifeldhallen)	40,00	**45,00**	50,00	11,1%
Schwimmhallen	61,00	**81,00**	101,00	9,3%
6 Wohnbauten und Gemeinschaftsstätten				
Ein- und Zweifamilienhäuser unterkellert, einfacher Standard	23,00	**27,00**	29,00	23,5%
Ein- und Zweifamilienhäuser unterkellert, mittlerer Standard	32,00	**42,00**	69,00	22,3%
Ein- und Zweifamilienhäuser unterkellert, hoher Standard	28,00	**49,00**	81,00	18,6%
Ein- und Zweifamilienhäuser, nicht unterkellert, einfacher Standard	24,00	**24,00**	24,00	20,5%
Ein- und Zweifamilienhäuser, nicht unterkellert, mittlerer Standard	30,00	**42,00**	65,00	22,8%
Ein- und Zweifamilienhäuser, nicht unterkellert, hoher Standard	42,00	**62,00**	89,00	22,8%
Ein- und Zweifamilienhäuser, Passivhausstandard, Massivbau	31,00	**47,00**	68,00	18,2%
Ein- und Zweifamilienhäuser, Passivhausstandard, Holzbau	38,00	**59,00**	88,00	18,4%
Ein- und Zweifamilienhäuser, Holzbauweise, unterkellert	27,00	**46,00**	67,00	21,1%
Ein- und Zweifamilienhäuser, Holzbauweise, nicht unterkellert	24,00	**37,00**	47,00	19,9%
Doppel- und Reihenendhäuser, einfacher Standard	21,00	**27,00**	41,00	27,0%
Doppel- und Reihenendhäuser, mittlerer Standard	15,00	**35,00**	45,00	18,6%
Doppel- und Reihenendhäuser, hoher Standard	37,00	**47,00**	84,00	20,5%
Reihenhäuser, einfacher Standard	27,00	**33,00**	38,00	27,9%
Reihenhäuser, mittlerer Standard	28,00	**39,00**	71,00	24,3%
Reihenhäuser, hoher Standard	29,00	**45,00**	57,00	20,5%

© **BKI** Baukosteninformationszentrum; Erläuterungen zu den Tabellen siehe Seite 62   Kostenstand: 1.Quartal 2012, Bundesdurchschnitt, **inkl. MwSt.**

Gebäudeart	von	€/Einheit	bis	KG an 400
Mehrfamilienhäuser, mit bis zu 6 WE, einfacher Standard	23,00	**27,00**	33,00	25,7%
Mehrfamilienhäuser, mit bis zu 6 WE, mittlerer Standard	32,00	**43,00**	59,00	25,5%
Mehrfamilienhäuser, mit bis zu 6 WE, hoher Standard	41,00	**46,00**	63,00	24,2%
Mehrfamilienhäuser, mit 6 bis 19 WE, einfacher Standard	32,00	**38,00**	50,00	28,3%
Mehrfamilienhäuser, mit 6 bis 19 WE, mittlerer Standard	24,00	**32,00**	44,00	26,7%
Mehrfamilienhäuser, mit 6 bis 19 WE, hoher Standard	27,00	**35,00**	41,00	20,5%
Mehrfamilienhäuser, mit mehr als 20 WE	24,00	**35,00**	51,00	18,4%
Mehrfamilienhäuser, energiesparend, ökologisch	28,00	**33,00**	38,00	18,0%
Wohnhäuser, mit bis zu 15% Mischnutzung, einfacher Standard	24,00	**33,00**	40,00	21,7%
Wohnhäuser, mit bis zu 15% Mischnutzung, mittlerer Standard	30,00	**38,00**	53,00	20,0%
Wohnhäuser, mit bis zu 15% Mischnutzung, hoher Standard	–	**44,00**	–	11,4%
Wohnhäuser mit mehr als 15% Mischnutzung	31,00	**44,00**	62,00	16,7%
Personal- und Altenwohnungen	11,00	**35,00**	44,00	18,9%
Alten- und Pflegeheime	25,00	**41,00**	83,00	18,2%
Wohnheime und Internate	33,00	**46,00**	60,00	21,8%
Gaststätten, Kantinen und Mensen	29,00	**53,00**	82,00	10,0%

7   Produktion, Gewerbe und Handel, Lager, Garagen, Bereitschaftsdienste

Gebäudeart	von	€/Einheit	bis	KG an 400
Geschäftshäuser mit Wohnungen	8,40	**19,00**	25,00	8,6%
Geschäftshäuser ohne Wohnungen	31,00	**33,00**	35,00	16,6%
Bank- und Sparkassengebäude	–	**34,00**	–	6,1%
Verbrauchermärkte	19,00	**28,00**	38,00	9,4%
Autohäuser	–	**7,80**	–	10,9%
Industrielle Produktionsgebäude, Massivbauweise	14,00	**21,00**	29,00	9,2%
Industrielle Produktionsgebäude, überwiegend Skelettbauweise	9,10	**14,00**	22,00	6,3%
Betriebs- und Werkstätten, eingeschossig	14,00	**25,00**	39,00	8,6%
Betriebs- und Werkstätten, mehrgeschossig, geringer Hallenanteil	17,00	**21,00**	26,00	10,1%
Betriebs- und Werkstätten, mehrgeschossig, hoher Hallenanteil	12,00	**17,00**	25,00	11,5%
Lagergebäude, ohne Mischnutzung	4,00	**4,20**	4,50	1,6%
Lagergebäude, mit bis zu 25% Mischnutzung	7,30	**13,00**	24,00	8,3%
Lagergebäude, mit mehr als 25% Mischnutzung	11,00	**20,00**	30,00	19,3%
Hochgaragen	1,70	**1,90**	2,10	1,0%
Tiefgaragen	1,60	**5,50**	12,00	3,5%
Feuerwehrhäuser	8,00	**21,00**	29,00	11,1%
Öffentliche Bereitschaftsdienste	8,80	**23,00**	33,00	8,5%

12 Gebäude anderer Art

Gebäudeart	von	€/Einheit	bis	KG an 400
Gebäude für kulturelle und musische Zwecke	16,00	**28,00**	32,00	5,8%
Theater	–	**65,00**	–	5,2%
Gemeindezentren, einfacher Standard	15,00	**19,00**	26,00	15,5%
Gemeindezentren, mittlerer Standard	24,00	**33,00**	55,00	11,0%
Gemeindezentren, hoher Standard	32,00	**50,00**	68,00	11,9%
Sakralbauten	–	**28,00**	–	9,5%
Friedhofsgebäude	28,00	**31,00**	34,00	12,5%

Einheit: m²
Brutto-Grundfläche

413
Gasanlagen

Einheit: m²
Brutto-Grundfläche

Gebäuderart	von	€/Einheit	bis	KG an 400
1 Bürogebäude				
Bürogebäude, einfacher Standard	–	–	–	–
Bürogebäude, mittlerer Standard	–	–	–	–
Bürogebäude, hoher Standard	0,70	**0,70**	0,80	0,0%
2 Gebäude für wissenschaftliche Lehre und Forschung				
Instituts- und Laborgebäude	–	–	–	–
3 Gebäude des Gesundheitswesens				
Krankenhäuser	–	–	–	–
Pflegeheime	–	–	–	–
4 Schulen und Kindergärten				
Allgemeinbildende Schulen	–	–	–	–
Berufliche Schulen	–	**0,70**	–	0,0%
Förder- und Sonderschulen	–	**5,20**	–	0,3%
Weiterbildungseinrichtungen	–	**1,80**	–	0,0%
Kindergärten, nicht unterkellert, einfacher Standard	–	**0,40**	–	0,0%
Kindergärten, nicht unterkellert, mittlerer Standard	–	–	–	–
Kindergärten, nicht unterkellert, hoher Standard	–	–	–	–
Kindergärten, unterkellert	–	**0,50**	–	0,0%
5 Sportbauten				
Sport- und Mehrzweckhallen	–	–	–	–
Sporthallen (Einfeldhallen)	–	–	–	–
Sporthallen (Dreifeldhallen)	–	–	–	–
Schwimmhallen	–	–	–	–
6 Wohnbauten und Gemeinschaftsstätten				
Ein- und Zweifamilienhäuser unterkellert, einfacher Standard	–	–	–	–
Ein- und Zweifamilienhäuser unterkellert, mittlerer Standard	–	–	–	–
Ein- und Zweifamilienhäuser unterkellert, hoher Standard	–	–	–	–
Ein- und Zweifamilienhäuser, nicht unterkellert, einfacher Standard	–	–	–	–
Ein- und Zweifamilienhäuser, nicht unterkellert, mittlerer Standard	–	**2,40**	–	0,1%
Ein- und Zweifamilienhäuser, nicht unterkellert, hoher Standard	–	**1,30**	–	0,0%
Ein- und Zweifamilienhäuser, Passivhausstandard, Massivbau	–	**4,70**	–	0,1%
Ein- und Zweifamilienhäuser, Passivhausstandard, Holzbau	–	–	–	–
Ein- und Zweifamilienhäuser, Holzbauweise, unterkellert	–	–	–	–
Ein- und Zweifamilienhäuser, Holzbauweise, nicht unterkellert	1,20	**1,30**	1,40	0,1%
Doppel- und Reihenendhäuser, einfacher Standard	–	–	–	–
Doppel- und Reihenendhäuser, mittlerer Standard	–	–	–	–
Doppel- und Reihenendhäuser, hoher Standard	–	**0,90**	–	0,1%
Reihenhäuser, einfacher Standard	–	–	–	–
Reihenhäuser, mittlerer Standard	–	–	–	–
Reihenhäuser, hoher Standard	–	–	–	–

© **BKI** Baukosteninformationszentrum; Erläuterungen zu den Tabellen siehe Seite 62   Kostenstand: 1.Quartal 2012, Bundesdurchschnitt, **inkl. MwSt.**

413
Gasanlagen

Gebäudeart	von	€/Einheit	bis	KG an 400
Mehrfamilienhäuser, mit bis zu 6 WE, einfacher Standard	–	–	–	–
Mehrfamilienhäuser, mit bis zu 6 WE, mittlerer Standard	–	–	–	–
Mehrfamilienhäuser, mit bis zu 6 WE, hoher Standard	–	–	–	–
Mehrfamilienhäuser, mit 6 bis 19 WE, einfacher Standard	–	–	–	–
Mehrfamilienhäuser, mit 6 bis 19 WE, mittlerer Standard	–	–	–	–
Mehrfamilienhäuser, mit 6 bis 19 WE, hoher Standard	–	–	–	–
Mehrfamilienhäuser, mit mehr als 20 WE	–	–	–	–
Mehrfamilienhäuser, energiesparend, ökologisch	–	–	–	–
Wohnhäuser, mit bis zu 15% Mischnutzung, einfacher Standard	–	0,60	–	0,1%
Wohnhäuser, mit bis zu 15% Mischnutzung, mittlerer Standard	–	–	–	–
Wohnhäuser, mit bis zu 15% Mischnutzung, hoher Standard	–	–	–	–
Wohnhäuser mit mehr als 15% Mischnutzung	–	2,10	–	0,1%
Personal- und Altenwohnungen	–	–	–	–
Alten- und Pflegeheime	–	–	–	–
Wohnheime und Internate	–	–	–	–
Gaststätten, Kantinen und Mensen	–	0,40	–	0,0%

7 Produktion, Gewerbe und Handel, Lager, Garagen, Bereitschaftsdienste

Gebäudeart	von	€/Einheit	bis	KG an 400
Geschäftshäuser mit Wohnungen	–	–	–	–
Geschäftshäuser ohne Wohnungen	–	–	–	–
Bank- und Sparkassengebäude	–	–	–	–
Verbrauchermärkte	–	–	–	–
Autohäuser	–	–	–	–
Industrielle Produktionsgebäude, Massivbauweise	–	–	–	–
Industrielle Produktionsgebäude, überwiegend Skelettbauweise	–	–	–	–
Betriebs- und Werkstätten, eingeschossig	–	–	–	–
Betriebs- und Werkstätten, mehrgeschossig, geringer Hallenanteil	–	2,80	–	0,3%
Betriebs- und Werkstätten, mehrgeschossig, hoher Hallenanteil	–	–	–	–
Lagergebäude, ohne Mischnutzung	–	–	–	–
Lagergebäude, mit bis zu 25% Mischnutzung	–	–	–	–
Lagergebäude, mit mehr als 25% Mischnutzung	–	–	–	–
Hochgaragen	–	–	–	–
Tiefgaragen	–	–	–	–
Feuerwehrhäuser	–	1,90	–	0,1%
Öffentliche Bereitschaftsdienste	–	0,50	–	0,0%

12 Gebäude anderer Art

Gebäudeart	von	€/Einheit	bis	KG an 400
Gebäude für kulturelle und musische Zwecke	–	–	–	–
Theater	–	6,10	–	0,5%
Gemeindezentren, einfacher Standard	–	–	–	–
Gemeindezentren, mittlerer Standard	–	1,90	–	0,0%
Gemeindezentren, hoher Standard	–	–	–	–
Sakralbauten	–	–	–	–
Friedhofsgebäude	–	–	–	–

Einheit: m²
Brutto-Grundfläche

419
**Abwasser-, Wasser-
und Gasanlagen,
sonstiges**

Einheit: m²
Brutto-Grundfläche

Gebäudeart	von	€/Einheit	bis	KG an 400
1 Bürogebäude				
Bürogebäude, einfacher Standard	–	–	–	–
Bürogebäude, mittlerer Standard	1,70	**3,60**	5,40	0,4%
Bürogebäude, hoher Standard	1,90	**4,20**	7,30	0,2%
2 Gebäude für wissenschaftliche Lehre und Forschung				
Instituts- und Laborgebäude	–	**1,80**	–	0,0%
3 Gebäude des Gesundheitswesens				
Krankenhäuser	–	–	–	–
Pflegeheime	–	**54,00**	–	2,3%
4 Schulen und Kindergärten				
Allgemeinbildende Schulen	–	–	–	–
Berufliche Schulen	–	–	–	–
Förder- und Sonderschulen	–	–	–	–
Weiterbildungseinrichtungen	1,50	**2,00**	2,60	0,2%
Kindergärten, nicht unterkellert, einfacher Standard	–	–	–	–
Kindergärten, nicht unterkellert, mittlerer Standard	1,60	**4,70**	7,80	0,4%
Kindergärten, nicht unterkellert, hoher Standard	–	–	–	–
Kindergärten, unterkellert	–	**10,00**	–	0,8%
5 Sportbauten				
Sport- und Mehrzweckhallen	–	–	–	–
Sporthallen (Einfeldhallen)	–	–	–	–
Sporthallen (Dreifeldhallen)	–	–	–	–
Schwimmhallen	–	–	–	–
6 Wohnbauten und Gemeinschaftsstätten				
Ein- und Zweifamilienhäuser unterkellert, einfacher Standard	–	**0,90**	–	0,1%
Ein- und Zweifamilienhäuser unterkellert, mittlerer Standard	1,40	**1,70**	2,00	0,1%
Ein- und Zweifamilienhäuser unterkellert, hoher Standard	0,80	**1,20**	2,10	0,1%
Ein- und Zweifamilienhäuser, nicht unterkellert, einfacher Standard	–	**2,60**	–	0,6%
Ein- und Zweifamilienhäuser, nicht unterkellert, mittlerer Standard	1,90	**3,20**	4,50	0,3%
Ein- und Zweifamilienhäuser, nicht unterkellert, hoher Standard	–	–	–	–
Ein- und Zweifamilienhäuser, Passivhausstandard, Massivbau	5,70	**6,70**	7,30	0,7%
Ein- und Zweifamilienhäuser, Passivhausstandard, Holzbau	1,80	**3,50**	4,80	0,2%
Ein- und Zweifamilienhäuser, Holzbauweise, unterkellert	–	–	–	–
Ein- und Zweifamilienhäuser, Holzbauweise, nicht unterkellert	4,00	**7,70**	19,00	1,3%
Doppel- und Reihenendhäuser, einfacher Standard	–	**5,20**	–	2,3%
Doppel- und Reihenendhäuser, mittlerer Standard	–	–	–	–
Doppel- und Reihenendhäuser, hoher Standard	–	–	–	–
Reihenhäuser, einfacher Standard	–	**7,00**	–	3,6%
Reihenhäuser, mittlerer Standard	–	–	–	–
Reihenhäuser, hoher Standard	–	–	–	–

Kostenstand: 1.Quartal 2012, Bundesdurchschnitt, inkl. MwSt.

419
**Abwasser-, Wasser-
und Gasanlagen,
sonstiges**

Einheit: m²
Brutto-Grundfläche

Gebäudeart	von	€/Einheit	bis	KG an 400
Mehrfamilienhäuser, mit bis zu 6 WE, einfacher Standard	–	–	–	–
Mehrfamilienhäuser, mit bis zu 6 WE, mittlerer Standard	–	**2,00**	–	0,1%
Mehrfamilienhäuser, mit bis zu 6 WE, hoher Standard	–	**1,30**	–	0,1%
Mehrfamilienhäuser, mit 6 bis 19 WE, einfacher Standard	–	–	–	–
Mehrfamilienhäuser, mit 6 bis 19 WE, mittlerer Standard	–	–	–	–
Mehrfamilienhäuser, mit 6 bis 19 WE, hoher Standard	4,60	**5,50**	6,00	1,9%
Mehrfamilienhäuser, mit mehr als 20 WE	1,30	**14,00**	39,00	7,4%
Mehrfamilienhäuser, energiesparend, ökologisch	0,70	**3,50**	9,10	0,6%
Wohnhäuser, mit bis zu 15% Mischnutzung, einfacher Standard	–	–	–	–
Wohnhäuser, mit bis zu 15% Mischnutzung, mittlerer Standard	–	**9,00**	–	1,3%
Wohnhäuser, mit bis zu 15% Mischnutzung, hoher Standard	–	–	–	–
Wohnhäuser mit mehr als 15% Mischnutzung	–	–	–	–
Personal- und Altenwohnungen	–	–	–	–
Alten- und Pflegeheime	–	–	–	–
Wohnheime und Internate	–	–	–	–
Gaststätten, Kantinen und Mensen	–	–	–	–

7 Produktion, Gewerbe und Handel, Lager, Garagen, Bereitschaftsdienste

Geschäftshäuser mit Wohnungen	–	–	–	–
Geschäftshäuser ohne Wohnungen	–	–	–	–
Bank- und Sparkassengebäude	–	–	–	–
Verbrauchermärkte	–	–	–	–
Autohäuser	–	**0,80**	–	1,1%
Industrielle Produktionsgebäude, Massivbauweise	–	–	–	–
Industrielle Produktionsgebäude, überwiegend Skelettbauweise	–	**0,50**	–	0,0%
Betriebs- und Werkstätten, eingeschossig	–	–	–	–
Betriebs- und Werkstätten, mehrgeschossig, geringer Hallenanteil	–	–	–	–
Betriebs- und Werkstätten, mehrgeschossig, hoher Hallenanteil	0,70	**1,00**	1,20	0,1%
Lagergebäude, ohne Mischnutzung	–	–	–	–
Lagergebäude, mit bis zu 25% Mischnutzung	0,40	**0,50**	0,50	0,2%
Lagergebäude, mit mehr als 25% Mischnutzung	–	–	–	–
Hochgaragen	–	–	–	–
Tiefgaragen	–	–	–	–
Feuerwehrhäuser	–	**1,80**	–	0,1%
Öffentliche Bereitschaftsdienste	–	–	–	–

12 Gebäude anderer Art

Gebäude für kulturelle und musische Zwecke	2,00	**4,70**	7,40	0,5%
Theater	–	–	–	–
Gemeindezentren, einfacher Standard	–	–	–	–
Gemeindezentren, mittlerer Standard	–	–	–	–
Gemeindezentren, hoher Standard	–	–	–	–
Sakralbauten	–	–	–	–
Friedhofsgebäude	–	–	–	–

Gebäudearten

Kostengruppen

Bauelemente

Neubau

Abbrechen

Wiederherstellen

Herstellen

Einheit: m²
Brutto-Grundfläche

Gebäudeart	von	€/Einheit	bis	KG an 400
1 Bürogebäude				
Bürogebäude, einfacher Standard	9,50	**15,00**	20,00	7,0%
Bürogebäude, mittlerer Standard	7,60	**20,00**	47,00	5,8%
Bürogebäude, hoher Standard	8,20	**20,00**	47,00	2,4%
2 Gebäude für wissenschaftliche Lehre und Forschung				
Instituts- und Laborgebäude	12,00	**71,00**	129,00	2,0%
3 Gebäude des Gesundheitswesens				
Krankenhäuser	15,00	**23,00**	44,00	4,8%
Pflegeheime	7,00	**10,00**	12,00	2,2%
4 Schulen und Kindergärten				
Allgemeinbildende Schulen	5,90	**27,00**	38,00	6,8%
Berufliche Schulen	7,30	**16,00**	27,00	3,4%
Förder- und Sonderschulen	9,80	**19,00**	26,00	4,9%
Weiterbildungseinrichtungen	8,40	**14,00**	24,00	3,0%
Kindergärten, nicht unterkellert, einfacher Standard	9,40	**11,00**	14,00	5,4%
Kindergärten, nicht unterkellert, mittlerer Standard	11,00	**21,00**	35,00	7,2%
Kindergärten, nicht unterkellert, hoher Standard	11,00	**14,00**	17,00	5,2%
Kindergärten, unterkellert	12,00	**14,00**	16,00	6,3%
5 Sportbauten				
Sport- und Mehrzweckhallen	6,20	**21,00**	35,00	6,5%
Sporthallen (Einfeldhallen)	5,60	**9,60**	13,00	3,5%
Sporthallen (Dreifeldhallen)	25,00	**36,00**	47,00	3,8%
Schwimmhallen	–	**–**	–	–
6 Wohnbauten und Gemeinschaftsstätten				
Ein- und Zweifamilienhäuser unterkellert, einfacher Standard	15,00	**20,00**	23,00	17,8%
Ein- und Zweifamilienhäuser unterkellert, mittlerer Standard	23,00	**47,00**	85,00	22,5%
Ein- und Zweifamilienhäuser unterkellert, hoher Standard	32,00	**58,00**	74,00	22,2%
Ein- und Zweifamilienhäuser, nicht unterkellert, einfacher Standard	15,00	**26,00**	49,00	22,4%
Ein- und Zweifamilienhäuser, nicht unterkellert, mittlerer Standard	23,00	**39,00**	78,00	18,3%
Ein- und Zweifamilienhäuser, nicht unterkellert, hoher Standard	33,00	**65,00**	96,00	22,5%
Ein- und Zweifamilienhäuser, Passivhausstandard, Massivbau	21,00	**47,00**	66,00	18,9%
Ein- und Zweifamilienhäuser, Passivhausstandard, Holzbau	32,00	**61,00**	84,00	12,6%
Ein- und Zweifamilienhäuser, Holzbauweise, unterkellert	21,00	**30,00**	40,00	8,6%
Ein- und Zweifamilienhäuser, Holzbauweise, nicht unterkellert	25,00	**39,00**	66,00	18,6%
Doppel- und Reihenendhäuser, einfacher Standard	16,00	**19,00**	24,00	19,0%
Doppel- und Reihenendhäuser, mittlerer Standard	29,00	**34,00**	44,00	17,0%
Doppel- und Reihenendhäuser, hoher Standard	33,00	**45,00**	57,00	9,1%
Reihenhäuser, einfacher Standard	22,00	**23,00**	24,00	20,3%
Reihenhäuser, mittlerer Standard	8,70	**21,00**	26,00	9,8%
Reihenhäuser, hoher Standard	30,00	**51,00**	65,00	23,2%

Gebäudeart	von	€/Einheit	bis	KG an 400
Mehrfamilienhäuser, mit bis zu 6 WE, einfacher Standard	4,90	**6,50**	8,00	4,2%
Mehrfamilienhäuser, mit bis zu 6 WE, mittlerer Standard	13,00	**20,00**	30,00	10,8%
Mehrfamilienhäuser, mit bis zu 6 WE, hoher Standard	16,00	**19,00**	27,00	9,7%
Mehrfamilienhäuser, mit 6 bis 19 WE, einfacher Standard	4,90	**15,00**	21,00	11,4%
Mehrfamilienhäuser, mit 6 bis 19 WE, mittlerer Standard	5,40	**7,00**	9,00	5,0%
Mehrfamilienhäuser, mit 6 bis 19 WE, hoher Standard	7,50	**11,00**	20,00	6,1%
Mehrfamilienhäuser, mit mehr als 20 WE	4,10	**4,30**	4,40	2,3%
Mehrfamilienhäuser, energiesparend, ökologisch	6,90	**14,00**	24,00	5,9%
Wohnhäuser, mit bis zu 15% Mischnutzung, einfacher Standard	7,50	**19,00**	53,00	9,0%
Wohnhäuser, mit bis zu 15% Mischnutzung, mittlerer Standard	22,00	**33,00**	49,00	18,5%
Wohnhäuser, mit bis zu 15% Mischnutzung, hoher Standard	–	**2,50**	–	0,6%
Wohnhäuser mit mehr als 15% Mischnutzung	9,50	**17,00**	21,00	4,2%
Personal- und Altenwohnungen	7,40	**16,00**	31,00	5,3%
Alten- und Pflegeheime	6,00	**13,00**	20,00	5,5%
Wohnheime und Internate	22,00	**23,00**	23,00	10,7%
Gaststätten, Kantinen und Mensen	19,00	**28,00**	51,00	5,1%

7 Produktion, Gewerbe und Handel, Lager, Garagen, Bereitschaftsdienste

	von	€/Einheit	bis	KG an 400
Geschäftshäuser mit Wohnungen	13,00	**19,00**	30,00	9,1%
Geschäftshäuser ohne Wohnungen	7,20	**10,00**	13,00	4,9%
Bank- und Sparkassengebäude	–	**11,00**	–	1,9%
Verbrauchermärkte	–	**17,00**	–	2,4%
Autohäuser	–	**6,80**	–	9,5%
Industrielle Produktionsgebäude, Massivbauweise	6,40	**17,00**	25,00	7,2%
Industrielle Produktionsgebäude, überwiegend Skelettbauweise	2,70	**4,80**	9,00	1,5%
Betriebs- und Werkstätten, eingeschossig	6,30	**11,00**	16,00	2,2%
Betriebs- und Werkstätten, mehrgeschossig, geringer Hallenanteil	8,30	**31,00**	58,00	10,8%
Betriebs- und Werkstätten, mehrgeschossig, hoher Hallenanteil	5,90	**22,00**	50,00	10,5%
Lagergebäude, ohne Mischnutzung	5,20	**6,70**	7,60	3,9%
Lagergebäude, mit bis zu 25% Mischnutzung	3,00	**5,10**	7,20	2,4%
Lagergebäude, mit mehr als 25% Mischnutzung	8,20	**9,90**	12,00	8,9%
Hochgaragen	–	**–**	–	–
Tiefgaragen	–	**–**	–	–
Feuerwehrhäuser	7,80	**12,00**	17,00	6,5%
Öffentliche Bereitschaftsdienste	9,00	**17,00**	22,00	6,7%

12 Gebäude anderer Art

	von	€/Einheit	bis	KG an 400
Gebäude für kulturelle und musische Zwecke	24,00	**38,00**	63,00	6,9%
Theater	–	**4,30**	–	0,3%
Gemeindezentren, einfacher Standard	–	**17,00**	–	3,7%
Gemeindezentren, mittlerer Standard	15,00	**26,00**	50,00	6,6%
Gemeindezentren, hoher Standard	32,00	**33,00**	35,00	8,0%
Sakralbauten	–	**22,00**	–	7,6%
Friedhofgebäude	–	**–**	–	–

Gebäudearten

Kostengruppen

Bauelemente

Neubau

Abbrechen

Wiederherstellen

Herstellen

422
Wärmeverteilnetze

Einheit: m²
Brutto-Grundfläche

Gebäuderart	von	€/Einheit	bis	KG an 400
1 Bürogebäude				
Bürogebäude, einfacher Standard	5,50	11,00	21,00	4,4%
Bürogebäude, mittlerer Standard	12,00	20,00	41,00	5,8%
Bürogebäude, hoher Standard	21,00	32,00	53,00	5,3%
2 Gebäude für wissenschaftliche Lehre und Forschung				
Instituts- und Laborgebäude	22,00	63,00	86,00	3,3%
3 Gebäude des Gesundheitswesens				
Krankenhäuser	12,00	20,00	46,00	2,6%
Pflegeheime	20,00	23,00	30,00	5,0%
4 Schulen und Kindergärten				
Allgemeinbildende Schulen	21,00	34,00	50,00	13,9%
Berufliche Schulen	18,00	23,00	34,00	5,5%
Förder- und Sonderschulen	13,00	26,00	36,00	6,6%
Weiterbildungseinrichtungen	11,00	23,00	37,00	4,5%
Kindergärten, nicht unterkellert, einfacher Standard	13,00	17,00	22,00	8,1%
Kindergärten, nicht unterkellert, mittlerer Standard	11,00	20,00	29,00	7,4%
Kindergärten, nicht unterkellert, hoher Standard	9,80	21,00	30,00	7,8%
Kindergärten, unterkellert	12,00	15,00	18,00	7,0%
5 Sportbauten				
Sport- und Mehrzweckhallen	4,20	17,00	29,00	5,1%
Sporthallen (Einfeldhallen)	22,00	32,00	42,00	12,6%
Sporthallen (Dreifeldhallen)	20,00	22,00	24,00	2,3%
Schwimmhallen	–	–	–	–
6 Wohnbauten und Gemeinschaftsstätten				
Ein- und Zweifamilienhäuser unterkellert, einfacher Standard	5,20	8,10	10,00	7,1%
Ein- und Zweifamilienhäuser unterkellert, mittlerer Standard	5,40	11,00	17,00	5,8%
Ein- und Zweifamilienhäuser unterkellert, hoher Standard	6,60	13,00	16,00	4,1%
Ein- und Zweifamilienhäuser, nicht unterkellert, einfacher Standard	13,00	18,00	23,00	9,8%
Ein- und Zweifamilienhäuser, nicht unterkellert, mittlerer Standard	5,20	9,70	20,00	3,9%
Ein- und Zweifamilienhäuser, nicht unterkellert, hoher Standard	4,70	12,00	17,00	3,5%
Ein- und Zweifamilienhäuser, Passivhausstandard, Massivbau	3,30	7,00	10,00	1,8%
Ein- und Zweifamilienhäuser, Passivhausstandard, Holzbau	4,20	6,90	10,00	1,6%
Ein- und Zweifamilienhäuser, Holzbauweise, unterkellert	4,50	11,00	15,00	2,7%
Ein- und Zweifamilienhäuser, Holzbauweise, nicht unterkellert	7,30	14,00	21,00	7,0%
Doppel- und Reihenendhäuser, einfacher Standard	0,70	7,50	11,00	7,2%
Doppel- und Reihenendhäuser, mittlerer Standard	7,20	26,00	45,00	7,6%
Doppel- und Reihenendhäuser, hoher Standard	12,00	12,00	12,00	2,6%
Reihenhäuser, einfacher Standard	1,00	5,40	9,90	4,0%
Reihenhäuser, mittlerer Standard	4,30	12,00	27,00	5,0%
Reihenhäuser, hoher Standard	8,80	11,00	16,00	5,2%

© **BKI** Baukosteninformationszentrum; Erläuterungen zu den Tabellen siehe Seite 62   Kostenstand: 1.Quartal 2012, Bundesdurchschnitt, **inkl. MwSt.**

Gebäudeart	von	€/Einheit	bis	KG an 400
Mehrfamilienhäuser, mit bis zu 6 WE, einfacher Standard	9,40	16,00	23,00	9,5%
Mehrfamilienhäuser, mit bis zu 6 WE, mittlerer Standard	7,60	14,00	19,00	7,2%
Mehrfamilienhäuser, mit bis zu 6 WE, hoher Standard	8,20	17,00	29,00	8,7%
Mehrfamilienhäuser, mit 6 bis 19 WE, einfacher Standard	10,00	12,00	13,00	9,1%
Mehrfamilienhäuser, mit 6 bis 19 WE, mittlerer Standard	4,10	10,00	19,00	6,4%
Mehrfamilienhäuser, mit 6 bis 19 WE, hoher Standard	7,70	13,00	14,00	7,5%
Mehrfamilienhäuser, mit mehr als 20 WE	6,30	7,60	10,00	4,0%
Mehrfamilienhäuser, energiesparend, ökologisch	6,60	9,90	17,00	3,3%
Wohnhäuser, mit bis zu 15% Mischnutzung, einfacher Standard	6,10	9,90	12,00	4,5%
Wohnhäuser, mit bis zu 15% Mischnutzung, mittlerer Standard	6,80	11,00	19,00	5,4%
Wohnhäuser, mit bis zu 15% Mischnutzung, hoher Standard	–	25,00	–	6,6%
Wohnhäuser mit mehr als 15% Mischnutzung	12,00	17,00	19,00	4,3%
Personal- und Altenwohnungen	12,00	20,00	40,00	10,4%
Alten- und Pflegeheime	7,80	12,00	16,00	5,9%
Wohnheime und Internate	16,00	17,00	18,00	7,8%
Gaststätten, Kantinen und Mensen	9,10	19,00	39,00	3,7%

7 Produktion, Gewerbe und Handel, Lager, Garagen, Bereitschaftsdienste

	von	€/Einheit	bis	KG an 400
Geschäftshäuser mit Wohnungen	10,00	12,00	13,00	5,4%
Geschäftshäuser ohne Wohnungen	17,00	24,00	31,00	12,7%
Bank- und Sparkassengebäude	–	33,00	–	6,0%
Verbrauchermärkte	–	63,00	–	8,6%
Autohäuser	–	6,80	–	9,5%
Industrielle Produktionsgebäude, Massivbauweise	11,00	14,00	19,00	6,5%
Industrielle Produktionsgebäude, überwiegend Skelettbauweise	6,20	7,00	8,30	2,7%
Betriebs- und Werkstätten, eingeschossig	6,30	15,00	38,00	2,4%
Betriebs- und Werkstätten, mehrgeschossig, geringer Hallenanteil	13,00	24,00	41,00	7,7%
Betriebs- und Werkstätten, mehrgeschossig, hoher Hallenanteil	5,70	18,00	38,00	7,3%
Lagergebäude, ohne Mischnutzung	9,30	10,00	12,00	5,9%
Lagergebäude, mit bis zu 25% Mischnutzung	6,00	12,00	19,00	3,8%
Lagergebäude, mit mehr als 25% Mischnutzung	7,40	7,60	7,80	7,0%
Hochgaragen	–	–	–	–
Tiefgaragen	–	–	–	–
Feuerwehrhäuser	10,00	13,00	17,00	7,1%
Öffentliche Bereitschaftsdienste	9,70	12,00	14,00	4,6%

12 Gebäude anderer Art

	von	€/Einheit	bis	KG an 400
Gebäude für kulturelle und musische Zwecke	13,00	17,00	24,00	3,3%
Theater	–	46,00	–	3,7%
Gemeindezentren, einfacher Standard	–	14,00	–	3,0%
Gemeindezentren, mittlerer Standard	10,00	17,00	26,00	4,7%
Gemeindezentren, hoher Standard	19,00	19,00	20,00	4,6%
Sakralbauten	–	30,00	–	10,2%
Friedhofsgebäude	–	–	–	–

Gebäudearten
Kostengruppen
Bauelemente
Neubau
Abbrechen
Wiederherstellen
Herstellen

Einheit: m²
Brutto-Grundfläche

Gebäuderart	von	€/Einheit	bis	KG an 400
1 Bürogebäude				
Bürogebäude, einfacher Standard	13,00	**18,00**	27,00	9,3%
Bürogebäude, mittlerer Standard	17,00	**29,00**	43,00	9,2%
Bürogebäude, hoher Standard	16,00	**36,00**	57,00	7,0%
2 Gebäude für wissenschaftliche Lehre und Forschung				
Instituts- und Laborgebäude	13,00	**19,00**	29,00	1,0%
3 Gebäude des Gesundheitswesens				
Krankenhäuser	13,00	**23,00**	45,00	4,6%
Pflegeheime	11,00	**19,00**	24,00	4,3%
4 Schulen und Kindergärten				
Allgemeinbildende Schulen	7,00	**20,00**	42,00	5,6%
Berufliche Schulen	18,00	**24,00**	31,00	5,9%
Förder- und Sonderschulen	18,00	**32,00**	47,00	8,0%
Weiterbildungseinrichtungen	10,00	**19,00**	28,00	4,1%
Kindergärten, nicht unterkellert, einfacher Standard	21,00	**31,00**	60,00	14,9%
Kindergärten, nicht unterkellert, mittlerer Standard	13,00	**28,00**	49,00	9,1%
Kindergärten, nicht unterkellert, hoher Standard	17,00	**31,00**	41,00	11,9%
Kindergärten, unterkellert	33,00	**42,00**	59,00	18,2%
5 Sportbauten				
Sport- und Mehrzweckhallen	6,40	**22,00**	38,00	7,0%
Sporthallen (Einfeldhallen)	8,40	**26,00**	44,00	10,7%
Sporthallen (Dreifeldhallen)	32,00	**33,00**	33,00	3,3%
Schwimmhallen	–	**–**	–	–
6 Wohnbauten und Gemeinschaftsstätten				
Ein- und Zweifamilienhäuser unterkellert, einfacher Standard	9,80	**13,00**	15,00	11,4%
Ein- und Zweifamilienhäuser unterkellert, mittlerer Standard	18,00	**24,00**	32,00	13,1%
Ein- und Zweifamilienhäuser unterkellert, hoher Standard	22,00	**30,00**	35,00	12,2%
Ein- und Zweifamilienhäuser, nicht unterkellert, einfacher Standard	10,00	**13,00**	14,00	10,9%
Ein- und Zweifamilienhäuser, nicht unterkellert, mittlerer Standard	21,00	**33,00**	50,00	15,6%
Ein- und Zweifamilienhäuser, nicht unterkellert, hoher Standard	36,00	**44,00**	51,00	16,3%
Ein- und Zweifamilienhäuser, Passivhausstandard, Massivbau	7,90	**16,00**	23,00	6,1%
Ein- und Zweifamilienhäuser, Passivhausstandard, Holzbau	10,00	**17,00**	28,00	4,0%
Ein- und Zweifamilienhäuser, Holzbauweise, unterkellert	15,00	**23,00**	42,00	6,4%
Ein- und Zweifamilienhäuser, Holzbauweise, nicht unterkellert	14,00	**24,00**	45,00	11,2%
Doppel- und Reihenendhäuser, einfacher Standard	10,00	**13,00**	15,00	14,0%
Doppel- und Reihenendhäuser, mittlerer Standard	33,00	**35,00**	36,00	17,8%
Doppel- und Reihenendhäuser, hoher Standard	14,00	**16,00**	18,00	3,2%
Reihenhäuser, einfacher Standard	13,00	**15,00**	16,00	13,3%
Reihenhäuser, mittlerer Standard	14,00	**17,00**	24,00	8,2%
Reihenhäuser, hoher Standard	15,00	**17,00**	19,00	7,9%

© **BKI** Baukosteninformationszentrum; Erläuterungen zu den Tabellen siehe Seite 62   Kostenstand: 1.Quartal 2012, Bundesdurchschnitt, **inkl. MwSt.**

Gebäuderart	von	€/Einheit	bis	KG an 400
Mehrfamilienhäuser, mit bis zu 6 WE, einfacher Standard	9,70	**12,00**	15,00	7,6%
Mehrfamilienhäuser, mit bis zu 6 WE, mittlerer Standard	14,00	**23,00**	34,00	12,5%
Mehrfamilienhäuser, mit bis zu 6 WE, hoher Standard	19,00	**23,00**	29,00	12,0%
Mehrfamilienhäuser, mit 6 bis 19 WE, einfacher Standard	13,00	**14,00**	16,00	10,5%
Mehrfamilienhäuser, mit 6 bis 19 WE, mittlerer Standard	15,00	**17,00**	20,00	12,6%
Mehrfamilienhäuser, mit 6 bis 19 WE, hoher Standard	9,90	**17,00**	30,00	9,9%
Mehrfamilienhäuser, mit mehr als 20 WE	8,20	**20,00**	26,00	10,6%
Mehrfamilienhäuser, energiesparend, ökologisch	8,80	**13,00**	19,00	5,2%
Wohnhäuser, mit bis zu 15% Mischnutzung, einfacher Standard	12,00	**14,00**	22,00	7,9%
Wohnhäuser, mit bis zu 15% Mischnutzung, mittlerer Standard	9,50	**18,00**	22,00	9,6%
Wohnhäuser, mit bis zu 15% Mischnutzung, hoher Standard	–	**19,00**	–	4,9%
Wohnhäuser mit mehr als 15% Mischnutzung	19,00	**24,00**	28,00	6,3%
Personal- und Altenwohnungen	9,00	**15,00**	22,00	8,6%
Alten- und Pflegeheime	13,00	**15,00**	17,00	7,9%
Wohnheime und Internate	11,00	**19,00**	26,00	8,9%
Gaststätten, Kantinen und Mensen	6,70	**14,00**	18,00	3,0%

Einheit: m²
Brutto-Grundfläche

7 Produktion, Gewerbe und Handel, Lager, Garagen, Bereitschaftsdienste

	von	€/Einheit	bis	KG an 400
Geschäftshäuser mit Wohnungen	3,00	**11,00**	15,00	4,9%
Geschäftshäuser ohne Wohnungen	18,00	**22,00**	25,00	10,8%
Bank- und Sparkassengebäude	–	**80,00**	–	14,6%
Verbrauchermärkte	–	**20,00**	–	2,7%
Autohäuser	–	**7,50**	–	10,4%
Industrielle Produktionsgebäude, Massivbauweise	6,40	**14,00**	29,00	6,8%
Industrielle Produktionsgebäude, überwiegend Skelettbauweise	8,00	**8,70**	10,00	3,4%
Betriebs- und Werkstätten, eingeschossig	8,90	**20,00**	31,00	4,2%
Betriebs- und Werkstätten, mehrgeschossig, geringer Hallenanteil	13,00	**16,00**	22,00	6,9%
Betriebs- und Werkstätten, mehrgeschossig, hoher Hallenanteil	12,00	**17,00**	27,00	10,9%
Lagergebäude, ohne Mischnutzung	6,30	**8,20**	11,00	4,7%
Lagergebäude, mit bis zu 25% Mischnutzung	15,00	**21,00**	27,00	7,2%
Lagergebäude, mit mehr als 25% Mischnutzung	3,50	**11,00**	18,00	9,4%
Hochgaragen	–	**0,10**	–	0,0%
Tiefgaragen	–	**–**	–	–
Feuerwehrhäuser	13,00	**13,00**	15,00	5,8%
Öffentliche Bereitschaftsdienste	12,00	**20,00**	32,00	6,7%

12 Gebäude anderer Art

	von	€/Einheit	bis	KG an 400
Gebäude für kulturelle und musische Zwecke	19,00	**25,00**	35,00	4,8%
Theater	–	**54,00**	–	4,3%
Gemeindezentren, einfacher Standard	–	**14,00**	–	3,1%
Gemeindezentren, mittlerer Standard	14,00	**26,00**	41,00	7,4%
Gemeindezentren, hoher Standard	26,00	**29,00**	32,00	6,9%
Sakralbauten	–	**40,00**	–	13,8%
Friedhofsgebäude	–	**–**	–	–

Gebäudearten

Kostengruppen

Bauelemente

Neubau

Abbrechen

Wiederherstellen

Herstellen

429
Wärmeversor-gungsanlagen, sonstiges

Einheit: m²
Brutto-Grundfläche

Gebäudeart	von	€/Einheit	bis	KG an 400
1 Bürogebäude				
Bürogebäude, einfacher Standard	2,20	**4,00**	5,80	0,5%
Bürogebäude, mittlerer Standard	1,70	**6,70**	15,00	1,0%
Bürogebäude, hoher Standard	3,00	**5,80**	19,00	0,6%
2 Gebäude für wissenschaftliche Lehre und Forschung				
Instituts- und Laborgebäude	1,10	**12,00**	24,00	0,3%
3 Gebäude des Gesundheitswesens				
Krankenhäuser	2,80	**54,00**	106,00	2,1%
Pflegeheime	–	**2,00**	–	0,1%
4 Schulen und Kindergärten				
Allgemeinbildende Schulen	–	**1,00**	–	0,0%
Berufliche Schulen	1,10	**1,70**	2,90	0,3%
Förder- und Sonderschulen	3,80	**4,80**	5,70	0,5%
Weiterbildungseinrichtungen	0,50	**2,10**	3,80	0,4%
Kindergärten, nicht unterkellert, einfacher Standard	3,50	**3,90**	4,30	0,8%
Kindergärten, nicht unterkellert, mittlerer Standard	2,10	**4,70**	7,50	0,6%
Kindergärten, nicht unterkellert, hoher Standard	6,60	**9,10**	10,00	1,4%
Kindergärten, unterkellert	1,30	**2,90**	3,60	1,4%
5 Sportbauten				
Sport- und Mehrzweckhallen	–	**9,20**	–	1,1%
Sporthallen (Einfeldhallen)	–	**0,70**	–	0,1%
Sporthallen (Dreifeldhallen)	5,00	**6,70**	8,40	0,6%
Schwimmhallen	–	**–**	–	–
6 Wohnbauten und Gemeinschaftsstätten				
Ein- und Zweifamilienhäuser unterkellert, einfacher Standard	6,20	**8,90**	11,00	6,4%
Ein- und Zweifamilienhäuser unterkellert, mittlerer Standard	6,90	**10,00**	21,00	4,0%
Ein- und Zweifamilienhäuser unterkellert, hoher Standard	4,60	**12,00**	33,00	3,6%
Ein- und Zweifamilienhäuser, nicht unterkellert, einfacher Standard	12,00	**16,00**	19,00	8,6%
Ein- und Zweifamilienhäuser, nicht unterkellert, mittlerer Standard	1,50	**6,40**	16,00	1,7%
Ein- und Zweifamilienhäuser, nicht unterkellert, hoher Standard	13,00	**17,00**	21,00	4,0%
Ein- und Zweifamilienhäuser, Passivhausstandard, Massivbau	–	**7,60**	–	0,2%
Ein- und Zweifamilienhäuser, Passivhausstandard, Holzbau	8,50	**12,00**	16,00	1,5%
Ein- und Zweifamilienhäuser, Holzbauweise, unterkellert	11,00	**19,00**	28,00	2,5%
Ein- und Zweifamilienhäuser, Holzbauweise, nicht unterkellert	5,60	**8,10**	11,00	1,5%
Doppel- und Reihenendhäuser, einfacher Standard	–	**2,30**	–	0,5%
Doppel- und Reihenendhäuser, mittlerer Standard	4,50	**10,00**	21,00	4,8%
Doppel- und Reihenendhäuser, hoher Standard	6,30	**12,00**	19,00	2,4%
Reihenhäuser, einfacher Standard	–	**2,30**	–	0,8%
Reihenhäuser, mittlerer Standard	6,60	**15,00**	28,00	6,7%
Reihenhäuser, hoher Standard	–	**–**	–	–

© **BKI** Baukosteninformationszentrum; Erläuterungen zu den Tabellen siehe Seite 62 — Kostenstand: 1.Quartal 2012, Bundesdurchschnitt, **inkl. MwSt.**

Gebäudeart	von	€/Einheit	bis	KG an 400
Mehrfamilienhäuser, mit bis zu 6 WE, einfacher Standard	2,00	**3,70**	5,50	2,5%
Mehrfamilienhäuser, mit bis zu 6 WE, mittlerer Standard	3,10	**6,00**	13,00	3,3%
Mehrfamilienhäuser, mit bis zu 6 WE, hoher Standard	1,40	**2,70**	4,20	1,2%
Mehrfamilienhäuser, mit 6 bis 19 WE, einfacher Standard	1,60	**9,50**	17,00	4,2%
Mehrfamilienhäuser, mit 6 bis 19 WE, mittlerer Standard	4,90	**8,50**	18,00	3,8%
Mehrfamilienhäuser, mit 6 bis 19 WE, hoher Standard	–	**3,20**	–	0,3%
Mehrfamilienhäuser, mit mehr als 20 WE	0,30	**1,00**	1,40	0,5%
Mehrfamilienhäuser, energiesparend, ökologisch	0,50	**1,20**	2,30	0,3%
Wohnhäuser, mit bis zu 15% Mischnutzung, einfacher Standard	0,80	**2,40**	3,40	1,2%
Wohnhäuser, mit bis zu 15% Mischnutzung, mittlerer Standard	–	**2,30**	–	0,3%
Wohnhäuser, mit bis zu 15% Mischnutzung, hoher Standard	–	**2,60**	–	0,6%
Wohnhäuser mit mehr als 15% Mischnutzung	0,80	**3,80**	6,80	0,6%
Personal- und Altenwohnungen	1,50	**2,70**	3,80	0,5%
Alten- und Pflegeheime	0,60	**1,60**	2,10	0,7%
Wohnheime und Internate	–	**3,20**	–	0,7%
Gaststätten, Kantinen und Mensen	1,40	**3,50**	5,60	0,8%

7 Produktion, Gewerbe und Handel, Lager, Garagen, Bereitschaftsdienste

	von	€/Einheit	bis	KG an 400
Geschäftshäuser mit Wohnungen	–	**0,90**	–	0,1%
Geschäftshäuser ohne Wohnungen	2,60	**6,50**	10,00	3,5%
Bank- und Sparkassengebäude	–	**28,00**	–	5,1%
Verbrauchermärkte	–	**3,80**	–	0,5%
Autohäuser	–	**1,20**	–	1,6%
Industrielle Produktionsgebäude, Massivbauweise	0,30	**2,40**	4,50	0,4%
Industrielle Produktionsgebäude, überwiegend Skelettbauweise	0,20	**1,30**	3,60	0,2%
Betriebs- und Werkstätten, eingeschossig	0,40	**2,80**	4,10	0,4%
Betriebs- und Werkstätten, mehrgeschossig, geringer Hallenanteil	3,10	**5,70**	11,00	1,8%
Betriebs- und Werkstätten, mehrgeschossig, hoher Hallenanteil	1,50	**3,30**	7,90	1,1%
Lagergebäude, ohne Mischnutzung	0,80	**1,80**	2,30	1,0%
Lagergebäude, mit bis zu 25% Mischnutzung	0,70	**0,80**	0,90	0,3%
Lagergebäude, mit mehr als 25% Mischnutzung	–	**0,70**	–	0,3%
Hochgaragen	–	**–**	–	–
Tiefgaragen	–	**–**	–	–
Feuerwehrhäuser	1,30	**2,80**	3,60	0,8%
Öffentliche Bereitschaftsdienste	3,70	**4,40**	5,10	0,7%

12 Gebäude anderer Art

	von	€/Einheit	bis	KG an 400
Gebäude für kulturelle und musische Zwecke	3,70	**5,00**	6,20	1,0%
Theater	–	**–**	–	–
Gemeindezentren, einfacher Standard	–	**–**	–	–
Gemeindezentren, mittlerer Standard	2,60	**5,60**	11,00	1,0%
Gemeindezentren, hoher Standard	3,20	**13,00**	24,00	3,2%
Sakralbauten	–	**22,00**	–	7,6%
Friedhofsgebäude	–	**–**	–	–

429
**Wärmeversor-
gungsanlagen,
sonstiges**

Einheit: m²
Brutto-Grundfläche

Gebäudearten

Bauelemente

Kostengruppen

Neubau

Abbrechen

Wiederherstellen

Herstellen

431
Lüftungsanlagen

Einheit: m²
Brutto-Grundfläche

Gebäudeart	von	€/Einheit	bis	KG an 400
1 Bürogebäude				
Bürogebäude, einfacher Standard	1,30	**2,10**	4,30	0,6%
Bürogebäude, mittlerer Standard	4,60	**29,00**	56,00	5,8%
Bürogebäude, hoher Standard	2,90	**50,00**	107,00	6,0%
2 Gebäude für wissenschaftliche Lehre und Forschung				
Instituts- und Laborgebäude	183,00	**209,00**	235,00	11,4%
3 Gebäude des Gesundheitswesens				
Krankenhäuser	12,00	**38,00**	80,00	3,6%
Pflegeheime	6,70	**33,00**	87,00	4,9%
4 Schulen und Kindergärten				
Allgemeinbildende Schulen	6,50	**25,00**	43,00	8,7%
Berufliche Schulen	30,00	**46,00**	66,00	10,4%
Förder- und Sonderschulen	10,00	**24,00**	61,00	6,0%
Weiterbildungseinrichtungen	42,00	**58,00**	66,00	8,6%
Kindergärten, nicht unterkellert, einfacher Standard	2,90	**5,30**	7,00	1,7%
Kindergärten, nicht unterkellert, mittlerer Standard	5,10	**30,00**	71,00	10,1%
Kindergärten, nicht unterkellert, hoher Standard	4,10	**43,00**	102,00	10,0%
Kindergärten, unterkellert	1,40	**3,40**	5,90	1,3%
5 Sportbauten				
Sport- und Mehrzweckhallen	8,50	**39,00**	70,00	11,6%
Sporthallen (Einfeldhallen)	8,80	**22,00**	36,00	8,0%
Sporthallen (Dreifeldhallen)	16,00	**33,00**	51,00	4,1%
Schwimmhallen	–	**–**	–	–
6 Wohnbauten und Gemeinschaftsstätten				
Ein- und Zweifamilienhäuser unterkellert, einfacher Standard	–	**0,30**	–	0,0%
Ein- und Zweifamilienhäuser unterkellert, mittlerer Standard	2,30	**12,00**	29,00	2,1%
Ein- und Zweifamilienhäuser unterkellert, hoher Standard	0,50	**16,00**	31,00	1,9%
Ein- und Zweifamilienhäuser, nicht unterkellert, einfacher Standard	–	**1,10**	–	0,3%
Ein- und Zweifamilienhäuser, nicht unterkellert, mittlerer Standard	–	**6,30**	–	0,3%
Ein- und Zweifamilienhäuser, nicht unterkellert, hoher Standard	–	**–**	–	–
Ein- und Zweifamilienhäuser, Passivhausstandard, Massivbau	41,00	**65,00**	104,00	21,7%
Ein- und Zweifamilienhäuser, Passivhausstandard, Holzbau	44,00	**67,00**	106,00	20,5%
Ein- und Zweifamilienhäuser, Holzbauweise, unterkellert	–	**4,70**	–	0,3%
Ein- und Zweifamilienhäuser, Holzbauweise, nicht unterkellert	1,60	**13,00**	23,00	3,6%
Doppel- und Reihenendhäuser, einfacher Standard	–	**–**	–	–
Doppel- und Reihenendhäuser, mittlerer Standard	0,80	**15,00**	29,00	4,3%
Doppel- und Reihenendhäuser, hoher Standard	11,00	**15,00**	21,00	4,2%
Reihenhäuser, einfacher Standard	0,80	**2,30**	3,80	1,8%
Reihenhäuser, mittlerer Standard	3,70	**25,00**	45,00	9,8%
Reihenhäuser, hoher Standard	12,00	**29,00**	38,00	13,0%

© **BKI** Baukosteninformationszentrum; Erläuterungen zu den Tabellen siehe Seite 62   Kostenstand: 1.Quartal 2012, Bundesdurchschnitt, **inkl. MwSt.**

Gebäudeart	von	€/Einheit	bis	KG an 400
Mehrfamilienhäuser, mit bis zu 6 WE, einfacher Standard	–	**1,10**	–	0,2%
Mehrfamilienhäuser, mit bis zu 6 WE, mittlerer Standard	2,90	**9,20**	40,00	2,6%
Mehrfamilienhäuser, mit bis zu 6 WE, hoher Standard	1,00	**1,90**	3,60	0,8%
Mehrfamilienhäuser, mit 6 bis 19 WE, einfacher Standard	2,90	**3,10**	3,30	1,6%
Mehrfamilienhäuser, mit 6 bis 19 WE, mittlerer Standard	1,00	**2,90**	4,10	1,8%
Mehrfamilienhäuser, mit 6 bis 19 WE, hoher Standard	4,30	**8,50**	16,00	4,8%
Mehrfamilienhäuser, mit mehr als 20 WE	8,00	**22,00**	49,00	11,5%
Mehrfamilienhäuser, energiesparend, ökologisch	6,40	**33,00**	56,00	12,5%
Wohnhäuser, mit bis zu 15% Mischnutzung, einfacher Standard	0,50	**2,30**	6,10	1,5%
Wohnhäuser, mit bis zu 15% Mischnutzung, mittlerer Standard	12,00	**16,00**	20,00	5,2%
Wohnhäuser, mit bis zu 15% Mischnutzung, hoher Standard	–	**15,00**	–	3,9%
Wohnhäuser mit mehr als 15% Mischnutzung	1,30	**2,20**	3,20	0,4%
Personal- und Altenwohnungen	7,10	**8,00**	9,40	3,9%
Alten- und Pflegeheime	9,00	**23,00**	63,00	8,2%
Wohnheime und Internate	–	**4,60**	–	1,0%
Gaststätten, Kantinen und Mensen	19,00	**72,00**	167,00	8,4%

7 Produktion, Gewerbe und Handel, Lager, Garagen, Bereitschaftsdienste

	von	€/Einheit	bis	KG an 400
Geschäftshäuser mit Wohnungen	1,90	**6,50**	15,00	2,3%
Geschäftshäuser ohne Wohnungen	2,00	**2,60**	3,10	1,3%
Bank- und Sparkassengebäude	–	**66,00**	–	12,0%
Verbrauchermärkte	–	**59,00**	–	8,2%
Autohäuser	–	**0,50**	–	0,7%
Industrielle Produktionsgebäude, Massivbauweise	11,00	**16,00**	26,00	4,9%
Industrielle Produktionsgebäude, überwiegend Skelettbauweise	11,00	**16,00**	22,00	2,7%
Betriebs- und Werkstätten, eingeschossig	1,80	**54,00**	107,00	3,5%
Betriebs- und Werkstätten, mehrgeschossig, geringer Hallenanteil	4,20	**10,00**	26,00	4,3%
Betriebs- und Werkstätten, mehrgeschossig, hoher Hallenanteil	2,90	**13,00**	46,00	2,7%
Lagergebäude, ohne Mischnutzung	0,30	**1,20**	2,20	0,5%
Lagergebäude, mit bis zu 25% Mischnutzung	6,40	**14,00**	21,00	4,1%
Lagergebäude, mit mehr als 25% Mischnutzung	–	**1,50**	–	0,6%
Hochgaragen	–	–	–	–
Tiefgaragen	–	–	–	–
Feuerwehrhäuser	1,70	**14,00**	38,00	3,1%
Öffentliche Bereitschaftsdienste	8,10	**12,00**	20,00	2,4%

12 Gebäude anderer Art

	von	€/Einheit	bis	KG an 400
Gebäude für kulturelle und musische Zwecke	5,30	**53,00**	148,00	7,0%
Theater	–	**213,00**	–	17,3%
Gemeindezentren, einfacher Standard	–	–	–	–
Gemeindezentren, mittlerer Standard	7,80	**50,00**	113,00	9,5%
Gemeindezentren, hoher Standard	17,00	**56,00**	95,00	13,3%
Sakralbauten	–	–	–	–
Friedhofsgebäude	–	**4,30**	–	0,7%

Einheit: m²
Brutto-Grundfläche

Gebäudearten

Kostengruppen

Bauelemente

Neubau

Abbrechen

Wiederherstellen

Herstellen

Einheit: m²
Brutto-Grundfläche

Gebäudeart	von	€/Einheit	bis	KG an 400
1 Bürogebäude				
Bürogebäude, einfacher Standard	–	–	–	–
Bürogebäude, mittlerer Standard	3,90	**9,60**	15,00	0,2%
Bürogebäude, hoher Standard	–	–	–	–
2 Gebäude für wissenschaftliche Lehre und Forschung				
Instituts- und Laborgebäude	–	–	–	–
3 Gebäude des Gesundheitswesens				
Krankenhäuser	–	**98,00**	–	4,0%
Pflegeheime	–	–	–	–
4 Schulen und Kindergärten				
Allgemeinbildende Schulen	–	–	–	–
Berufliche Schulen	–	**0,60**	–	0,0%
Förder- und Sonderschulen	–	–	–	–
Weiterbildungseinrichtungen	–	–	–	–
Kindergärten, nicht unterkellert, einfacher Standard	–	–	–	–
Kindergärten, nicht unterkellert, mittlerer Standard	–	–	–	–
Kindergärten, nicht unterkellert, hoher Standard	–	–	–	–
Kindergärten, unterkellert	–	–	–	–
5 Sportbauten				
Sport- und Mehrzweckhallen	–	–	–	–
Sporthallen (Einfeldhallen)	–	–	–	–
Sporthallen (Dreifeldhallen)	–	–	–	–
Schwimmhallen	–	–	–	–
6 Wohnbauten und Gemeinschaftsstätten				
Ein- und Zweifamilienhäuser unterkellert, einfacher Standard	–	–	–	–
Ein- und Zweifamilienhäuser unterkellert, mittlerer Standard	–	–	–	–
Ein- und Zweifamilienhäuser unterkellert, hoher Standard	–	–	–	–
Ein- und Zweifamilienhäuser, nicht unterkellert, einfacher Standard	–	–	–	–
Ein- und Zweifamilienhäuser, nicht unterkellert, mittlerer Standard	–	–	–	–
Ein- und Zweifamilienhäuser, nicht unterkellert, hoher Standard	–	–	–	–
Ein- und Zweifamilienhäuser, Passivhausstandard, Massivbau	–	–	–	–
Ein- und Zweifamilienhäuser, Passivhausstandard, Holzbau	–	–	–	–
Ein- und Zweifamilienhäuser, Holzbauweise, unterkellert	–	–	–	–
Ein- und Zweifamilienhäuser, Holzbauweise, nicht unterkellert	–	–	–	–
Doppel- und Reihenendhäuser, einfacher Standard	–	–	–	–
Doppel- und Reihenendhäuser, mittlerer Standard	–	–	–	–
Doppel- und Reihenendhäuser, hoher Standard	–	–	–	–
Reihenhäuser, einfacher Standard	–	–	–	–
Reihenhäuser, mittlerer Standard	–	–	–	–
Reihenhäuser, hoher Standard	–	–	–	–

Kostenstand: 1.Quartal 2012, Bundesdurchschnitt, **inkl.** MwSt.

Gebäudeart	von	€/Einheit	bis	KG an 400
Mehrfamilienhäuser, mit bis zu 6 WE, einfacher Standard	–	–	–	–
Mehrfamilienhäuser, mit bis zu 6 WE, mittlerer Standard	–	–	–	–
Mehrfamilienhäuser, mit bis zu 6 WE, hoher Standard	–	–	–	–
Mehrfamilienhäuser, mit 6 bis 19 WE, einfacher Standard	–	–	–	–
Mehrfamilienhäuser, mit 6 bis 19 WE, mittlerer Standard	–	–	–	–
Mehrfamilienhäuser, mit 6 bis 19 WE, hoher Standard	–	–	–	–
Mehrfamilienhäuser, mit mehr als 20 WE	–	–	–	–
Mehrfamilienhäuser, energiesparend, ökologisch	–	–	–	–
Wohnhäuser, mit bis zu 15% Mischnutzung, einfacher Standard	–	–	–	–
Wohnhäuser, mit bis zu 15% Mischnutzung, mittlerer Standard	–	–	–	–
Wohnhäuser, mit bis zu 15% Mischnutzung, hoher Standard	–	–	–	–
Wohnhäuser mit mehr als 15% Mischnutzung	–	–	–	–
Personal- und Altenwohnungen	–	–	–	–
Alten- und Pflegeheime	–	–	–	–
Wohnheime und Internate	–	–	–	–
Gaststätten, Kantinen und Mensen	–	10,00	–	0,4%

7 Produktion, Gewerbe und Handel, Lager, Garagen, Bereitschaftsdienste

Gebäudeart	von	€/Einheit	bis	KG an 400
Geschäftshäuser mit Wohnungen	–	46,00	–	5,1%
Geschäftshäuser ohne Wohnungen	–	–	–	–
Bank- und Sparkassengebäude	–	–	–	–
Verbrauchermärkte	–	–	–	–
Autohäuser	–	–	–	–
Industrielle Produktionsgebäude, Massivbauweise	–	38,00	–	3,7%
Industrielle Produktionsgebäude, überwiegend Skelettbauweise	–	–	–	–
Betriebs- und Werkstätten, eingeschossig	–	–	–	–
Betriebs- und Werkstätten, mehrgeschossig, geringer Hallenanteil	–	–	–	–
Betriebs- und Werkstätten, mehrgeschossig, hoher Hallenanteil	–	11,00	–	1,2%
Lagergebäude, ohne Mischnutzung	–	–	–	–
Lagergebäude, mit bis zu 25% Mischnutzung	–	–	–	–
Lagergebäude, mit mehr als 25% Mischnutzung	–	–	–	–
Hochgaragen	–	–	–	–
Tiefgaragen	–	–	–	–
Feuerwehrhäuser	–	–	–	–
Öffentliche Bereitschaftsdienste	–	–	–	–

12 Gebäude anderer Art

Gebäudeart	von	€/Einheit	bis	KG an 400
Gebäude für kulturelle und musische Zwecke	–	255,00	–	8,2%
Theater	–	–	–	–
Gemeindezentren, einfacher Standard	–	–	–	–
Gemeindezentren, mittlerer Standard	–	–	–	–
Gemeindezentren, hoher Standard	–	–	–	–
Sakralbauten	–	–	–	–
Friedhofsgebäude	–	–	–	–

Gebäudearten

Kostengruppen

Bauelemente

Neubau

Abbrechen

Wiederherstellen

Herstellen

433
Klimaanlagen

Einheit: m²
Brutto-Grundfläche

Gebäudeart	von	€/Einheit	bis	KG an 400
1 Bürogebäude				
Bürogebäude, einfacher Standard	–	**1,80**	–	0,1%
Bürogebäude, mittlerer Standard	6,60	**18,00**	49,00	0,8%
Bürogebäude, hoher Standard	23,00	**57,00**	95,00	4,2%
2 Gebäude für wissenschaftliche Lehre und Forschung				
Instituts- und Laborgebäude	–	**307,00**	–	3,8%
3 Gebäude des Gesundheitswesens				
Krankenhäuser	–	**130,00**	–	2,3%
Pflegeheime	–	–	–	–
4 Schulen und Kindergärten				
Allgemeinbildende Schulen	–	–	–	–
Berufliche Schulen	–	–	–	–
Förder- und Sonderschulen	–	–	–	–
Weiterbildungseinrichtungen	–	**118,00**	–	6,9%
Kindergärten, nicht unterkellert, einfacher Standard	–	–	–	–
Kindergärten, nicht unterkellert, mittlerer Standard	–	–	–	–
Kindergärten, nicht unterkellert, hoher Standard	–	–	–	–
Kindergärten, unterkellert	–	–	–	–
5 Sportbauten				
Sport- und Mehrzweckhallen	–	–	–	–
Sporthallen (Einfeldhallen)	–	–	–	–
Sporthallen (Dreifeldhallen)	–	–	–	–
Schwimmhallen	–	–	–	–
6 Wohnbauten und Gemeinschaftsstätten				
Ein- und Zweifamilienhäuser unterkellert, einfacher Standard	–	–	–	–
Ein- und Zweifamilienhäuser unterkellert, mittlerer Standard	–	–	–	–
Ein- und Zweifamilienhäuser unterkellert, hoher Standard	–	**57,00**	–	2,0%
Ein- und Zweifamilienhäuser, nicht unterkellert, einfacher Standard	–	–	–	–
Ein- und Zweifamilienhäuser, nicht unterkellert, mittlerer Standard	–	–	–	–
Ein- und Zweifamilienhäuser, nicht unterkellert, hoher Standard	–	–	–	–
Ein- und Zweifamilienhäuser, Passivhausstandard, Massivbau	–	–	–	–
Ein- und Zweifamilienhäuser, Passivhausstandard, Holzbau	–	–	–	–
Ein- und Zweifamilienhäuser, Holzbauweise, unterkellert	–	–	–	–
Ein- und Zweifamilienhäuser, Holzbauweise, nicht unterkellert	–	–	–	–
Doppel- und Reihenendhäuser, einfacher Standard	–	–	–	–
Doppel- und Reihenendhäuser, mittlerer Standard	–	–	–	–
Doppel- und Reihenendhäuser, hoher Standard	–	–	–	–
Reihenhäuser, einfacher Standard	–	–	–	–
Reihenhäuser, mittlerer Standard	–	–	–	–
Reihenhäuser, hoher Standard	–	–	–	–

Kostenstand: 1.Quartal 2012, Bundesdurchschnitt, **inkl. MwSt.**

Gebäuderart	von	€/Einheit	bis	KG an 400
Mehrfamilienhäuser, mit bis zu 6 WE, einfacher Standard	–	–	–	–
Mehrfamilienhäuser, mit bis zu 6 WE, mittlerer Standard	–	–	–	–
Mehrfamilienhäuser, mit bis zu 6 WE, hoher Standard	–	–	–	–
Mehrfamilienhäuser, mit 6 bis 19 WE, einfacher Standard	–	–	–	–
Mehrfamilienhäuser, mit 6 bis 19 WE, mittlerer Standard	–	–	–	–
Mehrfamilienhäuser, mit 6 bis 19 WE, hoher Standard	–	–	–	–
Mehrfamilienhäuser, mit mehr als 20 WE	–	–	–	–
Mehrfamilienhäuser, energiesparend, ökologisch	–	–	–	–
Wohnhäuser, mit bis zu 15% Mischnutzung, einfacher Standard	–	–	–	–
Wohnhäuser, mit bis zu 15% Mischnutzung, mittlerer Standard	–	–	–	–
Wohnhäuser, mit bis zu 15% Mischnutzung, hoher Standard	–	–	–	–
Wohnhäuser mit mehr als 15% Mischnutzung	–	–	–	–
Personal- und Altenwohnungen	–	–	–	–
Alten- und Pflegeheime	–	–	–	–
Wohnheime und Internate	–	–	–	–
Gaststätten, Kantinen und Mensen	–	–	–	–

Einheit: m²
Brutto-Grundfläche

7 Produktion, Gewerbe und Handel, Lager, Garagen, Bereitschaftsdienste

Gebäuderart	von	€/Einheit	bis	KG an 400
Geschäftshäuser mit Wohnungen	–	–	–	–
Geschäftshäuser ohne Wohnungen	–	–	–	–
Bank- und Sparkassengebäude	–	–	–	–
Verbrauchermärkte	–	–	–	–
Autohäuser	–	–	–	–
Industrielle Produktionsgebäude, Massivbauweise	–	–	–	–
Industrielle Produktionsgebäude, überwiegend Skelettbauweise	–	14,00	–	1,4%
Betriebs- und Werkstätten, eingeschossig	–	30,00	–	0,6%
Betriebs- und Werkstätten, mehrgeschossig, geringer Hallenanteil	6,80	84,00	162,00	11,2%
Betriebs- und Werkstätten, mehrgeschossig, hoher Hallenanteil	–	6,80	–	0,1%
Lagergebäude, ohne Mischnutzung	–	–	–	–
Lagergebäude, mit bis zu 25% Mischnutzung	–	–	–	–
Lagergebäude, mit mehr als 25% Mischnutzung	–	–	–	–
Hochgaragen	–	–	–	–
Tiefgaragen	–	–	–	–
Feuerwehrhäuser	–	–	–	–
Öffentliche Bereitschaftsdienste	–	–	–	–

12 Gebäude anderer Art

Gebäuderart	von	€/Einheit	bis	KG an 400
Gebäude für kulturelle und musische Zwecke	–	80,00	–	3,3%
Theater	–	–	–	–
Gemeindezentren, einfacher Standard	–	–	–	–
Gemeindezentren, mittlerer Standard	–	–	–	–
Gemeindezentren, hoher Standard	–	–	–	–
Sakralbauten	–	–	–	–
Friedhofsgebäude	–	–	–	–

Gebäudearten

Kostengruppen

Bauelemente

Neubau

Abbrechen

Wiederherstellen

Herstellen

434
Kälteanlagen

Einheit: m²
Brutto-Grundfläche

Gebäuderart	von	€/Einheit	bis	KG an 400
1 Bürogebäude				
Bürogebäude, einfacher Standard	–	–	–	–
Bürogebäude, mittlerer Standard	22,00	**46,00**	70,00	0,9%
Bürogebäude, hoher Standard	9,70	**31,00**	52,00	0,7%
2 Gebäude für wissenschaftliche Lehre und Forschung				
Instituts- und Laborgebäude	121,00	**243,00**	364,00	6,6%
3 Gebäude des Gesundheitswesens				
Krankenhäuser	38,00	**42,00**	48,00	3,8%
Pflegeheime	–	–	–	–
4 Schulen und Kindergärten				
Allgemeinbildende Schulen	–	–	–	–
Berufliche Schulen	–	–	–	–
Förder- und Sonderschulen	–	–	–	–
Weiterbildungseinrichtungen	–	–	–	–
Kindergärten, nicht unterkellert, einfacher Standard	–	–	–	–
Kindergärten, nicht unterkellert, mittlerer Standard	–	–	–	–
Kindergärten, nicht unterkellert, hoher Standard	–	–	–	–
Kindergärten, unterkellert	–	–	–	–
5 Sportbauten				
Sport- und Mehrzweckhallen	–	–	–	–
Sporthallen (Einfeldhallen)	–	–	–	–
Sporthallen (Dreifeldhallen)	–	–	–	–
Schwimmhallen	–	–	–	–
6 Wohnbauten und Gemeinschaftsstätten				
Ein- und Zweifamilienhäuser unterkellert, einfacher Standard	–	–	–	–
Ein- und Zweifamilienhäuser unterkellert, mittlerer Standard	–	–	–	–
Ein- und Zweifamilienhäuser unterkellert, hoher Standard	–	–	–	–
Ein- und Zweifamilienhäuser, nicht unterkellert, einfacher Standard	–	–	–	–
Ein- und Zweifamilienhäuser, nicht unterkellert, mittlerer Standard	–	–	–	–
Ein- und Zweifamilienhäuser, nicht unterkellert, hoher Standard	–	–	–	–
Ein- und Zweifamilienhäuser, Passivhausstandard, Massivbau	–	–	–	–
Ein- und Zweifamilienhäuser, Passivhausstandard, Holzbau	–	–	–	–
Ein- und Zweifamilienhäuser, Holzbauweise, unterkellert	–	–	–	–
Ein- und Zweifamilienhäuser, Holzbauweise, nicht unterkellert	–	–	–	–
Doppel- und Reihenendhäuser, einfacher Standard	–	–	–	–
Doppel- und Reihenendhäuser, mittlerer Standard	–	–	–	–
Doppel- und Reihenendhäuser, hoher Standard	–	–	–	–
Reihenhäuser, einfacher Standard	–	–	–	–
Reihenhäuser, mittlerer Standard	–	–	–	–
Reihenhäuser, hoher Standard	–	–	–	–

© **BKI** Baukosteninformationszentrum; Erläuterungen zu den Tabellen siehe Seite 62   Kostenstand: 1.Quartal 2012, Bundesdurchschnitt, **inkl. MwSt.**

Gebäudeart	von	€/Einheit	bis	KG an 400
Mehrfamilienhäuser, mit bis zu 6 WE, einfacher Standard	–	–	–	–
Mehrfamilienhäuser, mit bis zu 6 WE, mittlerer Standard	–	–	–	–
Mehrfamilienhäuser, mit bis zu 6 WE, hoher Standard	–	–	–	–
Mehrfamilienhäuser, mit 6 bis 19 WE, einfacher Standard	–	–	–	–
Mehrfamilienhäuser, mit 6 bis 19 WE, mittlerer Standard	–	–	–	–
Mehrfamilienhäuser, mit 6 bis 19 WE, hoher Standard	–	–	–	–
Mehrfamilienhäuser, mit mehr als 20 WE	–	–	–	–
Mehrfamilienhäuser, energiesparend, ökologisch	–	–	–	–
Wohnhäuser, mit bis zu 15% Mischnutzung, einfacher Standard	–	–	–	–
Wohnhäuser, mit bis zu 15% Mischnutzung, mittlerer Standard	–	–	–	–
Wohnhäuser, mit bis zu 15% Mischnutzung, hoher Standard	–	–	–	–
Wohnhäuser mit mehr als 15% Mischnutzung	–	–	–	–
Personal- und Altenwohnungen	–	–	–	–
Alten- und Pflegeheime	–	–	–	–
Wohnheime und Internate	–	–	–	–
Gaststätten, Kantinen und Mensen	–	–	–	–

7 Produktion, Gewerbe und Handel, Lager, Garagen, Bereitschaftsdienste

Gebäudeart	von	€/Einheit	bis	KG an 400
Geschäftshäuser mit Wohnungen	–	**19,00**	–	2,0%
Geschäftshäuser ohne Wohnungen	–	**0,30**	–	0,0%
Bank- und Sparkassengebäude	–	–	–	–
Verbrauchermärkte	–	–	–	–
Autohäuser	–	–	–	–
Industrielle Produktionsgebäude, Massivbauweise	–	–	–	–
Industrielle Produktionsgebäude, überwiegend Skelettbauweise	–	**1,90**	–	0,1%
Betriebs- und Werkstätten, eingeschossig	40,00	**40,00**	41,00	2,2%
Betriebs- und Werkstätten, mehrgeschossig, geringer Hallenanteil	–	–	–	–
Betriebs- und Werkstätten, mehrgeschossig, hoher Hallenanteil	–	–	–	–
Lagergebäude, ohne Mischnutzung	–	**6,40**	–	1,1%
Lagergebäude, mit bis zu 25% Mischnutzung	–	**16,00**	–	1,7%
Lagergebäude, mit mehr als 25% Mischnutzung	–	–	–	–
Hochgaragen	–	–	–	–
Tiefgaragen	–	–	–	–
Feuerwehrhäuser	–	–	–	–
Öffentliche Bereitschaftsdienste	–	**23,00**	–	2,5%

12 Gebäude anderer Art

Gebäudeart	von	€/Einheit	bis	KG an 400
Gebäude für kulturelle und musische Zwecke	22,00	**24,00**	25,00	2,0%
Theater	–	–	–	–
Gemeindezentren, einfacher Standard	–	–	–	–
Gemeindezentren, mittlerer Standard	–	–	–	–
Gemeindezentren, hoher Standard	–	–	–	–
Sakralbauten	–	–	–	–
Friedhofsgebäude	–	**150,00**	–	27,4%

Einheit: m²
Brutto-Grundfläche

Gebäudearten

Kostengruppen

Neubau

Abbrechen

Wiederherstellen

Herstellen

Bauelemente

Einheit: m²
Brutto-Grundfläche

Gebäuderart	von	€/Einheit	bis	KG an 400
1 Bürogebäude				
Bürogebäude, einfacher Standard	–	–	–	–
Bürogebäude, mittlerer Standard	–	–	–	–
Bürogebäude, hoher Standard	–	**2,50**	–	0,0%
2 Gebäude für wissenschaftliche Lehre und Forschung				
Instituts- und Laborgebäude	–	–	–	–
3 Gebäude des Gesundheitswesens				
Krankenhäuser	5,70	**9,30**	13,00	0,4%
Pflegeheime	–	–	–	–
4 Schulen und Kindergärten				
Allgemeinbildende Schulen	–	–	–	–
Berufliche Schulen	–	–	–	–
Förder- und Sonderschulen	–	–	–	–
Weiterbildungseinrichtungen	–	–	–	–
Kindergärten, nicht unterkellert, einfacher Standard	–	–	–	–
Kindergärten, nicht unterkellert, mittlerer Standard	–	–	–	–
Kindergärten, nicht unterkellert, hoher Standard	–	–	–	–
Kindergärten, unterkellert	–	–	–	–
5 Sportbauten				
Sport- und Mehrzweckhallen	–	–	–	–
Sporthallen (Einfeldhallen)	–	–	–	–
Sporthallen (Dreifeldhallen)	–	–	–	–
Schwimmhallen	–	–	–	–
6 Wohnbauten und Gemeinschaftsstätten				
Ein- und Zweifamilienhäuser unterkellert, einfacher Standard	–	–	–	–
Ein- und Zweifamilienhäuser unterkellert, mittlerer Standard	–	–	–	–
Ein- und Zweifamilienhäuser unterkellert, hoher Standard	–	–	–	–
Ein- und Zweifamilienhäuser, nicht unterkellert, einfacher Standard	–	–	–	–
Ein- und Zweifamilienhäuser, nicht unterkellert, mittlerer Standard	–	–	–	–
Ein- und Zweifamilienhäuser, nicht unterkellert, hoher Standard	–	–	–	–
Ein- und Zweifamilienhäuser, Passivhausstandard, Massivbau	–	–	–	–
Ein- und Zweifamilienhäuser, Passivhausstandard, Holzbau	–	–	–	–
Ein- und Zweifamilienhäuser, Holzbauweise, unterkellert	–	–	–	–
Ein- und Zweifamilienhäuser, Holzbauweise, nicht unterkellert	–	–	–	–
Doppel- und Reihenendhäuser, einfacher Standard	–	–	–	–
Doppel- und Reihenendhäuser, mittlerer Standard	–	–	–	–
Doppel- und Reihenendhäuser, hoher Standard	–	–	–	–
Reihenhäuser, einfacher Standard	–	–	–	–
Reihenhäuser, mittlerer Standard	–	–	–	–
Reihenhäuser, hoher Standard	–	–	–	–

439
Lufttechnische
Anlagen,
sonstiges

Einheit: m²
Brutto-Grundfläche

Gebäudeart	von	€/Einheit	bis	KG an 400
Mehrfamilienhäuser, mit bis zu 6 WE, einfacher Standard	–	–	–	–
Mehrfamilienhäuser, mit bis zu 6 WE, mittlerer Standard	–	–	–	–
Mehrfamilienhäuser, mit bis zu 6 WE, hoher Standard	–	–	–	–
Mehrfamilienhäuser, mit 6 bis 19 WE, einfacher Standard	–	–	–	–
Mehrfamilienhäuser, mit 6 bis 19 WE, mittlerer Standard	–	–	–	–
Mehrfamilienhäuser, mit 6 bis 19 WE, hoher Standard	–	–	–	–
Mehrfamilienhäuser, mit mehr als 20 WE	–	–	–	–
Mehrfamilienhäuser, energiesparend, ökologisch	–	–	–	–
Wohnhäuser, mit bis zu 15% Mischnutzung, einfacher Standard	–	–	–	–
Wohnhäuser, mit bis zu 15% Mischnutzung, mittlerer Standard	–	–	–	–
Wohnhäuser, mit bis zu 15% Mischnutzung, hoher Standard	–	–	–	–
Wohnhäuser mit mehr als 15% Mischnutzung	–	–	–	–
Personal- und Altenwohnungen	–	–	–	–
Alten- und Pflegeheime	–	–	–	–
Wohnheime und Internate	–	–	–	–
Gaststätten, Kantinen und Mensen	–	–	–	–

7 Produktion, Gewerbe und Handel, Lager, Garagen, Bereitschaftsdienste

	von	€/Einheit	bis	KG an 400
Geschäftshäuser mit Wohnungen	–	–	–	–
Geschäftshäuser ohne Wohnungen	–	–	–	–
Bank- und Sparkassengebäude	–	**19,00**	–	3,4%
Verbrauchermärkte	–	–	–	–
Autohäuser	–	–	–	–
Industrielle Produktionsgebäude, Massivbauweise	–	–	–	–
Industrielle Produktionsgebäude, überwiegend Skelettbauweise	–	**9,40**	–	0,5%
Betriebs- und Werkstätten, eingeschossig	–	–	–	–
Betriebs- und Werkstätten, mehrgeschossig, geringer Hallenanteil	–	–	–	–
Betriebs- und Werkstätten, mehrgeschossig, hoher Hallenanteil	–	–	–	–
Lagergebäude, ohne Mischnutzung	–	–	–	–
Lagergebäude, mit bis zu 25% Mischnutzung	–	–	–	–
Lagergebäude, mit mehr als 25% Mischnutzung	–	–	–	–
Hochgaragen	–	–	–	–
Tiefgaragen	–	–	–	–
Feuerwehrhäuser	–	–	–	–
Öffentliche Bereitschaftsdienste	–	–	–	–

12 Gebäude anderer Art

	von	€/Einheit	bis	KG an 400
Gebäude für kulturelle und musische Zwecke	–	–	–	–
Theater	–	–	–	–
Gemeindezentren, einfacher Standard	–	–	–	–
Gemeindezentren, mittlerer Standard	–	–	–	–
Gemeindezentren, hoher Standard	–	–	–	–
Sakralbauten	–	–	–	–
Friedhofsgebäude	–	–	–	–

Gebäudearten

Kostengruppen

Bauelemente

Neubau

Abbrechen

Wiederherstellen

Herstellen

441
Hoch- und Mittelspannungs- anlagen

Einheit: m²
Brutto-Grundfläche

Gebäuderart	von	€/Einheit	bis	KG an 400
1 Bürogebäude				
Bürogebäude, einfacher Standard	–	–	–	–
Bürogebäude, mittlerer Standard	3,40	**12,00**	20,00	0,3%
Bürogebäude, hoher Standard	5,90	**21,00**	36,00	0,6%
2 Gebäude für wissenschaftliche Lehre und Forschung				
Instituts- und Laborgebäude	–	**50,00**	–	0,6%
3 Gebäude des Gesundheitswesens				
Krankenhäuser	–	**16,00**	–	0,2%
Pflegeheime	–	–	–	–
4 Schulen und Kindergärten				
Allgemeinbildende Schulen	–	–	–	–
Berufliche Schulen	–	**3,40**	–	0,3%
Förder- und Sonderschulen	–	–	–	–
Weiterbildungseinrichtungen	–	**5,20**	–	0,3%
Kindergärten, nicht unterkellert, einfacher Standard	–	–	–	–
Kindergärten, nicht unterkellert, mittlerer Standard	–	–	–	–
Kindergärten, nicht unterkellert, hoher Standard	–	–	–	–
Kindergärten, unterkellert	–	–	–	–
5 Sportbauten				
Sport- und Mehrzweckhallen	–	–	–	–
Sporthallen (Einfeldhallen)	–	–	–	–
Sporthallen (Dreifeldhallen)	–	**7,30**	–	0,4%
Schwimmhallen	–	–	–	–
6 Wohnbauten und Gemeinschaftsstätten				
Ein- und Zweifamilienhäuser unterkellert, einfacher Standard	–	–	–	–
Ein- und Zweifamilienhäuser unterkellert, mittlerer Standard	–	–	–	–
Ein- und Zweifamilienhäuser unterkellert, hoher Standard	–	–	–	–
Ein- und Zweifamilienhäuser, nicht unterkellert, einfacher Standard	–	–	–	–
Ein- und Zweifamilienhäuser, nicht unterkellert, mittlerer Standard	–	–	–	–
Ein- und Zweifamilienhäuser, nicht unterkellert, hoher Standard	–	–	–	–
Ein- und Zweifamilienhäuser, Passivhausstandard, Massivbau	–	–	–	–
Ein- und Zweifamilienhäuser, Passivhausstandard, Holzbau	–	–	–	–
Ein- und Zweifamilienhäuser, Holzbauweise, unterkellert	–	–	–	–
Ein- und Zweifamilienhäuser, Holzbauweise, nicht unterkellert	–	–	–	–
Doppel- und Reihenendhäuser, einfacher Standard	–	–	–	–
Doppel- und Reihenendhäuser, mittlerer Standard	–	–	–	–
Doppel- und Reihenendhäuser, hoher Standard	–	–	–	–
Reihenhäuser, einfacher Standard	–	–	–	–
Reihenhäuser, mittlerer Standard	–	–	–	–
Reihenhäuser, hoher Standard	–	–	–	–

© **BKI** Baukosteninformationszentrum; Erläuterungen zu den Tabellen siehe Seite 62   Kostenstand: 1.Quartal 2012, Bundesdurchschnitt, **inkl. MwSt.**

441
Hoch- und
Mittelspannungs-
anlagen

Einheit: m²
Brutto-Grundfläche

Gebäudeart	von	€/Einheit	bis	KG an 400
Mehrfamilienhäuser, mit bis zu 6 WE, einfacher Standard	–	–	–	–
Mehrfamilienhäuser, mit bis zu 6 WE, mittlerer Standard	–	–	–	–
Mehrfamilienhäuser, mit bis zu 6 WE, hoher Standard	–	–	–	–
Mehrfamilienhäuser, mit 6 bis 19 WE, einfacher Standard	–	–	–	–
Mehrfamilienhäuser, mit 6 bis 19 WE, mittlerer Standard	–	–	–	–
Mehrfamilienhäuser, mit 6 bis 19 WE, hoher Standard	–	–	–	–
Mehrfamilienhäuser, mit mehr als 20 WE	–	–	–	–
Mehrfamilienhäuser, energiesparend, ökologisch	–	–	–	–
Wohnhäuser, mit bis zu 15% Mischnutzung, einfacher Standard	–	–	–	–
Wohnhäuser, mit bis zu 15% Mischnutzung, mittlerer Standard	–	–	–	–
Wohnhäuser, mit bis zu 15% Mischnutzung, hoher Standard	–	–	–	–
Wohnhäuser mit mehr als 15% Mischnutzung	–	–	–	–
Personal- und Altenwohnungen	–	–	–	–
Alten- und Pflegeheime	–	–	–	–
Wohnheime und Internate	–	–	–	–
Gaststätten, Kantinen und Mensen	–	18,00	–	0,7%

7 Produktion, Gewerbe und Handel, Lager, Garagen, Bereitschaftsdienste

	von	€/Einheit	bis	KG an 400
Geschäftshäuser mit Wohnungen	–	–	–	–
Geschäftshäuser ohne Wohnungen	–	–	–	–
Bank- und Sparkassengebäude	–	–	–	–
Verbrauchermärkte	–	–	–	–
Autohäuser	–	–	–	–
Industrielle Produktionsgebäude, Massivbauweise	–	12,00	–	0,7%
Industrielle Produktionsgebäude, überwiegend Skelettbauweise	–	19,00	–	1,8%
Betriebs- und Werkstätten, eingeschossig	–	18,00	–	0,5%
Betriebs- und Werkstätten, mehrgeschossig, geringer Hallenanteil	–	22,00	–	2,6%
Betriebs- und Werkstätten, mehrgeschossig, hoher Hallenanteil	–	–	–	–
Lagergebäude, ohne Mischnutzung	–	–	–	–
Lagergebäude, mit bis zu 25% Mischnutzung	–	–	–	–
Lagergebäude, mit mehr als 25% Mischnutzung	–	–	–	–
Hochgaragen	–	–	–	–
Tiefgaragen	–	–	–	–
Feuerwehrhäuser	–	–	–	–
Öffentliche Bereitschaftsdienste	–	–	–	–

12 Gebäude anderer Art

	von	€/Einheit	bis	KG an 400
Gebäude für kulturelle und musische Zwecke	–	25,00	–	1,0%
Theater	–	–	–	–
Gemeindezentren, einfacher Standard	–	–	–	–
Gemeindezentren, mittlerer Standard	–	–	–	–
Gemeindezentren, hoher Standard	–	–	–	–
Sakralbauten	–	–	–	–
Friedhofsgebäude	–	–	–	–

Gebäudearten

Kostengruppen

Bauelemente

Neubau

Abbrechen

Wiederherstellen

Herstellen

Einheit: m²
Brutto-Grundfläche

Gebäudeart	von	€/Einheit	bis	KG an 400
1 Bürogebäude				
Bürogebäude, einfacher Standard	–	–	–	–
Bürogebäude, mittlerer Standard	9,00	**35,00**	69,00	3,0%
Bürogebäude, hoher Standard	24,00	**40,00**	70,00	1,5%
2 Gebäude für wissenschaftliche Lehre und Forschung				
Instituts- und Laborgebäude	–	–	–	–
3 Gebäude des Gesundheitswesens				
Krankenhäuser	11,00	**12,00**	12,00	0,6%
Pflegeheime	3,00	**7,90**	13,00	1,1%
4 Schulen und Kindergärten				
Allgemeinbildende Schulen	–	**5,90**	–	0,8%
Berufliche Schulen	3,80	**4,40**	5,10	0,4%
Förder- und Sonderschulen	7,90	**21,00**	34,00	3,2%
Weiterbildungseinrichtungen	4,00	**4,70**	5,40	0,3%
Kindergärten, nicht unterkellert, einfacher Standard	–	–	–	–
Kindergärten, nicht unterkellert, mittlerer Standard	–	**1,70**	–	0,0%
Kindergärten, nicht unterkellert, hoher Standard	–	**73,00**	–	2,7%
Kindergärten, unterkellert	–	–	–	–
5 Sportbauten				
Sport- und Mehrzweckhallen	–	**20,00**	–	2,4%
Sporthallen (Einfeldhallen)	–	**9,80**	–	2,0%
Sporthallen (Dreifeldhallen)	–	**15,00**	–	0,8%
Schwimmhallen	–	–	–	–
6 Wohnbauten und Gemeinschaftsstätten				
Ein- und Zweifamilienhäuser unterkellert, einfacher Standard	–	–	–	–
Ein- und Zweifamilienhäuser unterkellert, mittlerer Standard	–	**72,00**	–	1,5%
Ein- und Zweifamilienhäuser unterkellert, hoher Standard	–	–	–	–
Ein- und Zweifamilienhäuser, nicht unterkellert, einfacher Standard	–	–	–	–
Ein- und Zweifamilienhäuser, nicht unterkellert, mittlerer Standard	–	–	–	–
Ein- und Zweifamilienhäuser, nicht unterkellert, hoher Standard	–	–	–	–
Ein- und Zweifamilienhäuser, Passivhausstandard, Massivbau	–	**156,00**	–	3,7%
Ein- und Zweifamilienhäuser, Passivhausstandard, Holzbau	1,60	**68,00**	90,00	4,6%
Ein- und Zweifamilienhäuser, Holzbauweise, unterkellert	–	–	–	–
Ein- und Zweifamilienhäuser, Holzbauweise, nicht unterkellert	–	–	–	–
Doppel- und Reihenendhäuser, einfacher Standard	–	–	–	–
Doppel- und Reihenendhäuser, mittlerer Standard	–	–	–	–
Doppel- und Reihenendhäuser, hoher Standard	–	–	–	–
Reihenhäuser, einfacher Standard	–	–	–	–
Reihenhäuser, mittlerer Standard	–	–	–	–
Reihenhäuser, hoher Standard	–	–	–	–

Gebäudeart	von	€/Einheit	bis	KG an 400
Mehrfamilienhäuser, mit bis zu 6 WE, einfacher Standard	–	–	–	–
Mehrfamilienhäuser, mit bis zu 6 WE, mittlerer Standard	–	–	–	–
Mehrfamilienhäuser, mit bis zu 6 WE, hoher Standard	–	–	–	–
Mehrfamilienhäuser, mit 6 bis 19 WE, einfacher Standard	–	–	–	–
Mehrfamilienhäuser, mit 6 bis 19 WE, mittlerer Standard	–	–	–	–
Mehrfamilienhäuser, mit 6 bis 19 WE, hoher Standard	–	–	–	–
Mehrfamilienhäuser, mit mehr als 20 WE	–	2,60	–	0,4%
Mehrfamilienhäuser, energiesparend, ökologisch	–	–	–	–
Wohnhäuser, mit bis zu 15% Mischnutzung, einfacher Standard	–	–	–	–
Wohnhäuser, mit bis zu 15% Mischnutzung, mittlerer Standard	–	18,00	–	2,6%
Wohnhäuser, mit bis zu 15% Mischnutzung, hoher Standard	–	–	–	–
Wohnhäuser mit mehr als 15% Mischnutzung	–	–	–	–
Personal- und Altenwohnungen	–	1,70	–	0,1%
Alten- und Pflegeheime	–	–	–	–
Wohnheime und Internate	–	–	–	–
Gaststätten, Kantinen und Mensen	–	19,00	–	0,7%

7 Produktion, Gewerbe und Handel, Lager, Garagen, Bereitschaftsdienste

Gebäudeart	von	€/Einheit	bis	KG an 400
Geschäftshäuser mit Wohnungen	–	13,00	–	1,4%
Geschäftshäuser ohne Wohnungen	–	–	–	–
Bank- und Sparkassengebäude	–	6,80	–	1,2%
Verbrauchermärkte	–	–	–	–
Autohäuser	–	–	–	–
Industrielle Produktionsgebäude, Massivbauweise	–	17,00	–	1,6%
Industrielle Produktionsgebäude, überwiegend Skelettbauweise	–	2,50	–	0,2%
Betriebs- und Werkstätten, eingeschossig	–	1,20	–	0,0%
Betriebs- und Werkstätten, mehrgeschossig, geringer Hallenanteil	–	–	–	–
Betriebs- und Werkstätten, mehrgeschossig, hoher Hallenanteil	0,60	1,70	2,80	0,2%
Lagergebäude, ohne Mischnutzung	–	–	–	–
Lagergebäude, mit bis zu 25% Mischnutzung	–	4,20	–	0,4%
Lagergebäude, mit mehr als 25% Mischnutzung	–	–	–	–
Hochgaragen	–	–	–	–
Tiefgaragen	–	–	–	–
Feuerwehrhäuser	–	–	–	–
Öffentliche Bereitschaftsdienste	–	15,00	–	0,3%

12 Gebäude anderer Art

Gebäudeart	von	€/Einheit	bis	KG an 400
Gebäude für kulturelle und musische Zwecke	–	11,00	–	0,4%
Theater	–	–	–	–
Gemeindezentren, einfacher Standard	–	–	–	–
Gemeindezentren, mittlerer Standard	4,70	7,60	11,00	0,4%
Gemeindezentren, hoher Standard	–	–	–	–
Sakralbauten	–	–	–	–
Friedhofsgebäude	–	–	–	–

Gebäudearten

Kostengruppen

Bauelemente

Neubau

Abbrechen

Wiederherstellen

Herstellen

Einheit: m²
Brutto-Grundfläche

Gebäudeart	von	€/Einheit	bis	KG an 400
1 Bürogebäude				
Bürogebäude, einfacher Standard	–	**8,50**	–	0,5%
Bürogebäude, mittlerer Standard	7,30	**19,00**	49,00	1,5%
Bürogebäude, hoher Standard	3,00	**11,00**	14,00	0,9%
2 Gebäude für wissenschaftliche Lehre und Forschung				
Instituts- und Laborgebäude	21,00	**46,00**	90,00	3,2%
3 Gebäude des Gesundheitswesens				
Krankenhäuser	10,00	**32,00**	76,00	2,4%
Pflegeheime	1,20	**1,20**	1,20	0,2%
4 Schulen und Kindergärten				
Allgemeinbildende Schulen	–	**–**	–	–
Berufliche Schulen	1,50	**6,50**	12,00	0,6%
Förder- und Sonderschulen	–	**11,00**	–	0,6%
Weiterbildungseinrichtungen	1,50	**8,80**	16,00	0,6%
Kindergärten, nicht unterkellert, einfacher Standard	3,00	**4,00**	4,70	1,5%
Kindergärten, nicht unterkellert, mittlerer Standard	6,80	**7,40**	8,00	0,5%
Kindergärten, nicht unterkellert, hoher Standard	6,30	**7,70**	9,10	1,7%
Kindergärten, unterkellert	–	**4,60**	–	0,5%
5 Sportbauten				
Sport- und Mehrzweckhallen	–	**8,20**	–	1,0%
Sporthallen (Einfeldhallen)	–	**–**	–	–
Sporthallen (Dreifeldhallen)	–	**7,60**	–	0,3%
Schwimmhallen	–	**–**	–	–
6 Wohnbauten und Gemeinschaftsstätten				
Ein- und Zweifamilienhäuser unterkellert, einfacher Standard	–	**3,20**	–	0,5%
Ein- und Zweifamilienhäuser unterkellert, mittlerer Standard	–	**–**	–	–
Ein- und Zweifamilienhäuser unterkellert, hoher Standard	–	**–**	–	–
Ein- und Zweifamilienhäuser, nicht unterkellert, einfacher Standard	–	**–**	–	–
Ein- und Zweifamilienhäuser, nicht unterkellert, mittlerer Standard	–	**–**	–	–
Ein- und Zweifamilienhäuser, nicht unterkellert, hoher Standard	–	**–**	–	–
Ein- und Zweifamilienhäuser, Passivhausstandard, Massivbau	–	**–**	–	–
Ein- und Zweifamilienhäuser, Passivhausstandard, Holzbau	–	**–**	–	–
Ein- und Zweifamilienhäuser, Holzbauweise, unterkellert	–	**–**	–	–
Ein- und Zweifamilienhäuser, Holzbauweise, nicht unterkellert	–	**4,10**	–	0,1%
Doppel- und Reihenendhäuser, einfacher Standard	–	**–**	–	–
Doppel- und Reihenendhäuser, mittlerer Standard	–	**–**	–	–
Doppel- und Reihenendhäuser, hoher Standard	–	**–**	–	–
Reihenhäuser, einfacher Standard	–	**–**	–	–
Reihenhäuser, mittlerer Standard	–	**–**	–	–
Reihenhäuser, hoher Standard	–	**–**	–	–

Gebäudeart	von	€/Einheit	bis	KG an 400
Mehrfamilienhäuser, mit bis zu 6 WE, einfacher Standard	1,60	**3,50**	5,50	2,0%
Mehrfamilienhäuser, mit bis zu 6 WE, mittlerer Standard	–	**3,00**	–	0,2%
Mehrfamilienhäuser, mit bis zu 6 WE, hoher Standard	–	**–**	–	–
Mehrfamilienhäuser, mit 6 bis 19 WE, einfacher Standard	–	**–**	–	–
Mehrfamilienhäuser, mit 6 bis 19 WE, mittlerer Standard	0,90	**2,10**	3,30	0,5%
Mehrfamilienhäuser, mit 6 bis 19 WE, hoher Standard	–	**–**	–	–
Mehrfamilienhäuser, mit mehr als 20 WE	–	**–**	–	–
Mehrfamilienhäuser, energiesparend, ökologisch	–	**–**	–	–
Wohnhäuser, mit bis zu 15% Mischnutzung, einfacher Standard	–	**5,30**	–	0,9%
Wohnhäuser, mit bis zu 15% Mischnutzung, mittlerer Standard	–	**–**	–	–
Wohnhäuser, mit bis zu 15% Mischnutzung, hoher Standard	–	**1,70**	–	0,4%
Wohnhäuser mit mehr als 15% Mischnutzung	–	**6,50**	–	0,5%
Personal- und Altenwohnungen	0,60	**2,30**	3,90	0,7%
Alten- und Pflegeheime	–	**–**	–	–
Wohnheime und Internate	–	**6,70**	–	1,5%
Gaststätten, Kantinen und Mensen	5,20	**15,00**	25,00	1,3%

7 Produktion, Gewerbe und Handel, Lager, Garagen, Bereitschaftsdienste

Gebäudeart	von	€/Einheit	bis	KG an 400
Geschäftshäuser mit Wohnungen	–	**1,10**	–	0,1%
Geschäftshäuser ohne Wohnungen	–	**–**	–	–
Bank- und Sparkassengebäude	–	**–**	–	–
Verbrauchermärkte	–	**2,80**	–	0,3%
Autohäuser	–	**–**	–	–
Industrielle Produktionsgebäude, Massivbauweise	3,70	**12,00**	30,00	2,9%
Industrielle Produktionsgebäude, überwiegend Skelettbauweise	7,90	**13,00**	18,00	2,2%
Betriebs- und Werkstätten, eingeschossig	–	**19,00**	–	0,6%
Betriebs- und Werkstätten, mehrgeschossig, geringer Hallenanteil	2,20	**8,90**	16,00	1,8%
Betriebs- und Werkstätten, mehrgeschossig, hoher Hallenanteil	–	**16,00**	–	0,4%
Lagergebäude, ohne Mischnutzung	–	**4,10**	–	0,7%
Lagergebäude, mit bis zu 25% Mischnutzung	–	**13,00**	–	1,4%
Lagergebäude, mit mehr als 25% Mischnutzung	–	**5,30**	–	2,6%
Hochgaragen	–	**2,90**	–	2,0%
Tiefgaragen	–	**–**	–	–
Feuerwehrhäuser	7,60	**8,80**	10,00	2,4%
Öffentliche Bereitschaftsdienste	4,40	**8,40**	12,00	0,6%

12 Gebäude anderer Art

Gebäudeart	von	€/Einheit	bis	KG an 400
Gebäude für kulturelle und musische Zwecke	–	**12,00**	–	0,5%
Theater	–	**–**	–	–
Gemeindezentren, einfacher Standard	–	**–**	–	–
Gemeindezentren, mittlerer Standard	5,10	**11,00**	17,00	0,8%
Gemeindezentren, hoher Standard	–	**–**	–	–
Sakralbauten	–	**–**	–	–
Friedhofsgebäude	–	**–**	–	–

Gebäudearten

Bauelemente · Kostengruppen

Neubau

Abbrechen

Wiederherstellen

Herstellen

444
Niederspannungs-installations-anlagen

Einheit: m²
Brutto-Grundfläche

Gebäuderart	von	€/Einheit	bis	KG an 400
1 Bürogebäude				
Bürogebäude, einfacher Standard	20,00	**34,00**	45,00	14,4%
Bürogebäude, mittlerer Standard	35,00	**59,00**	95,00	17,2%
Bürogebäude, hoher Standard	64,00	**82,00**	138,00	14,8%
2 Gebäude für wissenschaftliche Lehre und Forschung				
Instituts- und Laborgebäude	30,00	**52,00**	93,00	5,2%
3 Gebäude des Gesundheitswesens				
Krankenhäuser	53,00	**76,00**	125,00	11,9%
Pflegeheime	45,00	**52,00**	64,00	10,4%
4 Schulen und Kindergärten				
Allgemeinbildende Schulen	38,00	**58,00**	106,00	21,1%
Berufliche Schulen	30,00	**51,00**	69,00	11,3%
Förder- und Sonderschulen	58,00	**87,00**	171,00	21,8%
Weiterbildungseinrichtungen	50,00	**83,00**	199,00	17,2%
Kindergärten, nicht unterkellert, einfacher Standard	15,00	**20,00**	28,00	9,7%
Kindergärten, nicht unterkellert, mittlerer Standard	17,00	**34,00**	68,00	13,2%
Kindergärten, nicht unterkellert, hoher Standard	22,00	**27,00**	40,00	9,9%
Kindergärten, unterkellert	22,00	**26,00**	31,00	11,8%
5 Sportbauten				
Sport- und Mehrzweckhallen	24,00	**27,00**	29,00	13,0%
Sporthallen (Einfeldhallen)	18,00	**20,00**	21,00	7,5%
Sporthallen (Dreifeldhallen)	28,00	**29,00**	31,00	5,5%
Schwimmhallen	–	**–**	–	–
6 Wohnbauten und Gemeinschaftsstätten				
Ein- und Zweifamilienhäuser unterkellert, einfacher Standard	16,00	**19,00**	25,00	17,3%
Ein- und Zweifamilienhäuser unterkellert, mittlerer Standard	18,00	**26,00**	39,00	13,3%
Ein- und Zweifamilienhäuser unterkellert, hoher Standard	23,00	**39,00**	89,00	13,2%
Ein- und Zweifamilienhäuser, nicht unterkellert, einfacher Standard	17,00	**19,00**	24,00	16,3%
Ein- und Zweifamilienhäuser, nicht unterkellert, mittlerer Standard	20,00	**29,00**	49,00	13,8%
Ein- und Zweifamilienhäuser, nicht unterkellert, hoher Standard	32,00	**42,00**	60,00	15,4%
Ein- und Zweifamilienhäuser, Passivhausstandard, Massivbau	21,00	**27,00**	33,00	11,0%
Ein- und Zweifamilienhäuser, Passivhausstandard, Holzbau	31,00	**42,00**	58,00	13,0%
Ein- und Zweifamilienhäuser, Holzbauweise, unterkellert	28,00	**32,00**	36,00	16,1%
Ein- und Zweifamilienhäuser, Holzbauweise, nicht unterkellert	17,00	**26,00**	31,00	12,5%
Doppel- und Reihenendhäuser, einfacher Standard	10,00	**15,00**	25,00	14,8%
Doppel- und Reihenendhäuser, mittlerer Standard	24,00	**26,00**	29,00	13,4%
Doppel- und Reihenendhäuser, hoher Standard	19,00	**38,00**	63,00	12,7%
Reihenhäuser, einfacher Standard	13,00	**20,00**	27,00	16,6%
Reihenhäuser, mittlerer Standard	22,00	**27,00**	32,00	18,2%
Reihenhäuser, hoher Standard	20,00	**33,00**	40,00	14,9%

© **BKI** Baukosteninformationszentrum; Erläuterungen zu den Tabellen siehe Seite 62   Kostenstand: 1.Quartal 2012, Bundesdurchschnitt, **inkl. MwSt.**

Gebäudeart	von	€/Einheit	bis	KG an 400
Mehrfamilienhäuser, mit bis zu 6 WE, einfacher Standard	15,00	**16,00**	18,00	10,2%
Mehrfamilienhäuser, mit bis zu 6 WE, mittlerer Standard	18,00	**24,00**	29,00	13,8%
Mehrfamilienhäuser, mit bis zu 6 WE, hoher Standard	28,00	**34,00**	41,00	18,3%
Mehrfamilienhäuser, mit 6 bis 19 WE, einfacher Standard	19,00	**21,00**	22,00	15,7%
Mehrfamilienhäuser, mit 6 bis 19 WE, mittlerer Standard	14,00	**20,00**	27,00	17,5%
Mehrfamilienhäuser, mit 6 bis 19 WE, hoher Standard	17,00	**24,00**	29,00	14,0%
Mehrfamilienhäuser, mit mehr als 20 WE	24,00	**25,00**	25,00	13,2%
Mehrfamilienhäuser, energiesparend, ökologisch	24,00	**30,00**	33,00	12,5%
Wohnhäuser, mit bis zu 15% Mischnutzung, einfacher Standard	18,00	**25,00**	29,00	17,1%
Wohnhäuser, mit bis zu 15% Mischnutzung, mittlerer Standard	26,00	**28,00**	30,00	15,0%
Wohnhäuser, mit bis zu 15% Mischnutzung, hoher Standard	–	**32,00**	–	8,3%
Wohnhäuser mit mehr als 15% Mischnutzung	28,00	**48,00**	96,00	13,9%
Personal- und Altenwohnungen	20,00	**27,00**	48,00	15,4%
Alten- und Pflegeheime	22,00	**36,00**	63,00	10,7%
Wohnheime und Internate	30,00	**46,00**	63,00	21,9%
Gaststätten, Kantinen und Mensen	24,00	**39,00**	57,00	7,3%

7 Produktion, Gewerbe und Handel, Lager, Garagen, Bereitschaftsdienste

Gebäudeart	von	€/Einheit	bis	KG an 400
Geschäftshäuser mit Wohnungen	20,00	**47,00**	65,00	22,2%
Geschäftshäuser ohne Wohnungen	29,00	**36,00**	42,00	18,5%
Bank- und Sparkassengebäude	–	**64,00**	–	11,7%
Verbrauchermärkte	65,00	**67,00**	68,00	24,1%
Autohäuser	–	**18,00**	–	25,2%
Industrielle Produktionsgebäude, Massivbauweise	33,00	**52,00**	79,00	21,6%
Industrielle Produktionsgebäude, überwiegend Skelettbauweise	17,00	**27,00**	32,00	9,0%
Betriebs- und Werkstätten, eingeschossig	30,00	**60,00**	72,00	13,8%
Betriebs- und Werkstätten, mehrgeschossig, geringer Hallenanteil	25,00	**27,00**	29,00	12,5%
Betriebs- und Werkstätten, mehrgeschossig, hoher Hallenanteil	18,00	**33,00**	47,00	17,0%
Lagergebäude, ohne Mischnutzung	10,00	**16,00**	19,00	30,7%
Lagergebäude, mit bis zu 25% Mischnutzung	15,00	**34,00**	46,00	23,6%
Lagergebäude, mit mehr als 25% Mischnutzung	21,00	**23,00**	24,00	20,7%
Hochgaragen	2,60	**7,50**	10,00	17,2%
Tiefgaragen	–	**7,10**	–	7,6%
Feuerwehrhäuser	23,00	**29,00**	39,00	15,6%
Öffentliche Bereitschaftsdienste	22,00	**31,00**	37,00	12,2%

12 Gebäude anderer Art

Gebäudeart	von	€/Einheit	bis	KG an 400
Gebäude für kulturelle und musische Zwecke	53,00	**62,00**	78,00	12,0%
Theater	–	**95,00**	–	7,7%
Gemeindezentren, einfacher Standard	–	**16,00**	–	3,5%
Gemeindezentren, mittlerer Standard	23,00	**42,00**	58,00	11,5%
Gemeindezentren, hoher Standard	45,00	**67,00**	89,00	15,9%
Sakralbauten	–	**31,00**	–	10,5%
Friedhofsgebäude	–	**55,00**	–	10,0%

Bauelemente

Gebäudearten

Kostengruppen

Neubau

Abbrechen

Wiederherstellen

Herstellen

Einheit: m²
Brutto-Grundfläche

Gebäuderart	von	€/Einheit	bis	KG an 400
1 Bürogebäude				
Bürogebäude, einfacher Standard	8,30	**24,00**	32,00	9,2%
Bürogebäude, mittlerer Standard	20,00	**35,00**	61,00	9,4%
Bürogebäude, hoher Standard	40,00	**65,00**	89,00	12,2%
2 Gebäude für wissenschaftliche Lehre und Forschung				
Instituts- und Laborgebäude	28,00	**39,00**	50,00	4,4%
3 Gebäude des Gesundheitswesens				
Krankenhäuser	49,00	**64,00**	83,00	11,8%
Pflegeheime	22,00	**26,00**	34,00	5,1%
4 Schulen und Kindergärten				
Allgemeinbildende Schulen	42,00	**43,00**	44,00	10,7%
Berufliche Schulen	20,00	**38,00**	44,00	8,5%
Förder- und Sonderschulen	18,00	**37,00**	56,00	9,9%
Weiterbildungseinrichtungen	24,00	**51,00**	95,00	10,5%
Kindergärten, nicht unterkellert, einfacher Standard	14,00	**27,00**	38,00	13,4%
Kindergärten, nicht unterkellert, mittlerer Standard	18,00	**34,00**	49,00	12,4%
Kindergärten, nicht unterkellert, hoher Standard	28,00	**38,00**	45,00	14,3%
Kindergärten, unterkellert	24,00	**37,00**	51,00	15,9%
5 Sportbauten				
Sport- und Mehrzweckhallen	6,80	**37,00**	66,00	10,6%
Sporthallen (Einfeldhallen)	29,00	**68,00**	107,00	24,3%
Sporthallen (Dreifeldhallen)	31,00	**33,00**	36,00	6,2%
Schwimmhallen	–	**24,00**	–	2,3%
6 Wohnbauten und Gemeinschaftsstätten				
Ein- und Zweifamilienhäuser unterkellert, einfacher Standard	0,30	**1,10**	2,40	0,5%
Ein- und Zweifamilienhäuser unterkellert, mittlerer Standard	1,00	**2,40**	8,20	0,5%
Ein- und Zweifamilienhäuser unterkellert, hoher Standard	3,20	**10,00**	41,00	2,2%
Ein- und Zweifamilienhäuser, nicht unterkellert, einfacher Standard	–	**–**	–	–
Ein- und Zweifamilienhäuser, nicht unterkellert, mittlerer Standard	2,20	**3,80**	7,70	0,7%
Ein- und Zweifamilienhäuser, nicht unterkellert, hoher Standard	3,20	**4,50**	5,10	0,9%
Ein- und Zweifamilienhäuser, Passivhausstandard, Massivbau	–	**6,30**	–	0,2%
Ein- und Zweifamilienhäuser, Passivhausstandard, Holzbau	1,60	**4,80**	9,90	0,6%
Ein- und Zweifamilienhäuser, Holzbauweise, unterkellert	0,90	**1,10**	1,20	0,1%
Ein- und Zweifamilienhäuser, Holzbauweise, nicht unterkellert	1,50	**5,20**	14,00	0,9%
Doppel- und Reihenendhäuser, einfacher Standard	–	**0,90**	–	0,3%
Doppel- und Reihenendhäuser, mittlerer Standard	–	**2,40**	–	0,4%
Doppel- und Reihenendhäuser, hoher Standard	6,20	**8,00**	9,80	1,3%
Reihenhäuser, einfacher Standard	–	**–**	–	–
Reihenhäuser, mittlerer Standard	0,40	**2,10**	3,90	0,5%
Reihenhäuser, hoher Standard	–	**3,30**	–	0,5%

Kostenstand: 1.Quartal 2012, Bundesdurchschnitt, **inkl. MwSt.**

Gebäuderart	von	€/Einheit	bis	KG an 400
Mehrfamilienhäuser, mit bis zu 6 WE, einfacher Standard	–	**1,90**	–	0,6%
Mehrfamilienhäuser, mit bis zu 6 WE, mittlerer Standard	1,00	**1,70**	3,10	0,7%
Mehrfamilienhäuser, mit bis zu 6 WE, hoher Standard	0,30	**8,50**	13,00	2,8%
Mehrfamilienhäuser, mit 6 bis 19 WE, einfacher Standard	0,50	**2,50**	3,80	1,9%
Mehrfamilienhäuser, mit 6 bis 19 WE, mittlerer Standard	0,60	**1,80**	5,10	1,5%
Mehrfamilienhäuser, mit 6 bis 19 WE, hoher Standard	1,30	**2,40**	5,60	1,0%
Mehrfamilienhäuser, mit mehr als 20 WE	3,80	**6,80**	12,00	3,7%
Mehrfamilienhäuser, energiesparend, ökologisch	2,00	**3,60**	6,30	0,9%
Wohnhäuser, mit bis zu 15% Mischnutzung, einfacher Standard	1,30	**3,30**	6,30	2,3%
Wohnhäuser, mit bis zu 15% Mischnutzung, mittlerer Standard	0,50	**2,30**	5,70	1,0%
Wohnhäuser, mit bis zu 15% Mischnutzung, hoher Standard	–	**6,50**	–	1,7%
Wohnhäuser mit mehr als 15% Mischnutzung	1,30	**2,60**	5,80	0,9%
Personal- und Altenwohnungen	4,00	**4,60**	5,20	2,9%
Alten- und Pflegeheime	5,00	**16,00**	39,00	3,8%
Wohnheime und Internate	2,40	**3,70**	5,10	1,7%
Gaststätten, Kantinen und Mensen	24,00	**36,00**	50,00	6,9%

7 Produktion, Gewerbe und Handel, Lager, Garagen, Bereitschaftsdienste

	von	€/Einheit	bis	KG an 400
Geschäftshäuser mit Wohnungen	12,00	**20,00**	30,00	8,9%
Geschäftshäuser ohne Wohnungen	2,90	**2,90**	3,00	1,5%
Bank- und Sparkassengebäude	–	**99,00**	–	18,0%
Verbrauchermärkte	6,40	**14,00**	21,00	4,3%
Autohäuser	–	**14,00**	–	19,4%
Industrielle Produktionsgebäude, Massivbauweise	18,00	**21,00**	28,00	9,9%
Industrielle Produktionsgebäude, überwiegend Skelettbauweise	4,70	**12,00**	21,00	5,0%
Betriebs- und Werkstätten, eingeschossig	7,60	**17,00**	27,00	4,3%
Betriebs- und Werkstätten, mehrgeschossig, geringer Hallenanteil	11,00	**27,00**	41,00	9,5%
Betriebs- und Werkstätten, mehrgeschossig, hoher Hallenanteil	6,30	**16,00**	34,00	6,2%
Lagergebäude, ohne Mischnutzung	3,20	**6,90**	13,00	8,4%
Lagergebäude, mit bis zu 25% Mischnutzung	6,90	**18,00**	36,00	9,4%
Lagergebäude, mit mehr als 25% Mischnutzung	7,90	**17,00**	27,00	15,2%
Hochgaragen	2,40	**4,80**	11,00	12,8%
Tiefgaragen	0,60	**5,40**	10,00	2,0%
Feuerwehrhäuser	9,90	**20,00**	27,00	11,8%
Öffentliche Bereitschaftsdienste	15,00	**22,00**	47,00	7,0%

12 Gebäude anderer Art

	von	€/Einheit	bis	KG an 400
Gebäude für kulturelle und musische Zwecke	18,00	**42,00**	78,00	5,7%
Theater	–	**52,00**	–	4,2%
Gemeindezentren, einfacher Standard	–	**10,00**	–	2,1%
Gemeindezentren, mittlerer Standard	30,00	**47,00**	80,00	12,7%
Gemeindezentren, hoher Standard	30,00	**62,00**	95,00	14,9%
Sakralbauten	–	**76,00**	–	25,8%
Friedhofsgebäude	–	**8,30**	–	1,5%

Gebäudearten

Bauelemente Kostengruppen

Neubau

Abbrechen

Wiederherstellen

Herstellen

446
Blitzschutz- und Erdungsanlagen

Einheit: m²
Brutto-Grundfläche

Gebäudeart	von	€/Einheit	bis	KG an 400
1 Bürogebäude				
Bürogebäude, einfacher Standard	1,10	**2,20**	3,00	1,0%
Bürogebäude, mittlerer Standard	2,00	**3,80**	7,00	1,1%
Bürogebäude, hoher Standard	3,40	**5,80**	11,00	1,0%
2 Gebäude für wissenschaftliche Lehre und Forschung				
Instituts- und Laborgebäude	1,80	**4,50**	6,80	0,4%
3 Gebäude des Gesundheitswesens				
Krankenhäuser	2,70	**6,00**	9,90	0,9%
Pflegeheime	1,50	**3,70**	4,90	0,8%
4 Schulen und Kindergärten				
Allgemeinbildende Schulen	2,40	**3,20**	5,40	1,2%
Berufliche Schulen	0,70	**2,00**	3,30	0,4%
Förder- und Sonderschulen	2,10	**3,80**	8,60	1,1%
Weiterbildungseinrichtungen	0,60	**2,50**	4,00	0,6%
Kindergärten, nicht unterkellert, einfacher Standard	4,50	**7,20**	9,50	3,6%
Kindergärten, nicht unterkellert, mittlerer Standard	2,70	**4,70**	7,20	1,9%
Kindergärten, nicht unterkellert, hoher Standard	2,00	**2,80**	3,90	1,0%
Kindergärten, unterkellert	0,90	**2,10**	3,00	0,9%
5 Sportbauten				
Sport- und Mehrzweckhallen	2,80	**3,30**	3,90	1,4%
Sporthallen (Einfeldhallen)	3,90	**7,40**	11,00	2,6%
Sporthallen (Dreifeldhallen)	2,00	**2,70**	3,80	0,4%
Schwimmhallen	–	**–**	–	–
6 Wohnbauten und Gemeinschaftsstätten				
Ein- und Zweifamilienhäuser unterkellert, einfacher Standard	0,70	**1,30**	2,00	1,1%
Ein- und Zweifamilienhäuser unterkellert, mittlerer Standard	0,90	**1,50**	2,60	0,7%
Ein- und Zweifamilienhäuser unterkellert, hoher Standard	1,40	**2,70**	4,10	1,1%
Ein- und Zweifamilienhäuser, nicht unterkellert, einfacher Standard	0,50	**0,80**	0,90	0,7%
Ein- und Zweifamilienhäuser, nicht unterkellert, mittlerer Standard	1,20	**1,60**	2,00	0,7%
Ein- und Zweifamilienhäuser, nicht unterkellert, hoher Standard	1,30	**4,30**	9,60	1,4%
Ein- und Zweifamilienhäuser, Passivhausstandard, Massivbau	1,60	**2,60**	6,80	0,9%
Ein- und Zweifamilienhäuser, Passivhausstandard, Holzbau	1,20	**2,20**	4,50	0,5%
Ein- und Zweifamilienhäuser, Holzbauweise, unterkellert	1,50	**2,20**	3,10	1,1%
Ein- und Zweifamilienhäuser, Holzbauweise, nicht unterkellert	1,10	**1,80**	2,90	0,9%
Doppel- und Reihenendhäuser, einfacher Standard	0,40	**0,90**	1,30	0,6%
Doppel- und Reihenendhäuser, mittlerer Standard	0,50	**1,70**	2,50	0,8%
Doppel- und Reihenendhäuser, hoher Standard	1,90	**3,10**	5,00	0,9%
Reihenhäuser, einfacher Standard	–	**0,40**	–	0,2%
Reihenhäuser, mittlerer Standard	1,60	**2,00**	3,00	1,2%
Reihenhäuser, hoher Standard	0,60	**0,70**	0,70	0,2%

Kostenstand: 1.Quartal 2012, Bundesdurchschnitt, **inkl. MwSt.**

Gebäudeart	von	€/Einheit	bis	KG an 400
Mehrfamilienhäuser, mit bis zu 6 WE, einfacher Standard	0,20	**0,50**	0,70	0,3%
Mehrfamilienhäuser, mit bis zu 6 WE, mittlerer Standard	0,90	**1,40**	2,20	0,7%
Mehrfamilienhäuser, mit bis zu 6 WE, hoher Standard	0,70	**0,90**	1,20	0,4%
Mehrfamilienhäuser, mit 6 bis 19 WE, einfacher Standard	0,30	**0,70**	0,90	0,5%
Mehrfamilienhäuser, mit 6 bis 19 WE, mittlerer Standard	0,80	**1,10**	2,30	1,0%
Mehrfamilienhäuser, mit 6 bis 19 WE, hoher Standard	0,60	**1,00**	1,20	0,5%
Mehrfamilienhäuser, mit mehr als 20 WE	1,10	**2,10**	4,00	1,0%
Mehrfamilienhäuser, energiesparend, ökologisch	1,50	**1,90**	3,40	0,8%
Wohnhäuser, mit bis zu 15% Mischnutzung, einfacher Standard	0,50	**1,20**	1,60	0,7%
Wohnhäuser, mit bis zu 15% Mischnutzung, mittlerer Standard	1,70	**2,00**	2,60	1,0%
Wohnhäuser, mit bis zu 15% Mischnutzung, hoher Standard	–	**1,30**	–	0,3%
Wohnhäuser mit mehr als 15% Mischnutzung	0,80	**1,60**	2,60	0,4%
Personal- und Altenwohnungen	0,80	**1,80**	2,80	1,0%
Alten- und Pflegeheime	1,40	**2,80**	4,80	0,7%
Wohnheime und Internate	1,10	**1,30**	1,40	0,5%
Gaststätten, Kantinen und Mensen	0,90	**3,00**	5,50	0,5%

7 Produktion, Gewerbe und Handel, Lager, Garagen, Bereitschaftsdienste

Gebäudeart	von	€/Einheit	bis	KG an 400
Geschäftshäuser mit Wohnungen	0,50	**1,20**	1,60	0,4%
Geschäftshäuser ohne Wohnungen	1,30	**2,30**	3,20	1,2%
Bank- und Sparkassengebäude	–	**4,50**	–	0,8%
Verbrauchermärkte	2,30	**3,50**	4,60	1,3%
Autohäuser	–	**0,80**	–	1,1%
Industrielle Produktionsgebäude, Massivbauweise	2,50	**4,50**	7,30	1,8%
Industrielle Produktionsgebäude, überwiegend Skelettbauweise	3,60	**4,10**	4,90	1,5%
Betriebs- und Werkstätten, eingeschossig	0,70	**1,70**	2,00	0,3%
Betriebs- und Werkstätten, mehrgeschossig, geringer Hallenanteil	1,40	**4,70**	8,70	1,6%
Betriebs- und Werkstätten, mehrgeschossig, hoher Hallenanteil	0,90	**1,60**	2,60	0,8%
Lagergebäude, ohne Mischnutzung	0,40	**1,40**	1,70	2,6%
Lagergebäude, mit bis zu 25% Mischnutzung	1,20	**3,40**	4,50	2,4%
Lagergebäude, mit mehr als 25% Mischnutzung	0,90	**1,70**	2,40	1,5%
Hochgaragen	1,00	**2,30**	5,10	5,9%
Tiefgaragen	–	**1,30**	–	1,4%
Feuerwehrhäuser	2,00	**2,80**	4,00	1,7%
Öffentliche Bereitschaftsdienste	1,30	**5,30**	21,00	1,0%

12 Gebäude anderer Art

Gebäudeart	von	€/Einheit	bis	KG an 400
Gebäude für kulturelle und musische Zwecke	3,20	**4,00**	5,00	0,9%
Theater	–	**1,30**	–	0,1%
Gemeindezentren, einfacher Standard	–	**4,70**	–	1,0%
Gemeindezentren, mittlerer Standard	2,00	**4,40**	7,80	1,0%
Gemeindezentren, hoher Standard	1,10	**3,20**	5,40	0,7%
Sakralbauten	–	**12,00**	–	4,1%
Friedhofsgebäude	–	**7,80**	–	1,4%

Gebäudearten

Kostengruppen

Bauelemente

Neubau

Abbrechen

Wiederherstellen

Herstellen

449
Starkstrom-anlagen, sonstiges

Einheit: m²
Brutto-Grundfläche

Gebäuderart	von	€/Einheit	bis	KG an 400
1 Bürogebäude				
Bürogebäude, einfacher Standard	–	–	–	–
Bürogebäude, mittlerer Standard	–	11,00	–	0,0%
Bürogebäude, hoher Standard	–	25,00	–	0,4%
2 Gebäude für wissenschaftliche Lehre und Forschung				
Instituts- und Laborgebäude	–	129,00	–	2,9%
3 Gebäude des Gesundheitswesens				
Krankenhäuser	–	5,10	–	0,0%
Pflegeheime	–	–	–	–
4 Schulen und Kindergärten				
Allgemeinbildende Schulen	–	–	–	–
Berufliche Schulen	–	–	–	–
Förder- und Sonderschulen	–	–	–	–
Weiterbildungseinrichtungen	–	–	–	–
Kindergärten, nicht unterkellert, einfacher Standard	–	–	–	–
Kindergärten, nicht unterkellert, mittlerer Standard	–	0,70	–	0,0%
Kindergärten, nicht unterkellert, hoher Standard	1,80	5,90	9,90	0,7%
Kindergärten, unterkellert	–	0,10	–	0,0%
5 Sportbauten				
Sport- und Mehrzweckhallen	–	–	–	–
Sporthallen (Einfeldhallen)	–	–	–	–
Sporthallen (Dreifeldhallen)	–	2,10	–	0,1%
Schwimmhallen	–	121,00	–	12,0%
6 Wohnbauten und Gemeinschaftsstätten				
Ein- und Zweifamilienhäuser unterkellert, einfacher Standard	–	–	–	–
Ein- und Zweifamilienhäuser unterkellert, mittlerer Standard	–	–	–	–
Ein- und Zweifamilienhäuser unterkellert, hoher Standard	–	–	–	–
Ein- und Zweifamilienhäuser, nicht unterkellert, einfacher Standard	–	1,80	–	0,5%
Ein- und Zweifamilienhäuser, nicht unterkellert, mittlerer Standard	–	–	–	–
Ein- und Zweifamilienhäuser, nicht unterkellert, hoher Standard	–	–	–	–
Ein- und Zweifamilienhäuser, Passivhausstandard, Massivbau	–	–	–	–
Ein- und Zweifamilienhäuser, Passivhausstandard, Holzbau	–	–	–	–
Ein- und Zweifamilienhäuser, Holzbauweise, unterkellert	–	–	–	–
Ein- und Zweifamilienhäuser, Holzbauweise, nicht unterkellert	–	–	–	–
Doppel- und Reihenendhäuser, einfacher Standard	–	–	–	–
Doppel- und Reihenendhäuser, mittlerer Standard	–	–	–	–
Doppel- und Reihenendhäuser, hoher Standard	–	–	–	–
Reihenhäuser, einfacher Standard	–	–	–	–
Reihenhäuser, mittlerer Standard	–	–	–	–
Reihenhäuser, hoher Standard	–	–	–	–

Kostenstand: 1.Quartal 2012, Bundesdurchschnitt, **inkl.** MwSt.

Gebäudeart	von	€/Einheit	bis	KG an 400
Mehrfamilienhäuser, mit bis zu 6 WE, einfacher Standard	–	**0,20**	–	0,0%
Mehrfamilienhäuser, mit bis zu 6 WE, mittlerer Standard	–	–	–	–
Mehrfamilienhäuser, mit bis zu 6 WE, hoher Standard	–	–	–	–
Mehrfamilienhäuser, mit 6 bis 19 WE, einfacher Standard	–	–	–	–
Mehrfamilienhäuser, mit 6 bis 19 WE, mittlerer Standard	–	–	–	–
Mehrfamilienhäuser, mit 6 bis 19 WE, hoher Standard	–	–	–	–
Mehrfamilienhäuser, mit mehr als 20 WE	–	–	–	–
Mehrfamilienhäuser, energiesparend, ökologisch	–	–	–	–
Wohnhäuser, mit bis zu 15% Mischnutzung, einfacher Standard	–	–	–	–
Wohnhäuser, mit bis zu 15% Mischnutzung, mittlerer Standard	–	–	–	–
Wohnhäuser, mit bis zu 15% Mischnutzung, hoher Standard	–	–	–	–
Wohnhäuser mit mehr als 15% Mischnutzung	0,30	**9,50**	19,00	1,5%
Personal- und Altenwohnungen	–	–	–	–
Alten- und Pflegeheime	–	–	–	–
Wohnheime und Internate	–	–	–	–
Gaststätten, Kantinen und Mensen	–	**3,00**	–	0,1%

7 Produktion, Gewerbe und Handel, Lager, Garagen, Bereitschaftsdienste

Geschäftshäuser mit Wohnungen	–	–	–	–
Geschäftshäuser ohne Wohnungen	–	–	–	–
Bank- und Sparkassengebäude	–	–	–	–
Verbrauchermärkte	–	–	–	–
Autohäuser	–	–	–	–
Industrielle Produktionsgebäude, Massivbauweise	–	–	–	–
Industrielle Produktionsgebäude, überwiegend Skelettbauweise	–	**100,00**	–	10,7%
Betriebs- und Werkstätten, eingeschossig	–	**67,00**	–	5,3%
Betriebs- und Werkstätten, mehrgeschossig, geringer Hallenanteil	–	–	–	–
Betriebs- und Werkstätten, mehrgeschossig, hoher Hallenanteil	–	–	–	–
Lagergebäude, ohne Mischnutzung	–	–	–	–
Lagergebäude, mit bis zu 25% Mischnutzung	–	–	–	–
Lagergebäude, mit mehr als 25% Mischnutzung	–	–	–	–
Hochgaragen	–	**15,00**	–	3,3%
Tiefgaragen	–	**27,00**	–	3,7%
Feuerwehrhäuser	–	**1,10**	–	0,1%
Öffentliche Bereitschaftsdienste	–	–	–	–

12 Gebäude anderer Art

Gebäude für kulturelle und musische Zwecke	–	–	–	–
Theater	–	–	–	–
Gemeindezentren, einfacher Standard	–	–	–	–
Gemeindezentren, mittlerer Standard	–	–	–	–
Gemeindezentren, hoher Standard	–	**16,00**	–	1,8%
Sakralbauten	–	–	–	–
Friedhofsgebäude	–	–	–	–

449
**Starkstrom-
anlagen,
sonstiges**

Einheit: m²
Brutto-Grundfläche

Gebäudearten

Kostengruppen

Bauelemente

Neubau

Abbrechen

Wiederherstellen

Herstellen

451
Telekommunika-
tionsanlagen

Einheit: m²
Brutto-Grundfläche

Gebäuderart	von	€/Einheit	bis	KG an 400
1 Bürogebäude				
Bürogebäude, einfacher Standard	0,50	**2,00**	4,00	0,7%
Bürogebäude, mittlerer Standard	3,30	**7,80**	19,00	2,0%
Bürogebäude, hoher Standard	3,70	**14,00**	22,00	2,3%
2 Gebäude für wissenschaftliche Lehre und Forschung				
Instituts- und Laborgebäude	2,00	**2,10**	2,10	0,1%
3 Gebäude des Gesundheitswesens				
Krankenhäuser	4,00	**15,00**	44,00	1,9%
Pflegeheime	8,00	**16,00**	19,00	3,5%
4 Schulen und Kindergärten				
Allgemeinbildende Schulen	–	**–**	–	–
Berufliche Schulen	0,70	**4,10**	6,30	0,8%
Förder- und Sonderschulen	1,50	**5,00**	15,00	1,5%
Weiterbildungseinrichtungen	1,10	**6,00**	12,00	1,2%
Kindergärten, nicht unterkellert, einfacher Standard	0,70	**0,80**	0,80	0,1%
Kindergärten, nicht unterkellert, mittlerer Standard	0,60	**1,30**	2,80	0,4%
Kindergärten, nicht unterkellert, hoher Standard	0,60	**2,30**	3,40	0,6%
Kindergärten, unterkellert	0,30	**1,20**	2,80	0,3%
5 Sportbauten				
Sport- und Mehrzweckhallen	–	**0,50**	–	0,0%
Sporthallen (Einfeldhallen)	–	**0,10**	–	0,0%
Sporthallen (Dreifeldhallen)	0,20	**3,50**	6,70	0,3%
Schwimmhallen	–	**–**	–	–
6 Wohnbauten und Gemeinschaftsstätten				
Ein- und Zweifamilienhäuser unterkellert, einfacher Standard	0,60	**0,90**	1,70	0,6%
Ein- und Zweifamilienhäuser unterkellert, mittlerer Standard	0,70	**1,20**	2,20	0,3%
Ein- und Zweifamilienhäuser unterkellert, hoher Standard	0,90	**2,00**	2,60	0,6%
Ein- und Zweifamilienhäuser, nicht unterkellert, einfacher Standard	0,20	**0,80**	1,40	0,4%
Ein- und Zweifamilienhäuser, nicht unterkellert, mittlerer Standard	0,30	**0,90**	2,30	0,3%
Ein- und Zweifamilienhäuser, nicht unterkellert, hoher Standard	1,00	**3,40**	7,70	0,9%
Ein- und Zweifamilienhäuser, Passivhausstandard, Massivbau	0,60	**1,10**	2,30	0,3%
Ein- und Zweifamilienhäuser, Passivhausstandard, Holzbau	0,90	**2,10**	5,30	0,4%
Ein- und Zweifamilienhäuser, Holzbauweise, unterkellert	1,00	**1,40**	2,30	0,3%
Ein- und Zweifamilienhäuser, Holzbauweise, nicht unterkellert	1,40	**2,40**	7,20	0,9%
Doppel- und Reihenendhäuser, einfacher Standard	–	**–**	–	–
Doppel- und Reihenendhäuser, mittlerer Standard	0,70	**1,20**	1,50	0,6%
Doppel- und Reihenendhäuser, hoher Standard	0,60	**1,00**	1,20	0,2%
Reihenhäuser, einfacher Standard	–	**–**	–	–
Reihenhäuser, mittlerer Standard	1,00	**1,10**	1,30	0,5%
Reihenhäuser, hoher Standard	–	**0,80**	–	0,1%

© **BKI** Baukosteninformationszentrum; Erläuterungen zu den Tabellen siehe Seite 62   Kostenstand: 1.Quartal 2012, Bundesdurchschnitt, **inkl. MwSt.**

451
Telekommunika-
tionsanlagen

Einheit: m²
Brutto-Grundfläche

Gebäuderart	von	€/Einheit	bis	KG an 400
Mehrfamilienhäuser, mit bis zu 6 WE, einfacher Standard	–	–	–	–
Mehrfamilienhäuser, mit bis zu 6 WE, mittlerer Standard	0,30	0,60	0,90	0,2%
Mehrfamilienhäuser, mit bis zu 6 WE, hoher Standard	1,40	1,60	1,70	0,8%
Mehrfamilienhäuser, mit 6 bis 19 WE, einfacher Standard	0,50	0,70	0,90	0,5%
Mehrfamilienhäuser, mit 6 bis 19 WE, mittlerer Standard	0,60	0,80	0,90	0,4%
Mehrfamilienhäuser, mit 6 bis 19 WE, hoher Standard	0,60	1,60	2,00	0,7%
Mehrfamilienhäuser, mit mehr als 20 WE	0,90	1,40	1,70	0,7%
Mehrfamilienhäuser, energiesparend, ökologisch	0,70	1,10	1,70	0,4%
Wohnhäuser, mit bis zu 15% Mischnutzung, einfacher Standard	0,70	0,80	0,80	0,2%
Wohnhäuser, mit bis zu 15% Mischnutzung, mittlerer Standard	0,90	1,50	2,50	0,8%
Wohnhäuser, mit bis zu 15% Mischnutzung, hoher Standard	–	0,10	–	0,0%
Wohnhäuser mit mehr als 15% Mischnutzung	0,50	1,20	2,10	0,3%
Personal- und Altenwohnungen	1,70	2,30	2,90	0,4%
Alten- und Pflegeheime	0,60	3,20	4,50	1,0%
Wohnheime und Internate	–	0,30	–	0,0%
Gaststätten, Kantinen und Mensen	1,30	3,60	5,20	0,4%

7 Produktion, Gewerbe und Handel, Lager, Garagen, Bereitschaftsdienste

	von	€/Einheit	bis	KG an 400
Geschäftshäuser mit Wohnungen	1,50	2,10	2,60	0,5%
Geschäftshäuser ohne Wohnungen	0,80	1,20	1,60	0,6%
Bank- und Sparkassengebäude	–	5,90	–	1,0%
Verbrauchermärkte	–	0,50	–	0,0%
Autohäuser	–	–	–	–
Industrielle Produktionsgebäude, Massivbauweise	1,00	1,90	2,80	0,3%
Industrielle Produktionsgebäude, überwiegend Skelettbauweise	0,10	1,60	2,50	0,3%
Betriebs- und Werkstätten, eingeschossig	4,10	7,00	9,90	0,5%
Betriebs- und Werkstätten, mehrgeschossig, geringer Hallenanteil	0,50	4,40	12,00	1,1%
Betriebs- und Werkstätten, mehrgeschossig, hoher Hallenanteil	2,40	3,50	5,70	0,4%
Lagergebäude, ohne Mischnutzung	–	1,10	–	0,2%
Lagergebäude, mit bis zu 25% Mischnutzung	–	0,30	–	0,0%
Lagergebäude, mit mehr als 25% Mischnutzung	–	0,30	–	0,1%
Hochgaragen	–	0,20	–	0,0%
Tiefgaragen	–	–	–	–
Feuerwehrhäuser	2,00	2,30	2,80	0,6%
Öffentliche Bereitschaftsdienste	0,70	1,20	2,50	0,3%

12 Gebäude anderer Art

	von	€/Einheit	bis	KG an 400
Gebäude für kulturelle und musische Zwecke	0,80	9,10	17,00	0,5%
Theater	–	17,00	–	1,4%
Gemeindezentren, einfacher Standard	–	–	–	–
Gemeindezentren, mittlerer Standard	0,50	2,00	6,10	0,3%
Gemeindezentren, hoher Standard	–	4,50	–	0,5%
Sakralbauten	–	1,70	–	0,5%
Friedhofsgebäude	–	–	–	–

Gebäudearten · Kostengruppen · Bauelemente · Neubau · Abbrechen · Wiederherstellen · Herstellen

Einheit: m²
Brutto-Grundfläche

Gebäudeart	von	€/Einheit	bis	KG an 400
1 Bürogebäude				
Bürogebäude, einfacher Standard	0,60	**1,20**	2,80	0,3%
Bürogebäude, mittlerer Standard	1,50	**3,70**	8,20	0,6%
Bürogebäude, hoher Standard	0,70	**2,30**	4,70	0,3%
2 Gebäude für wissenschaftliche Lehre und Forschung				
Instituts- und Laborgebäude	1,90	**4,90**	8,00	0,2%
3 Gebäude des Gesundheitswesens				
Krankenhäuser	4,10	**16,00**	49,00	1,4%
Pflegeheime	0,40	**7,20**	14,00	0,6%
4 Schulen und Kindergärten				
Allgemeinbildende Schulen	–	**–**	–	
Berufliche Schulen	0,20	**0,60**	1,50	0,1%
Förder- und Sonderschulen	0,60	**1,00**	1,30	0,1%
Weiterbildungseinrichtungen	0,10	**1,10**	1,60	0,1%
Kindergärten, nicht unterkellert, einfacher Standard	0,50	**1,20**	1,80	0,2%
Kindergärten, nicht unterkellert, mittlerer Standard	0,60	**1,10**	1,50	0,3%
Kindergärten, nicht unterkellert, hoher Standard	0,80	**2,90**	11,00	0,7%
Kindergärten, unterkellert	0,30	**2,10**	4,00	0,3%
5 Sportbauten				
Sport- und Mehrzweckhallen	–	**–**	–	–
Sporthallen (Einfeldhallen)	–	**–**	–	–
Sporthallen (Dreifeldhallen)	–	**0,00**	–	0,0%
Schwimmhallen	–	**–**	–	–
6 Wohnbauten und Gemeinschaftsstätten				
Ein- und Zweifamilienhäuser unterkellert, einfacher Standard	0,70	**1,20**	1,60	1,0%
Ein- und Zweifamilienhäuser unterkellert, mittlerer Standard	1,40	**2,70**	4,70	1,0%
Ein- und Zweifamilienhäuser unterkellert, hoher Standard	2,00	**4,10**	10,00	1,4%
Ein- und Zweifamilienhäuser, nicht unterkellert, einfacher Standard	–	**0,80**	–	0,2%
Ein- und Zweifamilienhäuser, nicht unterkellert, mittlerer Standard	0,80	**2,50**	4,80	1,0%
Ein- und Zweifamilienhäuser, nicht unterkellert, hoher Standard	1,30	**3,50**	6,40	0,7%
Ein- und Zweifamilienhäuser, Passivhausstandard, Massivbau	1,20	**2,50**	4,40	0,9%
Ein- und Zweifamilienhäuser, Passivhausstandard, Holzbau	1,90	**3,10**	5,60	0,7%
Ein- und Zweifamilienhäuser, Holzbauweise, unterkellert	0,80	**1,80**	2,60	0,8%
Ein- und Zweifamilienhäuser, Holzbauweise, nicht unterkellert	0,40	**1,10**	2,10	0,5%
Doppel- und Reihenendhäuser, einfacher Standard	0,20	**0,70**	1,20	0,5%
Doppel- und Reihenendhäuser, mittlerer Standard	3,40	**3,70**	4,10	1,8%
Doppel- und Reihenendhäuser, hoher Standard	1,10	**1,80**	2,10	0,7%
Reihenhäuser, einfacher Standard	–	**1,60**	–	0,8%
Reihenhäuser, mittlerer Standard	0,90	**1,70**	2,50	1,1%
Reihenhäuser, hoher Standard	–	**2,20**	–	0,3%

© **BKI** Baukosteninformationszentrum; Erläuterungen zu den Tabellen siehe Seite 62   Kostenstand: 1.Quartal 2012, Bundesdurchschnitt, **inkl. MwSt.**

Gebäudeart	von	€/Einheit	bis	KG an 400
Mehrfamilienhäuser, mit bis zu 6 WE, einfacher Standard	–	**1,40**	–	0,5%
Mehrfamilienhäuser, mit bis zu 6 WE, mittlerer Standard	1,90	**2,70**	4,50	1,2%
Mehrfamilienhäuser, mit bis zu 6 WE, hoher Standard	1,20	**4,00**	7,00	1,8%
Mehrfamilienhäuser, mit 6 bis 19 WE, einfacher Standard	1,30	**1,50**	2,00	1,1%
Mehrfamilienhäuser, mit 6 bis 19 WE, mittlerer Standard	1,60	**2,40**	4,70	1,2%
Mehrfamilienhäuser, mit 6 bis 19 WE, hoher Standard	1,70	**3,00**	4,20	1,3%
Mehrfamilienhäuser, mit mehr als 20 WE	1,50	**5,10**	12,00	2,8%
Mehrfamilienhäuser, energiesparend, ökologisch	1,50	**2,10**	3,20	0,9%
Wohnhäuser, mit bis zu 15% Mischnutzung, einfacher Standard	0,50	**2,90**	4,50	1,5%
Wohnhäuser, mit bis zu 15% Mischnutzung, mittlerer Standard	0,80	**1,40**	2,00	0,4%
Wohnhäuser, mit bis zu 15% Mischnutzung, hoher Standard	–	**1,50**	–	0,3%
Wohnhäuser mit mehr als 15% Mischnutzung	1,50	**2,90**	7,00	0,9%
Personal- und Altenwohnungen	2,80	**3,70**	5,50	1,5%
Alten- und Pflegeheime	4,00	**14,00**	23,00	2,0%
Wohnheime und Internate	0,70	**1,30**	1,90	0,6%
Gaststätten, Kantinen und Mensen		**3,30**	–	0,1%

7 Produktion, Gewerbe und Handel, Lager, Garagen, Bereitschaftsdienste

	von	€/Einheit	bis	KG an 400
Geschäftshäuser mit Wohnungen	0,20	**3,30**	6,50	0,9%
Geschäftshäuser ohne Wohnungen	1,50	**1,50**	1,50	0,7%
Bank- und Sparkassengebäude	–	**0,60**	–	0,1%
Verbrauchermärkte	–	**1,30**	–	0,1%
Autohäuser	–	**–**	–	–
Industrielle Produktionsgebäude, Massivbauweise	0,20	**1,90**	3,60	0,3%
Industrielle Produktionsgebäude, überwiegend Skelettbauweise	–	**0,10**	–	0,0%
Betriebs- und Werkstätten, eingeschossig	–	**1,40**	–	0,0%
Betriebs- und Werkstätten, mehrgeschossig, geringer Hallenanteil	1,10	**3,10**	5,10	0,8%
Betriebs- und Werkstätten, mehrgeschossig, hoher Hallenanteil	0,40	**1,70**	3,10	0,4%
Lagergebäude, ohne Mischnutzung		**1,60**	–	0,3%
Lagergebäude, mit bis zu 25% Mischnutzung	1,00	**1,80**	2,60	0,5%
Lagergebäude, mit mehr als 25% Mischnutzung	–	**–**	–	–
Hochgaragen	–	**–**	–	–
Tiefgaragen	–	**–**	–	–
Feuerwehrhäuser	1,30	**3,70**	9,50	1,8%
Öffentliche Bereitschaftsdienste	0,50	**0,90**	1,30	0,2%

12 Gebäude anderer Art

	von	€/Einheit	bis	KG an 400
Gebäude für kulturelle und musische Zwecke	–	**–**	–	–
Theater	–	**–**	–	–
Gemeindezentren, einfacher Standard	–	**–**	–	–
Gemeindezentren, mittlerer Standard	0,40	**0,70**	1,00	0,1%
Gemeindezentren, hoher Standard	–	**–**	–	–
Sakralbauten	–	**–**	–	–
Friedhofsgebäude	–	**–**	–	–

Gebäudearten

Kostengruppen

Bauelemente

Neubau

Abbrechen

Wiederherstellen

Herstellen

453
Zeitdienstanlagen

Einheit: m²
Brutto-Grundfläche

Gebäudeart	von	€/Einheit	bis	KG an 400
1 Bürogebäude				
Bürogebäude, einfacher Standard	–	**0,20**	–	0,0%
Bürogebäude, mittlerer Standard	1,00	**8,30**	12,00	0,3%
Bürogebäude, hoher Standard	–	**–**	–	–
2 Gebäude für wissenschaftliche Lehre und Forschung				
Instituts- und Laborgebäude	–	**1,50**	–	0,0%
3 Gebäude des Gesundheitswesens				
Krankenhäuser	–	**–**	–	–
Pflegeheime	–	**–**	–	–
4 Schulen und Kindergärten				
Allgemeinbildende Schulen	–	**0,60**	–	0,0%
Berufliche Schulen	–	**2,40**	–	0,2%
Förder- und Sonderschulen	–	**9,30**	–	0,5%
Weiterbildungseinrichtungen	–	**–**	–	–
Kindergärten, nicht unterkellert, einfacher Standard	–	**–**	–	–
Kindergärten, nicht unterkellert, mittlerer Standard	–	**–**	–	–
Kindergärten, nicht unterkellert, hoher Standard	–	**0,60**	–	0,0%
Kindergärten, unterkellert	–	**–**	–	–
5 Sportbauten				
Sport- und Mehrzweckhallen	–	**–**	–	–
Sporthallen (Einfeldhallen)	–	**–**	–	–
Sporthallen (Dreifeldhallen)	0,30	**0,60**	1,20	0,1%
Schwimmhallen	–	**–**	–	–
6 Wohnbauten und Gemeinschaftsstätten				
Ein- und Zweifamilienhäuser unterkellert, einfacher Standard	–	**–**	–	–
Ein- und Zweifamilienhäuser unterkellert, mittlerer Standard	–	**–**	–	–
Ein- und Zweifamilienhäuser unterkellert, hoher Standard	–	**–**	–	–
Ein- und Zweifamilienhäuser, nicht unterkellert, einfacher Standard	–	**–**	–	–
Ein- und Zweifamilienhäuser, nicht unterkellert, mittlerer Standard	–	**–**	–	–
Ein- und Zweifamilienhäuser, nicht unterkellert, hoher Standard	–	**–**	–	–
Ein- und Zweifamilienhäuser, Passivhausstandard, Massivbau	–	**–**	–	–
Ein- und Zweifamilienhäuser, Passivhausstandard, Holzbau	–	**–**	–	–
Ein- und Zweifamilienhäuser, Holzbauweise, unterkellert	–	**–**	–	–
Ein- und Zweifamilienhäuser, Holzbauweise, nicht unterkellert	–	**–**	–	–
Doppel- und Reihenendhäuser, einfacher Standard	–	**–**	–	–
Doppel- und Reihenendhäuser, mittlerer Standard	–	**–**	–	–
Doppel- und Reihenendhäuser, hoher Standard	–	**–**	–	–
Reihenhäuser, einfacher Standard	–	**–**	–	–
Reihenhäuser, mittlerer Standard	–	**–**	–	–
Reihenhäuser, hoher Standard	–	**–**	–	–

Kostenstand: 1.Quartal 2012, Bundesdurchschnitt, **inkl. MwSt.**

Gebäudeart	von	€/Einheit	bis	KG an 400
Mehrfamilienhäuser, mit bis zu 6 WE, einfacher Standard	–	–	–	–
Mehrfamilienhäuser, mit bis zu 6 WE, mittlerer Standard	–	–	–	–
Mehrfamilienhäuser, mit bis zu 6 WE, hoher Standard	–	–	–	–
Mehrfamilienhäuser, mit 6 bis 19 WE, einfacher Standard	–	–	–	–
Mehrfamilienhäuser, mit 6 bis 19 WE, mittlerer Standard	–	–	–	–
Mehrfamilienhäuser, mit 6 bis 19 WE, hoher Standard	–	–	–	–
Mehrfamilienhäuser, mit mehr als 20 WE	–	–	–	–
Mehrfamilienhäuser, energiesparend, ökologisch	–	–	–	–
Wohnhäuser, mit bis zu 15% Mischnutzung, einfacher Standard	–	–	–	–
Wohnhäuser, mit bis zu 15% Mischnutzung, mittlerer Standard	–	–	–	–
Wohnhäuser, mit bis zu 15% Mischnutzung, hoher Standard	–	–	–	–
Wohnhäuser mit mehr als 15% Mischnutzung	–	–	–	–
Personal- und Altenwohnungen	–	–	–	–
Alten- und Pflegeheime	–	–	–	–
Wohnheime und Internate	–	–	–	–
Gaststätten, Kantinen und Mensen	–	–	–	–

Einheit: m²
Brutto-Grundfläche

7 Produktion, Gewerbe und Handel, Lager, Garagen, Bereitschaftsdienste

Gebäudeart	von	€/Einheit	bis	KG an 400
Geschäftshäuser mit Wohnungen	–	–	–	–
Geschäftshäuser ohne Wohnungen	–	–	–	–
Bank- und Sparkassengebäude	–	–	–	–
Verbrauchermärkte	–	–	–	–
Autohäuser	–	–	–	–
Industrielle Produktionsgebäude, Massivbauweise	–	–	–	–
Industrielle Produktionsgebäude, überwiegend Skelettbauweise	–	–	–	–
Betriebs- und Werkstätten, eingeschossig	–	–	–	–
Betriebs- und Werkstätten, mehrgeschossig, geringer Hallenanteil	–	–	–	–
Betriebs- und Werkstätten, mehrgeschossig, hoher Hallenanteil	–	–	–	–
Lagergebäude, ohne Mischnutzung	–	–	–	–
Lagergebäude, mit bis zu 25% Mischnutzung	–	–	–	–
Lagergebäude, mit mehr als 25% Mischnutzung	–	–	–	–
Hochgaragen	–	–	–	–
Tiefgaragen	–	–	–	–
Feuerwehrhäuser	–	–	–	–
Öffentliche Bereitschaftsdienste	–	**16,00**	–	0,3%

12 Gebäude anderer Art

Gebäudeart	von	€/Einheit	bis	KG an 400
Gebäude für kulturelle und musische Zwecke	–	–	–	–
Theater	–	–	–	–
Gemeindezentren, einfacher Standard	–	–	–	–
Gemeindezentren, mittlerer Standard	–	–	–	–
Gemeindezentren, hoher Standard	–	–	–	–
Sakralbauten	–	–	–	–
Friedhofsgebäude	–	–	–	–

Gebäudearten

Kostengruppen

Bauelemente

Neubau

Abbrechen

Wiederherstellen

Herstellen

454
Elektroakustische
Anlagen

Einheit: m²
Brutto-Grundfläche

Gebäudeart	von	€/Einheit	bis	KG an 400
1 Bürogebäude				
Bürogebäude, einfacher Standard	–	–	–	–
Bürogebäude, mittlerer Standard	1,30	**2,10**	2,90	0,0%
Bürogebäude, hoher Standard	0,80	**1,90**	3,00	0,0%
2 Gebäude für wissenschaftliche Lehre und Forschung				
Instituts- und Laborgebäude	–	–	–	–
3 Gebäude des Gesundheitswesens				
Krankenhäuser	4,90	**9,40**	14,00	1,2%
Pflegeheime	–	–	–	–
4 Schulen und Kindergärten				
Allgemeinbildende Schulen	0,40	**4,30**	6,60	1,2%
Berufliche Schulen	–	**6,70**	–	0,2%
Förder- und Sonderschulen	–	**10,00**	–	0,8%
Weiterbildungseinrichtungen	–	–	–	–
Kindergärten, nicht unterkellert, einfacher Standard	–	**2,40**	–	0,2%
Kindergärten, nicht unterkellert, mittlerer Standard	–	–	–	–
Kindergärten, nicht unterkellert, hoher Standard	–	–	–	–
Kindergärten, unterkellert	–	**1,30**	–	0,1%
5 Sportbauten				
Sport- und Mehrzweckhallen	–	**4,80**	–	0,6%
Sporthallen (Einfeldhallen)	0,60	**3,00**	5,50	1,0%
Sporthallen (Dreifeldhallen)	6,50	**8,20**	9,30	1,5%
Schwimmhallen	–	–	–	–
6 Wohnbauten und Gemeinschaftsstätten				
Ein- und Zweifamilienhäuser unterkellert, einfacher Standard	–	–	–	–
Ein- und Zweifamilienhäuser unterkellert, mittlerer Standard	1,00	**5,90**	11,00	0,4%
Ein- und Zweifamilienhäuser unterkellert, hoher Standard	0,60	**0,90**	1,10	0,1%
Ein- und Zweifamilienhäuser, nicht unterkellert, einfacher Standard	–	–	–	–
Ein- und Zweifamilienhäuser, nicht unterkellert, mittlerer Standard	0,50	**1,50**	3,60	0,2%
Ein- und Zweifamilienhäuser, nicht unterkellert, hoher Standard	–	**0,70**	–	0,0%
Ein- und Zweifamilienhäuser, Passivhausstandard, Massivbau	–	–	–	–
Ein- und Zweifamilienhäuser, Passivhausstandard, Holzbau	–	–	–	–
Ein- und Zweifamilienhäuser, Holzbauweise, unterkellert	–	–	–	–
Ein- und Zweifamilienhäuser, Holzbauweise, nicht unterkellert	–	–	–	–
Doppel- und Reihenendhäuser, einfacher Standard	–	–	–	–
Doppel- und Reihenendhäuser, mittlerer Standard	–	–	–	–
Doppel- und Reihenendhäuser, hoher Standard	–	**0,80**	–	0,1%
Reihenhäuser, einfacher Standard	–	–	–	–
Reihenhäuser, mittlerer Standard	–	–	–	–
Reihenhäuser, hoher Standard	–	–	–	–

© **BKI** Baukosteninformationszentrum; Erläuterungen zu den Tabellen siehe Seite 62   Kostenstand: 1.Quartal 2012, Bundesdurchschnitt, **inkl. MwSt.**

Gebäudeart	von	€/Einheit	bis	KG an 400
Mehrfamilienhäuser, mit bis zu 6 WE, einfacher Standard	–	–	–	–
Mehrfamilienhäuser, mit bis zu 6 WE, mittlerer Standard	–	–	–	–
Mehrfamilienhäuser, mit bis zu 6 WE, hoher Standard	–	–	–	–
Mehrfamilienhäuser, mit 6 bis 19 WE, einfacher Standard	–	–	–	–
Mehrfamilienhäuser, mit 6 bis 19 WE, mittlerer Standard	–	–	–	–
Mehrfamilienhäuser, mit 6 bis 19 WE, hoher Standard	–	**0,70**	–	0,0%
Mehrfamilienhäuser, mit mehr als 20 WE	–	–	–	–
Mehrfamilienhäuser, energiesparend, ökologisch	–	–	–	–
Wohnhäuser, mit bis zu 15% Mischnutzung, einfacher Standard	0,60	**0,70**	0,80	0,2%
Wohnhäuser, mit bis zu 15% Mischnutzung, mittlerer Standard	–	**1,10**	–	0,2%
Wohnhäuser, mit bis zu 15% Mischnutzung, hoher Standard	–	–	–	–
Wohnhäuser mit mehr als 15% Mischnutzung	–	–	–	–
Personal- und Altenwohnungen	–	–	–	–
Alten- und Pflegeheime	–	–	–	–
Wohnheime und Internate	–	–	–	–
Gaststätten, Kantinen und Mensen	2,10	**4,70**	9,90	0,6%

7 Produktion, Gewerbe und Handel, Lager, Garagen, Bereitschaftsdienste

Gebäudeart	von	€/Einheit	bis	KG an 400
Geschäftshäuser mit Wohnungen	–	–	–	–
Geschäftshäuser ohne Wohnungen	–	–	–	–
Bank- und Sparkassengebäude	–	–	–	–
Verbrauchermärkte	–	**0,90**	–	0,1%
Autohäuser	–	–	–	–
Industrielle Produktionsgebäude, Massivbauweise	–	**0,30**	–	0,0%
Industrielle Produktionsgebäude, überwiegend Skelettbauweise	–	–	–	–
Betriebs- und Werkstätten, eingeschossig	–	–	–	–
Betriebs- und Werkstätten, mehrgeschossig, geringer Hallenanteil	–	–	–	–
Betriebs- und Werkstätten, mehrgeschossig, hoher Hallenanteil	–	**0,20**	–	0,0%
Lagergebäude, ohne Mischnutzung	–	–	–	–
Lagergebäude, mit bis zu 25% Mischnutzung	–	–	–	–
Lagergebäude, mit mehr als 25% Mischnutzung	–	–	–	–
Hochgaragen	–	–	–	–
Tiefgaragen	–	–	–	–
Feuerwehrhäuser	–	**0,80**	–	0,1%
Öffentliche Bereitschaftsdienste	–	**11,00**	–	0,9%

12 Gebäude anderer Art

Gebäudeart	von	€/Einheit	bis	KG an 400
Gebäude für kulturelle und musische Zwecke	8,10	**25,00**	60,00	3,9%
Theater	–	**14,00**	–	1,1%
Gemeindezentren, einfacher Standard	–	–	–	–
Gemeindezentren, mittlerer Standard	4,40	**16,00**	26,00	3,0%
Gemeindezentren, hoher Standard	–	–	–	–
Sakralbauten	–	**1,50**	–	0,5%
Friedhofsgebäude	–	–	–	–

Einheit: m²
Brutto-Grundfläche

Bauelemente

Gebäudearten
Kostengruppen
Neubau
Abbrechen
Wiederherstellen
Herstellen

Einheit: m²
Brutto-Grundfläche

Gebäuderart	von	€/Einheit	bis	KG an 400
1 Bürogebäude				
Bürogebäude, einfacher Standard	–	**3,70**	–	0,4%
Bürogebäude, mittlerer Standard	1,10	**2,60**	4,80	0,1%
Bürogebäude, hoher Standard	0,30	**4,00**	8,90	0,3%
2 Gebäude für wissenschaftliche Lehre und Forschung				
Instituts- und Laborgebäude	–	**–**	–	–
3 Gebäude des Gesundheitswesens				
Krankenhäuser	1,00	**1,60**	2,80	0,2%
Pflegeheime	1,40	**1,70**	2,20	0,3%
4 Schulen und Kindergärten				
Allgemeinbildende Schulen	–	**–**	–	–
Berufliche Schulen	0,20	**1,00**	1,80	0,1%
Förder- und Sonderschulen	0,40	**0,80**	1,00	0,1%
Weiterbildungseinrichtungen	0,80	**1,20**	1,60	0,1%
Kindergärten, nicht unterkellert, einfacher Standard	0,40	**0,50**	0,60	0,1%
Kindergärten, nicht unterkellert, mittlerer Standard	0,50	**1,10**	2,30	0,1%
Kindergärten, nicht unterkellert, hoher Standard	0,70	**1,50**	3,00	0,2%
Kindergärten, unterkellert	0,10	**0,30**	0,40	0,0%
5 Sportbauten				
Sport- und Mehrzweckhallen	–	**0,60**	–	0,0%
Sporthallen (Einfeldhallen)	–	**–**	–	–
Sporthallen (Dreifeldhallen)	–	**0,30**	–	0,0%
Schwimmhallen	–	**–**	–	–
6 Wohnbauten und Gemeinschaftsstätten				
Ein- und Zweifamilienhäuser unterkellert, einfacher Standard	0,50	**1,80**	4,00	1,5%
Ein- und Zweifamilienhäuser unterkellert, mittlerer Standard	2,00	**2,90**	4,20	1,0%
Ein- und Zweifamilienhäuser unterkellert, hoher Standard	3,10	**3,80**	6,20	1,0%
Ein- und Zweifamilienhäuser, nicht unterkellert, einfacher Standard	0,30	**1,00**	1,60	0,7%
Ein- und Zweifamilienhäuser, nicht unterkellert, mittlerer Standard	1,80	**3,70**	5,20	1,5%
Ein- und Zweifamilienhäuser, nicht unterkellert, hoher Standard	1,70	**3,80**	6,70	1,0%
Ein- und Zweifamilienhäuser, Passivhausstandard, Massivbau	1,30	**2,50**	4,20	0,7%
Ein- und Zweifamilienhäuser, Passivhausstandard, Holzbau	2,00	**3,70**	6,20	0,7%
Ein- und Zweifamilienhäuser, Holzbauweise, unterkellert	0,70	**2,20**	4,50	0,7%
Ein- und Zweifamilienhäuser, Holzbauweise, nicht unterkellert	1,60	**2,70**	3,90	1,0%
Doppel- und Reihenendhäuser, einfacher Standard	0,20	**0,20**	0,20	0,1%
Doppel- und Reihenendhäuser, mittlerer Standard	2,10	**3,90**	5,60	1,3%
Doppel- und Reihenendhäuser, hoher Standard	0,50	**2,40**	6,00	0,6%
Reihenhäuser, einfacher Standard	–	**0,30**	–	0,1%
Reihenhäuser, mittlerer Standard	1,20	**3,30**	6,90	1,7%
Reihenhäuser, hoher Standard	2,90	**7,90**	13,00	2,4%

Gebäudeart	von	€/Einheit	bis	KG an 400
Mehrfamilienhäuser, mit bis zu 6 WE, einfacher Standard	–	**0,50**	–	0,2%
Mehrfamilienhäuser, mit bis zu 6 WE, mittlerer Standard	1,50	**2,30**	3,60	1,2%
Mehrfamilienhäuser, mit bis zu 6 WE, hoher Standard	1,40	**2,00**	2,40	1,0%
Mehrfamilienhäuser, mit 6 bis 19 WE, einfacher Standard	0,70	**1,10**	1,30	0,8%
Mehrfamilienhäuser, mit 6 bis 19 WE, mittlerer Standard	0,90	**1,70**	2,10	0,9%
Mehrfamilienhäuser, mit 6 bis 19 WE, hoher Standard	1,60	**2,20**	2,90	0,9%
Mehrfamilienhäuser, mit mehr als 20 WE	1,10	**1,70**	2,90	0,8%
Mehrfamilienhäuser, energiesparend, ökologisch	0,40	**2,60**	4,80	1,1%
Wohnhäuser, mit bis zu 15% Mischnutzung, einfacher Standard	1,10	**1,70**	2,50	1,1%
Wohnhäuser, mit bis zu 15% Mischnutzung, mittlerer Standard	1,80	**4,90**	10,00	2,4%
Wohnhäuser, mit bis zu 15% Mischnutzung, hoher Standard	–	**1,10**	–	0,2%
Wohnhäuser mit mehr als 15% Mischnutzung	1,60	**2,00**	2,60	0,5%
Personal- und Altenwohnungen	0,50	**1,30**	2,10	0,2%
Alten- und Pflegeheime	1,50	**3,40**	4,60	1,3%
Wohnheime und Internate	–	**–**	–	–
Gaststätten, Kantinen und Mensen	0,90	**2,20**	3,00	0,4%

7 Produktion, Gewerbe und Handel, Lager, Garagen, Bereitschaftsdienste

	von	€/Einheit	bis	KG an 400
Geschäftshäuser mit Wohnungen	0,10	**0,50**	0,90	0,1%
Geschäftshäuser ohne Wohnungen	–	**1,30**	–	0,3%
Bank- und Sparkassengebäude	–	**1,10**	–	0,2%
Verbrauchermärkte	–	**–**	–	–
Autohäuser	–	**–**	–	–
Industrielle Produktionsgebäude, Massivbauweise	–	**–**	–	–
Industrielle Produktionsgebäude, überwiegend Skelettbauweise	–	**–**	–	–
Betriebs- und Werkstätten, eingeschossig	–	**–**	–	–
Betriebs- und Werkstätten, mehrgeschossig, geringer Hallenanteil	0,60	**0,60**	0,60	0,1%
Betriebs- und Werkstätten, mehrgeschossig, hoher Hallenanteil	1,00	**2,60**	4,20	0,4%
Lagergebäude, ohne Mischnutzung	–	**–**	–	–
Lagergebäude, mit bis zu 25% Mischnutzung	–	**0,50**	–	0,1%
Lagergebäude, mit mehr als 25% Mischnutzung	–	**–**	–	–
Hochgaragen	–	**–**	–	–
Tiefgaragen	–	**–**	–	–
Feuerwehrhäuser	4,90	**4,90**	5,00	0,7%
Öffentliche Bereitschaftsdienste	1,90	**7,40**	21,00	2,5%

12 Gebäude anderer Art

	von	€/Einheit	bis	KG an 400
Gebäude für kulturelle und musische Zwecke	–	**0,90**	–	0,0%
Theater	–	**–**	–	–
Gemeindezentren, einfacher Standard	–	**–**	–	–
Gemeindezentren, mittlerer Standard	0,40	**1,40**	2,20	0,4%
Gemeindezentren, hoher Standard	–	**1,00**	–	0,1%
Sakralbauten	–	**–**	–	–
Friedhofsgebäude	–	**–**	–	–

Einheit: m²
Brutto-Grundfläche

Gebäudearten
Kostengruppen
Neubau
Abbrechen
Wiederherstellen
Herstellen
Bauelemente

Einheit: m²
Brutto-Grundfläche

Gebäudeart	von	€/Einheit	bis	KG an 400
1 Bürogebäude				
Bürogebäude, einfacher Standard	–	**0,10**	–	0,0%
Bürogebäude, mittlerer Standard	8,90	**26,00**	70,00	3,1%
Bürogebäude, hoher Standard	9,70	**25,00**	49,00	3,9%
2 Gebäude für wissenschaftliche Lehre und Forschung				
Instituts- und Laborgebäude	4,00	**15,00**	35,00	0,7%
3 Gebäude des Gesundheitswesens				
Krankenhäuser	2,50	**15,00**	27,00	2,5%
Pflegeheime	14,00	**21,00**	33,00	3,8%
4 Schulen und Kindergärten				
Allgemeinbildende Schulen	0,20	**5,20**	10,00	1,0%
Berufliche Schulen	0,60	**8,60**	13,00	1,2%
Förder- und Sonderschulen	2,40	**7,80**	12,00	2,0%
Weiterbildungseinrichtungen	0,10	**6,60**	13,00	0,5%
Kindergärten, nicht unterkellert, einfacher Standard	3,60	**5,00**	6,40	0,9%
Kindergärten, nicht unterkellert, mittlerer Standard	1,60	**7,10**	11,00	1,4%
Kindergärten, nicht unterkellert, hoher Standard	–	**8,10**	–	0,4%
Kindergärten, unterkellert	3,30	**5,10**	7,00	1,0%
5 Sportbauten				
Sport- und Mehrzweckhallen	–	**–**	–	–
Sporthallen (Einfeldhallen)	3,80	**5,70**	7,60	2,2%
Sporthallen (Dreifeldhallen)	1,50	**3,30**	5,10	0,3%
Schwimmhallen	–	**–**	–	–
6 Wohnbauten und Gemeinschaftsstätten				
Ein- und Zweifamilienhäuser unterkellert, einfacher Standard	–	**1,00**	–	0,1%
Ein- und Zweifamilienhäuser unterkellert, mittlerer Standard	–	**4,00**	–	0,1%
Ein- und Zweifamilienhäuser unterkellert, hoher Standard	1,30	**3,80**	7,70	0,3%
Ein- und Zweifamilienhäuser, nicht unterkellert, einfacher Standard	–	**–**	–	–
Ein- und Zweifamilienhäuser, nicht unterkellert, mittlerer Standard	–	**15,00**	–	0,9%
Ein- und Zweifamilienhäuser, nicht unterkellert, hoher Standard	–	**–**	–	–
Ein- und Zweifamilienhäuser, Passivhausstandard, Massivbau	0,50	**4,30**	8,10	0,2%
Ein- und Zweifamilienhäuser, Passivhausstandard, Holzbau	0,70	**7,40**	34,00	0,7%
Ein- und Zweifamilienhäuser, Holzbauweise, unterkellert	–	**0,50**	–	0,0%
Ein- und Zweifamilienhäuser, Holzbauweise, nicht unterkellert	–	**–**	–	–
Doppel- und Reihenendhäuser, einfacher Standard	–	**–**	–	–
Doppel- und Reihenendhäuser, mittlerer Standard	–	**–**	–	–
Doppel- und Reihenendhäuser, hoher Standard	–	**–**	–	–
Reihenhäuser, einfacher Standard	–	**–**	–	–
Reihenhäuser, mittlerer Standard	–	**–**	–	–
Reihenhäuser, hoher Standard	–	**–**	–	–

© **BKI** Baukosteninformationszentrum; Erläuterungen zu den Tabellen siehe Seite 62   Kostenstand: 1.Quartal 2012, Bundesdurchschnitt, **inkl. MwSt.**

Gebäudeart	von	€/Einheit	bis	KG an 400
Mehrfamilienhäuser, mit bis zu 6 WE, einfacher Standard	–	–	–	–
Mehrfamilienhäuser, mit bis zu 6 WE, mittlerer Standard	–	**0,50**	–	0,0%
Mehrfamilienhäuser, mit bis zu 6 WE, hoher Standard	–	–	–	–
Mehrfamilienhäuser, mit 6 bis 19 WE, einfacher Standard	–	–	–	–
Mehrfamilienhäuser, mit 6 bis 19 WE, mittlerer Standard	–	**0,30**	–	0,0%
Mehrfamilienhäuser, mit 6 bis 19 WE, hoher Standard	0,60	**1,60**	2,60	0,3%
Mehrfamilienhäuser, mit mehr als 20 WE	0,60	**3,40**	6,20	1,2%
Mehrfamilienhäuser, energiesparend, ökologisch	–	**1,60**	–	0,1%
Wohnhäuser, mit bis zu 15% Mischnutzung, einfacher Standard	–	**0,10**	–	0,0%
Wohnhäuser, mit bis zu 15% Mischnutzung, mittlerer Standard	–	**1,10**	–	0,1%
Wohnhäuser, mit bis zu 15% Mischnutzung, hoher Standard	–	–	–	–
Wohnhäuser mit mehr als 15% Mischnutzung	–	**9,90**	–	0,5%
Personal- und Altenwohnungen	–	**0,90**	–	0,0%
Alten- und Pflegeheime	0,20	**7,80**	13,00	2,1%
Wohnheime und Internate	–	**4,70**	–	1,0%
Gaststätten, Kantinen und Mensen	11,00	**16,00**	23,00	2,9%

7 Produktion, Gewerbe und Handel, Lager, Garagen, Bereitschaftsdienste

	von	€/Einheit	bis	KG an 400
Geschäftshäuser mit Wohnungen	–	**6,80**	–	0,7%
Geschäftshäuser ohne Wohnungen	–	**8,60**	–	2,4%
Bank- und Sparkassengebäude	–	**7,70**	–	1,4%
Verbrauchermärkte	–	**4,90**	–	0,6%
Autohäuser	–	–	–	–
Industrielle Produktionsgebäude, Massivbauweise	7,50	**11,00**	15,00	1,7%
Industrielle Produktionsgebäude, überwiegend Skelettbauweise	1,10	**7,20**	11,00	2,7%
Betriebs- und Werkstätten, eingeschossig	–	**24,00**	–	0,7%
Betriebs- und Werkstätten, mehrgeschossig, geringer Hallenanteil	–	**5,70**	–	0,6%
Betriebs- und Werkstätten, mehrgeschossig, hoher Hallenanteil	0,70	**5,70**	16,00	0,5%
Lagergebäude, ohne Mischnutzung	–	–	–	–
Lagergebäude, mit bis zu 25% Mischnutzung	1,90	**10,00**	19,00	2,6%
Lagergebäude, mit mehr als 25% Mischnutzung	–	**7,60**	–	3,8%
Hochgaragen	–	–	–	–
Tiefgaragen	–	–	–	–
Feuerwehrhäuser	–	**1,00**	–	0,0%
Öffentliche Bereitschaftsdienste	15,00	**134,00**	371,00	12,3%

12 Gebäude anderer Art

	von	€/Einheit	bis	KG an 400
Gebäude für kulturelle und musische Zwecke	15,00	**24,00**	29,00	2,7%
Theater	–	**11,00**	–	0,9%
Gemeindezentren, einfacher Standard	–	–	–	–
Gemeindezentren, mittlerer Standard	1,50	**3,30**	5,10	0,2%
Gemeindezentren, hoher Standard	–	–	–	–
Sakralbauten	–	–	–	–
Friedhofsgebäude	–	–	–	–

Gebäudearten · Kostengruppen · Bauelemente · Neubau · Abbrechen · Wiederherstellen · Herstellen

Einheit: m²
Brutto-Grundfläche

Gebäuderart	von	€/Einheit	bis	KG an 400
1 Bürogebäude				
Bürogebäude, einfacher Standard	7,20	**16,00**	33,00	3,4%
Bürogebäude, mittlerer Standard	7,10	**17,00**	36,00	3,9%
Bürogebäude, hoher Standard	7,80	**30,00**	59,00	2,4%
2 Gebäude für wissenschaftliche Lehre und Forschung				
Instituts- und Laborgebäude	12,00	**16,00**	24,00	0,9%
3 Gebäude des Gesundheitswesens				
Krankenhäuser	4,80	**16,00**	26,00	2,2%
Pflegeheime	–	**3,20**	–	0,1%
4 Schulen und Kindergärten				
Allgemeinbildende Schulen	0,60	**10,00**	20,00	2,0%
Berufliche Schulen	2,30	**6,20**	13,00	0,8%
Förder- und Sonderschulen	3,80	**8,00**	10,00	1,5%
Weiterbildungseinrichtungen	3,50	**7,70**	12,00	0,9%
Kindergärten, nicht unterkellert, einfacher Standard	–	**–**	–	–
Kindergärten, nicht unterkellert, mittlerer Standard	–	**–**	–	–
Kindergärten, nicht unterkellert, hoher Standard	–	**–**	–	–
Kindergärten, unterkellert	–	**14,00**	–	1,2%
5 Sportbauten				
Sport- und Mehrzweckhallen	–	**–**	–	–
Sporthallen (Einfeldhallen)	–	**0,50**	–	0,0%
Sporthallen (Dreifeldhallen)	–	**–**	–	–
Schwimmhallen	–	**–**	–	–
6 Wohnbauten und Gemeinschaftsstätten				
Ein- und Zweifamilienhäuser unterkellert, einfacher Standard	–	**–**	–	–
Ein- und Zweifamilienhäuser unterkellert, mittlerer Standard	–	**1,80**	–	0,0%
Ein- und Zweifamilienhäuser unterkellert, hoher Standard	2,60	**3,90**	6,80	1,1%
Ein- und Zweifamilienhäuser, nicht unterkellert, einfacher Standard	–	**–**	–	–
Ein- und Zweifamilienhäuser, nicht unterkellert, mittlerer Standard	–	**2,30**	–	0,1%
Ein- und Zweifamilienhäuser, nicht unterkellert, hoher Standard	–	**2,80**	–	0,1%
Ein- und Zweifamilienhäuser, Passivhausstandard, Massivbau	1,20	**2,90**	4,10	0,5%
Ein- und Zweifamilienhäuser, Passivhausstandard, Holzbau	2,00	**3,70**	6,00	0,3%
Ein- und Zweifamilienhäuser, Holzbauweise, unterkellert	0,20	**0,60**	1,60	0,1%
Ein- und Zweifamilienhäuser, Holzbauweise, nicht unterkellert	1,20	**2,50**	3,70	0,1%
Doppel- und Reihenendhäuser, einfacher Standard	–	**–**	–	–
Doppel- und Reihenendhäuser, mittlerer Standard	–	**–**	–	–
Doppel- und Reihenendhäuser, hoher Standard	–	**–**	–	–
Reihenhäuser, einfacher Standard	–	**–**	–	–
Reihenhäuser, mittlerer Standard	–	**0,20**	–	0,0%
Reihenhäuser, hoher Standard	–	**2,20**	–	0,3%

© **BKI** Baukosteninformationszentrum; Erläuterungen zu den Tabellen siehe Seite 62   Kostenstand: 1.Quartal 2012, Bundesdurchschnitt, **inkl. MwSt.**

Gebäudeart	von	€/Einheit	bis	KG an 400
Mehrfamilienhäuser, mit bis zu 6 WE, einfacher Standard	–	–	–	–
Mehrfamilienhäuser, mit bis zu 6 WE, mittlerer Standard	–	**0,70**	–	0,0%
Mehrfamilienhäuser, mit bis zu 6 WE, hoher Standard	0,20	**2,20**	4,20	0,4%
Mehrfamilienhäuser, mit 6 bis 19 WE, einfacher Standard	–	–	–	–
Mehrfamilienhäuser, mit 6 bis 19 WE, mittlerer Standard	–	–	–	–
Mehrfamilienhäuser, mit 6 bis 19 WE, hoher Standard	–	**1,40**	–	0,1%
Mehrfamilienhäuser, mit mehr als 20 WE	–	–	–	–
Mehrfamilienhäuser, energiesparend, ökologisch	2,10	**2,20**	2,40	0,3%
Wohnhäuser, mit bis zu 15% Mischnutzung, einfacher Standard	2,60	**3,10**	3,50	0,6%
Wohnhäuser, mit bis zu 15% Mischnutzung, mittlerer Standard	–	**1,80**	–	0,2%
Wohnhäuser, mit bis zu 15% Mischnutzung, hoher Standard	–	–	–	–
Wohnhäuser mit mehr als 15% Mischnutzung	–	–	–	–
Personal- und Altenwohnungen	–	–	–	–
Alten- und Pflegeheime	–	**1,10**	–	0,0%
Wohnheime und Internate	–	–	–	–
Gaststätten, Kantinen und Mensen	–	–	–	–

7 Produktion, Gewerbe und Handel, Lager, Garagen, Bereitschaftsdienste

Gebäudeart	von	€/Einheit	bis	KG an 400
Geschäftshäuser mit Wohnungen	–	**7,80**	–	1,1%
Geschäftshäuser ohne Wohnungen	–	–	–	–
Bank- und Sparkassengebäude	–	**24,00**	–	4,4%
Verbrauchermärkte	–	**0,30**	–	0,0%
Autohäuser	–	–	–	–
Industrielle Produktionsgebäude, Massivbauweise	0,70	**1,80**	2,80	0,3%
Industrielle Produktionsgebäude, überwiegend Skelettbauweise	1,30	**4,40**	7,40	0,8%
Betriebs- und Werkstätten, eingeschossig	1,60	**5,90**	10,00	0,4%
Betriebs- und Werkstätten, mehrgeschossig, geringer Hallenanteil	–	–	–	–
Betriebs- und Werkstätten, mehrgeschossig, hoher Hallenanteil	0,90	**3,30**	7,60	0,9%
Lagergebäude, ohne Mischnutzung	–	**2,80**	–	0,5%
Lagergebäude, mit bis zu 25% Mischnutzung	9,40	**9,80**	10,00	3,9%
Lagergebäude, mit mehr als 25% Mischnutzung	–	–	–	–
Hochgaragen	–	–	–	–
Tiefgaragen	–	–	–	–
Feuerwehrhäuser	0,50	**1,70**	3,00	0,2%
Öffentliche Bereitschaftsdienste	0,90	**1,80**	2,70	0,3%

12 Gebäude anderer Art

Gebäudeart	von	€/Einheit	bis	KG an 400
Gebäude für kulturelle und musische Zwecke	4,00	**9,80**	16,00	0,6%
Theater	–	–	–	–
Gemeindezentren, einfacher Standard	–	–	–	–
Gemeindezentren, mittlerer Standard	0,30	**1,10**	1,80	0,0%
Gemeindezentren, hoher Standard	–	–	–	–
Sakralbauten	–	–	–	–
Friedhofsgebäude	–	–	–	–

Einheit: m²
Brutto-Grundfläche

Gebäudearten
Kostengruppen
Bauelemente
Neubau
Abbrechen
Wiederherstellen
Herstellen

Einheit: m²
Brutto-Grundfläche

Gebäuderart	von	€/Einheit	bis	KG an 400
1 Bürogebäude				
Bürogebäude, einfacher Standard	–	–	–	–
Bürogebäude, mittlerer Standard	–	**40,00**	–	0,2%
Bürogebäude, hoher Standard	9,60	**11,00**	12,00	0,3%
2 Gebäude für wissenschaftliche Lehre und Forschung				
Instituts- und Laborgebäude	–	–	–	–
3 Gebäude des Gesundheitswesens				
Krankenhäuser	–	–	–	–
Pflegeheime	–	–	–	–
4 Schulen und Kindergärten				
Allgemeinbildende Schulen	–	**23,00**	–	1,7%
Berufliche Schulen	–	–	–	–
Förder- und Sonderschulen	–	–	–	–
Weiterbildungseinrichtungen	–	–	–	–
Kindergärten, nicht unterkellert, einfacher Standard	–	–	–	–
Kindergärten, nicht unterkellert, mittlerer Standard	–	**0,90**	–	0,0%
Kindergärten, nicht unterkellert, hoher Standard	–	–	–	–
Kindergärten, unterkellert	–	–	–	–
5 Sportbauten				
Sport- und Mehrzweckhallen	–	–	–	–
Sporthallen (Einfeldhallen)	–	–	–	–
Sporthallen (Dreifeldhallen)	–	**9,50**	–	0,4%
Schwimmhallen	–	–	–	–
6 Wohnbauten und Gemeinschaftsstätten				
Ein- und Zweifamilienhäuser unterkellert, einfacher Standard	–	–	–	–
Ein- und Zweifamilienhäuser unterkellert, mittlerer Standard	–	–	–	–
Ein- und Zweifamilienhäuser unterkellert, hoher Standard	–	–	–	–
Ein- und Zweifamilienhäuser, nicht unterkellert, einfacher Standard	–	–	–	–
Ein- und Zweifamilienhäuser, nicht unterkellert, mittlerer Standard	–	–	–	–
Ein- und Zweifamilienhäuser, nicht unterkellert, hoher Standard	–	–	–	–
Ein- und Zweifamilienhäuser, Passivhausstandard, Massivbau	–	–	–	–
Ein- und Zweifamilienhäuser, Passivhausstandard, Holzbau	–	–	–	–
Ein- und Zweifamilienhäuser, Holzbauweise, unterkellert	–	–	–	–
Ein- und Zweifamilienhäuser, Holzbauweise, nicht unterkellert	–	–	–	–
Doppel- und Reihenendhäuser, einfacher Standard	–	–	–	–
Doppel- und Reihenendhäuser, mittlerer Standard	–	–	–	–
Doppel- und Reihenendhäuser, hoher Standard	–	–	–	–
Reihenhäuser, einfacher Standard	–	–	–	–
Reihenhäuser, mittlerer Standard	–	–	–	–
Reihenhäuser, hoher Standard	–	–	–	–

Kostenstand: 1.Quartal 2012, Bundesdurchschnitt, **inkl. MwSt.**

Gebäudeart	von	€/Einheit	bis	KG an 400
Mehrfamilienhäuser, mit bis zu 6 WE, einfacher Standard	–	–	–	–
Mehrfamilienhäuser, mit bis zu 6 WE, mittlerer Standard	–	–	–	–
Mehrfamilienhäuser, mit bis zu 6 WE, hoher Standard	–	–	–	–
Mehrfamilienhäuser, mit 6 bis 19 WE, einfacher Standard	–	–	–	–
Mehrfamilienhäuser, mit 6 bis 19 WE, mittlerer Standard	–	–	–	–
Mehrfamilienhäuser, mit 6 bis 19 WE, hoher Standard	–	–	–	–
Mehrfamilienhäuser, mit mehr als 20 WE	–	–	–	–
Mehrfamilienhäuser, energiesparend, ökologisch	–	–	–	–
Wohnhäuser, mit bis zu 15% Mischnutzung, einfacher Standard	–	–	–	–
Wohnhäuser, mit bis zu 15% Mischnutzung, mittlerer Standard	–	–	–	–
Wohnhäuser, mit bis zu 15% Mischnutzung, hoher Standard	–	–	–	–
Wohnhäuser mit mehr als 15% Mischnutzung	–	–	–	–
Personal- und Altenwohnungen	–	–	–	–
Alten- und Pflegeheime	–	–	–	–
Wohnheime und Internate	–	–	–	–
Gaststätten, Kantinen und Mensen	–	1,50	–	0,0%

7 Produktion, Gewerbe und Handel, Lager, Garagen, Bereitschaftsdienste

Gebäudeart	von	€/Einheit	bis	KG an 400
Geschäftshäuser mit Wohnungen	–	–	–	–
Geschäftshäuser ohne Wohnungen	–	–	–	–
Bank- und Sparkassengebäude	–	–	–	–
Verbrauchermärkte	–	–	–	–
Autohäuser	–	–	–	–
Industrielle Produktionsgebäude, Massivbauweise	–	–	–	–
Industrielle Produktionsgebäude, überwiegend Skelettbauweise	–	–	–	–
Betriebs- und Werkstätten, eingeschossig	–	–	–	–
Betriebs- und Werkstätten, mehrgeschossig, geringer Hallenanteil	–	–	–	–
Betriebs- und Werkstätten, mehrgeschossig, hoher Hallenanteil	–	–	–	–
Lagergebäude, ohne Mischnutzung	–	–	–	–
Lagergebäude, mit bis zu 25% Mischnutzung	–	–	–	–
Lagergebäude, mit mehr als 25% Mischnutzung	–	–	–	–
Hochgaragen	–	–	–	–
Tiefgaragen	–	–	–	–
Feuerwehrhäuser	–	36,00	–	2,8%
Öffentliche Bereitschaftsdienste	–	–	–	–

12 Gebäude anderer Art

Gebäudeart	von	€/Einheit	bis	KG an 400
Gebäude für kulturelle und musische Zwecke	–	–	–	–
Theater	–	–	–	–
Gemeindezentren, einfacher Standard	–	–	–	–
Gemeindezentren, mittlerer Standard	–	–	–	–
Gemeindezentren, hoher Standard	–	–	–	–
Sakralbauten	–	–	–	–
Friedhofsgebäude	–	–	–	–

Gebäudearten

Kostengruppen

Bauelemente

Neubau

Abbrechen

Wiederherstellen

Herstellen

Einheit: m²
Brutto-Grundfläche

Gebäudeart	von	€/Einheit	bis	KG an 400
1 Bürogebäude				
Bürogebäude, einfacher Standard	19,00	**27,00**	35,00	3,9%
Bürogebäude, mittlerer Standard	15,00	**32,00**	61,00	2,3%
Bürogebäude, hoher Standard	19,00	**33,00**	44,00	2,7%
2 Gebäude für wissenschaftliche Lehre und Forschung				
Instituts- und Laborgebäude	–	–	–	–
3 Gebäude des Gesundheitswesens				
Krankenhäuser	29,00	**35,00**	46,00	3,5%
Pflegeheime	21,00	**27,00**	33,00	3,2%
4 Schulen und Kindergärten				
Allgemeinbildende Schulen	4,80	**12,00**	16,00	3,3%
Berufliche Schulen	6,00	**9,40**	16,00	1,5%
Förder- und Sonderschulen	28,00	**32,00**	34,00	6,8%
Weiterbildungseinrichtungen	16,00	**29,00**	46,00	6,2%
Kindergärten, nicht unterkellert, einfacher Standard	–	**9,90**	–	0,8%
Kindergärten, nicht unterkellert, mittlerer Standard	–	**–**	–	–
Kindergärten, nicht unterkellert, hoher Standard	11,00	**13,00**	15,00	1,3%
Kindergärten, unterkellert	–	**–**	–	–
5 Sportbauten				
Sport- und Mehrzweckhallen	–	**–**	–	–
Sporthallen (Einfeldhallen)	–	**–**	–	–
Sporthallen (Dreifeldhallen)	–	**7,50**	–	0,3%
Schwimmhallen	–	**–**	–	–
6 Wohnbauten und Gemeinschaftsstätten				
Ein- und Zweifamilienhäuser unterkellert, einfacher Standard	–	**–**	–	–
Ein- und Zweifamilienhäuser unterkellert, mittlerer Standard	–	**–**	–	–
Ein- und Zweifamilienhäuser unterkellert, hoher Standard	–	**–**	–	–
Ein- und Zweifamilienhäuser, nicht unterkellert, einfacher Standard	–	**–**	–	–
Ein- und Zweifamilienhäuser, nicht unterkellert, mittlerer Standard	–	**–**	–	–
Ein- und Zweifamilienhäuser, nicht unterkellert, hoher Standard	–	**–**	–	–
Ein- und Zweifamilienhäuser, Passivhausstandard, Massivbau	–	**–**	–	–
Ein- und Zweifamilienhäuser, Passivhausstandard, Holzbau	–	**–**	–	–
Ein- und Zweifamilienhäuser, Holzbauweise, unterkellert	–	**–**	–	–
Ein- und Zweifamilienhäuser, Holzbauweise, nicht unterkellert	–	**19,00**	–	0,5%
Doppel- und Reihenendhäuser, einfacher Standard	–	**–**	–	–
Doppel- und Reihenendhäuser, mittlerer Standard	–	**–**	–	–
Doppel- und Reihenendhäuser, hoher Standard	–	**–**	–	–
Reihenhäuser, einfacher Standard	–	**–**	–	–
Reihenhäuser, mittlerer Standard	–	**–**	–	–
Reihenhäuser, hoher Standard	–	**–**	–	–

© **BKI** Baukosteninformationszentrum; Erläuterungen zu den Tabellen siehe Seite 62   Kostenstand: 1.Quartal 2012, Bundesdurchschnitt, **inkl. MwSt.**

Gebäudeart	von	€/Einheit	bis	KG an 400
Mehrfamilienhäuser, mit bis zu 6 WE, einfacher Standard	–	–	–	–
Mehrfamilienhäuser, mit bis zu 6 WE, mittlerer Standard	–	–	–	–
Mehrfamilienhäuser, mit bis zu 6 WE, hoher Standard	–	**31,00**	–	3,8%
Mehrfamilienhäuser, mit 6 bis 19 WE, einfacher Standard	–	–	–	–
Mehrfamilienhäuser, mit 6 bis 19 WE, mittlerer Standard	–	–	–	–
Mehrfamilienhäuser, mit 6 bis 19 WE, hoher Standard	24,00	**28,00**	31,00	16,8%
Mehrfamilienhäuser, mit mehr als 20 WE	17,00	**33,00**	48,00	11,7%
Mehrfamilienhäuser, energiesparend, ökologisch	–	**29,00**	–	2,2%
Wohnhäuser, mit bis zu 15% Mischnutzung, einfacher Standard	13,00	**19,00**	23,00	6,5%
Wohnhäuser, mit bis zu 15% Mischnutzung, mittlerer Standard	–	**24,00**	–	3,4%
Wohnhäuser, mit bis zu 15% Mischnutzung, hoher Standard	–	**22,00**	–	5,7%
Wohnhäuser mit mehr als 15% Mischnutzung	–	**34,00**	–	2,8%
Personal- und Altenwohnungen	14,00	**24,00**	47,00	12,6%
Alten- und Pflegeheime	15,00	**17,00**	20,00	7,9%
Wohnheime und Internate	–	**21,00**	–	5,0%
Gaststätten, Kantinen und Mensen	–	**39,00**	–	1,5%

7 Produktion, Gewerbe und Handel, Lager, Garagen, Bereitschaftsdienste

Gebäudeart	von	€/Einheit	bis	KG an 400
Geschäftshäuser mit Wohnungen	21,00	**23,00**	24,00	5,8%
Geschäftshäuser ohne Wohnungen	–	**56,00**	–	12,9%
Bank- und Sparkassengebäude	–	**28,00**	–	5,0%
Verbrauchermärkte	–	–	–	–
Autohäuser	–	–	–	–
Industrielle Produktionsgebäude, Massivbauweise	7,10	**15,00**	23,00	2,6%
Industrielle Produktionsgebäude, überwiegend Skelettbauweise	–	–	–	–
Betriebs- und Werkstätten, eingeschossig	–	**7,80**	–	0,2%
Betriebs- und Werkstätten, mehrgeschossig, geringer Hallenanteil	7,50	**12,00**	17,00	1,9%
Betriebs- und Werkstätten, mehrgeschossig, hoher Hallenanteil	–	**3,10**	–	0,0%
Lagergebäude, ohne Mischnutzung	–	–	–	–
Lagergebäude, mit bis zu 25% Mischnutzung	–	–	–	–
Lagergebäude, mit mehr als 25% Mischnutzung	–	–	–	–
Hochgaragen	–	–	–	–
Tiefgaragen	–	–	–	–
Feuerwehrhäuser	–	**12,00**	–	1,5%
Öffentliche Bereitschaftsdienste	–	–	–	–

12 Gebäude anderer Art

Gebäudeart	von	€/Einheit	bis	KG an 400
Gebäude für kulturelle und musische Zwecke	14,00	**24,00**	35,00	1,9%
Theater	–	**32,00**	–	2,6%
Gemeindezentren, einfacher Standard	–	–	–	–
Gemeindezentren, mittlerer Standard	–	–	–	–
Gemeindezentren, hoher Standard	–	**84,00**	–	10,1%
Sakralbauten	–	–	–	–
Friedhofsgebäude	–	–	–	–

Gebäudearten

Kostengruppen

Bauelemente

Neubau

Abbrechen

Wiederherstellen

Herstellen

Einheit: m²
Brutto-Grundfläche

Gebäuderart	von	€/Einheit	bis	KG an 400
1 Bürogebäude				
Bürogebäude, einfacher Standard	–	–	–	–
Bürogebäude, mittlerer Standard	–	–	–	–
Bürogebäude, hoher Standard	–	–	–	–
2 Gebäude für wissenschaftliche Lehre und Forschung				
Instituts- und Laborgebäude	–	–	–	–
3 Gebäude des Gesundheitswesens				
Krankenhäuser	–	–	–	–
Pflegeheime	–	–	–	–
4 Schulen und Kindergärten				
Allgemeinbildende Schulen	–	–	–	–
Berufliche Schulen	–	–	–	–
Förder- und Sonderschulen	–	–	–	–
Weiterbildungseinrichtungen	–	–	–	–
Kindergärten, nicht unterkellert, einfacher Standard	–	–	–	–
Kindergärten, nicht unterkellert, mittlerer Standard	–	–	–	–
Kindergärten, nicht unterkellert, hoher Standard	–	–	–	–
Kindergärten, unterkellert	–	–	–	–
5 Sportbauten				
Sport- und Mehrzweckhallen	–	–	–	–
Sporthallen (Einfeldhallen)	–	–	–	–
Sporthallen (Dreifeldhallen)	–	–	–	–
Schwimmhallen	–	–	–	–
6 Wohnbauten und Gemeinschaftsstätten				
Ein- und Zweifamilienhäuser unterkellert, einfacher Standard	–	–	–	–
Ein- und Zweifamilienhäuser unterkellert, mittlerer Standard	–	–	–	–
Ein- und Zweifamilienhäuser unterkellert, hoher Standard	–	–	–	–
Ein- und Zweifamilienhäuser, nicht unterkellert, einfacher Standard	–	–	–	–
Ein- und Zweifamilienhäuser, nicht unterkellert, mittlerer Standard	–	–	–	–
Ein- und Zweifamilienhäuser, nicht unterkellert, hoher Standard	–	–	–	–
Ein- und Zweifamilienhäuser, Passivhausstandard, Massivbau	–	–	–	–
Ein- und Zweifamilienhäuser, Passivhausstandard, Holzbau	–	–	–	–
Ein- und Zweifamilienhäuser, Holzbauweise, unterkellert	–	–	–	–
Ein- und Zweifamilienhäuser, Holzbauweise, nicht unterkellert	–	–	–	–
Doppel- und Reihenendhäuser, einfacher Standard	–	–	–	–
Doppel- und Reihenendhäuser, mittlerer Standard	–	–	–	–
Doppel- und Reihenendhäuser, hoher Standard	–	–	–	–
Reihenhäuser, einfacher Standard	–	–	–	–
Reihenhäuser, mittlerer Standard	–	–	–	–
Reihenhäuser, hoher Standard	–	–	–	–

© **BKI** Baukosteninformationszentrum; Erläuterungen zu den Tabellen siehe Seite 62   Kostenstand: 1.Quartal 2012, Bundesdurchschnitt, **inkl. MwSt.**

Gebäudeart	von	€/Einheit	bis	KG an 400
Mehrfamilienhäuser, mit bis zu 6 WE, einfacher Standard	–	–	–	–
Mehrfamilienhäuser, mit bis zu 6 WE, mittlerer Standard	–	–	–	–
Mehrfamilienhäuser, mit bis zu 6 WE, hoher Standard	–	–	–	–
Mehrfamilienhäuser, mit 6 bis 19 WE, einfacher Standard	–	–	–	–
Mehrfamilienhäuser, mit 6 bis 19 WE, mittlerer Standard	–	–	–	–
Mehrfamilienhäuser, mit 6 bis 19 WE, hoher Standard	–	–	–	–
Mehrfamilienhäuser, mit mehr als 20 WE	–	–	–	–
Mehrfamilienhäuser, energiesparend, ökologisch	–	–	–	–
Wohnhäuser, mit bis zu 15% Mischnutzung, einfacher Standard	–	–	–	–
Wohnhäuser, mit bis zu 15% Mischnutzung, mittlerer Standard	–	–	–	–
Wohnhäuser, mit bis zu 15% Mischnutzung, hoher Standard	–	–	–	–
Wohnhäuser mit mehr als 15% Mischnutzung	–	–	–	–
Personal- und Altenwohnungen	–	–	–	–
Alten- und Pflegeheime	–	–	–	–
Wohnheime und Internate	–	–	–	–
Gaststätten, Kantinen und Mensen	–	–	–	–

7 Produktion, Gewerbe und Handel, Lager, Garagen, Bereitschaftsdienste

Gebäudeart	von	€/Einheit	bis	KG an 400
Geschäftshäuser mit Wohnungen	–	**47,00**	–	5,2%
Geschäftshäuser ohne Wohnungen	–	–	–	–
Bank- und Sparkassengebäude	–	–	–	–
Verbrauchermärkte	–	–	–	–
Autohäuser	–	–	–	–
Industrielle Produktionsgebäude, Massivbauweise	–	–	–	–
Industrielle Produktionsgebäude, überwiegend Skelettbauweise	–	–	–	–
Betriebs- und Werkstätten, eingeschossig	–	–	–	–
Betriebs- und Werkstätten, mehrgeschossig, geringer Hallenanteil	–	–	–	–
Betriebs- und Werkstätten, mehrgeschossig, hoher Hallenanteil	–	–	–	–
Lagergebäude, ohne Mischnutzung	–	–	–	–
Lagergebäude, mit bis zu 25% Mischnutzung	–	–	–	–
Lagergebäude, mit mehr als 25% Mischnutzung	–	–	–	–
Hochgaragen	–	–	–	–
Tiefgaragen	–	–	–	–
Feuerwehrhäuser	–	–	–	–
Öffentliche Bereitschaftsdienste	–	–	–	–

12 Gebäude anderer Art

Gebäudeart	von	€/Einheit	bis	KG an 400
Gebäude für kulturelle und musische Zwecke	–	–	–	–
Theater	–	–	–	–
Gemeindezentren, einfacher Standard	–	–	–	–
Gemeindezentren, mittlerer Standard	–	–	–	–
Gemeindezentren, hoher Standard	–	–	–	–
Sakralbauten	–	–	–	–
Friedhofsgebäude	–	–	–	–

Einheit: m²
Brutto-Grundfläche

Gebäudearten
Bauelemente
Kostengruppen
Neubau
Abbrechen
Wiederherstellen
Herstellen

Einheit: m²
Brutto-Grundfläche

Gebäuderart	von	€/Einheit	bis	KG an 400
1 Bürogebäude				
Bürogebäude, einfacher Standard	–	–	–	–
Bürogebäude, mittlerer Standard	–	–	–	–
Bürogebäude, hoher Standard	–	–	–	–
2 Gebäude für wissenschaftliche Lehre und Forschung				
Instituts- und Laborgebäude	–	–	–	–
3 Gebäude des Gesundheitswesens				
Krankenhäuser	–	–	–	–
Pflegeheime	–	–	–	–
4 Schulen und Kindergärten				
Allgemeinbildende Schulen	–	–	–	–
Berufliche Schulen	–	–	–	–
Förder- und Sonderschulen	–	–	–	–
Weiterbildungseinrichtungen	–	–	–	–
Kindergärten, nicht unterkellert, einfacher Standard	–	–	–	–
Kindergärten, nicht unterkellert, mittlerer Standard	–	–	–	–
Kindergärten, nicht unterkellert, hoher Standard	–	–	–	–
Kindergärten, unterkellert	–	–	–	–
5 Sportbauten				
Sport- und Mehrzweckhallen	–	–	–	–
Sporthallen (Einfeldhallen)	–	–	–	–
Sporthallen (Dreifeldhallen)	–	–	–	–
Schwimmhallen	–	–	–	–
6 Wohnbauten und Gemeinschaftsstätten				
Ein- und Zweifamilienhäuser unterkellert, einfacher Standard	–	–	–	–
Ein- und Zweifamilienhäuser unterkellert, mittlerer Standard	–	–	–	–
Ein- und Zweifamilienhäuser unterkellert, hoher Standard	–	–	–	–
Ein- und Zweifamilienhäuser, nicht unterkellert, einfacher Standard	–	–	–	–
Ein- und Zweifamilienhäuser, nicht unterkellert, mittlerer Standard	–	–	–	–
Ein- und Zweifamilienhäuser, nicht unterkellert, hoher Standard	–	–	–	–
Ein- und Zweifamilienhäuser, Passivhausstandard, Massivbau	–	–	–	–
Ein- und Zweifamilienhäuser, Passivhausstandard, Holzbau	–	–	–	–
Ein- und Zweifamilienhäuser, Holzbauweise, unterkellert	–	–	–	–
Ein- und Zweifamilienhäuser, Holzbauweise, nicht unterkellert	–	–	–	–
Doppel- und Reihenendhäuser, einfacher Standard	–	–	–	–
Doppel- und Reihenendhäuser, mittlerer Standard	–	–	–	–
Doppel- und Reihenendhäuser, hoher Standard	–	–	–	–
Reihenhäuser, einfacher Standard	–	–	–	–
Reihenhäuser, mittlerer Standard	–	–	–	–
Reihenhäuser, hoher Standard	–	–	–	–

Gebäudeart	von	€/Einheit	bis	KG an 400
Mehrfamilienhäuser, mit bis zu 6 WE, einfacher Standard	–	–	–	–
Mehrfamilienhäuser, mit bis zu 6 WE, mittlerer Standard	–	–	–	–
Mehrfamilienhäuser, mit bis zu 6 WE, hoher Standard	–	–	–	–
Mehrfamilienhäuser, mit 6 bis 19 WE, einfacher Standard	–	–	–	–
Mehrfamilienhäuser, mit 6 bis 19 WE, mittlerer Standard	–	–	–	–
Mehrfamilienhäuser, mit 6 bis 19 WE, hoher Standard	–	–	–	–
Mehrfamilienhäuser, mit mehr als 20 WE	–	–	–	–
Mehrfamilienhäuser, energiesparend, ökologisch	–	–	–	–
Wohnhäuser, mit bis zu 15% Mischnutzung, einfacher Standard	–	–	–	–
Wohnhäuser, mit bis zu 15% Mischnutzung, mittlerer Standard	–	–	–	–
Wohnhäuser, mit bis zu 15% Mischnutzung, hoher Standard	–	–	–	–
Wohnhäuser mit mehr als 15% Mischnutzung	–	–	–	–
Personal- und Altenwohnungen	–	–	–	–
Alten- und Pflegeheime	–	–	–	–
Wohnheime und Internate	–	–	–	–
Gaststätten, Kantinen und Mensen	–	–	–	–

Einheit: m²
Brutto-Grundfläche

7 Produktion, Gewerbe und Handel, Lager, Garagen, Bereitschaftsdienste

Gebäudeart	von	€/Einheit	bis	KG an 400
Geschäftshäuser mit Wohnungen	–	–	–	–
Geschäftshäuser ohne Wohnungen	–	–	–	–
Bank- und Sparkassengebäude	–	–	–	–
Verbrauchermärkte	–	–	–	–
Autohäuser	–	–	–	–
Industrielle Produktionsgebäude, Massivbauweise	–	–	–	–
Industrielle Produktionsgebäude, überwiegend Skelettbauweise	–	–	–	–
Betriebs- und Werkstätten, eingeschossig	–	–	–	–
Betriebs- und Werkstätten, mehrgeschossig, geringer Hallenanteil	–	–	–	–
Betriebs- und Werkstätten, mehrgeschossig, hoher Hallenanteil	–	–	–	–
Lagergebäude, ohne Mischnutzung	–	–	–	–
Lagergebäude, mit bis zu 25% Mischnutzung	–	–	–	–
Lagergebäude, mit mehr als 25% Mischnutzung	–	–	–	–
Hochgaragen	–	–	–	–
Tiefgaragen	–	–	–	–
Feuerwehrhäuser	–	–	–	–
Öffentliche Bereitschaftsdienste	–	–	–	–

12 Gebäude anderer Art

Gebäudeart	von	€/Einheit	bis	KG an 400
Gebäude für kulturelle und musische Zwecke	–	–	–	–
Theater	–	–	–	–
Gemeindezentren, einfacher Standard	–	–	–	–
Gemeindezentren, mittlerer Standard	–	–	–	–
Gemeindezentren, hoher Standard	–	–	–	–
Sakralbauten	–	–	–	–
Friedhofsgebäude	–	–	–	–

Gebäudearten
Kostengruppen
Bauelemente
Neubau
Abrechen
Wiederherstellen
Herstellen

464
Transportanlagen

Einheit: m²
Brutto-Grundfläche

Gebäudeart	von	€/Einheit	bis	KG an 400
1 Bürogebäude				
Bürogebäude, einfacher Standard	–	–	–	–
Bürogebäude, mittlerer Standard	–	–	–	–
Bürogebäude, hoher Standard	–	–	–	–
2 Gebäude für wissenschaftliche Lehre und Forschung				
Instituts- und Laborgebäude	–	–	–	–
3 Gebäude des Gesundheitswesens				
Krankenhäuser	1,00	**7,10**	13,00	0,5%
Pflegeheime	–	–	–	–
4 Schulen und Kindergärten				
Allgemeinbildende Schulen	–	–	–	–
Berufliche Schulen	–	–	–	–
Förder- und Sonderschulen	–	–	–	–
Weiterbildungseinrichtungen	–	–	–	–
Kindergärten, nicht unterkellert, einfacher Standard	–	–	–	–
Kindergärten, nicht unterkellert, mittlerer Standard	–	–	–	–
Kindergärten, nicht unterkellert, hoher Standard	–	–	–	–
Kindergärten, unterkellert	–	–	–	–
5 Sportbauten				
Sport- und Mehrzweckhallen	–	–	–	–
Sporthallen (Einfeldhallen)	–	–	–	–
Sporthallen (Dreifeldhallen)	–	–	–	–
Schwimmhallen	–	–	–	–
6 Wohnbauten und Gemeinschaftsstätten				
Ein- und Zweifamilienhäuser unterkellert, einfacher Standard	–	–	–	–
Ein- und Zweifamilienhäuser unterkellert, mittlerer Standard	–	–	–	–
Ein- und Zweifamilienhäuser unterkellert, hoher Standard	–	–	–	–
Ein- und Zweifamilienhäuser, nicht unterkellert, einfacher Standard	–	–	–	–
Ein- und Zweifamilienhäuser, nicht unterkellert, mittlerer Standard	–	–	–	–
Ein- und Zweifamilienhäuser, nicht unterkellert, hoher Standard	–	–	–	–
Ein- und Zweifamilienhäuser, Passivhausstandard, Massivbau	–	–	–	–
Ein- und Zweifamilienhäuser, Passivhausstandard, Holzbau	–	–	–	–
Ein- und Zweifamilienhäuser, Holzbauweise, unterkellert	–	–	–	–
Ein- und Zweifamilienhäuser, Holzbauweise, nicht unterkellert	–	–	–	–
Doppel- und Reihenendhäuser, einfacher Standard	–	–	–	–
Doppel- und Reihenendhäuser, mittlerer Standard	–	–	–	–
Doppel- und Reihenendhäuser, hoher Standard	–	–	–	–
Reihenhäuser, einfacher Standard	–	–	–	–
Reihenhäuser, mittlerer Standard	–	–	–	–
Reihenhäuser, hoher Standard	–	–	–	–

Kostenstand: 1.Quartal 2012, Bundesdurchschnitt, **inkl. MwSt.**

Gebäudeart	von	€/Einheit	bis	KG an 400
Mehrfamilienhäuser, mit bis zu 6 WE, einfacher Standard	–	–	–	–
Mehrfamilienhäuser, mit bis zu 6 WE, mittlerer Standard	–	–	–	–
Mehrfamilienhäuser, mit bis zu 6 WE, hoher Standard	–	–	–	–
Mehrfamilienhäuser, mit 6 bis 19 WE, einfacher Standard	–	–	–	–
Mehrfamilienhäuser, mit 6 bis 19 WE, mittlerer Standard	–	–	–	–
Mehrfamilienhäuser, mit 6 bis 19 WE, hoher Standard	–	–	–	–
Mehrfamilienhäuser, mit mehr als 20 WE	–	–	–	–
Mehrfamilienhäuser, energiesparend, ökologisch	–	–	–	–
Wohnhäuser, mit bis zu 15% Mischnutzung, einfacher Standard	–	–	–	–
Wohnhäuser, mit bis zu 15% Mischnutzung, mittlerer Standard	–	–	–	–
Wohnhäuser, mit bis zu 15% Mischnutzung, hoher Standard	–	–	–	–
Wohnhäuser mit mehr als 15% Mischnutzung	–	–	–	–
Personal- und Altenwohnungen	–	–	–	–
Alten- und Pflegeheime	–	1,20	–	0,2%
Wohnheime und Internate	–	–	–	–
Gaststätten, Kantinen und Mensen	–	–	–	–

7 Produktion, Gewerbe und Handel, Lager, Garagen, Bereitschaftsdienste

Gebäudeart	von	€/Einheit	bis	KG an 400
Geschäftshäuser mit Wohnungen	–	–	–	–
Geschäftshäuser ohne Wohnungen	–	–	–	–
Bank- und Sparkassengebäude	–	–	–	–
Verbrauchermärkte	–	–	–	–
Autohäuser	–	–	–	–
Industrielle Produktionsgebäude, Massivbauweise	–	–	–	–
Industrielle Produktionsgebäude, überwiegend Skelettbauweise	–	–	–	–
Betriebs- und Werkstätten, eingeschossig	–	–	–	–
Betriebs- und Werkstätten, mehrgeschossig, geringer Hallenanteil	–	–	–	–
Betriebs- und Werkstätten, mehrgeschossig, hoher Hallenanteil	–	–	–	–
Lagergebäude, ohne Mischnutzung	–	–	–	–
Lagergebäude, mit bis zu 25% Mischnutzung	–	–	–	–
Lagergebäude, mit mehr als 25% Mischnutzung	–	–	–	–
Hochgaragen	–	–	–	–
Tiefgaragen	–	–	–	–
Feuerwehrhäuser	–	–	–	–
Öffentliche Bereitschaftsdienste	–	–	–	–

12 Gebäude anderer Art

Gebäudeart	von	€/Einheit	bis	KG an 400
Gebäude für kulturelle und musische Zwecke	–	–	–	–
Theater	–	–	–	–
Gemeindezentren, einfacher Standard	–	–	–	–
Gemeindezentren, mittlerer Standard	–	–	–	–
Gemeindezentren, hoher Standard	–	–	–	–
Sakralbauten	–	–	–	–
Friedhofsgebäude	–	–	–	–

Einheit: m²
Brutto-Grundfläche

Bauelemente
Gebäudearten
Kostengruppen
Neubau
Abbrechen
Wiederherstellen
Herstellen

465
Krananlagen

Einheit: m²
Brutto-Grundfläche

Gebäudeart	von	€/Einheit	bis	KG an 400
1 Bürogebäude				
Bürogebäude, einfacher Standard	–	–	–	–
Bürogebäude, mittlerer Standard	–	–	–	–
Bürogebäude, hoher Standard	–	–	–	–
2 Gebäude für wissenschaftliche Lehre und Forschung				
Instituts- und Laborgebäude	–	–	–	–
3 Gebäude des Gesundheitswesens				
Krankenhäuser	–	–	–	–
Pflegeheime	–	–	–	–
4 Schulen und Kindergärten				
Allgemeinbildende Schulen	–	–	–	–
Berufliche Schulen	–	–	–	–
Förder- und Sonderschulen	–	–	–	–
Weiterbildungseinrichtungen	–	–	–	–
Kindergärten, nicht unterkellert, einfacher Standard	–	–	–	–
Kindergärten, nicht unterkellert, mittlerer Standard	–	–	–	–
Kindergärten, nicht unterkellert, hoher Standard	–	–	–	–
Kindergärten, unterkellert	–	–	–	–
5 Sportbauten				
Sport- und Mehrzweckhallen	–	–	–	–
Sporthallen (Einfeldhallen)	–	–	–	–
Sporthallen (Dreifeldhallen)	–	–	–	–
Schwimmhallen	–	–	–	–
6 Wohnbauten und Gemeinschaftsstätten				
Ein- und Zweifamilienhäuser unterkellert, einfacher Standard	–	–	–	–
Ein- und Zweifamilienhäuser unterkellert, mittlerer Standard	–	–	–	–
Ein- und Zweifamilienhäuser unterkellert, hoher Standard	–	–	–	–
Ein- und Zweifamilienhäuser, nicht unterkellert, einfacher Standard	–	–	–	–
Ein- und Zweifamilienhäuser, nicht unterkellert, mittlerer Standard	–	–	–	–
Ein- und Zweifamilienhäuser, nicht unterkellert, hoher Standard	–	–	–	–
Ein- und Zweifamilienhäuser, Passivhausstandard, Massivbau	–	–	–	–
Ein- und Zweifamilienhäuser, Passivhausstandard, Holzbau	–	–	–	–
Ein- und Zweifamilienhäuser, Holzbauweise, unterkellert	–	–	–	–
Ein- und Zweifamilienhäuser, Holzbauweise, nicht unterkellert	–	–	–	–
Doppel- und Reihenendhäuser, einfacher Standard	–	–	–	–
Doppel- und Reihenendhäuser, mittlerer Standard	–	–	–	–
Doppel- und Reihenendhäuser, hoher Standard	–	–	–	–
Reihenhäuser, einfacher Standard	–	–	–	–
Reihenhäuser, mittlerer Standard	–	–	–	–
Reihenhäuser, hoher Standard	–	–	–	–

© **BKI** Baukosteninformationszentrum; Erläuterungen zu den Tabellen siehe Seite 62

Kostenstand: 1.Quartal 2012, Bundesdurchschnitt, **inkl.** MwSt.

Gebäudeart	von	€/Einheit	bis	KG an 400
Mehrfamilienhäuser, mit bis zu 6 WE, einfacher Standard	–	–	–	–
Mehrfamilienhäuser, mit bis zu 6 WE, mittlerer Standard	–	–	–	–
Mehrfamilienhäuser, mit bis zu 6 WE, hoher Standard	–	–	–	–
Mehrfamilienhäuser, mit 6 bis 19 WE, einfacher Standard	–	–	–	–
Mehrfamilienhäuser, mit 6 bis 19 WE, mittlerer Standard	–	–	–	–
Mehrfamilienhäuser, mit 6 bis 19 WE, hoher Standard	–	–	–	–
Mehrfamilienhäuser, mit mehr als 20 WE	–	–	–	–
Mehrfamilienhäuser, energiesparend, ökologisch	–	–	–	–
Wohnhäuser, mit bis zu 15% Mischnutzung, einfacher Standard	–	–	–	–
Wohnhäuser, mit bis zu 15% Mischnutzung, mittlerer Standard	–	–	–	–
Wohnhäuser, mit bis zu 15% Mischnutzung, hoher Standard	–	–	–	–
Wohnhäuser mit mehr als 15% Mischnutzung	–	–	–	–
Personal- und Altenwohnungen	–	–	–	–
Alten- und Pflegeheime	–	–	–	–
Wohnheime und Internate	–	–	–	–
Gaststätten, Kantinen und Mensen	–	–	–	–

7 Produktion, Gewerbe und Handel, Lager, Garagen, Bereitschaftsdienste

Gebäudeart	von	€/Einheit	bis	KG an 400
Geschäftshäuser mit Wohnungen	–	–	–	–
Geschäftshäuser ohne Wohnungen	–	–	–	–
Bank- und Sparkassengebäude	–	–	–	–
Verbrauchermärkte	–	–	–	–
Autohäuser	–	–	–	–
Industrielle Produktionsgebäude, Massivbauweise	–	–	–	–
Industrielle Produktionsgebäude, überwiegend Skelettbauweise	2,70	**14,00**	25,00	3,1%
Betriebs- und Werkstätten, eingeschossig	7,50	**20,00**	32,00	2,5%
Betriebs- und Werkstätten, mehrgeschossig, geringer Hallenanteil	–	–	–	–
Betriebs- und Werkstätten, mehrgeschossig, hoher Hallenanteil	32,00	**44,00**	57,00	4,3%
Lagergebäude, ohne Mischnutzung	–	–	–	–
Lagergebäude, mit bis zu 25% Mischnutzung	–	–	–	–
Lagergebäude, mit mehr als 25% Mischnutzung	–	–	–	–
Hochgaragen	–	–	–	–
Tiefgaragen	–	–	–	–
Feuerwehrhäuser	–	–	–	–
Öffentliche Bereitschaftsdienste	–	**0,80**	–	0,0%

12 Gebäude anderer Art

Gebäudeart	von	€/Einheit	bis	KG an 400
Gebäude für kulturelle und musische Zwecke	–	–	–	–
Theater	–	–	–	–
Gemeindezentren, einfacher Standard	–	–	–	–
Gemeindezentren, mittlerer Standard	–	–	–	–
Gemeindezentren, hoher Standard	–	–	–	–
Sakralbauten	–	–	–	–
Friedhofsgebäude	–	–	–	–

Einheit: m²
Brutto-Grundfläche

469
Förderanlagen, sonstiges

Einheit: m²
Brutto-Grundfläche

Gebäuderart	von	€/Einheit	bis	KG an 400
1 Bürogebäude				
Bürogebäude, einfacher Standard	–	–	–	–
Bürogebäude, mittlerer Standard	–	–	–	–
Bürogebäude, hoher Standard	–	–	–	–
2 Gebäude für wissenschaftliche Lehre und Forschung				
Instituts- und Laborgebäude	–	–	–	–
3 Gebäude des Gesundheitswesens				
Krankenhäuser	–	–	–	–
Pflegeheime	–	–	–	–
4 Schulen und Kindergärten				
Allgemeinbildende Schulen	–	–	–	–
Berufliche Schulen	–	–	–	–
Förder- und Sonderschulen	–	–	–	–
Weiterbildungseinrichtungen	–	–	–	–
Kindergärten, nicht unterkellert, einfacher Standard	–	–	–	–
Kindergärten, nicht unterkellert, mittlerer Standard	–	–	–	–
Kindergärten, nicht unterkellert, hoher Standard	–	–	–	–
Kindergärten, unterkellert	–	–	–	–
5 Sportbauten				
Sport- und Mehrzweckhallen	–	–	–	–
Sporthallen (Einfeldhallen)	–	–	–	–
Sporthallen (Dreifeldhallen)	–	–	–	–
Schwimmhallen	–	–	–	–
6 Wohnbauten und Gemeinschaftsstätten				
Ein- und Zweifamilienhäuser unterkellert, einfacher Standard	–	–	–	–
Ein- und Zweifamilienhäuser unterkellert, mittlerer Standard	–	–	–	–
Ein- und Zweifamilienhäuser unterkellert, hoher Standard	–	–	–	–
Ein- und Zweifamilienhäuser, nicht unterkellert, einfacher Standard	–	–	–	–
Ein- und Zweifamilienhäuser, nicht unterkellert, mittlerer Standard	–	–	–	–
Ein- und Zweifamilienhäuser, nicht unterkellert, hoher Standard	–	–	–	–
Ein- und Zweifamilienhäuser, Passivhausstandard, Massivbau	–	–	–	–
Ein- und Zweifamilienhäuser, Passivhausstandard, Holzbau	–	–	–	–
Ein- und Zweifamilienhäuser, Holzbauweise, unterkellert	–	–	–	–
Ein- und Zweifamilienhäuser, Holzbauweise, nicht unterkellert	–	–	–	–
Doppel- und Reihenendhäuser, einfacher Standard	–	–	–	–
Doppel- und Reihenendhäuser, mittlerer Standard	–	–	–	–
Doppel- und Reihenendhäuser, hoher Standard	–	–	–	–
Reihenhäuser, einfacher Standard	–	–	–	–
Reihenhäuser, mittlerer Standard	–	–	–	–
Reihenhäuser, hoher Standard	–	–	–	–

© **BKI** Baukosteninformationszentrum; Erläuterungen zu den Tabellen siehe Seite 62   Kostenstand: 1.Quartal 2012, Bundesdurchschnitt, **inkl. MwSt.**

Gebäudeart	von	€/Einheit	bis	KG an 400
Mehrfamilienhäuser, mit bis zu 6 WE, einfacher Standard	–	–	–	–
Mehrfamilienhäuser, mit bis zu 6 WE, mittlerer Standard	–	22,00	–	1,3%
Mehrfamilienhäuser, mit bis zu 6 WE, hoher Standard	–	–	–	–
Mehrfamilienhäuser, mit 6 bis 19 WE, einfacher Standard	–	–	–	–
Mehrfamilienhäuser, mit 6 bis 19 WE, mittlerer Standard	–	–	–	–
Mehrfamilienhäuser, mit 6 bis 19 WE, hoher Standard	–	–	–	–
Mehrfamilienhäuser, mit mehr als 20 WE	–	–	–	–
Mehrfamilienhäuser, energiesparend, ökologisch	–	–	–	–
Wohnhäuser, mit bis zu 15% Mischnutzung, einfacher Standard	–	–	–	–
Wohnhäuser, mit bis zu 15% Mischnutzung, mittlerer Standard	–	–	–	–
Wohnhäuser, mit bis zu 15% Mischnutzung, hoher Standard	–	–	–	–
Wohnhäuser mit mehr als 15% Mischnutzung	–	–	–	–
Personal- und Altenwohnungen	–	–	–	–
Alten- und Pflegeheime	–	–	–	–
Wohnheime und Internate	–	–	–	–
Gaststätten, Kantinen und Mensen	–	4,00	–	0,1%

7 Produktion, Gewerbe und Handel, Lager, Garagen, Bereitschaftsdienste

	von	€/Einheit	bis	KG an 400
Geschäftshäuser mit Wohnungen	–	13,00	–	1,8%
Geschäftshäuser ohne Wohnungen	–	–	–	–
Bank- und Sparkassengebäude	–	–	–	–
Verbrauchermärkte	–	–	–	–
Autohäuser	–	–	–	–
Industrielle Produktionsgebäude, Massivbauweise	–	–	–	–
Industrielle Produktionsgebäude, überwiegend Skelettbauweise	–	–	–	–
Betriebs- und Werkstätten, eingeschossig	–	–	–	–
Betriebs- und Werkstätten, mehrgeschossig, geringer Hallenanteil	–	–	–	–
Betriebs- und Werkstätten, mehrgeschossig, hoher Hallenanteil	–	–	–	–
Lagergebäude, ohne Mischnutzung	–	–	–	–
Lagergebäude, mit bis zu 25% Mischnutzung	–	–	–	–
Lagergebäude, mit mehr als 25% Mischnutzung	–	–	–	–
Hochgaragen	–	–	–	–
Tiefgaragen	–	–	–	–
Feuerwehrhäuser	–	–	–	–
Öffentliche Bereitschaftsdienste	–	–	–	–

12 Gebäude anderer Art

	von	€/Einheit	bis	KG an 400
Gebäude für kulturelle und musische Zwecke	–	–	–	–
Theater	–	–	–	–
Gemeindezentren, einfacher Standard	–	–	–	–
Gemeindezentren, mittlerer Standard	–	–	–	–
Gemeindezentren, hoher Standard	–	–	–	–
Sakralbauten	–	–	–	–
Friedhofsgebäude	–	–	–	–

471
Küchentechnische Anlagen

Einheit: m²
Brutto-Grundfläche

Gebäudeart	von	€/Einheit	bis	KG an 400
1 Bürogebäude				
Bürogebäude, einfacher Standard	–	**9,30**	–	0,8%
Bürogebäude, mittlerer Standard	24,00	**33,00**	47,00	0,8%
Bürogebäude, hoher Standard	2,80	**25,00**	69,00	1,5%
2 Gebäude für wissenschaftliche Lehre und Forschung				
Instituts- und Laborgebäude	–	**–**	–	–
3 Gebäude des Gesundheitswesens				
Krankenhäuser	5,20	**25,00**	65,00	1,9%
Pflegeheime	4,90	**49,00**	94,00	4,5%
4 Schulen und Kindergärten				
Allgemeinbildende Schulen	–	**13,00**	–	1,1%
Berufliche Schulen	16,00	**24,00**	32,00	3,6%
Förder- und Sonderschulen	–	**4,70**	–	0,3%
Weiterbildungseinrichtungen	3,40	**50,00**	102,00	8,0%
Kindergärten, nicht unterkellert, einfacher Standard	21,00	**30,00**	39,00	11,3%
Kindergärten, nicht unterkellert, mittlerer Standard	24,00	**37,00**	50,00	2,0%
Kindergärten, nicht unterkellert, hoher Standard	–	**24,00**	–	1,3%
Kindergärten, unterkellert	–	**–**	–	–
5 Sportbauten				
Sport- und Mehrzweckhallen	–	**0,80**	–	0,0%
Sporthallen (Einfeldhallen)	–	**–**	–	–
Sporthallen (Dreifeldhallen)	–	**18,00**	–	0,8%
Schwimmhallen	–	**33,00**	–	3,3%
6 Wohnbauten und Gemeinschaftsstätten				
Ein- und Zweifamilienhäuser unterkellert, einfacher Standard	–	**–**	–	–
Ein- und Zweifamilienhäuser unterkellert, mittlerer Standard	–	**–**	–	–
Ein- und Zweifamilienhäuser unterkellert, hoher Standard	–	**–**	–	–
Ein- und Zweifamilienhäuser, nicht unterkellert, einfacher Standard	–	**–**	–	–
Ein- und Zweifamilienhäuser, nicht unterkellert, mittlerer Standard	–	**–**	–	–
Ein- und Zweifamilienhäuser, nicht unterkellert, hoher Standard	–	**–**	–	–
Ein- und Zweifamilienhäuser, Passivhausstandard, Massivbau	–	**–**	–	–
Ein- und Zweifamilienhäuser, Passivhausstandard, Holzbau	–	**–**	–	–
Ein- und Zweifamilienhäuser, Holzbauweise, unterkellert	–	**–**	–	–
Ein- und Zweifamilienhäuser, Holzbauweise, nicht unterkellert	–	**–**	–	–
Doppel- und Reihenendhäuser, einfacher Standard	–	**–**	–	–
Doppel- und Reihenendhäuser, mittlerer Standard	–	**–**	–	–
Doppel- und Reihenendhäuser, hoher Standard	–	**–**	–	–
Reihenhäuser, einfacher Standard	–	**–**	–	–
Reihenhäuser, mittlerer Standard	–	**–**	–	–
Reihenhäuser, hoher Standard	–	**1,10**	–	0,1%

© **BKI** Baukosteninformationszentrum; Erläuterungen zu den Tabellen siehe Seite 62   Kostenstand: 1.Quartal 2012, Bundesdurchschnitt, **inkl. MwSt.**

Gebäudeart	von	€/Einheit	bis	KG an 400
Mehrfamilienhäuser, mit bis zu 6 WE, einfacher Standard	–	–	–	–
Mehrfamilienhäuser, mit bis zu 6 WE, mittlerer Standard	–	–	–	–
Mehrfamilienhäuser, mit bis zu 6 WE, hoher Standard	–	–	–	–
Mehrfamilienhäuser, mit 6 bis 19 WE, einfacher Standard	–	–	–	–
Mehrfamilienhäuser, mit 6 bis 19 WE, mittlerer Standard	–	–	–	–
Mehrfamilienhäuser, mit 6 bis 19 WE, hoher Standard	–	–	–	–
Mehrfamilienhäuser, mit mehr als 20 WE	–	–	–	–
Mehrfamilienhäuser, energiesparend, ökologisch	–	–	–	–
Wohnhäuser, mit bis zu 15% Mischnutzung, einfacher Standard	–	–	–	–
Wohnhäuser, mit bis zu 15% Mischnutzung, mittlerer Standard	–	–	–	–
Wohnhäuser, mit bis zu 15% Mischnutzung, hoher Standard	–	–	–	–
Wohnhäuser mit mehr als 15% Mischnutzung	–	**51,00**	–	2,0%
Personal- und Altenwohnungen	–	**8,90**	–	1,5%
Alten- und Pflegeheime	2,80	**11,00**	19,00	1,6%
Wohnheime und Internate	–	–	–	–
Gaststätten, Kantinen und Mensen	54,00	**96,00**	121,00	15,7%

7 Produktion, Gewerbe und Handel, Lager, Garagen, Bereitschaftsdienste

Gebäudeart	von	€/Einheit	bis	KG an 400
Geschäftshäuser mit Wohnungen	–	–	–	–
Geschäftshäuser ohne Wohnungen	–	–	–	–
Bank- und Sparkassengebäude	–	–	–	–
Verbrauchermärkte	–	–	–	–
Autohäuser	–	–	–	–
Industrielle Produktionsgebäude, Massivbauweise	–	–	–	–
Industrielle Produktionsgebäude, überwiegend Skelettbauweise	–	**0,30**	–	0,0%
Betriebs- und Werkstätten, eingeschossig	–	–	–	–
Betriebs- und Werkstätten, mehrgeschossig, geringer Hallenanteil	–	**0,50**	–	0,0%
Betriebs- und Werkstätten, mehrgeschossig, hoher Hallenanteil	–	**2,40**	–	0,2%
Lagergebäude, ohne Mischnutzung	–	–	–	–
Lagergebäude, mit bis zu 25% Mischnutzung	–	–	–	–
Lagergebäude, mit mehr als 25% Mischnutzung	–	–	–	–
Hochgaragen	–	–	–	–
Tiefgaragen	–	–	–	–
Feuerwehrhäuser	–	–	–	–
Öffentliche Bereitschaftsdienste	–	**20,00**	–	0,4%

12 Gebäude anderer Art

Gebäudeart	von	€/Einheit	bis	KG an 400
Gebäude für kulturelle und musische Zwecke	34,00	**37,00**	40,00	2,7%
Theater	–	–	–	–
Gemeindezentren, einfacher Standard	–	–	–	–
Gemeindezentren, mittlerer Standard	25,00	**49,00**	111,00	7,0%
Gemeindezentren, hoher Standard	–	–	–	–
Sakralbauten	–	–	–	–
Friedhofsgebäude	–	–	–	–

Gebäudearten
Bauelemente
Kostengruppen
Neubau
Abbrechen
Wiederherstellen
Herstellen

Einheit: m²
Brutto-Grundfläche

Gebäudeart	von	€/Einheit	bis	KG an 400
1 Bürogebäude				
Bürogebäude, einfacher Standard	–	–	–	–
Bürogebäude, mittlerer Standard	–	–	–	–
Bürogebäude, hoher Standard	–	–	–	–
2 Gebäude für wissenschaftliche Lehre und Forschung				
Instituts- und Laborgebäude	–	–	–	–
3 Gebäude des Gesundheitswesens				
Krankenhäuser	–	**25,00**	–	0,4%
Pflegeheime	–	**10,00**	–	0,4%
4 Schulen und Kindergärten				
Allgemeinbildende Schulen	–	–	–	–
Berufliche Schulen	–	–	–	–
Förder- und Sonderschulen	–	–	–	–
Weiterbildungseinrichtungen	–	–	–	–
Kindergärten, nicht unterkellert, einfacher Standard	–	**2,50**	–	0,2%
Kindergärten, nicht unterkellert, mittlerer Standard	–	**2,10**	–	0,0%
Kindergärten, nicht unterkellert, hoher Standard	–	–	–	–
Kindergärten, unterkellert	–	–	–	–
5 Sportbauten				
Sport- und Mehrzweckhallen	–	–	–	–
Sporthallen (Einfeldhallen)	–	–	–	–
Sporthallen (Dreifeldhallen)	–	–	–	–
Schwimmhallen	–	–	–	–
6 Wohnbauten und Gemeinschaftsstätten				
Ein- und Zweifamilienhäuser unterkellert, einfacher Standard	–	–	–	–
Ein- und Zweifamilienhäuser unterkellert, mittlerer Standard	–	–	–	–
Ein- und Zweifamilienhäuser unterkellert, hoher Standard	–	–	–	–
Ein- und Zweifamilienhäuser, nicht unterkellert, einfacher Standard	–	–	–	–
Ein- und Zweifamilienhäuser, nicht unterkellert, mittlerer Standard	–	–	–	–
Ein- und Zweifamilienhäuser, nicht unterkellert, hoher Standard	–	–	–	–
Ein- und Zweifamilienhäuser, Passivhausstandard, Massivbau	–	–	–	–
Ein- und Zweifamilienhäuser, Passivhausstandard, Holzbau	–	–	–	–
Ein- und Zweifamilienhäuser, Holzbauweise, unterkellert	–	–	–	–
Ein- und Zweifamilienhäuser, Holzbauweise, nicht unterkellert	–	–	–	–
Doppel- und Reihenendhäuser, einfacher Standard	–	–	–	–
Doppel- und Reihenendhäuser, mittlerer Standard	–	–	–	–
Doppel- und Reihenendhäuser, hoher Standard	–	–	–	–
Reihenhäuser, einfacher Standard	–	–	–	–
Reihenhäuser, mittlerer Standard	–	–	–	–
Reihenhäuser, hoher Standard	–	–	–	–

Gebäudeart	von	€/Einheit	bis	KG an 400
Mehrfamilienhäuser, mit bis zu 6 WE, einfacher Standard	–	–	–	–
Mehrfamilienhäuser, mit bis zu 6 WE, mittlerer Standard	–	–	–	–
Mehrfamilienhäuser, mit bis zu 6 WE, hoher Standard	–	–	–	–
Mehrfamilienhäuser, mit 6 bis 19 WE, einfacher Standard	–	–	–	–
Mehrfamilienhäuser, mit 6 bis 19 WE, mittlerer Standard	–	–	–	–
Mehrfamilienhäuser, mit 6 bis 19 WE, hoher Standard	–	–	–	–
Mehrfamilienhäuser, mit mehr als 20 WE	–	–	–	–
Mehrfamilienhäuser, energiesparend, ökologisch	–	–	–	–
Wohnhäuser, mit bis zu 15% Mischnutzung, einfacher Standard	–	–	–	–
Wohnhäuser, mit bis zu 15% Mischnutzung, mittlerer Standard	–	–	–	–
Wohnhäuser, mit bis zu 15% Mischnutzung, hoher Standard	–	–	–	–
Wohnhäuser mit mehr als 15% Mischnutzung	–	–	–	–
Personal- und Altenwohnungen	–	–	–	–
Alten- und Pflegeheime	–	–	–	–
Wohnheime und Internate	–	–	–	–
Gaststätten, Kantinen und Mensen	–	–	–	–

7 Produktion, Gewerbe und Handel, Lager, Garagen, Bereitschaftsdienste

Gebäudeart	von	€/Einheit	bis	KG an 400
Geschäftshäuser mit Wohnungen	–	–	–	–
Geschäftshäuser ohne Wohnungen	–	–	–	–
Bank- und Sparkassengebäude	–	–	–	–
Verbrauchermärkte	–	–	–	–
Autohäuser	–	–	–	–
Industrielle Produktionsgebäude, Massivbauweise	–	–	–	–
Industrielle Produktionsgebäude, überwiegend Skelettbauweise	–	–	–	–
Betriebs- und Werkstätten, eingeschossig	–	–	–	–
Betriebs- und Werkstätten, mehrgeschossig, geringer Hallenanteil	–	–	–	–
Betriebs- und Werkstätten, mehrgeschossig, hoher Hallenanteil	–	–	–	–
Lagergebäude, ohne Mischnutzung	–	–	–	–
Lagergebäude, mit bis zu 25% Mischnutzung	–	–	–	–
Lagergebäude, mit mehr als 25% Mischnutzung	–	–	–	–
Hochgaragen	–	–	–	–
Tiefgaragen	–	–	–	–
Feuerwehrhäuser	–	–	–	–
Öffentliche Bereitschaftsdienste	–	–	–	–

12 Gebäude anderer Art

Gebäudeart	von	€/Einheit	bis	KG an 400
Gebäude für kulturelle und musische Zwecke	–	–	–	–
Theater	–	–	–	–
Gemeindezentren, einfacher Standard	–	–	–	–
Gemeindezentren, mittlerer Standard	–	–	–	–
Gemeindezentren, hoher Standard	–	–	–	–
Sakralbauten	–	–	–	–
Friedhofsgebäude	–	–	–	–

Gebäudearten

Kostengruppen

Bauelemente

Neubau

Abbrechen

Wiederherstellen

Herstellen

Einheit: m²
Brutto-Grundfläche

Gebäudeart	von	€/Einheit	bis	KG an 400
1 Bürogebäude				
Bürogebäude, einfacher Standard	–	–	–	–
Bürogebäude, mittlerer Standard	–	**1,20**	–	0,0%
Bürogebäude, hoher Standard	–	–	–	–
2 Gebäude für wissenschaftliche Lehre und Forschung				
Instituts- und Laborgebäude	34,00	**62,00**	102,00	4,7%
3 Gebäude des Gesundheitswesens				
Krankenhäuser	9,80	**22,00**	28,00	2,0%
Pflegeheime	–	–	–	–
4 Schulen und Kindergärten				
Allgemeinbildende Schulen	–	–	–	–
Berufliche Schulen	–	**1,60**	–	0,0%
Förder- und Sonderschulen	–	–	–	–
Weiterbildungseinrichtungen	–	**0,30**	–	0,0%
Kindergärten, nicht unterkellert, einfacher Standard	–	–	–	–
Kindergärten, nicht unterkellert, mittlerer Standard	–	–	–	–
Kindergärten, nicht unterkellert, hoher Standard	–	–	–	–
Kindergärten, unterkellert	–	–	–	–
5 Sportbauten				
Sport- und Mehrzweckhallen	–	–	–	–
Sporthallen (Einfeldhallen)	–	–	–	–
Sporthallen (Dreifeldhallen)	–	–	–	–
Schwimmhallen	–	–	–	–
6 Wohnbauten und Gemeinschaftsstätten				
Ein- und Zweifamilienhäuser unterkellert, einfacher Standard	–	–	–	–
Ein- und Zweifamilienhäuser unterkellert, mittlerer Standard	–	–	–	–
Ein- und Zweifamilienhäuser unterkellert, hoher Standard	–	–	–	–
Ein- und Zweifamilienhäuser, nicht unterkellert, einfacher Standard	–	–	–	–
Ein- und Zweifamilienhäuser, nicht unterkellert, mittlerer Standard	–	–	–	–
Ein- und Zweifamilienhäuser, nicht unterkellert, hoher Standard	–	–	–	–
Ein- und Zweifamilienhäuser, Passivhausstandard, Massivbau	–	–	–	–
Ein- und Zweifamilienhäuser, Passivhausstandard, Holzbau	–	–	–	–
Ein- und Zweifamilienhäuser, Holzbauweise, unterkellert	–	–	–	–
Ein- und Zweifamilienhäuser, Holzbauweise, nicht unterkellert	–	–	–	–
Doppel- und Reihenendhäuser, einfacher Standard	–	–	–	–
Doppel- und Reihenendhäuser, mittlerer Standard	–	–	–	–
Doppel- und Reihenendhäuser, hoher Standard	–	–	–	–
Reihenhäuser, einfacher Standard	–	–	–	–
Reihenhäuser, mittlerer Standard	–	–	–	–
Reihenhäuser, hoher Standard	–	–	–	–

Kostenstand: 1.Quartal 2012, Bundesdurchschnitt, **inkl. MwSt.**

473
**Medien-
versorgungs-
anlagen**

Einheit: m²
Brutto-Grundfläche

Gebäudeart	von	€/Einheit	bis	KG an 400
Mehrfamilienhäuser, mit bis zu 6 WE, einfacher Standard	–	–	–	–
Mehrfamilienhäuser, mit bis zu 6 WE, mittlerer Standard	–	–	–	–
Mehrfamilienhäuser, mit bis zu 6 WE, hoher Standard	–	–	–	–
Mehrfamilienhäuser, mit 6 bis 19 WE, einfacher Standard	–	–	–	–
Mehrfamilienhäuser, mit 6 bis 19 WE, mittlerer Standard	–	–	–	–
Mehrfamilienhäuser, mit 6 bis 19 WE, hoher Standard	–	–	–	–
Mehrfamilienhäuser, mit mehr als 20 WE	–	–	–	–
Mehrfamilienhäuser, energiesparend, ökologisch	.	–	–	–
Wohnhäuser, mit bis zu 15% Mischnutzung, einfacher Standard	–	–	–	–
Wohnhäuser, mit bis zu 15% Mischnutzung, mittlerer Standard	–	–	–	–
Wohnhäuser, mit bis zu 15% Mischnutzung, hoher Standard	–	–	–	–
Wohnhäuser mit mehr als 15% Mischnutzung	–	–	–	–
Personal- und Altenwohnungen	–	–	–	–
Alten- und Pflegeheime	–	–	–	–
Wohnheime und Internate	–	–	–	–
Gaststätten, Kantinen und Mensen	–	–	–	–

7 Produktion, Gewerbe und Handel, Lager, Garagen, Bereitschaftsdienste

	von	€/Einheit	bis	KG an 400
Geschäftshäuser mit Wohnungen	–	–	–	–
Geschäftshäuser ohne Wohnungen	–	–	–	–
Bank- und Sparkassengebäude	–	–	–	–
Verbrauchermärkte	–	–	–	–
Autohäuser	–	–	–	–
Industrielle Produktionsgebäude, Massivbauweise	11,00	**23,00**	45,00	5,3%
Industrielle Produktionsgebäude, überwiegend Skelettbauweise	–	**6,40**	–	0,6%
Betriebs- und Werkstätten, eingeschossig	3,00	**7,50**	12,00	1,6%
Betriebs- und Werkstätten, mehrgeschossig, geringer Hallenanteil	2,40	**6,90**	11,00	1,2%
Betriebs- und Werkstätten, mehrgeschossig, hoher Hallenanteil	13,00	**15,00**	18,00	0,9%
Lagergebäude, ohne Mischnutzung	–	–	–	–
Lagergebäude, mit bis zu 25% Mischnutzung	–	–	–	–
Lagergebäude, mit mehr als 25% Mischnutzung	–	–	–	–
Hochgaragen	–	–	–	–
Tiefgaragen	–	–	–	–
Feuerwehrhäuser	–	**3,30**	–	0,4%
Öffentliche Bereitschaftsdienste	–	–	–	–

12 Gebäude anderer Art

	von	€/Einheit	bis	KG an 400
Gebäude für kulturelle und musische Zwecke	–	–	–	–
Theater	–	–	–	–
Gemeindezentren, einfacher Standard	–	–	–	–
Gemeindezentren, mittlerer Standard	–	–	–	–
Gemeindezentren, hoher Standard	–	–	–	–
Sakralbauten	–	–	–	–
Friedhofsgebäude	–	–	–	–

Gebäudearten
Bauelemente
Kostengruppen
Neubau
Abbrechen
Wiederherstellen
Herstellen

474
Medizin- und labortechnische Anlagen

Einheit: m²
Brutto-Grundfläche

Gebäudeart	von	€/Einheit	bis	KG an 400
1 Bürogebäude				
Bürogebäude, einfacher Standard	–	–	–	–
Bürogebäude, mittlerer Standard	–	–	–	–
Bürogebäude, hoher Standard	–	–	–	–
2 Gebäude für wissenschaftliche Lehre und Forschung				
Instituts- und Laborgebäude	102,00	**123,00**	145,00	5,0%
3 Gebäude des Gesundheitswesens				
Krankenhäuser	20,00	**169,00**	317,00	6,4%
Pflegeheime	–	**23,00**	–	1,9%
4 Schulen und Kindergärten				
Allgemeinbildende Schulen	–	–	–	–
Berufliche Schulen	–	**96,00**	–	3,9%
Förder- und Sonderschulen	–	–	–	–
Weiterbildungseinrichtungen	–	–	–	–
Kindergärten, nicht unterkellert, einfacher Standard	–	–	–	–
Kindergärten, nicht unterkellert, mittlerer Standard	–	–	–	–
Kindergärten, nicht unterkellert, hoher Standard	–	–	–	–
Kindergärten, unterkellert	–	–	–	–
5 Sportbauten				
Sport- und Mehrzweckhallen	–	–	–	–
Sporthallen (Einfeldhallen)	–	–	–	–
Sporthallen (Dreifeldhallen)	–	–	–	–
Schwimmhallen	–	–	–	–
6 Wohnbauten und Gemeinschaftsstätten				
Ein- und Zweifamilienhäuser unterkellert, einfacher Standard	–	–	–	–
Ein- und Zweifamilienhäuser unterkellert, mittlerer Standard	–	–	–	–
Ein- und Zweifamilienhäuser unterkellert, hoher Standard	–	–	–	–
Ein- und Zweifamilienhäuser, nicht unterkellert, einfacher Standard	–	–	–	–
Ein- und Zweifamilienhäuser, nicht unterkellert, mittlerer Standard	–	–	–	–
Ein- und Zweifamilienhäuser, nicht unterkellert, hoher Standard	–	–	–	–
Ein- und Zweifamilienhäuser, Passivhausstandard, Massivbau	–	–	–	–
Ein- und Zweifamilienhäuser, Passivhausstandard, Holzbau	–	–	–	–
Ein- und Zweifamilienhäuser, Holzbauweise, unterkellert	–	–	–	–
Ein- und Zweifamilienhäuser, Holzbauweise, nicht unterkellert	–	–	–	–
Doppel- und Reihenendhäuser, einfacher Standard	–	–	–	–
Doppel- und Reihenendhäuser, mittlerer Standard	–	–	–	–
Doppel- und Reihenendhäuser, hoher Standard	–	–	–	–
Reihenhäuser, einfacher Standard	–	–	–	–
Reihenhäuser, mittlerer Standard	–	–	–	–
Reihenhäuser, hoher Standard	–	–	–	–

© **BKI** Baukosteninformationszentrum; Erläuterungen zu den Tabellen siehe Seite 62   Kostenstand: 1.Quartal 2012, Bundesdurchschnitt, **inkl. MwSt.**

Gebäudeart	von	€/Einheit	bis	KG an 400
Mehrfamilienhäuser, mit bis zu 6 WE, einfacher Standard	–	–	–	–
Mehrfamilienhäuser, mit bis zu 6 WE, mittlerer Standard	–	–	–	–
Mehrfamilienhäuser, mit bis zu 6 WE, hoher Standard	–	–	–	–
Mehrfamilienhäuser, mit 6 bis 19 WE, einfacher Standard	–	–	–	–
Mehrfamilienhäuser, mit 6 bis 19 WE, mittlerer Standard	–	–	–	–
Mehrfamilienhäuser, mit 6 bis 19 WE, hoher Standard	–	–	–	–
Mehrfamilienhäuser, mit mehr als 20 WE	–	–	–	–
Mehrfamilienhäuser, energiesparend, ökologisch	–	–	–	–
Wohnhäuser, mit bis zu 15% Mischnutzung, einfacher Standard	–	–	–	–
Wohnhäuser, mit bis zu 15% Mischnutzung, mittlerer Standard	–	–	–	–
Wohnhäuser, mit bis zu 15% Mischnutzung, hoher Standard	–	–	–	–
Wohnhäuser mit mehr als 15% Mischnutzung	–	–	–	–
Personal- und Altenwohnungen	–	–	–	–
Alten- und Pflegeheime	–	–	–	–
Wohnheime und Internate	–	–	–	–
Gaststätten, Kantinen und Mensen	–	–	–	–

7 Produktion, Gewerbe und Handel, Lager, Garagen, Bereitschaftsdienste

Gebäudeart	von	€/Einheit	bis	KG an 400
Geschäftshäuser mit Wohnungen	–	–	–	–
Geschäftshäuser ohne Wohnungen	–	–	–	–
Bank- und Sparkassengebäude	–	–	–	–
Verbrauchermärkte	–	–	–	–
Autohäuser	–	–	–	–
Industrielle Produktionsgebäude, Massivbauweise	–	–	–	–
Industrielle Produktionsgebäude, überwiegend Skelettbauweise	–	–	–	–
Betriebs- und Werkstätten, eingeschossig	–	–	–	–
Betriebs- und Werkstätten, mehrgeschossig, geringer Hallenanteil	–	–	–	–
Betriebs- und Werkstätten, mehrgeschossig, hoher Hallenanteil	–	–	–	–
Lagergebäude, ohne Mischnutzung	–	–	–	–
Lagergebäude, mit bis zu 25% Mischnutzung	–	–	–	–
Lagergebäude, mit mehr als 25% Mischnutzung	–	–	–	–
Hochgaragen	–	–	–	–
Tiefgaragen	–	–	–	–
Feuerwehrhäuser	–	–	–	–
Öffentliche Bereitschaftsdienste	–	–	–	–

12 Gebäude anderer Art

Gebäudeart	von	€/Einheit	bis	KG an 400
Gebäude für kulturelle und musische Zwecke	–	–	–	–
Theater	–	–	–	–
Gemeindezentren, einfacher Standard	–	–	–	–
Gemeindezentren, mittlerer Standard	–	–	–	–
Gemeindezentren, hoher Standard	–	–	–	–
Sakralbauten	–	–	–	–
Friedhofsgebäude	–	–	–	–

Gebäudearten · Kostengruppen · Bauelemente · Neubau · Abbrechen · Wiederherstellen · Herstellen

475
Feuerlöschanlagen

Einheit: m²
Brutto-Grundfläche

Gebäudeart	von	€/Einheit	bis	KG an 400
1 Bürogebäude				
Bürogebäude, einfacher Standard	0,60	**1,80**	3,00	0,2%
Bürogebäude, mittlerer Standard	0,80	**2,40**	5,20	0,1%
Bürogebäude, hoher Standard	1,10	**1,80**	4,40	0,2%
2 Gebäude für wissenschaftliche Lehre und Forschung				
Instituts- und Laborgebäude	–	**2,10**	–	0,0%
3 Gebäude des Gesundheitswesens				
Krankenhäuser	–	**2,80**	–	0,1%
Pflegeheime	–	**–**	–	–
4 Schulen und Kindergärten				
Allgemeinbildende Schulen	0,80	**1,20**	1,50	0,1%
Berufliche Schulen	0,90	**2,60**	4,30	0,2%
Förder- und Sonderschulen	0,60	**1,10**	1,60	0,1%
Weiterbildungseinrichtungen	0,60	**0,80**	1,00	0,0%
Kindergärten, nicht unterkellert, einfacher Standard	0,20	**0,80**	1,00	0,2%
Kindergärten, nicht unterkellert, mittlerer Standard	0,60	**1,10**	2,40	0,1%
Kindergärten, nicht unterkellert, hoher Standard	0,20	**0,60**	1,40	0,1%
Kindergärten, unterkellert	0,50	**0,60**	0,90	0,2%
5 Sportbauten				
Sport- und Mehrzweckhallen	–	**0,30**	–	0,0%
Sporthallen (Einfeldhallen)	–	**–**	–	–
Sporthallen (Dreifeldhallen)	0,30	**0,60**	0,90	0,1%
Schwimmhallen	1,30	**3,60**	5,90	0,3%
6 Wohnbauten und Gemeinschaftsstätten				
Ein- und Zweifamilienhäuser unterkellert, einfacher Standard	–	**–**	–	–
Ein- und Zweifamilienhäuser unterkellert, mittlerer Standard	–	**–**	–	–
Ein- und Zweifamilienhäuser unterkellert, hoher Standard	–	**–**	–	–
Ein- und Zweifamilienhäuser, nicht unterkellert, einfacher Standard	–	**–**	–	–
Ein- und Zweifamilienhäuser, nicht unterkellert, mittlerer Standard	–	**–**	–	–
Ein- und Zweifamilienhäuser, nicht unterkellert, hoher Standard	–	**–**	–	–
Ein- und Zweifamilienhäuser, Passivhausstandard, Massivbau	–	**–**	–	–
Ein- und Zweifamilienhäuser, Passivhausstandard, Holzbau	–	**–**	–	–
Ein- und Zweifamilienhäuser, Holzbauweise, unterkellert	–	**–**	–	–
Ein- und Zweifamilienhäuser, Holzbauweise, nicht unterkellert	–	**0,30**	–	0,0%
Doppel- und Reihenendhäuser, einfacher Standard	–	**–**	–	–
Doppel- und Reihenendhäuser, mittlerer Standard	–	**–**	–	–
Doppel- und Reihenendhäuser, hoher Standard	–	**–**	–	–
Reihenhäuser, einfacher Standard	–	**–**	–	–
Reihenhäuser, mittlerer Standard	–	**–**	–	–
Reihenhäuser, hoher Standard	–	**–**	–	–

Kostenstand: 1.Quartal 2012, Bundesdurchschnitt, **inkl. MwSt.**

Gebäudeart	von	€/Einheit	bis	KG an 400
Mehrfamilienhäuser, mit bis zu 6 WE, einfacher Standard	–	**0,20**	–	0,0%
Mehrfamilienhäuser, mit bis zu 6 WE, mittlerer Standard	–	**0,10**	–	0,0%
Mehrfamilienhäuser, mit bis zu 6 WE, hoher Standard	–	**–**	–	–
Mehrfamilienhäuser, mit 6 bis 19 WE, einfacher Standard	–	**–**	–	–
Mehrfamilienhäuser, mit 6 bis 19 WE, mittlerer Standard	–	**0,10**	–	0,0%
Mehrfamilienhäuser, mit 6 bis 19 WE, hoher Standard	–	**0,30**	–	0,0%
Mehrfamilienhäuser, mit mehr als 20 WE	–	**1,80**	–	0,3%
Mehrfamilienhäuser, energiesparend, ökologisch	–	**–**	–	–
Wohnhäuser, mit bis zu 15% Mischnutzung, einfacher Standard	0,10	**0,20**	0,20	0,0%
Wohnhäuser, mit bis zu 15% Mischnutzung, mittlerer Standard	–	**–**	–	–
Wohnhäuser, mit bis zu 15% Mischnutzung, hoher Standard	–	**–**	–	–
Wohnhäuser mit mehr als 15% Mischnutzung	–	**–**	–	–
Personal- und Altenwohnungen	–	**0,80**	–	0,0%
Alten- und Pflegeheime	–	**0,10**	–	0,0%
Wohnheime und Internate	–	**0,30**	–	0,0%
Gaststätten, Kantinen und Mensen	0,60	**0,60**	0,70	0,0%

7   Produktion, Gewerbe und Handel, Lager, Garagen, Bereitschaftsdienste

Gebäudeart	von	€/Einheit	bis	KG an 400
Geschäftshäuser mit Wohnungen	0,60	**18,00**	36,00	4,1%
Geschäftshäuser ohne Wohnungen	–	**–**	–	–
Bank- und Sparkassengebäude	–	**2,00**	–	0,3%
Verbrauchermärkte	–	**–**	–	–
Autohäuser	–	**–**	–	–
Industrielle Produktionsgebäude, Massivbauweise	0,60	**33,00**	65,00	3,8%
Industrielle Produktionsgebäude, überwiegend Skelettbauweise	1,70	**8,20**	21,00	1,8%
Betriebs- und Werkstätten, eingeschossig	–	**5,00**	–	0,1%
Betriebs- und Werkstätten, mehrgeschossig, geringer Hallenanteil	0,80	**1,00**	1,00	0,4%
Betriebs- und Werkstätten, mehrgeschossig, hoher Hallenanteil	0,70	**3,10**	10,00	0,4%
Lagergebäude, ohne Mischnutzung	–	**–**	–	–
Lagergebäude, mit bis zu 25% Mischnutzung	–	**7,20**	–	0,8%
Lagergebäude, mit mehr als 25% Mischnutzung	–	**1,00**	–	0,5%
Hochgaragen	–	**16,00**	–	3,6%
Tiefgaragen	–	**–**	–	–
Feuerwehrhäuser	1,50	**4,80**	8,20	0,6%
Öffentliche Bereitschaftsdienste	0,40	**2,10**	5,50	0,5%

12 Gebäude anderer Art

Gebäudeart	von	€/Einheit	bis	KG an 400
Gebäude für kulturelle und musische Zwecke	1,10	**3,00**	5,80	0,5%
Theater	–	**26,00**	–	2,1%
Gemeindezentren, einfacher Standard	–	**1,00**	–	0,2%
Gemeindezentren, mittlerer Standard	0,40	**0,80**	1,10	0,1%
Gemeindezentren, hoher Standard	–	**–**	–	–
Sakralbauten	–	**0,60**	–	0,2%
Friedhofsgebäude	–	**–**	–	–

Einheit: m²
Brutto-Grundfläche

Gebäudearten

Kostengruppen

Bauelemente

Neubau

Abbrechen

Wiederherstellen

Herstellen

Einheit: m²
Brutto-Grundfläche

Gebäuderart	von	€/Einheit	bis	KG an 400
1 Bürogebäude				
Bürogebäude, einfacher Standard	–	–	–	–
Bürogebäude, mittlerer Standard	–	–	–	–
Bürogebäude, hoher Standard	–	–	–	–
2 Gebäude für wissenschaftliche Lehre und Forschung				
Instituts- und Laborgebäude	–	–	–	–
3 Gebäude des Gesundheitswesens				
Krankenhäuser	–	–	–	–
Pflegeheime	–	–	–	–
4 Schulen und Kindergärten				
Allgemeinbildende Schulen	–	–	–	–
Berufliche Schulen	–	–	–	–
Förder- und Sonderschulen	–	**40,00**	–	2,3%
Weiterbildungseinrichtungen	–	–	–	–
Kindergärten, nicht unterkellert, einfacher Standard	–	–	–	–
Kindergärten, nicht unterkellert, mittlerer Standard	–	–	–	–
Kindergärten, nicht unterkellert, hoher Standard	–	–	–	–
Kindergärten, unterkellert	–	–	–	–
5 Sportbauten				
Sport- und Mehrzweckhallen	–	–	–	–
Sporthallen (Einfeldhallen)	–	–	–	–
Sporthallen (Dreifeldhallen)	–	–	–	–
Schwimmhallen	–	**750,00**	–	23,9%
6 Wohnbauten und Gemeinschaftsstätten				
Ein- und Zweifamilienhäuser unterkellert, einfacher Standard	–	–	–	–
Ein- und Zweifamilienhäuser unterkellert, mittlerer Standard	–	–	–	–
Ein- und Zweifamilienhäuser unterkellert, hoher Standard	–	–	–	–
Ein- und Zweifamilienhäuser, nicht unterkellert, einfacher Standard	–	–	–	–
Ein- und Zweifamilienhäuser, nicht unterkellert, mittlerer Standard	–	–	–	–
Ein- und Zweifamilienhäuser, nicht unterkellert, hoher Standard	–	–	–	–
Ein- und Zweifamilienhäuser, Passivhausstandard, Massivbau	–	–	–	–
Ein- und Zweifamilienhäuser, Passivhausstandard, Holzbau	–	–	–	–
Ein- und Zweifamilienhäuser, Holzbauweise, unterkellert	–	–	–	–
Ein- und Zweifamilienhäuser, Holzbauweise, nicht unterkellert	–	–	–	–
Doppel- und Reihenendhäuser, einfacher Standard	–	–	–	–
Doppel- und Reihenendhäuser, mittlerer Standard	–	–	–	–
Doppel- und Reihenendhäuser, hoher Standard	–	–	–	–
Reihenhäuser, einfacher Standard	–	–	–	–
Reihenhäuser, mittlerer Standard	–	–	–	–
Reihenhäuser, hoher Standard	–	–	–	–

Kostenstand: 1.Quartal 2012, Bundesdurchschnitt, **inkl. MwSt.**

Gebäudeart	von	€/Einheit	bis	KG an 400
Mehrfamilienhäuser, mit bis zu 6 WE, einfacher Standard	–	–	–	–
Mehrfamilienhäuser, mit bis zu 6 WE, mittlerer Standard	–	–	–	–
Mehrfamilienhäuser, mit bis zu 6 WE, hoher Standard	–	–	–	–
Mehrfamilienhäuser, mit 6 bis 19 WE, einfacher Standard	–	–	–	–
Mehrfamilienhäuser, mit 6 bis 19 WE, mittlerer Standard	–	–	–	–
Mehrfamilienhäuser, mit 6 bis 19 WE, hoher Standard	–	–	–	–
Mehrfamilienhäuser, mit mehr als 20 WE	–	–	–	–
Mehrfamilienhäuser, energiesparend, ökologisch	–	–	–	–
Wohnhäuser, mit bis zu 15% Mischnutzung, einfacher Standard	–	–	–	–
Wohnhäuser, mit bis zu 15% Mischnutzung, mittlerer Standard	–	–	–	–
Wohnhäuser, mit bis zu 15% Mischnutzung, hoher Standard	–	–	–	–
Wohnhäuser mit mehr als 15% Mischnutzung	–	–	–	–
Personal- und Altenwohnungen	–	–	–	–
Alten- und Pflegeheime	2,00	**3,40**	4,90	1,0%
Wohnheime und Internate	–	–	–	–
Gaststätten, Kantinen und Mensen	–	–	–	–

Einheit: m²
Brutto-Grundfläche

7 Produktion, Gewerbe und Handel, Lager, Garagen, Bereitschaftsdienste

Gebäudeart	von	€/Einheit	bis	KG an 400
Geschäftshäuser mit Wohnungen	–	–	–	–
Geschäftshäuser ohne Wohnungen	–	–	–	–
Bank- und Sparkassengebäude	–	–	–	–
Verbrauchermärkte	–	–	–	–
Autohäuser	–	–	–	–
Industrielle Produktionsgebäude, Massivbauweise	–	–	–	–
Industrielle Produktionsgebäude, überwiegend Skelettbauweise	–	–	–	–
Betriebs- und Werkstätten, eingeschossig	–	–	–	–
Betriebs- und Werkstätten, mehrgeschossig, geringer Hallenanteil	–	–	–	–
Betriebs- und Werkstätten, mehrgeschossig, hoher Hallenanteil	–	–	–	–
Lagergebäude, ohne Mischnutzung	–	–	–	–
Lagergebäude, mit bis zu 25% Mischnutzung	–	–	–	–
Lagergebäude, mit mehr als 25% Mischnutzung	–	–	–	–
Hochgaragen	–	–	–	–
Tiefgaragen	–	–	–	–
Feuerwehrhäuser	–	–	–	–
Öffentliche Bereitschaftsdienste	–	–	–	–

12 Gebäude anderer Art

Gebäudeart	von	€/Einheit	bis	KG an 400
Gebäude für kulturelle und musische Zwecke	–	–	–	–
Theater	–	–	–	–
Gemeindezentren, einfacher Standard	–	–	–	–
Gemeindezentren, mittlerer Standard	–	–	–	–
Gemeindezentren, hoher Standard	–	–	–	–
Sakralbauten	–	–	–	–
Friedhofsgebäude	–	–	–	–

Gebäudearten

Kostengruppen

Bauelemente

Neubau

Abbrechen

Wiederherstellen

Herstellen

Einheit: m²
Brutto-Grundfläche

Gebäuderart	von	€/Einheit	bis	KG an 400
1 Bürogebäude				
Bürogebäude, einfacher Standard	–	–	–	–
Bürogebäude, mittlerer Standard	–	–	–	–
Bürogebäude, hoher Standard	–	–	–	–
2 Gebäude für wissenschaftliche Lehre und Forschung				
Instituts- und Laborgebäude	5,90	**29,00**	53,00	0,8%
3 Gebäude des Gesundheitswesens				
Krankenhäuser	–	–	–	–
Pflegeheime	–	–	–	–
4 Schulen und Kindergärten				
Allgemeinbildende Schulen	–	–	–	–
Berufliche Schulen	–	–	–	–
Förder- und Sonderschulen	–	–	–	–
Weiterbildungseinrichtungen	–	–	–	–
Kindergärten, nicht unterkellert, einfacher Standard	–	–	–	–
Kindergärten, nicht unterkellert, mittlerer Standard	–	–	–	–
Kindergärten, nicht unterkellert, hoher Standard	–	–	–	–
Kindergärten, unterkellert	–	–	–	–
5 Sportbauten				
Sport- und Mehrzweckhallen	–	–	–	–
Sporthallen (Einfeldhallen)	–	–	–	–
Sporthallen (Dreifeldhallen)	–	–	–	–
Schwimmhallen	–	–	–	–
6 Wohnbauten und Gemeinschaftsstätten				
Ein- und Zweifamilienhäuser unterkellert, einfacher Standard	–	–	–	–
Ein- und Zweifamilienhäuser unterkellert, mittlerer Standard	–	–	–	–
Ein- und Zweifamilienhäuser unterkellert, hoher Standard	–	–	–	–
Ein- und Zweifamilienhäuser, nicht unterkellert, einfacher Standard	–	–	–	–
Ein- und Zweifamilienhäuser, nicht unterkellert, mittlerer Standard	–	–	–	–
Ein- und Zweifamilienhäuser, nicht unterkellert, hoher Standard	–	–	–	–
Ein- und Zweifamilienhäuser, Passivhausstandard, Massivbau	–	–	–	–
Ein- und Zweifamilienhäuser, Passivhausstandard, Holzbau	–	–	–	–
Ein- und Zweifamilienhäuser, Holzbauweise, unterkellert	–	–	–	–
Ein- und Zweifamilienhäuser, Holzbauweise, nicht unterkellert	–	–	–	–
Doppel- und Reihenendhäuser, einfacher Standard	–	–	–	–
Doppel- und Reihenendhäuser, mittlerer Standard	–	–	–	–
Doppel- und Reihenendhäuser, hoher Standard	–	–	–	–
Reihenhäuser, einfacher Standard	–	–	–	–
Reihenhäuser, mittlerer Standard	–	–	–	–
Reihenhäuser, hoher Standard	–	–	–	–

© **BKI** Baukosteninformationszentrum; Erläuterungen zu den Tabellen siehe Seite 62   Kostenstand: 1.Quartal 2012, Bundesdurchschnitt, **inkl. MwSt.**

Gebäudeart	von	€/Einheit	bis	KG an 400
Mehrfamilienhäuser, mit bis zu 6 WE, einfacher Standard	–	–	–	–
Mehrfamilienhäuser, mit bis zu 6 WE, mittlerer Standard	–	–	–	–
Mehrfamilienhäuser, mit bis zu 6 WE, hoher Standard	–	–	–	–
Mehrfamilienhäuser, mit 6 bis 19 WE, einfacher Standard	–	–	–	–
Mehrfamilienhäuser, mit 6 bis 19 WE, mittlerer Standard	–	–	–	–
Mehrfamilienhäuser, mit 6 bis 19 WE, hoher Standard	–	–	–	–
Mehrfamilienhäuser, mit mehr als 20 WE	–	–	–	–
Mehrfamilienhäuser, energiesparend, ökologisch	–	–	–	–
Wohnhäuser, mit bis zu 15% Mischnutzung, einfacher Standard	–	–	–	–
Wohnhäuser, mit bis zu 15% Mischnutzung, mittlerer Standard	–	–	–	–
Wohnhäuser, mit bis zu 15% Mischnutzung, hoher Standard	–	–	–	–
Wohnhäuser mit mehr als 15% Mischnutzung	–	–	–	–
Personal- und Altenwohnungen	–	–	–	–
Alten- und Pflegeheime	–	–	–	–
Wohnheime und Internate	–	–	–	–
Gaststätten, Kantinen und Mensen	27,00	**36,00**	45,00	2,8%

7 Produktion, Gewerbe und Handel, Lager, Garagen, Bereitschaftsdienste

Geschäftshäuser mit Wohnungen	–	–	–	–
Geschäftshäuser ohne Wohnungen	–	–	–	–
Bank- und Sparkassengebäude	–	–	–	–
Verbrauchermärkte	–	**38,00**	–	5,2%
Autohäuser	–	–	–	–
Industrielle Produktionsgebäude, Massivbauweise	–	–	–	–
Industrielle Produktionsgebäude, überwiegend Skelettbauweise	–	–	–	–
Betriebs- und Werkstätten, eingeschossig	–	–	–	–
Betriebs- und Werkstätten, mehrgeschossig, geringer Hallenanteil	–	–	–	–
Betriebs- und Werkstätten, mehrgeschossig, hoher Hallenanteil	–	–	–	–
Lagergebäude, ohne Mischnutzung	–	–	–	–
Lagergebäude, mit bis zu 25% Mischnutzung	–	–	–	–
Lagergebäude, mit mehr als 25% Mischnutzung	–	–	–	–
Hochgaragen	–	–	–	–
Tiefgaragen	–	–	–	–
Feuerwehrhäuser	–	–	–	–
Öffentliche Bereitschaftsdienste	–	–	–	–

12 Gebäude anderer Art

Gebäude für kulturelle und musische Zwecke	–	–	–	–
Theater	–	–	–	–
Gemeindezentren, einfacher Standard	–	–	–	–
Gemeindezentren, mittlerer Standard	–	–	–	–
Gemeindezentren, hoher Standard	–	–	–	–
Sakralbauten	–	–	–	–
Friedhofsgebäude	–	–	–	–

477
**Prozesswärme-,
-kälte- und
-luftanlagen**

Einheit: m²
Brutto-Grundfläche

Gebäudearten · Kostengruppen · Bauelemente · Neubau · Abbrechen · Wiederherstellen · Herstellen

Einheit: m²
Brutto-Grundfläche

Gebäudeart	von	€/Einheit	bis	KG an 400
1 Bürogebäude				
Bürogebäude, einfacher Standard	–	–	–	–
Bürogebäude, mittlerer Standard	–	–	–	–
Bürogebäude, hoher Standard	–	–	–	–
2 Gebäude für wissenschaftliche Lehre und Forschung				
Instituts- und Laborgebäude	–	–	–	–
3 Gebäude des Gesundheitswesens				
Krankenhäuser	–	–	–	–
Pflegeheime	–	–	–	–
4 Schulen und Kindergärten				
Allgemeinbildende Schulen	–	–	–	–
Berufliche Schulen	4,80	**7,70**	12,00	1,4%
Förder- und Sonderschulen	–	–	–	–
Weiterbildungseinrichtungen	–	–	–	–
Kindergärten, nicht unterkellert, einfacher Standard	–	–	–	–
Kindergärten, nicht unterkellert, mittlerer Standard	–	–	–	–
Kindergärten, nicht unterkellert, hoher Standard	–	–	–	–
Kindergärten, unterkellert	–	–	–	–
5 Sportbauten				
Sport- und Mehrzweckhallen	–	–	–	–
Sporthallen (Einfeldhallen)	–	–	–	–
Sporthallen (Dreifeldhallen)	–	–	–	–
Schwimmhallen	–	–	–	–
6 Wohnbauten und Gemeinschaftsstätten				
Ein- und Zweifamilienhäuser unterkellert, einfacher Standard	–	–	–	–
Ein- und Zweifamilienhäuser unterkellert, mittlerer Standard	–	–	–	–
Ein- und Zweifamilienhäuser unterkellert, hoher Standard	–	–	–	–
Ein- und Zweifamilienhäuser, nicht unterkellert, einfacher Standard	–	–	–	–
Ein- und Zweifamilienhäuser, nicht unterkellert, mittlerer Standard	–	–	–	–
Ein- und Zweifamilienhäuser, nicht unterkellert, hoher Standard	–	–	–	–
Ein- und Zweifamilienhäuser, Passivhausstandard, Massivbau	–	–	–	–
Ein- und Zweifamilienhäuser, Passivhausstandard, Holzbau	7,10	**10,00**	16,00	0,6%
Ein- und Zweifamilienhäuser, Holzbauweise, unterkellert	–	–	–	–
Ein- und Zweifamilienhäuser, Holzbauweise, nicht unterkellert	–	**5,50**	–	0,1%
Doppel- und Reihenendhäuser, einfacher Standard	–	–	–	–
Doppel- und Reihenendhäuser, mittlerer Standard	–	–	–	–
Doppel- und Reihenendhäuser, hoher Standard	–	–	–	–
Reihenhäuser, einfacher Standard	–	–	–	–
Reihenhäuser, mittlerer Standard	–	–	–	–
Reihenhäuser, hoher Standard	–	–	–	–

Kostenstand: 1.Quartal 2012, Bundesdurchschnitt, **inkl.** MwSt.

Gebäudeart	von	€/Einheit	bis	KG an 400
Mehrfamilienhäuser, mit bis zu 6 WE, einfacher Standard	–	–	–	–
Mehrfamilienhäuser, mit bis zu 6 WE, mittlerer Standard	–	–	–	–
Mehrfamilienhäuser, mit bis zu 6 WE, hoher Standard	–	–	–	–
Mehrfamilienhäuser, mit 6 bis 19 WE, einfacher Standard	–	–	–	–
Mehrfamilienhäuser, mit 6 bis 19 WE, mittlerer Standard	–	–	–	–
Mehrfamilienhäuser, mit 6 bis 19 WE, hoher Standard	–	–	–	–
Mehrfamilienhäuser, mit mehr als 20 WE	–	–	–	–
Mehrfamilienhäuser, energiesparend, ökologisch	–	–	–	–
Wohnhäuser, mit bis zu 15% Mischnutzung, einfacher Standard	–	–	–	–
Wohnhäuser, mit bis zu 15% Mischnutzung, mittlerer Standard	–	–	–	–
Wohnhäuser, mit bis zu 15% Mischnutzung, hoher Standard	–	–	–	–
Wohnhäuser mit mehr als 15% Mischnutzung	–	–	–	–
Personal- und Altenwohnungen	–	**0,40**	–	0,0%
Alten- und Pflegeheime	–	–	–	–
Wohnheime und Internate	–	–	–	–
Gaststätten, Kantinen und Mensen	–	–	–	–

7 Produktion, Gewerbe und Handel, Lager, Garagen, Bereitschaftsdienste

Gebäudeart	von	€/Einheit	bis	KG an 400
Geschäftshäuser mit Wohnungen	–	–	–	–
Geschäftshäuser ohne Wohnungen	–	–	–	–
Bank- und Sparkassengebäude	–	–	–	–
Verbrauchermärkte	–	–	–	–
Autohäuser	–	–	–	–
Industrielle Produktionsgebäude, Massivbauweise	–	–	–	–
Industrielle Produktionsgebäude, überwiegend Skelettbauweise	–	–	–	–
Betriebs- und Werkstätten, eingeschossig	–	–	–	–
Betriebs- und Werkstätten, mehrgeschossig, geringer Hallenanteil	–	–	–	–
Betriebs- und Werkstätten, mehrgeschossig, hoher Hallenanteil	–	**5,30**	–	0,6%
Lagergebäude, ohne Mischnutzung	–	–	–	–
Lagergebäude, mit bis zu 25% Mischnutzung	–	–	–	–
Lagergebäude, mit mehr als 25% Mischnutzung	–	–	–	–
Hochgaragen	–	–	–	–
Tiefgaragen	–	–	–	–
Feuerwehrhäuser	–	**14,00**	–	0,9%
Öffentliche Bereitschaftsdienste	–	–	–	–

12 Gebäude anderer Art

Gebäudeart	von	€/Einheit	bis	KG an 400
Gebäude für kulturelle und musische Zwecke	–	–	–	–
Theater	–	–	–	–
Gemeindezentren, einfacher Standard	–	–	–	–
Gemeindezentren, mittlerer Standard	–	–	–	–
Gemeindezentren, hoher Standard	–	–	–	–
Sakralbauten	–	–	–	–
Friedhofsgebäude	–	–	–	–

Gebäudearten

Bauelemente

Kostengruppen

Neubau

Abbrechen

Wiederherstellen

Herstellen

Einheit: m²
Brutto-Grundfläche

Gebäuderart	von	€/Einheit	bis	KG an 400
1 Bürogebäude				
Bürogebäude, einfacher Standard	–	–	–	–
Bürogebäude, mittlerer Standard	14,00	**33,00**	43,00	0,9%
Bürogebäude, hoher Standard	–	**30,00**	–	0,4%
2 Gebäude für wissenschaftliche Lehre und Forschung				
Instituts- und Laborgebäude	–	**17,00**	–	0,3%
3 Gebäude des Gesundheitswesens				
Krankenhäuser	–	**2,90**	–	0,0%
Pflegeheime	–	**1,60**	–	0,1%
4 Schulen und Kindergärten				
Allgemeinbildende Schulen	–	–	–	–
Berufliche Schulen	0,50	**1,00**	1,90	0,1%
Förder- und Sonderschulen	–	–	–	–
Weiterbildungseinrichtungen	–	**9,20**	–	0,6%
Kindergärten, nicht unterkellert, einfacher Standard	–	–	–	–
Kindergärten, nicht unterkellert, mittlerer Standard	–	–	–	–
Kindergärten, nicht unterkellert, hoher Standard	–	**0,60**	–	0,0%
Kindergärten, unterkellert	–	–	–	–
5 Sportbauten				
Sport- und Mehrzweckhallen	–	–	–	–
Sporthallen (Einfeldhallen)	–	–	–	–
Sporthallen (Dreifeldhallen)	2,60	**20,00**	38,00	2,0%
Schwimmhallen	–	–	–	–
6 Wohnbauten und Gemeinschaftsstätten				
Ein- und Zweifamilienhäuser unterkellert, einfacher Standard	–	–	–	–
Ein- und Zweifamilienhäuser unterkellert, mittlerer Standard	–	–	–	–
Ein- und Zweifamilienhäuser unterkellert, hoher Standard	–	–	–	–
Ein- und Zweifamilienhäuser, nicht unterkellert, einfacher Standard	–	–	–	–
Ein- und Zweifamilienhäuser, nicht unterkellert, mittlerer Standard	–	–	–	–
Ein- und Zweifamilienhäuser, nicht unterkellert, hoher Standard	–	**19,00**	–	1,0%
Ein- und Zweifamilienhäuser, Passivhausstandard, Massivbau	–	–	–	–
Ein- und Zweifamilienhäuser, Passivhausstandard, Holzbau	–	–	–	–
Ein- und Zweifamilienhäuser, Holzbauweise, unterkellert	–	–	–	–
Ein- und Zweifamilienhäuser, Holzbauweise, nicht unterkellert	–	–	–	–
Doppel- und Reihenendhäuser, einfacher Standard	–	–	–	–
Doppel- und Reihenendhäuser, mittlerer Standard	–	–	–	–
Doppel- und Reihenendhäuser, hoher Standard	–	–	–	–
Reihenhäuser, einfacher Standard	–	–	–	–
Reihenhäuser, mittlerer Standard	–	–	–	–
Reihenhäuser, hoher Standard	–	–	–	–

479
**Nutzungsspezifi-
sche Anlagen,
sonstiges**

Einheit: m²
Brutto-Grundfläche

Gebäudeart	von	€/Einheit	bis	KG an 400
Mehrfamilienhäuser, mit bis zu 6 WE, einfacher Standard	–	–	–	–
Mehrfamilienhäuser, mit bis zu 6 WE, mittlerer Standard	–	–	–	–
Mehrfamilienhäuser, mit bis zu 6 WE, hoher Standard	–	–	–	–
Mehrfamilienhäuser, mit 6 bis 19 WE, einfacher Standard	–	–	–	–
Mehrfamilienhäuser, mit 6 bis 19 WE, mittlerer Standard	–	–	–	–
Mehrfamilienhäuser, mit 6 bis 19 WE, hoher Standard	–	–	–	–
Mehrfamilienhäuser, mit mehr als 20 WE	–	–	–	–
Mehrfamilienhäuser, energiesparend, ökologisch	–	–	–	–
Wohnhäuser, mit bis zu 15% Mischnutzung, einfacher Standard	–	**6,10**	–	1,1%
Wohnhäuser, mit bis zu 15% Mischnutzung, mittlerer Standard	–	–	–	–
Wohnhäuser, mit bis zu 15% Mischnutzung, hoher Standard	–	–	–	–
Wohnhäuser mit mehr als 15% Mischnutzung	–	**111,00**	–	4,5%
Personal- und Altenwohnungen	–	–	–	–
Alten- und Pflegeheime	–	–	–	–
Wohnheime und Internate	–	–	–	–
Gaststätten, Kantinen und Mensen	–	–	–	–

7 Produktion, Gewerbe und Handel, Lager, Garagen, Bereitschaftsdienste

Gebäudeart	von	€/Einheit	bis	KG an 400
Geschäftshäuser mit Wohnungen	–	**12,00**	–	1,3%
Geschäftshäuser ohne Wohnungen	–	–	–	–
Bank- und Sparkassengebäude	–	–	–	–
Verbrauchermärkte	–	–	–	–
Autohäuser	–	–	–	–
Industrielle Produktionsgebäude, Massivbauweise	1,50	**3,20**	5,00	0,6%
Industrielle Produktionsgebäude, überwiegend Skelettbauweise	31,00	**115,00**	283,00	25,2%
Betriebs- und Werkstätten, eingeschossig	193,00	**313,00**	432,00	19,0%
Betriebs- und Werkstätten, mehrgeschossig, geringer Hallenanteil	–	**17,00**	–	1,4%
Betriebs- und Werkstätten, mehrgeschossig, hoher Hallenanteil	2,60	**73,00**	212,00	7,9%
Lagergebäude, ohne Mischnutzung	–	–	–	–
Lagergebäude, mit bis zu 25% Mischnutzung	–	**3,50**	–	0,3%
Lagergebäude, mit mehr als 25% Mischnutzung	–	–	–	–
Hochgaragen	–	**35,00**	–	10,6%
Tiefgaragen	–	–	–	–
Feuerwehrhäuser	34,00	**46,00**	67,00	11,8%
Öffentliche Bereitschaftsdienste	1,00	**8,50**	16,00	1,4%

12 Gebäude anderer Art

Gebäudeart	von	€/Einheit	bis	KG an 400
Gebäude für kulturelle und musische Zwecke	–	**63,00**	–	2,6%
Theater	–	**559,00**	–	45,4%
Gemeindezentren, einfacher Standard	–	–	–	–
Gemeindezentren, mittlerer Standard	7,30	**19,00**	31,00	1,3%
Gemeindezentren, hoher Standard	–	–	–	–
Sakralbauten	–	–	–	–
Friedhofsgebäude	–	–	–	–

Gebäudearten

Kostengruppen

Bauelemente

Neubau

Abbrechen

Wiederherstellen

Herstellen

481
Automations-systeme

Einheit: m²
Brutto-Grundfläche

Gebäudeart	von	€/Einheit	bis	KG an 400
1 Bürogebäude				
Bürogebäude, einfacher Standard	–	–	–	–
Bürogebäude, mittlerer Standard	24,00	**42,00**	96,00	1,2%
Bürogebäude, hoher Standard	35,00	**62,00**	78,00	2,6%
2 Gebäude für wissenschaftliche Lehre und Forschung				
Instituts- und Laborgebäude	–	**102,00**	–	1,7%
3 Gebäude des Gesundheitswesens				
Krankenhäuser	8,70	**25,00**	50,00	2,8%
Pflegeheime	–	**4,20**	–	0,1%
4 Schulen und Kindergärten				
Allgemeinbildende Schulen	–	–	–	–
Berufliche Schulen	20,00	**47,00**	73,00	4,9%
Förder- und Sonderschulen	5,20	**16,00**	23,00	3,3%
Weiterbildungseinrichtungen	15,00	**37,00**	80,00	4,6%
Kindergärten, nicht unterkellert, einfacher Standard	–	–	–	–
Kindergärten, nicht unterkellert, mittlerer Standard	–	–	–	–
Kindergärten, nicht unterkellert, hoher Standard	–	–	–	–
Kindergärten, unterkellert	–	**3,40**	–	0,2%
5 Sportbauten				
Sport- und Mehrzweckhallen	–	–	–	–
Sporthallen (Einfeldhallen)	–	–	–	–
Sporthallen (Dreifeldhallen)	–	**14,00**	–	0,7%
Schwimmhallen	–	–	–	–
6 Wohnbauten und Gemeinschaftsstätten				
Ein- und Zweifamilienhäuser unterkellert, einfacher Standard	–	–	–	–
Ein- und Zweifamilienhäuser unterkellert, mittlerer Standard	–	–	–	–
Ein- und Zweifamilienhäuser unterkellert, hoher Standard	–	**30,00**	–	1,0%
Ein- und Zweifamilienhäuser, nicht unterkellert, einfacher Standard	–	–	–	–
Ein- und Zweifamilienhäuser, nicht unterkellert, mittlerer Standard	–	–	–	–
Ein- und Zweifamilienhäuser, nicht unterkellert, hoher Standard	–	–	–	–
Ein- und Zweifamilienhäuser, Passivhausstandard, Massivbau	5,60	**19,00**	32,00	1,2%
Ein- und Zweifamilienhäuser, Passivhausstandard, Holzbau	–	–	–	–
Ein- und Zweifamilienhäuser, Holzbauweise, unterkellert	–	–	–	–
Ein- und Zweifamilienhäuser, Holzbauweise, nicht unterkellert	–	**12,00**	–	0,6%
Doppel- und Reihenendhäuser, einfacher Standard	–	–	–	–
Doppel- und Reihenendhäuser, mittlerer Standard	–	–	–	–
Doppel- und Reihenendhäuser, hoher Standard	–	–	–	–
Reihenhäuser, einfacher Standard	–	–	–	–
Reihenhäuser, mittlerer Standard	–	–	–	–
Reihenhäuser, hoher Standard	–	–	–	–

© **BKI** Baukosteninformationszentrum; Erläuterungen zu den Tabellen siehe Seite 62   Kostenstand: 1.Quartal 2012, Bundesdurchschnitt, **inkl. MwSt.**

Gebäuderart	von	€/Einheit	bis	KG an 400
Mehrfamilienhäuser, mit bis zu 6 WE, einfacher Standard	–	–	–	–
Mehrfamilienhäuser, mit bis zu 6 WE, mittlerer Standard	–	–	–	–
Mehrfamilienhäuser, mit bis zu 6 WE, hoher Standard	–	–	–	–
Mehrfamilienhäuser, mit 6 bis 19 WE, einfacher Standard	–	–	–	–
Mehrfamilienhäuser, mit 6 bis 19 WE, mittlerer Standard	–	–	–	–
Mehrfamilienhäuser, mit 6 bis 19 WE, hoher Standard	–	–	–	–
Mehrfamilienhäuser, mit mehr als 20 WE	–	–	–	–
Mehrfamilienhäuser, energiesparend, ökologisch	–	–	–	–
Wohnhäuser, mit bis zu 15% Mischnutzung, einfacher Standard	–	–	–	–
Wohnhäuser, mit bis zu 15% Mischnutzung, mittlerer Standard	–	–	–	–
Wohnhäuser, mit bis zu 15% Mischnutzung, hoher Standard	–	–	–	–
Wohnhäuser mit mehr als 15% Mischnutzung	–	–	–	–
Personal- und Altenwohnungen	–	–	–	–
Alten- und Pflegeheime	–	–	–	–
Wohnheime und Internate	–	–	–	–
Gaststätten, Kantinen und Mensen	–	**2,60**	–	0,1%

7 Produktion, Gewerbe und Handel, Lager, Garagen, Bereitschaftsdienste

Gebäuderart	von	€/Einheit	bis	KG an 400
Geschäftshäuser mit Wohnungen	–	–	–	–
Geschäftshäuser ohne Wohnungen	–	–	–	–
Bank- und Sparkassengebäude	–	–	–	–
Verbrauchermärkte	–	–	–	–
Autohäuser	–	–	–	–
Industrielle Produktionsgebäude, Massivbauweise	–	**0,40**	–	0,0%
Industrielle Produktionsgebäude, überwiegend Skelettbauweise	–	**7,50**	–	0,7%
Betriebs- und Werkstätten, eingeschossig	–	**55,00**	–	1,7%
Betriebs- und Werkstätten, mehrgeschossig, geringer Hallenanteil	–	–	–	–
Betriebs- und Werkstätten, mehrgeschossig, hoher Hallenanteil	–	**15,00**	–	0,4%
Lagergebäude, ohne Mischnutzung	–	–	–	–
Lagergebäude, mit bis zu 25% Mischnutzung	–	**25,00**	–	2,7%
Lagergebäude, mit mehr als 25% Mischnutzung	–	–	–	–
Hochgaragen	–	–	–	–
Tiefgaragen	–	–	–	–
Feuerwehrhäuser	–	–	–	–
Öffentliche Bereitschaftsdienste	–	–	–	–

12 Gebäude anderer Art

Gebäuderart	von	€/Einheit	bis	KG an 400
Gebäude für kulturelle und musische Zwecke	12,00	**30,00**	47,00	2,0%
Theater	–	–	–	–
Gemeindezentren, einfacher Standard	–	–	–	–
Gemeindezentren, mittlerer Standard	–	**15,00**	–	0,5%
Gemeindezentren, hoher Standard	–	–	–	–
Sakralbauten	–	–	–	–
Friedhofsgebäude	–	–	–	–

Gebäudearten

Kostengruppen

Bauelemente

Neubau

Abbrechen

Wiederherstellen

Herstellen

Ausführungsarten
Neubau

Kostenkennwerte für von BKI gebildete Untergliederung der 3.Ebene DIN 276

KG.AK.AA	von	€/Einheit	bis	LB an AA
211.31.00 Schutz von Bäumen und Gehölzen				
01 **Baumschutz herstellen, gegen mechanische Schäden während der Bauzeit, nach Ablauf der Bauzeit abbauen, laden und abfahren (6 Objekte)** Einheit: St Baum	88,00	**95,00**	110,00	
004 Landschaftsbauarbeiten; Pflanzen				100,0%

|---|---|---|---|---|

212.11.00 Abbruch von Bauwerken

	von	€/Einheit	bis	LB an AA
01 **Komplettabbruch eines bestehenden Gebäudes, Entsorgung, Deponiegebühren (5 Objekte)**	17,00	**22,00**	27,00	
Einheit: m³ Bruttorauminhalt				
012 Mauerarbeiten				100,0%
02 **Abbruch von Mauerwerk und Beton im Boden, Entsorgung, Deponiegebühren (6 Objekte)**	64,00	**78,00**	95,00	
Einheit: m³ Abbruchvolumen				
012 Mauerarbeiten				100,0%
03 **Abbruch von Stb-Bodenplatten, d=15-30cm, Entsorgung, Deponiegebühren (4 Objekte)**	19,00	**23,00**	29,00	
Einheit: m² Plattenfläche				
012 Mauerarbeiten				50,0%
080 Straßen, Wege, Plätze				50,0%

212.41.00 Abbruch von Einfriedungen

	von	€/Einheit	bis	LB an AA
01 **Abbruch von Maschendrahtzaun, Pfosten, Tore, Türen, Entsorgung (6 Objekte)**	2,10	**2,70**	3,20	
Einheit: m² Zaunfläche				
012 Mauerarbeiten				100,0%

212.51.00 Abbruch von Verkehrsanlagen

	von	€/Einheit	bis	LB an AA
01 **Asphaltflächen, aufbrechen, Belagsdicke d=10-15cm, einschließlich Unterbau, laden, entsorgen (6 Objekte)**	6,20	**7,30**	9,50	
Einheit: m² Asphaltfläche				
012 Mauerarbeiten				50,0%
080 Straßen, Wege, Plätze				50,0%
02 **Abbruch von Betonflächen, d=20-30cm, Abtransport (3 Objekte)**	21,00	**25,00**	31,00	
Einheit: m² Betonfläche				
002 Erdarbeiten				33,0%
012 Mauerarbeiten				34,0%
080 Straßen, Wege, Plätze				33,0%
03 **Abbruch von Plattenflächen, bestehend aus Rasengittersteinen, Waschbetonplatten oder Verbundsteinpflaster, einschließlich Unterbau, Abtransport (8 Objekte)**	5,40	**6,90**	9,60	
Einheit: m² Plattenfläche				
012 Mauerarbeiten				50,0%
080 Straßen, Wege, Plätze				50,0%

Ausführungsarten — Gebäudearten · Kostengruppen · Neubau · Abbrechen · Wiederherstellen · Herstellen

KG.AK.AA	von	€/Einheit	bis	LB an AA
214.21.00 Roden von Sträuchern				
01 **Roden von Sträuchern, Büschen und Bäumen mit Stammdurchmesser bis 10cm, Beseitigen dazugehöriger Wurzeln, Entsorgung (8 Objekte)** Einheit: m² Grundstücksfläche	3,00	**5,50**	9,80	
002 Erdarbeiten				100,0%
214.31.00 Roden von Bäumen				
01 **Bäume fällen, entasten, zerkleinern, Stammdurchmesser 10-15cm, Wurzelstock roden, Abfuhr, Kippgebühr (7 Objekte)** Einheit: St Baum	30,00	**44,00**	62,00	
002 Erdarbeiten				51,0%
012 Mauerarbeiten				49,0%
02 **Bäume fällen, entasten, zerkleinern, Stammdurchmesser 15-20cm, Wurzelstock roden, Abfuhr, Kippgebühr (6 Objekte)** Einheit: St Baum	98,00	**120,00**	150,00	
002 Erdarbeiten				50,0%
003 Landschaftsbauarbeiten				50,0%
03 **Bäume fällen, entasten, zerkleinern, Stammdurchmesser 25-50cm, Wurzelstock roden, Abfuhr, Kippgebühr (4 Objekte)** Einheit: St Baum	160,00	**220,00**	280,00	
002 Erdarbeiten				34,0%
003 Landschaftsbauarbeiten				33,0%
080 Straßen, Wege, Plätze				33,0%
214.41.00 Abräumen des Baugrundstücks				
01 **Abräumen des Baugrundstücks von Gehölz, Unrat, Unkrautbewuchs, Abtransport (6 Objekte)** Einheit: m² Grundstücksfläche	0,60	**0,80**	1,00	
002 Erdarbeiten				51,0%
003 Landschaftsbauarbeiten				49,0%
214.51.00 Oberbodenabtrag				
01 **Oberboden abtragen, Abtragsdicke d=20-30cm, seitlich lagern, Förderweg 50-100m (9 Objekte)** Einheit: m³ Oberboden	2,60	**3,00**	3,60	
002 Erdarbeiten				100,0%
02 **Oberboden abtragen, seitlich lagern, Abtragsdicke d=20-40cm, Förderweg bis 150m, nach Bauende wieder auftragen (4 Objekte)** Einheit: m³ Oberboden	5,60	**6,90**	8,20	
002 Erdarbeiten				33,0%
003 Landschaftsbauarbeiten				33,0%
012 Mauerarbeiten				33,0%

214.61.00	Oberbodenabfuhr				
01	**Oberboden abtragen, verkrautet, Abtragsdicke** **d=30-50cm, laden, Abtransport (6 Objekte)**	7,00	**10,00**	13,00	
	Einheit: m³ Oberboden				
	002 Erdarbeiten				100,0%

Gebäudearten

Kostengruppen

Ausführungsarten

Neubau

Abbrechen

Wiederherstellen

Herstellen

KG.AK.AA	von	€/Einheit	bis	LB an AA
311.11.00 Mutterbodenabtrag BK 1				
01 **Mutterbodenabtrag BK 1 zur freien Verwendung des Auftragnehmers (4 Objekte)**	0,60	**0,80**	0,90	
Einheit: m² Abtragsfläche				
002 Erdarbeiten				100,0%
311.12.00 Mutterbodenabtrag BK 1, lagern				
01 **Mutterboden BK 1, lösen, transportieren und auf dem Gelände lagern (12 Objekte)**	0,60	**0,70**	0,90	
Einheit: m² Abtragsfläche				
002 Erdarbeiten				100,0%
311.13.00 Mutterbodenabtrag BK 1, lagern und einbauen				
01 **Mutterboden BK 1, lösen, transportieren, auf dem Gelände lagern und wieder einbauen, Abtragsdicke, d=30-50cm (16 Objekte)**	1,70	**3,20**	5,50	
Einheit: m² Abtragsfläche				
002 Erdarbeiten				100,0%
311.14.00 Mutterbodenabtrag BK 1, Abtransport				
01 **Mutterboden BK 1, lösen und nicht brauchbaren Oberboden abfahren (14 Objekte)**	2,20	**3,00**	4,30	
Einheit: m² Abtragsfläche				
002 Erdarbeiten				100,0%
311.21.00 Aushub Baugrube BK 2-5				
01 **Baugrubenaushub BK 2-5, zur freien Verwendung des Auftragnehmers (5 Objekte)**	3,00	**3,60**	4,00	
Einheit: m³ Aushub				
002 Erdarbeiten				100,0%
311.22.00 Aushub Baugrube BK 2-5, lagern				
01 **Aushub Baugrube BK 2-5, lösen, transportieren und auf dem Gelände lagern (10 Objekte)**	3,70	**5,70**	8,60	
Einheit: m³ Aushub				
002 Erdarbeiten				100,0%
311.23.00 Aushub Baugrube BK 2-5, lagern, hinterfüllen				
01 **Aushub Baugrube BK 2-5, lösen, transportieren, auf dem Gelände lagern und wieder hinterfüllen, verdichten (18 Objekte)**	9,00	**13,00**	16,00	
Einheit: m³ Aushub				
002 Erdarbeiten				100,0%
311.24.00 Aushub Baugrube BK 2-5, Abtransport				
01 **Baugrubenaushub BK 2-5, lösen, laden, Abtransport und Deponiegebühr (26 Objekte)**	19,00	**25,00**	32,00	
Einheit: m³ Aushub				
002 Erdarbeiten				100,0%

© **BKI** Baukosteninformationszentrum; Erläuterungen zu den Tabellen siehe Seite 64   Kostenstand: 1.Quartal 2012, Bundesdurchschnitt, **inkl. MwSt.**

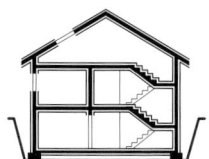

311.25.00 Aushub Baugrube BK 2-5, Abtransport, hinterfüllen

01	**Baugrubenaushub BK 2-5, lösen, laden, teilweise Abtransport und Deponiegebühr, teilweise hinter- füllen (7 Objekte)**	13,00	**17,00**	23,00	
	Einheit: m³ Aushub				
	002 Erdarbeiten				100,0%

311.31.00 Aushub Baugrube BK 6-7

01	**Baugrubenaushub BK 6-7, zur freien Verwendung des Auftragnehmers (3 Objekte)**	7,40	**12,00**	20,00	
	Einheit: m³ Aushub				
	002 Erdarbeiten				100,0%

311.34.00 Aushub Baugrube BK 6-7, Abtransport

01	**Aushub BK 6-7, lösen, laden, Abtransport (6 Objekte)**	20,00	**23,00**	27,00	
	Einheit: m³ Aushub				
	002 Erdarbeiten				100,0%

311.41.00 Hinterfüllen mit Siebschutt

01	**Lagenweises Hinterfüllen von Arbeitsräumen mit geliefertem Schotter/Kies, Verdichten (19 Objekte)**	19,00	**28,00**	35,00	
	Einheit: m³ Auffüllmenge				
	002 Erdarbeiten				100,0%
02	**Hinterfüllen von Arbeitsräumen mit gelagertem Aushubmaterial, lagenweise Verdichten (8 Objekte)**	9,00	**14,00**	24,00	
	Einheit: m³ Auffüllmenge				
	002 Erdarbeiten				100,0%
04	**Lagenweises Hinterfüllen von Arbeitsräumen mit geliefertem Siebschutt, Verdichten (7 Objekte)**	24,00	**30,00**	33,00	
	Einheit: m³ Auffüllmenge				
	002 Erdarbeiten				100,0%

311.42.00 Hinterfüllen mit Beton

01	**Auffüllungen im Erdreich, unbewehrter Ortbeton, zum Teil mit Schalung (8 Objekte)**	130,00	**150,00**	190,00	
	Einheit: m³ Auffüllmenge				
	013 Betonarbeiten				100,0%

Gebäudearten

Kostengruppen

Ausführungsarten

Neubau

Abbrechen

Wiederherstellen

Herstellen

KG.AK.AA	von	€/Einheit	bis	LB an AA
311.91.00 Sonstige Baugrubenherstellung				
82 **Teils Mutterbodenabtrag, Baugrubenaushub, Abtransport, auch Lagerung und Verfüllen; BK 3: leicht lösbare Bodenarten, auch Oberboden (Mutterboden) abtragen (26 Objekte)**	8,90	**16,00**	24,00	
Einheit: m³ Baugrubenrauminhalt				
002 Erdarbeiten				100,0%
83 **Teils Mutterbodenabtrag, Baugrubenaushub, Abtransport, auch Lagerung und Verfüllen; BK 4: mittelschwer lösbare Bodenarten, auch Oberboden (Mutterboden) abtragen (17 Objekte)**	17,00	**25,00**	41,00	
Einheit: m³ Baugrubenrauminhalt				
002 Erdarbeiten				100,0%
85 **Teils Mutterbodenabtrag, Baugrubenaushub, Abtransport, auch Lagerung und Verfüllen; BK 6: leicht lösbarer Fels und vergleichbare Bodenarten, auch Oberboden (Mutterboden) abtragen (3 Objekte)**	33,00	**50,00**	59,00	
Einheit: m³ Baugrubenrauminhalt				
002 Erdarbeiten				100,0%

© **BKI** Baukosteninformationszentrum; Erläuterungen zu den Tabellen siehe Seite 64   Kostenstand: 1.Quartal 2012, Bundesdurchschnitt, **inkl. MwSt.**

312.11.00 Spundwände

01 **Spundwände, einschließlich Anker, Absteifungen und**   80,00   **150,00**   170,00
Verbindungen (4 Objekte)
Einheit: m² Verbaute Fläche

006 Spezialtiefbauarbeiten					100,0%

312.31.00 Trägerbohlwände

01 **Baugrubenverbau mit Trägerbohlwänden (Berliner**   190,00   **220,00**   260,00
Verbau), einschließlich Verankerungen (4 Objekte)
Einheit: m² Verbaute Fläche

006 Spezialtiefbauarbeiten					100,0%

312.61.00 Spritzbetonwände

01 **Böschungssicherung durch Spritzbetonwände,**   690,00   **700,00**   710,00
d=20-30cm, Bewehrung, Erdnägel (3 Objekte)
Einheit: m² Verbaute Fläche

006 Spezialtiefbauarbeiten					42,0%
013 Betonarbeiten					58,0%

Gebäudearten

Kostengruppen

Ausführungsarten

Neubau

Abbrechen

Wiederherstellen

Herstellen

KG.AK.AA	von	€/Einheit	bis	LB an AA
313.11.00 Leitungen für Wasserhaltung				
01 **Rohrleitungen, Saugleitung NW 80 bis NW 150, Armaturen, Form- und Passstücke, Abbau (4 Objekte)**	17,00	**20,00**	24,00	
Einheit: m Leitung				
009 Entwässerungskanalarbeiten				51,0%
008 Wasserhaltungsarbeiten				49,0%
313.21.00 Schächte für Wasserhaltung				
01 **Erdaushub, Pumpensumpf innerhalb von Baugruben, Betonbrunnenringe, Wiederverfüllung (5 Objekte)**	310,00	**490,00**	600,00	
Einheit: St Anzahl				
008 Wasserhaltungsarbeiten				100,0%
313.31.00 Geräte für Wasserhaltung				
01 **Pumpe mit Elektromotor für Pumpensümpfe, Fördermenge 30 bis 60 m³/h, ein- und ausbauen (4 Objekte)**	96,00	**130,00**	180,00	
Einheit: St Anzahl				
008 Wasserhaltungsarbeiten				100,0%
313.41.00 Geräte für Wasserhaltung betreiben				
01 **Tauchpumpe betreiben, Förderweg bis 10m, Förderleistung bis 36m³/h (9 Objekte)**	4,40	**5,90**	7,10	
Einheit: h Stunden				
008 Wasserhaltungsarbeiten				100,0%

© **BKI** Baukosteninformationszentrum; Erläuterungen zu den Tabellen siehe Seite 64   Kostenstand: 1.Quartal 2012, Bundesdurchschnitt, **inkl.** MwSt.

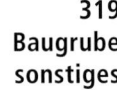

KG.AK.AA		von	€/Einheit	bis	LB an AA
319.11.00	Baugrube, sonstiges				
01	**Böschung mit Folie abdecken (7 Objekte)**	1,50	**2,40**	3,30	
	Einheit: m² abgedeckte Fläche				
	002 Erdarbeiten				100,0%

Kostenstand: 1.Quartal 2012, Bundesdurchschnitt, **inkl. MwSt.**   417

321
Baugrund-verbesserung

KG.AK.AA	von	€/Einheit	bis	LB an AA
321.11.00 Bodenaustausch				
01 **Bodeneinbau als Bodenaustausch, lagenweise verdichten, Schichtdicke bis 40cm (9 Objekte)**	11,00	**18,00**	26,00	
Einheit: m³ Auffüllvolumen				
002 Erdarbeiten				100,0%
321.21.00 Bodenauffüllung, Schotter				
01 **Bodenauffüllungen mit Schotter zur Erhöhung der Tragfähigkeit des Baugrundes, d=30-50cm (9 Objekte)**	27,00	**36,00**	46,00	
Einheit: m³ Auffüllvolumen				
002 Erdarbeiten				50,0%
013 Betonarbeiten				50,0%
321.22.00 Bodenauffüllung, Magerbeton				
01 **Auffüllungen Beton, teilweise mit Schalung, zur Erhöhung der Tragfähigkeit des Baugrunds (10 Objekte)**	110,00	**140,00**	190,00	
Einheit: m³ Auffüllvolumen				
013 Betonarbeiten				100,0%
321.23.00 Bodenauffüllung, Kies				
01 **Bodenauffüllungen mit geliefertem Kies (9 Objekte)**	13,00	**19,00**	31,00	
Einheit: m³ Auffüllvolumen				
002 Erdarbeiten				100,0%
321.31.00 Bodenverdichtung				
01 **Verdichtung der Gründungssohle zur Erhöhung der Tragfähigkeit des Baugrunds (3 Objekte)**	2,70	**4,40**	7,90	
Einheit: m² Verdichtete Fläche				
002 Erdarbeiten				100,0%

Kostenstand: 1.Quartal 2012, Bundesdurchschnitt, **inkl. MwSt.**

KG.AK.AA	von	€/Einheit	bis	LB an AA
322.11.00 Einzelfundamente und Streifenfundamente				
01 **Aushub für Einzel- und Streifenfundamente, BK 3-5, lösen, laden und abfahren (12 Objekte)**	35,00	**44,00**	55,00	
Einheit: m³ Aushub				
002 Erdarbeiten				100,0%
02 **Einzel- und Streifenfundamente, Beton, Aushub, Schalung, auch mit Bewehrung (20 Objekte)**	250,00	**320,00**	420,00	
Einheit: m³ Fundamentvolumen				
013 Betonarbeiten				85,0%
002 Erdarbeiten				15,0%
81 **Einzel- und Streifenfundamente für ein- bis zweigeschossige Bauten, Ortbeton mit Bewehrung (20 Objekte)**	36,00	**52,00**	69,00	
Einheit: m² Gründungsfläche				
013 Betonarbeiten				84,0%
002 Erdarbeiten				16,0%
82 **Einzel- und Streifenfundamente, auch Plattenfundamente für bis zu achtgeschossige Bauten, Ortbeton mit Bewehrung (30 Objekte)**	54,00	**90,00**	130,00	
Einheit: m² Gründungsfläche				
002 Erdarbeiten				24,0%
013 Betonarbeiten				76,0%
322.12.00 Einzelfundamente				
01 **Aushub Einzelfundamente, BK 3-5, seitlich lagern, teilweise mit Hinterfüllung (8 Objekte)**	31,00	**44,00**	61,00	
Einheit: m³ Aushub				
002 Erdarbeiten				100,0%
02 **Einzelfundamente, Ortbeton, Aushub, Schalung, auch mit Bewehrung (15 Objekte)**	270,00	**320,00**	360,00	
Einheit: m³ Fundamentvolumen				
013 Betonarbeiten				81,0%
002 Erdarbeiten				19,0%
322.14.00 Streifenfundamente				
01 **Aushub Streifenfundamente, teilweise mit Hinterfüllung (10 Objekte)**	15,00	**32,00**	51,00	
Einheit: m³ Aushub				
002 Erdarbeiten				100,0%
02 **Streifenfundamente in Ortbeton, mit Schalung, teilweise mit Bewehrung (16 Objekte)**	240,00	**340,00**	430,00	
Einheit: m³ Fundamentvolumen				
013 Betonarbeiten				100,0%
04 **Fundamentaushub, Stb-Frostschürze, Schalung, Bewehrung (4 Objekte)**	320,00	**390,00**	470,00	
Einheit: m³ Fundamentvolumen				
002 Erdarbeiten				13,0%
013 Betonarbeiten				87,0%

Gebäudearten

Kostengruppen

Ausführungsarten

Neubau

Abbrechen

Wiederherstellen

Herstellen

KG.AK.AA	von	€/Einheit	bis	LB an AA
322.15.00 Köcherfundamente				
02 **Köcherfundamente, Beton, Aushub, Schalung,** **auch mit Bewehrung (4 Objekte)**	310,00	**400,00**	620,00	
Einheit: m³ Fundamentvolumen				
013 Betonarbeiten				72,0%
002 Erdarbeiten				28,0%
322.21.00 Fundamentplatten				
01 **Stb-Fundamentplatten, d=20-30cm, Ortbeton,** **Schalung, Bewehrung (7 Objekte)**	56,00	**75,00**	89,00	
Einheit: m² Plattenfläche				
013 Betonarbeiten				100,0%
02 **Fundamentplatte Beton, d=18-35cm, wasser-** **undurchlässig, Schalung, Bewehrung (9 Objekte)**	86,00	**120,00**	140,00	
Einheit: m² Plattenfläche				
013 Betonarbeiten				100,0%
322.51.00 Frostschürze als Fertigteil				
01 **Frostschürze, Ortbeton, Aushub, beidseitige** **Schalung, Bewehrung (5 Objekte)**	230,00	**290,00**	350,00	
Einheit: m³ Fundamentvolumen				
013 Betonarbeiten				96,0%
002 Erdarbeiten				4,0%

Kostenstand: 1.Quartal 2012, Bundesdurchschnitt, **inkl. MwSt.**

KG.AK.AA	von	€/Einheit	bis	LB an AA

323.11.00 Bohrpfähle

02 **Pfahlgründung mit Großbohrpfählen d=62 -130cm**	230,00	**360,00**	600,00	

**mit Pfahlgurt, Schalung, Bewehrung, Baustellenein-
richtung, statische Berechnung (3 Objekte)**

Einheit: m Pfahllänge

005 Brunnenbauarbeiten und Aufschlussbohrungen	34,0%
006 Spezialtiefbauarbeiten	42,0%
013 Betonarbeiten	24,0%

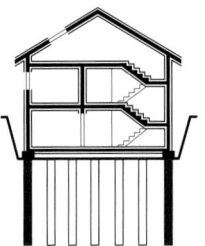

Gebäudearten

Kostengruppen

Ausführungsarten

Neubau

Abbrechen

Wiederherstellen

Herstellen

KG.AK.AA	von	€/Einheit	bis	LB an AA
324.15.00 Stahlbeton, Ortbeton, Platten				
01 **Bodenplatte, Ortbeton, d=15cm mit Schalung und Bewehrung (22 Objekte)**	33,00	**43,00**	56,00	
Einheit: m² Plattenfläche				
013 Betonarbeiten				100,0%
08 **Bodenplatte, Ortbeton, d=20cm mit Schalung und Bewehrung (11 Objekte)**	39,00	**52,00**	69,00	
Einheit: m² Plattenfläche				
013 Betonarbeiten				100,0%
09 **Bodenplatte wasserundurchlässig, Ortbeton, d=25-30cm mit Schalung und Bewehrung (6 Objekte)**	70,00	**92,00**	110,00	
Einheit: m² Plattenfläche				
013 Betonarbeiten				100,0%
10 **Bodenplatte, Ortbeton, d=25cm mit Schalung und Bewehrung (5 Objekte)**	50,00	**58,00**	72,00	
Einheit: m² Plattenfläche				
013 Betonarbeiten				100,0%
11 **Bodenplatte, Ortbeton, d=15-30cm mit Schalung und Bewehrung (7 Objekte)**	60,00	**73,00**	100,00	
Einheit: m² Plattenfläche				
013 Betonarbeiten				100,0%
12 **Bodenplatte WU, Ortbeton C25/30, d=35cm mit Schalung und Bewehrung (3 Objekte)**	120,00	**250,00**	510,00	
Einheit: m² Plattenfläche				
013 Betonarbeiten				100,0%
14 **Bodenplatte, Stahlfaserbeton, d=15cm mit Schalung und Bewehrung; Randdämmung (5 Objekte)**	62,00	**80,00**	94,00	
Einheit: m² m2 Plattenfläche				
013 Betonarbeiten				100,0%
324.61.00 Kanäle in Bodenplatten				
01 **Kanäle in Bodenplatten einschließlich Schalungen und Bewehrung (4 Objekte)**	84,00	**120,00**	160,00	
Einheit: m Kanal				
013 Betonarbeiten				100,0%
324.62.00 Rinnen in Bodenplatten				
01 **Rinnen in Bodenplatten einschließlich Schalungen, Bewehrung und Abdeckung (7 Objekte)**	98,00	**120,00**	160,00	
Einheit: m Rinne				
013 Betonarbeiten				100,0%
324.63.00 Schächte in Bodenplatten				
01 **Schächte mit Abdeckungen (3 Objekte)**	150,00	**340,00**	460,00	
Einheit: St Anzahl				
031 Metallbauarbeiten				100,0%
02 **Pumpensümpfe in Bodenplatten, Größe bis ca. 1,00x1,00m (4 Objekte)**	340,00	**540,00**	1.100,00	
Einheit: St Anzahl				
013 Betonarbeiten				100,0%

KG.AK.AA	von	€/Einheit	bis	LB an AA
324.64.00 Rampen auf Bodenplatten				
01 **Ortbeton-Rampe, Schalung, Länge bis 5m, Breite bis 1,60m, Dicke im Mittel bis 32cm (5 Objekte)**	220,00	**440,00**	730,00	
Einheit: m³ Rampenvolumen				
013 Betonarbeiten				100,0%
324.65.00 Treppen in Bodenplatten				
01 **Stb-Differenztreppen, Schalung, bis 3 Stufen (3 Objekte)**	430,00	**450,00**	490,00	
Einheit: m² Treppenfläche				
013 Betonarbeiten				100,0%

Gebäudearten

Kostengruppen

Ausführungsarten

Neubau

Abbrechen

Wiederherstellen

Herstellen

KG.AK.AA	von	€/Einheit	bis	LB an AA
325.11.00 Anstrich				
01 **Ölfester Anstrich, einschließlich Vorbehandlung und Sockel (7 Objekte)**	14,00	**16,00**	21,00	
Einheit: m² Belegte Fläche				
034 Maler- und Lackierarbeiten - Beschichtungen				100,0%
02 **Acrylanstrich, einschließlich Vorbehandlung und Sockel (7 Objekte)**	11,00	**12,00**	17,00	
Einheit: m² Belegte Fläche				
034 Maler- und Lackierarbeiten - Beschichtungen				100,0%
03 **Staubbindender Anstrich auf Betonoberflächen oder Estrich, Untergrundvorbehandlung (5 Objekte)**	7,30	**8,60**	9,50	
Einheit: m² Belegte Fläche				
034 Maler- und Lackierarbeiten - Beschichtungen				100,0%
04 **Epoxidharz-Dispersionsbeschichtung, tritt- und abriebfest, für einfache Belastungen, auf Betonfußböden (6 Objekte)**	8,30	**11,00**	14,00	
Einheit: m² Belegte Fläche				
034 Maler- und Lackierarbeiten - Beschichtungen				100,0%
05 **Fahrbahnmarkierungen, 12-15cm breit, auf Betonböden (3 Objekte)**	2,90	**4,90**	5,90	
Einheit: m Markierung				
034 Maler- und Lackierarbeiten - Beschichtungen				100,0%
325.12.00 Anstrich, Estrich				
01 **Zementestrich, d=40-50mm, Anstrich (14 Objekte)**	24,00	**28,00**	38,00	
Einheit: m² Belegte Fläche				
025 Estricharbeiten				58,0%
034 Maler- und Lackierarbeiten - Beschichtungen				42,0%
325.13.00 Anstrich, Estrich, Abdichtung				
01 **Bitumenschweißbahn, Zementestrich, d=50-70mm, Anstrich, scheuerbeständig, abriebfest (4 Objekte)**	33,00	**44,00**	67,00	
Einheit: m² Belegte Fläche				
018 Abdichtungsarbeiten				22,0%
025 Estricharbeiten				57,0%
034 Maler- und Lackierarbeiten - Beschichtungen				21,0%
325.14.00 Anstrich, Estrich, Abdichtung, Dämmung				
01 **Abdichtungen gegen Bodenfeuchtigkeit, Zementestrich d=40-100mm, Wärme-/Trittschalldämmung d=60mm, Anstrich (5 Objekte)**	37,00	**50,00**	57,00	
Einheit: m² Belegte Fläche				
018 Abdichtungsarbeiten				30,0%
025 Estricharbeiten				54,0%
034 Maler- und Lackierarbeiten - Beschichtungen				16,0%

© **BKI** Baukosteninformationszentrum; Erläuterungen zu den Tabellen siehe Seite 64   Kostenstand: 1.Quartal 2012, Bundesdurchschnitt, **inkl.** MwSt.

325.15.00 Anstrich, Estrich, Dämmung

01 Estrich, Wärme- und Trittschalldämmung, d=60mm, Anstrich (4 Objekte) — von 25,00 / €/Einheit 33,00 / bis 44,00

Einheit: m² Belegte Fläche

| 025 Estricharbeiten | 75,0% |
| 034 Maler- und Lackierarbeiten - Beschichtungen | 25,0% |

325.17.00 Abdichtung

01 Feuchtigkeitsabdichtung, Bitumenschweißbahnen mit Glasvlieseinlage, einlagig (11 Objekte) — von 6,40 / €/Einheit 9,10 / bis 12,00

Einheit: m² Belegte Fläche

| 018 Abdichtungsarbeiten | 49,0% |
| 025 Estricharbeiten | 51,0% |

325.21.00 Estrich

01 Gussasphalt, d=25-35mm, Oberfläche glätten, mit Quarzsand abreiben (5 Objekte) — von 23,00 / €/Einheit 25,00 / bis 27,00

Einheit: m² Belegte Fläche

| 025 Estricharbeiten | 100,0% |

02 Schwimmender Anhydritestrich, d=50-65mm (10 Objekte) — von 14,00 / €/Einheit 18,00 / bis 20,00

Einheit: m² Belegte Fläche

| 025 Estricharbeiten | 100,0% |

03 Zementestrich, d=40-60mm, bewehrt (12 Objekte) — von 21,00 / €/Einheit 27,00 / bis 37,00

Einheit: m² Belegte Fläche

| 025 Estricharbeiten | 100,0% |

04 Zementestrich, Mehrstärken 10mm (4 Objekte) — von 1,50 / €/Einheit 1,80 / bis 2,10

Einheit: m² Belegte Fläche

| 025 Estricharbeiten | 100,0% |

05 Industrieestrich auf Betonfläche, d=15-20mm, öl- und wasserfest, Untergrundvorbereitung (4 Objekte) — von 22,00 / €/Einheit 29,00 / bis 38,00

Einheit: m² Belegte Fläche

| 025 Estricharbeiten | 100,0% |

325.22.00 Estrich, Abdichtung

01 Zementestrich d=50mm, Haftbrücke, Abdichtung (4 Objekte) — von 23,00 / €/Einheit 31,00 / bis 39,00

Einheit: m² Belegte Fläche

| 025 Estricharbeiten | 70,0% |
| 034 Maler- und Lackierarbeiten - Beschichtungen | 30,0% |

325.23.00 Estrich, Abdichtung, Dämmung

01 Schwimmender Zementestrich, d=50-65mm, Feuchtigkeitsisolierung aus Bitumenbahnen, Wärme- und Trittschalldämmung, d=50-70mm (6 Objekte) — von 29,00 / €/Einheit 38,00 / bis 48,00

Einheit: m² Belegte Fläche

| 025 Estricharbeiten | 100,0% |

Gebäudearten
Kostengruppen
Ausführungsarten
Neubau
Abbrechen
Wiederherstellen
Herstellen

KG.AK.AA	von	€/Einheit	bis	LB an AA
325.24.00 Estrich, Dämmung				
01 **Schwimmender Zementestrich, Stärke bis 100mm mit Trittschall- oder Wärmedämmung (4 Objekte)**	22,00	**30,00**	36,00	
Einheit: m² Belegte Fläche				
025 Estricharbeiten				100,0%
325.25.00 Abdichtung				
01 **Abdichtungen auf Kunststoffbasis, Voranstrich, Epoxydharz (8 Objekte)**	10,00	**15,00**	26,00	
Einheit: m² Belegte Fläche				
018 Abdichtungsarbeiten				53,0%
024 Fliesen- und Plattenarbeiten				47,0%
02 **Bitumen-Voranstrich, Bitumenschweißbahnen, d=4mm, Stöße überlappend und verschweißt (22 Objekte)**	9,40	**13,00**	17,00	
Einheit: m² Belegte Fläche				
018 Abdichtungsarbeiten				100,0%
325.26.00 Dämmung				
04 **Trittschall- und Wärmedämmung aus mineralischem Faserdämmstoff, d=50-90mm, WLG 035 (17 Objekte)**	7,60	**11,00**	15,00	
Einheit: m² Belegte Fläche				
025 Estricharbeiten				100,0%
325.31.00 Fliesen und Platten				
01 **Plattenbeläge im Dünnbettverfahren verlegt, Verfugung, Sockelfliesen, Untergrundvorbereitung (14 Objekte)**	60,00	**81,00**	110,00	
Einheit: m² Belegte Fläche				
024 Fliesen- und Plattenarbeiten				100,0%
03 **Plattenbeläge im Mörtelbett verlegt, Verfugung, Sockelfliesen, Untergrundvorbereitung (7 Objekte)**	83,00	**98,00**	110,00	
Einheit: m² Belegte Fläche				
024 Fliesen- und Plattenarbeiten				100,0%
04 **Mosaikfliesenbelag im Dünnbettverfahren verlegt, Verfugung, Sockelfliesen (3 Objekte)**	110,00	**110,00**	130,00	
Einheit: m² Belegte Fläche				
024 Fliesen- und Plattenarbeiten				100,0%
325.32.00 Fliesen und Platten, Estrich				
02 **Bodenklinkerbelag auf Zementestrich im Dünnbett, Sockelfliesen (5 Objekte)**	63,00	**97,00**	120,00	
Einheit: m² Belegte Fläche				
024 Fliesen- und Plattenarbeiten				69,0%
025 Estricharbeiten				31,0%

Kostenstand: 1.Quartal 2012, Bundesdurchschnitt, **inkl. MwSt.**

325.33.00 Fliesen und Platten, Estrich, Abdichtung

01	**Zementestrich, Bitumenbahnen, Fliesen, Sockelfliesen (5 Objekte)**	88,00	**100,00**	110,00	
	Einheit: m² Belegte Fläche				
	018 Abdichtungsarbeiten				8,0%
	024 Fliesen- und Plattenarbeiten				71,0%
	025 Estricharbeiten				21,0%

325.34.00 Fliesen und Platten, Estrich, Abdichtung, Dämmung

02	**Untergrundvorbereitung, Bitumenschweißbahnen, PE-Folie, Zementestrich, d=40-50mm, Wärme- und Trittschalldämmung, d=50mm, Bodenfliesen, Sockelfliesen (17 Objekte)**	110,00	**150,00**	190,00	
	Einheit: m² Belegte Fläche				
	018 Abdichtungsarbeiten				11,0%
	024 Fliesen- und Plattenarbeiten				56,0%
	025 Estricharbeiten				33,0%

325.35.00 Fliesen und Platten, Estrich, Dämmung

01	**Zementestrich, d=50-70mm, Wärme- und Trittschalldämmung, Bodenfliesen (3 Objekte)**	72,00	**89,00**	120,00	
	Einheit: m² Belegte Fläche				
	024 Fliesen- und Plattenarbeiten				60,0%
	025 Estricharbeiten				40,0%

325.36.00 Fliesen und Platten, Abdichtung

01	**Steinzeugfliesen im Mörtelbett, auf Abdichtungen auf Bitumen-, Kunststoffbasis (8 Objekte)**	100,00	**120,00**	150,00	
	Einheit: m² Belegte Fläche				
	024 Fliesen- und Plattenarbeiten				83,0%
	018 Abdichtungsarbeiten				17,0%

325.41.00 Naturstein

01	**Naturwerksteinbelag auf Rohdecke (6 Objekte)**	100,00	**130,00**	200,00	
	Einheit: m² Belegte Fläche				
	014 Natur-, Betonwerksteinarbeiten				100,0%

325.43.00 Naturstein, Estrich, Abdichtung

81	**Naturwerksteinbelag auf Estrich mit Abdichtung (3 Objekte)**	170,00	**220,00**	250,00	
	Einheit: m² Belegte Fläche				
	014 Natur-, Betonwerksteinarbeiten				71,0%
	018 Abdichtungsarbeiten				6,0%
	025 Estricharbeiten				24,0%

Gebäudearten

Kostengruppen

Ausführungsarten

Neubau

Abbrechen

Wiederherstellen

Herstellen

325
Bodenbeläge

KG.AK.AA	von	€/Einheit	bis	LB an AA
325.44.00 Naturstein, Estrich, Abdichtung, Dämmung				
01 **Abdichtung gegen Bodenfeuchtigkeit, Wärme- und Trittschalldämmung, Zementestrich, Naturstein-platten, geschliffen und poliert, im Mörtelbett verlegt (3 Objekte)**	170,00	**240,00**	290,00	
Einheit: m² Belegte Fläche				
014 Natur-, Betonwerksteinarbeiten				86,0%
025 Estricharbeiten				14,0%
325.51.00 Betonwerkstein				
03 **Betonpflastersteine im Splittbett, d=8cm, Untergrundvorbereitung (4 Objekte)**	23,00	**39,00**	54,00	
Einheit: m² Belegte Fläche				
014 Natur-, Betonwerksteinarbeiten				99,0%
025 Estricharbeiten				1,0%
325.52.00 Betonwerkstein, Estrich				
81 **Oberbelag (Betonwerkstein) auf schwimmendem Estrich (3 Objekte)**	180,00	**200,00**	210,00	
Einheit: m² Belegte Fläche				
014 Natur-, Betonwerksteinarbeiten				75,0%
025 Estricharbeiten				25,0%
325.61.00 Textil				
01 **Textiler Bodenbelag als Tuftingteppich, Untergrund-vorbehandlung, Sockelleisten (10 Objekte)**	26,00	**36,00**	46,00	
Einheit: m² Belegte Fläche				
036 Bodenbelagarbeiten				100,0%
325.62.00 Textil, Estrich				
01 **Textilbeläge auf schwimmendem Estrich, Abdichtung (4 Objekte)**	57,00	**70,00**	84,00	
Einheit: m² Belegte Fläche				
018 Abdichtungsarbeiten				32,0%
025 Estricharbeiten				38,0%
036 Bodenbelagarbeiten				30,0%
81 **Textilbelag auf schwimmendem Estrich, auch auf Gussasphalt (29 Objekte)**	57,00	**72,00**	99,00	
Einheit: m² Belegte Fläche				
025 Estricharbeiten				38,0%
036 Bodenbelagarbeiten				62,0%
325.64.00 Textil, Estrich, Abdichtung, Dämmung				
01 **Textilbelag auf schwimmendem Estrich, Wärmedämmung, Abdichtung (8 Objekte)**	69,00	**84,00**	96,00	
Einheit: m² Belegte Fläche				
025 Estricharbeiten				51,0%
036 Bodenbelagarbeiten				49,0%

© **BKI** Baukosteninformationszentrum; Erläuterungen zu den Tabellen siehe Seite 64   Kostenstand: 1.Quartal 2012, Bundesdurchschnitt, **inkl.** MwSt.

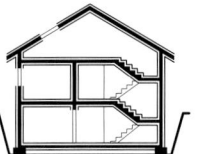

325.65.00 Textil, Estrich, Dämmung

01 **Textilbelag auf schwimmendem Estrich, Trittschall-** 47,00 **58,00** 75,00
und Wärmedämmung (5 Objekte)
Einheit: m² Belegte Fläche

025 Estricharbeiten				49,0%
036 Bodenbelagarbeiten				51,0%

325.69.00 Textil, sonstiges

81 **Textilbelag auf Spanplatte (3 Objekte)** 78,00 **110,00** 120,00
Einheit: m² Belegte Fläche

016 Zimmer- und Holzbauarbeiten				28,0%
027 Tischlerarbeiten				8,0%
034 Maler- und Lackierarbeiten - Beschichtungen				2,0%
036 Bodenbelagarbeiten				16,0%
039 Trockenbauarbeiten				45,0%

325.71.00 Holz

01 **Parkettbelag Eiche, d=20-25mm, Versiegelung,** 76,00 **99,00** 120,00
Sockelleisten (11 Objekte)
Einheit: m² Belegte Fläche

028 Parkett-, Holzpflasterarbeiten				100,0%

04 **Industrieparkett, d=8mm, Versiegelung, Sockel-** 57,00 **70,00** 85,00
leisten (4 Objekte)
Einheit: m² Belegte Fläche

028 Parkett-, Holzpflasterarbeiten				100,0%

325.72.00 Holz, Estrich

82 **Holzpflaster auf Rohdecke, auch auf schwimmendem** 92,00 **140,00** 190,00
Estrich (8 Objekte)
Einheit: m² Belegte Fläche

025 Estricharbeiten				24,0%
028 Parkett-, Holzpflasterarbeiten				76,0%

325.73.00 Holz, Estrich, Abdichtung

01 **Untergrundvorbereitung, Voranstrich, Bitumen-** 130,00 **140,00** 190,00
schweißbahnen, PE-Folie, Zementestrich,
d=45-70mm, Bewehrung, Parkett, Versiegelung,
Holzfußleisten (5 Objekte)
Einheit: m² Belegte Fläche

018 Abdichtungsarbeiten				10,0%
025 Estricharbeiten				20,0%
028 Parkett-, Holzpflasterarbeiten				70,0%

Gebäudearten

Kostengruppen

Neubau

Ausführungsarten

Abbrechen

Wiederherstellen

Herstellen

325
Bodenbeläge

325.74.00 Holz, Estrich, Abdichtung, Dämmung

		von	€/Einheit	bis	LB an AA
01	**Untergrundvorbereitung, Voranstrich, Bitumen-schweißbahnen, PE-Folie, Zementestrich, d=50-70mm, Bewehrung, Wärme- und Trittschall-dämmung, d=60-90mm, Parkett, Versiegelung, Holzfußleisten (8 Objekte)**	110,00	**120,00**	150,00	
	Einheit: m² Belegte Fläche				
	018 Abdichtungsarbeiten				9,0%
	025 Estricharbeiten				36,0%
	028 Parkett-, Holzpflasterarbeiten				55,0%

325.75.00 Holz, Estrich, Dämmung

		von	€/Einheit	bis	LB an AA
01	**Untergrundvorbereitung, Wärme- und Trittschalldämmung, Estrich, Parkett, Ober-flächenbehandlung (4 Objekte)**	96,00	**130,00**	160,00	
	Einheit: m² Belegte Fläche				
	025 Estricharbeiten				23,0%
	028 Parkett-, Holzpflasterarbeiten				74,0%
	034 Maler- und Lackierarbeiten - Beschichtungen				3,0%

325.78.00 Holz, Dämmung

		von	€/Einheit	bis	LB an AA
01	**Holz-Unterkonstruktion, Dämmung, Holzdielen oder Holzwerkstoffplatten mit Hartbelag (3 Objekte)**	79,00	**87,00**	100,00	
	Einheit: m² Belegte Fläche				
	016 Zimmer- und Holzbauarbeiten				7,0%
	028 Parkett-, Holzpflasterarbeiten				43,0%
	036 Bodenbelagarbeiten				46,0%
	039 Trockenbauarbeiten				4,0%

325.81.00 Hartbeläge

		von	€/Einheit	bis	LB an AA
01	**Ganzflächiges Spachteln des Untergrunds, Bodenbelag aus Linoleum, d=2,5mm, Verfugen mit Schmelzdraht; Sockelleisten (6 Objekte)**	34,00	**48,00**	63,00	
	Einheit: m² Belegte Fläche				
	036 Bodenbelagarbeiten				100,0%

325.82.00 Hartbeläge, Estrich

	von	€/Einheit	bis	LB an AA
81 **Kunststoffbelag, teils elektrisch leitfähig, auf Estrich, auch auf Gussasphalt (29 Objekte)**	54,00	**66,00**	98,00	
Einheit: m² Belegte Fläche				
025 Estricharbeiten				43,0%
036 Bodenbelagarbeiten				57,0%
82 **Kunststoff-Noppenbelag auf Estrich, auch auf Gussasphalt (5 Objekte)**	76,00	**79,00**	88,00	
Einheit: m² Belegte Fläche				
025 Estricharbeiten				28,0%
036 Bodenbelagarbeiten				72,0%
83 **Linoleumbelag auf schwimmendem Estrich (4 Objekte)**	73,00	**82,00**	91,00	
Einheit: m² Belegte Fläche				
025 Estricharbeiten				25,0%
027 Tischlerarbeiten				33,0%
036 Bodenbelagarbeiten				42,0%

325.83.00 Hartbeläge, Estrich, Abdichtung

	von	€/Einheit	bis	LB an AA
81 **Kunststoffbelag, teils elektrisch leitfähig, auf Estrich, auch auf Gussasphalt, Abdichtung (12 Objekte)**	62,00	**83,00**	120,00	
Einheit: m² Belegte Fläche				
018 Abdichtungsarbeiten				10,0%
025 Estricharbeiten				37,0%
036 Bodenbelagarbeiten				53,0%

325.84.00 Hartbeläge, Estrich, Abdichtung, Dämmung

	von	€/Einheit	bis	LB an AA
01 **Untergrundvorbereitung, Voranstrich, Bitumen-schweißbahnen, PE-Folie, Zementestrich, d=50-80mm, Bewehrung, Wärme- und Trittschall-dämmung, d=50-90mm, Linoleum d=2,5-3,2mm, Fugen verschweißen, PVC- oder Holzfußleisten (11 Objekte)**	77,00	**88,00**	100,00	
Einheit: m² Belegte Fläche				
018 Abdichtungsarbeiten				18,0%
025 Estricharbeiten				42,0%
036 Bodenbelagarbeiten				40,0%

Gebäudearten

Kostengruppen

Ausführungsarten

Neubau

Abbrechen

Wiederherstellen

Herstellen

KG.AK.AA		von	€/Einheit	bis	LB an AA

325.93.00 Sportböden

02 Sportboden als punktelastische Konstruktion auf Estrich, Oberbelag Linoleum d=4mm, beschichtet oder Parkett (4 Objekte)

	von	€/Einheit	bis	
	110,00	**140,00**	180,00	

Einheit: m² Belegte Fläche

018 Abdichtungsarbeiten	5,0%
025 Estricharbeiten	6,0%
027 Tischlerarbeiten	2,0%
028 Parkett-, Holzpflasterarbeiten	37,0%
036 Bodenbelagarbeiten	50,0%

81 Schwingboden, Linoleum-/kunststoffbeschichtet, auf Unterkonstruktion (3 Objekte)

	79,00	**97,00**	130,00	

Einheit: m² Belegte Fläche

016 Zimmer- und Holzbauarbeiten	45,0%
025 Estricharbeiten	21,0%
034 Maler- und Lackierarbeiten - Beschichtungen	1,0%
036 Bodenbelagarbeiten	34,0%

82 Schwingboden, Linoleum-/kunststoffbeschichtet, auf Unterkonstruktion, Abdichtung (6 Objekte)

	100,00	**110,00**	130,00	

Einheit: m² Belegte Fläche

016 Zimmer- und Holzbauarbeiten	11,0%
018 Abdichtungsarbeiten	11,0%
025 Estricharbeiten	35,0%
036 Bodenbelagarbeiten	43,0%

325.94.00 Heizestrich

01 Zementestrich, einschichtig, als schwimmender Heizestrich, d=60-90mm, Untergrundvorbehandlung (13 Objekte)

	20,00	**25,00**	35,00	

Einheit: m² Belegte Fläche

025 Estricharbeiten	100,0%

325.95.00 Kunststoff-Beschichtung

01 Voranstrich als Haftbrücke, Kunststoff-Hartstoffver-schleißschicht, Imprägnierung (4 Objekte)

	27,00	**39,00**	44,00	

Einheit: m² Belegte Fläche

025 Estricharbeiten	50,0%
036 Bodenbelagarbeiten	50,0%

325.96.00 Doppelböden

01 Doppelbodenanlage für Installationen, h=150-400mm, höhenverstellbare Stahlstützen, Saugheber (4 Objekte)

	62,00	**85,00**	140,00	

Einheit: m² Belegte Fläche

039 Trockenbauarbeiten	51,0%
036 Bodenbelagarbeiten	49,0%

© **BKI** Baukosteninformationszentrum; Erläuterungen zu den Tabellen siehe Seite 64   Kostenstand: 1.Quartal 2012, Bundesdurchschnitt, **inkl. MwSt.**

325.97.00 Fußabstreifer

01	**Fußabstreifer, Reinlaufmatten oder Kokosmatten, teils mit Winkelrahmen (18 Objekte)**	380,00	**490,00**	740,00	
	Einheit: m² Belegte Fläche				
	024 Fliesen- und Plattenarbeiten				100,0%

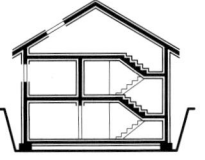

326
Bauwerks-abdichtungen

KG.AK.AA	von	€/Einheit	bis	LB an AA
326.11.00 Abdichtung				
01 **PE-Folie d=0,2-0,4mm unter der Bodenplatte (30 Objekte)**	1,20	**1,60**	2,50	
Einheit: m² Schichtfläche				
013 Betonarbeiten				100,0%
02 **PE-Folie, zweilagig d=0,2-0,3mm je Lage, unter der Bodenplatte (6 Objekte)**	3,50	**4,20**	5,00	
Einheit: m² Schichtfläche				
013 Betonarbeiten				100,0%
326.12.00 Abdichtung, Dämmung				
01 **PE-Folie als Feuchtigkeitssperre, Wärmedämmung d=60mm unter Bodenplatte (4 Objekte)**	26,00	**28,00**	30,00	
Einheit: m² Schichtfläche				
013 Betonarbeiten				45,0%
018 Abdichtungsarbeiten				55,0%
326.13.00 Dämmungen				
01 **Styrodur-Wärmedämmung unter Bodenplatte, d=50-100mm, Dämmstreifen (10 Objekte)**	19,00	**26,00**	32,00	
Einheit: m² Schichtfläche				
013 Betonarbeiten				100,0%
02 **Perimeterdämmung unter Bodenplatte, d=60-100mm, WLG 035 (11 Objekte)**	17,00	**25,00**	34,00	
Einheit: m² Schichtfläche				
013 Betonarbeiten				100,0%
03 **Perimeterdämmung unter Bodenplatte, d=140-200mm, WLG 045 (3 Objekte)**	23,00	**31,00**	37,00	
Einheit: m² Schichtfläche				
013 Betonarbeiten				50,0%
018 Abdichtungsarbeiten				50,0%
04 **Schaumglasschotter, einbauen und verdichten (3 Objekte)**	77,00	**110,00**	130,00	
Einheit: m³ Einbauvolumen				
002 Erdarbeiten				33,0%
010 Drän- und Versickerarbeiten				33,0%
013 Betonarbeiten				33,0%

Kostenstand: 1.Quartal 2012, Bundesdurchschnitt, inkl. MwSt.

326.21.00 Filterschicht

	von	€/Einheit	bis	LB an AA
01 **Kiesfilterschicht aus gewaschenem Kies, d=20-25cm, einbauen, verdichten (10 Objekte)**	5,10	**8,00**	12,00	
Einheit: m² Schichtfläche				
002 Erdarbeiten				100,0%
02 **Kiesfilterschicht d=15cm, einbauen, verdichten, Körnung 0/32mm (10 Objekte)**	5,60	**7,10**	9,30	
Einheit: m² Schichtfläche				
012 Mauerarbeiten				50,0%
013 Betonarbeiten				50,0%
04 **Kiesfilterschicht, d=30cm, einbauen, verdichten, Körnung 0/32 mm (5 Objekte)**	7,30	**9,40**	12,00	
Einheit: m² Schichtfläche				
012 Mauerarbeiten				50,0%
013 Betonarbeiten				50,0%
05 **Kiesfilterschicht, einbauen, verdichten, Körnung 0/32mm (6 Objekte)**	23,00	**32,00**	41,00	
Einheit: m³ Auffüllvolumen				
002 Erdarbeiten				35,0%
012 Mauerarbeiten				33,0%
013 Betonarbeiten				33,0%

326.24.00 Filterschicht, Sauberkeitsschicht

	von	€/Einheit	bis	LB an AA
01 **Kiesfilterschicht d=10-20cm, Sauberkeitsschicht d=5-10cm aus unbewehrtem Beton (6 Objekte)**	17,00	**21,00**	29,00	
Einheit: m² Schichtfläche				
002 Erdarbeiten				32,0%
013 Betonarbeiten				68,0%

326.26.00 Filterschicht, Sauberkeitsschicht, Dämm., Abdicht.

	von	€/Einheit	bis	LB an AA
01 **Feinplanum, Kiesfilterschicht, Wärmedämmschicht d=50-100mm, PE-Folie, Sauberkeitsschicht Beton, d=5-10cm (7 Objekte)**	43,00	**54,00**	69,00	
Einheit: m² Schichtfläche				
002 Erdarbeiten				11,0%
012 Mauerarbeiten				39,0%
013 Betonarbeiten				34,0%
018 Abdichtungsarbeiten				16,0%

326.28.00 Folie auf Filterschicht

	von	€/Einheit	bis	LB an AA
01 **PE-Folie, 2-lagig, als Trennschicht d=0,25-0,5mm, Stöße überlappend (12 Objekte)**	1,30	**2,20**	3,30	
Einheit: m² Schichtfläche				
013 Betonarbeiten				100,0%

326.31.00 Sauberkeitsschicht

	von	€/Einheit	bis	LB an AA
01 **Sauberkeitsschicht Ortbeton, aus unbewehrtem Beton (Magerbeton), d=5-10cm (40 Objekte)**	6,70	**8,40**	11,00	
Einheit: m² Schichtfläche				
013 Betonarbeiten				100,0%

Gebäudearten

Kostengruppen

Ausführungsarten

Neubau

Abbrechen

Wiederherstellen

Herstellen

326
Bauwerks-abdichtungen

KG.AK.AA	von	€/Einheit	bis	LB an AA
326.32.00 Sauberkeitsschicht, Abdichtung				
01 **Sauberkeitsschicht Beton, unbewehrt, Trennlage aus PE-Folie d=0,3mm (13 Objekte)**	6,80	**11,00**	14,00	
Einheit: m² Plattenfläche				
013 Betonarbeiten				100,0%
326.34.00 Sauberkeitsschicht, Dämmung				
01 **Perimeterdämmung d=50mm zur Wärmeisolierung, Sauberkeitsschicht Beton, d=5cm (6 Objekte)**	31,00	**35,00**	41,00	
Einheit: m² Plattenfläche				
013 Betonarbeiten				100,0%
02 **Sauberkeitsschicht, d=5cm, Dämmung, d=100-200cm (5 Objekte)**	30,00	**35,00**	42,00	
Einheit: m² Schichtfläche				
013 Betonarbeiten				50,0%
012 Mauerarbeiten				50,0%
326.41.00 Ausgleichsschicht				
01 **Auffüllung im Erdreich, aus unbewehrtem Beton, Oberfläche waagrecht (5 Objekte)**	130,00	**140,00**	160,00	
Einheit: m³ Auffüllvolumen				
013 Betonarbeiten				100,0%
02 **Auffüllung im Erdreich, aus Schotter, Schutthöhe d=30-50cm, Oberfläche waagrecht, verdichten (3 Objekte)**	23,00	**28,00**	38,00	
Einheit: m³ Auffüllvolumen				
002 Erdarbeiten				51,0%
012 Mauerarbeiten				49,0%
03 **Auffüllung im Erdreich, Kies 16/32, Schütthöhe bis 30cm, Verdichten, Herstellen von waagrechten Flächen (5 Objekte)**	24,00	**40,00**	55,00	
Einheit: m³ Auffüllvolumen				
013 Betonarbeiten				50,0%
002 Erdarbeiten				50,0%
326.51.00 Planum herstellen				
01 **Planum der Baugrubensohle Höhendifferenz max. +/-2cm (15 Objekte)**	0,80	**1,40**	2,50	
Einheit: m² Planumfläche				
002 Erdarbeiten				100,0%

		von	€/Einheit	bis	LB an AA
327.11.00	Dränageleitungen				
01	**Dränageleitungen gewellt, PVC hart, DN100 (16 Objekte)**	5,70	**8,60**	12,00	
	Einheit: m Leitung				
	010 Drän- und Versickerarbeiten				100,0%
327.12.00	Dränageleitungen mit Kiesumhüllung				
01	**Dränageleitungen gewellt, PVC hart, DN100 mit Kiesumhüllung (14 Objekte)**	18,00	**23,00**	33,00	
	Einheit: m Leitung				
	009 Entwässerungskanalarbeiten				50,0%
	010 Drän- und Versickerarbeiten				50,0%
327.21.00	Dränageschächte				
01	**Dränageschächte aus Betonfertigteilen DN1.000 (5 Objekte)**	190,00	**240,00**	280,00	
	Einheit: m Tiefe				
	010 Drän- und Versickerarbeiten				100,0%
02	**Dränageschächte PVC, d=315mm (10 Objekte)**	120,00	**180,00**	270,00	
	Einheit: m Tiefe				
	009 Entwässerungskanalarbeiten				47,0%
	010 Drän- und Versickerarbeiten				53,0%
327.31.00	Filterschichten, Kies				
01	**Filterschichten aus gewaschenem Kies, Körnung 8/32mm bis 16/33mm (4 Objekte)**	8,90	**12,00**	16,00	
	Einheit: m² Schichtfläche				
	010 Drän- und Versickerarbeiten				100,0%

Gebäudearten

Kostengruppen

Ausführungsarten

Neubau

Abbrechen

Wiederherstellen

Herstellen

331
Tragende Außenwände

		von	€/Einheit	bis	LB an AA
331.12.00	Mauerwerkswand, Gasbetonsteine				
01	**Gasbetonwände, d=30cm, im Giebelbereich (3 Objekte)**	91,00	**100,00**	110,00	
	Einheit: m² Wandfläche				
	012 Mauerarbeiten				100,0%
331.14.00	Mauerwerkswand, Kalksandsteine				
01	**Tragendes Kalksandstein-Mauerwerk, d=36,5cm, Mörtelgruppe II (4 Objekte)**	53,00	**80,00**	90,00	
	Einheit: m² Wandfläche				
	012 Mauerarbeiten				100,0%
02	**Kalksandsteinwand KSL d=24-30cm; KS-Flachstürze für Öffnungen; waagrechte Mauerwerksabdichtung G 200 DD (5 Objekte)**	70,00	**85,00**	100,00	
	Einheit: m² Wandfläche				
	012 Mauerarbeiten				97,0%
	018 Abdichtungsarbeiten				3,0%
08	**Tragendes Kalksandstein-Mauerwerk, d=24cm, Mörtelgruppe II (9 Objekte)**	66,00	**81,00**	94,00	
	Einheit: m² Wandfläche				
	012 Mauerarbeiten				100,0%
11	**Tragendes Kalksandstein-Mauerwerk, d=17,5cm, Mörtelgruppe II (10 Objekte)**	49,00	**58,00**	65,00	
	Einheit: m² Wandfläche				
	012 Mauerarbeiten				100,0%
12	**Tragendes Kalksandstein-Mauerwerk, d=30cm, Mörtelgruppe II, Kellerwände (3 Objekte)**	81,00	**94,00**	100,00	
	Einheit: m² Wandfläche				
	012 Mauerarbeiten				100,0%
14	**Tragendes Kalksandstein-Mauerwerk, d=24cm, Mörtelgruppe II, zweiseitiges Sichtmauerwerk (3 Objekte)**	64,00	**87,00**	98,00	
	Einheit: m² Wandfläche				
	012 Mauerarbeiten				100,0%
331.15.00	Mauerwerkswand, Leichtbetonsteine				
01	**Leichthochlochziegel d=30-36,5cm einschließlich Öffnungen und Aussparungen (6 Objekte)**	75,00	**97,00**	120,00	
	Einheit: m² Wandfläche				
	012 Mauerarbeiten				100,0%
02	**Leichtbetonsteine, 0,8kg/m3 -0,18W/mK; d=24cm; U-Steine, Bewehrung, Endsteine; Abdichtungungsbahnen (3 Objekte)**	78,00	**94,00**	120,00	
	Einheit: m² Wandfläche				
	012 Mauerarbeiten				99,0%
	018 Abdichtungsarbeiten				1,0%
03	**Leichthochlochziegel d=24cm einschließlich Öffnungen und Aussparungen (5 Objekte)**	48,00	**65,00**	73,00	
	Einheit: m²				
	012 Mauerarbeiten				100,0%

331.16.00 Mauerwerkswand, Mauerziegel

	von	€/Einheit	bis	LB an AA
01 Ziegelmauerwerk mit Stürzen, Rollladenkästen, Horizontalsperre, teils mit Ringbalken, d=24-49cm (10 Objekte)	91,00	**130,00**	150,00	
Einheit: m² Wandfläche				
012 Mauerarbeiten				73,0%
013 Betonarbeiten				25,0%
018 Abdichtungsarbeiten				2,0%
07 Mauerwerkswand, Poroton, d=24cm, Mörtelgruppe II (9 Objekte)	61,00	**70,00**	96,00	
Einheit: m² Wandfläche				
012 Mauerarbeiten				100,0%
08 Mauerwerkswand, Poroton, d=36,5cm, Mörtelgruppe II, Öffnungen, Sturzüberdeckungen (9 Objekte)	98,00	**120,00**	130,00	
Einheit: m² Wandfläche				
012 Mauerarbeiten				100,0%
09 Porenbeton-Plansteine d=24-36,5cm mit Nut- und Feder im Dünnbettmörtel-Verfahren (5 Objekte)	79,00	**87,00**	93,00	
Einheit: m² Wandfläche				
012 Mauerarbeiten				100,0%
10 Mauerwerkswand, Poroton, d=30cm, Mörtelgruppe II (4 Objekte)	91,00	**95,00**	99,00	
Einheit: m² Wandfläche				
012 Mauerarbeiten				100,0%

Gebäudearten

Kostengruppen

Ausführungsarten

Neubau

Abbrechen

Wiederherstellen

Herstellen

331
Tragende Außenwände

KG.AK.AA	von	€/Einheit	bis	LB an AA
331.21.00 Betonwand, Ortbetonwand, schwer				
02 **Stahlbetonwände, Ortbeton, Schalung und Bewehrung, d=20cm, Aussparungen (6 Objekte)** Einheit: m² Wandfläche	100,00	**130,00**	170,00	
013 Betonarbeiten				100,0%
03 **Stahlbetonwände, Ortbeton, Schalung und Bewehrung, d=15-35cm (23 Objekte)** Einheit: m² Wandfläche	140,00	**170,00**	210,00	
013 Betonarbeiten				100,0%
04 **Stahlbetonwände, Ortbeton, wasserundurchlässig, Schalung und Bewehrung, d=15-30cm (9 Objekte)** Einheit: m² Wandfläche	130,00	**190,00**	240,00	
013 Betonarbeiten				100,0%
05 **Stahlbetonwände, Ortbeton, Schalung und Bewehrung, d=24cm, Aussparungen (10 Objekte)** Einheit: m² Wandfläche	120,00	**150,00**	170,00	
013 Betonarbeiten				100,0%
06 **Stahlbetonwände, Ortbeton, Schalung und Bewehrung, d=30cm, Aussparungen (12 Objekte)** Einheit: m² Wandfläche	160,00	**180,00**	200,00	
013 Betonarbeiten				100,0%
07 **Betonwände aus vorgefertigten Platten, d=20cm, Einbau auf Bodenplatte, Öffnungen (4 Objekte)** Einheit: m² Wandfläche	87,00	**100,00**	110,00	
012 Mauerarbeiten				2,0%
013 Betonarbeiten				98,0%
10 **Stb-Ringanker in Außenwänden, d=30-35cm, Schalung (3 Objekte)** Einheit: m² Wandfläche	170,00	**180,00**	200,00	
013 Betonarbeiten				100,0%
331.24.00 Betonwand, Fertigteil, schwer				
01 **Betonfertigteil-Wände d=16-30cm, Bewehrung (6 Objekte)** Einheit: m² Wandfläche	100,00	**130,00**	150,00	
013 Betonarbeiten				100,0%
02 **Sandwich-Wandplatten, d=30cm, Vorsatzschalen, Dämmung, Tragschale, Bewehrung (3 Objekte)** Einheit: m² Wandfläche	120,00	**130,00**	140,00	
013 Betonarbeiten				100,0%

 Kostenstand: 1.Quartal 2012, Bundesdurchschnitt, **inkl. MwSt.**

KG.AK.AA	von	€/Einheit	bis	LB an AA
331.33.00 Holzwand, Rahmenkonstruktion, Vollholz				
01 **Holzrahmenkonstruktion, Konstruktionsvollholz, Dämmung, Beplankung mit Holzwerkstoffplatten (4 Objekte)**	93,00	**110,00**	130,00	
Einheit: m² Wandfläche				
016 Zimmer- und Holzbauarbeiten				100,0%
02 **Geschosshohe Holz-Fertigteilwand d=391-395mm: KVH-Träger, Zelluloseeinblasdämmung WLG 040, d=360mm, OSB-Platten d=15mm, Holzweichfaserplatten d=16mm (6 Objekte)**	130,00	**150,00**	160,00	
Einheit: m² m2 Wandfläche				
016 Zimmer- und Holzbauarbeiten				100,0%
03 **Geschosshohe Holz-Fertigteilwand d=356-384mm: Doppelstegträger, Zelluloseeinblasdämmung d=356mm; OSB d=15mm, DWD d=16mm; innenseitig GK 12,5mm, malerfertig gespachtelt (7 Objekte)**	170,00	**180,00**	200,00	
Einheit: m² m2 Wandfläche				
013 Betonarbeiten				1,0%
016 Zimmer- und Holzbauarbeiten				99,0%
331.34.00 Holzwand, Rahmenkonstruktion, Brettschichtholz				
01 **Holzwand, Pfetten und Träger verleimtes Brettschichtholz, allseitig gehobelt, Nadelholz, Güteklasse I, abbinden und aufstellen, Verankerungsschrauben, Winkelverbinder (3 Objekte)**	1.400,00	**1.590,00**	1.680,00	
Einheit: m³ Holzvolumen				
016 Zimmer- und Holzbauarbeiten				100,0%
331.35.00 Holzwand, Fachwerk inkl. Ausfachung				
81 **Fachwerk, Holz (3 Objekte)**	96,00	**180,00**	220,00	
Einheit: m² Wandfläche				
016 Zimmer- und Holzbauarbeiten				100,0%
331.91.00 Sonstige tragende Außenwände				
02 **Rollladenkasten aus Polystyrol-Hartschaum, Außenseiten als Putzträger (4 Objekte)**	55,00	**63,00**	66,00	
Einheit: m Rollladenkasten				
012 Mauerarbeiten				52,0%
013 Betonarbeiten				48,0%

Gebäudearten
Kostengruppen
Ausführungsarten
Neubau
Abbrechen
Wiederherstellen
Herstellen

332
Nichttragende Außenwände

KG.AK.AA		von	€/Einheit	bis	LB an AA
332.12.00	Mauerwerkswand, Gasbeton				
02	**Gasbeton-Planblock d=17,5-20cm, Schneiden von Schrägen (5 Objekte)**	51,00	**73,00**	100,00	
	Einheit: m² Wandfläche				
	012 Mauerarbeiten				100,0%
332.14.00	Mauerwerkswand, Kalksandsteine				
01	**Kalksandsteinwand d=11,5cm (7 Objekte)**	58,00	**72,00**	89,00	
	Einheit: m² Wandfläche				
	012 Mauerarbeiten				100,0%
332.16.00	Mauerwerkswand, Mauerziegel				
01	**Brüstungen Mauerwerk, überwiegend HLz, verschiedene Stärken (5 Objekte)**	57,00	**66,00**	78,00	
	Einheit: m² Wandfläche				
	012 Mauerarbeiten				100,0%
81	**Wände geschlossen, Mauerwerk, auch mit Ringbalken, teils Brüstungen (10 Objekte)**	74,00	**100,00**	140,00	
	Einheit: m² Wandfläche				
	012 Mauerarbeiten				100,0%
332.21.00	Betonwand, Ortbeton, schwer				
01	**Ortbeton Brüstung d=17cm, Schalung, Bewehrung (3 Objekte)**	59,00	**63,00**	70,00	
	Einheit: m² Wandfläche				
	013 Betonarbeiten				100,0%
332.22.00	Betonwand, Ortbeton, leicht				
81	**Brüstungen, Lichtschachtwände, Ortbeton, teilweise Betonfertigteile (22 Objekte)**	120,00	**160,00**	220,00	
	Einheit: m² Wandfläche				
	013 Betonarbeiten				100,0%
332.51.00	Glaswand, Glasmauersteine				
01	**Glasbausteine, d=8cm, klar oder farbig, Außenverfugung (3 Objekte)**	230,00	**320,00**	440,00	
	Einheit: m² Wandfläche				
	012 Mauerarbeiten				80,0%
	013 Betonarbeiten				20,0%
332.52.00	Glaswand, Rahmenkonstruktion				
01	**Glassteinwand, Außenverfugung, Leichtmetall-Simsen, Lüftungsflügel (4 Objekte)**	500,00	**600,00**	640,00	
	Einheit: m² Wandfläche				
	012 Mauerarbeiten				36,0%
	013 Betonarbeiten				21,0%
	031 Metallbauarbeiten				43,0%

© **BKI** Baukosteninformationszentrum; Erläuterungen zu den Tabellen siehe Seite 64   Kostenstand: 1.Quartal 2012, Bundesdurchschnitt, inkl. MwSt.

333.21.00	Betonstütze, Ortbeton, schwer				
01	**Stahlbetonstützen, Ortbeton, Querschnitt bis 2.500cm², Schalung und Bewehrung (10 Objekte)**	150,00	**200,00**	250,00	
	Einheit: m Stützenlänge				
	013 Betonarbeiten				100,0%

333.22.00	Betonstütze, Ortbeton, leicht				
81	**Stahlbetonstützen, Ortbeton, Schalung und Bewehrung (20 Objekte)**	110,00	**140,00**	170,00	
	Einheit: m Stützenlänge				
	013 Betonarbeiten				100,0%

333.24.00	Betonstütze, Fertigteil, schwer				
01	**Fertigteilstützen aus Stahlbeton, b/d=24/36 bis 70/70cm, l=8,50 bis 12,28m (5 Objekte)**	210,00	**250,00**	300,00	
	Einheit: m Stützenlänge				
	013 Betonarbeiten				100,0%

333.29.00	Betonstütze, sonstiges				
81	**Stahlbetonstützen Ortbeton, teils Betonfertigteile, Sichtbeton, auch Rundstützen (9 Objekte)**	230,00	**280,00**	340,00	
	Einheit: m Stützenlänge				
	013 Betonarbeiten				100,0%

333.31.00	Holzstütze, Vollholz				
01	**Holzstütze 10/12 bis 16/16, Fichte/Tanne, Schnittklasse A, Güteklasse II, Abbund (4 Objekte)**	19,00	**26,00**	42,00	
	Einheit: m Stützenlänge				
	016 Zimmer- und Holzbauarbeiten				100,0%

333.32.00	Holzstütze, Brettschichtholz				
01	**Holzstütze, Brettschichtholz, Abbund, Kleineisenteile (3 Objekte)**	42,00	**67,00**	81,00	
	Einheit: m Stützenlänge				
	016 Zimmer- und Holzbauarbeiten				92,0%
	022 Klempnerarbeiten				8,0%

333.41.00	Metallstütze, Profilstahl				
01	**Profilstahlstütze St37 für Dachkonstruktionen, Rostgrundanstrich (7 Objekte)**	54,00	**67,00**	83,00	
	Einheit: m Stützenlänge				
	017 Stahlbauarbeiten				50,0%
	031 Metallbauarbeiten				50,0%

Gebäudearten

Kostengruppen

Neubau

Abbrechen

Wiederherstellen

Herstellen

Ausführungsarten

333
Außenstützen

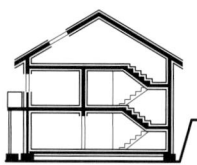

KG.AK.AA	von	€/Einheit	bis	LB an AA
333.42.00 Metallstütze, Rohrprofil				
01 **Stahl-, Stahlrohrstützen verschiedener Abmessungen, feuerverzinkt (4 Objekte)**	73,00	**91,00**	110,00	
Einheit: m Stützenlänge				
017 Stahlbauarbeiten				100,0%
81 **Stahl-, Stahlrohrstützen, einschließlich Brandschutz-maßnahmen (7 Objekte)**	81,00	**140,00**	260,00	
Einheit: m Stützenlänge				
017 Stahlbauarbeiten				93,0%
034 Maler- und Lackierarbeiten - Beschichtungen				7,0%

© **BKI** Baukosteninformationszentrum; Erläuterungen zu den Tabellen siehe Seite 64   Kostenstand: 1.Quartal 2012, Bundesdurchschnitt, **inkl. MwSt.**

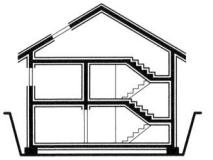

334.11.00 Türen, Ganzglas

01 **Glastür ESG, Bodentürschließer, Beschläge (5 Objekte)**	440,00	**780,00**	1.080,00	
Einheit: m² Türfläche				
026 Fenster, Außentüren				100,0%

334.12.00 Türen, Holz

04 **Holzhaustüranlage 3-teilig mit feststehenden Seiten-teilen, Isolierverglasung, Beschläge (13 Objekte)**	720,00	**890,00**	1.080,00	
Einheit: m² Türfläche				
026 Fenster, Außentüren				100,0%
06 **Hauseingangstüre Holz, einflüglig, wärmegedämmt, Glaseinsatz, Beschläge (4 Objekte)**	800,00	**920,00**	970,00	
Einheit: m² Türfläche				
026 Fenster, Außentüren				100,0%
08 **Nebeneingangstüre, einflüglig, Holz, Beschläge (5 Objekte)**	570,00	**690,00**	880,00	
Einheit: m² Türfläche				
026 Fenster, Außentüren				100,0%
09 **Passivhaus-Eingangstüre, mehrteilig, gedämmt, Glasausschnitte 3-Scheiben-WSG (6 Objekte)**	1.260,00	**1.530,00**	2.090,00	
Einheit: m² m2 Türfläche				
026 Fenster, Außentüren				94,0%
027 Tischlerarbeiten				6,0%

334.13.00 Türen, Kunststoff

02 **Haustüranlage 3-teilig mit feststehenden Seiten-teilen, Kunststoff, Isolierverglasung, Beschläge (6 Objekte)**	680,00	**770,00**	1.120,00	
Einheit: m² Türfläche				
026 Fenster, Außentüren				100,0%
03 **Nebeneingangstür, Kunststoff (3 Objekte)**	570,00	**770,00**	880,00	
Einheit: m² Türfläche				
026 Fenster, Außentüren				100,0%

334.14.00 Türen, Metall

01 **Metalltüren, teilweise Leichtmetall, auch mit Oberlicht, Oberfläche endbehandelt (7 Objekte)**	470,00	**590,00**	670,00	
Einheit: m² Türfläche				
026 Fenster, Außentüren				100,0%

334.15.00 Türen, Mischkonstruktionen

01 **Stahlrahmentür, vorbereitet für bauseitige Holzver-kleidung, Alu-Riffelblech zur Aussteifung (7 Objekte)**	1.010,00	**1.150,00**	1.270,00	
Einheit: m² Türfläche				
026 Fenster, Außentüren				100,0%

Gebäudearten

Kostengruppen

Ausführungsarten

Neubau

Abbrechen

Wiederherstellen

Herstellen

334
Außentüren
und -fenster

KG.AK.AA	von	€/Einheit	bis	LB an AA
334.16.00 Türen, Metall, Aluminium				
01 **Türelemente, Metall-Alu, großflächig verglast (3 Objekte)**	770,00	**850,00**	990,00	
Einheit: m² Türfläche				
026 Fenster, Außentüren				49,0%
031 Metallbauarbeiten				51,0%
334.22.00 Fenstertüren, Holz				
01 **Fenstertüren, Isolierverglasung, Drehkipp-Beschlag (9 Objekte)**	240,00	**310,00**	400,00	
Einheit: m² Türfläche				
026 Fenster, Außentüren				100,0%
334.23.00 Fenstertüren, Kunststoff				
01 **Fenstertüren, Kunststoff, Isolierverglasung, Drehkipp-Beschlag (7 Objekte)**	220,00	**280,00**	450,00	
Einheit: m² Fensterfläche				
026 Fenster, Außentüren				100,0%
334.24.00 Fenstertüren, Metall, Stahl				
81 **Leichtmetall, Isolierverglasung (3 Objekte)**	440,00	**560,00**	730,00	
Einheit: m² Türfläche				
026 Fenster, Außentüren				100,0%
334.26.00 Fenstertüren, Metall, Aluminium				
01 **Alu-Fenstertüren, Wärmeschutzglas, Drehkipp-Beschlag (3 Objekte)**	580,00	**780,00**	880,00	
Einheit: m² Türfläche				
026 Fenster, Außentüren				100,0%
334.31.00 Schiebetüren				
01 **Hebe-Schiebe-Tür mit Futter und wärmegedämmter Schwelle, Wärmeschutzglas (4 Objekte)**	370,00	**390,00**	450,00	
Einheit: m² Türfläche				
026 Fenster, Außentüren				100,0%

334.33.00 Eingangsanlagen

01 Hauseingangselemente, Leichtmetall, wärme-
gedämmt, Isolierverglasung, pulverbeschichtet,
elektrischer Türöffner, Türschließer (5 Objekte)
650,00 · **820,00** · 1.100,00
Einheit: m² Elementfläche

026 Fenster, Außentüren				100,0%

03 Hauseingangselemente, Holz, wärmegedämmt,
Isolierverglasung, gestrichen, elektrischer Türöffner,
Türschließer (4 Objekte)
430,00 · **770,00** · 1.120,00
Einheit: m² Elementfläche

016 Zimmer- und Holzbauarbeiten				53,0%
026 Fenster, Außentüren				37,0%
029 Beschlagarbeiten				3,0%
032 Verglasungsarbeiten				3,0%
034 Maler- und Lackierarbeiten - Beschichtungen				4,0%

04 Automatik-Schiebtüren, Elektroantrieb, Radar-
bewegungsmelder, Notentriegelung, Beschläge
(3 Objekte)
1.150,00 · **1.210,00** · 1.240,00
Einheit: m² Türfläche

026 Fenster, Außentüren				100,0%

81 Türelemente (Eingangsanlagen), Holz,
Isolierverglasung (19 Objekte)
660,00 · **890,00** · 1.160,00
Einheit: m² Elementfläche

026 Fenster, Außentüren				92,0%
029 Beschlagarbeiten				8,0%

82 Türelemente (Eingangsanlagen), Leichtmetall,
Isolierverglasung (24 Objekte)
680,00 · **920,00** · 1.110,00
Einheit: m² Elementfläche

026 Fenster, Außentüren				91,0%
029 Beschlagarbeiten				9,0%

83 Türelemente (Eingangsanlagen), Leichtmetall,
beschusshemmende Isolierverglasung (8 Objekte)
1.300,00 · **1.840,00** · 2.420,00
Einheit: m² Elementfläche

026 Fenster, Außentüren				98,0%
029 Beschlagarbeiten				2,0%

334.42.00 Brandschutztüren, -tore, T30

01 Feuerschutztür T30 mit Zarge und Anstrich
(7 Objekte)
200,00 · **240,00** · 330,00
Einheit: m² Türfläche

012 Mauerarbeiten				44,0%
026 Fenster, Außentüren				44,0%
034 Maler- und Lackierarbeiten - Beschichtungen				12,0%

Gebäudearten

Kostengruppen

Ausführungsarten

Neubau

Abbrechen

Wiederherstellen

Herstellen

KG.AK.AA		von	€/Einheit	bis	LB an AA
334.44.00	Brandschutztüren, -tore, T90				
81	**Ein- oder mehrflüglige Metalltüren, teils selbst-schließend, auch Feuerschutztüren (T90), Metall-zargen (17 Objekte)**	490,00	**720,00**	1.130,00	
	Einheit: m² Türfläche				
	026 Fenster, Außentüren				95,0%
	029 Beschlagarbeiten				5,0%
334.51.00	Falttore				
01	**Stahl-Falttore, Glasausschnitte, Steuerung, Beschichtung (3 Objekte)**	570,00	**700,00**	930,00	
	Einheit: m² Torfläche				
	026 Fenster, Außentüren				100,0%
334.52.00	Kipptore				
01	**Garagenschwingtore, verzinkte Stahlkonstruktion, Holzverkleidung, Anstrich (4 Objekte)**	230,00	**260,00**	280,00	
	Einheit: m² Torfläche				
	016 Zimmer- und Holzbauarbeiten				22,0%
	026 Fenster, Außentüren				68,0%
	034 Maler- und Lackierarbeiten - Beschichtungen				10,0%
02	**Garagenschwingtore, verzinkte Stahlkonstruktion, Holzverkleidung, Anstrich, Elektroantrieb, Hand-sender (3 Objekte)**	380,00	**490,00**	690,00	
	Einheit: m² Türfläche				
	026 Fenster, Außentüren				96,0%
	029 Beschlagarbeiten				4,0%
334.53.00	Rolltore, Glieder				
01	**Sektionaltore aus Stahl oder Aluminium, elektrische Steuerung, Nebenarbeiten (14 Objekte)**	300,00	**390,00**	510,00	
	Einheit: m² Torfläche				
	026 Fenster, Außentüren				100,0%
334.54.00	Rolltore, Gitter				
01	**Rollgitter Alu, Elektroantrieb (4 Objekte)**	650,00	**780,00**	840,00	
	Einheit: m² Torfläche				
	031 Metallbauarbeiten				50,0%
	026 Fenster, Außentüren				50,0%
334.55.00	Schiebetore				
81	**Schiebetore, Stahl (11 Objekte)**	630,00	**890,00**	1.220,00	
	Einheit: m² Torfläche				
	026 Fenster, Außentüren				87,0%
	029 Beschlagarbeiten				3,0%
	034 Maler- und Lackierarbeiten - Beschichtungen				10,0%

Kostenstand: 1.Quartal 2012, Bundesdurchschnitt, **inkl.** MwSt.

KG.AK.AA	von	€/Einheit	bis	LB an AA

334.57.00 Schwingtore, Stahl

01 Schwingtor Stahl, Holzbekleidung, Motorantrieb (3 Objekte) — von 320,00 | €/Einheit 360,00 | bis 420,00
Einheit: m² Torfläche
030 Rollladenarbeiten — 50,0%
026 Fenster, Außentüren — 50,0%

81 Schwingtore, Stahl (4 Objekte) — von 110,00 | €/Einheit 140,00 | bis 180,00
Einheit: m² Torfläche
026 Fenster, Außentüren — 93,0%
034 Maler- und Lackierarbeiten - Beschichtungen — 7,0%

334.59.00 Tore, sonstiges

81 Falttore, Rolltore, Stahl (9 Objekte) — von 550,00 | €/Einheit 760,00 | bis 1.120,00
Einheit: m² Torfläche
026 Fenster, Außentüren — 48,0%
030 Rollladenarbeiten — 52,0%

334.61.00 Fenster, Ganzglas

81 Glasbausteinwände, teils mit Stahlrahmen (6 Objekte) — von 220,00 | €/Einheit 330,00 | bis 430,00
Einheit: m² Fensterfläche
012 Mauerarbeiten — 80,0%
026 Fenster, Außentüren — 20,0%

334.62.00 Fenster, Holz

01 Holzfenster, Isolierverglasung, mit Innen- und Außensims, gestrichen (11 Objekte) — von 350,00 | €/Einheit 400,00 | bis 560,00
Einheit: m² Fensterfläche
014 Natur-, Betonwerksteinarbeiten — 6,0%
022 Klempnerarbeiten — 5,0%
026 Fenster, Außentüren — 81,0%
034 Maler- und Lackierarbeiten - Beschichtungen — 8,0%

02 Holzfenster Kiefer, Dreh-Kipp-Beschläge, Futterkästen, Aluminium-Beschläge, Zweischeiben-Isolierglas, u-Wert=1,3W/m²K, 51x51 bis 101x101cm (5 Objekte) — von 320,00 | €/Einheit 370,00 | bis 450,00
Einheit: m² Fensterfläche
026 Fenster, Außentüren — 100,0%

05 Holzfenster, hochwärmegedämmt, erhöhte Luftdichtig-keit, luftdichter Anschluss an der Wand, 3-Scheiben-Wärmeschutzglas, Gasfüllung Argon oder Krypton, u-Wert Glas =0,7W/m²K, g-Wert = 55-60%, TL-Wert 69% (18 Objekte) — von 470,00 | €/Einheit 590,00 | bis 770,00
Einheit: m² Fensterfläche
022 Klempnerarbeiten — 4,0%
026 Fenster, Außentüren — 93,0%
027 Tischlerarbeiten — 4,0%

Gebäudearten

Kostengruppen

Ausführungsarten

Neubau

Abbrechen

Wiederherstellen

Herstellen

KG.AK.AA	von	€/Einheit	bis	LB an AA
334.63.00 Fenster, Kunststoff				
01 Kunststofffenster, Isolierverglasung, Dreh-Kipp-Beschläge (8 Objekte)	290,00	**330,00**	370,00	
Einheit: m² Fensterfläche				
026 Fenster, Außentüren				100,0%
02 Kunststofffenster, 3 Scheiben Verglasung, u-Wert=0,7W/m²K, Gasfüllung Krypton oder Argon, Beschläge (3 Objekte)	530,00	**560,00**	570,00	
Einheit: m²				
026 Fenster, Außentüren				94,0%
023 Putz- und Stuckarbeiten, Wärmedämmsysteme				6,0%
334.64.00 Fenster, Metall				
01 Fenster aus Metall, auch Leichtmetall, Isolierverglasung, mit Innen- und Außensims, pulverbeschichtet oder lackiert (6 Objekte)	460,00	**630,00**	740,00	
Einheit: m² Fensterfläche				
014 Natur-, Betonwerksteinarbeiten				6,0%
026 Fenster, Außentüren				94,0%
81 Einfachfenster, Metall, überwiegend öffenbar, Isolierglas (23 Objekte)	660,00	**800,00**	1.030,00	
Einheit: m² Fensterfläche				
026 Fenster, Außentüren				100,0%
334.65.00 Fenster, Mischkonstruktionen				
03 Holz/Alu Fenster, hochwärmegedämmt, 3-Scheiben Wärmeschutzverglasung (10 Objekte)	520,00	**660,00**	940,00	
Einheit: m² Fensterfläche				
022 Klempnerarbeiten				4,0%
026 Fenster, Außentüren				89,0%
027 Tischlerarbeiten				7,0%
334.66.00 Fenster, Metall, Aluminium				
01 Fensterelemente Aluminium, thermisch getrennte Profile, Wärmeschutzverglasung, Öffnungsflügel (6 Objekte)	390,00	**530,00**	660,00	
Einheit: m² Fensterfläche				
026 Fenster, Außentüren				100,0%
81 Einfachfenster, Leichtmetall, überwiegend öffenbar, Isolierglas (26 Objekte)	420,00	**570,00**	770,00	
Einheit: m² Fensterfläche				
014 Natur-, Betonwerksteinarbeiten				6,0%
026 Fenster, Außentüren				85,0%
034 Maler- und Lackierarbeiten - Beschichtungen				8,0%

334.69.00 Fenster, sonstiges

02 **Außenfensterbank für Fensteranschluss, Aluminium, eloxiert, seitliche Aufkantung (8 Objekte)**
Einheit: m Länge

	33,00	42,00	59,00	
026 Fenster, Außentüren				100,0%

03 **Fensterbank innen, Holz oder Holzwerkstoff, Oberflächenbehandlung (7 Objekte)**
Einheit: m Länge

	47,00	60,00	74,00	
026 Fenster, Außentüren				50,0%
027 Tischlerarbeiten				50,0%

04 **Fensterbank innen, Naturstein oder Naturwerkstein, d=20-30mm, geschliffen oder poliert (5 Objekte)**
Einheit: m Länge

	37,00	55,00	90,00	
014 Natur-, Betonwerksteinarbeiten				100,0%

334.74.00 Kellerfenster

01 **Kellerfenster, kleinteilig in Holz; Stahl oder Kunststoff, Drehflügel, Mäusegitter (11 Objekte)**
Einheit: m² Fensterfläche

	290,00	360,00	540,00	
013 Betonarbeiten				56,0%
026 Fenster, Außentüren				44,0%

81 **Einfachfenster (z.T. Kellerfenster), Holz bzw. Holz-Metall, kleinere Fensterformate, überwiegend öffenbar, Isolierverglasung (9 Objekte)**
Einheit: m² Fensterfläche

	370,00	450,00	520,00	
026 Fenster, Außentüren				94,0%
034 Maler- und Lackierarbeiten - Beschichtungen				6,0%

82 **Einfachfenster (z.T. Kellerfenster), Stahl oder Leichtmetall, kleinere Fensterformate, überwiegend öffenbar, Isolierverglasung (19 Objekte)**
Einheit: m² Fensterfläche

	300,00	420,00	540,00	
026 Fenster, Außentüren				91,0%
034 Maler- und Lackierarbeiten - Beschichtungen				9,0%

334.79.00 Sonderfenster, sonstiges

82 **Einfachfenster, Stahl, beschusshemmend (10 Objekte)**
Einheit: m² Fensterfläche

	1.380,00	1.940,00	2.430,00	
026 Fenster, Außentüren				98,0%
034 Maler- und Lackierarbeiten - Beschichtungen				2,0%

334.93.00 Schließanlage

01 **Schließzylinder und Halbzylinder für Schließanlage, Schlüssel, (Anteil für Außentüren) (7 Objekte)**
Einheit: St Anzahl Schließzylinder

	30,00	54,00	71,00	
026 Fenster, Außentüren				50,0%
029 Beschlagarbeiten				50,0%

Gebäudearten

Kostengruppen

Ausführungsarten

Neubau

Abbrechen

Wiederherstellen

Herstellen

335
Außenwandbekleidungen außen

KG.AK.AA	von	€/Einheit	bis	LB an AA
335.11.00 Abdichtung				
01 Bituminöse Abdichtung an erdberührten Bauteilen (16 Objekte)	13,00	**19,00**	25,00	
Einheit: m² Bekleidete Fläche				
018 Abdichtungsarbeiten				100,0%
335.12.00 Abdichtung, Schutzschicht				
01 Bituminöse Abdichtung an erdberührten Bauteilen, Hohlkehle, Abdeckung mit Noppenfolie (8 Objekte)	35,00	**47,00**	62,00	
Einheit: m² Bekleidete Fläche				
013 Betonarbeiten				29,0%
018 Abdichtungsarbeiten				71,0%
335.13.00 Abdichtung, Dämmung				
01 Bituminöse Abdichtung an erdberührten Bauteilen, Bitumenanstrich 4-fach, Abdeckung mit Perimeterdämmung d=50-70mm (11 Objekte)	32,00	**42,00**	53,00	
Einheit: m² Bekleidete Fläche				
013 Betonarbeiten				56,0%
018 Abdichtungsarbeiten				44,0%
03 Bituminöse Abdichtung an erdberührten Bauteilen, Dickbeschichtung oder Schweißbahn, Perimeterdämmung, d=100-200mm (5 Objekte)	43,00	**59,00**	69,00	
Einheit: m² Bekleidete Fläche				
013 Betonarbeiten				70,0%
018 Abdichtungsarbeiten				30,0%
335.14.00 Abdichtung, Dämmung, Schutzschicht				
81 Bitumen/Teer-Anstrich, vorgesetzte Bekleidung, Dränplatten (13 Objekte)	34,00	**48,00**	73,00	
Einheit: m² Bekleidete Fläche				
018 Abdichtungsarbeiten				100,0%
335.15.00 Schutzschicht				
01 Perimeterdämmung oder Porwandsteine als Schutzschicht für Abdichtung erdberührter Außenwände (4 Objekte)	17,00	**21,00**	31,00	
Einheit: m² Bekleidete Fläche				
018 Abdichtungsarbeiten				51,0%
010 Drän- und Versickerarbeiten				49,0%

© **BKI** Baukosteninformationszentrum; Erläuterungen zu den Tabellen siehe Seite 64   Kostenstand: 1.Quartal 2012, Bundesdurchschnitt, **inkl. MwSt.**

335.17.00 Dämmung

		von	€/Einheit	bis	LB an AA
01	**Wärmedämmung aus Mehrschichtdämmplatten, Wärmeleitfähigkeitsgruppe 035 oder 040, d=20-50mm (7 Objekte)**	19,00	**24,00**	27,00	
	Einheit: m² Bekleidete Fläche				
	013 Betonarbeiten				47,0%
	016 Zimmer- und Holzbauarbeiten				53,0%
02	**Bitumen-Holzfaserplatten als Trennschicht zwischen zwei Bauteilen, d=20mm (3 Objekte)**	11,00	**14,00**	19,00	
	Einheit: m² Bekleidete Fläche				
	013 Betonarbeiten				100,0%
03	**Perimeterdämmung aus extrudiertem Hartschaum, Wärmeleitfähigkeitsgruppe 040, d=40-70mm (12 Objekte)**	22,00	**29,00**	38,00	
	Einheit: m² Bekleidete Fläche				
	013 Betonarbeiten				50,0%
	018 Abdichtungsarbeiten				50,0%
04	**Wärmedämmschicht aus Polyurethan-Hartschaum, im Erdreich, Wärmeleitfähigkeitsgruppe 040, d=40-60mm (7 Objekte)**	23,00	**29,00**	34,00	
	Einheit: m² Bekleidete Fläche				
	012 Mauerarbeiten				33,0%
	013 Betonarbeiten				33,0%
	018 Abdichtungsarbeiten				34,0%
05	**Mineralische Faserdämmstoffplatten, Wärmeleitfähigkeitsgruppe 040, d=60-120mm (13 Objekte)**	13,00	**19,00**	25,00	
	Einheit: m² Bekleidete Fläche				
	012 Mauerarbeiten				50,0%
	016 Zimmer- und Holzbauarbeiten				50,0%
06	**Wärmedämmung aus Polystyrol-Hartschaum, Wärmeleitfähigkeitsgruppe 030 oder 040, d=50-80mm (15 Objekte)**	23,00	**29,00**	34,00	
	Einheit: m² Bekleidete Fläche				
	012 Mauerarbeiten				50,0%
	013 Betonarbeiten				50,0%
07	**Wärmedämmung aus Schaumglasplatten, punktweise geklebt mit Spezialkleber, Wärmeleitfähigkeitsgruppe 040, d=50-60mm (3 Objekte)**	61,00	**65,00**	73,00	
	Einheit: m² Bekleidete Fläche				
	013 Betonarbeiten				50,0%
	016 Zimmer- und Holzbauarbeiten				50,0%
08	**Wärmedämmung, PS-Hartschaumplatten, 280-360mm, vorgerichtet für Armierung und Deckputz (3 Objekte)**	45,00	**65,00**	100,00	
	Einheit: m² Bekleidete Fläche				
	023 Putz- und Stuckarbeiten, Wärmedämmsysteme				100,0%

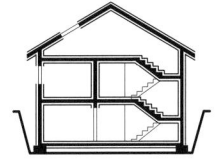

Gebäudearten
Kostengruppen
Ausführungsarten
Neubau
Abbrechen
Wiederherstellen
Herstellen

KG.AK.AA	von	€/Einheit	bis	LB an AA
335.17.00 Dämmung				
09 **Perimeterdämmung, PS-Hartschaumplatten, Wärmeleitfähigkeitsgruppe 040, d=100-200mm (6 Objekte)**	25,00	**31,00**	36,00	
Einheit: m² Bekleidete Fläche				
012 Mauerarbeiten				33,0%
013 Betonarbeiten				33,0%
018 Abdichtungsarbeiten				33,0%
335.21.00 Anstrich				
01 **Anstrich mineralischer Untergründe (Beton, Mauerwerk, Putz, Gipskarton), Untergrundvorbehandlung (4 Objekte)**	11,00	**14,00**	17,00	
Einheit: m² Bekleidete Fläche				
034 Maler- und Lackierarbeiten - Beschichtungen				100,0%
02 **Anstrich metallischer Untergründe (Träger, Profile, Bleche), Untergrundvorbehandlung (3 Objekte)**	7,80	**14,00**	17,00	
Einheit: m² Bekleidete Fläche				
034 Maler- und Lackierarbeiten - Beschichtungen				100,0%
03 **Lasuranstrich auf Holzflächen, Untergrundvorbehandlung, chemischer Holzschutz (8 Objekte)**	11,00	**15,00**	25,00	
Einheit: m² Bekleidete Fläche				
034 Maler- und Lackierarbeiten - Beschichtungen				64,0%
016 Zimmer- und Holzbauarbeiten				36,0%
335.23.00 Betonschalung, Sichtzuschlag				
01 **Glatte Sichtschalung für Betonwände (3 Objekte)**	27,00	**39,00**	45,00	
Einheit: m² Wandfläche				
013 Betonarbeiten				100,0%
335.31.00 Putz				
01 **Außenputz, 2-lagig, als Zementputz, Schutzschienen (11 Objekte)**	37,00	**45,00**	53,00	
Einheit: m² Bekleidete Fläche				
023 Putz- und Stuckarbeiten, Wärmedämmsysteme				100,0%
04 **Kratzputz, mineralisch, Armierung (4 Objekte)**	33,00	**35,00**	38,00	
Einheit: m² Wandfläche				
023 Putz- und Stuckarbeiten, Wärmedämmsysteme				100,0%
335.32.00 Putz, Anstrich				
01 **Außenputz, 2-lagig, als Zementputz mit Anstrich, Schutzschienen (9 Objekte)**	37,00	**49,00**	59,00	
Einheit: m² Bekleidete Fläche				
023 Putz- und Stuckarbeiten, Wärmedämmsysteme				79,0%
034 Maler- und Lackierarbeiten - Beschichtungen				21,0%

© **BKI** Baukosteninformationszentrum; Erläuterungen zu den Tabellen siehe Seite 64   Kostenstand: 1.Quartal 2012, Bundesdurchschnitt, **inkl. MwSt.**

335.36.00 Wärmedämmung, Putz

01	**Prüfen des Untergrundes auf Schmutz-, Staub-, Öl- und Fettfreiheit, Wärmedämmung d=50-80mm, Putz (Kratzputzstruktur) (10 Objekte)**	57,00	**81,00**	88,00	
	Einheit: m² Bekleidete Fläche				
	023 Putz- und Stuckarbeiten, Wärmedämmsysteme				100,0%

335.37.00 Wärmedämmung, Putz, Anstrich

01	**Vollwärmeschutz auf Polystyrol-Hartschaumplatten d=50mm, Siliconharzanstrich (5 Objekte)**	72,00	**82,00**	92,00	
	Einheit: m² Bekleidete Fläche				
	023 Putz- und Stuckarbeiten, Wärmedämmsysteme				100,0%
02	**Wärmedämmendes Putzverbundsystem mit Mineralfaserdämmung d=80mm, Oberputz mit Unterputz mineralisch gebunden, Mineralfarbanstrich (8 Objekte)**	64,00	**77,00**	89,00	
	Einheit: m² Bekleidete Fläche				
	023 Putz- und Stuckarbeiten, Wärmedämmsysteme				85,0%
	034 Maler- und Lackierarbeiten - Beschichtungen				15,0%
03	**Wärmedämmverbundsystem, PS-Hartschaumplatten, 280-360mm, Armierung, Oberputz, Anstrich (3 Objekte)**	78,00	**120,00**	140,00	
	Einheit: m² Bekleidete Fläche				
	023 Putz- und Stuckarbeiten, Wärmedämmsysteme				94,0%
	034 Maler- und Lackierarbeiten - Beschichtungen				6,0%
04	**Wärmedämmverbundsystem, mineralische Dämmung, d=120-200mm, Armierung, Kratzputz, Egalisierungsanstrich (3 Objekte)**	77,00	**81,00**	88,00	
	Einheit: m² Bekleidete Fläche				
	023 Putz- und Stuckarbeiten, Wärmedämmsysteme				100,0%
05	**Wärmedämmverbundsystem, PS-Hartschaumplatten, d=120-240mm, Armierung, Oberputz, Anstrich (4 Objekte)**	80,00	**94,00**	100,00	
	Einheit: m² Bekleidete Fläche				
	023 Putz- und Stuckarbeiten, Wärmedämmsysteme				94,0%
	034 Maler- und Lackierarbeiten - Beschichtungen				6,0%

335.41.00 Bekleidung auf Unterkonstruktion, Faserzement

01	**Holzunterkonstruktion, Bekleidung mit Faserzementplatten (5 Objekte)**	78,00	**100,00**	120,00	
	Einheit: m² Bekleidete Fläche				
	038 Vorgehängte hinterlüftete Fassaden				100,0%
81	**Bekleidung auf Unterkonstruktion, Schiefer, Oberflächen endbehandelt (7 Objekte)**	110,00	**160,00**	220,00	
	Einheit: m² Bekleidete Fläche				
	038 Vorgehängte hinterlüftete Fassaden				100,0%

Gebäudearten

Kostengruppen

Ausführungsarten

Neubau

Abbrechen

Wiederherstellen

Herstellen

335
Außenwandbekleidungen außen

KG.AK.AA		von	€/Einheit	bis	LB an AA
335.42.00	Bekleidung auf Unterkonstruktion, Beton				
82	**Bekleidung vorgesetzt, Betonfertigteile, Sandwich-platten, Sichtbeton, gestrichen (15 Objekte)**	250,00	**340,00**	510,00	
	Einheit: m² Bekleidete Fläche				
	038 Vorgehängte hinterlüftete Fassaden				100,0%
335.44.00	Bekleidung auf Unterkonstruktion, Holz				
01	**Nadelholzbekleidung auf Lattungen, hinterlüftet, Fensterlaibungen, Tierschutzgitter (12 Objekte)**	72,00	**95,00**	120,00	
	Einheit: m² Bekleidete Fläche				
	038 Vorgehängte hinterlüftete Fassaden				100,0%
03	**Holzwerkstoffplatten hinterlüftet, Unterkonstruktion Holz-oder Metall, Wärmedämmung (5 Objekte)**	89,00	**140,00**	180,00	
	Einheit: m² Bekleidete Fläche				
	016 Zimmer- und Holzbauarbeiten				50,0%
	027 Tischlerarbeiten				50,0%
82	**Bekleidung auf Unterkonstruktion, Holz, gestrichen (5 Objekte)**	92,00	**140,00**	220,00	
	Einheit: m² Bekleidete Fläche				
	038 Vorgehängte hinterlüftete Fassaden				100,0%
335.47.00	Bekleidung auf Unterkonstruktion, Metall				
01	**Metallbekleidung (Wellblech) auf Unterkonstruktion, hinterlüftet, Mineralfaserdämmung (8 Objekte)**	73,00	**95,00**	130,00	
	Einheit: m² Bekleidete Fläche				
	038 Vorgehängte hinterlüftete Fassaden				100,0%
03	**Unterkonstruktion aus Holzlatten oder LM-Profilen, Alu-Trapezblech, hinterlüftet (6 Objekte)**	84,00	**110,00**	130,00	
	Einheit: m² Bekleidete Fläche				
	038 Vorgehängte hinterlüftete Fassaden				100,0%
335.48.00	Bekleidung auf Unterkonstruktion, mineralisch				
01	**Rathscheck-Schiefer als Rechteck-Schablonen-Doppeldeckung im Querformat auf Schalung und Unterkonstruktion Stahl (3 Objekte)**	230,00	**270,00**	330,00	
	Einheit: m² Bekleidete Fläche				
	038 Vorgehängte hinterlüftete Fassaden				100,0%
335.54.00	Verblendung, Mauerwerk				
01	**Bekleidung mit Verblendmauerwerk, Luftschicht, Drahtankern, Mineralfaserdämmung, Fugenglattstrich (11 Objekte)**	150,00	**180,00**	190,00	
	Einheit: m² Bekleidete Fläche				
	012 Mauerarbeiten				100,0%

© **BKI** Baukosteninformationszentrum; Erläuterungen zu den Tabellen siehe Seite 64   Kostenstand: 1.Quartal 2012, Bundesdurchschnitt, **inkl. MwSt.**

KG.AK.AA	von	€/Einheit	bis	LB an AA
335.91.00 Sonstige Außenwandbekleidungen außen				
81 **Abdichtung; Beschichtung mit Anstrich, wasser-abweisender Putz, Bitumen/Teer-Anstrich oder Bekleidung vorgesetzt, Mauerwerkschale, Bitumen/ Teer-Anstrich (4 Objekte)**	63,00	**90,00**	120,00	
Einheit: m² Bekleidete Fläche				
012 Mauerarbeiten				21,0%
018 Abdichtungsarbeiten				48,0%
023 Putz- und Stuckarbeiten, Wärmedämmsysteme				31,0%

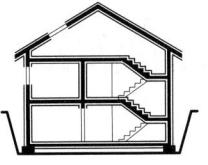

Ausführungsarten

Gebäudearten

Kostengruppen

Neubau

Abbrechen

Wiederherstellen

Herstellen

336
Außenwandbekleidungen innen

KG.AK.AA	von	€/Einheit	bis	LB an AA
336.11.00 Abdichtung				
01 Abdichtung von Wandflächen auf Bitumen-, Flüssigfolien-, Kunstharzbasis (12 Objekte)	16,00	**19,00**	22,00	
Einheit: m² Bekleidete Fläche				
024 Fliesen- und Plattenarbeiten				100,0%
336.17.00 Dämmung				
01 Wärmedämmung d=30-80mm, auf der Wand befestigt, Befestigungsmaterial (8 Objekte)	19,00	**28,00**	42,00	
Einheit: m² Bekleidete Fläche				
023 Putz- und Stuckarbeiten, Wärmedämmsysteme				100,0%
336.21.00 Anstrich				
01 Anstrich mineralisch (Gipskartonwände), Untergrundvorbehandlung (8 Objekte)	3,70	**4,80**	6,00	
Einheit: m² Bekleidete Fläche				
034 Maler- und Lackierarbeiten - Beschichtungen				100,0%
03 Lasuranstrich auf Holz-Wandverkleidungen, Untergrundvorbehandlung (5 Objekte)	9,60	**10,00**	11,00	
Einheit: m² Bekleidete Fläche				
034 Maler- und Lackierarbeiten - Beschichtungen				100,0%
08 Anstrich auf Betonwänden, Untergrundvorbehandlung (12 Objekte)	3,50	**4,50**	5,80	
Einheit: m² Wandfläche				
034 Maler- und Lackierarbeiten - Beschichtungen				100,0%
09 Dispersionsanstrich auf Putzwänden (12 Objekte)	3,00	**4,10**	5,80	
Einheit: m² Wandfläche				
034 Maler- und Lackierarbeiten - Beschichtungen				100,0%
336.31.00 Putz				
01 Innenputz als Maschinenputz, Putzgrundvorbereitung, Schutzschienen (12 Objekte)	19,00	**23,00**	29,00	
Einheit: m² Bekleidete Fläche				
023 Putz- und Stuckarbeiten, Wärmedämmsysteme				100,0%
82 Kunststoffputz (6 Objekte)	35,00	**46,00**	58,00	
Einheit: m² Bekleidete Fläche				
023 Putz- und Stuckarbeiten, Wärmedämmsysteme				100,0%

Kostenstand: 1.Quartal 2012, Bundesdurchschnitt, inkl. MwSt.

336.32.00 Putz, Anstrich

		von	€/Einheit	bis	LB an AA
01	**Maschinenputz, 2-lagig mit Anstrich (37 Objekte)**	24,00	**29,00**	37,00	
	Einheit: m² Bekleidete Fläche				
	023 Putz- und Stuckarbeiten, Wärmedämmsysteme				83,0%
	034 Maler- und Lackierarbeiten - Beschichtungen				17,0%
02	**Maschinenputz, 1-lagig mit Anstrich (5 Objekte)**	20,00	**23,00**	27,00	
	Einheit: m² Bekleidete Fläche				
	023 Putz- und Stuckarbeiten, Wärmedämmsysteme				74,0%
	034 Maler- und Lackierarbeiten - Beschichtungen				26,0%
82	**Kunststoffputz mit Anstrich (3 Objekte)**	42,00	**49,00**	53,00	
	Einheit: m² Bekleidete Fläche				
	023 Putz- und Stuckarbeiten, Wärmedämmsysteme				82,0%
	034 Maler- und Lackierarbeiten - Beschichtungen				18,0%

336.33.00 Putz, Fliesen und Platten

		von	€/Einheit	bis	LB an AA
02	**Wandputz, einlagig, d=10-15mm, Eckschutzschienen, Wandfliesen im Dünnbett, Schlüterschienen an Kanten, dauerelastische Verfugung (17 Objekte)**	63,00	**84,00**	100,00	
	Einheit: m² Bekleidete Fläche				
	023 Putz- und Stuckarbeiten, Wärmedämmsysteme				23,0%
	024 Fliesen- und Plattenarbeiten				77,0%

336.35.00 Putz, Tapeten, Anstrich

		von	€/Einheit	bis	LB an AA
01	**Gipsputz, einlagig d=15mm als Maschinenputz, Eckschutzschienen, Raufasertapete, Dispersions- anstrich (9 Objekte)**	24,00	**27,00**	31,00	
	Einheit: m² Bekleidete Fläche				
	023 Putz- und Stuckarbeiten, Wärmedämmsysteme				53,0%
	034 Maler- und Lackierarbeiten - Beschichtungen				22,0%
	037 Tapezierarbeiten				26,0%
81	**Trockenputz mit Anstrich; Verbundkonstruktion, Gipskarton, Anstrich, Farbe, teils Tapete (15 Objekte)**	25,00	**32,00**	40,00	
	Einheit: m² Bekleidete Fläche				
	023 Putz- und Stuckarbeiten, Wärmedämmsysteme				71,0%
	034 Maler- und Lackierarbeiten - Beschichtungen				11,0%
	037 Tapezierarbeiten				18,0%

336.37.00 Putz, Fliesen und Platten, Abdichtung

		von	€/Einheit	bis	LB an AA
01	**Putz, streichbare Abdichtung, Wandfliesen, einschließlich Fensterlaibungen (6 Objekte)**	65,00	**85,00**	97,00	
	Einheit: m² Wandfläche				
	023 Putz- und Stuckarbeiten, Wärmedämmsysteme				12,0%
	024 Fliesen- und Plattenarbeiten				88,0%

Gebäudearten

Kostengruppen

Ausführungsarten

Neubau

Abbrechen

Wiederherstellen

Herstellen

336
Außenwandbeklei-
dungen innen

KG.AK.AA	von	€/Einheit	bis	LB an AA
336.44.00 Bekleidung auf Unterkonstruktion, Holz				
01 **Massivholz-Paneele, Nordische Fichte oder Furnier-platten auf Unterkonstruktion mit Schall-schluckmatten hinterlegt (4 Objekte)**	200,00	**210,00**	220,00	
Einheit: m² Bekleidete Fläche				
027 Tischlerarbeiten				100,0%
81 **Bekleidung auf Unterkonstruktion, Holzwerkstoff, Oberflächen endbehandelt, schallabsorbierend (5 Objekte)**	100,00	**130,00**	180,00	
Einheit: m² Bekleidete Fläche				
039 Trockenbauarbeiten				50,0%
027 Tischlerarbeiten				50,0%
82 **Bekleidung auf Unterkonstruktion, teils mit Türen, Massivholz, Oberflächen endbehandelt, schallabsor-bierend (18 Objekte)**	130,00	**230,00**	360,00	
Einheit: m² Bekleidete Fläche				
027 Tischlerarbeiten				100,0%
336.46.00 Bekleidung auf Unterkonstruktion, Kunststoff				
81 **Bekleidung auf Unterkonstruktion, Holzwerkstoff, Kunststoff, schallabsorbierend, Oberflächen endbehandelt (5 Objekte)**	98,00	**140,00**	190,00	
Einheit: m² Bekleidete Fläche				
039 Trockenbauarbeiten				100,0%
336.48.00 Bekleidung auf Unterkonstruktion, mineralisch				
01 **Gipskartonverbundplatten d=12,5mm auf Unter-konstruktion, Mineralwolldämmung WLG 040, d=40-80mm (8 Objekte)**	43,00	**50,00**	59,00	
Einheit: m² Bekleidete Fläche				
039 Trockenbauarbeiten				100,0%
336.53.00 Verblendung, Fliesen und Platten				
01 **Steinzeugfliesen als Wandbeläge in verschiedenen Formaten, Verfugung (8 Objekte)**	49,00	**68,00**	100,00	
Einheit: m² Bekleidete Fläche				
024 Fliesen- und Plattenarbeiten				100,0%
336.54.00 Verblendung, Mauerwerk				
81 **Bekleidung vorgesetzt, Mauerwerk (Ziegel), Oberflächen endbehandelt (9 Objekte)**	130,00	**150,00**	180,00	
Einheit: m² Bekleidete Fläche				
012 Mauerarbeiten				100,0%

© **BKI** Baukosteninformationszentrum; Erläuterungen zu den Tabellen siehe Seite 64   Kostenstand: 1.Quartal 2012, Bundesdurchschnitt, **inkl. MwSt.**

		von	€/Einheit	bis	LB an AA
336.57.00	Verblendung, mineralisch, Dämmung				
81	**Trockenputz mit Anstrich: Gipskarton, Anstrich,**	46,00	**67,00**	110,00	
	teils Tapete (16 Objekte)				
	Einheit: m² Bekleidete Fläche				
	034 Maler- und Lackierarbeiten - Beschichtungen				10,0%
	037 Tapezierarbeiten				21,0%
	039 Trockenbauarbeiten				69,0%
82	**Trockenputz: Gipskarton, teils Tapete (4 Objekte)**	53,00	**68,00**	110,00	
	Einheit: m² Bekleidete Fläche				
	039 Trockenbauarbeiten				100,0%
336.61.00	Tapeten				
01	**Raufasertapete (6 Objekte)**	4,00	**6,40**	10,00	
	Einheit: m² Bekleidete Fläche				
	034 Maler- und Lackierarbeiten - Beschichtungen				44,0%
	037 Tapezierarbeiten				56,0%
336.62.00	Tapeten, Anstrich				
02	**Raufasertapete, Dispersionsanstrich (11 Objekte)**	7,00	**7,90**	8,70	
	Einheit: m² Bekleidete Fläche				
	034 Maler- und Lackierarbeiten - Beschichtungen				47,0%
	037 Tapezierarbeiten				53,0%
336.64.00	Glasvlies, Anstrich				
01	**Glasgewebetapete, Anstrich (5 Objekte)**	9,70	**12,00**	15,00	
	Einheit: m² Bekleidete Fläche				
	037 Tapezierarbeiten				49,0%
	034 Maler- und Lackierarbeiten - Beschichtungen				51,0%
336.71.00	Textilbekleidung, Stoff				
81	**Beschichtung: Textilbespannung (3 Objekte)**	31,00	**43,00**	49,00	
	Einheit: m² Bekleidete Fläche				
	039 Trockenbauarbeiten				50,0%
	036 Bodenbelagarbeiten				50,0%
336.92.00	Vorsatzschalen für Installationen				
01	**Vorsatzschale für Installationen, Unterkonstruktion,**	39,00	**44,00**	47,00	
	Dämmschicht, GK-Beplankung (6 Objekte)				
	Einheit: m² Bekleidete Fläche				
	039 Trockenbauarbeiten				100,0%

Gebäudearten

Kostengruppen

Ausführungsarten

Neubau

Abbrechen

Wiederherstellen

Herstellen

KG.AK.AA	von	€/Einheit	bis	LB an AA
337.21.00 Holzkonstruktionen				
01 **Fassadenelemente als Holzkonstruktion, teils in Pfosten-Riegel-Bauweise, Isolierverglasung, Brüstungselemente gedämmt (7 Objekte)**	370,00	**550,00**	680,00	
Einheit: m² Elementierte Fläche				
014 Natur-, Betonwerksteinarbeiten				4,0%
016 Zimmer- und Holzbauarbeiten				20,0%
027 Tischlerarbeiten				70,0%
034 Maler- und Lackierarbeiten - Beschichtungen				5,0%
02 **Holzrahmenwand, zweischalig, äußere Schale d=14cm, innere Schale, d=6cm, nichttragend (Installationsebene), OSB 3 Platten d=12mm auf der Außenseite, Dampfbremspappe, Mineralwoll-dämmung WLG 040, d=140mm (3 Objekte)**	100,00	**100,00**	110,00	
Einheit: m² Elementierte Fläche				
016 Zimmer- und Holzbauarbeiten				100,0%
03 **Holzrahmenwandelement, beidseitig beplankt, Wärmedämmung, Dampfsperre, Gesamtdicke d=200-300mm (4 Objekte)**	150,00	**170,00**	190,00	
Einheit: m² Elementierte Fläche				
016 Zimmer- und Holzbauarbeiten				83,0%
021 Dachabdichtungsarbeiten				17,0%
81 **Fassadenelemente mit Brüstung und Fensterband, auch Türfensterelemente, Holz, Isolierglas, teils Reflektionsglas, teils Schallschutzglas, gestrichen (3 Objekte)**	370,00	**650,00**	830,00	
Einheit: m² Elementierte Fläche				
027 Tischlerarbeiten				75,0%
029 Beschlagarbeiten				1,0%
032 Verglasungsarbeiten				23,0%
034 Maler- und Lackierarbeiten - Beschichtungen				1,0%
337.22.00 Holzmischkonstruktionen				
01 **Holz/Alu-Pfosten-Riegel-Fassade, Wärmeschutz-verglasung, Öffnungsflügel (6 Objekte)**	360,00	**510,00**	650,00	
Einheit: m² Elementierte Fläche				
026 Fenster, Außentüren				100,0%

KG.AK.AA			von	€/Einheit	bis	LB an AA

337.41.00 Metallkonstruktionen

		von	€/Einheit	bis	LB an AA
01	**Fassadenelemente als Pfosten-Riegel-Konstruktion mit Brüstung und Fensterband, Stahl, Leichtmetall, Isolierglas, Oberflächen endbehandelt (9 Objekte)**	570,00	**690,00**	1.050,00	
	Einheit: m² Elementierte Fläche				
	031 Metallbauarbeiten				79,0%
	032 Verglasungsarbeiten				21,0%
81	**Fassadenelemente mit Brüstung und Fensterband, auch Türfensterelemente, Stahl, Leichtmetall, Isolierglas, teils Reflektionsglas, teils Schallschutzglas, Oberflächenbehandlung dauerhaft (11 Objekte)**	500,00	**630,00**	800,00	
	Einheit: m² Elementierte Fläche				
	029 Beschlagarbeiten				3,0%
	031 Metallbauarbeiten				86,0%
	032 Verglasungsarbeiten				11,0%

Gebäudearten

Kostengruppen

Neubau

Abbrechen

Wiederherstellen

Herstellen

Ausführungsarten

KG.AK.AA	von	€/Einheit	bis	LB an AA
338.11.00 Klappläden				
01 **Holzklappläden, ein- oder zweiflüglig, Beschläge, Anstrich (7 Objekte)**	180,00	**270,00**	390,00	
Einheit: m² Geschützte Fläche				
027 Tischlerarbeiten				46,0%
030 Rollladenarbeiten				48,0%
034 Maler- und Lackierarbeiten - Beschichtungen				6,0%
338.12.00 Rollläden				
01 **Holz-Rollläden mit Gurtband und Gurtwickler oder Kurbel, Führungsschienen und Anschlagwinkel (5 Objekte)**	130,00	**140,00**	160,00	
Einheit: m² Geschützte Fläche				
030 Rollladenarbeiten				100,0%
02 **Kunststoff-Rollläden, Hart-PVC-Profil 52/14mm; verschiedene Abmessungen, Handbetrieb (6 Objekte)**	73,00	**88,00**	100,00	
Einheit: m² Geschützte Fläche				
030 Rollladenarbeiten				100,0%
05 **Alu-Rollläden, verschiedene Abmessungen, Handbetrieb (3 Objekte)**	110,00	**130,00**	150,00	
Einheit: m² Geschütze Fläche				
030 Rollladenarbeiten				100,0%
06 **Vorbaurollläden, dreiseitig geschlossener Rollladenkasten, Führungsschienen, Gurtwickler (5 Objekte)**	75,00	**80,00**	99,00	
Einheit: m² Geschützte Fläche				
030 Rollladenarbeiten				100,0%
09 **Kunststoff-Rollläden, Hart-PVC-Profil, verschiedene Abmessungen, elektrischer Antrieb (7 Objekte)**	85,00	**120,00**	170,00	
Einheit: m² Geschützte Fläche				
030 Rollladenarbeiten				100,0%
11 **Alu-Rollläden, verschiedene Abmessungen, elektrischer Antrieb (3 Objekte)**	220,00	**280,00**	310,00	
Einheit: m²				
030 Rollladenarbeiten				97,0%
053 Niederspannungsanlagen; Kabel, Verlegesysteme				3,0%
338.13.00 Schiebeläden				
01 **Schiebeläden, Metallrahmen, Bekleidung Holz, Laufschienen (4 Objekte)**	350,00	**460,00**	590,00	
Einheit: m² Elementfläche				
027 Tischlerarbeiten				37,0%
030 Rollladenarbeiten				23,0%
031 Metallbauarbeiten				33,0%
034 Maler- und Lackierarbeiten - Beschichtungen				7,0%

© **BKI** Baukosteninformationszentrum; Erläuterungen zu den Tabellen siehe Seite 64   Kostenstand: 1.Quartal 2012, Bundesdurchschnitt, **inkl. MwSt.**

KG.AK.AA	von	€/Einheit	bis	LB an AA
338.21.00 Jalousien				
03 **Sonnenschutzjalousien, Außenraffstore aus Aluminiumlamellen 80mm, Elektroantrieb (11 Objekte)**	140,00	**200,00**	360,00	
Einheit: m² Geschützte Fläche				
030 Rollladenarbeiten				100,0%
81 **Jalousetten, außen, Leichtmetall, Einzelhandbetrieb (14 Objekte)**	98,00	**130,00**	170,00	
Einheit: m² Geschützte Fläche				
030 Rollladenarbeiten				100,0%
82 **Jalousetten, außen, Leichtmetall, elektrisch betrieben, teils automatisch (26 Objekte)**	180,00	**260,00**	450,00	
Einheit: m² Geschützte Fläche				
030 Rollladenarbeiten				100,0%
338.31.00 Fallarm-Markisen				
01 **Elektrisch betriebene Fallarmmarkisen (5 Objekte)**	180,00	**230,00**	270,00	
Einheit: m² Geschützte Fläche				
030 Rollladenarbeiten				100,0%
02 **Fallarmmarkise, Handkurbel (3 Objekte)**	200,00	**220,00**	250,00	
Einheit: m² Geschützte Fläche				
030 Rollladenarbeiten				100,0%
338.33.00 Rollmarkise				
01 **Senkrechtmarkisen-Element als außenliegende Sonnenschutzanlage, Handbetrieb (6 Objekte)**	170,00	**230,00**	300,00	
Einheit: m² Geschützte Fläche				
030 Rollladenarbeiten				100,0%
338.51.00 Lamellenstores				
81 **Lamellenstores, innen, Textil (6 Objekte)**	76,00	**130,00**	200,00	
Einheit: m² Geschützte Fläche				
030 Rollladenarbeiten				100,0%
338.91.00 Sonstiger Sonnenschutz				
01 **Sonnenschutzfolie, kratzfest, einschließlich Intensivreinigung und Verschnitt (3 Objekte)**	60,00	**78,00**	89,00	
Einheit: m² Geschützte Fläche				
030 Rollladenarbeiten				100,0%

Gebäudearten

Kostengruppen

Ausführungsarten

Neubau

Abbrechen

Wiederherstellen

Herstellen

KG.AK.AA	von	€/Einheit	bis	LB an AA

339.12.00 Kellerlichtschächte

01 Kellerlichtschächte mit Fenster aus Kunststoff als Fertigteile (6 Objekte)
Einheit: St Anzahl

	130,00	**180,00**	270,00	
013 Betonarbeiten				49,0%
012 Mauerarbeiten				51,0%

02 Kellerlichtschächte aus Ortbeton, Wangenstärke 10-15cm, Bewehrung (6 Objekte)
Einheit: m² Schachtfläche

	150,00	**200,00**	310,00	
013 Betonarbeiten				100,0%

04 Kellerlichtschächte aus Kunststoff, Gitterrost-abdeckung (9 Objekte)
Einheit: St Stück

	200,00	**270,00**	420,00	
012 Mauerarbeiten				50,0%
013 Betonarbeiten				50,0%

339.21.00 Brüstungen

01 Brüstungsgitter, feuerverzinkter Stahl, Stützen, horizontale Füllstäbe, Handlauf (6 Objekte)
Einheit: m² Brüstungsfläche

	140,00	**190,00**	240,00	
031 Metallbauarbeiten				100,0%

339.22.00 Geländer

01 Brüstungs- und Balkongeländer aus Metall mit Füllungen, gestrichen (7 Objekte)
Einheit: m² Geländerfläche

	200,00	**230,00**	320,00	
031 Metallbauarbeiten				90,0%
034 Maler- und Lackierarbeiten - Beschichtungen				10,0%

339.23.00 Handläufe

01 Stahlrohrhandläufe mit Wandbefestigung (4 Objekte)
Einheit: m Länge

	44,00	**53,00**	73,00	
017 Stahlbauarbeiten				46,0%
031 Metallbauarbeiten				42,0%
034 Maler- und Lackierarbeiten - Beschichtungen				13,0%

339.31.00 Vordächer

01 Glasvordach, Verbundsicherheitsglas, Stahlkonstruktion (4 Objekte)
Einheit: m² Vordachfläche

	560,00	**770,00**	1.000,00	
031 Metallbauarbeiten				50,0%
017 Stahlbauarbeiten				50,0%

339.32.00 Gitterroste

01 Feuerverzinkte Gitterroste, Maschenweite 30x30mm, h=50mm, Auflagewinkel (5 Objekte)
Einheit: m² Gitterrostfläche

	160,00	**230,00**	320,00	
031 Metallbauarbeiten				100,0%

© **BKI** Baukosteninformationszentrum; Erläuterungen zu den Tabellen siehe Seite 64   Kostenstand: 1.Quartal 2012, Bundesdurchschnitt, inkl. MwSt.

KG.AK.AA	von	€/Einheit	bis	LB an AA

339.33.00 Leitern, Steigeisen

   01 **Steigleitern aus Metall, auch mit Rückenschutz**   120,00   **150,00**   220,00
      (7 Objekte)
      Einheit: m Leiterlänge
      031 Metallbauarbeiten   100,0%

339.35.00 Sichtblenden, Schutzgitter

   02 **Schutzgitter, Stahl, verzinkt (3 Objekte)**   220,00   **380,00**   470,00
      Einheit: m² Schutzgitter
      031 Metallbauarbeiten   100,0%

339.36.00 Rankgerüste, außen

   01 **Rankgerüste aus Stahlrohren und Stahlseilen**   1,30   **2,60**   3,50
      (5 Objekte)
      Einheit: m² Außenwandfläche
      031 Metallbauarbeiten   100,0%

339.41.00 Eingangstreppen, -podeste

   01 **Eingangstreppen in Beton oder Stahl (6 Objekte)**   410,00   **480,00**   620,00
      Einheit: m² Treppenfläche
      013 Betonarbeiten   51,0%
      031 Metallbauarbeiten   49,0%

339.42.00 Kelleraußentreppe

   01 **Stb-Kellertreppe Ortbeton, gerade, Sichtbeton,**   120,00   **160,00**   170,00
      Bewehrung (3 Objekte)
      Einheit: m² Treppenfläche
      013 Betonarbeiten   100,0%

339.51.00 Servicegänge

   01 **Servicegänge, Fluchtbalkone, verzinkt, Gitterrostauf-**   420,00   **490,00**   530,00
      lagen, Schutzgeländer (4 Objekte)
      Einheit: m² Gangfläche
      031 Metallbauarbeiten   100,0%

339.71.00 Balkone, Metall

   01 **Vorgesetzte Balkonanlage, Stahlkonstruktion,**   660,00   **810,00**   1.070,00
      Stützen, Geländer, Anstrich (7 Objekte)
      Einheit: m² Balkonfläche
      017 Stahlbauarbeiten   43,0%
      031 Metallbauarbeiten   57,0%

339.91.00 Sonstige Außenwände, sonstiges

   82 **Gitter, Roste, Geländer, Handläufe und andere**   2,60   **7,30**   22,00
      Kleinbauteile aus Stahl (44 Objekte)
      Einheit: m² Außenwandfläche
      031 Metallbauarbeiten   90,0%
      034 Maler- und Lackierarbeiten - Beschichtungen   10,0%

Gebäudearten

Kostengruppen

Ausführungsarten   **Neubau**

Abbrechen

Wiederherstellen

Herstellen

341
Tragende
Innenwände

KG.AK.AA	von	€/Einheit	bis	LB an AA
341.11.00 Mauerwerkswand, Betonsteine				
01 **Betonsteinwände d=24cm (5 Objekte)**	64,00	**68,00**	77,00	
Einheit: m² Wandfläche				
012 Mauerarbeiten				100,0%
341.12.00 Mauerwerkswand, Gasbetonsteine				
01 **Gasbeton-Plansteine d=17,5-24cm, Dünnbettmörtel-verfahren (10 Objekte)**	65,00	**73,00**	83,00	
Einheit: m² Wandfläche				
012 Mauerarbeiten				100,0%
341.14.00 Mauerwerkswand, Kalksandsteine				
01 **Kalksandsteinwand KSL, d=24cm; Stürze für Öffnungen; waagrechte Mauerwerksabdichtung G 200 DD (4 Objekte)**	64,00	**96,00**	110,00	
Einheit: m² Wandfläche				
012 Mauerarbeiten				89,0%
013 Betonarbeiten				11,0%
07 **Kalksandsteinwand, d=24cm, Mörtelgruppe II, Stürze für Öffnungen (18 Objekte)**	68,00	**80,00**	94,00	
Einheit: m² Wandfläche				
012 Mauerarbeiten				100,0%
08 **Kalksandsteinwand, d=17,5cm, Mörtelgruppe II, Stürze für Öffnungen (7 Objekte)**	52,00	**62,00**	67,00	
Einheit: m² Wandfläche				
012 Mauerarbeiten				100,0%
11 **Kalksandsteinwand, d=17,5-24cm, Mörtelgruppe II, Stürze für Öffnungen, Sichtmauerwerk, beidseitig (6 Objekte)**	75,00	**83,00**	110,00	
Einheit: m² Wandfläche				
012 Mauerarbeiten				100,0%
341.15.00 Mauerwerkswand, Leichtbetonsteine				
01 **Leichtbetonsteine, d=17,5-24cm, Mörtelgruppe II (4 Objekte)**	57,00	**68,00**	79,00	
Einheit: m² Wandfläche				
012 Mauerarbeiten				100,0%

KG.AK.AA		von	€/Einheit	bis	LB an AA
341.16.00	Mauerwerkswand, Mauerziegel				
01	**Ziegelmauerwerk mit Stürzen, teils mit Fertig-**	27,00	**74,00**	92,00	
	stürzen, Teilbereiche mit Horizontalsperre,				
	d=24-30cm (7 Objekte)				
	Einheit: m² Wandfläche				
	012 Mauerarbeiten				100,0%
06	**Hochlochziegelmauerwerk HLz, MG II-III, d=17,5cm**	51,00	**63,00**	76,00	
	(6 Objekte)				
	Einheit: m² Wandfläche				
	012 Mauerarbeiten				100,0%
08	**Hochlochziegelmauerwerk HLz, MG II, d=24cm**	57,00	**65,00**	78,00	
	(11 Objekte)				
	Einheit: m² Wandfläche				
	012 Mauerarbeiten				100,0%
341.21.00	Betonwand, Ortbeton, schwer				
01	**Stahlbetonwände, Ortbeton mit Schalung und**	87,00	**120,00**	140,00	
	Bewehrung, d=17,5cm, Wandöffnungen (5 Objekte)				
	Einheit: m² Wandfläche				
	013 Betonarbeiten				100,0%
03	**Stahlbetonwände, Ortbeton mit Schalung und**	120,00	**160,00**	220,00	
	Bewehrung, d=20cm, Wandöffnungen, teilweise				
	Sichtschalung (6 Objekte)				
	Einheit: m² Wandfläche				
	013 Betonarbeiten				100,0%
04	**Stahlbetonwände, Ortbeton mit Schalung und**	120,00	**150,00**	200,00	
	Bewehrung, d=24cm, Wandöffnungen (12 Objekte)				
	Einheit: m² Wandfläche				
	013 Betonarbeiten				100,0%
05	**Stahlbetonwände, Ortbeton mit Schalung und**	150,00	**190,00**	220,00	
	Bewehrung, d=30cm, Wandöffnungen (6 Objekte)				
	Einheit: m² Wandfläche				
	013 Betonarbeiten				100,0%
341.24.00	Betonwand, Fertigteil, schwer				
01	**Stb-Fertigteil-Wandplatten, d=12-30cm, Kleineisen-**	100,00	**120,00**	140,00	
	teile, Verfugen der Wandplatten (7 Objekte)				
	Einheit: m² Wandfläche				
	013 Betonarbeiten				100,0%
341.31.00	Holzwand, Blockkonstruktion, Vollholz				
01	**Holzrahmenkonstruktion, Dämmung, d=80-140mm,**	100,00	**110,00**	140,00	
	Fermacell-Platten beidseitig, d=15mm (6 Objekte)				
	Einheit: m² Wandfläche				
	016 Zimmer- und Holzbauarbeiten				100,0%

Gebäudearten

Kostengruppen

Ausführungsarten

Neubau

Abbrechen

Wiederherstellen

Herstellen

KG.AK.AA	von	€/Einheit	bis	LB an AA
341.33.00 Holzwand, Rahmenkonstruktion, Vollholz				
01 **Holzrahmenwand, d=120-180mm, KVH, Dämmung,**	63,00	**100,00**	130,00	
beidseitige Beplankung (6 Objekte)				
Einheit: m² Wandfläche				
016 Zimmer- und Holzbauarbeiten				55,0%
039 Trockenbauarbeiten				45,0%

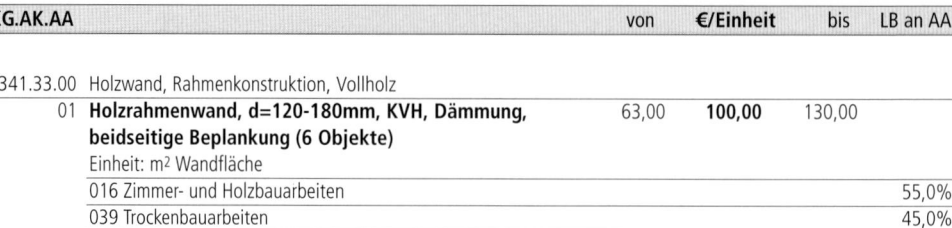

Kostenstand: 1.Quartal 2012, Bundesdurchschnitt, **inkl. MwSt.**

342.12.00 Mauerwerkswand, Gasbetonsteine

01 **Gasbeton-Plansteinmauerwerk. d=10-12,5cm** — 50,00 | 61,00 | 81,00
(8 Objekte)
Einheit: m² Wandfläche
012 Mauerarbeiten — 100,0%

342.14.00 Mauerwerkswand, Kalksandsteine

02 **Kalksandsteinmauerwerk, d=11,5cm, Fertigteil-** — 46,00 | 53,00 | 64,00
stürze (28 Objekte)
Einheit: m² Wandfläche
012 Mauerarbeiten — 100,0%

81 **Massivwand, Sichtmauerwerk, (ein- und/oder** — 160,00 | 190,00 | 240,00
beidseitig) (8 Objekte)
Einheit: m² Wandfläche
012 Mauerarbeiten — 95,0%
018 Abdichtungsarbeiten — 5,0%

342.15.00 Mauerwerkswand, Leichtbetonsteine

01 **Vollsteine aus Leichtbeton, d=11,5cm, Mörtelgruppe** — 42,00 | 53,00 | 64,00
II (5 Objekte)
Einheit: m² Wandfläche
012 Mauerarbeiten — 100,0%

342.16.00 Mauerwerkswand, Mauerziegel

01 **HLz -Innenmauerwerk, d=17,5cm, Fertigteilstürze** — 30,00 | 65,00 | 82,00
(11 Objekte)
Einheit: m² Wandfläche
012 Mauerarbeiten — 100,0%

06 **HLz-Innenmauerwerk, d=11,5cm, Fertigteilstürze** — 45,00 | 53,00 | 64,00
(32 Objekte)
Einheit: m² Wandfläche
012 Mauerarbeiten — 100,0%

342.17.00 Mauerwerkswand, Gipswandbauplatten

01 **Gipswandplattenwände d=8-10cm, beidseitig** — 43,00 | 53,00 | 61,00
malerfertig verspachtelt (9 Objekte)
Einheit: m² Wandfläche
012 Mauerarbeiten — 51,0%
039 Trockenbauarbeiten — 49,0%

342.19.00 Mauerwerkswand, sonstiges

02 **Innenwände aus Schwerlehmsteinen d=11,5cm,** — 93,00 | 96,00 | 100,00
beidseitiger Lehmputz, einlagig gerieben (4 Objekte)
Einheit: m² Wandfläche
012 Mauerarbeiten — 92,0%
034 Maler- und Lackierarbeiten - Beschichtungen — 8,0%

Gebäudearten
Kostengruppen
Ausführungsarten
Neubau
Abbrechen
Wiederherstellen
Herstellen

342
Nichttragende Innenwände

KG.AK.AA	von	€/Einheit	bis	LB an AA
342.21.00 Betonwand, Ortbeton, schwer				
02 Stb-Wände, Ortbeton, d=10-15cm, Schalung, Bewehrung (3 Objekte)	120,00	**130,00**	130,00	
Einheit: m² Wandfläche				
012 Mauerarbeiten				6,0%
013 Betonarbeiten				94,0%
342.51.00 Holzständerwand, einfach beplankt				
02 Holzständerwand mit Gipskarton oder Holzwerkstoffplatte, einseitig beplankt (5 Objekte)	61,00	**67,00**	71,00	
Einheit: m² Wandfläche				
016 Zimmer- und Holzbauarbeiten				50,0%
039 Trockenbauarbeiten				50,0%
342.52.00 Holzständerwand, doppelt beplankt				
01 Holzständerwand mit Gipskarton oder Holzwerkstoffplatte, zweiseitig bekleidet (7 Objekte)	47,00	**59,00**	69,00	
Einheit: m² Wandfläche				
039 Trockenbauarbeiten				46,0%
016 Zimmer- und Holzbauarbeiten				54,0%
342.61.00 Metallständerwand, einfach beplankt				
01 Gipskartonwand, d=125-250mm, einfach beplankt (9 Objekte)	50,00	**65,00**	99,00	
Einheit: m² Wandfläche				
039 Trockenbauarbeiten				100,0%
342.62.00 Metallständerwand, doppelt beplankt				
01 Metallständerwände, doppelt beplankt mit Gipskartonplatten, d=125-205mm (17 Objekte)	57,00	**69,00**	81,00	
Einheit: m² Wandfläche				
039 Trockenbauarbeiten				100,0%
342.63.00 Metallständerwand, F30				
01 Metallständerwand mit Bekleidung in Gipskarton oder Spanplatte als F30 Konstruktion (5 Objekte)	54,00	**62,00**	73,00	
Einheit: m² Wandfläche				
039 Trockenbauarbeiten				100,0%
342.65.00 Metallständerwand, F90				
02 Wohnungstrennwand, d=100-150mm, doppelt beplankt mit Gipskartonplatten F90, Mineralwolldämmung (6 Objekte)	51,00	**65,00**	82,00	
Einheit: m² Wandfläche				
039 Trockenbauarbeiten				100,0%

© **BKI** Baukosteninformationszentrum; Erläuterungen zu den Tabellen siehe Seite 64   Kostenstand: 1.Quartal 2012, Bundesdurchschnitt, **inkl. MwSt.**

KG.AK.AA		von	€/Einheit	bis	LB an AA

342.69.00 Metallständerwand, sonstiges

01 Ständerwände mit einseitiger Bekleidung
(3 Objekte)
Einheit: m² Wandfläche

	von	€/Einheit	bis	
	53,00	**55,00**	58,00	
039 Trockenbauarbeiten				100,0%

342.71.00 Glassteinkonstruktionen

01 Glasbausteinwände, Leichtmetall-U-Rahmen,
Hartschaumstreifen als Dehnungsfuge (4 Objekte)
Einheit: m² Wandfläche

	390,00	**450,00**	520,00	
032 Verglasungsarbeiten				49,0%
012 Mauerarbeiten				51,0%

342.92.00 Vormauerung für Installationen

01 Installationsvormauerungen aus HLz oder Gasbeton,
d=10-15cm (20 Objekte)
Einheit: m² Wandfläche

	55,00	**71,00**	88,00	
012 Mauerarbeiten				100,0%

02 GK-Vorwandschalen für Installationen aus Ständer-
wänden mit Gipskartonplatten, Dämmung
(11 Objekte)
Einheit: m² Wandfläche

	48,00	**59,00**	71,00	
039 Trockenbauarbeiten				100,0%

Gebäudearten / Kostengruppen / **Neubau** / Abbrechen / Wiederherstellen / Herstellen / Ausführungsarten

KG.AK.AA	von	€/Einheit	bis	LB an AA
343.21.00 Betonstütze, Ortbeton, schwer				
01 **Stahlbetonstützen, Querschnitt bis 2.500cm², Schalung und Bewehrung (9 Objekte)**	100,00	**150,00**	210,00	
Einheit: m Stützenlänge				
013 Betonarbeiten				100,0%
02 **Betonstütze, Ortbeton, Querschnitt 24/24cm, Schalung, Bewehrung (5 Objekte)**	73,00	**93,00**	110,00	
Einheit: m Stützenlänge				
013 Betonarbeiten				100,0%
03 **Betonstütze, Ortbeton, Querschnitt 20/20cm, Schalung, Bewehrung (3 Objekte)**	77,00	**82,00**	89,00	
Einheit: m Stützenlänge				
013 Betonarbeiten				100,0%
04 **Stb-Rundstütze, d=20-30cm, Schalung, Bewehrung (5 Objekte)**	100,00	**130,00**	140,00	
Einheit: m Stützenlänge				
013 Betonarbeiten				100,0%
343.24.00 Betonstütze, Fertigteil, schwer				
01 **Fertigteilstützen aus Stahlbeton, b/d=40/40 bis 70/70cm, l=8,50 bis 12,28m (3 Objekte)**	150,00	**210,00**	250,00	
Einheit: m Stützenlänge				
013 Betonarbeiten				100,0%
343.31.00 Holzstütze, Vollholz				
81 **Stützen, Holz (4 Objekte)**	46,00	**140,00**	170,00	
Einheit: m Stützenlänge				
016 Zimmer- und Holzbauarbeiten				100,0%
343.41.00 Metallstütze, Profilstahl				
01 **Profilstahlstützen mit Rostschutzanstrich, einschließlich aller Schraub- und Schweißverbindungen (5 Objekte)**	93,00	**120,00**	160,00	
Einheit: m Stützenlänge				
031 Metallbauarbeiten				100,0%

© **BKI** Baukosteninformationszentrum; Erläuterungen zu den Tabellen siehe Seite 64   Kostenstand: 1.Quartal 2012, Bundesdurchschnitt, **inkl. MwSt.**

KG.AK.AA	von	€/Einheit	bis	LB an AA
344.11.00 Türen, Ganzglas				
01 **Ganzglastür, Einfachverglasung, Zarge, Beschläge (7 Objekte)**	360,00	**410,00**	470,00	
Einheit: m² Türfläche				
027 Tischlerarbeiten				100,0%
344.12.00 Türen, Holz				
02 **Holztüren, Türblätter Röhrenspan, mit Zargen und Beschlägen, Oberflächen endbehandelt (15 Objekte)**	260,00	**360,00**	530,00	
Einheit: m² Türfläche				
027 Tischlerarbeiten				95,0%
034 Maler- und Lackierarbeiten - Beschichtungen				5,0%
03 **Holz-Schallschutztüren P=32-40dB (6 Objekte)**	300,00	**340,00**	530,00	
Einheit: m² Türfläche				
027 Tischlerarbeiten				96,0%
034 Maler- und Lackierarbeiten - Beschichtungen				4,0%
06 **Holztüren, Stahlzargen, Oberflächen lackiert, Beschläge (7 Objekte)**	200,00	**280,00**	340,00	
Einheit: m² Türfläche				
027 Tischlerarbeiten				64,0%
031 Metallbauarbeiten				31,0%
034 Maler- und Lackierarbeiten - Beschichtungen				5,0%
84 **Türfensterelemente, Holz, Isolierverglasung (4 Objekte)**	400,00	**490,00**	570,00	
Einheit: m² Türfläche				
027 Tischlerarbeiten				73,0%
029 Beschlagarbeiten				3,0%
032 Verglasungsarbeiten				20,0%
034 Maler- und Lackierarbeiten - Beschichtungen				5,0%
344.13.00 Türen, Kunststoff				
01 **Türelement, Oberfläche kunststoffbeschichtet, Stahlumfassungszarge, Beschläge (3 Objekte)**	220,00	**250,00**	310,00	
Einheit: m² Türfläche				
027 Tischlerarbeiten				50,0%
039 Trockenbauarbeiten				50,0%
344.14.00 Türen, Metall				
01 **Stahltür als Innentür mit Stahlzarge ein- und zweiflüglig, Anstrich (10 Objekte)**	170,00	**210,00**	250,00	
Einheit: m² Türfläche				
031 Metallbauarbeiten				78,0%
034 Maler- und Lackierarbeiten - Beschichtungen				22,0%

Gebäudearten

Kostengruppen

Ausführungsarten

Neubau

Abbrechen

Wiederherstellen

Herstellen

KG.AK.AA	von	€/Einheit	bis	LB an AA
344.15.00 Türen, Mischkonstruktionen				
01 **Türelemente, Holz und Metall, auch mit Verbund-sicherheitsglas-Verglasung, Beschläge (3 Objekte)**	260,00	**440,00**	540,00	
Einheit: m² Türfläche				
012 Mauerarbeiten				4,0%
016 Zimmer- und Holzbauarbeiten				38,0%
027 Tischlerarbeiten				27,0%
031 Metallbauarbeiten				28,0%
032 Verglasungsarbeiten				1,0%
034 Maler- und Lackierarbeiten - Beschichtungen				2,0%
344.21.00 Schiebetüren				
01 **Schiebetüren, furniert, Schiebegestänge und Beschläge in Leichtmetall (6 Objekte)**	350,00	**500,00**	780,00	
Einheit: m² Türfläche				
027 Tischlerarbeiten				100,0%
03 **Ganzglasschiebetüren, Führungsschienen, Beschläge (3 Objekte)**	280,00	**320,00**	410,00	
Einheit: m² Türfläche				
032 Verglasungsarbeiten				50,0%
027 Tischlerarbeiten				50,0%
81 **Schiebetüren; Holzwerkstoff oder Stahlkonstruktion mit Holz beplankt (3 Objekte)**	590,00	**700,00**	920,00	
Einheit: m² Türfläche				
027 Tischlerarbeiten				50,0%
031 Metallbauarbeiten				50,0%
034 Maler- und Lackierarbeiten - Beschichtungen				1,0%
344.22.00 Schallschutztüren				
82 **Einflüglige oder mehrflüglige Türen, Zarge: Holz, Türblatt: Holz, schalldämmend R´w >37dB (16 Objekte)**	650,00	**890,00**	1.040,00	
Einheit: m² Türfläche				
027 Tischlerarbeiten				90,0%
029 Beschlagarbeiten				6,0%
034 Maler- und Lackierarbeiten - Beschichtungen				4,0%
344.23.00 Eingangsanlagen				
01 **Eingangsanlage Leichtmetall mit 1 Türflügel, Seiten-teilen und Oberlicht, Verbundsicherheitsglas, Isolier-verglasung, Sicherheitsschloss, Obentürschließer, Türbänder, Griffen (3 Objekte)**	430,00	**650,00**	770,00	
Einheit: m² Elementfläche				
026 Fenster, Außentüren				50,0%
031 Metallbauarbeiten				50,0%

© **BKI** Baukosteninformationszentrum; Erläuterungen zu den Tabellen siehe Seite 64   Kostenstand: 1.Quartal 2012, Bundesdurchschnitt, **inkl.** MwSt.

KG.AK.AA	von	€/Einheit	bis	LB an AA

344.31.00 Türen, Tore, rauchdicht

01 **Rauchdichte Türelemente in Holz oder Metall, Oberflächen endbehandelt (8 Objekte)**	360,00	**710,00**	990,00	
Einheit: m² Türfläche				
027 Tischlerarbeiten				22,0%
031 Metallbauarbeiten				77,0%
034 Maler- und Lackierarbeiten - Beschichtungen				1,0%
81 **Einflüglige oder mehrflüglige Türen, Zarge: Metall, Türblatt: Metall/Glas, rauchdicht, Sicherheits- verglasung, selbstschließend (36 Objekte)**	630,00	**850,00**	1.120,00	
Einheit: m² Türfläche				
029 Beschlagarbeiten				6,0%
031 Metallbauarbeiten				78,0%
032 Verglasungsarbeiten				13,0%
034 Maler- und Lackierarbeiten - Beschichtungen				3,0%
82 **Einflüglige oder mehrflüglige Türen, Zarge: Metall, Türblatt: Holz/Glas, rauchdicht, Sicherheits- verglasung, selbstschließend (10 Objekte)**	560,00	**720,00**	910,00	
Einheit: m² Türfläche				
027 Tischlerarbeiten				76,0%
029 Beschlagarbeiten				9,0%
032 Verglasungsarbeiten				11,0%
034 Maler- und Lackierarbeiten - Beschichtungen				5,0%

344.32.00 Brandschutztüren, -tore, T30

01 **Stahltüren T30 mit Zulassung, Beschläge, Türschließer, Stahlzargen, gestrichen (16 Objekte)**	200,00	**270,00**	400,00	
Einheit: m² Türfläche				
012 Mauerarbeiten				46,0%
031 Metallbauarbeiten				47,0%
034 Maler- und Lackierarbeiten - Beschichtungen				8,0%
02 **Holztüren T30 mit Zulassung, Beschläge, Türschließer, Stahlzargen, gestrichen (4 Objekte)**	210,00	**650,00**	870,00	
Einheit: m² Türfläche				
027 Tischlerarbeiten				50,0%
031 Metallbauarbeiten				49,0%
034 Maler- und Lackierarbeiten - Beschichtungen				2,0%
82 **Einflüglige Türen, Zarge: Metall oder Holz, Türblatt: Holz-Feuerschutztüren T30 (47 Objekte)**	410,00	**570,00**	770,00	
Einheit: m² Türfläche				
029 Beschlagarbeiten				11,0%
031 Metallbauarbeiten				81,0%
034 Maler- und Lackierarbeiten - Beschichtungen				8,0%

344.34.00 Brandschutztüren, -tore, T90

01 **Stahltüren T90 mit Zulassung, Beschläge, Türschließer, Stahlzargen, gestrichen (10 Objekte)**	590,00	**780,00**	1.070,00	
Einheit: m² Türfläche				
031 Metallbauarbeiten				100,0%

Gebäudearten

Kostengruppen

Ausführungsarten

Neubau

Abbrechen

Wiederherstellen

Herstellen

KG.AK.AA	von	€/Einheit	bis	LB an AA
344.42.00 Kipptore				
01 **Kipptore für Sporthallen, Turnhallenbeschläge, Gegengewicht (3 Objekte)**	310,00	**330,00**	360,00	
Einheit: m² Torfläche				
016 Zimmer- und Holzbauarbeiten				33,0%
017 Stahlbauarbeiten				34,0%
027 Tischlerarbeiten				33,0%
344.44.00 Rolltore, Gittertore				
81 **Gittertore, Stahl (3 Objekte)**	430,00	**540,00**	610,00	
Einheit: m² Torfläche				
029 Beschlagarbeiten				2,0%
031 Metallbauarbeiten				98,0%
344.45.00 Schiebetore				
01 **Stahlschiebetore T30 oder T90, Schlupftür, Panikschloss (5 Objekte)**	450,00	**630,00**	860,00	
Einheit: m² Schiebetore				
031 Metallbauarbeiten				100,0%
02 **Stahlschiebetore T90, Elektroantrieb, gestrichen (3 Objekte)**	600,00	**770,00**	1.120,00	
Einheit: m² Torfläche				
031 Metallbauarbeiten				94,0%
034 Maler- und Lackierarbeiten - Beschichtungen				6,0%
344.47.00 Schwingtore				
81 **Schwingtore, teils mit Prallschutz (5 Objekte)**	380,00	**580,00**	840,00	
Einheit: m² Torfläche				
027 Tischlerarbeiten				38,0%
031 Metallbauarbeiten				58,0%
034 Maler- und Lackierarbeiten - Beschichtungen				4,0%
344.52.00 Fenster, Holz				
02 **Innenholzfenster, Einfachverglasung, Anstrich (7 Objekte)**	330,00	**430,00**	660,00	
Einheit: m² Fensterfläche				
027 Tischlerarbeiten				91,0%
034 Maler- und Lackierarbeiten - Beschichtungen				9,0%
81 **Nicht öffenbare Fenster, Holz/Glas (10 Objekte)**	390,00	**570,00**	790,00	
Einheit: m² Öffnungsfläche				
027 Tischlerarbeiten				59,0%
032 Verglasungsarbeiten				36,0%
034 Maler- und Lackierarbeiten - Beschichtungen				5,0%
82 **Nicht öffenbare Fenster, teils Tür-, Fensteranlagen, Holz/Glas, Sicherheitsverglasung, teils schuss-hemmend (3 Objekte)**	1.010,00	**1.540,00**	1.820,00	
Einheit: m² Öffnungsfläche				
027 Tischlerarbeiten				79,0%
029 Beschlagarbeiten				3,0%
032 Verglasungsarbeiten				18,0%

© **BKI** Baukosteninformationszentrum; Erläuterungen zu den Tabellen siehe Seite 64   Kostenstand: 1.Quartal 2012, Bundesdurchschnitt, inkl. MwSt.

KG.AK.AA		von	€/Einheit	bis	LB an AA
344.54.00	Fenster, Metall				
01	**Metallfenster, Einfachverglasung, feststehend (3 Objekte)**	360,00	**390,00**	440,00	
	Einheit: m² Fensterfläche				
	017 Stahlbauarbeiten				33,0%
	031 Metallbauarbeiten				33,0%
	032 Verglasungsarbeiten				34,0%
02	**Metallfenster, ESG-Verglasung d=6mm, teilweise ballwurfsicher (3 Objekte)**	350,00	**370,00**	380,00	
	Einheit: m² Fensterfläche				
	017 Stahlbauarbeiten				50,0%
	031 Metallbauarbeiten				1,0%
	032 Verglasungsarbeiten				50,0%
82	**Nicht öffenbare Fenster, auch Tür-, Fensteranlagen, Stahl/Glas, Sicherheitsverglasung, teils schusshemmend (3 Objekte)**	1.580,00	**1.990,00**	2.200,00	
	Einheit: m² Öffnungsfläche				
	029 Beschlagarbeiten				1,0%
	031 Metallbauarbeiten				73,0%
	032 Verglasungsarbeiten				26,0%
344.72.00	Brandschutzfenster, F30				
01	**Brandschutzfenster F30 (5 Objekte)**	670,00	**940,00**	1.330,00	
	Einheit: m² Fensterfläche				
	031 Metallbauarbeiten				100,0%
344.93.00	Schließanlage				
01	**Schließzylinder und Halbzylinder für Schließanlage, Schlüssel (Anteil für Innentüren) (4 Objekte)**	44,00	**84,00**	120,00	
	Einheit: St Anzahl				
	029 Beschlagarbeiten				100,0%

Gebäudearten

Kostengruppen

Neubau

Ausführungsarten

Abbrechen

Wiederherstellen

Herstellen

KG.AK.AA	von	€/Einheit	bis	LB an AA

345.11.00 Abdichtung

01 **Abdichtung Wandflächen auf Bitumen-, Flüssig-folien- oder Kunstharzbasis (19 Objekte)**	15,00	**20,00**	31,00	
Einheit: m² Bekleidete Fläche				
024 Fliesen- und Plattenarbeiten				100,0%

345.17.00 Dämmung

01 **Mineralische Faserdämmstoffplatten, d=30-50mm (4 Objekte)**	22,00	**25,00**	28,00	
Einheit: m² Bekleidete Fläche				
039 Trockenbauarbeiten				52,0%
012 Mauerarbeiten				48,0%

345.21.00 Anstrich

01 **Dispensionsanstrich auf Putzwandflächen, Untergrundvorbehandlung (15 Objekte)**	2,90	**4,40**	5,80	
Einheit: m² Bekleidete Fläche				
034 Maler- und Lackierarbeiten - Beschichtungen				100,0%
02 **Anstrich metallische Untergründe (Türen, Stützen, Metalltreppen) (7 Objekte)**	11,00	**13,00**	16,00	
Einheit: m² Bekleidete Fläche				
034 Maler- und Lackierarbeiten - Beschichtungen				100,0%
03 **Anstrich hölzerne Untergründe (Stützen, Balken), Untergrundvorbehandlung (3 Objekte)**	5,40	**5,60**	6,20	
Einheit: m² Bekleidete Fläche				
034 Maler- und Lackierarbeiten - Beschichtungen				100,0%
11 **Anstrich auf Betonwandflächen, Untergrund-vorbehandlung (12 Objekte)**	4,00	**4,80**	5,40	
Einheit: m² Bekleidete Fläche				
034 Maler- und Lackierarbeiten - Beschichtungen				100,0%
12 **Dispersionsanstrich auf Gipskartonwänden (11 Objekte)**	3,50	**4,60**	7,30	
Einheit: m² Bekleidete Fläche				
034 Maler- und Lackierarbeiten - Beschichtungen				100,0%
13 **Dispersionsanstrich auf KS-Mauerwerk, Untergrund-vorbehandlung (7 Objekte)**	3,80	**4,30**	5,00	
Einheit: m² Bekleidete Fläche				
034 Maler- und Lackierarbeiten - Beschichtungen				100,0%
14 **Silikatanstrich auf Putz oder Tapete, Untergrund-vorbehandlung (4 Objekte)**	5,60	**6,90**	9,80	
Einheit: m² Bekleidete Fläche				
034 Maler- und Lackierarbeiten - Beschichtungen				100,0%

345.23.00 Betonschalung, Sichtzuschlag

01 **Zulage für Sichtschalung an Betonwänden (3 Objekte)**	5,50	**8,00**	9,50	
Einheit: m² Wandflächen				
013 Betonarbeiten				100,0%

© **BKI** Baukosteninformationszentrum; Erläuterungen zu den Tabellen siehe Seite 64   Kostenstand: 1.Quartal 2012, Bundesdurchschnitt, **inkl.** MwSt.

	von	€/Einheit	bis	LB an AA

345.24.00 Mauerwerk, Sichtzuschlag

01 **Zulage für Fugenglattstrich bei KS-Sichtmauerwerk (4 Objekte)**	3,60	**5,10**	6,60	
Einheit: m² Wandfläche				
012 Mauerarbeiten				51,0%
023 Putz- und Stuckarbeiten, Wärmedämmsysteme				49,0%

345.29.00 Oberflächenbehandlung, sonstiges

02 **Spachtelung von Wandflächen (7 Objekte)**	3,60	**8,70**	14,00	
Einheit: m² Wandfläche				
023 Putz- und Stuckarbeiten, Wärmedämmsysteme				50,0%
034 Maler- und Lackierarbeiten - Beschichtungen				50,0%

345.31.00 Putz

01 **Innenwandputz zweilagig, Vorbereitung des Putzgrundes, Eckschutzschienen (12 Objekte)**	19,00	**21,00**	22,00	
Einheit: m² Bekleidete Fläche				
023 Putz- und Stuckarbeiten, Wärmedämmsysteme				100,0%
02 **Gipsputz als Innenwandputz einlagig, Oberfläche eben abgezogen, gefilzt, geglättet, Vorbereitung des Putzgrundes, Eckschutzschienen (8 Objekte)**	14,00	**16,00**	18,00	
Einheit: m² Bekleidete Fläche				
023 Putz- und Stuckarbeiten, Wärmedämmsysteme				100,0%
03 **Kunstharz-Reibeputz, zweilagig, Vorbereitung des Putzgrundes, Eckschutzschienen (5 Objekte)**	17,00	**22,00**	25,00	
Einheit: m² Bekleidete Fläche				
034 Maler- und Lackierarbeiten - Beschichtungen				100,0%
06 **Kalkzementputz als Fliesenputz, d=10-15mm, Putzabzugsleisten (26 Objekte)**	16,00	**19,00**	22,00	
Einheit: m² Bekleidete Fläche				
023 Putz- und Stuckarbeiten, Wärmedämmsysteme				100,0%

345.32.00 Putz, Anstrich

02 **Innenwandputz aus Kalkgips, einlagig, Eckschutz-schienen, Oberfläche eben abgerieben, gefilzt, Vorbereitung des Putzgrundes, Dispersionsanstrich (5 Objekte)**	18,00	**20,00**	21,00	
Einheit: m² Bekleidete Fläche				
023 Putz- und Stuckarbeiten, Wärmedämmsysteme				82,0%
034 Maler- und Lackierarbeiten - Beschichtungen				18,0%
03 **Innenwandputz als Kalkzementputz, d=15mm, zweilagig, Eckschutzschienen, Oberfläche eben abgerieben, gefilzt, geglättet, Vorbereitung des Putzgrundes, Dispersionsanstrich (6 Objekte)**	19,00	**21,00**	24,00	
Einheit: m² Bekleidete Fläche				
023 Putz- und Stuckarbeiten, Wärmedämmsysteme				81,0%
034 Maler- und Lackierarbeiten - Beschichtungen				19,0%

Gebäudearten

Kostengruppen

Ausführungsarten

Neubau

Abbrechen

Wiederherstellen

Herstellen

345
Innenwand-
bekleidungen

KG.AK.AA	von	€/Einheit	bis	LB an AA
345.33.00 Putz, Fliesen und Platten				
01 **Keramische Fliesen auf Kalkzementputz, Eckschutz-schienen, Grundierung, verformungsfähiger Kleber/ Fugmörtel, dauerelastische Fugen (15 Objekte)**	78,00	**89,00**	110,00	
Einheit: m² Bekleidete Fläche				
023 Putz- und Stuckarbeiten, Wärmedämmsysteme				21,0%
024 Fliesen- und Plattenarbeiten				79,0%
06 **Wandfliesen im Mörtelbett, dauerelastische Verfugung (5 Objekte)**	78,00	**95,00**	100,00	
Einheit: m² Bekleidete Fläche				
024 Fliesen- und Plattenarbeiten				100,0%
345.35.00 Putz, Tapeten, Anstrich				
02 **Innenwandputz, d=12-15mm, Eckschutzschienen, Raufasertapete, Dispersionsanstrich (9 Objekte)**	21,00	**23,00**	24,00	
Einheit: m² Bekleidete Fläche				
023 Putz- und Stuckarbeiten, Wärmedämmsysteme				47,0%
034 Maler- und Lackierarbeiten - Beschichtungen				22,0%
037 Tapezierarbeiten				30,0%
82 **Trockenputz: Gipskarton mit Anstrich auf Tapete (15 Objekte)**	41,00	**67,00**	110,00	
Einheit: m² Bekleidete Fläche				
034 Maler- und Lackierarbeiten - Beschichtungen				16,0%
037 Tapezierarbeiten				6,0%
039 Trockenbauarbeiten				78,0%
345.37.00 Putz, Fliesen und Platten, Abdichtung				
01 **Keramische Fliesen auf Kalkzementputz, Eckschutz-schienen, Grundierung, Abdichtung mit streichbarer Abdichtung, Rohrdurchgänge abdichten, verfor-mungsfähiger Kleber/Fugmörtel, dauerelastische Fugen (6 Objekte)**	97,00	**110,00**	130,00	
Einheit: m² Bekleidete Fläche				
023 Putz- und Stuckarbeiten, Wärmedämmsysteme				17,0%
024 Fliesen- und Plattenarbeiten				83,0%

Kostenstand: 1.Quartal 2012, Bundesdurchschnitt, **inkl. MwSt.**

345.44.00 Bekleidung auf Unterkonstruktion, Holz

		von	€/Einheit	bis	LB an AA
01	**Massivholz-Paneele, Nordische Fichte oder Furnier-platten auf Unterkonstruktion mit Schall-schluckmatten hinterlegt (5 Objekte)**	170,00	**220,00**	300,00	
	Einheit: m² Bekleidete Fläche				
	027 Tischlerarbeiten				100,0%
81	**Bekleidung auf Unterkonstruktion, Holzwerkstoff, gestrichen, schallabsorbierend (5 Objekte)**	99,00	**110,00**	140,00	
	Einheit: m² Bekleidete Fläche				
	039 Trockenbauarbeiten				100,0%
82	**Bekleidung auf Unterkonstruktion, teils mit Türen, Massivholz, Oberflächen endbehandelt, schall-absorbierend (17 Objekte)**	140,00	**240,00**	360,00	
	Einheit: m² Bekleidete Fläche				
	027 Tischlerarbeiten				100,0%

345.46.00 Bekleidung auf Unterkonstruktion, Kunststoff

		von	€/Einheit	bis	LB an AA
81	**Bekleidung auf Unterkonstruktion, Holzwerkstoff, Kunststoff, schallabsorbierend, Oberflächen endbehandelt (5 Objekte)**	98,00	**140,00**	190,00	
	Einheit: m² Bekleidete Fläche				
	039 Trockenbauarbeiten				100,0%

345.48.00 Bekleidung auf Unterkonstruktion, mineralisch

		von	€/Einheit	bis	LB an AA
01	**Einseitige Bekleidung mit Gipskarton, d=12,5mm, Oberfläche malerfertig (16 Objekte)**	35,00	**48,00**	61,00	
	Einheit: m² Bekleidete Fläche				
	039 Trockenbauarbeiten				100,0%
03	**GK-Vorsatzschalen, feuchtraumgeeignet, in Sanitärbereichen (6 Objekte)**	44,00	**56,00**	70,00	
	Einheit: m² Bekleidete Fläche				
	039 Trockenbauarbeiten				100,0%

345.53.00 Verblendung, Fliesen und Platten

		von	€/Einheit	bis	LB an AA
01	**Steinzeugfliesen im Dünnbett verlegt, teils mit Bordüre oder Fries (15 Objekte)**	60,00	**83,00**	120,00	
	Einheit: m² Bekleidete Fläche				
	024 Fliesen- und Plattenarbeiten				100,0%

345.54.00 Verblendung, Mauerwerk

		von	€/Einheit	bis	LB an AA
81	**Bekleidung vorgesetzt, Mauerwerk (Ziegel), Oberflächen endbehandelt (10 Objekte)**	120,00	**150,00**	180,00	
	Einheit: m² Bekleidete Fläche				
	012 Mauerarbeiten				100,0%

Gebäudearten

Kostengruppen

Ausführungsarten

Neubau

Abbrechen

Wiederherstellen

Herstellen

KG.AK.AA	von	€/Einheit	bis	LB an AA
345.61.00 Tapeten				
01 **Raufasertapete geliefert und tapeziert (11 Objekte)**	3,40	**4,30**	5,60	
Einheit: m² Bekleidete Fläche				
034 Maler- und Lackierarbeiten - Beschichtungen				50,0%
037 Tapezierarbeiten				50,0%
03 **Glasfasertapete geliefert und tapeziert (7 Objekte)**	8,40	**11,00**	15,00	
Einheit: m² Bekleidete Fläche				
034 Maler- und Lackierarbeiten - Beschichtungen				100,0%
345.62.00 Tapeten, Anstrich				
01 **Raufasertapete tapezieren, Dispersionsanstrich (Zwischen- und Deckanstrich) (14 Objekte)**	6,80	**8,00**	9,90	
Einheit: m² Bekleidete Fläche				
034 Maler- und Lackierarbeiten - Beschichtungen				49,0%
037 Tapezierarbeiten				51,0%
02 **Grundierung, Glasfasergewebe-Tapete, Zwischen- und Schlussanstrich (8 Objekte)**	13,00	**18,00**	24,00	
Einheit: m² Bekleidete Fläche				
034 Maler- und Lackierarbeiten - Beschichtungen				100,0%
345.71.00 Textilbekleidung, Stoff				
81 **Beschichtung: Textilbespannung (3 Objekte)**	31,00	**43,00**	49,00	
Einheit: m² Bekleidete Fläche				
039 Trockenbauarbeiten				50,0%
036 Bodenbelagarbeiten				50,0%
345.92.00 Vorsatzschalen für Installationen				
01 **Vormauerung für Sanitärbereiche, Bimsplatten d=6-15cm (4 Objekte)**	75,00	**80,00**	87,00	
Einheit: m² Bekleidete Fläche				
012 Mauerarbeiten				51,0%
039 Trockenbauarbeiten				49,0%
02 **Vorwandinstallation in Sanitär-Bereichen, einfaches Ständerwerk, Bekleidung aus Gipskartonplatten d=12,5mm (21 Objekte)**	39,00	**48,00**	56,00	
Einheit: m² Bekleidete Fläche				
039 Trockenbauarbeiten				100,0%

KG.AK.AA	von	€/Einheit	bis	LB an AA
346.11.00 Montagewände, Ganzglas				
01 **Ganzglastrennwände mit Türen, ESG-Verglasung, d=8-10mm (4 Objekte)**	240,00	**350,00**	450,00	
Einheit: m² Elementierte Fläche				
031 Metallbauarbeiten				100,0%
346.12.00 Montagewände, Holz				
01 **Holztrennwände im Kellerbereich, Türen, Vorhänge-schlösser (4 Objekte)**	23,00	**42,00**	50,00	
Einheit: m² Elementierte Fläche				
027 Tischlerarbeiten				50,0%
016 Zimmer- und Holzbauarbeiten				50,0%
346.13.00 Montagewände, Holz-Mischkonstruktion				
01 **Holztrennwände mit Oberlichtverglasungen (4 Objekte)**	410,00	**550,00**	970,00	
Einheit: m² Elementierte Fläche				
027 Tischlerarbeiten				92,0%
034 Maler- und Lackierarbeiten - Beschichtungen				8,0%
03 **Systemtrennwände, Vollspanplatten, Kunststoff beschichtet, Türen, Oberlichter (4 Objekte)**	180,00	**210,00**	240,00	
Einheit: m² Elementierte Fläche				
027 Tischlerarbeiten				50,0%
029 Beschlagarbeiten				1,0%
039 Trockenbauarbeiten				49,0%
346.17.00 Montagewände, Metall-Mischkonstruktion				
01 **Metallständerwände mit Holzbekleidungen und Oberlichtverglasungen (5 Objekte)**	240,00	**430,00**	800,00	
Einheit: m² Elementierte Fläche				
027 Tischlerarbeiten				51,0%
031 Metallbauarbeiten				49,0%
81 **Trennwandelemente mit Türen, Metall mit Verglasung (10 Objekte)**	390,00	**540,00**	720,00	
Einheit: m² Elementierte Fläche				
027 Tischlerarbeiten				52,0%
031 Metallbauarbeiten				44,0%
034 Maler- und Lackierarbeiten - Beschichtungen				4,0%
82 **Trennwandelemente mit Türen, Metall mit beschusshemmender Verglasung (4 Objekte)**	1.070,00	**1.240,00**	1.430,00	
Einheit: m² Elementierte Fläche				
027 Tischlerarbeiten				48,0%
029 Beschlagarbeiten				3,0%
031 Metallbauarbeiten				40,0%
032 Verglasungsarbeiten				10,0%

Gebäudearten
Kostengruppen
Ausführungsarten
Neubau
Abbrechen
Wiederherstellen
Herstellen

346
Elementierte Innenwände

KG.AK.AA	von	€/Einheit	bis	LB an AA
346.22.00 Faltwände, Schiebewände, Holz				
02 **Mobile Trennanlage, Durchgangselement, Laufschienen (8 Objekte)**	710,00	**1.070,00**	1.270,00	
Einheit: m² Elementierte Fläche				
027 Tischlerarbeiten				100,0%
346.24.00 Faltwände, Schiebewände, Kunststoff				
81 **Faltwände, Kunststoff, Oberflächen endbehandelt (10 Objekte)**	530,00	**640,00**	740,00	
Einheit: m² Wandfläche				
039 Trockenbauarbeiten				100,0%
346.31.00 Sanitärtrennwände, Ganzglas				
01 **Sanitärtrennwände Ganzglas, Beschläge, teilweise Siebdruck (3 Objekte)**	310,00	**580,00**	740,00	
Einheit: m² Elementierte Fläche				
027 Tischlerarbeiten				34,0%
039 Trockenbauarbeiten				34,0%
045 GWE; Einrichtungsgegenstände, Sanitärausstattungen				33,0%
346.32.00 Sanitärtrennwände, Holz				
01 **WC-Trennwände mit integrierten Türen aus Spanplatten, kunststoffbeschichtet (8 Objekte)**	200,00	**240,00**	280,00	
Einheit: m² Elementierte Wandfläche				
039 Trockenbauarbeiten				51,0%
027 Tischlerarbeiten				49,0%
81 **Kabinenwand, Holzwerkstoff, Kunststoffbeschichtung, Oberflächen endbehandelt (38 Objekte)**	120,00	**170,00**	260,00	
Einheit: m² Elementierte Wandfläche				
039 Trockenbauarbeiten				100,0%
346.33.00 Sanitärtrennwände, Holz-Mischkonstruktion				
01 **WC-Trennwände, Verbundbauweise, d=30mm, h=2,00m Folienoberfläche (9 Objekte)**	160,00	**180,00**	210,00	
Einheit: m² Elementierte Wandfläche				
039 Trockenbauarbeiten				100,0%
346.34.00 Sanitärtrennwände, Kunststoff				
01 **WC-Trennwände in Vollkunststoffausführung mit Türen, h=2,00m (5 Objekte)**	180,00	**240,00**	290,00	
Einheit: m² Elementierte Wandfläche				
039 Trockenbauarbeiten				100,0%
346.36.00 Sanitärtrennwände, Metall				
81 **Kabinenwand, Metall, Oberflächen endbehandelt (12 Objekte)**	220,00	**260,00**	330,00	
Einheit: m² Elementierte Wandfläche				
039 Trockenbauarbeiten				100,0%

Kostenstand: 1.Quartal 2012, Bundesdurchschnitt, **inkl. MwSt.**

		von	€/Einheit	bis	LB an AA

349.11.00 Schächte

01 **Installationsschachtbekleidungen mit Gipskarton-**   58,00   **67,00**   86,00
platten (3 Objekte)
Einheit: m² Bekleidete Fläche

039 Trockenbauarbeiten   100,0%

349.21.00 Brüstungen

02 **Zuschauergaleriegeländer aus Stahl h=1,28m;**   250,00   **270,00**   310,00
Geländerpfostenprofil T70; Ober- und Untergurt aus
Winkel 30/30/4mm; Füllstäbe aus Rundstahl
d=15mm mit 12cm Abstand; Handlaufauflage aus
Flachstahl 6/20mm; einschl. Montage, Anstrich, Holz-
handlauf aus Rundholz d=50mm. (3 Objekte)
Einheit: m² Brüstungsfläche

031 Metallbauarbeiten   96,0%
027 Tischlerarbeiten   4,0%

349.22.00 Geländer

01 **Geländer aus Füllstäben, auch mit Lochblechfüllung,**   390,00   **440,00**   490,00
Anstrich (4 Objekte)
Einheit: m² Geländerfläche

031 Metallbauarbeiten   93,0%
034 Maler- und Lackierarbeiten - Beschichtungen   7,0%

349.23.00 Handläufe

01 **Handläufe, Metall mit Wandbefestigung, Anstrich**   130,00   **150,00**   180,00
(3 Objekte)
Einheit: m Handlauflänge

031 Metallbauarbeiten   99,0%
034 Maler- und Lackierarbeiten - Beschichtungen   1,0%

349.51.00 Lattenverschläge, Holz

01 **Lattenverschläge, Holz h=2,00m, Türen 80/200cm**   34,00   **45,00**   66,00
mit Überwurfschloss (3 Objekte)
Einheit: m² Wandfläche

016 Zimmer- und Holzbauarbeiten   100,0%

349.61.00 Leitern, Steigeisen

01 **Leiter, Länge 1,00-2,10m, ohne Rückschutz**   55,00   **77,00**   120,00
(3 Objekte)
Einheit: m Länge

031 Metallbauarbeiten   49,0%
017 Stahlbauarbeiten   51,0%

349.91.00 Sonstige Innenwände sonstiges

81 **Gitter, Roste, Geländer, Kleinbauteile in Stahl, Beton**   0,70   **2,20**   6,30
oder Holz (22 Objekte)
Einheit: m² Innenwandfläche

030 Rollladenarbeiten   16,0%
031 Metallbauarbeiten   84,0%

Gebäudearten

Kostengruppen

Ausführungsarten   Neubau

Abbrechen

Wiederherstellen

Herstellen

KG.AK.AA		von	€/Einheit	bis	LB an AA
351.15.00	Stahlbeton, Ortbeton, Platten				
01	**Deckenplatten aus Ortbeton, Schalung, Bewehrung und Unterzüge, d=18-20cm (29 Objekte)**	87,00	**110,00**	130,00	
	Einheit: m² Deckenfläche				
	013 Betonarbeiten				100,0%
02	**Deckenplatten aus Ortbeton, Schalung, Bewehrung, Unterzüge, d=25cm (8 Objekte)**	91,00	**110,00**	150,00	
	Einheit: m² Deckenfläche				
	013 Betonarbeiten				100,0%
03	**Deckenplatten aus Ortbeton, Schalung, Bewehrung, Unterzüge, d=30-40cm (5 Objekte)**	120,00	**140,00**	160,00	
	Einheit: m² Deckenfläche				
	013 Betonarbeiten				100,0%
351.25.00	Stahlbeton, Fertigteil, Platten				
01	**Stahlbeton-Deckenplatten als Fertigteile oder als teilelementierte Decken, d=16-20cm, Schalung, Bewehrung (24 Objekte)**	68,00	**88,00**	120,00	
	Einheit: m² Deckenfläche				
	013 Betonarbeiten				100,0%
351.26.00	Stahlbeton, Fertigteil, Platten-Balken				
01	**Spannbeton-TT-Decken, l=6,10m, Plattenbreite 2,50-3,00m, d=10cm, vernähen der Längsseiten, verschweißen der TT-Platten, Überbeton, d=10cm, Bewehrung, Unterzüge (3 Objekte)**	190,00	**190,00**	200,00	
	Einheit: m² Deckenfläche				
	013 Betonarbeiten				100,0%
351.34.00	Metallträger, Blechkonstruktion				
01	**Stahlkonstruktion für Fluchtbalkone mit Gitterrost-belag, Geländer (4 Objekte)**	590,00	**750,00**	890,00	
	Einheit: m² Deckenfläche				
	016 Zimmer- und Holzbauarbeiten				17,0%
	017 Stahlbauarbeiten				35,0%
	031 Metallbauarbeiten				46,0%
	034 Maler- und Lackierarbeiten - Beschichtungen				2,0%
351.41.00	Vollholzbalken				
01	**Holzbalkendecke, BSH-Balken, 12/12cm, nicht sichtbar, Mineralfaserdämmung zwischen Deckenbalkenlage, Schalung d=22mm, Kleineisen-teile (4 Objekte)**	65,00	**76,00**	87,00	
	Einheit: m² Deckenfläche				
	016 Zimmer- und Holzbauarbeiten				100,0%

351
Decken-
konstruktionen

351.42.00 Vollholzbalken, Schalung

01 **Bauholz Deckenbalken, Güteklasse II, abbinden und aufstellen, Deckenschalung mit Spanplatten (8 Objekte)** — von 56,00 / €/Einheit 74,00 / bis 87,00
Einheit: m² Deckenfläche
016 Zimmer- und Holzbauarbeiten — 81,0%
036 Bodenbelagarbeiten — 19,0%

351.49.00 Holzbalken-, Holzträgerkonstruktionen, sonstiges

02 **Brettstapeldecke, d=140-200mm, vernagelte Brettlamellen S10, Holzart Fichte / Kiefer, gehobelt (3 Objekte)** — von 120,00 / €/Einheit 150,00 / bis 210,00
Einheit: m² Deckenfläche
016 Zimmer- und Holzbauarbeiten — 100,0%

351.51.00 Treppen, gerade, Ortbeton

01 **Stahlbetontreppen gerade, Ortbeton mit Schalung und Bewehrung (11 Objekte)** — von 190,00 / €/Einheit 270,00 / bis 330,00
Einheit: m² Treppenfläche
013 Betonarbeiten — 100,0%

351.52.00 Treppen, gewendelt, Ortbeton

01 **Ortbeton für gewendelte Treppenlaufplatte, einschl. Stufen, Schalung, Bewehrung (3 Objekte)** — von 410,00 / €/Einheit 440,00 / bis 510,00
Einheit: m² Treppenfläche
013 Betonarbeiten — 100,0%

351.61.00 Treppen, gerade, Beton-Fertigteil

01 **Stahlbetonfertigteiltreppen, d=16cm, gerade, Podeste, Auflagerelemente (15 Objekte)** — von 200,00 / €/Einheit 270,00 / bis 340,00
Einheit: m² Treppenfläche
013 Betonarbeiten — 100,0%

351.62.00 Treppen, gewendelt, Beton-Fertigteil

01 **Stahlbetonfertigtreppe, Sichtbeton, gewendelt (4 Objekte)** — von 260,00 / €/Einheit 340,00 / bis 430,00
Einheit: m² Treppenfläche
013 Betonarbeiten — 100,0%
014 Natur-, Betonwerksteinarbeiten — 0,0%

Gebäudearten
Kostengruppen
Neubau
Abbrechen
Wiederherstellen
Herstellen
Ausführungsarten

KG.AK.AA	von	€/Einheit	bis	LB an AA
351.71.00 Treppen, gerade, Metall-Wangenkonstruktion				
01 **Stahltreppen gerade mit Stahlwangen und Zwischenpodest, Stufen aus Gitterrosten oder gekantetem Stahlblech, Geländer, gestrichen (9 Objekte)**	640,00	**950,00**	1.310,00	
Einheit: m² Treppenfläche				
017 Stahlbauarbeiten				51,0%
031 Metallbauarbeiten				49,0%
81 **Freitragende Treppe, Stahlkonstruktion, Gitterroste und Brüstungsgeländer (3 Objekte)**	790,00	**1.210,00**	1.510,00	
Einheit: m² Treppenfläche				
031 Metallbauarbeiten				100,0%
351.77.00 Treppen, Spindel, Metallkonstruktion				
01 **Stahlspindeltreppen mit Geländer und Gitterrost- stufen oder Holzbelag (5 Objekte)**	1.770,00	**2.550,00**	3.570,00	
Einheit: m² Treppenfläche				
031 Metallbauarbeiten				100,0%
82 **Freitragende Spindeltreppe, Stahl (4 Objekte)**	1.680,00	**3.180,00**	4.810,00	
Einheit: m² Treppenfläche				
031 Metallbauarbeiten				100,0%
351.81.00 Treppen, Holzkonstruktion, gestemmt				
81 **Freitragende, gerade Treppen, Holzwerkstoff (4 Objekte)**	320,00	**610,00**	720,00	
Einheit: m² Treppenfläche				
016 Zimmer- und Holzbauarbeiten				98,0%
034 Maler- und Lackierarbeiten - Beschichtungen				2,0%
351.89.00 Treppen, sonstiges				
02 **Einschubtreppen, Holz, a/b=60/100cm-70/120cm, Handlauf und Schutzgeländer (6 Objekte)**	490,00	**740,00**	870,00	
Einheit: St Anzahl				
016 Zimmer- und Holzbauarbeiten				100,0%

KG.AK.AA	von	€/Einheit	bis	LB an AA
351.91.00 Sonstige Deckenkonstruktionen				
81 **Decken verschiedener Konstruktionsarten, (Plattendecke, Plattenbalkendecke), Ortbeton, teils Betonmischbauweise, Spannweiten bis 5m (26 Objekte)**	97,00	**120,00**	160,00	
Einheit: m² Deckenfläche				
013 Betonarbeiten				100,0%
82 **Decken verschiedener Konstruktionsarten, (Plattendecke, Plattenbalkendecke, Balkendecke), Ortbeton, teils Betonmischbauweise, Spannweiten 5m bis 8m (20 Objekte)**	130,00	**170,00**	210,00	
Einheit: m² Deckenfläche				
013 Betonarbeiten				100,0%
83 **Decken verschiedener Konstruktionsarten, (Plattendecke, Balken- bzw. Trägerdecke), Ortbeton, teils Betonmischbauweise, Spannweiten 8m bis 12m (3 Objekte)**	250,00	**260,00**	260,00	
Einheit: m² Deckenfläche				
001 Gerüstarbeiten				6,0%
013 Betonarbeiten				93,0%
018 Abdichtungsarbeiten				1,0%

Gebäudearten

Kostengruppen

Ausführungsarten

Neubau

Abbrechen

Wiederherstellen

Herstellen

352
Deckenbeläge

352.12.00 Anstrich, Estrich

01	**Zementestrich, d=40-50cm, Untergrundvorbehandlung, Bodenbeschichtung (4 Objekte)**	36,00	**41,00**	47,00	
	Einheit: m² Belegte Fläche				
	023 Putz- und Stuckarbeiten, Wärmedämmsysteme				1,0%
	025 Estricharbeiten				39,0%
	034 Maler- und Lackierarbeiten - Beschichtungen				41,0%
	036 Bodenbelagarbeiten				20,0%

352.21.00 Estrich

01	**Trennlage, Gussasphalt, d=25-30mm, Oberfläche glätten und mit Quarzsand abgereiben (4 Objekte)**	26,00	**36,00**	39,00	
	Einheit: m² Belegte Fläche				
	025 Estricharbeiten				100,0%
02	**Schwimmender Anhydritfließestrich, d=45-80mm (8 Objekte)**	15,00	**20,00**	23,00	
	Einheit: m² Belegte Fläche				
	025 Estricharbeiten				100,0%
03	**Zementestrich, d=40-50mm (9 Objekte)**	18,00	**21,00**	26,00	
	Einheit: m² Belegte Fläche				
	025 Estricharbeiten				100,0%

352.22.00 Estrich, Abdichtung

81	**Nutzestrich; Verbundestrich (Zement), Abdichtung (8 Objekte)**	29,00	**35,00**	39,00	
	Einheit: m² Belegte Fläche				
	018 Abdichtungsarbeiten				13,0%
	025 Estricharbeiten				87,0%

352.23.00 Estrich, Abdichtung, Dämmung

01	**Abdichtung, flüssige Dichtfolie oder Bitumenschweißbahn, Trittschalldämmung d=30-60mm, Zementestrich 50-95mm (6 Objekte)**	47,00	**57,00**	70,00	
	Einheit: m² Belegte Fläche				
	018 Abdichtungsarbeiten				29,0%
	024 Fliesen- und Plattenarbeiten				32,0%
	025 Estricharbeiten				39,0%

352.24.00 Estrich, Dämmung

01	**Schwimmender Zementestrich, d=40-95mm, Trittschall- oder Wärmedämmung (3 Objekte)**	24,00	**33,00**	49,00	
	Einheit: m² Belegte Fläche				
	025 Estricharbeiten				100,0%
02	**Anhydritestrich d=40-60mm, auf Trittschall- oder Wärmedämmung (3 Objekte)**	24,00	**28,00**	35,00	
	Einheit: m² Belegte Fläche				
	025 Estricharbeiten				100,0%

KG.AK.AA	von	€/Einheit	bis	LB an AA
352.25.00 Abdichtung				
01 **Abdichtung auf Deckenflächen auf Bitumen-, Flüssigfolien-, Kunstharzbasis (5 Objekte)**	18,00	**29,00**	50,00	
Einheit: m² Belegte Fläche				
024 Fliesen- und Plattenarbeiten				100,0%
02 **Streichabdichtung auf Estrich unter Fliesenbelägen, Fugenbänder (7 Objekte)**	21,00	**25,00**	28,00	
Einheit: m² Belegte Fläche				
024 Fliesen- und Plattenarbeiten				100,0%
352.26.00 Dämmung				
01 **Wärme- und Trittschalldämmung, Polystyrolplatten, d=20-40mm (9 Objekte)**	5,40	**7,00**	8,70	
Einheit: m² Belegte Fläche				
025 Estricharbeiten				100,0%
352.31.00 Fliesen und Platten				
02 **Deckenbeläge aus Steinzeugfliesen verschiedener Abmessungen, im Dünnbett verlegt (10 Objekte)**	75,00	**88,00**	100,00	
Einheit: m² Belegte Fläche				
024 Fliesen- und Plattenarbeiten				100,0%
03 **Fliesenbeläge (Steinzeug) auf Tritt- und Setzstufen sowie Podesten, im Mörtelbett (13 Objekte)**	220,00	**280,00**	380,00	
Einheit: m² Belegte Fläche				
024 Fliesen- und Plattenarbeiten				100,0%
06 **Bodenfliesen im Mörtelbett, d=20-40mm, Sockelfliesen (7 Objekte)**	72,00	**89,00**	100,00	
Einheit: m² Belegte Fläche				
024 Fliesen- und Plattenarbeiten				100,0%
352.32.00 Fliesen und Platten, Estrich				
02 **Fliesenbelag im Dünnbettverfahren, Sockel, Heizestrich (5 Objekte)**	73,00	**84,00**	97,00	
Einheit: m² Belegte Fläche				
024 Fliesen- und Plattenarbeiten				77,0%
025 Estricharbeiten				23,0%

Gebäudearten

Kostengruppen

Ausführungsarten

Neubau

Abbrechen

Wiederherstellen

Herstellen

352
Deckenbeläge

KG.AK.AA	von	€/Einheit	bis	LB an AA
352.33.00 Fliesen und Platten, Estrich, Abdichtung				
01 **Fliesenbelag im Dünnbettverfahren, Abdichtung, schwimmender Estrich (4 Objekte)**	95,00	**120,00**	140,00	
Einheit: m² Belegte Fläche				
018 Abdichtungsarbeiten				15,0%
024 Fliesen- und Plattenarbeiten				66,0%
025 Estricharbeiten				19,0%
81 **Keramikbelag; Oberbelag (Keramik) auf Rohdecke, auf schwimmendem Estrich, Abdichtung (27 Objekte)**	110,00	**150,00**	190,00	
Einheit: m² Belegte Fläche				
018 Abdichtungsarbeiten				12,0%
024 Fliesen- und Plattenarbeiten				72,0%
025 Estricharbeiten				15,0%
352.34.00 Fliesen und Platten, Estrich, Abdichtung, Dämmung				
01 **Fußbodenabdichtung, Zementestrich d=50-70 mm, Wärme- und Trittschalldämmung, Bodenfliesen, Sockelleisten (8 Objekte)**	88,00	**120,00**	160,00	
Einheit: m² Belegte Fläche				
018 Abdichtungsarbeiten				8,0%
024 Fliesen- und Plattenarbeiten				68,0%
025 Estricharbeiten				24,0%
352.35.00 Fliesen und Platten, Estrich, Dämmung				
81 **Keramikbelag; Oberbelag (Keramik) auf Rohdecke, auf schwimmendem Estrich (24 Objekte)**	89,00	**120,00**	170,00	
Einheit: m² Belegte Fläche				
024 Fliesen- und Plattenarbeiten				77,0%
025 Estricharbeiten				23,0%
84 **Keramikbelag auf Treppen; Oberbelag (Keramik) auf tragender Treppe oder Oberbelag (Keramik) auf schwimmendem Estrich (4 Objekte)**	190,00	**250,00**	400,00	
Einheit: m² Belegte Fläche				
024 Fliesen- und Plattenarbeiten				83,0%
025 Estricharbeiten				17,0%
352.36.00 Fliesen und Platten, Abdichtung				
01 **Fliesenbeläge auf Abdichtung im Dünnbett-verfahren verlegt (4 Objekte)**	80,00	**110,00**	130,00	
Einheit: m² Belegte Fläche				
024 Fliesen- und Plattenarbeiten				100,0%

Kostenstand: 1.Quartal 2012, Bundesdurchschnitt, inkl. MwSt.

KG.AK.AA		von	€/Einheit	bis	LB an AA

352
Deckenbeläge

352.41.00 Naturstein

01 Natursteinbeläge im Mörtelbett verlegt, Oberfläche poliert (7 Objekte) — 93,00 · **100,00** · 110,00
Einheit: m² Belegte Fläche
014 Natur-, Betonwerksteinarbeiten — 100,0%

02 Natursteinbeläge auf Treppen im Mörtelbett, Stufensockel (8 Objekte) — 320,00 · **430,00** · 560,00
Einheit: m² Belegte Fläche
014 Natur-, Betonwerksteinarbeiten — 100,0%

352.42.00 Naturstein, Estrich

81 Naturwerksteinbelag; Oberbelag (Naturwerkstein) auf Rohdecke (7 Objekte) — 170,00 · **200,00** · 260,00
Einheit: m² Belegte Fläche
014 Natur-, Betonwerksteinarbeiten — 100,0%

352.43.00 Naturstein, Estrich, Abdichtung

81 Naturwerksteinbelag; Oberbelag (Naturwerkstein) auf Rohdecke, Abdichtung (4 Objekte) — 180,00 · **220,00** · 250,00
Einheit: m² Belegte Fläche
014 Natur-, Betonwerksteinarbeiten — 70,0%
018 Abdichtungsarbeiten — 6,0%
025 Estricharbeiten — 23,0%

352.45.00 Naturstein, Estrich, Dämmung

02 Natursteinbelag, Estrich, d=40-50mm, Wärme- und Trittschalldämmung (4 Objekte) — 130,00 · **200,00** · 370,00
Einheit: m² Belegte Fläche
014 Natur-, Betonwerksteinarbeiten — 75,0%
018 Abdichtungsarbeiten — 2,0%
024 Fliesen- und Plattenarbeiten — 7,0%
025 Estricharbeiten — 16,0%

352.51.00 Betonwerkstein

81 Betonwerksteinbelag; Oberbelag (Betonwerkstein) auf Rohdecke oder Estrich (15 Objekte) — 110,00 · **150,00** · 200,00
Einheit: m² Belegte Fläche
014 Natur-, Betonwerksteinarbeiten — 100,0%

83 Betonwerksteinbelag auf Treppen; Oberbelag (Betonwerkstein) auf tragender Treppe, auch auf selbsttragenden Stufen (16 Objekte) — 220,00 · **290,00** · 430,00
Einheit: m² Belegte Fläche
014 Natur-, Betonwerksteinarbeiten — 100,0%

Gebäudearten

Kostengruppen

Ausführungsarten

Neubau

Abbrechen

Wiederherstellen

Herstellen

KG.AK.AA	von	€/Einheit	bis	LB an AA
352.61.00 Textil				
01 **Teppichbeläge mit Sockelleisten und Untergrund-vorbereitung (10 Objekte)**	28,00	**35,00**	47,00	
Einheit: m² Belegte Fläche				
036 Bodenbelagarbeiten				100,0%
02 **Teppichboden auf Treppenstufen verlegt, geklebt (3 Objekte)**	150,00	**160,00**	170,00	
Einheit: m² Belegte Fläche				
036 Bodenbelagarbeiten				100,0%
352.64.00 Textil, Estrich, Abdichtung, Dämmung				
01 **Fußbodenabdichtung, Zementestrich, d=50-65mm, Wärme- und Trittschalldämmung, Teppichboden, Sockelleisten (4 Objekte)**	63,00	**78,00**	95,00	
Einheit: m² Belegte Fläche				
018 Abdichtungsarbeiten				19,0%
025 Estricharbeiten				33,0%
036 Bodenbelagarbeiten				48,0%
352.65.00 Textil, Estrich, Dämmung				
02 **Zementestrich, d=40-50mm, Wärme- und Tritt-schalldämmung, Teppichboden, Sockelleisten (8 Objekte)**	49,00	**63,00**	71,00	
Einheit: m² Belegte Fläche				
025 Estricharbeiten				37,0%
036 Bodenbelagarbeiten				63,0%
352.69.00 Textil, sonstiges				
81 **Textil auf Spanplatte; Oberbelag (Textil) auf Spanplatte (3 Objekte)**	78,00	**110,00**	120,00	
Einheit: m² Belegte Fläche				
016 Zimmer- und Holzbauarbeiten				28,0%
027 Tischlerarbeiten				8,0%
034 Maler- und Lackierarbeiten - Beschichtungen				2,0%
036 Bodenbelagarbeiten				16,0%
039 Trockenbauarbeiten				45,0%

	von	€/Einheit	bis	LB an AA

352.71.00 Holz

01 Parkettbeläge d=20-23mm, Eiche, Schleifen des Belags, Versiegelung und Sockelleisten (4 Objekte)
Einheit: m² Belegte Fläche

	von	€/Einheit	bis	LB an AA
027 Tischlerarbeiten				2,0%
028 Parkett-, Holzpflasterarbeiten				90,0%
034 Maler- und Lackierarbeiten - Beschichtungen				3,0%
036 Bodenbelagarbeiten				4,0%

Parkettbeläge d=20-23mm: 78,00 / **91,00** / 130,00

02 Holzplanken oder Parkettbelag auf Treppen, Oberfläche endbehandelt (8 Objekte)
Einheit: m² Belegte Fläche — 150,00 / **260,00** / 400,00

	LB an AA
027 Tischlerarbeiten	58,0%
028 Parkett-, Holzpflasterarbeiten	42,0%

04 Bohlen d=50mm, gehobelt, auf vorhandene Balkenlage (3 Objekte)
Einheit: m² Belegte Fläche — 70,00 / **76,00** / 84,00

	LB an AA
016 Zimmer- und Holzbauarbeiten	100,0%

05 Fertigparkett, Untergrundvorbereitung, Sockelleisten (4 Objekte)
Einheit: m² Belegte Fläche — 53,00 / **69,00** / 75,00

	LB an AA
028 Parkett-, Holzpflasterarbeiten	100,0%

09 Industrieparkett, versiegeln, Grundreinigung, Erstpflege, Holzsockelleisten (4 Objekte)
Einheit: m² Belegte Fläche — 40,00 / **55,00** / 69,00

	LB an AA
025 Estricharbeiten	60,0%
028 Parkett-, Holzpflasterarbeiten	40,0%

12 Massivholztrittstufen, d=30-50mm, Oberflächenbehandlung (7 Objekte)
Einheit: m² Stufenfläche — 150,00 / **280,00** / 380,00

	LB an AA
027 Tischlerarbeiten	51,0%
028 Parkett-, Holzpflasterarbeiten	49,0%

352.72.00 Holz, Estrich

01 Parkettbelag, Untergrundvorbereitung, Estrich, d=50-70mm (6 Objekte)
Einheit: m² Belegte Fläche — 73,00 / **94,00** / 120,00

	LB an AA
025 Estricharbeiten	21,0%
028 Parkett-, Holzpflasterarbeiten	79,0%

Gebäudearten

Kostengruppen

Ausführungsarten

Neubau

Abbrechen

Wiederherstellen

Herstellen

KG.AK.AA	von	€/Einheit	bis	LB an AA
352.75.00 Holz, Estrich, Dämmung				
01 **Parkett auf Estrich verschiedener Arten, Tritt-schalldämmung, Holzsockelleisten, geschraubt (6 Objekte)**	82,00	**98,00**	120,00	
Einheit: m² Belegte Fläche				
025 Estricharbeiten				19,0%
027 Tischlerarbeiten				30,0%
028 Parkett-, Holzpflasterarbeiten				51,0%
81 **Holzparkettbelag auf Rohdecke, auch auf schwimmendem Estrich (9 Objekte)**	98,00	**130,00**	180,00	
Einheit: m² Belegte Fläche				
018 Abdichtungsarbeiten				4,0%
025 Estricharbeiten				23,0%
028 Parkett-, Holzpflasterarbeiten				73,0%
82 **Holzpflasterbelag auf Rohdecke, auch auf schwimmendem Estrich (9 Objekte)**	74,00	**140,00**	180,00	
Einheit: m² Belegte Fläche				
025 Estricharbeiten				24,0%
028 Parkett-, Holzpflasterarbeiten				76,0%
352.81.00 Hartbeläge				
01 **Linoleumbeläge d=2,5-3,2mm, Ausfugen mit Schmelzdraht, Sockelleisten, Untergrund-vorbereitung (5 Objekte)**	35,00	**49,00**	71,00	
Einheit: m² Belegte Fläche				
036 Bodenbelagarbeiten				100,0%
352.82.00 Hartbeläge, Estrich				
01 **Kunststoffbeläge (PVC oder Linoleum) auf schwimmendem Estrich, Trittschalldämmung (6 Objekte)**	49,00	**60,00**	72,00	
Einheit: m² Belegte Fläche				
025 Estricharbeiten				23,0%
036 Bodenbelagarbeiten				77,0%
81 **Kunststoffbelag, teils elektrisch leitfähig auf Estrich, auch auf Gussasphalt (32 Objekte)**	45,00	**64,00**	94,00	
Einheit: m² Belegte Fläche				
025 Estricharbeiten				42,0%
036 Bodenbelagarbeiten				58,0%
84 **Kunststoffbelag auf Treppen auf Estrich (8 Objekte)**	140,00	**180,00**	220,00	
Einheit: m² Belegte Fläche				
025 Estricharbeiten				26,0%
036 Bodenbelagarbeiten				74,0%

© **BKI** Baukosteninformationszentrum; Erläuterungen zu den Tabellen siehe Seite 64   Kostenstand: 1.Quartal 2012, Bundesdurchschnitt, **inkl. MwSt.**

KG.AK.AA	von	€/Einheit	bis	LB an AA
352.83.00 Hartbeläge, Estrich, Abdichtung				
81 **Kunststoffbelag, teils elektrisch leitfähig auf Estrich, auch auf Gussasphalt (10 Objekte)**	66,00	**89,00**	120,00	
Einheit: m² Belegte Fläche				
018 Abdichtungsarbeiten				11,0%
025 Estricharbeiten				37,0%
036 Bodenbelagarbeiten				52,0%
352.85.00 Hartbeläge, Estrich, Dämmung				
02 **Linoleumbelag auf Estrich, Wärme- und Trittschalldämmung (6 Objekte)**	52,00	**71,00**	96,00	
Einheit: m² Belegte Fläche				
025 Estricharbeiten				35,0%
036 Bodenbelagarbeiten				65,0%
82 **Kunststoff Noppenbelag (4 Objekte)**	76,00	**80,00**	88,00	
Einheit: m² Belegte Fläche				
025 Estricharbeiten				29,0%
036 Bodenbelagarbeiten				71,0%
83 **Linoleumbelag auf schwimmendem Estrich (4 Objekte)**	20,00	**64,00**	79,00	
Einheit: m² Belegte Fläche				
025 Estricharbeiten				45,0%
036 Bodenbelagarbeiten				55,0%
352.93.00 Sportböden				
02 **Sportboden als punktelastische Konstruktion auf Estrich, Oberbelag Linoleum oder Parkett (4 Objekte)**	77,00	**90,00**	100,00	
Einheit: m² Belegte Fläche				
025 Estricharbeiten				14,0%
028 Parkett-, Holzpflasterarbeiten				45,0%
036 Bodenbelagarbeiten				41,0%
81 **Schwingboden, Linoleum-/kunststoffbeschichtet, auf Unterkonstruktion (8 Objekte)**	88,00	**110,00**	130,00	
Einheit: m² Belegte Fläche				
016 Zimmer- und Holzbauarbeiten				23,0%
018 Abdichtungsarbeiten				10,0%
025 Estricharbeiten				29,0%
034 Maler- und Lackierarbeiten - Beschichtungen				1,0%
036 Bodenbelagarbeiten				37,0%
352.94.00 Heizestrich				
01 **Heizestrich als Zementestrich, d=50-85mm, Bewehrung (8 Objekte)**	18,00	**22,00**	29,00	
Einheit: m² Belegte Fläche				
025 Estricharbeiten				100,0%
352.95.00 Kunststoff-Beschichtung				
01 **Kunststoffbeschichtung auf Estrich (3 Objekte)**	11,00	**12,00**	13,00	
Einheit: m² Belegte Fläche				
034 Maler- und Lackierarbeiten - Beschichtungen				100,0%

Gebäudearten

Kostengruppen

Ausführungsarten

Neubau

Abbrechen

Wiederherstellen

Herstellen

352
Deckenbeläge

KG.AK.AA	von	€/Einheit	bis	LB an AA

352.96.00 Doppelböden

01 **Aufgeständerter Boden, Unterkonstruktion, h=150-400mm, Saugheber, Kunststoffbelag (4 Objekte)**   110,00   **130,00**   150,00

Einheit: m² Belegte Fläche

031 Metallbauarbeiten	4,0%
036 Bodenbelagarbeiten	48,0%
039 Trockenbauarbeiten	49,0%

352.97.00 Fußabstreifer

01 **Sauberlaufmatte, Winkelprofilrahmen, verzinkt (6 Objekte)**   250,00   **390,00**   480,00

Einheit: m² Belegte Fläche

014 Natur-, Betonwerksteinarbeiten	50,0%
031 Metallbauarbeiten	50,0%

Kostenstand: 1.Quartal 2012, Bundesdurchschnitt, **inkl. MwSt.**

353.17.00 Dämmung

		von	€/Einheit	bis	LB an AA
02	**Wärmedämmung aus Mehrschichtdämmplatten, Wärmeleitfähigkeitsgruppe 035 oder 040, d=50-100mm, in die Schalung eingelegt, Befestigungsmaterial (8 Objekte)**	25,00	**29,00**	34,00	
	Einheit: m² Bekleidete Fläche				
	013 Betonarbeiten				100,0%
03	**Mineralische Faserdämmstoffplatten, Wärmeleitfähigkeitsgruppe 035, d=50-120mm (3 Objekte)**	12,00	**16,00**	18,00	
	Einheit: m² Bekleidete Fläche				
	016 Zimmer- und Holzbauarbeiten				49,0%
	039 Trockenbauarbeiten				51,0%
04	**Wärmedämmung aus Polystyrol-Hartschaum, Wärmeleitfähigkeitsgruppe 040, d=50-100mm, geklebt (4 Objekte)**	18,00	**22,00**	26,00	
	Einheit: m² Bekleidete Fläche				
	013 Betonarbeiten				33,0%
	016 Zimmer- und Holzbauarbeiten				33,0%
	023 Putz- und Stuckarbeiten, Wärmedämmsysteme				34,0%

Gebäudearten

Kostengruppen

Ausführungsarten

Neubau

Abbrechen

Wiederherstellen

Herstellen

KG.AK.AA	von	€/Einheit	bis	LB an AA
353.21.00 Anstrich				
01 **Dispersionsanstrich auf Betondeckenflächen (22 Objekte)**	3,30	**4,50**	6,00	
Einheit: m² Bekleidete Fläche				
034 Maler- und Lackierarbeiten - Beschichtungen				100,0%
02 **Anstrich auf GK-Decken, glatt oder gelocht, Unter-grundvorbehandlung (10 Objekte)**	4,20	**5,30**	7,00	
Einheit: m² Bekleidete Fläche				
034 Maler- und Lackierarbeiten - Beschichtungen				100,0%
03 **Farbloser Anstrich hölzerner Untergründe (Stützen, Schalungen, Balken), Untergrundvorbehandlung (3 Objekte)**	2,60	**4,00**	4,80	
Einheit: m² Bekleidete Fläche				
034 Maler- und Lackierarbeiten - Beschichtungen				100,0%
10 **Lasuranstrich auf Holzdecken und Balken, Untergrundvorbehandlung (3 Objekte)**	15,00	**20,00**	22,00	
Einheit: m² Bekleidete Fläche				
034 Maler- und Lackierarbeiten - Beschichtungen				100,0%
11 **Naturharzanstrich auf Holzdecken (4 Objekte)**	8,30	**9,60**	11,00	
Einheit: m² Bekleidete Fläche				
034 Maler- und Lackierarbeiten - Beschichtungen				100,0%
12 **Dispersionsanstrich auf Betondeckenflächen, spachteln der Oberfläche, Deckenfugen nach-spachteln (8 Objekte)**	5,90	**7,90**	12,00	
Einheit: m² Bekleidete Fläche				
034 Maler- und Lackierarbeiten - Beschichtungen				100,0%
13 **Anstrich von Metalltreppen, Untergrundvor-behandlung (5 Objekte)**	15,00	**27,00**	36,00	
Einheit: m² Bekleidete Fläche				
034 Maler- und Lackierarbeiten - Beschichtungen				100,0%
14 **Dispersionsanstrich auf Deckenputz, Untergrund-vorbehandlung (5 Objekte)**	2,90	**3,50**	5,70	
Einheit: m² Bekleidete Fläche				
034 Maler- und Lackierarbeiten - Beschichtungen				100,0%
15 **Anstrich von Stb-Treppen- und Podestuntersichten, spachteln, nachschleifen (6 Objekte)**	3,80	**5,50**	7,40	
Einheit: m² Treppenfläche				
034 Maler- und Lackierarbeiten - Beschichtungen				100,0%
16 **Filigrandeckenfugen verspachteln (7 Objekte)**	3,70	**4,60**	5,20	
Einheit: m Deckenfuge				
034 Maler- und Lackierarbeiten - Beschichtungen				100,0%
353.23.00 Betonschalung, Sichtzuschlag				
01 **Sichtschalung für Flachdecken, geordnete Schalungsstöße, möglichst absatzfrei und porenlos (9 Objekte)**	31,00	**42,00**	62,00	
Einheit: m² Sichtbetonfläche				
013 Betonarbeiten				100,0%

Kostenstand: 1.Quartal 2012, Bundesdurchschnitt, **inkl. MwSt.**

353.31.00 Putz

01 Deckenputz als Maschinenputz, d=10mm, einlagig, mineralisch gebunden, Untergrundvorbehandlung (6 Objekte)
Einheit: m² Bekleidete Fläche

	17,00	**21,00**	23,00	
023 Putz- und Stuckarbeiten, Wärmedämmsysteme				100,0%

02 Innendeckenputz auf Treppenuntersichten und Podeste, gefilzt (6 Objekte)
Einheit: m² Bekleidete Fläche

	24,00	**29,00**	34,00	
023 Putz- und Stuckarbeiten, Wärmedämmsysteme				100,0%

05 Deckenputz als Maschinenputz aus Kalkzementputz, d=12-15mm, Untergrundvorbehandlung (5 Objekte)
Einheit: m² Bekleidete Fläche

	18,00	**20,00**	23,00	
023 Putz- und Stuckarbeiten, Wärmedämmsysteme				100,0%

06 Deckenputz als Maschinenputz aus Gipsputz, d=12-15mm, Untergrundvorbehandlung (8 Objekte)
Einheit: m² Bekleidete Fläche

	16,00	**19,00**	23,00	
023 Putz- und Stuckarbeiten, Wärmedämmsysteme				100,0%

07 Deckenputz als Maschinenputz aus Kalkgipsputz, d=10-15mm, Untergrundvorbehandlung (10 Objekte)
Einheit: m² Bekleidete Fläche

	16,00	**17,00**	20,00	
023 Putz- und Stuckarbeiten, Wärmedämmsysteme				100,0%

08 Verspachteln der Deckenfugen bei Filigrandecken (4 Objekte)
Einheit: m Fugenlänge

	3,00	**6,70**	10,00	
023 Putz- und Stuckarbeiten, Wärmedämmsysteme				49,0%
034 Maler- und Lackierarbeiten - Beschichtungen				51,0%

353.32.00 Putz, Anstrich

01 Innendeckenputz als Maschinenputz, einlagig mit Anstrich Dispersion oder Latex (12 Objekte)
Einheit: m² Bekleidete Fläche

	20,00	**24,00**	28,00	
023 Putz- und Stuckarbeiten, Wärmedämmsysteme				75,0%
034 Maler- und Lackierarbeiten - Beschichtungen				25,0%

82 Perl- und Akustikputz (4 Objekte)
Einheit: m² Bekleidete Fläche

	65,00	**70,00**	76,00	
023 Putz- und Stuckarbeiten, Wärmedämmsysteme				78,0%
039 Trockenbauarbeiten				22,0%

353.35.00 Putz, Tapeten, Anstrich

01 Deckenputz, Gipsputz, einlagig, d=15mm, Raufasertapete, Dispersionsanstrich (3 Objekte)
Einheit: m² Bekleidete Fläche

	25,00	**27,00**	30,00	
023 Putz- und Stuckarbeiten, Wärmedämmsysteme				48,0%
034 Maler- und Lackierarbeiten - Beschichtungen				27,0%
037 Tapezierarbeiten				26,0%

Gebäudearten · Kostengruppen · Ausführungsarten · Neubau · Abbrechen · Wiederherstellen · Herstellen

KG.AK.AA	von	€/Einheit	bis	LB an AA
353.44.00 Bekleidung auf Unterkonstruktion, Holz				
02 **Holz-Deckenverschalung, Unterkonstruktion (6 Objekte)**	78,00	**95,00**	120,00	
Einheit: m² Bekleidete Fläche				
027 Tischlerarbeiten				100,0%
81 **Profilholz, gestrichen (3 Objekte)**	48,00	**71,00**	83,00	
Einheit: m² Bekleidete Fläche				
016 Zimmer- und Holzbauarbeiten				42,0%
027 Tischlerarbeiten				36,0%
034 Maler- und Lackierarbeiten - Beschichtungen				22,0%
353.47.00 Bekleidung auf Unterkonstruktion, Metall				
01 **Alupaneeldecke, Holzunterkonstruktion, Befestigung an Stahlbetondecke (4 Objekte)**	40,00	**46,00**	53,00	
Einheit: m² Bekleidete Fläche				
039 Trockenbauarbeiten				100,0%
353.61.00 Tapeten				
01 **Raufasertapete, geklebt auf glatten Deckenflächen (9 Objekte)**	3,70	**5,20**	6,60	
Einheit: m² Bekleidete Fläche				
034 Maler- und Lackierarbeiten - Beschichtungen				49,0%
037 Tapezierarbeiten				51,0%
353.62.00 Tapeten, Anstrich				
01 **Raufasertapete, Dispersionsanstrich, waschbeständig (12 Objekte)**	6,40	**7,70**	8,70	
Einheit: m² Bekleidete Fläche				
034 Maler- und Lackierarbeiten - Beschichtungen				43,0%
037 Tapezierarbeiten				57,0%
353.64.00 Glasvlies, Anstrich				
01 **Glasfasertapete, Dispersionsanstrich (5 Objekte)**	11,00	**14,00**	18,00	
Einheit: m² Bekleidete Fläche				
034 Maler- und Lackierarbeiten - Beschichtungen				100,0%
353.82.00 Abgehängte Bekleidung, Holz				
81 **Abhängedecke (geschlossene Fläche), Holz (20 Objekte)**	110,00	**150,00**	200,00	
Einheit: m² Bekleidete Fläche				
027 Tischlerarbeiten				52,0%
039 Trockenbauarbeiten				48,0%

KG.AK.AA	von	€/Einheit	bis	LB an AA
353.84.00 Abgehängte Bekleidung, Metall				
02 **Abgehängte Alu-Paneeldecke, Unterkonstruktion, Dämmschicht, d=30mm, Aussparungen für Öffnungen, Unterkonstruktion für Lampenbefestigung (6 Objekte)**	41,00	**52,00**	65,00	
Einheit: m² Bekleidete Fläche				
039 Trockenbauarbeiten				100,0%
82 **Abhängedecke aus Metall, Oberbehandlung dauerhaft, schallabsorbierend (4 Objekte)**	240,00	**260,00**	270,00	
Einheit: m² Bekleidete Fläche				
039 Trockenbauarbeiten				100,0%
353.85.00 Abgehängte Bekleidung, Putz, Stuck				
03 **Abgehängte Decken mit Gipskartonplatten, Unterkonstruktion Metall, Lampenaussparungen, Revisionsöffnungen, Anstrich Dispersion oder Latex (6 Objekte)**	47,00	**71,00**	93,00	
Einheit: m² Bekleidete Fläche				
034 Maler- und Lackierarbeiten - Beschichtungen				18,0%
039 Trockenbauarbeiten				82,0%
353.87.00 Abgehängte Bekleidung, mineralisch				
01 **Abgehängte Promatect-Decke F90, Unterkonstruktion, Öffnungen (3 Objekte)**	150,00	**180,00**	230,00	
Einheit: m² Bekleidete Fläche				
039 Trockenbauarbeiten				100,0%
03 **Abgehängte, schallabsorbierende Mineralfaserdecke in Einlegemontage, sichtbare Tragprofile (6 Objekte)**	44,00	**56,00**	64,00	
Einheit: m² Bekleidete Fläche				
034 Maler- und Lackierarbeiten - Beschichtungen				6,0%
039 Trockenbauarbeiten				94,0%
05 **Abgehängte Gipsplattendecke, tapezierfertig, Unterkonstruktion (3 Objekte)**	55,00	**65,00**	85,00	
Einheit: m² Bekleidete Fläche				
039 Trockenbauarbeiten				91,0%
034 Maler- und Lackierarbeiten - Beschichtungen				9,0%

Gebäudearten

Kostengruppen

Ausführungsarten

Neubau

Abbrechen

Wiederherstellen

Herstellen

359
Decken,
sonstiges

KG.AK.AA	von	€/Einheit	bis	LB an AA
359.22.00 Geländer				
01 **Geländer mit Füllstäben aus Metall, Anstrich (6 Objekte)**	130,00	**200,00**	270,00	
Einheit: m² Geländerfläche				
031 Metallbauarbeiten				94,0%
034 Maler- und Lackierarbeiten - Beschichtungen				6,0%
359.23.00 Handläufe				
01 **Handläufe aus Stahl oder Holz mit Wandbefestigung, gestrichen (8 Objekte)**	79,00	**95,00**	110,00	
Einheit: m Handlauflänge				
031 Metallbauarbeiten				100,0%
05 **Edelstahlhandläufe, geschliffen oder gebürstet, mit Wandbefestigung (5 Objekte)**	98,00	**110,00**	170,00	
Einheit: m Handlauflänge				
031 Metallbauarbeiten				100,0%
359.43.00 Treppengeländer, Metall				
01 **Gurt- und Füllstabgeländer für Treppen, auch mit Füllungen aus Lochblech, Anstrich mit Untergrundvorbehandlung (8 Objekte)**	270,00	**400,00**	590,00	
Einheit: m² Geländerfläche				
031 Metallbauarbeiten				94,0%
034 Maler- und Lackierarbeiten - Beschichtungen				6,0%
359.51.00 Servicegänge				
01 **Wartungsstege aus Stahl mit Gitterrostbelag (3 Objekte)**	45,00	**120,00**	160,00	
Einheit: m² Lauffläche				
031 Metallbauarbeiten				100,0%
359.91.00 Sonstige Decken, sonstiges				
81 **Brüstungen, Geländer, Gitter, Sondertreppen aus Beton, Metall oder Holz (37 Objekte)**	6,60	**13,00**	29,00	
Einheit: m² Deckenfläche				
031 Metallbauarbeiten				89,0%
034 Maler- und Lackierarbeiten - Beschichtungen				11,0%

361.15.00 Stahlbeton, Ortbeton, Platten

01 Stahlbeton-Dächer, Schalung und Bewehrung, d=18-20cm, Unter- und Überzüge (14 Objekte) 100,00 | **120,00** | 140,00
Einheit: m² Dachfläche
013 Betonarbeiten — 100,0%

02 Stahlbeton-Dächer, Schalung und Bewehrung, d=25cm, Unter- und Überzüge (7 Objekte) 100,00 | **110,00** | 130,00
Einheit: m² Dachfläche
013 Betonarbeiten — 100,0%

03 Stahlbeton-Dächer, Schalung und Bewehrung, d=30-40cm, Unter- und Überzüge (3 Objekte) 120,00 | **130,00** | 140,00
Einheit: m² Dachfläche
013 Betonarbeiten — 100,0%

82 Flachdächer, begehbar, teils befahrbar, Ortbeton, Spannweiten 5m bis 8m (3 Objekte) 240,00 | **250,00** | 260,00
Einheit: m² Dachfläche
013 Betonarbeiten — 100,0%

361.25.00 Stahlbeton, Fertigteil, Platten

01 Dach aus Stahlbeton-Fertigteilen mit Ortbeton-ergänzungen, Beischalung, Aufbeton aus Normalbeton, d=13-15cm (5 Objekte) 63,00 | **68,00** | 74,00
Einheit: m² Dachfläche
013 Betonarbeiten — 100,0%

02 Dach aus Stahlbeton-Fertigteilen mit Ortbetonergän-zungen, Beischalung, Aufbeton aus Normalbeton, d=25cm (3 Objekte) 110,00 | **120,00** | 150,00
Einheit: m² Dachfläche
013 Betonarbeiten — 100,0%

361.34.00 Metallträger, Blechkonstruktion

01 Stahlträger aus Profilstahl verschiedener Dimen-sionen als tragende Dachkonstruktion (7 Objekte) 77,00 | **150,00** | 180,00
Einheit: m² Dachfläche
017 Stahlbauarbeiten — 100,0%

02 Fachwerkträger aus Profilstahl als tragende Konstruktion für Trapezblechdächer, mit aussteifender Trapezblechschale (3 Objekte) 240,00 | **260,00** | 290,00
Einheit: m² Dachfläche
017 Stahlbauarbeiten — 71,0%
020 Dachdeckungsarbeiten — 8,0%
022 Klempnerarbeiten — 14,0%
034 Maler- und Lackierarbeiten - Beschichtungen — 7,0%

361.42.00 Vollholzbalken, Schalung

01 Nadelholz-Dachkonstruktion, Holzschutz, Dachschalung d=24mm (9 Objekte) 59,00 | **76,00** | 99,00
Einheit: m² Dachfläche
016 Zimmer- und Holzbauarbeiten — 100,0%

Gebäudearten

Kostengruppen

Ausführungsarten

Neubau

Abbrechen

Wiederherstellen

Herstellen

KG.AK.AA	von	€/Einheit	bis	LB an AA
361.49.00 Holzbalkenkonstruktionen, sonstiges				
01 **Holz-Flachdach d=351-455mm: Lattung d=30mm,** **Dampfbremse, Doppelstegträger h=356-406mm,** **Zelluloseeinblasdämmung, DWD-Platten d=16mm;** **BSH-Teile, Stahlteile (9 Objekte)** Einheit: m² m2 Dachfläche	160,00	**180,00**	200,00	
016 Zimmer- und Holzbauarbeiten				100,0%
361.61.00 Steildach, Vollholz, Sparrenkonstruktion				
01 **Sparrendachkonstruktion, Bauholz Fichte/Tanne** **b=19cm, h=19cm, Schnittklasse A, chemischer** **Holzschutz, Abbund, Aufstellen, Kleineisenteile** **(7 Objekte)** Einheit: m² Dachfläche	35,00	**41,00**	57,00	
016 Zimmer- und Holzbauarbeiten				100,0%
361.62.00 Steildach, Vollholz, Pfettenkonstruktion				
01 **Kanthölzer aus Nadelholz GK II, Schnittklasse S für** **Dachkonstruktionen, Holzschutz (3 Objekte)** Einheit: m² Dachfläche	57,00	**70,00**	78,00	
016 Zimmer- und Holzbauarbeiten				100,0%
361.69.00 Steildach, Holzkonstruktion, sonstiges				
01 **Holz-Steildach d=402-460mm: Lattung d=30mm,** **Dampfbremse, Doppelstegträger h=356-400mm,** **Zelluloseeinblasdämmung, DWD-Platten d=16mm;** **BSH-Teile, Stahlteile (5 Objekte)** Einheit: m² m2 Dachfläche	140,00	**150,00**	160,00	
016 Zimmer- und Holzbauarbeiten				100,0%
81 **Giebeldächer, teils Satteldächer, Pfetten- bzw.** **Sparrenkonstruktion, Holz, Spannweiten bis 5m** **(16 Objekte)** Einheit: m² Dachfläche	47,00	**56,00**	71,00	
016 Zimmer- und Holzbauarbeiten				90,0%
017 Stahlbauarbeiten				10,0%

© **BKI** Baukosteninformationszentrum; Erläuterungen zu den Tabellen siehe Seite 64   Kostenstand: 1.Quartal 2012, Bundesdurchschnitt, **inkl.** MwSt.

KG.AK.AA	von	€/Einheit	bis	LB an AA
361.91.00 Sonstige Dachkonstruktionen				
81 **Flachdächer verschiedener Konstruktionsarten (Plattendecke, Plattenbalkendecke, Balken- bzw. Trägerdecke), Ortbeton, teils Betonfertigteile, Spannweiten 5m bis 12m (16 Objekte)**	110,00	**150,00**	180,00	
Einheit: m² Dachfläche				
013 Betonarbeiten				100,0%
82 **Flachdächer, Ortbeton, Spannweiten >12m, Schalung und Bewehrung (7 Objekte)**	180,00	**210,00**	250,00	
Einheit: m² Dachfläche				
013 Betonarbeiten				100,0%
84 **Flachdächer, verleimte Brettschichtbinder, Spannweiten 5m bis 8m (6 Objekte)**	90,00	**120,00**	260,00	
Einheit: m² Dachfläche				
016 Zimmer- und Holzbauarbeiten				100,0%
87 **Flachdächer verschiedener Konstruktionsarten (Plattendecke, Plattenbalkendecke, Balken- bzw. Trägerdecke), Ortbeton, teils Betonfertigteile, Spannweiten 5m bis 12m (6 Objekte)**	100,00	**120,00**	170,00	
Einheit: m² Dachfläche				
017 Stahlbauarbeiten				54,0%
031 Metallbauarbeiten				46,0%

Gebäudearten

Kostengruppen

Ausführungsarten

Neubau

Abbrechen

Wiederherstellen

Herstellen

362
Dachfenster,
Dachöffnungen

KG.AK.AA	von	€/Einheit	bis	LB an AA
362.11.00 Dachflächenfenster, Holz				
02 **Dachflächenfenster, Isolierverglasung, Holz lasiert (7 Objekte)**	510,00	**630,00**	780,00	
Einheit: m² Öffnungsfläche				
020 Dachdeckungsarbeiten				100,0%
362.13.00 Dachflächenfenster, Holz-Metall				
01 **Wohnraumdachfenster, Klapp-Schwingfenster, Eindeckrahmen, Isolierverglasung, Alu-Außenabdeckung, kunststoffbeschichtet (6 Objekte)**	560,00	**670,00**	760,00	
Einheit: m² Öffnungsfläche				
020 Dachdeckungsarbeiten				50,0%
022 Klempnerarbeiten				5,0%
032 Verglasungsarbeiten				46,0%
362.21.00 Lichtkuppeln, Holz				
01 **Lichtkuppel, Acrylglas, zweischalig, gewölbt, Spindeltrieb mit Elektromotor, Hubhöhe bis 40cm (6 Objekte)**	870,00	**1.260,00**	1.530,00	
Einheit: m² Öffnungsfläche				
021 Dachabdichtungsarbeiten				100,0%
362.23.00 Lichtkuppeln, Holz-Metall				
01 **Lichtkuppel, Acrylglas, zweischalig, starr, Alu-Hohlkammerprofil (3 Objekte)**	530,00	**600,00**	650,00	
Einheit: m² Fensterfläche				
020 Dachdeckungsarbeiten				50,0%
021 Dachabdichtungsarbeiten				49,0%
053 Niederspannungsanlagen; Kabel, Verlegesysteme				1,0%
362.24.00 Lichtkuppeln, Kunststoff				
01 **Lichtkuppel in starrer Ausführung, doppelschalig, Acrylglas, Aufsatzkranz (3 Objekte)**	330,00	**590,00**	1.090,00	
Einheit: m² Öffnungsfläche				
022 Klempnerarbeiten				100,0%
02 **Lichtkuppeln, rund, undurchsichtiges Acrylglas, Elektroantrieb (3 Objekte)**	1.540,00	**1.630,00**	1.680,00	
Einheit: m² Öffnungsfläche				
021 Dachabdichtungsarbeiten				87,0%
022 Klempnerarbeiten				13,0%
362.25.00 Lichtkuppeln, Metall				
81 **Lichtkuppeln, öffenbar, teils mit Sicherheitsverglasung (19 Objekte)**	940,00	**1.270,00**	1.850,00	
Einheit: m² Öffnungsfläche				
021 Dachabdichtungsarbeiten				50,0%
031 Metallbauarbeiten				50,0%

© **BKI** Baukosteninformationszentrum; Erläuterungen zu den Tabellen siehe Seite 64   Kostenstand: 1.Quartal 2012, Bundesdurchschnitt, inkl. MwSt.

362.33.00 Shedkonstruktionen

		von	€/Einheit	bis	LB an AA
01	**Sattelförmige Shedoberlichter, thermisch getrenntes Aluminiumsystem, Verglasung (3 Objekte)**	260,00	**300,00**	370,00	
	Einheit: m² Fensterfläche				
	021 Dachabdichtungsarbeiten				50,0%
	022 Klempnerarbeiten				1,0%
	031 Metallbauarbeiten				50,0%

362.41.00 Schrägverglasung, Holz

		von	€/Einheit	bis	LB an AA
03	**Lichtpyramide, Holz-Glas-Konstruktion, Isolierglas (3 Objekte)**	350,00	**1.210,00**	1.780,00	
	Einheit: m² Öffnungsfläche				
	022 Klempnerarbeiten				3,0%
	027 Tischlerarbeiten				45,0%
	031 Metallbauarbeiten				45,0%
	032 Verglasungsarbeiten				6,0%
81	**Dachoberlichter, feste Verglasung, Holz (8 Objekte)**	680,00	**1.000,00**	1.380,00	
	Einheit: m² Öffnungsfläche				
	020 Dachdeckungsarbeiten				19,0%
	022 Klempnerarbeiten				27,0%
	027 Tischlerarbeiten				52,0%
	034 Maler- und Lackierarbeiten - Beschichtungen				2,0%

362.45.00 Schrägverglasung, Metall

		von	€/Einheit	bis	LB an AA
01	**Schrägverglasung, fest, thermisch getrennt (4 Objekte)**	310,00	**380,00**	450,00	
	Einheit: m² Öffnungsfläche				
	022 Klempnerarbeiten				51,0%
	031 Metallbauarbeiten				49,0%
02	**Schrägverglasung mit Isolierglas, Metallprofile, öffenbar zu Lüftungs- und Reinigungszwecken (4 Objekte)**	950,00	**1.160,00**	1.350,00	
	Einheit: m² Öffnungsfläche				
	031 Metallbauarbeiten				96,0%
	034 Maler- und Lackierarbeiten - Beschichtungen				4,0%
03	**Pyramidenförmige Dachaufsätze mit Leichtmetallprofilen und Isolierverglasung (4 Objekte)**	650,00	**930,00**	1.210,00	
	Einheit: m² Öffnungsfläche				
	031 Metallbauarbeiten				96,0%
	032 Verglasungsarbeiten				3,0%
	034 Maler- und Lackierarbeiten - Beschichtungen				1,0%

362.51.00 Dachausstieg

		von	€/Einheit	bis	LB an AA
01	**Dachausstiegsluken (8 Objekte)**	450,00	**580,00**	800,00	
	Einheit: m² Öffnungsfläche				
	020 Dachdeckungsarbeiten				34,0%
	021 Dachabdichtungsarbeiten				33,0%
	022 Klempnerarbeiten				33,0%

Gebäudearten

Kostengruppen

Ausführungsarten

Neubau

Abbrechen

Wiederherstellen

Herstellen

362
Dachfenster, Dachöffnungen

KG.AK.AA	von	€/Einheit	bis	LB an AA
362.92.00 Rauch-/Wärmeabzugsöffnungen				
01 **Lichtbänder mit Metallunterkonstruktion als Rauch-** **wärmeabzugsanlagen (4 Objekte)**	860,00	**990,00**	1.090,00	
Einheit: m² Öffnungsfläche				
020 Dachdeckungsarbeiten				34,0%
021 Dachabdichtungsarbeiten				33,0%
031 Metallbauarbeiten				33,0%
03 **Schrägverglasungen mit Metallunterkonstruktion als** **Rauchwärmeabzugsanlagen (3 Objekte)**	960,00	**990,00**	1.040,00	
Einheit: m² Öffnungsfläche				
016 Zimmer- und Holzbauarbeiten				7,0%
031 Metallbauarbeiten				84,0%
032 Verglasungsarbeiten				9,0%

363.13.00   Abdichtung, Belag begehbar

01 **Untergrund reinigen, Voranstrich, Dampfsperre,**	81,00	**110,00**	130,00	
Bitumenschweißbahnen, Betonplatten oder Holzrost				
(3 Objekte)				
Einheit: m² Dachfläche				
014 Natur-, Betonwerksteinarbeiten				35,0%
021 Dachabdichtungsarbeiten				44,0%
027 Tischlerarbeiten				21,0%

363.16.00   Abdichtung, Belag, extensive Dachbegrünung

01 **Dachabdichtung, Drän- und Filterschicht, Durch-**	85,00	**120,00**	150,00	
wurzelungsschutz, Vegetationsschicht, Substrat-				
mischung, Fertigstellungspflege, Kiesrandstreifen,				
Randabdeckungen (10 Objekte)				
Einheit: m² Belegte Fläche				
020 Dachdeckungsarbeiten				33,0%
021 Dachabdichtungsarbeiten				61,0%
022 Klempnerarbeiten				6,0%

363.21.00   Abdichtung, Wärmedämmung

02 **Voranstrich mit Bitumenlösung, Bitumen-Schweiß-**	54,00	**63,00**	77,00	
bahnen, 2 Lagen, Dampfsperre PE-Folie, Wär-				
medämmung d=80-120mm (10 Objekte)				
Einheit: m² Belegte Fläche				
021 Dachabdichtungsarbeiten				100,0%
03 **Bitumenvoranstrich, Dämmung Schaumglas,**	77,00	**85,00**	97,00	
d=100mm, Bitumenschweißbahnen zweilagig				
(3 Objekte)				
Einheit: m²				
021 Dachabdichtungsarbeiten				100,0%

Gebäudearten

Kostengruppen

Ausführungsarten   Neubau

Abbrechen

Wiederherstellen

Herstellen

363
Dachbeläge

KG.AK.AA	von	€/Einheit	bis	LB an AA
363.22.00 Abdichtung, Wärmedämmung, Kiesfilter				
01 **Dampfsperre, PS-Hartschaum-Dämmung** **d=80-140mm Bitumenabdichtung, Kiesschicht** **d=5cm (8 Objekte)**	52,00	**60,00**	68,00	
Einheit: m² Belegte Fläche				
021 Dachabdichtungsarbeiten				100,0%
02 **Dampfsperre, PS-Hartschaum-Dämmung, Kunststoff-** **abdichtung, Kiesschicht, Verwahrungen (4 Objekte)**	74,00	**140,00**	180,00	
Einheit: m² Belegte Fläche				
021 Dachabdichtungsarbeiten				84,0%
022 Klempnerarbeiten				16,0%
04 **Dampfsperre, Gefälledämmung, PS-Hartschaum-** **platten, d=120-300mm, Bitumenschweißbahn** **zweilagig, Schutzschicht, Kiesschicht (5 Objekte)**	69,00	**80,00**	120,00	
Einheit: m² Belegte Fläche				
003 Landschaftsbauarbeiten				20,0%
021 Dachabdichtungsarbeiten				80,0%
05 **Dampfsperre, Gefälledämmung, PS-Hartschaum,** **d=130-300mm, Kunststoff-Folienabdichtung** **(3 Objekte)**	89,00	**94,00**	100,00	
Einheit: m²				
021 Dachabdichtungsarbeiten				100,0%
81 **Flachdachbelag einschalig, (Warmdach, teils** **Umkehrdach), Bitumen-Teerdachbahnen, Bekiesung** **(34 Objekte)**	110,00	**140,00**	180,00	
Einheit: m² Belegte Fläche				
021 Dachabdichtungsarbeiten				80,0%
022 Klempnerarbeiten				20,0%
82 **Flachdachbelag einschalig, auf Trapezblech, (Warm-** **dach, teils Umkehrdach), Bitumen-Teerdachbahnen,** **Bekiesung (3 Objekte)**	180,00	**190,00**	210,00	
Einheit: m² Belegte Fläche				
020 Dachdeckungsarbeiten				14,0%
021 Dachabdichtungsarbeiten				27,0%
022 Klempnerarbeiten				42,0%
031 Metallbauarbeiten				18,0%
363.23.00 Abdichtung, Wärmedämmung, Belag begehbar				
01 **Untergrundvorbehandlung, Bitumenabdichtung,** **Wärmedämmung, Betonwerkstein-Platten, begehbar** **(7 Objekte)**	100,00	**130,00**	150,00	
Einheit: m² Belegte Fläche				
020 Dachdeckungsarbeiten				13,0%
021 Dachabdichtungsarbeiten				87,0%

363.26.00 Abdichtung, Wärmedämmung, extensive Dachbegrünung

	von	€/Einheit	bis	LB an AA
01 Bitumen-Schweißbahn, Trennlage PE d=0,2mm, zweilagig; Wärmedämmung d=60-130mm; Dränagematte, Filterschicht, Vegetationsschicht für Ansaatflächen; Extensivbegrünung, Kiesstreifen (4 Objekte)	140,00	**200,00**	260,00	
Einheit: m² Belegte Fläche				
001 Gerüstarbeiten				4,0%
020 Dachdeckungsarbeiten				35,0%
021 Dachabdichtungsarbeiten				61,0%
022 Klempnerarbeiten				1,0%

363.32.00 Ziegel, Wärmedämmung

	von	€/Einheit	bis	LB an AA
01 Ziegeldeckung auf Lattung, Mineralfaserdämmung, Unterspannbahn, Zinkverwahrungen (10 Objekte)	49,00	**66,00**	96,00	
Einheit: m² Gedeckte Fläche				
016 Zimmer- und Holzbauarbeiten				36,0%
020 Dachdeckungsarbeiten				64,0%
81 Dachdeckung geneigtes Dach, Unterspannbahn, Dachlattung, Dachziegel, Mineralwolle-Isolierung, verzinkte Dachrinnen (28 Objekte)	71,00	**110,00**	180,00	
Einheit: m² Gedeckte Fläche				
020 Dachdeckungsarbeiten				80,0%
022 Klempnerarbeiten				20,0%

363.34.00 Betondachstein, Wärmedämmung

	von	€/Einheit	bis	LB an AA
01 Dachdämmung, Wärmeleitgruppe 040, d=100-160mm, Dachfläche mit Dachlatten einlatten, Dachfläche eindecken mit Betondachsteine (6 Objekte)	55,00	**71,00**	100,00	
Einheit: m² Gedeckte Fläche				
016 Zimmer- und Holzbauarbeiten				39,0%
020 Dachdeckungsarbeiten				61,0%

363.52.00 Alu, Wärmedämmung

	von	€/Einheit	bis	LB an AA
01 Dachdeckung mit Alu-Profiltafeln auf Schalung, Mineralfaserdämmung (6 Objekte)	110,00	**120,00**	130,00	
Einheit: m² Gedeckte Fläche				
020 Dachdeckungsarbeiten				44,0%
022 Klempnerarbeiten				56,0%

363.55.00 Stahl

	von	€/Einheit	bis	LB an AA
01 Stahltrapezbleche, Kehlbleche, Randabschlüsse, Ortgangwinkel (7 Objekte)	28,00	**36,00**	45,00	
Einheit: m² Gedeckte Fläche				
017 Stahlbauarbeiten				33,0%
020 Dachdeckungsarbeiten				35,0%
022 Klempnerarbeiten				32,0%

Ausführungsarten · Gebäudearten · Kostengruppen · **Neubau** · Abbrechen · Wiederherstellen · Herstellen

363
Dachbeläge

KG.AK.AA	von	€/Einheit	bis	LB an AA
363.56.00 Stahl, Wärmedämmung				
01 **Dampfsperre, Wärmedämmung d=100mm, Stahltrapezblech (5 Objekte)**	40,00	**67,00**	86,00	
Einheit: m² Gedeckte Fläche				
017 Stahlbauarbeiten				100,0%
363.57.00 Zink				
01 **Titanzinkdeckung geneigter Dächer auf Schalung (8 Objekte)**	76,00	**91,00**	110,00	
Einheit: m² Gedeckte Fläche				
016 Zimmer- und Holzbauarbeiten				19,0%
022 Klempnerarbeiten				81,0%
03 **Attikaabdeckung, Titanzinkblech, Unterkonstruktion (8 Objekte)**	98,00	**150,00**	220,00	
Einheit: m² Gedeckte Fläche				
022 Klempnerarbeiten				100,0%
363.58.00 Zink, Wärmedämmung				
01 **Titanzinkdeckung geneigter Dächer, Doppelstehfalz-deckung, Ortgänge, Schalung, Holzschutz, Bitumen-pappe, Mineralfaserdämmung, Wärmeleitfähig-keitsgruppe 035 oder 040, d=100-120mm (6 Objekte)**	45,00	**110,00**	120,00	
Einheit: m² Gedeckte Fläche				
016 Zimmer- und Holzbauarbeiten				39,0%
022 Klempnerarbeiten				61,0%
363.63.00 Wellabdeckungen, Faserzement				
02 **Dachdeckung mit Wellfaserzementplatten, Ortgangplatten, Maueranschlussstücke (5 Objekte)**	26,00	**32,00**	41,00	
Einheit: m² Dachfläche				
020 Dachdeckungsarbeiten				100,0%
363.65.00 Wellabdeckungen, Metall				
01 **Trapezblech als Dachdeckung, feuerverzinkt, kunststoffbeschichtet (6 Objekte)**	43,00	**47,00**	51,00	
Einheit: m² Gedeckte Fläche				
020 Dachdeckungsarbeiten				100,0%
363.66.00 Wellabdeckungen, Metall, Wärmedämmung				
01 **Wärmedämmung, d=80-120mm, Dampfsperre, Trapezblech-Oberschale, feuerverzinkt, kunststoff-beschichtet (3 Objekte)**	68,00	**90,00**	130,00	
Einheit: m² Gedeckte Fläche				
020 Dachdeckungsarbeiten				54,0%
017 Stahlbauarbeiten				46,0%

KG.AK.AA	von	€/Einheit	bis	LB an AA
363.71.00 Dachentwässerung, Titanzink				
01 **Hängerinne Titanzink, halbrund, mit Rinnenstutzen, Endstücken, Formstücken und Einlaufblech (16 Objekte)**	36,00	**51,00**	69,00	
Einheit: m Rinnenlänge				
022 Klempnerarbeiten				100,0%
02 **Hängedachrinne, Titanzink, kastenförmig, Rinnenhalter, Endstücke, Abläufe (5 Objekte)**	60,00	**81,00**	92,00	
Einheit: m Rinnenlänge				
022 Klempnerarbeiten				100,0%
363.72.00 Dachentwässerung, Kupfer				
01 **Kupfer-Hängedachrinne, Rinnenhalter, Dehnungsausgleicher, Endstücke, Abläufe (6 Objekte)**	50,00	**54,00**	59,00	
Einheit: m Rinnenlänge				
022 Klempnerarbeiten				100,0%

Gebäudearten

Kostengruppen

Ausführungsarten

Neubau

Abbrechen

Wiederherstellen

Herstellen

KG.AK.AA	von	€/Einheit	bis	LB an AA
364.17.00 Dämmung				
01 **Mineralwolle zwischen den Sparren, Wärmeleit-fähigkeitsgruppe 035 oder 040, d=120mm (9 Objekte)**	15,00	**16,00**	19,00	
Einheit: m² Bekleidete Fläche				
016 Zimmer- und Holzbauarbeiten				50,0%
020 Dachdeckungsarbeiten				50,0%
03 **Zellulosedämmung, d=300-420mm, eingeblasen (3 Objekte)**	37,00	**51,00**	79,00	
Einheit: m² Bekleidete Fläche				
020 Dachdeckungsarbeiten				50,0%
016 Zimmer- und Holzbauarbeiten				50,0%
364.21.00 Anstrich				
01 **Deckender Anstrich mineralischer Oberflächen, Dispersionsfarbe, Untergrundvorbehandlung (10 Objekte)**	3,70	**5,70**	8,20	
Einheit: m² Bekleidete Fläche				
034 Maler- und Lackierarbeiten - Beschichtungen				100,0%
02 **Deckender Anstrich mineralischer Untergründe, Latexfarbe (3 Objekte)**	5,50	**6,30**	7,70	
Einheit: m² Bekleidete Fläche				
034 Maler- und Lackierarbeiten - Beschichtungen				100,0%
05 **Holzlasur von Balken und Schalungen, offenporig (8 Objekte)**	18,00	**21,00**	23,00	
Einheit: m² Bekleidete Fläche				
034 Maler- und Lackierarbeiten - Beschichtungen				100,0%
06 **Chemischer Holzschutz gegen Fäulnis, Pilze und Insekten (5 Objekte)**	2,80	**3,30**	5,30	
Einheit: m² Bekleidete Fläche				
034 Maler- und Lackierarbeiten - Beschichtungen				100,0%
07 **Reinigen und lackieren von Metallflächen wie Stahlbinder, Stahlpfetten, Stahlrundstützen, Stahldachkonstruktion (5 Objekte)**	13,00	**15,00**	18,00	
Einheit: m² Bekleidete Fläche				
034 Maler- und Lackierarbeiten - Beschichtungen				100,0%
08 **Feuerschutzanstrich auf Metallflächen (3 Objekte)**	25,00	**36,00**	44,00	
Einheit: m² Bekleidete Fläche				
034 Maler- und Lackierarbeiten - Beschichtungen				100,0%
10 **Spachtelung von Betondecken, Anstrich (3 Objekte)**	8,90	**17,00**	27,00	
Einheit: m² Bekleidete Fläche				
034 Maler- und Lackierarbeiten - Beschichtungen				100,0%
364.31.00 Putz				
01 **Deckenputz als Maschinenputz aus Gips-, Kalkgips-oder Kalkzementputz (11 Objekte)**	18,00	**22,00**	26,00	
Einheit: m² Bekleidete Fläche				
023 Putz- und Stuckarbeiten, Wärmedämmsysteme				100,0%

© **BKI** Baukosteninformationszentrum; Erläuterungen zu den Tabellen siehe Seite 64   Kostenstand: 1.Quartal 2012, Bundesdurchschnitt, **inkl. MwSt.**

364.32.00 Putz, Anstrich

02 Maschinenputz, Dispersionsanstrich, Untergrund- | 23,00 | **27,00** | 32,00 |
vorbereitung (8 Objekte)
Einheit: m² Bekleidete Fläche

| 023 Putz- und Stuckarbeiten, Wärmedämmsysteme | | | | 83,0% |
| 034 Maler- und Lackierarbeiten - Beschichtungen | | | | 17,0% |

81 Beschichtung, Putz, Anstrich, Farbe (21 Objekte) | 26,00 | **33,00** | 52,00 |
Einheit: m² Bekleidete Fläche

| 023 Putz- und Stuckarbeiten, Wärmedämmsysteme | | | | 84,0% |
| 034 Maler- und Lackierarbeiten - Beschichtungen | | | | 16,0% |

82 Beschichtung, Putz, Perl- und Akustikputz | 61,00 | **69,00** | 75,00 |
(4 Objekte)
Einheit: m² Bekleidete Fläche

| 023 Putz- und Stuckarbeiten, Wärmedämmsysteme | | | | 76,0% |
| 039 Trockenbauarbeiten | | | | 24,0% |

83 Gipskarton, Anstrich, Farbe (7 Objekte) | 56,00 | **70,00** | 83,00 |
Einheit: m² Bekleidete Fläche

| 034 Maler- und Lackierarbeiten - Beschichtungen | | | | 10,0% |
| 039 Trockenbauarbeiten | | | | 90,0% |

364.35.00 Putz, Tapeten, Anstrich

81 Maschinenputz, Tapete, Anstrich (3 Objekte) | 29,00 | **40,00** | 47,00 |
Einheit: m² Bekleidete Fläche

023 Putz- und Stuckarbeiten, Wärmedämmsysteme				74,0%
034 Maler- und Lackierarbeiten - Beschichtungen				9,0%
037 Tapezierarbeiten				17,0%

Gebäudearten

Kostengruppen

Ausführungsarten

Neubau

Abbrechen

Wiederherstellen

Herstellen

KG.AK.AA	von	€/Einheit	bis	LB an AA
364.44.00 Bekleidung auf Unterkonstruktion, Holz				
01 Span- oder Furnierplatten als Dachuntersicht mit Unterkonstruktion, Oberfläche endbehandelt (3 Objekte)	67,00	**95,00**	110,00	
Einheit: m² Bekleidete Fläche				
016 Zimmer- und Holzbauarbeiten				92,0%
034 Maler- und Lackierarbeiten - Beschichtungen				8,0%
02 Ortgang und Traufe als Profilschalung, Oberfläche lasiert, Unterkonstruktion (3 Objekte)	95,00	**120,00**	140,00	
Einheit: m² Bekleidete Fläche				
016 Zimmer- und Holzbauarbeiten				29,0%
022 Klempnerarbeiten				8,0%
027 Tischlerarbeiten				46,0%
034 Maler- und Lackierarbeiten - Beschichtungen				15,0%
038 Vorgehängte hinterlüftete Fassaden				2,0%
05 Sichtschalung aus Nut+Feder Bretter, gehobelt, d=19-24mm, als Dachschrägenbekleidung, Lasuranstrich (6 Objekte)	37,00	**44,00**	49,00	
Einheit: m² Bekleidete Fläche				
016 Zimmer- und Holzbauarbeiten				100,0%
81 Profilholz, gestrichen (3 Objekte)	48,00	**71,00**	83,00	
Einheit: m² Bekleidete Fläche				
016 Zimmer- und Holzbauarbeiten				42,0%
027 Tischlerarbeiten				36,0%
034 Maler- und Lackierarbeiten - Beschichtungen				22,0%
364.47.00 Bekleidung auf Unterkonstruktion, Metall				
01 Tragende trapezprofilierte Unterschale, feuerverzinkt, Formteile und Befestigungsmittel (3 Objekte)	32,00	**45,00**	53,00	
Einheit: m² Bekleidete Fläche				
022 Klempnerarbeiten				100,0%
364.48.00 Bekleidung auf Unterkonstruktion, mineralisch				
01 Gipskartonbekleidungen auf Unterkonstruktion, Dämmung, Anstrich (24 Objekte)	46,00	**55,00**	77,00	
Einheit: m² Bekleidete Fläche				
034 Maler- und Lackierarbeiten - Beschichtungen				9,0%
039 Trockenbauarbeiten				91,0%
02 Gipskartonbekleidung an Dachschrägen, Unterkonstruktion (7 Objekte)	29,00	**37,00**	58,00	
Einheit: m² Bekleidete Fläche				
039 Trockenbauarbeiten				100,0%
05 abgehängte Akustikdecken mit Streulochung, Dämmung, Anstrich (7 Objekte)	44,00	**55,00**	64,00	
Einheit: m² m2 Bekleidete Fläche				
034 Maler- und Lackierarbeiten - Beschichtungen				13,0%
039 Trockenbauarbeiten				87,0%

Kostenstand: 1.Quartal 2012, Bundesdurchschnitt, **inkl.** MwSt.

KG.AK.AA		von	€/Einheit	bis	LB an AA
364.62.00	Tapeten, Anstrich				
01	**Raufasertapete an Dachschrägen, Dispersions-anstrich (15 Objekte)**	6,00	**8,30**	11,00	
	Einheit: m² Bekleidete Fläche				
	034 Maler- und Lackierarbeiten - Beschichtungen				46,0%
	037 Tapezierarbeiten				54,0%
364.64.00	Glasfaser, Anstrich				
01	**Glasfaserflies in Dachschrägen, Anstrich (3 Objekte)**	11,00	**13,00**	14,00	
	Einheit: m² Bekleidete Fläche				
	037 Tapezierarbeiten				50,0%
	034 Maler- und Lackierarbeiten - Beschichtungen				50,0%
364.82.00	Abgehängte Bekleidung, Holz				
01	**Holzpaneeldecke, Dampfbremse, Dämmschicht aus Mineralfaserplatten (3 Objekte)**	87,00	**110,00**	130,00	
	Einheit: m² Bekleidete Fläche				
	039 Trockenbauarbeiten				50,0%
	027 Tischlerarbeiten				50,0%
81	**Abhängedecke (geschlossene Fläche), Holz (21 Objekte)**	98,00	**150,00**	230,00	
	Einheit: m² Bekleidete Fläche				
	027 Tischlerarbeiten				56,0%
	039 Trockenbauarbeiten				44,0%
364.84.00	Abgehängte Bekleidung, Metall				
81	**Abhängedecke (geschlossene Fläche), Metalllamellen (30 Objekte)**	55,00	**78,00**	110,00	
	Einheit: m² Bekleidete Fläche				
	039 Trockenbauarbeiten				100,0%
82	**Abhängedecke aus Metall, Oberflächen endbehandelt, schallabsorbierend (6 Objekte)**	240,00	**260,00**	270,00	
	Einheit: m² Bekleidete Fläche				
	039 Trockenbauarbeiten				100,0%

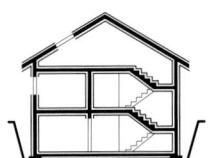

Gebäudearten

Kostengruppen

Ausführungsarten

Neubau

Abbrechen

Wiederherstellen

Herstellen

KG.AK.AA	von	€/Einheit	bis	LB an AA

364.85.00 Abgehängte Bekleidung, Putz, Stuck

	von	€/Einheit	bis	LB an AA
01 Abgehängte Decke, Metallunterkonstruktion, Gipskartonbekleidung, Lampenaussparungen, Revisionsöffnungen, Oberfläche gestrichen (6 Objekte)	61,00	**87,00**	120,00	
Einheit: m² Bekleidete Fläche				
034 Maler- und Lackierarbeiten - Beschichtungen				10,0%
039 Trockenbauarbeiten				90,0%
82 Abhängedecke (geschlossene Fläche), Gipskarton (12 Objekte)	65,00	**82,00**	110,00	
Einheit: m² Bekleidete Fläche				
039 Trockenbauarbeiten				100,0%
83 Abgehängte Gipskartondecke, Anstrich (13 Objekte)	65,00	**81,00**	96,00	
Einheit: m² Bekleidete Fläche				
034 Maler- und Lackierarbeiten - Beschichtungen				6,0%
039 Trockenbauarbeiten				94,0%

364.87.00 Abgehängte Bekleidung, mineralisch

	von	€/Einheit	bis	LB an AA
01 Abgehängte, schallabsorbierende Mineralfaserdecke in Einlegemontage, sichtbare Tragprofile (3 Objekte)	52,00	**60,00**	64,00	
Einheit: m² Bekleidete Fläche				
039 Trockenbauarbeiten				100,0%
81 Abhängedecke (geschlossene Fläche), Mineralfaserplatten (14 Objekte)	48,00	**67,00**	91,00	
Einheit: m² Bekleidete Fläche				
034 Maler- und Lackierarbeiten - Beschichtungen				6,0%
039 Trockenbauarbeiten				94,0%

Kostenstand: 1.Quartal 2012, Bundesdurchschnitt, **inkl.** MwSt.

KG.AK.AA	von	€/Einheit	bis	LB an AA
369.41.00 Sichtschutz, Sonnenschutz, außen				
01 **Schrägmarkisen an Dachöffnungen, elektrisch betrieben, Wind-, Sonnen-, Regenwächter (3 Objekte)**	190,00	**300,00**	360,00	
Einheit: m² geschützte Fläche				
030 Rollladenarbeiten				100,0%
369.51.00 Vordächer				
01 **Vordächer als Stahlkonstruktion, Metall- oder Glasdeckung (9 Objekte)**	360,00	**540,00**	880,00	
Einheit: m² Dachfläche				
017 Stahlbauarbeiten				46,0%
031 Metallbauarbeiten				54,0%
369.83.00 Leitern, Steigeisen, Dachhaken				
01 **Ortsfeste Leiter für Schornsteinfeger, Alu oder Stahl, Befestigung (3 Objekte)**	79,00	**87,00**	100,00	
Einheit: m Leiterlänge				
020 Dachdeckungsarbeiten				33,0%
022 Klempnerarbeiten				34,0%
031 Metallbauarbeiten				34,0%
02 **Dachhaken verkupfert oder verzinkt (9 Objekte)**	9,40	**13,00**	18,00	
Einheit: St Anzahl				
020 Dachdeckungsarbeiten				100,0%
03 **Absturzsicherung (Sekuranten), Einzelanschlagpunkte mit Öse, inkl. Befestigung (5 Objekte)**	160,00	**210,00**	290,00	
Einheit: St Stück				
021 Dachabdichtungsarbeiten				100,0%
369.85.00 Schneefang				
01 **Schneefang auf geneigten Dächern aus Rundrohren, Halterungen (18 Objekte)**	24,00	**30,00**	42,00	
Einheit: m Schneefanglänge				
022 Klempnerarbeiten				100,0%
02 **Schneefanggitter mit Schneefangstützen, 20cm hoch (13 Objekte)**	25,00	**34,00**	48,00	
Einheit: m Schneefanglänge				
020 Dachdeckungsarbeiten				100,0%
369.91.00 Sonstige Dächer sonstiges				
81 **Geländer, Gitter, Dachleitern (20 Objekte)**	2,50	**6,90**	16,00	
Einheit: m² Dachfläche				
031 Metallbauarbeiten				100,0%

Gebäudearten

Kostengruppen

Ausführungsarten

Neubau

Abbrechen

Wiederherstellen

Herstellen

KG.AK.AA	von	€/Einheit	bis	LB an AA
371.11.00 Haushaltsküchen				
01 **Einbauküchen im Haushaltsstandard, ohne Elektro-geräte (5 Objekte)**	2,70	**4,50**	7,30	
Einheit: m² Brutto-Grundfläche				
027 Tischlerarbeiten				100,0%
02 **Einbauküchen im Haushaltsstandard, Arbeitsplatte, komplett mit Einbaugeräten und Spüle (4 Objekte)**	3,70	**5,80**	12,00	
Einheit: m² Brutto-Grundfläche				
027 Tischlerarbeiten				100,0%
371.12.00 Teeküchen, Kleinküchen				
01 **Teeküchen, komplett mit Geräten (5 Objekte)**	1,20	**4,40**	10,00	
Einheit: m² Brutto-Grundfläche				
027 Tischlerarbeiten				100,0%
371.21.00 Einbauschränke, einschließlich Türen				
01 **Einbauschränke, an die baulichen Gegebenheiten geplant und angepaßt (4 Objekte)**	6,50	**21,00**	62,00	
Einheit: m² Brutto-Grundfläche				
027 Tischlerarbeiten				99,0%
029 Beschlagarbeiten				1,0%
371.22.00 Einbauregale				
01 **Einbauregale (6 Objekte)**	0,90	**4,50**	12,00	
Einheit: m² Brutto-Grundfläche				
027 Tischlerarbeiten				100,0%
371.29.00 Einbauschränke, Einbauregale, sonstiges				
81 **Einbaumöbel, wie Einbauschränke, Regale, Garderoben (48 Objekte)**	14,00	**37,00**	80,00	
Einheit: m² Brutto-Grundfläche				
027 Tischlerarbeiten				100,0%
371.32.00 Garderobenanlagen				
01 **Garderoben, zum Teil mit Schließfächern (3 Objekte)**	0,70	**5,70**	16,00	
Einheit: m² Brutto-Grundfläche				
027 Tischlerarbeiten				50,0%
031 Metallbauarbeiten				50,0%
02 **Garderoben und Garderobenschränke mit Sitz-bänken (3 Objekte)**	2,00	**4,20**	8,10	
Einheit: m² Brutto-Grundfläche				
027 Tischlerarbeiten				79,0%
031 Metallbauarbeiten				21,0%
371.41.00 Eingebaute Sitzmöbel				
01 **Sitzbänke mit Massivholzunterkonstruktion (4 Objekte)**	1,00	**3,90**	6,80	
Einheit: m² Brutto-Grundfläche				
027 Tischlerarbeiten				100,0%

KG.AK.AA		von	€/Einheit	bis	LB an AA
372.54.00	Theken				
01	**Ausgabetheken, Empfangstheken mit Unter-**	4,20	**24,00**	65,00	
	schränken (3 Objekte)				
	Einheit: m² Brutto-Grundfläche				
	027 Tischlerarbeiten				100,0%

Gebäudearten

Kostengruppen

Neubau

Abbrechen

Wiederherstellen

Herstellen

Ausführungsarten

KG.AK.AA	von	€/Einheit	bis	LB an AA
379.19.00 Sonstige baukonstruktive Einbauten, sonstiges				
01 **Waschtischplatten, Granit (4 Objekte)**	0,30	**1,10**	2,00	
Einheit: m² Brutto-Grundfläche				
014 Natur-, Betonwerksteinarbeiten				50,0%
031 Metallbauarbeiten				50,0%
02 **Waschtisch-Unterbauten (4 Objekte)**	4,70	**8,60**	20,00	
Einheit: m² Brutto-Grundfläche				
027 Tischlerarbeiten				51,0%
031 Metallbauarbeiten				49,0%
03 **Spiegel, Papierrollenhalter, Kleiderhaken für WC- und Waschräume (3 Objekte)**	0,40	**0,70**	1,20	
Einheit: m² Brutto-Grundfläche				
027 Tischlerarbeiten				35,0%
031 Metallbauarbeiten				44,0%
034 Maler- und Lackierarbeiten - Beschichtungen				4,0%
039 Trockenbauarbeiten				17,0%

© **BKI** Baukosteninformationszentrum; Erläuterungen zu den Tabellen siehe Seite 64   Kostenstand: 1.Quartal 2012, Bundesdurchschnitt, **inkl. MwSt.**

391.11.00 Baustelleneinrichtung, pauschal

01 **Allgemeine Baustelleneinrichtung komplett einrichten, vorhalten und räumen, mit allen notwendigen Räumlichkeiten und Sicherheits-einrichtungen (20 Objekte)** — 16,00 | **31,00** | 52,00
Einheit: m² Brutto-Grundfläche
000 Sicherheitseinrichtungen, Baustelleneinrichtungen — 100,0%

391.21.00 Baustraße

01 **Behelfsmäßige Baustraße einrichten und unterhalten (12 Objekte)** — 10,00 | **16,00** | 23,00
Einheit: m² Straßenfläche
000 Sicherheitseinrichtungen, Baustelleneinrichtungen — 58,0%
002 Erdarbeiten — 42,0%

391.22.00 Schnurgerüst

01 **Einmessen aller Gebäudeachsen, Schnurgerüst herstellen, vorhalten und wieder beseitigen (7 Objekte)** — 0,60 | **1,00** | 1,60
Einheit: m² Brutto-Grundfläche
000 Sicherheitseinrichtungen, Baustelleneinrichtungen — 100,0%

391.23.00 Baustellen-Büro, inkl. Einrichtung

01 **Büro-Container einrichten und vorhalten (9 Objekte)** — 1,50 | **4,10** | 16,00
Einheit: m² Brutto-Grundfläche
000 Sicherheitseinrichtungen, Baustelleneinrichtungen — 100,0%

391.24.00 WC-Container mit Entsorgung

01 **Sanitäreinrichtungen für die Handwerker einrichten und vorhalten (5 Objekte)** — 1,10 | **1,30** | 1,70
Einheit: m² Brutto-Grundfläche
000 Sicherheitseinrichtungen, Baustelleneinrichtungen — 100,0%
02 **WC-Einrichtung oder -Container einrichten, unterhalten, warten und reinigen (8 Objekte)** — 0,40 | **2,20** | 5,70
Einheit: m² Brutto-Grundfläche
000 Sicherheitseinrichtungen, Baustelleneinrichtungen — 100,0%

391.25.00 Kranstellung

01 **Baukran, Aufstellung, Vorhalten und Abbau (7 Objekte)** — 2,70 | **4,90** | 8,40
Einheit: m² Brutto-Grundfläche
000 Sicherheitseinrichtungen, Baustelleneinrichtungen — 100,0%

391.31.00 Baustrom- und -wasseranschluss, pauschal

01 **Gemeinsame pauschale Abrechnung von Bauwasser und Baustrom (13 Objekte)** — 0,90 | **4,00** | 12,00
Einheit: m² Brutto-Grundfläche
000 Sicherheitseinrichtungen, Baustelleneinrichtungen — 100,0%

Gebäudearten · Kostengruppen · Ausführungsarten · Neubau · Abbrechen · Wiederherstellen · Herstellen

391
**Baustellen-
einrichtung**

KG.AK.AA	von	€/Einheit	bis	LB an AA
391.32.00 Baustellenbeleuchtung				
01 **Beleuchtungseinrichtungen einrichten und betreiben (4 Objekte)**	0,20	**1,10**	2,30	
Einheit: m² Brutto-Grundfläche				
000 Sicherheitseinrichtungen, Baustelleneinrichtungen				100,0%
391.33.00 Baustromverbrauch				
01 **Abrechnung des Stromverbrauchs während der Bauzeit (10 Objekte)**	0,60	**1,20**	2,00	
Einheit: m² Brutto-Grundfläche				
000 Sicherheitseinrichtungen, Baustelleneinrichtungen				100,0%
391.41.00 Bauschild				
01 **Bauschild mit Schrifttafeln herstellen, unterhalten und abbauen (26 Objekte)**	0,70	**1,90**	4,30	
Einheit: m² Brutto-Grundfläche				
000 Sicherheitseinrichtungen, Baustelleneinrichtungen				100,0%
391.42.00 Bauzaun				
01 **Bauzaun als Schutzzaun aus Baustahlmatten oder Schalungen aufstellen, vorhalten und abbauen, h=2,00m (11 Objekte)**	19,00	**25,00**	42,00	
Einheit: m Länge				
000 Sicherheitseinrichtungen, Baustelleneinrichtungen				100,0%
03 **Bautür zum Bauzaun oder als provisorische Gebäudetür einrichten und vorhalten (4 Objekte)**	140,00	**210,00**	290,00	
Einheit: St Anzahl				
000 Sicherheitseinrichtungen, Baustelleneinrichtungen				100,0%
391.51.00 Bauschuttbeseitigung, inkl. Gebühren				
01 **Schuttcontainer zur allgemeinen Bauschuttentsorgung aufstellen, abfahren, mit Deponiegebühr (7 Objekte)**	32,00	**58,00**	93,00	
Einheit: m³ Abfuhrvolumen				
000 Sicherheitseinrichtungen, Baustelleneinrichtungen				100,0%
391.59.00 Schuttbeseitigung, sonstiges				
01 **Bautreppen und Rampen zur sicheren Begehbarkeit der Baustelle herstellen, unterhalten und abbauen (3 Objekte)**	0,50	**15,00**	44,00	
Einheit: m² Brutto-Grundfläche				
000 Sicherheitseinrichtungen, Baustelleneinrichtungen				35,0%
016 Zimmer- und Holzbauarbeiten				33,0%
017 Stahlbauarbeiten				32,0%

© **BKI** Baukosteninformationszentrum; Erläuterungen zu den Tabellen siehe Seite 64   Kostenstand: 1.Quartal 2012, Bundesdurchschnitt, **inkl.** MwSt.

392.11.00 Standgerüste, Fassadengerüste

	von	€/Einheit	bis	LB an AA
01 **Arbeits- und Schutzgerüst als Stand- und Fassaden-gerüst aus Stahlrohren im notwendigen Umfang auf-stellen, über die gesamte Bauzeit vorhalten und abbauen (19 Objekte)**	8,40	**13,00**	18,00	
Einheit: m² Gerüstfläche				
001 Gerüstarbeiten				100,0%
02 **Gebrauchsüberlassung des Fassadengerüstes über vertraglich vereinbarte Zeit hinaus (11 Objekte)**	0,30	**0,40**	0,60	
Einheit: m2Wo Gerüstfläche pro Woche				
001 Gerüstarbeiten				100,0%
81 **Gerüstarbeiten (44 Objekte)**	6,10	**13,00**	24,00	
Einheit: m² Brutto-Grundfläche				
001 Gerüstarbeiten				100,0%

392.12.00 Standgerüste, Innengerüste

	von	€/Einheit	bis	LB an AA
01 **Arbeits- und Schutzgerüst als Standgerüst aus Stahl-rohren im Innern von Gebäuden im notwendigen Umfang aufstellen, über die gesamte Bauzeit vor-halten und abbauen (6 Objekte)**	5,30	**12,00**	20,00	
Einheit: m² Gerüstfläche				
001 Gerüstarbeiten				100,0%

392.13.00 Schutznetze, Schutzabhängungen

	von	€/Einheit	bis	LB an AA
01 **Schutznetze oder -folien im notwendigen Umfang aufhängen, über die gesamte Bauzeit vorhalten und abnehmen (5 Objekte)**	2,90	**7,20**	8,50	
Einheit: m² Netzfläche				
001 Gerüstarbeiten				100,0%

392.21.00 Fahrgerüste

	von	€/Einheit	bis	LB an AA
01 **Fahrbare Arbeitsgerüste, Höhe der obersten Arbeits-lage 3-5m, eingedeckte Arbeitslagen (2St) Gebrauchsüberlassung 4 Wochen (6 Objekte)**	0,30	**1,20**	3,30	
Einheit: m² Gerüstfläche				
001 Gerüstarbeiten				100,0%

Ausführungsarten: Gebäudearten, Kostengruppen, **Neubau**, Abbrechen, Wiederherstellen, Herstellen

KG.AK.AA	von	€/Einheit	bis	LB an AA
393.11.00 Unterfangungen				
01 **Gebäudefundament-Unterfangungen mit Ortbeton, Schalung (4 Objekte)**	1,20	**3,70**	6,10	
Einheit: m² Unterfangene Fläche				
006 Spezialtiefbauarbeiten				50,0%
013 Betonarbeiten				50,0%

Kostenstand: 1.Quartal 2012, Bundesdurchschnitt, **inkl. MwSt.**

397.11.00	Schutz von Personen und Sachen, pauschal				
01	**Verkehrssicherung der Baustelle beantragen, einrichten, vorhalten und räumen, inkl. aller erforderlichen Verkehrszeichen (7 Objekte)** Einheit: m² Brutto-Grundfläche	0,20	**0,40**	0,80	
	000 Sicherheitseinrichtungen, Baustelleneinrichtungen				50,0%
	013 Betonarbeiten				50,0%

397.13.00	Schutz von fertiggestellten Bauteilen				
01	**Schutz von eingebauten Bauteilen gegen Verschmut-zung und Beschädigung durch Abdeckung mit Folien (5 Objekte)** Einheit: m² Brutto-Grundfläche	0,40	**1,00**	1,70	
	000 Sicherheitseinrichtungen, Baustelleneinrichtungen				10,0%
	016 Zimmer- und Holzbauarbeiten				32,0%
	022 Klempnerarbeiten				5,0%
	023 Putz- und Stuckarbeiten, Wärmedämmsysteme				35,0%
	024 Fliesen- und Plattenarbeiten				18,0%
02	**Schutz von eingebauten Bodenbelägen gegen Verschmutzung und Beschädigung durch Abdeckung mit Folien (3 Objekte)** Einheit: m² Brutto-Grundfläche	0,00	**0,10**	0,20	
	000 Sicherheitseinrichtungen, Baustelleneinrichtungen				33,0%
	024 Fliesen- und Plattenarbeiten				34,0%
	034 Maler- und Lackierarbeiten - Beschichtungen				33,0%

397.21.00	Grobreinigung während der Bauzeit				
01	**Grobreinigungsarbeiten während der Bauzeit (6 Objekte)** Einheit: m² Brutto-Grundfläche	0,50	**1,60**	4,00	
	033 Baureinigungsarbeiten				100,0%

397.22.00	Feinreinigung zur Bauübergabe				
01	**Endreinigung des Bauwerks vor Inbetriebnahme oder Übergabe (13 Objekte)** Einheit: m² Brutto-Grundfläche	0,70	**1,60**	2,90	
	033 Baureinigungsarbeiten				100,0%
05	**Feinreinigung zur Bauübergabe, Wand- und Bodenfliesen (6 Objekte)** Einheit: m²	0,50	**0,90**	1,20	
	033 Baureinigungsarbeiten				100,0%
81	**Reinigung vor Inbetriebnahme, Schutz vor Personen und Sachen (37 Objekte)** Einheit: m² Brutto-Grundfläche	1,90	**4,60**	9,90	
	000 Sicherheitseinrichtungen, Baustelleneinrichtungen				100,0%

Gebäudearten

Kostengruppen

Ausführungsarten

Neubau

Abbrechen

Wiederherstellen

Herstellen

KG.AK.AA	von	€/Einheit	bis	LB an AA
397.41.00 Schlechtwetterbau				
81 **Notverglasung, Abdeckungen und Umhüllungen** **(28 Objekte)**	0,70	**2,20**	4,30	
Einheit: m² Brutto-Grundfläche				
098 Witterungsschutzmaßnahmen				100,0%
397.51.00 Künstliche Bautrocknung				
01 **Baustellenbeheizung im Rahmen von Winterbaumaß-** **nahmen zur Aufrechterhaltung der Bauarbeiten in** **der Winterperiode (11 Objekte)**	1,10	**2,80**	6,00	
Einheit: m² Brutto-Grundfläche				
000 Sicherheitseinrichtungen, Baustelleneinrichtungen				45,0%
098 Witterungsschutzmaßnahmen				55,0%

Kostenstand: 1.Quartal 2012, Bundesdurchschnitt, **inkl. MwSt.**

399
Sonstige
Maßnahmen für
Baukonstruk-
tionen,
sonstiges

KG.AK.AA		von	€/Einheit	bis	LB an AA
399.21.00	Schließanlage				
81	**Schließanlage für Gesamtgebäude (6 Objekte)**	1,50	**2,30**	4,00	
	Einheit: m² Brutto-Grundfläche				
	029 Beschlagarbeiten				100,0%

Ausführungsarten

Gebäudearten

Kostengruppen

Neubau

Abbrechen

Wiederherstellen

Herstellen

411
Abwasseranlagen

KG.AK.AA	von	€/Einheit	bis	LB an AA
411.11.00 Abwasserleitungen - Schmutz-/Regenwasser				
01 **PVC-Abwasserleitungen DN100-125, Formstücke (4 Objekte)**	37,00	**55,00**	70,00	
Einheit: m Abwasserleitung				
009 Entwässerungskanalarbeiten				73,0%
000 Sicherheitseinrichtungen, Baustelleneinrichtungen				27,0%
02 **SML-Rohr DN50-100, Formstücke (6 Objekte)**	38,00	**48,00**	59,00	
Einheit: m Abwasserleitung				
044 Abwasseranlagen - Leitungen, Abläufe, Armaturen				100,0%
411.12.00 Abwasserleitungen - Schmutzwasser				
01 **Abwasserleitungen, HT-Rohr DN50-100, Formstücke (13 Objekte)**	26,00	**29,00**	32,00	
Einheit: m Abwasserleitung				
044 Abwasseranlagen - Leitungen, Abläufe, Armaturen				100,0%
05 **PE-Abwasserleitungen DN70-100, Formstücke, Rohrdämmung (4 Objekte)**	41,00	**46,00**	51,00	
Einheit: m Abwasserleitung				
044 Abwasseranlagen - Leitungen, Abläufe, Armaturen				68,0%
047 Dämmarbeiten an betriebstechnischen Anlagen				32,0%
411.13.00 Abwasserleitungen - Regenwasser				
01 **Regenfallrohr Titanzinkblech DN100-150, Bögen, Winkel, Befestigungen (26 Objekte)**	23,00	**28,00**	37,00	
Einheit: m Abwasserleitung				
022 Klempnerarbeiten				100,0%
02 **Guss-Regenstandrohr DN100, l=1,00-1,50m, Rohrschellen (10 Objekte)**	43,00	**55,00**	70,00	
Einheit: m Abwasserleitung				
022 Klempnerarbeiten				100,0%
03 **Regenfallrohr Kupfer DN100, Bögen, Winkel, Befestigungen (6 Objekte)**	29,00	**39,00**	49,00	
Einheit: m Abwasserleitung				
022 Klempnerarbeiten				100,0%
07 **Regenfallrohrklappe DN100, Titanzink (9 Objekte)**	25,00	**39,00**	54,00	
Einheit: St Regenfallrohrklappe				
020 Dachdeckungsarbeiten				50,0%
022 Klempnerarbeiten				50,0%

© **BKI** Baukosteninformationszentrum; Erläuterungen zu den Tabellen siehe Seite 64   Kostenstand: 1.Quartal 2012, Bundesdurchschnitt, inkl. MwSt.

411.14.00 Ab-/Einläufe für Abwasserleitungen

01 Guss-Bodenablauf DN70-100, Geruchsverschluss (5 Objekte) — 140,00 | **150,00** | 150,00
Einheit: St Ablauf
044 Abwasseranlagen - Leitungen, Abläufe, Armaturen — 100,0%

02 Kunststoff-Bodenablauf DN70-100, Geruchsverschluss, Dichtungen (5 Objekte) — 110,00 | **130,00** | 140,00
Einheit: St Ablauf
044 Abwasseranlagen - Leitungen, Abläufe, Armaturen — 100,0%

03 Flachdachabläufe, DN50-100, Kunststoff oder Guss, Ablauf senkrecht (8 Objekte) — 200,00 | **230,00** | 300,00
Einheit: St Ablauf
044 Abwasseranlagen - Leitungen, Abläufe, Armaturen — 100,0%

411.21.00 Grundleitungen - Schmutz-/Regenwasser

01 Gräben für Entwässerungskanäle profilgerecht ausheben, seitlich lagern, wiederverfüllen des Grabens inkl. verdichten (14 Objekte) — 36,00 | **48,00** | 68,00
Einheit: m³ Grabenaushub
002 Erdarbeiten — 100,0%

02 Grabenaushub für Grundleitungen BK 3-5, 50-125cm tief (7 Objekte) — 17,00 | **22,00** | 27,00
Einheit: m³ Grabenaushub
002 Erdarbeiten — 50,0%
009 Entwässerungskanalarbeiten — 50,0%

03 Grundleitung Steinzeug DN100-150, Formstücke (4 Objekte) — 44,00 | **64,00** | 72,00
Einheit: m Grundleitung
009 Entwässerungskanalarbeiten — 100,0%

04 Grundleitungen, PVC DN100-150, Formstücke (22 Objekte) — 20,00 | **25,00** | 30,00
Einheit: m Grundleitung
009 Entwässerungskanalarbeiten — 100,0%

411.24.00 Ab-/Einläufe für Grundleitungen

01 Bodenablauf DN70-100, Guss (8 Objekte) — 190,00 | **240,00** | 270,00
Einheit: St Bodenablauf
009 Entwässerungskanalarbeiten — 50,0%
044 Abwasseranlagen - Leitungen, Abläufe, Armaturen — 50,0%

411.25.00 Kontrollschächte

01 Kontrollschacht DN1.000, Schachtunterteil Ortbeton, Stahlbetonringe, Fertigteile, Schachtabdeckung (8 Objekte) — 1.000,00 | **1.170,00** | 1.350,00
Einheit: St Kontrollschacht
009 Entwässerungskanalarbeiten — 100,0%

KG.AK.AA	von	€/Einheit	bis	LB an AA

411.45.00 Fettabscheider

	von	€/Einheit	bis	LB an AA
01 **Fettabscheideranlage mit Ölschlammfang (3 Objekte)**	3.660,00	**4.220,00**	4.520,00	
Einheit: St Fettabscheider				
044 Abwasseranlagen - Leitungen, Abläufe, Armaturen				50,0%
009 Entwässerungskanalarbeiten				50,0%

411.51.00 Abwassertauchpumpen

	von	€/Einheit	bis	LB an AA
01 **Schmutzwasser-Tauchpumpe, voll überflutbar, automatische Abschaltung (9 Objekte)**	460,00	**600,00**	770,00	
Einheit: St Anzahl				
044 Abwasseranlagen - Leitungen, Abläufe, Armaturen				100,0%

411.52.00 Abwasserhebeanlagen

	von	€/Einheit	bis	LB an AA
01 **Fäkalienhebeanlage mit Zubehör (10 Objekte)**	5.640,00	**6.930,00**	8.350,00	
Einheit: St Fäkalienhebeanlage				
044 Abwasseranlagen - Leitungen, Abläufe, Armaturen				52,0%
046 GWE; Betriebseinrichtungen				48,0%

KG.AK.AA	von	€/Einheit	bis	LB an AA
412.31.00 Druckerhöhungsanlagen				
01 **Druckerhöhungsanlage, Armaturen, Hochdruck-leitungen, Zubehör (3 Objekte)**	6.620,00	**11.540,00**	14.010,00	
Einheit: St Druckerhöhungsanlage				
042 Gas- und Wasserinstallation; Leitungen, Armaturen				30,0%
044 Abwasseranlagen - Leitungen, Abläufe, Armaturen				29,0%
046 GWE; Betriebseinrichtungen				42,0%
412.41.00 Wasserleitungen, Kaltwasser				
01 **Kupferleitungen 18x1 bis 35x1,5mm, Formstücke, Befestigungen (11 Objekte)**	22,00	**25,00**	29,00	
Einheit: m Wasserleitung				
042 Gas- und Wasserinstallation; Leitungen, Armaturen				100,0%
02 **Nahtloses Gewinderohr verzinkt DN15-50, Formstücke, Befestigungen (9 Objekte)**	21,00	**25,00**	34,00	
Einheit: m Wasserleitung				
042 Gas- und Wasserinstallation; Leitungen, Armaturen				100,0%
04 **PVC-Rohr DN15-50, Formstücke (6 Objekte)**	17,00	**20,00**	24,00	
Einheit: m Wasserleitung				
009 Entwässerungskanalarbeiten				6,0%
042 Gas- und Wasserinstallation; Leitungen, Armaturen				94,0%
05 **HDPE-Druckrohre DN50-150 (3 Objekte)**	56,00	**71,00**	78,00	
Einheit: m Wasserleitungen				
022 Klempnerarbeiten				45,0%
040 Wärmeversorgungsanlagen - Betriebseinrichtungen				5,0%
042 Gas- und Wasserinstallation; Leitungen, Armaturen				49,0%
06 **Isolierung von Kaltwasserleitungen DN15-50, zum Teil in Mauerschlitzen (11 Objekte)**	5,80	**8,30**	11,00	
Einheit: m Wasserleitung				
047 Dämmarbeiten an betriebstechnischen Anlagen				100,0%
08 **VPE-Rohr, 16x2,2-32x4,4mm, Formstücke (6 Objekte)**	19,00	**23,00**	30,00	
Einheit: m Wasserleitung				
042 Gas- und Wasserinstallation; Leitungen, Armaturen				100,0%
09 **Edelstahlrohr DN25-42, Formstücke, Befestigungen (7 Objekte)**	22,00	**25,00**	27,00	
Einheit: m Wasserleitung				
042 Gas- und Wasserinstallation; Leitungen, Armaturen				100,0%
10 **Metallverbundrohr DN15-32, Formstücke (7 Objekte)**	16,00	**21,00**	27,00	
Einheit: m Wasserleitung				
042 Gas- und Wasserinstallation; Leitungen, Armaturen				100,0%
11 **Kunststoff-Verbundrohre DN16-20, Formstücke (4 Objekte)**	17,00	**24,00**	30,00	
Einheit: m Wasserleitung				
042 Gas- und Wasserinstallation; Leitungen, Armaturen				100,0%

Gebäudearten
Kostengruppen
Ausführungsarten
Neubau
Abbrechen
Wiederherstellen
Herstellen

412
Wasseranlagen

KG.AK.AA	von	€/Einheit	bis	LB an AA
412.42.00 Verteiler, Kaltwasser				
01 **Kaltwasserverteiler, Abzweig-T-Ventile, Entleer- ventile, Wandkonsole, Befestigungsmaterial (3 Objekte)**	210,00	**270,00**	310,00	
Einheit: St Verteiler				
044 Abwasseranlagen - Leitungen, Abläufe, Armaturen				50,0%
042 Gas- und Wasserinstallation; Leitungen, Armaturen				50,0%
412.43.00 Wasserleitungen, Warmwasser/Zirkulation				
01 **Mineralfaserdämmung mit Alumantel für Warm- wasserleitungen (6 Objekte)**	8,00	**12,00**	20,00	
Einheit: m Wasserleitung				
047 Dämmarbeiten an betriebstechnischen Anlagen				100,0%
412.44.00 Verteiler, Warmwasser/Zirkulation				
01 **Zirkulationspumpe für Brauchwasser, wellenloser Wechselstrom-Kugelmotor 230V, Zeitschaltuhr (7 Objekte)**	160,00	**180,00**	200,00	
Einheit: St Pumpe				
042 Gas- und Wasserinstallation; Leitungen, Armaturen				100,0%
412.45.00 Wasserleitungen, Begleitheizung				
01 **Warmwasser-Begleitheizung, zwei parallelen, verzinnte Kupferlitzen, 1,2 mm², selbstregelnd, Zeitschaltuhr mit Tages- und Wochenprogramm (4 Objekte)**	30,00	**33,00**	35,00	
Einheit: m Wasserleitung				
040 Wärmeversorgungsanlagen - Betriebseinrichtungen				33,0%
042 Gas- und Wasserinstallation; Leitungen, Armaturen				34,0%
045 GWE; Einrichtungsgegenstände, Sanitärausstattungen				33,0%
412.51.00 Kochendwassergeräte				
01 **Elektrowarmwasserspeicher 30-50l (3 Objekte)**	650,00	**730,00**	790,00	
Einheit: St Warmwasserspeicher				
045 GWE; Einrichtungsgegenstände, Sanitärausstattungen				100,0%
02 **Elektrowarmwasserspeicher 5l, drucklos für Unter- tischmontage, stufenlose Temperatureinstellung, Abschaltautomatik (11 Objekte)**	140,00	**170,00**	200,00	
Einheit: St Warmwasserspeicher				
045 GWE; Einrichtungsgegenstände, Sanitärausstattungen				100,0%
412.52.00 Elektro-Durchlauferhitzer				
01 **Druck-Durchlauferhitzer 18-24kW, 380V, Anschlüsse (3 Objekte)**	540,00	**670,00**	740,00	
Einheit: St Durchlauferhitzer				
045 GWE; Einrichtungsgegenstände, Sanitärausstattungen				49,0%
046 GWE; Betriebseinrichtungen				50,0%
053 Niederspannungsanlagen; Kabel, Verlegesysteme				1,0%

© **BKI** Baukosteninformationszentrum; Erläuterungen zu den Tabellen siehe Seite 64   Kostenstand: 1.Quartal 2012, Bundesdurchschnitt, **inkl.** MwSt.

KG.AK.AA	von	€/Einheit	bis	LB an AA
412.61.00 Ausgussbecken				
01 **Ausgussbecken aus Stahlblech, Einlegeroste (11 Objekte)**	63,00	**74,00**	84,00	
Einheit: St Ausgussbecken				
045 GWE; Einrichtungsgegenstände, Sanitärausstattungen				100,0%
02 **Ausgussbecken Edelstahl, mit Rückwand, Edelstahlabdeckung, Zweigriff-Wandbatterie mit Schwenkauslauf (4 Objekte)**	440,00	**590,00**	730,00	
Einheit: St Ausgussbecken				
045 GWE; Einrichtungsgegenstände, Sanitärausstattungen				81,0%
042 Gas- und Wasserinstallation; Leitungen, Armaturen				19,0%
412.62.00 Waschtische, Waschbecken				
01 **Handwaschbecken Gr. 50-60 mit Befestigungen, Eckventile, Geruchsverschluss, Hebelmischer (14 Objekte)**	270,00	**300,00**	350,00	
Einheit: St Handwaschbecken				
045 GWE; Einrichtungsgegenstände, Sanitärausstattungen				100,0%
04 **Einhandhebelmischer für Waschbecken, verchromt (9 Objekte)**	170,00	**220,00**	270,00	
Einheit: St Hebelmischer				
045 GWE; Einrichtungsgegenstände, Sanitärausstattungen				100,0%
412.63.00 Bidets				
01 **Bidet, wandhängend, Einhandmischer (4 Objekte)**	340,00	**360,00**	380,00	
Einheit: St Bidet				
045 GWE; Einrichtungsgegenstände, Sanitärausstattungen				100,0%
412.64.00 Urinale				
01 **Urinal weiß, Anschlussgarnitur, Druckspüler (14 Objekte)**	270,00	**330,00**	370,00	
Einheit: St Urinale				
045 GWE; Einrichtungsgegenstände, Sanitärausstattungen				100,0%
04 **Urinal, Anschlussgarnitur, automatische Spülung durch Infrarot-Auslösung (9 Objekte)**	580,00	**670,00**	780,00	
Einheit: St Urinale				
045 GWE; Einrichtungsgegenstände, Sanitärausstattungen				100,0%
412.65.00 WC-Becken				
01 **WC-Becken, wandhängend, WC-Sitz, Spülkasten (14 Objekte)**	370,00	**500,00**	740,00	
Einheit: St WC-Becken				
045 GWE; Einrichtungsgegenstände, Sanitärausstattungen				100,0%
02 **Tiefspülklosett, Spülkästen, Schallschutzset, Klosettsitz mit Deckel (13 Objekte)**	270,00	**370,00**	430,00	
Einheit: St WC-Becken				
045 GWE; Einrichtungsgegenstände, Sanitärausstattungen				100,0%

Ausführungsarten

Gebäudearten

Kostengruppen

Neubau

Abbrechen

Wiederherstellen

Herstellen

KG.AK.AA	von	€/Einheit	bis	LB an AA
412.66.00 Duschen				
01 **Stahl-Duschwannen 90/90cm (9 Objekte)**	160,00	**170,00**	190,00	
Einheit: St Dusche				
045 GWE; Einrichtungsgegenstände, Sanitärausstattungen				100,0%
03 **Brausewanne, Einhand-Brausebatterie unter Putz, Wandstange, Schlauch, Handbrause (9 Objekte)**	360,00	**400,00**	430,00	
Einheit: St Dusche				
045 GWE; Einrichtungsgegenstände, Sanitärausstattungen				100,0%
05 **Einhebel-Brausebatterie, unter Putz, Wandstange 90cm, verchromt, Brauseschlauch, Handbrause, Halterung (12 Objekte)**	220,00	**260,00**	280,00	
Einheit: St Brausebatterie				
045 GWE; Einrichtungsgegenstände, Sanitärausstattungen				100,0%
412.67.00 Badewannen				
01 **Einbauwanne 1,75m, Wannenfüße, Wannenab- und überlauf, Einhebel- Wannenfüll- und Brausebatterie (8 Objekte)**	420,00	**540,00**	720,00	
Einheit: St Badewanne				
045 GWE; Einrichtungsgegenstände, Sanitärausstattungen				100,0%
412.68.00 Behinderten-Einrichtungen				
01 **Behinderten-WC, Waschtischanlage, Stützgriffe, Kristallglasspiegel, Klosettpapierhalter, Abfalleimer, Bürstengarnitur, Papierhandtuchspender, Drahtsammelkorb (6 Objekte)**	1.630,00	**2.010,00**	2.210,00	
Einheit: St Behinderten-WC				
045 GWE; Einrichtungsgegenstände, Sanitärausstattungen				100,0%
412.71.00 Wasserspeicher				
01 **Kunststoff-Regenwassertank, Fassungsvermögen 3.500-6.000l, Bedienungsdeckel, Überlaufstutzen, Schwimmer, Filterkorb (3 Objekte)**	0,40	**0,50**	0,60	
Einheit: l Fassungsvermögen				
042 Gas- und Wasserinstallation; Leitungen, Armaturen				50,0%
046 GWE; Betriebseinrichtungen				50,0%
412.92.00 Seifenspender				
01 **Seifenspender für 950ml Einwegflaschen (12 Objekte)**	55,00	**69,00**	89,00	
Einheit: St Seifenspender				
045 GWE; Einrichtungsgegenstände, Sanitärausstattungen				100,0%
412.93.00 Handtuchspender				
01 **Papierhandtuchspender für 325 Papierhandtücher (10 Objekte)**	41,00	**49,00**	56,00	
Einheit: St Handtuchspender				
045 GWE; Einrichtungsgegenstände, Sanitärausstattungen				100,0%

412.94.00	Sanitäreinrichtungen				
02	**Kristallspiegel 50x40cm-60x45cm, Befestigung mit Klammern (11 Objekte)**	16,00	**20,00**	34,00	
	Einheit: St Spiegel				
	045 GWE; Einrichtungsgegenstände, Sanitärausstattungen				100,0%

Ausführungsarten

Gebäudearten

Kostengruppen

Neubau

Abbrechen

Wiederherstellen

Herstellen

KG.AK.AA	von	€/Einheit	bis	LB an AA
419.11.00 Installationsblöcke				
01 **Installationsblock für Waschtische (7 Objekte)**	170,00	**190,00**	210,00	
Einheit: St Installationsblock				
045 GWE; Einrichtungsgegenstände, Sanitärausstattungen				100,0%
02 **Installationsblock für Urinale (9 Objekte)**	180,00	**220,00**	260,00	
Einheit: St Installationsblock				
045 GWE; Einrichtungsgegenstände, Sanitärausstattungen				100,0%
03 **Installationsblock für wandhängendes WC mit Spülkasten 6-9l (8 Objekte)**	210,00	**250,00**	270,00	
Einheit: St Installationsblock				
045 GWE; Einrichtungsgegenstände, Sanitärausstattungen				100,0%

© **BKI** Baukosteninformationszentrum; Erläuterungen zu den Tabellen siehe Seite 64   Kostenstand: 1.Quartal 2012, Bundesdurchschnitt, **inkl. MwSt.**

KG.AK.AA	von	€/Einheit	bis	LB an AA
421.12.00 Heizölversorgungsanlagen				
03 Erdaushub, Stahl-Heizöltank, Leckanzeige,	0,50	**1,10**	1,70	
Tankinhaltsanzeiger, Füllleitung (4 Objekte)				
Einheit: l Tankinhalt				
002 Erdarbeiten				7,0%
040 Wärmeversorgungsanlagen - Betriebseinrichtungen				93,0%
047 Dämmarbeiten an betriebstechnischen Anlagen				0,0%
421.21.00 Fernwärmeübergabestationen				
02 Fernwärme-Kompaktstation, 100-200kW, für den	70,00	**82,00**	94,00	
indirekten Anschluss an Heizwasser-Fernwärme-				
netze, Zubehör (4 Objekte)				
Einheit: kW Kesselleistung				
040 Wärmeversorgungsanlagen - Betriebseinrichtungen				100,0%
421.31.00 Heizkesselanlagen gasförmige/flüssige Brennstoffe				
01 Gasheizkessel, Nennleistung 15,6-38kW, Warm-	160,00	**170,00**	210,00	
wasserbereiter, Umwälzpumpe, Heizkreisverteiler,				
Zubehör (4 Objekte)				
Einheit: kW Kesselleistung				
040 Wärmeversorgungsanlagen - Betriebseinrichtungen				100,0%
02 Gasheizkessel, Nennleistung 130-330kW, Gebläse-	26,00	**37,00**	54,00	
brenner, Zubehör (5 Objekte)				
Einheit: kW Kesselleistung				
040 Wärmeversorgungsanlagen - Betriebseinrichtungen				100,0%
03 Gas-Brennwertkessel, 26-48kW, Regelung,	120,00	**140,00**	170,00	
Wandheizkessel mit Trinkwassererwärmung				
(8 Objekte)				
Einheit: kW Kesselleistung				
040 Wärmeversorgungsanlagen - Betriebseinrichtungen				100,0%
05 Gas-Brennwertkessel, Kompaktgerät mit Trink-	5.350,00	**6.180,00**	7.120,00	
wassererwärmung, 3,4-35kW, Regelung, Druckaus-				
gleichsgefäß, Gasleitung, Abgasrohr, Elektroarbeiten				
(7 Objekte)				
Einheit: St Heizkessel				
040 Wärmeversorgungsanlagen - Betriebseinrichtungen				100,0%
421.32.00 Heizkesselanlagen feste Brennstoffe				
01 Holzpelletkessel, Leistung 3-10kW, Brennersteue-	8.590,00	**8.830,00**	9.260,00	
rung, Zubehör (3 Objekte)				
Einheit: St Kessel				
040 Wärmeversorgungsanlagen - Betriebseinrichtungen				100,0%
03 Holzpellet-Kessel mit Wärmetauscher, 2-10kW, in	19.250,00	**21.740,00**	25.770,00	
Kombination mit Solarkollektoren für WW; Speicher;				
Zubehör (7 Objekte)				
Einheit: St Anlage				
020 Dachdeckungsarbeiten				0,0%
040 Wärmeversorgungsanlagen - Betriebseinrichtungen				100,0%

Gebäudearten

Kostengruppen

Ausführungsarten

Neubau

Abbrechen

Wiederherstellen

Herstellen

421
**Wärmeerzeu-
gungsanlagen**

KG.AK.AA	von	€/Einheit	bis	LB an AA
421.41.00 Wärmepumpenanlagen				
01 **Wärmepumpe mit Anschluss an einer Erdsonde (4 Objekte)**	400,00	**620,00**	740,00	
Einheit: kW Abgabeleistung				
040 Wärmeversorgungsanlagen - Betriebseinrichtungen				100,0%
02 **Erdsondenanlage, Bohrarbeiten, Doppel-U-Sonden, Tiefe 70-140m, Ringraumverfüllung, Verbindungs- leitungen, Baustelleneinrichtung (5 Objekte)**	59,00	**70,00**	87,00	
Einheit: m Erdsondenlänge				
040 Wärmeversorgungsanlagen - Betriebseinrichtungen				100,0%
03 **Erdwärmetauscher, Erdaushub, PE-Rohre DN200 mit Gefälle verlegen, verfüllen, verdichten (3 Objekte)**	39,00	**65,00**	83,00	
Einheit: m Leitungslänge				
002 Erdarbeiten				36,0%
040 Wärmeversorgungsanlagen - Betriebseinrichtungen				64,0%
04 **Sole-Wasser Wärmepumpe mit integriertem Warm- wasserspeicher, Zubehör (4 Objekte)**	20.980,00	**22.150,00**	23.330,00	
Einheit: St Anlage				
002 Erdarbeiten				7,0%
013 Betonarbeiten				0,0%
040 Wärmeversorgungsanlagen - Betriebseinrichtungen				86,0%
041 Wärmeversorgungsanlagen - Leitungen, Armaturen, Heizflächen				2,0%
042 Gas- und Wasserinstallation; Leitungen, Armaturen				2,0%
046 GWE; Betriebseinrichtungen				2,0%
047 Dämmarbeiten an betriebstechnischen Anlagen				1,0%
053 Niederspannungsanlagen; Kabel, Verlegesysteme				0,0%
05 **Luft-Wasser-Wärmepumpe, Pufferspeicher; Zubehör (3 Objekte)**	11.040,00	**12.440,00**	15.080,00	
Einheit: St Anlage				
040 Wärmeversorgungsanlagen - Betriebseinrichtungen				100,0%
421.51.00 Solaranlagen				
01 **Solaranlage, Flachkollektoren, Befestigungsmaterial, Befüllung, Ausdehnungsgefäß, Anschlussleitungen (10 Objekte)**	690,00	**840,00**	1.040,00	
Einheit: m² Absorberfläche				
040 Wärmeversorgungsanlagen - Betriebseinrichtungen				98,0%
053 Niederspannungsanlagen; Kabel, Verlegesysteme				2,0%
421.61.00 Wassererwärmungsanlagen				
01 **Speicher-Brauchwasserspeicher, Druckausdehnungs- gefäß (9 Objekte)**	4,60	**6,70**	9,80	
Einheit: l Speichervolumen				
040 Wärmeversorgungsanlagen - Betriebseinrichtungen				100,0%
421.92.00 Kesselfundamente, Sockel				
01 **Kesselsockel, Fertigteil (3 Objekte)**	66,00	**76,00**	81,00	
Einheit: St Kesselsockel				
040 Wärmeversorgungsanlagen - Betriebseinrichtungen				100,0%

© **BKI** Baukosteninformationszentrum; Erläuterungen zu den Tabellen siehe Seite 64   Kostenstand: 1.Quartal 2012, Bundesdurchschnitt, **inkl. MwSt.**

		von	€/Einheit	bis	LB an AA
422.11.00	Verteiler, Pumpen für Raumheizflächen				
01	**Umwälzpumpe, wartungsfrei für Rohreinbau, Förderstrom 2,9-5,4m³/h, Förderhöhe 0,6-3,8mWS (13 Objekte)**	380,00	**520,00**	590,00	
	Einheit: St Umwälzpumpe				
	041 Wärmeversorgungsanlagen - Leitungen, Armaturen, Heizflächen				100,0%
02	**Heizkreisverteiler für 3-7 Gruppen, Messing, Zubehör (7 Objekte)**	33,00	**43,00**	53,00	
	Einheit: St Heizgruppe				
	041 Wärmeversorgungsanlagen - Leitungen, Armaturen, Heizflächen				100,0%
03	**Heizkreisverteiler, Ventile, Verteilerschrank für Unterputzmontage (4 Objekte)**	87,00	**97,00**	110,00	
	Einheit: St Heizgruppe				
	041 Wärmeversorgungsanlagen - Leitungen, Armaturen, Heizflächen				100,0%
422.21.00	Rohrleitungen für Raumheizflächen				
01	**Nahtlose Gewinderohrleitungen DN10-40, Formstücke, Befestigungen (9 Objekte)**	15,00	**18,00**	26,00	
	Einheit: m Rohrleitung				
	041 Wärmeversorgungsanlagen - Leitungen, Armaturen, Heizflächen				100,0%
02	**Kupfer-Rohr 15x1-22 x 1mm, hart, Formstücke, Befestigungen (13 Objekte)**	11,00	**13,00**	15,00	
	Einheit: m Rohrleitung				
	041 Wärmeversorgungsanlagen - Leitungen, Armaturen, Heizflächen				100,0%
03	**Mineralfaser-Isolierung d=30mm mit Alu-Ummantelung für Rohre DN15-65 (7 Objekte)**	16,00	**25,00**	32,00	
	Einheit: m Gedämmte Rohrleitung				
	047 Dämmarbeiten an betriebstechnischen Anlagen				51,0%
	041 Wärmeversorgungsanlagen - Leitungen, Armaturen, Heizflächen				49,0%
08	**Mineralfaserschalen für Rohre DN10-32 (4 Objekte)**	7,70	**8,30**	9,00	
	Einheit: m Gedämmte Rohrleitung				
	047 Dämmarbeiten an betriebstechnischen Anlagen				100,0%

Gebäudearten

Kostengruppen

Neubau

Ausführungsarten

Abbrechen

Wiederherstellen

Herstellen

KG.AK.AA	von	€/Einheit	bis	LB an AA
423.11.00 Radiatoren				
02 **Röhrenradiatoren, Bautiefe: 105mm-225mm, Thermostatventile, Verschraubungen, Ventile, Standkonsolen, Demontage und Montage für Malerarbeiten (7 Objekte)**	190,00	**240,00**	320,00	
Einheit: m² Heizkörperfläche				
034 Maler- und Lackierarbeiten - Beschichtungen				5,0%
041 Wärmeversorgungsanlagen - Leitungen, Armaturen, Heizflächen				95,0%
423.12.00 Plattenheizkörper				
01 **Flachheizkörper, Bautiefe: 105mm-225mm, Thermostatventile, Verschraubungen, Ventile, Standkonsolen, Demontage und Montage für Malerarbeiten (6 Objekte)**	350,00	**370,00**	400,00	
Einheit: m² Heizkörperfläche				
041 Wärmeversorgungsanlagen - Leitungen, Armaturen, Heizflächen				100,0%
423.13.00 Konvektoren				
01 **Radiavektoren, Bautiefe: 134mm-250mm, Thermostatventile, Verschraubungen, Ventile, Standkonsolen, Demontage und Montage für Malerarbeiten (4 Objekte)**	1.600,00	**2.220,00**	2.830,00	
Einheit: m² Heizkörperfläche				
041 Wärmeversorgungsanlagen - Leitungen, Armaturen, Heizflächen				100,0%
423.21.00 Bodenheizflächen				
01 **Fußbodenheizung, PE-Folie, Dämmung, Befestigungen (21 Objekte)**	36,00	**50,00**	67,00	
Einheit: m² Beheizte Fläche				
041 Wärmeversorgungsanlagen - Leitungen, Armaturen, Heizflächen				100,0%
423.23.00 Deckenheizflächen				
01 **Deckenstrahlplatten mit Register aus Präzisions-stahlrohren, Befestigungen (4 Objekte)**	120,00	**150,00**	180,00	
Einheit: m² Heizsystemfläche				
041 Wärmeversorgungsanlagen - Leitungen, Armaturen, Heizflächen				100,0%

© **BKI** Baukosteninformationszentrum; Erläuterungen zu den Tabellen siehe Seite 64   Kostenstand: 1.Quartal 2012, Bundesdurchschnitt, **inkl. MwSt.**

KG.AK.AA	von	€/Einheit	bis	LB an AA
429.11.00 Schornsteine, Mauerwerk				
01 **Hausschornstein aus Formsteinen, Putztüren, Schorn-** **steinkopfabdeckung (8 Objekte)**	140,00	**200,00**	250,00	
Einheit: m Schornsteinlänge				
012 Mauerarbeiten				100,0%
429.12.00 Schornsteine, Edelstahl				
01 **Edelstahl-Schornsteinanlage d=200, Mündungs-** **abschluss, Wandbefestigungen (4 Objekte)**	330,00	**440,00**	520,00	
Einheit: m Schornsteinlänge				
040 Wärmeversorgungsanlagen - Betriebseinrichtungen				98,0%
012 Mauerarbeiten				2,0%

Gebäudearten

Kostengruppen

Neubau

Ausführungsarten

Abbrechen

Wiederherstellen

Herstellen

431
Lüftungsanlagen

KG.AK.AA	von	€/Einheit	bis	LB an AA
431.11.00 Zuluftzentralgeräte				
01 **Lüftungszentralgerät, Lufterhitzer, Filter, Schalldämpfer (4 Objekte)**	0,90	**1,20**	2,10	
Einheit: m³ Volumenstrom/h				
075 Raumlufttechnische Anlagen				100,0%
431.22.00 Ablufteinzelgeräte				
04 **Einzelraumlüfter für innenliegende Badezimmer oder WCs (13 Objekte)**	230,00	**270,00**	320,00	
Einheit: St Lüfter				
075 Raumlufttechnische Anlagen				100,0%
431.31.00 Wärmerückgewinnungsanlagen, regenerativ				
01 **Zu- und Abluftanlage mit Wärmerückgewinnung, Wärmebereitstellungsgrad 85-92%; Erdwärmetauscher; bis 300m³/h; Zubehör (10 Objekte)**	10.080,00	**14.020,00**	18.350,00	
Einheit: St Anlage				
075 Raumlufttechnische Anlagen				100,0%
431.39.00 Wärmerückgewinnungsanlagen, sonstiges				
01 **Komplettgerät zur zentralen Be- und Entlüftung, 80-230m³/h, Warmwasserspeicher 200-400l; Wärmerückgewinnung über Wärmetauscher und Luft/Wasser-Wärmepumpe (6 Objekte)**	19.700,00	**23.090,00**	30.470,00	
Einheit: St Anlage				
075 Raumlufttechnische Anlagen				100,0%
02 **Lüftungsanlage mit Wärmerückgewinnung, 75-250m³/h; Zubehör (6 Objekte)**	7.800,00	**9.120,00**	10.680,00	
Einheit: St Anlage				
075 Raumlufttechnische Anlagen				99,0%
053 Niederspannungsanlagen; Kabel, Verlegesysteme				1,0%
431.41.00 Zuluftleitungen, rund				
01 **Abluftrohre DN80-200, Bögen, Reduzierstücke, T-Stücke, Dichtungsmaterial (4 Objekte)**	49,00	**54,00**	56,00	
Einheit: m Zuluftrohr				
075 Raumlufttechnische Anlagen				100,0%
04 **Wickelfalzrohr, DN150-200, verzinkte Tragkonstruktion, Formstücke (4 Objekte)**	18,00	**19,00**	22,00	
Einheit: m Rohrlänge				
075 Raumlufttechnische Anlagen				100,0%
431.49.00 Zuluftleitungen, sonstiges				
01 **Wärmedämmung von Luftkanälen, diffusionsdicht, Alu-Kaschierung, Isolierstärke d=30mm (3 Objekte)**	31,00	**46,00**	77,00	
Einheit: m Gedämmte Zuluftleitung				
075 Raumlufttechnische Anlagen				51,0%
047 Dämmarbeiten an betriebstechnischen Anlagen				49,0%

431
Lüftungsanlagen

431.59.00 Abluftleitungen, sonstiges

		von	€/Einheit	bis	LB an AA
01	**Dämmung von Rechteckkanälen und Rundrohren mit alukaschierten Mineralfasermatten d=30-100mm (4 Objekte)**	33,00	**44,00**	77,00	
	Einheit: m² Gedämmte Abluftleitung				
	047 Dämmarbeiten an betriebstechnischen Anlagen				50,0%
	075 Raumlufttechnische Anlagen				50,0%

431.99.00 Sonstige Lüftungsanlagen, sonstiges

		von	€/Einheit	bis	LB an AA
01	**Telefonieschalldämpfer, d=180-350mm (3 Objekte)**	670,00	**910,00**	1.030,00	
	Einheit: St Schalldämpfer				
	075 Raumlufttechnische Anlagen				100,0%
02	**Feuerschutzklappe mit thermischem Auslöser für +70 °C, Handschnellauslöser, Revisionsöffnung (7 Objekte)**	310,00	**430,00**	580,00	
	Einheit: St Feuerschutzklappe				
	075 Raumlufttechnische Anlagen				100,0%

Ausführungsarten — Gebäudearten / Kostengruppen / Neubau / Abbrechen / Wiederherstellen / Herstellen

442
Eigenstromversorgungsanlagen

KG.AK.AA	von	€/Einheit	bis	LB an AA
442.31.00 Zentrale Batterieanlagen				
01 **Bleiakkumulatorenbatterie, wartungsarm, Kapazität 70-100 Ah, Lade- und Schaltgeräte, Signalgerät, Leitungsinstallation, Sicherheitsbeleuchtung (4 Objekte)**	20.250,00	**22.670,00**	25.370,00	
Einheit: St Batterieanlage				
055 Ersatzstromversorgungsanlagen				100,0%
442.41.00 Photovoltaikanlagen				
01 **Photovoltaikanlage, monokristalline Hochleistungs- zellen, Wechselrichter (5 Objekte)**	4.820,00	**5.950,00**	7.810,00	
Einheit: KWp Leistung max.				
055 Ersatzstromversorgungsanlagen				100,0%
02 **Photovoltaikanlage, 5,60-8,67 kWp, max. Wirkungs- grad 97,3% (5 Objekte)**	26.180,00	**35.210,00**	48.380,00	
Einheit: St Anlage				
055 Ersatzstromversorgungsanlagen				100,0%

© **BKI** Baukosteninformationszentrum; Erläuterungen zu den Tabellen siehe Seite 64   Kostenstand: 1.Quartal 2012, Bundesdurchschnitt, **inkl. MwSt.**

444.11.00 Kabel und Leitungen

		von	€/Einheit	bis	LB an AA
01	**Mantelleitungen NYM 3x1,5 bis 5x1,5mm² (15 Objekte)**	1,30	**1,80**	2,20	
	Einheit: m Kabellänge				
	053 Niederspannungsanlagen; Kabel, Verlegesysteme				100,0%
02	**Kabel, JY(ST)Y 2x2x0,6 bis 10x2x0,6mm² (4 Objekte)**	1,20	**1,50**	1,80	
	Einheit: m Kabellänge				
	053 Niederspannungsanlagen; Kabel, Verlegesysteme				100,0%
03	**Kabelschutzrohr aus PVC DN100, Bögen, Befestigungen (4 Objekte)**	11,00	**17,00**	22,00	
	Einheit: m Schutzrohrlänge				
	009 Entwässerungskanalarbeiten				33,0%
	013 Betonarbeiten				34,0%
	053 Niederspannungsanlagen; Kabel, Verlegesysteme				33,0%
04	**Kabel, NYY 35-120mm²; 3 oder 4 adrig (4 Objekte)**	19,00	**25,00**	31,00	
	Einheit: m Kabellänge				
	053 Niederspannungsanlagen; Kabel, Verlegesysteme				100,0%
09	**Mantelleitungen NYM 3x2,5 bis 5x2,5mm² (7 Objekte)**	2,10	**2,60**	3,10	
	Einheit: m Kabellänge				
	053 Niederspannungsanlagen; Kabel, Verlegesysteme				100,0%

444
Niederspannungs-installations-anlagen

KG.AK.AA	von	€/Einheit	bis	LB an AA
444.21.00 Unterverteiler				
01 **Einbauunterverteiler, 2 oder 3 reihig, Kunst-stoffgehäuse, Stahlblechtüre (4 Objekte)**	46,00	**63,00**	83,00	
Einheit: St Unterverteiler				
054 Niederspannungsanlagen; Verteilersysteme und Einbaugeräte				100,0%
02 **Leitungsschutzschalter, einpolig, 10-20A, Typ B, L oder LS Typ (14 Objekte)**	8,50	**12,00**	18,00	
Einheit: St Leitungsschutzschalter				
054 Niederspannungsanlagen; Verteilersysteme und Einbaugeräte				100,0%
03 **Fehlerstrom-Schutzschalter, 25-40A, Nennfehler-strom 30mA. (11 Objekte)**	40,00	**49,00**	57,00	
Einheit: St Fehlerstrom-Schutzschalter				
054 Niederspannungsanlagen; Verteilersysteme und Einbaugeräte				100,0%
04 **Leitungsschutzschalter, dreipolig, 16A, Typ B (6 Objekte)**	33,00	**41,00**	53,00	
Einheit: St Leitungsschutzschalter				
054 Niederspannungsanlagen; Verteilersysteme und Einbaugeräte				100,0%
05 **Einbauschütz, 230V, 40A, 4 polig (5 Objekte)**	61,00	**74,00**	92,00	
Einheit: St Schütz				
054 Niederspannungsanlagen; Verteilersysteme und Einbaugeräte				100,0%
06 **Stoßstromrelais, 230V, 10-16A, 1 polig (5 Objekte)**	20,00	**25,00**	30,00	
Einheit: St Relais				
054 Niederspannungsanlagen; Verteilersysteme und Einbaugeräte				100,0%
07 **Treppenhausautomat 220V, 10A, 50Hz, mit Rast-stellungen: Minutenlicht, Dauerlicht, Aus (8 Objekte)**	29,00	**39,00**	50,00	
Einheit: St Treppenhausautomat				
054 Niederspannungsanlagen; Verteilersysteme und Einbaugeräte				100,0%
08 **Schaltuhr 230V, 10A, Einbau auf Tragschiene (3 Objekte)**	47,00	**62,00**	69,00	
Einheit: St Schaltuhr				
054 Niederspannungsanlagen; Verteilersysteme und Einbaugeräte				100,0%
444.31.00 Leerrohre				
01 **Kabelkanäle, Stahlblech, Formstücke, Befestigungen (8 Objekte)**	24,00	**32,00**	40,00	
Einheit: m Kanallänge				
053 Niederspannungsanlagen; Kabel, Verlegesysteme				100,0%
02 **Leerrohr, PE hart, 13,5-29mm, Muffen, Bögen (6 Objekte)**	3,10	**3,70**	4,40	
Einheit: m Leerrohr				
053 Niederspannungsanlagen; Kabel, Verlegesysteme				100,0%
03 **Kunststoff-Panzerrohr flexibel, PG 13,5-26 (8 Objekte)**	3,10	**4,00**	5,30	
Einheit: m Leerrohr				
053 Niederspannungsanlagen; Kabel, Verlegesysteme				100,0%
04 **Kunststoff-Installationskanal, Eck-, Verbindungs-, Abdeck- und Zubehörteile, Größe 40x60-60x190mm (7 Objekte)**	7,60	**11,00**	13,00	
Einheit: m Kanallänge				
053 Niederspannungsanlagen; Kabel, Verlegesysteme				100,0%

© **BKI** Baukosteninformationszentrum; Erläuterungen zu den Tabellen siehe Seite 64   Kostenstand: 1.Quartal 2012, Bundesdurchschnitt, **inkl. MwSt.**

		von	€/Einheit	bis	LB an AA
444.41.00	Installationsgeräte				
01	**Aus-, Wechsel-, Serien- und Kreuzschalter, Taster**	11,00	**14,00**	17,00	
	unter Putz, Schalterdose 55mm (22 Objekte)				
	Einheit: St Schalter				
	054 Niederspannungsanlagen; Verteilersysteme und Einbaugeräte				100,0%
02	**Aus- und Wechselschalter, Taster, auf Putz, Feucht-**	12,00	**16,00**	22,00	
	raumausführung (11 Objekte)				
	Einheit: St Schalter				
	054 Niederspannungsanlagen; Verteilersysteme und Einbaugeräte				100,0%
03	**Elektrosteckdosen 16A, unter Putz, Schalterdose**	11,00	**15,00**	20,00	
	55mm (12 Objekte)				
	Einheit: St Steckdose				
	054 Niederspannungsanlagen; Verteilersysteme und Einbaugeräte				100,0%
04	**Elektrosteckdosen 16A, auf Putz, Feuchtraumaus-**	9,00	**12,00**	14,00	
	führung (11 Objekte)				
	Einheit: St Steckdose				
	054 Niederspannungsanlagen; Verteilersysteme und Einbaugeräte				100,0%
05	**CEE-Steckdosen 5x16A, auf Putz, Feuchtraumaus-**	18,00	**20,00**	22,00	
	führung (7 Objekte)				
	Einheit: St Steckdose				
	053 Niederspannungsanlagen; Kabel, Verlegesysteme				48,0%
	054 Niederspannungsanlagen; Verteilersysteme und Einbaugeräte				52,0%
08	**Herdanschlussdose, unter Putz, Verbindungs-**	8,00	**13,00**	15,00	
	klemmen bis 5x2,5mm², Zugentlastung (9 Objekte)				
	Einheit: St Steckdose				
	053 Niederspannungsanlagen; Kabel, Verlegesysteme				50,0%
	054 Niederspannungsanlagen; Verteilersysteme und Einbaugeräte				50,0%

Gebäudearten · Kostengruppen · Ausführungsarten · **Neubau** · Abbrechen · Wiederherstellen · Herstellen

KG.AK.AA	von	€/Einheit	bis	LB an AA
445.11.00 Ortsfeste Leuchten, Allgemeinbeleuchtung				
01 **Langfeldleuchten 1x58W freistrahlend, Feuchtraum-** **ausführung (7 Objekte)**	74,00	**83,00**	94,00	
Einheit: St Leuchte				
058 Leuchten und Lampen				100,0%
09 **Langfeldleuchte 1x58W, freistrahlend (4 Objekte)**	45,00	**57,00**	62,00	
Einheit: St Leuchte				
058 Leuchten und Lampen				100,0%
10 **Langfeldleuchte 1x36/58W, Prismenwanne** **(3 Objekte)**	66,00	**84,00**	94,00	
Einheit: St Leuchte				
058 Leuchten und Lampen				100,0%
11 **Schiffsarmatur 60/100W, Glühlampe (4 Objekte)**	12,00	**15,00**	18,00	
Einheit: St Leuchte				
058 Leuchten und Lampen				100,0%
12 **Nurglasleuchte, 25-75W, Fassung E 27, Glühlampe** **(3 Objekte)**	17,00	**19,00**	21,00	
Einheit: St Leuchte				
058 Leuchten und Lampen				100,0%
13 **Langfeldleuchte 1x/58W mit Spiegelraster** **(4 Objekte)**	150,00	**170,00**	190,00	
Einheit: St Leuchte				
058 Leuchten und Lampen				87,0%
039 Trockenbauarbeiten				13,0%
445.21.00 Ortsfeste Leuchten, Sicherheitsbeleuchtung				
01 **Not- und Sicherheitsleuchte mit Batterie, Notlicht-** **dauer 3h mit Leuchtstofflampe, 6-18W (6 Objekte)**	170,00	**210,00**	250,00	
Einheit: St Lampe				
059 Sicherheitsbeleuchtungsanlagen				100,0%

© **BKI** Baukosteninformationszentrum; Erläuterungen zu den Tabellen siehe Seite 64   Kostenstand: 1.Quartal 2012, Bundesdurchschnitt, inkl. MwSt.

446.11.00 Auffangeinrichtungen, Ableitungen

01 Fangleitungen 8-10mm, massiv, Kupfer (7 Objekte) — 3,10 | **4,80** | 6,10
Einheit: m Blitzschutz-Auffangeinrichtung
050 Blitzschutz- / Erdungsanlagen, Überspannungsschutz — 100,0%

**02 Ableitungen Runddraht 8mm Cu, Befestigungen
(4 Objekte)** — 6,40 | **8,20** | 10,00
Einheit: m Blitzschutz-Ableitung
050 Blitzschutz- / Erdungsanlagen, Überspannungsschutz — 100,0%

446.21.00 Erdungen

**01 Fundamenterder, 30/3,5mm, feuerverzinkt, in
vorhandenen Fundamentgräben verlegen, mit
Anschlussfahnen für Potenzialausgleich (18 Objekte)** — 5,10 | **6,80** | 8,60
Einheit: m Leitungslänge
050 Blitzschutz- / Erdungsanlagen, Überspannungsschutz — 50,0%
013 Betonarbeiten — 50,0%

446.31.00 Potenzialausgleichsschienen

**01 Potenzialausgleichsschiene, Anschlussmöglichkeiten
für Rundleiter 6-16mm², und Bandeisen bis 40mm
(13 Objekte)** — 30,00 | **37,00** | 47,00
Einheit: St Potenzialausgleich
050 Blitzschutz- / Erdungsanlagen, Überspannungsschutz — 100,0%

446.32.00 Erdung haustechnische Anlagen

01 Erdungsbandschelle, 3/8-1 1/2 Zoll (11 Objekte) — 4,70 | **5,40** | 6,50
Einheit: St Schelle
050 Blitzschutz- / Erdungsanlagen, Überspannungsschutz — 100,0%

02 Mantelleitung NYM-J, 1x4-10mm² (8 Objekte) — 1,50 | **1,70** | 2,00
Einheit: m Leitungslänge
050 Blitzschutz- / Erdungsanlagen, Überspannungsschutz — 48,0%
053 Niederspannungsanlagen; Kabel, Verlegesysteme — 52,0%

KG.AK.AA	von	€/Einheit	bis	LB an AA
451.11.00 Telekommunikationsanlagen				
01 **TAE-Anschlussdosen 1x6 bis 3x6, unter Putz**	12,00	**16,00**	18,00	
(9 Objekte)				
Einheit: St TAE-Anschlussdose				
060 Elektroakustische Anlagen, Sprechanlagen, Personenrufanlagen				49,0%
061 Kommunikationsnetze				51,0%
02 **FM-Installationsleitung 2x2x0,6mm², verlegt in**	1,40	**1,60**	2,00	
Kabelwannen oder Leerrohren (8 Objekte)				
Einheit: m FM-Installationsleitung				
061 Kommunikationsnetze				100,0%
03 **FM-Installationsleitung 10x2x0,6 bis 20x2x0,6mm²,**	2,90	**3,80**	5,10	
verlegt in Kabelwannen oder Leerrohren (5 Objekte)				
Einheit: m FM-Installationsleitung				
061 Kommunikationsnetze				100,0%
04 **Kunststoffleerrohr für FM-Leitungen PG 13,5-16,**	9,80	**12,00**	15,00	
verlegt in Mauerschlitzen (3 Objekte)				
Einheit: m Leerrohr				
061 Kommunikationsnetze				50,0%
013 Betonarbeiten				50,0%
07 **ISDN-Anschlussdosen RJ45, 2x8-polig (Western-**	23,00	**28,00**	30,00	
Technik), unter Putz (5 Objekte)				
Einheit: St ISDN-Anschlussdose				
061 Kommunikationsnetze				100,0%

© **BKI** Baukosteninformationszentrum; Erläuterungen zu den Tabellen siehe Seite 64   Kostenstand: 1.Quartal 2012, Bundesdurchschnitt, inkl. MwSt.

454.11.00	Beschallungsanlagen				
01	**Deckeneinbaulautsprecher 6W, 50-20.000Hz** **(3 Objekte)**	56,00	**67,00**	86,00	
	Einheit: St Lautsprecher				
	060 Elektroakustische Anlagen, Sprechanlagen, Personenrufanlagen				100,0%
02	**Lautsprecherleitung 2x2x0,8mm², auf Kabelwannen** **verlegt (4 Objekte)**	1,40	**2,20**	4,50	
	Einheit: m Lautsprecherleitung				
	060 Elektroakustische Anlagen, Sprechanlagen, Personenrufanlagen				100,0%
03	**Mikrofonleitung YCTT 2x0,8 bis 4x0,8mm²** **(3 Objekte)**	1,50	**1,70**	1,80	
	Einheit: m Mikrofonleitung				
	060 Elektroakustische Anlagen, Sprechanlagen, Personenrufanlagen				100,0%

Gebäudearten

Kostengruppen

Ausführungsarten

Neubau

Abbrechen

Wiederherstellen

Herstellen

KG.AK.AA	von	€/Einheit	bis	LB an AA
455.11.00 Fernseh- und Rundfunkempfangsanlagen				
01 **Antennensteckdose, End- oder Durchgangsdose (9 Objekte)**	16,00	**21,00**	27,00	
Einheit: St Antennensteckdose				
061 Kommunikationsnetze				100,0%
02 **Koaxialkabel 75Ohm abgeschirmt, in Leerrohren (8 Objekte)**	1,50	**2,20**	3,00	
Einheit: m Koaxialkabel				
061 Kommunikationsnetze				100,0%
03 **Hausanschlussverstärker für BK-Anlagen (4 Objekte)**	300,00	**350,00**	400,00	
Einheit: St Antennenverstärker				
061 Kommunikationsnetze				100,0%
05 **Mehrbereichsantenne, Koaxialkabel, Antennensteckdosen, Verstärker, Messprotokoll (3 Objekte)**	110,00	**130,00**	150,00	
Einheit: St Anschlusseinheit				
061 Kommunikationsnetze				100,0%

Kostenstand: 1.Quartal 2012, Bundesdurchschnitt, **inkl. MwSt.**

KG.AK.AA		von	€/Einheit	bis	LB an AA
456.11.00	Brandmeldeanlagen				
01	**Druckknopfmelder, innen, auf Putz, mit auswechselbarer Glasscheibe 80x80cm, Leuchtdiode (8 Objekte)**	69,00	**84,00**	100,00	
	Einheit: St Druckknopfmelder				
	063 Gefahrenmeldeanlagen				49,0%
	061 Kommunikationsnetze				51,0%
02	**Optische Rauchmelder, zur Früherkennung von Bränden, Streulichtprinzip, Betriebsspannung 12V DC (5 Objekte)**	150,00	**170,00**	200,00	
	Einheit: St Rauchmelder				
	063 Gefahrenmeldeanlagen				100,0%
03	**Brandmeldeleitung 2x2x0,8 oder 4x2x0,8mm², mit Aufdruck "Brandmeldekabel" (7 Objekte)**	1,80	**2,30**	3,20	
	Einheit: m Leitung				
	061 Kommunikationsnetze				51,0%
	063 Gefahrenmeldeanlagen				49,0%
04	**Innensirene, Lautstärke 96 dB (A), Betriebsspannung: 12V DC (3 Objekte)**	64,00	**71,00**	81,00	
	Einheit: St Sirene				
	063 Gefahrenmeldeanlagen				100,0%

Gebäudearten

Kostengruppen

Ausführungsarten

Neubau

Abbrechen

Wiederherstellen

Herstellen

KG.AK.AA	von	€/Einheit	bis	LB an AA
457.99.00 Sonstige Übertragungsnetze, sonstiges				
01 **Koaxialkabel, abgeschirmt, für Datenübertragungs-netze (7 Objekte)**	1,80	**2,20**	2,70	
Einheit: m Koaxialkabel				
061 Kommunikationsnetze				52,0%
053 Niederspannungsanlagen; Kabel, Verlegesysteme				48,0%

KG.AK.AA		von	€/Einheit	bis	LB an AA

461.11.00 Personenaufzüge

01 **Personenaufzug, Tragkraft 630kg, 8 Personen, für** | 6.460,00 | **9.640,00** | 12.710,00 |
Selbstfahrer, Hydraulikantrieb, Geschwindigkeit
0,67-1,00m/s (11 Objekte)
Einheit: St Haltestelle Personenaufzüge

069 Aufzüge — 100,0%

02 **Personenaufzug, Tragkraft 1000kg, 13 Personen,** | 8.850,00 | **11.900,00** | 16.250,00 |
Hydraulikantrieb, Geschwindigkeit 0,65m/s
(7 Objekte)
Einheit: St Haltestelle Personenaufzüge

069 Aufzüge — 100,0%

461.21.00 Lastenaufzüge

01 **Hydraulischer Lastenaufzug (4 Objekte)** | 18,00 | **23,00** | 29,00 |
Einheit: kg Belastung

069 Aufzüge — 100,0%

Gebäudearten

Kostengruppen

Ausführungsarten

Neubau

Abbrechen

Wiederherstellen

Herstellen

475
Feuerlöschanlagen

KG.AK.AA	von	€/Einheit	bis	LB an AA
475.31.00 Löschwasserleitungen				
01 **Löschwasserleitungen, verzinktes geschweißtes Stahlrohr DN50-80, Formstücke, Befestigungen, Anstrich (4 Objekte)**	49,00	**60,00**	72,00	
Einheit: m Leitung				
034 Maler- und Lackierarbeiten - Beschichtungen				0,0%
042 Gas- und Wasserinstallation; Leitungen, Armaturen				51,0%
049 Feuerlöschanlagen, Feuerlöschgeräte				49,0%
475.41.00 Wandhydranten				
01 **Wandhydranten im Einbauschrank (4 Objekte)**	720,00	**740,00**	770,00	
Einheit: St Wandhydrant				
042 Gas- und Wasserinstallation; Leitungen, Armaturen				49,0%
049 Feuerlöschanlagen, Feuerlöschgeräte				51,0%
475.51.00 Handfeuerlöscher				
01 **Pulverfeuerlöscher 6kg, Brandklasse ABC (6 Objekte)**	120,00	**130,00**	150,00	
Einheit: St Pulverfeuerlöscher				
049 Feuerlöschanlagen, Feuerlöschgeräte				100,0%

© **BKI** Baukosteninformationszentrum; Erläuterungen zu den Tabellen siehe Seite 64   Kostenstand: 1.Quartal 2012, Bundesdurchschnitt, **inkl.** MwSt.

KG.AK.AA	von	€/Einheit	bis	LB an AA
511.11.00 Oberbodenabtrag, lagern				
01 **Oberboden, abtragen, seitlich lagern, Förderweg 30-100m (9 Objekte)**	6,00	**7,50**	9,60	
Einheit: m³ Aushub				
003 Landschaftsbauarbeiten				100,0%
02 **Oberboden, abtragen, seitlich lagern, Förderweg 30-100m, Aushubmaterial wieder einbauen, Einbauhöhe bis 30cm (8 Objekte)**	6,70	**10,00**	12,00	
Einheit: m³ Aushub				
002 Erdarbeiten				34,0%
003 Landschaftsbauarbeiten				33,0%
080 Straßen, Wege, Plätze				33,0%
511.12.00 Oberbodenabtrag, Abtransport				
01 **Oberbodenabtrag, Abtransport, Deponiegebühren (13 Objekte)**	17,00	**19,00**	22,00	
Einheit: m³ Aushub				
002 Erdarbeiten				50,0%
003 Landschaftsbauarbeiten				50,0%

Gebäudearten

Kostengruppen

Ausführungsarten

Neubau

Abbrechen

Wiederherstellen

Herstellen

512
Bodenarbeiten

KG.AK.AA	von	€/Einheit	bis	LB an AA

512.12.00 Bodenabtrag, abfahren

	von	€/Einheit	bis	LB an AA
02 **Bodenabtrag BK 3-5, Aushubtiefe 40-60 cm, Abtransport, Deponiegebühren (9 Objekte)**	19,00	**23,00**	29,00	
Einheit: m³ Aushub				
002 Erdarbeiten				51,0%
003 Landschaftsbauarbeiten				49,0%

512.22.00 Bodenauftrag, Liefermaterial

	von	€/Einheit	bis	LB an AA
01 **Oberboden liefern und profilgerecht auftragen, Auftragsdicke über 20 bis 50cm (6 Objekte)**	10,00	**16,00**	22,00	
Einheit: m³ Auffüllmenge				
003 Landschaftsbauarbeiten				51,0%
002 Erdarbeiten				49,0%

512.41.00 Geländeprofilierung

	von	€/Einheit	bis	LB an AA
01 **Rohplanum herstellen, maximale Abweichung von der Sollhöhe +/-5cm (8 Objekte)**	0,70	**1,90**	2,70	
Einheit: m² Geländefläche				
003 Landschaftsbauarbeiten				100,0%
02 **Boden für Erdmodellierung BK 3-5, lageweise einbauen und verdichten, Einbauhöhe bis 0,5-1,25m (4 Objekte)**	20,00	**23,00**	26,00	
Einheit: m³ Auffüllmenge				
002 Erdarbeiten				50,0%
003 Landschaftsbauarbeiten				50,0%

© **BKI** Baukosteninformationszentrum; Erläuterungen zu den Tabellen siehe Seite 64   Kostenstand: 1.Quartal 2012, Bundesdurchschnitt, inkl. MwSt.

521.15.00 Untergrundverdichtung
01 **Untergrund verdichten, Verdichtungsgrad DPr 103%, BK 3-5 (11 Objekte)**
Einheit: m² Fläche

	von	€/Einheit	bis	LB an AA
01	0,30	**0,50**	0,70	
080 Straßen, Wege, Plätze				100,0%

521.21.00 Feinplanum
01 **Planum für Wege, zulässige Abweichung von der Sollhöhe +-2cm, Untergrund standfest verdichten (12 Objekte)**
Einheit: m² Wegefläche

	von	€/Einheit	bis	LB an AA
01	1,40	**1,80**	2,50	
003 Landschaftsbauarbeiten				65,0%
080 Straßen, Wege, Plätze				35,0%

521.31.00 Tragschicht
01 **Tragschicht aus Mineralbeton, d=15cm, in Schichten einbauen, verdichten (8 Objekte)** 7,20 **8,60** 10,00 — 080 Straßen, Wege, Plätze 100,0%
Einheit: m² Wegefläche

02 **Schottertragschicht für Wege, d=15cm, einbauen, standfest verdichten (9 Objekte)** 6,50 **8,10** 9,50 — 100,0%
Einheit: m² Wegefläche

04 **Frostschutzschicht, Kies-Sand-Gemisch 0/32 oder Schotter-Splitt-Brechsand-Gemisch, d=15-20cm, einbauen, verdichten (6 Objekte)** 6,50 **8,20** 9,40 — 100,0%
Einheit: m² Wegefläche

521.51.00 Deckschicht Pflaster
01 **Granit-Mosaikpflaster, verlegen in Sand- oder Splittbett, einschlämmen (9 Objekte)** 73,00 **87,00** 110,00 — 100,0%
Einheit: m² Wegefläche

521.54.00 Pflaster, Tragschicht, Frostschutzschicht
01 **Planum, Frostschutzschicht, Mineralstoffgemisch, Schottertragschicht, Betonsteinpflastersteine, (5 Objekte)** 44,00 **60,00** 80,00
Einheit: m² Wegefläche
003 Landschaftsbauarbeiten 7,0%
080 Straßen, Wege, Plätze 93,0%

KG.AK.AA	von	€/Einheit	bis	LB an AA
521.71.00 Deckschicht Plattenbelag				
01 **Betongehwegplatten, Format 40x40cm oder 60x40cm, d=4-8cm, in Sand- oder Splittbett verlegen, Fugen mit Feinsand füllen (12 Objekte)**	37,00	**48,00**	64,00	
Einheit: m² Wegefläche				
080 Straßen, Wege, Plätze				100,0%
03 **Beton-Rasengittersteine, im Splittbett, Substrat-schicht, Rasenansaat (5 Objekte)**	37,00	**53,00**	79,00	
Einheit: m² Wegefläche				
080 Straßen, Wege, Plätze				100,0%
521.81.00 Beton-Bordsteine				
01 **Betonhochbordsteine, Betonrückenstütze, l=50-100cm, h=20-30cm, b=4-8cm (12 Objekte)**	15,00	**20,00**	24,00	
Einheit: m Begrenzung				
080 Straßen, Wege, Plätze				100,0%
02 **Betonpflasterzeile als Wegabschluss (5 Objekte)**	25,00	**28,00**	34,00	
Einheit: m Begrenzung				
080 Straßen, Wege, Plätze				100,0%
521.83.00 Wegebegrenzungen Metall				
01 **Metall-Belagseinfassung, feuerverzinkt, h=5-10cm (3 Objekte)**	22,00	**23,00**	25,00	
Einheit: m Einfassung				
080 Straßen, Wege, Plätze				50,0%
017 Stahlbauarbeiten				50,0%
521.91.00 Sonstige Wege				
01 **Rollkies gewaschen, Körnung 32/64mm, d=15cm, an der Außenwand (3 Objekte)**	5,50	**10,00**	12,00	
Einheit: m² Wegefläche				
080 Straßen, Wege, Plätze				100,0%

© **BKI** Baukosteninformationszentrum; Erläuterungen zu den Tabellen siehe Seite 64   Kostenstand: 1.Quartal 2012, Bundesdurchschnitt, inkl. MwSt.

KG.AK.AA	von	€/Einheit	bis	LB an AA
522.31.00 Tragschicht				
01 **Schottertragschicht, Körnung 0/32-0/56mm, auf Planum, lagenweise verdichten, Schichtdicke d=25-46cm (11 Objekte)**	29,00	**32,00**	45,00	
Einheit: m³ Schotter				
080 Straßen, Wege, Plätze				100,0%
02 **Frostschutzschicht aus Mineralstoffe, Kiessand oder Schotter- Splitt- Brechsandgemisch, Körnung 0/5-0/32mm, lagenweise verdichten, Schichtdicke d=15-30cm (6 Objekte)**	7,10	**8,30**	11,00	
Einheit: m² Straßenfläche				
080 Straßen, Wege, Plätze				100,0%
03 **Bituminöse Tragschicht, Körnung 0/32, verdichten, Schichtdicke d=8-15cm (5 Objekte)**	18,00	**19,00**	22,00	
Einheit: m² Straßenfläche				
080 Straßen, Wege, Plätze				100,0%
522.41.00 Deckschicht Asphalt				
01 **Bitumen-Deckschicht, d=3-5cm (5 Objekte)**	7,70	**9,80**	13,00	
Einheit: m² Straßenfläche				
080 Straßen, Wege, Plätze				100,0%
02 **Asphaltbetondeckschicht, Heißeinbau, d=4cm, Bindemittel (4 Objekte)**	8,70	**9,70**	12,00	
Einheit: m² Straßenfläche				
080 Straßen, Wege, Plätze				100,0%
522.47.00 Asphalt, Trag-, Frostschutzschicht, Feinplanum, Untergrundverdichtung				
01 **Untergrund verdichten, Feinplanie, Frostschutz- schicht, d=30-40cm, Schottertragschicht, d=15cm, Bitumendeckschicht, Beton-Bordsteine (6 Objekte)**	38,00	**53,00**	71,00	
Einheit: m² Straßenfläche				
080 Straßen, Wege, Plätze				100,0%
522.51.00 Deckschicht Pflaster				
01 **Betonpflastersteine, d=4-8cm, im Splittbett einbauen, befahrbar, abrütteln (9 Objekte)**	29,00	**36,00**	42,00	
Einheit: m² Straßenfläche				
080 Straßen, Wege, Plätze				100,0%
522.53.00 Deckschicht Pflaster, Tragschicht, Feinplanum				
01 **Feinplanie, Untergrund verdichten, Filtervlies, Schottertragschicht, Betonsteinpflaster im Splitt- bett, Bordsteine (8 Objekte)**	53,00	**71,00**	85,00	
Einheit: m² Straßenfläche				
002 Erdarbeiten				1,0%
003 Landschaftsbauarbeiten				28,0%
044 Abwasseranlagen - Leitungen, Abläufe, Armaturen				19,0%
080 Straßen, Wege, Plätze				52,0%

Ausführungsarten

Gebäudearten

Kostengruppen

Neubau

Abbrechen

Wiederherstellen

Herstellen

KG.AK.AA	von	€/Einheit	bis	LB an AA
522.81.00 Beton-Bordsteine				
01 **Betonhochbordsteine als Straßenbegrenzung, Beton-Rückenstütze (18 Objekte)**	22,00	**26,00**	31,00	
Einheit: m Betonhochbordstein				
080 Straßen, Wege, Plätze				100,0%

© **BKI** Baukosteninformationszentrum; Erläuterungen zu den Tabellen siehe Seite 64   Kostenstand: 1.Quartal 2012, Bundesdurchschnitt, **inkl. MwSt.**

KG.AK.AA	von	€/Einheit	bis	LB an AA

523.52.00 Deckschicht Pflaster, Tragschicht

	von	€/Einheit	bis	LB an AA
01 **Schottertragschicht, d=30-50cm, Betonpflaster-steine, Betonbordsteine mit Betonrückenstütze (5 Objekte)**	32,00	**42,00**	58,00	
Einheit: m² Befestigte Fläche				
080 Straßen, Wege, Plätze				100,0%

523.81.00 Beton-Bordsteine

	von	€/Einheit	bis	LB an AA
01 **Betonbordstein, h=16-18cm, Betonrückenstütze (5 Objekte)**	20,00	**25,00**	29,00	
Einheit: m Betonbordstein				
080 Straßen, Wege, Plätze				100,0%

523.83.00 Platz-, Hofbegrenzungen Metall

	von	€/Einheit	bis	LB an AA
01 **Stahlband-Einfassung, d=4-6mm, h=10-20cm (5 Objekte)**	44,00	**52,00**	63,00	
Einheit: m Einfassung				
080 Straßen, Wege, Plätze				50,0%
031 Metallbauarbeiten				50,0%

Gebäudearten

Kostengruppen

Ausführungsarten

Neubau

Abbrechen

Wiederherstellen

Herstellen

524
Stellplätze

KG.AK.AA	von	€/Einheit	bis	LB an AA
524.51.00 Deckschicht Pflaster				
01 **Beton-Verbundsteinpflaster, d=8cm, PKW-Stellplatz-markierungen durch farbige Pflastersteine, Randeinfassungen mit Tiefbordsteine (6 Objekte)**	30,00	**37,00**	52,00	
Einheit: m² Stellplatzfläche				
080 Straßen, Wege, Plätze				100,0%
02 **Beton-Rasenverbundsteine, d=8cm, Humus anfüllen, ansäen mit Parkplatzrasen, PKW-Stellplatz-markierungen durch einzeilige Vollstein-Pflaster-steine, Randeinfassungen mit Tiefbordsteinen (5 Objekte)**	32,00	**36,00**	42,00	
Einheit: m² Stellplatzfläche				
080 Straßen, Wege, Plätze				100,0%

© **BKI** Baukosteninformationszentrum; Erläuterungen zu den Tabellen siehe Seite 64   Kostenstand: 1.Quartal 2012, Bundesdurchschnitt, **inkl. MwSt.**

KG.AK.AA	von	€/Einheit	bis	LB an AA
531.12.00 Holzzäune				
01 **Holzlattenzaun, h=1,20m, Zaunpfosten, druckimprägniert (3 Objekte)**	86,00	**120,00**	130,00	
Einheit: m Zaunlänge				
003 Landschaftsbauarbeiten				47,0%
080 Straßen, Wege, Plätze				53,0%
531.13.00 Drahtzäune				
01 **Maschendrahtzaun, h=1,10-1,80m, kunststoff-ummantelt, Stb-Pfostenlöcher, Metallpfosten (15 Objekte)**	27,00	**35,00**	55,00	
Einheit: m Zaunlänge				
003 Landschaftsbauarbeiten				50,0%
031 Metallbauarbeiten				50,0%
531.14.00 Metallgitterzäune				
01 **Ballfangzaun, h=4-5m, Doppelstabmatten, Fundamente, Erdarbeiten (4 Objekte)**	160,00	**180,00**	200,00	
Einheit: m Zaunlänge				
003 Landschaftsbauarbeiten				49,0%
012 Mauerarbeiten				5,0%
031 Metallbauarbeiten				46,0%
02 **Zaun mit Stabgitterfeldern, h=1,20-1,60m, Fundamente, Erdarbeiten (9 Objekte)**	67,00	**79,00**	92,00	
Einheit: m Zaunlänge				
031 Metallbauarbeiten				49,0%
080 Straßen, Wege, Plätze				51,0%
531.48.00 Metallpoller				
01 **Absperrpfosten, h=0,9-1,25m, herausnehmbar, Bodenhülse (6 Objekte)**	290,00	**320,00**	350,00	
Einheit: St Absperrpfosten				
003 Landschaftsbauarbeiten				50,0%
080 Straßen, Wege, Plätze				50,0%

Gebäudearten

Kostengruppen

Ausführungsarten

Neubau

Abbrechen

Wiederherstellen

Herstellen

KG.AK.AA	von	€/Einheit	bis	LB an AA
533.11.00 Stahlbetonwände komplett				
01 **Stb-Wände Ortbeton, d=14-17,5cm, Schalung,**	67,00	**88,00**	120,00	
Bewehrung (5 Objekte)				
Einheit: m² Wandfläche				
013 Betonarbeiten				50,0%
080 Straßen, Wege, Plätze				50,0%
02 **Stb-Wände Ortbeton, d=20-25cm, Schalung,**	170,00	**190,00**	220,00	
Bewehrung (7 Objekte)				
Einheit: m² Wandfläche				
013 Betonarbeiten				100,0%
03 **Einfassung mit L-Steinen aus Fertigteil-**	180,00	**200,00**	240,00	
Einzelelemente, Sichtbeton, d=60cm (4 Objekte)				
Einheit: m Wandlänge				
003 Landschaftsbauarbeiten				34,0%
013 Betonarbeiten				33,0%
080 Straßen, Wege, Plätze				34,0%
04 **Stützwände aus Betonpalisaden, h=60-100cm,**	60,00	**110,00**	130,00	
Fundamentaushub, Fundamentbeton (3 Objekte)				
Einheit: m Wandlänge				
013 Betonarbeiten				51,0%
080 Straßen, Wege, Plätze				49,0%

© **BKI** Baukosteninformationszentrum; Erläuterungen zu den Tabellen siehe Seite 64   Kostenstand: 1.Quartal 2012, Bundesdurchschnitt, **inkl. MwSt.**

KG.AK.AA	von	€/Einheit	bis	LB an AA
534.21.00 Treppen, Beton				
01 **Betonblockstufen, grau gestrahlt, Betonfundamente**	210,00	**260,00**	310,00	
(4 Objekte)				
Einheit: m² Treppenfläche				
003 Landschaftsbauarbeiten				50,0%
013 Betonarbeiten				50,0%
534.22.00 Treppen, Beton-Fertigteil				
01 **Blockstufen, Betonfertigteil, sandgestrahlt**	330,00	**390,00**	450,00	
(4 Objekte)				
Einheit: m²				
013 Betonarbeiten				50,0%
080 Straßen, Wege, Plätze				50,0%

Gebäudearten

Kostengruppen

Ausführungsarten

Neubau

Abbrechen

Wiederherstellen

Herstellen

KG.AK.AA	von	€/Einheit	bis	LB an AA
541.11.00 Abwasserleitungen - Schmutz-/Regenwasser				
01 **Grabenaushub BK 3-5, t=0,8-1,80m, Aushubmaterial seitlich lagern, PVC-Abwasserleitungen, DN100-200, Formstücke, Sandbettung (24 Objekte)**	50,00	**66,00**	93,00	
Einheit: m Abwasserleitung				
002 Erdarbeiten				30,0%
009 Entwässerungskanalarbeiten				70,0%
02 **Grabenaushub BK 3-5, t=0,8-1,25m, Aushubmaterial seitlich lagern, Steinzeug-Abwasserleitungen, DN100-150, Formstücke, Sandbettung (3 Objekte)**	36,00	**53,00**	78,00	
Einheit: m Abwasserleitungen				
002 Erdarbeiten				23,0%
009 Entwässerungskanalarbeiten				27,0%
044 Abwasseranlagen - Leitungen, Abläufe, Armaturen				50,0%
541.15.00 Ab-/Einläufe für Abwasserleitungen				
01 **Entwässerungsrinne DN100 aus Beton, verzinktes Gitterrost, Anfangs- und Endscheibe, Betonauflager aus Ortbeton (18 Objekte)**	99,00	**160,00**	1.110,00	
Einheit: m Entwässerungsrinne				
009 Entwässerungskanalarbeiten				33,0%
044 Abwasseranlagen - Leitungen, Abläufe, Armaturen				33,0%
080 Straßen, Wege, Plätze				33,0%
02 **Hofablauf aus Betonteilen, Schlitzeimer, Abwasserleitung anschließen (7 Objekte)**	90,00	**110,00**	130,00	
Einheit: St Hofablauf				
009 Entwässerungskanalarbeiten				100,0%
03 **Einlaufkasten für Entwässerungsrinne, Geruchsverschluss, verzinkter Eimer, Gitterrostabdeckung (10 Objekte)**	150,00	**180,00**	200,00	
Einheit: St Einlaufkasten				
009 Entwässerungskanalarbeiten				50,0%
044 Abwasseranlagen - Leitungen, Abläufe, Armaturen				50,0%

KG.AK.AA	von	€/Einheit	bis	LB an AA

551.21.00 Fahrradständer, Metall

01 Fahrradabstellbügel, Rundrohrmaterial, feuerverzinkt, Erd- und Fundamentarbeiten (14 Objekte) — 68,00 | **88,00** | 110,00 |

Einheit: St Fahrradabstellbügel

| 031 Metallbauarbeiten | | | | 100,0% |

551.51.00 Abfallbehälter, Metall

01 Abfallbehälter ohne Deckel, Inhalt 35-56 l, Edelstahl, Behälter verschließbar, einbauen in Betonfundament (13 Objekte) — 530,00 | **630,00** | 750,00 |

Einheit: St Abfallbehälter

| 003 Landschaftsbauarbeiten | | | | 51,0% |
| 080 Straßen, Wege, Plätze | | | | 49,0% |

551.61.00 Fahnenmaste, Metall

01 Fahnenmasten aus Aluminiumrohr mit innenliegender Hissvorrichtung, h=6,70-9,00m, Betonfundament, Bodenhülse (8 Objekte) — 660,00 | **900,00** | 1.240,00 |

Einheit: St Fahnenmast

003 Landschaftsbauarbeiten				49,0%
013 Betonarbeiten				6,0%
031 Metallbauarbeiten				45,0%

Gebäudearten

Kostengruppen

Neubau

Ausführungsarten

Abbrechen

Wiederherstellen

Herstellen

KG.AK.AA	von	€/Einheit	bis	LB an AA
571.12.00 Oberbodenarbeiten, Oberbodenauftrag, Lagermaterial				
01 **Oberboden an Lagerstelle aufladen, Entfernung bis 50m, transportieren und wieder einbauen, Auftragsdicke 25-30cm (6 Objekte)**	1,60	**2,10**	2,40	
Einheit: m² Geländefläche				
003 Landschaftsbauarbeiten				50,0%
002 Erdarbeiten				50,0%
571.13.00 Oberbodenarbeiten, Oberbodenauftrag, Liefermaterial				
01 **Oberboden, d=20-30cm, liefern, profilgerecht einbauen (16 Objekte)**	19,00	**25,00**	32,00	
Einheit: m³ Oberboden				
002 Erdarbeiten				49,0%
003 Landschaftsbauarbeiten				51,0%

© **BKI** Baukosteninformationszentrum; Erläuterungen zu den Tabellen siehe Seite 64   Kostenstand: 1.Quartal 2012, Bundesdurchschnitt, **inkl. MwSt.**

KG.AK.AA		von	€/Einheit	bis	LB an AA
572.11.00	Bodenlockerung				
01	**Vegetationstragschicht, kreuzweise lockern durch**	0,50	**0,90**	1,50	
	Fräsen, Steine ab d=5cm und sonstige Fremdkörper				
	aufnehmen (13 Objekte)				
	Einheit: m² Vegetationsschicht				
	003 Landschaftsbauarbeiten				49,0%
	004 Landschaftsbauarbeiten; Pflanzen				51,0%
02	**Vegetationsschicht für Pflanz- und Rasenflächen,**	17,00	**23,00**	29,00	
	d=10-30cm, liefern, einbauen (6 Objekte)				
	Einheit: m³ Auffüllmenge				
	003 Landschaftsbauarbeiten				50,0%
	004 Landschaftsbauarbeiten; Pflanzen				50,0%
572.21.00	Bodenverbesserung				
01	**Bodenverbesserung der Vegetationsfläche durch**	1,50	**2,10**	2,90	
	Kiessand oder Rindenhumus, gleichmäßig				
	aufbringen, einarbeiten (6 Objekte)				
	Einheit: m² Vegetationsfläche				
	003 Landschaftsbauarbeiten				49,0%
	004 Landschaftsbauarbeiten; Pflanzen				51,0%
02	**Bodenverbesserung durch Hornspäne und Horngries,**	0,50	**0,60**	0,90	
	liefern, einarbeiten (3 Objekte)				
	Einheit: m² Vegetationsfläche				
	003 Landschaftsbauarbeiten				100,0%
03	**Bodenverbesserung durch Erdkompost, gleichmäßig**	0,80	**1,20**	1,40	
	aufbringen und einarbeiten (5 Objekte)				
	Einheit: m² Vegetationsfläche				
	003 Landschaftsbauarbeiten				100,0%

Gebäudearten

Kostengruppen

Ausführungsarten — Neubau

Abbrechen

Wiederherstellen

Herstellen

KG.AK.AA	von	€/Einheit	bis	LB an AA
574.11.00 Feinplanum für Pflanzflächen				
01 **Feinplanum für Pflanzflächen, maximale Abweichung von der Sollhöhe +-2cm (11 Objekte)**	0,60	**1,00**	1,50	
Einheit: m² Geländefläche				
003 Landschaftsbauarbeiten				100,0%
574.21.00 Bäume				
01 **Baumgruben ausheben, 80x80x60cm bis 100x100x80cm (6 Objekte)**	16,00	**24,00**	28,00	
Einheit: St Baumgrube				
003 Landschaftsbauarbeiten				51,0%
004 Landschaftsbauarbeiten; Pflanzen				49,0%
02 **Bäume, Hochstamm, Stammumfang 16-20cm, 3 oder 4x verpflanzt, Drahtballierung (9 Objekte)**	270,00	**330,00**	450,00	
Einheit: St Baum				
004 Landschaftsbauarbeiten; Pflanzen				100,0%
03 **Bäume, Hochstamm, Stammumfang bis 55cm, 4x verpflanzt, Drahtballierung (3 Objekte)**	750,00	**970,00**	1.090,00	
Einheit: St				
003 Landschaftsbauarbeiten				32,0%
004 Landschaftsbauarbeiten; Pflanzen				32,0%
080 Straßen, Wege, Plätze				35,0%
574.28.00 Baumverankerungen				
01 **Baumverankerung mit Baumpfählen, l=2-2,50m, chemischer Holzschutz, Baumbefestigung mit Kokosband (8 Objekte)**	9,90	**14,00**	20,00	
Einheit: St Verankerung				
004 Landschaftsbauarbeiten; Pflanzen				100,0%
02 **Baumverankerung, Pfahl-Dreibock mit Lattenrahmen, l=2,50-3,00m, chemischer Holzschutz, Baumbefestigung mit Kokosband, Zopfdicke bis 10cm (18 Objekte)**	36,00	**47,00**	60,00	
Einheit: St Verankerung				
004 Landschaftsbauarbeiten; Pflanzen				100,0%
574.31.00 Sträucher				
01 **Dauerblühende Strauchrosen (3 Objekte)**	5,10	**8,30**	10,00	
Einheit: St Rose				
004 Landschaftsbauarbeiten; Pflanzen				100,0%

KG.AK.AA		von	€/Einheit	bis	LB an AA
574.32.00	Sträucher, Feinplanum				
01	**Bodendecker, immergrün, winterfest, Bewässerung, verschiedene Sorten (3 Objekte)**	8,90	**21,00**	27,00	
	Einheit: m² Pflanzfläche				
	004 Landschaftsbauarbeiten; Pflanzen				100,0%
02	**Kletterpflanzen, Efeu, Größe 40-100cm (4 Objekte)**	4,90	**8,50**	10,00	
	Einheit: St Pflanze				
	004 Landschaftsbauarbeiten; Pflanzen				100,0%
03	**Verschiedene Sträucher (Liguster, Ranunkelstrauch, Blut-Johannisbeere, Herbst-Flieder, Größe 40-100cm, mit und ohne Ballen (7 Objekte)**	4,10	**6,40**	10,00	
	Einheit: St Pflanze				
	004 Landschaftsbauarbeiten; Pflanzen				100,0%
574.41.00	Stauden				
01	**Verschiedene Stauden (Frauenmantel, Silberblau-kissen, Anemone, Johanniskraut, Blauminze) mit und ohne Topfballen (8 Objekte)**	1,30	**1,70**	2,30	
	Einheit: St Pflanze				
	004 Landschaftsbauarbeiten; Pflanzen				100,0%
574.51.00	Blumenzwiebeln				
01	**Blumenzwiebeln pflanzen (6 Objekte)**	0,20	**0,30**	0,30	
	Einheit: St Blumenzwiebeln				
	004 Landschaftsbauarbeiten; Pflanzen				100,0%

Gebäudearten

Kostengruppen

Ausführungsarten

Neubau

Abbrechen

Wiederherstellen

Herstellen

KG.AK.AA	von	€/Einheit	bis	LB an AA
575.11.00 Feinplanum für Rasenflächen				
01 **Feinplanie für Rasenflächen, Abweichung von Sollhöhe +/-2cm, kreuzweise fräsen, Steine, Unkraut, Fremdkörper aufnehmen (10 Objekte)**	0,60	**1,10**	2,00	
Einheit: m² Fläche				
003 Landschaftsbauarbeiten				50,0%
004 Landschaftsbauarbeiten; Pflanzen				50,0%
575.31.00 Wohn- und Gebrauchsrasen				
01 **Gebrauchsrasen, einsäen, einigeln und walzen, auf ebenen Flächen (8 Objekte)**	0,40	**0,60**	0,80	
Einheit: m² Rasenfläche				
003 Landschaftsbauarbeiten				50,0%
004 Landschaftsbauarbeiten; Pflanzen				50,0%
575.32.00 Wohn- und Gebrauchsrasen, Feinplanum				
03 **Feinplanum für Rasenflächen, kreuzweise fräsen, Gebrauchsrasen, einsäen, einigeln und walzen (14 Objekte)**	1,50	**2,00**	2,90	
Einheit: m² Rasenfläche				
003 Landschaftsbauarbeiten				50,0%
004 Landschaftsbauarbeiten; Pflanzen				50,0%
575.33.00 Wohn- und Gebrauchsrasen, Fertigstellungspflege				
01 **Feinplanum für Rasenflächen, kreuzweise fräsen, Gebrauchsrasen, einsäen, einigeln und walzen, mähen, 3-6 Schnitte, Wuchshöhe 6 bis 10cm, düngen, wässern (6 Objekte)**	3,20	**3,60**	4,40	
Einheit: m² Rasenfläche				
003 Landschaftsbauarbeiten				48,0%
004 Landschaftsbauarbeiten; Pflanzen				52,0%
575.71.00 Rollrasen				
01 **Fertig-Gebrauchsrasen (Rollrasen), auslegen, anwalzen, verfüllen der Fugen, wässern (9 Objekte)**	5,10	**6,60**	8,60	
Einheit: m² Rasenfläche				
004 Landschaftsbauarbeiten; Pflanzen				100,0%

© **BKI** Baukosteninformationszentrum; Erläuterungen zu den Tabellen siehe Seite 64   Kostenstand: 1.Quartal 2012, Bundesdurchschnitt, **inkl. MwSt.**

Ausführungsarten
Altbau
Abbrechen

Kostenkennwerte für von BKI gebildete
Untergliederung der 3.Ebene DIN 276

322
Flachgründungen

322.11.00	Einzelfundamente und Streifenfundamente				
05	**Stb-Einzelfundamente und Streifenfundamente, unbewehrt, laden, abfahren, Kippgebühr (4 Objekte)**	140,00	**170,00**	260,00	
	Einheit: m³ Fundamentvolumen				
	084 Abbruch- und Rückbauarbeiten				100,0%
06	**Stb-Streifenfundamente, bewehrt, laden, abfahren, Kippgebühr (2 Objekte)**	470,00	**480,00**	490,00	
	Einheit: m³ Fundamentvolumen				
	084 Abbruch- und Rückbauarbeiten				100,0%

Kostenstand: 1.Quartal 2012, Bundesdurchschnitt, **inkl. MwSt.**

KG.AK.AA – Abbrechen	von	€/Einheit	bis	LB an AA
324.15.00 Stahlbeton, Ortbeton, Platten				
02 **Abbruch Betonplatten d=15-20cm, Abfuhr, Kippgebühren (7 Objekte)**	22,00	**28,00**	37,00	
Einheit: m² Plattenfläche				
084 Abbruch- und Rückbauarbeiten				100,0%
03 **Abbruch Betonplatten d=10-20cm, einschl. Fußbodenaufbau, Abfuhr, Kippgebühren (3 Objekte)**	43,00	**60,00**	69,00	
Einheit: m² Plattenfläche				
084 Abbruch- und Rückbauarbeiten				100,0%

Gebäudearten

Kostengruppen

Neubau

Ausführungsarten · **Abbrechen**

Wiederherstellen

Herstellen

325
Bodenbeläge

325.21.00 Estrich

	von	€/Einheit	bis	LB an AA
06 **Abbruch von Zement-Verbundestrichflächen, d=5-10cm, ohne Oberbelag; entsorgen, Kippgebühren (4 Objekte)**	19,00	**20,00**	22,00	
Einheit: m² Abgebrochene Fläche				
084 Abbruch- und Rückbauarbeiten				100,0%
83 **Abbruch Zementverbundestrich bzw. Gussasphalt, Schuttbeseitigung (4 Objekte)**	10,00	**14,00**	25,00	
Einheit: m² Abgebrochene Fläche				
084 Abbruch- und Rückbauarbeiten				100,0%

325.31.00 Fliesen und Platten

	von	€/Einheit	bis	LB an AA
05 **Abbruch Fliesenbeläge, Abfuhr, Kippgebühren (4 Objekte)**	12,00	**18,00**	20,00	
Einheit: m² Abgebrochene Fläche				
084 Abbruch- und Rückbauarbeiten				100,0%
06 **Abbruch Fliesenbeläge, Mörtelbett, d=5-7cm, Abfuhr, Kippgebühren (2 Objekte)**	20,00	**30,00**	41,00	
Einheit: m² Abgebrochene Fläche				
084 Abbruch- und Rückbauarbeiten				100,0%

325.41.00 Naturstein

	von	€/Einheit	bis	LB an AA
04 **Abbruch Natursteinplatten, einschl. Unterbau, Schuttentsorgung (2 Objekte)**	34,00	**41,00**	48,00	
Einheit: m² Abgebrochene Fläche				
084 Abbruch- und Rückbauarbeiten				100,0%

325.51.00 Betonwerkstein

	von	€/Einheit	bis	LB an AA
82 **Abbruch Betonwerksteinbelag, Schuttbeseitigung (3 Objekte)**	10,00	**17,00**	31,00	
Einheit: m² Abgebrochene Fläche				
084 Abbruch- und Rückbauarbeiten				100,0%

325.61.00 Textil

	von	€/Einheit	bis	LB an AA
81 **Abbruch Textil- oder Kunststoffbelag, Schuttbeseitigung (4 Objekte)**	4,50	**7,50**	11,00	
Einheit: m² Abgebrochene Fläche				
084 Abbruch- und Rückbauarbeiten				100,0%

325.62.00 Textil, Estrich

	von	€/Einheit	bis	LB an AA
82 **Textilbelag auf schwimmendem Estrich, vorhandene Holzdielung aufnehmen, Schuttbeseitigung (1 Objekt)**	–	**88,00**	–	
Einheit: m² Abgebrochene Fläche				
084 Abbruch- und Rückbauarbeiten				100,0%

© BKI Baukosteninformationszentrum; Erläuterungen zu den Tabellen siehe Seite 64   Kostenstand: 1.Quartal 2012, Bundesdurchschnitt, inkl. MwSt.

KG.AK.AA – Abbrechen	von	€/Einheit	bis	LB an AA

325.71.00 Holz

05	**Abbruch von Holzunterkonstruktion, d=11cm,** **Spanplatten, PVC-Beläge (1 Objekt)**	–	**86,00**	–	
	Einheit: m² Abgebrochene Fläche				
	084 Abbruch- und Rückbauarbeiten				100,0%
81	**Abbruch Holzdielen, Schuttbeseitigung (4 Objekte)**	15,00	**22,00**	39,00	
	Einheit: m² Abgebrochene Fläche				
	084 Abbruch- und Rückbauarbeiten				100,0%
82	**Abbruch Holzparkett, Schuttbeseitigung (3 Objekte)**	9,00	**18,00**	36,00	
	Einheit: m² Abgebrochene Fläche				
	084 Abbruch- und Rückbauarbeiten				100,0%

325.81.00 Hartbeläge

02	**Abbruch von PVC oder Linoleum, Schuttbeseitigung** **(9 Objekte)**	4,00	**5,40**	6,80	
	Einheit: m² Abgebrochene Fläche				
	084 Abbruch- und Rückbauarbeiten				100,0%

325.92.00 Ziegelbeläge

02	**Abbruch von Flach- oder Rollschichtziegelpflaster,** **einschließlich Sandbettung d=12cm, Abtransport,** **Kippgebühr (2 Objekte)**	19,00	**20,00**	21,00	
	Einheit: m² Abgebrochene Fläche				
	084 Abbruch- und Rückbauarbeiten				100,0%

Gebäudearten

Kostengruppen

Neubau

Ausführungsarten

Abbrechen

Wiederherstellen

Herstellen

331
Tragende
Außenwände

KG.AK.AA – Abbrechen	von	€/Einheit	bis	LB an AA
331.14.00 Mauerwerkswand, Kalksandsteine				
13 **Abbruch von KS-Mauerwerk, d=30cm, einschließlich Putz, Schuttentsorgung (2 Objekte)**	50,00	**58,00**	66,00	
Einheit: m² Abgebrochene Fläche				
084 Abbruch- und Rückbauarbeiten				100,0%
331.16.00 Mauerwerkswand, Mauerziegel				
11 **Abbruch vom Ziegelmauerwerk, d=25cm, Schuttentsorgung (6 Objekte)**	36,00	**48,00**	63,00	
Einheit: m² Abgebrochene Fläche				
084 Abbruch- und Rückbauarbeiten				100,0%
12 **Abbruch von Ziegelmauerwerk, d=30-60cm, Schuttentsorgung (11 Objekte)**	59,00	**72,00**	84,00	
Einheit: m² Abgebrochene Fläche				
084 Abbruch- und Rückbauarbeiten				100,0%
331.21.00 Betonwand, Ortbetonwand, schwer				
01 **Abbruch von bewehrten Betonwänden, d=40cm, Schuttentsorgung, Kleinmengen, Öffnungen (3 Objekte)**	220,00	**280,00**	380,00	
Einheit: m² Abgebrochene Fläche				
084 Abbruch- und Rückbauarbeiten				100,0%
09 **Abbruch von bewehrten Betonwänden, d=35cm, Schuttentsorgung (3 Objekte)**	98,00	**110,00**	120,00	
Einheit: m² Abgebrochene Fläche				
084 Abbruch- und Rückbauarbeiten				100,0%

© **BKI** Baukosteninformationszentrum; Erläuterungen zu den Tabellen siehe Seite 64   Kostenstand: 1.Quartal 2012, Bundesdurchschnitt, **inkl. MwSt.**

KG.AK.AA – Abbrechen	von	€/Einheit	bis	LB an AA

332.12.00 Mauerwerkswand, Gasbeton

01 **Abbruch von Gasbetonwänden d=17,5-25cm, Schuttentsorgung (3 Objekte)**	66,00	**94,00**	150,00	
Einheit: m² Abgebrochene Fläche				
084 Abbruch- und Rückbauarbeiten				100,0%

332.16.00 Mauerwerkswand, Mauerziegel

02 **Abbruch vom Ziegelmauerwerk d=11,5cm, Schuttentsorgung (1 Objekt)**	–	**29,00**	–	
Einheit: m² Abgebrochene Fläche				
084 Abbruch- und Rückbauarbeiten				100,0%

332.19.00 Mauerwerkswand, sonstiges

81 **Fensterstürze aus Beton demontieren, Schuttbeseitigung (1 Objekt)**	–	**160,00**	–	
Einheit: St Fensterstürze				
084 Abbruch- und Rückbauarbeiten				100,0%

332.51.00 Glaswand, Glasmauersteine

02 **Abbruch von Glasbausteinen, Schuttentsorgung (2 Objekte)**	54,00	**63,00**	72,00	
Einheit: m² Abgebrochene Fläche				
084 Abbruch- und Rückbauarbeiten				100,0%

Gebäudearten

Kostengruppen

Neubau

Ausführungsarten

Abbrechen

Wiederherstellen

Herstellen

333
Außenstützen

KG.AK.AA – Abbrechen	von	€/Einheit	bis	LB an AA
333.21.00 Betonstütze, Ortbeton, schwer				
05 **Abbruch von Stb-Stützen 30/25cm, Schuttentsorgung (1 Objekt)**	–	**22,00**	–	
Einheit: m Stützenlänge				
084 Abbruch- und Rückbauarbeiten				100,0%

Kostenstand: 1.Quartal 2012, Bundesdurchschnitt, **inkl. MwSt.**

334.12.00 Türen, Holz

01 **Abbruch von Holz-Kastendoppeltür, Abtransport, Kippgebühren (2 Objekte)**	40,00	**51,00**	63,00	
Einheit: m² Türfläche				
084 Abbruch- und Rückbauarbeiten				100,0%
07 **Abbruch von Holz-Haustüren, Abtransport, Kippgebühren (4 Objekte)**	21,00	**25,00**	27,00	
Einheit: m² Türfläche				
084 Abbruch- und Rückbauarbeiten				100,0%

334.22.00 Fenstertüren, Holz

04 **Abbruch Holz-Fenstertüren, Zargen, Rahmenauf-doppelung, innenseitiges Futter, Abtransport, Kippgebühren (2 Objekte)**	63,00	**92,00**	120,00	
Einheit: m² Türfläche				
084 Abbruch- und Rückbauarbeiten				100,0%
05 **Abbruch Holz-Fenstertüren, Abtransport, Kippgebühren (3 Objekte)**	23,00	**26,00**	30,00	
Einheit: m² Türfläche				
084 Abbruch- und Rückbauarbeiten				100,0%

334.62.00 Fenster, Holz

03 **Abbruch von verglasten Holz-Einfachfenstern, mit Fensterbank, Abtransport, Kippgebühren (7 Objekte)**	18,00	**30,00**	58,00	
Einheit: m² Fensterfläche				
084 Abbruch- und Rückbauarbeiten				100,0%

334.91.00 Sonstige Außentüren und -fenster

81 **Ausbau von Holz- bzw. Metalltüren- und -fenstern, Schuttbeseitigung (6 Objekte)**	23,00	**35,00**	48,00	
Einheit: m² Öffnungsfläche				
084 Abbruch- und Rückbauarbeiten				100,0%

Gebäudearten

Kostengruppen

Neubau

Ausführungsarten

Abbrechen

Wiederherstellen

Herstellen

KG.AK.AA – Abbrechen	von	€/Einheit	bis	LB an AA
335.31.00 Putz				
02 **Abbruch von Außenputz, bis auf das Mauerwerk, Schuttentsorgung (11 Objekte)**	7,50	**9,70**	12,00	
Einheit: m² Abgebrochene Fläche				
084 Abbruch- und Rückbauarbeiten				100,0%
335.41.00 Bekleidung auf Unterkonstruktion, Faserzement				
02 **Abbruch von Faserzement-Fassadenplatten, asbesthaltig, Holzunterkonstruktion, Entsorgung als Sondermüll, Deponiegebühren (4 Objekte)**	18,00	**21,00**	23,00	
Einheit: m² Bekleidete Fläche				
084 Abbruch- und Rückbauarbeiten				100,0%
335.44.00 Bekleidung auf Unterkonstruktion, Holz				
81 **Vorhandene Bekleidung aus Holzwerkstoff abbrechen, Schuttbeseitigung (1 Objekt)**	–	**6,40**	–	
Einheit: m² Abgebrochene Fläche				
084 Abbruch- und Rückbauarbeiten				100,0%
335.47.00 Bekleidung auf Unterkonstruktion, Metall				
02 **Abbruch der Zinkabdeckungen, Entsorgung (3 Objekte)**	7,90	**8,20**	8,60	
Einheit: m² Bekleidete Fläche				
084 Abbruch- und Rückbauarbeiten				100,0%

© **BKI** Baukosteninformationszentrum; Erläuterungen zu den Tabellen siehe Seite 64   Kostenstand: 1.Quartal 2012, Bundesdurchschnitt, **inkl. MwSt.**

		von	€/Einheit	bis	LB an AA
336.17.00	Dämmung				
02	**Styroporplatten entfernen, Schuttentsorgung (1 Objekt)**	–	**10,00**	–	
	Einheit: m² Bekleidete Fläche				
	084 Abbruch- und Rückbauarbeiten				100,0%
336.21.00	Anstrich				
04	**Ölfarbe, Leimfarbe von Wänden abbeizen (2 Objekte)**	4,00	**7,50**	11,00	
	Einheit: m² Bekleidete Fläche				
	084 Abbruch- und Rückbauarbeiten				100,0%
05	**Mineralfarbanstrich an Wänden bis auf sauberen Untergrund entfernen, Untergrund reinigen, Untergrund Putz (1 Objekt)**	–	**2,30**	–	
	Einheit: m² Bekleidete Fläche				
	084 Abbruch- und Rückbauarbeiten				100,0%
336.31.00	Putz				
04	**Wandputz abschlagen, d bis 20mm, Schuttentsorgung (13 Objekte)**	11,00	**13,00**	17,00	
	Einheit: m² Bekleidete Fläche				
	084 Abbruch- und Rückbauarbeiten				100,0%
336.33.00	Putz, Fliesen und Platten				
03	**Abbruch von Wandfliesen, einschl. Mörtelbett, Abfuhr, Kippgebühren (9 Objekte)**	11,00	**16,00**	21,00	
	Einheit: m² Bekleidete Fläche				
	084 Abbruch- und Rückbauarbeiten				100,0%
336.44.00	Bekleidung auf Unterkonstruktion, Holz				
02	**Abbruch von Holz-Wandverkleidung d=4cm, Kippgebühren (3 Objekte)**	3,70	**7,20**	9,20	
	Einheit: m² Abgebrochene Fläche				
	084 Abbruch- und Rückbauarbeiten				100,0%
336.61.00	Tapeten				
02	**Entfernen von Tapeten, zum Teil mehrlagig, Schuttbeseitigung (8 Objekte)**	2,60	**3,60**	4,90	
	Einheit: m² Bekleidete Fläche				
	084 Abbruch- und Rückbauarbeiten				100,0%
336.62.00	Tapeten, Anstrich				
82	**Tapete, Anstrich, alte Tapeten bzw. Anstriche entfernen, Putzuntergrund vorbereiten, Schuttbeseitigung (8 Objekte)**	9,20	**11,00**	13,00	
	Einheit: m² Bekleidete Fläche				
	084 Abbruch- und Rückbauarbeiten				100,0%

Gebäudearten

Kostengruppen

Neubau

Ausführungsarten

Abbrechen

Wiederherstellen

Herstellen

KG.AK.AA – Abbrechen	von	€/Einheit	bis	LB an AA
338.12.00 Rollläden				
07 **Abbruch von Holzrollladen, Welle, Gurt, Gurtkasten, Abtransport, Kippgebühren (3 Objekte)**	11,00	**15,00**	24,00	
Einheit: m² Geschützte Fläche				
084 Abbruch- und Rückbauarbeiten				100,0%
10 **Ausbau von Rollladenkästen im Mauerwerk, Abtransport, Kippgebühren (2 Objekte)**	41,00	**50,00**	59,00	
Einheit: m Rollladenkästen				
084 Abbruch- und Rückbauarbeiten				100,0%

© **BKI** Baukosteninformationszentrum; Erläuterungen zu den Tabellen siehe Seite 64   Kostenstand: 1.Quartal 2012, Bundesdurchschnitt, **inkl. MwSt.**

	von	€/Einheit	bis	LB an AA

339.12.00 Kellerlichtschächte

03 **Abbruch von Kellerlichtschächten, Schuttentsorgung** — 89,00 | **110,00** | 140,00
(4 Objekte)
Einheit: m³ Lichtschachtvolumen

| 084 Abbruch- und Rückbauarbeiten | | | | 100,0% |

339.22.00 Geländer

02 **Abbruch Balkongeländer, Schuttbeseitigung** — 38,00 | **41,00** | 44,00
(2 Objekte)
Einheit: m² Abgebrochene Fläche

| 084 Abbruch- und Rückbauarbeiten | | | | 100,0% |

339.32.00 Gitterroste

81 **Ausbau Stahlfenstergitter, Schuttbeseitigung** — 3,40 | **20,00** | 30,00
(3 Objekte)
Einheit: m² Abgebrochene Fläche

| 084 Abbruch- und Rückbauarbeiten | | | | 100,0% |

Gebäudearten

Kostengruppen

Neubau

Ausführungsarten **Abbrechen**

Wiederherstellen

Herstellen

341
Tragende Innenwände

KG.AK.AA – Abbrechen	von	€/Einheit	bis	LB an AA
341.14.00 Mauerwerkswand, Kalksandsteine				
09 **Abbruch von KS-Mauerwerk, d=24cm, einschl. Putz, Abtransport, Kippgebühren (3 Objekte)**	52,00	**58,00**	66,00	
Einheit: m² Abgebrochene Fläche				
084 Abbruch- und Rückbauarbeiten				100,0%
341.16.00 Mauerwerkswand, Mauerziegel				
03 **Ziegelmauerwerk abbrechen, transportieren, Kippgebühr, Wanddicke d=24-28cm (10 Objekte)**	43,00	**59,00**	76,00	
Einheit: m² Abgebrochene Fläche				
084 Abbruch- und Rückbauarbeiten				100,0%
05 **Ziegelmauerwerk abbrechen, transportieren, Kippgebühr, Wanddicke d=40-63cm (8 Objekte)**	70,00	**91,00**	130,00	
Einheit: m² Abgebrochene Fläche				
084 Abbruch- und Rückbauarbeiten				100,0%
341.19.00 Mauerwerkswand, sonstiges				
81 **Durchbrüche in Mauerwerkswänden d=20-40cm, Größe bis 0,5m², Schuttbeseitigung (7 Objekte)**	44,00	**78,00**	130,00	
Einheit: St Durchbrüche				
084 Abbruch- und Rückbauarbeiten				100,0%
82 **Abbruch Mauerwerk, Wandstärken bis d=20cm, Schuttbeseitigung (7 Objekte)**	28,00	**42,00**	56,00	
Einheit: m² Abgebrochene Fläche				
084 Abbruch- und Rückbauarbeiten				100,0%
341.35.00 Holzwand, Fachwerk inkl. Ausfachung				
01 **Abbruch von Holzfachwerkwände, d=24cm, verputzt, einschl. Türen, Schuttentsorgung (2 Objekte)**	51,00	**52,00**	53,00	
Einheit: m² Abgebrochene Fläche				
084 Abbruch- und Rückbauarbeiten				100,0%

	von	€/Einheit	bis	LB an AA

342.14.00 Mauerwerkswand, Kalksandsteine

03 **Abbruch von KS-Mauerwerk, d=11,5cm,** — 34,00 — **37,00** — 41,00
Abtransport, Kippgebühren (2 Objekte)
Einheit: m² Abgebrochene Fläche
084 Abbruch- und Rückbauarbeiten — 100,0%

342.16.00 Mauerwerkswand, Mauerziegel

05 **Abbruch von Ziegelmauerwerk d=11,5-20cm,** — 27,00 — **34,00** — 41,00
Entsorgung, Kippgebühr (10 Objekte)
Einheit: m² Abgebrochene Fläche
084 Abbruch- und Rückbauarbeiten — 100,0%

342.21.00 Betonwand, Ortbeton, schwer

01 **Abbruch von Stb-Wand, d=15cm, Abfuhr, Kipp-** — – — **110,00** — –
gebühren (1 Objekt)
Einheit: m² Abgebrochene Fläche
084 Abbruch- und Rückbauarbeiten — 100,0%

342.51.00 Holzständerwand, einfach beplankt

01 **Abbruch von Holzständerwänden, einschl. aller** — 36,00 — **42,00** — 48,00
Befestigungsteile, Beplankung und Dämmung,
Schuttbeseitigung, Kippgebühren (7 Objekte)
Einheit: m² Abgebrochene Fläche
084 Abbruch- und Rückbauarbeiten — 100,0%

342.69.00 Metallständerwand, sonstiges

81 **Abbruch Leichtbauwände aus Holzwerkstoff,** — – — **17,00** — –
Schuttbeseitigung (1 Objekt)
Einheit: m² Abgebrochene Fläche
084 Abbruch- und Rückbauarbeiten — 100,0%

342.71.00 Glassteinkonstruktionen

02 **Abbruch von Glasbausteinen, d=11,5cm,** — 19,00 — **26,00** — 30,00
Abtransport, Kippgebühren (3 Objekte)
Einheit: m² Abgebrochene Fläche
084 Abbruch- und Rückbauarbeiten — 100,0%

Gebäudearten

Kostengruppen

Neubau

Ausführungsarten

Abbrechen

Wiederherstellen

Herstellen

344
Innentüren und -fenster

KG.AK.AA – Abbrechen	von	€/Einheit	bis	LB an AA
344.12.00 Türen, Holz				
04 **Kompletter Ausbau von Holztüren, Holz- oder Stahlzargen, Schuttentsorgung (14 Objekte)**	18,00	**21,00**	25,00	
Einheit: m² Türfläche				
084 Abbruch- und Rückbauarbeiten				100,0%
344.14.00 Türen, Metall				
05 **Abbruch von Metalltüren, Zargen, Schuttentsorgung (3 Objekte)**	24,00	**31,00**	45,00	
Einheit: m² Türfläche				
084 Abbruch- und Rückbauarbeiten				100,0%
344.21.00 Schiebetüren				
02 **Abbruch Holz-Schiebetüre, Schuttbeseitigung (1 Objekt)**	–	**9,40**	–	
Einheit: m² Türfläche				
084 Abbruch- und Rückbauarbeiten				100,0%
344.32.00 Brandschutztüren, -tore, T30				
05 **Kompletter Ausbau von Stahltür T30, Stahlzargen, Abtransport, Deponiegebühren (3 Objekte)**	16,00	**21,00**	23,00	
Einheit: m² Türfläche				
084 Abbruch- und Rückbauarbeiten				100,0%
344.51.00 Fenster, Ganzglas				
01 **Abbruch Glasbausteine, Schuttbeseitigung (1 Objekt)**	–	**11,00**	–	
Einheit: m² Fensterfläche				
084 Abbruch- und Rückbauarbeiten				100,0%
344.52.00 Fenster, Holz				
01 **Abbruch von verglasten Einfachfenstern, Schuttabfuhr, Kippgebühren (2 Objekte)**	29,00	**29,00**	29,00	
Einheit: m² Fensterfläche				
084 Abbruch- und Rückbauarbeiten				100,0%

Kostenstand: 1.Quartal 2012, Bundesdurchschnitt, **inkl. MwSt.**

	von	€/Einheit	bis	LB an AA

345.21.00 Anstrich

05 **Entfernen von Dispersionsanstrich auf Putzflächen** — 1,70 — **2,10** — 2,40
   (3 Objekte)
   Einheit: m² Behandelte Fläche
   084 Abbruch- und Rückbauarbeiten — 100,0%

06 **Ölfarbe abbeizen (1 Objekt)** — – — **11,00** — –
   Einheit: m² Behandelte Fläche
   084 Abbruch- und Rückbauarbeiten — 100,0%

07 **Leimfarbe abbeizen (3 Objekte)** — 3,50 — **4,10** — 5,00
   Einheit: m² Behandelte Fläche
   084 Abbruch- und Rückbauarbeiten — 100,0%

345.31.00 Putz

05 **Abbruch Innenputz d=15-20mm, Schuttabfuhr,** — 12,00 — **16,00** — 20,00
   Kippgebühren (11 Objekte)
   Einheit: m² Abgebrochene Fläche
   084 Abbruch- und Rückbauarbeiten — 100,0%

345.33.00 Putz, Fliesen und Platten

07 **Abbruch von Wandfliesen mit Mörtelbett d=bis** — 11,00 — **16,00** — 22,00
   30mm abstemmen, Abfuhr, Kippgebühren
   (15 Objekte)
   Einheit: m² Abgebrochene Fläche
   084 Abbruch- und Rückbauarbeiten — 100,0%

08 **Abbruch von Wandfliesen, Wandputz bis auf Mauer-** — 10,00 — **16,00** — 22,00
   werk, Abfuhr, Kippgebühren (4 Objekte)
   Einheit: m² Abgebrochene Fläche
   084 Abbruch- und Rückbauarbeiten — 100,0%

345.44.00 Bekleidung auf Unterkonstruktion, Holz

02 **Holz-Verkleidungen von Unterkonstruktionen** — 15,00 — **20,00** — 26,00
   abbrechen, transportieren und entsorgen (5 Objekte)
   Einheit: m² Abgebrochene Fläche
   084 Abbruch- und Rückbauarbeiten — 100,0%

345.48.00 Bekleidung auf Unterkonstruktion, mineralisch

02 **Abbruch GK-Bekleidung mit Unterkonstruktion,** — – — **29,00** — –
   Schuttbeseitigung (1 Objekt)
   Einheit: m² Bekleidete Fläche
   084 Abbruch- und Rückbauarbeiten — 100,0%

345.61.00 Tapeten

02 **Entfernen von Tapeten, zum Teil mehrlagig,** — 2,50 — **3,70** — 4,80
   Schuttbeseitigung (15 Objekte)
   Einheit: m² Bekleidete Fläche
   084 Abbruch- und Rückbauarbeiten — 100,0%

Gebäudearten

Kostengruppen

Neubau

Ausführungsarten

Abbrechen

Wiederherstellen

Herstellen

345
Innenwand-bekleidungen

KG.AK.AA – Abbrechen	von	€/Einheit	bis	LB an AA
345.62.00 Tapeten, Anstrich				
82 **Tapete, Anstrich, alte Tapeten bzw. Anstriche entfernen, Putzuntergrund vorbereiten, Schuttbeseitigung (8 Objekte)**	9,20	**11,00**	13,00	
Einheit: m² Bekleidete Fläche				
084 Abbruch- und Rückbauarbeiten				100,0%
345.92.00 Vorsatzschalen für Installationen				
03 **Abbruch von Sanitärvormauerung (1 Objekt)**	–	**57,00**	–	
Einheit: m² Abgebrochene Fläche				
084 Abbruch- und Rückbauarbeiten				100,0%

Kostenstand: 1.Quartal 2012, Bundesdurchschnitt, **inkl. MwSt.**

		von	€/Einheit	bis	LB an AA

		von	€/Einheit	bis	LB an AA
346.13.00	Montagewände, Holz-Mischkonstruktion				
02	**Abbruch von Holz-Glas-Trennwänden mit Türen**	9,50	**12,00**	14,00	
	(2 Objekte)				
	Einheit: m² Abgebrochene Fläche				
	084 Abbruch- und Rückbauarbeiten				100,0%
346.33.00	Sanitärtrennwände, Holz-Mischkonstruktion				
02	**Abbruch WC-Holztrennwände bis d=15cm**	24,00	**25,00**	26,00	
	(3 Objekte)				
	Einheit: m² Abgebrochene Fläche				
	084 Abbruch- und Rückbauarbeiten				100,0%
03	**Abbruch Sanitärtrennwände mit Türen, Holz-**	22,00	**26,00**	35,00	
	Metallkonstruktion, Abtransport, Kippgebühren				
	(3 Objekte)				
	Einheit: m² Abgebrochene Fläche				
	084 Abbruch- und Rückbauarbeiten				100,0%

Gebäudearten

Kostengruppen

Neubau

Ausführungsarten **Abbrechen**

Wiederherstellen

Herstellen

351
Decken-
konstruktionen

KG.AK.AA – Abbrechen	von	€/Einheit	bis	LB an AA
351.15.00 Stahlbeton, Ortbeton, Platten				
05 **Abbruch von Stb-Decken, d=18-25cm, Abtransport, Kippgebühren (7 Objekte)**	66,00	**97,00**	130,00	
Einheit: m² Abgebrochene Fläche				
084 Abbruch- und Rückbauarbeiten				100,0%
351.17.00 Stahlbeton, Ortbeton, Rippen				
01 **Abbruch von Stahl-Rippendecken d=18-32cm, Abtransport und Kippgebühren (3 Objekte)**	46,00	**51,00**	54,00	
Einheit: m² Abgebrochene Fläche				
084 Abbruch- und Rückbauarbeiten				100,0%
351.41.00 Vollholzbalken				
82 **Abbruch Holzbalkendecken, Schuttbeseitigung (3 Objekte)**	47,00	**77,00**	130,00	
Einheit: m² Deckenfläche				
084 Abbruch- und Rückbauarbeiten				100,0%
351.42.00 Vollholzbalken, Schalung				
02 **Abbruch Holzbalkendecke, einschl. Balkenlage, Deckenfüllung, Schalung, Bodenaufbau, abfahren, Kippgebühren (6 Objekte)**	48,00	**72,00**	92,00	
Einheit: m² Abgebrochene Fläche				
084 Abbruch- und Rückbauarbeiten				100,0%
351.51.00 Treppen, gerade, Ortbeton				
02 **Abbruch Stb-Treppen, Stahlbetonkeilstufen, Entsorgung, Kippgebühr (6 Objekte)**	51,00	**72,00**	93,00	
Einheit: m² Treppenfläche				
084 Abbruch- und Rückbauarbeiten				100,0%
351.69.00 Treppen, Beton-Fertigteil, sonstiges				
81 **Abbruch Betontreppen, Schuttbeseitigung (3 Objekte)**	130,00	**220,00**	280,00	
Einheit: m² Abgebrochene Fläche				
084 Abbruch- und Rückbauarbeiten				100,0%
351.81.00 Treppen, Holzkonstruktion, gestemmt				
02 **Abbruch von Holztreppen, Trittstufen, Geländer, Entsorgung, Kippgebühren (9 Objekte)**	30,00	**47,00**	90,00	
Einheit: m² Treppenfläche				
084 Abbruch- und Rückbauarbeiten				100,0%
351.91.00 Sonstige Deckenkonstruktionen				
84 **Abbruch Ziegel-Kappendecken, Deckenstärke d=20-40cm, Schuttbeseitigung (3 Objekte)**	55,00	**92,00**	110,00	
Einheit: m² Abgebrochene Fläche				
084 Abbruch- und Rückbauarbeiten				100,0%

© **BKI** Baukosteninformationszentrum; Erläuterungen zu den Tabellen siehe Seite 64   Kostenstand: 1.Quartal 2012, Bundesdurchschnitt, **inkl. MwSt.**

352.21.00 Estrich

    05 **Abbruch von Spanplatten, Schuttbeseitigung**   –   **8,30**   –
       (1 Objekt)
       Einheit: m² Abgebrochene Fläche
       084 Abbruch- und Rückbauarbeiten   100,0%

    07 **Abbruch von Estrich, d=2-7cm, einschl. Dämmung,**   6,40   **8,70**   11,00
       Entsorgung, Kippgebühren (5 Objekte)
       Einheit: m² Abgebrochene Fläche
       084 Abbruch- und Rückbauarbeiten   100,0%

352.31.00 Fliesen und Platten

    05 **Abbrechen von einzelnen Fliesen, einschl.**   73,00   **84,00**   94,00
       Mörtelbett, Schuttentsorgung (2 Objekte)
       Einheit: m² Abgebrochene Fläche
       084 Abbruch- und Rückbauarbeiten   100,0%

    08 **Abbruch von Bodenfliesen, Mörtelbett, Entsorgung,**   23,00   **27,00**   33,00
       Kippgebühren (4 Objekte)
       Einheit: m² Abgebrochene Fläche
       084 Abbruch- und Rückbauarbeiten   100,0%

352.32.00 Fliesen und Platten, Estrich

    01 **Abbruch von Bodenfliesen und Estrich bis 10cm,**   12,00   **21,00**   28,00
       teils Gefälleestrich (7 Objekte)
       Einheit: m² Abgebrochene Fläche
       084 Abbruch- und Rückbauarbeiten   100,0%

352.41.00 Naturstein

    03 **Abbrechen von Natursteinbelägen d bis 40mm,**   18,00   **23,00**   32,00
       einschl. Mörtelbett, Schuttentsorgung (5 Objekte)
       Einheit: m² Abgebrochene Fläche
       084 Abbruch- und Rückbauarbeiten   100,0%

352.51.00 Betonwerkstein

    82 **Abbruch Betonwerksteinbelag, Schuttbeseitigung**   10,00   **17,00**   31,00
       (3 Objekte)
       Einheit: m² Abgebrochene Fläche
       084 Abbruch- und Rückbauarbeiten   100,0%

352.61.00 Textil

    04 **Abbruch von verklebten Teppichböden,**   6,00   **7,40**   9,60
       transportieren und entsorgen (7 Objekte)
       Einheit: m² Abgebrochene Fläche
       084 Abbruch- und Rückbauarbeiten   100,0%

352.62.00 Textil, Estrich

    81 **Textilbelag auf schwimmendem Estrich, vorhandene**   –   **88,00**   –
       Holzdielung aufnehmen, Schuttbeseitigung
       (1 Objekt)
       Einheit: m² Belegte Fläche
       084 Abbruch- und Rückbauarbeiten   100,0%

Gebäudearten

Kostengruppen

Neubau

Ausführungsarten

Abbrechen

Wiederherstellen

Herstellen

352
Deckenbeläge

		von	€/Einheit	bis	LB an AA
352.71.00	Holz				
08	**Abbruch von Spanplatten einschl. Fußbodenbelag, Abtransport, Kippgebühren (3 Objekte)**	7,80	**12,00**	14,00	
	Einheit: m² Abgebrochene Fläche				
	084 Abbruch- und Rückbauarbeiten				100,0%
10	**Abbruch von Parkett mit Kleber, Fußleisten, Entsorgung, Kippgebühren (4 Objekte)**	16,00	**21,00**	24,00	
	Einheit: m² Abgebrochene Fläche				
	084 Abbruch- und Rückbauarbeiten				100,0%
11	**Abbruch von genagelten Holzdielen, d=22-25mm, Entsorgung, Kippgebühren (6 Objekte)**	7,80	**11,00**	13,00	
	Einheit: m² Abgebrochene Fläche				
	084 Abbruch- und Rückbauarbeiten				100,0%
352.81.00	Hartbeläge				
05	**Abbruch von PVC-Belägen, einschließlich Sockelleisten, Entsorgung (10 Objekte)**	4,70	**6,60**	8,80	
	Einheit: m² Abgebrochene Fläche				
	084 Abbruch- und Rückbauarbeiten				100,0%
352.82.00	Hartbeläge, Estrich				
82	**Kunststoffbelag, vorhandenen Unterboden (Estrich) reinigen und spachteln, teilweise vorhandenen Oberbelag (Textil, Linoleum) aufnehmen, Schuttbeseitigung (5 Objekte)**	46,00	**55,00**	71,00	
	Einheit: m² Belegte Fläche				
	084 Abbruch- und Rückbauarbeiten				100,0%
352.91.00	Sonstige Deckenbeläge				
81	**Abbruch Textil- oder Kunststoffbelag, Schuttbeseitigung (5 Objekte)**	4,50	**8,00**	11,00	
	Einheit: m² Abgebrochene Fläche				
	084 Abbruch- und Rückbauarbeiten				100,0%

© **BKI** Baukosteninformationszentrum; Erläuterungen zu den Tabellen siehe Seite 64   Kostenstand: 1.Quartal 2012, Bundesdurchschnitt, **inkl. MwSt.**

	von	€/Einheit	bis	LB an AA

353.21.00 Anstrich

06 Leimfarbe an Decken entfernen (3 Objekte) | 2,50 | **3,70** | 4,40 | |
Einheit: m² Behandelte Fläche
084 Abbruch- und Rückbauarbeiten | | | | 100,0%

07 Dispersionsanstrich entfernen, kleine Oberflächen-schäden ausbessern, Unebenheiten spachteln (2 Objekte) | 4,80 | **4,90** | 5,10 | |
Einheit: m² Behandelte Fläche
084 Abbruch- und Rückbauarbeiten | | | | 100,0%

353.31.00 Putz

04 Deckenputz abschlagen, Schuttentsorgung (6 Objekte) | 10,00 | **14,00** | 21,00 | |
Einheit: m² Abgebrochene Fläche
084 Abbruch- und Rückbauarbeiten | | | | 100,0%

353.48.00 Bekleidung auf Unterkonstruktion, mineralisch

81 Abbruch Gipsdecken, Schuttbeseitigung (1 Objekt) | – | **8,70** | – | |
Einheit: m² Abgebrochene Fläche
084 Abbruch- und Rückbauarbeiten | | | | 100,0%

353.61.00 Tapeten

02 Raufasertapete an Deckenflächen entfernen (5 Objekte) | 3,00 | **3,60** | 4,40 | |
Einheit: m² Bekleidete Fläche
084 Abbruch- und Rückbauarbeiten | | | | 100,0%

353.62.00 Tapeten, Anstrich

81 Tapete, Anstrich, alte Tapeten bzw. Anstriche entfernen, Putzuntergrund vorbereiten, Schuttbeseitigung (3 Objekte) | 9,20 | **9,40** | 9,70 | |
Einheit: m² Bekleidete Fläche
084 Abbruch- und Rückbauarbeiten | | | | 100,0%

353.82.00 Abgehängte Bekleidung, Holz

01 Abbruch abgehängte Holzdecke, Schuttbeseitigung (3 Objekte) | 17,00 | **22,00** | 24,00 | |
Einheit: m² Abgebrochene Fläche
084 Abbruch- und Rückbauarbeiten | | | | 100,0%

353.84.00 Abgehängte Bekleidung, Metall

83 Abbruch abgehängte Decken aus Alu-Paneelen, Schuttbeseitigung (1 Objekt) | – | **15,00** | – | |
Einheit: m² Abgebrochene Fläche
084 Abbruch- und Rückbauarbeiten | | | | 100,0%

Gebäudearten

Kostengruppen

Neubau

Ausführungsarten

Abbrechen

Wiederherstellen

Herstellen

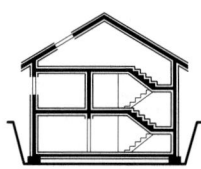

KG.AK.AA – Abbrechen	von	€/Einheit	bis	LB an AA
353.87.00 Abgehängte Bekleidung, mineralisch				
06 **Abbruch von abgehängten GK-Decken, Unterkonstruktion, Wandanschlusselemente, Schuttbeseitigung (3 Objekte)**	18,00	**25,00**	29,00	
Einheit: m² Abgebrochene Fläche				
084 Abbruch- und Rückbauarbeiten				100,0%
83 **Abbruch abgehängte Decken aus Mineralfaser oder Gipskarton, Schuttbeseitigung (4 Objekte)**	12,00	**18,00**	34,00	
Einheit: m² Abgebrochene Fläche				
084 Abbruch- und Rückbauarbeiten				100,0%

KG.AK.AA – Abbrechen	von	€/Einheit	bis	LB an AA

359.22.00 Geländer

03 **Ausbau von Stahl-Treppengeländer, Handlauf,** | 4,50 | **5,10** | 5,80 |
zerlegen, Abtransport, Kippgebühren (2 Objekte)
Einheit: m Geländer

084 Abbruch- und Rückbauarbeiten | | | | 100,0%

359.23.00 Handläufe

02 **Demontage von Handläufen (2 Objekte)** | 7,20 | **13,00** | 18,00 |
Einheit: m Handlauflänge

084 Abbruch- und Rückbauarbeiten | | | | 100,0%

359.43.00 Treppengeländer, Metall

81 **Abbruch bzw. Ausbau von Stahl- oder Leicht-** | 7,80 | **12,00** | 15,00 |
metallgeländern, Schuttbeseitigung (3 Objekte)
Einheit: m² Abgebrochene Fläche

084 Abbruch- und Rückbauarbeiten | | | | 100,0%

Gebäudearten

Kostengruppen

Neubau

Ausführungsarten

Abbrechen

Wiederherstellen

Herstellen

361
Dachkonstruktionen

KG.AK.AA – Abbrechen	von	€/Einheit	bis	LB an AA
361.34.00 Metallträger, Blechkonstruktion				
03 **Demontage von Blechdächern, eben oder leicht geneigt, Abtransport, Kippgebühr (2 Objekte)**	9,80	**10,00**	11,00	
Einheit: m² Dachfläche				
084 Abbruch- und Rückbauarbeiten				100,0%
361.42.00 Vollholzbalken, Schalung				
02 **Abbruch der Holzdachkonstruktion, Kanthölzer, Sparren, Pfetten, Balken, Dachschalung, Schuttentsorgung (9 Objekte)**	19,00	**27,00**	40,00	
Einheit: m² Dachfläche				
084 Abbruch- und Rückbauarbeiten				100,0%
361.61.00 Steildach, Vollholz, Sparrenkonstruktion				
02 **Abbruch Sparrenkonstruktion mit Schalung und Deckung, Schuttentsorgung (3 Objekte)**	40,00	**46,00**	50,00	
Einheit: m² Dachfläche				
084 Abbruch- und Rückbauarbeiten				100,0%

© **BKI** Baukosteninformationszentrum; Erläuterungen zu den Tabellen siehe Seite 64   Kostenstand: 1.Quartal 2012, Bundesdurchschnitt, inkl. MwSt.

363.11.00 Abdichtung

02	Abbruch von Bitumenabdichtungen auf Flachdächern (4 Objekte)	15,00	**17,00**	19,00	
	Einheit: m² Abgebrochene Fläche				
	084 Abbruch- und Rückbauarbeiten				100,0%

363.21.00 Abdichtung, Wärmedämmung

01	Ausbau von Abdichtungen aus mehrlagigen Bitumendachdichtungsbahnen, Dämmung (4 Objekte)	22,00	**27,00**	39,00	
	Einheit: m² Abgebrochene Fläche				
	084 Abbruch- und Rückbauarbeiten				100,0%

363.22.00 Abdichtung, Wärmedämmung, Kiesfilter

03	Aufnehmen von Isolierung, Wärmedämmung und Kiesschüttung, Schuttentsorgung (2 Objekte)	27,00	**29,00**	31,00	
	Einheit: m² Abgebrochene Fläche				
	084 Abbruch- und Rückbauarbeiten				100,0%

363.23.00 Abdichtung, Wärmedämmung, Belag begehbar

03	Abbruch Betonverbundpflastersteine im Mörtelbett, einschl. Wärmedämmung und Isolierung (1 Objekt)	–	**70,00**	–	
	Einheit: m² Abgebrochene Fläche				
	084 Abbruch- und Rückbauarbeiten				100,0%

363.31.00 Ziegel

01	Abbruch Ziegeldeckung, Schuttentsorgung (12 Objekte)	9,60	**13,00**	17,00	
	Einheit: m² Abgebrochene Fläche				
	084 Abbruch- und Rückbauarbeiten				100,0%

363.32.00 Ziegel, Wärmedämmung

03	Abbruch Ziegeldeckung, Dach- und Konterlatten, Wärmedämmung, Schuttentsorgung (1 Objekt)	–	**28,00**	–	
	Einheit: m² Abgebrochene Fläche				
	084 Abbruch- und Rückbauarbeiten				100,0%

363.33.00 Betondachstein

01	Abbruch Betonsteindeckung, Schuttentsorgung (2 Objekte)	9,50	**11,00**	12,00	
	Einheit: m² Abgebrochene Fläche				
	084 Abbruch- und Rückbauarbeiten				100,0%

363.43.00 Schindeln, Faserzement

01	Abnehmen von Faserzementplatten, Schuttentsorgung (2 Objekte)	21,00	**21,00**	21,00	
	Einheit: m² Abgebrochene Fläche				
	084 Abbruch- und Rückbauarbeiten				100,0%

Gebäudearten · Kostengruppen · Neubau · Ausführungsarten · **Abbrechen** · Wiederherstellen · Herstellen

363
Dachbeläge

KG.AK.AA – Abbrechen	von	€/Einheit	bis	LB an AA
363.57.00 Zink				
02 **Abbruch Zinkeindeckung, Schuttentsorgung (3 Objekte)**	11,00	**17,00**	28,00	
Einheit: m² Abgebrochene Fläche				
084 Abbruch- und Rückbauarbeiten				100,0%
363.63.00 Wellabdeckungen, Faserzement				
01 **Abbruch von Wellasbestplatten, Unterkonstruktion, Schuttentsorgung (2 Objekte)**	18,00	**18,00**	18,00	
Einheit: m² Abgebrochene Fläche				
084 Abbruch- und Rückbauarbeiten				100,0%
363.71.00 Dachentwässerung, Titanzink				
04 **Abbruch von Zink-Außendachrinnen (10 Objekte)**	4,00	**5,20**	6,50	
Einheit: m Abgebrochene Rinnenlänge				
084 Abbruch- und Rückbauarbeiten				100,0%
363.73.00 Dachentwässerung, PVC				
01 **Demontage PVC-Dachrinnen und -Fallrohre, Schuttentsorgung (1 Objekt)**	–	**11,00**	–	
Einheit: m Rinnenlänge				
084 Abbruch- und Rückbauarbeiten				100,0%
363.91.00 Sonstige Dachbeläge				
81 **Abbruch vorhandener Dachbeläge, Schuttbeseitigung (3 Objekte)**	5,10	**11,00**	15,00	
Einheit: m² Abgebrochene Fläche				
084 Abbruch- und Rückbauarbeiten				100,0%

Kostenstand: 1.Quartal 2012, Bundesdurchschnitt, **inkl. MwSt.**

	von	€/Einheit	bis	LB an AA
364.31.00 Putz				
81 Putz abstemmen, Schuttbeseitigung (5 Objekte)	11,00	**20,00**	33,00	
Einheit: m² Abgebrochene Fläche				
084 Abbruch- und Rückbauarbeiten				100,0%
364.44.00 Bekleidung auf Unterkonstruktion, Holz				
04 Abbruch von Holzverkleidungen, Nut- und Feder, Schuttentsorgung (4 Objekte)	23,00	**27,00**	35,00	
Einheit: m² Abgebrochene Fläche				
084 Abbruch- und Rückbauarbeiten				100,0%
364.48.00 Bekleidung auf Unterkonstruktion, mineralisch				
04 Abbruch von GK-Bekleidungen in Dachschrägen, Schuttabfuhr (3 Objekte)	16,00	**20,00**	26,00	
Einheit: m² Abgebrochene Fläche				
084 Abbruch- und Rückbauarbeiten				100,0%
364.62.00 Tapeten, Anstrich				
81 Tapete, Anstrich, alte Tapeten bzw. Anstriche entfernen, Putzuntergrund vorbereiten, Schuttbeseitigung (3 Objekte)	9,20	**9,40**	9,70	
Einheit: m² Bekleidete Fläche				
084 Abbruch- und Rückbauarbeiten				100,0%
364.84.00 Abgehängte Bekleidung, Metall				
83 Abbruch abgehängte Decken aus Alu-Paneelen, Schuttbeseitigung (1 Objekt)	–	**15,00**	–	
Einheit: m² Abgebrochene Fläche				
084 Abbruch- und Rückbauarbeiten				100,0%
364.87.00 Abgehängte Bekleidung, mineralisch				
84 Abbruch abgehängte Decken aus Mineralfaser oder Gipskarton, Schuttbeseitigung (5 Objekte)	12,00	**21,00**	34,00	
Einheit: m² Abgebrochene Fläche				
084 Abbruch- und Rückbauarbeiten				100,0%

Gebäudearten

Kostengruppen

Neubau

Ausführungsarten

Abbrechen

Wiederherstellen

Herstellen

KG.AK.AA – Abbrechen	von	€/Einheit	bis	LB an AA
369.81.00 Gitterroste				
01 **Abbruch von Laufrosten für Schornsteinfeger, einschließlich Stützen, Abtransport, Kippgebühren (4 Objekte)**	5,20	**12,00**	18,00	
Einheit: m Laufrost				
084 Abbruch- und Rückbauarbeiten				100,0%
369.85.00 Schneefang				
04 **Abbruch von Schneefanggittern (5 Objekte)**	2,80	**4,60**	6,20	
Einheit: m Abgebrochene Schneefanglänge				
084 Abbruch- und Rückbauarbeiten				100,0%

© **BKI** Baukosteninformationszentrum; Erläuterungen zu den Tabellen siehe Seite 64   Kostenstand: 1.Quartal 2012, Bundesdurchschnitt, **inkl. MwSt.**

		von	€/Einheit	bis	LB an AA
391.11.00	Baustelleneinrichtung, pauschal				
02	**Baustelleneinrichtung für Abbrucharbeiten** **(2 Objekte)**	0,40	**3,80**	7,20	
	Einheit: m² Brutto-Grundfläche				
	084 Abbruch- und Rückbauarbeiten				100,0%

Gebäudearten

Kostengruppen

Neubau

Ausführungsarten

Abbrechen

Wiederherstellen

Herstellen

KG.AK.AA – Abbrechen	von	€/Einheit	bis	LB an AA
394.11.00 Abbruchmaßnahmen				
03 **Abbruch alter Befestigungsmittel, Haken, Türangeln, Dübel, Rohrhülsen, Konsolen, Steigeisen, Schutt-entsorgung (4 Objekte)**	4,00	**6,60**	7,60	
Einheit: St Teil				
084 Abbruch- und Rückbauarbeiten				100,0%
394.31.00 Abfuhr Abbruchmaterial				
01 **Schuttcontainer aufstellen, Abfuhr Abbruch-material, Deponiegebühren (7 Objekte)**	34,00	**53,00**	82,00	
Einheit: m³ Abfuhrvolumen				
084 Abbruch- und Rückbauarbeiten				100,0%

© **BKI** Baukosteninformationszentrum; Erläuterungen zu den Tabellen siehe Seite 64   Kostenstand: 1.Quartal 2012, Bundesdurchschnitt, **inkl. MwSt.**

	von	€/Einheit	bis	LB an AA

411.12.00 Abwasserleitungen - Schmutzwasser

		von	€/Einheit	bis	LB an AA
04	**Demontage von Abwasserleitungen, PVC oder Guss-** **leitungen DN70-150, Schuttentsorgung (7 Objekte)** Einheit: m Leitungslänge	5,00	**7,50**	11,00	
	084 Abbruch- und Rückbauarbeiten				100,0%

411.13.00 Abwasserleitungen - Regenwasser

		von	€/Einheit	bis	LB an AA
04	**Abbruch von Regenfallrohren, Schuttentsorgung** **(20 Objekte)** Einheit: m Regenfallrohr	3,40	**4,00**	5,10	
	084 Abbruch- und Rückbauarbeiten				100,0%

411.21.00 Grundleitungen - Schmutz-/Regenwasser

		von	€/Einheit	bis	LB an AA
05	**Abbruch Grundleitung DN100-150 (4 Objekte)** Einheit: m Grundleitung	8,20	**9,70**	14,00	
	084 Abbruch- und Rückbauarbeiten				100,0%

Gebäudearten

Kostengruppen

Neubau

Ausführungsarten

Abbrechen

Wiederherstellen

Herstellen

412
Wasseranlagen

412.41.00 Wasserleitungen, Kaltwasser

	von	€/Einheit	bis	LB an AA
03 Abbruch von verzinktem Stahlrohr DN15-40 (5 Objekte)	4,50	**5,90**	7,30	
Einheit: m Wasserleitung				
084 Abbruch- und Rückbauarbeiten				100,0%

412.43.00 Wasserleitungen, Warmwasser/Zirkulation

	von	€/Einheit	bis	LB an AA
02 Abbruch von verzinktem Stahlrohr DN15-40, einschl. Wärmedämmung, Entsorgung (6 Objekte)	5,50	**8,00**	13,00	
Einheit: m Wasserleitung				
084 Abbruch- und Rückbauarbeiten				100,0%

412.61.00 Ausgussbecken

	von	€/Einheit	bis	LB an AA
03 Demontage Ausgussbecken, Schuttentsorgung (3 Objekte)	5,20	**6,90**	7,90	
Einheit: St Ausgussbecken				
084 Abbruch- und Rückbauarbeiten				100,0%

412.62.00 Waschtische, Waschbecken

	von	€/Einheit	bis	LB an AA
02 Demontage Waschtische, Schuttentsorgung (8 Objekte)	8,70	**20,00**	31,00	
Einheit: St Handwaschbecken				
084 Abbruch- und Rückbauarbeiten				100,0%

412.65.00 WC-Becken

	von	€/Einheit	bis	LB an AA
03 Demontage WC-Becken, Spülkasten, Anschlüsse abmontieren, WC-Stutzen freistemmen und verschließen (6 Objekte)	29,00	**43,00**	54,00	
Einheit: St WC-Becken				
084 Abbruch- und Rückbauarbeiten				100,0%

412.67.00 Badewannen

	von	€/Einheit	bis	LB an AA
02 Abbruch von eingemauerten Badewannen, Schuttentsorgung (3 Objekte)	49,00	**50,00**	50,00	
Einheit: St Badewanne				
084 Abbruch- und Rückbauarbeiten				100,0%

© **BKI** Baukosteninformationszentrum; Erläuterungen zu den Tabellen siehe Seite 64   Kostenstand: 1.Quartal 2012, Bundesdurchschnitt, **inkl. MwSt.**

		von	€/Einheit	bis	LB an AA

421.12.00	Heizölversorgungsanlagen				
01	**Demontage Heizkessel, Regelarmaturen,**	1.340,00	**1.480,00**	1.800,00	
	Schuttentsorgung (4 Objekte)				
	Einheit: St Heizkessel				
	084 Abbruch- und Rückbauarbeiten				100,0%
02	**Ausbau eines Öltanks, Entleeren, Reinigen,**	0,20	**0,30**	0,30	
	Entsorgung Altöl, Schuttentsorgung (3 Objekte)				
	Einheit: l Tankinhalt				
	084 Abbruch- und Rückbauarbeiten				100,0%
421.61.00	Wassererwärmungsanlagen				
03	**Demontage Warmwasserspeicher, Abtransport,**	200,00	**230,00**	270,00	
	Kippgebühren (2 Objekte)				
	Einheit: St Warmwasserspeicher				
	084 Abbruch- und Rückbauarbeiten				100,0%
421.99.00	Sonstige Wärmeerzeugungsanlagen, sonstiges				
01	**Ausbau von Kachelöfen mit Stb-Bodenplatte,**	67,00	**87,00**	130,00	
	Schließen der Kaminöffnungen, Abtransport,				
	Kippgebühren (3 Objekte)				
	Einheit: St Kachelofen				
	084 Abbruch- und Rückbauarbeiten				100,0%

Gebäudearten

Kostengruppen

Neubau

Ausführungsarten

Abbrechen

Wiederherstellen

Herstellen

KG.AK.AA – Abbrechen	von	€/Einheit	bis	LB an AA
422.21.00 Rohrleitungen für Raumheizflächen				
04 **Demontage Rohrleitungen DN15-32, Formstücke, Halterungen, ohne Dämmung, Entsorgung (6 Objekte)**	5,00	**6,30**	8,70	
Einheit: m Rohrleitung				
084 Abbruch- und Rückbauarbeiten				100,0%

© **BKI** Baukosteninformationszentrum; Erläuterungen zu den Tabellen siehe Seite 64   Kostenstand: 1.Quartal 2012, Bundesdurchschnitt, **inkl. MwSt.**

KG.AK.AA – Abbrechen	von	€/Einheit	bis	LB an AA
423.11.00 Radiatoren				
03 **Demontage Heizkörper, Ventile, Halterungen, Konsolen, Schuttentsorgung (8 Objekte)**	22,00	**35,00**	47,00	
Einheit: St Heizkörper				
084 Abbruch- und Rückbauarbeiten				100,0%

Gebäudearten

Kostengruppen

Neubau

Ausführungsarten | Abbrechen

Wiederherstellen

Herstellen

KG.AK.AA – Abbrechen	von	€/Einheit	bis	LB an AA
429.11.00 Schornsteine, Mauerwerk				
02 **Abbruch von gemauerten Schornsteinen, Mauerwerk bis 25cm, Entsorgung, Kippgebühren (13 Objekte)**	190,00	**230,00**	280,00	
Einheit: m³ Schornsteinanlage				
084 Abbruch- und Rückbauarbeiten				100,0%

© **BKI** Baukosteninformationszentrum; Erläuterungen zu den Tabellen siehe Seite 64   Kostenstand: 1.Quartal 2012, Bundesdurchschnitt, **inkl. MwSt.**

		von	€/Einheit	bis	LB an AA
444.11.00	Kabel und Leitungen				
05	**Demontage von Mantelleitungen NYM 3x1,5mm²** **bis 5x2,5mm², Schuttentsorgung (7 Objekte)**	0,30	**0,50**	0,60	
	Einheit: m Kabellänge				
	084 Abbruch- und Rückbauarbeiten				100,0%
444.21.00	Unterverteiler				
09	**Demontage von Unterverteilungen, Sicherungen,** **Schuttentsorgung (6 Objekte)**	24,00	**29,00**	35,00	
	Einheit: St Unterverteilungen				
	084 Abbruch- und Rückbauarbeiten				100,0%
444.41.00	Installationsgeräte				
06	**Demontage von Schalter und Steckdosen,** **Schuttentsorgung (2 Objekte)**	15,00	**17,00**	19,00	
	Einheit: St Installationsgerät				
	084 Abbruch- und Rückbauarbeiten				100,0%

Gebäudearten

Kostengruppen

Neubau

Abbrechen

Wiederherstellen

Ausführungsarten

Herstellen

KG.AK.AA – Abbrechen	von	€/Einheit	bis	LB an AA
445.11.00 Ortsfeste Leuchten, Allgemeinbeleuchtung				
07 **Demontage Leuchtstofflampen, Entsorgung** **(4 Objekte)**	4,40	**6,40**	8,90	
Einheit: St Leuchte				
084 Abbruch- und Rückbauarbeiten				100,0%
08 **Demontage von Decken-, Wandleuchten, Entsorgung** **(4 Objekte)**	5,40	**6,90**	8,60	
Einheit: St Leuchte				
084 Abbruch- und Rückbauarbeiten				100,0%

© **BKI** Baukosteninformationszentrum; Erläuterungen zu den Tabellen siehe Seite 64   Kostenstand: 1.Quartal 2012, Bundesdurchschnitt, **inkl. MwSt.**

446.11.00	Auffangeinrichtungen, Ableitungen				
03	**Demontage von Fang- oder Ableitungen, Halter, Anschlussklemmen, Schuttentsorgung (5 Objekte)**	2,10	**2,70**	3,90	
	Einheit: m Leitungslänge				
	084 Abbruch- und Rückbauarbeiten				100,0%

Ausführungsarten

Gebäudearten

Kostengruppen

Neubau

Abbrechen

Wiederherstellen

Herstellen

KG.AK.AA – Abbrechen	von	€/Einheit	bis	LB an AA

521.41.00 Deckschicht Asphalt

01 **Abbruch von bituminöser Befestigung, d=10-15cm, Unterbau, senkrechte Abkantungen, Entsorgung, Deponiegebühren (2 Objekte)**	5,70	**6,20**	6,70	
Einheit: m² Abgebrochene Fläche				
084 Abbruch- und Rückbauarbeiten				100,0%

521.51.00 Deckschicht Pflaster

02 **Abbruch von Betonpflastersteinen, Unterbau, Entsorgung, Deponiegebühren (3 Objekte)**	7,90	**9,90**	11,00	
Einheit: m² Abgebrochene Fläche				
084 Abbruch- und Rückbauarbeiten				50,0%
003 Landschaftsbauarbeiten				50,0%

521.71.00 Deckschicht Plattenbelag

04 **Abbruch von Betonsteinplatten, Unterbau, Entsorgung, Deponiegebühren (5 Objekte)**	5,40	**7,10**	9,70	
Einheit: m² Abgebrochene Fläche				
084 Abbruch- und Rückbauarbeiten				100,0%

521.81.00 Beton-Bordsteine

03 **Abbruch von Betonbordsteine, Betonbettung und Rückenstütze, Entsorgung, Deponiegebühren (4 Objekte)**	6,20	**8,50**	11,00	
Einheit: m Abgebrochene Länge				
084 Abbruch- und Rückbauarbeiten				100,0%

523
Plätze, Höfe

523.41.00 Deckschicht Asphalt

	von	€/Einheit	bis	
01 **Abbruch von Asphaltflächen, Tragschichten, d=8-20cm, Entsorgung, Deponiegebühren (4 Objekte)**	4,70	**6,50**	11,00	
Einheit: m²				
084 Abbruch- und Rückbauarbeiten				100,0%

523.51.00 Deckschicht Pflaster

01 **Abbruch von Beton-Verbundsteinpflaster, Unterbau, Entsorgung, Deponiegebühren (9 Objekte)**	3,50	**5,90**	7,80	
Einheit: m² Abgebrochene Fläche				
084 Abbruch- und Rückbauarbeiten				100,0%

523.71.00 Deckschicht Plattenbelag

01 **Abbruch von Betonplatten im Mörtelbett, Entsorgung, Deponiegebühren (1 Objekt)**	–	**16,00**	–	
Einheit: m² Abgebrochene Fläche				
084 Abbruch- und Rückbauarbeiten				100,0%

523.81.00 Beton-Bordsteine

02 **Abbruch von Betonbordsteinen, Unterbau, d=15cm, Betonrückenstütze, Entsorgung, Deponiegebühren (7 Objekte)**	3,70	**5,30**	6,50	
Einheit: m Abgebrochene Länge				
084 Abbruch- und Rückbauarbeiten				100,0%

Ausführungsarten — Gebäudearten · Kostengruppen · Neubau · **Abbrechen** · Wiederherstellen · Herstellen

Ausführungsarten
Altbau
Wiederherstellen

**Kostenkennwerte für von BKI gebildete
Untergliederung der 3.Ebene DIN 276**

324
Unterböden und
Bodenplatten

KG.AK.AA – Wiederherstellen	von	€/Einheit	bis	LB an AA
324.91.00 Sonstige Unterböden und Bodenplatten				
82 **Bodenplatte als Fundamentplatte, Ortbeton, teilweise Unterfangung mit Mauerwerk, Abbruch der vorhandenen Bodenplatte (2 Objekte)**	180,00	**190,00**	190,00	
Einheit: m² Plattenfläche				
012 Mauerarbeiten				21,0%
013 Betonarbeiten				79,0%

Kostenstand: 1.Quartal 2012, Bundesdurchschnitt, **inkl. MwSt.**

325.21.00 Estrich

07 Ausbessern von Estrich d bis 5cm, Kleinflächen — **10,00** —
(1 Objekt)
Einheit: m² Ausgebesserte Fläche
025 Estricharbeiten — — — 100,0%

325.41.00 Naturstein

02 Reinigung Granitplatten und Stufen von Verun- — **30,00** —
reinigungen, teilweise mehrschichtige Farbreste
(1 Objekt)
Einheit: m² Belegte Fläche
014 Natur-, Betonwerksteinarbeiten — — — 100,0%

05 Steinfußboden abschleifen, neue Beläge an Über- — **41,00** —
gängen, Metallrahmen abkleben, schwarz lackieren
(1 Objekt)
Einheit: m² Belegte Fläche
014 Natur-, Betonwerksteinarbeiten — — — 92,0%
034 Maler- und Lackierarbeiten - Beschichtungen — — — 8,0%

325.61.00 Textil

82 Textilbelag, vorhandenen Unterboden (Estrich) 43,00 **52,00** 68,00
reinigen und spachteln, teils vorhandenen
Oberbelag (Textil, Linoleum) aufnehmen, Schutt-
beseitigung (3 Objekte)
Einheit: m² Belegte Fläche
036 Bodenbelagarbeiten — — — 93,0%
026 Fenster, Außentüren — — — 7,0%

325.65.00 Textil, Estrich, Dämmung

81 Textilbelag, Unterboden aus Spanplatten, Einschub 100,00 **100,00** 100,00
mit Wärmedämmung herstellen, vorhandene Holz-
dielung aufnehmen, Schuttbeseitigung (2 Objekte)
Einheit: m² Belegte Fläche
016 Zimmer- und Holzbauarbeiten — — — 59,0%
036 Bodenbelagarbeiten — — — 41,0%

325.71.00 Holz

02 Parkett abschleifen, Fugen säubern, auskitten, — **23,00** —
grundieren, imprägnierend versiegeln, 2x film-
bildend versiegeln (1 Objekt)
Einheit: m² Belegte Fläche
028 Parkett-, Holzpflasterarbeiten — — — 100,0%

325.81.00 Hartbeläge

82 Vorhandene Holzdielen aufnehmen, überarbeiten 48,00 **120,00** 160,00
und wieder einbauen, Oberfläche behandeln
(3 Objekte)
Einheit: m² Belegte Fläche
016 Zimmer- und Holzbauarbeiten — — — 82,0%
034 Maler- und Lackierarbeiten - Beschichtungen — — — 18,0%

Seitenleiste: Gebäudearten · Kostengruppen · Neubau · Abbrechen · Ausführungsarten · **Wiederherstellen** · Herstellen

325
Bodenbeläge

KG.AK.AA – Wiederherstellen	von	€/Einheit	bis	LB an AA
325.82.00 Hartbeläge, Estrich				
84 **Kunststoffbelag, vorhandenen Unterboden (Estrich) reinigen und spachteln, teilweise vorhandenen Oberbelag (Textil, Linoleum) aufnehmen, Schuttbeseitigung (5 Objekte)**	46,00	**55,00**	71,00	
Einheit: m² Belegte Fläche				
036 Bodenbelagarbeiten				100,0%
325.93.00 Sportböden				
01 **Parkettboden in 4 Schleifgängen maschinell abschleifen, dreimalige Versiegelung, farbige Spielfeldmarkierungslinien aufbringen (2 Objekte)**	30,00	**31,00**	32,00	
Einheit: m² Belegte Fläche				
028 Parkett-, Holzpflasterarbeiten				50,0%
034 Maler- und Lackierarbeiten - Beschichtungen				8,0%
036 Bodenbelagarbeiten				42,0%

© **BKI** Baukosteninformationszentrum; Erläuterungen zu den Tabellen siehe Seite 64   Kostenstand: 1.Quartal 2012, Bundesdurchschnitt, **inkl. MwSt.**

331.16.00 Mauerwerkswand, Mauerziegel

04	**Ausmauern von Fehlstellen bis 1/2 Stein, Klein-**	69,00	**98,00**	130,00	
	flächen bis 0,2m² (4 Objekte)				
	Einheit: m² Wandfläche				
	012 Mauerarbeiten				100,0%
05	**Fenster- oder Türstürze erneuern, Stahlträger**	–	**72,00**	–	
	ausbauen, neue Stahlträger einbauen, verputzen				
	(1 Objekt)				
	Einheit: m Sturzlänge				
	012 Mauerarbeiten				100,0%
06	**Sanieren von Fensterstürzen, entfernen loser**	40,00	**59,00**	96,00	
	Putz- und Mauerwerksteile, entrosten, Korrosions-				
	anstrich, verputzen (3 Objekte)				
	Einheit: m Sturzlänge				
	012 Mauerarbeiten				100,0%

331.17.00 Mauerwerkswand, Natursteine

81	**Ausbesserung Bruchsteinmauerwerk, Erneuerung**	–	**440,00**	–	
	einzelner Steine, Sichtverfugung (1 Objekt)				
	Einheit: m² Ausgebesserte Wandfläche				
	014 Natur-, Betonwerksteinarbeiten				100,0%
82	**Ausbesserung Natursteinmauerwerk, Sichtverfugung**	130,00	**150,00**	170,00	
	(2 Objekte)				
	Einheit: m² Ausgebesserte Wandfläche				
	014 Natur-, Betonwerksteinarbeiten				100,0%

331.19.00 Mauerwerkswand, sonstiges

02	**Schwammbekämpfung im Mauerwerk, d=36-50cm,**	76,00	**110,00**	130,00	
	Bohrlochtränkung, Bohrlöcher in versetzten Reihen				
	(3 Objekte)				
	Einheit: m² Wandfläche				
	012 Mauerarbeiten				34,0%
	016 Zimmer- und Holzbauarbeiten				33,0%
	018 Abdichtungsarbeiten				33,0%
83	**Schadhaftes Mauerwerk in Teilstücken erneuern,**	78,00	**93,00**	100,00	
	Beimauerungen (5 Objekte)				
	Einheit: m² Wandfläche				
	012 Mauerarbeiten				100,0%

331.31.00 Holzwand, Blockkonstruktion, Vollholz

82	**Ausbesserung Holzfachwerk, schadhafte Holzteile**	–	**200,00**	–	
	erneuern, Untermauerung von Holzschwellen her-				
	stellen, Holzoberfläche reinigen und imprägnieren				
	(1 Objekt)				
	Einheit: m² Ausgebesserte Wandfläche				
	012 Mauerarbeiten				9,0%
	016 Zimmer- und Holzbauarbeiten				91,0%

Kostenstand: 1.Quartal 2012, Bundesdurchschnitt, **inkl. MwSt.**

Gebäudearten

Kostengruppen

Neubau

Abbrechen

Ausführungsarten | Wiederherstellen

Herstellen

KG.AK.AA – Wiederherstellen	von	€/Einheit	bis	LB an AA
334.12.00 Türen, Holz				
02 Demontage von Vollholztüren zur Wiederverwendung, Transport zur Aufarbeitung; Farbanstriche beseitigen, umbauen, sanierte Profilquerschnitte den alten anpassen, Türbeschläge den Denkmalschutzauflagen anpassen, Holzfehlstellenausbesserung, Anstriche; Wiedereinbau (2 Objekte)	640,00	**830,00**	1.030,00	
Einheit: m² Türfläche				
026 Fenster, Außentüren				100,0%
03 **Türflächen, alte Farbe entfernen, säubern, anschleifen, Anstrich (4 Objekte)**	17,00	**21,00**	29,00	
Einheit: m² Türfläche				
034 Maler- und Lackierarbeiten - Beschichtungen				100,0%
82 **Beidseitiger Renovierungsanstrich einschl. notwendiger Vorarbeiten, Reparatur der Beschläge (3 Objekte)**	120,00	**160,00**	230,00	
Einheit: m² Türfläche				
029 Beschlagarbeiten				64,0%
034 Maler- und Lackierarbeiten - Beschichtungen				36,0%
83 **Vorhandene Holztüren z.T. mit Glasausschnitt in Stand setzen, schadhafte Holzteile ausbessern, Beschläge und Anstrich erneuern (2 Objekte)**	380,00	**400,00**	420,00	
Einheit: m² Türfläche				
026 Fenster, Außentüren				88,0%
029 Beschlagarbeiten				13,0%
84 **Einflüglige Tür mit Oberlicht, Türblatt: Holz mit Glasausschnitt, Instandsetzung in denkmalgerechter Ausführung, Ausbau und Wiedereinbau (2 Objekte)**	910,00	**1.000,00**	1.090,00	
Einheit: m² Türfläche				
026 Fenster, Außentüren				100,0%
334.22.00 Fenstertüren, Holz				
03 **Holz-Fenstertüren überarbeiten, Dichtungen entfernen zur besseren Durchlüftung, Beschläge reinigen, ölen, zum Teil ersetzen, Anstrich (1 Objekt)**	–	**38,00**	–	
Einheit: m² Fensterfläche				
026 Fenster, Außentüren				61,0%
034 Maler- und Lackierarbeiten - Beschichtungen				39,0%

334.62.00 Fenster, Holz

04	**Demontieren von Holz-Einfachfenstern zur Wieder-** **verwendung, Abtransport zur Aufarbeitung; Auf-** **arbeitung, Farbanstriche entfernen, Beschläge in** **Stand setzen, Farbendbeschichtung, Einglasung,** **Wiedereinbau (2 Objekte)** Einheit: m² Fensterfläche	310,00	**340,00**	370,00	
	026 Fenster, Außentüren				100,0%
82	**Einfachfenster, beidseitiger Renovierungsanstrich** **einschl. notwendiger Vorarbeiten (3 Objekte)** Einheit: m² Fensterfläche	42,00	**60,00**	89,00	
	034 Maler- und Lackierarbeiten - Beschichtungen				100,0%
83	**Kastenfenster, beidseitiger Renovierungsanstrich** **inkl. notwendiger Vorarbeiten, Reparatur der** **Rahmen und Beschläge (4 Objekte)** Einheit: m² Fensterfläche	150,00	**210,00**	270,00	
	026 Fenster, Außentüren				38,0%
	029 Beschlagarbeiten				3,0%
	034 Maler- und Lackierarbeiten - Beschichtungen				59,0%
84	**Kastenfenster (mehrflüglig), Sprossenteilung** **(Einfachverglasung), Instandsetzung in denkmal-** **gerechter Ausführung, Ausbau und Wiedereinbau** **(1 Objekt)** Einheit: m² Fensterfläche	–	**1.040,00**	–	
	026 Fenster, Außentüren				63,0%
	034 Maler- und Lackierarbeiten - Beschichtungen				37,0%
85	**Einfach- teils Verbundfenster in denkmalgerechter** **Ausführung, Isolier- teils Einfachverglasung, Fenster-** **bänke aus Naturwerkstein bzw. Blechabdeckung,** **Beiputz, Ausbau der vorhandenen Fenster** **(5 Objekte)** Einheit: m² Fensterfläche	600,00	**700,00**	880,00	
	014 Natur-, Betonwerksteinarbeiten				2,0%
	023 Putz- und Stuckarbeiten, Wärmedämmsysteme				4,0%
	026 Fenster, Außentüren				81,0%
	034 Maler- und Lackierarbeiten - Beschichtungen				12,0%
86	**Instandsetzung Einfachfenster, teils mit Sprossen-** **teilung in denkmalgerechter Ausführung, Einfach-** **verglasung, Klein- und Sonderformate (1 Objekt)** Einheit: m² Fensterfläche	–	**1.290,00**	–	
	022 Klempnerarbeiten				25,0%
	026 Fenster, Außentüren				75,0%
87	**Denkmalgerechte Restaurierung farbiger Blei-** **verglasungen in Holzrahmen (1 Objekt)** Einheit: m² Fensterfläche	–	**1.400,00**	–	
	026 Fenster, Außentüren				100,0%

Gebäudearten

Kostengruppen

Neubau

Abbrechen

Ausführungsarten

Wiederherstellen

Herstellen

KG.AK.AA – Wiederherstellen	von	€/Einheit	bis	LB an AA
334.64.00 Fenster, Metall				
82 **Einfachfenster in Stahl oder Leichtmetallausführung in Stand setzen, Isolierverglasung, Ausbau alter Fenster und Fenstergitter, Beiputz (4 Objekte)**	330,00	**620,00**	850,00	
Einheit: m² Fensterfläche				
023 Putz- und Stuckarbeiten, Wärmedämmsysteme				5,0%
026 Fenster, Außentüren				95,0%

© **BKI** Baukosteninformationszentrum; Erläuterungen zu den Tabellen siehe Seite 64   Kostenstand: 1.Quartal 2012, Bundesdurchschnitt, **inkl. MwSt.**

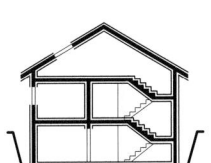

335.12.00 Abdichtung, Schutzschicht

02 **Reinigen des Mauerwerkes mit Hochdruckreiniger,** — 86,00 — **92,00** — 97,00
Fugen auskratzen, mit Sperrmörtel schließen,
Dickbeschichtung, Drän- und Schutzmatten anbauen
(2 Objekte)
Einheit: m² Bekleidete Fläche

086 Bauwerkstrockenlegungen und Bauaustrocknungen	100,0%

335.13.00 Abdichtung, Dämmung

02 **Kellerwände, Trockenlegung, reinigen, Hydro-** — – — **92,00** — –
phobieren, mit Feinschlämme beschichten,
Perimeterdämmung PS d=60mm aufkleben
(1 Objekt)
Einheit: m² Bekleidete Fläche

086 Bauwerkstrockenlegungen und Bauaustrocknungen	100,0%

335.21.00 Anstrich

04 **Zementschlemme mit Wasserhochdruckstrahlen** — – — **27,00** — –
entfernen, Salzausblühungen trocken abbürsten,
Putzrisse ausbessern, Grund-, Zwischen- und
Schlussanstrich (1 Objekt)
Einheit: m² Bekleidete Fläche

023 Putz- und Stuckarbeiten, Wärmedämmsysteme	47,0%
034 Maler- und Lackierarbeiten - Beschichtungen	53,0%

82 **Holzfachwerk streichen und imprägnieren, Fugen-** — – — **61,00** — –
versiegelung (1 Objekt)
Einheit: m² Bekleidete Fläche

034 Maler- und Lackierarbeiten - Beschichtungen	100,0%

335.32.00 Putz, Anstrich

02 **Schadhaften Putz abschlagen, Putz auf Hohlstellen** — 79,00 — **100,00** — 130,00
prüfen, Schadbereich erneuern, Risse sanieren,
Putzflächen reinigen, Sanierputz d=15mm, Oberputz,
Grundierung, Schlussanstrich (4 Objekte)
Einheit: m² Bekleidete Fläche

023 Putz- und Stuckarbeiten, Wärmedämmsysteme	77,0%
033 Baureinigungsarbeiten	7,0%
034 Maler- und Lackierarbeiten - Beschichtungen	16,0%

82 **Anstrich, vorhandene Putzflächen reinigen, teils** — 28,00 — **43,00** — 80,00
ausbessern (4 Objekte)
Einheit: m² Bekleidete Fläche

034 Maler- und Lackierarbeiten - Beschichtungen	62,0%
023 Putz- und Stuckarbeiten, Wärmedämmsysteme	38,0%

Gebäudearten

Kostengruppen

Neubau

Abbrechen

Ausführungsarten   Wiederherstellen

Herstellen

335
Außenwandbekleidungen außen

KG.AK.AA – Wiederherstellen	von	€/Einheit	bis	LB an AA
335.34.00 Isolierputz				
81 **Beschichtung mit wasserabweisendem Putz, vorhandenen Putz abschlagen, Untergrund reinigen und vorbehandeln (2 Objekte)**	160,00	**180,00**	200,00	
Einheit: m² Bekleidete Fläche				
023 Putz- und Stuckarbeiten, Wärmedämmsysteme				72,0%
002 Erdarbeiten				28,0%
335.54.00 Verblendung, Mauerwerk				
83 **Ziegelbekleidungen, schadhafte Stellen ausbessern, reinigen, verfugen, imprägnieren, teils Gesimsblechabdeckungen erneuern (4 Objekte)**	95,00	**150,00**	210,00	
Einheit: m² Bekleidete Fläche				
012 Mauerarbeiten				77,0%
034 Maler- und Lackierarbeiten - Beschichtungen				23,0%
335.55.00 Verblendung, Naturstein				
01 **Natursteine, Softstrahlen, scharieren, von Farb- und Zementresten reinigen, Ausbessern von Fehl- und Schadstellen, Versiegeln, Verfestigung und Hydrophobierung, neu verfugen (3 Objekte)**	110,00	**140,00**	150,00	
Einheit: m² Bekleidete Fläche				
014 Natur-, Betonwerksteinarbeiten				79,0%
023 Putz- und Stuckarbeiten, Wärmedämmsysteme				21,0%
02 **Reinigung der Natursteinfläche mit Hochdruckreiniger, imprägnieren (2 Objekte)**	14,00	**21,00**	27,00	
Einheit: m² Bekleidete Fläche				
014 Natur-, Betonwerksteinarbeiten				41,0%
033 Baureinigungsarbeiten				59,0%

Kostenstand: 1.Quartal 2012, Bundesdurchschnitt, inkl. **MwSt.**

336
Außenwandbeklei-
dungen innen

336.21.00 Anstrich

06 Ausbessern kleiner Putzschäden, grundieren, aufrauen, Dispersionsfarbenanstrich (3 Objekte) — von 6,30 — €/Einheit 10,00 — bis 13,00

Einheit: m² Bekleidete Fläche

| 023 Putz- und Stuckarbeiten, Wärmedämmsysteme | | | | 49,0% |
| 034 Maler- und Lackierarbeiten - Beschichtungen | | | | 51,0% |

336.31.00 Putz

84 Putzausbesserungen, Flächen bis 2m² (6 Objekte) — von 36,00 — €/Einheit 56,00 — bis 67,00

Einheit: m² Bekleidete Fläche

| 023 Putz- und Stuckarbeiten, Wärmedämmsysteme | | | | 100,0% |

336.32.00 Putz, Anstrich

83 Putz abdichtend, Altputz abschlagen, Untergrund vorbereiten (4 Objekte) — von 65,00 — €/Einheit 93,00 — bis 120,00

Einheit: m² Bekleidete Fläche

| 023 Putz- und Stuckarbeiten, Wärmedämmsysteme | | | | 93,0% |
| 034 Maler- und Lackierarbeiten - Beschichtungen | | | | 7,0% |

336.33.00 Putz, Fliesen und Platten

83 Keramikbeläge erneuern, teils festigen und aus-gleichen des Untergrundes mit Putz (1 Objekt) — von – — €/Einheit 140,00 — bis –

Einheit: m² Bekleidete Fläche

| 023 Putz- und Stuckarbeiten, Wärmedämmsysteme | | | | 18,0% |
| 024 Fliesen- und Plattenarbeiten | | | | 82,0% |

336.44.00 Bekleidung auf Unterkonstruktion, Holz

03 Farbbeschichtung bis auf sauberen Untergrund entfernen, reinigen, Grund-, Zwischen- und Schlussanstrich mit Alkydharz-Lack (2 Objekte) — von 29,00 — €/Einheit 32,00 — bis 34,00

Einheit: m² Bekleidete Fläche

| 034 Maler- und Lackierarbeiten - Beschichtungen | | | | 100,0% |

83 Profilierte Wandvertäfelung instandsetzen, Anstrich erneuern (1 Objekt) — von – — €/Einheit 570,00 — bis –

Einheit: m² Bekleidete Fläche

| 027 Tischlerarbeiten | | | | 73,0% |
| 034 Maler- und Lackierarbeiten - Beschichtungen | | | | 27,0% |

84 Holzbekleidungen ausbessern, Anstrich erneuern (1 Objekt) — von – — €/Einheit 97,00 — bis –

Einheit: m² Bekleidete Fläche

| 027 Tischlerarbeiten | | | | 4,0% |
| 034 Maler- und Lackierarbeiten - Beschichtungen | | | | 96,0% |

Gebäudearten

Kostengruppen

Neubau

Abbrechen

Ausführungsarten

Wiederherstellen

Herstellen

338
Sonnenschutz

KG.AK.AA – Wiederherstellen	von	€/Einheit	bis	LB an AA
338.12.00 Rollläden				
81 **Sanierungsanstrich inklusive notwendiger Vorarbeiten (2 Objekte)**	32,00	**41,00**	51,00	
Einheit: m² Geschützte Fläche				
034 Maler- und Lackierarbeiten - Beschichtungen				50,0%
030 Rollladenarbeiten				50,0%
338.21.00 Jalousien				
02 **Ausbau vom Jalousien, Transport zur Werkstatt, kürzen, Rücktransport, Einbau mit neuen Stahlhaltewinkeln (1 Objekt)**	–	**46,00**	–	
Einheit: m² Geschützte Fläche				
030 Rollladenarbeiten				100,0%

© **BKI** Baukosteninformationszentrum; Erläuterungen zu den Tabellen siehe Seite 64   Kostenstand: 1.Quartal 2012, Bundesdurchschnitt, **inkl. MwSt.**

		von	€/Einheit	bis	LB an AA

339.21.00 Brüstungen

02 **Metall-Brüstungsgitter, Schadstellen entrosten, lackieren (2 Objekte)** — von 61,00 / €/Einheit 74,00 / bis 87,00
Einheit: m² Brüstungsfläche

	LB an AA
031 Metallbauarbeiten	55,0%
034 Maler- und Lackierarbeiten - Beschichtungen	45,0%

339.41.00 Eingangstreppen, -podeste

02 **Einzelne Blockstufen aufnehmen, Untergrund im JOS-Verfahren reinigen, Auflager richten, wieder verlegen im Mörtelbett (1 Objekt)** — von – / €/Einheit 300,00 / bis –
Einheit: m² Treppenfläche

	LB an AA
014 Natur-, Betonwerksteinarbeiten	100,0%

03 **Stufen aufnehmen, Auflager abgleichen, Stufen säubern, verlegen im Mörtelbett (2 Objekte)** — von 440,00 / €/Einheit 490,00 / bis 540,00
Einheit: m² Treppenfläche

	LB an AA
014 Natur-, Betonwerksteinarbeiten	100,0%

Gebäudearten

Kostengruppen

Neubau

Abbrechen

Ausführungsarten **Wiederherstellen**

Herstellen

341
Tragende
Innenwände

KG.AK.AA – Wiederherstellen	von	€/Einheit	bis	LB an AA
341.16.00 Mauerwerkswand, Mauerziegel				
04 **Fenster- oder Türstürze erneuern, Stahlträger ausbauen, neue Stahlträger einbauen (1 Objekt)**	–	**94,00**	–	
Einheit: m Sturzlänge				
012 Mauerarbeiten				100,0%
341.19.00 Mauerwerkswand, sonstiges				
85 **Mauerwerk, Wandstärken d=20-40cm, teilweise ausgleichen vorhandener Wände (2 Objekte)**	140,00	**180,00**	210,00	
Einheit: m² Wandfläche				
012 Mauerarbeiten				100,0%
341.39.00 Holzwand, sonstiges				
89 **Ausbesserung Holzfachwerk, schadhafte Holzteile erneuern, Untermauerung von Holzschwellen herstellen, Holzoberfläche reinigen und imprägnieren (1 Objekt)**	–	**31,00**	–	
Einheit: m² Wandfläche				
012 Mauerarbeiten				27,0%
016 Zimmer- und Holzbauarbeiten				73,0%

Kostenstand: 1.Quartal 2012, Bundesdurchschnitt, **inkl. MwSt.**

KG.AK.AA – Wiederherstellen	von	€/Einheit	bis	LB an AA

342.19.00 Mauerwerkswand, sonstiges

82 **Schadhaftes Mauerwerk in Teilstücken erneuern, Beimauerungen (1 Objekt)** – **280,00** –

Einheit: m² Wandfläche

039 Trockenbauarbeiten 100,0%

342.39.00 Holzwand, sonstiges

81 **Mauerwerk des Holzfachwerks instandsetzen, schadhafte Stellen ausbessern, Wandstärke d=20cm (1 Objekt)** – **140,00** –

Einheit: m² Wandfläche

012 Mauerarbeiten 100,0%

Gebäudearten

Kostengruppen

Neubau

Abbrechen

Wiederherstellen

Ausführungsarten

Herstellen

KG.AK.AA – Wiederherstellen	von	€/Einheit	bis	LB an AA
344.12.00 Türen, Holz				
01 Demontieren von Vollholztüren, komplett mit Blendrahmen ausbauen, zur Aufarbeitung abtransportieren, Anschläge säubern; Aufarbeitung, alte Farbanstriche entfernen, Fehlstellen ergänzen und spachteln, Holzprofile und Fitschenbänder instandsetzen, neue Schlösser einbauen, Wiedereinbau der Türen (3 Objekte)	270,00	**390,00**	570,00	
Einheit: m² Türfläche				
012 Mauerarbeiten				7,0%
027 Tischlerarbeiten				93,0%
82 Beidseitiger Renovierungsanstrich inkl. notwendiger Vorarbeiten (2 Objekte)	44,00	**54,00**	65,00	
Einheit: m² Türfläche				
034 Maler- und Lackierarbeiten - Beschichtungen				100,0%
83 Beidseitiger Renovierungsanstrich einschl. notwendiger Vorarbeiten, gangbar machen und Erneuern der Beschläge (4 Objekte)	140,00	**170,00**	240,00	
Einheit: m² Türfläche				
027 Tischlerarbeiten				51,0%
029 Beschlagarbeiten				20,0%
034 Maler- und Lackierarbeiten - Beschichtungen				30,0%
85 Ein- und zweiflüglige historische Holztüren, schadhafte Holzteile ausbessern, Freilegung und Restaurierung der Originalanstriche, teilweise Erneuerung der Beschläge (1 Objekt)	–	**830,00**	–	
Einheit: m² Türfläche				
027 Tischlerarbeiten				19,0%
029 Beschlagarbeiten				16,0%
032 Verglasungsarbeiten				3,0%
034 Maler- und Lackierarbeiten - Beschichtungen				62,0%
344.14.00 Türen, Metall				
04 Altanstriche entfernen, schleifen, grundieren, kleinere Beschädigungen verspachteln, Neuanstrich (4 Objekte)	23,00	**26,00**	30,00	
Einheit: m² Türfläche				
034 Maler- und Lackierarbeiten - Beschichtungen				100,0%
344.52.00 Fenster, Holz				
03 Aufarbeitung Holzinnenfenster, Farbanstriche entfernen, Beschläge instandsetzen, Farbendbeschichtung, teils neue Einglasung mit Floatglas 4mm (1 Objekt)	–	**260,00**	–	
Einheit: m² Fensterfläche				
027 Tischlerarbeiten				100,0%

Kostenstand: 1.Quartal 2012, Bundesdurchschnitt, inkl. MwSt.

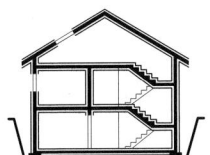

	von	€/Einheit	bis	LB an AA
345.21.00 Anstrich				
04 **Industriereinigung von Ziegel- und Klinkersteinen, entfernen von Ölfarbe, Kalkfarbe oder Ruß (1 Objekt)**	–	**26,00**	–	
Einheit: m² Bekleidete Fläche				
034 Maler- und Lackierarbeiten - Beschichtungen				100,0%
08 **Ausbessern von kleinen Putzschäden, spachteln, schleifen grundieren mit Putzgrund, Anstrich zweifach (1 Objekt)**	–	**6,80**	–	
Einheit: m² Bekleidete Fläche				
034 Maler- und Lackierarbeiten - Beschichtungen				100,0%
09 **Wandflächen, nässen, abstoßen, nachwaschen, Grundanstrich zur Erreichung eines festen Untergrundes, Dispersionsanstrich (1 Objekt)**	–	**5,20**	–	
Einheit: m² Bekleidete Fläche				
034 Maler- und Lackierarbeiten - Beschichtungen				100,0%
345.31.00 Putz				
82 **Putzausbesserungen, Flächen bis 2m² (6 Objekte)**	36,00	**56,00**	67,00	
Einheit: m² Bekleidete Fläche				
023 Putz- und Stuckarbeiten, Wärmedämmsysteme				100,0%
345.32.00 Putz, Anstrich				
83 **Putz abdichtend, Altputz abschlagen, Untergrund vorbereiten (4 Objekte)**	65,00	**93,00**	120,00	
Einheit: m² Bekleidete Fläche				
023 Putz- und Stuckarbeiten, Wärmedämmsysteme				93,0%
034 Maler- und Lackierarbeiten - Beschichtungen				7,0%
345.33.00 Putz, Fliesen und Platten				
03 **Säubern der Klinker, spachteln, abklopfen, abwaschen (1 Objekt)**	–	**7,70**	–	
Einheit: m² Bekleidete Fläche				
024 Fliesen- und Plattenarbeiten				100,0%
82 **Keramikbeläge erneuern, teils festigen und ausgleichen des Untergrundes mit Putz (1 Objekt)**	–	**140,00**	–	
Einheit: m² Bekleidete Fläche				
023 Putz- und Stuckarbeiten, Wärmedämmsysteme				18,0%
024 Fliesen- und Plattenarbeiten				82,0%

Gebäudearten
Kostengruppen
Neubau
Abbrechen
Ausführungsarten
Wiederherstellen
Herstellen

345
Innenwand-
bekleidungen

345.44.00 Bekleidung auf Unterkonstruktion, Holz				
83 Holzbekleidungen ausbessern, Anstrich erneuern	–	**97,00**	–	
(1 Objekt)				
Einheit: m² Bekleidete Fläche				
023 Putz- und Stuckarbeiten, Wärmedämmsysteme				4,0%
034 Maler- und Lackierarbeiten - Beschichtungen				96,0%
84 Profilierte Wandvertäfelung instandsetzen, Anstrich	–	**570,00**	–	
erneuern (1 Objekt)				
Einheit: m² Bekleidete Fläche				
027 Tischlerarbeiten				73,0%
034 Maler- und Lackierarbeiten - Beschichtungen				27,0%
345.61.00 Tapeten				
04 Vorhandene Raufaser streichen, Bodenabdeckungen	–	**8,00**	–	
(1 Objekt)				
Einheit: m² Bekleidete Fläche				
037 Tapezierarbeiten				100,0%

	von	€/Einheit	bis	LB an AA
349.22.00 Geländer				
02 **Lackfarbe von Geländer bis auf sauberen Untergrund entfernen, Untergrund reinigen, entrosten, wenn erforderlich, aufrauen durch Anlaugen oder Schleifen; Grundierung, Deckanstrich (3 Objekte)**	18,00	**28,00**	46,00	
Einheit: m² Geländerfläche				
034 Maler- und Lackierarbeiten - Beschichtungen				100,0%
03 **Metall-Schutzgeländer, säubern, entrosten, Grundierung, Deckanstrich (3 Objekte)**	18,00	**19,00**	21,00	
Einheit: m² Geländerfläche				
034 Maler- und Lackierarbeiten - Beschichtungen				100,0%

Gebäudearten

Kostengruppen

Neubau

Abbrechen

Ausführungsarten

Wiederherstellen

Herstellen

351
Decken-
konstruktionen

351.15.00 Stahlbeton, Ortbeton, Platten				
82 **Sanierung von Plattendecken aus Stahlbeton (1 Objekt)**	–	**94,00**	–	
Einheit: m² Deckenfläche				
013 Betonarbeiten				100,0%
351.42.00 Vollholzbalken, Schalung				
81 **Sanierung Holzbalkendecken mit Brettschalung, Spannweiten bis 5m, Abbruch der vorhandenen Holzbalkendecke, Schuttbeseitigung (6 Objekte)**	100,00	**190,00**	270,00	
Einheit: m² Deckenfläche				
016 Zimmer- und Holzbauarbeiten				100,0%
351.89.00 Treppen, sonstiges				
82 **Historische Holztreppe mit Galerie inkl. Geländer grundinstandsetzen (1 Objekt)**	–	**1.850,00**	–	
Einheit: m² Treppenfläche				
016 Zimmer- und Holzbauarbeiten				18,0%
034 Maler- und Lackierarbeiten - Beschichtungen				82,0%
351.94.00 Treppen, Mischkonstruktionen				
81 **Gemauerte Treppe aus Ziegelsteinen instandsetzen (1 Objekt)**	–	**170,00**	–	
Einheit: m² Treppenfläche				
012 Mauerarbeiten				100,0%

© **BKI** Baukosteninformationszentrum; Erläuterungen zu den Tabellen siehe Seite 64   Kostenstand: 1.Quartal 2012, Bundesdurchschnitt, **inkl. MwSt.**

	von	€/Einheit	bis	LB an AA

352.12.00 Anstrich, Estrich

83 Anstrich (Farbe, ggf. Flüssigkunststoff), vorhandenen
Unterboden (Estrich) reinigen und spachteln
(7 Objekte)

	von	€/Einheit	bis	LB an AA
	8,10	**11,00**	16,00	

Einheit: m² Belegte Fläche

| 034 Maler- und Lackierarbeiten - Beschichtungen | | | | 100,0% |

352.21.00 Estrich

08 Ausbesserung von Estrichschäden in Teilflächen,
d=30-50mm, durch Abklopfen auf Hohlstellen unter-
suchen, Risse verfugen (3 Objekte)

	22,00	**36,00**	55,00	

Einheit: m² Belegte Fläche

| 025 Estricharbeiten | | | | 100,0% |

352.31.00 Fliesen und Platten

01 Fliesen in Fehlstellen einsetzen bis zu 5 Platten im
Mörtelbett, teilweise Aufnahme von vorhandenen
Fliesen zur Wiederverwendung (2 Objekte)

	120,00	**150,00**	170,00	

Einheit: m² Behandelte Fläche

| 024 Fliesen- und Plattenarbeiten | | | | 92,0% |
| 012 Maurerarbeiten | | | | 8,0% |

04 Industriereinigung von Steinzeug-Fliesen (2 Objekte)

	1,80	**3,60**	5,30	

Einheit: m² Behandelte Fläche

| 024 Fliesen- und Plattenarbeiten | | | | 50,0% |
| 036 Bodenbelagarbeiten | | | | 50,0% |

352.41.00 Naturstein

04 Granit-Treppenstufen und Antrittplatten reinigen
(2 Objekte)

	68,00	**69,00**	69,00	

Einheit: m² Belegte Fläche

| 036 Bodenbelagarbeiten | | | | 50,0% |
| 014 Natur-, Betonwerksteinarbeiten | | | | 50,0% |

352.51.00 Betonwerkstein

01 Terrazzobelag restaurieren, Hohlräume verpressen
(2 Objekte)

	57,00	**57,00**	58,00	

Einheit: m² Belegte Fläche

| 014 Natur-, Betonwerksteinarbeiten | | | | 100,0% |

Gebäudearten

Kostengruppen

Neubau

Abbrechen

Ausführungsarten

Wiederherstellen

Herstellen

352
Deckenbeläge

KG.AK.AA – Wiederherstellen	von	€/Einheit	bis	LB an AA
352.61.00 Textil				
81 **Textilbelag, vorhandenen Unterboden (Estrich) reinigen und spachteln, teils vorhandenen Oberbelag (Textil, Linoleum) aufnehmen, Schuttbeseitigung (3 Objekte)**	43,00	**52,00**	68,00	
Einheit: m² Belegte Fläche				
036 Bodenbelagarbeiten				100,0%
82 **Textilbelag, vorhandenen Unterboden (Treppe) reinigen und spachteln (2 Objekte)**	60,00	**66,00**	71,00	
Einheit: m² Belegte Fläche				
027 Tischlerarbeiten				4,0%
034 Maler- und Lackierarbeiten - Beschichtungen				3,0%
036 Bodenbelagarbeiten				93,0%
352.65.00 Textil, Estrich, Dämmung				
82 **Textilbelag, Unterboden aus Spanplatten, Einschub mit Wärmedämmung herstellen, vorhandene Holzdielung aufnehmen, Schuttbeseitigung (2 Objekte)**	100,00	**100,00**	100,00	
Einheit: m² Belegte Fläche				
016 Zimmer- und Holzbauarbeiten				59,0%
036 Bodenbelagarbeiten				41,0%
352.71.00 Holz				
06 **Parkettboden ausbessern, einschl. Sockelleisten, Schleifen, Versiegelung (8 Objekte)**	21,00	**29,00**	36,00	
Einheit: m² Belegte Fläche				
028 Parkett-, Holzpflasterarbeiten				100,0%
81 **Vorhandene Holzdielen aufnehmen, überarbeiten und wieder einbauen, Oberfläche behandeln (3 Objekte)**	48,00	**120,00**	160,00	
Einheit: m² Belegte Fläche				
016 Zimmer- und Holzbauarbeiten				82,0%
034 Maler- und Lackierarbeiten - Beschichtungen				18,0%
352.81.00 Hartbeläge				
04 **Untergrund spachteln, PVC-Belag auf Treppenstufen erneuern, Silikonverfugung (1 Objekt)**	–	**150,00**	–	
Einheit: m² Belegte Fläche				
027 Tischlerarbeiten				100,0%
06 **Beläge entfernen, Fußboden grundieren, spachteln, schleifen, Linoleumbelag 2,5mm (2 Objekte)**	47,00	**54,00**	62,00	
Einheit: m² Belegte Fläche				
036 Bodenbelagarbeiten				100,0%

© **BKI** Baukosteninformationszentrum; Erläuterungen zu den Tabellen siehe Seite 64   Kostenstand: 1.Quartal 2012, Bundesdurchschnitt, **inkl. MwSt.**

353.21.00 Anstrich

08 Deckenflächen, nässen, abstoßen, nachwaschen,   8,50   **13,00**   16,00
mit Spachtelmasse beispachteln, nachschleifen,
ausbessern kleiner Putzschäden, Grundierung,
Dispersionsfarbenanstrich (3 Objekte)
Einheit: m² Bekleidete Fläche

| 034 Maler- und Lackierarbeiten - Beschichtungen | | | | 100,0% |

353.31.00 Putz

03 Deckenputz auf Altbaudecken von kleinen   40,00   **56,00**   86,00
schadhaften Putzflächen bis 2m² abschlagen;
einschließlich Schuttbeseitigung, Kippgebühr,
zweilagiger Neuputz, Spritzbewurf, Angleichen
an den vorhandenen Putz (3 Objekte)
Einheit: m² Behandelte Fläche

| 023 Putz- und Stuckarbeiten, Wärmedämmsysteme | | | | 100,0% |

353.32.00 Putz, Anstrich

84 Putzausbesserungen mit Anstrich in Teilflächen   –   **19,00**   –
(1 Objekt)
Einheit: m² Bekleidete Fläche

| 023 Putz- und Stuckarbeiten, Wärmedämmsysteme | | | | 46,0% |
| 034 Maler- und Lackierarbeiten - Beschichtungen | | | | 54,0% |

353.44.00 Bekleidung auf Unterkonstruktion, Holz

82 Holzbekleidungen ausbessern, Anstrich erneuern   –   **41,00**   –
(1 Objekt)
Einheit: m² Bekleidete Fläche

| 034 Maler- und Lackierarbeiten - Beschichtungen | | | | 75,0% |
| 039 Trockenbauarbeiten | | | | 25,0% |

353.47.00 Bekleidung auf Unterkonstruktion, Metall

81 Abgehängte Alu-Paneeldecken ausbessern (1 Objekt)   –   **24,00**   –
Einheit: m² Bekleidete Fläche

| 039 Trockenbauarbeiten | | | | 100,0% |

353.91.00 Sonstige Deckenbekleidungen

81 Historische Stuckdecke mit Profilen, Rosetten und   –   **300,00**   –
Zahnfriesen restaurieren (1 Objekt)
Einheit: m² Bekleidete Fläche

| 023 Putz- und Stuckarbeiten, Wärmedämmsysteme | | | | 90,0% |
| 034 Maler- und Lackierarbeiten - Beschichtungen | | | | 10,0% |

Gebäudearten

Kostengruppen

Neubau

Abbrechen

Ausführungsarten   **Wiederherstellen**

Herstellen

KG.AK.AA – Wiederherstellen	von	€/Einheit	bis	LB an AA
359.23.00 Handläufe				
03 **Massiv-Rund-Holzhandlauf d=60mm, demontieren, Ölfarbreste entfernen, aufarbeiten, Schadstellen ausbessern, Montage (2 Objekte)** Einheit: m Handlauflänge	83,00	**110,00**	140,00	
027 Tischlerarbeiten				100,0%
04 **Metallhandläufe, Altanstriche entfernen, schadhafte Grundbeschichtung ausbessern, Zwischen-, Schluss-beschichtung (4 Objekte)** Einheit: m Handlauflänge	6,20	**7,70**	8,20	
031 Metallbauarbeiten				50,0%
034 Maler- und Lackierarbeiten - Beschichtungen				50,0%

© **BKI** Baukosteninformationszentrum; Erläuterungen zu den Tabellen siehe Seite 64   Kostenstand: 1.Quartal 2012, Bundesdurchschnitt, **inkl. MwSt.**

		von	€/Einheit	bis	LB an AA

361.15.00 Stahlbeton, Ortbeton, Platten

04 **Betonsanierung Flachdach, Entfernen aller losen
Teile, Freilegen korrodierter Bewehrung, Entrosten,
zweimaliges Streichen mit Korrosionsschutz, Beton-
ausbruchstellen mit Reparaturmörtel verfüllen und
nachbehandeln, mit kunststoffmodifizierter Spach-
telmasse egalisieren (1 Objekt)**   — 74,00 —
Einheit: m² Dachfläche
013 Betonarbeiten   100,0%

361.42.00 Vollholzbalken, Schalung

81 **Instandsetzung Turmdächer mit Holzdachstuhl,
Steildach, pyramidenförmig, Holzdachstuhl mit
Brettschalung, Abbruch des vorhandenen Dach-
stuhls, Schuttbeseitigung (1 Objekt)**   — 250,00 —
Einheit: m² Dachfläche
016 Zimmer- und Holzbauarbeiten   100,0%

361.49.00 Holzbalkenkonstruktionen, sonstiges

82 **Satteldächer mit Holzdachstühlen in Stand setzen,
einschl. Auswechselung schadhafter Holzteile
(4 Objekte)**   37,00 73,00 110,00
Einheit: m² Dachfläche
016 Zimmer- und Holzbauarbeiten   100,0%

83 **Steildächer verschiedener Konstruktionsarten in
Stand setzen, einschl. Auswechselung und
Imprägnierung schadhafter Holzteile (3 Objekte)**   5,50 9,80 19,00
Einheit: m² Dachfläche
016 Zimmer- und Holzbauarbeiten   100,0%

361.91.00 Sonstige Dachkonstruktionen

85 **Holzdachstühle mit Stahlbindern verstärken
(1 Objekt)**   — 260,00 —
Einheit: m² Dachfläche
017 Stahlbauarbeiten   100,0%

Gebäudearten

Kostengruppen

Neubau

Abbrechen

Ausführungsarten   Wiederherstellen

Herstellen

363
Dachbeläge

KG.AK.AA – Wiederherstellen	von	€/Einheit	bis	LB an AA
363.31.00 Ziegel				
81 **Dachdeckung geneigter Dächer aus Dachziegeln oder Schiefer mit Traufblechen, schadhafte Stellen ausbessern (2 Objekte)**	4,50	**5,30**	6,00	
Einheit: m² Gedeckte Fläche				
020 Dachdeckungsarbeiten				75,0%
022 Klempnerarbeiten				26,0%
363.32.00 Ziegel, Wärmedämmung				
82 **Erneuerung Dachdeckung geneigter Dächer, einschließlich Unterspannbahn, Dachlattung bzw. Brettschalung, Dachpfannen bzw. Schiefer, Mineralfaserisolierung, verzinkte Dachrinnen und Blechabdeckungen, Aufnehmen des alten Dachbelags, Schuttbeseitigung (1 Objekt)**	–	**190,00**	–	
Einheit: m² Gedeckte Fläche				
021 Dachabdichtungsarbeiten				100,0%

Kostenstand: 1.Quartal 2012, Bundesdurchschnitt, **inkl. MwSt.**

364.32.00 Putz, Anstrich

84 Putzausbesserungen mit Anstrich in Teilflächen (1 Objekt)   –   **19,00**   –

Einheit: m² Bekleidete Fläche

| 023 Putz- und Stuckarbeiten, Wärmedämmsysteme | 46,0% |
| 034 Maler- und Lackierarbeiten - Beschichtungen | 54,0% |

364.44.00 Bekleidung auf Unterkonstruktion, Holz

82 Holzbekleidungen ausbessern, Anstrich erneuern (1 Objekt)   –   **41,00**   –

Einheit: m² Bekleidete Fläche

| 034 Maler- und Lackierarbeiten - Beschichtungen | 75,0% |
| 039 Trockenbauarbeiten | 25,0% |

364.47.00 Bekleidung auf Unterkonstruktion, Metall

81 Abgehängte Alu-Paneeldecken ausbessern (1 Objekt)   –   **24,00**   –

Einheit: m² Bekleidete Fläche

| 039 Trockenbauarbeiten | 100,0% |

364.91.00 Sonstige Dachbekleidungen

81 Historische Stuckdecke mit Profilen, Rosetten und Zahnfriesen restaurieren (1 Objekt)   –   **300,00**   –

Einheit: m² Bekleidete Fläche

| 023 Putz- und Stuckarbeiten, Wärmedämmsysteme | 90,0% |
| 034 Maler- und Lackierarbeiten - Beschichtungen | 10,0% |

Gebäudearten

Kostengruppen

Neubau

Abbrechen

Ausführungsarten **Wiederherstellen**

Herstellen

391
Baustellen-
einrichtung

KG.AK.AA – Wiederherstellen	von	€/Einheit	bis	LB an AA
391.11.00 Baustelleneinrichtung, pauschal				
82 **Baustelleneinrichtung für Bauerneuerungs-maßnahmen (4 Objekte)**	2,20	**7,80**	25,00	
Einheit: m² Brutto-Grundfläche				
000 Sicherheitseinrichtungen, Baustelleneinrichtungen				100,0%

© **BKI** Baukosteninformationszentrum; Erläuterungen zu den Tabellen siehe Seite 64   Kostenstand: 1.Quartal 2012, Bundesdurchschnitt, **inkl. MwSt.**

KG.AK.AA – Wiederherstellen	von	€/Einheit	bis	LB an AA
392.11.00 Standgerüste, Fassadengerüste				
82 **Gerüste für Bauerneuerungsmaßnahmen (3 Objekte)**	5,50	**9,80**	18,00	
Einheit: m² Brutto-Grundfläche				
001 Gerüstarbeiten				100,0%

Gebäudearten

Kostengruppen

Neubau

Abbrechen

Ausführungsarten **Wiederherstellen**

Herstellen

397
Zusätzliche Maß-
nahmen

KG.AK.AA – Wiederherstellen	von	€/Einheit	bis	LB an AA
397.12.00 Schutz bestehender Bausubstanz				
02 **Bauzeitenschutz von Fenstern und Türen (1 Objekt)**	–	0,40	–	
Einheit: m² Brutto-Grundfläche				
012 Mauerarbeiten				100,0%
397.13.00 Schutz von fertiggestellten Bauteilen				
05 **Schutz der neuen Fenster und Türen während der Sanierung (1 Objekt)**	–	4,80	–	
Einheit: m² Brutto-Grundfläche				
012 Mauerarbeiten				100,0%

Kostenstand: 1.Quartal 2012, Bundesdurchschnitt, **inkl. MwSt.**

		von	€/Einheit	bis	LB an AA
423.11.00	Radiatoren				
01	**Heizkörper, einschl. Anschlussleitungen, entfernen von alten Anstrichen, ohne Beschädigung des Untergrundes, Neuanstrich mit Heizkörperlack (3 Objekte)**	10,00	**15,00**	17,00	
	Einheit: m² Heizkörperfläche				
	041 Wärmeversorgungsanlagen - Leitungen, Armaturen, Heizflächen				49,0%
	034 Maler- und Lackierarbeiten - Beschichtungen				51,0%

Gebäudearten

Kostengruppen

Neubau

Abbrechen

Ausführungsarten Wiederherstellen

Herstellen

521
Wege

521.51.00 Deckschicht Pflaster				
03 **Betonpflastersteine aufnehmen, säubern, lagern, wieder im Sandbett verlegen (3 Objekte)**	51,00	**60,00**	75,00	
Einheit: m² Wegefläche				
014 Natur-, Betonwerksteinarbeiten				50,0%
080 Straßen, Wege, Plätze				50,0%

© **BKI** Baukosteninformationszentrum; Erläuterungen zu den Tabellen siehe Seite 64   Kostenstand: 1.Quartal 2012, Bundesdurchschnitt, **inkl. MwSt.**

Ausführungsarten
Altbau
Herstellen

**Kostenkennwerte für von BKI gebildete
Untergliederung der 3.Ebene DIN 276**

KG.AK.AA – Herstellen	von	€/Einheit	bis	LB an AA
311.24.00 Aushub Baugrube BK 2-5, Abtransport				
02 **Erdaushub innerhalb vom Gebäude, BK 3-5 (4 Objekte)**	85,00	**99,00**	140,00	
Einheit: m³ Aushub				
002 Erdarbeiten				100,0%
81 **Baugrubenaushub in Handschachtung, teilweise Abtransport, BK 3-5, leicht bis schwer lösbare Bodenarten (3 Objekte)**	58,00	**160,00**	230,00	
Einheit: m³ Aushubvolumen				
002 Erdarbeiten				100,0%
311.41.00 Hinterfüllen mit Siebschutt				
03 **Bauwerkshinterfüllung und Kiesunterbau d=20cm, dichtungswilligen Boden liefern und lagenweise verdichten, teilweise im Gebäude (5 Objekte)**	40,00	**52,00**	61,00	
Einheit: m³ Auffüllmenge				
002 Erdarbeiten				51,0%
012 Mauerarbeiten				49,0%

© **BKI** Baukosteninformationszentrum; Erläuterungen zu den Tabellen siehe Seite 64   Kostenstand: 1.Quartal 2012, Bundesdurchschnitt, **inkl. MwSt.**

322.11.00	Einzelfundamente und Streifenfundamente				
07	**Stb-Fundamente C12/15, Schalung, Bewehrung, Erweiterungen im Altbau (5 Objekte)**	160,00	**170,00**	190,00	
	Einheit: m³ Fundamentvolumen				
	013 Betonarbeiten				100,0%
08	**Stb-Streifenfundamente Orteton, Schalung, Bewehrung, Verzahnung mit bestehenden Fundamenten (3 Objekte)**	440,00	**480,00**	550,00	
	Einheit: m³ Fundamentvolumen				
	013 Betonarbeiten				100,0%
09	**Fundamentaushub BK 3-5, innerhalb von Gebäuden, Handaushub, Abtransport (5 Objekte)**	84,00	**110,00**	130,00	
	Einheit: m³ Aushub				
	002 Erdarbeiten				100,0%

Gebäudearten

Kostengruppen

Neubau

Abbrechen

Wiederherstellen

Ausführungsarten · **Herstellen**

KG.AK.AA – Herstellen	von	€/Einheit	bis	LB an AA
324.15.00 Stahlbeton, Ortbeton, Platten				
04 **Stb-Bodenplatte, d=15cm, Bewehrung, Schalung, innerhalb von Gebäuden, Ergänzungen zum Bestand (7 Objekte)**	35,00	**53,00**	74,00	
Einheit: m² Plattenfläche				
013 Betonarbeiten				100,0%
05 **Stb-Bodenplatte Ortbeton, d=16-25cm, Schalung, Bewehrung, im vorhandenen Gebäude (7 Objekte)**	63,00	**87,00**	120,00	
Einheit: m² Plattenfläche				
013 Betonarbeiten				100,0%
06 **Stb-Bodenplatte WU, d=20-25cm, Schalung, Bewehrung, Dehnfugen abdichten, Erweiterung für Anbau (2 Objekte)**	130,00	**160,00**	190,00	
Einheit: m² Plattenfläche				
013 Betonarbeiten				100,0%
07 **Stb-Bodenplatte Ortbeton, d=12-16cm, Schalung, Bewehrung, auf verdichteter Kiesfilterschicht (3 Objekte)**	54,00	**73,00**	84,00	
Einheit: m² Plattenfläche				
013 Betonarbeiten				100,0%

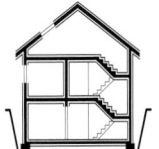

325.11.00 Anstrich

06 Anstrich auf Estrichflächen, reinigen, Grund- und Schlussbeschichtung (6 Objekte)
Einheit: m² Belegte Fläche

	von	€/Einheit	bis	LB an AA
06 ...	9,40	**11,00**	15,00	
034 Maler- und Lackierarbeiten - Beschichtungen				100,0%

325.15.00 Anstrich, Estrich, Dämmung

01 Estrich, Wärme- und Trittschalldämmung, d=60mm, Anstrich (1 Objekt)
Einheit: m² Belegte Fläche

	von	€/Einheit	bis	LB an AA
01 ...	–	**57,00**	–	
025 Estricharbeiten				80,0%
034 Maler- und Lackierarbeiten - Beschichtungen				20,0%

325.21.00 Estrich

09 Zementestrich, d=45-60mm, Bewehrung (4 Objekte)
Einheit: m² Belegte Fläche

	von	€/Einheit	bis	LB an AA
09 ...	30,00	**32,00**	34,00	
025 Estricharbeiten				100,0%

325.24.00 Estrich, Dämmung

02 Zementestrich, d=50mm, Bewehrung, Trittschall- und Wärmedämmung (4 Objekte)
Einheit: m² Belegte Fläche

	von	€/Einheit	bis	LB an AA
02 ...	32,00	**39,00**	46,00	
025 Estricharbeiten				100,0%

325.31.00 Fliesen und Platten

02 Bodenfliesen, Dickbettverfahren, säure- und laugen-beständig, rutschhemmend R 10, Verfugung, Sockel-fliesen, Untergrundvorbereitung, dauerelastische Silikonverfugung, AKS-Gitter, Dehnfugenprofil (3 Objekte)
Einheit: m² Belegte Fläche

	von	€/Einheit	bis	LB an AA
02 ...	110,00	**150,00**	160,00	
024 Fliesen- und Plattenarbeiten				100,0%

07 Bodenfliesen im Dünnbett auf Estrich verlegt (12 Objekte)
Einheit: m² Belegte Fläche

	von	€/Einheit	bis	LB an AA
07 ...	46,00	**58,00**	72,00	
024 Fliesen- und Plattenarbeiten				100,0%

325.34.00 Fliesen und Platten, Estrich, Abdichtung, Dämmung

01 Untergrundvorbereitung, Abdichtung, PE-Folie, Zementestrich, d=50mm, Bewehrung, Wärme- und Trittschalldämmung, d=50mm, Bodenfliesen, Trenn- und Dehnungsschienen, Sockelfliesen (4 Objekte)
Einheit: m² Belegte Fläche

	von	€/Einheit	bis	LB an AA
01 ...	140,00	**150,00**	150,00	
013 Betonarbeiten				17,0%
018 Abdichtungsarbeiten				12,0%
024 Fliesen- und Plattenarbeiten				51,0%
025 Estricharbeiten				20,0%

Gebäudearten
Kostengruppen
Neubau
Abbrechen
Wiederherstellen
Herstellen
Ausführungsarten

325
Bodenbeläge

KG.AK.AA – Herstellen	von	€/Einheit	bis	LB an AA
325.41.00 Naturstein				
03 **Granit-Bodenbelag 50/50cm, Mörtelbett, Vorreinigung, fluatieren (2 Objekte)**	220,00	**220,00**	220,00	
Einheit: m² Belegte Fläche				
014 Natur-, Betonwerksteinarbeiten				100,0%
325.51.00 Betonwerkstein				
02 **Betonwerkstein, rutschhemmend, Dickbett, Vorreinigung, Fluatieren (2 Objekte)**	77,00	**84,00**	92,00	
Einheit: m² Belegte Fläche				
014 Natur-, Betonwerksteinarbeiten				100,0%
325.53.00 Betonwerkstein, Estrich, Abdichtung				
01 **Untergrundvorbereitung, Abdichtung G 200, PE-Folie, Fließestrich d=60mm, Bewehrung, Betonwerkstein, Trenn- und Dehnungsschienen, Sockelfliesen (1 Objekt)**	–	**170,00**	–	
Einheit: m² Belegte Fläche				
014 Natur-, Betonwerksteinarbeiten				74,0%
025 Estricharbeiten				26,0%
325.55.00 Betonwerkstein, Estrich, Dämmung				
01 **Untergrundvorbereitung, Zementestrich, d=55mm, Bewehrung, Trittschall- und Wärmedämmung d=130mm, Betonwerkstein, Trenn- und Dehnungs- schienen, Sockelfliesen (1 Objekt)**	–	**130,00**	–	
Einheit: m² Belegte Fläche				
014 Natur-, Betonwerksteinarbeiten				67,0%
024 Fliesen- und Plattenarbeiten				1,0%
025 Estricharbeiten				33,0%
325.61.00 Textil				
02 **Teppichboden, Sockelleisten (2 Objekte)**	26,00	**26,00**	26,00	
Einheit: m² Belegte Fläche				
036 Bodenbelagarbeiten				100,0%
325.62.00 Textil, Estrich				
83 **Textilbelag, Unterboden aus Spanplatten (3 Objekte)**	60,00	**65,00**	72,00	
Einheit: m² Belegte Fläche				
016 Zimmer- und Holzbauarbeiten				27,0%
036 Bodenbelagarbeiten				73,0%
325.64.00 Textil, Estrich, Abdichtung, Dämmung				
02 **Feuchtigkeitsabdichtung, Bitumenschweißbahn, Zementestrich, Wärme- und Trittschalldämmung, Teppichboden (1 Objekt)**	–	**52,00**	–	
Einheit: m² Belegte Fläche				
018 Abdichtungsarbeiten				21,0%
025 Estricharbeiten				55,0%
036 Bodenbelagarbeiten				24,0%

© **BKI** Baukosteninformationszentrum; Erläuterungen zu den Tabellen siehe Seite 64   Kostenstand: 1.Quartal 2012, Bundesdurchschnitt, inkl. MwSt.

		von	€/Einheit	bis	LB an AA

325.71.00 Holz

03 **Parkett auf vorhandenem Estrich, Untervorberei-** | 41,00 | **57,00** | 73,00 |
tung, Unebenheiten ausgleichen, Sockelleisten,
Messing-Trennschienen (2 Objekte)
Einheit: m² Belegte Fläche

| 028 Parkett-, Holzpflasterarbeiten | | | | | 50,0% |
| 027 Tischlerarbeiten | | | | | 50,0% |

325.81.00 Hartbeläge

03 **Voranstrich, Fläche spachteln, Linoleum d=3,2mm,** | 28,00 | **39,00** | 52,00 |
verfugen, Erstpflege, Fußleisten (9 Objekte)
Einheit: m² Belegte Fläche

| 036 Bodenbelagarbeiten | | | | | 100,0% |

325.85.00 Hartbeläge, Estrich, Dämmung

01 **Untergrund reinigen, Wärmedämmung d=60mm,** | 54,00 | **66,00** | 78,00 |
Zementestrich, d=50mm, Linoleum d=3,2mm, Fugen
verschweißen, Sockelleisten (2 Objekte)
Einheit: m² Belegte Fläche

025 Estricharbeiten					51,0%
034 Maler- und Lackierarbeiten - Beschichtungen					0,0%
036 Bodenbelagarbeiten					49,0%

325.92.00 Ziegelbeläge

01 **Ziegelpflaster, Mz 12/1,6, als Flachschicht in Mörtel-** | 34,00 | **38,00** | 42,00 |
oder Sandbett d=2cm verlegen, sowie Fugenverguss,
Nebenarbeiten (2 Objekte)
Einheit: m² Belegte Fläche

| 012 Mauerarbeiten | | | | | 100,0% |

325.93.00 Sportböden

03 **Flächenelastischer Sportboden, Höhenausgleich des** | 81,00 | **92,00** | 100,00 |
Unterbodens, Doppelschwingelemente 2 Schwing-
träger, Träger-Spannplatte, Sperrholz elastisch,
Dämmung, Spezial-Linoleum, Beanspruchungs-
gruppe K5, Erstpflege, Hartholz-Fußleisten, Spiel-
feldmarkierungen als farbige PUR-Beschichtung
(2 Objekte)
Einheit: m² Belegte Fläche

| 036 Bodenbelagarbeiten | | | | | 100,0% |

Gebäudearten
Kostengruppen
Neubau
Abbrechen
Wiederherstellen
Ausführungsarten
Herstellen

KG.AK.AA – Herstellen	von	€/Einheit	bis	LB an AA
326.21.00 Filterschicht				
03 **Kiesfilterschicht d=10-15cm (4 Objekte)**	5,50	**8,20**	11,00	
Einheit: m² Schichtfläche				
012 Mauerarbeiten				50,0%
013 Betonarbeiten				50,0%
326.22.00 Filterschicht, Abdichtung				
01 **Kiesfilterschicht, Körnung 16-32mm, d=10-15cm, PE-Folie d=0,25mm, zweilagig (2 Objekte)**	14,00	**15,00**	17,00	
Einheit: m² Schichtfläche				
013 Betonarbeiten				50,0%
018 Abdichtungsarbeiten				50,0%
326.31.00 Sauberkeitsschicht				
02 **Sauberkeitsschicht Ortbeton, aus unbewehrtem Beton (Magerbeton), d=5-10cm (7 Objekte)**	8,40	**11,00**	14,00	
Einheit: m²				
013 Betonarbeiten				100,0%
326.51.00 Planum herstellen				
01 **Planum der Baugrubensohle Höhendifferenz max. +/-2cm (1 Objekt)**	–	**0,90**	–	
Einheit: m² Planumfläche				
002 Erdarbeiten				100,0%

Kostenstand: 1.Quartal 2012, Bundesdurchschnitt, **inkl. MwSt.**

		von	€/Einheit	bis	LB an AA
327.11.00	Dränageleitungen				
03	**Dränageleitungen gewellt, PVC hart, DN100 (5 Objekte)**	6,10	**8,80**	10,00	
	Einheit: m Leitung				
	010 Drän- und Versickerarbeiten				100,0%
327.12.00	Dränageleitungen mit Kiesumhüllung				
02	**Dränageleitungen gewellt, PVC hart, DN100 mit Kiesumhüllung, Körnung 16-32mm (7 Objekte)**	18,00	**22,00**	28,00	
	Einheit: m Leitung				
	010 Drän- und Versickerarbeiten				100,0%
327.21.00	Dränageschächte				
03	**Dränagekontrollschacht, DN300-315 mit Sandfang und Schachtabdeckung (3 Objekte)**	110,00	**170,00**	190,00	
	Einheit: m Tiefe				
	010 Drän- und Versickerarbeiten				49,0%
	009 Entwässerungskanalarbeiten				51,0%

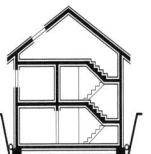

Gebäudearten

Kostengruppen

Neubau

Abbrechen

Wiederherstellen

Herstellen

Ausführungsarten

KG.AK.AA – Herstellen	von	€/Einheit	bis	LB an AA
331.14.00 Mauerwerkswand, Kalksandsteine				
06 **Herstellen von Öffnungen in KS-Außenmauerwerk d=38-64cm (2 Objekte)**	45,00	**46,00**	47,00	
Einheit: m² Wandfläche				
012 Mauerarbeiten				100,0%
07 **KS-Mauerwerk d=30-51cm für das Schließen von Öffnungen (2 Objekte)**	270,00	**280,00**	300,00	
Einheit: m² Wandfläche				
012 Mauerarbeiten				100,0%
09 **KS-Außenwände d=24-30cm, Steinart: KS-Yali, Leichtmörtel LM 21 (2 Objekte)**	90,00	**100,00**	120,00	
Einheit: m² Wandfläche				
012 Mauerarbeiten				100,0%
10 **KS-Mauerwerk d=24cm, min. Abstand zum vorhandenen Mauerwerk 3cm, Ringbalken, Ankerschienen l=40-180cm (4 Objekte)**	87,00	**93,00**	110,00	
Einheit: m² Wandfläche				
012 Mauerarbeiten				86,0%
013 Betonarbeiten				14,0%
331.16.00 Mauerwerkswand, Mauerziegel				
02 **Herstellen von Öffnungen bis 5m² in Ziegel- Außenmauerwerk d=24-51cm, einschl. Sturzüberdeckung (2 Objekte)**	250,00	**250,00**	260,00	
Einheit: m² Wandfläche				
012 Mauerarbeiten				100,0%
03 **Schließen von Durchbrüchen nach Installation bis 600cm² (1 Objekt)**	–	**490,00**	–	
Einheit: m² Wandfläche				
012 Mauerarbeiten				100,0%
13 **Mauerwerkswand, Poroton, d=24cm, Mörtelgruppe II (6 Objekte)**	62,00	**89,00**	100,00	
Einheit: m² Wandfläche				
012 Mauerarbeiten				100,0%
331.19.00 Mauerwerkswand, sonstiges				
82 **Anlegen von Tür- und Fensteröffnungen, mit Überdeckungen in vorhandenen Mauerwerkswänden, Wandstärke d=20-40cm, Schuttbeseitigung (4 Objekte)**	150,00	**150,00**	160,00	
Einheit: m² Öffnungsfläche				
012 Mauerarbeiten				100,0%
84 **Mauerwerkswände, Öffnungen schließen, Wandstärke d=20-40cm (1 Objekt)**	–	**140,00**	–	
Einheit: m² Öffnungsfläche				
012 Mauerarbeiten				100,0%

Kostenstand: 1.Quartal 2012, Bundesdurchschnitt, **inkl. MwSt.**

KG.AK.AA – Herstellen	von	€/Einheit	bis	LB an AA
331.21.00 Betonwand, Ortbetonwand, schwer				
08 **Betonwände, d=25cm, Sichtbeton, Schalung, Bewehrung (2 Objekte)**	170,00	**190,00**	210,00	
Einheit: m² Wandfläche				
013 Betonarbeiten				100,0%

Gebäudearten

Kostengruppen

Neubau

Abbrechen

Wiederherstellen

Herstellen

Ausführungsarten

KG.AK.AA – Herstellen	von	€/Einheit	bis	LB an AA
332.12.00 Mauerwerkswand, Gasbeton				
03 **Gasbetonblocksteine G4, d=24cm, Mörtelgruppe II (1 Objekt)**	–	79,00	–	
Einheit: m² Wandfläche				
012 Mauerarbeiten				100,0%
332.19.00 Mauerwerkswand, sonstiges				
82 **Öffnungen in Mauerwerk schließen, Wandstärke d=11,5cm (1 Objekt)**	–	89,00	–	
Einheit: m² Öffnungsfläche				
012 Mauerarbeiten				100,0%

KG.AK.AA – Herstellen	von	€/Einheit	bis	LB an AA

333.16.00 Mauerwerksstütze, Mauerziegel

01 Mauerwerkstütze, 24x24cm (1 Objekt) — **160,00** —
Einheit: m Stützenlänge

| 012 Mauerarbeiten | | | | 100,0% |

333.21.00 Betonstütze, Ortbeton, schwer

04 Stahlbetonstützen, Ortbeton, Sichtschalung, 110,00 **130,00** 170,00
Bewehrung, Querschnitt 600-1.100cm² (3 Objekte)
Einheit: m Stützenlänge

| 013 Betonarbeiten | | | | 100,0% |

333.32.00 Holzstütze, Brettschichtholz

02 Rechteck-Holzstützen 8/10-8/20cm, Brettschicht- 33,00 **47,00** 60,00
holz, Gewindehülsen, Stützenfüße, Holzschutz-
behandlung (2 Objekte)
Einheit: m Stützenlänge

016 Zimmer- und Holzbauarbeiten				50,0%
020 Dachdeckungsarbeiten				47,0%
022 Klempnerarbeiten				3,0%

333.41.00 Metallstütze, Profilstahl

02 Stahlstütze 80/10cm, Kopf- und Fußplatte (1 Objekt) — **270,00** —
Einheit: m Stützenlänge

| 031 Metallbauarbeiten | | | | 100,0% |

Gebäudearten

Kostengruppen

Neubau

Abbrechen

Wiederherstellen

Ausführungsarten

Herstellen

KG.AK.AA – Herstellen	von	€/Einheit	bis	LB an AA
334.12.00 Türen, Holz				
05 **Kiefer-Holzaußentür, zweiflüglig, Drehtür, Glasausschnitte, Oberlicht, Isolierverglasung (7 Objekte)**	660,00	**820,00**	1.160,00	
Einheit: m² Türfläche				
026 Fenster, Außentüren				92,0%
034 Maler- und Lackierarbeiten - Beschichtungen				8,0%
334.13.00 Türen, Kunststoff				
01 **Nebeneingangstür, Kunststoff, Glasausschnitt (2 Objekte)**	480,00	**500,00**	530,00	
Einheit: m² Türfläche				
026 Fenster, Außentüren				100,0%
334.14.00 Türen, Metall				
02 **Stahltür, Kelleraußentür, zweiflüglig, reinigen, grundieren, spachteln, Vorlack, Schlussbeschichtung (4 Objekte)**	290,00	**500,00**	590,00	
Einheit: m² Türfläche				
026 Fenster, Außentüren				95,0%
034 Maler- und Lackierarbeiten - Beschichtungen				5,0%
334.62.00 Fenster, Holz				
07 **Ein- und zweiflüglige Holzfenster, Dreh-Kippbeschlag, Isolierverglasung, Fensterbänke innen und außen, Anpassungen der Wandanschlüsse (8 Objekte)**	340,00	**420,00**	560,00	
Einheit: m² Fensterfläche				
026 Fenster, Außentüren				99,0%
034 Maler- und Lackierarbeiten - Beschichtungen				1,0%
334.63.00 Fenster, Kunststoff				
03 **Kunststofffenster, Dreh-Kipp-Flügel, Fensterbänke, innen und außen, Wärmeschutzverglasung (3 Objekte)**	370,00	**430,00**	520,00	
Einheit: m² Fensterfläche				
012 Mauerarbeiten				5,0%
026 Fenster, Außentüren				95,0%
334.65.00 Fenster, Mischkonstruktionen				
02 **Holz-Alu-Fenster, Alu-Oberfläche pulverbeschichtet (2 Objekte)**	400,00	**400,00**	410,00	
Einheit: m² Fensterfläche				
026 Fenster, Außentüren				100,0%
334.71.00 Schiebefenster				
01 **Holz-Schiebetür, Hebetürbeschlag, Isolierverglasung (2 Objekte)**	340,00	**410,00**	480,00	
Einheit: m² Fensterfläche				
026 Fenster, Außentüren				100,0%

© **BKI** Baukosteninformationszentrum; Erläuterungen zu den Tabellen siehe Seite 64
Kostenstand: 1.Quartal 2012, Bundesdurchschnitt, inkl. MwSt.

KG.AK.AA – Herstellen	von	€/Einheit	bis	LB an AA
334.74.00 Kellerfenster				
02 **Kellerfenster, kleinteilig in Holz, Drehflügel, Mäusegitter (3 Objekte)**	400,00	**480,00**	600,00	
Einheit: m² Fensterfläche				
026 Fenster, Außentüren				42,0%
012 Mauerarbeiten				58,0%
334.93.00 Schließanlage				
02 **Schließzylinder und Halbzylinder, General- und Hauptschlüssel (Anteil für Außentüren) (3 Objekte)**	41,00	**45,00**	53,00	
Einheit: St Schließzylinder				
026 Fenster, Außentüren				50,0%
029 Beschlagarbeiten				50,0%

Gebäudearten

Kostengruppen

Neubau

Abbrechen

Wiederherstellen

Herstellen

Ausführungsarten

335
Außenwandbekleidungen außen

KG.AK.AA – Herstellen	von	€/Einheit	bis	LB an AA
335.21.00 Anstrich				
05 **Grundierung, Grundanstrich, Schlussanstrich auf Putzwänden (5 Objekte)**	10,00	**12,00**	14,00	
Einheit: m² Bekleidete Fläche				
034 Maler- und Lackierarbeiten - Beschichtungen				100,0%
06 **Acrylanstrich auf Holzflächen, Untergrundvorbehandlung (2 Objekte)**	6,80	**7,60**	8,50	
Einheit: m² Bekleidete Fläche				
034 Maler- und Lackierarbeiten - Beschichtungen				100,0%
07 **Anstrich auf Sichtbetonflächen (2 Objekte)**	10,00	**13,00**	17,00	
Einheit: m² Wandfläche				
034 Maler- und Lackierarbeiten - Beschichtungen				100,0%
335.31.00 Putz				
03 **Kalk-Zement-Putz, zweilagig, Kantenschutzprofile, Dehnfugen (5 Objekte)**	37,00	**43,00**	47,00	
Einheit: m² Bekleidete Fläche				
023 Putz- und Stuckarbeiten, Wärmedämmsysteme				100,0%
335.36.00 Wärmedämmung, Putz				
02 **Prüfen des Untergrundes auf Schmutz-, Staub-, Öl- und Fettfreiheit, Wärmedämmung d=60-100mm, Putz, Eckschutzschienen, einschl. Laibungen (9 Objekte)**	63,00	**74,00**	88,00	
Einheit: m² Bekleidete Fläche				
023 Putz- und Stuckarbeiten, Wärmedämmsysteme				100,0%
335.41.00 Bekleidung auf Unterkonstruktion, Faserzement				
03 **Unterkonstruktion, Wärmedämmung, d=80-100mm, Faserzementplatten (4 Objekte)**	110,00	**140,00**	170,00	
Einheit: m² Bekleidete Fläche				
038 Vorgehängte hinterlüftete Fassaden				100,0%
335.44.00 Bekleidung auf Unterkonstruktion, Holz				
02 **Unterkonstruktion, Holzbekleidung, hinterlüftet, Fensterlaibungen, Tierschutzgitter (4 Objekte)**	67,00	**69,00**	71,00	
Einheit: m² Bekleidete Fläche				
038 Vorgehängte hinterlüftete Fassaden				100,0%

© **BKI** Baukosteninformationszentrum; Erläuterungen zu den Tabellen siehe Seite 64

Kostenstand: 1.Quartal 2012, Bundesdurchschnitt, **inkl. MwSt.**

KG.AK.AA – Herstellen	von	€/Einheit	bis	LB an AA

336.21.00 Anstrich

07 **Dispersionsanstrich, Grundierung, Schlussanstrich auf geputzte Wände (10 Objekte)**

	4,20	**4,80**	5,40	
Einheit: m² Bekleidete Fläche				
034 Maler- und Lackierarbeiten - Beschichtungen				100,0%

336.31.00 Putz

02 **Putz an Tür- oder Fensterlaibungen, d=20-66cm, nach Einbau der Türen oder Fenster (4 Objekte)**

	27,00	**42,00**	48,00	
Einheit: m² Bekleidete Fläche				
023 Putz- und Stuckarbeiten, Wärmedämmsysteme				100,0%

03 **Innenwandputz, 2-lagig, Spritzbewurf, Eckschutz-schienen, Untergrund Ziegelmauerwerk (6 Objekte)**

	21,00	**23,00**	25,00	
Einheit: m² Bekleidete Fläche				
023 Putz- und Stuckarbeiten, Wärmedämmsysteme				100,0%

336.33.00 Putz, Fliesen und Platten

01 **Wandputz, einlagig, d=10-15mm, Eckschutzschienen, Wandfliesen im Dünnbett, Schlüterschienen an Kanten, dauerelastische Verfugung (6 Objekte)**

	81,00	**96,00**	110,00	
Einheit: m² Bekleidete Fläche				
023 Putz- und Stuckarbeiten, Wärmedämmsysteme				24,0%
024 Fliesen- und Plattenarbeiten				76,0%

336.35.00 Putz, Tapeten, Anstrich

02 **Gipsputz, einlagig d=15mm als Maschinenputz, Eck-schutzschienen, Raufasertapete, Dispersionsanstrich (6 Objekte)**

	18,00	**23,00**	27,00	
Einheit: m² Bekleidete Fläche				
023 Putz- und Stuckarbeiten, Wärmedämmsysteme				52,0%
034 Maler- und Lackierarbeiten - Beschichtungen				22,0%
037 Tapezierarbeiten				26,0%

336.62.00 Tapeten, Anstrich

01 **Untergrund spachteln, Grundierung, Raufaser-tapete, Dispersionsanstrich (9 Objekte)**

	9,40	**12,00**	15,00	
Einheit: m² Bekleidete Fläche				
037 Tapezierarbeiten				45,0%
034 Maler- und Lackierarbeiten - Beschichtungen				55,0%

Gebäudearten

Kostengruppen

Neubau

Abbrechen

Wiederherstellen

Herstellen

Ausführungsarten

KG.AK.AA – Herstellen	von	€/Einheit	bis	LB an AA
338.11.00 Klappläden				
02 **Holzklappläden, Rahmen mit abgeplatteter Füllung, schräg eingeschobenen Lamellen, Beschläge (3 Objekte)**	460,00	**490,00**	550,00	
Einheit: m² Geschützte Fläche				
030 Rollladenarbeiten				100,0%
338.12.00 Rollläden				
08 **Alu-Rollläden, doppelwandig, Rohrmotoren (4 Objekte)**	220,00	**270,00**	330,00	
Einheit: m² Geschützte Fläche				
030 Rollladenarbeiten				81,0%
012 Mauerarbeiten				19,0%
338.33.00 Rollmarkise				
02 **Senkrechtmarkisen-Element als außenliegende Sonnenschutzanlage, Motorbetrieb (1 Objekt)**	–	**190,00**	–	
Einheit: m² Geschützte Fläche				
031 Metallbauarbeiten				100,0%

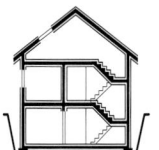

		von	€/Einheit	bis	LB an AA

341.14.00 Mauerwerkswand, Kalksandsteine

**04 Wandöffnungen schließen mit KS-Mauerwerk
d=24-42cm (1 Objekt)**
Einheit: m² Wandfläche

	von	€/Einheit	bis	LB an AA
Wandöffnungen schließen	–	180,00	–	
012 Mauerarbeiten				100,0%

**05 KS-Innenmauerwerk d=17,5-24cm, teils mit
Anschluss an vorhandenes Mauerwerk (8 Objekte)**
Einheit: m² Wandfläche

	58,00	74,00	88,00	
012 Mauerarbeiten				100,0%

**06 Herstellen von Türöffnungen in KS-Mauerwerk
d=24-64cm (1 Objekt)**
Einheit: m² Wandfläche

	–	74,00	–	
012 Mauerarbeiten				100,0%

341.16.00 Mauerwerkswand, Mauerziegel

**07 Hochlochziegelmauerwerk HLz, MG II-III,
d=17,5-24cm, Sturzüberdeckung (4 Objekte)**
Einheit: m² Wandfläche

	59,00	67,00	75,00	
012 Mauerarbeiten				100,0%

341.19.00 Mauerwerkswand, sonstiges

**84 Schlitze in Mauerwerkswänden Schlitzbreite bis
b=20cm, Schlitztiefe bis t=10cm, Schuttbeseitigung
(7 Objekte)**
Einheit: m Schlitze

	23,00	27,00	30,00	
012 Mauerarbeiten				100,0%

**86 Mauerwerkswände, Öffnungen schließen,
Wandstärke d=20-40cm (5 Objekte)**
Einheit: m² Öffnungsfläche

	150,00	210,00	300,00	
012 Mauerarbeiten				100,0%

**87 Öffnungen in Mauerwerk schließen, Wandstärke
d=20-40cm, Größe bis 0,5m² (4 Objekte)**
Einheit: St Durchbrüche

	32,00	38,00	42,00	
012 Mauerarbeiten				100,0%

**88 Schlitze in Mauerwerk schließen, Schlitzbreite bis
b=20cm (7 Objekte)**
Einheit: m Schlitze

	20,00	28,00	40,00	
012 Mauerarbeiten				56,0%
023 Putz- und Stuckarbeiten, Wärmedämmsysteme				44,0%

341.21.00 Betonwand, Ortbeton, schwer

**02 Stahlbetonwände, Ortbeton mit Sichtschalung und
Bewehrung, d=15-20cm (3 Objekte)**
Einheit: m² Wandfläche

	140,00	150,00	170,00	
013 Betonarbeiten				100,0%

**07 Stahlbetonwände, Ortbeton mit Schalung und
Bewehrung, d=20-24cm, Wandöffnungen (4 Objekte)**
Einheit: m² Wandfläche

	130,00	150,00	220,00	
013 Betonarbeiten				100,0%

Gebäudearten
Kostengruppen
Neubau
Abbrechen
Wiederherstellen
Herstellen
Ausführungsarten

KG.AK.AA – Herstellen	von	€/Einheit	bis	LB an AA
341.29.00 Betonwand, sonstiges				
81 **Durchbrüche in Betonwänden d=20cm, Größe bis 0,1m², Schuttbeseitigung (1 Objekt)**	–	**120,00**	–	
Einheit: St Durchbrüche				
013 Betonarbeiten				100,0%

© **BKI** Baukosteninformationszentrum; Erläuterungen zu den Tabellen siehe Seite 64   Kostenstand: 1.Quartal 2012, Bundesdurchschnitt, **inkl. MwSt.**

342.14.00 Mauerwerkswand, Kalksandsteine

01 **KS-Innenwände d=11,5cm, teilweise mit Verbund zum vorhandenen Mauerwerk (7 Objekte)**	47,00	**61,00**	86,00	
Einheit: m² Wandfläche				
012 Mauerarbeiten				100,0%

342.16.00 Mauerwerkswand, Mauerziegel

03 **HLz-Innenmauerwerk d=11,5cm (5 Objekte)**	57,00	**63,00**	72,00	
Einheit: m² Wandfläche				
012 Mauerarbeiten				100,0%
04 **Öffnungen bis 0,5m² mit HLz-Mauerwerk schließen d=11,5 cm (2 Objekte)**	70,00	**85,00**	99,00	
Einheit: m² Wandfläche				
012 Mauerarbeiten				100,0%

342.61.00 Metallständerwand, einfach beplankt

02 **Metallständerwand, Gipskartonwand, einfach beplankt, d=12,5mm, Dämmung, Gesamtdicke d=125mm (6 Objekte)**	43,00	**48,00**	56,00	
Einheit: m² Wandfläche				
039 Trockenbauarbeiten				100,0%

342.62.00 Metallständerwand, doppelt beplankt

02 **Metallständerwände, doppelt beplankt mit GK-Platten d=12,5mm, Dämmung, Gesamtdicke d=125mm (10 Objekte)**	57,00	**66,00**	74,00	
Einheit: m² Wandfläche				
039 Trockenbauarbeiten				100,0%

342.65.00 Metallständerwand, F90

01 **Metallständerwände mit F90 Bekleidung in Gips-karton, Mineralfaser-Dämmung, Herstellen von Türöffnungen (3 Objekte)**	45,00	**57,00**	79,00	
Einheit: m²				
039 Trockenbauarbeiten				100,0%

342.92.00 Vormauerung für Installationen

03 **Installationsvormauerungen aus HLz-Mauerwerk, d=11,5cm (3 Objekte)**	72,00	**73,00**	74,00	
Einheit: m² Wandfläche				
039 Trockenbauarbeiten				50,0%
012 Mauerarbeiten				50,0%

Gebäudearten
Kostengruppen
Neubau
Abbrechen
Wiederherstellen
Herstellen
Ausführungsarten

KG.AK.AA – Herstellen	von	€/Einheit	bis	LB an AA
343.21.00 Betonstütze, Ortbeton, schwer				
83 **Ortbetonstützen in vorhandenen Bauten einbauen**	–	**130,00**	–	
(1 Objekt)				
Einheit: m Stützenlänge				
013 Betonarbeiten				100,0%
343.41.00 Metallstütze, Profilstahl				
81 **Stahlstützen in vorhandene Wände einbauen**	–	**140,00**	–	
(1 Objekt)				
Einheit: m Stützenlänge				
017 Stahlbauarbeiten				100,0%

© **BKI** Baukosteninformationszentrum; Erläuterungen zu den Tabellen siehe Seite 64   Kostenstand: 1.Quartal 2012, Bundesdurchschnitt, **inkl. MwSt.**

KG.AK.AA – Herstellen	von	€/Einheit	bis	LB an AA
344.11.00 Türen, Ganzglas				
02 **Ganzglastür, ESG Verglasung, Holzzarge (2 Objekte)**	480,00	**550,00**	620,00	
Einheit: m² Türfläche				
027 Tischlerarbeiten				50,0%
031 Metallbauarbeiten				50,0%
344.12.00 Türen, Holz				
05 **Holztüren, Türblätter Röhrenspan, Holzzargen, Beschläge, Oberflächen endbehandelt (8 Objekte)**	210,00	**240,00**	320,00	
Einheit: m² Türfläche				
027 Tischlerarbeiten				100,0%
344.14.00 Türen, Metall				
03 **Stahltür als Innentür mit Stahlzarge einflüglig, Anstrich (4 Objekte)**	270,00	**300,00**	320,00	
Einheit: m² Türfläche				
031 Metallbauarbeiten				50,0%
027 Tischlerarbeiten				50,0%
344.31.00 Türen, Tore, rauchdicht				
02 **Türelemente, rauchdicht, Bodenabdichtung, Zargen, Anstrich, automatischer Türschließer (5 Objekte)**	540,00	**640,00**	720,00	
Einheit: m² Türfläche				
027 Tischlerarbeiten				42,0%
031 Metallbauarbeiten				58,0%
344.32.00 Brandschutztüren, -tore, T30				
04 **Stahltüren T30 mit Zulassung, Beschläge, Stahlzargen, Anstrich (7 Objekte)**	360,00	**420,00**	500,00	
Einheit: m² Türfläche				
027 Tischlerarbeiten				49,0%
031 Metallbauarbeiten				47,0%
034 Maler- und Lackierarbeiten - Beschichtungen				4,0%
344.42.00 Kipptore				
02 **Geräteraumtor als Schwebetoranlage mit Gegengewichten und Blendrahmen, Holzbekleidung (4 Objekte)**	500,00	**520,00**	570,00	
Einheit: m² Türfläche				
027 Tischlerarbeiten				100,0%
344.74.00 Brandschutzfenster, F90				
01 **Brandschutzverglasung F90, Festverglasung (1 Objekt)**	–	**770,00**	–	
Einheit: m²				
027 Tischlerarbeiten				11,0%
031 Metallbauarbeiten				89,0%

Gebäudearten

Kostengruppen

Neubau

Abbrechen

Wiederherstellen

Herstellen

Ausführungsarten

KG.AK.AA – Herstellen	von	€/Einheit	bis	LB an AA
345.21.00 Anstrich				
10 **Anstrich mineralische Untergründe (Putz, Gips-karton), Grund-, Zwischen- und Schlussanstrich, scheuerbeständig (10 Objekte)**	3,50	**4,10**	4,80	
Einheit: m² Bekleidete Fläche				
034 Maler- und Lackierarbeiten - Beschichtungen				100,0%
345.31.00 Putz				
04 **Wandschlitze bis 15cm auswerfen und verputzen (1 Objekt)**	–	**60,00**	–	
Einheit: m² Bekleidete Fläche				
023 Putz- und Stuckarbeiten, Wärmedämmsysteme				100,0%
07 **Innenwandputz, 2-lagig, Spritzbewurf, Eckschutz-schienen, Untergrund Ziegelmauerwerk (6 Objekte)**	14,00	**17,00**	21,00	
Einheit: m² Bekleidete Fläche				
023 Putz- und Stuckarbeiten, Wärmedämmsysteme				100,0%
345.32.00 Putz, Anstrich				
05 **Innenwandputz d=15mm, zweilagig, Vorbereitung des Putzgrundes, Dispersionsanstrich (4 Objekte)**	27,00	**30,00**	34,00	
Einheit: m² Bekleidete Fläche				
023 Putz- und Stuckarbeiten, Wärmedämmsysteme				83,0%
034 Maler- und Lackierarbeiten - Beschichtungen				17,0%
345.33.00 Putz, Fliesen und Platten				
04 **Wandfliesen im Dünnbettverfahren verlegt, Schutz-grundierung, Eckschienen, dauerelastische Ver-fugung (7 Objekte)**	59,00	**70,00**	76,00	
Einheit: m² Bekleidete Fläche				
024 Fliesen- und Plattenarbeiten				100,0%
05 **Kalk-Zement-Putz, zweilagig, d=12-15mm, Wand-fliesen, Eckschienen, dauerelastische Verfugung (4 Objekte)**	89,00	**100,00**	130,00	
Einheit: m² Bekleidete Fläche				
014 Natur-, Betonwerksteinarbeiten				44,0%
023 Putz- und Stuckarbeiten, Wärmedämmsysteme				15,0%
024 Fliesen- und Plattenarbeiten				41,0%
345.35.00 Putz, Tapeten, Anstrich				
01 **Kalkzementputz, Raufasertapete, Grundierung, Dispersionsanstrich (2 Objekte)**	25,00	**27,00**	29,00	
Einheit: m² Bekleidete Fläche				
023 Putz- und Stuckarbeiten, Wärmedämmsysteme				53,0%
034 Maler- und Lackierarbeiten - Beschichtungen				28,0%
037 Tapezierarbeiten				18,0%

© **BKI** Baukosteninformationszentrum; Erläuterungen zu den Tabellen siehe Seite 64   Kostenstand: 1.Quartal 2012, Bundesdurchschnitt, **inkl. MwSt.**

KG.AK.AA – Herstellen	von	€/Einheit	bis	LB an AA
345.48.00 Bekleidung auf Unterkonstruktion, mineralisch				
04 **Gipskartonbeplankung an vorhandene Unter-**	25,00	**27,00**	29,00	
konstruktion, Faserdämmstoff (4 Objekte)				
Einheit: m² Bekleidete Fläche				
039 Trockenbauarbeiten				100,0%
345.62.00 Tapeten, Anstrich				
03 **Wandfläche spachteln, Raufasertapete, Dispersions-**	7,00	**9,00**	11,00	
anstrich (10 Objekte)				
Einheit: m² Bekleidete Fläche				
034 Maler- und Lackierarbeiten - Beschichtungen				53,0%
037 Tapezierarbeiten				47,0%

Gebäudearten

Kostengruppen

Neubau

Abbrechen

Wiederherstellen

Ausführungsarten

Herstellen

KG.AK.AA – Herstellen	von	€/Einheit	bis	LB an AA
346.12.00 Montagewände, Holz				
02 **Lattenverschlag zur Unterteilung von Kellerräumen, Türen, Überwurfschloss (2 Objekte)**	42,00	**49,00**	57,00	
Einheit: m² Elementierte Wandfläche				
027 Tischlerarbeiten				100,0%
346.34.00 Sanitärtrennwände, Kunststoff				
02 **WC-Trennwände d=13mm, Melamin-Vollkunststoff-platten, Türen (2 Objekte)**	190,00	**190,00**	190,00	
Einheit: m² Elementierte Wandfläche				
027 Tischlerarbeiten				50,0%
039 Trockenbauarbeiten				50,0%

© **BKI** Baukosteninformationszentrum; Erläuterungen zu den Tabellen siehe Seite 64
Kostenstand: 1.Quartal 2012, Bundesdurchschnitt, **inkl. MwSt.**

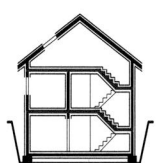

351.15.00	Stahlbeton, Ortbeton, Platten				
04	**Deckenauflager in Mauerwerkswänden herstellen, Stahlbetondecke, d=18-25cm, Schalung, Bewehrung, Unterzüge (9 Objekte)** Einheit: m² Deckenfläche	120,00	**140,00**	190,00	
	013 Betonarbeiten				100,0%
351.19.00	Stahlbeton, Ortbeton, sonstiges				
85	**Durchbrüche in Betondecken, Deckenstärke d=15-20cm, Größe bis 0,1m², Schuttbeseitigung (4 Objekte)** Einheit: St Durchbrüche	43,00	**58,00**	76,00	
	013 Betonarbeiten				100,0%
86	**Durchbrüche in Betondecken schließen, Deckenstärke d=20cm, Größe bis 0,5m² (3 Objekte)** Einheit: St Durchbrüche	34,00	**40,00**	50,00	
	013 Betonarbeiten				100,0%
87	**Durchbrüche in Betondecken, Deckenstärke d=15-20cm, Größe 0,1-0,2m², Schuttbeseitigung (3 Objekte)** Einheit: St Durchbrüche	72,00	**88,00**	120,00	
	013 Betonarbeiten				100,0%
88	**Durchbrüche in Betondecken schließen, Deckenstärke d=20cm, Größe 0,5-1,0m² (4 Objekte)** Einheit: St Durchbrüche	44,00	**50,00**	56,00	
	013 Betonarbeiten				100,0%
89	**Vorhandene Betondecken mit Stahlträgern verstärken (1 Objekt)** Einheit: m² Deckenfläche	–	**190,00**	–	
	017 Stahlbauarbeiten				100,0%
351.51.00	Treppen, gerade, Ortbeton				
03	**Stb-Treppe Ortbeton, gerade, Podeste, Bewehrung (3 Objekte)** Einheit: m² Treppenfläche	280,00	**300,00**	340,00	
	013 Betonarbeiten				100,0%
351.52.00	Treppen, gewendelt, Ortbeton				
01	**Ortbeton für gewendelte Treppenlaufplatte, einschl. Stufen, Schalung, Bewehrung (1 Objekt)** Einheit: m² Treppenfläche	–	**500,00**	–	
	013 Betonarbeiten				100,0%

Kostenstand: 1.Quartal 2012, Bundesdurchschnitt, inkl. MwSt.

Gebäudearten

Kostengruppen

Neubau

Abbrechen

Wiederherstellen

Ausführungsarten | Herstellen

KG.AK.AA – Herstellen	von	€/Einheit	bis	LB an AA
352.11.00 Anstrich				
01 **Untergrundbehandlung, Fußbodenanstrich mit ölbeständiger Dispersionsfarbe (2 Objekte)**	8,10	**9,10**	10,00	
Einheit: m² Belegte Fläche				
034 Maler- und Lackierarbeiten - Beschichtungen				100,0%
352.21.00 Estrich				
06 **Schwimmender Zementestrich, d=45-85mm (3 Objekte)**	19,00	**25,00**	36,00	
Einheit: m² Belegte Fläche				
025 Estricharbeiten				100,0%
352.31.00 Fliesen und Platten				
07 **Untergrundvorbereitung, Bodenfliesen im Dünnbett, Sockelfliesen, dauerelastische Verfugung, Trennschienen (5 Objekte)**	77,00	**84,00**	99,00	
Einheit: m² Belegte Fläche				
024 Fliesen- und Plattenarbeiten				100,0%
352.35.00 Fliesen und Platten, Estrich, Dämmung				
01 **Untergrundvorbereitung, Wärme- und Trittschalldämmung d=40mm, Zementestrich d=45mm, Bodenfliesen, Sockelfliesen, Trennschienen (4 Objekte)**	67,00	**87,00**	95,00	
Einheit: m² Belegte Fläche				
024 Fliesen- und Plattenarbeiten				42,0%
025 Estricharbeiten				18,0%
039 Trockenbauarbeiten				41,0%
352.51.00 Betonwerkstein				
02 **Betonwerksteinbeläge auf Treppen und Podesten im Mörtelbett, Stufensockel (2 Objekte)**	240,00	**250,00**	250,00	
Einheit: m² Belegte Fläche				
014 Natur-, Betonwerksteinarbeiten				100,0%
352.61.00 Textil				
03 **Schleifen, Reinigen, Entfernen von alten Klebstoffrückständen, Schließen von Rissen und Fehlstellen der vorh. Estrichunterböden; Haftgrund, Teppichböden, Sockelleisten (4 Objekte)**	43,00	**48,00**	61,00	
Einheit: m² Belegte Fläche				
027 Tischlerarbeiten				28,0%
036 Bodenbelagarbeiten				72,0%
352.62.00 Textil, Estrich				
82 **Textilbelag, Unterboden aus Spanplatten (3 Objekte)**	60,00	**65,00**	72,00	
Einheit: m² Belegte Fläche				
016 Zimmer- und Holzbauarbeiten				27,0%
036 Bodenbelagarbeiten				73,0%

KG.AK.AA – Herstellen	von	€/Einheit	bis	LB an AA
352.71.00 Holz				
07 **Parkettbeläge d=13-20mm, schleifen, Versiegelung, Holzsockelleisten (6 Objekte)**	78,00	**95,00**	130,00	
Einheit: m² Belegte Fläche				
025 Estricharbeiten				7,0%
028 Parkett-, Holzpflasterarbeiten				93,0%
352.81.00 Hartbeläge				
03 **Schleifen, reinigen, schließen von Rissen und Fehl-stellen, entfernen von Klebstoffrückständen von vor-handenen Estrichunterböden; Haftgrund, Linoleum-beläge, Verfugung, Grundreinigung, Erstpflege, Sockelleisten (4 Objekte)**	44,00	**79,00**	93,00	
Einheit: m² Belegte Fläche				
036 Bodenbelagarbeiten				100,0%
04 **Untergrund spachteln, PVC-Belag auf Treppenstufen erneuern, Silikonverfugung (2 Objekte)**	180,00	**190,00**	200,00	
Einheit: m² Belegte Fläche				
036 Bodenbelagarbeiten				100,0%
352.85.00 Hartbeläge, Estrich, Dämmung				
01 **Trockenestrich, Höhenausgleichsschüttung, Terra-planschüttung bis d=70mm, PVC-Belag, Erstpflege, Hartsockelleisten (1 Objekt)**	–	**83,00**	–	
Einheit: m² Belegte Fläche				
025 Estricharbeiten				33,0%
036 Bodenbelagarbeiten				42,0%
039 Trockenbauarbeiten				25,0%
352.97.00 Fußabstreifer				
02 **Fußabstreifer im Eingangsbereich (3 Objekte)**	310,00	**400,00**	460,00	
Einheit: m² Belegte Fläche				
014 Natur-, Betonwerksteinarbeiten				50,0%
036 Bodenbelagarbeiten				50,0%

Gebäudearten

Kostengruppen

Neubau

Abbrechen

Wiederherstellen

Herstellen

Ausführungsarten

353
Decken-
bekleidungen

KG.AK.AA – Herstellen	von	€/Einheit	bis	LB an AA
353.17.00 Dämmung				
05 **Wärmedämmung aus Polystyrol-Hartschaum, Wärmeleitfähigkeitsgruppe 035 oder 040, d=50-60mm (2 Objekte)**	14,00	**17,00**	19,00	
Einheit: m² Bekleidete Fläche				
027 Tischlerarbeiten				50,0%
023 Putz- und Stuckarbeiten, Wärmedämmsysteme				50,0%
353.21.00 Anstrich				
04 **Altanstriche, nässen, abstoßen, nachwaschen; Grundierung, Zwischenanstrich, Schlussanstrich (1 Objekt)**	–	**9,10**	–	
Einheit: m² Bekleidete Fläche				
034 Maler- und Lackierarbeiten - Beschichtungen				100,0%
05 **Anstrich auf Innenholzwerk, schleifen und säubern der Holzflächen, Grundierung, Vorlackierung, Schlusslackierung (3 Objekte)**	15,00	**21,00**	31,00	
Einheit: m² Bekleidete Fläche				
034 Maler- und Lackierarbeiten - Beschichtungen				50,0%
023 Putz- und Stuckarbeiten, Wärmedämmsysteme				50,0%
09 **Anstrich mineralischer Untergründe (Putz, Gipskarton), Untergrundvorbehandlung (5 Objekte)**	5,00	**5,50**	6,30	
Einheit: m² Bekleidete Fläche				
034 Maler- und Lackierarbeiten - Beschichtungen				100,0%
353.32.00 Putz, Anstrich				
02 **Gipsdeckenputz, auffüllen von Unebenheiten, Untergrundvorbereitung, Dispersionsanstrich (5 Objekte)**	18,00	**22,00**	27,00	
Einheit: m² Bekleidete Fläche				
023 Putz- und Stuckarbeiten, Wärmedämmsysteme				59,0%
034 Maler- und Lackierarbeiten - Beschichtungen				41,0%
353.62.00 Tapeten, Anstrich				
02 **Putzuntergrund spachteln, Raufasertapete, Dispersionsanstrich (7 Objekte)**	8,20	**12,00**	14,00	
Elnheit: m² Bekleidete Fläche				
034 Maler- und Lackierarbeiten - Beschichtungen				52,0%
037 Tapezierarbeiten				48,0%
353.84.00 Abgehängte Bekleidung, Metall				
01 **Abgehängte Alu-Paneel-Decke, Unterkonstruktion, Randanschlüsse, Aussparungen für Beleuchtungs-körper (5 Objekte)**	53,00	**58,00**	77,00	
Einheit: m² Bekleidete Fläche				
039 Trockenbauarbeiten				100,0%

© **BKI** Baukosteninformationszentrum; Erläuterungen zu den Tabellen siehe Seite 64   Kostenstand: 1.Quartal 2012, Bundesdurchschnitt, **inkl. MwSt.**

	von	€/Einheit	bis	LB an AA

353.87.00	Abgehängte Bekleidung, mineralisch				
04	**Abgehängte Mineralfaserdecke, tapezierfertig, Unterkonstruktion, Aussparungen für Beleuchtungskörper (9 Objekte)**	45,00	**60,00**	73,00	
	Einheit: m² Bekleidete Fläche				
	039 Trockenbauarbeiten				100,0%

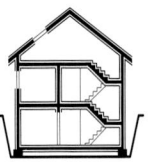

Gebäudearten

Kostengruppen

Neubau

Abbrechen

Wiederherstellen

Herstellen

Ausführungsarten

361
Dachkonstruk-tionen

KG.AK.AA – Herstellen	von	€/Einheit	bis	LB an AA
361.42.00 Vollholzbalken, Schalung				
03 **Holzdachkonstruktion, Abbinden, Aufstellen, Holzschutz, Dachschalung d=24mm, Kleineisenteile (6 Objekte)**	53,00	**68,00**	94,00	
Einheit: m² Dachfläche				
016 Zimmer- und Holzbauarbeiten				100,0%
04 **Dachüberstand ergänzen an der bestehenden Dachkonstruktion, Kantholz, Abbinden, Aufstellen, Verlegen, imprägnieren, Befestigungsmittel, Brettschalung, d=24mm (1 Objekt)**	–	**180,00**	–	
Einheit: m² Dachfläche				
016 Zimmer- und Holzbauarbeiten				85,0%
020 Dachdeckungsarbeiten				15,0%

Kostenstand: 1.Quartal 2012, Bundesdurchschnitt, **inkl. MwSt.**

KG.AK.AA – Herstellen	von	€/Einheit	bis	LB an AA
362.13.00 Dachflächenfenster, Holz-Metall				
02 **Wohnraumdachfenster, Klapp-Schwingfenster, Alu-Eindeckrahmen, Wärmeschutzglas, u-Wert=1,4W/m²K, Jalousette (3 Objekte)**	910,00	**930,00**	970,00	
Einheit: m² Öffnungsfläche				
020 Dachdeckungsarbeiten				100,0%
362.24.00 Lichtkuppeln, Kunststoff				
03 **Lichtkuppel, zweischalig, Acrylglas, lichtdurchlässig, Aufsetzkranz (2 Objekte)**	280,00	**300,00**	310,00	
Einheit: m² Öffnungsfläche				
021 Dachabdichtungsarbeiten				50,0%
020 Dachdeckungsarbeiten				50,0%
362.51.00 Dachausstieg				
02 **Dachausstiegsluken, Eindeckrahmen, Einfachverglasung (5 Objekte)**	570,00	**620,00**	730,00	
Einheit: m² Öffnungsfläche				
020 Dachdeckungsarbeiten				100,0%

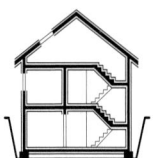

Gebäudearten
Kostengruppen
Neubau
Abbrechen
Wiederherstellen
Herstellen
Ausführungsarten

363
Dachbeläge

KG.AK.AA – Herstellen	von	€/Einheit	bis	LB an AA
363.32.00 Ziegel, Wärmedämmung				
02 **Konter-, Dachlattung, Wärmedämmung, Dachziegel, Ortgangziegel Lüftungsziegel (4 Objekte)**	84,00	**97,00**	110,00	
Einheit: m² Dachfläche				
020 Dachdeckungsarbeiten				100,0%
363.53.00 Kupfer				
01 **Kupferblech auf Holzschalung, Stehfalzdeckung, seitliche Aufkantungen und Anschlüsse (2 Objekte)**	80,00	**90,00**	100,00	
Einheit: m² Gedeckte Fläche				
022 Klempnerarbeiten				100,0%
363.71.00 Dachentwässerung, Titanzink				
05 **Hängerinne Titanzink, halbrund, mit Rinnenstutzen, Endstücken, Formstücken und Einlaufblech (12 Objekte)**	37,00	**51,00**	63,00	
Einheit: m Rinnenlänge				
020 Dachdeckungsarbeiten				50,0%
022 Klempnerarbeiten				50,0%
363.72.00 Dachentwässerung, Kupfer				
02 **Kupfer-Hängedachrinne, halbrund, Laubfangkörbe, Rinnenhalter, Dehnungsausgleicher, Endstücke, Abläufe (5 Objekte)**	52,00	**69,00**	81,00	
Einheit: m Rinnenlänge				
022 Klempnerarbeiten				100,0%

© BKI Baukosteninformationszentrum; Erläuterungen zu den Tabellen siehe Seite 64   Kostenstand: 1.Quartal 2012, Bundesdurchschnitt, inkl. MwSt.

		von	€/Einheit	bis	LB an AA

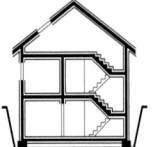

364.17.00 Dämmung

    02 **Mineralwolle zwischen den Sparren, Wärmeleit-**   11,00   **15,00**   21,00
        fähigkeitsgruppe 035 oder 040, d=100-180mm
        (5 Objekte)
        Einheit: m² Dachfläche
        039 Trockenbauarbeiten   100,0%

364.21.00 Anstrich

    09 **Sichtbare Holzteile mit Holzschutzlasur gestrichen**   11,00   **13,00**   18,00
        (5 Objekte)
        Einheit: m² Bekleidete Fläche
        034 Maler- und Lackierarbeiten - Beschichtungen   100,0%

364.44.00 Bekleidung auf Unterkonstruktion, Holz

    06 **Holzschalung in den Dachschrägen (3 Objekte)**   23,00   **24,00**   27,00
        Einheit: m² Bekleidete Fläche
        016 Zimmer- und Holzbauarbeiten   33,0%
        020 Dachdeckungsarbeiten   33,0%
        027 Tischlerarbeiten   34,0%

364.48.00 Bekleidung auf Unterkonstruktion, mineralisch

    03 **Gipskartonbekleidung an Dachschrägen, Mineral-**   49,00   **62,00**   87,00
        faserdämmung (6 Objekte)
        Einheit: m² Bekleidete Fläche
        039 Trockenbauarbeiten   100,0%

    05 **abgehängte Akustikdecken mit Streulochung,**   –   **48,00**   –
        Dämmung, Anstrich (1 Objekt)
        Einheit: m² m2 Bekleidete Fläche
        039 Trockenbauarbeiten   100,0%

364.62.00 Tapeten, Anstrich

    02 **Raufasertapete, Dispersionsanstrich (6 Objekte)**   4,70   **7,40**   9,90
        Einheit: m² Bekleidete Fläche
        034 Maler- und Lackierarbeiten - Beschichtungen   57,0%
        037 Tapezierarbeiten   43,0%

364.87.00 Abgehängte Bekleidung, mineralisch

    02 **Abgehängte GK-Decken, d=12,5mm, Metall-**   34,00   **43,00**   54,00
        Unterkonstruktion, Abhänghöhe 15-70cm
        (5 Objekte)
        Einheit: m² Bekleidete Fläche
        039 Trockenbauarbeiten   100,0%

Gebäudearten

Kostengruppen

Neubau

Abbrechen

Wiederherstellen

Ausführungsarten

Herstellen

KG.AK.AA – Herstellen	von	€/Einheit	bis	LB an AA
411.11.00 Abwasserleitungen - Schmutz-/Regenwasser				
04 **SML-Rohr DN50-150, Formstücke, Sandbettung, teilweise Rohrgrabenaushub innerhalb von Gebäude, Bodenbeläge aufnehmen, Befestigungen (1 Objekt)**	–	**92,00**	–	
Einheit: m Abwasserleitung				
034 Maler- und Lackierarbeiten - Beschichtungen				0,0%
042 Gas- und Wasserinstallation; Leitungen, Armaturen				2,0%
044 Abwasseranlagen - Leitungen, Abläufe, Armaturen				97,0%
411.12.00 Abwasserleitungen - Schmutzwasser				
02 **SML-Abwasserleitungen DN70-125, Formstücke (3 Objekte)**	28,00	**37,00**	42,00	
Einheit: m Abwasserleitung				
044 Abwasseranlagen - Leitungen, Abläufe, Armaturen				100,0%
03 **Abwasserleitungen, HT-Rohr DN50-100, Formstücke (6 Objekte)**	19,00	**30,00**	36,00	
Einheit: m Abwasserleitung				
044 Abwasseranlagen - Leitungen, Abläufe, Armaturen				100,0%
411.13.00 Abwasserleitungen - Regenwasser				
05 **Regenfallrohre DN100, Kupfer, Bögen, Standrohre, inkl. Kappen, Fallrohrschellen (4 Objekte)**	45,00	**55,00**	83,00	
Einheit: m Abwasserleitung				
022 Klempnerarbeiten				79,0%
045 GWE; Einrichtungsgegenstände, Sanitärausstattungen				21,0%
06 **Regenfallrohre DN85-120, Titanzink, Bögen, Regenabweiser, Standrohrkappen, Fallrohrschellen (9 Objekte)**	21,00	**28,00**	32,00	
Einheit: m Abwasserleitung				
022 Klempnerarbeiten				100,0%

© **BKI** Baukosteninformationszentrum; Erläuterungen zu den Tabellen siehe Seite 64   Kostenstand: 1.Quartal 2012, Bundesdurchschnitt, **inkl.** MwSt.

KG.AK.AA – Herstellen	von	€/Einheit	bis	LB an AA
411.21.00 Grundleitungen - Schmutz-/Regenwasser				
06 **Rohrgrabenaushub bis 1m tief, innerhalb vom Gebäude (3 Objekte)**	84,00	**120,00**	140,00	
Einheit: m³ Grabenaushub				
002 Erdarbeiten				50,0%
009 Entwässerungskanalarbeiten				50,0%
07 **Gräben für Grundleitungen BK 3-5, außerhalb vom Gebäude (4 Objekte)**	32,00	**46,00**	60,00	
Einheit: m³ Grabenaushub				
002 Erdarbeiten				72,0%
044 Abwasseranlagen - Leitungen, Abläufe, Armaturen				28,0%
08 **Grundleitung DN100-200, KG, Formstücke (5 Objekte)**	25,00	**40,00**	51,00	
Einheit: m Grundleitung				
009 Entwässerungskanalarbeiten				50,0%
044 Abwasseranlagen - Leitungen, Abläufe, Armaturen				50,0%
09 **Grundleitung DN100-150, Steinzeug, Formstücke (3 Objekte)**	31,00	**45,00**	54,00	
Einheit: m Grundleitung				
012 Mauerarbeiten				17,0%
022 Klempnerarbeiten				44,0%
044 Abwasseranlagen - Leitungen, Abläufe, Armaturen				39,0%
411.24.00 Ab-/Einläufe für Grundleitungen				
02 **Guss-Bodenablauf DN100 mit Geruchverschluss und Rückstauklappe (5 Objekte)**	180,00	**240,00**	270,00	
Einheit: St Bodeneilauf				
009 Entwässerungskanalarbeiten				49,0%
044 Abwasseranlagen - Leitungen, Abläufe, Armaturen				51,0%
411.52.00 Abwasserhebeanlagen				
02 **Fäkalienhebeanlage mit allen Anschlüssen, elektrische Schalteinrichtung, Alarmanlage (6 Objekte)**	6.290,00	**9.000,00**	11.520,00	
Einheit: St Fäkalienhebeanlage				
046 GWE; Betriebseinrichtungen				50,0%
044 Abwasseranlagen - Leitungen, Abläufe, Armaturen				50,0%

Gebäudearten

Kostengruppen

Neubau

Abbrechen

Wiederherstellen

Herstellen

Ausführungsarten

412
Wasseranlagen

KG.AK.AA – Herstellen	von	€/Einheit	bis	LB an AA
412.41.00 Wasserleitungen, Kaltwasser				
07 **Kupferleitungen 18x1 bis 35x1,5mm, Formstücke, Befestigungen (5 Objekte)**	17,00	**20,00**	24,00	
Einheit: m Leitung				
042 Gas- und Wasserinstallation; Leitungen, Armaturen				100,0%
412.43.00 Wasserleitungen, Warmwasser/Zirkulation				
03 **Kupferleitungen 18x1 bis 35x1,5mm, Formstücke, Befestigungen, Stundenlohnarbeiten für Stemm-arbeiten, Mauerdurchbrüche und Kernbohrungen (4 Objekte)**	19,00	**30,00**	60,00	
Einheit: m Leitung				
012 Mauerarbeiten				18,0%
042 Gas- und Wasserinstallation; Leitungen, Armaturen				68,0%
044 Abwasseranlagen - Leitungen, Abläufe, Armaturen				15,0%
412.51.00 Kochendwassergeräte				
03 **Elektrowarmwasserspeicher 5l, drucklos für Unter-tischmontage, stufenlose Temperatureinstellung, Abschaltautomatik (4 Objekte)**	140,00	**170,00**	210,00	
Einheit: St Warmwasserspeicher				
045 GWE; Einrichtungsgegenstände, Sanitärausstattungen				50,0%
040 Wärmeversorgungsanlagen - Betriebseinrichtungen				50,0%
412.52.00 Elektro-Durchlauferhitzer				
02 **Elektrischer Druck-Durchlauferhitzer 6-24kW, 380V, Anschlüsse (3 Objekte)**	350,00	**470,00**	670,00	
Einheit: St Durchlauferhitzer				
045 GWE; Einrichtungsgegenstände, Sanitärausstattungen				50,0%
042 Gas- und Wasserinstallation; Leitungen, Armaturen				50,0%
412.61.00 Ausgussbecken				
04 **Ausgussbecken aus Stahlblech, Einlegeroste (5 Objekte)**	53,00	**61,00**	67,00	
Einheit: St Ausgussbecken				
045 GWE; Einrichtungsgegenstände, Sanitärausstattungen				100,0%
412.62.00 Waschtische, Waschbecken				
03 **Handwaschbecken 55x46cm-60x50cm mit Befestigungen, Eckventile, Geruchsverschluss, Einhandhebelmischer (10 Objekte)**	370,00	**470,00**	580,00	
Einheit: St Handwaschbecken				
045 GWE; Einrichtungsgegenstände, Sanitärausstattungen				100,0%

© BKI Baukosteninformationszentrum; Erläuterungen zu den Tabellen siehe Seite 64   Kostenstand: 1.Quartal 2012, Bundesdurchschnitt, inkl. MwSt.

412.64.00 Urinale

02	Urinal, Anschlussgarnitur, automatische Spülung (3 Objekte)	1.040,00	**1.140,00**	1.190,00	
	Einheit: St Urinale				
	045 GWE; Einrichtungsgegenstände, Sanitärausstattungen				100,0%
03	Urinalbecken, Installationsblöcke, uP-Druckspüler (3 Objekte)	600,00	**670,00**	710,00	
	Einheit: St Urinale				
	045 GWE; Einrichtungsgegenstände, Sanitärausstattungen				100,0%

412.65.00 WC-Becken

04	Tiefspülklosett, Spülkästen, Schallschutzset, Klosettsitz mit Deckel, Installationsblöcke (6 Objekte)	370,00	**440,00**	530,00	
	Einheit: St WC-Becken				
	045 GWE; Einrichtungsgegenstände, Sanitärausstattungen				100,0%

412.66.00 Duschen

02	Stahl-Duschwanne 80x80x15cm, Einhand-Brausegarnitur, Wandstange (4 Objekte)	400,00	**420,00**	440,00	
	Einheit: St Dusche				
	045 GWE; Einrichtungsgegenstände, Sanitärausstattungen				100,0%

412.67.00 Badewannen

03	Stahl-Badewanne 170x75cm, Wandbatterien (3 Objekte)	750,00	**750,00**	760,00	
	Einheit: St Badewanne				
	045 GWE; Einrichtungsgegenstände, Sanitärausstattungen				100,0%

412.68.00 Behinderten-Einrichtungen

02	Behinderten-WC, Waschtischanlage, Stützgriffe, Kristallglasspiegel (2 Objekte)	1.410,00	**1.610,00**	1.800,00	
	Einheit: St Behinderten-WC				
	045 GWE; Einrichtungsgegenstände, Sanitärausstattungen				100,0%

412.92.00 Seifenspender

02	Seifenspender, Erstbefüllung (8 Objekte)	75,00	**88,00**	110,00	
	Einheit: St Seifenspender				
	045 GWE; Einrichtungsgegenstände, Sanitärausstattungen				100,0%

412.93.00 Handtuchspender

02	Papier-Handtuchspender, Erstbestückung (6 Objekte)	70,00	**94,00**	120,00	
	Einheit: St Handtuchspender				
	045 GWE; Einrichtungsgegenstände, Sanitärausstattungen				100,0%

KG.AK.AA – Herstellen	von	€/Einheit	bis	LB an AA
421.21.00 Fernwärmeübergabestationen				
01 **Fernwärmeübergabestation, Rohrbündel-Wärmetauscher 2.000 kW, Heizung und WW-Bereitung, Verteiler, Sammler, Sinus-Lufttöpfe DN80-150 (2 Objekte)**	14.770,00	**15.820,00**	16.860,00	
Einheit: St Fernwärmeübergabestation				
040 Wärmeversorgungsanlagen - Betriebseinrichtungen				100,0%
421.31.00 Heizkesselanlagen gasförmige/flüssige Brennstoffe				
04 **Gas-Brennwertheizkessel, Regelung, Zubehör (3 Objekte)**	140,00	**160,00**	190,00	
Einheit: kW Heizleistung				
041 Wärmeversorgungsanlagen - Leitungen, Armaturen, Heizflächen				50,0%
040 Wärmeversorgungsanlagen - Betriebseinrichtungen				50,0%
06 **Gas-Brennwertkessel, Kompaktgerät mit Trinkwassererwärmung, oder mit seperaten Warmwasserspeicher, 3,4-35kW, Regelung, Druckausgleichsgefäß, Gasleitung, Abgasrohr, Elektroarbeiten (12 Objekte)**	5.890,00	**7.920,00**	9.920,00	
Einheit: St Heizkessel				
040 Wärmeversorgungsanlagen - Betriebseinrichtungen				100,0%
421.51.00 Solaranlagen				
02 **Aufdach-Solarkollektoren, Regelung, Befestigungsmaterial, Befüllung, Ausdehnungsgefäß, Anschlussleitungen (3 Objekte)**	850,00	**970,00**	1.200,00	
Einheit: m² Absorberfläche				
040 Wärmeversorgungsanlagen - Betriebseinrichtungen				97,0%
041 Wärmeversorgungsanlagen - Leitungen, Armaturen, Heizflächen				3,0%
421.61.00 Wassererwärmungsanlagen				
02 **Speicher-Brauchwasserspeicher, Druckausdehnungsgefäß (3 Objekte)**	4,00	**5,80**	9,30	
Einheit: l Speichervolumen				
040 Wärmeversorgungsanlagen - Betriebseinrichtungen				100,0%

© **BKI** Baukosteninformationszentrum; Erläuterungen zu den Tabellen siehe Seite 64   Kostenstand: 1.Quartal 2012, Bundesdurchschnitt, **inkl. MwSt.**

422.21.00 Rohrleitungen für Raumheizflächen

		von	€/Einheit	bis	LB an AA
05	**Nahtlose Gewinderohrleitungen DN10-40, Formstücke, Befestigungen, Anstrich, Deckendurchbrüche (5 Objekte)**	20,00	**25,00**	31,00	
	Einheit: m Rohrleitung				
	041 Wärmeversorgungsanlagen - Leitungen, Armaturen, Heizflächen				100,0%
06	**Kupferrohrleitungen 18x1-35x1,5mm, Formstücke, Befestigungen, Deckendurchbrüche, Mauerschlitze, Kernbohrungen (8 Objekte)**	22,00	**26,00**	30,00	
	Einheit: m Rohrleitung				
	041 Wärmeversorgungsanlagen - Leitungen, Armaturen, Heizflächen				100,0%
07	**Stahlrohr DN20-32 (2 Objekte)**	25,00	**27,00**	29,00	
	Einheit: m Rohrleitung				
	041 Wärmeversorgungsanlagen - Leitungen, Armaturen, Heizflächen				100,0%

431
Lüftungsanlagen

KG.AK.AA – Herstellen	von	€/Einheit	bis	LB an AA
431.22.00 Ablufteinzelgeräte				
02 **Einzelraumlüfter, Zeit-Nachlaufschalter, Kunststoffgehäuse (9 Objekte)**	190,00	**210,00**	230,00	
Einheit: St Lüfter				
075 Raumlufttechnische Anlagen				100,0%
431.41.00 Zuluftleitungen, rund				
02 **Flexible Lüftungsrohre NW200, Formstücke (2 Objekte)**	16,00	**17,00**	18,00	
Einheit: m Rohrleitung				
075 Raumlufttechnische Anlagen				100,0%
03 **Wickelfalzrohr NW100-355, Abzweige, Steckverbinder, Enddeckel, Bögen (7 Objekte)**	37,00	**47,00**	68,00	
Einheit: m Rohrleitung				
075 Raumlufttechnische Anlagen				100,0%

Kostenstand: 1.Quartal 2012, Bundesdurchschnitt, inkl. MwSt.

444.11.00 Kabel und Leitungen

06	**Mantelleitungen NYM-J 3x1,5 bis 5x2,5 mm², in Kabelwannen oder Leerrohr verlegt (6 Objekte)**	1,80	**2,00**	2,10	
	Einheit: m Kabellänge				
	053 Niederspannungsanlagen; Kabel, Verlegesysteme				100,0%
07	**Erdkabel 4x35-4x50mm² (2 Objekte)**	18,00	**20,00**	22,00	
	Einheit: m Kabellänge				
	053 Niederspannungsanlagen; Kabel, Verlegesysteme				100,0%
08	**Kabel JYSTY 2x2x0,6 bis 8x2x0,8mm² (4 Objekte)**	1,30	**1,40**	1,60	
	Einheit: m Kabellänge				
	053 Niederspannungsanlagen; Kabel, Verlegesysteme				100,0%

444.41.00 Installationsgeräte

07	**Aus-, Wechsel-, Serien- und Kreuzschalter, Taster, Steckdosen unter Putz, Schalterdose 55mm (7 Objekte)**	13,00	**16,00**	25,00	
	Einheit: St Installationsgerät				
	054 Niederspannungsanlagen; Verteilersysteme und Einbaugeräte				100,0%

KG.AK.AA – Herstellen	von	€/Einheit	bis	LB an AA
446.11.00 Auffangeinrichtungen, Ableitungen				
04 **Ableitungen Alu, d=8mm, Rohrschellen (2 Objekte)**	4,10	**5,30**	6,40	
Einheit: m Leitungslänge				
050 Blitzschutz- / Erdungsanlagen, Überspannungsschutz				100,0%
05 **Auffangleitung Alu, d=8mm, Universalverbinder, Dachleiterungshalter, Dachleiterungsstützen (3 Objekte)**	6,00	**6,30**	6,90	
Einheit: m Leitungslänge				
050 Blitzschutz- / Erdungsanlagen, Überspannungsschutz				100,0%
06 **Auffangleitung Cu, d=8mm, Universalverbinder, Dachleiterungshalter, Dachleiterungsstützen (2 Objekte)**	17,00	**18,00**	19,00	
Einheit: m Leitungslänge				
050 Blitzschutz- / Erdungsanlagen, Überspannungsschutz				100,0%

© **BKI** Baukosteninformationszentrum; Erläuterungen zu den Tabellen siehe Seite 64   Kostenstand: 1.Quartal 2012, Bundesdurchschnitt, **inkl. MwSt.**

451.11.00 Telekommunikationsanlagen

		von	€/Einheit	bis	LB an AA
05	**FM-Installationsleitung J-Y(ST)Y 2x2x0,8mm** **(4 Objekte)**	1,30	**1,60**	1,90	
	Einheit: m Leitungslänge				
	061 Kommunikationsnetze				100,0%
06	**Fernsprechanlage: 5 Standardtelefone, 8 Kompakt-** **telefone, 1 Systemtelefon, zentrale Vermittlungs-** **einheit, TAE-Dosen, FM-Installationsleitungen** **(1 Objekt)**	–	**10.990,00**	–	
	Einheit: St Fernsprechanlage				
	061 Kommunikationsnetze				100,0%

Gebäudearten

Kostengruppen

Neubau

Abbrechen

Wiederherstellen

Herstellen

Ausführungsarten

KG.AK.AA – Herstellen	von	€/Einheit	bis	LB an AA
452.31.00 Türsprech- und Türöffneranlagen				
01 **Tür-Sprech-Öffneranlage, Türkontakt mit Entriegelung, Türsprechstationen, Haussprech-apparate, Netzgerät, Leitungen (5 Objekte)**	400,00	**450,00**	530,00	
Einheit: St Haussprechapparat				
060 Elektroakustische Anlagen, Sprechanlagen, Personenrufanlagen				100,0%

Kostenstand: 1.Quartal 2012, Bundesdurchschnitt, **inkl. MwSt.**

475.51.00 Handfeuerlöscher

02 **Pulverfeuerlöscher 6kg, Brandklasse A,B,C, Wandhalterung (5 Objekte)**	110,00	**130,00**	140,00	
Einheit: St Pulverfeuerlöscher				
049 Feuerlöschanlagen, Feuerlöschgeräte				100,0%

Gebäudearten · Kostengruppen · Neubau · Abbrechen · Wiederherstellen · Ausführungsarten · Herstellen

Anhang

BKI Ausführungsklassen-Katalog
- erweiterte Kostengliederung zur DIN 276

311 Baugrubenherstellung

10 Mutterbodenabtrag [m²]
11 Mutterbodenabtrag BK 1 [m²]
12 Mutterbodenabtrag BK 1, lagern [m²]
13 Mutterbodenabtrag BK 1, lagern und einbauen [m²]
14 Mutterbodenabtrag BK 1, Abtransport [m²]
15 Mutterbodenabtrag BK 1, Abtransport, hinterfüllen [m²]
19 Mutterbodenabtrag BK 1, sonstiges [m³]

20 Aushub Baugrube BK 2-5 [m³]
21 Aushub Baugrube BK 2-5 [m³]
22 Aushub Baugrube BK 2-5, lagern [m³]
23 Aushub Baugrube BK 2-5, lagern, hinterfüllen [m³]
24 Aushub Baugrube BK 2-5, Abtransport [m³]
25 Aushub Baugrube BK 2-5, Abtransport, hinterfüllen [m³]
29 Aushub Baugrube BK 2-5, sonstiges [m³]

30 Aushub Baugrube BK 6-7 [m³]
31 Aushub Baugrube BK 6-7 [m³]
32 Aushub Baugrube BK 6-7, lagern [m³]
33 Aushub Baugrube BK 6-7, lagern, hinterfüllen [m³]
34 Aushub Baugrube BK 6-7, Abtransport [m³]
35 Aushub Baugrube BK 6-7, Abtransport, hinterfüllen [m³]
39 Baugrubenaushub BK 6-7, sonstiges [m³]

40 Hinterfüllen mit zugeliefertem Material [m³]
41 Hinterfüllen mit Siebschutt [m³]
42 Hinterfüllen mit Beton [m³]
49 Hinterfüllen, sonstiges [m³]

90 Sonstige Baugrubenherstellung [m³]
91 Sonstige Baugrubenherstellung [m³]
99 Sonstige Baugrubenherstellung, sonstiges [m³]

312 Baugrubenumschließung

10 Spundwände [m²]
11 Spundwände [m²]
19 Spundwände, sonstiges [m²]

20 Pfahlwände [m²]
21 Pfahlwände [m²]
29 Pfahlwände, sonstiges [m²]

30 Trägerbohlwände [m²]
31 Trägerbohlwände [m²]
39 Trägerbohlwände, sonstiges [m²]

40 Injektionswände [m²]
41 Injektionswände [m²]
49 Injektionswände, sonstiges [m²]

50 Schlitzwände [m²]
51 Schlitzwände [m²]
59 Schlitzwände, sonstiges [m²]

60 Spritzbetonwände [m²]
61 Spritzbetonwände [m²]
69 Spritzbetonwände, sonstiges [m²]

90 Sonstige Baugrubenumschließung [m²]
91 Sonstige Baugrubenumschließung [m²]
99 Sonstige Baugrubenumschließung, sonstiges [m²]

313 Wasserhaltung

10 Leitungen für Wasserhaltung [m]
11 Leitungen für Wasserhaltung [m]
19 Leitungen für Wasserhaltung, sonstiges [m²]

20 Schächte für Wasserhaltung [St]
21 Schächte für Wasserhaltung [St]
29 Schächte für Wasserhaltung, sonstiges [m²]

30 Geräte für Wasserhaltung [St]
31 Geräte für Wasserhaltung [St]
39 Geräte für Wasserhaltung, sonstiges [m²]

40 Wasserhaltung, vorhalten [d]
41 Geräte für Wasserhaltung betreiben [St]
49 Wasserhaltung, vorhalten, sonstiges [m²]

90 Sonstige Wasserhaltung [m²]
91 Sonstige Wasserhaltung [m²]
99 Sonstige Wasserhaltung, sonstiges [m²]

319 Baugrube, sonstiges

10 Baugrube, sonstiges [m³]
11 Baugrube, sonstiges [m³]
19 Baugrube, sonstiges, sonstiges [m³]

90 Sonstige Baugrube, sonstiges [m³]
91 Sonstige Baugrube, sonstiges [m³]
99 Sonstige Baugrube, sonstiges, sonstiges [m³]

321 Baugrundverbesserung

10 Bodenaustausch [m³]
11 Bodenaustausch [m³]
19 Bodenaustausch, sonstiges [m²]

20 Bodenauffüllung [m³]
21 Bodenauffüllung, Schotter [m³]
22 Bodenauffüllung, Magerbeton [m³]
23 Bodenauffüllung, Kies [m³]
24 Bodenauffüllung, Recyclingmaterial [m³]
29 Bodenauffüllung, sonstiges [m²]

30 Bodenverdichtung [m³]
31 Bodenverdichtung [m³]
39 Bodenverdichtung, sonstiges [m²]

40 Bodeninjektionen [m²]
41 Bodeninjektionen [m³]
49 Bodeninjektionen, sonstiges [m²]

90 Sonstige Baugrundverbesserung [m²]
91 Sonstige Baugrundverbesserung [m²]
99 Sonstige Baugrundverbesserung, sonstiges [m²]

322 Flachgründungen

10 Fundamente [m³]
11 Einzelfundamente und Streifenfundamente [m³]
12 Einzelfundamente [m³]
13 Fundamentbalken [m³]
14 Streifenfundamente [m³]
15 Köcherfundamente [m³]
19 Fundamente, sonstiges [m²]

20 Fundamentplatten [m²]
21 Fundamentplatten [m²]
29 Fundamentplatten, sonstiges [m²]

30 Fundamentroste [m²]
31 Fundamentroste [m²]
39 Fundamentroste, sonstiges [m²]

40 Fundamente Mauerwerk [m³]
41 Fundamente Schwerbeton - Steine [m³]
49 Fundamente Mauerwerk, sonstiges [m²]

50 Fundament, Fertigteile [m³]
51 Frostschürze als Fertigteil [m³]
52 Einzelfundamente als Fertigteil [m³]
59 Fundament, Fertigteile, sonstiges [m²]

90 Sonstige Flachgründungen [m²]
91 Sonstige Flachgründungen [m²]
99 Sonstige Flachgründungen, sonstiges [m²]

323 Tiefgründungen

10 Pfahlgründungen [m]
11 Bohrpfähle [m]
12 Rammpfähle [m]
19 Pfahlgründungen, sonstiges [m²]

20 Brunnengründungen [m³]
21 Brunnengründungen [m³]
29 Brunnengründungen, sonstiges [m²]

90 Sonstige Tiefgründungen [m²]
91 Sonstige Tiefgründungen [m²]
99 Sonstige Tiefgründungen, sonstiges [m²]

324 Unterböden und Bodenplatten

10 Stahlbeton, Ortbeton [m²]
11 Stahlbeton, Ortbeton, Balken [m²]
12 Stahlbeton, Ortbeton, Füllkörper [m²]
13 Stahlbeton, Ortbeton, Kassetten [m²]
14 Stahlbeton, Ortbeton, Pilzkonstruktion [m²]
15 Stahlbeton, Ortbeton, Platten [m²]
16 Stahlbeton, Ortbeton, Platten-Balken [m²]
17 Stahlbeton, Ortbeton, Rippen [m²]
19 Stahlbeton, Ortbeton, sonstiges [m²]

20 Stahlbeton, Fertigteil [m²]
21 Stahlbeton, Fertigteil, Balken [m²]
22 Stahlbeton, Fertigteil, Füllkörper [m²]
23 Stahlbeton, Fertigteil, Kassetten [m²]
24 Stahlbeton, Fertigteil, Pilzkonstruktion [m²]
25 Stahlbeton, Fertigteil, Platten [m²]
26 Stahlbeton, Fertigteil, Platten-Balken [m²]
27 Stahlbeton, Fertigteil, Rippen [m²]
29 Stahlbeton, Fertigteil, sonstiges [m²]

30 Stahlbeton, Mischkonstruktionen [m²]
31 Stahlbeton, Mischkonstruktion, Betonplatten [m²]
32 Stahlbeton, Mischkonstruktion, Holzkonstruktion [m²]
33 Stahlbeton, Mischkonstruktionen, Metall [m²]
39 Stahlbeton, Mischkonstruktionen, sonstiges [m²]

40 Metallträger [m²]
41 Metallträger, Ortbetonkonstruktionen [m²]
42 Metallträger, Fertigteilkonstruktionen [m²]
43 Metallträger, Ortbeton-Fertigteil-Konstruktionen [m²]
44 Metallträger, Blechkonstruktionen [m²]
45 Metallträger, Blech-Betonkonstruktionen [m²]
46 Metallträger, Holzkonstruktionen [m²]
49 Metallträger, sonstiges [m²]

50 Holzkonstruktionen [m²]
51 Vollholzbalken [m²]
52 Brettschichtholzbalken [m²]
59 Holzkonstruktionen, sonstiges [m²]

60 Sonderkonstruktionen Bodenplatten [m²]
61 Kanäle in Bodenplatten [m]
62 Rinnen in Bodenplatten [m]
63 Schächte in Bodenplatten [St]

64 Rampen auf Bodenplatten [m²]
65 Treppen in Bodenplatten [m²]
69 Sonderkonstruktionen Bodenplatten, sonstiges [m²]

90 Sonstige Unterböden und Bodenplatten [m²]
91 Sonstige Unterböden und Bodenplatten [m²]
92 Lehmboden als Bodenplatte [m²]
99 Sonstige Unterböden und Bodenplatten, sonstiges [m²]

325 Bodenbeläge

10 Anstrich [m²]
11 Anstrich [m²]
12 Anstrich, Estrich [m²]
13 Anstrich, Estrich, Abdichtung [m²]
14 Anstrich, Estrich, Abdichtung, Dämmung [m²]
15 Anstrich, Estrich, Dämmung [m²]
16 Anstrich, Abdichtung [m²]
17 Abdichtung [m²]
19 Anstrich, sonstiges [m²]

20 Estrich [m²]
21 Estrich [m²]
22 Estrich, Abdichtung [m²]
23 Estrich, Abdichtung, Dämmung [m²]
24 Estrich, Dämmung [m²]
25 Abdichtung [m²]
26 Dämmung [m²]
29 Estrich, sonstiges [m²]

30 Fliesen und Platten [m²]
31 Fliesen und Platten [m²]
32 Fliesen und Platten, Estrich [m²]
33 Fliesen und Platten, Estrich, Abdichtung [m²]
34 Fliesen und Platten, Estrich, Abdichtung, Dämmung [m²]
35 Fliesen und Platten, Estrich, Dämmung [m²]
36 Fliesen und Platten, Abdichtung [m²]
37 Fliesen und Platten, Abdichtung, Dämmung [m²]
38 Fliesen und Platten, Dämmung [m²]
39 Fliesen und Platten, sonstiges [m²]

40 Naturstein [m²]
41 Naturstein [m²]
42 Naturstein, Estrich [m²]
43 Naturstein, Estrich, Abdichtung [m²]
44 Naturstein, Estrich, Abdichtung, Dämmung [m²]
45 Naturstein, Estrich, Dämmung [m²]
46 Naturstein, Abdichtung [m²]
47 Naturstein, Abdichtung, Dämmung [m²]
48 Naturstein, Dämmung [m²]
49 Naturstein, sonstiges [m²]

50 Betonwerkstein [m²]
51 Betonwerkstein [m²]
52 Betonwerkstein, Estrich [m²]
53 Betonwerkstein, Estrich, Abdichtung [m²]
54 Betonwerkstein, Estrich, Abdichtung, Dämmung [m²]
55 Betonwerkstein, Estrich, Dämmung [m²]

56 Betonwerkstein, Abdichtung [m²]
57 Betonwerkstein, Abdichtung, Dämmung [m²]
58 Betonwerkstein, Dämmung [m²]
59 Betonwerkstein, sonstiges [m²]

60 Textil [m²]
61 Textil [m²]
62 Textil, Estrich [m²]
63 Textil, Estrich, Abdichtung [m²]
64 Textil, Estrich, Abdichtung, Dämmung [m²]
65 Textil, Estrich, Dämmung [m²]
66 Textil, Abdichtung [m²]
67 Textil, Abdichtung, Dämmung [m²]
68 Textil, Dämmung [m²]
69 Textil, sonstiges [m²]

70 Holz [m²]
71 Holz [m²]
72 Holz, Estrich [m²]
73 Holz, Estrich, Abdichtung [m²]
74 Holz, Estrich, Abdichtung, Dämmung [m²]
75 Holz, Estrich, Dämmung [m²]
76 Holz, Abdichtung [m²]
77 Holz, Abdichtung, Dämmung [m²]
78 Holz, Dämmung [m²]
79 Holz, sonstiges [m²]

80 Hartbeläge [m²]
81 Hartbeläge [m²]
82 Hartbeläge, Estrich [m²]
83 Hartbeläge, Estrich, Abdichtung [m²]
84 Hartbeläge, Estrich, Abdichtung, Dämmung [m²]
85 Hartbeläge, Estrich, Dämmung [m²]
86 Hartbeläge, Abdichtung [m²]
87 Hartbeläge, Abdichtung, Dämmung [m²]
88 Hartbeläge, Dämmung [m²]
89 Hartbeläge, sonstiges [m²]

90 Sonstige Beläge auf Bodenplatten [m²]
91 Sonstige Beläge auf Bodenplatten [m²]
92 Ziegelbeläge [m²]
93 Sportböden [m²]
94 Heizestrich [m²]
95 Kunststoff-Beschichtung [m²]
96 Doppelböden [m²]
97 Fußabstreifer [m²]
99 Sonstige Beläge auf Bodenplatten, sonstiges [m²]

10 Abdichtung [m²]
11 Abdichtung [m²]
12 Abdichtung, Dämmung [m²]
13 Dämmungen [m²]
19 Abdichtung, sonstiges [m²]

20 Filterschicht [m²]
21 Filterschicht [m²]
22 Filterschicht, Abdichtung [m²]
23 Filterschicht, Dämmung, Abdichtung [m²]
24 Filterschicht, Sauberkeitsschicht [m²]
25 Filterschicht, Sauberkeitsschicht, Abdichtung [m²]
26 Filterschicht, Sauberkeitsschicht, Dämm., Abdicht. [m²]
27 Filterschicht, Sauberkeitsschicht, Dämmung [m²]
28 Folie auf Filterschicht [m²]
29 Filterschicht, sonstiges [m²]

30 Sauberkeitsschicht [m²]
31 Sauberkeitsschicht [m²]

32 Sauberkeitsschicht, Abdichtung [m²]
33 Sauberkeitsschicht, Dämmung, Abdichtung [m²]
34 Sauberkeitsschicht, Dämmung [m²]
39 Sauberkeitsschicht, sonstiges [m²]

40 Ausgleichsschicht [m²]
41 Ausgleichsschicht [m²]
42 Ausgleichsschicht, Abdichtung [m²]
43 Ausgleichsschicht, Wärmedämmung, Abdichtung [m²]
44 Ausgleichsschicht, Dämmung [m²]
49 Ausgleichsschicht, sonstiges [m²]

50 Planum herstellen [m²]
51 Planum herstellen [m²]
59 Planum herstellen, sonstiges [m²]

90 Sonstige Bauwerksabdichtungen [m²]
91 Sonstige Bauwerksabdichtungen [m²]
99 Sonstige Bauwerksabdichtungen, sonstiges [m²]

327   Dränagen

10 Dränageleitungen [m]
11 Dränageleitungen [m]
12 Dränageleitungen mit Kiesumhüllung [m]
19 Dränageleitungen, sonstiges [m²]

20 Dränageschächte [m]
21 Dränageschächte [m]
29 Dränageschächte, sonstiges [m²]

30 Dränfilter [m²]
31 Dränfilter, Kies [m²]
32 Dränfilter, Schotter [m²]
33 Dränfilter, Magerbeton [m²]
34 Dränfilter, Filtermatten [m²]
39 Dränfilter, sonstiges [m²]

90 Sonstige Dränagen [m²]
91 Sonstige Dränagen [m²]
99 Sonstige Dränagen, sonstiges [m²]

329   Gründung, sonstiges

10 Gründung sonstiges [m²]
11 Gründung sonstiges [m²]
19 Gründung sonstiges, sonstiges [m²]

90 Sonstige Gründung sonstiges [m²]
91 Sonstige Gründung sonstiges [m²]
99 Sonstige Gründung sonstiges, sonstiges [m²]

331 Tragende Außenwände

10 Mauerwerkswand [m²]
11 Mauerwerkswand, Betonsteine [m²]
12 Mauerwerkswand, Gasbetonsteine [m²]
13 Mauerwerkswand, Hüttensteine [m²]
14 Mauerwerkswand, Kalksandsteine [m²]
15 Mauerwerkswand, Leichtbetonsteine [m²]
16 Mauerwerkswand, Mauerziegel [m²]
17 Mauerwerkswand, Natursteine [m²]
18 Mauerwerkswand, Schalungssteine [m²]
19 Mauerwerkswand, sonstiges [m²]

20 Betonwand [m²]
21 Betonwand, Ortbetonwand, schwer [m²]
22 Betonwand, Ortbetonwand, leicht [m²]
23 Betonwand, Ortbeton, mehrschichtig [m²]
24 Betonwand, Fertigteil, schwer [m²]
25 Betonwand, Fertigteil, leicht [m²]

26 Betonwand, Fertigteil, mehrschichtig [m²]
29 Betonwand, sonstiges [m²]

30 Holzwand [m²]
31 Holzwand, Blockkonstruktion, Vollholz [m²]
32 Holzwand, Blockkonstruktion, Brettschichtholz [m²]
33 Holzwand, Rahmenkonstruktion, Vollholz [m²]
34 Holzwand, Rahmenkonstruktion, Brettschichtholz [m²]
35 Holzwand, Fachwerk inkl. Ausfachung [m²]
39 Holzwand, sonstiges [m²]

40 Metallwand [m²]
41 Metallwand, Rahmenkonstruktion [m²]
49 Metallwand, sonstiges [m²]

90 Sonstige tragende Außenwände [m²]
91 Sonstige tragende Außenwände [m²]
99 Sonstige tragende Außenwände, sonstiges [m²]

332 Nichttragende Außenwände

10 Mauerwerkswand [m²]
11 Mauerwerkswand, Betonsteine [m²]
12 Mauerwerkswand, Gasbeton [m²]
13 Mauerwerkswand, Hüttensteine [m²]
14 Mauerwerkswand, Kalksandsteine [m²]
15 Mauerwerkswand, Leichtbetonsteine [m²]
16 Mauerwerkswand, Mauerziegel [m²]
17 Mauerwerkswand, Natursteine [m²]
18 Mauerwerkswand, Schalungssteine [m²]
19 Mauerwerkswand, sonstiges [m²]

20 Betonwand [m²]
21 Betonwand, Ortbeton, schwer [m²]
22 Betonwand, Ortbeton, leicht [m²]
23 Betonwand, Ortbeton, mehrschichtig [m²]
24 Betonwand, Fertigteil, schwer [m²]
25 Betonwand, Fertigteil, leicht [m²]
26 Betonwand, Fertigteil, mehrschichtig [m²]
29 Betonwand, sonstiges [m²]

30 Holzwand [m²]
31 Holzwand, Blockkonstruktion, Vollholz [m²]
32 Holzwand, Blockkonstruktion, Brettschichtholz [m²]
33 Holzwand, Rahmenkonstruktion, Vollholz [m²]
34 Holzwand, Rahmenkonstruktion, Brettschichtholz [m²]
35 Holzwand, Fachwerk inkl. Ausfachung [m²]
39 Holzwand, sonstige [m²]

40 Metallwand [m²]
41 Metallwand, Rahmenkonstruktion [m²]
42 Metallwand, Sandwichkonstruktion [m²]
49 Metallwand, sonstiges [m²]

50 Glaswand [m²]
51 Glaswand, Glasmauersteine [m²]
52 Glaswand, Rahmenkonstruktion [m²]
59 Glaswand, sonstiges [m²]

90 Sonstige nichttragende Außenwände [m²]
91 Sonstige nichttragende Außenwände [m²]
99 Sonstige nichttragende Außenwände, sonstiges [m²]

333 Außenstützen

10 Mauerwerksstütze [m]
11 Mauerwerksstütze, Betonsteine [m]
12 Mauerwerksstütze, Gasbetonsteine [m]
13 Mauerwerksstütze, Hüttensteine [m]
14 Mauerwerksstütze, Kalksandsteine [m]
15 Mauerwerksstütze, Leichtbetonsteine [m]
16 Mauerwerksstütze, Mauerziegel [m]
17 Mauerwerksstütze, Natursteine [m]
18 Mauerwerksstütze, Schalungssteine [m]
19 Mauerwerksstütze, sonstiges [m]

20 Betonstütze [m]
21 Betonstütze, Ortbeton, schwer [m]
22 Betonstütze, Ortbeton, leicht [m]
23 Betonstütze, Ortbeton, mehrschichtig [m]

24 Betonstütze, Fertigteil, schwer [m]
25 Betonstütze, Fertigteil, leicht [m]
26 Betonstütze, Fertigteil, mehrschichtig [m]
29 Betonstütze, sonstiges [m]

30 Holzstütze [m]
31 Holzstütze, Vollholz [m]
32 Holzstütze, Brettschichtholz [m]
39 Holzstütze, sonstiges [m]

40 Metallstütze [m]
41 Metallstütze, Profilstahl [m]
42 Metallstütze, Rohrprofil [m]
43 Metallstütze, Gusseisen [m]
49 Metallstütze, sonstiges [m]

90 Sonstige Außenstützen [m]
91 Sonstige Außenstützen [m]
99 Sonstige Außenstützen, sonstiges [m]

10 Türen [m²]
11 Türen, Ganzglas [m²]
12 Türen, Holz [m²]
13 Türen, Kunststoff [m²]
14 Türen, Metall [m²]
15 Türen, Mischkonstruktionen [m²]
16 Türen, Metall, Aluminium [m²]
19 Türen, sonstiges [m²]

20 Fenstertüren [m²]
21 Fenstertüren, Ganzglas [m²]
22 Fenstertüren, Holz [m²]
23 Fenstertüren, Kunststoff [m²]
24 Fenstertüren, Metall, Stahl [m²]
25 Fenstertüren, Mischkonstruktionen [m²]
26 Fenstertüren, Metall, Aluminium [m²]
29 Fenstertüren, sonstiges [m²]

30 Sondertüren [m²]
31 Schiebetüren [m²]
32 Schallschutztüren [m²]
33 Eingangsanlagen [m²]
39 Sondertüren, sonstiges [m²]

40 Brandschutztüren, -tore [m²]
41 Türen, Tore, rauchdicht [m²]
42 Brandschutztüren, -tore, T30 [m²]
43 Brandschutztüren, -tore, T60 [m²]
44 Brandschutztüren, -tore, T90 [m²]
45 Brandschutztüren, -tore, T120 [m²]
46 Rauch-/Wärmeabzugstüren, -tore [m²]
49 Brandschutztüren, -tore, sonstiges [m²]

50 Tore [m²]
51 Falttore [m²]
52 Kipptore [m²]
53 Rolltore, Glieder [m²]

54 Rolltore, Gitter [m²]
55 Schiebetore [m²]
56 Drehflügeltore [m²]
57 Schwingtore, Stahl [m²]
59 Tore, sonstiges [m²]

60 Fenster [m²]
61 Fenster, Ganzglas [m²]
62 Fenster, Holz [m²]
63 Fenster, Kunststoff [m²]
64 Fenster, Metall [m²]
65 Fenster, Mischkonstruktionen [m²]
66 Fenster, Metall, Aluminium [m²]
69 Fenster, sonstiges [m²]

70 Sonderfenster [m²]
71 Schiebefenster [m²]
72 Schallschutzfenster [m²]
73 Industrieverglasungen [m²]
74 Kellerfenster [m²]
75 Schaufenster [m²]
79 Sonderfenster, sonstiges [m²]

80 Brandschutzfenster [m²]
81 Fenster rauchdicht [m²]
82 Brandschutzfenster, F30 [m²]
83 Brandschutzfenster, F60 [m²]
84 Brandschutzfenster, F90 [m²]
85 Brandschutzfenster, F120 [m²]
86 Rauch-/Wärmeabzugsfenster [St]
89 Brandschutzfenster, sonstiges [m²]

90 Sonstige Außentüren und -fenster [m²]
91 Sonstige Außentüren und -fenster [m²]
92 Rauch-/Wärmeabzugsöffnungen [m²]
93 Schließanlage [m²]
99 Sonstige Außentüren und -fenster, sonstiges [m²]

10 Unterkonstruktion [m²]
11 Abdichtung [m²]
12 Abdichtung, Schutzschicht [m²]
13 Abdichtung, Dämmung [m²]
14 Abdichtung, Dämmung, Schutzschicht [m²]
15 Schutzschicht [m²]
16 Schutzschicht, Dämmung [m²]
17 Dämmung [m²]
19 Abdichtung, Schutzschicht, sonstiges [m²]

20 Oberflächenbehandlung [m²]
21 Anstrich [m²]
22 Beschichtung [m²]
23 Betonschalung, Sichtzuschlag [m²]

24 Mauerwerk, Sichtzuschlag [m²]
25 Hobeln als Zuschlag [m²]
29 Oberflächenbehandlung außen, sonstiges [m²]

30 Putz [m²]
31 Putz [m²]
32 Putz, Anstrich [m²]
33 Putz, Fliesen und Platten [m²]
34 Isolierputz [m²]
35 Isolierputz, Anstrich [m²]
36 Wärmedämmung, Putz [m²]
37 Wärmedämmung, Putz, Anstrich [m²]
38 Putz, Abdichtung, Fliesen und Platten [m²]
39 Putz, sonstiges [m²]

40 Bekleidung auf Unterkonstruktion [m²]
41 Bekleidung auf Unterkonstruktion, Faserzement [m²]
42 Bekleidung auf Unterkonstruktion, Beton [m²]
43 Bekleidung auf Unterkonstruktion, Glas [m²]
44 Bekleidung auf Unterkonstruktion, Holz [m²]
45 Bekleidung auf Unterkonstruktion, keramisch [m²]
46 Bekleidung auf Unterkonstruktion, Kunststoff [m²]
47 Bekleidung auf Unterkonstruktion, Metall [m²]
48 Bekleidung auf Unterkonstruktion, mineralisch [m²]
49 Bekleidung auf Unterkonstruktion, sonstiges [m²]

50 Verblendung [m²]
51 Verblendung, Beton [m²]
52 Verblendung, Betonwerkstein [m²]
53 Verblendung, Fliesen und Platten [m²]
54 Verblendung, Mauerwerk [m²]
55 Verblendung, Naturstein [m²]
56 Verblendung, Holz [m²]
59 Verblendung, sonstiges [m²]

90 Sonstige Außenwandbekleidungen außen [m²]
91 Sonstige Außenwandbekleidungen außen [m²]
99 Sonstige Außenwandbekleidungen außen, sonst. [m²]

---

336 Außenwandbekleidungen innen

10 Unterkonstruktion [m²]
11 Abdichtung [m²]
12 Abdichtung, Schutzschicht [m²]
13 Abdichtung, Dämmung [m²]
14 Abdichtung, Dämmung, Schutzschicht [m²]
15 Schutzschicht [m²]
16 Schutzschicht, Dämmung [m²]
17 Dämmung [m²]
19 Abdichtung, Schutzschicht, sonstiges [m²]

20 Oberflächenbehandlung [m²]
21 Anstrich [m²]
22 Beschichtung [m²]
23 Betonschalung, Sichtzuschlag [m²]
24 Mauerwerk, Sichtzuschlag [m²]
25 Hobeln, als Zuschlag [m²]
29 Oberflächenbehandlung innen, sonstiges [m²]

30 Putz [m²]
31 Putz [m²]
32 Putz, Anstrich [m²]
33 Putz, Fliesen und Platten [m²]
34 Putz, Tapeten [m²]
35 Putz, Tapeten, Anstrich [m²]
36 Putz, Textil [m²]
37 Putz, Fliesen und Platten, Abdichtung [m²]
39 Putz, sonstiges [m²]

40 Bekleidung auf Unterkonstruktion [m²]
41 Bekleidung auf Unterkonstruktion, Faserzement [m²]
42 Bekleidung auf Unterkonstruktion, Beton [m²]
43 Bekleidung auf Unterkonstruktion, Glas [m²]
44 Bekleidung auf Unterkonstruktion, Holz [m²]
45 Bekleidung auf Unterkonstruktion, keramisch [m²]
46 Bekleidung auf Unterkonstruktion, Kunststoff [m²]
47 Bekleidung auf Unterkonstruktion, Metall [m²]
48 Bekleidung auf Unterkonstruktion, mineralisch [m²]
49 Bekleidung auf Unterkonstruktion, sonstiges [m²]

50 Verblendung [m²]
51 Verblendung, Beton [m²]
52 Verblendung, Betonwerkstein [m²]
53 Verblendung, Fliesen und Platten [m²]
54 Verblendung, Mauerwerk [m²]
55 Verblendung, Naturstein [m²]
56 Verblendung, Holz [m²]
57 Verblendung, mineralisch, Dämmung [m²]
59 Verblendung, sonstiges [m²]

60 Tapeten [m²]
61 Tapeten [m²]
62 Tapeten, Anstrich [m²]
63 Glasvlies [m²]
64 Glasvlies, Anstrich [m²]
69 Tapeten, sonstiges [m²]

70 Textilbekleidung [m²]
71 Textilbekleidung, Stoff [m²]
72 Textilbekleidung, Teppich [m²]
79 Textilbekleidung, sonstiges [m²]

90 Sonstige Außenwandbekleidungen innen [m²]
91 Sonstige Außenwandbekleidungen innen [m²]
92 Vorsatzschalen für Installationen [m²]
99 Sonstige Außenwandbekleidungen innen, sonst. [m²]

---

337 Elementierte Außenwände

10 Betonkonstruktionen [m²]
11 Betonkonstruktionen [m²]
19 Betonkonstruktionen, sonstiges [m²]

20 Holzkonstruktionen [m²]
21 Holzkonstruktionen [m²]
22 Holzmischkonstruktionen [m²]
29 Holzkonstruktionen, sonstiges [m²]

30 Kunststoffkonstruktionen [m²]
31 Kunststoffkonstruktionen [m²]
32 Kunststoff-Mischkonstruktionen [m²]
39 Kunststoffkonstruktionen, sonstiges [m²]

40 Metallkonstruktionen [m²]
41 Metallkonstruktionen [m²]
42 Metall-Mischkonstruktionen [m²]
49 Metallkonstruktionen, sonstiges [m²]

50 Sonderkonstruktionen [m²]
51 Sonderkonstruktionen [m²]
52 Zweischalige Konstruktionen [m²]
53 Punktgehaltene Verglasungen [m²]
54 Membrankonstruktionen [m²]
59 Sonderkonstruktionen, sonstiges [m²]

90 Sonstige elementierte Außenwände [m²]
91 Sonstige elementierte Außenwände [m²]
99 Sonstige elementierte Außenwände, sonstiges [m²]

---

338   Sonnenschutz

10 Läden [m²]
11 Klappläden [m²]
12 Rollläden [m²]
13 Schiebeläden [m²]
19 Läden, sonstiges [m²]

20 Jalousien [m²]
21 Jalousien [m²]
29 Jalousien, sonstiges [m²]

30 Markisen [m²]
31 Fallarm-Markisen [m²]
32 Knickarm-Markisen [m²]
33 Rollmarkise [m²]
39 Markisen, sonstiges [m²]

40 Horizontaler Sonnenschutz [m²]
41 Horizontaler Sonnenschutz, Betonkonstruktionen [m²]
42 Horizontaler Sonnenschutz, Metallkonstruktionen [m²]
43 Horizontaler Sonnenschutz, Holzkonstruktionen [m²]
49 Horizontaler Sonnenschutz, sonstiges [m²]

50 Sonnenschutz innenliegend [m²]
51 Lamellenstores [m²]
59 Sonnenschutz innenliegend, sonstiges [m²]

90 Sonstiger Sonnenschutz [m²]
91 Sonstiger Sonnenschutz [m²]
99 Sonstiger Sonnenschutz, sonstiges [m²]

---

339   Außenwände, sonstiges

10 Schächte [m²]
11 Schächte [m²]
12 Kellerlichtschächte [m²]
19 Schächte, sonstige [m²]

20 Umwehrungen [m²]
21 Brüstungen [m²]
22 Geländer [m²]
23 Handläufe [m]
29 Umwehrungen, sonstiges [m²]

30 Vordächer [m²]
31 Vordächer [m²]
32 Gitterroste [m²]
33 Leitern, Steigeisen [m]
34 Leitplanken, Stoßabweiser [m]
35 Sichtblenden, Schutzgitter [m²]
36 Rankgerüste, außen [m²]
39 Vordächer, sonstiges [m²]

40 Treppen [m²]
41 Eingangstreppen, -podeste [m²]
42 Kelleraußentreppe [m²]
43 Spindeltreppen [m²]
49 Treppen, sonstiges [m²]

50 Servicegänge [m²]
51 Servicegänge [m²]
59 Servicegänge, sonstiges [m²]

60 Notausstiege [m²]
61 Notausstiege [m²]
69 Notausstiege, sonstiges [m²]

70 Balkone [m²]
71 Balkone, Metall [m²]
72 Balkone, Holz [m²]
79 Balkone, sonstiges [m²]

90 Sonstige Außenwände, sonstiges [m²]
91 Sonstige Außenwände, sonstiges [m²]
99 Sonstige Außenwände sonstiges, sonstiges [m²]

341   Tragende Innenwände

10 Mauerwerkswand [m²]
11 Mauerwerkswand, Betonsteine [m²]
12 Mauerwerkswand, Gasbetonsteine [m²]
13 Mauerwerkswand, Hüttensteine [m²]
14 Mauerwerkswand, Kalksandsteine [m²]
15 Mauerwerkswand, Leichtbetonsteine [m²]
16 Mauerwerkswand, Mauerziegel [m²]
17 Mauerwerkswand, Natursteine [m²]
18 Mauerwerkswand, Schalungssteine [m²]
19 Mauerwerkswand, sonstiges [m²]

20 Betonwand [m²]
21 Betonwand, Ortbeton, schwer [m²]
22 Betonwand, Ortbeton, leicht [m²]
23 Betonwand, Ortbeton, mehrschichtig [m²]
24 Betonwand, Fertigteil, schwer [m²]
25 Betonwand, Fertigteil, leicht [m²]

26 Betonwand, Fertigteil, mehrschichtig [m²]
29 Betonwand, sonstiges [m²]

30 Holzwand [m²]
31 Holzwand, Blockkonstruktion, Vollholz [m²]
32 Holzwand, Blockkonstruktion, Brettschichtholz [m²]
33 Holzwand, Rahmenkonstruktion, Vollholz [m²]
34 Holzwand, Rahmenkonstruktion, Brettschichtholz [m²]
35 Holzwand, Fachwerk inkl. Ausfachung [m²]
39 Holzwand, sonstiges [m²]

40 Metallwand [m²]
41 Metallwand, Rahmenkonstruktion [m²]
49 Metallwand, sonstiges [m²]

90 Sonstige tragende Innenwände [m²]
91 Sonstige tragende Innenwände [m²]
99 Sonstige tragende Innenwände, sonstiges [m²]

342   Nichttragende Innenwände

10 Mauerwerkswand [m²]
11 Mauerwerkswand, Betonsteine [m²]
12 Mauerwerkswand, Gasbetonsteine [m²]
13 Mauerwerkswand, Hüttensteine [m²]
14 Mauerwerkswand, Kalksandsteine [m²]
15 Mauerwerkswand, Leichtbetonsteine [m²]
16 Mauerwerkswand, Mauerziegel [m²]
17 Mauerwerkswand, Gipswandbauplatten [m²]
18 Mauerwerkswand, Schalungssteine [m²]
19 Mauerwerkswand, sonstiges [m²]

20 Betonwand [m²]
21 Betonwand, Ortbeton, schwer [m²]
22 Betonwand, Ortbeton, leicht [m²]
23 Betonwand, Ortbeton, mehrschichtig [m²]
24 Betonwand, Fertigteil, schwer [m²]
25 Betonwand, Fertigteil, leicht [m²]
26 Betonwand, Fertigteil, mehrschichtig [m²]
29 Betonwand, sonstiges [m²]

30 Holzwand [m²]
31 Holzwand, Blockkonstruktion, Vollholz [m²]
32 Holzwand, Blockkonstruktion, Brettschichtholz [m²]
33 Holzwand, Rahmenkonstruktion, Vollholz [m²]
34 Holzwand, Rahmenkonstruktion, Brettschicht [m²]
35 Holzwand, Rahmenkonstruktion verglast [m²]
39 Holzwand, sonstiges [m²]

40 Metallwand [m²]
41 Metallwand, Rahmenkonstruktion [m²]
49 Metallwand, sonstiges [m²]

50 Holzständerwand [m²]
51 Holzständerwand, einfach beplankt [m²]
52 Holzständerwand, doppelt beplankt [m²]
53 Holzständerwand, F30 [m²]
54 Holzständerwand, F60 [m²]
55 Holzständerwand, F90 [m²]
56 Holzständerwand, F120 [m²]
59 Holzständerwand, sonstiges [m²]

60 Metallständerwand [m²]
61 Metallständerwand, einfach beplankt [m²]
62 Metallständerwand, doppelt beplankt [m²]
63 Metallständerwand, F30 [m²]
64 Metallständerwand, F60 [m²]
65 Metallständerwand, F90 [m²]
66 Metallständerwand, F120 [m²]
69 Metallständerwand, sonstiges [m²]

70 Glaswand [m²]
71 Glassteinkonstruktionen [m²]
72 Glaswand, Rahmenkonstruktionen [m²]
79 Glaswand, sonstiges [m²]

90 Sonstige nichttragende Innenwände [m²]
91 Sonstige nichttragende Innenwände [m²]
92 Vormauerung für Installationen [m²]
99 Sonstige nichttragende Innenwände, sonstiges [m²]

343   Innenstützen

10 Mauerwerksstütze [m]
11 Mauerwerksstütze, Betonstein [m]
12 Mauerwerksstütze, Gasbetonsteine [m]

13 Mauerwerksstütze, Hüttensteine [m]
14 Mauerwerksstütze, Kalksandsteine [m]
15 Mauerwerksstütze, Leichtbetonsteine [m]

© **BKI** Baukosteninformationszentrum

16 Mauerwerksstütze, Mauerziegel [m]
17 Mauerwerksstütze, Natursteine [m]
18 Mauerwerksstütze, Schalungssteine [m]
19 Mauerwerkstütze, sonstiges [m]

20 Betonstütze [m]
21 Betonstütze, Ortbeton, schwer [m]
22 Betonstütze, Ortbeton, leicht [m]
23 Betonstütze, Ortbeton, mehrschichtig [m]
24 Betonstütze, Fertigteil, schwer [m]
25 Betonstütze, Fertigteil, leicht [m]
26 Betonstütze, Fertigteil, mehrschicht [m]
29 Betonstütze, sonstiges [m]

30 Holzstütze [m]
31 Holzstütze, Vollholz [m]
32 Holzstütze, Brettschichtholz [m]
39 Holzstütze, sonstiges [m]

40 Metallstütze [m]
41 Metallstütze, Profilstahl [m]
42 Metallstütze, Rohrprofil [m]
43 Metallstütze, Gusseisen [m]
49 Metallstütze, sonstiges [m]

90 Sonstige Innenstützen [m]
91 Sonstige Innenstützen [m]
99 Sonstige Innenstützen, sonstiges [m]

10 Türen [m²]
11 Türen, Ganzglas [m²]
12 Türen, Holz [m²]
13 Türen, Kunststoff [m²]
14 Türen, Metall [m²]
15 Türen, Mischkonstruktionen [m²]
16 Türen, Metall, Aluminium [m²]
19 Türen, sonstiges [m²]

20 Sondertüren [m²]
21 Schiebetüren [m²]
22 Schallschutztüren [m²]
23 Eingangsanlagen [m²]
29 Sondertüren, sonstiges [m²]

30 Brandschutztüren, -tore [m²]
31 Türen, Tore, rauchdicht [m²]
32 Brandschutztüren, -tore, T30 [m²]
33 Brandschutztüren, -tore, T60 [m²]
34 Brandschutztüren, -tore, T90 [m²]
35 Brandschutztüren, -tore, T120 [m²]
36 Rauch-/Wärmeabzugstüren, -tore [m²]
39 Brandschutztüren, -tore, sonstiges [m²]

40 Tore [m²]
41 Falttore [m²]
42 Kipptore [m²]
43 Rolltore, Gliedertore [m²]
44 Rolltore, Gittertore [m²]
45 Schiebetore [m²]
46 Drehflügeltore [m²]
47 Schwingtore [m²]
49 Tore, sonstiges [m²]

50 Fenster [m²]
51 Fenster, Ganzglas [m²]
52 Fenster, Holz [m²]
53 Fenster, Kunststoff [m²]
54 Fenster, Metall [m²]
55 Fenster, Mischkonstruktionen [m²]
56 Fenster, Metall, Aluminium [m²]
59 Fenster, sonstiges [m²]

60 Sonderfenster [m²]
61 Schiebefenster [m²]
62 Schallschutzfenster [m²]
63 Industrieverglasungen [m²]
64 Kellerfenster [m²]
65 Glasbausteine [m²]
69 Sonderfenster, sonstiges [m²]

70 Brandschutzfenster [m²]
71 Fenster, rauchdicht [m²]
72 Brandschutzfenster, F30 [m²]
73 Brandschutzfenster, F60 [m²]
74 Brandschutzfenster, F90 [m²]
75 Brandschutzfenster, F120 [m²]
76 Rauch-/Wärmeabzugsfenster [m²]
79 Brandschutzfenster, sonstiges [m²]

90 Sonstige Innentüren und -fenster [m²]
91 Sonstige Innentüren und -fenster [m²]
92 Rauch-/Wärmeabzugsöffnungen [m²]
93 Schließanlage [m²]
99 Sonstige Innentüren, -fenster, sonstiges [m²]

10 Unterkonstruktion [m²]
11 Abdichtung [m²]
12 Abdichtung, Schutzschicht [m²]
13 Abdichtung, Dämmung [m²]
14 Abdichtung, Dämmung, Schutzschicht [m²]
15 Schutzschicht [m²]
16 Schutzschicht, Dämmung [m²]
17 Dämmung [m²]
19 Abdichtung, Schutzschicht, sonstiges [m²]

20 Oberflächenbehandlung [m²]
21 Anstrich [m²]
22 Beschichtung [m²]
23 Betonschalung, Sichtzuschlag [m²]
24 Mauerwerk, Sichtzuschlag [m²]

340

Innenwände

25 Hobeln als Zuschlag [m²]
29 Oberflächenbehandlung, sonstiges [m²]

30 Putz [m²]
31 Putz [m²]
32 Putz, Anstrich [m²]
33 Putz, Fliesen und Platten [m²]
34 Putz, Tapeten [m²]
35 Putz, Tapeten, Anstrich [m²]
36 Putz, Textil [m²]
37 Putz, Fliesen und Platten, Abdichtung [m²]
39 Putz, sonstiges [m²]

40 Bekleidung auf Unterkonstruktion [m²]
41 Bekleidung auf Unterkonstruktion, Faserzement [m²]
42 Bekleidung auf Unterkonstruktion, Beton [m²]
43 Bekleidung auf Unterkonstruktion, Glas [m²]
44 Bekleidung auf Unterkonstruktion, Holz [m²]
45 Bekleidung auf Unterkonstruktion, keramisch [m²]
46 Bekleidung auf Unterkonstruktion, Kunststoff [m²]
47 Bekleidung auf Unterkonstruktion, Metall [m²]
48 Bekleidung auf Unterkonstruktion, mineralisch [m²]
49 Bekleidung auf Unterkonstruktion, sonstiges [m²]

50 Verblendung [m²]

51 Verblendung, Beton [m²]
52 Verblendung, Betonwerkstein [m²]
53 Verblendung, Fliesen und Platten [m²]
54 Verblendung, Mauerwerk [m²]
55 Verblendung, Naturstein [m²]
56 Verblendung, Holz [m²]
59 Verblendung, sonstiges [m²]

60 Tapeten [m²]
61 Tapeten [m²]
62 Tapeten, Anstrich [m²]
63 Glasvlies [m²]
64 Glasvlies, Anstrich [m²]
69 Tapeten, sonstiges [m²]

70 Textilbekleidung [m²]
71 Textilbekleidung, Stoff [m²]
72 Textilbekleidung, Teppich [m²]
79 Textilbekleidung, sonstiges [m²]

90 Sonstige Innenwandbekleidungen [m²]
91 Sonstige Innenwandbekleidungen [m²]
92 Vorsatzschalen für Installationen [m²]
99 Sonstige Innenwandbekleidungen, sonstiges [m²]

---

346   Elementierte Innenwände

10 Montagewände [m²]
11 Montagewände, Ganzglas [m²]
12 Montagewände, Holz [m²]
13 Montagewände, Holz-Mischkonstruktion [m²]
14 Montagewände, Kunststoff [m²]
15 Montagewände, Kunststoff-Mischkonstruktion [m²]
16 Montagewände, Metall [m²]
17 Montagewände, Metall-Mischkonstruktion [m²]
19 Montagewände, sonstiges [m²]

20 Faltwände, Schiebewände [m²]
21 Faltwände, Schiebewände [m²]
22 Faltwände, Schiebewände, Holz [m²]
23 Faltwände, Schiebewände, Holz-Mischkonstruktion [m²]
24 Faltwände, Schiebewände, Kunststoff [m²]
25 Faltwände, Schiebewände, Kunststoffmischkonstrukt. [m²]
26 Faltwände, Schiebewände, Metall [m²]
27 Faltwände, Schiebewände, Metall-Mischkonstruktion [m²]
79 Faltwände, Schiebewände, sonstiges [m²]

30 Sanitärtrennwände [m²]
31 Sanitärtrennwände, Ganzglas [m²]
32 Sanitärtrennwände, Holz [m²]
33 Sanitärtrennwände, Holz-Mischkonstruktion [m²]
34 Sanitärtrennwände, Kunststoff [m²]
35 Sanitärtrennwände, Kunststoff-Mischkonstruktion [m²]
36 Sanitärtrennwände, Metall [m²]
37 Sanitärtrennwände, Metall-Mischkonstruktion [m²]
38 Sanitärtrennwände, keramisch [m²]
39 Sanitärtrennwände, sonstiges [m²]

40 Brandschutzwände [m²]
41 Brandschutzwände, verglast [m²]
49 Brandschutzwände, sonstiges [m²]

50 Trennvorhänge [m²]
51 Trennvorhänge [m²]
59 Trennvorhänge, sonstiges [m²]

90 Sonstige elementierte Innenwände [m²]
91 Sonstige elementierte Innenwände [m²]
99 Sonstige elementierte Innenwände, sonstiges [m²]

---

349   Innenwände, sonstiges

10 Schächte [m²]
11 Schächte [m²]
19 Schächte, sonstiges [m²]

20 Umwehrungen [m²]
21 Brüstungen [m²]
22 Geländer [m²]
23 Handläufe [m]

29 Umwehrungen, sonstiges [m²]

30 Läden [m²]
31 Klappläden [m²]
32 Rollläden [m²]
33 Schiebeläden [m²]
39 Läden, sonstiges [m²]

© **BKI** Baukosteninformationszentrum

40 Sichtschutz, Sonnenschutz [m²]
41 Sichtschutz, Sonnenschutz [m²]
49 Sichtschutz, Sonnenschutz, sonstiges [m²]

50 Lattenverschläge [m²]
51 Lattenverschläge, Holz [m²]
52 Lattenverschläge, Metall [m²]
59 Lattenverschläge, sonstiges [m²]

60 Befestigte Teile an Innenwänden [m²]
61 Leitern, Steigeisen [St]
62 Leitplanken, Stoßabweiser [m]
63 Sichtblenden, Schutzgitter [m²]
69 Befestigte Teile an Innenwänden, sonstiges [m²]

90 Sonstige Innenwände sonstiges [m²]
91 Sonstige Innenwände sonstiges [m²]
99 Sonstige Innenwände sonstiges, sonstiges [m²]

10 Stahlbeton, Ortbeton [m²]
11 Stahlbeton, Ortbeton, Balken [m²]
12 Stahlbeton, Ortbeton, Füllkörper [m²]
13 Stahlbeton, Ortbeton, Kassetten [m²]
14 Stahlbeton, Ortbeton, Pilzkonstruktion [m²]
15 Stahlbeton, Ortbeton, Platten [m²]
16 Stahlbeton, Ortbeton, Platten-Balken [m²]
17 Stahlbeton, Ortbeton, Rippen [m²]
19 Stahlbeton, Ortbeton, sonstiges [m²]

20 Stahlbeton, Fertigteil [m²]
21 Stahlbeton, Fertigteil, Balken [m²]
22 Stahlbeton, Fertigteil, Füllkörper [m²]
23 Stahlbeton, Fertigteil, Kassetten [m²]
24 Stahlbeton, Fertigteil, Pilzkonstruktion [m²]
25 Stahlbeton, Fertigteil, Platten [m²]
26 Stahlbeton, Fertigteil, Platten-Balken [m²]
27 Stahlbeton, Fertigteil, Rippen [m²]
29 Stahlbeton, Fertigteil, sonstiges [m²]

30 Metallträger [m²]
31 Metallträger, Ortbetonkonstruktion [m²]
32 Metallträger, Ortbeton-Fertigteilkonstruktion [m²]
33 Metallträger, Ortbeton-Fertigteilkonstruktion [m²]
34 Metallträger, Blechkonstruktion [m²]
35 Metallträger, Blech-Betonkonstruktion [m²]
36 Metallträger, Holzkonstruktion [m²]
39 Metallträger, sonstiges [m²]

40 Holzkonstruktionen, Holzträgerkonstruktionen [m²]
41 Vollholzbalken [m²]
42 Vollholzbalken, Schalung [m²]
43 Brettschichtholzbalken [m²]
44 Brettschichtholzbalken, Schalung [m²]
45 Vollholzträgerkonstruktion [m²]
46 Brettschichtholzträgerkonstruktion [m²]
47 Holzwellstegträgerkonstruktion [m²]
48 Holz-Metallträgerkonstruktion [m²]
49 Holzbalken-, Holzträgerkonstruktionen, sonstiges [m²]

50 Treppen, Beton [m²]
51 Treppen, gerade, Ortbeton [m²]
52 Treppen, gewendelt, Ortbeton [m²]
53 Treppen, Spindel, Betonkonstruktion [m²]
59 Treppen, Beton, sonstiges [m²]

60 Treppen, Beton-Fertigteil [m²]
61 Treppen, gerade, Beton-Fertigteil [m²]
62 Treppen, gewendelt, Beton-Fertigteil [m²]
63 Treppen, Spindel, Beton-Fertigteil [m²]
69 Treppen, Beton-Fertigteil, sonstiges [m²]

70 Treppen, Metallkonstruktionen [m²]
71 Treppen, gerade, Metall-Wangenkonstruktion [m²]
72 Treppen, gerade, Metall-Zweiholmkonstruktion [m²]
73 Treppen, gerade, Metall-Einholmkonstruktion [m²]
74 Treppen, gewendelt, Metall-Wangenkonstruktion [m²]
75 Treppen, gewendelt, Metall-Zweiholmkonstrukt. [m²]
76 Treppen, gewendelt, Metall-Einholmkonstruktion [m²]
77 Treppen, Spindel, Metallkonstruktion [m²]
79 Treppen, Metallkonstruktion, sonstiges [m²]

80 Treppen, Holzkonstruktionen [m²]
81 Treppen, Holzkonstruktion, gestemmt [m²]
82 Treppen, Holzkonstruktion, aufgesattelt [m²]
83 Treppen, gerade, Holz-Einholmkonstruktion [m²]
84 Treppen, gewendelt, Holzkonstruktion, gestemmt [m²]
85 Treppen, gewendelt, Holzkonstrukt., aufgesatt. [m²]
86 Treppen, gewendelt, Holz-Einholmkonstruktion [m²]
87 Treppen, Spindel, Holzkonstruktion [m²]
89 Treppen, sonstiges [m²]

90 Sonstige Deckenkonstruktionen [m²]
91 Sonstige Deckenkonstruktionen [m²]
92 Gewölbe [m²]
93 Stahlbeton, Mischkonstruktion [m²]
94 Treppen, Mischkonstruktionen [m²]
95 Rampen [m²]
99 Sonstige Deckenkonstruktionen, sonstiges [m²]

352   Deckenbeläge

10 Anstrich [m²]
11 Anstrich [m²]
12 Anstrich, Estrich [m²]
13 Anstrich, Estrich, Abdichtung [m²]
14 Anstrich, Estrich, Abdichtung, Dämmung [m²]
15 Anstrich, Estrich, Dämmung [m²]
16 Anstrich, Abdichtung [m²]
19 Anstrich, sonstiges [m²]

20 Estrich [m²]
21 Estrich [m²]
22 Estrich, Abdichtung [m²]
23 Estrich, Abdichtung, Dämmung [m²]
24 Estrich, Dämmung [m²]
25 Abdichtung [m²]
26 Dämmung [m²]
29 Estrich, sonstiges [m²]

30 Fliesen und Platten [m²]
31 Fliesen und Platten [m²]
32 Fliesen und Platten, Estrich [m²]
33 Fliesen und Platten, Estrich, Abdichtung [m²]
34 Fliesen und Platten, Estrich, Abdichtung, Dämmung [m²]
35 Fliesen und Platten, Estrich, Dämmung [m²]
36 Fliesen und Platten, Abdichtung [m²]
37 Fliesen und Platten, Abdichtung, Dämmung [m²]
38 Fliesen und Platten, Dämmung [m²]
39 Fliesen und Platten, sonstiges [m²]

40 Naturstein [m²]
41 Naturstein [m²]
42 Naturstein, Estrich [m²]
43 Naturstein, Estrich, Abdichtung [m²]
44 Naturstein, Estrich, Abdichtung, Dämmung [m²]
45 Naturstein, Estrich, Dämmung [m²]

46 Naturstein, Abdichtung [m²]
47 Naturstein, Abdichtung, Dämmung [m²]
48 Naturstein, Dämmung [m²]
49 Naturstein, sonstiges [m²]

50 Betonwerkstein [m²]
51 Betonwerkstein [m²]
52 Betonwerkstein, Estrich [m²]
53 Betonwerkstein, Estrich, Abdichtung [m²]
54 Betonwerkstein, Estrich, Abdichtung, Dämmung [m²]
55 Betonwerkstein, Estrich, Dämmung [m²]
56 Betonwerkstein, Abdichtung [m²]
57 Betonwerkstein, Abdichtung, Dämmung [m²]
58 Betonwerkstein, Dämmung [m²]
59 Betonwerkstein, sonstiges [m²]

60 Textil [m²]
61 Textil [m²]
62 Textil, Estrich [m²]
63 Textil, Estrich, Abdichtung [m²]
64 Textil, Estrich, Abdichtung, Dämmung [m²]
65 Textil, Estrich, Dämmung [m²]
66 Textil, Abdichtung [m²]
67 Textil, Abdichtung, Dämmung [m²]
68 Textil, Dämmung [m²]
69 Textil, sonstiges [m²]

70 Holz [m²]
71 Holz [m²]
72 Holz, Estrich [m²]

73 Holz, Estrich, Abdichtung [m²]
74 Holz, Estrich, Abdichtung, Dämmung [m²]
75 Holz, Estrich, Dämmung [m²]
76 Holz, Abdichtung [m²]
77 Holz, Abdichtung, Dämmung [m²]
78 Holz, Dämmung [m²]
79 Holz, sonstiges [m²]

80 Hartbeläge [m²]
81 Hartbeläge [m²]
82 Hartbeläge, Estrich [m²]
83 Hartbeläge, Estrich, Abdichtung [m²]
84 Hartbeläge, Estrich, Abdichtung, Dämmung [m²]
85 Hartbeläge, Estrich, Dämmung [m²]
86 Hartbeläge, Abdichtung [m²]
87 Hartbeläge, Abdichtung, Dämmung [m²]
88 Hartbeläge, Dämmung [m²]
89 Hartbeläge, sonstiges [m²]

90 Sonstige Deckenbeläge [m²]
91 Sonstige Deckenbeläge [m²]
92 Ziegelbeläge [m²]
93 Sportböden [m²]
94 Heizestrich [m²]
95 Kunststoff-Beschichtung [m²]
96 Doppelböden [m²]
97 Fußabstreifer [m²]
99 Sonstige Deckenbeläge, sonstiges [m²]

---

353   Deckenbekleidungen

10 Unterkonstruktion [m²]
11 Abdichtung [m²]
12 Abdichtung, Schutzschicht [m²]
13 Abdichtung, Dämmung [m²]
14 Abdichtung, Dämmung, Schutzschicht [m²]
15 Schutzschicht [m²]
16 Schutzschicht, Dämmung [m²]
17 Dämmung [m²]
19 Abdichtung, Schutzschicht, sonstiges [m²]

20 Oberflächenbehandlung [m²]
21 Anstrich [m²]
22 Beschichtung [m²]
23 Betonschalung, Sichtzuschlag [m²]
24 Mauerwerk, Sichtzuschlag [m²]
25 Hobeln als Zuschlag [m²]
29 Oberflächenbehandlung, sonstiges [m²]

30 Putz [m²]
31 Putz [m²]
32 Putz, Anstrich [m²]
33 Putz, Fliesen und Platten [m²]
34 Putz, Tapeten [m²]
35 Putz, Tapeten, Anstrich [m²]
36 Putz, Textil [m²]
39 Putz, sonstiges [m²]

40 Bekleidung auf Unterkonstruktion [m²]
41 Bekleidung auf Unterkonstruktion, Faserzement [m²]
42 Bekleidung auf Unterkonstruktion, Beton [m²]
43 Bekleidung auf Unterkonstruktion, Glas [m²]
44 Bekleidung auf Unterkonstruktion, Holz [m²]
45 Bekleidung auf Unterkonstruktion, keramisch [m²]
46 Bekleidung auf Unterkonstruktion, Kunststoff [m²]
47 Bekleidung auf Unterkonstruktion, Metall [m²]
48 Bekleidung auf Unterkonstruktion, mineralisch [m²]
49 Bekleidung auf Unterkonstruktion, sonstiges [m²]

50 Verblendung [m²]
51 Verblendung, Beton [m²]
52 Verblendung, Betonwerkstein [m²]
53 Verblendung, Fliesen und Platten [m²]
54 Verblendung, Mauerwerk [m²]
55 Verblendung, Naturstein [m²]
56 Verblendung, Holz [m²]
57 Verblendung, mineralisch, Dämmung [m²]
59 Verblendung, sonstiges [m²]

60 Tapeten [m²]
61 Tapeten [m²]
62 Tapeten, Anstrich [m²]
63 Glasvlies [m²]
64 Glasvlies, Anstrich [m²]
69 Tapeten, sonstiges [m²]

350

Decken

70 Textilbekleidung [m²]
71 Textilbekleidung, Stoff [m²]
72 Textilbekleidung, Teppich [m²]
79 Textilbekleidung, sonstiges [m²]

80 Abgehängte Bekleidung [m²]
81 Abgehängte Bekleidung, Glas [m²]
82 Abgehängte Bekleidung, Holz [m²]
83 Abgehängte Bekleidung, Kunststoff [m²]

84 Abgehängte Bekleidung, Metall [m²]
85 Abgehängte Bekleidung, Putz, Stuck [m²]
86 Abgehängte Bekleidung, Textil [m²]
87 Abgehängte Bekleidung, mineralisch [m²]
89 Abgehängte Bekleidung, sonstiges [m²]

90 Sonstige Deckenbekleidungen [m²]
91 Sonstige Deckenbekleidungen [m²]
99 Sonstige Deckenbekleidungen, sonstiges [m²]

---

359   Decken, sonstiges

10 Sonderkonstruktionen in Decken [m²]
11 Kanäle [m]
12 Rinnen [m]
13 Schächte [St]
19 Sonderkonstruktionen in Decken, sonstiges [m²]

20 Umwehrungen [m²]
21 Brüstungen [m²]
22 Geländer [m²]
23 Handläufe [m]
29 Umwehrungen, sonstiges [m²]

30 Abdeckungen [m²]
31 Deckel [m²]
32 Matten [m²]
33 Roste [m²]
39 Abdeckungen, sonstiges [m²]

40 Treppengeländer, und dazugehörige Podestgeländer [m²]
41 Treppengeländer, Holz [m²]
42 Treppengeländer, Kunststoff [m²]
43 Treppengeländer, Metall [m²]
49 Treppengeländer, sonstiges [m²]

50 Servicegänge [m²]
51 Servicegänge [m²]
59 Servicegänge, sonstiges [m²]

60 Befestigte Teile an Decken [m²]
61 Deckenluken, -Durchstiege [m²]
62 Laufbohlen, Trittplatten [St]
63 Leitplanken, Stoßabweiser [m²]
69 Befestigte Teile an Decken, sonstiges [m²]

90 Sonstige Decken, sonstiges [m²]
91 Sonstige Decken, sonstiges [m²]
99 Sonstige Decken sonstiges, sonstiges [m²]

© **BKI** Baukosteninformationszentrum

10 Stahlbeton, Ortbeton [m²]
11 Stahlbeton, Ortbeton, Balken [m²]
12 Stahlbeton, Ortbeton, Füllkörper [m²]
13 Stahlbeton, Ortbeton, Kassetten [m²]
14 Stahlbeton, Ortbeton, Pilzkonstruktion [m²]
15 Stahlbeton, Ortbeton, Platten [m²]
16 Stahlbeton, Ortbeton, Platten-Balken [m²]
17 Stahlbeton, Ortbeton, Rippen [m²]
19 Stahlbeton, Ortbeton, sonstiges [m²]

20 Stahlbeton, Fertigteil [m²]
21 Stahlbeton, Fertigteil, Balken [m²]
22 Stahlbeton, Fertigteil, Füllkörper [m²]
23 Stahlbeton, Fertigteil, Kassetten [m²]
24 Stahlbeton, Fertigteil, Pilzkonstruktion [m²]
25 Stahlbeton, Fertigteil, Platten [m²]
26 Stahlbeton, Fertigteil, Platten-Balken [m²]
27 Stahlbeton, Fertigteil, Rippen [m²]
29 Stahlbeton, Fertigteil, sonstiges [m²]

30 Metallträger [m²]
31 Metallträger, Ortbetonkonstruktion [m²]
32 Metallträger, Fertigteilkonstruktion [m²]
33 Metallträger, Ortbeton-Fertigteil-Konstruktion [m²]
34 Metallträger, Blechkonstruktion [m²]
35 Metallträger, Blech-Betonkonstruktion [m²]
36 Metallträger, Holzkonstruktion [m²]
37 Metallträger, Festverglasung [m²]
39 Metallträger, sonstiges [m²]

40 Holzkonstruktionen, Holzträgerkonstruktionen [m²]
41 Vollholzbalken [m²]
42 Vollholzbalken, Schalung [m²]
43 Brettschichtholzbalken [m²]

362 Dachfenster, Dachöffnungen

10 Dachflächenfenster [m²]
11 Dachflächenfenster, Holz [m²]
12 Dachflächenfenster, Holz-Kunststoff [m²]
13 Dachflächenfenster, Holz-Metall [m²]
14 Dachflächenfenster, Kunststoff [m²]
15 Dachflächenfenster, Metall [m²]
19 Dachflächenfenster, sonstiges [m²]

20 Lichtkuppeln [m²]
21 Lichtkuppeln, Holz [m²]
22 Lichtkuppeln, Holz-Kunststoff [m²]
23 Lichtkuppeln, Holz-Metall [m²]
24 Lichtkuppeln, Kunststoff [m²]
25 Lichtkuppeln, Metall [m²]
29 Lichtkuppeln, sonstiges [m²]

30 Dachgauben, Sheds [m²]
31 Dachgauben, Holzkonstruktion [m²]
32 Dachgauben, Metallkonstruktion [m²]
33 Shedkonstruktionen [m²]
39 Dachgauben, Sheds, sonstiges [m²]

44 Brettschichtholzbalken, Schalung [m²]
45 Vollholzträgerkonstruktion [m²]
46 Brettschichtholzträgerkonstruktion [m²]
47 Holzwellstegträgerkonstruktion [m²]
48 Holz-Metallträgerkonstruktion [m²]
49 Holzbalkenkonstruktionen, sonstiges [m²]

50 Stahlbeton, Mischkonstruktionen [m²]
51 Stahlbeton, Mischkonstruktion, Betonplatten [m²]
52 Stahlbeton, Mischkonstruktion, Holzkonstruktion [m²]
53 Stahlbeton, Mischkonstruktion, Metall [m²]
59 Stahlbeton, Mischkonstruktionen, sonstiges [m²]

60 Steildach, Holz [m²]
61 Steildach, Vollholz, Sparrenkonstruktion [m²]
62 Steildach, Vollholz, Pfettenkonstruktion [m²]
63 Steildach, Brettschichtholz, Sparrenkonstruktion [m²]
64 Steildach, Brettschichtholz, Pfettenkonstruktion [m²]
65 Steildach, Nagelholzbinder [m²]
69 Steildach, Holzkonstruktion, sonstiges [m²]

70 Steildachkonstruktionen fb, Beton [m²]
71 Steildachkonstruktionen, Ortbeton [m²]
72 Steildachkonstruktionen, Betonfertigteil [m²]
79 Steildachkonstruktionen, Beton, sonstiges [m²]

90 Sonstige Dachkonstruktionen [m²]
91 Sonstige Dachkonstruktionen [m²]
92 Gewölbe [m²]
93 Raumtragwerke [m²]
94 Schalenkonstruktionen [m²]
95 Seil-Netz-Konstruktionen [m²]
96 Pneus [m²]
99 Sonstige Dachkonstruktionen, sonstiges [m²]

40 Schrägverglasung [m²]
41 Schrägverglasung, Holz [m²]
42 Schrägverglasung, Holz-Kunststoff [m²]
43 Schrägverglasung, Holz-Metall [m²]
44 Schrägverglasung, Kunststoff [m²]
45 Schrägverglasung, Metall [m²]
49 Schrägverglasung, sonstiges [m²]

50 Dachausstiege [m²]
51 Dachausstieg [m²]
59 Dachausstiege, sonstiges [m²]

90 Sonstige Dachöffnungen [m²]
91 Sonstige Dachöffnungen [m²]
92 Rauch-/Wärmeabzugsöffnungen [m²]
99 Sonstige Dachöffnungen, sonstiges [m²]

10 Abdichtung [m²]
11 Abdichtung [m²]
12 Abdichtung, Kiesfilter [m²]
13 Abdichtung, Belag begehbar [m²]
14 Abdichtung, Belag befahrbar [m²]
15 Abdichtung, Erdüberschüttung [m²]
16 Abdichtung, Belag, extensive Dachbegrünung [m²]
17 Abdichtung, Belag, intensive Dachbegrünung [m²]
19 Abdichtung, sonstiges [m²]

20 Abdichtung, Wärmedämmung [m²]
21 Abdichtung, Wärmedämmung [m²]
22 Abdichtung, Wärmedämmung, Kiesfilter [m²]
23 Abdichtung, Wärmedämmung, Belag begehbar [m²]
24 Abdichtung, Wärmedämmung, Belag befahrbar [m²]
25 Abdichtung, Wärmedämmung, Erdüberschüttung [m²]
26 Abdichtung, Wärmedämmung, ext. Dachbegrünung [m²]
27 Abdichtung, Wärmedämmung, int. Dachbegrünung [m²]
29 Abdichtung, Wärmedämmung, sonstiges [m²]

30 Dachsteine [m²]
31 Ziegel [m²]
32 Ziegel, Wärmedämmung [m²]
33 Betondachstein [m²]
34 Betondachstein, Wärmedämmung [m²]
39 Dachsteine, sonstiges [m²]

40 Schindeln [m²]
41 Schindeln, Holz [m²]
42 Schindeln, Holz, Wärmedämmung [m²]
43 Schindeln, Faserzement [m²]
44 Schindeln, Faserzement, Wärmedämmung [m²]
45 Schindeln, bituminös [m²]
46 Schindeln, bituminös, Wärmedämmung [m²]

47 Schindeln, Schiefer [m²]
48 Schindeln, Schiefer, Wärmedämmung [m²]
49 Schindeln, sonstiges [m²]

50 Metall [m²]
51 Alu [m²]
52 Alu, Wärmedämmung [m²]
53 Kupfer [m²]
54 Kupfer, Wärmedämmung [m²]
55 Stahl [m²]
56 Stahl, Wärmedämmung [m²]
57 Zink [m²]
58 Zink, Wärmedämmung [m²]
59 Metall, sonstiges [m²]

60 Wellabdeckung [m²]
61 Wellabdeckung, bituminös [m²]
62 Wellabdeckung, bituminös, Wärmedämmung [m²]
63 Wellabdeckungen, Faserzement [m²]
64 Wellabdeckungen, Faserzement, Wärmedämmung [m²]
65 Wellabdeckungen, Metall [m²]
66 Wellabdeckungen, Metall, Wärmedämmung [m²]
69 Wellabdeckungen, sonstiges [m²]

70 Dachentwässerung [m]
71 Dachentwässerung, Titanzink [m]
72 Dachentwässerung, Kupfer [m]
73 Dachentwässerung, PVC [m]
74 Dachrinnen, Aluminium [m]
79 Dachentwässerung, sonstiges [m²]

90 Sonstige Dachbeläge [m²]
91 Sonstige Dachbeläge [m²]
99 Sonstige Dachbeläge, sonstiges [m²]

364 Dachbekleidungen

10 Unterkonstruktion [m²]
11 Abdichtung [m²]
12 Abdichtung, Schutzschicht [m²]
13 Abdichtung, Dämmung [m²]
14 Abdichtung, Dämmung, Schutzschicht [m²]
15 Schutzschicht [m²]
16 Schutzschicht, Dämmung [m²]
17 Dämmung [m²]
19 Abdichtung, Schutzschicht, sonstiges [m²]

20 Oberflächenbehandlung [m²]
21 Anstrich [m²]
22 Beschichtung [m²]
23 Betonschalung, Sichtzuschlag [m²]
24 Mauerwerk, Sichtzuschlag [m²]
25 Hobeln, als Zuschlag [m²]
29 Oberflächenbehandlung, sonstiges [m²]

30 Putz [m²]
31 Putz [m²]
32 Putz, Anstrich [m²]

33 Putz, Fliesen und Platten [m²]
34 Putz, Tapeten [m²]
35 Putz, Tapeten, Anstrich [m²]
36 Putz, Textil [m²]
39 Putz, sonstiges [m²]

40 Bekleidung auf Unterkonstruktion [m²]
41 Bekleidung auf Unterkonstruktion, Faserzement [m²]
42 Bekleidung auf Unterkonstruktion, Beton [m²]
43 Bekleidung auf Unterkonstruktion, Glas [m²]
44 Bekleidung auf Unterkonstruktion, Holz [m²]
45 Bekleidung auf Unterkonstruktion, keramisch [m²]
46 Bekleidung auf Unterkonstruktion, Kunststoff [m²]
47 Bekleidung auf Unterkonstruktion, Metall [m²]
48 Bekleidung auf Unterkonstruktion, mineralisch [m²]
49 Bekleidung auf Unterkonstruktion, sonstiges [m²]

50 Verblendung [m²]
51 Verblendung, Beton [m²]
52 Verblendung, Betonwerkstein [m²]
53 Verblendung, Fliesen und Platten [m²]

54 Verblendung, Mauerwerk [m²]
55 Verblendung, Naturstein [m²]
56 Verblendung, Holz [m²]
57 Verblendung, mineralisch, Dämmung [m²]
59 Verblendung, sonstiges [m²]

60 Tapeten [m²]
61 Tapeten [m²]
62 Tapeten, Anstrich [m²]
63 Glasfaser [m²]
64 Glasfaser, Anstrich [m²]
69 Tapeten, sonstiges [m²]

70 Textilbekleidung [m²]
71 Textilbekleidung, Stoff [m²]
72 Textilbekleidung, Teppich [m²]
79 Textilbekleidung, sonstiges [m²]

80 Abgehängte Bekleidung [m²]
81 Abgehängte Bekleidung, Glas [m²]
82 Abgehängte Bekleidung, Holz [m²]
83 Abgehängte Bekleidung, Kunststoff [m²]
84 Abgehängte Bekleidung, Metall [m²]
85 Abgehängte Bekleidung, Putz, Stuck [m²]
86 Abgehängte Bekleidung, Textil [m²]
87 Abgehängte Bekleidung, mineralisch [m²]
89 Abgehängte Bekleidung, sonstiges [m²]

90 Sonstige Dachbekleidungen [m²]
91 Sonstige Dachbekleidungen [m²]
99 Sonstige Dachbekleidungen, sonstiges [m²]

---

369   Dächer, sonstiges

10 Sonderkonstruktionen in Dächern [m²]
11 Kanäle [m]
12 Rinnen [m]
13 Schächte [St]
19 Sonderkonstruktionen in Dächern, sonstiges [m²]

20 Umwehrungen [m²]
21 Brüstungen [m²]
22 Geländer [m²]
23 Handläufe [m]
29 Umwehrungen, sonstiges [m²]

30 Läden [m²]
31 Klappläden [m²]
32 Rollläden [m²]
33 Schiebeläden [m²]
39 Läden, sonstiges [m²]

40 Sichtschutz, Sonnenschutz [m²]
41 Sichtschutz, Sonnenschutz, außen [m²]
42 Sichtschutz, Sonnenschutz, innen [m²]
49 Sichtschutz, Sonnenschutz, sonstiges [m²]

50 Vordächer [m²]
51 Vordächer [m²]
59 Vordächer, sonstiges [m²]

60 Dachausstiege, -treppen [m²]
61 Dachausstiege, -treppen [m²]
69 Dachausstiege, -treppen, sonstiges [m²]

70 Servicegänge [m²]
71 Servicegänge [m²]
79 Servicegänge, sonstiges [m²]

80 Befestigte Teile an Dächern [m²]
81 Gitterroste [m²]
82 Laufbohlen, Trittplatten [St]
83 Leitern, Steigeisen, Dachhaken [St]
84 Leitplanken, Stoßabweiser [m]
85 Schneefang [m]
86 Sichtblenden, Schutzgitter [m²]
89 Befestigte Teile an Dächern, sonstiges [m²]

90 Sonstige Dächer sonstiges [m²]
91 Sonstige Dächer sonstiges [m²]
92 Dachluken, -ausstiege [m²]
99 Sonstige Dächer sonstiges, sonstiges [m²]

370

Baukonstruktive Einbauten

10 Einbauküchen [m²]
11 Haushaltsküchen [m²]
12 Teeküchen, Kleinküchen [m²]
13 Großküchen [St]
14 Veranstaltungsküche [St]
19 Einbauküchen, sonstiges [m²]

20 Einbauschränke, -Regale [m²]
21 Einbauschränke, einschließlich Türen [m²]
22 Einbauregale [m²]
23 Einbautheken [St]
24 Rollregale, mechanisch [m²]
25 Rollregale mit Antrieb [m²]
29 Einbauschränke, Einbauregale, sonstiges [m²]

30 Garderoben, Garderobenanlagen [m²]
31 Garderobenleisten [St]

32 Garderobenanlagen [St]
33 Schließfachschränke, Schließfächer [St]
34 Briefkästen [St]
35 Briefkastenanlagen [St]
39 Garderoben, sonstiges [m²]

40 Einbaumöbel [m²]
41 Eingebaute Sitzmöbel [St]
42 Eingebaute Tische [St]
43 Eingebaute Liegemöbel [St]
44 Eingebautes Gestühl [St]
45 Eingebaute Podien [St]
49 Einbaumöbel, sonstiges [m²]

90 Sonstige allgemeine Einbauten [m²]
91 Sonstige allgemeine Einbauten [m²]
99 Sonstige allgemeine Einbauten, sonstiges [m²]

10 Gestühl, Podien [m²]
11 Bänke, eingebaut [St]
12 Hörsaalgestühl, ansteigend [St]
13 Theater-, Konzertgestühl [St]
14 Kindergarten-Spielpodeste, Kindergarten-Einbauten [St]
19 Gestühl, Podien, sonstiges [m²]

20 Tafeln, Projektionswände [m²]
21 Tafeln, fest, nicht verschiebbar [m²]
22 Tafeln, verschiebbar, klappbar [m²]
23 Filzstifttafeln [m²]
24 Overheadprojektionstafeln [m²]
25 Dia-/Film-Leinwände [m²]
26 Pinnwände, Magnethafttafeln [m²]
29 Tafeln, Projektionswände, sonstiges [m²]

30 Verdunkelungsanlagen [m²]
31 Abdunkelung (für Dia- und Overheadprojektionen) [m²]
32 Totale Verdunkelung [m²]
39 Verdunkelungsanlagen, sonstiges [m²]

40 Vitrinen, Schaukästen, Tresore [St]
41 Vitrinen, einfach Konstruktion [St]
42 Vitrinen, beleuchtet, für Museen [St]
43 Schaukästen [St]

44 Tresore [St]
49 Vitrinen, Schaukästen, Tresore, sonstiges [m²]

50 Werkbänke, Arbeits-, Labortische, Theken [St]
51 Werkbänke [St]
52 Arbeitstische [St]
53 Labortische [St]
54 Theken [St]
59 Werkbänke, Arbeits-, Labortische, Theken, sonst. [m²]

60 Besondere Einbauten, Medizin [St]
61 Besondere Einbauten, Medizin [St]
69 Besondere Einbauten, Medizin, sonstiges [m²]

70 Besondere Einbauten, Sport [St]
71 Besondere Einbauten, Sport [St]
79 Besondere Einbauten, Sport, sonstiges [m²]

80 Besondere Einbauten, Tierhaltung [St]
81 Besondere Einbauten, Tierhaltung [St]
89 Besondere Einbauten, Tierhaltung, sonstiges [m²]

90 Sonstige besondere Einbauten [m²]
91 Sonstige besondere Einbauten [m²]
99 Sonstige besondere Einbauten, sonstiges [m²]

10 Sonstige baukonstruktive Einbauten [m²]
11 Sonstige baukonstruktive Einbauten [St]
19 Sonstige baukonstruktive Einbauten, sonstiges [m²]

90 Sonstige sonstige baukonstruktive Einbauten [m²]
91 Sonstige sonstige baukonstruktive Einbauten [m²]
99 Sonst. son. baukonstruktive Einbauten, sonstiges [m²]

10 Baustelleneinrichtung [m²]
11 Baustelleneinrichtung, pauschal [m²]
19 Baustelleneinrichtung, sonstiges [m²]

20 Baustelleneinrichtung, Einzeleinrichtungen [m²]
21 Baustraße [m²]
22 Schnurgerüst [m]
23 Baustellen-Büro, inkl. Einrichtung [St]
24 WC-Container mit Entsorgung [St]
25 Kranstellung [m²]
26 Wohncontainer [m²]
29 Baustelleneinrichtung, Einzeleinrichtungen, sonst. [m²]

30 Energie- und Bauwasseranschlüsse [m²]
31 Baustrom- und -wasseranschluss, pauschal [St]
32 Baustellenbeleuchtung [m²]

33 Baustromverbrauch [St]
39 Energie- und Bauwasseranschlüsse, sonstiges [m²]

40 Schilder und Zäune [m²]
41 Bauschild [St]
42 Bauzaun [m²]
49 Schilder und Zäune, sonstiges [m²]

50 Bauschuttbeseitigung [m²]
51 Bauschuttbeseitigung, inkl. Gebühren [m³]
59 Schuttbeseitigung, sonstiges [m²]

90 Sonstige Baustelleneinrichtung [m²]
91 Sonstige Baustelleneinrichtung [m²]
99 Sonstige Baustelleneinrichtung, sonstiges [m²]

392   Gerüste

10 Standgerüste [m²]
11 Standgerüste, Fassadengerüste [m²]
12 Standgerüste, Innengerüste [m²]
13 Schutznetze, Schutzabhängungen [m²]
19 Standgerüste, sonstiges [m²]

20 Fahrgerüste [St]
21 Fahrgerüste [St]
29 Fahrgerüste, sonstiges [m²]

30 Hängegerüste [m²]
31 Hängegerüste [m²]
39 Hängegerüste, sonstiges [m²]

40 Raumgerüste [m³]
41 Raumgerüste [m³]
49 Raumgerüste, sonstiges [m²]

50 Auslegergerüste [m]
51 Auslegergerüste [m]
59 Auslegergerüste, sonstiges [m²]

90 Sonstige Gerüste [m²]
91 Sonstige Gerüste [m²]
99 Sonstige Gerüste, sonstiges [m²]

393   Sicherungsmaßnahmen

10 Unterfangungen [m²]
11 Unterfangungen [m²]
19 Unterfangungen, sonstiges [m²]

20 Abstützungen [m²]
21 Abstützungen [m²]
29 Abstützungen, sonstiges [m²]

90 Sonstige Sicherungsmaßnahmen [m²]
91 Sonstige Sicherungsmaßnahmen [m²]
99 Sonstige Sicherungsmaßnahmen, sonstiges [m²]

394   Abbruchmaßnahmen

10 Abbruchmaßnahmen [m²]
11 Abbruchmaßnahmen [m²]
19 Abbruchmaßnahmen, sonstiges [m²]

20 Zwischenlagerung wiederverwendb. Bauteile [m²]
21 Zwischenlagerung wiederverwendbarer Bauteile [m²]
29 Zwischenlagerung wiederverw. Bauteile, sonstiges [m²]

30 Abfuhr Abbruchmaterial [m³]
31 Abfuhr Abbruchmaterial [m³]
39 Abfuhr Abbruchmaterial, sonstiges [m²]

90 Sonstige Abbruchmaßnahmen [m²]
91 Sonstige Abbruchmaßnahmen [m²]
99 Sonstige Abbruchmaßnahmen, sonstiges [m²]

395   Instandsetzungen

10 Instandsetzungen [m²]
11 Instandsetzungen [m²]
19 Instandsetzungen, sonstiges [m²]

90 Sonstige Instandsetzungen [m²]
91 Sonstige Instandsetzungen [m²]
99 Sonstige Instandsetzungen, sonstiges [m²]

396 Materialentsorgung

10 Recycling [m³]
11 Recycling [m³]
19 Recycling, sonstiges [m²]

20 Zwischendeponierung [m³]
21 Zwischendeponierung [m³]
29 Zwischendeponierung, sonstiges [m²]

30 Entsorgung [m³]
31 Entsorgung [m³]
39 Entsorgung, sonstiges [m²]

90 Sonstige Materialentsorgung [m²]
91 Sonstige Materialentsorgung [m²]
99 Sonstige Materialentsorgung, sonstiges [m²]

397 Zusätzliche Maßnahmen

10 Schutzmaßnahmen [m²]
11 Schutz von Personen und Sachen, pauschal [m²]
12 Schutz bestehender Bausubstanz [m²]
13 Schutz von fertiggestellten Bauteilen [m²]
19 Schutz von Personen und Sachen, sonstiges [m²]

20 Baureinigung [m²]
21 Grobreinigung während der Bauzeit [m²]
22 Feinreinigung zur Bauübergabe [m²]
29 Baureinigung, sonstiges [m²]

30 Umweltschutzmaßnahmen [m²]
31 Gewässerschutz während der Bauzeit [m²]
32 Landschaftsschutz während der Bauzeit [m²]
33 Lärmschutz während der Bauzeit [m²]
39 Umweltschutzmaßnahmen während Bauzeit, sonst. [m²]

40 Schlechtwetterbau [m²]
41 Schlechtwetterbau [m²]
49 Schlechtwetterbau, sonstiges [m²]

50 Künstliche Bautrocknung [m²]
51 Künstliche Bautrocknung [m²]
59 Künstliche Bautrocknung, sonstiges [m²]

90 Sonstige zusätzliche Maßnahmen [m²]
91 Sonstige zusätzliche Maßnahmen [m²]
99 Sonstige zusätzliche Maßnahmen, sonstiges [m²]

398 Provisorische Baukonstruktionen

10 Erstellung provisor. Baukonstruktionen [m²]
11 Erstellung provisorischer Baukonstruktionen [m²]
19 Erstellung provisorischer Baukonstruktionen, son. [m²]

20 Beseitigung provisor. Baukonstruktionen [m²]
21 Beseitigung provisorischer Baukonstruktionen [m²]
29 Beseitigung provisorischer Baukonstruktionen, son. [m²]

30 Anpassung von Baukonstruktionen [m²]
31 Anpassung von Baukonstruktionen [m²]
39 Anpassung von Baukonstruktionen, sonstiges [m²]

90 Sonstige Provisorien [m²]
91 Sonstige Provisorien [m²]
99 Sonstige Provisorien, sonstiges [m²]

399 Sonstige Maßnahmen für Baukonstruktionen, sonstiges

10 Sonstige Maßnahmen für Baukonstruktionen sonstiges [m²]
11 Sonstige Maßnahmen für Baukonstruktionen sonst. [m²]
19 Son.Maßnahmen für Baukonstruktionen, sonstiges, sonstiges [m²]

20 Schließanlage [m²]
21 Schließanlage [m²]
29 Schließanlage, sonstiges [m²]

90 Sonstige sonstige Maßnahmen für Baukonstruktionen, sonstiges [m²]
91 Sonstige sonstige Maßnahmen für Baukonstruktionen, sonstiges [m²]
99 Sonstige sonstige Maßnahmen für Baukonstruktionen, sonstiges, sonstiges [m²]

10 Abwasserleitungen/Abläufe [m]
11 Abwasserleitungen - Schmutz-/Regenwasser [m]
12 Abwasserleitungen - Schmutzwasser [m]
13 Abwasserleitungen - Regenwasser [m]
14 Ab-/Einläufe für Abwasserleitungen [St]
15 Abwasserleitungen, Begleitheizung [m]
19 Abwasserleitungen/Abläufe, sonstiges [m]

20 Grundleitungen/Abläufe [m]
21 Grundleitungen - Schmutz-/Regenwasser [m]
22 Grundleitungen - Schmutzwasser [m]
23 Grundleitungen - Regenwasser [m]
24 Ab-/Einläufe für Grundleitungen [St]
25 Kontrollschächte [m]
29 Grundleitungen/Abläufe, sonstiges [m]

30 AW-Sammel- und Behandlungsanlagen [St]
31 Abwassersammelanlagen [St]
32 Neutralisationsanlage [St]
33 Thermische Desinfektion [St]
34 Entgiftungsanlage [St]
35 Dekontaminationsanlage [St]
39 Abwassersammel- und Behandlungsanlagen, sonst. [St]

40 Abscheider [St]
41 Schlammfänge [St]
42 Stärkeabscheider [St]
43 Benzinabscheider [St]
44 Ölabscheider [St]
45 Fettabscheider [St]
46 Leichtflüssigkeitssperren [St]
49 Abscheider, sonstiges [St]

50 Hebeanlagen [St]
51 Abwassertauchpumpen [St]
52 Abwasserhebeanlagen [St]
59 Hebeanlagen, sonstiges [St]

90 Sonstige Abwasseranlagen [m²]
91 Sonstige Abwasseranlagen [m²]
99 Sonstige Abwasseranlagen, sonstiges [m²]

---

412   Wasseranlagen

10 Wassergewinnungsanlagen [St]
11 Wassergewinnungsanlagen [St]
19 Wassergewinnungsanlagen, sonstiges [St]

20 Wasseraufbereitungsanlagen [St]
21 Filteranlagen [St]
22 Dosieranlagen [St]
23 Enthärtungsanlagen [St]
24 Vollentsalzungsanlagen [St]
29 Wasseraufbereitungsanlage, sonstiges [St]

30 Druckerhöhungsanlagen [St]
31 Druckerhöhungsanlagen [St]
39 Druckerhöhungsanlagen, sonstiges [St]

40 Wasserleitungen [m]
41 Wasserleitungen, Kaltwasser [m]
42 Verteiler, Kaltwasser [St]
43 Wasserleitungen, Warmwasser/Zirkulation [m]
44 Verteiler, Warmwasser/Zirkulation [St]
45 Wasserleitungen, Begleitheizung [m]
49 Wasserleitungen, sonstiges [m]

50 Dezentrale Wassererwärmer [St]
51 Kochendwassergeräte [St]
52 Elektro-Durchlauferhitzer [St]
53 Gas-Durchlauferhitzer [St]
59 Dezentrale Wassererwärmer, sonstiges [St]

60 Sanitärobjekte [St]
61 Ausgussbecken [St]
62 Waschtische, Waschbecken [St]
63 Bidets [St]
64 Urinale [St]
65 WC-Becken [St]
66 Duschen [St]
67 Badewannen [St]
68 Behinderten-Einrichtungen [St]
69 Sanitärobjekte, sonstiges [St]

70 Wasserspeicher [St]
71 Wasserspeicher [St]
79 Wasserspeicher, sonstiges [St]

90 Sonstige Wasseranlagen [m²]
91 Sonstige Wasseranlagen [m²]
92 Seifenspender [St]
93 Handtuchspender [St]
94 Sanitäreinrichtungen [St]
99 Sonstige Wasseranlagen, sonstiges [m²]

---

413   Gasanlagen

10 Gaslagerungs- und Erzeugungsanlagen [St]
11 Erdgase, Stadtgas [St]
12 Butangas [St]
13 Propangas [St]
19 Gaslagerungs- und Erzeugungsanlagen, sonstiges [St]

20 Übergabestationen [St]
21 Übergabestationen [St]
29 Übergabestationen, sonstiges [St]

30 Druckregelungsanlagen [St]
31 Druckregelungsanlagen [St]
39 Druckregelungsanlagen, sonstiges [St]

410

Abwasser-, Wasser-, Gasanlagen

40 Gasleitungen [m]
41 Gasleitungen [m]
49 Gasleitungen, sonstiges [m]

90 Sonstige Gasanlagen [m²]
91 Sonstige Gasanlagen [m²]
99 Sonstige Gasanlagen, sonstiges [m²]

419   Abwasser-, Wasser- und Gasanlagen, sonstiges

10 Installationsblöcke [St]
11 Installationsblöcke [St]
12 Montagegestelle [St]
19 Installationsblöcke, sonstiges [St]

20 Sanitärzellen [St]
21 Duschzellen [St]
22 Badzellen [St]
29 Sanitärzellen, sonstiges [St]

90 Sonstige Abwasser-, Wasser-, Gasanlagen, sonstiges [m²]
91 Sonstige Abwasser-, Wasser-, Gasanlagen, sonst. [m²]
99 Sonstige Abwasser-,Wasser-, Gasanl., sonstiges, sonstiges [m²]

10 Brennstoffversorgungsanlagen [St]
11 Gasversorgungsanlagen [St]
12 Heizölversorgungsanlagen [St]
13 Festbrennstoffbeschickung [St]
19 Brennstoffversorgungsanlagen, sonstiges [St]

20 Wärmeübergabestationen [kW]
21 Fernwärmeübergabestationen [kW]
29 Wärmeübergabestationen, sonstiges [kW]

30 Heizkesselanlagen [kW]
31 Heizkesselanlagen gasförmige/flüssige Brennstoffe [kW]
32 Heizkesselanlagen feste Brennstoffe [kW]
33 Elektro-Nachtstrom-Speicheröfen [kW]
39 Heizkesselanlagen, sonstiges [kW]

40 Wärmepumpenanlagen [kW]
41 Wärmepumpenanlagen [kW]
49 Wärmepumpenanlagen, sonstiges [kW]

50 Solaranlagen [m²]
51 Solaranlagen [m²]
59 Solaranlagen, sonstiges [m²]

60 Wassererwärmungsanlagen [St]
61 Wassererwärmungsanlagen [St]
69 Wassererwärmungsanlagen, sonstiges [St]

70 Mess-, Steuer- und Regelanlagen [St]
71 Mess-, Steuer- und Regelanlagen [St]
79 Mess-, Steuer- und Regelanlagen, sonstiges [St]

90 Sonstige Wärmeerzeugungsanlagen [m²]
91 Sonstige Wärmeerzeugungsanlagen [m²]
92 Kesselfundamente, Sockel [m²]
99 Sonstige Wärmeerzeugungsanlagen, sonstiges [m²]

422 Wärmeverteilnetze

10 Verteilungen [St]
11 Verteiler, Pumpen für Raumheizflächen [St]
12 Verteiler, Pumpen für Wärmeverbraucher [St]
13 Verteiler, Pumpen für sonstige Anlagen [St]
19 Verteilungen, sonstiges [St]

20 Rohrleitungen [m]
21 Rohrleitungen für Raumheizflächen [m]

22 Rohrleitungen für Wärmeverbraucher [m]
23 Rohrleitungen für sonstige Anlagen [m]
29 Rohrleitungen, sonstiges [m]

90 Sonstige Wärmeverteilnetze [m²]
91 Sonstige Wärmeverteilnetze [m²]
99 Sonstige Wärmeverteilnetze, sonstiges [m²]

423 Raumheizflächen

10 Heizkörper [St]
11 Radiatoren [St]
12 Plattenheizkörper [St]
13 Konvektoren [St]
19 Heizkörper, sonstiges [St]

20 Flächenheizsysteme [m²]
21 Bodenheizflächen [m²]

22 Wandheizflächen [m²]
23 Deckenheizflächen [m²]
29 Flächenheizsysteme, sonstiges [m²]

90 Sonstige Raumheizflächen [m²]
91 Sonstige Raumheizflächen [m²]
99 Sonstige Raumheizflächen, sonstiges [m²]

429 Wärmeversorgungsanlagen, sonstiges

10 Schornsteinanlagen [St]
11 Schornsteine, Mauerwerk [St]
12 Schornsteine, Edelstahl [St]
19 Schornsteinanlagen, sonstiges [St]

90 Sonstige Wärmeversorgungsanlagen, sonst. [m²]
91 Sonstige Wärmeversorgungsanlagen, sonstiges [m²]
99 Sonstige Wärmeversorgungsanlagen, sonst., sonst. [m²]

431 Lüftungsanlagen

10 Zuluftanlagen [m³/h]
11 Zuluftzentralgeräte [m³/h]
12 Zulufteinzelgeräte [m³/h]
13 Zuluftnachbehandlungsgeräte [St]
19 Zuluftanlagen, sonstiges [m³/h]

20 Abluftanlagen [m³/h]
21 Abluftzentralgeräte [m³/h]
22 Ablufteinzelgeräte [St]
29 Abluftanlagen, sonstiges [m³/h]

30 Wärmerückgewinnungsanlagen [St]
31 Wärmerückgewinnungsanlagen, regenerativ [St]
32 Wärmerückgewinnungsanlagen, rekuperativ [St]
39 Wärmerückgewinnungsanlagen, sonstiges [St]

40 Zuluftleitungen [m²]
41 Zuluftleitungen, rund [m²]
42 Zuluftleitungen, eckig [m²]
49 Zuluftleitungen, sonstiges [m²]

50 Abluftleitungen [m²]
51 Abluftleitungen, rund [m²]
52 Abluftleitungen, eckig [m²]
59 Abluftleitungen, sonstiges [m²]

60 Mess-, Steuer-, Regelanlagen [St]
61 Mess-, Steuer-, Regelanlagen [St]
69 Mess-, Steuer-, Regelanlagen, sonstiges [St]

90 Sonstige Lüftungsanlagen [m²]
91 Sonstige Lüftungsanlagen [m²]
92 Gerätesockel [m²]
99 Sonstige Lüftungsanlagen, sonstiges [m²]

432 Teilklimaanlagen

10 Zuluftanlagen [m³/h]
11 Zuluftzentralgeräte [m³/h]
12 Zulufteinzelgeräte [m³/h]
13 Zuluftnachbehandlungsgeräte [St]
19 Zuluftanlagen, sonstiges [m³/h]

20 Abluftanlagen [m³/h]
21 Abluftzentralgeräte [m³/h]
29 Abluftanlagen, sonstiges [m³/h]

30 Wärmerückgewinnungsanlagen [St]
31 Wärmerückgewinnungsanlagen, regenerativ [St]
32 Wärmerückgewinnungsanlagen, rekuperativ [St]
39 Wärmerückgewinnungsanlagen, sonstiges [St]

40 Zuluftleitungen [m²]
41 Zuluftleitungen, rund [m²]
42 Zuluftleitungen, eckig [m²]

43 Einbauteile in Zuluftleitungen [St]
49 Zuluftleitungen, sonstiges [m²]

50 Abluftleitungen [m²]
51 Abluftleitungen, rund [m²]
52 Abluftleitungen, eckig [m²]
53 Einbauteile in Abluftleitungen [St]
59 Abluftleitungen, sonstiges [m²]

60 Mess-, Steuer-, Regelanlagen [St]
61 Mess-, Steuer-, Regelanlagen [St]
69 Mess-, Steuer-, Regelanlagen, sonstiges [St]

90 Sonstige Teilklimaanlagen [m²]
91 Sonstige Teilklimaanlagen [m²]
92 Gerätesockel [m²]
99 Sonstige Teilklimaanlagen, sonstiges [m²]

433 Klimaanlagen

10 Zuluftanlagen [m³/h]
11 Zuluftzentralgeräte [m³/h]
12 Zulufteinzelgeräte [m³/h]
13 Zuluftnachbehandlungsgeräte [St]
19 Zuluftanlagen, sonstiges [m³/h]

20 Abluftanlagen [m³/h]
21 Abluftzentralgeräte [m³/h]
22 Ablufteinzelgeräte [m³/h]
23 Abluftnachbehandlungsgeräte [St]
29 Abluftanlagen, sonstiges [m³/h]

30 Wärmerückgewinnungsanlagen [St]
31 Wärmerückgewinnungsanlagen, regenerativ [St]
32 Wärmerückgewinnungsanlagen, rekuperativ [St]
39 Wärmerückgewinnungsanlagen, sonstiges [St]

40 Zuluftleitungen [m²]
41 Zuluftleitungen, rund [m²]
42 Zuluftleitungen, eckig [m²]
43 Einbauteile in Zuluftleitungen [St]
49 Zuluftleitungen, sonstiges [m²]

50 Abluftleitungen [m²]
51 Abluftleitungen, rund [m²]
52 Abluftleitungen, eckig [m²]
53 Einbauteile in Abluftleitungen [St]
59 Abluftleitungen, sonstiges [m²]

60 Mess-, Steuer-, Regelanlagen [St]
61 Mess-, Steuer-, Regelanlagen [St]
69 Mess-, Steuer-, Regelanlagen, sonstiges [St]

90 Sonstige Klimaanlagen [m²]
91 Sonstige Klimaanlagen [m²]

92 Gerätesockel [m²]
99 Sonstige Klimaanlagen, sonstiges [m²]

434   Kälteanlagen

10 Kälteerzeugungsanlagen [kW]
11 Kälteerzeugungsanlagen [kW]
19 Kälteerzeugungsanlagen, sonstiges [kW]

20 Rückkühlanlagen [kW]
21 Rückkühlanlagen [kW]
29 Rückkühlanlagen, sonstiges [kW]

30 Pumpen und Verteiler [St]
31 Pumpen und Verteiler [St]
39 Pumpen und Verteiler, sonstiges [St]

40 Rohrleitungen [m]
41 Rohrleitungen [m]
49 Rohrleitungen, sonstiges [m]

50 Mess-, Steuer-, Regelanlagen [St]
51 Mess-, Steuer-, Regelanlagen [St]
59 Mess-, Steuer-, Regelanlagen, sonstiges [St]

90 Sonstige Kälteanlagen [m²]
91 Sonstige Kälteanlagen [m²]
92 Gerätesockel [m²]
99 Sonstige Kälteanlagen, sonstiges [m²]

439   Lufttechnische Anlagen, sonstiges

10 Lüftungsdecken [m²]
11 Lüftungsdecken [m²]
19 Lüftungsdecken, sonstiges [m²]

20 Kühldecken [m²]
21 Kühldecken [m²]
29 Kühldecken, sonstiges [m²]

30 Raumgeräte [St]
31 Raumgeräte [St]
39 Raumgeräte, sonstiges [St]

40 Abluftfenster [St]
41 Abluftfenster [St]
49 Abluftfenster, sonstiges [St]

50 Lüftungsdoppelböden [m²]
51 Lüftungsdoppelböden [m²]
59 Lüftungsdoppelböden, sonstiges [m²]

60 Mess-, Steuer-, Regelanlagen [St]
61 Mess-, Steuer-, Regelanlagen [St]
69 Mess-, Steuer-, Regelanlagen, sonstiges [St]

90 Sonstige Lufttechnische Anlagen, sonstiges [m²]
91 Sonstige Lufttechnische Anlagen, sonstiges [m²]
92 Gerätesockel [m²]
99 Sonstige Lufttechnische Anlagen, sonstiges, sonst. [m²]

440

Starkstromanlagen

441 Hoch- und Mittelspannungsanlagen

10 Schaltanlagen [St]
11 Schaltanlagen [St]
19 Schaltanlagen, sonstiges [St]

20 Transformatoren [St]
21 Drehstrom-Öltransformatoren [St]
22 Drehstrom-Gießharztransformatoren [St]
29 Transformatoren, sonstiges [St]

90 Sonstige Hoch- und Mittelspannungsanlagen [m²]
91 Sonstige Hoch- und Mittelspannungsanlagen [m²]
99 Sonstige Hoch- und Mittelspannungsanlagen, sonst. [m²]

442 Eigenstromversorgungsanlagen

10 Rotierende Anlagen [kVA]
11 Rotierende Anlagen [kVA]
19 Rotierende Anlagen, sonstiges [kVA]

20 Statische Anlagen mit Wechselrichter [kVA]
21 Statische Anlagen mit Wechselrichter [kVA]
29 Statische Anlagen mit Wechselrichter, sonstiges [kVA]

30 Zentrale Batterieanlagen [Ah]
31 Zentrale Batterieanlagen [Ah]
39 Zentrale Batterieanlagen, sonstiges [Ah]

40 Photovoltaikanlagen [kWp]
41 Photovoltaikanlagen [kWp]
49 Photovoltaikanlagen, sonstiges [kWp]

90 Sonstige Eigenstromversorgungsanlagen [m²]
91 Sonstige Eigenstromversorgungsanlagen [m²]
99 Sonstige Eigenstromversorgungsanlagen, sonstiges [m²]

443 Niederspannungsschaltanlagen

10 Niederspannungshauptverteiler [St]
11 Niederspannungshauptverteiler [St]
19 Niederspannungshauptverteiler, sonstiges [St]

20 Blindstromkompensationsanlagen [kvar]
21 Blindstromkompensationsanlagen [kvar]
29 Blindstromkompensationsanlagen, sonstiges [kvar]

30 Maximumüberwachungsanlagen [St]
31 Maximumüberwachungsanlagen [St]
39 Maximumüberwachungsanlagen, sonstiges [St]

90 Sonstige Niederspannungsschaltanlagen [m²]
91 Sonstige Niederspannungsschaltanlagen [m²]
99 Sonstige Niederspannungsschaltanlagen, sonstiges [m²]

444 Niederspannungsinstallationsanlagen

10 Kabel und Leitungen [m²]
11 Kabel und Leitungen [m²]
19 Kabel und Leitungen, sonstiges [m²]

20 Unterverteiler [m²]
21 Unterverteiler [m²]
29 Unterverteiler, sonstiges [m²]

30 Verlegesysteme [m²]
31 Leerrohre [m²]

39 Verlegesysteme, sonstiges [m²]

40 Installationsgeräte [m²]
41 Installationsgeräte [m²]
49 Installationsgeräte, sonstiges [m²]

90 Sonst. Niederspannungsinstallationsanlagen [m²]
91 Sonstige Niederspannungsinstallationsanlagen [m²]
99 Sonstige Niederspannungsinstallationsanl., sonst. [m²]

445 Beleuchtungsanlagen

10 Ortsfeste Leuchten, Allgemeinbeleuchtung [m²]
11 Ortsfeste Leuchten, Allgemeinbeleuchtung [m²]
19 Ortsfeste Leuchten, Allgemeinbeleuchtung, sonst. [m²]

20 Ortsfeste Leuchten, Sicherheitsbeleuchtung [m²]
21 Ortsfeste Leuchten, Sicherheitsbeleuchtung [m²]
29 Ortsfeste Leuchten, Sicherheitsbeleuchtung, sonst. [m²]

90 Sonstige Beleuchtungsanlagen [m²]
91 Sonstige Beleuchtungsanlagen [m²]
99 Sonstige Beleuchtungsanlagen, sonstiges [m²]

10 Auffangeinrichtungen, Ableitungen [m²]
11 Auffangeinrichtungen, Ableitungen [m²]
19 Auffangeinrichtungen, Ableitungen, sonstiges [m²]

20 Erdungen [m²]
21 Erdungen [m²]
29 Erdungen, sonstiges [m²]

30 Potenzialausgleich [m²]
31 Potenzialausgleichsschienen [m²]
32 Erdung haustechnische Anlagen [m²]
33 Funkenstrecke [m²]
39 Potenzialausgleich, sonstiges [m²]

90 Sonstige Blitzschutz- und Erdungsanlagen [m²]
91 Sonstige Blitzschutz- und Erdungsanlagen [m²]
99 Sonstige Blitzschutz- und Erdungsanlagen, sonstige [m²]

---

449   Starkstromanlagen, sonstiges

10 Frequenzumformer [St]
11 Frequenzumformer [St]
19 Frequenzumformer, sonstiges [St]

20 Kleinspannungstransformatoren [St]
21 Kleinspannungstransformatoren [St]
29 Kleinspannungstransformatoren, sonstiges [St]

90 Sonstige Starkstromanlagen, sonstiges [m²]
91 Sonstige Starkstromanlagen, sonstiges [m²]
99 Sonstige Starkstromanlagen, sonstiges, sonstiges [m²]

450

Fernmelde- und informationstechnische Anlagen

451 Telekommunikationsanlagen

10 Telekommunikationsanlagen [St]
11 Telekommunikationsanlagen [St]
19 Telekommunikationsanlagen, sonstiges [St]

90 Sonstige Telekommunikationsanlagen [m²]
91 Sonstige Telekommunikationsanlagen [m²]
99 Sonstige Telekommunikationsanlagen, sonstiges [m²]

452 Such- und Signalanlagen

10 Personenrufanlagen [St]
11 Personenrufanlagen [St]
19 Personenrufanlagen, sonstiges [St]

20 Lichtruf- und Klingelanlagen [St]
21 Lichtruf- und Klingelanlagen [St]
29 Lichtruf- und Klingelanlagen, sonstiges [St]

30 Türsprech- und Türöffneranlagen [St]
31 Türsprech- und Türöffneranlagen [St]
39 Türsprech- und Türöffneranlagen, sonstiges [St]

90 Sonstige Such- und Signalanlagen [m²]
91 Sonstige Such- und Signalanlagen [m²]
99 Sonstige Such- und Signalanlagen, sonstiges [m²]

453 Zeitdienstanlagen

10 Uhrenanlagen [St]
11 Uhrenanlagen [St]
19 Uhrenanlagen, sonstiges [St]

20 Zeiterfassungsanlagen [St]
21 Zeiterfassungsanlagen [St]
29 Zeiterfassungsanlagen, sonstiges [St]

90 Sonstige Zeitdienstanlagen [m²]
91 Sonstige Zeitdienstanlagen [m²]
99 Sonstige Zeitdienstanlagen, sonstiges [m²]

454 Elektroakustische Anlagen

10 Beschallungsanlagen [St]
11 Beschallungsanlagen [St]
19 Beschallungsanlagen, sonstiges [St]

20 Konferenz- und Dolmetscheranlagen [St]
21 Konferenz- und Dolmetscheranlagen [St]
29 Konferenz- und Dolmetscheranlagen, sonstiges [St]

30 Gegen- und Wechselsprechanlagen [St]
31 Gegen- und Wechselsprechanlagen [St]
39 Gegen- und Wechselsprechanlagen, sonstiges [St]

90 Sonstige Elektroakustische Anlagen [m²]
91 Sonstige Elektroakustische Anlagen [m²]
99 Sonstige Elektroakustische Anlagen, sonstiges [m²]

455 Fernseh- und Antennenanlagen

10 Fernseh- und Rundfunkempfangsanlagen [St]
11 Fernseh- und Rundfunkempfangsanlagen [St]
19 Fernseh- und Rundfunkempfangsanlagen, sonstiges [St]

20 Fernseh- und Rundfunkverteilanlagen [St]
21 Fernseh- und Rundfunkverteilanlagen [St]
29 Fernseh- und Rundfunkverteilanlagen, sonstiges [St]

30 Fernseh- und Rundfunkzentralen [St]
31 Fernseh- und Rundfunkzentralen [St]
39 Fernseh- und Rundfunkzentralen, sonstiges [St]

40 Videoanlagen [St]
41 Videoanlagen [St]
49 Videoanlagen, sonstiges [St]

50 Funk-, Sende- und Empfangsanlagen [St]
51 Funk-, Sende- und Empfangsanlagen [St]
59 Funk-, Sende- und Empfangsanlagen, sonstiges [St]

60 Funkzentralen [St]
61 Funkzentralen [St]
69 Funkzentralen, sonstiges [St]

90 Sonstige Fernseh- und Antennenanlagen [m²]
91 Sonstige Fernseh- und Antennenanlagen [m²]
99 Sonstige Fernseh- und Antennenanlagen, sonstiges [m²]

456 Gefahrenmelde- und Alarmanlagen

10 Brandmeldeanlagen [St]
11 Brandmeldeanlagen [St]
19 Brandmeldeanlagen, sonstiges [St]

20 Überfall-, Einbruchmeldeanlagen [St]
21 Überfall-, Einbruchmeldeanlagen [St]
29 Überfall-, Einbruchmeldeanlagen, sonstiges [St]

30 Wächterkontrollanlagen [St]
31 Wächterkontrollanlagen [St]
39 Wächterkontrollanlagen, sonstiges [St]

40 Zugangskontrollanlagen [St]
41 Zugangskontrollanlagen [St]
49 Zugangskontrollanlagen, sonstiges [St]

50 Raumbeobachtungsanlagen [St]
51 Raumbeobachtungsanlagen [St]
59 Raumbeobachtungsanlagen, sonstiges [St]

90 Sonstige Gefahrenmelde- und Alarmanlagen [m²]
91 Sonstige Gefahrenmelde- und Alarmanlagen [m²]
99 Sonstige Gefahrenmelde- und Alarmanlagen, sonst. [m²]

---

457   Übertragungsnetze

10 Übertragungsnetze [St]
11 Übertragungsnetze [St]
19 Übertragungsnetze, sonstiges [St]

90 Sonstige Übertragungsnetze [m²]
91 Sonstige Übertragungsnetze [m²]
99 Sonstige Übertragungsnetze, sonstiges [m²]

---

459   Fernmelde- und informationstechnische Anlagen, sonstiges

10 Verlegesysteme [m]
11 Verlegesysteme [m]
19 Verlegesysteme, sonstiges [m]

20 Personenleitsysteme [m]
21 Personenleitsysteme [m]
29 Personenleitsysteme, sonstiges [m]

30 Parkleitsysteme [m]
31 Parkleitsysteme [m]
39 Parkleitsysteme, sonstiges [m]

40 Fernwirkanlagen [St]
41 Fernwirkanlagen [St]
49 Fernwirkanlagen, sonstiges [St]

90 Sonstige Fernmelde-, informationstechnische Anlagen [m²]
91 Sonstige Fernmelde-, informationstechn. Anlagen [m²]
99 Sonstige Fernmelde-,informationstechnische Anlagen, sonstiges [m²]

460
Förderanlagen

10 Personenaufzüge [St]
11 Personenaufzüge [St]
19 Personenaufzüge, sonstiges [St]

20 Lastenaufzüge [St]
21 Lastenaufzüge [St]
29 Lastenaufzüge, sonstiges [St]

30 Kleingüteraufzüge [St]
31 Kleingüteraufzüge [St]
39 Kleingüteraufzüge, sonstiges [St]

90 Sonstige Aufzugsanlagen [m²]
91 Sonstige Aufzugsanlagen [m²]
99 Sonstige Aufzugsanlagen, sonstiges [m²]

10 Fahrtreppen [St]
11 Fahrtreppen [St]
19 Fahrtreppen, sonstiges [St]

20 Fahrsteige [St]
21 Fahrsteige [St]
29 Fahrsteige, sonstiges [St]

90 Sonstige Fahrtreppen, Fahrsteige [m²]
91 Sonstige Fahrtreppen, Fahrsteige [m²]
99 Sonstige Fahrtreppen, Fahrsteige, sonstiges [m²]

10 Fassadenbefahranlagen [St]
11 Fassadenbefahranlagen [St]
19 Fassadenbefahranlagen, sonstiges [St]

90 Sonstige Befahranlagen [m²]
91 Sonstige Befahranlagen [m²]
99 Sonstige Befahranlagen, sonstiges [m²]

10 Automatische Warentransportanlagen [St]
11 Automatische Warentransportanlagen [St]
19 Automatische Warentransportanlagen, sonstiges [St]

20 Kleingüterförderanlagen [St]
21 Kleingüterförderanlagen [St]
29 Kleingüterförderanlagen, sonstiges [St]

30 Rohrpostanlagen [St]
31 Rohrpostanlagen [St]
39 Rohrpostanlagen, sonstiges [St]

90 Sonstige Transportanlagen [m²]
91 Sonstige Transportanlagen [m²]
99 Sonstige Transportanlagen, sonstiges [m²]

10 Krananlagen [St]
11 Krananlagen [St]
19 Krananlagen, sonstiges [St]

90 Sonstige Krananlagen [m²]
91 Sonstige Krananlagen [m²]
99 Sonstige Krananlagen, sonstiges [m²]

10 Hebebühnen [St]
11 Hebebühnen [St]
19 Hebebühnen, sonstiges [St]

90 Sonstige Förderanlagen, sonstiges [m²]
91 Sonstige Förderanlagen, sonstiges [m²]
99 Sonstige Förderanlagen, sonstiges, sonstiges [m²]

© **BKI** Baukosteninformationszentrum

471 Küchentechnische Anlagen

10 Großküchenanlagen [m²]
11 Großküchenanlagen [m²]
19 Großküchenanlagen, sonstiges [m²]

20 Haushalts-/Stationsküchen [m²]
21 Haushaltsküchen [m²]
22 Stationsküchen [m²]
23 Schulküchen [m²]
24 Kinderküchen [m²]
29 Haushalts-/Stationsküchen, sonstiges [m²]

30 Teeküchen [m²]
31 Teeküchen [m²]
39 Teeküchen, sonstiges [m²]

90 Sonstige Küchentechnische Anlagen [m²]
91 Sonstige Küchentechnische Anlagen [m²]
99 Sonstige Küchentechnische Anlagen, sonst., sonst. [m²]

472 Wäscherei- und Reinigungsanlagen

10 Wäschereianlagen [m²]
11 Wäschereianlagen [m²]
19 Wäschereianlagen, sonstiges [m²]

20 Chemischreinigungsanlagen [m²]
21 Chemischreinigungsanlagen [m²]
29 Chemischreinigungsanlagen, sonstiges [m²]

30 Medizinische Gerätereinigungsanlagen [m²]
31 Medizinische Gerätereinigungsanlagen [m²]
39 Medizinische Gerätereinigungsanlagen, sonstiges [m²]

40 Bettenreinigungsanlagen [m²]
41 Bettenreinigungsanlagen [m²]
49 Bettenreinigungsanlagen, sonstiges [m²]

50 Sterilisationsanlagen [m²]
51 Sterilisationsanlagen [m²]
59 Sterilisationsanlagen, sonstiges [m²]

90 Sonstige Wäscherei- und Reinigungsanlagen [m²]
91 Sonstige Wäscherei- und Reinigungsanlagen [m²]
99 Sonstige Wäscherei- und Reinigungsanlagen, sonst. [m²]

473 Medienversorgungsanlagen

10 Technische und medizinische Gase (Zentrale) [St]
11 Technische und medizinische Gase (Zentrale) [St]
19 Technische und medizinische Gase (Zentrale), sonst [St]

20 Drucklufterzeugungsanlagen [St]
21 Drucklufterzeugungsanlagen [St]
29 Drucklufterzeugungsanlagen, sonstiges [St]

30 Vakuumerzeugungsanlagen [St]
31 Vakuumerzeugungsanlagen [St]
39 Vakuumerzeugungsanlagen, sonstiges [St]

40 Leitungen für Gase und Vakuum [m]
41 Leitungen für Gase und Vakuum [m]
49 Leitungen für Gase und Vakuum, sonstiges [m]

50 Flüssigchemikalien (Zentrale) [St]
51 Flüssigchemikalien (Zentrale) [St]
59 Flüssigchemikalien (Zentrale), sonstiges [St]

60 Leitungen für Flüssigchemikalien [m]
61 Leitungen für Flüssigchemikalien [m]
69 Leitungen für Flüssigchemikalien, sonstiges [m]

90 Sonstige Medienversorgungsanlagen [m²]
91 Sonstige Medienversorgungsanlagen [m²]
99 Sonstige Medienversorgungsanlagen, sonstiges [m²]

474 Medizin- und labortechnische Anlagen

10 Diagnosegeräte [St]
11 Diagnosegeräte [St]
19 Diagnosegeräte, sonstiges [St]

20 Behandlungsgeräte [St]
21 Behandlungsgeräte [St]
29 Behandlungsgeräte, sonstiges [St]

30 OP-Einrichtungen [St]
31 OP-Einrichtungen [St]
39 OP-Einrichtungen, sonstiges [St]

40 Hebeeinrichtungen für Behinderte [St]
41 Hebeeinrichtungen für Behinderte [St]
49 Hebeeinrichtungen für Behinderte, sonstiges [St]

50 Abzüge [St]
51 Abzüge [St]
59 Abzüge, sonstiges [St]

60 Arbeitstische [St]
61 Spülen [St]
62 Doppelarbeitstische [St]
63 Wandarbeitstische [St]
69 Arbeitstische, sonstiges [St]

70 Medienzellen [St]
71 Medienzellen [St]
79 Medienzellen, sonstiges [St]

80 Sicherheitsschränke [St]
81 Sicherheitsschränke [St]
89 Sicherheitsschränke, sonstiges [St]

90 Sonstige Medizin- und labortechn. Anlagen [m²]
91 Sonstige Medizin- und labortechnische Anlagen [m²]
99 Sonstige Medizin- und labortechn. Anlagen, son. [m²]

475 Feuerlöschanlagen

10 Sprinkleranlagen [St]
11 Sprinkleranlagen [St]
19 Sprinkleranlagen, sonstiges [St]

20 CO2-Löschanlagen [St]
21 CO2-Löschanlagen [St]
29 CO2-Löschanlagen, sonstiges [St]

30 Löschwasserleitungen [m]
31 Löschwasserleitungen [m]
39 Löschwasserleitungen, sonstiges [m]

40 Wandhydranten [St]
41 Wandhydranten [St]
49 Wandhydranten, sonstiges [St]

50 Feuerlöschgeräte [St]
51 Handfeuerlöscher [St]
52 Löschdecken [St]
59 Feuerlöschgeräte, sonstiges [St]

90 Sonstige Feuerlöschanlagen [m²]
91 Sonstige Feuerlöschanlagen [m²]
99 Sonstige Feuerlöschanlagen, sonstiges [m²]

476 Badetechnische Anlagen

10 Schwimmbeckenanlagen [St]
11 Schwimmbeckenanlagen [St]
19 Schwimmbeckenanlagen, sonstiges [St]

20 Saunaanlagen [St]
21 Saunaanlagen [St]
29 Saunaanlagen, sonstiges [St]

30 Medizinische Badeanlagen [St]
31 Medizinische Badeanlagen [St]
39 Medizinische Badeanlagen, sonstiges [St]

40 Whirlpools [St]
41 Whirlpools [St]
49 Whirlpools, sonstiges [St]

90 Sonstige Badetechnische Anlagen [m²]
91 Sonstige Badetechnische Anlagen [m²]
99 Sonstige Badetechnische Anlagen, sonstiges [m²]

477 Prozesswärme-, -kälte- und -luftanlagen

10 Kälteerzeugungsanlagen [St]
11 Kälteerzeugungsanlagen [St]
19 Kälteerzeugungsanlagen, sonstiges [St]

20 Kälteverteilleitungen [m]
21 Kälteverteilleitungen [m]
29 Kälteverteilleitungen, sonstiges [m]

30 Farbnebel-Abscheideanlagen [m³/h]
31 Farbnebel-Abscheideanlagen [m³/h]
39 Farbnebel-Abscheideanlagen, sonstiges [m³/h]

40 Prozess-Fortluftanlagen [m³/h]
41 Prozess-Fortluftanlagen [m³/h]
49 Prozess-Fortluftanlagen, sonstiges [m³/h]

50 Absauganlagen [m³/h]
51 Absauganlagen [m³/h]
59 Absauganlagen, sonstiges [m³/h]

60 Mess-, Steuer-, Regelanlagen [St]
61 Mess-, Steuer-, Regelanlagen [St]
69 Mess-, Steuer-, Regelanlagen, sonstiges [St]

90 Sonstige Prozesswärme-, -kälte- und -luftanlagen [m²]
91 Sonstige Prozesswärme-, -kälte- und -luftanlagen [m²]
92 Gerätesockel [m²]
99 Son. Prozesswärme-, -kälte- und -luftanlagen, son. [m²]

478 Entsorgungsanlagen

10 Abfallentsorgungsanlagen [St]
11 Abfallentsorgungsanlagen [St]
19 Abfallentsorgungsanlagen, sonstiges [St]

20 Sonderabfallentsorgungsanlagen [St]
21 Sonderabfallentsorgungsanlagen [St]
29 Sonderabfallentsorgungsanlagen, sonstiges [St]

30 Recyclinganlagen [St]
31 Recyclinganlagen [St]
39 Recyclinganlagen, sonstiges [St]

40 Kompostierungsanlagen [St]
41 Kompostierungsanlagen [St]
49 Kompostierungsanlagen, sonstiges [St]

90 Sonstige Entsorgungsanlagen [m²]
91 Sonstige Entsorgungsanlagen [m²]
99 Sonstige Entsorgungsanlagen, sonstiges [m²]

10 Bühnentechnische Anlagen, Obermaschinen [St]
11 Bühnentechnische Anlagen, Obermaschinen [St]
19 Bühnentechnische Anlagen, Obermaschinen, sonst. [St]

20 Bühnentechnische Anlagen, Untermaschinen [St]
21 Bühnentechnische Anlagen, Untermaschinen [St]
29 Bühnentechnische Anlagen, Untermaschinen, sonst. [St]

30 Fahrzeugwaschanlagen [St]
31 Fahrzeugwaschanlagen [St]
39 Fahrzeugwaschanlagen, sonstiges [St]

40 Betankungsanlagen [St]
41 Betankungsanlagen [St]
49 Betankungsanlagen, sonstiges [St]

50 Blockheizkraftwerksanlagen [St]
51 Blockheizkraftwerksanlagen [St]
59 Blockheizkraftwerksanlagen, sonstiges [St]

60 Sonderanlagen [St]
61 Sonderanlagen [St]
69 Sonderanlagen, sonstiges [St]

90 Sonstige Nutzungsspezifische Anlagen, sonst. [m²]
91 Sonstige Nutzungsspezifische Anlagen, sonstiges [m²]
92 Gerätesockel [m²]
99 Sonstige Nutzungsspezifische Anl., sonst., sonst. [m²]

480

Gebäudeautomation

481 Automationssysteme

10 Automationssysteme [St]
11 Automationssysteme [St]
19 Automationssysteme, sonstiges [St]

90 Sonstige Automationssysteme [m²]
91 Sonstige Automationssysteme [m²]
99 Sonstige Automationssysteme, sonstiges [m²]

482 Schaltschränke

10 Schaltschränke [St]
11 Schaltschränke, leer [St]
12 Schaltschränke mit Leistungsteilen [St]
19 Schaltschränke, sonstiges [St]

20 Leistungsteile [St]
21 Leistungsteile [St]
29 Leistungsteile, sonstiges [St]

90 Sonstige Schaltschränke [m²]
91 Sonstige Schaltschränke [m²]
99 Sonstige Schaltschränke, sonstiges [m²]

483 Management- und Bedieneinrichtungen

10 Übergeordnete Einrichtungen [St]
11 Übergeordnete Einrichtungen [St]
19 Übergeordnete Einrichtungen, sonstiges [St]

90 Sonstige Übergeordnete Einrichtungen [m²]
91 Sonstige Übergeordnete Einrichtungen [m²]
99 Sonstige Übergeordnete Einrichtungen, sonstiges [m²]

484 Raumautomationssysteme

10 Raumautomationssysteme [St]
11 Raumautomationssysteme [St]
19 Raumautomationssysteme, sonstiges [St]

90 Sonstige Raumautomationssysteme [m²]
91 Sonstige Raumautomationssysteme [m²]
99 Sonstige Raumautomationssysteme, sonstiges [m²]

485 Übertragungsnetze

10 Datenübertragungsnetze [St]
11 Datenübertragungsnetze [St]
19 Datenübertragungsnetze, sonstiges [St]

90 Sonstige Übertragungsnetze [m²]
91 Sonstige Übertragungsnetze [m²]
99 Sonstige Übertragungsnetze, sonstiges [m²]

489 Gebäudeautomation, sonstiges

10 Gebäudeautomation, sonstiges [St]
11 Gebäudeautomation, sonstiges [St]
19 Gebäudeautomation, sonstiges, sonstiges [St]

90 Sonstige Gebäudeautomation, sonstiges [m²]
91 Sonstige Gebäudeautomation, sonstiges [m²]
99 Sonstige Gebäudeautomation, sonstiges, sonstiges [m²]

© **BKI** Baukosteninformationszentrum

491 Baustelleneinrichtung

10 Baustelleneinrichtung [m^2]
11 Baustelleneinrichtung [m^2]
19 Baustelleneinrichtung, sonstiges [m^2]

90 Sonstige Baustelleneinrichtung [m^2]
91 Sonstige Baustelleneinrichtung [m^2]
99 Sonstige Baustelleneinrichtung, sonstiges [m^2]

492 Gerüste

10 Standgerüste [m^2]
11 Standgerüste [m^2]
19 Standgerüste, sonstiges [m^2]

20 Fahrgerüste [St]
21 Fahrgerüste [St]
29 Fahrgerüste, sonstiges [St]

90 Sonstige Gerüste [m^2]
91 Sonstige Gerüste, [m^2]
99 Sonstige Gerüste, sonstiges [m^2]

493 Sicherungsmaßnahmen

10 Sicherungsmaßnahmen [m^2]
11 Sicherungsmaßnahmen [m^2]
19 Sicherungsmaßnahmen, sonstiges [m^2]

90 Sonstige Sicherungsmaßnahmen, [m^2]
91 Sonstige Sicherungsmaßnahmen [m^2]
99 Sonstige Sicherungsmaßnahmen, sonstiges [m^2]

494 Abbruchmaßnahmen

10 Abbruchmaßnahmen [m^2]
11 Abbruchmaßnahmen [m^2]
19 Abbruchmaßnahmen, sonstiges [m^2]

90 Sonstige Abbruchmaßnahmen [m^2]
91 Sonstige Abbruchmaßnahmen [m^2]
99 Sonstige Abbruchmaßnahmen, sonstiges [m^2]

495 Instandsetzungen

10 Instandsetzungen [m^2]
11 Instandsetzungen [m^2]
19 Instandsetzungen, sonstiges [m^2]

90 Sonstige Instandsetzungen [m^2]
91 Sonstige Instandsetzungen [m^2]
99 Sonstige Instandsetzungen, sonstiges [m^2]

496 Materialentsorgung

10 Recycling [m^2]
11 Recycling [m^2]
19 Recycling, sonstiges [m^2]

20 Zwischendeponierung [m^3]
21 Zwischendeponierung [m^3]
29 Zwischendeponierung, sonstiges [m^2]

30 Entsorgung [m^3]
31 Entsorgung [m^3]
39 Entsorgung, sonstiges [m^2]

90 Sonstige Materialentsorgung [m^2]
91 Sonstige Materialentsorgung [m^2]
99 Sonstige Materialentsorgung, sonstiges [m^2]

497 Zusätzliche Maßnahmen

10 Schutz von Personen und Sachen [m^2]
11 Schutz von Personen und Sachen [m^2]
19 Schutz von Personen und Sachen, sonstiges [m^2]

20 Baureinigung [m^2]
21 Baureinigung [m^2]
29 Baureinigung, sonstiges [m^2]

30 Umweltschutzmaßnahmen während der Bauzeit [m^2]
31 Umweltschutzmaßnahmen während der Bauzeit [m^2]
39 Umweltschutzmaßnahmen während der Bauzeit, sonst. [m^2]

40 Schlechtwetterbau [m^2]
41 Schlechtwetterbau [m^2]
49 Schlechtwetterbau, sonstiges [m^2]

50 Künstliche Bautrocknung [m^2]
51 Künstliche Bautrocknung [m^2]
59 Künstliche Bautrocknung, sonstiges [m^2]

90 Sonstige Zusätzliche Maßnahmen [m^2]
91 Sonstige Zusätzliche Maßnahmen [m^2]
99 Sonstige Zusätzliche Maßnahmen, sonstiges [m^2]

490

Sonstige Maßnahmen für Technische Anlagen

10 Erstellung provisorischer Techn. Anlagen [m²]
11 Erstellung provisorischer Technischer Anlagen [m²]
19 Erstellung provisorischer Technischer Anlagen, son. [m²]

20 Beseitigung provisorischer Techn. Anlagen [m²]
21 Beseitigung provisorischer Technischer Anlagen [m²]
29 Beseitigung provisorischer Techn. Anlagen, son [m²]

30 Anpassung von Technischen Anlagen [m²]
31 Anpassung von Technischen Anlagen [m²]
39 Anpassung von Technischen Anlagen, sonstiges [m²]

90 Sonstige Provisorische Technische Anlagen [m²]
91 Sonstige Provisorische Technische Anlagen [m²]
99 Sonstige Provisorische Technische Anlagen, sonst. [m²]

10 Sonstige Maßnahmen für Technische Anlagen, sonst. [m²]
11 Sonstige Maßnahmen für Techn. Anlagen, sonst. [m²]
19 Sonstige Maßnahmen für Techn. Anl., sonst., sonst. [m²]

90 Sonstige Maßnahmen für Techn. Anlagen, sonst., sonstiges [m²]
91 Sonstige Maßnahmen für Techn. Anl., sonst., sonst. [m²]
99 Sonst. Maß. Techn. Anl., sonst., sonst., sonstiges [m²]

511   Oberbodenarbeiten

10 Oberbodenabtrag [m³]
11 Oberbodenabtrag, lagern [m³]
12 Oberbodenabtrag, Abtransport [m³]
19 Oberbodenabtrag, sonstiges [m²]

20 Oberbodensicherung [m²]
21 Oberbodensicherung [m²]
29 Oberbodensicherung, sonstiges [m²]

90 Sonstige Geländebearbeitung [m²]
91 Sonstige Geländebearbeitung [m²]
99 Sonstige Geländebearbeitung, sonstiges [m²]

512   Bodenarbeiten

10 Bodenabtrag [m³]
11 Bodenabtrag, lagern [m³]
12 Bodenabtrag, abfahren [m³]
19 Bodenabtrag, sonstiges [m³]

20 Bodenauftrag [m³]
21 Bodenauftrag, Lagermaterial [m³]
22 Bodenauftrag, Liefermaterial [m³]
29 Bodenauftrag, sonstiges [m³]

30 Bodenanfuhr [m³]
31 Bodenanfuhr [m³]
32 Bodenanfuhr, lagern [m³]
39 Bodenanfuhr, sonstiges [m³]

40 Geländeprofilierung [m²]
41 Geländeprofilierung [m²]
42 Geländeprofilierung, Bodenabtrag [m²]
43 Geländeprofilierung, Bodenabtrag, Bodenabfuhr [m²]
45 Geländeprofilierung, Bodenauftrag, Lagermaterial [m²]
46 Geländeprofilierung, Bodenauftrag, Liefermaterial [m²]
47 Geländeprofilierung, Bodenabtrag, lagern, Auftrag [m²]
49 Geländeprofilierung, sonstiges [m²]

90 Sonstige Bodenarbeiten [m²]
91 Sonstige Bodenarbeiten [m²]
99 Sonstige Bodenarbeiten, sonstiges [m²]

519   Geländeflächen, sonstiges

10 Geländebearbeitung, sonstiges [m²]
11 Geländebearbeitung, sonstiges [m²]
19 Geländebearbeitung, sonstiges, sonstiges [m²]

90 Sonstige Geländeflächen, sonstiges [m²]
91 Sonstige Geländeflächen, sonstiges [m²]
99 Sonstige Geländeflächen, sonstiges, sonstiges [m²]

520
Befestigte Flächen

10 Untergrundverbesserung [m²]
11 Untergrundverbesserung [m²]
12 Untergrundverbesserung, -verdichtung [m²]
15 Untergrundverdichtung [m²]
19 Untergrundverbesserung, sonstiges [m²]

20 Feinplanum [m²]
21 Feinplanum [m²]
22 Feinplanum, Untergrundverbesserung [m²]
23 Feinplanum, Untergrundverbesserung, -verdichtung [m²]
29 Feinplanum, sonstiges [m²]

30 Tragschicht [m²]
31 Tragschicht [m²]
32 Tragschicht, Feinplanum [m²]
33 Tragschicht, Feinplanum, Untergrundverdichtung [m²]
34 Tragschicht, Feinplanum, Untergrundverdichtung, -verbesserung [m²]
39 Tragschicht, Feinplanum, sonstiges [m²]

40 Deckschicht Asphalt [m²]
41 Deckschicht Asphalt [m²]
42 Deckschicht Asphalt, Tragschicht [m²]
43 Asphalt, Tragschicht, Feinplanum [m²]
44 Asphalt, Tragschicht, Frostschutzschicht [m²]
45 Asphalt, Tragschicht, Feinplanum, Untergrundverdichtung [m²]
46 Asphalt, Tragschicht, Feinplanum, Untergrundverdichtung, -verbesserung [m²]
47 Asphalt, Trag-, Frostschutzschicht, Feinplanum, Untergrundverdichtung [m²]
48 Asphalt, Trag-, Frostschutz, Feinplanum, Untergrundverdichtung, -verbesserung [m²]
49 Deckschicht Asphalt, sonstiges [m²]

50 Deckschicht Pflaster [m²]
51 Deckschicht Pflaster [m²]
52 Deckschicht Pflaster, Tragschicht [m²]
53 Pflaster, Tragschicht, Feinplanum [m²]
54 Pflaster, Tragschicht, Frostschutzschicht [m²]
55 Pflaster, Tragschicht, Feinplanum, Untergrundverdichtung [m²]
56 Pflaster, Tragschicht, Feinplanum, Untergrundverdichtung,-verbesserung [m²]
57 Pflaster, Trag-, Frostschutzschicht, Feinplanum, Untergrundverdichtung [m²]

58 Pflaster, Trag-, Frostschutz, Feinplanum, Untergrundverdichtung, -verbesserung [m²]
59 Deckschicht Pflaster, sonstiges [m²]

60 Deckschicht Beton [m²]
61 Deckschicht Beton [m²]
62 Deckschicht Beton, Tragschicht [m²]
63 Beton, Tragschicht, Feinplanum [m²]
64 Beton, Tragschicht, Frostschutzschicht [m²]
65 Beton, Tragschicht, Feinplanum, Untergrundverdichtung, [m²]
66 Beton, Tragschicht, Feinplanum, Untergrundverdichtung, -verbesserung [m²]
67 Beton, Trag-, Frostschutzschicht, Feinplanum, Untergrundverdichtung [m²]
68 Beton, Trag-, Frostschutz, Feinplanum, Untergrundverdichtung, -verbesserung [m²]
69 Deckschicht Beton, sonstiges [m²]

70 Deckschicht Plattenbelag [m²]
71 Deckschicht Plattenbelag [m²]
72 Deckschicht Platten, Tragschicht [m²]
73 Platten, Tragschicht, Feinplanum [m²]
74 Platten, Tragschicht, Frostschutzschicht [m²]
75 Platten, Tragschicht, Feinplanum, Untergrundverdichtung [m²]
76 Platten, Tragschicht, Feinplanum, Untergrundverdichtung, -verbesserung [m²]
77 Platten, Trag-, Frostschutzschicht, Feinplanum, Untergrundverdichtung [m²]
78 Platten, Trag-, Frostschutz, Feinplanum, Untergrundverdichtung, -verbesserung [m²]
79 Platten, sonstiges [m²]

80 Wegebegrenzungen [m]
81 Beton-Bordsteine [m]
82 Naturstein-Bordsteine [m]
83 Wegebegrenzungen Metall [m]
84 Wegebegrenzungen Holz [m]
89 Wegebegrenzungen, sonstiges [m]

90 Sonstige Wege [m²]
91 Sonstige Wege [m²]
99 Sonstige Wege, sonstiges [m²]

10 Untergrundverbesserung [m²]
11 Untergrundverbesserung [m²]
12 Untergrundverbesserung, -verdichtung [m²]
15 Untergrundverdichtung [m²]
19 Untergrundverbesserung, sonstiges [m²]

20 Feinplanum [m²]
21 Feinplanum [m²]
22 Feinplanum, Untergrundverbesserung [m²]
23 Feinplanum, Untergrundverbesserung, -verdichtung [m²]
29 Feinplanum, sonstiges [m²]

30 Tragschicht [m²]
31 Tragschicht [m²]
32 Tragschicht, Feinplanum [m²]
33 Tragschicht, Feinplanum, Untergrundverdichtung [m²]
34 Tragschicht, Feinplanum, Untergrundverdichtung, -verbesserung [m²]
39 Tragschicht, Feinplanum, sonstiges [m²]

40 Deckschicht Asphalt [m²]
41 Deckschicht Asphalt [m²]
42 Deckschicht Asphalt, Tragschicht [m²]

43 Deckschicht Asphalt, Tragschicht, Feinplanum [m²]
44 Asphalt, Tragschicht, Frostschutzschicht [m²]
45 Asphalt, Tragschicht, Feinplanum, Untergrund-
verdichtung [m²]
46 Asphalt, Tragschicht, Feinplanum, Untergrund-
verdichtung, -verbesserung [m²]
47 Asphalt, Trag-, Frostschutzschicht, Feinplanum,
Untergrundverdichtung [m²]
48 Asphalt, Trag-, Frostschutz, Feinplanum, Untergrund-
verdichtung, -verbesserung [m²]
49 Deckschicht Asphalt, sonstiges [m²]

50 Deckschicht Pflaster [m²]
51 Deckschicht Pflaster [m²]
52 Deckschicht Pflaster, Tragschicht [m²]
53 Deckschicht Pflaster, Tragschicht, Feinplanum [m²]
54 Pflaster, Tragschicht, Frostschutzschicht [m²]
55 Pflaster, Tragschicht, Feinplanum, Untergrund-
verdichtung [m²]
56 Pflaster, Tragschicht, Feinplanum, Untergrund-
verdichtung, -verbesserung [m²]
57 Pflaster, Trag-, Frostschutzschicht, Feinplanum,
Untergrundverdichtung [m²]
58 Pflaster, Trag-, Frostschutz, Feinplanum, Untergrund-
verdichtung, -verbesserung [m²]
59 Deckschicht Pflaster, sonstiges [m²]

60 Deckschicht Beton [m²]
61 Deckschicht Beton [m²]
62 Deckschicht Beton, Tragschicht [m²]
63 Deckschicht Beton, Tragschicht, Feinplanum [m²]
64 Beton, Tragschicht, Frostschutzschicht [m²]
65 Beton, Tragschicht, Feinplanum, Untergrund-
verdichtung, [m²]

66 Beton, Tragschicht, Feinplanum, Untergrund-
verdichtung, -verbesserung [m²]
67 Beton, Trag-, Frostschutzschicht, Feinplanum,
Untergrundverdichtung [m²]
68 Beton, Trag-, Frostschutz, Feinplanum, Untergrund-
verdichtung, -verbesserung [m²]
69 Deckschicht Beton, sonstiges [m²]

70 Deckschicht Plattenbelag [m²]
71 Deckschicht Plattenbelag [m²]
72 Deckschicht Plattenbelag, Tragschicht [m²]
73 Deckschicht Plattenbelag, Tragschicht, Feinplanum [m²]
74 Platten, Tragschicht, Frostschutzschicht [m²]
75 Platten, Tragschicht, Feinplanum, Untergrund-
verdichtung [m²]
76 Platten, Tragschicht, Feinplanum, Untergrund-
verdichtung, -verbesserung [m²]
77 Platten, Trag-, Frostschutzschicht, Feinplanum,
Untergrundverdichtung [m²]
78 Platten, Trag-, Frostschutz, Feinplanum, Untergrund-
verdichtung, -verbesserung [m²]
79 Deckschicht Plattenbelag, sonstiges [m²]

80 Straßenbegrenzungen [m]
81 Beton-Bordsteine [m]
82 Naturstein-Bordsteine [m]
83 Straßenbegrenzungen Metall [m]
84 Straßenbegrenzungen Holz [m]
89 Straßenbegrenzungen, sonstiges [m]

90 Sonstige Straßen [m²]
91 Sonstige Straßen [m²]
99 Sonstige Straßen, sonstiges [m²]

523   Plätze, Höfe

10 Untergrundverbesserung [m²]
11 Untergrundverbesserung [m²]
12 Untergrundverbesserung, -verdichtung [m²]
15 Untergrundverdichtung [m²]
19 Untergrundverbesserung, sonstiges [m²]

20 Feinplanum [m²]
21 Feinplanum [m²]
22 Feinplanum, Untergrundverbesserung [m²]
23 Feinplanum, Untergrundverbesserung, -verdichtung [m²]
29 Feinplanum, sonstiges [m²]

30 Tragschicht [m²]
31 Tragschicht [m²]
32 Tragschicht, Feinplanum [m²]
33 Tragschicht, Feinplanum, Untergrundverdichtung [m²]
34 Tragschicht, Feinplanum, Untergrundverdichtung,
-verbesserung [m²]
39 Tragschicht, sonstiges [m²]

40 Deckschicht Asphalt [m²]
41 Deckschicht Asphalt [m²]
42 Deckschicht Asphalt, Tragschicht [m²]
43 Deckschicht Asphalt, Tragschicht, Feinplanum [m²]
44 Asphalt, Tragschicht, Frostschutzschicht [m²]

45 Asphalt, Tragschicht, Feinplanum, Untergrund-
verdichtung [m²]
46 Asphalt, Tragschicht, Feinplanum, Untergrund-
verdichtung, -verbesserung [m²]
47 Asphalt, Trag-, Frostschutzschicht, Feinplanum,
Untergrundverdichtung [m²]
48 Asphalt, Trag-, Frostschutz, Feinplanum, Untergrund-
verdichtung, -verbesserung [m²]
49 Deckschicht Asphalt, sonstiges [m²]

50 Deckschicht Pflaster [m²]
51 Deckschicht Pflaster [m²]
52 Deckschicht Pflaster, Tragschicht [m²]
53 Deckschicht Pflaster, Tragschicht, Feinplanum [m²]
54 Pflaster, Tragschicht, Frostschutzschicht [m²]
55 Pflaster, Tragschicht, Feinplanum, Untergrund-
verdichtung [m²]
56 Pflaster, Tragschicht, Feinplanum, Untergrund-
verdichtung, -verbesserung [m²]
57 Pflaster, Trag-, Frostschutzschicht, Feinplanum,
Untergrundverdichtung [m²]
58 Pflaster, Trag-, Frostschutz, Feinplanum, Untergrund-
verdichtung, -verbesserung [m²]
59 Deckschicht Pflaster, sonstiges [m²]

520

Befestigte Flächen

60 Deckschicht Beton [m²]
61 Deckschicht Beton [m²]
62 Deckschicht Beton, Tragschicht [m²]
63 Deckschicht Beton, Tragschicht, Feinplanum [m²]
64 Beton, Tragschicht, Frostschutzschicht [m²]
65 Beton, Tragschicht, Feinplanum, Untergrund-
   verdichtung, [m²]
66 Beton, Tragschicht, Feinplanum, Untergrund-
   verdichtung, -verbesserung [m²]
67 Beton, Trag-, Frostschutzschicht, Feinplanum,
   Untergrundverdichtung [m²]
68 Beton, Trag-, Frostschutz, Feinplanum, Untergrund-
   verdichtung, -verbesserung [m²]
69 Deckschicht Beton, sonstiges [m²]

70 Deckschicht Plattenbelag [m²]
71 Deckschicht Plattenbelag [m²]
72 Deckschicht Plattenbelag, Tragschicht [m²]
73 Deckschicht Plattenbelag, Tragschicht, Feinplanum [m²]
74 Platten, Tragschicht, Frostschutzschicht [m²]

75 Platten, Tragschicht, Feinplanum, Untergrund-
   verdichtung [m²]
76 Platten, Tragschicht, Feinplanum, Untergrund-
   verdichtung, -verbesserung [m²]
77 Platten, Trag-, Frostschutzschicht, Feinplanum,
   Untergrundverdichtung [m²]
78 Platten, Trag-, Frostschutz, Feinplanum, Untergrund-
   verdichtung, -verbesserung [m²]
79 Deckschicht Plattenbelag, sonstige [m²]

80 Platz-, Hofbegrenzungen [m]
81 Beton-Bordsteine [m]
82 Naturstein-Bordsteine [m]
83 Platz-, Hofbegrenzungen Metall [m]
84 Platz-, Hofbegrenzungen Holz [m]
89 Platz-, Hofbegrenzungen, sonstiges [m]

90 Sonstige Plätze, Höfe [m²]
91 Sonstige Plätze, Höfe [m²]
99 Sonstige Plätze, Höfe, sonstiges [m²]

---

524   Stellplätze

10 Untergrundverbesserung [m²]
11 Untergrundverbesserung [m²]
12 Untergrundverbesserung, -verdichtung [m²]
15 Untergrundverdichtung [m²]
19 Untergrundverbesserung, sonstiges [m²]

20 Feinplanum [m²]
21 Feinplanum [m²]
22 Feinplanum, Untergrundverbesserung [m²]
23 Feinplanum, Untergrundverbesserung, -verdichtung [m²]
29 Feinplanum, sonstiges [m²]

30 Tragschicht [m²]
31 Tragschicht [m²]
32 Tragschicht, Feinplanum [m²]
33 Tragschicht, Feinplanum, Untergrundverdichtung [m²]
34 Tragschicht, Feinplanum, Untergrundverdichtung,
   -verbesserung [m²]
39 Tragschicht, sonstiges [m²]

40 Deckschicht Asphalt [m²]
41 Deckschicht Asphalt [m²]
42 Deckschicht Asphalt, Tragschicht [m²]
43 Deckschicht Asphalt, Tragschicht, Feinplanum [m²]
44 Asphalt, Tragschicht, Frostschutzschicht [m²]
45 Asphalt, Tragschicht, Feinplanum, Untergrund-
   verdichtung [m²]
46 Asphalt, Tragschicht, Feinplanum, Untergrund-
   verdichtung, -verbesserung [m²]
47 Asphalt, Trag-, Frostschutzschicht, Feinplanum,
   Untergrundverdichtung [m²]
48 Asphalt, Trag-, Frostschutz, Feinplanum, Untergrund-
   verdichtung, -verbesserung [m²]
49 Deckschicht Asphalt, sonstiges [m²]

50 Deckschicht Pflaster [m²]
51 Deckschicht Pflaster [m²]
52 Deckschicht Pflaster, Tragschicht [m²]

53 Deckschicht Pflaster, Tragschicht, Feinplanum [m²]
54 Pflaster, Tragschicht, Frostschutzschicht [m²]
55 Pflaster, Tragschicht, Feinplanum, Untergrund-
   verdichtung [m²]
56 Pflaster, Tragschicht, Feinplanum, Untergrund-
   verdichtung, -verbesserung [m²]
57 Pflaster, Trag-, Frostschutzschicht, Feinplanum,
   Untergrundverdichtung [m²]
58 Pflaster, Trag-, Frostschutz, Feinplanum, Untergrund-
   verdichtung, -verbesserung [m²]
59 Deckschicht Pflaster, sonstiges [m²]

60 Deckschicht Beton [m²]
61 Deckschicht Beton [m²]
62 Deckschicht Beton, Tragschicht [m²]
63 Deckschicht Beton, Tragschicht, Feinplanum [m²]
64 Beton, Tragschicht, Frostschutzschicht [m²]
65 Beton, Tragschicht, Feinplanum, Untergrund-
   verdichtung, [m²]
66 Beton, Tragschicht, Feinplanum, Untergrund-
   verdichtung,-verbesserung [m²]
67 Beton, Trag-, Frostschutzschicht, Feinplanum,
   Untergrundverdichtung [m²]
68 Beton, Trag-, Frostschutz, Feinplanum, Untergrund-
   verdichtung, -verbesserung [m²]
69 Deckschicht Beton, sonstiges [m²]

70 Deckschicht Plattenbelag [m²]
71 Deckschicht Plattenbelag [m²]
72 Deckschicht Plattenbelag, Tragschicht [m²]
73 Deckschicht Plattenbelag, Tragschicht, Feinplanum [m²]
74 Platten, Tragschicht, Frostschutzschicht [m²]
75 Platten, Tragschicht, Feinplanum, Untergrund-
   verdichtung [m²]
76 Platten, Tragschicht, Feinplanum, Untergrund-
   verdichtung, -verbesserung [m²]

77 Platten, Trag-, Frostschutzschicht, Feinplanum, Untergrundverdichtung [m²]
78 Platten, Trag-, Frostschutz, Feinplanum, Untergrund-verdichtung, -verbesserung [m²]
79 Deckschicht Plattenbelag, sonstige [m²]

80 Stellplatzbegrenzungen [m]
81 Beton-Bordsteine [m]
82 Naturstein-Bordsteine [m]
83 Stellplatzbegrenzungen Metall [m]
84 Stellplatzbegrenzungen Holz [m]
89 Stellplatzbegrenzungen, sonstiges [m]

90 Sonstige Stellplätze [m²]
91 Sonstige Stellplätze [m²]
99 Sonstige Stellplätze, sonstiges [m²]

---

525   Sportplatzflächen

10 Untergrundverbesserung [m²]
11 Untergrundverbesserung [m²]
12 Untergrundverbesserung, -verdichtung [m²]
15 Untergrundverdichtung [m²]
19 Untergrundverbesserung, sonstiges [m²]

20 Feinplanum [m²]
21 Feinplanum [m²]
22 Feinplanum, Untergrundverbesserung [m²]
23 Feinplanum, Untergrundverbesserung, -verdichtung [m²]
29 Feinplanum, sonstiges [m²]

30 Tragschicht [m²]
31 Tragschicht [m²]
32 Tragschicht, Feinplanum [m²]
33 Tragschicht, Feinplanum, Untergrundverdichtung [m²]
34 Tragschicht, Feinplanum, Untergrundverdichtung, -verbesserung [m²]
39 Tragschicht, sonstiges [m²]

40 Deckschicht Sportrasen [m²]
41 Deckschicht Sportrasen [m²]
42 Deckschicht Sportrasen, Tragschicht [m²]
43 Sportrasen, Tragschicht, Feinplanum [m²]
44 Sportrasen, Trag-, Frostschutzschicht, Feinplanum [m²]
45 Sportrasen, Trag-, Frostschutz, Feinplanum, Untergrundverbesserung [m²]
49 Deckschicht Sportrasen, sonstiges [m²]

50 Deckschicht Kunststoffrasen [m²]
51 Deckschicht Kunststoffrasen [m²]
52 Deckschicht Kunststoffrasen, Tragschicht [m²]
53 Kunststoffrasen, Tragschicht, Feinplanum [m²]
54 Kunststoffrasen, Trag-, Frostschutzschicht, Feinplanum [m²]
55 Kunststoffrasen, Trag-, Frostschutz, Feinplanum, Untergrundverbesserung [m²]
59 Deckschicht Kunststoffrasen, sonstiges [m²]

60 Deckschicht Tenne [m²]
61 Deckschicht Tenne [m²]
62 Deckschicht Tenne, Tragschicht [m²]
63 Tenne, Tragschicht, Feinplanum [m²]
64 Tenne, Tragschicht, Frostschutzschicht, Feinplanum [m²]
65 Tenne, Trag-, Frostschutzschicht, Feinplanum, Untergrundverbesserung [m²]
69 Deckschicht Tenne, sonstiges [m²]

70 Deckschicht Kunststoff [m²]
71 Deckschicht Kunststoff [m²]
72 Deckschicht Kunststoff, Tragschicht [m²]
73 Kunststoff, Tragschicht, Feinplanum [m²]
74 Kunststoff, Tragschicht, Frostschutzschicht, Feinplanum [m²]
75 Kunststoff, Trag-, Frostschutzschicht, Feinplanum, Untergrundverbesserung [m²]
79 Deckschicht Kunststoff, sonstiges [m²]

80 Sportplatzbegrenzungen [m]
81 Beton-Bordsteine [m]
82 Naturstein-Bordsteine [m]
83 Sportplatzbegrenzungen, Metall [m]
84 Sportplatzbegrenzungen, Holz [m]
85 Sportplatzbegrenzungen, Kunststoff [m]
89 Sportplatzbegrenzungen, sonstiges [m]

90 Sonstige Sportplatzflächen [m²]
91 Sonstige Sportplatzflächen [m²]
92 Sportplatzausstattungen [m²]
99 Sonstige Sportplatzflächen, sonstiges [m²]

---

526   Spielplatzflächen

10 Untergrundverbesserung [m²]
11 Untergrundverbesserung [m²]
12 Untergrundverbesserung, -verdichtung [m²]
15 Untergrundverdichtung [m²]
19 Untergrundverbesserung, sonstiges [m²]

20 Feinplanum [m²]
21 Feinplanum [m²]
22 Feinplanum, Untergrundverbesserung [m²]
23 Feinplanum, Untergrundverbesserung, -verdichtung [m²]
29 Feinplanum, sonstiges [m²]

30 Tragschicht [m²]
31 Tragschicht [m²]
32 Tragschicht, Feinplanum [m²]
33 Tragschicht, Feinplanum, Untergrundverdichtung [m²]
34 Tragschicht, Feinplanum, Untergrundverdichtung, -verbesserung [m²]
39 Tragschicht, sonstiges [m²]

40 Deckschicht Rasen [m²]
41 Deckschicht Rasen [m²]
42 Deckschicht Rasen, Tragschicht [m²]
43 Rasen, Tragschicht, Feinplanum [m²]
44 Rasen, Tragschicht, Frostschutzschicht, Feinplanum [m²]

45 Rasen, Trag-, Frostschutzschicht, Feinplanum, Untergrundverbesserung [m²]
49 Deckschicht Rasen, sonstiges [m²]

50 Deckschicht Tenne [m²]
51 Deckschicht Tenne [m²]
52 Deckschicht Tenne, Tragschicht [m²]
53 Tenne, Tragschicht, Feinplanum [m²]
54 Tenne, Tragschicht, Frostschutzschicht, Feinplanum [m²]
55 Tenne, Trag-, Frostschutzschicht, Feinplanum, Untergrundverbesserung [m²]
59 Deckschicht Tenne, sonstiges [m²]

60 Deckschicht Kunststoff [m²]
61 Deckschicht Kunststoff [m²]
62 Deckschicht Kunststoff, Tragschicht [m²]
63 Kunststoff, Tragschicht, Feinplanum [m²]

64 Kunststoff, Tragschicht, Frostschutzschicht, Feinplanum [m²]
65 Kunststoff, Trag-, Frostschutz, Feinplanum, Untergrundverbesserung [m²]
69 Deckschicht Kunststoff, sonstiges [m²]

80 Spielplatzbegrenzungen [m]
81 Beton-Bordsteine [m]
82 Naturstein-Bordsteine [m]
83 Spielplatzbegrenzungen, Metall [m]
84 Spielplatzbegrenzungen, Holz [m]
85 Spielplatzbegrenzungen, Kunststoff [m]
89 Spielplatzbegrenzungen, sonstiges [m]

90 Sonstige Spielplätze [m²]
91 Sonstige Spielplätze [m²]
99 Sonstige Spielplätze, sonstiges [m²]

---

527   Gleisanlagen

10 Untergrundverbesserung [m²]
11 Untergrundverbesserung [m²]
12 Untergrundverbesserung, -verdichtung [m²]
15 Untergrundverdichtung [m²]
19 Untergrundverbesserung, sonstiges [m²]

20 Feinplanum [m²]
21 Feinplanum [m²]
22 Feinplanum, Untergrundverbesserung [m²]
23 Feinplanum, Untergrundverbesserung, -verdichtung [m²]
29 Feinplanum, sonstiges [m²]

30 Tragschicht [m²]
31 Tragschicht [m²]
32 Tragschicht, Feinplanum [m²]
33 Tragschicht, Feinplanum, Untergrundverdichtung [m²]
34 Tragschicht, Feinplanum, Untergrundverdichtung, -verbesserung [m²]
39 Tragschicht, sonstiges [m²]

40 Gleisbett Schotter [m²]
41 Gleisbett Schotter [m²]
42 Gleisbett Schotter, Tragschicht [m²]
43 Gleisbett Schotter, Tragschicht, Feinplanum [m²]
44 Schotter, Tragschicht, Feinplanum, Untergrundverbesserung [m²]
49 Gleisbett Schotter, sonstiges [m²]

50 Gleisbett Beton [m²]
51 Gleisbett Beton [m²]
52 Gleisbett Beton, Tragschicht [m²]
53 Gleisbett Beton, Tragschicht, Feinplanum [m²]
54 Beton, Tragschicht, Feinplanum, Untergrundverbesserung [m²]
59 Gleisbett Beton, sonstiges [m²]

90 Sonstige Gleisanlagen [m²]
91 Sonstige Gleisanlagen [m²]
99 Sonstige Gleisanlagen, sonstiges [m²]

---

529   Befestigte Flächen, sonstiges

10 Befestigte Flächen, sonstiges [m²]
11 Befestigte Flächen, sonstiges [m²]
12 Traufstreifen an aufgehenden Bauteilen [m²]
19 Befestigte Flächen, sonstiges, sonstiges [m²]

© **BKI** Baukosteninformationszentrum

10 Zäune [m]
11 Zäune [m]
12 Holzzäune [m]
13 Drahtzäune [m]
14 Metallgitterzäune [m]
17 Tore für Zäune [St]
18 Türen für Zäune [St]
19 Zäune, sonstiges [m]

20 Mauern [m²]
21 Mauern [m²]
22 Natursteinmauern [m²]
23 Werksteinmauern [m²]
24 Betonmauern [m²]
27 Tore für Mauern [St]
28 Türen für Mauern [St]
29 Mauern, sonstiges [m²]

30 Schrankenanlagen [St]
31 Schrankenanlagen [St]
32 Schrankenanlagen, mechanisch [St]
33 Schrankenanlagen, elektrisch angetrieben [St]
39 Schrankenanlagen, sonstiges [St]

40 Absperrungen [m]
41 Absperrketten [m]
42 Absperrseile [m]
45 Holzpoller [St]
46 Natursteinpoller [St]
47 Betonpoller [St]
48 Metallpoller [St]
49 Absperrungen, sonstiges [m]

90 Sonstige Einfriedungen [m²]
91 Sonstige Einfriedungen [m²]
99 Sonstige Einfriedungen, sonstiges [m²]

---

532   Schutzkonstruktionen

10 Lärmschutzwände [m²]
11 Lärmschutzwände komplett [m²]
12 Lärmschutzwände, Unterkonstruktion [m²]
13 Lärmschutzwände, Metallfüllungen [m²]
14 Lärmschutzwände, Betonfüllungen [m²]
15 Lärmschutzwände, Holzfüllungen [m²]
16 Lärmschutzwände, Glasfüllungen [m²]
19 Lärmschutzwände, sonstiges [m²]

20 Sichtschutzwände [m²]
21 Sichtschutzwände komplett [m²]
22 Sichtschutzwände, Unterkonstruktion [m²]
23 Sichtschutzwände, Metallfüllungen [m²]
24 Sichtschutzwände, Betonfüllungen [m²]
25 Sichtschutzwände, Holzfüllungen [m²]
26 Sichtschutzwände, Glasfüllungen [m²]
29 Sichtschutzwände, sonstiges [m²]

30 Schutzgitter [m²]
31 Ballwurfnetze [m²]
32 Ballwurfgitter [m²]
39 Schutzgitter, sonstiges [m²]
39 Flachwasserpflanzen, sonstiges [St]

40 Absturzsicherungen [m]
41 Brüstungen [m]
42 Geländer [m]
43 Gitter [m]
49 Absturzsicherungen, sonstiges [m]

90 Sonstige Schutzkonstruktionen [m²]
91 Sonstige Schutzkonstruktionen [m²]
99 Sonstige Schutzkonstruktionen, sonstiges [m²]

---

533   Mauern, Wände

10 Stahlbetonwände [m²]
11 Stahlbetonwände komplett [m²]
12 Stahlbetonwände, Unterkonstruktion [m²]
13 Stahlbetonwände, Oberflächenbehandlung [m²]
14 Stahlbetonwände, Putz [m²]
15 Stahlbetonwände, Bekleidung auf Unterkonstruktion [m²]
16 Stahlbetonwände, Verblendung [m²]
17 Stahlbetonwände, Unterkonstruktion [m²]
19 Stahlbetonwände, sonstiges [m²]

20 Mauerwerkswände [m²]
21 Mauerwerkswände komplett [m²]
22 Mauerwerkswände, Unterkonstruktion [m²]
23 Mauerwerkswände, Oberflächenbehandlung [m²]
24 Mauerwerkswände, Putz [m²]
25 Mauerwerkswände, Bekleidung auf Unterkonstruktion [m²]
26 Mauerwerkswände, Verblendung [m²]
27 Mauerwerkswände, Unterkonstruktion [m²]
29 Mauerwerkswände, sonstiges [m²]

30 Natursteinwände [m²]
31 Natursteinwände komplett [m²]
32 Natursteinwände, Unterkonstruktion [m²]
33 Natursteinwände, Oberflächenbehandlung [m²]
34 Natursteinwände, Putz [m²]
35 Natursteinwände, Bekleidung auf Unterkonstruktion [m²]
36 Natursteinwände, Verblendung [m²]
37 Natursteinwände, Unterkonstruktion [m²]
39 Natursteinwände, sonstiges [m²]

40 Fertigteilwände [m²]
41 Fertigteilwände komplett [m²]
42 Fertigteilwände, Unterkonstruktion [m²]
43 Fertigteilwände, Oberflächenbehandlung [m²]

44 Fertigteilwände, Putz [m²]
45 Fertigteilwände, Bekleidung auf Unterkonstruktion [m²]
46 Fertigteilwände, Verblendung [m²]
47 Fertigteilwände, Unterkonstruktion [m²]
49 Fertigteilwände, sonstiges [m²]

50 Bekleidungen [m²]
51 Bekleidungen [m²]
52 Bekleidungen, Unterkonstruktionen [m²]

53 Bekleidungen, Oberflächenbehandlung [m²]
54 Bekleidungen, Putz [m²]
55 Bekleidungen, Bekleidungen auf Unterkonstruktion [m²]
56 Bekleidungen, Verblendung [m²]
59 Bekleidungen, sonstiges [m²]

90 Sonstige Mauern, Wände [m²]
91 Sonstige Mauern, Wände [m²]
99 Sonstige Mauern, Wände, sonstiges [m²]

---

534 Rampen, Treppen, Tribünen

10 Rampen [m²]
11 Rampen, Beton [m²]
12 Rampen, Beton-Fertigteil [m²]
13 Rampen, Metallkonstruktion [m²]
14 Rampen, Holzkonstruktion [m²]
15 Rampen, Naturstein [m²]
19 Rampen, sonstiges [m²]

20 Treppen [m²]
21 Treppen, Beton [m²]
22 Treppen, Beton-Fertigteil [m²]
23 Treppen, Metallkonstruktion [m²]
24 Treppen, Holzkonstruktion [m²]
25 Treppen, Naturstein [m²]
29 Treppen, sonstiges [m²]

30 Tribünen [m²]
31 Tribünen, Beton [m²]
32 Tribünen, Beton-Fertigteil [m²]
33 Tribünen, Metallkonstruktion [m²]
34 Tribünen, Holzkonstruktion [m²]
35 Tribünen, Naturstein [m²]
39 Tribünen, sonstiges [m²]

90 Sonstige Rampen, Treppen, Tribünen [m²]
91 Sonstige Rampen, Treppen, Tribünen [m²]
99 Sonstige Rampen, Treppen, Tribünen, sonstiges [m²]

---

535 Überdachungen

10 Überdachungen [m²]
11 Überdachungen, Beton [m²]
12 Überdachungen, Beton-Fertigteil [m²]
13 Überdachungen, Metall [m²]
14 Überdachungen, Metall-Glas [m²]
15 Überdachungen, Holz [m²]
16 Überdachungen, Holz-Glas [m²]
19 Überdachungen von Verkehrsflächen, sonstiges [m²]

20 Pergolen [m²]
21 Pergolen, Beton [m²]

22 Pergolen, Beton-Fertigteil [m²]
23 Pergolen, Metall [m²]
24 Pergolen, Metall-Glas [m²]
25 Pergolen, Holz [m²]
26 Pergolen, Holz-Glas [m²]
29 Pergolen, sonstiges [m²]

90 Sonstige Überdachungen [m²]
91 Sonstige Überdachungen [m²]
99 Sonstige Überdachungen, sonstiges [m²]

---

536 Brücken, Stege

10 Brücken für Fahrverkehr [m²]
11 Brücken für Fahrverkehr, Beton [m²]
12 Brücken für Fahrverkehr, Beton-Stahl [m²]
13 Brücken für Fahrverkehr, Stahl [m²]
14 Brücken für Fahrverkehr, Holz [m²]
19 Brücken für Fahrverkehr, sonstiges [m²]

20 Stege für Fußgänger [m²]
21 Stege für Fußgänger, Beton [m²]
22 Stege für Fußgänger, Beton-Stahl [m²]
23 Stege für Fußgänger, Stahl [m²]
24 Stege für Fußgänger, Holz [m²]
29 Stege für Fußgänger, sonstiges [m²]

90 Sonstige Brücken, Stege [m²]
91 Sonstige Brücken, Stege [m²]
99 Sonstige Brücken, Stege, sonstiges [m²]

© **BKI** Baukosteninformationszentrum

10 Kanal- und Schachtbauanlagen, Medienerschließung [m]
11 Kanal- und Schachtbauanlagen, Medienerschließung [m]
19 Kanal-, Schachtbauanlagen, Medienerschließung, sonstiges [m]

20 Kanal-, Schachtbauanlagen, Verkehrserschließung [m]
21 Kanal-, Schachtbauanlagen, Verkehrserschließung [m]
29 Kanal-,Schachtbauanlagen, Verkehrserschließung, sonstiges [m]

90 Sonstige Kanal- und Schachtbauanlagen [m²]
91 Sonstige Kanal- und Schachtbauanlagen [m²]
99 Sonstige Kanal- und Schachtbauanlagen, sonstiges [m²]

---

538   Wasserbauliche Anlagen

10 Brunnenanlagen [m²]
11 Brunnenanlagen komplett [m²]
12 Brunnenanlagen, Feinplanum [m²]
13 Brunnenanlagen, Feinplanum, Abdichtung [m²]
14 Brunnenanlagen, Feinplanum, Abdichtung, Schutzschicht [m²]
19 Brunnenanlagen, sonstiges [m²]

20 Wasserbecken [m²]
21 Wasserbecken komplett [m²]
22 Wasserbecken, Feinplanum [m²]
23 Wasserbecken, Feinplanum, Abdichtung [m²]
24 Wasserbecken, Feinplanum, Abdichtung, Schutzschicht [m²]
29 Wasserbecken, sonstiges [m²]

30 Kanäle [m²]

31 Kanäle komplett [m²]
32 Kanäle, Feinplanum [m²]
33 Kanäle, Feinplanum, Abdichtung [m²]
34 Kanäle, Feinplanum, Abdichtung, Schutzschicht [m²]
39 Kanäle, sonstiges [m²]

40 Bachregulierungen [m²]
41 Bachregulierungen komplett [m²]
42 Bachregulierungen, Feinplanum [m²]
43 Bachregulierungen, Feinplanum, Abdichtung [m²]
44 Bachregulierungen, Feinplanum, Abdichtung, Schutzschicht [m²]
49 Bachregulierungen, sonstiges [m²]

90 Sonstige Wasserbauliche Anlagen [m²]
91 Sonstige Wasserbauliche Anlagen [m²]
99 Sonstige Wasserbauliche Anlagen, sonstiges [m²]

---

539   Baukonstruktionen in Außenanlagen, sonstiges

10 Baukonstruktionen in Außenanlagen, sonst. [m²]
11 Baukonstruktionen in Außenanlagen, sonstiges [m²]
19 Baukonstruktionen in Außenanlagen, sonst., son. [m²]

540
Technische Anlagen in Außenanlagen

10 Abwasserleitungen/Abläufe [m]
11 Abwasserleitungen - Schmutz-/Regenwasser [m]
12 Abwasserleitungen - Schmutzwasser [m]
13 Abwasserleitungen - Regenwasser [m]
15 Ab-/Einläufe für Abwasserleitungen [St]
16 Sammelrinnen für Abwasserleitungen [m]
18 Kontrollschächte [m]
19 Grundleitungen/Abläufe, sonstiges [m]

20 Grundleitungen/Abläufe [m]
21 Grundleitungen - Schmutz-/Regenwasser [m]
22 Grundleitungen - Schmutzwasser [m]
23 Grundleitungen - Regenwasser [m]
25 Ab-/Einläufe für Grundleitungen [St]
28 Kontrollschächte [m]
29 Grundleitungen/Abläufe, sonstiges [m]

30 Abwassersammel- und Behandlungsanlagen [St]
31 Abwassersammelanlagen [St]
32 Neutralisationsanlagen [St]
33 Thermische Desinfektion [St]
34 Entgiftungsanlagen [St]
35 Dekontaminationsanlagen [St]
39 Abwassersammel- und Behandlungsanlagen, sonst. [St]

40 Abscheider [St]
41 Schlammfänge [St]
42 Stärkeabscheider [St]
43 Benzinabscheider [St]
44 Ölabscheider [St]
45 Fettabscheider [St]
46 Leichtflüssigkeitssperren [St]
49 Abscheider, sonstiges [St]

50 Abwasserhebeanlagen [St]
51 Abwasserhebeanlagen [St]
52 Abwassertauchpumpen [St]
59 Abwasserhebeanlagen, sonstiges [St]

60 Kläranlagen [St]
61 Kläranlagen [St]
69 Kläranlagen, sonstiges [St]

90 Sonstige Abwasseranlagen [m²]
91 Sonstige Abwasseranlagen [m²]
99 Sonstige Abwasseranlagen, sonstiges [m²]

10 Wassergewinnungsanlagen [St]
11 Wassergewinnungsanlagen [St]
19 Wassergewinnungsanlagen, sonstiges [St]

20 Wasseraufbereitungsanlagen [St]
21 Filteranlagen [St]
22 Dosieranlagen [St]
23 Enthärtungsanlagen [St]
24 Vollentsalzungsanlagen [St]
29 Wasseraufbereitungsanlage, sonstiges [St]

30 Druckerhöhungsanlagen [St]
31 Druckerhöhungsanlagen [St]
39 Druckerhöhungsanlagen, sonstiges [St]

40 Wasserleitungen [m]
41 Wasserleitungen, Kaltwasser [m]
42 Verteiler, Kaltwasser [St]
45 Wasserleitungen, Warmwasser/Zirkulation [m]

46 Verteiler, Warmwasser/Zirkulation [St]
48 Wasserleitungen, Begleitheizung [m]
49 Wasserleitungen, sonstiges [m]

60 Schächte [St]
61 Schächte [St]
69 Schächte, sonstiges [St]

70 Wasserspeicher [St]
71 Wasserspeicher [St]
79 Wasserspeicher, sonstiges [St]

80 Hydrantenanlagen [St]
81 Hydrantenanlagen [St]
89 Hydrantenanlagen, sonstiges [St]

90 Sonstige Wasseranlagen [m²]
91 Sonstige Wasseranlagen [m²]
99 Sonstige Wasseranlagen, sonstiges [m²]

10 Gaslagerungs- und Erzeugungsanlagen [St]
11 Erdgase, Stadtgas [m³]
12 Butangas [m³]
13 Propangas [m³]
19 Gaslagerungsanlagen, sonstiges [St]

20 Übergabestationen [St]
21 Übergabestationen [St]
29 Übergabestationen, sonstiges [St]

30 Druckregelungsanlagen [St]
31 Druckregelungsanlagen [St]
39 Druckregelungsanlagen, sonstiges [St]

40 Gasleitungen [m]
41 Gasleitungen [m]
49 Gasleitungen, sonstiges [m]

50 Sonstige Gasanlagen [m²]
51 Sonstige Gasanlagen [m²]
59 Sonstige Gasanlagen, sonstiges [m²]

© **BKI** Baukosteninformationszentrum

10 Wärmeerzeugungsanlagen [St]
11 Heizkessel für gasförmige und flüssige Brennstoffe [St]
12 Heizkessel für feste Brennstoffe [St]
13 Elektro-Nachtstrom-Speicheröfen [St]
14 Solarkollektorenanlagen [St]
19 Wärmeerzeugungsanlagen, sonstiges [St]

20 Wärmeverteilnetze [m]
21 Wärmeverteilnetze [m]
29 Wärmeverteilnetze, sonstiges [m]

30 Freiflächen- und Rampenheizflächen [m²]
31 Freiflächenheizflächen [m²]
32 Rampenheizflächen [m²]
39 Freiflächen- und Rampenheizflächen, sonstiges [m²]

90 Sonstige Wärmeversorgungsanlagen [m²]
91 Sonstige Wärmeversorgungsanlagen [m²]
99 Sonstige Wärmeversorgungsanlagen, sonstiges [m²]

545   Lufttechnische Anlagen

10 Außenluftansaugung [St]
11 Außenluftansaugung [St]
19 Außenluftansaugung, sonstiges [St]

20 Fortluftausblasung [St]
21 Fortluftausblasung [St]
29 Fortluftausblasung, sonstiges [St]

30 Kälteversorgung [St]
31 Kälteversorgung [St]
39 Kälteversorgung, sonstiges [St]

90 Sonstige Lufttechnische Anlagen [m²]
91 Sonstige Lufttechnische Anlagen [m²]
99 Sonstige Lufttechnische Anlagen, sonstiges [m²]

546   Starkstromanlagen

10 Hoch- und Mittelspannungsanlagen [St]
11 Mittelspannungsschaltanlagen [St]
12 Transformatoren [St]
19 Hoch- und Mittelspannungsanlagen, sonstiges [St]

20 Eigenstromversorgungsanlagen [St]
21 Ersatzstromerzeugungsanlagen [kVA]
22 Unterbrechungsfreie Stromversorgungsanlagen [kVA]
23 Zentrale Batterie-Anlagen [Ah]
24 Photovoltaische Anlagen [kWp]
25 Biogasanlagen [kVA]
29 Eigenstromversorgungsanlagen, sonstiges [kVA]

30 Niederspannungsschaltanlagen [St]
31 Niederspannungshauptverteiler [St]
32 Blindstromkompensationsanlagen [kvar]
33 Maximumüberwachungsanlagen [St]
39 Niederspannungsschaltanlagen, sonstiges [St]

40 Niederspannungsinstallationsanlagen [St]
41 Elektroleitungen, Elektrokabel, Elektroschienen [m]

42 Unterverteilungen [St]
43 Elektroleerrohre, -kanäle [m]
49 Niederspannungsinstallationsanlagen, sonstiges [St]

50 Außenbeleuchtungs- und Flutlichtanlagen [St]
51 Allgemeinbeleuchtung [St]
52 Not-, Sicherheitsbeleuchtung [St]
53 Flutlichtanlagen [St]
59 Außenbeleuchtungs- und Flutlichtanlagen, sonstiges [St]

60 Blitzschutz- und Erdungsanlagen [St]
61 Blitzschutz, komplett [St]
62 Blitzschutz, Auffangeinrichtung [m]
63 Blitzschutz, Ableitung [m]
65 Fundamenterder [m]
66 Potenzialausgleich [St]
69 Blitzschutz- und Erdungsanlagen, sonstiges [St]

90 Sonstige Starkstromanlagen [m²]
91 Sonstige Starkstromanlagen [m²]
99 Sonstige Starkstromanlagen, sonstiges [m²]

547   Fernmelde- und informationstechnische Anlagen

10 Telekommunikationsanlagen [St]
11 Allgemeine Telekommunikationsanlagen [St]
19 Telekommunikationsanlagen, sonstiges [St]

20 Such- und Signalanlagen [St]
21 Personenrufanlagen [St]
22 Lichtruf- und Klingelanlagen [St]
23 Türsprech- und Türöffneranlagen [St]
25 Verkehrssignalanlagen [St]
29 Such- und Signalanlagen, sonstiges [St]

30 Zeitdienstanlagen [St]
31 Uhrenanlagen [St]
32 Zeiterfassungsanlagen [St]
39 Zeitdienstanlagen, sonstiges [St]

40 Elektroakustische Anlagen [St]
41 Beschallungsanlagen [St]
42 Konferenz- und Dolmetscheranlagen [St]
43 Gegen- und Wechselsprechanlagen [St]
49 Elektroakustische Anlagen, sonstiges [St]

540

Technische Anlagen in Außenanlagen

50 Fernseh- und Antennenanlagen [St]
51 Fernseh- und Rundfunkempfangsanlagen [St]
52 Fernseh- und Rundfunkverteilanlagen [St]
53 Fernseh- und Rundfunkzentralen [St]
54 Videoanlagen [St]
55 Funk-, Sende- und Empfangsanlagen [St]
56 Funkzentralen [St]
59 Fernseh- und Antennenanlagen, sonstiges [St]

60 Gefahrenmelde- und Alarmanlagen [St]
61 Brandmeldeanlagen [St]
62 Überfall-, Einbruchmeldeanlagen [St]
63 Wächterkontrollanlagen [St]

64 Zugangskontrollanlagen [St]
65 Geländebeobachtungsanlagen [St]
69 Gefahrenmelde- und Alarmanlagen, sonstiges [St]

70 Übertragungsnetze [St]
71 Übertragungsnetze [St]
79 Übertragungsnetze, sonstiges [St]

90 Sonstige Fernmelde-, informationstechnische Anlagen [m²]
91 Sonstige Fernmelde-, informationstechn. Anlagen [m²]
99 Sonstige Fernmelde-, informationstechnische Anlagen, sonstiges [m²]

---

548   Nutzungsspezifische Anlagen

10 Medienversorgungsanlagen [St]
11 Technische und medizinische Gase (Zentrale) [St]
12 Drucklufterzeugungsanlagen [St]
13 Vakuumerzeugungsanlagen [St]
14 Leitungen für Gase und Vakuum [m]
15 Flüssigchemikalien (Zentrale) [St]
19 Medienversorgungsanlagen, sonstiges [St]

20 Tankstellenanlagen [St]
21 Tankstellenanlagen [St]
29 Tankstellenanlagen, sonstiges [St]

30 Badetechnische Anlagen [St]
31 Badetechnische Anlagen [St]
39 Badetechnische Anlagen, sonstiges [St]

90 Sonstige Nutzungsspezifische Anlagen [m²]
91 Sonstige Nutzungsspezifische Anlagen [m²]
99 Sonstige Nutzungsspezifische Anlagen, sonstiges [m²]

10 Möbel [St]
11 Sitzmöbel [St]
12 Tische [St]
19 Möbel, sonstiges [St]

20 Fahrradständer [St]
21 Fahrradständer, Metall [St]
22 Fahrradständer, Holz [St]
23 Fahrradständer, Beton [St]
29 Fahrradständer, sonstiges [St]

30 Schilder [St]
31 Verkehrsschilder [St]
32 Hinweisschilder [St]
39 Schilder, sonstiges [St]

40 Pflanzbehälter [St]
41 Pflanzbehälter, Holz [St]
42 Pflanzbehälter, Beton [St]
43 Pflanzbehälter, Naturstein [St]
44 Pflanzbehälter, Kunststoff [St]
49 Pflanzbehälter, sonstiges [St]

50 Abfallbehälter [St]
51 Abfallbehälter, Metall [St]
52 Abfallbehälter, Holz [St]
53 Abfallbehälter, Kunststoff [St]
59 Abfallbehälter, sonstiges [St]

60 Fahnenmaste [St]
61 Fahnenmaste, Metall [St]
62 Fahnenmaste, Holz [St]
63 Fahnenmaste, Kunststoff [St]
69 Fahnenmaste, sonstiges [St]

70 Haushaltshilfen [St]
71 Teppichklopfstangen [St]
72 Trockenvorrichtungen [St]
79 Haushaltshilfen, sonstiges [St]

90 Sonstige Allgemeine Einbauten [m²]
91 Sonstige Allgemeine Einbauten [m²]
99 Sonstige Allgemeine Einbauten, sonstiges [m²]

10 Sportgeräte [St]
11 Sportgeräte [St]
19 Sportgeräte, sonstiges [St]

20 Spielgeräte [St]
21 Spielgeräte [St]
29 Spielgeräte, sonstiges [St]

30 Tiergehege [m²]
31 Tiergehege [m²]
39 Tiergehege, sonstiges [m²]

90 Sonstige Besondere Einbauten [m²]
91 Sonstige Besondere Einbauten [m²]
99 Sonstige Besondere Einbauten, sonstiges [m²]

560
Wasserflächen

561 Abdichtungen

10 Naturnahe Wasserflächen [m²]
11 Naturnahe Wasserflächen [m²]
19 Naturnahe Wasserflächen, sonstiges [m²]

20 Bodenaushub für naturnahe Wasserflächen [m³]
21 Bodenaushub für naturnahe Wasserflächen [m³]
21 Fließende Gewässer [m²]
29 Bodenaushub für naturnahe Wasserflächen, sonst. [m³]

30 Abdichtungen [m²]
31 Abdichtungen mit Lehmschlag/Ton [m²]
32 Abdichtungen mit Folien [m²]
33 Abdichtungen mit Betonschalen [m]
39 Abdichtungen, sonstiges [m²]

40 Uferbefestigungen [m²]
41 Naturnahe Uferbefestigungen [m²]
42 Bautechnische Uferbefestigungen [m²]
49 Uferbefestigungen, sonstiges [m²]

50 Ein-/Auslaufbauwerk für Wasserflächen [m²]
51 Ein-/Auslaufbauwerk für Wasserflächen [m²]
52 Einlaufbauwerk für Wasserflächen [m²]
53 Auslaufbauwerk für Wasserflächen [m²]
59 Ein-/Auslaufbauwerk für Wasserflächen, sonstiges [m²]

90 Sonstige Abdichtungen [m²]
91 Sonstige Abdichtungen [m²]
99 Abdichtungen, sonstiges, sonstiges [m²]

562 Bepflanzungen

10 Schwimmblattpflanzen [St]
11 Schwimmblattpflanzen [St]
19 Schwimmblattpflanzen, sonstiges [St]

20 Unterwasserpflanzen [St]
21 Unterwasserpflanzen [St]
29 Unterwasserpflanzen, sonstiges [St]

30 Flachwasserpflanzen [St]
31 Flachwasserpflanzen [St]
39 Flachwasserpflanzen, sonstiges [St]

40 Sumpf- und Röhrichtbepflanzung [St]
41 Sumpf- und Röhrichtbepflanzung [St]
49 Sumpf- und Röhrichtbepflanzung, sonstiges [St]

90 Sonstige Bepflanzungen [St]
91 Sonstige Bepflanzungen [St]
99 Bepflanzungen, sonstiges, sonstiges [St]

569 Wasserflächen, sonstiges

10 Wasserflächen, sonstiges [m²]
11 Wasserflächen, sonstiges [m²]
19 Wasserflächen, sonstiges, sonstiges [m²]

90 Sonstige Wasserflächen, sonstiges [m²]
91 Sonstige Wasserflächen, sonstiges [m²]
99 Sonstige Wasserflächen, sonstiges, sonstiges [m²]

© **BKI** Baukosteninformationszentrum

10 Oberbodenarbeiten [m³]
11 Oberbodenarbeiten [m³]
12 Oberbodenarbeiten, Oberbodenauftrag,
Lagermaterial [m³]
13 Oberbodenarbeiten, Oberbodenauftrag,
Liefermaterial [m³]
19 Oberbodenarbeiten, sonstiges [m³]

20 Oberbodenlockerung [m²]
21 Oberbodenlockerung [m²]
29 Oberbodenlockerung, sonstiges [m²]

90 Sonstige Oberbodenarbeiten [m²]
91 Sonstige Oberbodenarbeiten [m²]
99 Sonstige Oberbodenarbeiten, sonstiges [m²]

572 Vegetationstechnische Bodenbearbeitung

10 Bodenlockerung [m²]
11 Bodenlockerung [m²]
12 Bodenlockerung, Oberbodenauftrag, Lagermaterial [m²]
13 Bodenlockerung, Oberbodenauftrag, Liefermaterial [m²]
19 Bodenlockerung, sonstiges [m²]

20 Bodenverbesserung [m²]
21 Bodenverbesserung [m²]
22 Bodenverbesserung, Bodenlockerung [m²]
23 Bodenverbesserung, Bodenlockerung, Oberboden-
auftrag, Lagermaterial [m²]
24 Bodenverbesserung, Bodenlockerung, Oberboden-
auftrag, Liefermaterial [m²]
29 Bodenverbesserung, sonstiges [m²]

30 Düngung [m²]
31 Düngung [m²]
32 Düngung, Bodenverbesserung [m²]

33 Düngung, Bodenlockerung [m²]
34 Düngung, Bodenverbesserung, Bodenlockerung [m²]
35 Düngung, Bodenverbesserung, Bodenlockerung,
Oberbauftrag, Lagermaterial [m²]
36 Düngung, Bodenverbesserung, Bodenlockerung,
Oberbauftrag, Liefermaterial [m²]
39 Düngung, sonstiges [m²]

50 Zwischenbegrünung [m²]
51 Zwischenbegrünung [m²]
59 Zwischenbegrünung, sonstiges [m²]

90 Sonstige Vegetationstechnische Bodenbearbei-
tung [m²]
91 Sonstige Vegetationstechnische Bodenbearbeitung [m²]
99 Sonstige Vegetationstechnische Bodenbearbeitung,
sonstiges [m²]

573 Sicherungsbauweisen

10 Geotextilien [m²]
11 Geotextilien [m²]
19 Geotextilien, sonstiges [m²]

20 Vegetationsstücke [m²]
21 Vegetationsstücke [m²]
29 Vegetationsstücke, sonstiges [m²]

30 Flechtwerk [m²]
31 Flechtwerk [m²]
39 Flechtwerk, sonstiges [m²]

40 Trockenmauern [m²]
41 Trockenmauern [m²]
49 Trockenmauern, sonstiges [m²]

90 Sonstige Sicherungsbauweisen [m²]
91 Sonstige Sicherungsbauweisen [m²]
99 Sonstige Sicherungsbauweisen, sonstiges [m²]

574 Pflanzen

10 Feinplanum für Pflanzflächen [m²]
11 Feinplanum für Pflanzflächen [m²]
19 Feinplanum für Pflanzflächen, sonstiges [m²]

20 Bäume [St]
21 Bäume [St]
22 Bäume, Feinplanum [St]
23 Bäume, Fertigstellungspflege [St]
24 Bäume, Feinplanum, Fertigstellungspflege [St]
28 Baumverankerungen [St]
29 Bäume, sonstiges [St]

30 Sträucher [St]
31 Sträucher [St]
32 Sträucher, Feinplanum [St]
33 Sträucher, Fertigstellungspflege [St]
34 Sträucher, Feinplanum, Fertigstellungspflege [St]
38 Gehölzverankerung [St]
39 Sträucher, sonstiges [St]

40 Stauden [St]
41 Stauden [St]
42 Stauden, Feinplanum [St]
43 Stauden, Fertigstellungspflege [St]
44 Stauden, Feinplanum, Fertigstellungspflege [St]
49 Stauden, sonstiges [St]

50 Blumenzwiebeln [St]
51 Blumenzwiebeln [St]
52 Blumenzwiebeln, Feinplanum [St]
53 Blumenzwiebeln, Fertigstellungspflege [St]
54 Blumenzwiebeln, Feinplanum, Fertigstellungspflege [St]
59 Blumenzwiebeln, sonstiges [St]

60 Wechselflor [St]
61 Wechselflor [St]
69 Wechselflor, sonstiges [St]

70 Fertigstellungspflege [m²]
71 Fertigstellungspflege [m²]
79 Fertigstellungspflege, sonstiges [m²]

90 Sonstige Pflanzen [m²]
91 Sonstige Pflanzen [m²]
99 Sonstige Pflanzen, sonstiges [m²]

---

575   Rasen und Ansaaten

10 Feinplanum für Rasenflächen [m²]
11 Feinplanum für Rasenflächen [m²]
19 Feinplanum für Rasenflächen, sonstiges [m²]

20 Landschaftsrasen [m²]
21 Landschaftsrasen [m²]
22 Landschaftsrasen, Feinplanum [m²]
23 Landschaftsrasen, Fertigstellungspflege [m²]
24 Landschaftsrasen, Feinplanum, Fertigstellungspflege [m²]
29 Landschaftsrasen, sonstiges [m²]

30 Wohn- und Gebrauchsrasen [m²]
31 Wohn- und Gebrauchsrasen [m²]
32 Wohn- und Gebrauchsrasen, Feinplanum [m²]
33 Wohn- und Gebrauchsrasen, Fertigstellungspflege [m²]
34 Wohn- und Gebrauchsrasen, Feinplanum, Fertigstellungspflege [m²]
39 Wohn- und Gebrauchsrasen, sonstiges [m²]

50 Golfrasen [m²]
51 Golfrasen [m²]
52 Golfrasen, Feinplanum [m²]
53 Golfrasen, Fertigstellungspflege [m²]
54 Golfrasen, Feinplanum, Fertigstellungspflege [m²]
59 Golfrasen, sonstiges [m²]

60 Wiesen und Blumen [m²]
61 Wiesen und Blumen [m²]
62 Wiesen und Blumen, Feinplanum [m²]
63 Wiesen und Blumen, Fertigstellungspflege [m²]
64 Wiesen und Blumen, Feinplanum, Fertigstellungspflege [m²]
69 Wiesen und Blumen, sonstiges [m²]

70 Rollrasen [m²]
71 Rollrasen [m²]
72 Rollrasen, Feinplanum [m²]
73 Rollrasen, Fertigstellungspflege [m²]
74 Rollrasen, Feinplanum, Fertigstellungspflege [m²]
79 Rollrasen, sonstiges [m²]

80 Fertigstellungspflege [m²]
81 Fertigstellungspflege [m²]
89 Fertigstellungspflege, sonstiges [m²]

90 Sonstige Rasen [m²]
91 Sonstige Rasen [m²]
99 Sonstige Rasen, sonstiges [m²]

---

576   Begrünung unterbauter Flächen

10 Extensive Begrünung [m²]
11 Extensive Begrünung [m²]
12 Extensive Begrünung, Durchwurzelungsschutz [m²]
13 Extensive Begrünung, Fertigstellungspflege [m²]
14 Extensive Begrünung, Durchwurzelungsschutz, Fertigstellungspflege [m²]
19 Extensive Begrünung, sonstiges [m²]

20 Intensive Begrünung [m²]
21 Intensive Begrünung [m²]
22 Intensive Begrünung, Durchwurzelungsschutz [m²]
23 Intensive Begrünung, Fertigstellungspflege [m²]
24 Intensive Begrünung, Durchwurzelungsschutz, Fertigstellungspflege [m²]
29 Intensive Begrünung, sonstiges [m²]

30 Fertigstellungspflege [m²]
31 Fertigstellungspflege [m²]
39 Fertigstellungspflege, sonstiges [m²]

90 Sonstige Begrünung unterbauter Flächen [m²]
91 Sonstige Begrünung unterbauter Flächen [m²]
99 Sonstige Begrünung unterbauter Flächen, sonstiges [m²]

---

579   Pflanz- und Saatflächen, sonstiges

10 Pflanz- und Saatflächen, sonstiges [m²]
11 Pflanz- und Saatflächen, sonstiges [m²]
19 Pflanz- und Saatflächen, sonstiges, sonstiges [m²]

90 Sonstige Pflanz- und Saatflächen, sonstiges [m²]
91 Sonstige Pflanz- und Saatflächen, sonstiges [m²]
99 Sonstige Pflanz- und Saatflächen, sonstiges, son. [m²]

591 Baustelleneinrichtung

10 Baustelleneinrichtung [m²]
11 Baustelleneinrichtung, pauschal [m²]
12 Baustelleneinrichtung, Einrichten [m²]
13 Baustelleneinrichtung, Vorhalten [m²]
14 Baustelleneinrichtung, Räumen [m²]
19 Baustelleneinrichtung, sonstiges [m²]

20 Baustelleneinrichtung, Einzeleinrichtungen [m²]
21 Baustraße [m²]
22 Schnurgerüst [St]
23 Baustellenbüro, einschließlich Einrichtung [St]
24 WC-Container mit Entsorgung [St]
25 Kranstellung [St]
26 Wohncontainer [St]
29 Baustelleneinrichtung, Einzeleinrichtungen, sonst. [m²]

30 Energie- und Bauwasseranschlüsse [m²]
31 Baustrom- und -wasseranschluss, pauschal [St]
32 Baustromanschluss [St]
33 Wasseranschluss [St]
35 Baustellenbeleuchtung [m²]

37 Baustromverbrauch [m²]
38 Bauwasserverbrauch [m²]
39 Energie- und Bauwasseranschlüsse, sonstiges [m²]

40 Schilder und Zäune [m²]
41 Bauschild [m²]
45 Bauzaun [m]
46 Abschrankungen [m]
49 Schilder und Zäune, sonstiges [m²]

50 Bauschuttbeseitigung [m³]
51 Bauschuttbeseitigung, einschließlich Gebühren [m³]
52 Abfallcontainer aufstellen [m³]
59 Schuttbeseitigung, sonstiges [m³]

80 Sonderleistungen [m²]
81 Sonderleistungen [m²]
89 Sonderleistungen, sonstiges [m²]

90 Sonstige Baustelleneinrichtung [m²]
91 Sonstige Baustelleneinrichtung [m²]
99 Sonstige Baustelleneinrichtung, sonstiges [m²]

592 Gerüste

10 Standgerüste [m²]
11 Standgerüste [m²]
17 Schutznetze, Schutzabhängungen [m²]
19 Standgerüste, sonstiges [m²]

20 Fahrgerüste [m²]
21 Fahrgerüste [m²]
29 Fahrgerüste, sonstiges [m²]

30 Hängegerüste [m²]
31 Hängegerüste [m²]
39 Hängegerüste, sonstiges [m²]

40 Raumgerüste [m³]
41 Raumgerüste [m³]
49 Raumgerüste, sonstiges [m³]

50 Auslegergerüste [m]
51 Auslegergerüste [m]
59 Auslegergerüste, sonstiges [m]

90 Sonstige Gerüste [m²]
91 Sonstige Gerüste [m²]
99 Sonstige Gerüste, sonstiges [m²]

593 Sicherungsmaßnahmen

10 Unterfangungen [m²]
11 Unterfangungen [m²]
19 Unterfangungen, sonstiges [m²]

20 Abstützungen [m²]
21 Abstützungen [m²]
29 Abstützungen, sonstiges [m²]

90 Sonstige Sicherungsmaßnahmen [m²]
91 Sonstige Sicherungsmaßnahmen [m²]
99 Sonstige Sicherungsmaßnahmen, sonstiges [m²]

594 Abbruchmaßnahmen

10 Abbruchmaßnahmen [m²]
11 Abbruchmaßnahmen [m²]
19 Abbruchmaßnahmen, sonstiges [m²]

20 Zwischenlagerung wiederverwendbarer Bauteile [m²]
21 Zwischenlagerung wiederverwendbarer Bauteile [m²]
29 Zwischenlagerung wiederverwendbarer Bauteile, sonstiges [m²]

30 Abfuhr Abbruchmaterial [m²]
31 Abfuhr Abbruchmaterial [m²]
39 Abfuhr Abbruchmaterial, sonstiges [m²]

90 Sonstige Abbruchmaßnahmen [m²]
91 Sonstige Abbruchmaßnahmen [m²]
99 Sonstige Abbruchmaßnahmen, sonstiges [m²]

595 Instandsetzungen

10 Instandsetzungen [m²]
11 Instandsetzungen [m²]
19 Instandsetzungen, sonstiges [m²]

90 Sonstige Instandsetzungen [m²]
91 Sonstige Instandsetzungen [m²]
99 Sonstige Instandsetzungen, sonstiges [m²]

596 Materialentsorgung

10 Recycling [m²]
11 Recycling [m²]
19 Recycling, sonstiges [m²]

20 Zwischendeponierung [m²]
21 Zwischendeponierung [m²]
29 Zwischendeponierung, sonstiges [m²]

30 Entsorgung [m²]
31 Entsorgung [m²]
39 Entsorgung, sonstiges [m²]

90 Sonstige Materialentsorgung [m²]
91 Sonstige Materialentsorgung [m²]
99 Sonstige Materialentsorgung, sonstiges [m²]

597 Zusätzliche Maßnahmen

10 Schutzmaßnahmen [m²]
11 Schutz von Personen und Sachen, pauschal [m²]
12 Personenschutz-Einrichtung, Unfallverhütung [m²]
13 Schutz bestehender Bausubstanz [m²]
14 Schutz von fertiggestellten Bauteilen [m²]
19 Schutz von Personen und Sachen, sonstiges [m²]

20 Reinigung [m²]
21 Reinigung während der Bauzeit [m²]
22 Reinigung zur Objektübergabe [m²]
29 Geländereinigung, sonstiges [m²]

30 Umweltschutzmaßnahmen [m²]
31 Gewässerschutz während der Bauzeit [m²]
32 Landschaftsschutz während der Bauzeit [m²]

33 Lärmschutz während der Bauzeit [m²]
39 Umweltschutzmaßnahmen während der Bauzeit, sonstiges [m²]

40 Schlechtwetterbau [m²]
41 Schlechtwetterbau [m²]
49 Schlechtwetterbau, sonstiges [m²]

50 Künstliche Bautrocknung [m²]
51 Künstliche Bautrocknung [m²]
59 Künstliche Bautrocknung, sonstiges [m²]

90 Sonstige Zusätzliche Maßnahmen [m²]
91 Sonstige Zusätzliche Maßnahmen [m²]
99 Sonstige Zusätzliche Maßnahmen, sonstiges [m²]

598 Provisorische Außenanlagen

10 Erstellung provisorischer Außenanlagen [m²]
11 Erstellung provisorischer Außenanlagen [m²]
19 Erstellung provisorischer Außenanlagen, sonstiges [m²]

20 Beseitigung provisorischer Außenanlagen [m²]
21 Beseitigung provisorischer Außenanlagen [m²]
29 Beseitigung provisorischer Außenanlagen, sonstiges [m²]

30 Anpassung von Außenanlagen [m²]
31 Anpassung von Außenanlagen [m²]
39 Anpassung von Außenanlagen, sonstiges [m²]

90 Sonstige Provisorische Außenanlagen [m²]
91 Sonstige Provisorische Außenanlagen [m²]
99 Sonstige Provisorische Außenanlagen, sonstiges [m²]

© **BKI** Baukosteninformationszentrum

Anhang

Regionalfaktoren

Regionale Einflussfaktoren

Diese Faktoren geben Aufschluss darüber, inwieweit die Baukosten in einer bestimmten Region Deutschlands teurer oder günstiger liegen als im Bundesdurchschnitt. Sie können dazu verwendet werden, die BKI Baukosten an das besondere Baupreisniveau einer Region anzupassen.

Hinweis: Der Land-/Stadtkreis und das Bundesland ist für jedes Objekt in der Objektübersicht in der Zeile „Ort:" angegeben. Die Angaben wurden durch Untersuchungen des BKI weitgehend verifiziert. Dennoch können Abweichungen zu den angegebenen Werten entstehen. In Grenznähe zu einem Land- Stadtkreis mit anderen Baupreisfaktoren sollte dessen Baupreisniveau mit berücksichtigt werden, da die Übergänge zwischen den Land- Stadtkreisen fließend sind. Die Besonderheiten des Einzelfalls können ebenfalls zu Abweichungen führen.

Landkreis / Stadtkreis	Bundeskorrekturfaktor
Aachen, Städteregion	0,996
Ahrweiler	1,013
Aichach-Friedberg	1,072
Alb-Donau-Kreis	1,073
Altenburger Land	0,879
Altenkirchen	0,959
Altmarkkreis Salzwedel	0,821
Altötting	0,988
Alzey-Worms	1,023
Amberg, Stadt	0,956
Amberg-Sulzbach	0,950
Ammerland	0,853
Anhalt-Bitterfeld	0,797
Ansbach	1,051
Ansbach, Stadt	1,093
Aschaffenburg	1,097
Aschaffenburg, Stadt	1,053
Augsburg	1,093
Augsburg, Stadt	1,033
Aurich	0,832
Bad Doberan	0,911
Bad Dürkheim	1,006
Bad Kissingen	1,069
Bad Kreuznach	1,030
Bad Tölz-Wolfratshausen	1,197
Baden-Baden, Stadt	1,118
Bamberg	1,014
Bamberg, Stadt	1,060
Barnim	0,851
Bautzen	0,875
Bayreuth	1,014
Bayreuth, Stadt	1,028
Berchtesgadener Land	1,080
Bergstraße	1,048
Berlin, Stadt	0,957
Bernkastel-Wittlich	1,024
Biberach	1,025
Bielefeld, Stadt	0,937
Birkenfeld	1,023
Bochum, Stadt	0,878
Bodenseekreis	1,038
Bonn, Stadt	0,985
Borken	0,951
Bottrop, Stadt	0,915
Brandenburg an der Havel, Stadt	0,846
Braunschweig, Stadt	0,904
Breisgau-Hochschwarzwald	1,099
Bremen, Stadt	1,004
Bremerhaven, Stadt	1,009
Burgenlandkreis	0,891
Böblingen	1,054
Börde	0,811
Calw	1,051
Celle	0,788
Cham	0,942
Chemnitz, Stadt	0,862
Cloppenburg	0,865
Coburg	1,022
Coburg, Stadt	1,082
Cochem-Zell	1,077
Coesfeld	0,949
Cottbus, Stadt	0,827
Cuxhaven	0,900
Dachau	1,111
Dahme-Spreewald	0,849
Darmstadt, Stadt	1,072
Darmstadt-Dieburg	1,036
Deggendorf	0,976
Delmenhorst, Stadt	0,857
Demmin	0,848
Dessau-Roßlau, Stadt	0,866
Diepholz	0,809
Dillingen a.d.Donau	1,123
Dingolfing-Landau	0,961
Dithmarschen	0,901
Donau-Ries	1,054

Donnersbergkreis	1,006	Groß-Gerau	1,101
Dortmund, Stadt	0,838	Göppingen	1,051
Dresden, Stadt	0,861	Görlitz	0,873
Duisburg, Stadt	1,074	Göttingen	0,958
Düren	0,997	Günzburg	1,047
Düsseldorf, Stadt	0,879	Güstrow	0,876
		Gütersloh	0,954
Ebersberg	1,033		
Eichsfeld	0,870	**H**agen, Stadt	0,917
Eichstätt	1,032	Halle (Saale), Stadt	0,848
Eifelkreis Bitburg-Prüm	1,047	Hamburg, Stadt	1,086
Eisenach, Stadt	0,918	Hameln-Pyrmont	0,932
Elbe-Elster	0,869	Hamm, Stadt	0,939
Emden, Stadt	0,723	Hannover, Region	0,906
Emmendingen	1,037	Harburg	0,993
Emsland	0,833	Harz	0,849
Ennepe-Ruhr-Kreis	0,991	Havelland	0,886
Enzkreis	1,080	Haßberge	1,139
Erding	0,993	Heidelberg, Stadt	1,145
Erfurt, Stadt	0,933	Heidenheim	1,046
Erlangen, Stadt	1,072	Heilbronn	1,039
Erlangen-Höchstadt	1,012	Heilbronn, Stadt	1,064
Erzgebirgskreis	0,891	Heinsberg	0,976
Essen, Stadt	0,935	Helmstedt	0,951
Esslingen	1,039	Herford	0,968
Euskirchen	0,977	Herne, Stadt	0,886
		Hersfeld-Rotenburg	1,008
Flensburg, Stadt	0,916	Herzogtum Lauenburg	0,963
Forchheim	1,012	Hildburghausen	1,000
Frankenthal (Pfalz), Stadt	0,992	Hildesheim	0,900
Frankfurt (Oder), Stadt	0,820	Hochsauerlandkreis	0,932
Frankfurt am Main, Stadt	1,075	Hochtaunuskreis	1,096
Freiburg im Breisgau, Stadt	1,085	Hof	1,087
Freising	1,048	Hof, Stadt	1,007
Freudenstadt	1,090	Hohenlohekreis	1,038
Freyung-Grafenau	0,946	Holzminden	0,963
Friesland	0,920	Höxter	0,983
Fulda	1,005		
Fürstenfeldbruck	1,086	**I**lm-Kreis	0,950
Fürth	1,076	Ingolstadt, Stadt	0,992
Fürth, Stadt	0,902		
		Jena, Stadt	0,939
Garmisch-Partenkirchen	1,177	Jerichower Land	0,824
Gelsenkirchen, Stadt	0,931		
Gera, Stadt	0,889	**K**aiserslautern	1,020
Germersheim	1,044	Kaiserslautern, Stadt	0,930
Gießen	1,037	Karlsruhe	1,074
Gifhorn	0,902	Karlsruhe, Stadt	1,105
Goslar	0,937	Kassel	1,004
Gotha	0,928	Kassel, Stadt	1,060
Grafschaft Bentheim	0,858	Kaufbeuren, Stadt	1,010
Greifswald, Stadt	0,877	Kelheim	0,952
Greiz	0,922	Kempten (Allgäu), Stadt	1,021

Paderborn	0,942
Parchim	0,946
Passau	0,927
Passau, Stadt	0,928
Peine	0,922
Pfaffenhofen a.d.Ilm	0,991
Pforzheim, Stadt	1,112
Pinneberg	1,015
Pirmasens, Stadt	1,018
Plön	0,953
Potsdam, Stadt	0,914
Potsdam-Mittelmark	0,870
Prignitz	0,815
Rastatt	1,064
Ravensburg	1,050
Recklinghausen	0,934
Regen	0,911
Regensburg	0,972
Regensburg, Stadt	0,920
Rems-Murr-Kreis	1,036
Remscheid, Stadt	0,943
Rendsburg-Eckernförde	0,905
Reutlingen	1,055
Rhein-Erft-Kreis	0,996
Rhein-Hunsrück-Kreis	1,011
Rhein-Kreis Neuss	1,000
Rhein-Lahn-Kreis	0,998
Rhein-Neckar-Kreis	1,036
Rhein-Pfalz-Kreis	1,018
Rhein-Sieg-Kreis	0,982
Rheingau-Taunus-Kreis	1,077
Rheinisch-Bergischer Kreis	0,989
Rhön-Grabfeld	1,088
Rosenheim	1,091
Rosenheim, Stadt	1,074
Rostock, Stadt	0,926
Rotenburg (Wümme)	0,801
Roth	1,077
Rottal-Inn	0,892
Rottweil	1,067
Rügen	1,044
Saale-Holzland-Kreis	0,925
Saale-Orla-Kreis	0,948
Saalekreis	0,890
Saalfeld-Rudolstadt	0,928
Saarbrücken, Regionalverband	0,980
Saarlouis	1,006
Saarpfalz-Kreis	1,095
Salzgitter, Stadt	0,879
Salzlandkreis	0,842
Schaumburg	0,937

Schleswig-Flensburg	0,840
Schmalkalden-Meiningen	0,938
Schwabach, Stadt	1,152
Schwalm-Eder-Kreis	0,993
Schwandorf	0,975
Schwarzwald-Baar-Kreis	1,040
Schweinfurt	1,151
Schweinfurt, Stadt	1,035
Schwerin, Stadt	0,896
Schwäbisch Hall	0,986
Segeberg	0,943
Siegen-Wittgenstein	1,052
Sigmaringen	1,047
Soest	0,966
Solingen, Stadt	0,995
Soltau-Fallingbostel	0,821
Sonneberg	0,974
Speyer, Stadt	0,958
Spree-Neiße	0,841
St. Wendel	1,030
Stade	0,892
Starnberg	1,189
Steinburg	0,872
Steinfurt	0,921
Stendal	0,772
Stormarn	0,901
Stralsund, Stadt	0,947
Straubing, Stadt	1,129
Straubing-Bogen	0,947
Stuttgart, Stadt	1,060
Suhl, Stadt	1,003
Sächsische Schweiz-Osterzgebirge	0,910
Sömmerda	0,927
Südliche Weinstraße	1,072
Südwestpfalz	1,017
Teltow-Fläming	0,905
Tirschenreuth	1,000
Traunstein	1,065
Trier, Stadt	1,147
Trier-Saarburg	1,122
Tuttlingen	1,061
Tübingen	1,112
Uckermark	0,818
Uecker-Randow	0,936
Uelzen	0,896
Ulm, Stadt	1,089
Unna	0,948
Unstrut-Hainich-Kreis	0,887
Unterallgäu	1,040